Gesamtverzeichnis des deutschsprachigen Schrifttums (GV) 1700 – 1910

Bearbeitet unter der Leitung von
Hilmar Schmuck und Willi Gorzny

Bibliographische und redaktionelle Beratung:
Hans Popst und Rainer Schöller

133

See-Seo

K · G · Saur München · New York · London · Paris 1985

CIP-Kurztitelaufnahme der Deutschen Bibliothek

Gesamtverzeichnis des deutschsprachigen Schrifttums :
(GV). – München, New York, London, Paris : Saur.
Bd. 1 – 6 bearb. unter d. Leitung von Peter Geils
u. Willi Gorzny.
ISBN 3-598-30000-X

1700 – 1910 / bearb. unter d. Leitung von Hilmar
Schmuck u. Willi Gorzny. Bibliograph. u. red.
Beratung: Hans Popst u. Rainer Schöller

NE: Schmuck, Hilmar [Bearb.]

133. See – Seo. – 1985.

Techn. Realisierung und Druck: Norbert Gärtner, Mainz-Kastel
Binden: Karl Schaumann, Darmstadt
Printed in the Federal Republic of Germany
ISBN 3-598-30000-X (Gesamtwerk)

Zur See. Redig. von M. v. Wedel. Mit Abb. 2c. 3. Aufl. Hamburg 1896. 417 S. 2°

See. Der Blaue See im Kanderthal als Luftkurort & Landschaftsbild. [Illustriert.] 8. (Zürich *o. J.* [1870 89].)

Auf h o h e r See. Erzählung von M. v. P. Mit Bild. Barmen: Wuppertaler Trakt.-Ges. [1903]. (62 S.) 8°
= Bücherschatz, Barmer. N. F. Bd 2.

See, der, von Laach. Eine poetische Schilderung nebst einer Zugabe. gr. 12. (21 S.) Duisburg 856, Ewich.

See, Der Ossiacher, und seine Umgebung. Würzburg 1887. V: *Pichler, Wilhelm.* (Verz. d. Stud. Bibl. Klagenfurt. Klagenf. 1901.)

See, Der taube, oder das St. Stephani-Kloster . . . Braunschweig 1819. V: *Leibrock, Aug.* (Ky) (MGT)

See, der taube. od. das St. Stephani-Kloster, (v. A. Leibrock). 8. Braunschw. 819. Meyer. 1 ₰ 6 ℊ

Nach dem T e g e l e r See, Tegel, Tegelort, Saatwinkel. Wegebeschreibung mit farb. Landkarte u. Ansichtspostkarte. Berlin: W. Holz [1907]. (4 Bl.) 8°
= Ausflüge von Berlin. H. 3.

V i e r w a l d s t ä t t e r See. St. Gotthard, Furka, Grimsel. Prakt. Reiseführer von Tschanz-Hänni, Chefred. in Luzern. Mit 4 Karten. Berlin: A. Goldschmidt 1907–08. (106 S.) 8°
= Reiseführer, Griebens. Bd 111.

See, s. Fischer v. See.

Sée, Edgar, Advocat, Docteur en droit de l'université de Paris: Die Herabsetzung des Grundkapitals bei Aktiengesellschaften nach deutschem und französischem Rechte. Heidelberg 1906: J. Hörning. (XI, 76 S.) 8°
Heidelberg, Jur. Fak., Ref. Schröder, Diss. v. 16. Febr. 1906
[Geb. 27. Okt. 73 Colmar; Wohnort: Colmar; Staatsangeh.: Elsaß-Lothringen; Vorbildung: Lyceum Condorcet Paris Bacc. Juli 91; Studium: Paris 12 S., Heidelberg; Rig. 8. Dez. 05.]

See, F. vom, de D ö r p k ö n n i g. 'ne Vortellige ut 'r Jagdkötße. gr. 8. (VIII, 224 S.) Braunschweig 893. (O. Salle.) n. 2. —

See, F. vom (F. de Lamare), up'n Kyffhüserbarge. 'Ne Himmelsvisione ut'n Drombille, in Versen un Gesängen tauhope'reiemet. 2. Aufl. (XIII, 83 S.) 12. Braunschweig (903). (B. Goeritz.) n. 1. —; geb. in Leinw. n. 1. 50

— ut dei westfälsche Tied. 'N Gedenkblatt för 't dütsche Volk an dei Johre von 1806 bet 1815. 4. Aufl. (189 S.) gr. 8. Braunschweig 904. A. Graff. Geb. in Leinw. n. 1. 80

See, F. vom. Wat se sik in de Spinnstube vortellt; Frijaten m. Aewwerraschungen. Plattdütsche Roman. 2 Bde. 8. (XIII, 207; 224 S.) Helmstedt 891, (Richter). 4 —

— dasselbe. (2. Aufl.) 2 Bde. gr. 8. (XIII, 207 u. 223 S.) Helmstedt 891. (Hannover u. Celle, Schulbuchh.) à 1. 50

Sée, Germain, Klinik der Herzkrankheiten. Autoris. deutsche Ausg. v. Max Salomon. 1. Bd. gr. 8. (IX, 450 S. m. 24 Fig.) Hamburg 890. Voss. n. 12. —

Sée, G., die Krankheiten der Lunge. 3 Thle. gr. 8. Berlin, [Hempel.] Dümmler's Verlagsh. à Thl. *ℳ 10.—. *
Inhalt:
Thl. 1. Die bacilläre Lungen-Phthise. Vom Verf. revid., mit Zusätzen und einem Vorwort versehene autoris. deutsche Ausg. von Max Salomon. (XVI, 598 S. mit 2 chromolithogr. Taf.) 886.
» 2. Die [nicht tuberculösen] specifischen Lungenkrankheiten. Acute Bronchiten, parasitäre Pneumonie, Gangrän, Syphilis, Krebs, Echinokokkus der Lunge. Autoris. vom Verf. revid. deutsche Ausg. von Max Salomon. (XI, 453 S. mit 2 chromolithogr. Taf.) 886.
» 3. Die einfachen Lungenkrankheiten. Pneumobulbäres Asthma, cardiales Asthma, Congestionen, Hämorrhagien und Sklerose der Lungenkrankheiten der Pleura. Autoris. vom Verf. revid. deutsche Ausg. von Max Salomon. (XI, 546 S.) 887.

— die Lehre vom Stoffwechsel u. v. der Ernährung u. die hygienische Behandlung der Kranken. Autoris. deutsche Ausg. v. M. Salomon. gr. 8. (XII, 544 S.) Leipzig 888. F. C. W. Vogel. n. 12. —

See, Gustav vom, s.a. Gustav vom See.

See, Gustav vom [Pseud]
s.a. Struensee, Gustav von [Wirkl. Name]

See, Gust. vom, die Belagerung von Rheinfels, s.a. Gustav vom See.

vom See, Gustav, (v. Struensee), die Belagerung von Rheinfels. Geschichtlicher Roman. 2 Bde. Mit einer Ansicht von St. Goar u. den Ruinen der Bergfestung Rheinfels. 8 (VIII u. 394 S. m Stahlst.) Leipzig 850, Wienbrack. 2 ₰

See, Gustav vom, s. Bibliothek deutscher Original-Romane.

See, Gust. vom, Egon, s. Egon.

See, Gust. vom (G. Struensee), der Mönch, s.: Erzählungen 1001, s. Jung u. Alt.

— dasselbe, s.: Gerstäcker, Frdr., die beiden Sträflinge.

—— rheinische Novellen. 8. (15 B.) Leipzig 846, Wienbrack.

—— das Pfarrhaus zu Aardal, s.a. Pfarrhaus.

— das Pfarrhaus zu Aardal, eine norwegische Novelle. gr. 12. Arolsen 842, Speyer. 1 ₰

See, H. v., Schwarzseher verbannt! (15 S.) gr. 8. Berlin (907). Gose & Tetzlaff. — 20

See, Hans vom, zwölf Gewissensfragen e. „Los v. Rom"-Bummlers, s.: Sammlung zeitgem. Broschüren. 8.

von See, Heinrich *Amandus* [app. Arzt]: Über Haematokolpos und Haematometra ... Leipzig-Reudnitz, Druck v. A. Hoffmann, 1897; 109 S., 1 Bl., 2 Taf. 8.
Leipzig, Med. Fak., Inaug.-Diss. v. 6. Febr. 1897

Sée, Julien, Beschreibung der Belager- und Einnehmung der Statt Colmar, —— Hausbuch von Dominicus Schneitz Bürger von Colmar, } s. Chroniques, les, d'Alsace.

Sée, L.: Der Welt-Champion-Boxerkampf Johnson—Jeffries. Frankfurt a. M. um 1910. 35 S. m. Abb.

See, Philipp: Feier des 75jährigen Bestehens der Realschule und Einweihung des Neubaus der Oberrealschule Mainz, 24—25. April 1906. Festbericht. (Mainz 1906: H. Prickarts.) (48 S.) 8° [F. u. Ant.]
Mainz, großh. OR u. h. Handels-S P 1907 (812)

See, Philipp, Hessen im Munde der Dichter, s.: Bördel, Alfr.

Küsse und Tränen im Lenz. Vorgetragen bei der Eröffnungsfeier der neuen Logenräume der ger. und vollk. St. Johannisloge „Die Freunde zur Eintracht" im Or. Mainz am 17. Juni 1905 von Ph[il.] See. [Mainz 1905.] 7 S. 8⁰ [Umschlagtit.]
Gedicht: „Vier Küsse auf der Lebensbahn, ..."

Ein Traum vorgetragen gelegentlich einer Aufnahme am 2. Dez. 1905 in der ger. u. vollk. St. Johannisloge „Die Freunde zur Eintracht" im Or. Mainz von Phil. See. Frankfurt a. M. 1906: Mahlau. 8 S. 8⁰ [Umschlagtit.]
Aus: Bh. 49 (1906) S. 109—111.
In Versen: „Wie seltsam, dass so oft in nächt'gen Träumen ..."

Zur Trauerloge der ger.·. u. vollk.·. Johannisloge „Die Freunde zur Eintracht" im Or. Mainz. Zeichnung zum Gedächtnis für die seit 29. Nov. 1903 bis 29. März 1907 i. d. e. O. eingegangenen Brr. unserer Bauhütte: ... vorgetragen von Phil. See. [Frankfurt a. M. 1907: Mahlau & Waldschmidt.] 8 S. 8⁰ [Umschlagtit.]
Aus: Bh. 50 (1907) S. 254—255.
Gedicht: „Draussen pochen Frühlingsboten ..."

See, Th. vom, Gedichte. gr. 8. (..B.) Bremen 835, [Schünemann's Vrlsbuchh.]

See, Thomas Jefferson Jackson

See, T. J. J., Doppelstern-Beobachtungen m. dem doppelbrechenden Mikrometer, s.: Beobachtungs-Ergebnisse der königl. Sternwarte zu Berlin.

See, Thomas Jefferson Jackson [aus Columbia, Missouri]: Die Entwickelung der Doppelstern-Systeme ... Berlin, A. W. Schade's Buchdr., *1892;* 3 Bl., 60 S., 1 Bl., 8 Taf. 4.
Berlin, Phil. Fak., Inaug.-Diss. v. 10. Dez. 1892

— die Entwickelung der Doppelstern-Systeme. Diss. gr. 4. (VI, 60 S. m. Fig. u. 8 Taf.) Berlin 893. (R. Friedländer & Sohn.) n. 6. —

Researches on the evolution of the stellar systems ... By T. J. J. See, ... Astronomer at the Lowell Observatory ... Vol. 1. Berlin: Friedländer & Sohn 1896. 4⁰

(Seeadler und Aasvogel.) Njbl. s. [Schinz, Heinrich Rudolf].

Seeamt, das, u. der Verein deutscher Kapitäne u. Offiziere der Handelsmarine-Hamburg. Hrsg.: Verein deutscher Kapitäne u. Offiziere der Handelsmarine-Hamburg. (48 S.) 8. Hamburg (906). (L. Friederichsen & Co.) n. 1. 40

See-Anemonen. Novellen eines Unbekannten ... Eisl. 1832. 1836. V: *Volk, Wilh. Gust. Werner.* H: *Genthe, Frdr. Wilh.* (ADB)

See-Anemonen. Novellen e. Unbekannten. Hrsg. v. Verf. des „Don Enrique rc." (Fr. Wilh. Genthe.) 8. (14 B.) Eisleben 832. (Halle, Kümmel.) 20 Gr., f. Schrbp.

Seeanemonen. Novellen e. Unbekannten. Herausg. v. Verf. des Don Enrique. 8. Eisleben 836. (Hermes in Berlin.) 1/2 ₰

See-Assekuranz-Compagnien, Die, in Hamburg ... Hamburg 1874. V: *Schernikau, W.* (CBH).

Seeatlas [Sachliches OW]

See-Atlas, allgemeiner, (hrsg. v. Heinr. Berghaus,) s. (Berghaus.)

See-Atlas der **Jade-, Weser- und Elb-Mündungen.** Hrgg. v. d. Königl. Preuss. Admiralität. Berlin. 1858/59. Lithographie.
Bl. 1 u. 2: Spezialkarte der Jade- und Weser-Mündungen. 1 : 50000. Imp.-Fol., 60.5/99 u. 68/99 cm.
Bl. 3 u. 4: Spezialkarte der Elb-Mündungen. Aufgen. u. entw. v. **H. Koehler.** 1 : 50000. Imp.-Fol., 63/102 cm.
Bl. 5 u. 6: Spezialkarte zu den Jade-, Weser- und Elb-Mündungen. Aufgen. u. entw. v. **H. Koehler.** 1 : 50000. Imp.-Fol., 62.8/102 cm.
Bl. 7: Uebersichts-Karte der Jade-, Weser- und Elb-Mündungen. Aufgen. u. entw. v. **H. Koehler.** 1 : 100000. Mit einem Nebenkärtchen von Helgoland. Imp.-Fol., 99/74 cm.

See-Atlas der Jade-, Weser- nnd Elb-Mündungen, hrsg. von der königl. preuss. Admiralität. Maassstab von 1 : 50000. Aufgenommen und entworfen von H. Koehler. 1 — 7. Bl. Kpfrst. Imp. Fol. Berlin 859,60, (D. Reimer.) à Bl. * * 1 Thlr. 10 Ngr.

Inhalt:
Blatt 1., 2. Spezial Karte der Jade- und Weser-Mündungen.
" 3., 4. Spezial-Karte der Elb-Mündungen.
" 5., 6. Spezial-Karte zu den Jade-, Weser- und Elb-Mündungen.
" 7. Uebersichts-Karte der Jade-, Weser- und Elb-Mündungen. Maassstab 1 : 100000.

See-Atlas, Preussens. Herausg. von dem Ministerium des Handels. (22 in Kupfer gestochene Blätter in Imp.-Fol. u. gr. Fol., wovon 20 Blätter Küstenkarten M. 1 : 100000 u. 2 Blätter Segelkarten M. 1 : 400000, u. 1 Heft in qu.-Fol., enthaltend: Geschichte [10 SS.], Leuchtthürme [1 Kpfrtaf.] u. Küstenansichten [15 Kpfrtaf.]) Berlin, Schropp u. Co., 1840—44. . . . . (Br. Mus.: RPA.)

Preussens See-Atlas. Hrsg. von dem Ministerium des Handels. Berlin 1840 u. 1841.
I. Segel-Karten. 1 : 400000. 2 Bl. K.
II. Küsten-Karten. 1 : 100000. 20 Bl. K.
III. Text und Ansichten. 1 Bd.

Seeatlas [Schlagwort]

See-Atlas. Perthes', Just., See-Atlas. Eine Ergänzg. zu Just. Perthes' Taschen-Atlas, entworfen u. bearb. v. Herm. Habenicht. 24 kolor. Karten in Kpfst. m. 127 Hafenplänen. Mit naut. Notizen u. Tabellen v. Erwin Knipping. qu. kl. 4. (48 S. Text in gr. 16.) Gotha, J. Perthes. Geb. in Leinw. in gr. 16. n. 2. 40

See-Atlas. Perthes', Just., See-Atlas. Eine Ergänzg. zu Just. Perthes' Taschen-Atlas, entworfen u. bearb. v. Herm Habenicht. 24 kolor. Karten in Kupferst. (in qu. 4.) m. 127 Hafenplänen. Mit naut. Notizen u. Tabellen v. Erwin Knipping. 3. Aufl. 12. (48 S.) Gotha 897. J. Perthes. Geb. in Leinw., in 12. n. 2. 40

See-Atlas. Perthes', Just., See-Atlas. Eine Ergänzg. zu Just. Perthes' Taschen-Atlas, entworfen u. bearb. v. Herm. Habenicht. 24 kolor. Karten in Kpfrst. (in qu. 4) m. 127 Hafenplänen. Mit naut. Notizen und Tabellen v. Erwin Knipping. 4. Aufl. 12. (48 S.) Gotha 899. J. Perthes. Geb. in Leinw., in 12 u. 2.40

Seeau, Honorius. Res bello gestae anno ultimo Josephi I. et primo Caroli VI Augustissimorum fratrum ac Caesarum. (1700—1712.) 12. Viennae 1712.

Seeauer, Beda, s.a. Beda, Abt v. St. Peter, Salzburg.

— auserlesene geistreiche Andachtsübungen, od. kurzer Unterricht, die vornehmsten Festtage d. Jahres andächtig u. nützlich zu begehen. 8. Augsb. 766. N. A. 776.

Seeauer, Beda, kurze Betrachtungen über das allerheiligste Sakrament des Altars für jede Woche des Jahres. Mit einem Anhang, enthaltend die gewöhnlichsten Andachtsübungen. gr. 12. (VII und 240 S.) Freiburg im Br. 858, Herder'sche Verlagsbuchh.

— s. Chronicon etc.

— Concionator catechetico-moralis in II Ptes divisus, d. i., Lehr- u. Sitten-Predigten. 2 Thlr. Fol. Augsb. 756. (Wolf). 2 ℔ 16 𝔎

— Concionator panegyrico-moralis in IV Ptes divisus., d. i., auserlesene Lob- u. Sittenpredigten. 4 Thlr. Fol. Augsb. u. Insbruck 753.

Seeauer, Beda, novendialia exercitia pro Festis B. V. 8. Augsb. Wolf. 745.

Seeauer, Beda, marianischer Festkranz oder geistliche Betrachtungen auf alle Festtage der allerseligsten Jungfrau Maria. Neu herausg. Nebst Meßgebeten, Tagzeiten u. vielen andern Gebeten zu Ehren dieser Heiligen. Sigmaringen 860. Tappen. 16. (VI, 183 S. u. 1 Stahlst.) n. 10 ngr.; feine Ausg. mit 4 Stahlst. n. 15 ngr.

— Lehr- u. Sitten-Predigten. 2 Thle. Fol. Ebendas. 756.

— s. Memoria defunct.

— s. R. Presinger, Ascesis.

— sermones pastorales et capitulares. V Ptes. 8. ibid. 764–787.

Seeauer, Beda, († d. 24. Dec. 1785.) sermones pastorales et capitulares. V Ptes. 8. Augsb. 767—87. (Wolf). 8 ℔

— de specialibus quibusdam virtutibus et vitiis oppositis. IV Ptes. 8. Augsb. 779. Wolf.

Seeba, Otto, Referendar am Kgl. Amtsgericht zu Nienburg a. W.: Kann ein im eigenen Namen auftretender Stellvertreter unmittelbar mit der Uebergabe der tradierten Sache an ihn für den Vertretenen Besitz und Eigentum erwerben? Greifswald 1905: J. Abel. (55 S.) 8°
Greifswald, Jur. Fak., Ref. Stampe, Diss. v. 5. Jan. 1906
[Geb. 6. Juli 80 Hannover; Wohnort: Hannover; Staatsangeh.: Preußen; Vorbildung: Gymn. Hannover Reife O. 00; Studium: Marburg 3, Berlin 1, Göttingen 1, Greifswald 3 S.; Rig. 7. März 05.]

Seebach, Karl v., s.: Klein, C.

Seebach, L. v. (26 Lichtdr.-Taf. m. V S. Text.) 32×23,5 cm. Strassburg (909). (Treuttel & Würtz.) In Leinw.-Mappe nn 15. —

Seebach, A. v., Mentor f. junge Officiers, oder diejenigen, so sich dem Militärstande widmen wollen ꝛc. 8. Halle, Gebauer. 810.

v. Seebach, A., Mentor f. junge Officiere, od. diejenigen, so sich d. Militärstande widmen wollen ꝛc. 8. Halle 820. Gebauer. 18 𝔊𝔯

v. Seebach, Albin, s. Novellen u. Skizzen, Russische.

Seebach, C., s. Seebach, Karl

Seebach, Camillo v., offenes Sendschreiben an den Archivrath Onno Klopp über die Ereignisse vor der Schlacht von Langensalza. gr. 8. (XV, 80 S.) Gotha 869. F. A. Perthes. *

Seebach, Christ., Erklärung d. Hohenliedes Salomonis. 8. Halle, Waisenhausbuchh. 710.

— — d. Predigers Salomonis. 8. Ebend. 738.

Seebach, Christian Gottlieb (Wittenberg) A. S. 143/27

Dissertatio inauguralis iuridica de legato in debitum haud compensando Dass ein Vermächtniss in keine Schuld einzuwerffen.
Präs. Johann Gottfried Kraus.
Wittenberg (Haken) 26. II. 1737. 37 S. 32194

Seebach, Emil: Die Lehre von der bedingten Unsterblichkeit in ihrer Entstehung und geschichtlichen Entwickelung. *Krefeld 1898: Kramer & Baum.* (88 S.) 8°
Giessen, Phil. Diss. v. 1898

v. Seebach, Fr., s. J. Stewart, Grundsätze der engl. Stallwirthschaft.

Seebach, Frz., s. der vollkomm. Conditor.

Seebach, Franz (Bad Salza) A. S. 157/19

Disputatio iuridica inauguralis, de confusione obligationum, Germanis: Wie durch Bürgschaft, ... u. d. g. eine Schuld=Verschreibung ausser erster Kraft gesetzet werde. Präs. Johann Strauch. Rec.
Jena (Heller) 1748. 48 S.

Diss. 19. VI. 1661. 32196

Seebach, Friedrich (Hrsg.), s. Miniatur-Bibliothek, Novellistische.

Seebach, Hans (Hans Demel-Seebach), d. Armen im Fleische. Paradiesgeschichten. 12. (V, 95 S.) Linz 898. E. Marois. n. 1. –

Seebach, Hans (Hans Demel-Seebach), der Faun. Satirische Kleinstadtkomödie in 3 Akten. (VIII, 120 S.) 8. Wien 908. M. Braunschweig. 2. —

Geschichte des 4. Thüringischen Infanterie-Regiments Nr 72. 1860 - 1910. Unter Zugrundelegung d. von Oberstlt. Fabricius im J. 1879 geschriebenen Geschichte neu bearb. von [Hans] v. Seebach, Oberlt. Stuttgart: Uhland 1910. 251 S. 8°

— Der Junggeselle. Liebeskomödie in 3 Akten. (VIII, 98 S.) 8. Ebd. 909. 2. —

Seebach, Hans (Hans Demel-Seebach), bessere Menschen. Eine ernste Komödie in 1 Akt. Hrsg. v. der Literatur-Anstalt Austria Wien. (III, 38 S.) 8. Wien 904. J. J. Plaschka. n. 1. —

Seebach, Heinrich A. S. 1350/43

Dissertatio physica de petrificatorum variis originibus praecipuarum telluris mutationum testibus.
Präs. Johann Gesner.
Zürich (Gessner) II. 1756. 39 S.

8 Resp. 32199

Seebach, Heinrich Ernst [Praes.], s. Koehler, Tobias Ludw.: Fontes obligationum principaliores.

Seebach, Henr. Ern.: Salvo prudentiorum judicio, an et quousque pater cum filio suo familias contrahere possit, meditatur. Progr. Vitembergae (1704).

Seebach, Joh. Geo., Blumen d. Erquickung in geistlich. Gedichten. 8. Hildburgsh. Hanisch. 750.

— geistl. Gedichte. 8. Heilbronn. 75[illegible].

— Stimme d. Glaubens und der Gottseligkeit in Oden und Cantaten üb. d. Evangel. u. Epist. 8. Hildburgsh. Hanisch. 756.

Offizier-Stammliste des Königlich Preußischen 4. Thüringer Infanterie-Regiments Nr 72. 1860–1910. Aufgest. durch (Johannes) v. **Seebach**, Oberlt. Abgeschlossen am 1. Juli 1910. Stuttgart 1910: Ubland. 216 S. 8° (11. 485)

Seebach, Karl v., die **Conchylien-Fauna** der Weimarischen Trias. Inaugural-Dissertation. gr. 8. (118 S. mit 2 Stnt.) Berlin 862. (Göttingen, Vandenhoeck und Ruprecht.) *

— das mitteldeutsche Erdbeben vom 6. März 1872. Ein Beitrag zu der Lehre v. den Erdbeben. Mit 2 (lith.) Karten (in Fol.) u. 3 (lith.) Taf. (in qu. 4.) gr. 8. (IV, 192 S.) Leipzig 873. Haessel. n. 8. —

—— der hannoversche **Jura**. 4. (IV und 170 S. mit 1 chromolithogr. geolog. Uebersichtskarte in Fol. und 10 Stnt. Abbild.) Berlin 864, Hertz. cart. *

v. Seebach, C. Offenes Sendschreiben an Onno Klopp über die Ereignisse vor der Schlacht von Langensalza. (XV. 80.) 8. Gotha 1869. 1.60.

—— der **Vulkan** von Santorin, s. **Sammlung** gemeinverständlicher Vorträge. 38. Heft.

—— über den **Vulkan** von Santorin und die Eruption von 1866. gr. 4. (82 S. mit 1 lithogr. Karte in gr. 4. und 4 Stnt. in qu. Fol.) Göttingen 867, Dieterich'sche Buchh. *
Aus: Abhandlungen der königl. Gesellschaft der Wissenschaften zu Göttingen, besonders abgedruckt.

Seebach, Karl v., üb. Vulkane Centralamerikas. Aus den nachgelassenen Aufzeichngn. Mit 9 Taf. Landschaften, 5 Taf. Karten u. 8 Abbildgn. im Text. [Aus: „Abhandlgn. d. k. Gesellsch. d. Wiss. zu Göttingen".] gr. 4. (251 S.) Göttingen 892. Dieterich's Verl. n. 26. —

—— über die **Wellen** des **Meeres** und ihre geologische Bedeutung, s. **Sammlung** gemeinverständl. wissenschaftl. Vorträge.

Seebach K v, über die Wellen des Meeres und ihre geologische Bedeutung. (Slg gemeinverständlicher wissenschaftlicher Vorträge 153) Berlin 1872

Seebach, Karl v., Central-Amerika und der interoceanische Kanal, s. a. Sammlung gemeinverständl. wissenschaftl. Vorträge.

von **Seebach**, Karl: Central-Amerika und der interoceanische Canal. (Sammlung gemeinverständlicher wissenschaftlicher Vorträge. Ser. 8. Heft 183.) Berlin 1873. 36 S. 8°.

Seebach, Ludw. v., Geschichte d. Feldzüge d. hrzgl. sachsen-weimar. Scharfschützenbataillons im J. **1806** u. d. Infanterie-regiments d. Herzöge v. Sachsen in d. J. **1807, 1809, 1810** u. **1811**. gr. 8. ($32^3/_4$ B. u. 4 Pläne.) **Weimar 838**, (**Voigt**.)

Seebach, M(ax), a. Crefeld, Assistent am mineralog.-geolog. Institut der Universität zu Heidelberg: Chemische und mineralogische Studien am Granat. (Mit 2 Tafeln.) Heidelberg 1906: K. Rössler. (64 S.) 8°
Heidelberg, Naturw.-math. Fak., Ref. Rosenbusch, Diss. v. 27. Febr. 1906
[Geb. 17. Sept. 73 Crefeld; Wohnort: Heidelberg; Staatsangeh.: Preußen; Vorbildung: Oberrealsch. Crefeld bis einschl. IIb; Studium: Aachen T.H. 4, Würzburg 1, Bonn 2, Heidelberg 8 S.; Rig. 5. März 04.]

Seebach, Polykarp Wilhelm (Langensalza) A. S. 174/1

Dissertatio iuridica de schedula testamento adiecta.
Präs. Johann Florens Rivinus.
Leipzig (Langenheim) 7. XII. 1741. 28 S.
32202

Seebacher, Joh. Zu seinem 50jähr. Berufsjubiläum, s. Stahlschmidt, Adf.

Seebad bei Alpenrade im Herzogthum Schleswig. [Altona 1821.] V: *Neuber, Aug. Wilh.* (NN)

Das Kieler **Seebad** von der Wasserseite. Nr. 2 u.
—— von der Landseite. Nr. 3. o. O. u. J. Kupferst., kol. 2 Bl. 4° k., 14/20 u. 16/23 cm (beschn.).

Seebad Libau, das. Mit Zugrundelegung des Werkchens Notice sur Libau von v. Markus beschrieben und mit einer Anleitung zum Gebrauch der Seebäder versehen von F. D. 8. (109 S. mit 1 lithogr. Plane von Libau in gr. 4.) Libau 867, Zimmermann. * —

Seebad Norderney. **Saison 1870.** Fluth-Tabelle. Dampfschiff-Verbindungen. Nachweise und Taxen. 8. (8 S.) Hannover. Schmorl und v. Seefeld.

Seebad Norderney. Fluth-Tabelle, Badezeit u. Dampfschiff-Verbindgn. Saison **1874**. gr. 8. (8 S.) Norden **874**. Braams. n. — 30

— dasselbe. Nachweise u. Taxen. Saison 1874. gr. 16. (16 S.) Ebend. 874. n. — 30

See- und Soolbad, das, bei Colberg. Ein Rathgeber z. zweckmäß. Gebr. dies. Bäder; so wie Nachrichten wegen Beschaffung d. Wohnungen u. üb. Alles, was dem Besucher d. See- u. Soolbäder zu wissen nöthig ist. gr. 8. (3 B. u. 1 Stahlst., Fol.) Colberg **839**. (Berlin, Hold.) *

Seebade-Anstalt, Privat-, üb. d. b. Travemünde. 8. Lübeck, Bohn. (**Niemann**.) **803**. Rthlr.

Seebadeanstalt, Die, zu Zoppot bei Danzig. Danzig 1823. V: *Haffner.* (call)

Seebadeanstalt, die, zu Zoppot bei Danzig. Mit 1 Charte d. Umgegend. 8. Danzig **824**. Lohde. (Ewert). 4 gr

Seebilder, die, der nordwestlichen Adria u. die Schwefeltherme v. Monfalcone, s.a. Hartleben's illustr. Führer.

Die Seebilder der nordwestlichen Adria und die Schwefeltherme von Monfalcone. Ein Wegweiser für Kurgäste und Feriensreisende. 8°. (ill. VIII, 92 S. mit 1 Karte) geb. K 2.40
Wien: Hartleben 1907.

Seebilder, belgische, s.: Woerl's Reisehandbücher.

Seebald, Karl, Till Eulenspiegels lustige Streiche. Ein Volksbuch f. Jung u. Alt. Wiedererzählt v. K. S. Mit 4 Farbendr.-Bildern nach Aquarellen v. Osk. Woite. 4. Aufl. gr. 8. (XIII, 127 S.) Leipzig 893. O. Drewitz Nachf. Kart. 3. —

Seeband, William, Theaterstücke f. Truppen, Krieger- u. Waffengenossen-Vereine. (M. Gott f. König u. Vaterland.) gr. 8. (III, 135 S.) Berlin **895**. **K. Siegismund.** n. 1.50

Seebaß, Christian Ludwig

— vollständ. neue systemat. Anleit. z. Rechnungswissenschaft. 8. Leipz. 802. H. Richter. 1 ₰ 6 gr

Seebaß, Chr. Ldw., († d. 16. Oct. 1806.) vollständ. u. systemat. Anleit. zur gründl. u. leichten Erlernung d. französ. Sprache, in fortlauf. Verbindung mit e. sogenannten Cursus ꝛc. Mit Zuziehung d. Hrn. Frz. de Neufville bearb. 1s Bdchn. A. u. d. T.: Kunst die französ. Sprache auf die kürzeste u. leichteste Methode gründlich zu erlernen. 8. Pirna 804. 2e A. in 3 Thlen. 8. Ebd. 808. Friese. 1 ₰

— de matheseos disciplina et usu. 4. Lipsiae, Sommer. 793.

FERNANDO, ein historischer Beitrag zur sittlichen Charakteristik des Menschen (von *Christian Ludw. Seebass*). 3 Thle. Mit Titelkpfrn. u. gestoch. Titeln. (TKpf. zu 3 zieml. frei). Leipzig, bey Voss u. Leo, 1793. — *A. E.:* Waldenburg, gedr. bei Carl Friedr. Witsch. 8°. (4 Mk. Südd. Antiqu., 1907.)
351, 349. 370 SS. Stellenw. anstößig. (Zus. 100 Kapitel.) — Anon.-Lex. p. 96 (nach Kayser, Meusel und Otto).

— u. A. de la Combe, nouvelle grammaire Françoise, oder systemat. Anweis. zur Erlernung d. französ. Sprache ꝛc. 8. Leipz. 800. 2e A. 807. 3e A. 811. Hinrichs. 16 gr Schrbp. 1 ₰
Dass. 2r od. prakt. Thl., s. *Beaurains.*

— — desselben 2r od. prakt. Theil, s. Beaurains.

— Handbuch nützl. Rathschläge u. Mittel f. Künstler, Fabrikanten, Landwirthe u. Handwerker. 8. Leipz. (804.) Baumgärtner. 1 ₰ 12 gr

— s. Magazin aller neuen Erfindd., Entdeckungen ꝛc. — Magazin für Freimaurer.

— s. Charl. O'Brien, allgem. Handbuch.

— die Papiermacherkunst, s. Desmarest.

— Pisé-Baukunst, s. Cointereaux.

Seebaß, Pisé-Baukunst. 2e Aufl., s. D. W. Günther.

Rede, am Johannis-Tag 5802 in der ger. und vollk. Loge Apollo zu den drei Acacien in Leipzig gehalten von dem Br Redner C[hristian] L[udw.] S[eebass]. [Leipzig 1802.] 8 S. 4° [Umschlagtit.]
Kl. 1131 c. Selten. Üb. Johannes den Täufer, als das Vorbild eines echten Mrs.

Seebaß, C. L., die französische Sprache auf d. kürzeste u. leichteste Methode gründlich schreiben u. sprechen zu lern. 3 Thle. 8. Pirna, Friese. 808.

Seebaß, C. L., die franz. Sprache auf die kürzeste und leichteste Methode gründlich schreiben u. sprechen zu lernen. 3 Thle. 3te Ausg. 8. Pirna, Friese. 812.

— die Tischlerkunst in ihrem ganzen Umfange, s. a. Roubo.

Seebaß, C. L., die Tischlerkunst, in ihrem ganzen Umfang, nach dem Französ. des Roubo. Wohlf. Ausgabe mit 12 Kupf. gr. 4. Leipzig, Mag. f. Industrie. 817.

Seebass, Justus, de versuum lyricorum apud Sophoclem responsione. Dissertatio inauguralis philologica. gr. 8. (93 S.) Leipzig 880, (Fock.) *

Seebaß, Louis Alex., prakt. Anweisung zur Behandlung u. Reparatur der Thurmuhren. Oder: Gründl. Unterricht, alle an Thurmuhren vorkommenden Fehler mit leichter Mühe aufzufinden, ohne erhebliche Kosten zu beseitigen u. ihnen vorzubeugen. gr. 8. (12 B. u. 5 Taf. Abbild.) Quedlinburg 846, Basse.

Seebass, Otto, über Columba von Luxeuils Klosterregel und Bussbuch. Inaugural-Dissertation. gr. 8. (66 S.) Dresden 883, Höckner. *

—— die Türken vor Wien 1683. Festrede, am 1. Septbr. 1883 in der Thenius'schen höheren Töchterschule gehalten. gr. 8. (22 S.) Ebendas. 883. *

Seebauer, Louise, neues bürgerliches Kochbuch oder prakt. Anleitung, wie jede Hausfrau ihrem Hausherrn ein wohlschmeckendes und nahrhaftes Essen für möglichst geringen Geldaufwand zu bereiten im Stande ist. 12. (160 S.) Berlin 882, Bartels.

Seebaum, Heinr., der Mensch in seinen Beziehungen zur Außenwelt, s.: Drigalski, v.

Seebaum, Joseph Alexander. Bibelblüten. Chicago, 1879.

--Durcheinander; ausgewählte Humoresken u Satyren. Chi, 1891.

--Das Lied von A. Nach berühmten Muster (Lied v d Glocke). Chicago, 1896 [?].

– (Ed.), s. Tamtam Almanach

--Text d Gesänge in der Burleska: Unser herrliches Land. Chi, 1879.

Seebeck, Mor.

—— Erinnerungen an ihn, s. Fischer, Kuno.

Seebeck, Moritz, Gedächtnissrede auf ihn, s. Richter, Gust.

Seebeck, A., Akustik, s. Repertorium d. Physik, VI. Bd.

Seebeck, A. Beschreibung der Feier zur Einweihung des neuen Hörsaales, nebst der Rede des Directors, seinem Gedichte an Göthe. 7 S.
Berlin, K., Progr. 1833

— Ueber die Fortpflanzungs-Geschwindigkeit des Schalles in Röhren. (Inaug.-Dissert.) Göttingen 1869.

— A., Ueber den bei manchen Personen vorkommenden Mangel an Farbensinn. (Aus: Ann. der Phys. u. Chem., Bd. XXXXII, 1837, No. 10.)

Seebeck, A. Ueber die Prüfung der Härte an Krystallen. 14 S. . . .
Berlin, K., Progr. 1833

Seebeck, A., über die Querschwingungen gespannter und nicht gespannter elastischer Stäbe. hoch 4. (38 S.) Leipzig 849. [Berlin,] Weidmannsche Buchh. *
Aus: Abhandlungen der mathemat.-phys. Classe der k. sächs. Gesellschaft der Wissenschaften zu Leipzig, besonders abgedruckt.

Seebeck, A., Dr., Ueber Schwingungen, mit besonderer Anwendung auf die Untersuchung der Elasticität fester Körper. (Programm-Abhandlung.) Dresden 1846.

— Dr., Einige neue Versuche und Beobachtungen über Spiegelung und Brechung des Lichtes.

Seebeck, A., Vertheidigung der Gymnasien gegen Dr. Lorinser, s. A. Benary.

Seebeck, Ad., über eine Methode zur absoluten Messung der Vertikalcomponente des Erdmagnetismus m. Hülfe galvanischer Ströme. [Aus: „Symbolae Joachimicae".] gr. 8. (12 S.) Berlin 880. (Calvary & Co.) n. 1. 20

Seebeck, Adeline, sechs Mährchen. 2., durch 3 neue Mährchen verm. Aufl. gr. 16. (IV. 176 S.) Leipzig 872. C. J. Günther. n. 1. 50

Seebeck, Adf., ueb. Interferenz d. Schalles in Röhren. Mit 4 lith. Taf. gr. 4. (14 S.) Berlin 872. Calvary & Co. n. 1. 50

Seebeck, Aug., Gedächtnissrede auf Alessandro Volta, gehalt. bei d. Feier d. hundertsten Wiederkehr seines Geburtstags, am 18. Febr. 1845 in der naturwissenschaftl. Gesellschaft zu Dresden. gr. 8. (2¼ B.) Leipzig 846, Arnoldische Bh. *

Seebeck, Bernh. (Car. Frid.) (geb. Meiningen 5. 5. 1836): De variis herpetum formis e mycelis exortis. Berolini (1860). (19 S.) 4°
Berlin, Med. Diss. v. 14. Aug. 1860

G. Seebeck A.-G. Schiffswerft, Maschinenfabrik und Trockendocks, Bremerhaven-Geestemünde. — Leipzig: Eckert & Pflug o. J. [um 1909]. 24 S. quer-8°

Seebeck, Ioannes (geb. am 12 Aug. 1842 in Dresden): De Homero Oedipodeae fabvlae avctore ... Bonnae, typ. C. Georgii 1865. 2 Bl., 32 S., 1 Bl. 8. ¶ In Komm. bei Calvary & Co. in Berlin.
Bonn, Phil. Fak., Diss. v. 4 Aug. 1865

Seebeck, Joa., de Homero Oedipodeae fabulae auctore. Dissertatio philologica. gr. 8. (34 S.) Bonnae 865. (Berlin, Calvary und Comp.) *

Seebeck, *Johannes* [Dir. Prof. Dr.]: *Lebensabriss des Direktors u. D. Dr. August Ebeling.* Celle, Druck v. W. Grofsgebauer, 1896; 16—18 S. 4.
Celle, k. G, OP 1896 (300)

Seebeck, Joa., de orationibus Taciti libris insertis. Part. I. gr. 4. (24 S.) Celle 880. (Hannover, Schulbuchh.) — 30

[F.] **Seebeck**, *Johannes* [Dir. Prof. Dr.]: Der Unterricht in der alten Geschichte auf den Gymnasien. Clausthal, Druck v. E. Pieper, 1894; 3—15 S. 4.
Clausthal, k. G, OP 1894 (302)

Seebeck, Lud(ov.) Frid. Guil. Aug(ustus) (geb. Jena 27. 12. 1805): Observationes circa nexum intercedentem inter corporum lucem simpliciter refringentium vim refringentem et angulos incidentiae, sub quibus luminis ab illorum superficiebus reflexi polarisatio fit perfectissima. Berolini 1830. (48 S.) 4°
Berlin, Phil. Diss. v. 10. Sept. 1830

Seebeck, M., Rede bei der Enthüllung des Denkmals für Kurfürst Johann Friedrich den Großmüthigen in Jena am 15. August 1858 gehalten. 1. u. 2. Aufl. Jena 858. Frommann. gr. 8. (14 S.) 3 ngr.

(Seebeck, Mor.,) einige Worte üb. d. Gymnasialunterricht, s. Worte.

Seebeck, Thom. Joh., zur Entdeckg. d. Elektromagnetismus, s.: Oersted, Hans Chrn.

— T. J., Ueber die ungleiche Erregung der Wärme im prismatischen Sonnenbilde. (Ein in der Königl. Akad. der Wissensch. in Berlin vorgelesene Abhandlung.) Berlin 1820.

Seebeck, T. J., Ueber den Magnetismus der galvanischen Kette. (Bearbeitet nach Vorlesungen, welche den 14. Dec. 1820 und den 8. Febr. 1821 in der Königl. Akad. der Wissenschaft in Berlin gehalten worden, nebst einigen später hinzugefügten Zusätzen.) Berlin 1822.

— Notiz von neuen elektrisch-magnetischen Versuchen. (Gilb. Ann. der Phys., B. 73. St. 4. J. 1823. St. 4.)

— magnet. Polarisation d. Metalle u. Erze durch Temperatur-Differenz, s.a Ostwald's, W., Klassiker der exakten Wissenschaften.

Magnetische Polarisation der Metalle und Erze durch Temperatur-Differenz. Von Th[omas] J[ohann] **Seebeck**. '(1822–1823.)' Hrsg. v. A[rthur] J[oachim] v. Oettingen. M. 33 Textfig. Leipzig: W. Engelmann 1895. (120 S.) 1 Bd 8°
= Klassiker, Ostwald's, d. exakten Wissenschaften. No 70.

Seebens, Paul, approb. Arzt aus Singhofen b. Nassau: **Aus d. pathol. Institute zu Kiel. Über Tuberculose, speciell** Solitärtuberkel des Gehirns. *Kiel 1900: H. Fiencke.* (23 S.) 8°
Kiel, Med. Diss. v. [28. Nov.] 1900

Seebens, S., das Recht der religiösen Ueberzeugungen in der evangelischen Kirche. 8. (44 S.) Berlin 871. Leipzig, Barth. n. — 60

Seebens, S. S., Uebervölkerung? Eine sozial-polit. Betrachtg. 8. (35 S.) Höchst 898. W. Graf. n. — 60

Seebensteiner Schloß [Schlagwort]

Seebensteiner Schloss, s.: Wiener Ausflugskarten.

Seeber: Das Tetraeder auf elementarem Wege untersucht. 33 S. – Münnerstadt, Progr. 1863.

Seeber, Chr. Heinr., s.: **Brief 1. Cor. 14 üb. Spiritismus u. erste Christenheit.**

Seeber, Chrn. Heinr., e. Brief vom Messias der neuen Zeit. gr. 8. (8 S.) Chemnitz 894. M. Winter. — 20

(Heilige Dramas.) Geschrieben von Christian Heinrich **Seeber**. (1.) Chemnitz: M. Winter 1893. 8° [Ant. u. J.]

Freimaurerei und Hygiene: **Heil-Mystik. Früheste und neueste Heilweise für alle Krankheiten des unverletzten Körpers. Geheimnisse für Religiöse, Freimaurer, hohe Herrschaften, Geheimbünde und Mystik-Aerzte. [Von Christian Heinr. Seeber.] Chemnitz: Winter [ca 1896]. 32 S. 8°**

— Hoch-Schule d. Gerechtigkeit. Offenbarg. A. u. d. T.: Gerechtigkeit u. Seelenleben. 1. Bd. Schrift I—XII in 1 Bde. (Einbandtitel: Messias lehrt.) 8. (VII, 189 S.) Leipzig 898. Chemnitz, M. Winter. Geb. in Leinw. n. 5. —

— 1.—5. Lehrbuch der Propheten-Schule. gr. 8. Chemnitz, M. Winter. à n. — 50
1. Dasein Gottes. Beweis u. Endresultat des ersten wirkl. Weltkonziles aller besteh. Religionen. (III, 26 S.) 895.
2. Sohn Gottes. Kern aller echten Religionen. (20 S.) 895.
3. Logik. Verstand. Vernunft. Weisheit. (28 S.) 895.
4. Grundlage d. Zukunfts-Philosophie. (32 S.) 896.
5. Bücher der Prophetenschule. (42 S.) 896.

— kurze Lehre vom (Heil-) **Magnetisiren**. 1. Buch. 8. (18 S.) Ebd. 896. n. 1. —

Der Maurer. Loge. Geschrieben von Christian Heinr. Seeber. [Chemnitz: Winter 1894.] 24 S. 8°
(Seeber, Ch. H.: Messias lehrt. Eine Reihe heiliger Dramas . . . 11.)
In Versen: „Der Baustein ist verworfen, der brauchbare . . .“

Messias bei den Juden. Drama. Geschrieben von Christian Heinrich **Seeber**. Chemnitz: M. Winter 1893. (11 S.) 8°
= **Seeber**: Heilige Dramas. 4.

— Messias lehrt. Wichtigste Fragen u. Antworten in hochpoet. Dramadichtform. Eine Reihe heil. Dramas, enth. die Erfüllg. der Offenbarg. S. Johannis. Nr. 1—13. gr. 8. Chemnitz, M. Winter. à n. — 50; 1—5, nebst: Ein Brief vom Messias der neuen Zeit (8 S.) in 1 Leinwbd. n. 3. —
1. Das Wort. (VIII, 16 S.) 893. — 2. Messias bei den Wilden. (20 S.) 893. — 3. Der Weise. (18 S. m. 1 Bl. Musik.) 893. — 4. Messias bei den Juden. (14 S.) 893. — 5. Jesus heilt die Kranken. (14 S.) 893. — 6. Messias bei den Bauern. (15 S.) 894. — 7. Lasset die Kindlein zu mir kommen. (14 S.) 894. — 8. Die sieben Tage. (12 S.) 894. — 9. Christen u. Spiritisten. (14 S.) 894. — 10. Liebe u. der Bräutigam. (20 S.) 894. — 11. Der Maurer Loge. (24 S.) 894. — 12. Die Meister des Gesetzes u. Jesus. (21 S.) 894. — 13. Messias vor dem Kaiser. (24 S.) 894.

— Messias lehrt. Wichtigste Fragen u. Antworten in hochpoet. Dramadichtform. E. Reihe heil. Dramas, enth. d. Erfüllg. der Offenbarg. S. Johannis. Nr. 14—29. gr. 8. Ebd. n. 9. —
14. Die Berg-Predigt. (23 S.) 895. n. — 50
15. Messias auf dem Wege. (24 S.) 895. n. — 50
16. Durch d. enge Pforte. (23 S.) 895. n. — 50
17. Die Wiedergeburt. (25 S.) 895. n. — 50
18. Messias auf d. weissen Pferde. M. e. Vorspiel f. d. Theater. Geschrieben fürs Volk. (25 S.) 895. n. — 50
19. Kunst u. Wissenschaft. (20 S.) 895. n. — 50
20. Vegetarianer. (26 S.) 895. n. — 50
21. Ri. (21 S.) 895. n. — 50
22. Eine Predigt des Königs. (26 S.) 895. n. — 50
23. Taufe. M. e. Nachspiel f. d. Theater eingerichtet. (25 S.) 895. n. — 50
24. Leben Jesu. Drama in 8 Aufzgn. (53 S.) 895. n. 1. —
25. Hochzeit zu Cana. (39 S.) 895. n. — 50
26. Fischzug. (36 S.) 895. n. 1. —
27. Leben Abraham. (27 S.) 895. n. — 50
28. Isaak od. 2. Thl. zu Leben Abraham. (19 S.) 897. n. — 50
29. Jacob u. Söhne. (26 S.) 897. n. — 50

Messias bei den Wilden, Drama. Geschrieben von Christian Heinrich **Seeber**. Chemnitz: M. Winter 1893. (19 S.) 8°
— **Seeber**: Heilige Dramas. 2.

Der Weise. Drama. Geschrieben von Christian Heinrich **Seeber**. Chemnitz: M. Winter 1893. (17 S.) 8°
— **Seeber**: Heilige Dramas. 3.

Das Word. Ein heiliges Drama. Geschrieben von Christian Heinrich **Seeber**. Chemnitz: M. Winter 1893. (16 S.) 8°
— **Seeber**: Heilige Dramas. 1.

Seeber, Johann Stephan (Wansleben) A. S. 1258/3

Dissertatio inauguralis medica de fistulis.
Präs. Georg Wolffgang Wedel.
Jena (Krebs) II. 1714. 16 S.

Gew.: Peter Reinhard.
W. v.: Daniel Philipp Rosenbach. 32203

Seeber, Jos., ein fliegend Blatt. Gedichte. 8. (215 S.) Brixen 885, Weger's Buchh. *

— **St. Elisabeth v. Thüringen.** Ein episches Gedicht. 16. (175 S. m. eingedr. Holzschn.) Steyl 888. Missionsdruckerei. n. 1. 50

Seeber, Jos., s.: Festgruß zur Säcularfeier des Bundes Tirols m. d. göttl. Herzen Jesu.

Seeber, Jos., Gedanken üb. die „moderne“ Litteraturströmung, s. Broschüren, Frankfurter zeitgemäße. 21. I.

Gedanken über die ‘moderne’ Litteraturströmung. Von Joseph Seeber. Hamm i. W.: Breer & Thiemann 1901. (32 S.) 8°
= Broschüren, Frankfurter zeitgemässe. Bd 21, H. 1.

Seeber, J., Judas. Tragödie in 5 Acten. 12. (129 S.) Innsbruck 887. Wagner. n. 2. —; geb. m. Goldschn. n. 3. 20

Seeber, Jos., der ewige Jude. Episches Gedicht. 1.—3. Aufl. 8. (VII, 216 S.) Freiburg i/B. 894. 895. Herder. n. 2. —; geb. in Leinw. n. 3. —

— der ewige Jude. Episches Gedicht. 4. u. 5. Aufl. 12. (VII, 216 S.) Freiburg i/B. 896. Herder. n. 2. —; geb. in Leinw. n. 3. —

— der ewige Jude. Episches Gedicht. 6. u. 7. Aufl. 12. (V, 216 S.) Freiburg i/B. (899). Herder. n. 2. —; geb. in Leinw. n. 3. —

Seeber, Jos., der ewige Jude. Episches Gedicht. 8. u. 9. Aufl. (VII, 231 S.) Freiburg i/B. 905. Herder. n. 2. —; geb. in Leinw. n. 3. 20

Seeber, Jos., der ewige Jude. Episches Gedicht. 10. u. 11. Aufl. (VII, 211 S.) 8. Freiburg i/B. (911). Herder. 2.50; geb. in Leinw. od. Pappbd. 3. 50

— zur deutschen Mythologie, s. Broschüren, Frankfurter zeitgemäße.

Zur deutschen Mythologie. Von Josef Seeber. Hamm i. W.: Breer & Thiemann 1906. (31 S.) 8°
= Broschüren, Frankfurter Zeitgemäße. Bd 25, H. 5.

— Spinges. Scenen aus dem Befreiungskampfe Tirols 1796/97. 12. (73 S.) Bozen 896. F. X. Promperger. n. 1. 20; Einbd. in Leinw. n.n.n. — 65

Seeber, Jos. Über Wolframs Willehalm. 34 S. 8. Progr. Pr. G. Sem. Vinc. *Brixen* 1884.

— die Wodan-Religion, s.: Vorträge u. Abhandlungen, hrsg. v. der Leo-Gesellschaft. 18. Hft.

Seeber, Ludwig August

Seeber, L. A., mathemat. Abhandll. 1r Bd. A. u. d. T.: Untersuchungen üb. die Eigenschaften d. positiven ternaeren quadratischen Formen. gr. 4. Manh. 831. (Löffler) 3 ₰ 12 gr

Seeber, Ludw. Aug., Ergänzung d. euklidischen Systems d. Geometrie, in Rücksicht sein. ungenüg. Beweise der d. Parallellinien u. ihre Eigenschaften betreff. Lehrsätze. gr. 4. (1½ B. m. viel. Holzschnn.) Karlsruhe 840, Braun'sche Hofbuchh.

—— Untersuchungen üb. d. Eigenschaften d. posit. ternaeren quadrat. Formen. gr. 4. (35 B.) Freiburg 831. (Carlsruhe, Braun'sche Hofbuchh.) •

Seeber, Wilh., des Handwerks-Gesellen, Reisen in Europa, Asien und Afrika. Erzählt von ihm selbst. Hierzu 25 nach der Natur vom Verf. aufgenommene (lithogr.) Illustr. (in Tondr.) und mehrere Zeugnisse. 1.—4. Heft. gr. 8. (S. 1—128 mit 8 Stnt. in Tondr.) Oederan 868, Schlesinger'sche Buchh. à Heft 30 Pf.

Seeberg [Schlagwort]

Seeberg. Salzmann, Hub., Geländekarte vom Seeberg bei Gotha. In e. neuen Terrainmanier v. Herm. Habenicht. 1 : 12,500. 40,5×56,5 cm. Farbdr. Nebst Text. gr. 8. (3 S.) Ebd. 901. n. —40

Seeberg [Verfasser]

Seeberg, Anton in Amerika, oder: Faust's Soll u. Haben. Komisch-dramatische Dichtung in 3 Abthlgn. Nebst einem Prolog: Simon Rosenstiel an das Sonntagsblatt der New-Yorker Staats-Zeitung. New-York 864. (Philadelphia, Schäfer & Koradi.) 16. (72 S.) n. 12 ngr.

Andreas Hofer | der ruhmvolle Führer | im | tyroler Volkskampfe 1809 | und | seine Erschießung | zu | Mantua am 20. Februar 1809. | Historisches Charakterbild | von | A. Seeberg. | Druck und Verlag von Rob. Bardtenschlager in Reutlingen. (= Nro. 112).
o. J., 64 S., 160 × 106, U.-Fig.: *A. Hofer mit Gebirgskulisse*, 88 × 72, sign. A. H.
LBS d. D. oct K 3434.

Seeberg, A., Andreas Hofer, der ruhmvolle Führer im tyroler Volkskampfe 1809, und seine Erschießung zu Mantua am 20. Febr. 1810. Histor. Charakterbild. 8. (64 S.) Reutlingen 883, Bardtenschlager.

Seeberg, Alfr., die Anbetung d. „Herrn" bei Paulus. gr. 8. (67 S.) Riga 891. (Leipzig, A. Deichert Nachf.) n. — 80

Die Didache des Judentums und der Urchristenheit. Von D. Alfred Seeberg, Prof. Leipzig: A. Deichert Nachf. 1908. (VI, 122 S.) 8° [08. 9491

Seeberg, Alfr., das Evangelium Christi. (IV, 139 S.) gr. 8. Leipzig 905. A. Deichert Nachf. n. 3. —

Seeberg, Alfr., d. Heilsbedeutung d. Todes Christi im Hebräerbrief. Diss. gr. 8. (80 S.) Jurjew (Dorpat) 895. (E. J. Karow.) n. 1. 60

Der Katechismus der Urchristenheit. Von D. Alfred Seeberg, Prof. in Dorpat. *Leipzig: A. Deichert 1903.* (IV, 281 S.) 8° [03. 385

— die Leiden der Christen, s. a. Salz u. Licht.

Die Leiden der Christen. Von D. Alfred Seeberg, Prof. Barmen: Wuppertaler Traktat-Gesellsch. 1906. (20 S.) 8° [F.]
— Salz u. Licht. 14. [07. 11115

Seeberg, Alfr., Christi Person u. Werk nach der Lehre seiner Jünger. (III, 109 S.) gr. 8. Leipzig 910. A. Deichert Nachf. 2. 80

— die Taufe im Neuen Testament, s. a. Zeit- u. Streitfragen, biblische. I. 10.

Die Taufe im Neuen Testament. Von Alfred Seeberg. Gr. Lichterfelde-Berlin: E. Runge 1905. (25 S.) 8° [F.]
— Zeit- u. Streitfragen, Biblische. Ser. 1. H. 10. [06. 696

— s.: Theologie, die, der Gegenwart.

— der Tod Christi in seiner Bedeutg. f. die Erlösg. E. biblisch-theolog. Untersuchg. gr. 8. (VII, 384 S.) Leipzig 895. A. Deichert Nachf. n. 5. 50

— die beiden Wege u. das Aposteldekret. (III, 105 S.) gr. 8. Leipzig 906. A. Deichert Nachf. n. 2. 50

— s.: Wichern-Feiern, die.

Blut. Schauspiel in 6 Aufz. von D. Seeberg. Dortmund: Koeppen 1910. 137 S. 8° [Umschlagt.]

Seeberg, D., Dänenfahrt. Ein Heldenlied. (383 S.) Lex.8. Berlin 907. [Herm. Walther.] Dortmund, Koeppen. 5.—; erm. Pr. 4. —

— Die Eroberung v. Wilhelmstein. Eine westfäl. Geschichte aus d. Kriege 1866. [Aus: „Das alte Geschlecht".] (66 S.) gr. 8. Dortmund 910. Koeppen. 1. —

— Es war einmal e. blinder König. Ein lust. Trauerspiel in 1 Vorspiel u. 5 Aufzügen. (VII, 217 S.) 8. Ebd. (909). 3. —

— Der Sang v. d. Ruhr. Ein Gedicht v. Erde u. Mensch. 1.—3. Taus. (175 S.) 8. Berlin (908). [Herm. Walther.] Dortmund, Koeppen. 2.50; erm. Pr. 2. —

Seeberg, F. v., s. Seeburg, Franz von

Seeberg, Friederike, geb. Hesselberg, am Fuße des Oelberges. Ein Blüthenstrauß hinterlassener Dichtungen. Nebst ihrer Biographie. gr. 16. (IV, 163 S.) Eisenach 872, Bacmeister. [Basel, Spittler.] geb. mit Goldschn. (*M 3.) *

Seeberg, J.: Die Juncker von Prag, Dombaumeister um 1400, u. der Strassburger Münsterbau. Leipzig 1871. 8°

Seeberg, P., De fontibus in Plutarchi Artaxerxis vita adhibitis quaestiunculae. Pr. 1897. 39 S. 2.—

Seeberg, P., das Gesetz des Herrn oder die heiligen 10 Gebote ausgelegt. 1. Aufl. 1863. und 2., verm. Aufl. gr. 8. (VIII und 392 S.) Berlin 867, Beck. *

Seeberg, P., Kaiser Julian der Abtrünnige. Trauerspiel in 5 Akten. gr. 8. (IV, 132 S.) Berlin 874. Rauh. 1. 80

—— Dr. Martin Luther's kleiner Katechismus ausführlich erklärt für Kirche, Schule und Haus. gr. 8. (VIII, 372 S.) Ebendas. 870. *

Seeberg, P., Dr. Martin Luthers kleiner Katechismus ausführlich erklärt für Kirche, Schule und Haus. 2. verb. Aufl. gr. 8. (VIII, 372 S.) St. Petersburg 877. (Leipzig, Hartmann.) *

—— drei Kinderpredigten. [Den Kindern vorzulesen.] 1. Auf Weihnachten. 2. Für die Passionszeit. 3. Auf Ostern. gr. 8. (24 S.) St. Petersburg 870. Leipzig, Hartmann. *

Seeberg, P., Predigten auf alle Sonn- und Festtage des Kirchenjahres. 7 Lfgn. gr. 8. (556 S.) Berlin 865, Beck. à Lfg. * 5 Ngr. *

Seeberg, P., aus alten Zeiten. Lebensbilder aus Kurland. 8. (231 S.) Stuttgart 885, J. F. Steinkopf.

Seeberg, Paul, Vorstudien zur Dogmatik. gr. 8. (VII, 60 S.) Leipzig 902. R. Wöpke. n. 1.20

(B) Seeberg, P., Vorstudien zur Dogmatik. 902. Jetzt: Leipzig, A. König.

Seeberg, Ph. Freih. v.: V e r s u c h über die Bergwerkskunde. Pressburg. 1775. 8°

Seeberg, Rhold., das Abendmahl im Neuen Testament, s.a. Zeit- u. Streitfragen, biblische. I. 2.

Das Abendmahl im Neuen Testament. Von Reinhold Seeberg. Gr.Lichterfelde-Berlin: E. Runge 1905. (40 S.) 8° [F.]
— Zeit- u. Streitfragen, Biblische. Ser. 1. H. 2. [o6. 689

— die Apologie des Aristides, s.: Forschungen zur Geschichte des neutestamentlichen Kanons.

Seeberg, Rhold., der Apologet Aristides. Der Text seiner uns erhaltenen Schriften, nebst einleit. Untersuchgn. üb. dieselben. gr. 8. (V, 68 S.) Leipzig 894. A. Deichert Nachf. n. 2. —

Seeberg, Reinhold (Hrsg.), s. A r i s t i d e s : Apologeta

— auf zum hl. Krieg! Predigt üb. Luc. 12, 49—51, geh. am 10. Oktbr. 1893, zu St. Lorenz in Nürnberg, auf dem Jahresfest des Landesvereins f. innere Mission in Bayern. gr. 8. (15 S.) Nürnberg 893. G. Löhe. n. — 20

Seeberg, Rhold., nachgelassene Aufgaben f. die Theologie des 19. Jahrhunderts, s.a. Hefte der freien kirchlich-sozialen Konferenz.

Nachgelassene A u f g a b e n für die Theologie des 19. Jahrhunderts. Von D. theol. R.[einhold] Seeberg, Prof., Berlin. Berlin: Berl. Stadtmiss. 1900. (32 S.) 8°
Aus: Ev. Kirchenzeitung u. Deutsche Ev. Kirchenzeitung.
= Hefte d. freien kirchlich-sozialen Konferenz. H. 13.

Seeberg, Rhold., der Begriff der christlichen Kirche. 1. Tl. A. u. d. T.: Studien zur Geschichte des Begriffes der Kirche mit besond. Beziehung auf die Lehre von der sichtbaren und unsichtbaren Kirche. gr. 8. (X, 236 S.) Erlangen 885, Deichert'sche Verlagsh. Nachf. *

— die Bibel, das Buch der Bücher. Predigt am Sonntag Oculi 1904, geh. in der Kaiser-Friedrich-Gedächtniskirche. (16 S.) gr. 8. Berlin 904. E. S. Mittler & Sohn. n. — 25

— brauchen wir ein neues Dogma? Vortrag, geh. auf der Leipziger Pastoralkonferenz am 21. Mai 1891. [Aus: „Neue kirchl. Zeitschr."] gr. 8. (42 S.) Leipzig 892. A. Deichert Nachf. n. — 60

Seeberg, Reinhold. Zur Charakteristik der reformatorischen Grundgedanken (Ulrich) Zwingli's. ‹SA.› 8. ([Leipzig] 1889.)

Von Christus und dem Christentum. Aufsätze von Reinhold Seeberg. Gr. Lichterfelde-Berlin: E. Runge 1908. (145 S.) 8° [F.] [08. 16917 2

Seeberg, Rhold., errette die, so man töten will! Predigt üb. Sprüche 24, 11., 12., z. Jahresfest d. Landesvereins f. inn. Mission d. evangel.-luther. Kirche im Königreich Sachsen am 3. Mai 1892 in Dresden geh. gr. 8. (16 S.) Dresden 892. Niederlage d. Schriftenvereins. n. — 30

— Franz Hermann Reinhold v. Frank. Ein Gedenkblatt. [Aus: „Allg. ev.-luth. Kirchenzeitg."] gr. 8. (24 S.) Leipzig 894. Dörffling & Franke. n. — 60

— zum Gedächtnis Schleiermachers, s.: F a b e r , W.

Gewissen und Gewissensbildung. E. erweiterter Vortr. v. Dr. Reinhold Seeberg, ord. Prof. d. Theol. in Erlangen. *Erlangen: F. Junge 1896.* (76 S.) 1 Bd 8. [98. 6945 Ba

— Glaube u. Glaube. Vortrag auf der allgemeinen kirchl. Konferenz der Wupperthaler Festwoche am 10. Aug. 1893. [Aus: „Neue kirchl. Zeitschr."] gr. 8. (37 S.) Barmen 894. Wupperthaler Traktat-Gesellschaft. n. — 60

— Grundriss der Dogmengeschichte. gr. 8. (VIII, 135 S.) Leipzig 901. A. Deichert Nachf. n. 2. 80

Seeberg, Rhold., Grundriss der Dogmengeschichte. 2. verb. Aufl. (VIII, 136 S.) gr. 8. Leipzig 905. A. Deichert Nachf. n. 2. 80; geb. n.n. 3. 50

— Grundriss d. Dogmengeschichte. 3. vielfach verb. Aufl. (VIII, 158 S.) gr. 8. Leipzig 910. A. Deichert Nachf. 3.25; geb. n 3. 80

— die Grundwahrheiten der christlichen Religion. Ein akadem. Publikum in 16 Vorlesgn., vor Studierenden aller Fakultäten der Universität Berlin im Winter 1901/2 geh. gr. 8. (V, 165 S.) Ebd. 902. n. 3. —; geb. n. 3. 80; Velinausg. n. 4. 50

Die Grundwahrheiten der christlichen Religion. Ein akad. Publikum in 16 Vorlesungen vor Studierenden aller Fakultäten d. Univ. Berlin im Winter 1901/2 geh. von Reinhold Seeberg. 4. verb. Aufl. Leipzig: A. Deichert 1906. (IX, 173 S.) 8° [F.] [c6. 7000

— Die Grundwahrheiten der christl. Religion. Ein akadem. Publikum, in 16 Vorlesgn. vor Studierenden aller Fakultäten d. Universität Berlin geh. 5. Aufl. (VII, 173 S.) 8. Ebd. 910. 3.—; geb. 3. 80

— Die kirchlich-soziale Idee u. die Aufgaben der Theologie in der Gegenwart, s.a. Hefte der freien kirchlich-sozialen Konferenz. 39.

Die kirchlich-soziale Idee und die Aufgaben der Theologie in der Gegenwart. Referat auf d. 12. Hauptversammlung d. Freien kirchlich-soz. Konferenz zu Karlsruhe i. B. Von Prof. D. Reinhold **Seeberg**. Berlin: Vaterländ. Verl.- u. Kunst-Anst. 1907. 60 S. 8°
(Hefte d. Freien kirchlich-sozialen Konferenz. H. 30.)

Seeberg, R., e. Kampf um jenseitiges Leben. Lebensbild e. mittelalterl. Frommen in protestant. Beleuchtg. 12. (XI, 148 S.) Dorpat 889. Karow. n. 2. 40

— die Kirche Deutschlands im 19. Jahrh. Eine Einführg. in die religiösen, theolog. u. kirchl. Fragen der Gegenwart. (4. durchweg neu bearb. u. stark verm. Aufl. von „An der Schwelle des 20. Jahrh.".) (VIII, 392 S.) gr. 8. Ebd. 903. n. 6. 75; geb. n. 8. —

— dasselbe. 2 durchgeseh. Aufl. (VIII, 389 S.) gr. 8. Ebd. 904. n. 6. 75; geb. n. 8. —

— Die Kirche Deutschlands im 19. Jahrh. Eine Einführg. in die religiösen, theolog. u. kirchl. Fragen der Gegenwart. 3. vielfach verb. u. erweit. Aufl. (X, 428 S.) 8. Leipzig 910. A. Deichert Nachf. 7.20; geb. 8. 20

Seeberg, Rhold., Die Kirche und die soziale Frage. (Aus: „Neue kirchl. Zeitschrift".) gr. 8°. Leipzig, A. Deichert's Nachf., 1896.

— die Kirche u. d. sociale Frage. [Aus: „Neue kirchl. Zeitschr."] gr. 8. (44 S.) Leipzig 897. A. Deichert Nachf. n. — 75

— Kirche, Gnadenmittel u. Gnadengaben. Vortrag, geh. auf der kurmärk. Konferenz in Potsdam am 10. V. 1910. (48 S.) 8. Berlin 910. Vaterländ. Verlags- u. Kunstanstalt. — 60

—— vom Lebensideal. Vortrag, gehalten in der Aula der Universität zu Dorpat. gr. 8. (25 S.) Ebendas. 886. *

— Lehrbuch d. Dogmengeschichte. 2 Hälften. gr. 8. Ebd. n. 13. 40
1. Die Dogmengeschichte der alten Kirche. (XX, 332 S.) 895. n. 5. 40
2. Die Dogmengeschichte des Mittelalters u. der Neuzeit. (XIV, 472 S.) 898. n. 8. —

— Lehrbuch der Dogmengeschichte. I. u. II. Bd. gr. 8. Ebd. 24.40; geb. n 26. 80
I. Die Anfänge des Dogmas im nachapostol. u. altkathol. Zeitalter. 2., durchweg neu ausgearb. Aufl. (X, 570 S.) 908. 12.40; geb. n 13. 60
II. Die Dogmenbildg. in der alten Kirche. 2., durchweg neu ausgearb. Aufl. (XVI, 538 S.) 910. 12.—; geb. n 13. 20

— Luther u. Luthertum in der neuesten katholischen Beleuchtung. (III, 31 S.) gr. 8. Ebd. 904. n. — 60

Alte und neue Moral. Von Reinhold **Seeberg**. Hamburg: Agentur d. Rauhen Hauses 1910. 73 S. 8° [10. 7749]

— Offenbarung u. Inspiration, s. a. Zeit- u. Streitfragen, bibl. IV, 7. 8.

Offenbarung und Inspiration. Von Reinhold **Seeberg**. 2. Taus. Gr.- Lichterfelde-Berlin: Runge 1908. 77 S. 8°
(Biblische Zeit- u. Streitfragen. Ser. 4, H. 7/8.)

Offenbarung und Inspiration. Von Reinhold **Seeberg**. 5. Taus. Gr.- Lichterfelde-Berlin: Runge 1908. 77 S. 8°
(Biblische Zeit- u. Streitfragen. Ser. 4, H. 7/8.)

Die Persönlichkeit Christi der feste Punkt im fließenden Strome der Gegenwart. Aus d. Verhandlungen der 8. Hauptvers. d. freien kirchlich-sozialen Konferenz, 1903 in Berlin. Referat von Prof. D. R[einhold] **Seeberg**-Berlin. Mit Diskussion u. Verhandlungsbericht. *Berlin: Berliner Stadtmission 1903.* (55 S.) 8° [F.]
— Hefte d. freien kirchlich-sozialen Konferenz. H. 27. [03. 11803]

— die Persönlichkeit Christi, der feste Punkt im fließenden Strome der Gegenwart. Aus den Verhandlgn. der 8. Hauptversammlg. der freien kirchlich-sozialen Konferenz, 14.—16. IV. 1903 in Berlin. Referat. (24 S.) 8. Berlin 906. Vaterländ. Verlags- u. Kunstanstalt. n. — 30

— s.: Religion, die christliche.

— aus Religion u. Geschichte. Gesammelte Aufsätze u. Vorträge. 1. Bd.: Biblisches u. Kirchengeschichtliches. (VII, 400 S.) gr. 8. Leipzig 906. A. Deichert Nachf. n. 6. 50; geb. n. 7. 60

— Aus Religion u. Geschichte. Gesammelte Aufsätze u. Vorträge. 2. Bd.: Zur systemat. Theologie. (VII, 395 S.) gr. 8. Leipzig 909. A. Deichert Nachf. 6.60; geb. n 7. 60

- s.: Religion, systematische christliche.

—— Hermann v. Scheda, s. Schriften d. Institutum judaicum in Leipzig.

An der Schwelle des zwanzigsten Jahrhunderts. Rückblicke auf d. letzte Jahrhundert deutscher Kirchengesch. Von Reinhold **Seeberg**. Leipzig: A. Deichert 1900. (128 S.) 8°

An der Schwelle des zwanzigsten Jahrhunderts. Rückblicke auf d. letzte Jahrh. deutscher Kirchengesch. Von Reinhold **Seeberg**. 2., vielf. verb. u. verm. Aufl. Leipzig: A. Deichert 1901. (140 S.) 8°

— an der Schwelle des 20. Jahrh. Rückblicke auf das letzte Jahrhundert deutscher Kirchengeschichte. 3. Aufl. (Der 2. vielfach verb. Aufl. unveränd. Abdr.) gr. 8. (140 S.) Ebd. 901. n. 2. 10; kart. n.n. 2. 40

— Sinnlichkeit u. Sittlichkeit. Alte od. neue Moral? (60 S.) 8. Berlin 909. Trowitzsch & Sohn. 1. 20

— Luthers Stellung zu den sittlichen u. sozialen Nöten seiner Zeit u. ihre vorbildliche Bedeutung f. die evangelische Kirche. Vortrag, geh. am 24. IX. 1901 auf dem 31. Kongreß f. innere Mission in Eisenach. gr. 8. (32 S.) Ebd. 902. n. — 60
Sonderabdruck aus: „Neue kirchl. Zeitschrift".

Die Stellung Melanchthons in der Geschichte der Kirche und der Wissenschaft. Akadem. Festrede z. Feier d. vierhundertjähr. Geburtst. Melanchthons, am 16. Febr. 1897 an d. kgl. Univ. Erlangen, geh. v. Dr. Reinhold **Seeberg**, o. Prof. d. system. Theol. Erlangen, k. B. Hof- u. Univ.-Buchdr. v. F. Junge, 1897; 25 S. 4.

— d. Stellung Melanchthons in d. Geschichte d. Kirche u. d. Wissenschaft. Festrede zur 400jähr. Geburtstagsfeier Melanchthons an d. k. b. Universität Erlangen. 2., durchgeseh. Ausg. gr. 8. (42 S.) Erlangen 897. F. Junge. n. — 60

— u. Adf. Wagner, Adolf Stoecker. 2 Reden. (51 S. m. 1 Bildnis.) 8. Berlin 909. Trowitzsch & Sohn. 1.—

— s.: Studien zur Geschichte d. Theologie u. der Kirche.

— s.: Studien, neue, zur Geschichte der Theologie u. der Kirche.

— die Theologie Frank's in ihren Grundzügen, s.: Frank, Fr. R. H. v., Geschichte u. Kritik d. neueren Theologie.

— die Theologie des Johannes Duns Scotus, s.a. Studien zur Geschichte der Theologie u. der Kirche. V.

Die Theologie des Johannes Duns Scotus. Eine dogmengeschichtl. Untersuchung von Reinhold Seeberg. Leipzig: Dieterich 1900. (VI, 705 S.) 8°
= Studien z. Geschichte d. Theologie u. d. Kirche. Bd 5.

Zur Systematischen Theologie. Abhandlungen u. Vorträge von Reinhold Seeberg. Leipzig: A. Deichert Nachf. 1909. (VI, 395 S.) 8°
= Seeberg: Aus Religion u. Geschichte. Bd 2.

— die Unterscheidungslehren der verschied. christlichen Bekenntnisse, s.: Graul, Karl.

— Zum dogmat. Verständnis der Trinitätslehre, s.: Studien, theologische.

— warum glauben wir an Christus?, s.a. Hefte f. evangel. Weltanschauung u. christl. Erkenntnis. I. 9.

— warum glauben wir an Christus? Ein Vortrag. 2. rev. u. erweit. Aufl. (85 S.) 8. Gr.-Lichterfelde-Berlin (903). E. Runge. n. — 60

—— was haben wir an unserer Bibel? Bibelfestpredigt über 2. Tim. 3, 14—16, gehalten in der Universitäts-Kirche zu Dorpat am Sonntage Cantate. gr. 8. (24 S.) Dorpat 885, Karow. *

Seeberg, Rob., Disquisitiones microscopicae de textura membranae pituitariae nasi. Dissertatio inauguralis. 8maj. (83 S. mit 2 Stnt. in qu. gr. 4.) Dorpati Liv. 856. (Mitaviae, Reyher.)

Seeberg, Theodor, aus Tuckum (Russland): Die Kondensationen von Di- und Triphenylcarbinol mit einwertigen Phenolen und Phenoläthern. ⟨Aus dem I. Chemischen Laboratorium der Universität Freiburg i. Schw. Professor Bistrzycki.⟩ Freiburg (Schweiz) 1910. 63 S. 8°.
Freiburg i. Schw. Math.-naturw. Diss. 1909 10.

Seeberg, Theodor. Die Kondensationen von Di- und Triphenylcarbinol mit einwertigen Phenolen und Phenoläthern. Diss. Math.-Naturw. Freiburg, Schweiz. 63 S. 8. Freiburg ⟨Schweiz⟩, St.-Paulus-Druckerei, 1910.

Seeberger: Aufgaben über die Auflösung ebener Dreiecke. 20 S. Zengg. Progr. 1866.

Seeberger, Adolf, Schlachthoftierarzt in Freiberg (Sachsen): Über äussere Körpermasse und deren Beziehungen zu Grösse und Entwicklung von Lunge und Herz bei zwei verschiedenen Schafrassen. 1909. 46 S. 8°. [10. XII. 08.]
Bern, Vet.-med. Diss. 1908/09.

Seeberger, Geo., Chronik der protestant. Pfarrei Bamberg (1807—1907), der Gemeinde z. Jubiläum ihres 100jähr Bestehens am 19.VI.1907 dargeboten von ihrem Pfarrer. (VI, 89 S. m. 1 Taf.) 8. Bamberg 907. (C. Hübscher.) Kart. 1. —

Seeberger, Geo., Handbuch d. Amtsführg. f. die protestantischen Geistlichen d. Königr. Bayern diesseits d. Rheins. 1.—13. Lfg. gr. 8. (II, XXI u. S. 1—1028.) München 898. J. Schweitzer Verl. n. 11. —

Seeberger, Geo., Handbuch der Amtsführung f. die protestantischen Geistlichen des Königr. Bayern diesseits des Rheins. 15. Lfg. gr. 8. (VI u. S. 1029—1101.) München 899. J. Schweitzer Verl. n. 1.50; (kplt. n. 14.—; geb. n. 16.50)

Seeberger, Geo., die Herzen in die Höhe! Gebete aus Gotteswort u. Kirchenlied m. Schriftlektionen auf alle Tage d. Jahres. Für vielbeschäftigte Menschenkinder zusammengestellt. 16. (IV, 148 S.) Leipzig 893. A. Deichert Nachf. n. — 70

Seeberger, Gust., Grundzüge einer neuen Methode für angewandte Perspektive. Lex.-8. (39 S. mit 27 Fig. in eingedr. Holzschn. und 5 Stnt.) München 860, Literarisch-artistische Anstalt. *

Seeberger, Gust., Grundzüge der perspektivischen Schattenlehre. Mit 25 in den Text gedr. Fig. u. 14 (lith.) Taf. (in qu. 4.) 8. (VI, 72 S.) München 876. Manz. n. 3. 60

Seeberger, Gust., Grundzüge der perspektivischen Schattenlehre. Mit 25 in den Text gedr. Fig. u. 14 (lith.) Taf. 2., unveränd. Aufl. 8. (VI, 72 S.) Regensburg 880. Coppenrath. n. 2. —

— der Kampf gegen die Trunksucht und die Stellung des evang. Geistlichen zu den verschiedenen Formen derselben, s.: Bericht üb. die 29. allgem. Pastoralkonferenz evangelisch-lutherischer Geistlicher Bayerns.

— Principien der Perspective u. deren Anwendung nach e. neuen Methode. Mit 34 Fig. (in eingedr. Holzschn.) u. 4 (lith.) Taf. (in qu. 4.) gr. 8. (VI, 58 S.) München 873. literar.-art. Anstalt. n. 1. 80

—— Principien der Perspektive und deren Anwendung nach einer neuen Methode. 2. durchgesch. und verm. Aufl. 8. (VIII, 67 S. mit 40 eingedr. Holzschn.-Fig. und 4 lithogr. Taf.) München 879, Literar.-artist. Anstalt. *

Seeberger, Gust., Principien der Perspektive und deren Anwendung nach einer neuen Methode. 3. unveränd. Aufl. 8. (VIII, 67 S. mit 40 Fig. und 4 Taf.) München 884, Literar.-artist. Anstalt. *

Seeberger, G., Principien der Perspektive u. deren Anwendung nach e. neuen Methode. Mit 40 Fig. u. 4 Taf. 4., unveränd. Aufl. gr. 8. (VIII, 68 S.) München 890. Bassermann. n. 2. —

Seeberger, Gust., Principien der Perspektive u. deren Anwendung nach e. neuen Methode. Mit 40 Fig. u. 4 Taf. 5. unveränd. Aufl. 8. (VIII, 68 S.) München 892. Fr. Bassermann. n. 2. —

Seeberger, Gust., Principien d. Perspektive u. deren Anwendg. nach e. neuen Methode. 6., unveränd. Aufl. m. e. Vorwort v. Fr. Thiersch. 8. (XI, 68 S. m. 40 Fig. u. 4 Taf.) München 897. F. Bassermann. n. 2. —

Seeberger, Gust., Principien der Perspektive u. deren Anwendung nach e. neuen Methode. 7. unveränd. Aufl. m. e. Vorwort v. Fr. Thiersch. 8. (XI, 68 S. m. 40 Fig. u. 4 Taf.) München 900. F. Bassermann. n. 2. —

Seeberger, Gust., Prinzipien der Perspektive u. deren Anwendg. nach e. neuen Methode. 8. unveränd. Aufl. m. e. Vorwort v. Fr. Thiersch. (XI, 68 S. m. 40 Fig. u. 4 Taf.) 8. München 904. F. Bassermann. n. 2. —

Seeberger, J.

Seeberger, Vergleichungstabelle für bayr. Fuß und Meter, bayr. Maß und Liter, bayr. Pfund und Kilogramm nach Inhalt und Preis. 1. und 2. Aufl. Fol. (8 S.) Nördlingen 870, Beck'sche Buchh.

Seeberger, K., Lectures françaises pour les écoles réales. Wien. Hölder. (Min.-Erl. v. 10. Juli 1893, Z. 14812.) Première partie 1892. Geheftet —.28. Deuxième partie 1893. Geheftet —.92. gebunden 1.12

Seeberger, K.: Die geometrischen O e r t e r der fünf merkwürdigen Punkte des Radienvectoren-Dreieckes der Ellipse. S. 77–89. 8° – Znaim, OR., Progr. 1872.

Seeberger, Karl

Programm, fünftes, des k. k. kathol. Staats-Obergymnasiums zu V i n k o v c e in der kroatisch-slavonischen Militär-Grenze. *Wien* 1858. Gedruckt bei *A. Pichler's Wtw. & C.* 33 S., 4°. Mit 1 lithogr. Tafel.

INHALT. Physikalische Abhandlung. Ueber die Schwingungsrichtung des Lichtäthers im geradlinig polarisirten Lichte. Vom Gymnasiallehrer *Karl Seeberger* (S. 3—17).

Seeberger, *Ludwig* [aus München]: Beiträge zur Kenntniss der Constitution des Dicyandiamids ... München, Druck v. V. Höfling, 1893; 68 S. 8.
München, Phil. Fak., Inaug.-Diss. v. 1893

Seeberyer: Czengić – Aga's Tod, ein episches Gedicht von Ivan Maźuranić, übersetzt und erklärt. 41 S.–Zengg, Progr. 1864

See- und Alpenbesuche in den Umgebungen Ischl's. . . . Wien 1842. V: *Trimmel, Emil.* (EngG) (Karajan)

See- und Alpenbesuche in den Umgebungen Ischl's. Von Emil **. Mit geograph. Vignetten u. 1 Uebersichtskarte vom Lande ob der Enns, v. F. Raffelsperger. (In Farbendruck.) 8. (10 B.) Wien 842, (Beck'sche Universit.-Buchh.) *

Der Seebezirk und die Eisenbahnfrage. 45 Stn. 8. Murten. 1873

Seebicht, Einige Bemerk. über d. Form der im Justinus enth. Reden. Pr. 1842. 14 S. 4°.

Seebicht, Johannes Theophilus: *Inquiritur quae inter Platonis et Xenophontis symposium ratio intercedat. 32 S. 8° (4°)
Halle-Wittenberg, Phil. Diss. v. 18. Okt. 1824
Geb. [Edersleben b. Sangerhausen 12. 4. 1799]
Ersch. nach Engelmann-Preuß als: Diss. de ratione, quae inter Platonis et Xenophontis Symposium intercedit. Halae 1826. 4°
Exemplar nicht nachweisbar.

Seebilder, s. a. Jugend- u. Volksbibliothek, deutsche.

Seebilder. Geschichten auf Schiffen und im Wasser für Leser zu Land und See. Mit Bildern. gr. 12. (III und 171 S. mit Holzschn.) Stuttgart 850, J. F. Steinkopf. *

Seeblätter
① Eine Zeitschrift für das Volk und seine Freunde ④ verschmolzen mit der Zeitschrift »Schweizerischer Jugendfreund« (Pfäffikon, Zh) zu: Schweizerischer Jugendfreund (nicht aufgenommen) ⑤ Probeblatt (Prospectus): März 1854, April 1854 — Dezember 1854 ⑥ 8° ⑦ Monatsblatt ⑧ Wädenswil: Arnold Rüegg zum Florhof ⑪ Carl Pfenninger, Wädenswil ⑫ sozialistisch auf christlicher Grundlage; Vertretung der Interessen des Handwerkerstandes; die Artikel sind von Handwerkern verfaßt ⑭ Be: L.

Seebo H, Rechenfibel oder Rechenbuch für kleine Kinder. Hannover 1876

Seebo, H., Rechenschule, s. a. M e h r t e n s, C.

Seeböck, Philib., O. S. Fr. (O. F. M.), vollständiges Ablaß-Gebetbuch, ausschließlich aus authent. Ablaßgebeten zusammengestellt. (819 S. m. 1 Stahlst. u. farb. Titel.) 16. Einsiedeln (889). Verlagsanstalt Benziger & Co.) Geb. in Leinw. n. — 70; in Ldr. n. 1. 20

Seeböck, Ph., vollständiges Ablaß-Gebetbuch, ausschließlich aus authent. Ablaßgebeten zusammengestellt. Ausg. II., in größerem Druck. 16. (509 S. m. 1 Stahlst.) Einsiedeln 890. Benziger & Co. geb. n. 1. —

Vollständiges A b l a ß - G e b e t b u c h, ausschließl. aus authent. Ablaßgebeten zsgest. von P. Philibert **Seeböck**, O. S. Fr. Einsiedeln, Köln: Benziger & Co. [um 1902]. (319 S.) 8°

Seeböck, Philib., O. S. Fr., fünf Ablaß-Sonntage zu Ehren d. Wundmale d. seraphischen Vaters Franziskus. M. hl. Meß-, Beicht- u. Kommunion-Andachten. 16. (96 S.) Dülmen 897. A. Laumann. n. — 20

—— der englische J ü n g l i n g Aloisius, das Wunder der Unschuld und Buße, in Betrachtungen für die 6 Sonntage dargestellt, nebst einem Gebetbüchlein. 16. (XVI, 164 S.) Innsbruck 888, Vereinsbuchhandlung und Buchdr. *

—— Der englische Jüngling A l o i s i u s, das Wunder der Unschuld u. Buße, in Betrachtgn. f. die 6 Sonntage, nach P. Wilh. Hausen, nebst e. Gebetbüchlein. 2. verm. Aufl. 16. (XXXV, 331 S. mit farb. Titelbild.) Innsbruck 892, Vereinsbuchh. u. Buchdr. * — 64

Seeböck, Philibert, A l v e r n i a u. Assisi. Die heil. Stätten d. seraph. Ordens. Nach italien. Quellen u. mündl. Berichten mitgetheilt. 8. (VI, 103 S.) Innsbruck 871. F. Rauch. n. — 50

— neuntägige A n d a c h t s ü b u n g vor d. hl. Gnadenbilde Mariahilf. 16. (24 S.) Ebd. 896. n. — 10

— neuntägige A n d a c h t s ü b u n g vor dem hl. Gnadenbilde Mariahilf. 11.—15. Taus. (24 S.) 16. Dülmen 904. A. Laumann. n. — 10

Neuntägige Andachtsübung vor dem heiligen Gnadenbilde Mariahilf. Hrsg. von P. Philibert **Seeböck**. 16.–20. Taus. Dülmen: A. Laumann 1904. (24 S.) 8° [F.] (05. 14046 B

—— A n d e n k e n an das göttliche Herz Jesu auf alle Tage d. Jahres, nebst e. Gebetbüchlein. 16. (VIII, 280 S. m. farb. Titelbild.) Ebd. 890. * 1 —; geb. ** 1 50

Seeböck, Philibert, das heiligste A n t l i t z Jesu, die Anbetung und Liebe der Gläubigen. Ein Büchlein zur Sühnung der Gotteslästerungen und Sonntagsschändungen unserer Tage. 16. (VIII, 197 S. mit 1 Bild.) Innsbruck 888, Vereinsbuchhandlung und Buchdr.

Seeböck, Philibert, der hl. A n t o n i u s von Padua. Leben, Wunder, Lehre und Verehrung des Heiligen. 8. (439 S. mit 1 Stahlst.) Mainz 878, Kirchheim.

— der hl. A n t o n i u s v. Padua. Leben, Wunder, Lehre u. Verehrg. d. Heiligen. 2., verb. Aufl. 8. (XVI, 438 S.) Mainz 898. F. Kirchheim. n. 3. —; geb. in Leinw. n. 4. —

— A r m e n S e e l e n - H i l f e. Ein theures Andenken f. Dies- u. Jenseits. Novembermonat, Seelenwache u. Ablass-Andachten. 5., verb. u. verm. Aufl. 16. (IV, 372 S. m. 1 Stahlst.) Innsbruck 895. Vereins-Buchh. n. — 80; geb. n. 1. 20

— Armen Seelen-Hilfe. Ein theures Andenken für Dies- u. Jenseits. November-Monat, Seelenwoche u. Ablaß-Andachten. 6. verb. u. verm. Aufl. gr. 16. (IV, 426 S. m. 1 Farbdr.) Innsbruck 899. Vereins-Buchh. u. Buchdr. Geb. in Leinw. n. 1.20

—— Der Baum d. Lebens m. zwölf Früchten. Eine monatl. Uebg. d. Partikularexamens. 16. (39 S.) Salzburg 890, Pustet. * — 24

Seeböck, Philib., O. F. M., Bausteine zu Standes-Unterweisungen f. Verehelichte u. Unverehelichte, s.: Schuen, Jos.

— geistliche Betrachtungs-Uhr, s.: Singer, Pet.

— Bitt- u. Dank-Novene zu Ehren der sel. Jungfrau u. Gottesmutter im Gnadenbilde Maria Hilf. 16. (96 S. m. 1 Farbendr.) Innsbruck 894. Vereinsbuchh. u. Buchdruckerei. n. — 24

— s.: Blüten aus dem Himmelsgarten.

— Bruderschaftsbüchlein f. die Mitglieder der Bruderschaft zu Ehren des heiligsten Herzens Jesu. Nach dem Handbüchlein der röm. Erzbruderschaft vom heiligsten Herzen Jesu in der Kirche „Maria zum Frieden" bearb. Mit e. Vorworte v. Frz. Hattler. 16. (XVI, 377 S. m. 1 Lichtdr.) Ebd. 894. n. — 80; geb. in Leinw. n. 1.30

— Bruderschafts-Büchlein z. hl. Antonius v. Padua, z. andächt. Gebrauche beim hl. Responsorium u. an den 9 Dienstagen. 16. (VIII, 331 S. m. Titelbild.) Ebd. 895. Geb. in Leinw. n. 1. —

— Buch der ewigen Anbetung des allerheil. Altarssakramentes, s.: Walser, Iso.

— Buch der ewigen Anbetung f. alle Ordensleute, Bruderschaftsvereine u. Verehrer d. heiligsten Altarssakramentes. 8. (IV, 513 S. m. 1 Stahlst.) Innsbruck 891. F. Rauch. n. 1. 60; geb. n. 2. 30

Seeböck, Philibert, Büchlein von der Gegenwart Gottes. Ein leichter Weg der Seelen zum innerlichen Leben. Nach den Lehren und Beispielen der Heiligen dargestellt. 16. (III, 132 S.) Innsbruck 880, Vereinsbuchhandlung.

— Büchlein v. der Gegenwart Gottes. Ein leichter Weg der Seelen zum innerl. Leben. Nach den Lehren u. Beispielen der Heiligen dargestellt. 3., verm. Aufl. (III, 184 S. m. 1 Stahlst.) 16. Ebd. 905. Geb. in Leinw. n. — 80

—— Büchlein vom heiligen Liebesbunde zu Ehren des göttlichen Herzens Jesu, nebst einer Anbetungsstunde vor dem allerheiligsten Altarsakramente. 16. (102 S.) Salzburg 886, Pustet.

—— der Edelstein der gottgeweihten Jungfräulichkeit. Nach einem Mscr. des sel. Hartmann Strele ganz umgearb. und mit einem Andachtsbüchlein vermehrt. 1. und 2. Aufl. gr. 16. (XX, 640; XXIV, 656 S. mit je 1 Farbendr.) Ebendas. 887,88.

—— Der Edelstein der gottgeweihten Jungfräulichkeit. Nach einem Manuscripte d. sel. Hartmann Strele, ganz umgearb. u. m. e. Andachtsbüchlein verm. 3.—7. Aufl. gr. 16. (XXIV, 656 S. m. 1 Chromolithogr.) Salzburg 889,90, Pustet. 1 40

Seeböck, P. Philibert O. S. Fr., Der Edelstein der gottgeweihten Jungfräulichkeit. 10. unveränderte Aufl. 16. (XXIV, 656 S.) —.70
Salzburg: Pustet 1891.

— der Edelstein d. gottgeweihten Jungfräulichkeit. Nach e. Manuscripte d. sel. P. Hartmann Strele, Ord. S. Fr., ganz umgearb. u. m. e. Andachtsbüchlein verm. 24., verm. Aufl. gr. 16. (XXIV, 666 S. m. farb. Titel u. 1 Farbdr.) Salzburg 898. A. Pustet. 1. 40; geb. von n.n. 1. 80 bis n. 4. —

— der Edelstein der gottgeweihten Jungfräulichkeit. Nach e. Manuscripte des sel. Hartm. Strele, Ord. S. Fr., ganz umgearb. u. m. e. Andachtsbüchlein vermehrt. 28. Aufl. gr. 16. (XXIV, 666 S. m. 1 Farbdr.) Salzburg (901). A. Pustet. Geb. in Leinw. n.n. 1.80

— der Edelstein der gottgeweihten Jungfräulichkeit. Nach e. Manuscripte des sel. Hartm. Strele, Ord. S. Fr., ganz umgearb. u. m. e. Andachtsbüchlein verm. 32. Aufl. (XXIV, 666 S. m. farb. Titel u. 1 Farbdr.) gr. 16. Salzburg (903). A. Pustet. Geb. in Leinw. n. 1. 80

Seeböck, Philib., O. S. Fr., Ehrenkranz d. christl. Jungfrau. Kathol. Gebet- u. Erbauungsbuch, ausgewählt aus d. Schriften der hl. Jungfrauen Gertrud, Mechthildis, Katharina v. Siena u. frommer Geistesmänner. 32. (448 S. m. farb. Titel u. Titelbild.) München 897. R. Abt. n. — 80; geb. in Leinw. n.n. 1. 20

— der Engel im Gebete. Ein Andachtsbüchlein, gesammelt aus den Schriften der sel. Maria Crescentia v. Kaufbeuren. gr. 16. (IV, 96 S. m. 1 Bildnis.) Innsbruck 901. F. Rauch. n. — 25; geb. in Leinw. n. — 50

— die Engelwelt, s.: Aloysius v. Gonzaga.

—— dreitägige geistliche Exercizien für die Mitglieder des dritten Ordens des heil. Vaters Franziskus. Ergänzung zu allen Handbüchern für den dritten Orden. 16. (83 S.) Salzburg 884, Pustet. *
Aus: Seraphisches Regelbuch, besonders abgedruckt.

Seeböck, Philibert, dreitägige geistige Exercizien für die Mitglieder des 3. Ordens des heil. Vaters Franziskus. Ergänzung zu allen Handbüchern für den 3. Orden. 2. Aufl. 16. (83 S.) Salzburg 886, Pustet.
Aus: Seraphisches Regelbuch, 7. Aufl., besonders abgedruckt.

Seeböck, Philib. Exercitien-Buch für monatliche u. jährl. Geisteserneuerung. Allen Christen zum Gebrauche. gr. 8. (XVI, 765 S. m. 1 Stahlst.) Salzburg 890, Pustet. * 3 60
geb. * 4 80; * 5 —; * 5 70 u. * 6 —

— s.: Festgeschenk f. Erstkommunikanten u. Firmlinge.

—— Unsere Liebe Frau von Absam. Ein Wallfahrts- und Gebetbuch. 2. Aufl. 16. (XII, 342 S.) Innsbruck 885, Vereinsbuchhandlung und Buchdr. *

— Unsere Liebe Frau v. Absam. Ein Wallfahrts- u. Gebetbuch. 3. verb. Aufl. gr. 16. (VIII, 293 S. m. Titelbild.) Innsbruck 902. Vereins-Buchh. u. Buchdr. n. — 80; geb. in Leinw. n. 1.20

—— Unsere Liebe Frau von Lourdes. Kurzer Bericht über die gnadenreichen Erscheinungen der heil. Gottesmutter, sammt Litanei und Anweisung zur neuntäg. Andacht, nebst einem Gebete für die Kinder. 16. (32 S. mit 1 Chromolithogr.) Ebendas. 885.

Seeböck, Philibert, Unsere Liebe Frau von Lourdes oder die Erweise der göttl. Erbarmungen durch Maria. Ein Erbauungsbuch zur Verehrung der unbefleckten Empfängniß. 2. Aufl. (XIV, 496 S.) 885; 3. Aufl. (540 S.) 886; 4. verm. Aufl. 16. (XV, 590 S. mit 1 Lichtdr.) Innsbruck 887, Vereinsbuchhandlung und Buchdr. *

— Unsere Liebe Frau v. Lourdes, od. die Erweise der göttl. Erbarmgn. durch Maria. Ein Erbauungsbuch zur Verehrung der unbefleckten Empfängniß. 5., verm. Aufl. 16. (XV, 616 S. m. Titelbild in Lichtdr.) Ebd. 890. n. 1. 60; geb. n. 2. 20

Seeböck, Philib., O. S. Fr., unsere liebe Frau vom hochhl. Rosenkranze in Pompeji, die große Wunderthäterin. Geschichtliche Thatsachen der neuesten Zeit mit Novene u. Ablässen der Rosenkranzbruderschaft. 2. Aufl. gr. 16. (80 S.) Innsbruck 901. Vereinsbuchh. u. Buchdr. n. — 40

— Fronleichnams-Büchlein. Anbetung Jesu im heiligsten Altarssakramente bei feierl. Prozession u. anderen Gottesdiensten. Mit Meßandacht. gr. 16. (63 S. m. Titelbild.) München (902). J. Pfeiffer. Kart. — 30

— Früchte aus dem Garten der geistlichen Betrachtung. I. Früchtenkörbchen. (168 S. m. 1 Farbdr.) 16. Saarlouis 909. F. Stein Nachf. Geb. in Leinw. 1. 35

— ganz schön bist du Maria! Kein Makel ist an Dir! Betrachtungs- u. Gebetbuch zu Ehren der unbefleckten Empfängnis. (VIII, 352 S. m. farb. Titelbild.) 16. München (905). J. Pfeiffer. Geb. in Leinw. n. 1. 50

—— Gebetbüchlein zu Ehren d. hl. Joseph. Nach den Vorschriften Leo XIII. für's kathol. Volk bearb. 16. (XV, 492 S. m. farb. Titelb.) Innsbruck 890, Vereinsbuchh. u. Buchdr. * 1 —; geb. ** 1 50

Seeböck, Philib., s.a. Gertrudenbuch.

— Gertrudenbuch d. i. der Geist der hl. Gertrud od. die Liebe des Herzens Jesu zu den Geschöpfen. Mit e. Vorwort v. Mermillod. Aus dem Franz. m. e. vollständ. Gebetbuche vermehrt. 2. Aufl. (VII, 452 S. m. farb. Titel u. 1 Farbdr.) 16. Dülmen 903. A. Laumann. Geb. in Leinw. n. 1. 50

— Glückssternlein auf der Himmelsbahn od. die leichten Wege zum höchsten Ziele. (III, 349 S. m. Titelbild.) 8. Innsbruck 908. F. Rauch. 2.—; geb. 2. 60

— Gnaden-Novene zu Ehren der hl. Mutter Anna. 16. (40 S. m. Titelbild.) Dülmen 897. A. Laumann. n. — 10

— der neue Gnadenpfennig, d. i. die wundertät. Medaille v. der unbefleckten Empfängnis Mariä. Andachtsbüchlein zur Verehrg. der hl. Gottesmutter. 2. verb. u. verm. Aufl. (VIII, 285 S. m. 1 Farbdr.) kl. 8. Innsbruck 905. F. Rauch. n. — 80

—— die unerschöpfliche Gnadenquelle der heiligen Kirche. Katholisches Gebet- und Erbauungsbuch zur Verehrung des allerheiligsten Herzens Jesu. gr. 16. (575 S. mit Chromotitel und 2 Druckphotogr.) Einsiedeln 888, Benziger und Comp.

Die unerschöpfliche Gnadenquelle der heiligen Kirche. Kath. Gebet- u. Erbauungsbuch z. Verehrung d. allerheiligsten Herzens Jesu. Von P. Philibert Seeböck, O.S.Fr. *Einsiedeln, Köln: Benziger & Co. [um 1902].* 575 S.) 8° [F.]

— die unerschöpfliche Gnadenquelle der hl. Kirche. Kathol. Gebet- u. Erbauungsbuch zur Verehrg. des allerheil. Herzens Jesu. Neue rev. Ausg. 8. Aufl. (575 S. m. 2 Lichtdruckbildern u. farb. Titel.) 16. Einsiedeln (903). Verlagsanstalt Benziger & Co. Geb. von n. 1. 35 bis n. 2. 60

— s.: Goldkörner, gesammelte, f. alle Jene, die nach wahrer Heiligkeit u. Vollkommenheit streben.

— Gott mein Vertrauen. Allgemeines kathol. Gebetbuch. (352 S. m. Abbildgn., 1 Stahlst. u. 2 Lichtdr.) 16. Ebd. (904). Geb. von n. 1. — bis n. 3. 60

— d. liebe Gottesmutter im Gnadenbilde zu Absam in Tirol. Festschrift zur 100jähr. Jubelfeier d. Erscheing. d. Marienbildes. 1797—1897. 8. (III, 67 S. m. 1 Abb. u. 2 Farbdr.) Innsbruck 897. Vereins-Buchh. u. Buchdr. n. — 60

Seeböck, Philibert. Die Hand an den Pflug, das Herz bei Gott! Lehr- und Andachtsbuch für katholische Bauersleute. Von P. Ph' Seeböck, O. F. M. [Mit Illustrationen und 3 Tafeln.] 864 S. 8. Einsiedeln *etc.*, Benziger & Co. A. G., 1905. [geb. fr. 2. — *bis* 4. 25]

—— Handbüchlein für die Mitglieder der Erzbruderschaft vom heiligsten und unbefleckten Herzen Mariä zur Bekehrung der Sünder, mit einem Anhang von Gebeten. 16. (X, 282 S. mit 1 Farbendr.) Innsbruck 886, Vereinsbuchhandlung und Buchdr.

Seeböck, Philibert. Handbüchlein für die Mitglieder des Theresien-Vereines und alle katholischen Christen. Von P. Ph' Seeböck, O. Fr. min. [Mit Illustrationen und 1 Tafel.] 464 S. 8. Einsiedeln *etc.*, Benziger & Co. A. G., 1903. [geb. fr. 1. 50 *u.* 3. —]

— die Harfe Davids, gestimmt in allen Tonarten f. das geistliche Leben. 16. (74 S.) Salzburg 891. A. Pustet. — 30

Seeböck, Philibert. Dem göttl(ichen) Heiland zu Füssen im h(ei)-l(i)gst(en) Altarssakramente. Andachtsbuch für christliche Jungfrauen von P. Ph' S', Ord. Fr. min. [Mit Illustrationen und 3 Tafeln.] 576 S. 8. Einsiedeln *etc.*, Benziger & Co. A. G., 1905. [geb. fr. 2. 15 *bis* 3. —]

—— kleine illustrirte Heiligen-Legende auf jeden Tag des Jahres, ein Paradiesgärtlein mit Blumen aller Art. 12 Lfgn. 12. (800 S. mit 380 Illustr. und 1 Farbenbr.) Einsiedeln 887, Benziger und Comp. à Lfg. 50 Pf. geb.

— kleine illustrirte Heiligen-Legende auf jeden Tag des Jahres, e. Paradiesgärtlein m. Blumen aller Art. 2. Aufl. 12. (800 S. m. 384 Illustr. u. farb. Titelbild.) Einsiedeln 893. Benziger & Co. Geb. in Leinw. n. 2. —

— kleine illustr. Heiligen-Legende auf jeden Tag des Jahres, e. Paradiesgärtlein m. Blumen aller Art. M. Titelbild u. 384 Illustr. 6. Aufl. 12. (800 S.) Einsiedeln 897. Verlagsanstalt Benziger & Co. Geb. in Leinw. n. 2. —

Kleine illustrirte Heiligen-Legende auf jeden Tag des Jahres, ein Paradiesgärtlein mit Blumen aller Art. Beschrieben von P. Philibert Seeböck, O. S. Fr. Mit Titelb. u. 384 Ill. 8. Aufl. Einsiedeln & Köln: Benziger & Co. [um 1902]. (800 S.) 8°

— Kleine illustrirte Heiligen-Legende auf jeden Tag des Jahres, e. Paradiesgärtlein m. Blumen aller Art. Mit 4 Chromobildern u. 384 Illustr. 11. Aufl. (800 S.) kl. 8. Einsiedeln (907). Verlagsanstalt Benziger & Co. Geb. in Leinw. 3.—; m. Goldschn. 4. 50

— die Herrlichkeit der kathol. Kirche in ihren Heiligen u. Seligen des 19. Jahrh. Nach neuesten authent. Quellen verf. gr. 8. (XVI, 580 S. m. farb. Titel u. 11 Bildnissen.) Innsbruck 900. F. Rauch. n. 4. —; geb. in Leinw. n. 5.—

—— Das Herz der seligen Margareta Maria Alacoque, gezeichnet von ihr selbst u. von ihren Geschichtschreibern. Aus dem Französ. d. Abbé L. G. Berry. Mit e. Andachtsbüchlein verm. 16. (XI, 363 S. mit 1 Titelbild.) Freising 891, Datterer. 1 20; geb. * 1 80 bis * 4 —

—— Das göttliche Herz Jesu, s. a. Croiset.

— — Das göttliche Herz Jesu, die Liebe u. Wonne der heil. Kirche. Ein Betrachtungs- und Gebetbuch aus den Schriften des P. Croiset, S. J. 24. (536 S.) —.60

Salzburg: Pustet 1891.

— das göttliche Herz Jesu u. die christliche Jungfrau. Betrachtungs- u. Gebetbuch. Nach Hartm. Strele O. F. M.† hrsg. 3. verm. Aufl. gr. 16. (VIII, 583 S. m. farb. Titelbild.) Ebd. 902. n. 1.20

—— die heiligsten Herzen Jesu und Mariä, die Liebe und Wonne der heiligen Kirche. Ein Lehr- und Gebetbuch mit tägl. Betrachtungen für die Monate Mai und Juni. Aus den Schriften der Heiligen Alfons, Franz v. Sales, der sel. Margaretha Alacoque und des gottsel. Croiset. 17. verb. Aufl. 16. (656 S. mit Chromo-Titel und 1 Stahlst.) Salzburg 888, Pustet.

— die heilgsten Herzen Jesu u. Mariä, die Liebe u. Wonne der hl. Kirche. Ein Lehr- u. Gebetbuch m. tägl. Betrachtgn. f. die Monate Mai u. Juni. 19. Aufl. (672 S. m. farb. Titel u. 2 Stahlst.) 16. Salzburg (904). A. Pustet. n. 1.20; geb. von n. 1.50 bis n. 3.50

—— seraphische Himmelsbahn. Ein Gebetbuch für alle Katholiken und insbesondere für Mitglieder des dritten Ordens des heil. Franziskus. Mit 1 Stahlst. 2. verm. Aufl. Nebst einem Anhang: Die königl. Hochschule des göttlichen Herzens Jesu. 12. (III, 358 S.; Anhang IV, 99 S.) Innsbruck 880, F. Rauch's Buchh.

— Die Hingabe an Gott in den hl. Ordensgelübden. 2. Aufl. (71 S. m. Titelbild.) 16. Innsbruck 910. F. Rauch. p — 25; geb. n — 50

—— die königliche Hochschule des göttlichen Herzens Jesu. Eine Sammlung der kirchl. Andachten nach authent. Werken kurz zusammengestellt. 16. (95 S.) Innsbruck 879, F. Rauch's Buchh. *

SEEBÖCK, Philibert

(F) Die selige Jungfrau Maria Crescentia Höss von Kaufbeuren aus dem dritten Orden des hl. Franziskus für das katholische Volk. Kurz beschrieben von P. Philibert Seeböck. Mit fürstb. Approbation und Erlaubnis der Ordensobern. Innsbruck. 1900. Rauch. 16°. 71 S. mit 1 Tafel. K —.20

— die selige M. Crescentia Höß v. Kaufbeuren, Jungfrau aus dem 3. Orden des hl. Franciscus, f. das katholische Volk kurz beschrieben. 3. Aufl. 16. (78 S. m. 1 Bildnis.) Ebd. 902. n. — 20

— das Kindlein Jesu, die Liebe und Wonne unserer Herzen, verehrt in den Gnadenbildern zu Rom, Prag u. Salzburg. 2. Aufl. gr. 16. (VI, 316 S. m. 2 [1 farb.] Taf.) Innsbruck 898. Vereins-Buchh. u. Buchdr. Geb. in Leinw. n. 1.—

— Jesus im heiligsten Altarssakrament, s.: Strehle, Hartm.

— Jesus Christus im Kranze seiner lieben Engel u. Heiligen. Römisches Novenenbuch f. die Feste des kathol. Kirchenjahres. 16. (XVI, 592 S. m. farb. Titel u. 1 Farbendr.) Salzburg 893. A. Pustet. 1.40

Seeböck, Philibert. Jesus Christus unser unerschöpflicher Reichtum. Betrachtungen über das Leben und Leiden Unseres Herrn, mit einem Anhang täglicher Gebete. Von P. Ph' S', O. Fr. min. [Mit Illustrationen und 2 Tafeln.] 448 S. 8. Einsiedeln *etc.*, Benziger & Co. A. G., 1905. [geb. fr. 2. — *bis* 3. —]

Seeböck, P. Philibert. Jesus, das lebendige Himmelsbrot. Joh. 6, 51. Kommunionbuch für den häufigen und täglichen Empfang des heiligsten Altarssakramentes. Nach dem päpstlichen Dekrete vom 20. Dez. 1905. 2., vermehrte Aufl. [Mit Vignetten und 2 Tafeln.] XXVI S. + S. 5—496. 8. Einsiedeln ..., Benziger & Co. A. G., [1909]. [geb. fr. 2. — *bis* 3. —]

— Jesus, die süße Himmelsspeise. Lehr- u. Gebetbüchlein f. Kinder d. ersten hl. Kommunion. (V, 436 S. m. 1 Farbdr.) 16. Innsbruck 907. F. Rauch. — 65

— Jesus u. Maria. Katholische Andachtsübgn. über die vorzüglichsten Geheimnisse des hl. Glaubens. Vollst. Gebet- u. Erbauungsbuch. Neu bearb. (498 S. m. 1 Farbdr.) gr. 16. München 902. J. Pfeiffer. Geb. in Leinw. n. 1.80; in Ldr. n. 2.20; m. Goldschn. n. 2.60

— Jesus unser höchstes Gut im heiligsten Altarssakrament. Ein Betrachtungs- u. Gebetbuch. 16. (576 S. m. 1 Stahlst.) Ebd. 897. Geb. in Ldr. n. 2.—

Jesus unser höchstes Gut im heiligsten Altarssakrament. Ein Betrachtungs- u. Gebetbuch von P. Philibert **Seeböck**, O. S. Fr. Einsiedeln, Köln: Benziger & Co. [um 1902]. (576 S.) 8° [F.] [05. 6759

[F.] Die ehrwürdige Johanna d'Arc, genannt d. Jungfrau v. Orleans. Ein Lebensbild für das christl. Volk nach den besten Quellen gezeichn. v. P. Philibert **Seeböck**, O. S. Fr., Lektor d. Theol. *Dülmen i. W.: A. Laumann 1897.* (VI S., 1 Bl., 103 S.) 1 Bd 8. [98. 2536

— das 50jährige Jubiläum der feierlichen Erklärung des Glaubenssatzes v. der unbefleckten Empfängnis der seligsten Jungfrau Maria. Beschrieben u. m. Gebetsanh. hrsg. Neueste Aufl. (40 S. m. Titelbild.) 16. Innsbruck 904. F. Rauch. n. — 10

— Das 700jähr. Jubiläum der Gründg. des seraphischen Ordens des hl. Vaters Franziskus 1209—1909. Festschrift f. das kathol. Volk. (IV, 57 S. m. 1 Taf.) gr. 8. Ebd. 909. — 50

[F.] Jubiläums-Novene für den heiligen Vater Papst Leo XIII. Z. Erinnerg an d. 25. Jahrestag d. Eintritts Sr. Heil. in d. 3. Orden d. hl. Vaters Franziskus. Von P. Philibert **Seeböck**, O. S. Fr. ... *Dülmen i. W.: A. Laumann 1897.* (96 S.) 1 Bd 8. [97. 6472

— Jungfrauenherz himmelwärts! Ein Gebetbüchlein in Poesie f. gebild. Mädchen. gr. 16. (X, 136 S. m. 1 Stahlst.) Ebd. 895. Geb. in Ldr. m. Goldschn. n. 3.85

— Kind schenk' mir dein Herz! Katholisches Gebetbüchlein für die Jugend, auch für Erwachsene, die kindlich beten wollen. 16. (255 S. m. Titelbild.) Einsiedeln 899. Eberle, Kälin & Co. Geb. in Leinw. m. Goldschn. n. — 90

— Kindlein! es ist die letzte Stunde! d. i. Monatliche Vorbereitung zu e. glücksel. Sterbestunde. Nach Hartm. Strele, O. F. M., neu bearb. u. vermehrt. (VI, 165 S.) gr. 16. Ebd. 903. n. — 50

—— die leidende Kirche im Fegfeuer. Den theuren Dahingeschiedenen zur Hilfe, den trauernden Hinterbliebenen zum Troste. Ein Lehr- und Gebetbuch. 12. (VIII, 262 S. mit 1 Stahlst.) Innsbruck 881, Vereinsbuchhandlung und Buchdruckerei.

—— der ehrwürdige Diener Gottes Engelbert Kolland v. Ramsau im Zillerthale, Franziskaner-Ordenspriester und Martyrer zu Damaskus im heil. Lande anno 1860. Ein Lebensbild. 16. (IV, 216 S. mit 1 Photogr.) Innsbruck 879, F. Rauch's Buchh. *

— der ehrwürdige Diener Gottes Engelbert Kolland v. Ramsau im Zillertale, Franziskaner-Ordenspriester u. Blutzeuge Christi zu Damaskus 1860. Ein kurzes Lebensbild. (48 S. m. 1 Bildnis.) 16. Ebd. 904. n. — 20

— Die tägliche hl. Kommunion nach dem Dekrete Pius X. vom 20. XII. 1905. Ein Lehr- u. Gebetbüchlein. (V, 822 S.) 16. Innsbruck 909. Vereinsbuchh. & Buchdr.
Geb. in Leinw. 2. —

— Kommunion-Buch f. gottlieb. Seelen. 16. (496 S. m. 1 Stahlst.) Einsiedeln 894. Verlagsanstalt Benziger & Co. Geb. in Leinw. n. 1. 30

K o m m u n i o n - B u c h für gottliebende Seelen. Von P. Philibert Seeböck, O. S. Fr. Einsiedel, Köln: Benziger & Co. [um 1902]. (496 S.) 8°

— Kreuzwegbüchlein. Franziskaner-Text nebst tägl. Gebeten zu Ehren des bittern Leidens Christi. Ausg. m. großem Druck. 12. (VII, 191 S. m. Abbildgn.) Regensburg 889. F. Pustet. — 50

—— Kreuzwegbüchlein. Franziskaner-Text, nebst tägl. Gebeten zu Ehren des bittern Leidens Christi. Ausg. m. großem Druck. 16. (VIII, 191 S. m. Holzschn.) Regensb. 892, Pustet. — 50; geb. * — 80

— Kreuzwegbüchlein. Franziskaner-Text nebst täglichen Gebeten zu Ehren des bittern Leidens Christi. 2., verb. Aufl. 12. (VII, 192 S. m. Abbildgn.) Regensburg 902. F. Pustet. — 50; geb. in Leinw. n. — 80

— das Leben Jesu. Im Geiste d. heil. Bonaventura neu dargestellt 8. (XVI, 272 S.) Innsbruck 875. Vereinsbuchh. n. 1. 60

—— Lebensgeschichte d. Dienerin Gottes Schwester Maria Magdalena v. der Menschwerdung, Gründerin d. Ordens der ewigen Anbetg. d. hh. Altarssakramentes. Aus dem Ital. 12. (VII, 358 S.) Innsbruck 890, Fel. Rauch. * 2 40

— Lebensgeschichte d. lieben hl. Nothburga, Jungfrau u. Dienstmagd. Nach den besten Quellen erzählt. 16. (25 S. m. 1 Farbdr.) München 897. J. Pfeiffer. n. — 20

—— Liebe u. Gegenliebe im heiligsten Altarssakramente. 1. u. 2. Aufl. 16. (XIX, 606 S. m. farb. Titelbild.) Innsbruck 889,92, Vereinsbuchh. u. Buchdr. * 1 60

— Liebe und Gegenliebe im heiligsten Altarssacramente. Für die Vereine der „ewigen Anbetung" u. zum Privatgebrauche. 3., verm. Aufl. 16. (IV, 559 S. m. 1 Stahlst.) Innsbruck 899. Vereins-Buchh. u. Buchdr.
Geb. in Leinw. n. 2. 40; in Ldr. m. Goldschn. n. 3. 20

— Gottes Lob in den hl. Psalmen. Die 150 Psalmen der hl. Schrift im wörtl. u. geistl. Sinne f. gläub. Christen erklärt. 2 Tle. (XXIV, 556 u. XVI, 472 S.) kl. 8. Regensburg 908. F. Pustet. 3.60; geb. in Leinw. 5. —

—— der Monat Mai zu Ehren Unserer lieben Frau von Lourdes. Aus dem Französ. 16. (VI, 175 S. mit 1 Chromolithogr.) Innsbruck 885, Vereinsbuchhandlung und Buchdr.

Seeböck, P. Philibert: Der Monat M a i zu Ehren Unserer lieben Frau von Lourdes. Aus dem Französischen. 24. (175 S.) Geb. mit Rothschnitt.
Innsbruck: Vereins-Buchhandlung und Buchdruckerei 1892

— die hl. Margareta v. Cortona, e. Spiegel der Buße u. Liebe zu Jesus. Lehr- u. Andachtsbuch. (XII, 371 S. m. Titelbild.) 16. Salzburg (903). A. Pustet.
Geb. in Leinw. n. 1. 60

—— Die selige Margareta Maria Alacoque. Die Lehrmeisterin in der Schule d. göttl. Herzens Jesu. Ein Lehr- u. Gebetbuch, aus den Schriften der Seligen übers. u. zusammengestellt. 16. (XVI, 478 S. m. 1 Stahlst.) Innsbruck 891, Vereinsbuchh. u. Buchdr.
* 1 20; geb. * 1 80

— Maria, die Mutter vom guten Rat. Lehr- u. Andachtsbuch, nach den neuesten Bestimmgn. Papst Leo XIII. verf. (XII, 819 S. m. 1 Farbdr.) 16. Innsbruck 904. F. Rauch. 1. —

— Maria die Rosenkranzkönigin. Ein Lehr- u. Gebetbuch nach dem Sinne unseres hl. Vaters Leo XIII. f. die Mitglieder der Rosenkranzbruderschaft u. f. alle Gläubigen. 16. (VIII, 628 S. m. 1 Chromolith.) Salzburg 887. Pustet. n. 1. 40; geb. n. 1. 80; n. 2. 15; n. 2. 25; n. 2. 40; n. 2. 70 u. n. 3. 20

—— Maria, die Rosenkranzkönigin. Ein Lehr- u. Gebetbuch nach dem Sinne unseres hl. Vaters Leo XIII. f. die Mitglieder d. Rosenkranzbruderschaft u. für alle Gläubigen. 16. (672 S. m. farb. Titelbild.) Salzburg 889, Pustet. 1 40

Seeböck, P. Philibert, Maria die Rosenkranz-Königin. Ein Lehr- und Gebetbuch nach dem Sinne unseres hl. Vaters Leo XIII. für die Mitglieder der Rosenkranzbruderschaft und für alle Gläubigen. II. A u f l a g e. 16. (676 S.)
Salzburg: Pustet 1890. —.70

— Maria, die Rosenkranzkönigin. Ein Lehr- u. Gebetbuch m. Betrachtgn. auf alle Tage des Monats Oktober nach den neuesten päpstl. Entscheidgn. für die Mitglieder der Rosenkranzbruderschaft u. f. alle Gläubigen. 3., verb. Aufl. (542 S. m. farb. Titel u. 1 Farbdr.) 16. Salzburg (903). A. Pustet. Geb. in Leinw. n.n. 1. 80

— Maria, d. „Trösterin d. Betrübten" in Kevelaer. E. Wallfahrtsbüchlein. 16. (312 S. m. Titelbild.) Kevelaer 898. Butzon & Bercker. Geb. 1. —

M a r i a , die 'Trösterin der Betrübten' in Kevelaer . . . E. Wallfahrtsbüchl. v. P. Philibert Seeböck. O. Fr. min . . . 2. Aufl Kevelaer. Butzon & Bercker 1898. (312 S) 1 Bd 8°

— Maria-Empfängnis-Büchlein. Ein Gebetbüchlein zu Ehren der jungfräul. Gottesmutter Maria. (192 S. m. Titelbild.) 16. München (905). J. Pfeiffer.
Geb. in Leinw. n. — 50

— Maria Immaculata, das große Gnadenzeichen am Himmel des XIX. Jahrh. Durch viele Bilder illustriert. (XXX, 383 S.) gr. 8. Innsbruck 903. F. Rauch. n. 5. —

— das gute Marienkind. Ein Gebetbüchlein f. fromme Schulkinder. 16. (VIII, 319 S. m. Abbildgn. u. 1 Stahlst.) Salzburg (897). A. Pustet. Geb. von n. — 60 bis n. — 85

— Mater dolorosa! Betrachtungs- u. Gebetbuch zur Verehrg. der schmerzhaften Mutter Maria. (296 S. m. 1 Farbdr.) 16. Dülmen 905. A. Laumann.
Geb. in Leinw. n. — 75

Seeböck, Philib., O. S. Fr. (O. F. M.), s.: Monate, die 12, des Jahres, geheiligt durch Belehrungen usw.

— Novene zur Verehrg. des hl. Apostels Judas Thaddäus, um s. besondere Hilfe in d. schwierigsten Fällen dieses Lebens zu erlangen. Aus d. röm. Originale d. vatikan. Druckerei. 16. (33 S.) Innsbruck 895. Vereins-Buchh. n. — 20

— die Novennen der seligsten Jungfrau Maria in Betrachtungen dargestellt. 8. (III, 282 S.) Innsbruck 871. F. Rauch. 1. 50

Sankt Paulus, der Heidenapostel . . . Nach neuen Quellen u. archäolog. Forschgn dargest. v. P. Philibert **Seeböck**, O. S. Fr., Lektor d. Theol. . . . Paderborn: F. Schöningh 1897. (VII, 240 S.) 1 Bd 8°

— Sankt Paulus, der Heidenapostel. Nach neuen Quellen u. archäolog. Forschgn. dargestellt. Neue [Titel-]Ausg. gr. 8. (VII, 240 S.) Paderborn [897]. 900. F. Schöningh. n. 4. 50

— s.: Petrus v. Alkantara, das „goldene Büchlein".

— Portiunkula-Ablaß-Büchlein. Belehrungen u. Gebete f. 7 Kirchenbesuche. 16. (64 S.) Dülmen 898. A. Laumann. – 15

Portiunkula-Ablaß-Büchlein. Belehrungen u. Gebete f. sieben Kirchenbesuche von P. Philibert **Seeböck**, O. S. Fr. 2. Aufl. Dulmen: A. Laumann 1905. (64 S.) 8° [F.] [illegible]

— Portiunkula-Ablaß-Büchlein. Belehrungen u. Gebete für sieben Kirchenbesuche. 2. Aufl. (64 S.) 16. Dülmen (906). A. Laumann. n. — 15

— Predigten f. das katholische Kirchenjahr, s.: Schuen, Jos.

— Psalmen zu Ehren des hl. Antonius v Padua m. Bitt- u. Danknovene f. die „neun Dienstage". 4. verb. Aufl. (32 S. m. Titelbild.) 16. Innsbruck 904. Vereinsbuchh. & Buchdruckerei. n. — 12

—— seraphisches Regelbuch für die Mitglieder des dritten Ordens des heil. Vaters Franziskus nach der neuen Verfassung Sr. Heil. Papst Leo XIII. 1. und 2. ganz umgearb. und verm. Aufl. 16. (XIV, 566 S. mit 1 Stahlst.) Salzburg 883, Pustet.
geb. in Leinw. *M 1,40.; in Ldr. *

—— dass. — 3.–5. verb. und verm. Aufl. 16. (XVI, 598 S. mit 1 Stahlst.) Ebendas. 884. *
geb. in Leinw. *M 1,50.; in Ldr. *
Ausg. in großem Druck. (XIV, 608 S.)
geb. in Leinw. *M 1,75.; in Ldr. *

—— seraphisches Regelbuch für die Mitglieder des III. Ordens des heil. Vaters Franziskus nach der neuen Verfassung Sr. Heil. Papst Leo XIII. 7.—11. Aufl. 16. (II, 614; III, 614; IV, 614; IV, 614; XII, 614 S. mit je 1 Chromolithogr.) Salzburg 885—88, Pustet. *
geb. in Leinw. *M 1.50.; in Leder *

—— dass. — Ausg. mit großem Druck. 2. Aufl. (XIV, 624 S. mit 1 Chromolithogr.) 886; 3. Aufl. gr. 16. (XIV, 728 S. mit 1 Stahlst.) Ebendas. 888.

— seraphisches Regelbuch f. d. Mitglieder des dritten Ordens d. hl. Vaters Franziskus nach der neuen Verfassung Sr. Heiligkeit Papst Leo XIII. 5. Aufl. gr. 16. (XIV, 728 S. m. 1 Stahlst.) Salzburg 898. A. Pustet. 1.20

— seraphisches Regelbuch f. die Mitglieder des 3. Ordens des hl. Vaters Franziskus. 18., durch die neuesten Ablaßverleihgn. verm. Aufl. (XVI, 608 u. 31 S. m. farb. Titelbild.) 16. Salzburg 904. A. Pustet. n. 1. — ;
geb. von n. 1. 50 bis n. 2. 50

— rette deine Seele! Missions-Büchlein. 32. (VIII, 568 S. m. farb. Titel u. 1 Farbendr.) Salzburg 892. A. Pustet. — 90

— rette deine Seele! Missionsbüchlein. Ausg. m. großem Druck. 16. (XV, 688 S. m. farb. Titel u. 1 Farbendr.) Ebd. 894. n. 1. —

— Rosen z. hl. Rosenkranze. Anmuthsvolle Betrachtgn. d. 15 Geheimnisse d. marian. Psalters z. Gebrauche bei d. hl. Messe u. Kommunion. 16. (132 S. m. 1 Farbendr.) Ebd. 895. n. — 48

— s.: Rosenkranz, der hochheil.

Seeböck, Philib., O. S. Fr., Sankt Alphonsus-Gebetbüchlein m. den täglichen Besuchungen des hochheiligsten Altarssakramentes und der seligsten Jungfrau Maria. Neueste Ausg. 12. (IV, 430 S. m. Titelbild.) Innsbruck 901. F. Rauch. n. 1.50; geb. in Leinw. n. 2.—;
in Ldr. m. Goldschn. n. 2.80

SEEBÖCK, P. Philibert

(F) St. Anna-Buch. Ein Frauenspiegel für Bräute, Ehefrauen, Witwen und Mitglieder des St. Anna-Bundes. Von P. Philibert Seeböck. Mit Gutheissung des fürsterzb. Ordinariates Salzburg und mit Erlaubnis der Ordensobern. Salzburg. [1899.] Pustet. 16°. XVI, 527 S. mit 1 Tafel. fl. —.70

— St. Antonius-Büchlein f. alle Verehrer u. f. die Mitglieder des allgemeinen Gebetsvereins. 3. Aufl. (VIII, 141 S. m. 1 Farbdr.) gr. 16. Innsbruck 903. Vereinsbuchh. u. Buchdr. Geb. in Leinw. n. — 80

— St. Elisabeth-Buch oder Anleitung zur Nachfolge u. Verehrung der lieben hl. Elisabeth. Ein Lehr- u. Gebetbuch dem andächt. Frauengeschlechte zugeeignet. 8. (IV, 444 S. m. 1 Stahlst.) Lienz 882. Schuster. n. 2. —

— St. Franziskus-Büchlein. Lebensbild u. Lehrschule des Heiligen samt kirchl. Andachten. 16. (VIII, 296 S. m. 1 Farbdr.) Dülmen 899. A. Laumann.
Geb. in Leinw. n. — 75

—— St. Gertruden- und Mechtildenbuch. Das Kirchenjahr. Nach den Offenbarungen der heil. Gertrudis und Mechtildis. Mit einem vollständ. Gebetbuche. 16. (656 S. mit 1 Lichtdr.) Ebendas. 883. *

— St. Gertruden- u. Mechtildenbuch. Das Kirchenjahr nach d. Offenbargn. der heil. Gertrudis u. Mechtildis. Mit e. vollständ. Gebetbuche. 2., verm. Aufl. 16. (760 S.) Ebd. 890. 1. 40

— St. Gertruden- u. Mechtildenbuch. Das Kirchenjahr nach d. Offenbargn. d. hl. Gertrudis u. Mechtildis. Mit e. vollständ. Gebetbuche. 3., verm. u. verb. Aufl. gr. 16. (760 S.) Salzburg 896. A. Pustet. 1. 40

— St. Josefi-Büchlein. Nach den Vorschriften Leo XIII. f. das kathol. Volk bearb. 2. verb. Aufl. (XV, 454 S. m. 1 Farbdr.) gr. 16. Innsbruck (903). Vereinsbuchh. u. Buchdr. n. 1. — ; geb. n. 1. 50

— Sankt Leonhardibüchlein. 24. (85 S. m. 1 Stahlst.) München 897. R. Abt. n. — 20; geb. in Leinw. n. — 40

—— Sanct Magdalena-Spiegel. 16. (XIV, 445 S. m. 1 Stahlstich.) Innsbruck 891, Vereinsbuchh. u. Buchdr. * 1 —

— Sankt Magdalena-Spiegel. 2. verb. Aufl. (VI, 490 S. m. 1 Titelbild.) 16. Innsbruck 907. F. Rauch. 1. 80

— St. Notburga-Büchlein. Lebensgeschichte u. tägl. Andachten. (256 S. m. 1 Farbdr.) 16. München (904). J. Pfeiffer. Geb. in Leinw. n. — 50

—— der goldene Schlüssel zum innerlichen Gebet. Anleitung zur Uebung der tägl. Betrachtung und Gewissenserforschung. Nach der Lehre des heil. Ignatius. 16. (56 S.) Salzburg 885, Pustet. *

—— dass. — 2. verm. Aufl. 16. (144 S.) Ebendas. 887. cart.

— der goldene Schlüssel z. innerl. Gebet. Anleitung zur Uebg. d. tägl. Betrachtg. u. Gewissenserforschung. Nach d. Exercitienbüchlein des hl. Ignatius. 3., verm. Aufl. 16. (168 S.) Ebd. 896. — 30

Seeböck, Philib., O. S. Fr., Schule der Frömmigkeit f. christl. junge Mädchen in kurzen Belehrgn. f. alle Tage d. Jahres, nebst e. Gebetbüchlein. gr. 16. (VIII, 470 S. m. farb. Titel u. Stahlst.) Salzburg 898. A. Pustet. n. 1. 60

— geistliches Seelengärtlein. Vollständiges Gebetbuch f. fromme kathol. Christen. (416 S. m. 1 Farbdr.) 16. Einsiedeln (903). Eberle, Kälin & Co. Geb. in Leinw. n.n. — 96; m. Goldschn. n.n. 1. 20; in Ldr. m. Goldschn. n.n. 1. 44; in Kalbldr. m. Goldschn. n.n. 2. 80; in Elfenbein n.n. 9. 60

—— das heilige fünffache Skapulier. Das kostbarste Gnadenkleid der Kinder Mariens für alle gläubigen Katholiken, nach authent. Quellen vorgelegt. 12. (III, 52 S.) Innsbruck 881, Vereinsbuchhandlung und Buchdruckerei.

—— das heilige fünffache Scapulier. Das kostbarste Gnadenbild der Kinder Mariens für alle gläubigen Katholiken. 4. Aufl. 16. (102 S.) Innsbruck 887, Vereinsbuchhandlung und Buchdr. *

— die fünf heil. Skapuliere. Das kostbarste Gnadenkleid der Kinder Mariens, f. alle gläub. Katholiken nach authent. Quellen vorgelegt. 5., verb. Aufl. 16. (107 S.) Innsbruck 889. Vereins-Buchhandlg. u. Buchdr. — 36

— die fünf hl. Skapuliere. Das kostbarste Gnadenkleid der Kinder Mariens, f. alle gläub. Katholiken nach authent. Quellen vorgelegt. 6., verb. Aufl. 16. (112 S.) Innsbruck 894. Vereinsbuchh. u. Buchdruckerei. — 36

Seeböck, P. Philibert. Sonntagspredigten für das katholische Kirchenjahr. 291 S. 8. Einsiedeln..., Benziger & Co. A. G., 1909. [fr. 4.—, geb. 5. 50]

— die hl. Stunde, s. a. Walser, Iso.

Seeböck, Philibert. Die Heilige Stunde. Andachtsbuch für katholische Christen, besonders für die Mitglieder des Gebetsapostolates. Nach dem Werke des Benediktinerpaters Iso Walser von P. Ph' Seeböck, O. F. M. [Mit Illustrationen und 1 Tafel.] 864 S. 8. Einsiedeln *etc.*, Benziger & Co. A. G., 1904. [geb. fr. 1. 90]

(F) Seeböck, P., Suche Jesus in deinem Herzen! Separatabdr. a. d. Buche „Gesammelte Goldkörner" etc. 16°. (IV, 67 S.) Innsbruck: Rauch 1904. K --.20

— suche Jesus in deinem Herzen! [Aus: „Gesammelte Goldkörner".] 2., verm. Aufl. (80 S. m. Titelbild.) 16. Innsbruck 905. F. Rauch. n. — 20

Seeböck, Philibert. Theresien-Büchlein für alle katholischen Christen. Von P. Ph' Seeböck, O. Fr. min. Ausg. 2. [Mit Illustrationen und 1 Tafel.] 256 S. 8. Einsiedeln *etc.*, Benziger & Co. A. G., 1903. [geb. fr. 1. — u. 1. 90]

Seeböck, Philibert. Tuet dieses zu meinem Andenken! I. Kor. 11, 24. Ein Betrachtungsbuch über das hochheilige Messopfer, nebst kirchlichen Andachten, von P. Ph' S', O. Fr. m. [Mit Illustrationen und 2 Tafeln.] 592 S. 8. Einsiedeln *etc.*, Benziger & Co. A. G., 1905. [geb. fr. 2. 25 *bis* 3. 25]

— Tugendschule f. das christliche Haus. Ein Lehr- u. Gebetbuch. Hrsg. v. der St. Josef-Bücherbruderschaft in Klagenfurt. (VIII, 872 S. m. Abbildgn.) 16. Klagenfurt 906. Buch- u. Kunsth. des St. Josef-Vereines. Geb. in Leinw. n. 1. —

— monatl. Uebung d. Gebetsapostolates in Vereinigg. m. d. göttl. Herzen Jesu im allerheil. Altarssacramente. 16. (28 S.) Dülmen 895. A. Laumann. n. — 10

— d. Unschuld d. Paradies auf Erden. Ein Führer d. Jugend in d. Blüte d. Jahre. 16. (XI, 476 S. m. 1 Farbendr.) Innsbruck 895. Vereinsbuchh. u. Buchdr. n. 1. —; geb. n. 1. 50

— die Unschuld, das Paradies auf Erden. Ein Führer der Jugend in der Blüte der Jahre. 2. Aufl. gr. 16. (XVI, 476 S. m. 1 Farbdr.) Innsbruck 900. Vereins-Buchh. u. Buchdr. n. 1. —; geb. in Leinw. n. 1. 50

— Katholisches Unterrichts- u. Erbauungsbuch, s.: Goffine, Leonh.

—— die Verehrung des heiligsten Antlitzes unseres Herrn Jesu Christi zur Sühnung der Gotteslästerungen und Sonntagsschändungen unserer Tage. 16. (64 S. mit 1 Holzschn.) Ebendas. 886. *

— die Verehrung d. heiligsten Antlitzes Unseres Herrn Jesu Christi zur Sühnung der Gotteslästerungen u. Sonntagsschändungen unserer Tage. 16. (68 S. m. 1 Bild.) Ebd. 889. n. — 24

—— die Wallfahrt zum heil. Antonius in Kaltern. Geschichte des Gnadenbildes nach authent. Quellen, mit einem Anhang von Gebeten. 8. (80 S. mit 1 Chromoxylogr.) Bozen 882, Wohlgemuth'sche Buchh. **

— Wallfahrtsbüchlein von unserer Lieben Frau zu Absam. (20 S.) 16. Innsbruck 905. Vereinsbuchh. u. Buchdr. n. — 10

— Wallfahrtsbüchlein z. Gnadenbilde d. hl. Antonius in Kaltern. II. Aufl. 16. (32 S. m. Titelbild) Bozen 896. A. Auer & Co. n. — 16

[F.] Was ist der dritte Orden des heiligen Franziskus? Was verlangt er? Was trägt er ein? Beantw. v. P. Philibert Seeböck O. S. Fr. *Dülmen: A. Laumann 1896.* (22 S.) 1 Bd 8. [96. 7610

— Weg zum Himmel. Vollständiges Gebetbuch m. allen kathol. Andachtsübgn. 15. Aufl. Neu bearb. u. verm. 16. (VI, 624 S. m. 1 Farbendr.) Innsbruck 890. Fel. Rauch. n. 1. 20

— Was ist der 3. Orden des hl. Franziskus? Was verlangt er? Was trägt er ein? 2., verb. Aufl. (32 S. m. Titelbild.) 16. Dülmen 908. A. Laumann. — 15

— die Wende d. 19. z. 20. Jahrhundert, e. Huldigungsfeier zu Ehren uns. Herrn u. Heilandes Jesu Christi. Belehrg. u. Andachten f. d. kathol. Volk. gr. 16. (VIII, 161 S. m. Titelbild.) Innsbruck 898. F. Rauch. — 30; geb. in Leinw. n. — 50

— d. Zelle in d. Welt, s.: Mettenleiter, Domin.

Seeböck, Phllibert, ein Cyclus von Festtags-Predigten für das katholische Kirchenjahr, nebst 6 Fastenpredigten. Innsbruck 870. F. Rauch. gr. 8. (IV, 207 S.) 22½ *ngr.*

Seebode, G, Scholien zu Q Horatius Flaccus I. (Satir. 1, 6, 104—109). Pr. 1839 26 S 4°. 1 20
— - II. Gel 1846 14 S 4°. 1.20

Seebode, Joachim Dietrich Gottfried

— s Archiv f. Philologie.

Seebode, (Joach. Dietr.) G(tfr.)., kritische Bibliothek f. d. Schul- u. Unterrichtswesen, s. Bibliothek etc.

— s Cicero Oratio pro Marcello.

— s. Eutropius breviarium hist. Rom.

— s. Florus epitome.

——, J. Chr. Jahn und R. Klotz, neue Jahrbücher f. Philologie u. Paedagogik, s. Jahrbücher etc.

— s. Lincelii Specimen.

— Miscellanea maximam, s. Miscellanea.

—— Schulgesangbuch, s. Schulgesangbuch.

Seebode, Joach. Dietr. Gf., Schulgesangbuch. Zunächst f. d Königl. Andrean. Gymnasium in Hildesheim. 8. Hildesh. 826 Gerstenberg. 6 gr

— s Tacitus opera, — Agricola, — Dialogus de oratoribus, — Historiae.

— s Thucydides de bello.

— Wörterbuch zu Eutropius kurzem Abrisse der röm. Geschichte. gr. 8. Hannov. 818. Hahn. 4 gr

Seebode, Jul., geb. Brinkmann, Fabeln u. vermischte Gedichte. Mit 4 Kpf. 8. Braunschw. 830. (Vieweg). 16 gr

Seebohm (Bearb), s. Voigt. Deutsches Seeversicherungs-Recht.

Seebohm Die Vorteile des Berge- und Schlammversatzes bei dem Pfeilerabbau nach den Erfahrungen in den Steinkohlengruben des Königreichs Sachsen. Freiberg i S., 1903. 31 S. mit 7 Taf

Seebohm, A., Bad Pyrmont. 4., sehr erweiterte Aufl. des „Kurort Pyrmont" v. demselben Verf. 8. (279 S.) Pyrmont 899. E. Schnelle. 1. 50

Seebohm, A., Pyrmont u. seine Kurmittel. gr. 8. (V, 126 S.) Berlin 875. Enslin. n. 2. 40

— der Kurort Pyrmont hauptsächlich in seiner Doppelstellung als Stahl- u. Soolbad. 8. (47 S.) Pyrmont 876. Arolsen, Speyer in Comm. n. — 35

Seebohm, A., der Kurort Pyrmont, seine Doppelstellung als Stahl- u. Soolbad. 2., mehrfach veränd. Aufl. 8. (48 S.) Pyrmont 878. Arolsen, Speyer in Comm. n. — 35

Seebohm's Wegweiser in Bad Pyrmont m. Umgebung. 2. Aufl. (51 S. m. 2 Karten.) 16. Pyrmont 906. E. Schnelle. — 50

Seebohm's Wegweiser in Bad Pyrmont m. Umgebung. **4. Aufl.** (58 S. m. 1 farb. Plan u. 1 farb. Karte.) kl. 8. Pyrmont 909. E. Schnelle. — 50

Seebohm, Carl, s. Seebohm, Karl

Seebohm, Frederic, die englische Dorfgemeinde in ihren Beziehungen zur Gutsherrlichkeit, zu der ursprünglichen Stammesverfassung, zur Flureinteilung u. Feldgemeinschaft. Ein Beitrag zur Geschichte der Volkswirtschaft. Nach der 3. Aufl. aus dem Engl. übertr. von Thdr. v. Bunsen. Mit 14 Taf. gr. 8. (XII, 820 S.) Heidelberg 885. C. Winter. n. 10. —

Seebohm, J., Sammlung seerechtlicher Erkenntnisse des Handelsgerichts zu Hamburg, nebst den Entscheidungen der höheren Instanzen. Im Anschluß an die Ullrich'sche Sammlung hrsg. 2 Hefte. Hamburg 865, 66. Mauke Söhne. gr. 8. Jedes Heft n. 1 *ℛ* 24 *ngr.*
1. Heft. Erkenntnisse aus den Jahren 1858 u. 1859. (V u. S. 1—356.)
2. Heft. Erkenntnisse aus den Jahren 1860 u. 1861. Mit alphabet. Sach- u. Namenregister. (S. 357—740.)

Seebohm, Jh. Geo. Edw., Bemerkk. üb. verschied. Gegenstände d. Christenthums. gr. 8. Pyrmont 794. (Helwing in Hannov.) 8 gr

Seebohm, Jh. Geo. Edw., Bemerkk. üb. F. G. C. Schmidts Schrift: Ursprung, Fortgang u. Verfassung der Quäkergemeinde zu Pyrmont. 8. Pyrmont. 805. (Helwing in Hannover). 4 gr

— Entblößung d. Sandgrunds, od. Beantwort. e. Schreibens. 8. Pyrmont 795. (Helwing in Hannov.) 8 gr

— ein leichter Führer f. Anfänger in der engl. Sprache. gr. 8. Bielfeld 822. Helmich. 15 gr

Seebohm, L., neues Lehrgebäude d. engl. Aussprache, f. Lehrer u. Schulen auch zum Selbstunterrichte. gr. 8. Pyrmont, Uslar. 815.

— neues Lehrgebäude d. engl. Aussprache, f. Lehrer u. Schulen, auch z. Selbstunterrichte. gr. 8. Pyrmont 816. 2e Aufl. 818. Uslar. 16 gr

— s. W. Penn, Nachricht.

— gründl. Unterricht in d. Buchstabenkenntniß, wie auch im Buchstabiren etc. 2e A. 8. Pyrmont 826. Uslar. 6 gr

Seebohm, Karl

Seebohm, Carl [approb. Arzt]: Über einen Fall von Tumor der **Medulla spinalis** mit Syringomyelie . . . Strassburg, Buchdr. v. R. Schultz & Comp., 1888; 44 S + 1 Bl 8°
Strassburg, Med. Fak., Inaug.-Diss v. 1888

Seebohm, Carl, über einen Fall von Tumor der Medulla spinalis mit Syringomyelie Diss. Strassburg i. Els. 1888, Trübners Buchh. u. Antiqu. (E. d'Oleire). 8°. 44 S.

Seebold, C., s.a. Seebold, Karl

C.. **Seebold**: Philosophie u. religiöse Philosophen; e. Prüf. d. neuen Problems einer Restauration d. Philos. durch d. Religion. *Frkf. a. M.*, Brönner. 830. gr 8° 1 ß 13 *gl*

Seebold, Herm., Entwurf e. Lehrplans f. einklassige Volksschulen. Nach den ministeriellen Bestimmgn. vom 15. Oktbr. 1872 bearb. 2. Aufl. gr. 8. (44 S.) Hannover 874. Meyer. n. — 30

— dasselbe. 3. Aufl. gr. 8. (48 S.) Ebend. 874. n. — 50

Seebold, Entwurf eines Lehrplans für einklassige Volksschulen. Nach den ministeriellen Bestimmungen vom 15. Oktober 1872 bearb. 4. Aufl. gr. 8. (56 S.) Hannover 879. Meyer. n. — 60

Seebold, Herm., ausführliche Erklärung des kleinen Katechismus Dr. Mart. Luthers, in Fragen und Antworten verfaßt und mit Zeugnissen der heil. Schrift und Liederversen versehen. Ein Hülfsbuch für evangelisch-luther. Lehrer und Hausväter. 3., verm. und verb. Aufl. gr. 8. (X und 294 S.) Göttingen 858, Vandenhoeck und Ruprecht's Verlagsh.

Seebold, Herm., ausführliche Erklärung des kleinen Katechismus Dr. Mart. Luther's, in Fragen u. Antworten verf. u. mit Zeugnissen der heiligen Schrift u. Liederversen versehen. Ein Hülfsbuch für evangel.-lutherische Lehrer u. Hausväter. 4., verm. u. verb. Aufl. Göttingen 868. Vandenhoeck & Ruprecht's Verl. gr. 8. (XII, 324 S.) n. 20 *ngr*

Seebold, Herm., ausführliche Erklärung d. kleinen Katechismus D. Martin Luthers, in Fragen u. Antworten verf. u. m. Zeugnissen der hl. Schrift versehen. Ein Hülfsbuch f. evangelisch-luther. Lehrer. 5. Aufl. gr. 8. (III, 209 S.) Göttingen 884. Vandenhoeck & Ruprecht's Verl. n. 3. —

Seebold, Herm., einfache Erklärung des kleinen Katechismus Dr. Mart. Luthers, in Fragen und Antworten verfaßt und mit Zeugnissen der heil. Schrift und Liederversen versehen. Zum Gebrauch beim Schul- und Confirmandenunterricht. gr. 12. (VIII und 208 S.) Göttingen 851, Vandenhoeck und Ruprecht. **

Seebold, Herm., einfache Erklärung des kleinen Katechismus Dr. Mart. Luthers, in Fragen und Antworten verfaßt und mit Zeugnissen der heil. Schrift versehen. Zum Gebrauch beim Schul- und Confirmandenunterricht. 2., verb. Aufl. gr. 12. (VIII und 152 S.) Göttingen 856, Vandenhoeck und Ruprecht's Vrlgsh. *

Seebold, Herm., einfache Erklärung des kleinen Katechismus Dr. Martin Luthers, in Fragen u. Antworten verfaßt u. mit Zeugnissen der heiligen Schrift versehen. Zum Gebrauch beim Schul- u. Confirmandenunterricht. 3. verb. Aufl. Göttingen 860. Vandenhoeck & Ruprecht. 12. (VIII, 146 S.) n. 5 *ngr*

Seebold, Herm., einfache Erklärung des kleinen Katechismus Dr. Mart. Luther's in Fragen u. Antworten verf. u. mit Zeugnissen der heil. Schrift versehen. Zum Gebrauch beim Schul- u. Confirmandenunterricht. 4. verb. Aufl. Göttingen 865. Vandenhoeck & Ruprechts Verl. 12. (VI, 144 S.) n. 5 *ngr*

— einfache Erklärung d. kleinen Katechismus Dr. Martin Luthers, in Fragen u. Antworten verfaßt u. m. Zeugnissen der heil. Schrift versehen. Zum Gebrauch beim Schul- u. Confirmandenunterricht. 5. verb. Aufl. 8. (134 S.) Göttingen 876. Vandenhoeck & Ruprecht's Verl. n. — 60

Seebold, H., einfache Erklärung d. kleinen Katechismus Martin Luther's, in Fragen u. Antworten verf. u. m. Zeugnissen der heil. Schrift versehen. Zum Gebrauch beim Schul- u. Konfirmandenunterricht. 6. Aufl. 8. (134 S.) Lüchow 889. Saur. n. — 60

Seebold, Herm., einf. Erklärg. d. kleinen Katechismus Dr. Martin Luthers, in Fragen u. Antworten verf. u. m. Zeugnissen d. hl. Schrift verf. Zum Gebrauch beim Schul- u. Konfirmanden-Unterr. 8. Aufl. 8. (136 S.) Lüchow 897. W. Bergmann. n. — 60; geb. in Halbldr. n. — 80

—— Dr. Martin Luthers kleiner Katechismus, ausführlich erklärt in Fragen und Antworten und mit Zeugnissen der heil. Schrift und Liederversen versehen. Ein Hülfsbuch für evangelisch-luther. Lehrer und Hausväter. 2., verm. und verb. Aufl. gr. 12. (XII und 393 S.) Göttingen 854, Vandenhoeck und Ruprecht's Vrlgsh. *

— s.: Luthers kleiner Katechismus ausführlich erklärt in Fragen u. Antworten.

Dr. K. Seebold. Rede beim Schluss der Prüfungen 1844. Jahresbericht 1845. 8. 8—12. Mannheim, P 1845

Seebold, Karl

Seebold, [Philipp] Carl (Kirberg)
Elemente der Arithmetik. Eine mathematische Abhandlung.
Giessen: Heyer 1821. 92 S.
[Habil. phil. 1821.] vorh. 7.

See-Bote, der. Hrsg. von einer Gesellschaft. 3. Jahrg. 1855. 52 Nrn. (à 2 Bog.) Imp.-4. Milwaukee. (Philadelphia, Schäfer und Koradi.) *

Der Seebote : 1862- ?
Organ of the Baptisten Bethesda Verein der Deutschen Baptisten-Gemeinden von Nord-Amerika. Edited & published by the Rev. A. Henrich
Louisville, KY

Der Wochentliche Seebote : Jan.? 1852 - 1925?
Weekly edition of Milwaukee Seebote, 1852 - 99, as independent weekly, 1900 - 25. Title varies: Der Wöchentliche Seebote, Jan. 1852 - Dec. 6, 1875; 2) Milwaukee Seebote, Dec. 1875 - 1899; 3) Der Seebote und der Sonntagsbote, 1900 - 1925. Place of publication varies: Winona, Minn.: Sept. 23, 1922 - 1925. For supplement, see Am Häuslichen Herd. For Sunday edition, see Sonntagsbote. Circulation: 1870, 12,500 (est.), 1890, 11,400; 1900, 11,500; 1910, 6698; 1920, 7000 (est.); 1925, 4300. Edited & published by P. V. Deuster Co., 1899 - 1912; by Columbia Publishing Co., 1913 - 22, by Westlicher Herold Publishing Co., Winona, Sept. 1922 - 1925.
Milwaukee, WI

Seeboth, Josef u. Jenny Schermaul: Die Alpenpflanzen, nach der Natur gezeichnet von Ferd. Graf u. eine Anleitung zur Cultur der Alpenpflanzen von Hofgärtner Joh. Petrasch. 1. Bd., 2. verb. Aufl. 12°. (III, 106 S. m. 101 Chromolith.) Prag: Tempsky 1886.

Seebücherei, deutsche. Erzählungen aus dem Leben des deutschen Volkes zur See. Für Jugend u. Volk. 8. u. 21.—24. Bd. 8. Altenburg, St. Geibel. Kart. 6.50; geb. in Bibliothekbd. 8.25; in Geschenkbd. 9. —

Brommy, Admiral Rud., von Piraten gefangen u. andere Seeabenteuer. Skizzen aus der Zeit des griech. Befreiungskrieges. Mit Einleitg. neu hrsg. v. J. W. Otto Richter (Otto v. Golmen). (Farbiges) Vollbild v. C. Schön; Buchschmuck v. R. Starcke. (XII, 108 S.) 909. (Bd. 21.) 1.—; geb. in Bibliothekbd. 1.85; in Geschenkbd. 1.50

Richter, J. W. Otto (Otto v. Golmen), von Bremen hinaus in die Welt. Nach Mitteilgn. e. alten Kapitäns des Seeschiffervereins „Weser" u. des I. Offiziers des deutschen Reichspostdampfers sowie amtl. Quellen des „Norddeutschen Lloyd" erzählt. (Farbiges) Vollbild u. Buchschmuck v. R. Starcke. 3. u. 4. Taus. (III, 183 S.) 910. (Bd. 8.) 1.50; in Bibliothekbd. 1.85; in Geschenkbd. 2. —

— Die Forschungsreise Sr. Maj. Korvette „Gazelle". Nach amtl. Berichten, sowie Briefen, Tagebuchblättern u. Aufsätzen der Teilnehmer dargestellt. (Farbiges) Vollbild v. Rich. Flockenhaus; Buchschmuck v. R. Starcke. (IV, 223 S.) 910. (Bd. 24.) 1.50; in Bibliothekbd. 1.85; in Geschenkbd. 2. —

— Wie unsere Kolonien Südwestafrika, Kamerun u. Togo erworben wurden. Blätter dankbarer Erinnerg. an die erfolgreiche Wirksamkeit unserer Missionare u. Pioniere, an die Entschlossenheit u. Tapferkeit unserer Marine sowie an die zielbewußte, kräft. Vertretg. unserer auswärt. Interessen durch den Fürsten Bismarck. (Farbiges) Vollbild v. R. Flockenhaus; Buchschmuck v. R. Starcke. (III, 199 S.) 910. (Bd. 23.) 1.50; in Bibliothekbd. 1.85; in Geschenkbd. 2. —

Richter, J. W. Otto (Otto v. Golmen), Tätigkeit unserer Marine u. sonstige Seeereignisse im deutsch-dänischen Kriege v. 1864. Anh. Tätigkeit der preuß. Marine zu Anfang des Krieges v. 1866. (Farbiges) Vollbild v. C. Schön; Buchschmuck v. R. Starcke. (94 S.) 909. (Bd. 22.) 1. —; geb. in Bibliothekbd. 1.35; in Geschenkbd. 1. 50

Vergl.: Richter, J. W. Otto.

v. Seeburg, die Gräfin, s.: Abendunterhaltungen, lehrreiche. 12. Bdchn.

Seeburg, Frz. v., Cyclame. Eine Erzählg. aus alter Zeit. Lex.-8. (103 S.) Regensburg 875. Pustet. 1. —

— durch Nacht zum Licht. Ein Zeit- u. Sittengemälde aus dem Anfange d. 19. Jahrh. 8. (492 S.) Ebend. 875. 3. —

— durch Nacht zum Licht. Ein Zeit- u. Sittengemälde aus dem Anfange des 19. Jahrh. 3. Aufl. 2 Tle. 12. (V, 424 u. III, 352 S.) Ebd. 893. n. 4. 20; geb. in Leinw. n. 5. 60

— durch Nacht zum Licht. Ein Zeit- u. Sittengemälde aus dem Anfange des 19. Jahrh. 4. Aufl. (IV, 804 S.) kl. 8. Ebd. 905. n. 4. 20; geb. in Leinw. n. 5. 60

Seeburg, Fr., die Fugger u. ihre Zeit. Ein Bildercyclus. 8. (IV, 638 S.) Regensburg 879. Pustet. 4. 80

Seeburg, Frz. v. Die Fugger u. ihre Zeit. Ein Bildercyclus. Unverkürzte Ausg. d. Originals. 2 Bde. 3. Aufl. [25. Tausd.] 8. (IV, 422; 447 S.) Regensb. 892, Pustet. * 4 80; geb. * 7 20

Seeburg, Frz. v., die Fugger u. ihre Zeit. Ein Bildercyclus. Unverkürzte Ausg. des Originals. 4. Aufl. 8. (IV, 731 S.) Regensburg 900. F. Pustet. 4.50; geb. in Leinw. n. 6. —

Seeburg, Frz. v., die Fugger u. ihre Zeit. Ein Bilderzyklus. Unverkürzte Ausg. d. Originals. 5. Aufl. (731 S.) 8. Regensburg 908. F. Pustet. 4.50; geb. in Leinw. 6. —

Seeburg, Frz. v., Joseph Haydn. Ein Lebensbild. 8. (XII, 444 S.) Regensburg 882, Pustet. *M 2,80.; geb. *

— Joseph Haydn. Ein Lebensbild. 2. Aufl. 12. (VIII, 440 S.) Ebd. 895. 2. 80; geb. in Leinw. n. 4. —

Seeburg, Frz. v., Joseph Haydn. Ein Lebensbild. 3. Aufl. (VIII, 430 S.) 8. Regensburg 904. F. Pustet. n. 2. 80; geb. in Leinw. n. 4. —

Seeburg, Frz. v., die Hexenrichter v. Würzburg. Historische Novelle. In neubearb. Ausg. 8. (IV, 299 S.) Regensburg 883. Pustet. 1. 80

Die Hexenrichter von Würzburg. Hist. Novelle von Franz v. **Seeburg** [d. i. Franz Hacker]. 3. Aufl. Regensburg, New York & Cincinnati: F. Pustet 1894. (IV, 297 S.) 8° [F.] [od. 68g]

— die Hexenrichter von Würzburg. Historische Novelle. 4. Aufl. (V, 296 S.) 8. Ebd. 904. n. 1. 80; geb. in Leinw. n. 2. 80

— Die Hexenrichter v. Würzburg. Historische Novelle. 5. Aufl. (287 S.) kl. 8. Ebd. 909. 1.80; geb. in Leinw. 2. 60

— Immergrün. Volks-Erzählungen. 1.—6. Bdchn. 8. Ebd. à — 60; geb. in Halbleinw. à n. 1. —

1. Maria vom guten Rat. — Gottesraub und Gottesfluch. — Vater unser. — Der Sozialdemokrat. — Wohlthun trägt Zinsen. (214 S. m. 3 Bildern.) 899.
2. Ehre Vater u. Mutter. — Das Marterstöcklein. — Und führe uns nicht in Versuchung. (208 S. m. 3 Bildern.) 899.
3. Du sollst nicht falsches Zeugnis geben. — Zu uns komme dein Reich. — Die Studentenmutter. — Wie unser lieber Herrgott Ehrenbürger v. Kaltern wurde. (216 S.) 899.
4. Schuld u. Sühne. — Welt u. Glaube. — Maria als Friedensstifterin. — Der Edelweißbrocker. (206 S.) 899.
5. Palette und Kreuz. — Des Herrn Name ist heilig. — Der blinde Musikant. — Jakob Stainer. — Ein Groschen. — Das Herrgottskind. (222 S.) 899.
6. Der Bildschneider v. Schwaz. — Herr Wirt. — Der Argwohn ist e. Schelm. — Der Gefangene auf der Trausnitz. — Kaiser Max I. u. sein lust. Hofrat. — Kleinere Erzählgn. (199 S.) 899.

— Immergrün. Volks-Erzählgn. 1.—6. Bdchn. 2. Aufl kl. 8. Ebd. à n. — 60; geb. in Halbleinw. à n. 1. —

1. Maria vom guten Rat. — Gottesraub u. Gottesfluch. — Vater unser. — Der Sozialdemokrat. — Wohltun trägt Zinsen. (214 S.) 903.
2. Ehre Vater u. Mutter. — Das Marterstöcklein. — Und führe uns nicht in Versuchg. 2. Aufl. (208 S. m. 3 Vollbildern.) 903.
3. Du sollst nicht falsches Zeugnis geben. — Zu uns komme Dein Reich. — Die Studentenmutter. — Wie unser lieber Herrgott Ehrenbürger v. Kaltern wurde. (216 S. m. 2 Vollbildern.) 903.
4. Schuld u. Sühne. — Welt u. Glaube. — Maria als Friedensstifterin. — Der Edelweißbrocker. (206 S. m. 2 Vollbildern.) 903.
5. Palette u. Kreuz. — Des Herrn Name ist heilig. — Der blinde Musikant. — Jakob Stainer. — Ein Groschen. — Das Herrgottskind. (222 S.) 904.
6. Der Bildschneider von Schwaz. — Herr Wirt. — Der Argwohn ist e. Schelm. — Der Gefangene auf der Trausnitz. — Kaiser Max I. u. sein lust. Hofrat. — Kleinere Erzählgn. (199 S.) 904.

—— der ägyptische Joseph. Ein blüthenreiches Vorbild Jesu, unseres lieben Heilandes. Für Jung und Alt erzählt. Nach Bildern von Carl Madjera und Ernst Peßler für xylograph. Farbendr. ausgeführt von Heinr. Knöfler. gr. 4. (28 S. mit 12 Taf.) Ebendas. 878. geb. in Halbleinw. * geb. in Leinw. *

Seeburg, Franz von. *Der Aegyptische Joseph.* Ein blüthenreiches Vorbild Jesu . . . Für Jung und Alt erzählt. Nach Bildern v. Carl Madjera u. Ernst Peller für xylograph. Farbendruck ausgef. von Heinrich Knöster. Regensburg, New York & Cincinnati, F. Pustet, 1892. 28 S. u. 12 vorzügl. farb. Taf. Gr.-4°. Chromolith. Or.-Karton m. Lwdrücken (leicht benutzt). Sehr interess. bibl. Bilderbuch. 18.—

—— das Marienkind. 2. verb. Aufl. 8. (IX, 548 S. mit 1 Chromolithogr.) Ebendas. 876. M 3.; geb. *

Seeburg, Frz. v., das Marienkind. 4. vielfach verb. Aufl. 8. (VIII, 568 S.) Regensburg 886, Pustet. geb. *

— das Marienkind. Für die reifere Jugend. 5.—7. Aufl. 12. (IV, 546 S.) Ebd. 890—895. 3. 30; geb. in Leinw. n. 4. 70

Seeburg, Frz. v., das Marienkind. F. d. reife Jugend. 8., verb. Aufl. 12. (XVI, 536 S.) Regensburg 898. F. Pustet. 3. 30; geb. in Leinw. n. 4. 70

Seeburg, Frz. v., das Marienkind. Für die reife Jugend. 9. Aufl. 12. (XVI, 536 S.) Regensburg 902. F. Pustet. 3.30; geb. in Halbldr. n. 4. —; in Leinw. n. 4. 70

— Das Marienkind. Für die reife Jugend. 10. Aufl. (XVI, 536 S.) kl. 8. Ebd. 906. n. 3. 30; geb. in Leinw. n. 4. 70

— Das Marienkind. Für die reifere Jugend. 11. Aufl. (XVI, 536 S.) kl. 8. Ebd. 906. 3.30; geb. in Leinw. 4. 30

—— die Nachtigall. Eine Dorfgeschichte aus dem bayer. Hochlande. 8. (507 S.) Ebendas. 877. M 2.; geb. *

— die Nachtigall. Eine Dorfgeschichte aus dem bayer. Hochlande. 2. Aufl. 8. (VI, 326 S.) Ebend. 884. 2. —

— die Nachtigall. Eine Dorfgeschichte aus dem bayer. Hochlande. 3. unveränd. Aufl. 12. (VI, 327 S.) Ebd. 895. 2. —; geb. in Leinw. n. 3. 20

Seeburg, Frz. v., die Nachtigall. Eine Dorfgeschichte aus dem bayer. Hochlande. 4., unveränd. Aufl. (VI, 327 S.) 8. Regensburg 904. F. Pustet. n. 2. —; geb. in Leinw. n. 3. 20

Seeburg, L., über Arthur Hugh Clough. gr. 4. (22 S.) Göttingen 878, (Vandenhoeck und Ruprecht's Verlag.) *

Seeburg, L.: Die Sage von den Greifen bei den Alten. I. Göttingen. 40 S. Schul-/Univ.-Schrift 1867

Seeburg, Moritz

— s. D. Augustin u. D. August.

Seeburg, Mor., ein Blick auf Deutschlands Nothstand in Bezug auf Handel u. Gewerbe. gr. 8. Leipz. 827. Hinrichs. 4 gr

(Seeburg, Mor.,) Nachträge z. Geschichte Leipzigs, s.a. Nachträge.

NACHTRÄGE zur Geschichte Leipzigs .... (von *Moritz Seeburg*). Leipzig 1835—36.
Anon.-Lex. III. p. 197 (nach Kayser u. Engelmann).

Seeburg, (M.,) Dissert. de Regressu cambiali ei, qui in negotio cambiorum trassatorum intermedius est, neglecta quadam in exequendo cambio solennitate, nunquam concedendo. 4 maj. Lipsiae 824, (Göthe.)

Seeburg, Walt., Dämmerung. Gottfried Stemmich. 2 Skizzen. Zeichnungen v. Hanns Spitzmann. (66 S.) 8. Leipzig 903. Modernes Verlagsbureau. 1. 50

See-Cadett, s. Seekadett

See-Capitain, s. Seekapitain

Seeck, Arthur, Beitrag zur Kenntniss der granitischen Diluvialgeschiebe in den Provinzen Ost- und Westpreussen. Inaugural-Dissertation. gr. 8. (49 S.) Berlin 885. (Königsberg i. Pr., Koch's Antiqu.) **

Seeck, Hugo (Hrsg.), s. Bierturnzeitung, Königsberger.

Seeck, O., Die Anfänge Constantins d. Gr. 2 Teile. S.-A. 1892. 67 u. 93 S.

Seeck, O., Der erste Barbar auf d. röm. Kaiserthrone. S.-A. 1885. 34 S.

Seeck, O., Die Bildung der griech. Religion. I. Der Sonnenglaube. II. Religion u. Sittlichkeit. S.-A. 1899. 23 u. 17 S. 1.20

Seeck, O., Die Pachtbestimmungen eines röm. Gutes in Afrika. S.-A. s. a. 58 S.

Seeck, O., Die Reden des Symmachus und ihre kritische Grundlage. S.-A. 1877. 23 S. 4°. 1.—

Seeck, O., Sesterz und Follis. S.-A. s. a. 14 S.

Seeck, Osc., üb. die Hautdrüsen einiger Amphibien. Diss. gr. 8. (72 S. m. 1 lith. Taf.) Jurjew (Dorpat) 891. (E. J. Karow.) n. 1. 80

Seeck, Otto, Kaiser Augustus, s.a. Monographien zur Weltgeschichte. XVII.

Kaiser Augustus. Von Prof. Dr. Otto Seeck. Mit 106 Abb. Bielefeld & Leipzig: Velhagen & Klasing 1902. (148 S.) 4° (8°)
= Monographien z. Weltgeschichte. 17.

Seeck, Otto, die Briefe des Libanius, s.a. Texte u. Untersuchungen zur Geschichte der altchristlichen Literatur.

Die Briefe des Libanius. Zeitlich geordnet von Otto Seeck. Leipzig: J. C. Hinrichs 1906. (496 S.) 8°
= Texte u. Untersuchungen z. Geschichte d. altchristl. Literatur. N. F. Bd 15, H. 1. 2.

— Decemprimat u. Dekaprotie. Lex.-8. (41 S.) Leipzig (901). Dietrich. n. 2. 10
Sonderabdruck aus: „Beiträge z. alten Geschichte".

Seeck, Otto, die Entwicklung d. antiken Geschichtschreibung u. and. populäre Schriften. gr. 8. (V, 339 S.) Berlin 898. Siemenroth & Troschel. n. 5. —; geb. n. 6. —

Seeck, Otto, Geschichte des Untergangs der antiken Welt. (In 6 Bdn. u. 6 Anh.-Bdn.) 1. Bd. gr. 8. (VII, 404 S.) Berlin 895. Siemenroth & Worms. n. 6. —; Anh. (enth. die wissenschaftl. Noten) (S. 405—551.) n. 2. 50

— Geschichte d. Untergangs d. antiken Welt. 1. Bd. 2., verm. u. verb. Aufl. gr. 8. (IX, 428 S.) Ebd. 897. n. 5. —; geb. in Leinw. n. 6. —

— dasselbe. Anh. zum 1. Bde. 2., verm. u. verb. Aufl. gr. 8. (S. 429—607.) Ebd. 898. n. 3. —; geb. n. 3. 80

— Geschichte des Untergangs der antiken Welt. 2. Bd. gr. 8. (VII, 456 S.) Berlin 901. F. Siemenroth. n. 6. —; geb. in Leinw. n. 7. —; Anhang (S. 461—619) n. 3. —; geb. n. 3. 80

Seeck, Otto, Geschichte des Untergangs der antiken Welt. I. u. III. Bd. 8. Berlin, F. Siemenroth. à 6. —; geb. in Leinw. à 7. —
I. 3. verb. Aufl. (XI, 428 S.) 910. 6. —; geb. 7. —; Anh. (S. 483—615.) 3. —; geb. 3. 80
III. (VII, 444 S.) 8. 6. —; geb. 7. —; Anh. (S. 447—583.) 900. 2.40; geb. 3. 20

Seeck, Otto, die Kalendertafel der Pontifices. gr. 8. (VII, 192 S.) Berlin 885, Weidmann'sche Buchh. *

Seeck, Otto [geb. Riga 2. 2. 1850]: Quaestiones de notitia dignitatum. Berolini (1872). (32 S.) 8°
Berlin, Phil. Diss. v. 2. Juli 1872

Seeck, Otto, Quaestiones de notitia dignitatum. Dissertatio inauguralis historica. gr. 8. (31 S.) Berlin 872, Calvary und Comp. — Weber. *

Seeck, Otto, quaestiones de notitia dignitatum. Dissertatio inauguralis historica. 8. (32 S.) Berlin 873. Weber. n. 1. —

—— die Quellen der Odyssee. gr. 8. (IX, 424 S.) Berlin 887, Siemenroth und Worms. *

— die charakterist. Unterschiede der Brüder van Eyck, s.a. Abhandlungen der kgl. Gesellschaft der Wissenschaften zu Göttingen. Phil.-hist. Kl. N. F. III. 1.

Die charakteristischen Unterschiede der Brüder van Eyck. Von Otto Seeck. Berlin: Weidmann 1899. (77 S.) 4⁰
= Abhandlungen d. Königl. Gesellschaft d. Wiss. zu Göttingen. Phil.-hist. Klasse. N. F. Bd 3. No 1.

Seeck, Otto. Zeitphrasen. gr. 8. (104 S.) Berl. 892, Siemenroth u. Worms. * 1 50

— Zeitphrasen. 2. [Titel-] Ausg. 8. (104 S.) Ebd. (892) 898. n. 1. —

Seeckner, J. F. von: „Ueber das Recht der Verkaufs-Selbst Hülfe, oder das Differenzwesen im Verkehr mit Staatspapieren", München 1822.

Seeder, Erzählungen. 2 Bde. 8. Wien, Rehm. 810.

Seedorf [Schlagwort]

Seedorf, s.: Geologische Karten. Karte (Preussen).

Seedorf [Verfasser]

Seedorf, C., die Sparkassen-Buchführung. Prakt. Anleitung zur Einrichtung, Geschäftsführung und Revision der Sparkassen. Mit zahlreichen Formularen der Buch- und Kassenführung. gr. 8. (69 S.) Hannover 888, Meyer. cart. *

Seedorf, E., die in Preußen geltenden Prüfungs-Ordnungen f. Lehrerinnen u. Schulvorsteherinnen m. den amtlichen Erläuterungen. Gesammelt u. hrsg. gr. 8. (70 S.) Gera 888. Th. Hofmann. n. — 70

Seedorf, Ernst: Erdkunde f. höhere Mädchenschulen, s. Lentz, Alfr.

Seedorf, Ernst, Hilfsbuch für den Unterricht in der Geographie, s.: Zweck u. Bernecker.

Seedorf, Ernst, a. Kattowitz (Ober-Schlesien), Assistenzarzt im Inf.-Reg. v. Manstein (Schleswigschen) Nr. 84: Aus d. chirurg. Klinik zu Kiel. Über Knochenplastik nach Exstirpation eines Knochensarkoms. Kiel 1908: Schmidt & Klaunig. (21 S.) 8⁰
Kiel, Med. Fak., Ref. Anschütz, Diss. v. 30. März 1908
[Geb. 10. März 83 Kattowitz; Wohnort: Schleswig; Staatsangeh.: Preußen; Vorbildung: Gymn. Leer Reife O. 01; Studium: Kaiser-Wilhelms-Akad. Berlin 9 S.; Coll. 9. März 08; Approb. 8. April 07.]

Von maurerischer Arbeit. Freimaurerische Vorträge von H[einr.] Seedorf. Berlin: Wunder 1905. 74 S. 8⁰
Auszug in: BrL. 22 (1904—1905) S. 11—15.
Recens: Al. 81 (1905) S. 127; H. 16 (1905) Nr 11 (K. Pistorius); Brh. 4 (1907) S. 201 (W. Kunis).
cf. DrL. 35 (1904—1905) S. 184 (A. Denecke); ML. 88 (1904—1905) S. 163 (O. Henckel); Z. 35 (1904—1905) S. 375 (H. Glücksmann); Bbl. 19 (1905) S. 280 (G. Diercks); L. 28 (1905) S. 64 (P. Fischer); SL. 25 (1905) S. 75; Oriflamme. 3 (1905) Nr 5; R. 32 (1905) S. 40 (G. Schauerhammer); S. 12 (1905) S. 66 (J. G. Findel).

Von maurerischer Art und Kunst. Neun freimaurerische Vorträge von H[einr.] Seedorf. Göttingen: Wunder 1899. 53 S. 8⁰

[Dasselbe.] 2. unveränd. Aufl. Ebendas. 1899. 53 S. 8⁰
Recens: Bh. 42 (1899) S. 256 (C. Gotthold); BstF. 8 (1899) S. 177—178; FZ. 53 (1899) S. 264 (K. Pilz); L. 22 (1899) S. 104; BZC. 28 (1899) S. 317; BrL. 17 (1899—1900) S. 8; H. 14 (1903) Nr 15.
cf. f. 1. Aufl.: DrL. 28 (1898—1899) S. 2672 (G. E. Müller); Bk. 18 (1898) No 61 (M. Corens); S. 6 (1899) S. 73 (J. G. Findel); f. 2. Aufl.: Z. 34 (1903—1904) S. 148 (H. Glücksmann).

Seedorf, H., von maurerischer Art u. Kunst. 9 freimaurer. Vorträge. 2. unveränd. Aufl. gr. 8. (VII, 53 S.) Göttingen 899. Berlin, F. Wunder. n. 1. —

Gespräch über Freimaurerei von H[einr.] Seedorf. Berlin: Wunder [1905]. 15 S. 8⁰
Aus: H. 16 (1905) No 21.

[Dasselbe.] 2. Aufl. Ebendas. [1906.] 15 S. 8⁰

[Dasselbe.] 3. Aufl. Ebendas. [1907.] 15 S. 8⁰
Recens f. 1. Aufl.: Brh. 2 (1905) S. 99; S. 12 (1905) S. 76 (J. G. Findel); ArSt. 2 (1905) S. 284—285.
cf. f. 1. Aufl.: Bbl. 19 (1903) S. 531 (G. Diercks); MitteilRuT. (Hamburg) 1 (1904 bis 1905) S. 107 (R. Löwenhaupt); Z. 35 (1904—1905) S. 540 (H. Glücksmann); SL. 25 (1905) S. 126 (B. Hirsch); Oriflamme. 3 (1905) Nr 10; f. 2. Aufl.: L. 29 (1906) S. 383 (P. Fischer); DrL. 37 (1906—1907) S. 24 (A. Denecke); Z. 37 (1906—1907) S. 48 (H. Glücksmann).
Bietet Vorbereitung f. Unterredungen mit „Profanen", die sich üb. d. Bund belehren wollen.

— Gespräche über Freimaurerei. 1. u. 2. Aufl. (15 S.) kl. 8. Ebd. (905. 906). n. — 30

Gespräche über Freimaurerei von Prof. Dr. H[enry] Seedorf. 6. u. 7. Taus. Berlin: F. Wunder [um 1906]. (15 S.) 8⁰

Seedorf, H., über syntaktische Mittel des Ausdrucks im althochdeutschen Isidor und den verwandten Stücken, s.a. Beiträge, Göttinger, zur deutschen Philologie.

Seedorf, Henry [aus Bremen]: Über syntaktische Mittel des Ausdrucks im althochdeutschen Isidor und den verwandten Stücken .... Paderborn, Druck v. Ferdinand Schöningh, 1888; 68 S. + 1 Bl. 8⁰
Göttingen, Phil. Fak., Inaug.-Diss. v. 2. Nov. 1887

Heyne, Mor.: **Br. Mor. Heyne zum Gedächtnis. Rede bei der Trauerfeier der Loge Augusta zum goldenen Zirkel in Göttingen für ihren entschlafenen Mstr. v. St. am 27. März 1906 gehalten von H[einr.] Seedorf. [Braunschweig 1906: J. H. Meyer.] 11 S. 8° [Umschlagtit.]**
Abgedr. in: Mitglieder-Verzeichnis d. L. Augusta z. gold. Zirkel, Göttingen. 1906 S. 26—34.
cf. ArSt. 3 (1896) S. 131—134 (H. Seedorf).
Üb. Heyne s. Biograph. Jahrbuch Bd 11 1908 S. 68—70 (E. Schröder).

— Friedrich Schiller. Rede zur Gedenkfeier der 100. Wiederkehr seines Todestages. (20 S.) Lex.-8. Göttingen 905. Vandenhoeck & Ruprecht. n. — 50

Zu den Thesen des Brs [Rob.] Fischer. Vortrag, gehalten auf der Gauverbandsversammlung im Jan. 1898 von [Heinr.] Seedorf. o. O. [1898]. 18 S. 8° [Kopftit.]
Recens: L. 21 (1898) S. 128.
Betr. Gleichberechtigung u. Gleichachtung der verschiedenen deutschen Systeme der Frmrei.

Seedorf, Hieronym., die Ascese, die wahre u. die falsche. Mit besond. Rücksicht auf die alten u. neuen Orden beleuchtet. 8. (309 S.) Mainz 874. Kirchheim. 2. 40

Seedorf, P., Briefe an d. Fursten zu Zweybrücken wegen s. Uebertritts v. d. lutherischen z. kathol. Religion. 8. Prag. 760.

Seedorf, Wilh, Otto v. Münchhausen auf Schwöbber, seine Bedeutung als landwirtschaftl. Schriftsteller u. seine Verdienste um die Begründung der Landwirtschaftslehre. Gekrönte Preisschrift. (IX, 54 S.) gr. 8. Ebd. 905. n. 1. 40

Seedorf, Wilhelm, a. Bostelwiebeck: Otto von Münchhausen auf Schwöbber, seine Bedeutung als landwirtschaftlicher Schriftsteller und seine Verdienste um die Begründung der Landwirtschaftslehre. Göttingen 1906: Dieterich. (VIII, 54 S.) 8°
Göttingen, Phil. Fak., Ref. Fleischmann, Diss. v. 21. Juli 1906
[Geb. 11. Okt. 81 Bostelwiebeck; Wohnort: Göttingen; Staatsangeh.: Preußen; Vorbildung: Realgymn. Lüneburg Reife O. 03; Studium: Göttingen 1, Berlin 1, Göttingen 5 S.; Rig. 19. Juni 06.]

Seedorff, Ernst [app. Arzt aus Zwickau]: Ueber einen Fall von Melanosarcoma carcinomatodes. . . . München, Buchdr. v. M. Ernst, 1891; 27 S. 8°
München, Med. Fak., Inaug.-Diss. v. 1891

See-Einbrüche in Zug. Zug [1887]. V: *Weber, Anton.* (Cat. d. Stadtbibl. Zürich. Zürich 1864—97.)

Seefahrer, Die. Romantische Darstellung . . . Elberfeld 1823—24. V: *Wilhelmi, Heinrich.* (EK) (KY) (MGT) (GGr)

Seefahrer, die, romant. Darstellung v. d. Verf. v. Wahl u. Führung. 3 Thle. 8. Elberf. 824, Büschler.

Seefahrer, die, romant. Darstellung v. d. Verf. v. „Wahl u. Führung" (H. Wilhelmi). 3 Thle. 8. Elberf. 824. (Schönian). 6 ₰

Seefahrer, Der junge, oder Gottfried Vollner's Seereisen nach Jamaika und Java . . . Nürnberg 1840. V: *Körber, Philipp.* (Heindl, Gallerie I, 423) (Zeitschr. f. Büch. N. F. 15, 1923, S. 122)

Seefahrer, der junge, od. Gottfried Vollner's Seereisen nach Jamaika u. Java. Ein Buch z. Belehr. u. Unterhalt. f. d. Jugend u. ihre Freunde. 8. (20 B. u. 1 Abbild.) Nürnberg 840, [Lotzbeck.]

Seefahrer, der junge, oder Gottfried Vollner's Seereisen nach Jamaika und Java. Ein Buch zur Belehrung u. Unterhaltung für die Jugend und ihre Freunde. Mit Abbild. 8. Nürnberg 840. Geh. 5/6 ₰

Seefahrer. die jungen. frei nach dem Englischen von A. Bowman. Mit 8 color. Bildern. gr. 8. (332 S.) Wien, Lechner, in eleg. Kartonnage-Einband. 2 fl. 70 kr.
1862

Seefahrer, d. philosophische, 8. Berlin. 740.

Seefahrer, der philosophische, od. Reisen d. Ritters von Meilcourt v. d'Argens. 8. Göttingen. 740.

Seefahrt, e. unheimliche, s.: Volks-Erzählungen, kleine.

Seefahrt, Die, von Tango nach Se tsu im Jahre 1587 n. Chr. von A. Pfizmaier. Wien 1882. V: *Fudzi-kó, Minamoto.* (EB)

Seefahrten, Seltsame Begebenheiten . . ., Richard Falconeres eines Englischen See-Hauptmanns. Denen hinzugefügt Thomas Randals Schiffbruch. A. d. Engl. . . . Frankf. u. Leipz. 1778. V: *Chetwood, William Rufus.* (Ullrich, Robinson u. Robinsonaden. Weimar 1898.)

Seefahrten, die, des Admiral Nelson von 1803—1805, nebst Biographie. 8. Regensb. 806. Rettmeyer. 8 gr

See- u. Schiffahrts-Bilderbuch, oder: Nautischer Kinderfreund. 16 Heft. Mit Kpf. gr. 4. Leipz., Brockhaus. 16 gr illum. 1 ₰

See- u. Schiffahrts-Bilderbuch, od. Nautischer Kinderfreund rc. m. K. gr. 4. Leipz. Junius. 808.
m. illum. K.

Seefeder, Die. Eine Geschichte zum Festgeschenk für Kinder. . . . Basel 1840. V: *Barth, Chn Glob.* (Ky)

Seefeder, die. Eine Geschichte zum Festgeschenk für Kinder. Vom Verfasser der Rabenfeder (Barth). 12. Basel 840. Schneider. 1/8 ₰

Seefeder, die. Eine Geschichte für Kinder. Vom Verf. der „Rabenfeder" (C. G. Barth.). 2. Aufl. Stuttgart 868. J. F. Steinkopf. 16. (85 S.) 4 ngr.

Seefehlner, E[gon] E[wald]: Beitrag zur Theorie der Synchron-Motoren und Wechselstromgeneratoren. Wien: Elektrotechn. Verein 1900. 59 S. 8⁰ ¶ Aus: Zeitschrift f. Elektrotechnik. Jg. 18.
Dresden, Dr.-Ing.-Diss. v. 27. 7. 1900

Seefehlner, E[gon] E[wald]: Optische Methoden zu Wechselstromuntersuchungen. 1900. 40 S. 8⁰ ¶ Aus: Zeitschrift f. Elektrotechnik. Jg. 18.
Dresden Te. H., Hab.-Schr. v. S.-S. 1900

Seefehlner, Jul., die **Donaubrücke** der Budapester Verbindungsbahn. Fol. (47 S. mit 10 lithogr. Taf. Zeichnungen.) **Hannover 877, Schmorl und v. Seefeld.** *
Aus: Zeitschrift des Architekten- und Ingenieur-Vereins zu Hannover, besonders abgedruckt.

Seefehlner, Jul., die **Franz-Josef-Brücke** zu Budapest. M. 18 Textabb. u. 6 lith. Taf. [Aus: „Ztschr. f. Architektur u. Ingenieurwesen".] Fol. (44 Sp.) Hannover 898. Gebr. Jänecke. n. 5. —

Seefehlner, Jul. Die Karlstadt-Fiumaner Bahn und der Fiumaner Hafen. München 1881. fol.

Seefehlner, Jul. Die Margarethendonaubrücke bei Budapest. München 1880. fol.

Seefehlner, Jul., Tabelle zur Berechnung der Eigengewichte eiserner Brückenconstructionen f. Bahnen. Bearb. zum pract. Gebrauch f. Bahningenieure. 8. (16 S. m. 2 Taf. in gr. 4. u. qu. gr. 4.) **Budapest 874. Kilian.** — 75

v. Seefeld, s. v. Törring v. Seefeld, Ant.

Seefeld: Beitrag z. Polyneuritis alcoholica. Inaug.-D. München. 1899.

Seefeld, Alfr. v., Altes und Neues über die vegetarianische Lebensweise. Vortrag, gelegentlich des vegetarian. Vereinstages gehalten im Bürgersaale des Rathhauses zu Berlin am 12. Juni 1880. 8. (40 S.) Hannover 880, Schmorl und v. Seefeld. *

Seefeld, Alfr. v., dem Frühling entgegen! **Winterreise** nach Kreta. 8. (III, 180 S.) Hannover **891**. **Schmorl** & v. Seefeld Nachf. n. 1. 50; geb. n. 2. 40

Seefeld, Alfr., der St. Petersburger **zoologische Garten.** 1865—1890. Beiträge zur Geschichte **desselben, gesammelt** u. hrsg. gr. 8. (IV, 56 S. m. **Abbildgn.**) St. Petersburg 890. (Herm. Hoppe.) n. 1. 50

—— im Fluge durch's alte romantische Land, s. Universal-Bibliothek Nr. 1489.

—— einfachstes Kochbuch. Nebst Einführung in die naturgemäße Lebensweise. 1.—5. Aufl. 8. (32 S.) Hannover 883, Schmorl und v. Seefeld. *

— einfachstes Kochbuch. Nebst Einführg. in die naturgemäße Lebensweise. 13. Aufl. 12. (32 S.) Ebd. 890. n.n. — 10

—— **Einfachstes Kochbuch. Nebst Einführg. in die naturgemäße Lebensweise. 15. Aufl. 8. (32 S.) Ebd. 889—92.** ** — 10
1.—14. Aufl. Ebd. 1883—91.

Seefeld, Alfr. v., einfachstes Kochbuch. Nebst Einführg. in die naturgemäße Lebensweise. 17. Aufl. 8. (32 S.) Hannover 894. Schmorl & v. Seefeld Nachf. n.n. — 10

Seefeld, Alfr. v., einfachstes Kochbuch. Nebst Einführg. i. d. naturgem. Lebensweise. 18. Aufl. 8. (32 S.) Hannover 895. Schmorl & v. Seefeld Nachf. n.n. — 10

Einfachstes Kochbuch. Nebst Einführg in d. naturgemässe Lebensweise v. Alfred v. Seefeld. 19. Aufl. Hannover: Schmorl & v. Seefeld Nachf. [o. J.]. (32 S.) 1 Bd 8⁰

Seefeld, Alfr. v., einfachstes Kochbuch. Nebst Einführg. in die naturgemäße Lebensweise. 20. Aufl. (32 S.) 8. Hannover (903). Schmorl & v. Seefeld. Nachf. n.n. — 10

Seefeld, Alfr. v., s. Studien über Gesundheit und Krankheit.

Seefeld, Alfr. v., die modernen Theorien der Ernährung u. der Vegetarianismus. 2 Vorträge. 8. (56 S.) Hannover 875. Schmorl & v. Seefeld. n. — 35

Seefeld, Carl, s. Seefeld, Karl

Seefeld, F. S. v., astronomische Aufsätze e. Amateurs der Naturwissenschaft. 12 Versuche, größere Probleme der Himmelskunde auf elementare gemeinverständl. Weise zu lösen. 1. Hft. gr. 8. (54 S.) Graz 887. Selbstverlag d. Verf. n. — 80

SEEFELD, Gustav (Kölpin): Ein Beitrag zur Polyneuritis alcoholica.- München: Kastner & Lossen 1899. 25 S.
16.2.1899 - Chr 1898/99,13; Jv 1898/99,221
Diss.Ingolst.-Landsh.-Mchn

Seefeld H v, die Förderung des Kleingewerbes in Hessen, Baden, Württemberg, Elsass-Lothringen und der Schweiz. (39 S) (Drucksachen des preussischen Abgeordnetenhauses 1904 No. 142) 4° Berlin 1904

Seefeld, Hans, der Kaplan von St. Marien, s.: Weber's moderne Bibliothek. Nr. 83.

Seefeld, Heinrich

— Schmalzl's Aeroplan u. andere Humoresken. (Umschlagzeichnung v. Fritz Schönpflug.) (136 S.) kl. 8. Ebd. 910. 1.—; geb. 1.50

Seefeld, Heinr., der Drahrer u. andere Wiener Skizzen. (106 S.) 8. Wien 908. Huber & Lahme Nachf. 2. —

Seefeld, Johann Jakob (Pyritz) A. S. 796/32

Dissertatio inauguralis iuridica de praescriptione nonagenaria. Präs. Jakob Friedrich Ludovici. Halle (Hencke.) XII. 1718. 39 S. 32207

Seefeld, Johann Jakob (Pyritz) A. S. 332/24

Dissertatio inauguralis juridica de praescriptione nonagenaria, Von der Neuntzigjährigen Verjährung. Präs. Jakob Friedrich Ludovici. Halle (Grunert) XII. 1718. 39 S.

W. v.: Präs., Karl Pontanus, Otto Christoph Schade. 32208

Seefeld, Karl

Seefeld, Carl, das Protokoll im österreichischen Strafprocesse. Theoretisch-prakt. Anleitg. zur Protokollführg. im Strafprocesse. gr. 8. (44 S.) Wien 886. Manz.
n. 1. —

Seefeld, Carl. Das Protokoll im österreichischen Strafprocesse. Theoretisch-prakt. Anleitg. zur Protokollführg. im Strafprocesse. 2. verb. u. verm. Aufl. Mit e. Beispielsammlg. 8. (X, 121 S.) Wien 889, Hof- u. Staatsdruckerei. * 2 —

Seefeld, Carl, das Protokoll im österr. Strafprocesse. Theoret.-prakt. Anleitg. z. Protokollführg. im Strafprocesse. 8., verb. u. verm. Aufl. M. e. Beispielsammlg. gr. 8. (XIII, 138 S.) Wien 895. Hof- u. Staatsdruckerei.
n. 2. —

Seefeld, Carl, Reisestudien u. -Skizzen. 8. (XVIII, 212 S.) Graz 895. Leuschner & Lubensky. n. 3. —; geb. in Leinw. n. 4. —

— zur Verbreitung der Rechtskenntniß, s.a. Zeit- u. Streitfragen, deutsche.

Seefeld C, zur Verbreitung der Rechtskenntnis. (Zeit- u Streitfr. NF 71) **Hamburg 1890**

Seefelder, [Karl], Prof. Dr.: **Abhandlung** über das carmen **adversus Flavianum.** (Text u. Erläuterungen.) *Gmünd 1901: B. Kraus.* (S. I—VI, 1—65.) 4° [Ant. u. J.]
Gmünd, k. RG, P 1901 (652)

Seefelder, Richard, cand. med.: **Beitrag zum klinischen Nachweis** der Thymusdrüse. *München 1898: Kastner & Lossen.* (29 S.) 8°
München, Med. Diss. v. 1898

Seefelder, Richard, Dr., Stabsarzt: **Pathologisch-anatomische** Beiträge zur Kenntnis der angeborenen Colobome des Auges. Mit 2 Tafeln und 9 Figuren im Text. Leipzig: W. Engelmann 1908. (81 S. mit Taf.) 8° ¶(Aus: v. Graefe's Archiv für Ophthalmologie Bd 68 H. 2.)
Leipzig, Med. Fak., Hab.-Schr. v. 1908
(Nicht für den Austausch, lag nicht vor.)

Seefelder, R., das Verhalten der Kammerbucht u. ihres Gerüstwerkes bis zur Geburt, s.a. Graefe, Alfr., u. Thdr. Saemisch, Handbuch der gesamten Augenheilkunde.

Seefelder, R[ichard]: Das Verhalten der Kammerbucht und ihres Gerüstwerkes bis zur Geburt. Mit 17 Fig. Leipzig: W. Engelmann 1910. 37 S. 8°
(Handbuch d. gesamten Augenheilkunde. 2. Aufl. Bd 1, Abt. 1. Kap. 2. Anh.)

Seefeldner Erich: Morphogenetische Studien aus dem Schwäbisch-Fränkischen Becken m. bes. Ber. des Fränkischen Jura. Diss. Wien, Univ.
D: Forschungen zur Deutschen Landes- u. Volkskunde, Stuttgart.
1910 PN 3050 **2419**

Seefeldner [illegible] 121 [illegible] 150
Separatabdruck

Seefeldt, Alfred Gustav Ludwig: Der Stand des Zwerchfelles bei Gesunden und Emphysematikern. Würzburg: Kabitzsch 1910. 22 S. 8° (Aus: Beiträge z. Klinik d. Tuberkulose. Bd 15, H. 3.)
Marburg, Med. Diss. v. 16. März 1910, Ref. Brauer
[Geb. 25. Okt. 69 Glatz; Wohnort: Vöhl; Staatsangeh.: Preußen; Vorbildung: Wilhelms-Gymn. Kassel Reife M. 89; Studium: Marburg 7, München 1, Marburg 7 S.; Coll. 27. März 09; Approb. 25. Juli 09.] [U 10. 3328

Seefeldt, Paul, a. Malchin: Studien über die verschiedenen mittelalterlichen dramatischen Fassungen der Barbara-Legende nebst Neudruck des ältesten Mystère français de Sainte Barbe en deux journées. Greifswald 1908: H. Adler. (XVI, 57 S.) 8°
Greifswald, Phil. Fak., Ref. Stengel, Diss. v. 30. März 1908
[Geb. 8. Jan. 83 Malchin; Wohnort: Malchin; Staatsangeh.: Mecklenburg-Schwerin; Vorbildung: Realgymn. Malchin Reife M. 03; Studium: Rostock 2, Berlin 2, Greifswald 4 S.; Rig. 9. Nov. 07.]

Seefisch, Günther *Johannes Kurt Theodor* [pr. Arzt aus Brandenburg]: Weitere Mitteilungen über die Total-Exstirpation des carcinomatösen Uterus ... **Greifswald**, Druck v. J. Abel, 1893; 1 Bl., 5—38 S. 8.
Greifswald, Med. Fak., Inaug.-Diss. v. 25. März 1893

Seefischerei-Almanach, deutscher, f. 1898. Hrsg. v. deutschen Seefischereiverein. 12. (X, 617 S. m. Abb. u. 2 farb. Karten.) **Leipzig, J. J. Weber.**
Geb. in Leinw. n. 4. 50

Hannover, Deutscher Seefischerei-Verein, Deutscher Seefischerei-Almanach für **1899.** Leipzig 1899

Deutscher Seefischerei-Verein, Deutscher Seefischerei-Almanach für 1900. Leipzig. 8°.

Seefischerei-Almanach, deutscher, f. 1902. Hrsg. vom deutschen Seefischerei-Verein. 12. (X, 602 S.) Hannover 902. Hahn. Geb. in Leinw. n. 4. 50

Seefischerei-Almanach, deutscher, f. 1907. Hrsg. vom deutschen Seefischerei-Verein. Bearb. v. R. Dittmer. (XVI, 807 S. m. Fig. u. farb. Plänen.) kl. 8. Hannover, Hahn. Geb. in Leinw. n. 4. 50

Seefischerei-Almanach, deutscher, f. 1911. Hrsg. vom deutschen Seefischerei-Verein. Bearb. v. R. Dittmer. (XXII, 581 S. m. Abbildgn. u. farb. **Plänen.) kl. 8. Hannover** 911. Hahn. **Geb. in Leinw.** 4. 50

Seeflaggen, die. Nürnb., Fembo. 4 ℊ

Seefried, Amandus Dietrich (Nellingen) A. S. 1332/3

De substantiarum in se mutua actione.
Präs. Israel Gottlieb Canz.
Tübingen (Sigmund) VII. 1742. 64 S.

4 Resp. **32210**

Seefried, Ernst, das Gesicht der Mutter. Ein seltsamer Traum, s.: Sammlung in- u. ausländ. Sensations-, Criminal- u. Detectiv-Romane. 4. Bd.

SEEFRIED, **Franz: Über die Lichtsinnesorgane der transversalheliotropischen Laubblätter einheimischer Gewächse mit besonderer Berücksichtigung der Schattenpflanzen. — 1907. 53 S., 4 Taf. Diss. Graz, Univ.**

Seefried, F., über die Lichtsinnesorgane der Laubblätter einheim. Schattenpflanzen. (47 S. m. 4 Taf.) gr. 8. Wien 907. A. Hölder. 2. 30
Sonderabdr. aus: „Sitzungsber. d. k. Akad. d. Wiss."

Seefried, Geo., Leitfaden durch die Dienstesvorschriften f die Rentamtsdiener u. Hilfsboten in Bayern. Mit höchster Genehmigg. des k. Staatsministeriums der Finanzen hrsg. (VII, 131 S.) 8. Ansbach 905. C. Brügel & Sohn.
Kart. n. 1. 50

Seefried, J. N., die Grafen von Abenberg fürstl. bayer.- welf. Abkunft die Ahnen des preußischen Königshauses und der Fürsten von Hohenzollern. gr. 8. (109 S.) München 869, Franz'sche Buchh. *

Seefried, J. N. (k. Bezirksamts-Assessor in Griesbach), *Beiträge z. Kenntniss der Tabula Peutingeriana.* 3 Stücke (in 1 Bde.). (Sep.-Abdr. aus Bd. 29 u. 31 des oberbayer. Archivs.) München 1869, 70, 71. Kgl. Hofbuchdr. von Dr. C. Wolf & Sohn. Imp.-8°. Ppb.
I—II 36 fortl. S. III: 25 S.
I Die Tab. Peuting. der unter Diocletian revidirte Orbis pictus des römischen Reiches. II Widerlegung der Annahme, das Original der Tab sei ein Werk Aurelians oder gar der Söhne Constantins. — Colmar nicht die Mutter der mittelalterl. Abschrift. III Der Krieg gegen die Alamannen (?) im Jahre 288 n. Chr. u. s. Folgen, od. die Verlegung der römischen Municipien, castra u. castella an die damalige römische Reichsgränze der Geschichte nicht entgegen.

Seefried, J. N., Herzog Tassilo II. u. die Chiemseeklöster. Ein Beitrag zur Geschichte Bayerns u. zur Centenarfeier König Ludwig's I. Karl August. Mit Beilagen u. 1 Situationsplan. [Aus: „Augsburger Postzeitg."] gr. 8. (43 S.) Augsburg 888. Literar. Institut v. Dr. M. Huttler. n. — 75

Seefried, Ludwig v., s. Seefried auf Buttenheim, Ludwig v.

Seefried, Rudolf, Rechtsprakt. in München: Der Paragraph 281. Eine historisch-dogmatische Studie zum B.G.B. Aschaffenburg 1905: Gottinger. (100 S.) 8°
Erlangen, Jur. Fak., Ref. Siber, Diss. v. 10. Nov. 1905
[Geb. 6. Jan. 77 Griesbach; Wohnort: Griesbach; Staatsangeh.: Bayern; Vorbildung: Gymn. Passau Reife Juli 96; Studium: München 7, Erlangen 2 S.; Rig. 1. Febr. 05.]

v. Seefried, Sidonie Baronesse, ein Album. Bilder aus unsrer Zeit. 1. Thl. 8. München 843, Jaquet. 5/8 ₰

Seefried auf Buttenheim, Ludwig v.

Seefried, Ludw. Frhr. v., die theoretische Ausbildung d. Rekruten der Kavallerie im Felddienst. gr. 8. (36 S. m. 4 Steintaf. in qu. gr. 4.) Berlin 876. Luckhardt. n. 1. —

Seefried auf Buttenheim, Ludw. Frhr. v., Geschichte des k. bayer. 1. Chevaulegers-Regiments vacant Kaiser Alexander von Rußland, zum 200jähr. Jubiläum desselben im Auftrage skizzirt. Mit 8 Beilagen. 8. (70 S. mit 3 lithogr. und color. Uniformbildern und 1 lithogr. Karte.) Nürnberg 882, v. Ebner'sche Buchh. *

Seegall, Georg, approb. Arzt aus Meseritz, Prov. Posen: Aus d. Greifswalder chirurg. Klinik u. Poliklinik. Ueber einen **Fall** von congenitalem Defect des ganzen rechten Musculus pectoralis major. *Greifswald 1901: F. W. Kunike.* (33 S.) 8°
Greifswald, Med. Diss. v. 25. Febr. 1901

Seegall, Wilh. (geb. Hirschberg in Schles. 25. 10. 1845): Die Wirkungen des Alkaloids Chinin. Berlin (1869). (32 S.) 8°
Berlin, Med. Diss. v. 28. Sept. 1869

Seegar, Eugen, s. Seeger, Eugen

Seegat [Sachliches OW]

Seegat, das, von Norderney, s.a. Seekarten.

Das Seegat von Norderney. 1 : 25 000. (No. 114). 1890. 1 Bl. 1.

Seegebart's, J. F., Tagebuch und sein Brief an J. D. Michaelis, ein Beitrag zur Geschichte des ersten schles. Krieges, hrsg. von K. R. Fickert. gr. 8. (VIII und 67 S.) Breslau 849, Max und Comp.

Seegegenden, oder Ansichten von Städten, Schlössern u. Inseln des Bodensee's. 1e Lfrg. 6 Bl. mit Text. Freiburg ... Waizenegger. 1/2 ₰

Seegelken, Karl

Seegelken, Carl [app. Arzt aus Lesum '(Prov. Hannover)']: Über Komplikation der Schwangerschaft mit Carcinom des Cervix ... Jena, Druck v. B. Engau, 1892; 38 S. 8.
Jena, Med. Fak., Inaug.-Diss. v. [22. Aug.] 1892

Seegelken, Carl, üb. Komplikation der Schwangerschaft m. Carcinom d. Cervix. Diss. gr. 8. (38 S.) Jena 892. (Rudolstadt, H. Dabis.) n. — 80

Seegemälde. Nach ausländ. Originalen v. † Bernd v. Güsek. 2 Abthln. 8. (18 1/4 B.) Dresden u. Leipzig 835, Arnoldische Buchh.

Seegemund, G., Gott ist die Liebe. Predigt über die Epistel am 1. Sonntage nach Trinitatis 1. Joh. Cap. 4., V. 16—21. Gehalten in der St. Nicolai-Kirche zu Frankfurt a. d. O. am 6. Juni 1858. gr. 8. (15 S.) Frankfurt a./O. 858, Harnecker und Comp.

Seegemund, G., die Klugheit der Gerechten. Predigt über das Evangelium am 9. Sonnt. nach Trinit. Ev. Lucä K. 16, V. 1—9. gehalten zu Frankfurt a. d. O. am 20. Juli 1856. gr. 8. (15 S.) Frankfurt a. d. O. 856. (Berlin, Hertz.) **

Seegemund, G., die christliche Schule in Preußen und ihr Verhältniß zu Andersgläubigen. Mit Rücksicht auf die neuen ministeriellen Bestimmungen beleuchtet. 1. u. 2. Aufl. Berlin 859. Schlawitz. gr. 8. (71 S.) n. 9 ngr.

—— drei Stunden in dem häuslichen Leben der Christen. Eine Predigt über das Evangelium am 2. Sonnt. nach Epiph. gehalten zu Frankfurt a. d. O. am 14. Jan. 1855. gr. 8. (16 S.) Frankfurt a. d. O. 855. (Berlin, Hertz.) **

—— die Summa des Evangeliums. Predigt über das Evangelium am zweiten heil. Pfingstfeiertage, Ev. Johannis 3, 16—23, gehalten in der St. Marienkirche zu Frankfurt a. d. O. am 13. Juni 1859. gr. 8. (15 S.) Frankfurt a./O. 859, Harnecker und Comp. *

Seegemund, G., die Vergebung der Sünden. Predigt über Ev. Lucä c. 7. v. 36—50, gehalten den 22. Juli 1860 in der Marien-Kirche zu Frankfurt a. O. Frankfurt a. O. 860. Harnecker in Comm. gr. 8. (15 S.) n. 3 ngr.

— der Weg zum Heile. Predigt über Evang. Matthäi, 2, 1—12., gehalten am 1. Sonntage nach Epiphanias 1860 in der St. Georgen-Kirche zu Frankfurt a. O. Ebend. 860. gr. 8. (15 S.) 3 ngr.

Seegemund, J. G., s. J. G. Gottwalt.

Seegemund, J. G., Dr. R. Gneist u. die confessionelle Schule. [Aus der neuen preuß. Zeitung.] Berlin 869. Heinicke. gr. 8. (56 S.) n. 10 ngr.

— das österliche Triumphlied des neuen Testaments. Predigt am ersten heil. Osterfeiertage über 1. Korinth. 15, 55—57 gehalten. Berlin 865. Matthies. 8. (16 S.) n. 2 1/2 ngr.

Seegemund, Joh. Geo., Gott mit uns! Predigt über 2. Chron. c. 20, v. 1—20, am Landes-Bettage den 27. Juni 1866 in der St. Georgen-Kirche zu Frankfurt a. O. gehalten. gr. 8. (16 S.) Frankfurt a. O. 866, Harnecker und Comp.

Seegen, Jos. (Hrsg.), s. A B C, politisches, für's Volk.

Seegen, J., gesammelte Abhandlungen üb. Zuckerbildung in der Leber. (XX, 492 S.) gr. 8. Berlin 904. A. Hirschwald. n. 12. —

Seegen, Jos., über die Ausscheidung des Stickstoffes der im Körper zersetzten Albuminate. Lex.-8. (51 S.) Wien 867, (Gerold's Sohn.) *
Aus: Sitzungsberichte der k. Akademie der Wissenschaften, besonders abgedruckt.

Seegen, Jos., die naturhistorische Bedeutung der Mineralquellen. Eine Skizze vorgelegt dem k. k. wiener mediz. Professoren-Collegium zum Behufe der Habilitation als Docent der Balneologie an der wiener Universität. gr. 12. (76 S.) Wien 854, Gerold's Sohn. *

Seegen, J., der Diabetes mellitus auf Grundlage zahlreicher Beobachtungen dargestellt. gr. 8. (V, 287 S.) Leipzig 870, T. O. Weigel. *

—— dass. — 2. verm. Aufl. gr. 8. (XI, 385 S.) Berlin 875, Hirschwald. *

Seegen, J., der Diabetes mellitus, auf Grundlage zahlreicher Beobachtgn. dargestellt. 3., umgearb. Aufl. gr. 8. (XV, 446 S.) Berlin 893. A. Hirschwald. n. 11.—

— über den Einfluss v. Alkohol auf die diastatische Wirkung v. Speichel- u. Pancreasferment. (6 S.) gr. 8. Wien 902. (A. Hölder.) n. — 20

—— zur Frage über die Ausscheidung des Stickstoffes der im Körper zersetzten Albuminate. Lex.-8. (33 S.) Wien 871, (Gerold's Sohn.) *

—— Genügen die bis jetzt angewendeten Methoden, um kleine Mengen Zucker mit Bestimmtheit im Harn nachzuweisen. Lex.-8. (48 S.) (Ebendas.) 871. *

Seegen, Jos., Handbuch der allgemeinen und speciellen Heilquellenlehre. 2. neu bearb. Aufl. Wien 862. Braumüller. Lex.-8. (XI, 697 S.) n. 4 ℛ 10 ngr.

— über ein in der Leber gebildetes stickstoffhältiges Kohlehydrat, welches durch Säure in Zucker umgewandelt wird, unter Mitarbeit v. W. Neimann. (21 S.) gr. 8. Ebd. 903. n. — 50

— u. E. Sittig, über e. stickstoffhaltiges Kohlehydrat in der Leber. (Nachtrag zur gleichnam. Arbeit von J. Seegen u. W. Neimann.) (2 S.) gr. 8. Ebd. 904. n.n. — 10
Sonderabdruck aus: „Sitzungsber. d. k. Akad. d. Wiss."

Seegen, Jos., Compendium der allgemeinen und speciellen Heilquellenlehre. 2 Abthlgn. gr. 8. Wien 857, 58, Braumüller's Verlags-Conto. [1. Abthl. (III und 292 S.) 2. (XV und 363 S.)] *

Seegen, Dr. Prof. Josef, Lehrbuch der allgemeinen u. speciellen Heilquellenlehre. 2. neu bearb. Aufl. gr. 8. (XI, 697 S.) Wien, Braumüller. 6 fl. 50 kr.
1862

Seegen, J., Studien üb. Stoffwechsel im Thierkörper. Gesammelte Abhandlgn. Mit 2 lith. Taf. gr. 8. (XXIV, 606 S.) Berlin 887. Hirschwald. n. 14.—

—— Untersuchung über einige Factoren des Stoffumsatzes während des Hungerns. Lex.-8. (10 S.) Ebendas. 871. *
Vorstehende Schrift aus: Sitzungsberichte der k. Akademie der Wissenschaften, besonders abgedruckt.

—— physiologisch-chemische Untersuchungen über den Einfluss des Glaubersalzes auf einige Factoren des Stoffwechsels. Lex.-8. (40 S. mit 1 Stnt.) Wien 864, (Gerold's Sohn.) *
Aus: Sitzungsberichte der k. Akademie der Wissenschaften, besonders abgedruckt.

— u. J. Nowak, Versuche üb. die Ausscheidung v. gasförmigem Stickstoff aus den im Körper umgesetzten Eiweissstoffen. [Mit 1 (lith.) Taf. (in qu. gr. 4.)] [Aus: „Sitzungsber. d. k. Akad. d. Wiss."] Lex.-8. (14 S.) Ebend. 875. n. — 60

— über Zuckerbildung in der in Alkohol aufbewahrten Leber. (21 S.) gr. 8. Ebd. 902. n. — 50

— die Zuckerbildung im Thierkörper, ihr Umfang u. ihre Bedeutung. gr. 8. (VIII, 267 S.) Ebd. 890. n. 7. —

Seegen, J., die Zuckerbildung im Thierkörper, ihr Umfang u. ihre Bedeutung. 2. verm. Aufl. gr. 8. (X, 282 S.) Berlin 900. A. Hirschwald. n. 7.—

Seeger. Der Fall Seeger. Ein Nothschrei des rechtlosen Bauhandwerkes. Von Kassandra. gr. 8. (46 S.) Leipzig 894. R. Werther. n. — 60

Seeger, Frau, die ersten Anfänge in Amedschovhe, s.: Missions-Schriften, Bremer. Nr. 5.

Seeger, aus Togo. Briefe f. Kinder, geschrieben in Amedschovhe v. S. u. seiner Frau an ihre Kinder in Deutschland. Hrsg. v. d. norddeutsch. Missionsgesellsch. in Bremen. 8. (56 S.) Bremen 899. (J. Morgenbesser.) n. — 50

Seeger, A., s. Correspondenz-Blatt, medicin., des württemberg. ärztl. Vereins.

Seeger, A. Systematisch-praktische Darstellung des neufranzösischen Verbs für den Schulgebrauch. Prag, II. R., 1884. 51 S. Progr.

Seeger, A., systematisch-praktische Darstellung des neufranzösischen Verbs für den Schulgebrauch. gr. 8. (51 S.) Wien 885. (Pichler's Wwe. und Sohn.) *

Seeger, A., des evangelischen Christen Glaube und Wandel. Ein Wort für die confirmirte Jugend. 11. Aufl. 12. (60 S.) Stuttgart 881, Buchh. der Evangel. Gesellschaft. *
Die 1. Aufl. erschien 1833.

Seeger, A., des evangelischen Christen Glaube u. Wandel. Ein Werk f. die konfirmierte Jugend. 14. Aufl. gr. 16. (64 S.) Stuttgart 901. Buchh. d. ev. Gesellsch. n. — 16

Seeger, Ad., das metrische Messen und das Dezimalrechnen. Eine leichtfaßl. Anweisung zum Rechnen mit den neuen Maßen und Gewichten. Für den Schul- und Selbstunterricht bearb. gr. 16. (24 S.) Freienwalde a. O. 870, (Fritze.) *

[Ant. u. F.] **Seeger, Adolf**: Beiträge zur Schulandacht. ([Umschlagt.:] Schulandachten.) *Danzig, Druck v. E. Groening, 1897*; 83 S. 8.
Jenkau b. Danzig, RPG (v. Conradisches Prov.-Schul- u. Erz.-Inst.), OP 1897 (46)

Seeger, [Adolf]: Das Faustbuch von 1587. Burg 1905: A. Hopfer. (S. 3—32.) 4°
Burg. k. Victoria-G P 1905 (276)

Seeger, Albert. August. (geb. Anklam 6. 11. 1835): De pseudarthrosi Berolini (1858). (32 S.) 8°
Berlin, Med. Diss. v. 4. Sept. 1858

Seeger, Alfred, aus Magdeburg: Über die Dauer der Röntgenstrahlung. *Halle a. S. 1903: C. A. Kaemmerer & Co.* (38 S.) 8°
Halle, Phil. Diss. v. 1903

Sterblichkeits-Untersuchungen auf Grund des Materials der Berlinischen Lebens-Versicherungs-Gesellschaft (Alte Berlinische) 1870—1907 von Dr. Alfred Seeger u. August Beck. (Berlin) 1909: Greve. 15 S. 8°

Seeger, Alois, der Bildungswert der modernen Sprachen u. die Berechtigungsfrage der Realschule. (VI, 78 S.) gr. 8. Wien 903. A. Hölder. n. 1.40

Seeger, Ant., landwirthschaftliches Rechenbuch, nebst Anleitung zum Feldmessen und Berechnen der Körper, für landwirthschaftl. Winterschulen und Feiertagsschulen, wie auch zum Selbstunterricht bearb. 8. (IV, 172 S. mit 65 in den Text gedr. Holzschn.) Innsbruck 884, F. Rauch's Buchh. *
geb. *

Seeger, (Johann Gotthilf) Bernh. (geb. Soldin 30. 7. 1856): Beitrag zur Casuistik der Herniotomie. Berlin (1883). (31 S.) 8°
Berlin, Med. Diss. v. 19. Juli 1883

Seeger, Bern. (geb. Bendelin in d. Mark 6. 5. 1836): De variola. Berolini (1861). (32 S.) 8°
Berlin, Med. Diss. v. 30. Juli 1861

Seeger, C. (I.), Jesus und die Samariterin. Predigten über Joh. 4, 1—42. gr. 8. (51 S.) Erfurt 880. (Elberfeld, Buchh. der Evangel. Gesellschaft.) *

Seeger, C. (II.), Zimmer-Ventilation und Ofenklappen oder Erstickung [Vergiftung] durch Kohlenoxydgas ist selbst bei fahrlässigster Handhabung der Ofenklappe unmöglich. gr. 8. (8 S. mit 3 eingedr. Fig.) Berlin 880, Bohne. *

Seeger, C. Z., De consuetudinis efficacia. 24 pp. Stuttg. 4°.
A. L. Z. 86. IV, p. 640. Erl. Beytr. 86, XLVII, p. 712. (Kurze Erklärung. Unbedeutend.)

1786

Seeger, Carl, s. Seeger, Karl

Seeger, Carl August Friedrich,
s. Seeger, Karl August Friedrich

v. Seeger, Cph. Dion., († d. 26. Juni 1808.) Abhandl. von d. Einfluß d. Künste u. Wissenschaften in d. Kriegskunst. gr. 8. Tübing. 762. v. Cotta. 4 Thlr.

Seeger, David Dionys. Fr. Josef

— Entwurf d. Staatswissenschaft. gr. 8. Heidelberg, Braun. 810.

— Entwurf d. Staatswissenschaft. gr. 8. Heidelb. 810. (Schwan u. G. in Manh.) 6 Thlr.

— Entwurf eines vollständ. Systems d. Cameralwissenschaft. 4. Ellwangen 805.

— Lehre von d. Staatszwecken. gr. 8. Heidelb. 810. (Schwan u. G. in Manh.) 6 Thlr.

Seeger, Dav. Dionys. Fr. Jos., († d. 20. Dec. 1813.) Magazin f. Cameralisten. 1r Bd. 1s Hft. gr. 8. Heidelb. u. Manh. 806. Schwan u. G. 16 Thlr.

— System d. Wirthschaftslehre, e. Versuch zu endl. Berichtigung d. bisher. Cameralsysteme, zu akadem. Vorles. gr. 8. Carlsruhe. Macklot. 807.

Seeger D. F.: System d. Wirtschaftslehre. Ein Versuch zu endlicher Berichtigung d. bisherigen Kameralsysteme. 3. Aufl. Carlsruhe 1807. 68 S. 4°.

— System d. Wirthschaftslehre; ein Versuch zur endl. Berichtigung der bisher. Cameralsysteme, zu akadem. Vorlesungen. gr. 8. Karlsr. 808. 2e A. 815. Macklot. (Braun). 15 Thlr.

Seeger, Dav. Dionys. Fr. Jos. Versuch über das vorzüglichste Abgabensystem. Eine gekrönte Preisschrift. gr. 8°. Karlsruhe, Braun. 1. Aufl. 1810. 2. Aufl. 1811. 3. Aufl. 1815. (A. Schwan u. G. in Mannheim.)

— Versuch üb. d. vorzüglichste Abgabensystem. Eine gekr. Preisschrift. gr. 8. Karlsr. . . . 2e A. 811. 3e A. 815. Braun; (a. Schwan u. G. in Manh.) 1 Thlr.

Seeger, E., Etwas üb. die Flora Spitzbergens u. Norwegens. (IV 36 S.) kl. 8. Dresden 906. H. Schultze. 1 —

Seeger, E., und C. Thiersch, unser Märtyrer-Präsident James A. Garfield. Sein Leben, Wirken und Sterben. Mit Illustr. aus seiner Jugendzeit, aus seinem öffentl. Leben, seiner Leidenszeit, anatom. Abbild. über den Sektionsbefund der Leiche, Scenen aus den Begräbnißfeierlichkeiten. gr. 8. (81 S. mit eingedr. Holzschn. und 6 Holzschntaf.) Newark, N. J. 881. (München, Oldenbourg.) *

Seeger, E., Streifzüge auf Mallorca. Mit 72 Abbildgn., 1 Notenbl. u. der Karte v. Mallorca. Buchschmuck v. Käthe Seeger. (190 S.) gr. 8. Leipzig-Gohlis 910. Raschwitz, B. Volger. 4.—; geb. 5.—

Seeger, Emil

Seeger, Em., Taschenbuch für den Handels-Lehrling jedes Geschäftszweiges. Enthltd.: 1, Verhalten im Geschäft rc. 2. Das kaufmänn. Rechnen. 3, Das Buchhalten. 4, Die Correspondenz rc. Quedlinburg 857. Basse. 16. (IV, 183 S.) 10 ngr

Seeger, Emil, Taschenbuch für den Handels-Lehrling jedes Geschäftszweiges. 2., verb. u. verm. Aufl., bearb. von Rud. Meyer. Quedlinburg 861. Basse. 8. (IV, 240 S.) 20 ngr

Seeger, Ernst, Kammergerichtsreferendar: Der Eigentumsvorbehalt des Baulieferanten am eingebauten Material. Borna-Leipzig 1907: R. Noske. (IX, 43 S.) 8°
Heidelberg, Jur. Fak., Ref. Heinsheimer, Diss. v. 4. Juni 1907
[Geb. 20. Dez. 84 Mannheim; Wohnort: Berlin; Staatsangeh.: Württemberg; Vorbildung: Wilhelms-Gymn. Berlin Reife O. 03; Studium: Berlin 7 S.; Rig. 10. Mai 07.]

Seeger, Eug., u. Ed. Schlaeger, Chicago. Entwickelung, Zerstörg. u. Wiederaufbau der Wunderstadt. gr. 8. (170 S. m. 3 lith., chromolith. u. Holzschn.-Taf. in 8. u. qu. 4.) Chicago 872. (Philadelphia, Schäfer & Koradi.) geb. n. 4. —

Seeger, Eug., Chicago. Die Geschichte e. Wunderstadt. gr. 8. (XVI, 488 S. m. Abbildgn. u. 1 Fksm.) Chicago 892. (Eyller & Co.) Geb. in Leinw. postfrei n.n. 9. —

Seeger, Eugen. Der Leiermann. Chicago, 1885. UC

Seeger, F., s.a. Seeger, David Dionys. Fr. Josef

Seeger, F.: Ueber die Anziehung eines aus homogenen Schichten gebildeten Ellipsoids. 1878. 4°
Diss. Marburg

Seeger, F., Lehrgang f. das elementare Ornamentzeichnen. 7 Hfte. m. eingedr. Vorbildern. Hft. 1—5, 6a u. 6b. qu. 4. (à 12 Bl.) Cöthen 900. O. Schulze, Verlag. à n. — 30; nebst: Anleitung zum Gebrauch. gr. 8. (16 S.) unentgeltlich.

Seeger, F. T. B. Dissertatio de Eberhardo Miti, comite Wurtembergico. 4. Tubingae 1767.

Seeger, Fr. [Dr.]: Geschichtliche Darstellung der Zahlen und der sieben ersten Rechnungsarten. (Umschl.-Tit.: . . . I. Teil.) Oldenburg, Druck v. G. Stalling, 1890; S. 1—24, 2 Taf. 4°
Oldenburg, grossh. G, OP 1890 (654)

Seeger, Fr., wie heilig ist diese Stätte! Hier ist nichts anderes denn Gottes Haus, u. hier ist die Pforte des Himmels. Predigt bei der Einweihung der neuen evangel. Kirche zu Seckmauern in O. am 8. Novbr. 1865. Darmstadt 866. Würtz'sche Buchh. gr. 8. (12 S.) n. 2 ngr.

Kleine Chronik der Prignitz. Bearb. u. hrsg. von Friedrich **Seeger**, Lehrer, Lenzen. *Perleberg: F. Grunick 1894.* (183 S.) 8° [Ant. & F.] [03. 13104

Seeger, Frdr., Erzählungen und Bilder aus dem Leben. Stuttgart 861. Schweizerbart. 8. (VII, 299 S.) 1 ℛ 6 ngr

—— Gedichte. 8. (VIII und 306 S.) Stuttgart 861, Schweizerbart'sche Verlagsh.

Seeger, Friedr., Gedichte. 2., verm. Aufl. 8. (VIII und 334 S.) Stuttgart 863, Schweizerbart.

Seeger, G., die Bandwürmer des Menschen in naturhistor., patholog. und therapeut. Beziehung. Mit Abbildungen. gr. 8. (VIII und 222 S. mit 2 lithochrom. Taf. in qu. gr. 4.) Stuttgart 852, Ebner und Seubert.

Seeger, G., Handbuch der topographischen Anatomie. Für pract. Aerzte u. Wundärzte, insbesond. für Gerichtsärzte u. Operateurs. 2 Abthl. 16. Ludwigsburg 841, Nast'sche Buchh. 1⅚ ℛ

Seeger, Georg: Peter Vischer der Jüngere. E. Beitr. z. Geschichte d. Erzgiesserfamilie Vischer . . . M. 27 Abb. Leipzig, E. A. Seemann, 1897; 4 Bl., 168 S. 8.
Leipzig, Phil. Fak., Inaug.-Diss. v. [30. Juli] 1897

Seeger, Geo., Peter Vischer d. Jüngere, s.a. Beiträge zur Kunstgeschichte, XXIII.

Peter Vischer der Jüngere. Ein Beitrag z. Gesch. der Erzgiesserfamilie Vischer v. Dr. phil. Georg **Seeger**. Mit 27 Abb. Leipzig: E. A. Seemann 1897. (VI S., 1 Bl., 168 S.) 1 Bd 8°
= Beiträge z. Kunstgeschichte. N. F. [No] 23.

Seeger, Geo., Elizabeth te Winkel. Schauspiel in 3 Akten. gr. 8. (127 S.) Augsburg 901. Lampart & Co. n. 1.—

Seeger, Georg Michael (Mergelstetten)
U. S. Tübingen 1739/1

Disputatio theologica orbis hic secundum qualitates et secundum praesentem substantiam est interiturus, nec tamen annihilandus.
Präs. Johann Christian Klemm.
Tübingen (Schramm) XII. 1739. 46 S. 32217

Seeger, Gottlieb

– KURZE BESCHREIBUNG Deß Gerichtlichen Processes In der Rechtfertigung eines armen Sünders vor Gott, Welchen Jacob Friderich Dieß, Gewesener Burger und Beck zu Lomersheim, Maulbronner Amts, ein frecher, roher Sünder, Spieler, Sauffer, Betrüger, Flucher etc. In heisser Buß Durch GOttes Gerechtigkeit und Gericht, aber auch Gnade und Barmhertzigkeit in JEsu Christo lebendig erfahren, Anno 1727, im Januario und Februario, Aufgesetzt Von Gottlieb Seegern, Pfarrern daselbst. Und nun von einigen Um die Außbreitung der überschwenglichen Gnade GOttes auch gegen die gröbste Sünder, und um das Heyl und Errettung ihrer eigenen und noch so vieler in Sünden verdorbener armer Seelen, besorgten Freunden zum Druck beföriert. – Esslingen (1727): Mäntler; Stuttgardt: Dürrlamm in Komm. 39 S.

Seeger, Glob., Kindermund. Freie Schüleraufsätze v. Stuttgarter Volksschulen. Mit e. Geleitswort v. Mosapp. (159 S.) 8. Stuttgart 909. Holland & Josenhans. 1. 20

Seeger, Dr. H. v. Ueber Besteuerung der Consumvereine. Zeitschrift für freiwillige Gerichtsbarkeit und Gemeindeverwaltung, 1887.

Seeger, H. [Referendar]: Ueber den Tausch. . . . Rostock, Univ.-Buchdr. v. Adler's Erben, 1890; 48 S. 8°
Rostock, Jur. Fak., Inaug.-Diss. v. 2. Mai 1890

Seeger, H. (Hrsg.), s. Thon-Industrie-Zeitung.

Seeger, Heinrich

— Ueber die Aufgabe der Realschule im Allgemeinen. Ebd. 1861. Progr.

Seeger, *Heinrich* [Dir.]: Bemerkungen über Abgrenzung und Verwertung des Unterrichts in den Elementen der Infinitesimalrechnung. Güstrow, Druck d. Ratsbuchdr., *1894*; 24 S. 8.
Güstrow, RG, OP 1894 (658)

Seeger, H., Bemerkungen üb. Abgrenzung u. Verwortung des Unterrichts in den Elementen der Infinitesimalrechnung. gr. 8. (24 S. m. 7 Fig.) Güstrow 894. Opitz & Co. n. — 50

Seeger, H. Bemerkungen über die Aufnahme der neueren Geometrie unter die Lehrgegenstände der ersten Klasse. 14 S. Rg. *Güstrow* 1879. Progr.

— Bemerkungen, betreffend die Einführung einer neuen französischen Syntax. Güstrow, Rg., 1877. 30 S. 4. Progr.

Seeger, *Heinrich* Bemerkungen zu einem neuen, für den französischen Unterricht der mittleren Klassen bestimmten grammatischen Lehrbuche A. Bemerkungen zur Syntax 1 (S. 3–42). B. Erzgraeber, *Georg* Bemerkungen zur Formenlehre. (S. 43—48). **Progr.** Rg. *Güstrow* 1886 (599).

Seeger, *Heinrich* [Dir.]: I. Bemerkungen zur Organisation des französischen Unterrichts. II. Bemerkungen zu einzelnen Lehren der neufranzösischen Syntax. Güstrow, Druck d. Ratsbuchdr. v. C. Michaal & A. Schuster, *1895*; 32 S. 4.
Güstrow, RG, OP 1895 (682)

Seeger, H[einrich], Dir.: Bemerkungen zur Organisation des grammatischen Unterrichts. *Güstrow (1900): C. Michaal.* (41 S.) 4°
Güstrow, RG u. R, OP 1900 (708)

Seeger, H. [Dir.]: Bemerkungen zu den Reformvorschlägen Korns, betreffend den Unterricht in der deutschen Satzlehre. Güstrow, Druck d. C. Waltenberg'schen Ratsbuchdr. (1889); 43 S. 4°
Güstrow, RG, OP 1889 (618)

Seeger, *Heinrich* [Dir.]: Bemerkungen zu den Schriften der Herren Dr. Karl Kühn und Max Walter betreffend die Reform des französischen Unterrichts. Güstrow, Druck d. Ratsbuchdr. v. C. Michael & A. Schuster (1890); 34 S. 4°
Güstrow, RG, OP 1890 (642)

Seeger, H., Bemerkungen zu den Schriften d. Herren Karl Kühn u. Max Walter betr. die Reform d. französischen Unterrichts. gr. 4. (34 S.) Güstrow 890. (Leipzig, Fock.) n. 1. —

— Bemerkungen zum ersten Teil des im Programm von 1877 besprochenen Lehrbuchs der neufranzösischen Syntax. Ebd., 1883. 19 S. 4. Progr.

Seeger, *Heinrich* [Dir.]: Dürfen die humanistischen und die realistischen Gymnasien sich beim Unterricht in der lateinischen Syntax eines und desselben grammatischen Lehrbuchs bedienen? ... Begleitschrift zu d. Lehrbuch d. Vfs.: »Elemente d. latein. Syntax, m. systemat. Vergleichg d. Französ.« *Güstrow, Druck d. Ratsbuchdr., 1896;* 27 S. 8.
Güstrow, RG, OP 1896 (672)

Seeger, H., die Elemente der Arithmetik für den Schulunterricht bearb. Mit 2 Anhängen. gr. 8. (IV, 193 S.) Schwerin 874, Hildebrand. *

Seeger, H., d. Elemente d. Arithmetik. F. d. Schulunterricht bearb. 1. u. 2. Tl. gr. 8. Güstrow 897. Opitz & Co. n. 3. 40; kart. n. 3. 70
1. Buch I: Pensum d. Quarta. Buch II: Pensum d. Unter-Tertia. 2. Aufl. (III, 112 S.) n. 1. 40; kart. n. 1. 60
2. Buch III: Pensum d. Ober-Tertia. Buch IV: Pensum d. Unter-Sekunda. Buch V: Pensum d. Ober-Sekunda. (IV, 159 S.) n. 2. —; kart. n. 2. 20

Seeger, Heinr., die Elemente der Geometrie für den Schulunterricht bearbeitet. Schwerin 860. Hildebrand. gr. 8. (XVI, 176 S. u. 6 lith. Taf. in 8. u. 4.) n. 22½ ngr.

— die Elemente der Geometrie f. den Schulunterricht bearb. Mit 6 (lith.) Fig.-Taf. 2. verb. Aufl. gr. 8. (196 S.) Ebend. 873. n. 2. 75

— die Elemente der Geometrie, f. den Schulunterricht bearb. Mit 6 Fig.-Taf. 3. Aufl. gr. 8. (IV, 211 S.) Wismar 887. Hinstorff's Verl. n. 2. 40

— Elemente d. lateinischen Syntax m. systemat. Berücksicht. d. Französischen. gr. 8. (VIII, 270 S.) Wismar 895. Hinstorff's Verl. n. 2. 40

Seeger, H. v., der Felonie-Prozess gegen Herzog Ulrich v. Württemberg. [Aus: „Festgabe der Universität Tübingen zum 25. Juni 1889".] gr. 4. (35 S.) Tübingen 889. Laupp. n. 2. —

Seeger, H., die Fundamentaltheorieen der neueren Geometrie und die Elemente der Lehre von den Kegelschnitten, für den Schulunterricht bearb. gr. 8. (XII, 215 S. mit 60 in den Text eingedr. Holzst.) Braunschweig 880, Vieweg und Sohn. *

Seeger, H., Lehrbuch der neufranzösischen Syntax mit systematischer Berücksicht. des Deutschen. Grammatisches Lehr- und Nachschlagebuch. 2. Thl.: Syntax des mehrfachen Satzes. Anhang I.: Einige besondere Satzarten oder Satzformen. Anhang II.: Von der Interpunktion. gr. 8. (XII, 208 S.) Halle 878, Buchh. des Waisenhauses. *
Der 1. Thl. ist noch nicht erschienen.

—— Lehrbuch der neufranzösischen Syntax mit systematischer Berücksicht. des Deutschen. 1. Tl.: Syntax des einfachen Satzes. gr. 8. (XIV, 171 S.) Wismar 884, Hinstorff'sche Hofbuchh. *

Seeger, *Heinrich* [Dir.]: Lehrplan der Anstalt. Güstrow, Druck d. C. Waltenberg'schen Ratsbuchdr., *1892;* 3—13 S. 4.
Güstrow, RG, OP 1892 (653)

— Leitfaden f. den arithmetischen Unterricht in der Prima o. 9klassigen Realschule. 1. u. 2. Tl. gr. 8. Wismar 894. Hinstorff's Verl. n. 2. —
1. Die Elemente der algebraischen Analysis u. der Infinitesimalrechnung. (VIII, 116 S.) n. 1. 20
2. Anwendungen der elementaren Infinitesimalrechnung auf die Mechanik. (VIII, 63 S. m. 2 Taf.) n. — 80

—— Leitfaden für den ersten Unterricht in der Geometrie. 8. (24 S.) Lüneburg 858, Herold und Wahlstab'sche Buchh. *

—— dass. — Nebst Vorbemerkungen über den geometr. Unterricht im Allgemeinen. 8. (64 S.) Ebendas. 858. *

—— Leitfaden für den ersten Unterricht in der Geometrie. 2., verb. und mit 1 (lithogr.) Figurentaf. (in qu. 4.) verm. Aufl. 8. (23 S.) Schwerin 860, Hildebrand. *

—— Leitfaden f. den ersten Unterricht in der Geometrie. 5. Aufl. 12. (24 S. mit 1 Fig.-Taf.) Wismar 891, Hinstorff's Verlag. geb. * — 40

Seeger, H. Neue Mitteilungen über den Stand der Realschulfrage 40 S **Progr.** Rg. *Güstrow* 1876.

— Mitteilungen über die Organisation des französischen Unterrichts in den mittleren Klassen der Anstalt. Ebd., 1887. 23 S. 4. **Progr.**

— Mitteilungen über den Stand der Realschulfrage 30 S Rg *Gustrow* 1880 **Progr.**

Seeger, Heinrich: Zur Organisation des grammatischen Unterrichts. 4 (41 S.) **Progr.** Rg. u Rsch *Güstrow* 1900 (708).

Seeger, *Heinrich* [Dir.]: Organisation des Unterrichts im Rechnen und in der Arithmetik. Güstrow, Druck d. Ratsbuchdr., *1897;* 2 Bl., 45 S., 1 Bl. 8.
Güstrow, RG OP 1897 (684)

Seeger, Organisation d. Unterrichts im Rechnen u. in d. Arithmetik. Progr. gr. 8. (III, 45 S.) Güstrow 897. (Opitz & Co.) n. — 50

—— französisch-deutsche Phraseologie für die mittleren Klassen realistischer Bildungsanstalten. 3 Tle. gr. 8. Ebendas. 886. *
Inhalt:
Tl. 1. Phraseologie zur Einübung des Gebrauchs der französischen Hülfszeitwörter und einiger durch vielseitige Verwendbarkeit ausgezeichnete Verba auf er. (V, 58 S.) *ℳ 1.—.
Tl. 2. Phraseologie zur Einübung des Gebrauchs der französischen Verba unregelmässiger oder archaischer Konjugation. (96 S.) *ℳ 1.20.
» 3. Phraseologie zur Einübung des Gebrauchs der französischen Präpositionen. (VI, 122 S.) *ℳ 1.50.

Seeger, H., französisch-deutsche Phraseologie f. die mittleren Klassen realistischer Bildungsanstalten. 2. Tl. Phraseologie zur Einübg. des Gebrauchs der französ. Verba unregelmäß. od. archaischer Konjugation. 2. Aufl. (96 S.) gr. 8. Wismar 904. Hinstorff's Verl. n. 1. 30

—— Realgymnasium oder Oberrealschule? gr. 8. (III, 91 S.) Ebendas. 884. *

—— Realschulen erster oder zweiter Ordnung? gr. 8. (VI, 142 S.) Wismar 869, Hinstorff'sche Hofbuchh. *

Seeger, H. Die Realschulfrage. Güstrow, R., 1871. 18 S. Dasselbe. (Fortsetzung.) Ebd. 1872. 35 S. **Progr.**

—— die Realschulfrage und die Rostocker Rectorats-Rede vom 28. Febr. 1881. Schulrede, bei der Feier des Geburtstages Sr. kön gl. Hoh. des Grossherzogs am 28. Febr. 1882 gehalten. gr. 8. (24 S.) Güstrow 882, Opitz und Comp. *

—— Deutsche Schulgrammatik. Für die Klassen Sexta bis Tertia. gr. 8. (VII, 115 S.) Wismar 891, Hinstorff's Verlag. ** 1 30

—— französische Schulgrammatik. I. Formenlehre. Von G. Erzgraeber. II. Syntax. Vom Hrsgbr. gr. 8. (IX, 260 S.) Ebendas. 886. *

— üb. die Stellung d. Güstrower Realgymnasiums zu e. Beschlusse der letzten Berliner Schulkonferenz. gr. 8. (52 S.) Güstrow 891. Opitz & Co. n. — 60

— üb. die Stellung d. Güstrower Realgymnasiums zu dem Erlass d. preussischen Unterrichtsministeriums vom 6. Jan. 1892. gr. 8. (III, 40 S.) Ebd. 893. n. — 60

Seeger, *Heinrich* [Dir.]: Über die Stellung des hiesigen Realgymnasiums zu einem Beschlusse der letzten Berliner Schulkonferenz. Güstrow, Druck d. Ratsbuchdr., ***1891;*** 2 Bl., 52 S. 8°
Güstrow, RG, OP 1891 (619)

Seeger, *Heinrich* [Dir.]: Über die Stellung des hiesigen Realgymnasiums zu dem Erlass des Preussischen Unterrichtsministeriums vom 6. Januar 1892. Güstrow, Druck d. Ratsbuchdr., ***1893;*** 2 Bl., 40 S. 8.
Güstrow, RG, OP 1893 (653)

— **Übungsbuch f. den deutschen Unterricht. Aufgaben zu des Verf. deutscher Schulgrammatik.** gr. 8. (VI, 60 S.) **Wismar 893 Hinstorff's** Verl. n. — 60

Seeger, H. Ueber den französischen Unterricht. I. Güstrow, R., **1865.**
Dasselbe. II. Ebd., **1867.** 13 S. 4.
Progr.

Seeger, H. **Ueber den französischen Unterricht. III.** Ebd., **1870.** Progr.

— **der Unterricht in der mathematischen Geographie auf dem Güstrower Realgymnasium. Festschrift zum 25jähr. Amts-Jubiläum des Hrn. Oberschulrat Dr. Hartwig.** gr. 8. (28 S.) **Güstrow 894.** Güstrow & Co. n. — 50

Seeger, Hermann

[F.] Herrn Geheimen Justizrat und Professor Dr. Albert Friedrich Berner in Berlin bringt zur Feier seines fünfzigjährigen Doktorjubiläums am 2. Juli 1892 ihre Glückwünsche dar die Juristenfakultät in Tübingen. — Beigefügt ist e. Abhandlg üb. d. Anfang d. Ausführung '(eine strafrechtl. Untersuchg)' v. Dr. Hugo **Meyer,** sowie e. Abhandlg üb. d. Strafrechtstheorien Kants u. seiner Nachfolger im Verhältnis zu d. allg. Grundsätzen d. krit. Philosophie v. Dr. Hermann **Seeger.** Tübingen, gedr. bei H. Laupp jr., 1892; 1 Bl., 46 S., 1 Bl., 38 S., 1 Bl. 8.

Seeger, Herm., Abhandlungen aus dem Strafrechte. gr. 8. **(XXXI und 472 S.) Tübingen 858, Laupp'sche Buchh. Thlr.** *

Seeger, Herm., Abhandlungen aus dem Strafrechte. 2. Bd. 1. Abth. Tübingen 862. Laupp. gr. 8. (X, 198 S.) n. 1 Thlr.
Inhalt: Ueber die rückwirkende Kraft neuer Gesetze.

Seeger, Herm., die strafrechtlichen consilia Tubingensia von der Gründung der Universität bis zum J. 1600. Lex.-8. (103 S.) Tübingen 877, (Fues'sche Sortimentsh.) *
Aus: Beiträge zur Geschichte der Universität Tübingen, besonders abgedruckt.

Seeger, Hermann: Ueber die Sprache des Guillaume le Clerc de Normandie und ueber den Verfasser und die Quellen des Tobias. Halle a/S., 1881: Karras. 43 S. 8°
Halle-Wittenberg, Phil. Diss. v. [22. Febr.] 1881
Geb. Halberstadt 15. 10. 1857. V.

Seeger, H(erm.): Über das Verhältnis der Strafrechtspflege zum Gesetz im Zeitalter Ciceros. Tübingen 1869.
(in: Glückwünsche der Jur.-Fak. in Tübingen für v. Wächter.)

—— über den Versuch der Verbrechen nach römischem Recht. 4. (51 S.) (Ebendas.) 879. *

Seeger, J.

– – Üb. d. Ausscheidg d. Stickstoffes d. im Körper zersetzten Aluminate 1867.

Seeger, J.: Physiol. chem. Untersuchgn. üb. d. Einfluss d. Glaubersalzes auf einige Factoren d. Stoffwechsels 1864.

Seeger, J., s. Versuch, erster, einer Uebersetzung des jüngst aufgefundenen Fragments aus Homer's Odyssee XXV.

Heimatkunde. Unter Berücks. d. prakt. Lebens f. d. Hand d. Schüler bearb. von J[akob] **Seeger,** Lehrer zu Elberfeld. *Elberfeld: J. Fassbender [1897].* (32 S.) 8° [F.]
Ol. 7418 5

Seeger, Jh. Cph., s. Amtskalender f. Prediger f. d. Jahr 1831

– s. Amts- u. Termin- Kalender.

Seeger, Jh. Cph., Hand- und Adreßbuch der Provinz Sachsen, oder geographisch-statistische Uebersicht der drei Regierungsbezirke Magdeburg, Merseburg und Erfurt. Nebst e. vollständ. Personalverzeichnisse der in dieser Provinz jetzt fungir. königl. u. städtischen hohen Staats- u. Civil-Verwaltungs- u. Justiz-Beamten, Geistlichen, Schulen u. übrigen öffentl. Anstalten. gr. 12. **Magdeburg 837. Wagner u. Richter.** 1/2 Thlr.

Seeger, Johann Daniel: De damno diminutionis frumentariae ... imputando, s. a. Moegling, Joh. Friedr. [Praes.]

Seeger, Johann Daniel (Stuttgart) A. S. 180/10

De damno diminutionis frumentariae et vinariae imputando. Vulgo Vom Abgang an Frucht und Wein.
Präs. Johann Friedrich Moegling.
Tübingen (Bauhof, Franck) VI. 1749. 51 S. 32218

Seeger, Jh. Fr., (+ ...) s. Mahon, Grundsätze d. Electricität.

Seeger, Jo. Friedrich (Pfedelbach) 4° Thl. (VI, 66)

Augustanae confessionis historia.
Präs. Gottlieb Wernsdorf.
Wittenberg (Gerdes) 28. VII. 1705. 21 Bl. 32219

Seeger, Johann Friedrich (Stuttgart) A. S. 174/7

Disputatio juridica inauguralis, de jure retractus censualis, Germanice: Zins-Losungs-Gerechtigkeit.
Präs. Wolfgang Adam Schöpff.
Tübingen (Bauhof, Franck) II. 1744. 56 S. 32220

Seeger, Joh. Geo., durch den Weltenstrom. Novellen. 8. **(V, 182 S.) Ebd. (902).** n. 3. —

Hirschkater. Roman von Johann Georg **Seeger.** Berlin: O. Janke (1907). (474 S.) 8°

Die hereingeschneite Nichte. Roman von Johann Georg **Seeger.** Berlin: O. Janke (1905). (378 S.) 8°

— **Präexistenz? Der Entschluß, s. a. Kürschner's, Jos., Bücherschatz.**

Präexistenz? Der Entschluß. 2 Novellen von Johann Georg **Seeger.** Berlin, Eisenach, Leipzig: H. Hillger [1905]. (112 S.) 8°
= Bücherschatz, Kürschners. No 453.

Tustus. Die Geschichte e. Erziehung von Johann Georg **Seeger.** Berlin: Ver. d. Bücherfreunde [1909]. 375 S. 8°
(Verein d. Bücherfreunde. Jg. 18,5.)

Seeger, Jh. Gf., einige wichtige, bis jetzt noch unbekannte Erfahrr. in der Korbbienenzucht. 8. **Dobrilugk 819.** (Leipz., Central-Compt.) versiegelt 3 ⅓ Hbg. Pr. 2 Thlr.

Seeger, (J. G.,) einige wicht. bis jetzt noch unbekannte Erfahrungen in der Korbbienenzucht. Wohlfeile Ausg. 8. Leipz. 823, Central-Comptoir.

Seeger, Johannes (geb. am 24 Juli 1848 in Köln): Ueber die Gleichgewichtsvertheilung der statischen Electricität auf drei und vier leitenden Kugeln ... Bonn, Druck v. C. Georgi 1868. 2 Bl., 27 S. 4.
Bonn, Phil. Fak., Diss. v. 19 Dez. 1868

Seeger, Julius [app. Arzt von Murrhardt]: Ein Fall von Uterus bicornis unicollis ein vergrössertes Ovarium vortäuschend ... Tübingen, Druck v. H. Laupp jr, 1895; 18 S. 8.
Tübingen, Med. Fak., Inaug.-Diss. v. 1895

Seeger, Karl, Baumstudien, nach der Natur und auf Stein gezeichnet. (12 lithogr. Blätter.) gr. Fol. Würzburg (834.) (Strecker.) n. 1½ ℛ

Seeger, Carl, s. Blätter d. Erinnerung an Pastor C. S.

Seeger, Karl, Hülfsbuch für den geographischen Unterricht. Darmstadt 863. Will in Comm. 8. (40 S.) n. 4 ngr.

Seeger, Karl. Ich preise deine Gerechtigkeit allein! Predigten und Schriftbetrachtgn. Auf Wunsch v. Freunden gesammelt u. nach dem Kirchenjahr geordnet, hrsg. von O. Seeger. gr. 8. (III, 677 S. m. Lichtdr.-Portr.) Neukirchen 890, Verlag d. Buchh. d. Erziehungsvereins. * 4 —

— dasselbe. 2. Aufl. gr. 8. (V, 645 S. m. Bildnis.) Ebd. 893. Geb. in Leinw. n. 4. —

Seeger, Karl, ich preise deine Gerechtigkeit allein! Predigten u. Schriftbetrachtgn. Auf Wunsch v. Freunden gesammelt u., nach dem Kirchenjahr geordnet, hrsg. v. O. Seeger. 9. Taus. (V, 645 S. m. Bildnis.) 8. Neukirchen (907). Buchh. des Erziehungs-Vereins. Geb. in Leinw. 4. 50

Ich preise deine Gerechtigkeit allein! Predigten u. Schriftbetrachtungen von Karl Seeger, weil. Past. ... hrsg. von O[tto] Seeger, Past. [4. Aufl.] Neukirchen bei Moers: Buchh. d. Erziehungs-Ver. [1907]. V, 645 S. 8°

Seeger, Karl, der Liederfreund. Eine mit vielen Vorübungen versehene Sammlung von 1-, 2-, 3- u. 4stimmigen Liedern. Für den Schulgebrauch. gr. 8. (VIII u. 95 S.) Offenbach 847, Joh. André. ⅓ ℛ

Seeger, Carl, das grossherzogl. Museum zu Darmstadt. — Die Gemäldegallerie. gr. 12. (1¼ B.) Darmstadt 843, Kern. -

Seeger, Karl, Pflanzenheft. 4. (31 S.) Alzey 882, Medicus. **

Seeger, Karl Alb., Beiträge zur Geschichte d. Pocken bei Vaccinirten, mit e. besond. Darstellung d. Pocken-Epidemieen, welche in d. J. 1827 bis 1830 in Würtemberg geherrscht haben. gr. 8. (26½ B.) Stuttgart 832, [Beck u. Fränkel.]

Seeger, Dr. Karl Alb., Beitrr. z. Geschichte d. Pocken bei Vaccinirten, mit einer besondern Darstell. d. Pocken-Epidemieen, welche in d. Jahren 1827 bis 1830 in Würtemberg geherrscht haben. gr. 8. Stuttg. 832. Löflund u. S. 1 ℛ 16 gr.

Seeger, Karl Aug. Fr., vaterländ. Briefe. gr. 8. (15 B.) Stuttgart 832, Hallberger.

— ausführl. Erläuter. d. Pfand- u. Prioritätsgesetzes f. d. Königreich Würtemberg. 1r Thl. gr. 8. Stuttg. 825. v. Cotta. 1 ℛ 18 gr. 2r Thl. 827. Ebd. 1 ℛ 4 gr.

— üb. d. geschwornen Gerichte in peinl. Sachen. Eine Preisschr. 8. Heilbr. 824. Claß. 8 gr.

Seeger, Karl Aug. Friedr., die allgem. Rentenanstalt zu Stuttgart. Beantwort. d. Erörterungen üb. dies. v. R. v. Mohl. gr. 8. (2 B.) Stuttgart 838, Metzler'sche Buchh. Thlr.

Seeger, Karl Aug. Fr., das Verfahren mit Sachverständigen in bürgerl. Rechtsstreitigkeiten, erörtert. 8. Stuttgart 841, Metzler'sche Buchh. ⅔ ℛ

Seeger, Karl Fr., Abhandl. d. Frage: Sind scharfe Gesetze e. Staat vorträglich? 4. Stuttg. 779.

Seeger, Karl Friedrich (Oettingen) A. S. 118/16

De haereditate religiosa post mutationem religionis delata. Präs. Gottfried Daniel Hoffmann. Tübingen (Fuesius) VIII. 1775. 72 S. 32222

Seeger, Karl Friedrich (Oettingen) A. S. 603/54

De jure consuetudinis secundum doctrinam iuris naturalis et Romani. Präs. Karl Christoph Hofacker. Tübingen (Fuesius) IX. 1774. 58 S. 32221

Seeger, L.

— u. Arendts, Hilfsmittel f. Feuervorbereitung u. Schießen der Feldartillerie. 2. neubearb. Aufl. (4 S., 16 Bl. u. Erläutergn. 4 S. m. 1 Fig.) 16. München 910. R. Oldenbourg. In Wachstuch nn — 75

Seeger, L., Zielerkundung der Artillerie. Festlegen des Erkundungsergebnisses u. Übertragg. desselben auf den Standpunkt des Führers u. auf die Truppe. (18 S. m. 3 eingedr. Skizzen.) kl. 8. München 908. Th. Riedel. — 25

Seeger, Louis, Herr Baucher und seine Künste. Ein ernstes Wort an Deutschlands Reiter. gr. 8. (96 S.) Berlin 852, Herbig.

Seeger, Louis, praktischer Rathgeber für die Stalldienerschaft. Anweisungen zur Wartung und Ausbildung des Pferdes. (In 2 Thln. à 2 Abthlgn.) 1. Thl. (1. Abthl.) A. u. d. T.: Die Pferde-Wartung. 1. Abthl. Die Gesundheitspflege des Pferdes nebst einer Abhandlung über den engl. Hufbeschlag. gr. 8. (XII und 157 S. mit lithogr. Titel.) Berlin 848, Herbig. —

— dass. — 1. Thl. (2. Abthl.) A. u. d. T.: Die Pferde-Wartung. 2. Abthl.: Die Krankenpflege des Pferdes, nebst einer Abhandlung über den Maulriemen, ein neues Zäumungsmittel zur bessern Erhaltung und Verwendung des Pferdes. gr. 8. (XVI und 179 S.) Ebds. 850.

Seeger, Louis. System der Reitkunst. gr. 8. (29⅓ B. u. 1 Abbild. des Pferde-Skelets.) Berlin 844, Herbig.

Seeger, Louis, System der Reitkunst. Das Campagne-Reiten. 2. Aufl. gr. 8. (XVI, 202 S. m. Abbildgn.) Wien 893. F. Bock. n. 3. 50

— Züchtung, Erziehung, Ausbildung des Pferdes im systemat. Zusammenhange. Vorschläge zu einer rationellen Reorganisation der Gestüte. gr. 8. (III und 104 S.) Berlin 850, Herbig.

Seeger, Ludw., Anleitung u. Behelfe zur richtigen u. gesunden Schreibhaltung. 8. (32 S. m. 3 Holzschn.-taf.) Wien 876. Hölder in Comm. n. — 80

Seeger, Ludw. (Hrsg.), s. Aristophanes.

Seeger, Ludw., deutsches Dichterbuch aus Schwaben, s. Dichterbuch.

— gesammelte Dichtungen. 2 Bde. 2. verm. Aufl. Stuttgart 863, 64. C. Ebner. 16. Jeder Bd. 1 ℛ 10 ngr.
1. Bd.: Liederbuch. (XVI, 403 S.) — 2. Bd.: Ein Sohn der Zeit. (XXIII, 376 S.)

Seeger, Ludw. Pathologie u. Therapie d. Rückgratsverkrümmgn. gr. 8. (96 S. m. 90 Holzschn.) Wien 890, Urban u. Schwarzenberg. * 3 —
Aus: Wiener Klinik, besonders abgedruckt.
—— dass. — s. Klinik, Wiener.

— s. Rubens, L. S.

Seeger, Ludw., der Sohn der Zeit. Freie Dichtung. Lex.-8. (26¼ B.) Zürich 843. [Leipzig, Verlagsbureau.]

Seeger, Ludw., der Sohn der Zeit. Freie Dichtung. (1843.) Lex.-8. (XX und 390 S.) Leipzig 847, Verlagsbureau.

Seeger, Ludw., Studie üb. vorzeitige Kahlheit, s.: Klinik, Wiener.

—— diätetische und ärztliche Zimmergymnastik. Für beide Geschlechter und jedes Alter. 2. verm. und verb. Aufl. gr. 8. (VI, 198 S. mit 237 Fig. in 20 lithogr. Taf.) Wien 878, Braumüller.

Seeger, Ludwig, Das Zimmerturnen mit Kugelstab, Hanteln und Wurfnadel, m. Abb., Stuttgart 1863, 116 S., 8°.

Seeger, Ludw., das Zimmerturnen mit Kugelstab, Hanteln und Wurfnadel. Eine auf medizinischen Gesetzen beruhende Anleitung, durch zahlreiche u. mannichfaltige Leibesübungen mit diesen Handgeräthen Gesundheit, Frische u. Kraft zu erhalten u. zu fördern, für Männer u. Knaben. Mit 106 Fig. in Holzschn. Stuttgart 864. Metzler. gr. 8. (IV, 116 S.) n. 1 ⅓ ß

Seeger, M., Frauentreue u. Frauenlist. Histor. romantische Dichtung aus den Zeiten Akbar d. Großen. gr. 8. (2⅛ B.) Aachen 846, Wengler. *

Seeger, Max, Grossherzogl. Forstprakt.: Beitrag zur Geschichte der Waldungen der Stadt Ettlingen. 1908. 90 S., 1 Kt. 8°
Karlsruhe, Dr.-Ing.-Diss. v. 6. 12. 1907

Seeger, Max, approb. Arzt aus Zerpenschleuse: Zur Casuistik der narbigen Dünndarmstenosen. *Greifswald 1899: H. Adler.* (24 S.) 8°
Greifswald, Med. Diss. v. 11. Aug. 1899

Seeger, Max [aus Ketzin (Prov. Brandenb.)]: Ueber Sarkome des Uterus. . . . Berlin, gedr. bei W. Röwer, *1891;* 40 S. 8°
Berlin, Med. Fak., Inaug.-Diss. v. 21. Febr. 1891

Seeger, Oswald [aus Havelberg]: Über die Erkrankungen der Articulatio sacro-iliaca. . . . Berlin, Buchdr. v. G. Schade, *1891;* 38 S. 8°
Berlin, Med. Fak., Inaug.-Diss. v 20. Mai 1891

Seeger, Otto: Zur Confessio Sigismundi. *Berlin: R. Gaertner 1899.* (40 S.) 4°
Berlin, Elfte R, OP 1899 (128)

Seeger, Otto, zur Confessio Sigismundi. Progr. 4. (40 S.) Berlin 899. [R. Gaertner.] Weidmann. n. 1.—

Jubilate! Denkschrift zur Jahrhundertfeier der evangelischen Gemeinde Coblenz am 26. Juni 1903 u. zur Einweihung d. Christuskirche. Hrsg. im Auftr. d. Presbyteriums. (Verf.: Pfarrer Otto Seeger.) Coblenz: Verl. d. Presbyt. (1903). (121 S.) 8° [Ant. u. F.]

Seeger, Ph. Gtt., († 1777.) die Götter der alten Griechen u. Römer nach ihren Herkünften, Thaten, Nachkommenschaften, Tempeln rc. 2 Thle. Mit Kpf. gr. 8. Frankf. a. M. 777. Andreä. 4 ß 16 gl

[illegible] neuen Fall von [illegible] durch [illegible] beobachtet an *Gentiana [illegible]* Haenke (mit 2 Textfiguren) S. 121 [illegible] —.70
Separatabdruck

Seeger, Rudolf, über solide Tumoren des Ovarium. Diss. München 1888, A. Buchholz. 8°. 26 S.

Seeger, Rudolf [approb. Arzt]: Ueber solide Tumoren des Ovari München, akad. Buchdr. v. F. Straub, 1888; 26 S. 8°
München, Med. Fak., Inaug.-Diss. v. 1888

Seeger Rudolf, Dr.: Versuche über die Assimilation von *Euphrasia* (sens. lat.) und über die Transpiration der Rhinantheen. S. 119. [illegible] . . . . —.45
Separatabdruck

Seeger, Walter, pr. Arzt: Ein Fall von Naevus anaemicus. Leipzig 1908: Edelmann. 18 S. 8°
Leipzig, Med. Diss. v. 23. Okt. 1908, Ref. Hoffmann
[Geb. 27. März 83 Magdeburg; Wohnort: Limbach i. S.; Staatsangeh.: Preußen; Vorbildung: König-Wilhelms-Gymn. Magdeburg Reife O. 01; Studium: Halle 3, Rostock 2, Bonn 1, Göttingen 1, Kiel 1, Leipzig 3 S.; Coll. 29. Okt. 08; Approb. 17. Sept. 08.] [U 09. 2879

Seeger, [Wilhelm]: [Über ein von den Schülern der Anstalt unternommenes Kriegsspiel.] S. 23—24. 4.
Gymn. mit Realprogymn. u. Realschulklassen *Eschweiler* 1909 (595).
Progr.

Seeger, Wilhelm *Hermann Conrad* [aus Ludwigsburg (Württemb.)]: Über Symptomatologie und Therapie der Eclampsia gravidarum parturientium et puerperarum. . . . Berlin, Buchdr. v. G. Schade, *1890* 31 S. 8°
Berlin, Med. Fak., Inaug.-Diss. v. 6. Dez. 1890

[Fr.] Seeger, *Friedrich* Wilhelm *Bernhard Adolf* [Referendar]: Das Verbot der Personalunion im Verfassungsrecht einzelner deutscher Bundesstaaten ... Greifswald, Druck v. J. Abel, 1896; 37 S. 8.
Greifswald, Jur. Fak., Inaug.-Diss. v. 1896

Seeger an der Lutz, Ulrich v. Hutten. Schauspiel in 5 Aufzügen. 8. (144 S.) Dresden 888. Pierson. n. 2.—

Seeger an der Lutz, nit lugg lô! Mundartliche Gedichte alemann. Stammes. 8. (VI, 198 S.) Innsbruck 886, Wagner'sche Universitäts-Buchh. *

Seegers, Adolf [Dr. aus Dontheim]: Beiträge zur pathologischen Anatomie des Auges ... Hannover, Druck v. G. Jacob, 1895; 1 Bl., 32 S., 1 Bl. 8.
Würzburg, Med. Fak., Inaug.-Diss. v. 1895

Seegers, Adf., illustriertes Lehrbuch des Maschinenschreibens nach der Zehnfinger-Blindschreibmethode f. sämtliche Systeme m. Universal-Klaviatur. gr. 8. (X, 186 S.) Göttingen 901. A. Seegers. n. 2.—

— methodischer Lehrgang der Stenographie nach Gabelsbergers System. Für Schul- u. Vereinskurse, sowie zum Selbstunterricht im Auftrage des Gabelsbergerschen Stenographenvereins zu Hannover bearb. Korrespondenzschrift. 4. Aufl. gr. 8. (VI, 46 S.) Wolfenbüttel 901. Göttingen, A. Seegers. n. 1.—

Seegers, C.: De motu perturbationibusque planetarum secundum legem electrodynamicam Weberianam solem ambientium. 1864. 4°
Diss. Göttingen

Seegers, Hermann *Adolf* [aus Hamburg]: Neue Beiträge zur Textkritik von Hartmanns Gregorius. . . . Kiel, Druck v. C. Schaidt, 1890; 47 S., 2 Bl. 8°
Kiel, Phil. Fak., Inaug.-Diss. v. [4. Apr.] 1891

Seegers, K.: Zur Theorie der elliptischen Funktionen. 8 S. — Insterburg, Progr. 1869.

Seegers, Karl, a. Hildesheim: Ueber den Aufbau neuer Indikatoren. Marburg 1907: S. Foppen, Bonn a. Rh. (63 S.) 8°
Marburg, Phil. Fak., Ref. Schmidt, Diss. v. 26. Febr. 1908
[Geb. 22. Juni 78 Hildesheim; Wohnort: Münster i. W.; Staatsangeh.: Preußen; Vorbildung: Gymn. Andreanum u. Realgymn. Hildesheim Reife M. 98; Studium: Marburg 7 S.; Rig. 5. März 07.]

Seegers, Theodor, approb. Arzt aus Steinhude: **Über Gehirnblutungen nach Fettembolie.** *Greifswald (1903): J. Abel.* (28 S.) 8°
Greifswald, Med. Diss. v. 16. März 1903

Seegert, Bruno, a. Berlin: **Über die Dispersion ultraroter und ultravioletter Strahlen in einigen Flüssigkeiten.** (Berlin 1908: A. W. Schade.) (46 S.) 8°
Berlin, Phil. Fak., Ref. Rubens, Diss. v. 14. März 1908
[Geb. 12. Sept. 85 Berlin; Wohnort: Berlin; Staatsangeh.: Preußen; Vorbildung: Friedrichs-Werdersche Oberrealsch. Berlin Reife O. 04; Studium: Berlin 7 S.; Rig. 16. Jan. 08.]

Friedrich Wilhelm Seegert

Friedr[ich] Wilh[elm] Seegert: Merkwürdiges Beispiel einer Zerreißung der Gebärmutter und eines außerordentlichen Wasserkopfes des darin enthaltenen Fötus. 8°
(=[Magazin der ges. Heilkunde. Bd 2.1817.S.119-127.])

Seegert, Gottlieb. Kriegs-Kamerad. Kameraden, Waffenbrüder! Lasset Eure Offiziere nicht verleumden. — Gedruckt bei A. Obst. 1 Bl. Fol.
Flugblatt. Berlin, 16. Sept. 1848.

Seegert, Paul, appr. Arzt aus Neubrandenburg ⟨Meckl.-Strel.⟩: **Entstehung und Ausgang subphrenischer Gasabscesse.** *München 1901: C. Wolf & Sohn.* (58 S.) 8°
München, Med. Diss. v. 1901

Seegeschichten. I. II. gr. 16. (56 u. 64 S. m. Abb.) Elberfeld 892. R. Brockhaus (durch J. Faßbender). à n. — 20

Seegeschichten. I u. II. 2. Aufl. 12. (56 u. 64 S. m. je 5 Abbildgn.) Elberfeld 899. R. Brockhaus (durch J. Faßbender). à n. — 20

Seegmüller, Karl: Vorlegeblätter zum Schönschreiben, s. Stutz, Fr.

Seegrön, Ed., **chemische u. bacteriologische Brunnenwasseruntersuchungen im I. Stadttheil** (Techelferscher Bezirk) zu Jurjew (Dorpat). Diss. gr. 8. (92 S.) Jurjew (Dorpat) 893. (E. J. Karow.) n. 2. —

Seehaas, der. Haus-Kalender f. Stadt u. Land auf d. J. 1893. 4. (36 S.) Lindau, Stettner. * — 35; cart. u. durchsch. * — 50

Seehaas, der. Haus-Kalender f. Stadt u. Land auf d. J. 1895. 4. (36 S.) Lindau, J. Th. Stettner. n. — 35

Seehafen, der, zu Geestemünde. Mit 1 (lith.) Plan des Hafens u. 1 (lith.) Eisenbahnkarte von Deutschland (in gr. Fol.). 862. (10 S.) — 2. vervollständigte Ausg. Hannover 863. Klindworth. 8. (15 S.) n. 10 ngr.

See-Hafen, Der geöffnete, worinnen nicht allein der meisten Nationen und Regenten, ingleichen fürnehmer See- und Handels-Städte in allen Theilen der Welt gewöhnliche Schiff-Flaggen und andere See-Zeichen, sondern auch alle äusserliche und innerliche Theile eines vollkommenen Schiffes, nebst vielen Merkwürdigkeiten, so wohl in einer deutlichen Beschreibung als zierlichen (28) Kupffer-Figuren anmuthig zu erblicken. (Donation Liechtenstein.) kl. 8. Hamburg 1706.

Die Seehäfen des Weltverkehrs dargestellt von Josef Ritter von Lehnert, Johann Holeczek, Karl Zehden ... Eduard, Edler von Friedenfels, Alfred, Freiherr von Koudelka unter Redaction von Alexander Dorn. Bd. 1. Häfen Europas sowie der asiatischen und afrikanischen Küsten des Mittelmeerbeckens. Mit 98 Illustrationen und 137 Plänen. Bd. 2. Häfen ausserhalb Europas und des Mittelmeerbeckens. Mit 75 Illustrationen und 79 Plänen. Wien 1891 und 1892. 2 Bde. (X). 1100; (X), 828 S. 8°.

Seehagen, Otto, aus Berlin: **Beiträge zur Kenntnis der β-Naphtochinolin-6-Sulfonsäure und des 6-Oxy-β-Naphtochinolins.** *Freiburg i. B. 1899: Ch. Lehmann's Nachf.* (41 S.) 8°
Freiburg i. B., Phil. Diss. v. 1899

Seeham am Trumersee bei Salzburg m. seinen Umgebgn., Seebädern u. Ausflügen. Ein Führer f. Sommergäste u. Touristen. 8. (35 S. m. 1 lith. Panorama.) Salzburg 874. Glonner. n.n. 1. 60

Seehandel und Flottenstationen. gr. 8. (16 S.) Wien 884, (Gerold's Sohn.) *
Aus: Mittheilungen aus dem Gebiete des Seewesens, besonders abgedruckt.

Seehandelsverkehrs-Einrichtungen. Referate v. Studierenden der Leipz. Handelshochschule üb. die im Mai 1907 unter der Führg. v. Professor Robert Stern unternommene Studienfahrt nach Hamburg u. Bremen. (VI, 156 S. m. Abb.) kl. 8. Leipzig 909. C. E. Poeschel. 2. —

Seehandlung, die Königl. Preußische, ihr Wirken u. die dagegen erhobenen Beschwerden. Den Provinzial-Ständen gewidmet. gr. 8. Berlin 845, Vossische Buchh. n. 1/2 ₰

Seehase, Wilhelm Heinrich Fr.

Seehase, Wlh. Hnr. Fr., üb. Ehe u. gutes Gewissen d. Christen. 8. Stendal 787. Franzen u. Gr. 3 gr

— zur Geschichte d. ersten Menschen u. Völker. 8. Stendal 787. Franzen u. Gr. 6 gr

— initia latinitatis. 8. Stendal 786. Franzen u. Gr. 4 gr

— üb. geograph. Jugendunterricht. 8. Stendal 790. Franzen u. Gr. 4 gr

Seehase, Wlh. Hnr. Fr., Predigten z. Erbauung. gr. 8. Stendal 785. 2e Aufl. 787. Franzen u. Gr. 12 gr

— s. Soll man junge Leute x.

Seehaus, F., aus alten Meyenburgern Kirchenbüchern, s. a. Volksbücher, Prignitzer.

Aus alten Meyenburger Kirchenbüchern. Von Pfarrer F. Seehaus. Pritzwalk: Tienken [1909]. 16 S. 8°
= Prignitzer Volksbücher. H. 19.)

Seehaus, Otto, Jugendspiel. Vortrag. gr. 8. (10 S.) Berlin 896. O. Bremer. n. — 30

[Umschlagt.:] [J.] Tierschutz und Tierquälerei v. Otto **Seehaus,** Lehrer am Kgl. Gymnas. zu Nordhausen ... *Berlin: O. Bremer 1896.* (45 S., 1 kl. Bl.) 1 Bd 8.

Seehausen [Schlagwort]

Seehausen i. d. A., s.: Preussen. Messtischblätter.

Seehausen. Kr. Wanzleben. s.: Preussen. Messtischblätter.

Seehausen, s.: Sachsen. Karte. Messtischblätter.

Seehausen-Zschortau, s.: Geologische Karten. Spezialkarte (Sachsen).

Seehausen [Verfasser]

Seehausen, F. v., Notizen üb. Pisa. Besond. f. diejen., welche aus Gesundheitsrücksichten ihren Aufenthalt daselbst nehmen. 8. (3 3/4 B.) Stuttgart 841, Metzler'sche Buchh.

Seehausen, G. v., über Herstellung eines Eisenbahnnetzes in den Provinzen Preußen, Pommern und Posen. gr. 8. (52 S.) Berlin 847, Hermes.

v. Seehausen, Gust., Atlas für Volksschulen in 10 col. Karten u. einer Weltkarte nach Mercators Projection. Besonders zum Gebrauche beim Unterricht nach Ungewitters Geographie für Schule u. Haus. kl. 4. Leipzig 843, Bösenberg. n. 1/3 rß
— 2. Ausg. 846. Braunschweig, Leibrock. 1/4 rß

v. Seehausen, Gust., Lehrbuch der niedern Arithmetik. Ein Rechenbuch zum Gebrauch in Schulen u. zum Selbstunterricht. gr. 8. Leipzig 843, Gebhardt u. Reisland. 3/4 rß

—— Auflösungen der Exempel aus obigem. gr. 8. (9 1/2 B.) Ebds. 843.

Seehausen, Otto: Siedlungen in der Sahara. . . . (Aus: Deutsche Geogr. Blätter Bd. XIII.) Bremen, Druck v. C. Schünemann, 1890; 1 Bl., 44 S., 1 Kart. 8°
Leipzig, Phil.-Fak., Inaug.-Diss. v. [24. Dez.] 1890

G e s c h i c h t e der Deutschen Literatur. Nebst e. kurzen Poetik. Von Dr. R[ichard] **Seehaußen**. 2., verb. Aufl. Gütersloh: C. Bertelsmann 1905. (VII, 135 S.) 8°

G e s c h i c h t e der deutschen Literatur. Nebst e. kurzen Poetik. Von Dr. R[ichard] **Seehaussen**. 3. verb. Aufl. Gütersloh: Bertelsmann 1909. VII, 136 S. 8°

— Lehrbuch der Geschichte, s.: A n d r ä, J. C.

Seehaussen, R., Litteraturkunde f. mittlere u. höhere Lehranstalten. Nebst e. kurzen Poetik. 8. (VII, 108 S.) Gütersloh 893. C. Bertelsmann. n. — 60; geb. n. — 80

S e e h a u s s e n, R. Graf Albrecht v. Mansfeld. Erzählende Dichtung aus dem Zeitalter der Reformation. 8. (IV, 204 S. m. 5 Abbildgn.) Gütersloh 892, Bertelsmann. * 2 40; geb. * 3 —

— Graf Albrecht v. M a n s f e l d. Erzählende Dichtg. aus dem Zeitalter der Reformation. 2. [Titel-]Ausg. (IV, 204 S. m. 5 Taf.) 8. Gütersloh [892] 908. C. Bertelsmann. 2.40; geb. 3. —

Seehausen, R., schweizer Politik während d. 30jähr. Krieges, s. a. A b h a n d l u n g e n, Halle'sche, zur neueren Geschichte.

Seehaussen, Richard: Schweizer Politik während des dreißigjährigen Krieges. Halle a/S. 1882: Karras. 30 S. 8°
Halle-Wittenberg, Phil. Diss. v. 7. Juni 1882
Geb. Eisleben 25. 11. 1858. V.
Hallische gekrönte phil. Preisschrift v. 1882
Ersch. vollst. im Buchhandel Halle: Niemeyer 1882. 106 S. (Hallesche Abhandlungen zur neueren Geschichte. H. 16.)
Im Diplom fälschlich: Seehausen. - Verf. erlebte die Diplomerneuerung 1932 als Geheimer Studienrat und Studiendirektor a. D. in Marburg a. d. Lahn. vgl. Anh. Nr. 748.

Seehaußen, R., Spruchbuch z. kleinen Katechismus. 8. (18 S.) Marburg 895. N. G. Elwert's Verl. n. — 20

Die grosse Sekte. Gedanken über d. Sektengeist in d. Union von Lic. **Seehawer**, Pastor. *Elberfeld: Luth. Bücherverein 1899.* (26 S.) 8° [Ȝ.]
— Saatkörner aus d. Evang.-Luth. Kirche. No 7.

Seehawer, J., namenlose Jünglinge. Biblische Betrachtungen. gr. 8. (67 S.) Leipzig 894. F. Richter. n. — 80

Seehawer, Johannes [aus Bromberg]: Zur Lehre vom Brauch des Gesetzes und zur Geschichte des späteren Antinomismus .... Rostock, Carl Boldt'sche Hof-Buchdr., 1887; 116 S. 8°
Rostock, Theol. Fak., Inaug.-Diss. v. 15. Jun. 1887

Seehawer, J., zur Lehre vom Brauch d. Gesetzes u. zur Geschichte d. späteren Antinomismus. gr. 8. (116 S.) Rostock 887. (Leipzig, Dörffling & Franke.) n. 1. 60

— R o g a t e. Gebetbüchlein f. Konfirmanden. 16. (48 S.) Ebd. 894. Kart. n. — 80

Seehawer, s.: S e e l s o r g e, die, in Theorie u. Praxis.

— die große Sekte, s.: S a a t k ö r n e r aus der evangelisch-lutherischen Kirche. Nr. 7.

Seeher, O., der Wildfang, s. a. **Z e h n p f e n n i g b ü c h e r,** stenotachygr. Nr. 1.

Der W i l d f a n g . Erzählg v. O. **Seeher.** Eisleben: Verl. d. Stenotachygr. Vereins [1898]. (1 Bl., 16 S.) 1 Bd 8° [Lithogr.]
= Zehnpfennigbücher, Stenotachygr. No 1.

Seeher, Otto, m. dem Medicinkarren v. Pregel bis zur Seine. Kriegserinnergn. 8. (319 S.) Dresden 895. E. Reißner. n. 4. —; geb. n. 5. —

Seehof [Schlagwort]

Seehof, s.: Berlin. Kiessling.

Seehöhen hervorragender Orte im Königreich Sachsen nach den Nivellements der europäischen Gradmessung. Freiberg 1876. V: *Choulant, O.* (Bibl. d. stat. Bureaus Dresden 1890.)

Seehöhen hervorragender Orte im Königr. Sachsen nach den Nivellements der europäischen Gradmessung. Tabelle in qu. gr. Fol. Freiberg 876. Engelhardt. n. — 50

Seeholzer, August

Seeholzer, A., de Acido s. d. Lactio. Dissertat. inaug. chemica. 8maj. Ingolst. 800. (Krüll in Landsh.) 3 gl

SEEHOLZER, August (Ingolstadt): De acido sic dicto lactico.- Ingolstadii: Attenkover 1800. 20 S.
25.8.1828 - Urk; F 57
Diss. Ingolst.-Landsh.-Mchn.

S e e h o l z e r, A., de Acido s. d. Lactio. Dissertat. inaug. chem. 8maj. (1 1/4 B.) Ingolstadii 800. (Ratisbonae, Manz.)

S e e h o l z e r, Heinrich. Die letzten Tage des Ministeriums Emil Ollivier. Juli–August 1870. II + 103 S. 8. Zürich, Orell Füssli; Paris..., 1910. [fr. 2. 40]

Seehuber, Johann Paul A. S. 821/45

Quaestiones XI. ad tit. ff. de quaestionibus.
Präs. Johann Philipp Streit.
Erfurt (Müller) 29. I. 1707. 28 S.

Gew.: Johann Philipp Franz Gf. von Schönborn.
32223

Seehusen. Zwei Verteidigungssysteme aus der Ordenszeit an der Grenze des Ortelsburger und Neidenburger Kreises. (Königsberg 1890.) 8°. (Aus: Sitzungsberichte d. Altertumsgesellschaft Prussia in Königsberg i. Pr.)

Seehusen, Lud. Vinc., († ...) s. **Journal f. Kaufleute.**
— **Virgil Aeneis.**

Seeinteressen, die, des D e u t s c h e n R e i c h s. Zusammengestellt auf Veranlassg. d. Reichs-Marine-Amts. gr. 8. (V, 6; 37, 46, 12, 4, 3, 8, 7, 3 u. 3 S.) Berlin 898. E. S. Mittler & Sohn. n. 1. —

— dasselbe, nebst dem Gesetzentwurf, betr. d. deutsche Flotte. gr. 4. (II, 90 S.) Berlin 897. C. Heymann's Verl. n. 1. —

Seekadett, der. Von H. v. D. gr. 4. (VIII, 139 S. m. Illustr.) Kiel, Lipsius & Tischer. n. 10. —; geb. in Leinw. m. Metallkrone n. 12. —

Seecadett, Der. Kiel und Leipzig [1894]. V: *Dambrowski, Hans von.* (Berl 1907, S. 146)

Seecadet, der, von Kopenhagen. Roman aus dem deutsch-dänischen Kriege. 2 Thle. 8. (481 S.) Leipzig 850, Arnold. 2½ ℛ

Seekampf, der, zwischen den Panzerschiffen Merrimac und Monitor auf der Rhede von Hampton am 8. und 9. März 1862. Geschildert nach den neuesten Zeitungs-Nachrichten nebst einer ausführl. Beschreibung der Ericsson'schen schwimmenden Batterie (Monitor genannt). gr. 8. (16 S. mit 1 lithogr. Abbild. und 1 eingedr. Holzschn.) Leipzig 862, Bönicke. *

Seekanal, der St. Petersburger. St. Petersburg 1883-84

Seekanonenboot, d. 1. Preussische, für die deutsche Kriegsflotte vom Stapel gelassen zu Stralsund am 10. August 1848. — Der Strela-Sund. 4. M. 1 Skizze. Stralsund 1848.

Seekapitain

Seecapitain Georg von Seleida oder der Abenteurer in Griechenland und Polen. Von der Verfasserin der Theodosia, der Jungfrau und des goldnen Kreuzes. 3 Thle. 8. Helmstadt 833. Fleckeisen. 3½ ℛ

Seekarten [Sachliches OW]

See-Karten der Kaiserl. Deutschen Admiralität, hrgg. v. Hydrographischen Amt. Berlin. Farbendruck.

Bl. 1: Deutsche Bucht der Nordsee. 1 : 300 000. 1870. 4 Bl. Fol. 89/106 cm. Zusammengekl. a. Leinen.
—— 1871.

Bl. 2: Ostfriesische Inseln, westlicher Theil, mit der Ems-Mündung und dem friesischen Seegatt. 1 : 100 000. 1870. 1 Bl. Imp.-Fol., 72/85 cm. Aufgez. a. Leinen.
—— 1872.

Bl. 3: Ostfriesische Inseln, östlicher Theil, mit Jade- und Weser-Mündung. 1 : 100 000. 1870. 1 Bl. Imp.-Fol., 73/93 cm. Aufgez. a. Leinen.
—— 1872 u. 1873.

Bl. 7: Jade-, Weser- und Elb-Mündungen. 1 : 100 000. 1870. 1 Bl. Imp.-Fol., 94/70 cm. Aufgez. a. Leinen.
—— 1871, 1873 u. 1876.

Seekarten der kaiserl. deutschen Admiralität, hrsg. vom hydrograph. Bureau. Nr. 30—37 u. 43 a. u. b. Kpfrst. Berlin 875. (D. Reimer.) n.n. 13. 25

30. Ostsee, deutsche Küste. Schleswig-Holstein. Sect. II. 1 : 100,000. Vermessen im J. 1872 unter Leitg. d. Capt.-Lieutn. Heusner durch S. M. Kanonenboote Meteor u. Drache u. m. Benutzg. der neuesten dän. Aufnahmen f. das Dän. Gebiet. Imp.-Fol. n.n. 2. 25
31. Ostsee, Fehmarn-Sund. Specialkarte der Sect. II. 1 : 40,000. Aufgenommen im J. 1872. Imp.-Fol. n.n. — 75
32. Ostsee, Eckernförder Bucht. 1 : 50,000. Vermessen in den J. 1872 u. 1874. n.n. 1. —
33. Ostsee, Kieler Bucht. 1 : 40,000. Vermessen im J. 1872. n.n. 1. —
34. Westindien. Hayti. Puerto-Plata. Specialkarte. 1 : 10,000. Nach den Vermessgn. „S. M. S. Albatross," Commandant Corv.-Capt. Stenzel im Mai 1873. Fol. n.n. — 75
35. Hafen v. Santona [Spanien. N. Küste.] Mit Zugrundelegg. der Br. Adm. Karte Nr. 75, berichtigt nach Vermessgn. S. M. Kanonenboot „Nautilus", Commandant Corv.-Capt. O. Zembsch. n.n. — 50
36. Ostsee, Deutsche Küste, Holstein, Mecklenburg. Sect. III. 2 Blatt. n.n. 3. —
37. Ostsee, Neustädter Bucht m. der Einsegelung in die Trave u. nach Wismar. 1 : 50,000. Vermessen im J. 1873. n.n 3. —
43. a. u. b. Häfen u. Ansichten der maroccanischen Küste. Vermessen von Frhrn. v. Löwenstern, Lieutn. z. See, an Bord S. M. Kanonenboot „Nautilus", Commandant Corv.-Capt. Zembsch, 1875. 2 Blatt. n.n. 1, —

Seekarten der kaiserl. deutschen Admiralität, hrsg. vom hydrograph. Bureau. Nr. 32, 33, 35—41, 43—45, 49—59. Kpfrst. Imp.-Fol. Berlin 876—79, (D. Reimer.) ** 57 10

Inhalt:

Nr. 32. Ostsee: Eckernförder Bucht. 1 : 50,000. Vermessen in den J. 1872 und 1874. **ℳ 1.
„ 33. Ostsee: Kieler Bucht. 1 : 40,000. Vermessen im J. 1872. **ℳ 1.
„ 35. Hafen von Santona [Spanien. N. Küste]. Mit Zugrundelegung der Br. Adm. Karte Nr. 75, berichtigt nach Vermessungen S. M. Kanonenboot „Nautilus", Commandant Corv.-Capt. O. Zembsch, 1874. ** 50 Pf.
„ 36. Ostsee: Deutsche Küste, Holstein, Mecklenburg. Sect. III. 2 Bl. **ℳ 3.
„ 37. Ostsee: Neustädter Bucht mit der Einsegelung in die Trave und nach Wismar. 1 : 50,000. Vermessen im J. 1873. **ℳ 3.
„ 38. Ostsee: Kleiner Belt. Deutsche Küste. Schleswig. Küstenkarte. Sect. I. 1 : 100,000. Vermessen im J. 1874 unter Leitung des Corv.-Capt. Hoffmann durch S. M. Kanonenboote „Delphin" und „Blitz". Mit Benutzung der neuesten Aufnahmen für das dän. Gebiet. 2 Bl. **ℳ 3.
„ 39. Ost-See. Kleiner Belt. Aarö-Sund. [Specialkarte der Sect. I.] 1 : 50,000. Vermessen im J. 1874. **ℳ 1,50.
„ 40. Ostsee. Alsen-Sund. [Specialkarte der Sect. I.] 1 : 50,000. Vermessen im J. 1874. **ℳ 1,50.
„ 41. Ostsee. Flensburger Föhrde. [Specialkarte der Section I.] 1 : 50,000. Vermessen im J. 1874. **ℳ 1,60.
„ 43a. und b. Häfen und Ansichten der maroccanischen Küste. Vermessen von Frhn. v. Löwenstern, Lieutn. z. See, an Bord S. M. Kanonenboot „Nautilus", Commandant Corv.-Capt. Zembsch, 1875. 2 Bl. **ℳ 1.
„ 44. Die Nordsee. [Südlicher Thl.] Segel-Karte. Nach den neuesten deutschen und ausländ. Vermessungen. 1 : 800,000. 5 Bl. **ℳ 5.
„ 45. Ostsee. Deutsche Küste, Preussen. Sect. VIII. 1 : 150,000. Vermessen im J. 1875 unter Leitung des Corv.-Capt. Hoffmann, durch S. M. Kanonenboot „Delphin". 2 Bl. **ℳ 2,50.
„ 49. Jade-, Weser- und Elb-Mündungen. Sect. III. 1 : 100,000. Nach den neuen Vermessungen S. M. Kanonenboot Drache. Unter Leitung von Capt.-Lieut. Holzhauer im J. 1876. **ℳ 4.
„ 50. Die deutsche Bucht der Nordsee. 1 : 300,000. Nach den neuesten deutschen und ausländischen Vermessungen. 2 Bl. **ℳ 4.
„ 51. Ostsee. Deutsche Küste, Preussen. Sect. VII. 1 : 150,000. Vermessen im J. 1876 unter Leitung des Corv.-Capt. Hoffmann, durch S. M. Kanonenboot „Delphin". **ℳ 2,50.
„ 52. Ostsee. Specialkarte des Königsberger Haff. Sect. VII. 1 : 50,000. Vermessen im J. 1876. **ℳ 1,50.
„ 53. Nordsee. Von Terschelling bis Cap Griz Nez und von Cromer bis Dungeness. [Die Hoofden.] 1 : 300,000. Nach den neuesten ausländischen Vermessungen. 2 Bl. **ℳ 4.
„ 54. Kattegat. Laesö-Rinne. Nach den neuesten dän. Vermessungen. 1 : 100,000. **ℳ 1,50.
„ 55. Der Sund. Nach den neuesten dän. und schwed. Aufnahmen. 1 : 100,000. 2 Bl. **ℳ 3.
„ 56. Nordsee. Jade- und Weser-Mündung. Specialkarte der Section III. 1 : 50,000. Nach den neuesten Vermessungen. 2 Bl. **ℳ 3.
„ 57. Danemark. Samsö-Belt. Nach dän. Aufnahmen. 1 : 100,000. 2 Bl. **ℳ 2,50.
„ 58. Ostsee. Deutsche Küste, Pommern. Sect. VI. 1 : 150,000. Vermessen im J. 1877 unter Leitung des Corv.-Capt. Hoffmann durch S. M. Kanonenboot „Delphin" **ℳ 2,50.
„ 59. Die Nordsee. (Segel-Karte.) 1 : 1,500,000. 2 Bl. **ℳ 4.

Seekarten der kaiserlich deutschen Admiralität, hrsg. vom hydrograph. Amt. Nr. 30, 31, 35, 60—79. Kpfrst. Imp.-Fol. Berlin 880, (D. Reimer.) ** 51 75

Inhalt:

Nr. 30. Ostsee. Deutsche Küste. Schleswig-Holstein. Sect. II. 1 : 100,000. Vermessen im J. 1872 durch S. M. Kanonenboote „Meteor und Drache", unter Leitung des Capt. Lieut. Heusner, und unter Benutzung der neuesten Aufnahmen für das dänische Gebiet. **ℳ 2,50.
„ 31. Ostsee. Fehmarn-Sund. Specialkarte der Sect. II. 1 : 40,000. Vermessen im J. 1872. Berichtigt März 1880. **ℳ 1.
„ 35. Brasilien. Hafen von Sao Francisco. Vermessen von S. M. S. „Victoria", Kommandant Korv.-Kapt. Valois, durch Kapt.-Lieut. v. Sperling und Lieut. zur See v. Halfern, 1881. 1 : 10,000. Lithogr. 4. ** 25 Pf.
„ 60. Die Ostsee. Mittlerer Theil. 1 : 600,000. Nach den neuesten deutschen und ausländ. Vermessungen. **ℳ 4.
„ 61. Nordsee. Schleswig-Holstein, Westküste. Südlicher Theil. Sect. II. 1 : 100,000. Nach den neuen Vermessungen S. M. Kanonenboot „Drache". Unter Leitung von Kapt.-Lieut. Holzhauer 1877. **ℳ 2,50.
„ 62. Das Kattegat. 1 : 300,000. **ℳ 3.
„ 63. Danemark. Das Skagerrak. Nach den neuesten Aufnahmen. 1 : 300,000. Mit den Kartons: Christianiafjord in gleichem Maassstabe, Einsegelung nach Arendal, Einsegelung nach Christiansand, Einsegelung nach Mandal 1 : 80,000, und Friedrichshafen 1 : 50,000. 2 Bl. **ℳ 4.
„ 64. Nordsee. Die ostfriesischen Inseln. Sect. IV. 1 : 100,000. Nach den neuen Vermessungen S. M. Kanonenboot „Drache" unter Leitung des Korv.-Kapt. Holzhauer 1878. Mit Benutzung der neuesten Karten für das holländ. Gebiet. Mit Karton: Die Ems von Knock bis Papenburg. 1 : 100,000. **ℳ 4.
„ 65. Ostsee. Deutsche Küste. Pommern. Sect. V. 1 : 150,000. Vermessen im J. 1878 unter der Leitung des Korv.-Kapt. Hoffmann durch S. M. Kanonenboot „Delphin" und Dampfer „Rhein". **ℳ 2,50.
„ 66. Der englische Kanal nach den neuesten ausländischen Vermessungen. 1 : 600,000. 2 Bl. *ℳ 3.
„ 67. Ostsee. Der Kieler Hafen. 1 : 12,500. **ℳ 1,50.
„ 68. Nordsee. Die Rhede von Wilhelmshaven. 1 : 20,000. **ℳ 1,50.
„ 69. Die Ostsee. Westlicher Theil. Mit der Einsegelung durch den Sund und die Belte. 1 : 300,0000. Nach den neuesten deutschen und ausländ. Vermessungen. 2 Bl. **ℳ 4.
„ 70. Nordsee. Schleswig-Holstein, West-Küste, nördlicher Theil. Sect. I. 1 : 100,000. Nach den neuen Vermessungen S. M. Kanonenboot „Drache" unter Leitung des Korv.-Kapt. Holzhauer 1879. **ℳ 2,50.
„ 71. Ostsee. Deutsche Küste, Pommern. Sect. IV. 1 : 150,000. Vermessen im J. 1879. **ℳ 2,50.
„ 72. Ostsee. Das Stettiner Haff. Specialkarte der Sect. V. 1 : 75,000. Vermessen im J. 1878. **ℳ 2,50.
„ 73. Ostsee. Greifswalder Bodden. Specialkarte der Sect. IV. 1 : 75,000. Vermessen im J. 1879. **ℳ 1,50.

Nr. 74. Ostsee. Nordwest-Küste von Rügen. Mit den Einsegelungen nach Stralsund. Specialkarte der Sect. IV. 1 : 75,000. Vermessen im J. 1879. **ℳ 1.
» 75. Nordsee. Die Elbe von Cuxhaven bis Glückstadt. Specialkarte der Sect. III. 1 : 50,000. Nach den Vermessungen S. M. Kanonenboot „Drache". Unter Leitung des Korv.-Kapt. Holzhauer. 1880. **ℳ 1,50.
» 76a. Nordsee. Die Elbe von Glückstadt bis Brunshausen. Specialkarte der Sect. III. 1 : 50,000. Nach den Vermessungen S. M. Kanonenboot „Drache". Unter Leitung des Korv.-Kapt. Holzhauer 1880. *ℳ 1.
» 76b. —— dass. — Die Elbe von Brunshausen bis Hamburg. *ℳ 1.
» 77. Die Marshall-Inseln. Mit Benutzung der engl. Adm.-Karte Nr. 983 nach Vermessungen des Kapt. Jac. Witt. Maassstab für die Pläne 1 : 600,000. Lithogr. ** 50 Pf.
» 78. Die Ostsee, nördlicher Theil. 1 : 600,000. Nach den neuesten Vermessungen. *ℳ 2,50.
» 79. Die Ostsee. Der finnische Meerbusen. 1 : 600,000. Nach den neuesten Vermessungen. *ℳ 1,50.

Seekarten der Kaiserl. deutschen Admiralität. Hrsg. v. dem hydrograph. Amt d. Reichs - Marine - Amts. Es erschienen: Nr. 1, 30—67, 69—89, 91, 93—113. Kpfrst. Imp.-Fol. Mit den Segelhandbüchern. gr. 8. Berlin, (D. Reimer). n. 190. 50

I. Ostsee, Belte, Sund u. Kattegat.

98. Ostsee. Uebersicht. Massstab 1 : 1,500,000. (Kartons: Kiel 1 : 100,000. Stockholm 1 : 100,000. Nyborg-Korsör 1 : 100,000. Warnemünde 1 : 50,000. Drogden 1 : 100,000. Newa-Bucht 1 : 200,000. Danzig 1 : 100,000. Swinemünde 1 : 100,000.) Isogonenkarte d. Ostsee. Entfernungstabelle. 1890. n. 4. —
78. Die Ostsee, nördlicher Theil. Segelkarte. 1 : 600,000. Nach den neuesten Vermessungen. (Mit Karton: Dünamünde 1 : 75,000.) Erschienen 1883, berichtigt bis 1890. n. 2. 50
60. Die Ostsee, mittlerer Theil. Segelkarte. 1 : 600,000. Nach den neuesten deutschen u. ausländischen Vermessungen. (Mit 12 Kartons.) Erschienen 1880, berichtigt bis 1890. n. 4. —
69. Die Ostsee, westlicher Theil. Mit der Einsegelung durch den Sund u. die Belte. Segelkarte. 1 : 300,000. Erschienen 1881, berichtigt bis 1890. n. 4. —
81. Der Bottnische Meerbusen, nördliches Blatt. Segelkarte. 1 : 600,000. Neuausgabe 1890. n. 1. 50
80. Der Bottnische Meerbusen, südliches Blatt. Segelkarte. 1 : 600,000. Erschienen 1886, berichtigt bis 1890. n. 2. 50
79. Der Finnische Meerbusen. Segelkarte. 1 : 600,000. Nach den neuesten Vermessungen. (Mit den Kartons: Einsegelung nach Hangöstad, Einsegelung nach Helsingfors; Kronstadt; Kunda Bucht; Narwa-Mündung; Ankerplätze bei Laven-Sari 1 : 100,000; Baltisch-Port 1 : 150,000; Einsegelung nach Reval 1 : 200,000.) Erschienen 1884, berichtigt bis 1890. n. 1. 50
45. Deutsche Küste, Preussen. Sektion VIII. 2 Bl. 1 : 150,000. (Mit Karton: Hafen von Memel 1 : 25,000.) Erschienen 1877, berichtigt bis 1890. n. 2. 50
51. Deutsche Küste, Preussen. Sektion VII. (Danziger Bucht.) 1 : 150,000,000. (Mit Kartons: Neufahrwasser u. Pillau 1 : 20,000.) Erschienen 1878, berichtigt bis 1890. n. 2. 50
52. Königsberger Haff. Specialkarte der Sektion VII. 1 : 50,000. (Mit Karton: Seetief u. Hafen von Pillau 1 : 15,000.) Erschienen 1878, berichtigt bis 1890. n. 1. 50
68. Deutsche Küste, Pommern. Sektion VI. 1 : 150,000. (Mit Kartons: Rügenwaldermünde u. Stolpmünde 1 : 10,000.) Erschienen 1879, berichtigt bis 1890. n. 2. 50
65. Deutsche Küste, Pommern. Sektion V. 1 : 150,000. (Mit Kartons: Swinemünde 1 : 20,000. Colbergermünde 1 : 10,000.) Erschienen 1880, berichtigt bis 1890. n. 2. 50
71. Deutsche Küste, Pommern. Sektion IV. 1 : 150,000. (Mit Karton: Swinemünde 1 : 20,000.) Erschienen 1881, berichtigt bis 1890. n. 2. 50
72. Stettiner Haff. Specialkarte der Sektion V. 1 : 75,000. (Mit den Kartons: Die Peene bis zum Ruden u. Die Dievenow bis zur Mündung im Massstab der Hauptkarte.) Erschienen 1881, berichtigt bis 1890. n. 2. 50
73. Greifswalder Bodden. Specialkarte der Sektion IV. 1 : 75,000. Erschienen 1881, berichtigt bis 1890. n. 1. 50
74. Die Nord-West-Küste von Rügen mit den Einsegelungen nach Stralsund. Specialkarte der Sektion IV. 1 : 75,000. Erschienen 1881, berichtigt bis 1890. n. 1. —
36. Deutsche Küste, Holstein u. Mecklenburg. Sektion III. 2 Bl. 1 : 100,000. (Mit Karton: Hafen v. Warnemünde 1 : 10,000.) Erschienen 1876, berichtigt bis 1890. n. 3.
37a. Lübecker Bucht. Specialkarte der Sektion III. 1 : 50,000. Nach den neuesten Vermessungen 1887. (Mit Kartons: Die Trave bis Lübeck, im Anschluss an die Hauptkarte u. Travemünde 1 : 12,500.) n. 2. —
37b. Wismar-Bucht. Specialkarte der Sektion III. Massstab 1 : 50,000. (Mit Karton: Plan der Einsegelung nach Wismar 1 : 25,000.) Neuausgabe 1890. n. 2. —
30. Deutsche Küste, Schleswig-Holstein. Sektion II. 1 : 100,000. (Mit Karton: Die Schlei bis Schleswig in gleichem Massstabe; Schleimünde 1 : 15,000.) Erschienen 1880, berichtigt bis 1890. n. 2. 50
31. Fehmarn-Sund. 1 : 40,000. 1880, berichtigt bis 1890. n. 1. —
33. Kieler Föhrde. Specialkarte der Sektion II. 1 : 40,000. Erschienen 1887, berichtigt bis 1890. n. 1. —
67. Kieler Hafen. Specialkarte. 1 : 12,500. Erschienen 1881, berichtigt bis 1890. n. 1. 50
32. Eckernförder Bucht. Specialkarte der Sektion II. 1 : 50,000. Erschienen 1876, berichtigt bis 1890. n. 1. —
38. Kleiner Belt. Deutsche Küste, Schleswig. Sektion I. 2 Bl. 1 : 100,000. Erschienen 1876, berichtigt bis 1890. n. 3. —
39. Aarö-Sund. Specialkarte der Sektion I. 1 : 50,000. Neuausgabe 1890. n. 1. 50
40. Alsen-Sund. Specialkarte der Sektion I 1 : 50,000. Neuausgabe 1890. n. 1. 50
41. Flensburger Föhrde. Specialkarte der Sektion I. 1 : 50,000. Neuausgabe 1890. n. 1. 50
46. Grosser Belt, südliches Blatt. 1 : 100,000. Erschienen 1877, berichtigt bis 1890. n. 2. 50
48. Grosser Belt, nördliches Blatt (in 2 Bl.). 1 : 100,000. Erschienen 1877, berichtigt bis 1890. n. 2. 50
47. Der Grosse Belt zwischen Sprogö u. Langeland. 1 : 50,000. (Mit Kartons: Korsör Hafen u. Nyborg Hafen 1 : 10,000.) Erschienen 1877, berichtigt bis 1890. n. 1. 50
57. Samsö-Belt. 2 Bl. 1 : 100,000. Erschienen 1879, berichtigt bis 1890. n. 2. 50
55. Der Sund. 1 : 100,000. (Mit Kartons: Kopenhagen 1 : 20,000 u. Korsör 1 : 8000.) Neuausgabe 1890. n. 3. 50
62. Das Kattegat. Segelkarte. 1 : 300,000. (Mit Kartons: Einsegelung nach Marstrand u. Ankerplätze bei Winga 1 : 75,000.) Erschienen 1880, berichtigt bis 1890. n. 3. —
54. Kattegat. Die Laesö-Rinne. 1 : 100,000. Erschienen 1878, berichtigt bis 1890. n. 1. 50

II. Skagerrak, Nordsee u. Englischer Kanal.

63. Das Skagerrak. Segelkarte. 1 : 300,000. (Mit den Kartons: Christianiafjord in gleichem Massstabe, Einsegelung nach Arendal, Einsegelung nach Christiansand, Einsegelung nach Mandal 1 : 80,000 u. Friedrichshafen 1 : 50,000.) Erschienen 1880, berichtigt bis 1890. n. 4. —
59. Die Nordsee. Segelkarte. 2 Bl. 1 : 1,500,000. Erschienen 1879, berichtigt bis 1890. n. 4. —
44. Die Nordsee, südlicher Theil. Segelkarte. 5 Bl. 1 : 800,000. (Mit Karton: Firth of Forth 1 : 200,000.) Erschienen 1877, berichtigt bis 1890. n. 5. —
82. Nord-See. Westküste von Jütland, von Horns-Riff bis Hanstholm. 1 : 300,000. (Mit Karton: Thybö-Rön-Kanal.) Erschienen 1884, berichtigt bis 1890. n. 1. 50
88. Nord-See. Helgoland. 1 : 15,000. Neuausgabe 1890. n. 1. 50
70. Schleswig-Holstein, Westküste. Nördl. Theil. Sektion I. 1 : 100,000. Neuausgabe 1890. n. 2. 50
61. Schleswig-Holstein, Westküste. Südl. Theil. Sektion II. 1 : 100,000. Neuausgabe 1890. n. 2. 50
105. Die Elder-Mündung. 1 : 50,000. Neuausgabe 1890. n. 1. —
50. Die Deutsche Bucht der Nordsee. 2 Bl. 1 : 300,000. (Mit Kartons: Eider-Mündung, Elbe-Mündung, Jade- u. Weser-Mündung, Lister Tief 1 : 120,000.) Erschienen 1888, berichtigt bis 1890. n. 4. —; Süd-Blatt allein n. 2. —
75. Die Elbe von Cuxhaven bis Glückstadt. Specialkarte der Sektion III. 1 : 50,000. (Mit Karton: Glückstadt 1 : 10,000.) 1882, berichtigt bis 1890. n. 1. 50
76a. Die Elbe von Glückstadt bis Brunshausen. Specialkarte der Sektion III. 1 : 50,000. (Mit Karton: Hafen von Hamburg u. Altona. 1 : 12,500.) 1882. Berichtigt bis 1890. n. 1. —
76b. Die Elbe von Brunshausen bis Hamburg. Specialkarte der Sektion III. 1 : 50,000. 1882, berichtigt bis 1890. n. 1. —
49. Die Mündungen der Jade, Weser u. Elbe. Sektion III. 1 : 100,000. (Mit Karton: Die Elbe von Glückstadt bis Hamburg in gleichem Massstabe.) Erschienen 1878, Neuausgabe 1890. n. 4. —
87. Die Mündungen der Jade, Weser, Elbe u. Elder. 1 : 120,000. Erschienen 1886, Neuausgabe 1890. n. 3. —
56. Jade- u. Wesermündungen. Specialkarte der Sektion III. 1 : 50,000. (Mit Karton: Die Weser vom Dwarsgat bis Bremerhaven in gleichem Massstabe.) Erschienen 1879, Neuausgabe 1890. n. 3. —
64. Ostfriesische Inseln. Sektion IV. 1 : 100,000. (Mit Karton: Die Ems von Knock bis Papenburg in gleichem Massstabe.) Neuausgabe 1890. n. 4. —
53. Die Hoofden. Nach den neuesten ausländ. Vermessungen. 2 Bl. 1 : 300,000. (Mit Kartons: Rhede von Yarmouth u. Lowestoft, Hock van Holland, Downs u. die Mündung der West-Schelde, aufwärts bis Vlissingen 1 : 150,000.) Neuausgabe 1889, berichtigt bis 1890. n. 4. —; das Südblatt allein n. 2. —
66. Der Englische Kanal. Segelkarte. 2 Bl. 1 : 600,000. Erschienen 1882, berichtigt bis 1890. n. 3. —

III. Ausser-Europäische Gewässer, Häfen etc.

43a. b. Afrika. Häfen an der Küste von Marocco. El Araisch 1 : 33,300. — Rabat u. Sali 1 : 50,000. — Mogador (Zuchra) 1 : 18,500. — (Auf Blatt 43 b Ansichten der Maroccanischen Küste.) 2 Bl. Erschienen 1876. n. 1. —
34. Westindien. Hayti, Puerto Plata. Specialkarte. 1 : 10,000. Erschienen 1875. n. — 50
42. Caraibisches Meer. Columbia, Hafen von Sabanilla u. die Mündungen des Magdalenen-Stromes. 1 : 75,000. Erschienen 1876. n. — 50
35. Brasilien. Hafen von São Francisco. 1 : 10,000. 1881. n. — 25
89. Südl. Stiller Ocean. Die West-Patagonischen Gewässer zwischen Golf von Trinidad u. Golf von Peñas. 1 : 300,000. (Mit 23 Kartons.) Erschienen 1885. n. 3. —
83. China. Hafen von Pakhoi u. Insel Gule Chow. 1 : 50,000. Nebst Skizze der Hainan-Strasse u. 8 S. Text. Erschienen 1877. n. 1. —
81. China. Hafen von Wenschau. 1 : 12,500; Ngau-Fluss von Wenschau bis Sha-kia-tau. 1 : 25,000. Erschienen 1878. n. — 75
85. West-Küste von Korea. Die Rhede von Roze-I. u. Hafen von Tschi-mul-po 1 : 20,000. Erschienen 1884. n. — 25
86. Chinesisches Meer. Die Paracel-Inseln. 1 : 300,000. Erschienen 1885. n. 1. —
77. Stiller Ocean. Marschall-Inseln. 1 : 2,000,000. Neuausgabe 1890. n. 1. 50

91. Stiller Ocean. NW.-Küste von Neu-Irland. Hafen von Nusa. 1 : 15,000. Erschienen 1885, Neuausgabe 1890. n. — 75
93. Nördl. Stiller Ocean (Karolinen). Ruk Atoll (Hogolu-Gruppe). 1 : 350,000. Erschienen 1887. n. — 25
94. Südl. Stiller Ocean. Hermit-Inseln. Erschienen 1887. n. — 30
95. Südl. Stiller Ocean. NO.-Küste von Neu-Guinea. Astrolabe-Bai. Grossfürst Alexis-Hafen. Erschienen 1887, Neuausgabe 1890. n. — 25
96. Nördl. Stiller Ocean. Marschall-Gruppe. Majuro-Inseln. 1 : 200,000. Neuausgabe 1889. n. — 30
97. West-Indien. San Domingo. Samaná-Bai. Rhede von Las Cañitas oder Sanchez. Erschienen 1887. n. — 40
99. Südl. Stiller Ocean. Neu-Guinea. Kaiser-Wilhelms-Land. Hatzfeldt-Hafen. 1 : 10,000. Erschienen 1887, Neuausgabe 1890. n. — 25
100. Stiller Ocean. Kaiser-Wilhelms-Land. Bismarck-Archipel u. Salomon-Inseln. Massstab 1 : 2,000,000. 1890. n. 3. —
101. Afrika, Westküste. Kamerun-Mündung. 1 . 100,000. Erschienen 1888, Neuausgabe 1890. n. 1. —
102. Stiller Ocean. Bismarck-Archipel. Gazelle-Halbinsel (nordöstl. Theil von Neu-Pommern) und Neu-Lauenburg. 1 : 100,000. Erschienen 1888, Neuausgabe 1890. n. — 75
103. Stiller Ocean. Neu-Guinea. Kaiser-Wilhelms-Land. Finsch-Hafen. 1 : 8000. Neuausgabe 1889. n. — 60
104. Afrika, Westküste. Guinea-Golf. Mündungsgebiet der Flüsse Aqua Jafe, Rio del Rey, Meta, Andonkat u. Meme. 1 : 100,000. Erschienen 1890. n. 1. 50
106. Stiller Ocean. Samoa-Inseln. Mittlerer Theil der Nordküste von Upolu. 1 : 50,000. (Mit 3 Kartons: Fagalii Bucht. Vailele Bucht. Hafen von Saluafata. Erschienen 1888, Neuausgabe 1890. n. 1. 20
107. Stiller Ocean. Samoa-Inseln. — Upolu. Hafen von Apia. 1 : 10,000. Erschienen 1888, Neuausgabe 1890. n. — 30
108. Stiller Ocean. Samoa-Inseln. — Upolu. Safatu Bucht. 1 : 30,000. Erschienen 1888, Neuausgabe 1890. n. — 30
109. Ost-Afrika. Wasin u. Gomany. Erschienen 1889. n. — 40
110. Ost-Afrika. Dar es Salaam. Erschienen 1889. n. 1. 50
111. Stiller Ocean. Neu-Mecklenburg, NW. Theil. Bismarck-Archipel. Erschienen 1889. 1. —
112. Südl. Stiller Ocean. Kaiser-Wilhelms-Land. Nord-Ost-Küste. Von Huon Gulf bis zu den Legoarant-Inseln. 1 : 500,000. Erschienen 1889. n. 3.
113. Pläne von den Marschall-Inseln. 1890. n. 1. 50

IV. Uebersicht der Abkürzungen etc.

1. Erklärung der Abkürzungen u. Zeichen in den vom hydrograph. Amt d. Reichs-Marine-Amts neu bearb. Karten. n. — 50

V. Segel-Handbücher.

Segel-Handbuch für die Ostsee. 1. Thl. Segel-Anweisung für den westl. Theil der Ostsee mit der Einsegelung durch das Kattegat, den Sund u. die Belte. Mit 332 Holzschn. u. 25 Taf., sowie mit Karten für die Einsegelung in die wichtigsten Nothhäfen des Kattegats u. m. Plänen von den Ankerplätzen in der Presener Bucht u. bei Darsserort. 3 Hfte. Erschienen 1878, durch Nachträge korrekt erhalten. gr. 8. n. 10. —
1. Meteorolog. Verhältnisse, magnetische Elemente, physikalische u. Strömungsverhältnisse des Ostseegebietes m. 18 Fig. u. Tafeln. (VIII, 61 S.) n. 2. 50
2. Kattegat, Sund u. die Belte. 220 Holzschn. der wichtigsten Ansegelungs- u. Landmarken. Karten von der Einsegelung nach Marstrand, der Einsegelung nach Gothenburg, in die Kongsbacka Föhrde, in den Öckerö- u. Malö-Sund, nach Hallands Wäderö u. den Ankerplätzen bei Friedrichshafen. (311 S.) n. 5. —
3. Südwestlicher Theil der Ostsee. Von der Flensburger Föhrde bis Arkona. 111 Holzschn. der wichtigsten Ansegelungs- u. Landmarken. Pläne der Ankerplätze in der Presener Bucht u. bei Darsserort. (151 S.) n. 2. 50

— dasselbe. 2. Thl. Segel-Anweisung für den mittleren u. nördl. Theil der Ostsee, den Finnischen u. Bottnischen Meerbusen. Mit 473 Holzschn. u. 3 Taf., sowie mit Karten von den Ankerplätzen bei Nexö, der Einsegelung nach Reval u. Hangöstad, den Ankerplätzen bei Lavensari, dem Färö-Sund, Ronehamn, der Einsegelung nach Stockholm zwischen Lands-Ort u. Nåtarö, dem Ulfö-Sund, der Einsegelung nach Gefle u. Umeå. 4 Hfte. Erschienen 1882, durch Nachträge korrekt erhalten. gr. 8. n. 10. —
1. Deutsche Küste von Arkona bis zur russischen Grenze. Bornholm. Mit 72 Holzschn. u. e. Karte von den Ankerplätzen bei Nexö. (X, 165 S.) n. 2. 50
2. Rigaischer u. Finnischer Meerbusen. Die Küste von Polangen bis Lyser-Ort, die finnischen Scheeren zwischen Utö u. Hangö-Udde. Mit 124 Holzschn., 2 Taf. u. Karten von der Einsegelung nach Hangöstad u. Reval und den Ankerplätzen bei Lavensari. (XVI, 128 S.) n. 2. 50
3. Schwedische Küste von Falsterbo bis Grisslehamn oder vom Eingang in den Sund bis zum Einlauf in die Süd-Quarken. Mit 175 Holzschn., 1 Taf. u. Karten vom Färö-Sund, Ronehamn u. der Einsegelung nach Stockholm zwischen Lands-Ort u. Nåtarö. (XVII, 178 S.) n. 2. 50
4. Bottnischer Meerbusen u. Ålands-Inseln. Mit 102 Holzschnitt. u. Karten von der Einsegelung nach Gefle u. Umeå und vom Ulfö-Sund. (XIX, 165 S.) n. 2. 50

Segel-Handbuch für die Nordsee. 1. Thl. 3 Hfte. gr. 8. n. 7. 70; geb. n. 9. —
1. Meteorologische u. klimatologische Verhältnisse, magnetische Elemente, physikalische u. Strömungs-Verhältnisse des Nordseegebiets. Mit 21 Figuren u. Tafeln. (78 S.) 1884. n. 1. 70; geb. n. 2. —
2. Skagerrak. — Die Schwedische Küste der Bohus-Bucht. — Christiania-Fjord. — Die SO.-Küste von Norwegen. Von Jomfruland bis Christiansand. — Die Südküste von Norwegen zwischen Christiansand u. Lindesnæs. — Dänische Küste. Skagen bis Hanstholm. Mit 125 Holzschn. u. 2 Karten. (VII, 151 S.) 1885. n. 3. —; geb. n. 3. 50
3. Deutsche Bucht der Nordsee. Dänische Küste von Hanstholm bis Ribe mit dem Liim-Fjord. Holländische Küste von der Ems bis Terschelling. Mit 1 Tafel u. 73 in den Text gedr. Holzschn. 2. Aufl. (VIII, 245 S.) 1889. n. 3. —; geb. n. 3. 50

— dasselbe. 2. Thl. 1. u. 2. Hft. gr. 8. n. 6. —; geb. n. 7. —
1. Die Westküste Norwegens von Lindesnæs bis Stadt Landet nebst Anhang für die äussere Route von Stadt Landet bis Trondhjem. Mit 149 in den Text gedr. Holzschn. (VIII, 226 S.) 1888. n. 3. —; geb. n. 3. 50
2. Die Shetland- u. Orkney-Inseln, die Nord- u. Ostküste Schottlands von Kap Wrath bis Kinnaird Head. Mit 93 in den Text gedr. Holzschn. (VIII, 196 S.) 1889. n. 3. —; geb. n. 3. 50

Tekturen-Nachträge zu den Segel-Handbüchern.
Diese Nachträge erscheinen je nach Bedarf. Bestellungen auf dieselben nehmen alle Postämter im Jahresabonnement zum Preise von 60 ₰ entgegen. Ebenso werden dieselben gegen Einsendung der Portokosten bei direkter Requisition vom Hydrographischen Amt des Reichs-Marine-Amts sowie von der Verlagshandlung verabfolgt.

Seekarten der kaiserl. deutschen Admiralität. Hrsg. vom hydrograph. Amte des Reichs-Marine-Amtes. Nr. 2—8, 32, 33, 37a, 37b, 44, 60, 61, 73, 75, 76a, 76b, 91, 98—100, 102—104, 106—108, 110, 113—117, 119, 120, 121, 124. Berlin, (D. Reimer). n. 90. 50
2. Linien gleicher magnet. Deklination f. 1890. 0. Entworfen v. G. Neumayer. 32×57,5 cm. Farbendr. 891. n. 2. —
3. Weltkarte in Mercator's Projection. 1 : 80,000,000. 32×68 cm. Steindr. 892. n. — 60
4. Nordsee. Die Weser von Bremerhaven bis Strohausen. 1 : 25,000. 81×72 cm. Kpfst. 893. n. 2. —
5. Nordsee. Die Weser von Strohausen bis Elsfleth. 1 : 25,000. 81×72 cm. Kpfrst. 893. n. 2. —
6. Nordsee. Die Weser von Elsfleth bis Bremen. 1 : 25,000. 77×103 cm. Kpfrst. 893. n. 2. —
7. Weltkarte zur Übersicht der Meerestiefen m. Angabe der unterseeischen Telegraphen-Kabel u. Überland-Telegraphen, sowie der Kohlenstationen u. Docks. Hrsg. v. dem Reichs-Marine-Amt, naut. Abtheilg. Ausg. m. Meerestiefen. 1893. 3 Blatt. 90×171 cm. Farbendr. n. 12. —; auf Leinw. in Mappe n. 16. —; m. Stäben n. 18. —; u. lackiert n. 20. —
8. — dasselbe. Ausg. m. Meerestiefen u. Höhenschichten. 893. n. 14. —; auf Leinw. in Mappe n. 18. —; m. Stäben n. 20. —; u. lackiert n. 22. —
32. Ostsee. Eckernförder Bucht. 1 : 50,000. 38×64,5 cm. Kpfrst. 891. Auf Leinw. n. 1. 20
33. Ostsee. Kieler Föhrde. 1 : 40,000. 71×47,5 cm. Kpfrst. 891. Auf Leinw. n. 1. 50
37a. Ostsee. Lübecker Bucht. 1 : 50,000. 72×78,5 cm. Kpfrst. 891. Auf Leinw. n. 2. 25
37b. Ostsee. Wismar-Bucht. 1 : 50,000. 69×82 cm. Kpfrst. 891. Auf Leinw. n. 2. 25
44. Die Nordsee. Segelkarte. 1 : 1,200,000. 2 Blatt à 62×95 cm. Kpfrst. u. kolor. 893. Auf Leinw.-Pap. n. 5. —
60. Die Ostsee. Mittlerer Theil. 1 : 600,000. Neue Aufl. 1894. 80×110 cm. Kpfrst. 894. Auf Leinw.-Pap. n. 4. —
61. Nordsee. West-Küste v. Schleswig-Holstein, südl. Thl. 1 : 100,000. 69×90 cm. Kpfrst. 891. Auf Leinw. n. 3. —
73. Ostsee. Die Gewässer um Rügen. 1 : 75,000. 2 Blatt. 64×103,5 u. 58,5×103,5 cm. Kpfrst. u. kolor. 893. Auf Leinw n. 5. —
75. Nordsee. Die Elbe von Cuxhaven bis Glückstadt. 1 : 50,000. 50,5×112,5 cm. Kpfrst. 891. Auf Leinw. n. 2. —
76a. Nordsee. Die Elbe von Glückstadt bis Brunshausen. 1 : 50,000. 52×97 cm. Kpfrst. 891. Auf Leinw. n. 2. —
76b. Nordsee. Die Elbe von Brunshausen bis Hamburg. 1 : 50,000. 44,5×97 cm. Kpfrst. 891. Auf Leinw. n. 2. —
91. Stiller Ocean. Bismarck-Archipel. N.W. Küste v. Neu-Mecklenburg. Hafen v. Nusa. 1 : 15,000. 44,5×26 cm. Kpfrst. 891. n. — 75
98. Die Ostsee. Uebersichtskarte. 1 : 1,500,000. 89×95,5 cm. Kpfrst. 892. Auf Leinw. n. 5. —
99. Südl. Stiller Ocean. Kaiser Wilhelms-Land. Hatzfeldt-Hafen. 1 : 20,000. 46,5×58 cm. Kpfrst. 891. n. 1. —
100. Stiller Ocean. Neu-Guinea. — Östlicher Thl. Kaiser Wilhelms-Land, Bismarck-Archipel u. Salomons-Inseln. 1 : 2,000,000. 68,5×124 cm. Kpfrst. 891. Auf Leinw. n. 3. 50
102. Stiller Ocean. Bismarck-Archipel. Gazelle-Halbinsel, [nordöstl. Thl. v. Neu-Pommern] u. Neu-Lauenburg. 1 : 100,000. 45×83 cm. Kpfrst. 891. n. — 75
103. Stiller Ocean. Neu-Guinea. Kaiser Wilhelms-Land, Finsch-Hafen. 1 : 8000. 69×53 cm. Kpfrst. 891. n. — 60
104. West-Afrika. — Guinea-Golf. Mündungsgebiet der Flüsse Aqua Jafe, Rio del Rey, Meta, Andonkat u. Meme. 1 : 100,000. 66,5×95 cm. Kpfrst. 891. n. 1. 50
106. Stiller Ocean. — Samoa-Inseln. Mittlerer Thl. der Küste v. Upolu. 1 : 50,000. 40,5×93,5 cm. Kpfrst. 891. n. 1. 20
107. Südl. Stiller Ocean. Samoa. Upolu. Hafen v. Apia. 1 : 10,000. 39,5×29,5 cm. Kpfrst. 891. n. — 30
108. Stiller Ocean. Samoa-Inseln. — Upolu. Safatu-Bucht. 1 : 20,000. 32×42 cm. Kpfrst. 891. n. — 30

110. Afrika. Ost-Küste. Hafen v. Dar-Es-Salâm. 1 : 7500. 61,5×59,5 cm. Farbendr. 894. n. 1.50
113. Pläne v. den Marschall-Inseln. 70,5×61 cm. Lith. 890. n. 1.50
114. Nordsee. Das Seegat v. Norderney. 1 : 25,000. 47×46,5 cm. Farbendr. 892. n. — 50
115. Südl. Atlantischer Ocean. — S.W. Afrika - Walfisch - Bai. 1 : 30,000. 38×44 cm. Kpfrst. 891. n. — 50
116. Stiller Ocean, Bismarck-Archipel, Neu-Pommern, Gazelle-Halbinsel. Herbertshöh. 1 : 4000. 63,5×46,5 cm. Kpfrst. 891. n. 1. —
117. Afrika. S.W. Küste. Espiegle - Bucht. 1 : 20,000. 22,5×23 cm. Kpfrst. 891. n. — 30
119. Afrika. West-Küste. Der Hafen v. Kamerun u. seine nördliche Fortsetzung. 1 : 15,000. 69,5×49 cm. Farbendr. 893. n. 1. —
120. Afrika. Ost-Küste. Moa-Bai. 1 : 20,000. 35×54 cm. Farbendruck. 894. n. 1.50
121. Afrika. Ost-Küste. Mansa - Bai. 1 : 20,000. 44,5×54 cm. Farbendr. 894. n. 1.50
124. Afrika. Ostküste. Hafen v. Tanga. 1 : 7500. 38,5×55 cm. Photograv. u. kolor. 894. Auf Leinw.-Pap. n. 1.50

Seekarten der kaiserl. deutschen Admiralität. Hrsg. v. hydrograph. Amte des Reichs-Marine-Amts. Nr. 42. 44a. 59. 61. 74. 75. 101. 105. 107. 114. 118. 119. 122. 123 u. 135. Berlin (D. Reimer). n. 28. —

42. Schleswig-Holstein. D. Kaiser Wilhelm-Kanal. 1 : 50,000. 72×86,5 cm. Kupferst. u. kolor. 896. Auf Leinw.-Pap. n. 2. 50
44a. Nord-See. Fischereikarte. 1 : 1,200,000. 121×91 cm. Lith. u. kolor. 898. n. 2. 50
59. Nord-See. Die Ems-Mündung. Specialkarte. 1 : 50,000. Vorläufige Ausg. 2 Blatt à 93×49 cm. Farbendr. 895. n. 2. 50
61. Nord-See. Westküste v. Schleswig-Holstein. Südlicher Thl. 1 : 100,000. 71,5×93 cm. Kpfrst. u. kolor. 898. Auf Leinw.-Pap. n. 2. 50
74. Nordsee. Nord- u. Süd-Hafen v. Helgoland. 1 : 5000. 71,5×83,5 cm. Farbendr. 895. n. 1. 50
75. Nord-See. Die Elbe-Mündung von Feuerschiff No. I bis Brunsbüttel. 1 : 50,000. Neue Ausg. 2 Blatt à 70,5×67 cm. Kpfrst. u. kolor. 896. Auf Leinw. n. 5. —
101. Afrikas Westküste. Kamerun-Mündg. 1 : 100,000. 70,5×96,5 cm. Kpfrst. 896. Auf Leinw.-Pap. n. 2. 50
105. Die Elder-Mündung. 1 : 50,000. 37,5×72 cm. Farbendr. 895. n. 1. —
107. Südl. Stiller Ocean. Samoa-Inseln. Upolu. Hafen von Apia. 1 : 7,500. 51×50,5 cm. Farbendr. 895. n.n. — 50
114. Nord-See. Das Seegat v. Norderney. 1 : 25,000. 47×46,5 cm. Kupfrst. u. kolor. 895. Auf Leinw.-Pap. n. 1. —
118. Afrika. Ost-Küste. Pangani-Mündung. 1 : 12,500. 31×38,5 cm. Farbendr. 895. n.n. — 30
119. Afrika. West-Küste. Der Hafen v. Kamerun u. seine nördl. Fortsetzung. 1 : 15,000. 69,5×49 cm. Photolith. u. Farbendr. 895. n. 1. —
122. Indischer Ocean. Afrika. — Ostküste. Pemba - Kanal. 1 : 150,000. Mit Karton: Wasini-Kanal. 1 : 25,000. 86,5×70 cm. Kpfrst. 898. Auf Leinw. n. 2. 50
123. Afrika. — Ostküste. Mwambani-Bai. 1 : 25,000. 80,5×66 cm. Farbendr. 898. n. 1. 50
135. Südl. Stiller Ocean. Neu-Guinea. Kaiser Wilhelms-Land. Angriffs-Hafen. 1 : 15,000. 40,5×47,5 cm. Lith. u. kolor. 898. Auf Leinw.-Pap. n. 1. 20

— Seekarten der kaiserl. deutschen Admiralität. Hrsg. vom Reichs-Marine-Amt. Nr. 2, 2a, 2b, 16, 17, 22—24, 26, 31, 43, 56, 63, 68, 73, 77, 83, 96, 103, 113, 139, 140, 144—148, 154—158, 160—162, 166, 181 u. 183. Berlin (D. Reimer). n.n. 73. 20

2. Neumayer, G., Linien gleicher magnetischer Deklination. Für 1900 o. 32×58 cm. Kpfrst. u. kolor. (900.) n. 1. —
2a. — Linien gleicher magnetischer Inklination. Für 1895 o. 32×58 cm. Kpfrst. u. kolor. (900.) n. 1. —
2b. — Linien gleicher magnetischer Horizontal-Intensität (Gauss'sche Einheiten). Für 1895.o. 32×58 cm. Kpfrst. u. kolor. (900.) n. 1. —
16. Ostsee. Russische Küste. West-Küste v. Kurland, Nördlicher Thl. 1 : 150,000. 73×67,5 cm. Kpfrst. u. kolor. 901. Auf Leinw.-Pap. n. 1. 40
17. Dasselbe. Südlicher Thl. 1 : 150,000. 63×69 cm. Kpfrst. u. kolor. 901. Auf Leinw.-Pap. n. 1. 25
22. Ostsee. Deutsche Küste. Frisches Haff. Westlicher Thl. 1 : 75,000. 56×86,5 cm. Kpfrst. u. kolor. 901. n. 1. 40
23. Dasselbe. Östlicher Thl. 1 : 75,000. 70,5×97 cm. Kpfrst. 902. n. 2. 20
24. Hunte, die, von Elsfleth bis Oldenburg. 1 : 10,000. Nach den Aufnahmen des grossherzogl. oldenburg. Staats-Ministeriums. 53×112 cm. Farbdr. (899.) n. 1. 60
26. Ost-See, die, zwischen Sund m. Rügen u. den Zugängen nach dem grossen Belt. 1 : 150,000. Nach den neuesten Vermessgn. 96,5×73,5 cm. Kpfrst. u. kolor. (899.) n. 2. 20
31. Ostsee. Deutsche Küste. Fehmarn-Sund. 1 : 50,000. 98×78 cm. Kpfrst. 902. Auf Leinw.-Pap. n. 2. 35
43. Dasselbe. Hochwacht-Bucht. 1 : 50,000. 75×98,5 cm. Kpfrst. 901. n. 2. 40
56. Nordsee. Deutsche Küste. Mündungen der Jade u. Weser. Nördlicher Thl. 1 : 50,000. 70×100,5 cm. Kpfrst. u. kolor. 902. n. 2. 65
63. Nordsee. Skagerrak. 1 : 300,000. 2 Blatt à 82,5×57 cm. Kpfrst. u. kolor. 901. n. 3. 20
68. Nordsee. Deutsche Küste. Innen-Jade. 1 : 25,000. 95×71 cm. Kpfrst. u. kolor. 901. n. 2. —
73. Ost-See. Die Gewässer um Rügen. 1 : 75,000. Neue Ausg. 2 Blatt. 64×104 u. 58×104 cm. Kpfrst. u. kolor. 899. n. 4. 50
77. N.-Stiller Ocean. Marshall-Inseln. 1 : 2,000,000. 63×73,5 cm. Kpfrst. 902. n. 1. 55
83. Nordsee. Fanö-Bucht m. Horns-Riff. 1 : 100,000. Vorläufige Ausg. 2 Blatt à 83,5×49. Steindr. (900.) n. 2. 10
96. N.-Stiller Ozean. China. Ostküste. Hafen v. Swatau. Innere Bucht. (Nei-Hai.) 1 : 25,000. 63,5×75 cm. Steindr. 902. n. 1. 20
103. Stiller Ocean. Neu-Guinea. Kaiser Wilhelms-Land. Finsch-Hafen. Im Auftrage der Neu-Guinea-Kompagnie aufgenommen u. gezeichnet von M. v. Hippel. 1887. 1 : 5000. 50,5×47,5 cm. Autogr. u. Farbdr. (900.) n. — 90
113. N.-Stiller Ocean. Pläne der Marshall-Inseln. 61×90,5 cm. Kpfrst. 902. n. 1. 85
139. Afrika. Westküste. Küste v. Kamerun von der Nyong-Mündung bis Gross - Batanga. 1 : 100,000. 82×67,5 cm. Kpfrst. 902. n. 1. 05
140. Südl. Stiller Ocean. Neu-Guinea. Kaiser-Wilhelms-Land. Langemak-Bucht. 1 : 10,000. 33×48,5 cm. Farbdr. 899. n. — 60
144. Gouvernement Kiautschou m. Hinterland. 1 : 200,000. 75,5×81,5 cm. Steindr. u. kolor. 898. n. 1. 60
145. China. Schan-Tung. Tsingtau u. Umgebg. Aufgenommen v. der Vermessg. Kiautschou unter Benutzg. des Stadtbebauungsplanes, des Hafenprojektes u. des Eisenbahnprojektes. 1 : 6250. 4 Blatt à 65×61,5 cm. Autogr. u. Farbdr. 900. n. 4. —
146. Ambas-Bucht, die. Afrika. Westküste. Nach den Aufnahmen des Vermessungs-Detachements 1895/96. Führer: Feldt. 1 : 12,500. 65×84,5 cm. Steindr. (899.) n. 1. 50
147. Afrika. Westküste. Die Küste v. Kamerun v. Gross-Batanga bis Campo. Nach den Aufnahmen S. M. S. „Wolf". 1899. Kommandant: Weber. 1 : 100,000. Vorläufige Ausg. 60,5×59 cm. Farbdr. (900.) n. 1. —
147. Dasselbe. 1 : 100,000. 61×58 cm. Kpfrst. 902. n. 1. 10
148. Stiller Ocean. Neu-Guinea. Kaiser Wilhelms - Land von der Westgrenze bis Berlin-Hafen. Nach den Aufnahmen S. M. S. „Möwe" 1896/99. Vorläufige Ausg. 1 : 150,000. 2 Blatt à 71×63 cm. Kpfrst. u. Farbdr. 900. n. 2. 20
154. Ostsee. Finnischer Meerbusen. Newa-Bucht. Kronstadt bis St. Petersburg. 1 : 50,000. 68,5×105,5 cm. Kpferst. u. kolor. 902. n. 2. 30
155. Nördliches Eismeer. Barents-See. Massstab auf 70° Breite 1 : 2,000,000. 2 Blatt. 104×64 cm u. 104×52,5 cm. Kpfrst. 901. n. 3. 10
156. Gouvernement Kiautschou. (China. Schan-Tung.) Vorläufige Karte. 1 : 100,000. 52×80 cm. Autogr. u. Farbdr. (900.) n.n. 1. 10
156. Ostasien. Schantung. Deutsches Schutzgebiet. Ansteuerung zur Kiautschou-Bucht. 1 : 100,000. 66,5×80,5 cm. Kpfrst. 902. n. 1. 65
157. Dasselbe. [Topographische Karte.] Aufgenommen 1898/99 v. der Vermessg. Kiautschou. Leiter: Delmling, Hoppe, Maercker, v. Falkenhayn, Wilckens, Timme, Windmüller, Boedecker, Pack, Leppert. 1 : 50,000. 9 Blatt à 35×43 cm. Farbdr. 902. n. 4. —
158. Ostasien-Schantung. Deutsches Schutzgebiet. Kiautschoubucht. 1 : 50,000. 87,5×105 cm. Photolith. 901. n. 2. 40
160. Stiller Ocean. Bismarck-Archipel. French-Inseln. Deslacs-Insel. Peter-Hafen. 1 : 7,500. Nach e. flücht. Aufnahme S. M. S. „Möwe" 1900. 40×40 cm. Photolith. 900. n. — 40
161. Dasselbe. Bismarck-Archipel. St. Matthias-Insel. Nach e. flücht. Aufnahme S. M. S. „Seeadler", Kommandant Schack. 1 : 75,000. 62×55 cm. Photolith. 900. n. — 80
162. Dasselbe. Bismarck-Archipel. Neu-Lauenburg. 1 : 25,000. 83,5×85,5 cm. Kpfrst. 902. n. 2. 10
166. Süd-Atlantischer Ocean. Afrika. West-Küste. Lüderitz-Land von Kegelberg bis N-Lange Insel. 1 : 100,000. 51×76,5 cm. Lith. 901. n. 1. —
181. Stiller Ocean. Chinesische Küste. Gelbes Meer v. Tsingtau bis Schanghai. 1 : 100,000. 63×77,5 cm. Kpfrst. 902. n. 1. 60
183. S. - Stiller Ocean. Bismarck - Archipel. Neu - Pommern. Gazelle-Halbinsel, nordwestl. Tl. 1 : 50,000. 66×99,5 cm. Lith. 902. n. 1. 85

— Seekarten der kaiserl. deutschen Admiralität. Hrsg. vom Reichs-Marine-Amt. Nr. 13. 22. 23. 36. 40. 44. 44a. 45. 49. 51. 65. 69. 91. 93. 97. 109. 115. 116. 144. 145. 150. 151. 157. 158. 163. 165. 166. 173. 179. 180. 182. 185—190. 195. 197. 207. 211. u. 224. Berlin (D. Reimer). n. 87. 95

13. Ostsee. Russische Küste. Finnischer Meerbusen. Gewässer um Hangö. 1 : 50,000. 63,5×97 cm. Kpfrst. u. kolor. 904. n. 2. —
22. Ostsee. Deutsche Küste. Frisches Haff. Westlicher Thl. 1 : 75,000. Berichtigungen 1903. 55×86,5 cm. Kpfrst. u. kolor. n. 1. 60
23. Dasselbe. Oestlicher Thl. 1 : 75,000. Berichtigungen 1903. 70,5×97 cm. Kpfrst. u. kolor. n. 2. 20
36. Ostsee. Deutsche u. dän. Küste. Mecklenburger Bucht. 1 : 100,000. 2 Blatt à 88×62 cm. Kpfrst. u. kolor. 904. n. 3. 70
40. Ostsee. Kleiner Belt. Gewässer um Alsen. 1 : 50,000. 87×105 cm. Kpfrst. 903. Auf Leinw.-Pap. n. 3. —
44. Nord-See, die. Segelkarte nach den neuesten Vermessgn. 1 : 1,200,000. 2 Blatt à 61,5×95 cm. Kpfrst. u. kolor. (904.) n. 4. 25

44a. Nord-See. Fischerei-Karte. 1:1,200,000. Nach den neuesten Vermessgn. unter Benutzung vorhandenen deutschen u. fremden Materiales, sowie nach Angaben des deutschen Seefischerei-Vereines zusammengestellt u. hrsg. vom Reichs-Marine-Amt. Nord- u. Südblatt. 61,5×91 bezw. 63×90,5 cm. Lith. u. kolor. 903. n. 2. 55; Südblatt allein n. 1. 35

45. Ostsee. Küste v. Ostpreussen u. Kurisches Haff. 1:150,000. 2 Blatt à 50×72,5 cm. Kpfrst. u. kolor. 904. n. 2. 20

49. Nordsee. Deutsche Küste. Mündungen der Jade, Weser u. Elbe. 1:100,000. (Neue Ausg.) 81×105 cm. Kpfrst. u. kolor. 903. n. 3. 20

51. Ostsee. Deutsche Küste. Danziger Bucht u. Frisches Haff. 1:150,000. 73,5×101,5 cm. Kpfrst. u. kolor. 903. n. 1. 45

65. Ostsee. Deutsche Küste, Pommern. Mittelblatt. Nach den Vermessungen S. M. SS. „Delphin", „Rhein" 1878, „Nautilus" 1891 u. „Hyäne" 1901. 71×103,5 cm. Kpfrst. u. kolor. (903.) n. 2. 40

69. Ostsee. Westlicher Thl. m. Sund u. Belten. 1:300,000. (Neue Ausg.) 2 Blatt à 48,5×93 cm. Kpfrst. u. kolor. 903. n. 3. 35

91. S.-Stiller Ozean. Bismarck-Archipel. NW.-Küste v. Neu-Mecklenburg. Hafen v. Nusa. 1:12,500. 59,5×39,5 cm. Kpfrst. 904. n. — 35

93. N.-Stiller Ozean. West-Karolinen. 1:2,000,000. 68,5×102,5 cm. Kpfrst. 903. n. 2. 10

97. Stiller Ozean. Ost-Karolinen. 1:2,000,000. 68,5×103 cm. Kpfrst. 903. Auf Leinw.-Pap. n. 2. 10

109. West-Karolinen. Yap-Inseln. Tomill-Hafen. 1:12,500. 70×59 cm. Kpfrst. 903. n. 1. 30

115. N.-Stiller-Ocean. Truk-Inseln. 1:200,000. 68×56,5 cm. Kpfrst. n. 1. 30

116. N.-Stiller Ocean. Ost-Karolinen. Insel Ponape m. den Pakin- u. Ant-Inseln. 1:100,000. 67,5×95 cm. Kpfrst. 903. n. 2. 05

144. Gelbes Meer. Ostasien. Schantung. Deutsches Schutzgebiet. Kiautschou u. Hinterland. 1:2,000,000, 80,5×88 cm. Farbdr. 903. n. 1. 75

145. Ostasien. Schantung. Deutsches Schutzgebiet. Tsingtau u Umgebg. 1:10,000. 65×90,5 cm. Farbdr. 903. n. 1. 95

150. Ostsee. Russische Küste. Finnischer Meerbusen v. Hangö bis Helsingfors. 1:150,000. 78×88 cm. Kpfrst. u. kolor. 904. n. 2. 50

151. Ostsee. Russische Küste. Finnischer Meerbusen v. Helsingfors bis Hochland. 1:150,000. 85×81,5 cm. Kpfrst. u. kolor. 904. n. 2. 30

157. Ostasien. Schantung. Deutsches Schutzgebiet. Kiautschou. [Topographische Karte.] Aufgenommen 1898/99 von der Vermessg. Kiautschou. (Neudr.) 1:50,000. 9 Bl. à ca. 35×48 cm. Farbdr. (906.) n. 4. —

158. Ostasien. Schantung. Deutsches Schutzgebiet. Kiautschou-Bucht. 1:50,000. 87×104 cm. Kpfrst. u. kolor. 903. n. 2. 70

163. Deutsche Bucht der Nordsee. Helgoländer Bucht. 1:100,000. 76,5×83 cm. Kpfrst. u. kolor. 903. n. 2. 05

165. Süd-Atlantischer Ozean. Afrika. Westküste. Lüderitzland von Kegelberg bis Albatrossfelsen. 1:100,000. 87×65 cm. Kpfrst. u. kolor. 904. n. 1. 55; dasselbe. 1:90,000. 97×72,5 cm. Lith. 903. n. 1. 75

166. Ostsee. Schwedische Küste. Hanö-Bucht u. Hamrarne. 1:200,000. 2 Blatt. 51,5×108 u. 38×108 cm. Kpfrst. u. kolor. 904. n. 3. 30

173. Ostsee. Schwedische Küste. Botten-See von Gran bis Skags Udde. 1:200,000. 71×72 cm. Kpfrst. u. kolor. 904. n. 1. 65

179. N.-Stiller Ocean. Ost-Karolinen. Insel Kusale. 1:45,000. 63,5×99 cm. Kpfrst. 903. n. 1. 90

180. N.-Stiller Ocean. West-Karolinen. Palau-Inseln. 1:300,000. 56,5×39,5 cm. Kpfrst. 903. n. — 80

182. N.-Atlantischer Ozean. Afrika. Westküste. Kamerunküste von Kap Madale bis Kap Bimbia. 1:50,000. 78,5×83,5 cm. Kpfrst. 904. n. 2. 10; dasselbe. 80,5×84,5 cm. Steindr. 903. n. 2. 10

185. Indischer Ozean. Afrika. Ostküste. Einfahrten nach Zanzibar-Hafen. 1:50,000. 90×64,5 cm. Kpfrst. u. kolor. 904. n. 1. 90

186. Indischer Ozean. Afrika. Ostküste. Zanzibar-Hafen. 1:12,500. 67,5×97,5 cm. Kpfrst. u. kolor. 904. n. 2. 10

187. Indischer Ocean. Afrika. Ostküste. Dar-es-Salam-Bucht. 1:50,000. 56×74,5 cm. Kpfrst. 903. n. 1. 35

188. Indischer Ozean. Afrika. Ostküste. Kilwa-Kisiwanti-Bucht. 1:75,000. 67×56 cm. Kpfrst. 904. n. 1. 25

189. Indischer Ozean. Afrika. Ostküste. Kiswere-Hafen. 1:25,000. 50×65 cm. Kpfrst. 904. n. 1. 05

190. Indischer Ozean. Afrika. Ostküste. Mtschinga-Bucht. 1:30,000. 39,5×52,5 cm. Kpfrst. 904. n. — 75

195. N.-Stiller-Ocean. Ost-Karolinen. Insel Ponape. Ronkiti-Hafen. — Ponape-Hafen. 1:12,500. 48,5×70,5 cm. Kpfrst. 903. n. 1. 05

197. Nordsee. England. Ostküste. Die Downs. 1:50,000. 76×50,5 cm. Kpfrst. u. kolor. 904. n. 1. 35

207. N.-Stiller Ozean. Marianen. 1:2,000,000. 60×69 cm. Kpfrst. 903. n. 1. 30

211. Nordsee. Deutsche Küste. Lister-Tief. 1:50,000. 49×62 cm. Kpfrst. u. kolor. 904. n. 1. 05

224. Nord-See. Deutsche Bucht. Fischereikarte. 1:1,200,000. 36×49,5 cm. Farbdr. 903. n. — 50

— **Seekarten der kaiserl. deutschen Admiralität.** Hrsg. vom Reichs-Marine-Amt. Nr. 14. 19. 25. 27. 34. 39. 49. 69 76. 79. 104. 108. 132. 138. 139. 145—147. 169. 178. 196. 204. 215. 217. 232. 234. 240. 251. 254. 262—264. 266. 269. 273. 274. 276—278. 281. 283. 285. 287. 293—296. 298. 299. 301—305. 309. 315. 317. 319—327. 332—334. 336—353. 356—365. 367—376. 379. 380. 385—387. 389. 391. 392. 407—415. 421. 425. 426. 428—432. 472. 477. 478. 480. 481 u. 518. Berlin, (D. Reimer) 353. 25

14. Ostsee. Deutsche Küste. Flensburger Föhrde. 1:50,000. 59,5×104,5 cm. Kpfrst. u. kolor. 910. 3. —

19. Ostsee. Stettiner Haff. Swine u. Kaiserfahrt. 1:25,000. 77×82,5 cm. Kpfrst. u. kolor. 908. 2. 50

25. Dänische u. schwedische Küste. Das Kattegat. Südlicher Tl. 1:150,000. 2 Blatt. 71,5×42,5 u. 71,5×72 cm. Kpfrst. u. kolor. 907. 4. —

27. Kleiner Belt. Deutsche Küste. Alsen-Sund u. Augustenburger Föhrde. 1:15,000. 84,5×71,5 cm. 900. Kpfrst. u. kolor. 2. 50

34. Nordsee. Deutsche Küste. Nord- u. Südhafen v. Helgoland. 1:7500. 68,5×62,5 cm. Kpfrst. u. Farbdr. 909. 1. 80

39. Deutsche u. dänische Küste. Kleiner Belt. Südl. Tl. 1:50,000. 72,5×104,5 cm. Kpfrst. u. kolor. 909. 3. 50

49. Nordsee. Deutsche Küste. Mündungen der Jade, Weser u. Elbe. 1:100,000. 78,5×110,5 cm. Kpfrst. u. kolor. 907. 4. 10

69. Ostsee. Westlicher Tl. m. Sund u. Belten. 1:300,000. 2 Bl. 48,5×92,5 u. 46,5×92,5 cm. Kpfrst. u. kolor. 910. 4. 40

76. Nordsee. Deutsche Küste. Die Ems v. Pogum bis Papenburg. 1:25,000. 73,5×63,5 cm. Kpfrst. u. Farbdr. 910. 1. 80

79. Ostsee. Russische Küste. Finnischer Meerbusen. 1:400,000. 55×112 cm. Kpfrst. u. Farbdr. 908. 2. 90

104. Ostsee. Deutsche Küste. Die Trave von Travemünde bis Lübeck. 1:20,000. 74,5×85 cm. Kpfrst. u. Farbdr. 910. 2. —

108. Nördliches Eismeer. Ostküste v. Island bis Norwegen. 1:1,200,000. 2 Bl. à 91×65,5 cm. Kpfrst. u. kolor. 910. 4. 90

132. Deutsch-Südwestafrika. Reede v. Swakopmund. 1:12,500. 90×50,5 cm. Kpfrst. u. kolor. 909. 1. 10

138. Nordsee. Deutsche Küste. Elbmündung. 1:50,000. 70,5×83,5 cm. Kpfrst., Farbdr. u. kolor. 910. 2. 50

139. Nordsee. Deutsche Küste. Die Elbe von Cuxhaven bis Brunsbüttelkoog. 1:25,000. 70,5×127 cm. Kpfrst., Farbdr. u. kolor. 910. 3. 60

145. Ostchinesisches Meer. Schantung. Deutsches Schutzgebiet. Hafen v. Tsingtau. 1:10,000. 84,5×72 cm. Kpfrst. u. kolor 908. 2. 60

146. N.-Stiller Ozean. China. Schantung-Küste. Kap Ya tau bis Ting tsi-Fluss. 1:100,000. 70,5×64 cm. Kpfrst. 908. 2. 10

147. Deutsches Schutzgebiet Kiautschou. Der Lauschan. 1:50,000. 60×44 cm. Farbdr. 910. — 75

169. Ostsee. Schwedische Küste. Stockholmer Schären. 1:200,000. 74,5×92,5 cm. Kpfrst. u. kolor. 910. 3. —

178. Ostsee. Schwedische u. russ. Küste. Botten Wiek. Nördlicher Tl. 1:200,000. 74,5×107,5 cm. Kpfrst. u. kolor. 909. 3. 60

196. Nordsee England. Ostküste. Dungeness bis Orford ness u. Strasse v. Dover. 1:150,000. 94×73,5 cm. Kpfrst. u. kolor. 907. 3. 10

204. Nordsee England. Ostküste. Blakeney bis Flamborough Head. 1:150,000. 104×68,5 cm. Kpfrst. u. kolor. 907. 2. 90

215. S-Stiller Ozean. Bismarck-Archipel. St. Georgs-Kanal. 1:200,000. 98,5×73 cm. Kpfrst. u. kolor. 908. 2. 80

217. Nordsee England. Ostküste. Flamborough Head bis Souter Point. 1:150,000. 68×95,5 cm. Kpfrst. u. kolor. 908. 2. 80

232. Nordsee Schottland. Ostküste. Troup Head bis Duncansby Head. 1:150,000. 2 Blatt. à 46×89,5 cm. Kpfrst. u. kolor. 908. 3. 60

234. Nordsee. Schottland. Nordküste. Orkney-Inseln. 1 zu 100,000. 2 Blatt. 59,5×88 u. 44×88 cm. Kpfrst. u. kolor. 907. 3. 90

240. Deutsche u. schwedische Küste. Die Ostsee v. Jershöft bis Steinort. 1:400,000. 80×93,5 cm. Kpfrst. u kolor. 907. 3. 20

251. N-Atlantischer Ozean. Island u. d. Färöer. 1:1,200,000. 74×101 cm. Kpfrst. u. kolor. 908. 3. 20

254. Nördliches Eismeer. Nordost-Küste v. Island. 1 zu 300,000. 72,5×110 cm. Kpfrst. u. kolor. 907. 3. 10

262. Englischer Kanal. England. Südküste. Needles bis Beachy-Head. 1:150,000. 63,5×98,5 cm. Kpfrst. 908. 2.60

263. Englischer Kanal. England. Südküste. Ansteuerung v. Spithead 1:30,000. 63,5×88 cm. Kpfrst. u. kolor. 907. 2. 50

264. Englischer Kanal. England. Südküste. Solent-Kanal. 1:30,000. 63,5×98 cm. Kpfrst. u. kolor. 907. 2. 50

266. Englischer Kanal. Nordküste v. Frankreich. Cherbourg bis Fecamp. 1:150,000. 63×103 cm. Kpfrst. u. kolor. 907. 2. 60

269. Englischer Kanal. England. Südküste. Start-Point bis Needles. 1:150,000. 66×103,5 cm. Kpfrst. u. kolor. 908. 2. 80

273. Englischer Kanal. England. Südküste. Lizard-Head bis Start-Point. 1:150,000. 63,5×81,5 cm. Kpfrst. u. kolor. 908. 2. 20

274. **Englischer Kanal. Südküste v. England. Hafen v. Plymouth. 1:12,500. 97,5×71 cm. Kpfrst. u. kolor. 908. 2.80**

276. **Englischer Kanal. Süd- u. Westküste v. England Trevose-Head bis Lizard-Head. 1:150,000. 63,5×85,5 cm. Kpfrst. u. kolor. 908. 2. 80**

277. **Englischer Kanal. Frankreich, Nordküste. St. Germain bis Cherbourg u. Kanalinseln. 1:150,000. 68,5×70,5 cm. Kpfrst. u. kolor. 907. 2. 20**

278. **Englischer Kanal. Frankreich. Nordküste. Les Heaux bis St. Germain. 1:150,000. 57,5×83,5 cm. Kpfrst. u. kolor. 908. 2. 30**

281. **N.-Atlandischer Ozean. Nordwestküste v. Frankreich. Four-Kanal. 1:20,000. 90×63,5 cm. Kpfrst. u. kolor. 909. 2. 50**

283. **N.-Atlantischer Ozean. Frankreich, Westküste. Reede v. Brest. 1:30,000. 57,5×97 cm. Kpfrst. u. kolor. 907. 2. 50**

285. **Nordsee. Shetland-Inseln. Südlicher Tl. 1:100,000. 68×96 cm. Kpfrst. u. kolor. 907. 2. 80**

287. **Nordsee. Shetland-Inseln. Nördlicher Tl. 1:100,000. 65,5×96 cm. Kpfrst. u. kolor. 907. 2. 50**

293. **Mittelmeer. Westlicher Tl. 1:2,500,000. 65,5×94,5 cm. Kpfrst. u. kolor. 908. 3. 20**

294. **Mittelmeer. Östlicher Tl. 1:2,500,000. 59×82 cm. Kpfrst. u. kolor. 908. 2. 40**

295. **Rotes Meer. 1:2,500,000. 82×57 cm. Kpfrst. u. kolor. 910. 2. 10**

296. **Indischer Ozean. Arabisches Meer. 1:3,500,000. 2 Blatt. 70×57 u. 70×58,5 cm. Kpfrst. u. kolor. 907. 3. 60**

298. **Nördlicher Stiller Ozean. Süd-chinesisches Meer. 1 zu 3,000,000. 87,5×73 cm. Kpfrst. u. kolor. 909. 2. 60**

299. **Nördlicher Stiller Ozean. Ost-chinesisches Meer. 1 zu 2,500,000. 90×71 cm. Kpfrst. u. kolor. 909. 2. 60**

301. **N.-Atlantischer Ozean. Westküste v. Spanien u. Portugal. Nördlicher Tl. 1:750,000. 80×63 cm. Kpfrst. u. kolor. 908. 2. 20**

302. **N.-Atlantischer Ozean. Westküste v. Spanien u. Portugal. Südlicher Tl. 1:750,000. 76×67 cm. Kpfrst. u. kolor. 908. 2. 20**

303. **Mittelmeer. Küste v. Spanien, Marokko u. Algerien. Gibraltar bis Ibiza. 1:750,000. 64,5×91 cm. Kpfrst. u. kolor. 908. 2. 60**

304. **Mittelmeer. Küste v. Algerien. Ibiza bis Sardinien. 1:750,000. 62×95 cm. Kpfrst. u. kolor 907. 2. 60**

305. **Mittelmeer. Küste v. Tunesien u. Sizilien. Sardinien bis Malta. 1:750,000. 65×97 cm. Kpfrst. u. kolor. 908. 2. 70**

309. **N.-Atlantischer Ozean. Spanische u. marokkan. Küste. Strasse v. Gibraltar. 1:100,000. 68,5×107,5 cm. Kpfrst. u. kolor. 909. 3. 10**

315. **Mittelmeer. Ägyptische Küste. Alexandrien bis Port-Said. 1:300,000. 59×93 cm. Kpfrst. u kolor. 907. 2. 40**

317. **Rotes Meer. Golf v. Suez. 1:300,000. 102×67 cm. Kpfrst. u. kolor. 908. 2. 80**

319. **Rotes Meer. Djubal-Str. bis Rās Banās. 1:750,000. 89,5×93 cm. Kpfrst. u. kolor. 908. 2. 80**

320. **Rotes Meer. Rās Banās bis Sauakin-Inseln. 1:750,000. 72,5×89,5 cm. Kpfrst. u. kolor. 908. 2. 80**

321. **Rotes Meer. Sauakin-Inseln bis Djebel Tair. 1:750,000. 69,5×96,5 cm. Kpfrst. u. kolor. 909. 2. 80**

322. **Küste v. Eritrea u. Arabien. Rotes Meer. Djebel Tair bis Perim. 1:400,000. 84,5×67,5 cm. Kpfrst. u. kolor. 909. 2. 80**

323. **Indischer Ozean. Golf v. Aden. Innerer Tl. 1:300,000. 68,5×97,5 cm. Kpfrst. u. kolor. 909. 2. 80**

324. **Inseln im südlichen Teile des Roten Meeres. 64,5×103,5 cm. Kpfrst. u. kolor. 908. 2. 80**

325. **Indischer Ozean. Golf v. Aden. 1:1,000,000. 2 Blatt. 68,5×70,5 u. 68,5×55,5 cm. Kpfrst. u. kolor. 909. 3. 80**

326. **Indischer Ozean. Golf v. Aden. Ansteuerung v. Aden. 1:75,000. 61×86,5 cm. Kpfrst. u. kolor. 909. 2. 20**

327. **Ankerplätze im Roten Meer. Blatt I. 66,5×55,5 cm. Kpfrst. u. kolor. 907. 1. 80**

332. **Nordsee. Holländische Küste. Seegat v. Texel. 1 zu 50,000. 87,5×80 cm. Kpfrst. u. kolor. 907. 2. 80**

333. **Nordsee. Holländische Küste. Maas-Mündungen. 1 zu 75,000. 64×116 cm. Kpfrst. u. kolor. 907. 3. 30**

334. **Nordsee. Holländische u. belg. Küste. Schelde-Mündungen. 1:75,000. 2 Blatt à 63×67 cm. Kpfrst. u. kolor. 908. 4.— (östl. Blatt 2.10; westl. Blatt 1. 90)**

336. **N.-Atlantischer Ozean. Afrika. Westküste. Kamerun-Küste v. der Njongmündung bis Campo. 1:100,000. 107×72 cm. Kpfrst. u. kolor. 907. 3. 10**

337. **Rotes Meer. Arabische Küste. Einfahrten nach Djidda. 1:25,000. 91×66 cm. Kpfrst. 909. 2. 40**

338. **Rotes Meer. Ostküste v. Afrika. Einfahrten nach Sauakin. 1:200,000. 77,5×64,5 cm. Kpfrst. u. kolor. 909. 2. 10**

339. **Rotes Meer. Ostküste v. Afrika. Eritrea. Massaua-Fahrwasser. 1:300,000. 95×64,5 cm. Kpfrst. u. kolor. 909. 2. 50**

340. **Rotes Meer. Afrika-Ostküste. Hafen v. Massaua. 1 zu 7.500. 51×70,5 cm. Kpfrst. u. kolor. 907. 1. 50**

341. **Rotes Meer. Afrika-Ostküste. Port Berenice. 1:25,000. 48,5×65 cm. Kpfrst. 907. 1. 40**

342. **Rotes Meer. Arabische Küste. Kamaran-Bucht. 1 zu 30,000. 100,5×66 cm. Kpfrst. 909. 2. 70**

343. **Mittelmeer. Ägypt. Küste. Einfahrten nach Alexandrien. 1:20,000. 62×91,5 cm. Kpfrst. u. kolor. 910. 2.40**

344. **Mittelmeer. Ägyptische Küste. Hafen v. Alexandrien. 1:10,000. 61,5×103,5 cm. Kpfrst. u. kolor. 910. 2. 80**

345. **Indischer Ozean. Arabisches Meer. Rās Fartak bis Masirāh. 1:1,000,000. 66×92 cm. Kpfrst. 909. 2. 40**

346. **Indischer Ozean. Arabische u. pers. Küste. Golf v. Omān. 1:100,000. 91×66,5 cm. Kpfrst. 909. 2. 40**

347. **Indischer Ozean. Arabische u. pers. Küste. Persischer Golf. 1:1,000,000. 77×89,5 cm. Kpfrst. (909.) 2. 80**

348. **Indischer Ozean. Persischer Golf. Strasse v. Hormus. 1:350,000. 62×94,5 cm. Kpfrst. u. kolor. 908. 2. 40**

349. **Indischer Ozean. Arabisches Meer. Gwatar-Bucht bis Dwarka. 1:1,000,000. 68,5×95 cm. Kpfrst. u. kolor. 909. 2. 80**

350. **Indischer Ozean. Westküste v. Vorderindien. Dwarka bis Kap Comorin. 1:1,500,000. 108×66,5 cm. Kpfrst. u. kolor. 909. 2. 90**

351. **Indischer Ozean. Vorder-Indien. Malediven bis Ceylon. 1:500,000. 67×69,5 cm. Kpfrst. u. kolor. 909. 2. 50**

352. **Indischer Ozean. Südküste v. Ceylon. 1:300,000. 67,5×99 cm. Kpfrst. u. kolor. 909. 2. 80**

353. **Indischer Ozean. Golf v. Bengalen. Westlicher Tl. Kap Comorin bis Cocanada. 1:1,500,000. 91×62 cm. Kpfrst. u. kolor. 910. 2. 50**

356. **Indischer Ozean. S.-Küste v. Ceylon. Ansteuerung z. Hafen v. Galle. 1:25,000. 51×64 cm. Kpfrst. u. kolor. 910. 1. 40**

357. **Indischer Ozean. Südküste v. Ceylon. Hafen v. Galle. 1:10,000. 49,5×66,5 cm. Kpfrst. u. kolor. 909. 1. 40**

358. **Ostindischer Archipel. Malakka-Strasse u. nördl. Tl. der Westküste v. Sumatra. 1:1,000,000. 67,5×112 cm. Kpfrst. u. kolor. 910. 2. 80**

359. **Ostindischer Archipel. Nordküste v. Sumatra. 1 zu 400,000. 106×67,5 cm. Kpfrst. u. kolor. 909. 2. 80**

360. **Ostindischer Archipel. Malakka-Strasse, nördl. Tl. 1:400,000. 70×104 cm. Kpfrst. u. kolor. 909. 2. 90**

361. **Ostindischer Archipel. Malakka-Strasse. Mittlerer Tl. 1:300,000. 68,5×99,5 cm. Kpfrst. u. kolor. 910. 2. 80**

362. **Ostindischer Archipel. Malakka-Strasse. Südlicher Tl. 1:300,000. 63×100 cm. Kpfrst. u. kolor. 910. 2. 50**

363. **Ostindischer Archipel. Singapore-Strasse. 1:120,000. 60,5×119,5 cm. Kpfrst. u. kolor. 909. 2. 80**

364. **Ostindischer Archipel. Ansteuerung v. Singapore. 1:70,000. 78×85 cm. Kpfrst. u. kolor. 909. 2. 10**

365. **Ostind. Archipel. Reede v. Singapore. 1:12,500. 97×64,5 cm. Kpfrst. u. kolor. 909. 2. 50**

367. **Westküste v. England. Bull-Point bis Trevose-Head. 1:150,000. 64,5×49,5 cm. Kpfrst. u. kolor. 908. 1. 40**

368. **Westküste v. England. Bristol-Kanal. 1:150,000. 2 Blatt. 65×78,5 u. 65×68 cm. Kpfrst. u. kolor. 910. 4. 10**

369. **Bristol-Kanal. England. Westküste. King-Road. 1:15,000. 52,5×70 cm. Kpfrst. u. kolor. 907. 1. 80**

370. **Bristol-Kanal. Westküste v. England. Ansteuerung v. Cardiff u. Barry. 1:25,000. 72,5×71,5 cm. Kpfrst. u. kolor. 909. 2. 10**

371. **Bristol-Kanal. Westküste v. England. Nach Point bis New Passage. 1:75,000. 68×90 cm. Kpfrst. u. kolor. 910. 2. 90**

372. **Westküste v. England. Swansea-Bucht. 1:25,000. 62×92 cm. Kpfrst. u. kolor. 909. 2. 40**

373. **Bristol-Kanal. England. Westküste. Burry-Inlet. 1:35,000. 48×66 cm. Kpfrst. u. kolor. 907. 1. 40**

374. **Westküste v. England. Reeden v. Tenby u. Caldy. 1:20,000. 77,5×62,5 cm. Kpfrst. u. kolor. 909. 2. 10**

375. **Westküste v. England. Milford Haven. 1:20,000. 69×73,5 cm. Kpfrst. u. kolor. 910. 2. 80**

376. **Irischer Kanal. 1:500,000. 2 Bl. 55×64,5 u. 66×64,5 cm. Kpfrst. u. kolor. 910. 3. 80**

379. **Nord-atlantischer Ozean. Dampferwege. 1:6,250,000. 66×100,5 cm. Kpfrst. u. kolor. 908. 3. —**

380. **Englischer Kanal. Nordküste v. Frankreich. Reede v. Calais. 1:15 000. 87×61 cm. Kpfrst. u. kolor. 908. 2. 20**

385. **Nordsee. Westküste v. Dänemark. Graa-Tief. 1:40,000. 69,5×50,5 cm. Kpfrst. u. kolor. 908. 1. 60**

386. **Nordsee. Küste v. Belgien. Rede v. Ostende. 1:20,000. 52,5×65 cm. Kpfrst. u. kolor. 908. 1. 50**

387. **Nordsee. Nordküste v. Frankreich. Reede v. Dünkirchen. 1:20,000. 53×79,5 cm. Kpfrst. u. kolor. 908. 1. 80**

389. **Nordsee. Französische u. belg. Küste. Calais bis Blankenberghe. 1:100,000. 66,5×101 cm. Kpfrst. u. kolor. 909. 2. 80**

391. **Ostsee. Deutsche Küste. Die Weichsel von Neufahrwasser bis Danzig. 1:15,000. 71×51,5 cm. Kpfrst. u. Farbdr. 909. 1. 50**

392. **Ostindischer Archipel. Sunda-Strasse. 1:300,000. 71,5×102 cm. Kpfrst. u. kolor. 910. 2. 80**

407. **S.-Stiller Ozean. Bismarck-Archipel. Admiralitäts-Inseln (östl. Tl.). 1:100,000. Vorläufige Ausg. 63×81 cm. Lith. 907. 1. 60**

408. **S.-Stiller-Ozean. Hermit-Inseln. 1:50,000. 61×85,5 cm. Kpfrst. 907. 2. 10**

409. **Süd-China. Hsi Kiang (West-Fluss) von Wuchau fu (Utschëu fu) bis Nanning (Schüen-Hua). 1:150,000. 71,5×87 cm. Autogr. 910. 1. 90**

409. **Süd-China. Hsi Kiang (West-Fluss) von Wuchau fu (Utschëu fu) bis Wangchau fu (Huan tschëu fu). 1:150,000. 62,5×87 cm. Lith. 907. 1. 70**

410. **S.-Stiller Ozean. Neu-Guinea, Kaiser-Wilhelms-Land. Einzelne Schouten-Inseln. 42×56,5 cm. Lith. 909. — 90**

411. **S.-Stiller Ozean. Feni-Inseln u. Ankerplätze an der Ostküste von Neu-Mecklenburg. 51×48,5 cm. Lith. 909. — 90**

412. **S.-Stiller Ozean. Bismarck-Archipel. Neu-Hannover. 1:100,000. 70×94,5 cm. Kpfrst. 909. 2. 70**

413. S.-Stiller Ozean. Bismarck-Archipel. Häfen v. Neu-Hannover u. die Tingwon-Gruppe (Portland-Inseln). 57×65 cm. Kpfrst. 909. 1. 70
414. S.-Stiller-Ozean. Bismarck-Archipel. Neu-Hannover u. nordwestl. Tl. von Neu-Mecklenburg. 1 : 200,000. 94,5×67,5 cm. Kpfrst. 909. 2. 50
415. Indischer Ozean. Ostküste v. Afrika. Aden bis Mozambique. 1:8,500,000. 100,5×68,5 cm. Kpfrst. u. kolor. 910. 2. 80
421. Ostindischer Archipel. Riouw-, Tjombol-, Soegi- u. Doerian-Strasse. 1 : 120,000. 69×112 cm. Kpfrst. u. kolor. 910. 3. 10
425. Ostindischer Archipel. Banka-Strasse. Nördlicher Tl. 1:150,000. 63,5×91,5 cm. Kpfrst. u. kolor. 910. 2. 40
426. Ostind. Archipel. Banka-Strasse. Südl. Tl. 1:150,000. 70×88,5 cm. Kpfrst. u. kolor. 910. 2. 50
428. Ostind. Archipel. Gaspar-Strasse. 1:200,000. 95×68,5 cm. Kpfrst. u. kolor. 910. 2. 80
429. Ostindischer Archipel. Westküste v. Borneo. Karimata-Strasse. 1:500,000. 98,5×63,5 cm. Kpfrst. u. kolor. 910. 2. 50
430. S.-Stiller Ozean. Insel Bougainville, Salomon-Inseln, Hafen v. Kiëta. 58,5×42,5 cm. 1:25,000. Kpfrst. 909. 1. 10
431. S.-Stiller Ozean. Insel Bougainville. Nord-Ansteuerg. v. Kiëta. 1:50,000. 73,5×81 cm. Autogr. 910. 1. 80
431. S.-Stiller-Ozean. Insel Bougainville. Nord-Ansteuerg. v. Kiëta. 1:50,000. 73,5×81 cm. Lith. 908. 1. 80
432. S.-Stiller Ozean. Süd-Ansteuerung v. Kiëta. 1:50,000. 75×83,5 cm. Autogr. 910. 1. 90
472. Skagerrak. Küste v. Norwegen. Ansteuerung v. Kristiania. 1:25,000. 74,5×80,5 cm. Kpfrst. u. kolor. 910. 2. 50
477. Atlantischer Ozean. Westküste v. Afrika. Ichabo-Reede bis Orange-Fluss. 1:300,000. 94,5×68,5 cm. Kpfrst. u. kolor. 910. 2. 50
478. N.-Stiller Ozean. Marianen. Saipan, Tinian u. Agiguan. 1:100,000. 70×45 cm. Kpfrst. (909.) 1. 40
480. S.-Stiller Ozean. Admiralitäts-Inseln. Nares Hafen. 1:75,000. Hyäne Hafen u. Papitalei Bucht. 1:25,000. Kelaua Hafen. 1:25,000. Pak Insel. Ankerplatz bei Hulungau. 1:25,000. St. Andrew Inseln. 1:36,000. Pak Insel. 1:150,000. Baluan I. Ankerplatz bei der Südosthuk. 1:75,000. Übersicht der Admiralitäts-Inseln. 1: 750.000. 80×78 cm. Kpfrst. 910. 2. 10
481. S.-Stiller Ozean. Bismarck-Archipel. Insel Manus. Seeadler Hafen. 1:50,000. 57×80 cm. Kpfrst. 910. 2. —
518. S.-Stiller Ozean. Neu-Guinea. Kaiser-Wilhelms-Land. Kaiserin Augusta-Fluss. 1 : 100,000. 70,5×106 cm. Autogr. 910. 1. 80

See-Karten der deutschen Nordsee-Küste. Hrsg. von der kaiserl. Admiralität. 7 Bl. Fol. Berlin 869—74, D. Reimer. * 29 —

Inhalt:

Bl. 1. Deutsche Bucht der Nordsee nach Aufnahmen des Corv.-Capt. Grapow und Lieutn. z. S. Hoffmann in den J. 1867—69, unter Benutzung der Hannover. Küsten-Karte von 1866, der Hamburger Elbe-Karte von 1868, der Holland. Küsten-Karte von 1868 und der Dän. Karte: „Helgoland's Bucht". 1 : 300,000. 1.—3. Aufl. 4 Bl. *ℳ 6.; aufgez. auf Papier *ℳ 7,00; auf Lwd. *ℳ 8,40.; mit Stäben *ℳ 12.

» 2. Ostfriesische Inseln. Westlicher Theil mit der Ems-Mündung und dem fries. Seegat nach den im J. 1868 herausgegebenen hannov. Seekarten und Aufnahmen des Corv.-Capt. Grapow und Lieutn. z. S. Hoffmann in den J. 1868 und 1869. 1. und 2. Aufl. *ℳ 4.; aufgez. *ℳ 4,80.

» 3. Ostfriesische Inseln. Oestlicher Theil mit Jade- und Weser-Mündung nach den im J. 1866 herausgegebenen hannover. Seekarten und Aufnahmen des Corv.-Capt. Grapow und Lieutn. z. S. Hoffmann in den J. 1867, 68 und 69. 1. und 2. Aufl. *ℳ 4.; aufgezog. *ℳ 4,80.

» 4. Specialkarte der Eider. Nach den Aufnahmen des Corv.-Capt. Grapow und Capit.-Lieutn. Ratzeburg im J. 1867 und 1868. 1 : 50,000. 1. und 2. Aufl. *ℳ 3.; aufgez. *ℳ 3,80.

» 5. 6. Uebersichtskarte der Schleswig-Holstein'schen Westküste. Aufgenommen und entworfen von Corv.-Capt. Grapow. 1 : 100,000. Nördliches und südliches Bl. à *ℳ 4.; aufgez. à *ℳ 4,80.

» 7. Jade-, Weser- und Elbmündungen nach den Aufnahmen des Corv.-Capt. Grapow in den J. 1867 und 68, unter Zugrundelegung der Uebersichtskarte des Lieutn. z. See C. Kohler von 1859 und theilweiser Benutzung der Hamburger Elb-Karte von 1868. 1 : 100,000. 1. und 2. Aufl. *ℳ 4.; aufgez. *ℳ 4,80.

— der deutschen Nordsee-Küste. Hrsg. v. der kaiserl. Admiralität. Blatt 1, 3, 4—7. Lith. u. color. Imp.-Fol. Ebend. 876. n. 25. —

1. Deutsche Bucht der Nordsee. Nach Aufnahmen der Corv.-Capt. Grapow u. Licht z. S. Hoffmann in d. J. 1867—69, unter Benutz. der hannov. Küsten-Karte v. 1866, der Hamburger Elb-Karte v. 1868, der holländ. Küsten-Karten v. 1868 u. der dän. Karte „Helgoland's Bucht". 1 : 300,000. Verbessert bis 1876. 4 Blatt. n. 6. —; auf Leinw. 7. 50

3. Ostfriesische Inseln. Oestlicher Thl., m. Jade- u. Weser-Mündg. Nach d. i. J. 1866 hrsg. hannov. Seekarten u. Aufnahmen d. Corv.-Capt. Grapow u. Lieut. z. S. Hoffmann in d. J. 1867, 68 u. 69. 1 : 100,000. Berichtigt 1876. n. 4. —

4. Special-Karte der Eider. Nach den Aufnahmen d. Corv.-Capt. Grapow u. Capt.-Lieut. Ratzeburg i. d. J. 1867 u. 1868. Corrigirt nach den im May 1871 durch die königl. Regierg. zu Schleswig angeordn. Peilgn. u. Lothgn. 1 : 50,000. n. 3. —

5. 6. Uebersichtskarte der Schleswig-Holstein'schen Westküste. Aufgenommen u. entworfen v. Corv.-Capt. Grapow. 1:100,000. Nördliches u. südliches Blatt. à n. 4. —; auf Leinw. à n. 4. 80

7. Jade-Weser- u. Elbmündungen, nach den Aufnahmen d. Corv.-Capt. Grapow i. d. J. 1867 u. 68 unter Zugrundelegg. der Uebersichtskarte d. Lieutn. z. See C. Köhler v. 1859 u. theilweiser Benutzg. der Hamburger Elb-Karte v. 1868. 1 : 100,000. n. 4. —; auf Leinw. n. 4. 80

Seekarten [Schlagwort]

Seekarten, s. a. Flaggenkarte.

Seekarten. Atlas der Stromversetzungen auf den wichtigsten Dampferwegen im Indischen Ozean u. in den ostasiatischen Gewässern. Hrsg. v. der deutschen Seewarte (kaiserl. Marine). (52 Taf. m. 8 S. Text.) 49×35 cm. Hamburg 905. L. Friedrichsen & Co. In Leinw. kart. n. 15. —

Seekarten. Langhans, Paul, Karte d. wirtschaftlichen Beziehungen der deutschen Küsten zum Meere. 27×82 cm. Farbdr. Mit statist. Begleitworten: Über die deutsche Seeschiffahrt, Seereederei, Schiffsindustrie, Seefischerei u. a. (auf dem Umschlag). Gotha 900. J. Perthes. 1. —

Seekarten. Monatskarte f. den Indischen Ozean. Hrsg. v. der deutschen Seewarte, Hamburg. 13 Blatt. à 59×85 cm. Farbdr. Mit Text auf der Rückseite. Hamburg 908. (Eckardt & Messtorff.) 12. —

— Monatskarte für den nordatlantischen Ozean. Jan. 1903. (Jahrg. III.) Nr. 1. 59×84,5 cm. Farbdr. Hamburg (Eckardt & Messtorff). n. — 75

— dasselbe. Neue Folge der nordatlant. Wetterausschau. 2. Jahrg. Nr. 6. Ausg. am 28. V. 1902. Mit 4 Nebenkarten u. Text auf der Rückseite. 59×84,5 cm. Lith. Berlin. (Hamburg, Eckardt & Messtorff.) n.n. 1. 50

— Monatskarte f. den nordatlantischen Ozean. 6. Jhrg. 1906. 12 Nrn. à 59×84,5 cm. Farbdr. Mit Text auf Rückseite. Hamburg, Eckardt & Messtorff. à n. — 75

— — f. den nordatlantischen Ozean. 7.—10. Jahrg. 1907—1910. à 12 Nrn. à 59×84,5 cm. Farbdr. Mit Text auf der Rückseite. Ebd. à Nr. — 75

— Perthes', Just., See-Atlas. Eine Ergänzg. zu Just. Perthes' Taschen-Atlas, entworfen u. bearb. v. Herm. Habenicht. 24 kolor. Karten in Kpfrst. m. 127 Hafenplänen. Mit naut. Notizen u. Tabellen von Erwin Knipping. 7. Aufl. (48 S.) kl. 8. Gotha 906. J. Perthes. Geb. in Leinw. n. 2. 40

— Perthes', Just., See-Atlas. Eine Ergänzg. zu Just. Perthes' Taschen-Atlas, entworfen u. bearb. v. Herm. Habenicht. 24 kolor. Karten in Kpfrst. m. 127 Hafenplänen. Mit naut. Notizen u. Tabellen v. Erwin Knipping. 8. Aufl. (48 S.) kl. 8. Gotha 911. J. Perthes. Geb. in Leinw. 2. 40

— Schott, Gerh., Weltkarte zur Übersicht der Meeresströmungen u. Schiffswege. Entworfen u. gezeichnet. (Kaiserl. Marine. Deutsche Seewarte.) 3. Aufl. 88×166,5 cm. Farbdr. Mit Text. (4 S.) Lex. 8. Berlin 909. D. Reimer. Auf Leinw. 12. —

Seekarten. Vierteljahrskarte für die Nordsee u. Ostsee. Frühling (März, April, Mai) 1906. Mit Text u. Karten auf der Rückseite. 61,5×79,5 cm. Farbdr. Hamburg (Eckardt & Messtorff). n. — 75

Seekarten. Vierteljahrskarte f. die Nordsee u. Ostsee. Winter (Dez., Jan., Febr.). Mit Text u. Karten auf d. Rückseite. 51,5×79,5 cm. Farbdr. Hamburg (907). (Eckardt & Messtorff.) — 75

Berlin, Reichs-Marine-Amt. Seekarten-Katalog der Werften. No 145. Berlin 1900. 8°

Seekönige, die, s. Kindererzählungen, illustrirte.

Seekrankheit, die. Mittel und Rathschläge derselben vorzubeugen, nebst einigen anderen Bemerkungen für Auswanderer nach Amerika. Aus prakt. Erfahrung. 8. (21 S.) Solingen 848, Amberger.

Seekrankheit, die. Ursache, Verlauf, Behandlg. Jedem Seereisenden empfohlen u. f. Jedermann leicht verständlich geschrieben v. e. Schiffsarzte. 8. (15 S.) Bremen 888. [Rocco's Sort.] H. Drewes. n. — 50

Seekrieg, üb. den, u. das gegenseit. Verhältniß d. Seemächte, s. in: Napoleon u. George, (hinten an geheftet, aber blos mit Schmutztitel.)

Seekrieg, üb. d., u. d. gegenseit. Verhältn. d. Seemächte, v. Verf. d. Napoleon u. Pitt. gr. 8. Berl. Wilh. Oehmigke. 805.

Seekriegsrecht, das, in den Vereinigten Staaten von Amerika. gr. 8. (31 S.) Leipzig 902. Duncker & Humblot. n. 1. —
Sonderabdruck aus: „Zeitschr. f. internat. Privat- u. Strafrecht".

Seel, ein, vor Gottes Füßen lag. Gedicht aus dem Anfang des XIV. Jahrh. übertragen von Alb. Freybe. gr. 16. (V, 68 S.) Leipzig 870, J. Naumann. (ℳ 1,20.) *
geb. (ℳ 2,25.) *

Seel, die Stellung der Predigt im evangelischen Cultus, s. Denkschrift des evangel. Prediger-Seminariums zu Friedberg.

Seel, August [Assistenzarzt im k. 2. Ul.-Reg. „König" aus Zweibrücken]: Ein Beitrag zur Casuistik der Gehirnaneurysmen. . . . Würzburg, Becker's Univ.-Buchdr., 1888; 38 S. + 1 Bl. 8°
Würzburg, Med. Fak., Inaug.-Diss. v. 1888

Seel, C., s.a. Seel, K.

Seel, Ch., der naturkundliche Unterricht in Taubstummen-Anstalten. gr. 8. (44 S.) Hannover 851. Helwing's Verl. n. 1. —

Seel, E., die Dienstverhältnisse der deutschen Militärapotheker, s.: Proelss, H.

Seel E. Vollständiges Handbuch für den Eisenbahn-Güter-Verkehr mit Frachtentarif. (246 S) 4° (Heilbronn 1902)

Seel, Eugen, aus Blieskastel (Pfalz): **Beiträge zur Kenntnis des** Diazomethans. *Strassburg i. E. 1899: C. & J. Goeller.* (78 S.) 8°
Tübingen, Naturw. Diss. v. 1899

Seel, Eug., Gewinnung u. Darstellung der wichtigsten Nahrungs- u. Genussmittel. Ein Lehr- u. Nachschlagebuch f. Chemiker, Apotheker, Ärzte u. Juristen. gr. 8. (VIII, 478 S.) Stuttgart 902. F. Enke. n. 10. —; geb. in Leinw. n. 11. —

Seel, Eugen, Dr., Stuttgart: Untersuchungen über Aloe. [1903.] 61 S. 8° *S*
Stuttgart Te. H., Hab.-Schr. v. 24. 3. 1902

Seel, (Pfarrer) Frz., Beleuchtung d. Schrift: „Bekenntniß der christl. Wahrheit, wie solche in d. Pfarrei Karlshuld auf dem Donaumoose erkannt u. geglaubt wird. Nebst e. Beil. Karlshuld 1832." gr. 8. Ingolst. 832. (Landsh., Krüll), 7 gr

Seel, Frz., Beleuchtung der Schrift: „Bekenntniß d. christl. Wahrheit, wie solche in d. Pfarrei Karlshuld auf d. Donaumoose erkannt u. geglaubt wird. Nebst einigen Beiln. Karlshuld 832." gr. 8. (5 B.) Ingolstadt 832. (Regensburg, Manz.)

Seel, Heinrich J.

H. Seel, Staatswirtschaftliche Abhandlung über die Getreidereinigung auf den k. Getreidekästen.
München 1809

— staatswirthschaftl. Abhandl. üb. die Getreidereinigung in königl. Getreidekästen. Mit 1 Kpf. 8. Münch. 810. (Fleischmann). 9 gr Hbg. Pr. 5 gr; (a. Krüll in Landsh.) 10 gr

Seel, H. J.: „Theoretische Anleitung für angehende bayerische Kameralpraktikanten", Pappenheim 1809.

Seel, H. J., theoret. Anleitung f. angehende bayersche Cameralpraktikanten. gr. 8. (München, Fleischmann in Commiss.) 810.

Seel, H. Der Armenfreund oder dienstkundiger Wegweiser in den Gebieten der Armen- und Krankenpflege, mit Beschreibung der musterhaften Einrichtungen vorzüglicher Versorgungs- und Beschäftigungsanstalten, nebst alphabetisch geordnetem Register. Ein vollständiges Geschäftsbuch für Stadt- und Landgemeinden. Mit Kupfern und Tabellen. gr. 8. *Augsburg, u. Leipzig, Aug. Baumer* 1821

— der Armenfreund, od. dienstkundiger Wegweiser in d. Gebieten d. Armen- Krankenpflege, mit Beschreib. der musterhaften Einrichtt. vorzüglicher Versorgungs- u. Beschäftigungs-Anstalten, nebst alphabet. geordn. Register. Mit 2 Kpft. gr. 8. Augsb. 821. (Leipz., Hinrichs). 1 ℔ 16 gr

— Betrachtt. üb. d. Ursprung u. die Wichtigkeit der Stiftungen alter u. neuer Zeiten f. Gebildete in öffentl. Angelegenheiten. 8. Augsb. 820. Bäumer. 5 gr

— Denkmale aus dem Alterthume süddeutscher Staaten. 8. Heilbronn 825, Claß.

— des Schweizer-Landes Ehrenspiegel, in Gemälden aus d. Geschichte. Mit 5 Vign. 8. Schwabach 824. Weber. 20 gr

— Erinnerungen aus den Zeiten u. Leben Eugen's, Herzogs v. Leuchtenberg. Mit 2 Stammtaf. u. Register. gr. 8. Sulzbach 827. v. Seidel. 2 ℔

— kurze Gesch. des hohen Festkreises u. d. heil. Zeiten d. Kirche. Eine Erbauungsschrift f. Freunde e. christl. Lebens. 8. Kempt. 826. Dannheimer. 8 gr

— Geschichte d. gefürsteten Grafschaft Tyrol. 3 Thle. Mit Kpf. 8. Münch. 817. Lentner. 2 ℔ 8 gr

Seel, H., Geschichte d. Grafschaft Tyrol. 3 Thle. M. Kupf. 8. Ebend. 818.

— Lehrbuch d. Vaterlandsgeschichte, von der Urzeit bis auf unsere Tage. in 3 Bdchen. Mit e. Regist. gr. 8. Kempt. 826. Dannheimer. 14 gr

Seel, Heinr., Die Mithrageheimnisse während der vor- u. urchristlichen Zeit historisch, kritisch, exegetisch dargestellt in der Geschichte der antiken Religion, wie im Tempelleben der alten Priester :c. Mit 30 Abbildungen. Aarau, Sauerländer, 1824, gr. 8° (3 Thlr. 16 Gr.).

— — die Völker Spaniens und ihre Fürsten. 2 Thle. mit 1 Karte. gr. 8. Augsburg, v. Jenisch u. St. 821.

Seel, die Völker Spaniens u. ihre Fürsten. Ein histor.=statist.=geograph. Handb. f. Gebildete, welche an d. Zeitereignissen Theil nehmen. 2 Thle. (6 Lfgn.) 2. Ausg. gr. 8. Augsburg 837, v. Jenisch u. Stagesche Buchh. [1. (23¼ B., 1 Karte u. 1 Plan.) 1 Thlr., 2. (43¼ B.) 2 Thlr.]

Seel, Heinr. Wilh., Predigt gehalten in der deutsch=reform. Kirche zu Frankfurt a. M. am 21. März 1852. 8. (14 S.) Frankfurt a. M. 852, [Völcker.] Thlr.

Seel, Heinr. Wilh., Predigt gehalten in der deutsch=reform. Kirche zu Frankfurt a. M. am 21. März 1852. 8. (14 S.) Frankfurt a. M. 852, Zimmer'sche Sortiments=Buchhandlg. (Völcker). 3 ngl.

Seel, J. Rich., Album aus dem Wupperthale, s. Album.

Seel, Jul. v., Materien der Verwaltungs-Polizei, unter gleichzeit. Berücksicht. der für den Reg.-Bez. Wiesbaden erlassenen speziellen Bestimmungen. Auf Veranlassung des königl. Regierungs-Präsidenten Hrn. v. Wurmb zu Wiesbaden nach amtl. Quellen bearb. Lex.=8. (XV, 1060 S.) Wallmerod 886. (Wiesbaden, Bechtold und Comp.) *

Seel, K., s. a. Kreuzweg, od. kurze Betracht. des Leidens u. Sterbens Jesu Christi.

Seel, C. Kreuzweg, oder kurze Betrachtung des Leidens und Sterbens Jesu Christi nach den gewöhnl. Stationen, nebst angehängten Gebeten aus J. M. Sailers Gebetb. Mit 1 Kupf. 8. München, Lentner. 816.

Seel, O. v., Erörterungen üb. den Beweis in Strafsachen Den vaterländ. Geschwornen gewidmet. gr. 8. (V, 47 S.) Würzburg 875. Stahel. n. 1. 20

Seel, Wilh., drei Predigten gehalten in St. Ansgarii zu Bremen. gr. 8. (40 S.) Bremen 863, (Strack.) *

Seel, Wilhelm Heinrich

— freundschaftl. Briefe üb. anmuthige Wahrheiten. 8. Frankf. a. M. 752.

Seel, Wlh. Hnr. I., († d. 21. April 1793.) Briefe üb. d. preuß. Religionsedikt. 8. Marb. 789. Krieger. 10 gl

Seel, Wlh. Hnr. II., († d. 7. Nov. 1821.) das Erfreuliche der gegenwärt. Theuerung. 8. Frankf. 816. Herrmann. 3 gl

— Lob= u. Gedächtnißrede auf Wilhelm Karl Heinrich Friso, Prinzen v. Oranien ꝛc. 4. Herborn 752.

— Plan Gottes zur Erziehung u. Beseligung d. Menschheit, ausgeführt durch Jesum ꝛc. 1r Thl. 8. Herborn 791. Krieger 16 gl

Seel, W. H., Plan Gottes z. Erzieh. u. Beseligung d. Menschen. 8. Marb. Krieger. 794. Rthlr.

— die Psalmen Davids in e. neuen Uebersetzung; nebst e. Samml. erbaul. Lieder, z. öffentl. Gebrauch eingeführt in d. Oranien=Nassauischen Landen. 8. Herborn 786. Krieger.

— Schulreden, nebst einigen kleinen Schulschriften. 8. Heidelb. 817. Mohr. 22 gl

Wilhelm Heinrich Seel

Vom Weltuntergange mit Beziehung auf die verkündete Wasserabnahme auf der Erde. Eine kosmologisch-geologische Hypothese...Von Wilhelm Heinrich Seel. Frankfurt a.M.: Hermann 1817. VI,42 S. 8°

Seeland: Das Seeland (I)
① Organ der bernischen Volkspartei. Publikationsmittel für das Seeland, sowie die benachbarten Bezirke des Kantons Solothurn (ab 7. 5. 1884) ⑤ 1880—Mai 1886 ⑥ 2° ⑦ halbwöchentlich ⑧ Büren a. A.: R. Teubner; Biel: R. Teubner (ab 188.) ⑨ Illustriertes Sonntagsblatt ⑪ R. Teubner ⑫ Parteiblatt der konservativen bernischen Volkspartei (seit 1884) ⑬ BGSZ: 959, 973.

Seeland: Das Seeland (II)
① Anzeiger für das Amt Büren ④ Seeländisches Volksblatt (?) ⑤ 1. 6. 1892—30. 4. 1893 ⑥ 2 ⑦ wöchentlich 3× ⑧ Biel ⑬ BGSZ: 1 (Nr. 6441), 959, 973.

Seeland im Sommer 1807. In vertrauten Briefen . . . Germanien [Leipz.] 1808. 2. Aufl. 1809. V: *Meyer, Ludw. Beatus.* (Collin, Anonymer. Kiobenh. 1869.) (Bruun, Bibl. Danica III, 540.) V: *Münter.* (EngG)

Seeland im Sommer 1807. In vertrauten Briefen an einen Freund in Berlin von einem Augenzeugen. Nebst Akten u. 1 Pl. Germanien 1808. 224 S.

Seeland im Sommer 1807 in vertrauten Briefen an einen Freund in Berlin ꝛc. m. Plan v. Copenh. 8. Leipz. Bruder u. Hoffmann. 809.
der Plan hierzu besonders

Seeland, Alex. Lwowitsch, Erinnerungen aus der polnischen Revolution von 1830/81, s. a. Bibliothek russischer Denkwürdigkeiten.

Seeland, A. L. Erinnerungen aus der poln. Revolution von 1830/31. Aus dem Russ. übs. v. G. Frh. v. Saß. Stuttgart 1894. 138 S.

Seeland, Ferd., Diagramme der magnetischen u. meteorologischen Beobachtungen zu Klagenfurt. Witterungsjahr 1885. Decbr. 1884 bis Novbr. 1885. Hrsg. vom Naturhistor. Landes-Museum v. Kärnten. Fol. (13 autogr. Taf.) Klagenfurt 886. (v. Kleinmayr.) n. 2. 70

Seeland, F., der Hüttenberger Erzberg und seine nächste Umgebung. hoch 4. (64 S. mit 3 lithogr. Taf. in qu. gr. Fol. und 1 geolog Karte in Farbendr. in Imp.-Fol.) Wien 876, Hölder. *

Seeland, Ferdinand: Der Mollpegel in Heiligenblut. Wien 1896. 7 S.
— Berichte über die wissenschaftlichen Unternehmungen des D. u. Oe. Alpenvereins. 5. 8°.

— die Produkte d. Bergbaues u. d. Hüttenwesens auf der Grazer Ausstellung, s.: Bericht, amtl., üb. die im Herbst 1870 in Graz abgehalt. Ausstellg.

Seeland, Ferdinand: Studien am Pasterzengletscher im Jahre 1896. Wien 1896. 9 S., 2 Tb.
— Berichte über die wissenschaftlichen Unternehmungen des D. u. Oe. Alpenvereins. 8. 8°.

Seeland, Ferdinand: Studien am Pasterzengletscher im Jahre 1897. Wien 1897. 10 S., 2 Tb.
— Berichte über die wissenschaftlichen Unternehmungen des D. u. Oe. Alpenvereins. 12. 8°.

Seeland, Ferdinand. Uebersicht der geologischen Verhältnisse von Kärnten. Klgft., Leon, 1873. 55 S.

Seeland, F. — Vorträge über Geognosie, Paläontologie und Geologie an der k. k. Montan=Lehranstalt zu Leoben im Jahre 1854,55, gehalten von — — (168 S. 4.)

Seeland, Georg Christian

— **Diss. de pacis compositionibus imperii Romano-Germanici. 4. Königsb. 764.**

Seeland, Georg Christian (Kolberg) U. S. Halle 1762, 2

Dissertatio inauguralis historica de Caletensi pacificatione anni MDXXI.
Präs. Georg Friedrich Meier.
Halle (Hendel) 14. III. 1762. 60 S.

Gew.: Johann Andreas von Segner.
W. v.: Präs., Jo. Aug. Noesselt, Jo. Frid. Ebert, Johann Wilhelm Reinhard. 32226

Seeland, G. Chr.: Plan e. Lehrbuchs d. europ. Staatsgelehrsamk. Mit einig. Anmerkk. *Reval.* 773.

Seeland, Herm., die katholische Kirche im Herzogt. Braunschweig. Ein Rückblick u. Ausblick, veranlaßt durch den auf der 21. Generalversammlg. des evangel. Bundes in Braunschweig am 5. X. 1908 geh. Vortrag üb. die Lage der Katholiken im Herzogt. Braunschweig. (VI, 226 S.) gr. 8. Hildesheim 909. L. Steffen. 3. 20

Seeland, Nik., Gesundheit u. Glück. gr. 8. (VI, 368 S.) Dresden-N. 896. Verlag der Diätet. Heilanstalt. n. 4. —

Seeländer, Frdr., Lehrbuch des kaufmänn. Rechnens m. ausgeführten Beispielen u. besond. Aufgaben zu buchhaltungsgemässer Darstellung. 2., verb. u. verm. Aufl. (128 S.) 8. Leipzig 906. Dürr'sche Buchh. n. 1. 60

Seeländer, Frdr., Rechenbuch f. kaufmänn., gewerbl. u. hauswirtschaftl. Mädchen-Fortbildungsschulen in Beispielen u. Aufgaben. 1. u. 2. Hft. gr. 8. Leipzig 897. Dürr'sche Buchh. n. 2. —
1. (64 S.) n. — 80. — 2. (95 S.) n. 1. 20.

— dasselbe. Resultate zum 1. u. 2. Hft. gr. 8. (25 autogr. S.) Ebd. 899. n. 1. 40

Seeländer, Frdr., Rechenbuch f. kaufmänn., gewerbl. u. hauswirtschaftl. Mädchen-Fortbildungsschulen in Beispielen u. Aufgaben. 1. Hft. 2., verb. u. verm. Aufl. gr. 8. (64 S.) Leipzig 901. Dürrsche Buchh. n. — 80

Seeländer, Frdr., Rechenbuch f. kaufmännische, gewerbliche u. hauswirtschaftliche Mädchen-Fortbildungsschulen in Beispielen u. Aufgaben. 1. Heft. 5., verb. Aufl. (64 S.) 8. Leipzig 910. Dürr'sche Buchh. b — 80

Seeländer, Karl: Untersuchungen über die Wirkung des Kohlenoxyds auf Pflanzen. (Dresden 1909: Heinrich.) 37 S. 8°
Berlin, Phil. Diss. v. 9. Jan. 1909, Ref. Schwendener
[Geb. 28. Mai 83 Hamm i. W.; Wohnort: Charlottenburg; Staatsangeh.: Preußen; Vorbildung: Gymn. Spandau Reife O. 03; Studium: Berlin 10 S.; Rig. 21. Dez. 08.] [U 09. 284

Seeländer, Nic.: „Des Müntz-Schatzes mittlerer Zeiten Abhandlung, die Bischöfflich-Hildesheimischen Bracteaten oder silbernen alten raren Blechmüntzen von 1130 bis 1310, Erläuterung eines 400jährigen Hildesheimischen Müntz-Contracts", o. O. 1727. fol.

Seeländer, Nic., 10 Schriften v. deutsch. Münzen mittl. Zeit rc. m. 13 K. 4. Hannover, Helwing. 742.

Seeländer, Nicolaus: „Zehen Schriften von teutschen Müntzen mittlerer Zeiten", Hannover 1743.

Nic. Seeländer, Sendschreiben von etlichen Churfürstlich-Brandenburgischen Bracteaten oder Blech-Müntzen mittlerer Zeiten. Hannover 1724. 4. Vgl. dazu: Weidhas, Denare

Seeländer, (Carl) Otto (geb. Berlin 1. 8. 1853): Graf Seckendorff und die Publizistik zum Frieden von Füssen von 1745. ⟨1. Teil.⟩ Berlin 1883. (XII, 47 S.) 8° * Vollst. ersch. Gotha: F. A. Perthes 1883.
Berlin, Phil. Diss. v. 16. Juni 1883

Seeländer, Otto, Graf Seckendorff und die Publizistik zum Frieden von Füssen von 1745. gr. 8. (XV, 104 S.) Gotha 883, F. A. Perthes. *

Seelbach, E., Bibel-Segen od. Erzählungen v. der mannigfaltigen segensreichen Wirksamkeit bestimmter einzelner Bibelstellen. 2 Bdchn. 8. 1. Bdchn. Altes Testament. (IV u. 156 S.) 2. Bdchn. Neues Testament. (278 S.) Bielefeld 851, Velhagen & Klasing. (1: 12 ngr 2: 2/3 thl) 1 thl 2 ngr

Seelbach, Bibel-Segen oder Erzählungen von der mannigfaltigen segensreichen Wirksamkeit bestimmter einzelner Bibelstellen. 3. Bdchn.: Nachtrag zum alten Testament. — 4. Bdchn.: Neues Testament. Bielefeld 855. Velhagen u. Klasing. 8. (152; 139 S.) Jedes Bdchn. 10 ngr.

Seelbach, C., Bibel-Segen oder Erzählungen von der mannigfaltigen segensreichen Wirksamkeit bestimmter einzelner Bibelstellen. 2 Thle. 2., verb. Aufl. 8. (VI und 616 S.) Bielefeld (861)62, Velhagen und Klasing.

Seelbach, C., Fingerzeige der göttlichen Weltregierung in wunderbaren Ahnungen und Vorhersagungen, Träumen und Gesichten, sowie Gebetserhörungen. Für die Jugend und ihre Freunde gesammelt. 2 Bdchn. 8. (148 S., 144 S.) Stuttgart 864, J. F. Steinkopf. cart. à Bd. * 10 Ngr. *

— kurzgefaßtes Lehrbuch der gesammten rationellen Landwirthschaft nach eigenen Erfahrungen und den besten Schriften für Fortbildungsschulen und zum Selbstunterricht für angehende Landwirthe. 8. (VIII und 230 S.) Trier 864, Gall's Verlag. *

— Tod der Frommen und Gottlosen, in geschichtl. Beispielen aus allen Jahrhunderten der christl. Zeitrechnung. 16. (X und 349 S.) Eisleben 865, Christlicher Verein im nördlichen Deutschland. geb.

— landwirthschaftliche Waldfragen der Gegenwart Wildschaden — Waldstreu — Waldschutz. gr. 8. (V und 60 S.) Frankfurt a. M. 865, Auffarth. *

Seelbach, Carl, s. Seelbach, Karl

Seelbach, Fritz, Referendar: Grundzüge der Rechtspflege in den Deutschen Kolonien. *Bonn 1904: (Fischer & Wittig in Leipzig.)* (VI, 78 S.) 8°
Bonn, Jur. Diss. v. 19. [vielm. 26.] Febr. 1904

Seelbach, Fritz, Grundzüge der Rechtspflege in den deutschen Kolonien. (VIII, 80 S.) gr. 8. Bonn 904. F. Cohen. n. 1. 60

Seelbach, J. L. Rede bei der Abiturienten-Entlassung, am 3 Okt. 1829. (Ueb. d. Bildung des Jünglings zu bürgerl. Brauchbarkeit.) 8 S.
Elberfeld, Progr. 1829

Seelbach, J. L. Ueber Schulgesetze. 9 S. . . . .
Progr. Elberfeld 1825

Seelbach, Karl

Seelbach, Carl, proverbial Treasury. English and select foreign proverbs. With references and explanations. 8. (190 S.) New-York 880. (Leipzig, Hartmann.) *

Seelbach, W., und L. Thomae, Wörterbuch, s. a. Gruner und Wildermuth, französische Chrestomathie.

Seelbach, W., und L. Thomae, Wörterbuch zum ersten Theile der französischen Chrestomathie von Gruner und Wildermuth. gr. 8. (IV, 103 S.) Stuttgart 882, Metzler'sche Buchh. *

Seele, die, eine auf die heil. Schrift sich gründende Aufstellung f. gebildete Leser aller Religionen z. weitern Nachdenken, (von F. X. Zermann). 8. Straßb. 827. (Danzig, Gerhard). 10 gr

Seele, Die in dem Glauben befestigte und wider die Verführung des Irrthums bewaffnete, oder kurze Beweisthümer der Religion . . . A. d. Franz. Wien 1782. V: *Schilde, Theoph.* (So)

Seele, die büßende,. Schausp. v. Reißner. gr. 8. Insbruck, Wagner. 768.

Seele, Die christliche, in Betrachtung der erhabensten Geheimnisse. O. O. 1796. V: *Entner von Entersfeld, Frdr. Franz.* (Ky)

— die christl., im Gebete. Ein Andachtsbuch, wie es die Mehrern wünschen. 3e Aufl. Einsiedeln 820. (Kollmann in Augsb.) 5 gr bei Orell in Zürich. 4 gr

Seele, die christl., im Gebete. Ein Andachtsb. f. Katholiken. 24. (288 Seiten, 1 Ttlbild. u. lith. Ttl.) Einsiedeln 839. (Regensburg, Manz.) 5 Gr., Vlnp. *

Seele, die christliche, im Gebete. Ein Andachtsbuch für Katholiken. (3. Aufl.) Neu bearb. von Athanas Tschopp. 18. (Mit 1 Lithogr.) Einsiedeln 844, Gebr. Benziger. 6 1/4 ngr Mit 7 Lithogr. u. Prachttitel 1/3 Thlr Velinp. mit 7 Lithogr. u. Prachttitel 3/8 Thlr — 4. Aufl. 845. 13 ngr geb. 28 ngr

Seele, die christliche, im Gebete. Ein Andachtsbuch zum kirchlichen Gebrauche eines wahren Christen. 4. Aufl. Mit 1 Stahlst. Augsburg 858. Doll. 12. (132 S.) 5 ngr
Gleichlautend mit: Selbst, das tägliche Opfer eines wahren Christen.

Seele, Die christliche, im Umgange mit Gott. Ein katholisches Gebetbuch. Innsbruck 1822. 2. Aufl. Augsburg 1828. V: *Pöder, Franz.* (Margr)

Seele, die christl., im Umgange mit Gott. Ein kathol. Gebetbuch. 12. Augsb. . . . 2e A. 828. (Krüll in Landsh.) 7 gr

—— die christl., im Umgange mit Gott. Ein kathol. Gebetb. f. alle Stände. 2., verm. u. verb. Aufl. 12. (8 1/2 B. u. Ttlkpfr.) Augsburg 828. (Regensburg, Manz.)

—— die christl., im Umgange mit Gott. Ein kathol. Gebetb. f. alle Stände. 3., verm. u. verb. Aufl. 12. (8 1/2 B. u. 2 Stahlst.) Innsbruck 840, Wagner'sche Buchh.

Seele, die christliche, im Umgange mit Gott. Ein katholisches Gebetbuch für alle Stände. 4. verm. u. verb. Aufl. Innsbruck 862. Wagner. 8. (164 S. u. 1 Stahlst.) 6 ngr

Seele, d., d. wahren Freundschaft. 8. Regensb. Montag u. W. 778.

— die gebannte. Legende von Anna Maria. Nach der 6. französ. Aufl. ins Deutsche übersetzt von Ph. Müller. 8. Siegen 842, Friedrich. geb. 1/3 Thlr feine Ausg. 1/2 Thlr Pracht-Ausg. 2/3 Thlr

Seele, Die Himmels-Fromme Andächtige. Oder gantz kurtze in Reimen verfasste Gemütherhebungen . . . Ingolst. 1730. V: *Schrötter, H. F. A.* (AarK)

— die, auf dem Kalvarienberge in der Betrachtung d. Leiden Jesu Christi. Aus d. Französ. von Jos. de Weldige gen. Cremer. 12. Münster 846, Regensberg. n. 1/3 Thlr

Seele, Die ihren Gott liebende, vorgestellt in den Sinnbildern des H. Hugo über seine Pia Desideria . . . a. d. Frantz. . . . Regensb. u. Augspurg 1719. V: *Guyon, Jeanne Marie.* (BrMm)

—— meine, preiset den Herrn. Ein Gebetbüchlein für Kinder. gr. 16. (39 S. mit 1 ill. Stnt.) Innsbruck 862, Wagner'sche Universitäts-Buchh.

— die, der Menschen; aus d. Italien. v. P. Erdt. 8. Augsb. 786. Rieger. 5 gr

Seele, die, des Menschen, s. a. Volksaufklärung.

(F) Die Seele des Menschen. Echtheit und Glaubwürdigkeit der vier hl. Evangelien. Warnsdorf. [1900.] Opitz. 16°. 45 S. K —.10

— die reuige, in ihrer Andacht vor Gott. Ein Gebetbüchlein für kathol. Christen. Von einem kathol. Geistlichen. 12. Münster 844, Deiters. 1/12 Thlr

Seele, die reuige, in ihrer Andacht vor Gott. Ein Gebetbüchlein für kathol. Christen, denen es um wahre Bekehrung und besonders um Befestigung des kindl. Vertrauens zu thun ist. Von einem kathol. Geistlichen. 4. Aufl. gr. 16. (111 S. und 1 Holzschn.) Münster 851, Deiters.

— die reuige, in ihrer Andacht vor Gott. Ein Gebet- und Erbauungsbüchlein für katholische Christen, denen es um wahre Bekehrung und besonders um Befestigung des kindlichen Vertrauens zu thun ist. Von einem kathol. Geistlichen. Münster 853. Deiters. (Aschendorff.) 32. (152 S. mit 1 Holzschn.) 2 1/3 ngr

Seele, e. suchende. Roman v. ***. 8. (232 S.) Leipzig 894. Dresden, C. Reißner. n. 3. —

Seele, Die Gott suchende. oder kurzgefasste und schriftmässige Andachten . . . Leipz. 1729. V: *Bel, Matth.* (Pk)

—— eine sündige, welche in der Betrachtung der Verlassenheit und der Leiden des gekreuzigten Jesus Hilfe und Trost suchet. Von einem Passionisten in Ferentino. Aus dem Italien. in's Deutsche übers. und mit Meß-, Beicht- und Communiongebeten verm. durch Jos. Osterhammer. 16. (VII und 261 S. mit 1 Stahlst.) Salzburg 862, Mayrische Buchh.

—— eine treue, s. Bibliothek für christliche Leser.

Seele, Die, als Trösterin des Herzens Jesu. Aus dem Spanischen des Pater Jakob Nonell. S. J. 32. (40 S.) Mit Titelbild —.12
Wien: „St. Norbertus" 1892.

Wandelnde Seele, Die Phila, 1883.

Seele, Cr. Hnr., s. Jeffery's Engl. Sprachlehre.

Seele, Ferdinand

Seele, F., Aufgabensammlung f. das Rechnen in Fortbildungsschulen. 8. (IV, 116 S.) Berlin 889. Cronbach. n. — 75

Seele, Ferd., Aufgabensammlung f. das Rechnen in der einklassigen Volksschule u. Halbtagsschule in 3 Hftn. gr. 8. Berlin 890. E. Goldschmidt. n.n. — 90
1. [Unterstufe.] (24 S.) n.n. — 20. — 2. [Mittelstufe.] (48 S.) n.n. — 35. — 3. [Oberstufe.] (48 S.) n.n. — 35.

— dasselbe. Auflösungen. gr. 8. (58 S.) Ebd. 891. n.n. 1.50

Seele, Ferdinand: In wieweit hat die Forderung, Gesetzeskunde in der Schule zu betreiben, eine gewisse Berechtigung? Berlin, R. Gaertner, 1894; 23 S. 4.
Berlin, Charlotten-S, OP 1894**

Seele, F., Lehrgang für das Rechnen in Mittel- und Elementarschulen. 6 Hefte. 8. Berlin 882,83, [Thun.] Klemann's Verlag. [1. und 2. Heft. 1. und 2. Aufl. (32; 46 S.) à * 25 Pf.; 3. Heft. 1. und 2. Aufl. (40 S.) * 30 Pf.; 4. Heft. 1. und 2. Aufl. (80 S.) * 40 Pf.; 5. Heft. (64 S.) * 40 Pf.; 6. Heft. (120 S.) * 75 Pf.] *
—— dass. — Auflösungen zum 2.—6. Heft. 8. Ebendas. 883. [2. und 3. Heft. (26 S.) * 40 Pf.; 4. Heft. (34 S.) * 50 Pf.; 5. Heft. (20 S.) * 60 Pf.; 6. Heft. (28 S.) * 60 Pf.] *

Seele, F., Lehrgang f. das Rechnen in Mittel- u. Elementarschulen. 1—6. Hft. 2. Aufl. 8. Berlin 883. 86. Thun. n. 2. 35
1. 2. 2. Aufl. (32 u. 46 S.) à n. — 25. — 3. 2. Aufl. (40 S.) n. — 30. — 4. 2. Aufl. (80 S.) n. — 40. — 5. 2. Aufl. (64 S.) n. — 40. — 6. (120 S.) n. — 75

Seele, Ferd., Rechenaufgaben. Nach dem Grundlehrplane f. 8 stuf. Berliner Gemeindeschulen zusammengestellt. 8 Hefte. gr. 8. Berlin (908). Klemann. n. 2. 50; bezw. n. 2. 80
1. (Klasse 8.) (28 S.) — 15. — 2. (Klasse 7.) (32 S.) — 25. 3. (Klasse 6.) (32 S.) — 30. — 4. (Klasse 5.) (32 S.) — 30. 5. (Klasse 4.) (32 S.) — 30. — 6. (Klasse 3.) (48 S.) — 40. 7. (Klasse 2.) (48 S.) — 40. — 8. (Klasse 1.) (Knabenabteilg.) (112 S.) — 70; (Mädchenabteilung.) (64 S.) — 40.

—— Rechenaufgaben für mehrklassige Volksschulen. Ausg. B. Methodisch zusammengestellt. 6 Hefte. 8. Ebendas. 885. [1. und 2. Heft. (à 32 S.) à * 25 Pf.; 3. Heft. (36 S.) * 30 Pf.; 4. Heft. (48 S.) * 35 Pf.; 5. Heft. (56 S.) * 40 Pf.; 6. Heft. (92 S.) * 60 Pf.] *

— Rechenbuch f. höhere Mädchenschulen. Nach den Bestimmgn. vom 31. V. 1894. Neu bearb. 4 Hefte. gr. 8. Ebd. (908). n. 3. 60
1. (1. u. 2. Schulj.). (60 S.) n. — 60. — 2. (3. u. 4. Schulj.) (64 S.) n. — 70. — 3. (5. u. 6. Schulj.) (72 S.) n. — 80. 4. (Oberstufe) (7. bis 9., bezw. 10. Schulj.). (IV, 160 S.) Kart. n. 1. 50.

— dasselbe. Auflösungen zum 1.—4. Hefte. gr. 8. Ebd. (903). n. 3. 40
1. 2. (23 S.) — 60. — 3. (27 S.) — 80. — 4. (32 S.) 1. —.

—— Rechenbuch, nach dem Normal-Lehrplane für höhere Mädchenschulen bearb. 5 Hefte. 8. Berlin 887, Klemann. [1. Heft. (36 S.) * 30 Pf.; 2. Heft. (32 S.) * 35 Pf.; 3. Heft. (32 S.) * 40 Pf.; 4. Heft. (64 S.) * 60 Pf.; 5. Heft. (IV, 148 S.) cart. *ℳ 1.25.] *

—— populäres Rechenbuch. Eine leichtfaßl. Anleitung zum Selbsterlernen des bürgerl. und kaufmänn. Rechnens, nebst einer anschaul. Einführung in die Flächen- und Körperberechnung. Für Lehrlinge in allen bürgerl. Berufszweigen und daher auch für Schüler von ländl. und städt. Fortbildungsschulen, sowie für alle diejenigen, welche die neuesten und einfachsten Methoden des dezimalen Rechnens kennen lernen wollen; namentl. auch für Eltern, welche die Rechenarbeiten ihrer Kinder erfolgreich kontrollieren möchten, bearb. 8. (IV, 248 S.) Berlin 888, Cronbach. *

— Rechenfibel als Vorstufe zum Rechenbuch f. höhere Mädchenschulen, nach dem Normal-Lehrplane bearb. 8. (32 S.) Berlin 887. Klemann. n. — 30

—— Rechenheft für Bürgerschulen u. gehobene Volksschulen in 3 Heften. gr. 8. Berl. 890, E. Goldschmidt. [1. Unterstufe. (24 S.) ** — 20; 2. Mittelstufe. (48 S.) ** — 35; 3. Oberstufe. (96 S.) ** — 65.] ** 1 20
—— dass. — Auflösungen. gr. 8. (77 S.) Ebd. 891. ** 1 50

Seele, Hans [aus Berlin]: Geschwülste des Halses und Rückens mit folgender Rückenmarkskompression. . . . Berlin, Buchdr. v. Gustav Schade (Otto Francke) (1890); 29 + 1 S. + 1 Bl. 8°
Berlin, Med. Fak., Inaug.-Diss. v. 24. Jan. 1890

Seele, Ida (Frau Vogeler), Erzählungen für Kinder von 2—7 Jahren zum Gebrauch im Hause, im Kindergarten und in der Kleinkinderschule. Mit einem Vorwort von Eug. Pappenheim. br. 8. (XI und 147 S. mit lithogr. Titel und 6 lithogr. und ill. Zeichnungen von G. Bartsch.) Berlin 863, Springer's Verlag. cart.

—— dass. — 2. Aufl. gr. 8. (XII und 151 S. mit 6 lithogr. und ill. Zeichnungen von G. Bartsch.) Neu-Ruppin 868, Oehmigke. geb.

†Seele, Ida, [Frau Vogeler], Erzählungen für Kinder von 2 bis 7 Jahren. Zum Gebrauch im Hause, im Kindergarten und in der Kleinkinderschule. Mit einem Vorwort von Eug. Pappenheim. Mit 6 Bildern in Farbendr. nach Zeichnungen von G. Kunad. 3. und 4. Aufl. gr. 4. (VIII, 80 S.) Leipzig 876,79, Oehmigke's Verlag. geb. *

Seele, Ida [Frau Vogeler], Erzählungen f. Kinder von 2—7 Jahren. Zum Gebrauch im Hause, im Kindergarten u. in der Kleinkinderschule. Mit e. Vorwort v. Eug. Pappenheim. Mit (5) Bildern in Farbendr. nach Zeichngn. v. M. Block. 5. Aufl. 4. (VIII, 84 S.) Leipzig 884. Oehmigke. geb. n. 3. 50

—— Gedichte für das erste Kindesalter zum Gebrauch im Hause, für den Kindergarten und die Kleinkinderschule. Mit einem Vorwort von Herm. Pösche. 1. Aufl. 1864. und 2. Aufl. gr. 8. (VIII und 256 S.) Berlin 867, Böttcher. 15 Ngr.; cart. geb. —

—— Gedichte für das erste Kindesalter zum Gebrauch im Hause, für den Kindergarten und die Kleinkinderschule. Mit 30 (eingedr.) Holzschn., gezeichnet von Louise Thalheim. Bevorwortet von Herm. Pösche. 3. Aufl. gr. 8. (VIII, 271 S.) Berlin 876, Haack. cart. *

Seele, Ida (Frau Vogler), Gedichte f. d. erste Kindesalter z. Gebrauch im Hause, f. d. Kindergarten u. d. Kleinkinderschule. M. 30 Holzschn. gez. v. Louise Thalheim. Bevorwort. v. Herm. Pösche. 4., unveränd. Aufl. gr. 8. (X, 271 S.) Berlin 896. A. Haack. Geb. in Leinw. n. 3. —

—— Plauderstoffe. Bilder aus dem Kinderleben für Kindergarten und Elternhaus. hoch 4. (VI, 58 S. mit 4 Chromolithogr.) Ebendas. 883. geb. *

— Plauderstoffe. Bilder aus dem Kinderleben f. Kindergarten u. Elternhaus. hoch 4. (VI, 58 S. m. 4 Chromolith.) Ebend. 886. geb. n. 3. —

Seele [Johann Baptist] & L[udwig] Ebner. [Koenigliche Wurttembergische Garde du Corps. Infanterie, Chevau-leger ... nach der Zeichnung des Gallerie Director Seele v. L. Ebner. Stuttgart, im Verlag der Ebnerschen Kunsthandlung o. J. (1809—1813).]
10 Taf. Photographien nach Aquatintastichen. 2°

Seele, Rudolf, appr. Arzt a. Krefeld: Aus der Augenklinik zu Jena. Ueber einen Fall von linksseitiger rezidivierender Abducenslähmung mit nachfolgender doppelseitiger Iritis und doppelseitiger Retinitis haemorrhagica. Jena 1905: A. Kämpfe. (20 S.) 8°
Jena, Med. Fak., Ref. Wagenmann, Diss. v. 14. Aug. 1905
[Geb. 10. Mai 79 Erfurt; Wohnort: Naumburg a. S.; Staatsangeh.: Preußen; Vorbildung: Domgymn. Naumburg Reife O. 00; Studium: Marburg 1, Halle 4, Leipzig 2, Jena 2 S.; Coll. 11. Mai 05; Approb. 30. März 05.]

Seele, Wil(helm) (Übers.):

s.: Balthasar, (Joseph) Anton (Felix von): Chirurgische Krankheitslehre, in welcher die Natur, die Ursachen und die Wirkungen der Krankheiten gründlich vorgetragen werden. Bd 1 - 2. Wien: 1786

JB 3.302

Seele, *Friedrich* **Wilhelm** [aus Bodenbach i/B.]: **Voltaire's Roman Zadig ou la destinée.** Eine Quellenforschung. . . . (Theil 1.) **Leipzig-Reudnitz,** Druck v. O. Schmidt, **1891**; 68 S. 8°
Leipzig, Phil. Fak., Inaug.-Diss. v. [20. Febr.] 1891

Seele, Wilh., Voltaire's Roman Zadig ou la destinee. Eine Quellenforschg. gr. 8. (65 S.) Leipzig-Reudnitz 891. (Leipzig, G. Fock.) n. 1. 20

Seeleben 1826—27; aus den Briefen eines reisenden Zürchers. [Leipzig 1865.] V: *Hirzel, Casp.* (Cat. d. Stadtbibl. Zürich. Zürich 1864—97.)

Seelemann, die Differenzen im Offizier-Corps des Hamburgischen Bundes-Contingents, die Großherzogl. Oldenburgischen Ehrengerichte u. der Machtspruch des S. T. Herrn Chefs der Hamburgischen Militär-Deputation. Hamburg 865. (Leipzig, Friese.) 8. (IV, 168 S.) n. 12 *ngr.*

Seelemann, Alexander [aus Hamburg]: Beiträge zur Kenntnis des Isochinolins. '(Sulfonsäuren, Bromderivate u. Nitroprodukte.)' ... Freiburg i. B., Buchdr. v. Ch. Ströcker, 1893; 42 S., 1 Bl. 8.
Freiburg i. B., Phil. Fak., Inaug.-Diss. v. 1893

Seelemann, Richard [aus Hamburg]: Die **Klagbarkeit** der **Differenzgeschäfte** . . . . Hamburg, Druck v. Gustav Diedrich & Co., 1888; 32 S. 8°
Göttingen, Jur. Fak., Inaug.-Diss. v. 10. Jan 1888

Seelemann, R., die **Klagbarkeit** der Differenzgeschäfte. Inaug.-Diss. gr. 8. (32 S.) Hamburg **888**. (Göttingen, Vandenhoeck & Ruprecht's Verl.) n. — 80

(U.-Titel:) Fur die a r m e n **Seelen.** Ein Wort an die lieben Kinder: auch von Erwachsenen mit Nutzen zu hören. Von einem geistlichen Kinderfreunde. (Fig.: Mädchen, über ein Grab gebeugt, 45x40) (Text). (= Schutzengelbrief, 42). Kol.: Druck u. Verlag der Buchhandlung L. Auer in Donauwörth. Agentur in New York bei Joseph Schaefer, 60 Barclay Street 60. o J. (um 1890). 8 S., 119x82. Diöz.-B. Rottenburg.

Seelen, edle, s.: Schriften, kleine.

– F ü r

– — e d l e S e e l e n. Mit Titelvignette. Danzig, J. H. Florke, 1777. 8°.
(K. Th. Volcker's Frankf. März-Auct. 1911.)

Seelen, f. edle. 2 Thle. 8. Danzig ... N. Aufl. 805. Flörke.
(W. Nauck in Leipz.) 1 ₰

• **Seelen, für edle. 2 Bde. 8. Leipz. Sommer. 805.**

Seelen, Kranke. Brief und Belehrung an Vera die Märtyrerin. Leipzig 1902. V: *Degré, Wilhelm.* (Wr. Hausfrauen-Zeitung Nr. 16, 197, 1903.)

Seelen, kranke. Brief u. Belehrung an Vera, die Märtyrerin. Von e. Arzte. (43 S.) 8. Leipzig 903. Berlin, H. Seemann Nachf. n. 1. —

Seelen, Starkmütige. Johanna Dorner. Herzogin von Feria, Luisa de Carvajal y Mendoza, Maria Theresia, Lamourrus. 2. Aufl. Wien 1906. V: *Pillersdorff, Constanze, Baronin.* (EB)

Seelen, E. G. h. a., de jejuniis sabbaticis. I—II. Rost. 1741—42. 4.

Seelen, Erich Gottlieb von (Kedingen)
U. S. Greifswald 1708, 1

Specimen pharmacologiae sacrae de antimonio, cicuta, et pisce magno Tobiae s. siluro.
Präs. Christoph Helwig.
Greifswald (Starck) 13. III. 1708. 34 S. **32227**

Seelen, H. A. von, s. S e e l e n , Johann Heinrich von

Seelen, Heinrich von [Pseud.], s.a. S c h ö n , Johann

† **Seelen,** Heinr. v., (Joh. Schön,) neue schles. Blätter f. Unterhaltung ꝛc., s. **Blätter.**

v. **Seelen,** Hnr., Sommersprossen auf dem Teint der Novellen-Literatur. Eine Weihnachts-Gabe für schlechte Lesezirkel und Leihbibliotheken, durch's Brennglas erkannt. 8. Breslau 836. Heinr. Richter. 1 ₰

Seelen, Hugo, v., d. deutsche Oper als Aschenbrödel! Off. Brief an d. Grafen v. Hochberg. gr. 8. (12 S.) Charlottenburg 895. K. Köhler. n. — 40

Seelen, Johann Heinrich von

Seelen, J. H. a., ad doxologiae solemnis verba: Sicut erat. in principio. Lubec. 1722. 4; rep. in ejsd. miscell. p. 214—63.

Seelen, Ioh. Heinr. v., **Athenae Lubecenses.** IV Ptes. 8. Lübeck, Donatius. 719—22.

Seelen, J. H. a., de Caesaribus romanis in N. T. diserte nominatis. Lubec. 1742. 4.

— **deliciae epistolicae.** 8. Lübeck, Donatius. 729.

Jo. Henr. von Seelen de diis deabusque veterum gentium medicis. Lubec. 1736. 4.

Seelen, J. H. a., de honorifico theologi elogio, quo appellatur orthodoxus. Lubec. 1728. 4.

Seelen, J. H. a., eucharistia veterum e monumentis sacris et profanis. Lubec. 1751. 4.

— fabulae historiae passionis inepte affictae. Ibid. 1738. 4.

Seelen, J. H. a., de festo lanceae et clavorum, quibus Christi corpus fuit perfossum. Flensb. 1715. 4; rep. in ejsd. miscell. p. 339—414.

Seelen, J. H. a., de haereticis in Corpore Juris rejectis et damnatis. Lubec. 1727. 4.

Seelen, J. H. a., de Jesu in Jesu Siracide frustra quaesito. Rost. 1724; rep. in ejsd. meditt. exeg. p. 207 ss.

Seelen, J. H. a., de institutione juventutis apud veteres Hebraeos. Lubec. 1718. 4.

Seelen, J. H. a., de jubilaeis. Lubec. 1754. 4.

— **Iubileum Lubecense.** 4. Lübeck, Schmidt. 740.

Seelen, J. H. a., de Juda antifanatico. Lubec. 1732. 4; rep. in ejsd. meditatt. exeg. 3. p. 542 ss.

Seelen, Jo. Henr. v.: Guilelmi Burtoni Angli Λείψανα veteris linguae Persicae, quae apud priscos scriptores, Graecos et Latinos, reperiri potuerunt. Acc. Marci Zuerii **Boxhornii** epistola ad Nic. Blancardum de Persicis curtis memoratis vocabulis, eorumque cum Germanicis cognatione. Lubecae 1720.

Seelen, Jo[hann] Henr[ich] von: Die in der Seelen am besten gegründete eheliche Liebe ... [Hochzeitsgedicht auf Hanß **Paulssen**, Kauff- und Handels-Gesellen, und Elsabe Sühlings. 12. Febr. 1714.] — Flensburg (1714): Vogel. 2 Bl. 4°

Lutherus de scholis optime meritus sive de praeclaris rebus, quibus Lutherus scholas ornavit, oratio habita a **Johanne Henrico** von **Seelen**. Accedit consilium Lutheri de bibliothecis in gratiam scholarum erigendis cum annotationibus quibusdam recusum. Flensburgi. (1716.) 4° k.

— meditationum exegeticarum quibus varia utriusque testamenti loca expenduntur et illustrantur. III Ptes. 8. Lübeck, Schmidt. 730–37.

Memorabilium Bremensium Specimen sive de festo lanceae et clavorum quibus Christi corpus fuit perfossum in ducatu Bremensi olim celebrato iussu Innocentii VI. Pontificis cuius bulla ex msc. inserta commentatio Ioannis Henrici von Seelen. Flensburgi 1715. 4°

v. Seelen, Jh. Hnr., († d. 22. Oct. 1762.) memorabilium Flensburgensium historicorum ecclesiasticorum, juridico-politicorum, litterariorum sylloge. 4. Flensb. 752. (Hammerich in Altona). 20 gr

— memoria Stadeniana s. de Vita et scriptis Dieter. a Stade. 8. Hamb. Bohn. 725.

Seelen, Johann Heinrich von , IO. HENR. A SEELEN // GYMN. LUBEC. RECT. // MEMORIA STADENIANA, // SIVE // DE // VITA, SCRIPTIS AC MERITIS // DIEDERICI A STADE // COMMENTARIUS, // VARIA SIMUL HISTORICA, // PHILOLOGICA, // ET INPRIMIS TEUTONICA,// COMPLECTENS. // HAMBURGI // SUMTU THEOD. CHRISTOPH. FELGINER // A. M DCC XXV. - 409 S. (die ersten neun nicht paginiert) und noch 11 Blatt (nicht paginiert) Indices.
B. S. T. 8°.660.

- Seelen, J. H., De Jani Gulielmi eximiis in litteras humaniores meritis. Pr. 1723. 30 S. 4°. —.75

Jo. Henr. von Seelen de medicorum meritis in Sacr. Scripturam diatribe histor. crit. Lubec. 1719. 4. — *Redit in* Ejusd. Meditatt. exegett. P. II.

— miscellanea, quibus commentationes varii argumenti continentur. III Ptes. 8. ibid. 734–39.

Seelen, Johann Heinrich von (Leipzig) A. S. 129/31

Dissertatio iuridica solennis de modis finiendi superioritatem territorialem.
Leipzig (Langenheim) 29. VI. 1730. 35 S. 32229

Seelen, J. H. a., μυθολογούμενα, quae in act. ap. occurrunt, illustrata. Lubec. 1726. 4.

Seelen, Jo. Heinrich von (Hrsg.), s. Naaman, Ludolf

Seelen, J. H. a., de jubilaeis observationes. Lubec. 1734. 4.

— oratio secularis in memoriam et laudem illustr. stipendii Schabeliani. 4. ibid. 738.

Seelen, J. H. a., de Paulo doctore scholastico. Lubec. 1744. 4.

— philocalia epistolica s. C. epistola varia notatu digna continentes. 8. Lübeck, Donatius. 728.

Seelen, J. H. a., de pietate Josephi in Mariam. Lubec. 1720. 4; rep. in ejsd. meditt. exeget. 6.

Seelen, J. H. a., de poësi christiana, non a tertio p. Chr. n. seculo, sed a primo et secundo etiam deducenda. Lubec. 1754. 4.

Seelen, J. H. a., de poëtis eorundemque dictis in N. T. citatis. Lubec. 1728. 4; rep. in ejsd. medit. exeg. 2. p. 314 ss.

Seelen, J. H. a., de singulari vet. eccl. circa lectionem historiae passionis J. C. ritu. Lubec. 1751. 4.

Seelen, J. H. a, Selecta litteraria, sacra, civilia, philosophica, philologica. Lubec. 726. 8. 14 gr.

Seelen, Jo. Henr. a: „Selecta nummaria, quibus variae res, sacrae, civiles ac literariae, ut et Lubecenses, illustrantur", Lubecae 1735.

— — nummaria, cum fig. 8. Lübeck, Schmidt. 735.

— stromata Lutherana, sive variorum scriptorum ad sacrorum emendationem August. Confess. versionem Biblior. articulos Smalcaldicos spectantium syntagma. 8. ibidem. 740.

Seelen, Johann Heinrich von (Leipzig) A. S. 123/29

Specimen jurisprudentiae consultatoriae de subhastationibus. Präs. Karl Otto Rechenberg.
Leipzig (Titius) 16. XII. 1727. 32 S.

Gew.: Johann Franz Born. 32228

Seelen, Johann Heinrich von (Leipzig) A. S. 33/30

**Specimen iurisprudentiae consultatoriae de subhastationibus. Präs. Karl Otto Rechenberg. Ed. 2.
Leipzig (Langenheim) 1747. 36 S.**

Diss. 16. XII. 1727. 32230

— memorabilium Flensburgensium historicorum etc. sylloge. 4. Flensburg. Korte. (Christiani, Schleswig.) 752.

Seelen, H. A. de, Memorabilium Flensburg. sylloge. 4. Flensburg. 752. Jetzt Hammerich in Altona.

Seelen, J. H. v., testes Non-Christiani de passione Christi. Lubec. 1720. 4.

Seelen, J. H. a., de Timotheo confessore. Lubec. 1733. 4; rep. in ejsd. medit. exeg. 3. p. 196 ss.

Seelen, J. H. a., de tonitru, existentiae Dei teste. Lubec. 1722. 4; rep. in ejus miscell. p. 81 ss.

Seelen, J. H. v., Ursprung der berühmten Lindenbrogischen Familie. Bremen 1761.

Seelen, J. H. a., de veritate rel. christ. ex profanis scriptt. caute confirmanda. Lubec. 1722. 4.

Seelenadel. Schausp. in 5 Akt. v. Lindhelmer. 8. Heidelb. Mohr u. Z. 805.

Seelen-Adel. Schauspiel in zwei Aufz. Wien 1805. V: *Casche, Joseph.* (GGr) (Stockmayer, D. deutsche Soldatenstück. Weimar 1898. S. 118.)

Seelen-Adel, Schauspiel in 2 Aufzügen von J. Casche. 8. Wien, Wallishauser. 805.

Seelenadel in Dichtungen. Für den höhern Schulunterricht u. zur Selbstübung mit Abhandlg. über Vortrags- u. Gebehrdenkunst sowie Erklärung des Textes u. der Betonung. 16. (12 B.) Quedlinburg 845, Ernst'sche Buchh. Thlr. –

ANDÄCHTIGE SEELEN-ANKLAGE vor einem Creutze. Groß-Wardein 1775. Druck. Seminar. (2 f.)

ANDÄCHTIGE / Seelen-Anklage / vor einem Kreuze. Text in drei Spalten. Essegg 1824. 1 f. - 8°

Seelen-Apothecke, die heilsame, zur Bewahrung vor muthwilligen Sünden. 8. Manh. 786. Löffler. 20 ℊ

Seelen-Apothek, heilsame, zur Bewahr. vor muthwill. u. vorsätzl. Sünden, zur Glaubens-Stärkung in allerley Schwermuth, zur Ermunterung der Geduld, xc. nebst e. Anh. v. Morgen- u. Abend-Gebeten xc. 8. (33 B. u. 1 Titlbild.) Reutlingen 839, Kurtz. (Leipzig, Herbig.)

Seelen-Apotheke, heilsame, zur Bewahrung vor muthwilligen u. vorsätzl. Sünden, zur Glaubensstärkung in allerlei Schwermuth, zur Ermunterung der Geduld, auch Trost in allerlei Kreuz xc. Aus göttlichem Wort u. geistreichen Liedern in kindlicher Einfalt zusammengetragen xc. Neue Ausg. gr. 8. (XVI u. 416 S.) Frankfurt a. M. 847, Heyder & Zimmer. n. ½ ℳ

Seelen-Apothek, heilsame, zur Bewahrung vor muthwilligen u. vorsätzlichen Sünden, zur Glaubensstärkung in allerlei Schwermuth, zur Ermunterung der Geduld, auch Trost in allerlei Kreuz xc. Nebst einem Anhang von Morgen- u. Abend-Gebeten, damit dieses Buch auch als ein tägliches Handbuch kann gebraucht werden. Aus göttlichem Wort u. geistreichen Liedern in kindlicher Einfalt, zu eigener Erbauung zusammengetragen xc. Reutlingen 860. Kurtz. 8. (372 S.) n. 12 ngr.

Seelen-Apothek, heilsame, zur Bewahrung vor mutwilligen u. vorsätzlichen Sünden, zur Glaubensstärkung in allerlei Schwermut, zur Ermunterung der Geduld, auch Trost in allerlei Kreuz u. endlich zur kräftigen Erquickung für Gebärende, Reisende, Kranke u. Sterbende. Nebst e. Anh. v. Morgen- u. Abendgebeten, damit dieses Buch auch als e. tägl. Handbuch kann gebraucht werden. Aus göttl. Wort u. geistreichen Liedern in kindl. Einfalt zu eigener Erbaug. zusammengetragen. (Neue Ausg.) 8. (400 S. m. 1 Stahlst.) Reutlingen (900). Stuttgart, Fleischhauer & Spohn. Geb. 1. 80

Seelenarzt, der, am Krankenbette. Ein Trost- u. Gebetb. z. Gebr. f. Seelsorger u. Weltleute, die Kranken beystehen. Von e. Seelsorger d. Linzer-Diözese. gr. 12. (8½ B. u. Titlkpfr.) Linz 810. (Regensburg, Manz.) 16 Gr., Vlnp.

Seelen-Balsam, heilsamer. Ein Gebet- u. Unterrichtsbüchlein f. Kinder u. junge Leute. Mit 4 Kpf. 12. Augsb. 824. Doll. (Landsh., Krüll). 6 ℊ

Seelen-Brod, geistliches, frommer Herzen. 8. Salzb. 780. Mayr. 8 ℊ

Seelencur, s. Seelenkur

— -Erquickung, geistl., ub. d. Sonn- u. Festtags-Evangelien u. Episteln. 8. Dresden. 715.

Seelen-Feier, die, Haskorath Nesohomoth, am Versöhnungstage, am Passach-, Wochen- u. Schluß-Feste. (Hebr. u. deutsch.) gr. 8. (8 S.) Berlin 893. M. Poppelauer. — 25

Seelenfreund, der. Dem heiligsten Herzen Jesu gewidmet. Hrsg. v. B. Hochhardt u. A. Kugelmeier. 1.—3. Jahrg. 1898—1900. à 12 Nrn. hoch 4. (à Jahrg. ca. 96 S.) Lohausen b/Kaiserswerth, Rekt. A. Kugelmeier. à Jahrg. n. 1. 20
Fortsetzung, s.: Hausfreund, katholischer.

Seelenfreund, geistlicher, eine Auswahl von Gebeten zum tägl. Gebrauche für fromme Katholiken. Grobe Schrift. Mit Holzschnitten. 12. Augsburg 837. (Regensburg, Manz.) 7 ℊ — 2e verbess. u. verm. Aufl. Grobe Schrift u. Holzschnitte. 12. Ebd. 838. 7 ℊ

Seelenfreund, geistlicher. Eine Auswahl von Gebeten für fromme Katholiken. 3. Aufl. 18. Augsburg 843, Herzog. (Regensb., Manz.) 1/6 ℳ — 4. verb. Aufl. 12. Ebd. 845. ¼ ℳ

Seelenfreund, geistlicher. Eine Auswahl von Gebeten für fromme Katholiken. 4. Ausg. 12. (11 B.) 845. 7½ Ngr. u. 5. Aufl. 18. (10 B.) Augsburg 843. (Regensburg, Manz.)

Seelen-Frieden, üb. den, den Gebildeten ihres Geschlechts gewidmet von der Verfasserin. 8. Leipz. 810. (Cnobloch) 18 ℊ 2e Aufl. 8. Hamb. 818. 3e Aufl. gr. 12. Ebd. 829. F. Perthes. 1 ℳ 6 ℊ

Seelen-Frieden, über den. Den Gebildeten ihres Geschlechts gewidmet von der Verfasserin. Mit einer Gedanken-Lese als Anhang. 4e Aufl. gr. 12. Hamburg 836. Fr. Perthes. 1 ℊ

Seelen-Frieden, über den. Den Gebildeten ihres Geschlechts gewidmet von der Verfasserin. Mit einer Gedanken-Lese als Anhang. 5. Aufl. 12. Hamburg 843, Fr. Perthes. 1 ℳ

Seelenführer, der kleine, besonders für die Jugend beim Empfang der heiligen Sakramente. [Kleines Hilfsbuch bei der Vorbereitung zur ersten heiligen Kommunion.] 3. verb. Aufl. Wien 860. Grund. (Gorischek.) 32. (144 S. u. 1 Stahlst.) n. 5 ngr.

Seelenführer, Der kleine, besonders für die Jugend beim Empfang der heil. Sacramente. 17. Aufl. Wien 1897. H: *Donin, Ludwig.* (EB)

Seelen-Funken in freier Poesie. Supplement zu: »Knüttelverse eines Weltverachters«. Wien [1890]. V: *Kretschmer, Adolph.* (EB)

Seelen-Funken in freier Poesie. Suppl. zu: „Knüttel-Verse e. Weltverachters". (4 S.) gr. 8. Wien 903. (L. Steckler.) n. — 20

Seelengarten, der. Ein Gebetbuch für kathol. Christen. Von einem kathol. Geistlichen. Mit 1 Stahlst. 12. Bonn 843, Habicht. 1 ℳ

Seelengarten, der. Ein Gebetbuch für katholische Christen, von einem katholischen Geistlichen. Neue Aufl. Nebst 1 Kpfr. Bonn 858. Habicht. 12. (XVIII, 467 S.) 1 ℳ.

Seelengarten, der große. Vollständiges Gebetbuch für kathol. Christen aus vielen der schönsten deutschen Gebete des Mittelalters zusammengestellt. 8. (573 S.) Augsburg 878, [Literar. Institut von Dr. M. Huttler.] Haugg. geb. * ℳ 8,50. und *

— -Garten, seraphischer, od. Betracht. auf alle Tage des Jahres sammt d. Leben d. Heiligen. 2 Thle. 4. Nürnberg. 739.

Seelen-Gärtlein

—— dass. — s.a. Brod, das tägliche.

Seelen-Gärtlein. Vollständiges Gebetbuch für kathol. Christen, aus vielen der schönsten deutschen Gebete des Mittelalters zusammengestellt. gr. 16. (XXXVIII, 541 S. mit Initialen und Ornamenten.) Augsburg 877, Literar. Institut von Dr. M. Huttler. * ℳ 5.; geb. in Calico * geb. in Leder mit vergold. Schließen * geb. in Prachtbd. mit Schließen *
—— dass. — 2. Aufl. 16. (XIX, 583 S.) Ebendas. 878. * geb. von * ℳ 9. bis *

Seelengärtlein. Ein Lehrbüchlein von den wahren und vollkommenen Tugenden. Von dem seligen Albert dem Grossen, Bischof von Regensburg. Aus dem Lateinischen übersetzt von M. K. Mit einem Gebets-Anhange. Mit bischöflicher Approbation. Gr. in-24", 256 S., mit Titelbild. Einsiedeln, Gebr. Benziger. 1880 — 65

Seelen-Gärtlein. Vollständiges Gebetbuch für kathol. Christen, aus vielen der schönsten deutschen Gebete des Mittelalters zusammengestellt. 3. verm. Aufl. 12. (XX, 625 S. mit eingedr. Holzschn.) Augsburg 882, Literar. Institut von Dr. M. Huttler. *

Seelengärtlein. Gebetbüchlein, enth. d. nothwendigsten Gebete c. kath. Christen. 32. (III, 215 S. m. Titelbild.) Kevelaer 896. J. Thum. Geb. in Ldr. m. Goldschn. — 75

— Gebetbüchlein, enth. d. nothwendigsten Gebete c. kathol. Christen. (5. Aufl.) 64. (IV, 184 S. m. Titelbild.) Ebd. 897. Geb. in Chagrin m. Goldschn. — 80

Seelengärtlein. Hortulus animae. Cod. bibl. pal. Vindob. 2706. Photomechanische Nachbildgn. der k. k. Hof- u. Staatsdruckerei in Wien. Hrsg. unter der Leitg. u. m. kunstgeschichtl. Erläutergn. v. Frdr. Dörnhöffer. 11 Lfgn. (92, 92, 92, 92, 92, 92, 92, 98, 98, 96 u. 106 S. m. farb. Abb. u. 7 S.) 39×27 cm. Frankfurt a/M. 908. 09. J. Baer & Co. à Lfg. 60.—; französ. Ausg. 60.—; Ldr.-Mappe dazu à nn 30.—

—— das kleine, oder andächtiges Beicht- und Kommunionbüchlein, in welchem viele schöne alte und gute Gebete zum Empfang dieser heil. Sakramente, nebst Morgen-, Abend- und Meßgebeten, dann solche über das allerheiligste Leben, das bittere Leiden und Sterben unsers Herrn Jesu Christi und Andachten zu Unserer lieben Frau enthalten sind, denen endlich zur Mehrung der Andacht an Kommuniontagen das Büchlein vom heil. Altarssakrament aus der „Wahren Nachfolgung Christi" in neuer Uebersetzung beigegeben ist. 16. (XXI, 376 S.) Ebendas. 878. *
geb. von * M 5. bis *

—— das kleine, oder andächt. Beicht- und Kommunionbüchlein, in welchem viele schöne, alte und gute Gebete zum Empfang dieser heil. Sakramente, nebst Morgen-, Abend- und Meßgebeten, dann solche über das bittere Leiden und Sterben unsers Herrn Jesu Christi und Andachten zu Unserer Lieben Frau enthalten sind. 2. Aufl. 24. (XII, 547 S. mit 1 eingedr. Holzschn.) Ebendas. 880. *
geb. in Chagrin mit Rothschn. **
geb. in Chagrin mit cisel. Schnitt **

—— das kleine. Ein vollständ. Gebet-, Beicht- und Communionbuch für kathol. Christen. 3. Aufl. 32. (XII, 457 S. mit 1 Holzschn.) Ebendas. 884. *
geb. ** M 5.; ** M 6,50. und *

Seelengärtlein, das kleine, oder andächtiges Beicht- u. Communionbüchlein. 5. Aufl. 32. (XII, 547 S.) Augsburg 887. Literar. Institut von Dr. M. Huttler.
n. 3.—; geb. n. 5.— u. n. 6.50

Seelen-Gefahr, Die, zu vergessen, wie man vor Gott gestaltet sey . . . Bresl. 1759. V: *Burg, Johann Friedrich.* (Kat. d. Druckschr. üb. Breslau. Breslau 1903. S. 19.)

Seelengeographie, die,. Originallustsp. 8. Lpz. Böhme. 772.

Seelengeographie, die; Original-Lstspl. (v. Chr. Glo. Klemm). 8. Leipz. 772. (Gnobloch). 4 K

SEELENGESCHICHTE einer Exnonne; ein Monument der Wohlthaten Josephs des Zweyten. Theils von ihr selbst geschrieben, theils aus ihrem Tagebuche und den hinterlassenen Briefen gezogen, und ergänzt von *E****s S**r.* 2 Thle. Mit Titelvign. (nach Sambach von Mansfeld gestoch.). Leipzig, 1793. Bey Joseph Frister, Kunst- u. Buchhändler (in Wien).
Nur Th. 1 lag vor: 234 S. (incl. Tit. u. 3 Bll. Vorr. d. Herausgebers), nebst 2 Bll. Frister'scher Verlag. — Selten cplt.!

SEELENGESCHICHTE einer Exnonne; ein Monument der Wohlthaten Josephs des Zweyten. Theils von ihr selbst geschrieben, theils aus ihrem Tagebuche u. den hinterlassenen Briefen gezogen, u. ergänzt v. E****s S**r. 2 Tle. Lpz. (Wien) 1793. 8°. 234 S., 2 Bl. u. 320 S. (36 Kr. [so!] Gilhofer & Ranschburg. 1912.)
Sehr selten! Am Schlusse des 1. Teiles ein Verlagsverzeichnis des Jos. Frister, Kunst- u. Buchhändlers in Wien.

Seelengeschichte einer Exnonne, ein Monument der Wohlthaten Josephs des Zweyten, theils von ihr selbst geschrieben, theils aus ihrem Tagebuche und Briefen gezogen, und ergänzt von E...s S...r. 2 Theile, 8. Wien (Leipzig) 793 (Beygang) 1 Rthl. 15 sgl.

Seelengröße; od. d. Landsturm in Tyrol. Schsp. in 5 Aufz. v. Ziegler. 8. Wien, Wallishäußer.

Seelengröße, in Gemälden aus der Geschichte. s. G. Cith.

Seelen-Größe u. Herzensgüte, s. a. Herzensgüte.

— : Größe, u. Herzensgüte, e. Beyspiel-Samml. d. edelsten u. schönsten Thaten v. Menschen rc. f. Kinder, m. K. 8. Hamb. Vollmer. 810.

— : Größe, über, u. Standhaftigkeit im Unglück. 8. Leipz. Jacobäer. 796.

Seelengröße und Standhaftigkeit, über, im Unglück. 3te unveränd. Aufl. 8. Leipzig, Jacobäer. 821.

Seelengut, des guten Kindes göttliches. Gebet- u. Erbauungsbuch für die liebe Jugend. Mit Morgen-, Tages-, Abend-, Meß-, Beicht- u. Communion-Andacht; Gebeten zu allen Heiligen, der Kreuzweg-Andacht, nebst vielen anderen zahlreichen Gebeten u. Kirchenliedern. Neuhaus 866. Landfraß & Sohn. 16. (404 S. mit 1 Stahlst. als Titelbild.) n. 10 ngr.

Seelenharmonium, die mächtigste und wirksamste Sprache zum Herzen. Eine große Sammlung ausgewählter Lieder für zarte Herzensangelegenheiten. Unsern Jünglingen und Jungfrauen als Festgeschenk gewidmet. 8. (333 S.) St. Gallen 866, Altwegg-Weber. cart. 28 Ngr.; geb.

NEUVERMEHRTE SEELEN-HARPFFE Oder Württembergisches Gesang-Büchlein . . . Nebst einer Vorrede D. Andr. Adam. Hochstetters – Tübingen: Brunn 1709. *(Vorrede vom 8. 12. 1708, 25 ungez. S.)*
– Geistliche Seelen-Harpffe. – Tübingen: Brunn 1714.
– Tübingen: Brunn 1718. *(Vorrede, 9 ungez. Bl.: »Geschrieben in Tübingen, den 8. Dec. dieses zu Ende eilenden 1708.ten Jahrs, und zum 4ten mahl samt einiger Vermehrung wiederholet am Tage Titi, d. 18. Sept. 1715.«)*
– Tübingen 1727.
– Tübingen: Brunn 1736.
– Tübingen 1738.
– Tübingen 1739 *(5 ungez. S. Vorwort).*
– Tübingen 1740.

Seelenheil, das, des Menschen, in einer kurzen Betrachtung dargestellt. 8. (4 S.) Bremen 855, Geisler.

Seelenhirte, Der, in verschiedenen Verhältnissen seines amtlichen Wirkens. . . . München 1836. V: *Six, J. Martin.* (Th) (Ky)

Seelenhirt, der, in verschied. Verhältnissen seines amtl. Wirkens. Eine Stimme von d. Bergen; an mich u. alle Seelsorger, v. J. M. S(ix). gr. 8. (7 B.) München 836, Lindauer'sche Buchh.

Seelen-Kalender, christlicher, oder christliche Lebensregeln auf alle Tage des Jahres. gr. 16. (75 S.) Tübingen 851, Laupp. 1/6 ℛ

—— geistlicher, für jedes Jahr. Von einem kathol. Geistlichen auf's Neue hrsg. 16. (64 S. und 1 Holzschn.) (Passau, Pustet'sche Buchh.)

Seelenkalender, geistlicher, für jedes Jahr. Von einem kathol. Geistlichen auf's Neue herausgegeben. 16. Passau 845, Pustet'sche Buchh. 1/12 ℛ

— geistlicher, f. jedes Jahr. Von einem katholischen Geistlichen auf's Neue hrsg. 16. (64 S. m. 1 Holzschn.) Passau 851, Pustet. 1 1/2 ngr

Seelenkalender, geistlicher, für jedes Jahr. Von einem kathol. Geistlichen auf's Neue hrsg. 32. (64 S. mit 1 Holzschn.) Passau 853, Pleuger.

Seelenkalender, geistlicher, für jedes Jahr. Von einem katholischen Geistlichen auf's Neue herausg. Passau 854. Pleuger. 16. (64 S. u. 1 Holzschn.) 1½ ngr

Seelenkunde. Mitteilungen des wissenschaftl. Vereines für Okkultismus in Wien. Schriftleiter: Rob. Hielle. V. Jahrg. 1904. 6 Nrn. (à ca. 16 S.) gr. 8. Wien, Manz. n. 2. —
Erscheint nicht mehr.

Seelencur, Allgemeine und der Zeit höchst nothwendige. Erstlich aus dem Grund entdeckend das grosse Verderben der Menschen . . . Nürnberg u. Altdorf 1728. V: *Eisler, Tobias.* (BB)

Seelenkur

— : Cur, d. Menschen höchst nöthig. 8. 721.

Seelenlabung, kräftige, eines gottliebenden Herzens in dem heiligsten Altar-Sakrament. Enth.: Schöne und ausgewählte Gebete bei Aussetzung und Umhertragung dieses heil. Sakraments, vorzüglich am heil. Frohnleichnams-Tage ꝛc. 3. Aufl. 16. (120 S. mit 1 Holzschn.) Albendorf 869. (Glatz, Hirschberg.) cart. *

Seelenlabung, sakramentalische, einer gottliebenden Seele gegen das heiligste Altars-Sakrament. Enth.: schöne und ausgewählte Gebete bei Aussetzung und Umhertragung dieses heiligsten Sakraments vorzügl. am heil. Frohnleichnams-Tage ꝛc. 16. (119 S. mit 1 Stnt.) Glatz 867, (Hirschberg's Buchh.) cart. *

Seelen-Lehre, kleine, eine mütterliche Unterhaltung mit ihren Zöglingen. 8. Götting. 802. R. A. 804. Vandenhöck u. R. 6 gr

— : Lehre, kleine, e. mütterl. Unterhalt. mit ihren Zöglingen. 8. Gött. Schneider. 804.

Seelenliebe. Von e. Freundin Guy de Maupassants. (Einzig berecht. Uebertragg. v. Arth. Schurig nach der 34. Aufl. des [anonymen] Originals „Amitió amoureuse".) (VIII, 314 S.) 8. Berlin 906. Hüpeden & Merzyn. n. 3. —; geb. n. 4. —

Seelenliebe. Jetzt: Berlin, Oesterheld & Co.

Seelenlust, heilige. Geistliche Lieder u. Sprüche von Fr. Spee, Angelus Silesius u. Novalis. Ausgewählt u. herausgeg. von Aug. Gebauer. 16. Stuttgart 845, Cast'sche Buchh. n. 1/4 ℛ

Himmlische Seelen-Lust, oder Carlsruhisches Gebet-Büchlein . . . beygefügt ist CASPAR NEUMANNS Kern aller Gebete. Ibidem 1744. 111 S. 16 Bl.

Seelen-Lust, himmlische, oder Schmalkaldisches Gesangbuch, enthaltend 745 Lieder, nebst den Sonntags- ꝛc. Episteln und Evangelien und Gebeten. 8. (XIV, 664 S.) Schmalkalden 881, Wilisch. * ℳ 3.; geb. * geb. mit Goldschn. *

Seelenmahl, christliches, oder Gebete für die Abgestorbenen, vorzüglich in der Seelenoctav u. bei Seelengottesdiensten zu gebrauchen. Neu herausg. u. mit Morgen-, Meß-, Beicht-, Communion- u. Abendgebeten vermehrt von e. kathol. Geistlichen. gr. 12. Sulzbach 837. v. Seidel. 1/4 ℛ

Seelenmanna in Spruch und Lied. Ziehkästchen zum täglichen Gebrauch. Berlin 860. W. Schultze. 64. (96 Bl.) n. 8 ngr; feine Ausg. n. 10 ngr

Seelenmörder, od. die Jesuiten bei dem portug. Königsmorde. Trspl. von e. Preußen. 8. Lübeck 759. ... 3 gr

Seelen-Musik, Geistliche. Elbing 1703. H: *Porsch, Christoph.* (GGr)

Seelen-Musick, Geistliche, Das ist: Geist- und Trostreiche Gesäng . . . Aus unterschiedlichen Musicalischen Büchern zu 3. und 4. Stimmen zusammen gesetzet, mit einem General-Bass, lieblichen Geigen-Stimmen, Nun zum 7. mahl aufgelegt . . . vermehret etc. St. Gallen, L. Hochreutiner, 1727. 8 Bl. 607 S. Fleckiger und etwas lädierter Pgtbd. d. Z.

Eitner V, 163/64. Dieses sehr beliebte Werk erschien zuerst 1682 in St. Gallen bei Redinger. Die 5.—7. Aufl. besorgte LORENZ HOCHREUTINER. Von der 8. Aufl. ab wurde es neu vermehrt und mit einem Anhang versehen von K. ZOLLIKOFER hrsg. (vgl. Eitner X, 365).

Seelen-Ruhe, andächtige, od. vergnügter Handelsstab, darauf sich d. herumwall. Christen-Herz nicht allein am heil. Sabbath lehnen, sondern auch tägl., sowohl Morgens als Abends, in s. Beruf, od. an Sonn-, Fest- u. Bußtagen, bei d. Beichte u. Communion, wie auch in Krieges-, Pestilenz-, Kreuz-, Reise- u. Krankheits-Zeiten, u. insgem. im Leben u. Tode sich aufrichten kann; wobei e. Gesang-Büchlein aus geistreichen Büchern zusammengetragen. (Neudr.) schmal 12. (216 S. m. Titelbild.) Berlin (894), Trowitzsch & Sohn. n. — 35; geb. n.n. — 50

Seelenruhe und Menschenglück. Weissenfels 1799. V: *Kottmeyer, Adolph Georg.* (Ky)

Seelenruh u. Menschenglück, (v. Ad. G. Kottmeyer). 8. Weißenf. 799. Graffé. 16 gr

Seelenruh u. Menschenglück, im Schooß d. Noderschen Familie. 8. Lpz. Beer. (Graffé in Weißenf.) 789.

Seelen-Schatz der lieben Alten, od. gottseliges Verlangen einer bußfertigen Seele in Betrachtt., Andachten ꝛc. 8. Delitsch 755. 8 gr

Seelen- u. Ehren-Schatz, Johanneischer. 8. Pesth 772. Typ. Soc. 5 gr

— neu vermehrter, od. schöne Seufzer- u. Trost-Reimlein üb. d. Namen Jesus, nebst Benj. Schmolkens Morgen- u. Abendsegen u. geistl. Lieder rc. 8. Cöslin, Hendeß. 2 gr

Seelenschatz, neuvermehrter, od. schöne Seufzer- u. Trostreimlein üb. d. Namen JESU, wie auch d. berühmten Hrn. Benj. Schmolkens Morgen- u. Abendsegen u. dessen geistr. Lieder, deren sich alte u. junge Leute im Leben u. Sterben nützlich bedienen können. Denen beigefügt: Ein schönes geistl. Gespräch zwischen Christo u. e. gläub. Seele. Aufgesetzt v. W. S. 12. (32 S.) Gumbinnen (895). W. Krauseneck. — 20

Seelen-Speise, etwas z. Nahrung d. Glaubens christl. Communikanten. 8. Schleiz 769. Mauke. 4 gr

— : Speise, geistliche, 12. Wien, Tendler. 756.

— geistliche. 12. Wien 756. Trattner. Dass. in 8. Ebd. 759. 5 gr

Seelenspeise zur Pilgerreise. 1. Aufl. 1869, und 2. Aufl. 16. (130 Bl.) Elberfeld 873, (Buchh. der evangel. Gesellschaft.) In Carton. * In Kasten. *

— : Speise, tägl. z. Nahrung d. Glaubens aus d. Evangel. 2 Bde. gr. 8. Ebend. 773.

Seelen-Speisen von allerhand Gattungen, nach der Verschiedenheit der Menschen angerichtet. 8. Hamburg, Martini. 749. Rthlr.

Seelenspiegel, christlicher. Ein Beicht- u. Communionbuch für solche Christen, die ihren Gewissenszustand kennen lernen wollen. Es enthält: Morgenandacht am Beicht- u. Communiontage, Meßandacht am Communiontage rc. wie auch 21 Bußübungen rc. Warendorf 855. Schnell. 12. (108 S.) n. 4 ngr

Seelenspiegel, christlicher. Ein Beicht- und Communionbuch für solche Christen, die ihren Gewissenszustand kennen lernen wollen. Es enthält: Morgenandacht am Beicht- und Communiontage, Meßandacht am Communiontage rc. wie auch 21 Bußübungen rc. 12. (108 S.) Warendorf 855(60), Schnell. *

Seelenspiegel, christlicher. Ein Beicht- und Communionbuch für solche Christen, die ihren Gewissenszustand genau kennen lernen wollen. 16. (192 S. mit 1 Stahlst.) Warendorf 881, Schnell'sche Buchh. * 50 Pf.; geb. *

Seelenspiegel, christlicher. Ein Beicht- und Kommunionbuch für solche Christen, die ihren Gewissenszustand genau kennen lernen, insbesondere für diejenigen, die sich auf eine Generalbeicht vorbereiten wollen. 5. gänzl. umgearb. und verm. Aufl. 16. (248 S. mit 1 Stahlst.) Warendorf 886, Schnell'sche Buchh. * 50 Pf.; geb. *

SeelenStärke, geistl., auf alle hohe Festtage d. ganzen Jahres. 12. Frankf. a. M., Weßhé. 6 gr

Seelen-Störung, üb. die eigenthüml., s. D. G. Kieser.

Der SEELENTROST. Monatsschrift im Interesse der armen Seelen. Redigiert unter Mitwirkung mehrerer kathol. Priester und herausgegeben von Dr. Johann Engels. Dechantpfarrer. Temesvár (Temeswar)-Josefstadt. Temesvár (Temeswar) 1894(-1898). - 220 mm

Seelentrost, geistlicher, od. sehr kräftige, nützl. u. trostr. Andachtsübungen f. fromme kathol. Christen. Nebst e. Anh. d. allerbesten Gebete, welche v. Papst Pius VI. erkläret u. ausgelegt worden sind. A. d. Ital. übers. 8. (12 B. u. Titkpfr.) Augsburg 839. (Regensburg, Manz.)

Seelen-Trost, katholischer. Ein vollständiges katholisches Gebetbuch mit reicher Auswahl der kräftigsten, altehrwürdigen und approbirten Gebetsformularien für kirchliche und häusliche Andacht. Von einem kathol. Seelsorgspriester der Augsburger Diözese. Mit sehr großem Drucke. Neuburg a. D. 858. Prechter. 24. (XII, 552 S. u. 1 Holzschn.) 12 ngr

Seelenverkäufer, die,. Lustsp. v. Schmieder. 8. Dresd. Richter. 784.

Seelenverkäufer, die, v. Schmieder. 8. Leipz. Sommer. 807.

Seelenwanderer, der, od. der polnische Fündling; eine Gnomengesch. 8. Altona, Kaven. (Sommer in Lpz.) 790.

Seelenwanderer, der, od. d. poln. Fündling. 8. Altona 790. (Wienbrack in Leipz.) 20 gr

— — dasselbe. 8. Lpz. Gräff. 802.

Seelenwanderung die,. Posse v. Vulpius. gr. 8. Berl. Sander. 786.

Seelenwecker

— darinnen viel auserlesene Gebete begriffen sind. 12. Nürnb., Endter. 3 gr

Seelenwecker, Geistlicher — worin Morgen-, Abend-, Meß-, Beicht und Kommunion-Gebete enthalten sind. 8. (176 S. und 2 Blätter.) Neuhaus. Verlag von Alois Joseph Landfraß. 1853.

Seelenwecker, Geistlicher —, worin Morgen-, Abend-, Meß-, Beicht- und Kommuniongebete, die Litanei vom süßen Namen Jesu u. s. w. enthalten ist. Neuhaus. 1855 Druck und Verlag von Alois Jos. Landfraß. (7 Blätt 156 S. 32.) geb.

Seelenwecker, geistlicher — worin Morgen-, Abend-, Meß-, Beicht- und Kommuniongebete, die Litanei vom süßen Namen Jesu, sammt verschiedenen Gebeten und Meßgesängen, nebst der Kreuzwegandacht enthalten ist. Neuhaus, 1856. Druck und Verlag von Alois Landfraß. (146 S. 16. Mit einem Titelbild.)

Seelenwecker, geistlicher, worin Morgen-, Abend-, Meß-, Beicht- u. Communiongebete, die Litanei vom süßen Namen Jesu, sammt verschied. Gebeten u. Meßgesängen, nebst der Kreuzwegandacht enthalten ist. Neuhaus 863. Landfraß & Sohn. 32. (172 S. mit 1 Titelbilde.) n. 2 ngr

Seelenwecker, geistlicher, worin: Morgen-, Abend-, Meß-, Beicht- und Communiongebete; die Litanei vom süßen Namen Jesu, sammt verschiedenen Gebeten und Meßgesängen, nebst der Kreuzwegandacht enthalten ist. 32. (174 S.) Neuhaus, Landfraß & Sohn 1867 10 kr.

Seelenwecker, himmlischer, oder tägliche Andachtsübungen auf die Morgen- u. Abendzeit, heil. Messe, wie sie d. Priester betet, zur Beicht u. s. w. 12. Regensburg 840. Reitmayr. n. 1/4 Rthlr.

— katholischer. 12. Glogau, Chr. F. Günther. 6 gr

Seelen-Wecker, kathol. Mit Kpf. 12. Sulzbach 805. v. Seidel. 3 gr

Seelenweide, Evangelische, an dem Bach des Lebens . . . Altendorf 1758. 2. Aufl. 1770. V: *Hessel, Johann Adam.* (ML) (Ky) (Will)

Seelen-Weide und Seelen-Freuden, frommer Christen gottgeheiligte. Trostreiche Gebete und geistliche Lieder. Mit besonderer Berücksichtigung für Auswanderer. 16. (XIV und 381 S.) Schaffhausen 853, Schalch.

Seelen-Weide, frommer Christen gottgeheiligte, und Seelen-Freuden. Trostreiche Gebete und geistliche Lieder. Mit besonderer Berücksichtigung für Auswanderer. Schaffhausen 854. Schalch. 16. (XIV, 384 S.) 8 ngr.

Seeler u. **Bolt**, s. **Abbildd. d. vorzügl. Militairs.**

Seeler, Geschichte des 1. Großherzogl. Mecklenburgischen Dragoner-Regiments Nr. 17 vom 6. Novbr. 1819 bis 1. Jan. 1885. Lex.-8. (VI, 154 S. mit 5 farb. Kunstbeilagen.) Berlin 885, Mittler und Sohn. *ℳ 7.50.; geb. *

Seeler, *Karl Emil* Felix [aus Leipzig]: Die geometrische Isomerie der Bromderivate des Stilbens ... Leipzig-R., Druck v. O. Schmidt, 1894; 28 S., 1 Bl. 8.
Leipzig, Phil. Fak., Inaug.-Diss. v. [18. Aug.] 1894

Seeler, Felix, d. geometrische Isomerie d. **Bromderivate** des Stilbens. gr. 8. (28 S. m. Fig.) Leipzig 895. A. Stein. n. 1. 50

Seeler, *Georg* [aus Lübtheen (Mecklenb.)]: Ueber Behandlung von Influenza und Lungenentzündungen ... Jena, Frommannsche Hof-Buchdr., 1896; 19 S. 8.
Jena, Med. Fak., Inaug.-Diss. v. [26. Aug.] 1896

Seeler, N. v., die Arbeitorversicherung in Russland, s.: **Zachor.**

— s.: **Gesetzbuch**, bürgerliches, (f. Russland).

[J.] Burschenliederbuch. Hrsg. v. Nicolaus Th. **Seeler**. 4. verb. Aufl. *Jurjew: Schnakenburg 1894.* (XII, 174 S.) 1 Bd 8.

Seeler, Wilh. v., Glossen zur Praxis des Reichsgerichts. (III, 112 S.) gr. 8. Halle 908. M. Niemeyer. 3. —

Seeler, Wilh. v., zur Lehre v. der Conventionalstrafe nach römischem Recht. gr. 8. (IX, 132 S.) Halle a/S. 891. Niemeyer. n. 2. 80

Seeler, Wilh. v., d. Lehre v. **Miteigenthum** nach röm. Recht. gr. 8. (III, 169 S.) Halle 896. M. Niemeyer. n. 4. —

Seeler, Wilh. v., das Miteigenthum nach dem bürgerl. Gesetzbuch f. das Deutsche Reich. gr. 8. (V, 108 S.) Halle 899. M. Niemeyer. n. 2. 80

Seeler, Wilh. v., die **Novelle** zum Börsengesetz. (39 S.) gr. 8. Berlin 904. C. Heymann. n. — 80

Rechtsfälle nach dem Bürgerlichen Gesetzbuche von Wilhelm v. **Seeler**, Prof. Halle a. S.: M. Niemeyer 1906. (35 S.) 8°

— Die Rechtsstellung des Jagdpächters bei Veräusserung des Grundstückes, s. **Festgabe** der Berliner jurist. Fakultät f. Otto Gierke.

Seeler, Wilh. v.: Die Rechtsstellung des Jagdpächters bei Veräusserung des Grundstückes. Breslau 1910.
(in: Festgabe d. Berliner jur. Fak. f. Gierke. Bd 2.)

Seelert, Hans: Zur Kenntnis des duralen Psammoms. München 1908: Kastner & Callwey. 32 S. 8°
München, Med. Diss. v. 19. Febr. 1909, Ref. v. Bollinger
[Geb. 17. Mai 83 Lobsens; Wohnort: München; Staatsangeh.: Preußen; Vorbildung: Gymn. Dt. Krone Reife M. 02; Studium: Berlin 1, Kiel 2, Halle 4, München 3 S.; Coll. 19. Febr. 09; Approb. 31. Jan. 09.] [U 09. 3402

Seeleute, Unsere; ein Beitrag zur Lösung der Seemannsfrage. Bremen 1896. V: *Kradolfer, Joh.* (Cat. d. Stadtbibl. Zürich. Zürich 1864—97.)

Seeley, John Robert

Seeley, J. R., The expansion of England, hrsg. v. Aug. Sturmfels, s. **Authors, English.**

Seeley, J. R., the expansion of England, s. **Collection** of British authors.

— dasselbe, hrsg. von Ernst Kreuser, s. **Reformbibliothek**, neusprachliche. 19. Bd.

Seeley, J. R., the expansion of England, hrsg. v. G. Opitz, s. **Textausgaben** französ. u. engl. Schriftsteller.

— dasselbe, hrsg. von Aug. Sturmfels u. Arth. Lindenstead, s. **Velhagen & Klasing's** Sammlung französ. u. engl. Schulausgaben.

The expansion of England. 2 courses of lectures by J(ohn) R(obert) **Seeley**. Mit Anm. [— Anhang] z. Schulgebr. hrsg. von Dr. August Sturmfels, Prof. in Gießen. [Nebst] Wörterbuch. *Bielefeld & Leipzig: Velhagen & Klasing 1903.* 3 Bde 8°
— Sammlung. Velhagen & Klasings, franz. u. engl. Schulausgaben. English authors. Lfg 86 B.

The Expansion of England. Two courses of lectures. By J[ohn] R[obert] Seeley. Abridged Ed. for Schools. With Pref. and Ann. by Dr. Aug. Sturmfels, Prof., Gießen, and Arthur Lindenstead, B. A., Berlin. [Nebst] Appendix. Bielefeld & Leipzig: Velhagen & Klasing 1904. 2 Bde 8°
= Sammlung, Velhagen & Klasings, franz. u. engl. Schulausgaben. Reform-Ausgaben. No 4.

Seeley, Sir John Rob., the expansion of England. Für den Schulgebrauch hrsg. v. Edm. Köcher. (176 S.) 8. Leipzig 908. G. Freytag. — Wien, F. Tempsky. Geb. 1. 60

Seeley, J. R., Goethe. Reviewed after 60 years, s.: **Collection** of British authors.

— The growth of Great Britain, hrsg. v. K. Fahrenberg, s. **Schulbibliothek** französ. u. engl. Prosaschriften. II. 46.

The growth of Great Britain. By Sir J(ohn) R(obert) **Seeley**, being a selection from the authors 'Expansion of England' and 'Growth of British policy'. Für d. Schulgebr. hrsg. und erl. von Dr. K[arl] Fahrenberg, Oberl. zu Braunschweig. Berlin: Weidmann 1905. (XII, 150 S.) 8°
= Schulbibliothek franz. u. engl. Prosaschriften aus d. neueren Zeit. Abt. 2. Bdch. 45.

Seeley, J. R., life and times of Stein, or Germany and Prussia in the Napoleonic age, s. **Collection** of british authors.

Seeley, J. R., life and times of Stein, or Germany and Prussia in the Napoleonic age. 3 vols. 8. (XXVIII, 512; XVI, 568 u. XVI, 586 m. 3 Stahlst.) Cambridge 879. Leipzig, Brockhaus' Sort. geb. n. 54. —

— **Stein.** Sein Leben u. seine Zeit. Deutschland u. Preußen im Zeitalter Napoleons. 1. u. 2. Bd. Aus dem Engl. übers. v. Emil **Lehmann**. gr. 8. (XXIV, 432 u. XII, 508 S.) Gotha 883. 85. F. A. Perthes. n. 18. —; geb. n. 16. —

Seeley, J. R., Stein. Sein Leben u. seine Zeit. Deutschland u. Preußen im Zeitalter Napoleon's. Aus dem Engl. übers. v. Emil **Lehmann**. 3. (Schluß-)Bd. gr. 8. (XII, 531 S.) Gotha 887. F. A. Perthes. n. 8. —; geb. n. 9. 50 (cplt.: n. 21. —; geb. n. 25. 50)

— dasselbe. Sach- u. Namenregister. gr. 8. (47 S.) Ebd. 887. n. 1. —

Seeley, Levi, the American public school system and its needs from the standpoint of German pedagogics. Diss. Leipzig 1887, Gustav Fock. 8°. 70 S.

Seeley, Levi [of Harpersfield, New York]: The American public school system and its needs from the standpoint of German pedagogics .... Leipsic, printed by Metzger & Wittig, 1887; 70 S. 8°.
Leipzig, Phil. Fak., Inaug.-Diss. v. 17. Febr. 1887.

Seelfisch, J., s. Welssenberg, L., Erinnerung an Wittenbergs Denkmäler.

Seelheim: Adolf: Georg Spalatin, der erste Sächsische Historiograph. Ein Beitrag zur Geschichtsschreibung des Reformationszeitalters. Halle (1875): Heynemann. 26 S. 8°
Halle-Wittenberg, Phil. Diss. v. 23. Okt. 1875
Geb. Magdeburg 24. 12. 1850. V.
Ersch. vollst. im Buchhandel Halle: Gesenius 1876. 87 S. 8° (Hallesche Abhandlungen zur neueren Geschichte. H. 5.) — Verf. erlebte die Diplomerneuerung 1925 als Realschul-Professor a. D. in Bremen, vgl. Anh. Nr. 695.

Seelheim, Adf., Georg Spalatin, s.a. Abhandlungen, Halle'sche, zur neueren Geschichte.

Seelheim, Adf., Georg Spalatin als sächsischer Historiograph. Ein Beitrag zur Geschichtschreibung des Reformationszeitalters. gr. 8. (87 S.) Halle 876, Gesenius. *

Seelheim, Carl, s. Seelheim, Karl

Seelheim, F., Äther, Körper u. Schwere. gr. 8. (III, 33 S.) Amsterdam (901). H. Eisendrath. n. 1. 60

Seelheim, Ferd., über das Saligenin oder den Alkohol der Salicylreihe. Inaugural-Dissertation. gr. 8. (47 S.) Göttingen 860, (Vandenhoeck und Ruprecht's Verlagsh.) **

Seelheim, Heinrich: Die Ueckermünder Heide. Ein Beitr. z. pommerschen Landeskunde. Greifswald 1910: Abel. IX, 116 S. 8° ¶ (Aus: Jahresbericht d. Geogr. Gesellsch. zu Greifswald. 12.)
Greifswald, Phil. Diss. v. 30. Juli 1910, Ref. Friederichsen
[Geb. 15. Aug. 84 Essen a. R.; Wohnort: Greifswald; Staatsangeh.: Preußen; Vorbildung: Städt. Oberrealsch. Essen Reife O. 04; Studium: Marburg 3, Greifswald 8 S.; Rig. 20. Dez. 09.] [U 10. 1641

Seelheim, Heinr., quer durch Spitzbergen, s.: Filchner, Wilh.

Seelheim, Karl

Seelheim, Carl: Aus dem Laboratorium der pharmakognostischen Sammlung in Kiel. Beitrag zur Kenntnis der Wirkung des Strychnin. *Kiel 1898: A. F. Jensen.* (15 S.) 8°
Kiel, Med. Diss. v. [10. Mai] 1898

Seelheim, Karl, aus Schönebeck a. E.: Die Mundart des altfranzösischen Veilchenromans. *Leipzig 1903: O. Schmidt.* (163 S.) 8°
Leipzig, Phil. Diss. v. [20. Mai] 1903

Seelhoff, P., Flächen- und Körperberechnung, nebst Uebungsbeispielen aus der Arithmetik und Algebra zum Gebrauche für Navigationsschulen. 2. veränd. und verm. Aufl. 8. (VIII, 102 S.) Bremen 878, Heinsius. cart. *

Seelhoff, P., Flächen- und Körperberechnung in Lehrsätzen und Aufgaben nebst Regeln und Uebungsbeispielen aus der Arithmetik und Algebra zum Gebrauche für Navigationsschulen. 3. veränd. und verm. Aufl. 8. (VI, 106 S.) Bremen 886, Heinsius Nachf. *M 2.—.; geb. *

Seelhoff, W. Vide: Volksblatt.

Seelhorst, A. v., Deutschland's Militair-Literatur im letzten Jahrzehent 1850—1860 nebst einer Zusammenstellung der wichtigsten Karten und Pläne Europa's. Berlin **862**. Mittler's Sortbdlg. (Bath.) gr. 8. (VIII, 260 S.) n. 1 Thlr

Seelhorst, Conrad von, s. Seelhorst, Konrad von

Seelhorst, Ferd. v., das Heerwesen d. preuß. Staats. Enth. d. Grundsätze d. allgem. Militairverpflichtung, die Armee-Organisation u. diejen. militair. Verwaltungszweige u. Verhältnisse, bei denen besond. d. Civil mit d. Militair concurrirt. (3 Lfgn.) gr. 8. (31¼ B. u. 1¾ B. Tab.) Erfurt **841**, Otto.

Seelhorst, Ferd. v., das Heerwesen des preußischen Staats. 2., verm. Ausg. 1. Lfg. gr. 8. (6 B.) Erfurt **843**, Otto. *

—— Nachträge u. Verbesserungen zu dem Werke: „Das Heerwesen des preuß. Staats." gr. 8. (5½ B.) Erfurt **844**, Otto. *

Seelhorst, Georg

Seelhorst, G., Australien u. Sumatra. 2. (Titel-)Aufl. gr. 8. (XI, 417 S.) Augsburg 886. Gebr. Reichel. 3. —

Seelhorst, Geo., Australien in seinen Weltausstellungsjahren 1879—81. Nebst einem Anhang: Eine Reise in's Innere von Sumatra. gr. 8. (XI, 417 S.) Augsburg 882, Gebr. Reichel. *

Seelhorst, Georg *Friedrich Wilhelm Adolf* [Volontärassist. am Kgl. pathol. Inst. d. Univ. Breslau]: Aus d. Kgl. patholog. Institut d. Univ. Breslau. Ein Fall von traumatisch entstandener Cyste einer Grosshirnhemisphäre. E. Beitr. z. Lehre v. d. Porencephalie ... Breslau, Druck d. Bresl. Gen.-Buchdr., 1896; 46 S., 1 Bl. 8.
Breslau, Med. Fak., Inaug.-Diss. v. 27. Juli 1896

Seelhorst, Geo., e. Fall v. traumatisch entstandener Cyste e. Grosshirnhemisphäre. E. Beitrag zur Lehre v. d. Porencephalie. Diss. gr. 8. (46 S.) Breslau 896. (Schletter.) n. 1. —

— Katechismus der Galvanoplastik. Ein Handbuch für das Selbststudium u. den Gebrauch in der Werkstatt. 2., vollständig umgearb. Aufl. Mit Titelbild u. 40 in den Text gedr. (Holzschn.-)Abbildgn. 8. (XII, 192 S.) Leipzig 879. Weber. cart. n. 1. 50

—— Katechismus der Galvanoplastik und Galvanostegie, s.a. Webers, J. J., illustrirte Katechismen.

— Katechismus der Galvanoplastik u. Galvanostegie. 3., durchgesch. u. verm. Aufl. v. G. Langbein. Mit Titelbild u. 42 in den Text gedr. Abbildgn. 8. (X, 187 S.) Leipzig 888. J. J. Weber. geb. n. 2. —

Seelhorst, G., Metall-Industrie, s.a. Bericht, amtlicher, üb. die Wiener Weltausstellung.

Seelhorst, G. Metall-Industrie. Braunschweig. 1874.

SEELHORST, G., UND H. MEIDINGER.
Metallindustrie. Braunschweig, 1875.

—— die Philadelphia-Ausstellung und was sie lehrt. Ein Weck- und Mahnruf für den deutschen Gewerbsmann. 8. (VII, 171 S.) Nördlingen 878, Beck'sche Buchh. *

— technischer Rathgeber. Vorschriften, Unterweisgn. u. Recepte aus den Gebieten der Künste u. Gewerbe. Für den Gebrauch v. Fabrikanten, Gewerbtreibenden u. Dilettanten. Nach Spon's Workshop Receipts bearb. gr. 8. (IV, 288 S.) Leipzig **876**. Quandt & Händel. n. 4. 50

Seelhorst, Geo., die deutsche Waare auf dem Weltmarkt. Ein Beitrag zur Exportfrage. gr. 8. (66 S.) Augsburg 883. Reichel. n. 1. 50

—— die deutsche Waare auf dem Weltmarkt. Ein Beitrag zur Exportfrage. 2. (Titel-)Aufl. gr. 8. (IV, 66 S.) Augsburg 886, Gebr. Reichel.

—, — 2 Aufl. Augsburg 1888. 8.

— wie erlangt man ein Patent? Anleitung zur Beschaffung u. Bewahrung eines deutschen Reichspatentes. 8. (VIII, 64 S.) Leipzig 879. Weber. geb. n. 1. —

Seelhorst, I. W., de praescriptione actionis hypothecarii. 4. Gött. Bröse. 791.

Seelhorst, Konrad von

Seelhorst, Conr. v., Acker- u. Wiesenbau auf Moorboden. gr. 8. (VIII, 292 S. m. 11 Textabbildgn. u. 4 Taf.) Berlin 892. P. Parey. Geb. in Leinw. n. 8. —

von **Seelhorst,** Conrad [Dr. phil.]: Die Belastung der Grundrente durch das Gebäudekapital in der Landwirtschaft. . . . Jena, Gustav Fischer, 1890; 2 Bl. + 78 S. 8°
Jena, Phil. Fak., Hab.-Schr. v. 1890

Seelhorst, Conr. v., die landwirtschaftliche Buchführung, s.: Thaer-Bibliothek. (Goltz, Theod. Frhr. v. der.)

Seelhorst, Conrad von: Die Entwicklung der englischen und der deutschen Landwirtschaft in den letzten 30 Jahren Göttingen 1909: Dieterich. S. 1—16. 8°
Göttingen, Festrede zur akadem. Preisverteilung 1909
[U 09. 130]

— Die Entwicklung der englischen u. der deutschen Landwirtschaft in den letzten 30 Jahren. Festrede zur akadem. Preisverteilg., am 9. VI. 1909 geh. (20 S.) Lex. 8. Göttingen 909. Vandenhoeck & Ruprecht. —40

— Leitfaden der landwirtschaftlichen Betriebslehre, s.: Thaer-Bibliothek. (Goltz, Thdr. Frhr. v. der.)

— der Roggen als Wertmass f. landwirtschaftliche Berechnungen, s. a. Studien, staatswissenschaftliche.

von **Seelhorst,** Conrad: Der Roggen als Wertmass für landwirtschaftliche Berechnungen. . . . Jena, Gustav Fischer, 1888; 1 Bl. + 80 S. 8°
Jena, Phil. Fak., Inaug.-Diss. v. 1888

Das landwirtschaftliche Versuchsfeld der Universität Göttingen. Von Dr. C[onrad] v. **Seelhorst,** Prof., Göttingen. Mit 4 Taf. u. 2 Textabb. Berlin: P. Parey 1903. (40 S.) 8°

Das Zusammenwirken von Betriebsorganisation und Betriebsdirektion auf den Betriebserfolg. Von Dr. C[onrad] v. Seelhorst, Prof., Göttingen. Berlin: P. Parey 1904. (47 S.) 8°

Seelhorst, Maria, das Schicksal der Tänzerin Ermina Hautaine. Roman. (274 S.) kl. 8. Berlin 910. S. Fischer, Verl. 3.50; geb. n 4.50

Seelhorst, Maria, Sehnsucht nach dem Leben. (Zeichnungen u. Buchschmuck von der Verf.) (64 S. m. 2 Abbildgn.) 8. Berlin (906). Harmonie. n. 2. —; geb. in Leinw. n. 3. —

Seelhorst, Paul, Arzt: Aus d. Städt. Krankenh. zu Elbing (Dir. Schwarz). Ein kasuistischer Beitrag zu den Schussverletzungen der Halswirbelsäule. Leipzig 1909: Lehmann. 41 S. 8°
Leipzig, Med. Diss. v. 16. Dez. 1909, Ref. Trendelenburg
[Geb. 24. Febr. 79 Breslau; Wohnort: Pausa; Staatsangeh.: Preußen; Vorbildung: Johannes-Gymn. Breslau Reife O. 98; Studium: Breslau 4, Freiburg i. B. 2, Breslau 10 S.; Coll. 22. Dez. 09; Approb. 11. April 06.] [U 10. 3059

Seelig, s. a. Selig.

Seelig's Führer durch den Sammelsport. 1. Bd. Internationales Adressbuch der Antiquitäten-, Gemälde-, Kunst- u. Münzen-Sammler u. -Händler, nebst Museen, Vereinen, öffentl.-, Privat-Bibliotheken. — Guide pour collectioneurs „Seelig". — „Seelig's guide for collectors. (VI, IV, 284 S. m. 2 eingedr. Bildnissen.) gr. 8. Berlin 903. R. Seelig. n. 15. —

Seelig, A., Ornamentik der Industrie. gr. Fol. (9 Stnt.) Annaberg 854, Rudolph und Dieterici. —

Seelig, A., (naturgeschichtl. Tabellen:) Pflanzenreich. 2 Tafeln. — Steinreich. 2 Tafeln. — Thierreich. 4 Tafeln. gr. Fol. (7 B.) Würzburg 839. (Kitzingen, Köpplinger'sche Buchh.) *

Seelig, A., s.: Untersuchungen, chem. u. medicin.

Seelig, A., über die in Folge mechanischer Atmungshindernisse eintretenden Veränderungen in den Atembewegungen. Inaug.-Diss. gr. 8. (26 S. m. 1 Taf.) Königsberg i/Pr. 888. (Koch's Antiqu.) n.n. — 70

Seelig, A. G. M., das Lawn-Tennis-Spiel. Ein Leitfaden u. Berater f. angeh. Spieler. 8. (16 S.) Berlin (902). M. Lilienthal. — 80

Seelig, Albert [prakt. Arzt]: Ueber die in Folge mechanischer Atmungshindernisse eintretenden Veränderungen in den Atembewegungen . . . Königsberg, Druck v. A. Hausbrand's Nachfolger (1888); 26 S. + 2 Bl. u. 1 Taf. 8°
Königsberg. Med. Fak., Inaug.-Diss. v. 31. März (handschr.) 1888

[Umschlagt.:] **Seelig,** Alfred [aus Schwedt a. O. (Prov. Brandenb.)]: Pathologisch-anatomische Untersuchungen über die Ausbreitungswege des Gebärmutterkrebses. (Aus e. von d. med. Fac. d. Kaiser-Wilhelms-Univ. Strassburg gekr. Preisschrift) . . . Strassburg i. E., Druck v. A. Volkmann in Schwedt a. O., 1894; 1 Bl., 68 S., 1 Bl., 1 Taf. 8.
Strassburg, Med. Fak., Inaug.-Diss. v. 1894

Seelig, Arthur Liegt im Vertrage zu Gunsten eines dritten ein einseitiges Versprechen an diesen? *Berlin: M. Günther 1903.* (36 S.) 8°
Marburg, Jur. Diss. v. [25. Juli] 1903

Seelig, August, approb. Arzt aus Marienthal, Kr. Arnswalde: Ein Beitrag zur Lehre von der acuten infectiösen Osteomyelitis nebst einem Fall von Osteomyelitis spontanea multiplex. *Leipzig [1902]: B. Georgi.* (32 S.) 8°
Leipzig, Med. Diss. v. (18. Juni) 1887

Seelig, Eduard, Dr.: Über Benzylacetat und ähnliche Körper, insbesondere ihr Verhalten gegen Chlor & Brom. 1889. 31 S. 8° ¶ Aus: Journal f. prakt. Chemie. Bd 147. N. F. Bd 39. S
Stuttgart Te. H., Hab.-Schr. v. 19. 1. 1889

Seelig, Ed., zur Kenntniss der gechlorten Toluole u. ihrer Derivate. gr. 8. (48 S.) Dresden 884. (Knecht.) n. 2. —

— Molekularkräfte. Physikalisch-chemische Studie der verschiedenen Körperzustände. gr. 8. (58 S.) Dresden 886. G. Schönfeld's Verl. n. 2. —

Seelig, Ed., Molekularkräfte. Physikalisch-chem. Studie der verschiedenen Körperzustände. 2. Aufl. Durch zahlreiche Tabellen vervollständigt. gr. 8. (II, 60 S.) Berlin 893. (R. Friedländer & Sohn.) n. 2. 40

— organische Reaktionen u. Reagentien. gr. 8. (XVI, 856 S.) Stuttgart 892. J. G. Cotta Nachf. n. 15. —

Seelig, F. W., üb. die Anwendung u. den Nutzen der Fischwege. [Aus: „Mittheilgn. d. österr. Fischereivereines".] (Internationaler land- u. forstwirthschaftl. Congreß zu Wien 1890, Hft. 100.) gr. 8. (10 S.) Wien 890. (W. Frick.) n. 1. --

Seelig, F. W., Fischerei u. einschlagendes Wasserrecht betreffende Entscheidungen höherer deutscher Gerichtshöfe, insbes. d. Reichsgerichts. gr. 8. (XII, 132 S.) Leipzig-Reudnitz 889. M. Hoffmann. 3. 50; geb. 4. 60

Seelig, F. W., das Gesetz über das Grundbuchwesen vom 29. Mai 1873 in dem Bezirk des [vorhinnigen] Appellationsgerichts zu Cassel mit Ausschluß des Amtsger.-Bez. Vöhl unter Berücksicht. der neuen Reichs- und Landesgesetze. 3 Abthlgn. gr. 8. Cassel, Hühn. [1. Abthl. (VIII, S. 1—120.) 873. Einzelpr. *M 1,50.; 2. Abthl. (IV, S. 121—246.) 874. Einzelpr. *M 1,50.; 3. Abthl. (IV, S. 247—310.) 881. Einzelpr. *M 1,20.] *

Seelig, F. W., die seit 1867 für den Reg.-Bez. Cassel erlassenen Polizei-Verordnungen. Sachlich geordnet. 8. (VIII, 252 S.) Kassel 876. (Freyschmidt.) *

Seelig, Fr. W., die Staatsbehörde bei den Strafgerichten. Nach Gesetzgebung und Praxis in Kurhessen. Ein Beitrag zur Entwickelungs-Geschichte der deutschen Staatsanwaltschaft. gr. 8. (VIII und 140 S.) Cassel 864, Krieger'sche Buchh. *

Seelig, Fritz: Der elsässische Dichter Hans von Bühel. Eine litterarhistorische Untersuchung . . . . (Aus d. Strassburger Studien, III. Bd.) Strassburg, Karl J. Trübner, 1887; 2 Bl. + 93 S. 8°
Strassburg, Phil. Fak., Inaug.-Diss. v. 1887

Seelig, Fritz, Geschichtsbilder aus der Casseler Vergangenheit. Vortrag. 2., durchgeseh. Ausg. 12. (IV, 56 S.) Cassel 891. Hühn. n. — 80

Seelig, Fritz, 500 Jahre nürnbergisch-zollerischer Hausgeschichte. Ein histor. Gedenkblatt. schmal Fol. (4 S.) Fulda (901). (G. Nehrkorn.) n. — 20;
m. 1 photogr. Taf. in qu. 4. n. 1.20
Sonderabdruck aus: „Fuldaer Kreisblatt".

— der Name „Hessen" u. das Chattenland, sowie die Gebietsentwicklg. der Landgrafschaft. Vortrag. [Aus: „Hessenland".] gr. 8. (30 S.) Cassel 889. (Hühn.) n. — 60

Seelig, Geert, die geschichtliche Entwicklung der hamburgischen Bürgerschaft u. die hamburgischen Notabeln. gr. 8. (XVI, 244 S.) Hamburg 900. L. Gräfe & Sillem. n. 7. —

Seelig, Geert [Referendar]: Die Erbfolgeordnung des Schwabenspiegels. . . . Kiel, Druck v. Schmidt & Klaunig. 1890; 64 S. 8°
Kiel, Jur. Fak., Inaug.-Diss. v. 17. Mai 1890

— hamburgisches Staatsrecht auf geschichtlicher Grundlage. gr. 8. (VIII, 141 S.) Ebd. 902. n. 3. —

Seelig, Geert, u. Johs. Vollmann, Verfassung u. Verwaltungsorganisation der Hansestädte, s.: Schriften des Vereins f. Socialpolitik.

Seelig, Georg Adam (Hrsg.):

s.: Eleonora Maria Rosalia Herzogin zu Troppau und Jägerndorf: Freywillig aufgesprungener Granat-Apfel des christlichen Samariters... Th.2. 3.Aufl. Nürnberg: 1744

JB 2.985

SEELIG, Hans (Leipzig): Über zwei Fälle von tuberkulösem Pneumothorax.- München: Wolf 1901. 52 S.
28.6.1901 - Chr 1901/02,20; Jv 1900/01,246
Diss. Ingolst.-Landsh.-Mchn.

Seelig, Henriette

Seelig, Frau, die Kunst- u. Hausweberei, e. Frauenberuf, s. a. Bildung. Nr. 1.

Seelig, Frau Geh.-R., Die Kunst- und Hausweberei, ein Frauenberuf, dargestellt an der Kieler Webeschule des schleswig-holstein. Vereins zur Förderung der Kunst- und Hausweberei. Vortrag. 8°. Kiel, R. Cordes, 1903. („Bildung", Nr. 1.)

— Leitfaden f. den Unterricht in der Kunst- u. Hausweberei, nach den Erfahrgn. der Kieler Kunstwebeschule hrsg. (VII, 35 S. m. Abbildgn. u. 4 Taf.) gr. 8. Kiel 904. R. Cordes. Kart. n. 2. 65

Seelig, Johann Adolph (Frankfurt/M.) A. S. 194/5

Dissertatio inauguralis de differentiis juris communis et statutorum Francofurtensium in materia de privilegiis ac prioritate creditorum.
Präs. Johann Bernhard Friese.
Jena (Müller) 6. IX. 1721. 40 S.

W. v.: Johann Strinz, Johann Georg Gerckenrod, Johann Jakob Zwirlein, Johann Heinrich Hermann Fries, F. W. Müller, G. E. Arnoldi, Andreas Hosang, J. P. Leukfeld, Phil. Christ. Seelig, Johann Konrad Roth, W. H. Pollich. 32231

Seelig, Johann Daniel (Frankfurt/M.) A. S. 136/34

Dissertatio juridica inauguralis de retractatione causae praestito jurejurando decisae ad l. admonendi sumus 31. P. de jurejur. Präs. Johann Friedrich Wahl. Giessen (Lammers) 4. X. 1731. 47 S.

Gew.: Stadt Frankfurt/M. 32232

Seelig, Johann Georg (Frankfurt/M.) A. S. 146/14

Dissertatio inauguralis iuridica de revisione actorum propter denegatam restitutionem in integrum.
Marburg (Müller) 2. XI. 1747. 64 S.

Gew.: Frankfurt/M.
W. v.: Georg August Karl Diemar, Frantz Ludwig von Berberich, Silvius Friedrich Ludwig von Franckenberg, J. M. Wagner, Gottfried Achenwall, I. R. Schwendler.
32233

Seelig, Johann Jakob (Frankfurt/M.) A. S. 1355/40

Exercitatio historico-theologica de peregrinationibus religiosis Judaico-ethnico-pontificiis.
Präs. Michael Foertsch.
Jena (Müller) VIII. 1705. 46 S.

Gew. Den Geistlichen in Frankfurt/M. 32234

Seelig, Jos., „Existenzmaximum". Ein steuerpolit. Vorschlag zu wirkl. Lösg. der socialen Frage. 8. (88 S.) Salzburg 902. Mayr. n. — 60

Seelig, Jos., die Grundlagen der Nationalökonomie in exakter Darstellung. (Zu Lern- u. Lehrgebrauch.) (31 S.) gr. 8. Wien 906. R. Coen. n. 1. –

(8) Seelig, Jos., d. Grundlagen d. Nationalökonomie. 906. Jetzt: Charlottenburg, Ch. Singer.

Seelig, Justus, wie entsteht e. gute Predigt? 8. (31 S.) Kassel 896. E. Röttger. n. — 40

Seelig, Leop., vergleichende Untersuchungen üb. den Zuckerverbrauch im diabetischen u. nicht diabetischen Thiere. Inaugural-Dissertation. gr. 8. (29 S.) Königsberg 873. (Leipzig, Kessler.) n. 1. —

[F.] Seelig, Max [Dr.]: Über die Grundsätze, die bei der Abfassung einer für die Schule bestimmten Grammatik der französischen Sprache zu befolgen sind. M. beigefügten Proben. Bromberg, Gruenauersche Buchdr., 1895; 39 S. 8.
Bromberg, k. RG, OP 1895 (172)

Seelig, Max [aus Königsberg i. Pr.]: Die dichterische Sprache in Heines „Buch der Lieder." . . . Halle a. S., Hofbuchdr. v. C. A. Kaemmerer & Co., 1891; S. III—XVI, 110 S., 1 Bl. 8°
Halle, Phil. Fak., Inaug.-Diss. v. 5. März 1891

Seelig, Max, die dichterische Sprache in Heines „Buch der Lieder". Diss. gr. 8. (XVI, 110 S.) Halle a/S. 891. (Leipzig, G. Fock.) n. 2. —

Seelig, Max: Französisches und englisches Vokabularium zu den Hölzel'schen Anschauungsbildern (Frühling, Sommer, Herbst, Winter, Bauernhof, Gebirge, Wald, Stadt, Paris bezw. London). *Bromberg (1898): Gruenauer.* (92 S.) 8° [F.]
Bromberg, k. RG, OP 1898 (170)

Seelig, Max, method. geordn. englisches Vokabularium z. d. Hölzel'schen Anschauungsbildern (Frühling, Sommer, Herbst, Winter, Bauernhof, Gebirge, Wald, Stadt, London). 12. (87 S.) Bromberg 898. F. Ebbecke. Kart. n. — 60

Seelig, Max, methodisch geordnetes englisches Vokabularium zu den Hölzel'schen Anschauungsbildern (Frühling, Sommer, Herbst, Winter, Bauernhof, Gebirge, Wald, Stadt, London, Wohnung.) 2. Aufl. 12. (115 S.) Bromberg 899. F. Ebbecke. Kart. n. — 75

Seelig, Max, methodisch geordnetes englisches Vokabularium zu den Hölzel'schen Anschauungsbildern (Frühling, Sommer, Herbst, Winter, Bauernhof, Gebirge, Wald, Stadt, London, Wohng., Hafen). 4. Aufl. (9.—12. Tausend.) (133 S.) kl. 8. Bromberg 906. F. Ebbecke. Kart. n. 1. —

— method. geord. französisches Vokabularium z. d. Hölzel'schen Anschauungsbildern (Frühling, Sommer, Herbst, Winter, Bauernhof, Gebirge, Wald, Stadt, Paris). 12. (91 S.) Ebd. 898. Kart. n. — 60

Methodisch geordnetes Französisches Vokabularium zu den Hölzel'-schen Anschauungsbildern '(Frühling, Sommer, Herbst, Winter ...)' Von Dr. Max Seelig, Oberl. ... zu Bromberg. 2. Aufl. Bromberg: F. Ebbecke 1899. (127 S.) 1 Bd 8°

— methodisch geordnetes französisches Vokabularium zu den Hölzel'schen Anschauungsbildern (Frühling, Sommer, Herbst, Winter, Bauernhof, Gebirge, Wald, Stadt, Paris, Wohnung). 3. Aufl. 12. (128 S.) Ebd. 900. Kart. n. — 75

Seelig, Max, methodisch geordnetes französisches Vokabularium zu d. Hölzel'schen Anschauungsbildern (Frühling, Sommer, Herbst, Winter, Bauernhof, Gebirge, Wald, Stadt, Paris, Wohng., Hafen). 6. Aufl. (18.—23. Tausend.) (149 S.) kl. 8. Bromberg 905. F. Ebbecke. Kart. n. 1. —

Seelig, *Gustav* Paul [aus Leipzig]: Ueber Blutuntersuchungen und die Aetiologie der Chlorose . . . Berlin, C. Vogts Buchdr., *1896*; 28 S., 2 Bl. 8.
Berlin, Med. Fak., Inaug.-Diss. v. 11. Aug. 1896

HALOANDER (d. i. *Peter Seelig*). — Der demasquirte Macarius, in einer satyrisch-moralischen Tragödie, mit Arlequins Lustbarkeiten vorgestellet durch *Haloandern*. Hamburg 1729. (8°.)
3 Acte in Prosa. — Gottsched, Vorrath I, 305, ohne Nennung des wirkl. Verfassers u. ohne Formatsangabe. Gödeke III, 357, 11, nennt Salzmann als Vf. Dagegen Weller, Lex. Pseud. p. 244: Peter Seelig. S. auch Bibl. Loescheri III. Dresd. 1751. p. 138.

Seelig, Rudolf

Seelig's Ausflüge in Bremens Umgegend. Ein Hand- u. Nachschlagebuch f. Sommerfrischler, Touristen u. Vereine. 12. (48 S. m. 2 Karten.) Hamburg 893. Verlagsanstalt u. Druckerei. n. 1. —

Seelig's, Rud., Führer. Nr. 1—12. 8. Hamburg, Seelig und Ohmann. *

Inhalt:

Nr. 1. Hamburg-Altona und Umgegend. Führer mit (lithogr.) Stadtplan, Karte der Umgegend, des Elblaufes, der Insel Helgoland, (chromolithogr.) Flaggenkarte etc. (IV, 68 S.) 880. *M 1,50.
» 2. —— dass. — Wegweiser mit (lithogr. und color.) Stadtplan und (lithogr. und color.) Karte der Umgegend. 1.—12. Aufl. (48 S.) 880—83. * 80 Pf.
» 3. Ost-Holstein. Touristen-Führer durch die besuchtesten Gegenden des Fürstenth. Lübeck und des östl. Holsteins einschliesslich der Städte Lübeck und Kiel und deren Umgebungen. 1.—8. Aufl. Mit (lithogr.) Karten und Plänen. (XI, 82 S.) 880—84. *M 2.
» 4. —— dass. — Wegweiser für Touristen mit 1 Uebersichtskarte, 1 Specialkarte der ostholstein. Seen, 1 Specialkarte der Umgegend von Lütjenburg (lithogr.). (33 S.) 880. *M 2.
» 5. Ost-Schleswig. Touristen-Führer. Mit 1 (lithogr.) Hauptkarte, 1 (lithogr.) Routenkarte und 3 (lithogr. und chromolithogr.) Specialkarten. (XII, 48 S.) 880. *M 1,50.
» 6. Bruhns, E., Lübeck und Umgegend. Führer und Stadtplan. (. . S.) 880. geb. *M 2.
7. Sylt und Föhr. Führer für Touristen und Kurgäste. (. . S. mit lithogr. Karte.) 880. *M 1,80.
» 8. Helgoland. Cuxhaven. Führer und Rathgeber für Touristen und Kurgäste. (IV, 44 S. mit 3 Karten.) 883. *M 1,20.
» 9. Kopenhagen, nebst Touren durch Dänemark und Süd-Schweden. 1. und 2. Aufl. Mit 4 (chromolithogr.) Karten und 7 (eingedr.) Plänen. (VI, 88 S.) 883. *M 2.
» 10. Schleswig-Holstein. Eisenbahn- und Strassenkarte. 1:400,000. 880. *M 1,50.
» 11. Schwartau und Umgegend. Specialkarte. 876. *M 1,20.
» 12. Ostholstein im Portemonnaie. 880. * 30 Pf.

—— —— 100 Ausflüge in Hamburgs Umgegend. Ein Hand- und Nachschlagebuch f. Vereine, Touristen u. Sommerfrischler. 4. Aufl. 12. (96 S. m. Karte.) Ebd. 892. geb. 1 50

— dasselbe. 100 Ausflüge in Hamburgs Umgegend. Ein Hand- u. Nachschlagebuch f. Vereine, Touristen u. Sommerfrischler. Mit grosser Karte u. Entfernungsmesser. 5., erweit. Aufl. 12. (VIII, 87 S.) Ebd. 894. In Wachstuch kart. n. 1. 50

— dasselbe. Ausflüge in Hannovers Umgegend. E. Handbuch f. Sommerfrischler, Touristen u. Vereine. 12. (VIII, 92 S. m. 2 Karten.) Ebd. (893). n. 1. —

Seelig-Ohmann's Führer. Bergedorf, Reinbeck, Friedrichsruh u. die Vierlande. Touristen-Führer. Mit Karte. 8. (18 S.) Hamburg 884. Seelig & Ohmann. n. — 60

Seelig's Führer. Dresden. 12. (VIII, 100 S. mit Karten und Plänen.) Hamb. 892, Verlagsanstalt u. Druckerei. * 1 —

— dasselbe. Dresden u. die sächsisch-böhmische Schweiz. 12. (XII, 240 S. m. 10 z. Tl. farb. Karten.) Ebd. 892. In Ledertuch kart. n. 2. —

—— dass. — Hamburg-Altona und Umgegend. Wegweiser mit Stadtplan, Karte der Umgegend, Plänen des zoolog. Gartens, der Kunsthalle, sowie des Städtchens Wandsbeck. 13. Aufl. 8. (64 S.) Ebendas. 884. *

Seelig-Ohmann's Führer. Hamburg-Altona und Umgegend. Wegweiser. 15. Aufl. 8. (62 S. mit Plan der Städte Hamburg-Altona, Wandsbeck, Ottensen, Plänen des zoolog. Gartens und der Kunsthalle in Hamburg.) Hamburg 886, [Seelig und Ohmann.] Verlagsanstalt und Druckerei, A.-G. *

Seelig's, Rud., Führer. Hamburg-Altona und Umgegend. Wegweiser. 17. Aufl. 8. (48 S. mit Stadtplan und Karte der Umgegend.) Hamburg 887,88, [Seelig.] Verlagsanstalt und Druckerei, A.-G. *

Seelig's Führer durch Hamburg-Altona u. Umgegend. Wegweiser m. Plänen der Städte Hamburg, Altona, Wandsbeck u. Ottensen, mehreren Theaterplänen u. Grundrissen, e. Karte d. zoolog. Gartens u. der Umgebg. Hamburgs. 20. Aufl. 12. (61 S.) Hamburg 890. Verlagsanstalt u. Druckerei, A.-G. cart. n. 1. —

—— – · Hamburg-Altona u. Umgegend. 24. Aufl. 12. (80 S. m. Plänen u. Karten.) Ebd. 892. In Ledertuch cart. * 1 — 16.–23. Aufl. Ebd. 1886—91.

— dasselbe. Hamburg-Altona u. Umgegend. Wegweiser m. Plänen der Städte Hamburg, Altona-Ottenson u. Wandsbeck, mehreren Theaterplänen u. Grundrissen, 1 Karte d. zoolog. Gartens u. der Umgebung Hamburgs. 26., verb. Aufl. 12. (64 S.) Ebd. 893. In Wachstuch kart. n. 1. —

Seelig's Führer durch Hamburg-Altona u. Umgeg. Wegweiser m. Plänen d. Städte Hamburg, Altona-Ottenson u. Wandsbek, mehr. Theaterplänen, 1 Karte d. zoolog. Gartens u. d. Umgebg. Hamburgs. 31. Aufl. 12. (75 S.) Hamburg 896. Verlagsanstalt u. Druckerei. In Ledertuch kart. n. 1. —

— dasselbe. Der Harz. Hrsg. unter Mitwirkg. v. Harzer Verschönerungsvereinen u. Mitgliedern d. Harzklubs. 12. (196 S. m. Karten u. Plänen.) Ebd. 890. cart. n. 2. —

—– —— Der Harz. Mit 13 Karten u. 2 Panoramen. Hrsg. unter Mitwirkung v. Harzer Verschönerungsvereinen u. Mitgliedern des Harzklubs. 3. verm. u. verb. Aufl. 12. (234 S.) Ebd. 892. In Ledertuch cart. · 2 —

—— dass. — Helgoland. Cuxhaven. Führer und Rathgeber für Touristen und Kurgäste. Mit 8 Karten. 2. Aufl. 8. (IV, 44 S.) Ebendas. 885. *

— — dasselbe. Helgoland. Cuxhafen. Führer u. Rathgeber f. Touristen u. Kurgäste. Mit Karten. 3. Aufl. 8. (IV, 40 S.) Ebend. 887. n. 1. 20

— dasselbe. Helgoland, Cuxhaven, Bremerhaven, Wilhelmshaven. Führer u. Rathgeber f. Touristen u. Kurgäste. 4., erweit. Aufl. Mit 1 Karte u. 1 Abbildg.: Helgoland aus der Vogelschau. 12. (50 S.) Ebd. 892. In Ledertuch kart. n. 1. —

— — dasselbe. Kopenhagen. Führer durch Dänemark, nebst Touren durch Schweden u. Norwegen. Mit Karten u. Plänen. 4. Aufl. 8. (VI, 119 S.) Ebend. 886. n. 2. —

—— dass. — Kopenhagen. Führer durch Dänemark, nebst Touren durch Schweden und Norwegen. Mit 7 Karten und 5 Plänen. 3. Aufl. 8. (VI, 117 S.) Ebendas. 884. *

— dasselbe. Kopenhagen. Touristen-Führer durch Dänemark, Schweden u. Norwegen. Mit Karten u. Plänen. 5., verm. Aufl. 12. (VIII, 124 S.) Ebd. 889. geb. n. 2. —

— Kopenhagen. Touristen-Führer durch Dänemark, Schweden und Norwegen. Mit Karten u. Plänen. 12. (154 S.) 6. Aufl. Ebd. 892. geb. · 2 —

-- dasselbe durch Kopenhagen. Touristen-Führer durch Dänemark, nebst Touren durch Schweden u. Norwegen. M. Karten u. Plänen. 7., erweit. u. verb. Aufl. 12. (156 S.) Ebd. 895. In Ledertuch kart. n. 2. —

— — dasselbe. Kopenhagen. Wegweiser m. Plan v. Kopenhagen u. Karte d. östl. Seeland. 8. (III, 42 S.) Ebend. 886. n. 1. —

— dasselbe. Kopenhagen. Wegweiser m. Stadtplan u. Karte v. östl. Seeland. 3. Aufl. 12. (61 S.) Ebd. 892. n. 1. —

— dasselbe. Mecklenburg. Hauptstädte, Seebäder u. Sommerfrischen. 12. (78 S. m. Karten u. Plänen.) Ebd. 891. Kart. n. 1. 50

— dasselbe. Norderney, Borkum, Baltrum, Juist, Langeoog, Spiekeroog, Wangerooge, Dangast. Führer u. Rathgeber. Mit 3 Karten, sowie e. Anh.: Die Nordseebäder in sanitärer u. naturwissenschaftl. Beziehg. 8. (56 S.) Ebd. 890. cart. n. 1. —

— — dasselbe. Ost-Holstein. Das östl. Holstein. Das Fürstenthum Lübeck. Die Städte Lübeck u. Kiel. Praktischer Wegweiser. Mit Karte. 8. (IV, 56 S.) Ebend. 886. n. 1. —

— dasselbe. Ost-Holstein. Touristenführer durch das östl. Holstein, das Fürstenth. Lübeck u. die Städte Lübeck u. Kiel. Mit Karten u. Plänen. 10. Aufl. 12. (99 S.) Ebd. 893. In Wachstuch kart. n. 2. —

— dasselbe. Ost-Holstein. Touristenführer durch d. östl. Holstein, d. Fürstenth. Lübeck u. d. Städte Lübeck u. Kiel. M. 5 Karten u 2 Stadtplänen. 11., vollständig durchgeseh. u. erweit. Aufl. 12. (111 S.) Ebd. 896. In Ledertuch kart. n. 2. —

— — dasselbe. Ost-Schleswig. Touristen-Führer durch das östliche Schleswig, von Kiel bis ins südl. Jütland. Mit e. Hauptkarte, e. Routenkarte u. 3 Specialkarten. 2. Aufl. 8. (XV, 73 S.) Ebend. 884. n. 1. 50

— dasselbe. Ost-Schleswig. Touristen-Führer von Kiel bis Jütland unter besond. Berücksicht. der Flensburger Föhrde. 12. (35 S. m. 1 Uebersichtskarte, 1 Specialkarte der Flensburger Föhrde, sowie Karten der Umgebg. v. Glücksburg u. der v. Veile.) Ebd. 889. In Ledertuch cart. n. 1. 50

—— dass. — Ratzeburg, Mölln und Umgebung. Touristen-Führer. Mit Karte. 1.—5. Aufl. 8. (26 S.) Ebendas. 880—84. *

— dasselbe. Ratzeburg, Mölln u. Umgebung. Touristen-Führer. 7. Aufl. 12. (31 S. m. Karte.) Ebd. 894. In Ledertuch kart. n. 1. —

Seelig's Führer durch Rügen. Mit 1 Uebersichtskarte, sowie Specialplänen der Stubnitz, der Granitz u. der Umgegend v. Putbus. 8. (72 S.) Hamburg 889. Verlagsanstalt u. Druckerei, A.-G. In Ledertuch cart. n. 1. —

—— —— Rügen. 2. Aufl. 12. (81 S. m. 1 Karte u. Specialplänen.) Ebd. 892. In Ledertuch cart. · 1 —

— dasselbe. Rügen. M. e. Uebersichtskarte, sowie Specialplänen d. Stubnitz, d. Granitz u. d. Umgegend v. Putbus. 3. Aufl. 12. (73 S.) Ebd. 894. In Ldrtuch kart. n. 1. —

— dasselbe. Die sächsisch-böhmische Schweiz. 12. (139 S. m. 2 Karten.) Ebd. 892. n. 1. —

— — dasselbe. Sylt u. Föhr. Führer f. Touristen u. Kurgäste. Mit Karte. (2. Aufl.) 8. (VIII, 51 S.) Ebend. 886. n. 1. 80

—— dass. — Sylt und Föhr. Führer für Touristen und Kurgäste. 2. Aufl. 8. (VIII, 51 S. mit Karte.) Ebendas. 888. *

—— —— Sylt u. Föhr, Amrum, Büsum, St. Peter. Führer f. Touristen u. Kurgäste. Mit Karten. 3. verm. Aufl. 12. (VI, 46 S.) Ebd. 890. cart. * 1 20

Seelig's Plan v. Hamburg u. Altona-Ottensen, nebst Wandsbek u. Umgegend. 1:12,000. 11. Aufl. Farbendr. 49×65 cm. Nebst Strassenverzeichniss. 12. (10 S.) Hamb. 891, Verlagsanstalt u. Druckerei, A.-G. cart. * — 50

Seelig, Th., ein Beitrag zur Geschichte der Hofewiesen in der Dresdner Haide m. besond. Berücksicht. der Hofewiese bei Langebrück. (21 S.) 8. Langebrück 902. C. H. Schmidt. n. — 40

Seelig, Th., Führer durch das Seifersdorfer Thal 2. verb. Aufl. gr. 8. (22 S. m. 1 Karte.) Langebrück (900). C. H. Schmidt. n. — 40; m. 15 Ansichtspostkarten n 1.—

Seelig, W. Dissertatio de Colberti administratione aerarii. 8. Goettingen 1844.

Seelig, W. (Red.), s. Blätter, Freie, aus Göttingen.

Seelig, Wilh., die Ablösung der Weideberechtigungen auf fremden Grundstücken mit besonderer Rücksicht auf das Königreich Hannover. gr. 8. (IV u. 63 S.) Göttingen 851, Dieterich. n. 1/3 ₰

— Bericht üb. die in Göttingen vom 5. bis 26. Septbr. 1849 abgehaltene Gewerbe-Ausstellung erstattet im Auftrage des Gewerbe-Vereins zu Göttingen. gr. 8. (24 S.) Göttingen 850. (Dieterich.) n. 4 ngr.

Seelig, W.: Die Domänen-Veräußerung u. der sogenannte Domanial-Canon, s. Hänel, A.: Zur Frage der „stehenden Gefälle" in Schleswig-Holstein.

SEELIG, Wilhelm (Kassel): Ueber einen Fall von Spontanfractur bei Caroinose.- München: Ernst 1890. 19 S.
13.6.1890 – Chr 1889/90,29; Jv 1889/90,230
Diss. Ingolst.-Landsh.-Mchn.

Seelig, W., s. Frage. – Zur Frage der „stehenden Gefälle" in Schleswig-Holstein.

— zur Frage der „stehenden Gefälle" in Schleswig-Holstein, s. Hänel, A.

Seelig, Dr. W. Die stehenden Gefälle in Schleswig-Holstein. 3 Thle. 8°. Kiel 1871—73.

– Das Herrengeld u. der gesetzte Canon im ehemaligen Amte Gottorf, s. Hänel, A., u. W. Seelig: Zur Frage der „steh. Gefälle" in Schleswig-Holstein.

Die innere Colonisation in Schleswig-Holstein vor hundert Jahren. Rede z. Antritt d. Rektorates d. Christian-Albrechts-Univ. in Kiel am 5. März 1895 v. Wilhelm **Seelig**. Kiel, Univ.-Buchh. (P. Toeche.), 1895; 39 S. 8.

Seelig, Wilh., die innere Colonisation in Schleswig-Holstein vor 100 Jahren. Rede zum Antritt d. Rectorates d. Christian-Albrechts-Universität in Kiel am 5. März 1895. gr. 8. (39 S.) Kiel 895. Universitäts-Buchh. n.n. 1.—

Seelig, Wilh., die Partheien. Ein Wort zur Verständigung und Ermahnung. gr. 8. (13 S.) Kassel 848, Appel.

Seelig, Wilh., Schleswig-Holstein u. der Zollverein. Kiel 865. Homann. gr. 8. (VIII, 300 S.) 1 ₰ 15 ngr.

Das Verhältniss zwischen Gutsherrn und Pächtern bei der Drainirung von Pachtgrundstücken. Von Wilhelm **Seelig**. Vom Wagrischen landwirthschaftl. Vereine gekrönte Preisschrift. Kiel. 1857. 8°.

Seelig, Wilh., das Verhältniß zwischen Gutsherrschaft und Pächtern bei der Drainirung von Pachtgrundstücken. Vom Wagrischen landwirthschaftl. Vereine gekrönte Preisschrift. 2. Aufl. Kiel 858. Schwers. 8. (44 S.) n. 8 ngr.

Seelig, Wilh., der preußisch-hannoversche Vertrag vom 7. Sept. 1851 in seiner Bedeutung für Hannover beleuchtet. gr. 8. (IV und 68 S.) Göttingen 852, Dieterichsche Buchh. *

Zur Wiederbelebung der Kunst- und Hausweberei in Schleswig-Holstein. Von Dr. W[ilhelm] **Seelig**, Prof. in Kiel. Kiel 1900: K. Jansen. (20 S.) 8°

Seelig, W., zur Wiederbelebung der Kunst- u. Hausweberei in Schleswig-Holstein. gr. 8. (20 S.) Kiel 900. (Universitäts-Buchh.) n. — 50

— die Zusammenlegung der Grundstücke mit besonderer Beziehung auf die Gesetzgebung und das Verfahren im Königr. Hannover. gr. 8. (V und 98 S. mit einer lithogr. Karte der zusammengelegten Feldmark von Echte im Fürstenth. Göttingen in Imp.-Fol.) Göttingen 853, Dieterichsche Buchh. *

Seelig-Stanton, R., Reiselust u. Reisekunst, s.: Richter's Reisebücher.

Seeliger, der Umbau des Bahnhofes Hannover, s. Durlach.

Seeliger, Albert [aus Wolfenbüttel]: Ueber die Einwirkung des Oxalsäureaethylaethers auf aromatische Amidoverbindungen ... Wolfenbüttel, Heckner'sche Druckerei, 1897; 43 S. 8.
Rostock, Phil. Fak., Inaug.-Diss. v. [11. März] 1897

Seeliger, Alfred *Oskar Karl Wilhelm* [pr. Arzt aus Hammer (Kr. Posen)]: Über die primären Geschwülste des Peritoneums ... Berlin, Buchdr. v. G. Schade, *1895*; 28 S., 2 Bl. 8.
Berlin, Med. Fak., Inaug.-Diss. v. 23. Apr. 1895

Seeliger, *Albert Eduard* Arthur [Kammerger.-Ref.]: Der „Erfolg" als Voraussetzung der grossen Haverei ... *Berlin, Druck v. W. Issleib, 1894*; 4 Bl., 104 S., 4 Bl. 8.
Berlin, Jur. Fak., Inaug.-Diss. v. 15. Dez. 1894

Seeliger, Arth., d. „Erfolg" als Voraussetzg. d. grossen Haverei. Diss. gr. 8. (VIII, 107 S.) Berlin 894. (W. Weber.) n. 2.—

Seeliger, Gph. Gf. Benj., Probe poet. Produkte meines Mißjahrs. 8. Berl. 794.

Seeliger, E. A., Geschichte der Heimat. Für Schule u. Haus in Löbau u. Umgebg. Im Auftrage d. pädagog. Vereins zu Löbau hrsg. (100 S.) gr. 8. Löbau 908. J. G. Walde. 1.—

— Quellenbuch zur Geschichte des Lyzeums in Löbau, s.: Veröffentlichungen zur Geschichte des höh. Schulwesens im albertinischen Sachsen. III.

Seeliger, E. A., Register, s.: Codex diplomaticus Lusatiae superioris.

Seeliger, Emil, Oberlieutenant im Regimente. Geschichte des k. u. k. Infanterie-Regiments **Nr. 32**, für immerwährende Zeiten: Kaiserin und Königin Maria Theresia. Von seiner Errichtung 1741 bis 1900. Im Auftrage des Regiments-Commandos verfasst. (Mit 1 Karte und 1 Tafel Abbildungen.) gr. 8. Budapest 1900.

Seeliger, Emil, englisches Lesebuch für die oberen Klassen höherer Lehr-Anstalten. Mit erläut. Anmerkungen. gr. 8. (IX, 426 S.) Wien 877. Hölder. n. 3. 60

Seeliger, Ewald Gerhard

— auf Tod u. Leben, s. Engelhorn's allgem. Roman-Bibliothek.

Auf Tod und Leben. 7 Novellen von Ewald Gerhard **Seeliger**. Stuttgart: Engelhorn 1906. 159 S. 8°
(Engelhorns Allgemeine Roman-Bibliothek. Jg. 23, Bd 4.) [11. 4491 2

— aus der Schule geplaudert. Unpädagogische Skizzen. 8. (137 S.) Hamburg 902. Verlagsanstalt u. Druckerei. n. 2. —; geb. n. 3. —

Seeliger, Ewald Gerh., Chinesen. 4 Spiele. (84 S.) kl. 8. Hamburg 905. A. Janssen. n. 2. —

Seeliger, Ewald Gerh., Englands Feind. Der Herr der Luft. Roman. (352 S.) kl. 8. Wiesbaden (910). Westdeut. Verlagsgesellschaft. 3.—; geb. n 4. 50

— Hamburg. Ein Buch Balladen. Mit Bildern v. Thdr. Herrmann. (151 S.) gr. 8. Ebd. 905. Geb. in Leinw. n. 5. —

— Hamburg. Ein Buch Balladen. Volksausg. (122 S.) 8. Hamburg 907. A. Janssen. Geb. in Leinw. 1.50

Seeliger, Ewald Gerh., Leute vom Lande. Schlesische Geschichten. 8. (164 S.) Leipzig (902). Berlin, H. Seemann Nachf. n. 2. —; geb. n. 3. —

— Meerfahrt. Mit Bildern v. Thdr. Herrmann. (64 S.) 8. München 910. G. Müller. Geb. 2. —

Nordnordwest. Eine Finkenwärdersche Fischergeschichte von Ewald Gerhard **Seeliger**. Berlin: E. Fleischel & Co. 1905. (238 S.) 8° [F.] [05. 7320

— Mandus Frizens erste Reise. Eine Hamburger Schiffergeschichte. (367 S.) 8. Berlin (909). Concordia. 4.—; geb. 5. —

— Riffe der Liebe. Ein Blankeneser Roman. (315 S.) 8. Ebd. 910. 4.—; geb. 5. 50

— Hans Rintfleisch. Eine schles. Historie aus dem 15. Jahrh. (48 S.) 8. Hirschberg (909). Schles. Druckerei u. Verlagsanstalt. — 75

— an der Riviera. Fresken u. Arabesken. 8. (171 S.) Ebd. (901). n. 3. —; geb. n. 4. —

— Der Schrecken der Völker. Ein Weltroman. (638 S.) 8. Berlin (908). Concordia. 4. —

Der Schrecken der Völker. Ein Weltroman von Ewald Gerhard **Seeliger**. 2. Aufl. Berlin: Concordia [1908]. 633 S. 8° [09. 1630

Der Stürmer. Eine Geschichte aus Schlesien von Ewald Gerhard **Seeliger**. Berlin: E. Fleischel & Co. 1904. (273 S.) 8°

Ewald Gerhard **Seeliger**. Top. 6 heitere Seegeschichten. München & Leipzig: G. Müller 1910. 339 S. 8° [10. 13301

Seeliger, Ewald Gerh., zwischen den Wäldern. Ein heiterer Roman aus Schlesien. Mit Illustr. nach Orig.-Zeichngn. v. Fritz Koch. (326 S.) 8. Leipzig (908). Ph. Reclam jun. 3.—; geb. 4. —

— über den Watten, s. a. Kürschner's, Jos., Bücherschatz.

Über den Watten. Ein heiterer Nordsee-Roman von Ewald Gerhard **Seeliger**. Berlin, Eisenach, Leipzig: H. Hillger [1905]. (128 S.) 8° [F.] = Bücherschatz, Kürschners. No 460. [05. 10804

— Zurück zur Scholle. Roman. (444 S.) 8. Ebd. 910. 5.—; geb. 6. 50

Seeliger, F. C. De Dionysio Halicarnassensi Plutarchi qui vulgo fertur in vitis X oratorum auctore. Diss. 1874. 54 S. 2.—

[F.] Anweisung zur volksschulmässigen Erteilung des Katechismusunterrichts. Von G. **Seeliger**, Schulr. . . . *Halle a. S.: Schroedel 1898.* (32 S.) 1 Bd 8. [98. 1962

— das Seminar zu Weißenfels. Festschrift zur Feier seines 100jähr. Bestehens. gr. 8. (102 S. m. 1 Ansicht u. 1 Bildnis-Taf.) Halle 894. H. Schroedel. n. 1. 60

Büchersammlung der Johannis-Loge „zur Kette" im Or. München. Zsgest. von Georg **Seeliger**. Jan. 1878. München [1878]: Knorr & Hirth. 19 S. 8° [Umschlagtit.]

Seeliger, Georg, Referendar am Kgl. Landgericht zu Posen: Der Bruch des amtlichen Gewahrsams im Sinne des § 133 des Strafgesetzbuchs. *Posen 1901: W. Decker & Co.* (96 S.) 8° [F.] Breslau, Jur. Diss. v. [7. Aug.] 1901

Seeliger, G., Präparationen für den Katechismusunterricht auf der Mittelstufe der Volksschule. gr. 8. (56 S.) Breslau 888, F. Hirt. *

Seeliger, G. Präparationen für den Katechismusunterricht auf der Mittelstufe d. Volksschule. 2. durchgeseh. u. verm. Aufl. gr. 8. (60 S.) Bresl. 890, F. Hirt. * — 60

Seeliger, G., Präparationen f. den Katechismusunterricht auf der Mittelstufe der Volksschule. 3., durchgeseh. Aufl. gr. 8. (62 S.) Breslau 893. F. Hirt. n. — 60

— Präparationen f. d. Katechismusunterricht auf d. Mittelstufe d. Volksschule. 4., umgearb. Aufl. gr. 8. (64 S.) Breslau 896. F. Hirt. n. — 60

[F.] Präparationen für den Katechismusunterricht auf der Mittelstufe der Volksschule v. G[eorg] **Seeliger**, Schulr. u. Seminardir. 4., umgearb. Aufl. *Breslau: F. Hirt 1897.* (64 S.) 1 Bd 8. [97. 700

Seeliger, G., Präparationen f. den Katechismusunterricht auf der Mittelstufe der Volksschule. 5., durchgeseh. Aufl. gr. 8. (64 S.) Breslau 900. F. Hirt. n. — 60

Seeliger, G., Präparationen f. den Katechismusunterricht (1. u. 2. Hauptstück) auf der Mittel- u. Oberstufe der Volksschule. 6., erweit. Aufl. (77 S.) gr. 8. Breslau 905. F. Hirt. n. — 75

Seeliger, G., Präparationen f. den Katechismusunterricht (1. u. 2. Hauptstück) auf der Mittel- u. Oberstufe d. Volksschule. 7., verb. Aufl. (77 S.) 8. Breslau 910. F. Hirt. — 90

Seeliger, Gerh., s.: Abhandlungen, Leipziger historische.

Zur Abwehr von Gerhard **Seeliger**. (Leipzig 1909: Edelmann.) 12 S. 8° [Umschlagt.]
Erwiderung auf: Siegfr. Rietschel: Zur Abwehr. Antwort auf d. Angriffe d. Prof. Dr. Seeliger. Tübingen 1909.

— die soziale u. polit. Bedeutung der Grundherrschaft im früh. Mittelalter, s. a. Abhandlungen der königl. sächs. Gesellschaft der Wissenschaften. Phil.-histor. Classe 22. I.

Die soziale und politische Bedeutung der Grundherrschaft im früheren Mittelalter. Untersuchungen über Hofrecht, Immunität u. Landleihen von Gerhard **Seeliger**. *Leipzig: B. G. Teubner 1903.* (204 S.) 4° (8°) = Abhandlungen d. K. Sächs. Gesellschaft d. Wiss. Philol.-hist. Kl. Bd 22, No 1. [03. 8756

Rektorwechsel an der Universität Leipzig am 31. Oktober 1905. I. Rede des abtretenden Rektors D. Georg Rietschel: Bericht über das Studienjahr 1904/1905. II. Rede des antretenden Rektors Dr. Gerhard Seeliger: Ständische Bildungen im deutschen Volk. Leipzig (1905): A. Edelmann. (34 S.) 4°

Seeliger, Gerhard, Erzkanzler und Reichskanzleien. Hab.-Schr. München 1887, A. Buchholz. 8°. 50 S.

Seeliger, Gerhard [Dr.]: **Erzkanzler und Reichskanzleien** . . . . Innsbruck, Druck d. Wagner'schen Univ.-Buchdr., 1887; 50 S. 8°.
München, Phil. Fak., Hab.-Schr. v. 1887.
(Nicht für den Austausch.)

Seeliger, G., Erzkanzler u. Reichskanzleien. Ein Beitrag zur Geschichte des Deutschen Reiches. gr. 8. (VII, 236 S.) Innsbruck 889. Wagner. n. 6. 60

Seeliger, Gerhard (Wolfg.) (geb. Biala in Galizien 30. 4. 1860): Das deutsche Hofmeisteramt im spaeteren Mittelalter. Innsbruck 1884. (34 S.) 8° ¶ Vollst. ersch. Innsbruck: Wagner 1885.
Berlin, Phil. Diss. v. 5. Dez. 1884

Seeliger, Gerh., das deutsche Hofmeisteramt im späteren Mittelalter. Eine verwaltungsgeschichtl. Untersuchg. gr. 8. (IV, 138 S.) Innsbruck 885. Wagner. n. 3. 60

Seeliger, Gerh., die Kapitularien der Karolinger. gr. 8. (III, 88 S.) München 893. J. Lindauer. n. 2. —

— s.: Quellensammlung zur deutschen Geschichte.

Seeliger, Gerhard: Staat und Grundherrschaft in der älteren deutschen Geschichte. Lipsiae (1909): Edelmann. 69 S. 4°
Leipzig, Verz. d. Promotionen in d. philos. Fak. 1908—1909 [U 10. 3187

— Staat u. Grundherrschaft in der älteren deutschen Geschichte. (Progr.) (48 S.) Lex. 8. Leipzig 910. A. Edelmann. 1. 80

Seeliger, Gerh., s.: Studien, Leipziger aus dem Gebiet der Geschichte.

— Studien zur älteren Verfassungsgeschichte Kölns. 2 Urkunden des Kölner Erzbischofs v. 1169, **s.a.** Abhandlungen der königl. sächsischen Gesellschaft der Wissenschaften. Philol.-histor. Kl. 26, III.

Studien zur älteren Verfassungsgeschichte Kölns. Zwei Urkunden d. Kölner Erzbischofs von 1169 von Gerhard Seeliger. Leipzig: Teubner 1909. 122 S. 4° (8°)
(Abhandlungen d. K. Sächs. Gesellschaft d. Wiss. Philol.-hist. Kl. Bd 26, Nr. 3.)

— deutsche Verfassungsgeschichte, s.: Waitz, Geo.

— s.: Vierteljahrsschrift, historische.

— s.: Zeitschrft, deutsche, f. Geschichtswissenschaft.

Seeliger, H. J. D. A., Ferd. Freiligrath's the Rose, Thistle and Shamrock, Rose, Distel und Kleeblatt. Eine Sammlung von Blüthen britischer Lyrik, verpflanzt auf deutsches Gebiet. 2 Thle. Helmstedt 863. (Braunschweig, Bruhn.) gr. 8. (XXII, 485 S.) n. 2 ⅓ $

Seeliger, Hans, die militärischen Heiratsvorschriften samt allen ergänzenden Verordnungen u. Erlässen sowie den bezüglichen Gesetzen, nebst der einschlägigen Judikatur des obersten Gerichtshofes u. des Verwaltungsgerichtshofes. (XIII, 285 S.) 8. **Wien 910. Manz.** 4.30; geb. in Leinw. n 5. 20

[F.] **Seeliger, Hermann [aus Ludwigsdorf bei Hirschb. in Schles.]: Der Bund der Sechsstädte in der Oberlausitz während der Zeit von 1346—1437 . . . Görlitz, Druck d. Görl. Nachr. u. Anzeiger, 1896; 2 Bl., 98 S., 1 Bl. 8.**
Marburg, Phil. Fak., Inaug.-Diss. v. [28. Apr.] 1896

Seeliger, Hermann: Aus den Jahren des Retablissements. Lose Blätter aus der Geschichte Landeshuts unter der Regierung Friedrichs des Großen. 1910. 62 S. 8.
In: Festschrift zum 200 jährigen Jubiläum des Realgymn. zu *Landeshut* 1910 [zu 1911].
I. Allgemeiner Zustand Schlesiens seit 1745. II. Die Stadt Landeshut. III. Das große Donativum. IV. Der Häuserbau. V. Die Leinenindustrie. VI. Persönliches von Friedrich dem Großen. Schlußwort. Anhang. Kritik der Ueberlieferung von einem zweiten Gnadengeschenk des Königs.
Progr.

Seeliger, Herm., die Loreleysage in Dichtg. u. Musik. gr. 8. (IV, 118 S.) Leipzig-Reudnitz 898. A. Hoffmann. n. 2. —

Seeliger, Hermann, appr. Arzt, Unterarzt b. Feld-Art.-Reg. No. 39: Ueber experimentelle traumatische Nierentuberkulose. Berlin (1909): Ebering. 30 S. 8°
Berlin, Med. Diss. v. 5. Febr. 1909, Ref. Orth
[Geb. 28. Jan. 83 Wolfenbüttel; Wohnort: Perleberg; Staatsangeh.: Braunschweig; Vorbildung: Gymn. Wolfenbüttel Reife M. 02; Studium: Berlin K. W. A. 10 S.; Coll. 24. Jan. 09; Approb. 4. Febr. 09.] [U 09. 106

Seeliger, Hermann, Dr.: Antike Tragödien im Gewande moderner Musik. Ästhetische und metrische Studien. Leipzig 1905: Breitkopf & Härtel. (72 S.) 8°
Landeshut, RG OP 1905 (258)

Seeliger, Herm., antike Tragödien im Gewande moderner Musik. Aesthetische u. metr. Studien. Progr. (72 S.) **8. Leipzig 905. (Landeshut, P. Schultze.)** n. 3. —

Seeliger, Hugo, s.: Annalen, neue, d. k. Sternwarte in München.

— Über die Anwendung der Naturgesetze auf das Universum, s.a. Sitzungsbericht der königl. bayerischen Akademie der Wissenschaften. Mathem.-physik. Kl. 1909. IV.

Über die Anwendung der Naturgesetze auf das Universum. Von H[ugo] **Seeliger**. Vorgetragen 1909. München: Kgl. Bayer. Akad. d. Wiss.; Franz in Komm. 1909. 25 S. 8°
(Sitzungsberichte d. Kgl. Bayer. Akademie d. Wissenschaften. Math.-physikal. Kl. Jg. 1909, Abh. 4.) [10. 10392

(**Seeliger**, H.): Meteorologische Beobachtungen der Königl. Sternwarte bei München im Jahre 1887. (Sep.-Abdr.) München.

Seeliger, Hugo, s.a. Bestimmung d. geograph. Längenunterschiedes zwischen Leipzig u. München.

—— L. **Weinek** u. J. H. **Franke,** Bestimmung des geographischen Längenunterschiedes zwischen Leipzig (Sternwarte) und München (Bogenhausen) ausgeführt in d. J. 1873 u. 1874 unter der Leitung von C. v. Bauernfeind und C. Bruhns. München 1876.
Sep.-Abdr. aus Abhh. k. b. Akad. II. Cl. Berichtig. dazu ebda. Bd. 13. 1879.

— Betrachtungen üb. die räumliche Verteilung d. Fixsterne, s.a. Abhandlungen der königl. bayerischen Akademie d. Wissenschaften. Mathem.-phys. Kl. 25, III.

— Betrachtungen üb. die räuml. Vertheilg. d. Fixsterne. [Aus: „Abhandlungen d. k. bayer. Akad. d. Wiss."] gr. 4. (65 S.) München 898. (G. Franz' Verl.) n. 2. 60

— über die sogenannte absolute Bewegung. (S. 85—137.) gr. 8. München 906. (G. Franz' Verl.) n. — 80
Sonderabdruck aus: „Sitzungsber. d. bayer. Akad. d. Wiss."

Seeliger, Hugo, über die Bewegungsverhältnisse in dem dreifachen Sternsystem ζ Cancri. [Auszug aus einer f. die Denkschriften bestimmten Abhandlg.] [Aus: „Sitzungsber. d. k. Akad. d. Wiss."] Lex.-8. (20 S.) Wien 881. (Gerold's Sohn.) n. — 40

Seeliger, H.: Friedrich Deichmüller. Nokrolog. o. O. u. J. [um 1903] (S. A.)

Seeliger, H., üb. den **Einfluss** dioptrischer Fehler d. Auges auf das Resultat astronomischer **Messungen.** gr. 4. (40 S.) München 886. **Franz' Verl.** n.n. 1. 20

Seeliger, H. Über die Extinction des Lichtes in der Atmosphäre. München 1891.

Seeliger, H. Über die Gestalt des Planeten Uranus. München 1884.

Seeliger, H. Notiz über die Strahlenbrechung in der Atmosphäre. München 1891.

Seeliger, H., Astronomisch-geodätische Ortsbestimmungen, ausgeführt an einigen Punkten des Bayerischen Dreiecksnetzes. Als Ergänzungsband 10 zu den Annalen der Sternwarte vollständig gedruckt hinterlassen von J. v. Lamont. Gedruckt 1871, erschienen 1884.

Seeliger, Hugo, üb. allgemeine Probleme der Mechanik d. Himmels. Rede, geh. in der öffentl. Sitzg. der k. b. Akademie der Wissenschaften zu München zur Feier ihres 133. Stiftungstages am 28. März 1892. gr. 4. (29 S.) München 892. (G. Franz' Verl.) n.n. — 90

Seeliger, H., über kosmische Staubmassen u. das Zodiacallicht. gr. 8. (S. 265—292.) München 901. (G. Franz' Verl.) n. — 60
Sonderabdruck aus: „Sitzungsber. d. bayr. Akad. d. Wiss."

— u. Jul. **Bauschinger**, erstes Münchener Sternverzeichniss, s.: Annalen, neue, der k. Sternwarte in Bogenhausen bei München.

— Theorie der Beleuchtung staubförmiger kosmischer Massen insbesondere d. Saturnringes. [Aus: „Abhandlgn. d. k. b. Akad. d. Wiss."] gr. 4. (72 S.) Ebd. 893. n.n. 2. 20

Seeliger, H., zur Theorie der Beleuchtung der grossen Planeten, insbesondere d. Saturn. [Aus: „Abhandlgn. d. k. b. Akad. d. Wiss."] gr. 4. (114 S.) München 887. (Franz' Verl.) n.n. 3. 40

Seeliger, H.: Zur Theorie der Doppelsternbewegungen. 1872. 8°
Diss. Leipzig

Seeliger, Hugo, Theorie des Heliometers. hoch 4. (VII, 102 S. mit 15 eingedr. Holzschn.) Leipzig 877, Engelmann. *

— Untersuchungen über die Bewegungsverhältnisse in dem dreifachen Sternsystem ζ Cancri. [Mit 1 (lith.) Taf.] [Aus: „Denkschr. d. k. Akad. d. Wiss."] Imp.-4. (80 S.) Ebend. 881. n. 4. —

— fortgesetzte Untersuchungen üb. das mehrfache Sternsystem ζ Cancri. Mit 1 Taf. [Aus: „Abhandlgn. d. k. b. Akad. d. Wiss."] gr. 4. (88 S.) Ebd. 888. n.n. 2. 80

— d. scheinbare Vergrösserg. des Erdschattens bei Mondfinsternissen. [Aus: „Abh. der k. b. Akad. d. Wiss."] gr. 4. (66 S. m. 1 Taf.) Ebd. 896. n. 2. 20

Seeliger, H. Über die Vertheilung der Sterne auf der nördlichen Halbkugel nach der Bonner Durchmusterung. München 1884.

Seeliger, H. Über die Vertheilung der Sterne auf der südlichen Halbkugel nach Schönfelds Durchmusterung. München 1886.

— s. Vierteljahresschrift d. astronom. Gesellschaft.

— Das Zodiakallicht u. die empirischen Glieder in der Bewegung der inneren Planeten. (S. 595—622.) gr. 8. München 906. G. Franz' Verl. — 60
Sonderabdr. a.: „Sitzungsber. d. bayer. Akad. d. Wiss."

— üb. Zusammenstösse u. Theilungen planetarischer Massen. [Aus: „Abhandlgn. d. k. bayer. Akad. d. Wiss."] gr. 4. (84 S.) Ebd. 891. n.n. 1. 20

Seeliger, J., der Bluträcher, historische Novelle aus Schlesiens Vorzeit. 8. Breslau 834. Richter in Berlin. 1/6 ℛ

Seeliger, J., Fürstenliebe. Histor. Novelle. 8. (4 B.) Breslau 834, Richter'sche Buchh.

Seeliger, J., Gallerie denkwürd. Personen aus d. Geschichte Schlesiens, s. Ed. Philipp.

— der Ketzerrichter und die Juden in Breslan, Novelle. 8. Breslau 834. Richter in Berlin. 1/6 ℛ

— die Rebellen. Histor. Novelle aus Breslaus Vorzeit. 8. (13½ B.) Breslau 834, Vrls.-Comtoir.

— die jetzige Theater-Pacht-Verwaltung in Breslau. Eine auf Thatsachen begründ. krit. Revision. 8. ... Breslau 831, (Schulz u. Comp.)

Seeliger, J. G., s. Seliger.

Seeliger, J. N., Uebersicht d. verschied. Staarausziehungs-Methoden, nebst prakt. Belegen üb. d. wesentl. Vorzüge d. Hornhautschnittes nach oben. gr. 8. (3¼ B.) Wien 828, Heubner.

Seeliger, Konrad [Rektor Prof. Dr.]: *Der Abschied des Oberschulraths Rektor Prof. Dr. Emil Müller.* Zittau, Druck v. R. Menzel, 1896; S. 64. 4.
Zittau, G, OP 1896 (557)

Seeliger. K., Alkathoos und die megarische Königsliste. S.-A. 1893. 19 S. 4°. 1.—

Seeliger, Konr., die neusten Angriffe auf das Gymnasium. Vortrag. gr. 8. (25 S.) Leipzig 886, Teubner.

Seeliger, Konrad [Rektor Prof. Dr.]: *Bericht über seine Einführung als Rektor der Anstalt.* Zittau, Druck v. R. Menzel, 1896; 64—65 S. 4.
Zittau, G, OP 1896 (557)

Seeliger, [Konrad], Rekt. Prof. Dr.: (Bruchstück eines Reiseführers durch Griechenland um 100 v. Chr. [Uebers. u. erl.]) *Zittau 1900: R. Menzel.* (12 S.) 8°
Zittau, G, Einladungsschr. 1900**

Seeliger, (Konrad), Rekt. Prof. Dr.: [Das **Ecce** für die im Jahre 1899 verstorbenen ehemaligen Schüler des Gymnasiums.] *Zittau 1900: R. Menzel.* (S. 21—22.) 4°
Zittau, G, OP 1900 (584)

Seeliger, Konrad [Rektor Prof. Dr.]: *Die Erinnerungsfeier für die im Jahre 1895 verstorbenen ehemaligen Schüler der Anstalt.* Zittau, Druck v. R. Menzel, 1896; S. 68. 4.
Zittau, G, OP 1896 (557)

Seeliger, Konrad [Rektor Prof. Dr.]: *Die Erinnerungsfeier für die im Jahre 1896 verstorbenen ehemaligen Schüler der Anstalt.* Zittau, Druck v. R. Menzel, 1897; 52—53 S. 4.
Zittau, G, OP 1897 (567)

Seeliger, Konrad: [Die Erinnerungsfeier für die im Jahre 1897 verstorbenen ehemaligen Schüler der Anstalt.] *Zittau 1898: R. Menzel.* (55—56 S.) 4°
Zittau, G, OP 1898 (571)

Seeliger, Konrad, Rekt. Prof. Dr.: [Erinnerungsfeier für die im Jahre 1898 verstorbenen ehemaligen Schüler und zwei früheren Lehrer des Gymnasiums. Nebst Nachträgen zum vorjährigen Ecce.] Zittau 1899: R. Menzel. (S. 20–22.) 4°
Zittau, G. OP 1899 (577)

Seeliger, K., Zur att. Gesetzgebung üb. die Intestaterbfolge. S.-A. s. a. 11 S. —.60

*Seeliger, [Konrad]: 1. Ist der König Oedipus des Sophokles eine Schicksalstragödie? 2. Ist „König Oedipus" vor „Antigone" gedichtet? 3. Zur Polyneikesszene im Oedipus auf Kolonos. S. 3 bis 15. 8.
Zur Gedächtnisfeier mehrerer ... hochverdienter Männer
Progr. Gymn. *Zittau* 1904.

Seeliger, Konrad [Rektor Prof. Dr.]: Messenien und der achäische Bund. Zittau, Druck v. R. Menzel, 1897; 3—32 S. 4.
Zittau, G, OP 1897 (567)

Seeliger, [Konrad] (Geh. Schulrat) [Rede bei der Einweisung des Rektors Dr. Curt Schmidt.] S. 4—5. 4.
Progr. Kgl. Realgymn. u. Höh. Landwirtschaftsschule *Döbeln* 1910 (764).

Seeliger, **Konrad**: [Die im Jahre 1900 verstorbenen ehemaligen Schüler der Anstalt.] S. 68—69. 4.
Progr. Gymn. *Zittau* 1901 (593).

Seeliger, *Konrad* Die Überlieferung der griechischen Heldensage bei Stesichorus. I. 4 (41 S.).
Progr. Fürsten- u. Landessch. St. Afra *Meissen* 1886 (500).

Seeliger, *Friedrich* Konrad: Zur Überlieferung der messenischen Kriege. 8 (S. 3—12).
Zur Gedächtnisfeier mehrer. hochverdient. Männer G. *Zittau* 1897
Nicht im Tauschverkehr
(59)

Seeliger, Konr., über den Zusammenschluß der deutschen evangel. Landeskirchen. Vortrag, geh. am 10. XI. 1903 in der Diözesanversammlg. in Zittau. (24 S.) Zittau (903). A. Graun. n. — 40

Seeliger, Leo, a. Braunschweig: Das richterliche Ermäßigungsrecht nach § 343 BGB. Braunschweig 1905: E. Appelhans & Co. (51 S.) 8°
Göttingen, Jur. Fak., Ref. Detmold, Diss. v. 6. März 1905
[Geb. 20. Okt. 79 Helmstedt; Wohnort: Braunschweig; Staatsangeh.: Braunschweig; Vorbildung: Neues Gymn. Braunschweig Reife O. 01; Studium: Freiburg i. B. 1, Berlin 1, Göttingen 4 S.; Rig. 9. Juli 04.]

Seeliger, O., Rechentafeln, s.: Crelle, A. L.

Seeliger, Osw., s.: Bronn's, H. G., Klassen u. Ordnungen des Tier-Reichs.

Seeliger, Oswald, zur Entwickelungsgeschichte der Ascidien. Eibildung und Knospung von Clavelina lepadiformis. [Arbeiten aus dem zoolog. vergleichend-anatom. Institute der Universität Wien.] Lex.-8. (53 S. mit 3 lithogr. Taf.) Wien 882, (Gerold's Sohn.) *
Aus: Sitzungsberichte der k. Akademie der Wissenschaften, besonders abgedruckt.

Seeliger, Osw., d. Pyrosomen d. **Plankton-Expedition,** s. a. Ergebnisse d. Plankton-Expedition d. **Humboldt**-Stiftung, 2. Bd. E, b.

Die Pyrosomen der Plankton-Expedition. Von Oswald Seeliger. M. 6 Taf., 1 Kt. u. 2 Fig. im Text. *Kiel & Leipzig: Lipsius & Tischer 1895.* (95 S., 6 Taf., 1 Kt.) 4.
= Ergebnisse der ... 1889 ausgeführten Plankton-Expedition d. Humboldt-Stiftung. Bd II. E. b.

Tierleben der Tiefsee. Von Oswald Seeliger. Prof., Rostock. Mit 1 Taf. *Leipzig: W. Engelmann 1901.* (49 S.) 8°

Seeliger, Osw., Tunicata (Mantelthiere), s.: Bronn's, H. G., Klassen u. Ordnungen des Thier-Reichs.

Seeliger, R. A.

Seeliger, der kleine Katechismus Dr. M. Luthers nach seinem nächsten Wortlaute in Fragen und Antworten zerlegt und erläutert und namentlich den Lehrern an Volksschulen als Grundlage beim Katechismusunterrichte dargeboten. Berlin 858. Wohlgemuth. 8. (VI, 87 S.) 7½ ngr

Seeliger, R. A., der kleine Katechismus Dr. Martin Luthers nach seinem nächsten Wortlaute in Fragen u. Antworten zerlegt u. erläutert u. namentlich den Lehrern an Volksschulen als Grundlage beim Katechismusunterricht dargeboten. 2., mit Sprüchen, einer Hinweisung auf biblische Beispiele u. Lieder u. einem Anhang von Gebeten verm. Aufl. Berlin 861. Wohlgemuth. gr. 8. (VIII, 104 S.) 7½ ngr

Seeliger, R. A., der kleine Katechismus Dr. Mart. Luthers nach seinem nächsten Wortlaute in Fragen und Antworten zerlegt und durch Sprüche, bibl. Beispiele und Lieder erläutert und namentlich den Lehrern an Volksschulen als Grundlage beim Katechismusunterrichte dargeboten. 4. Aufl. 1870. 75 Pf., und 5. Aufl. gr. 8. (IV, 102 S.) Berlin 873, Wohlgemuth. *

Seeliger, R. A., der kleine Katechismus Dr. Martin Luthers nach seinem nächsten Wortlaute in Fragen und Antworten zerlegt und durch Sprüche, biblische Beispiele und Lieder erläutert und namentlich den Lehrern an Volksschulen als Grundlage beim Katechismusunterrichte dargeboten. 6. Aufl. (IV, 112 S.) 1876; 7. Aufl. 8. (112 S.) Berlin 879, Wohlgemuth's Verlagsh. *

Seeliger, R. A., der kleine Katechismus Dr. Martin Luthers, nach seinem nächsten Wortlaute in Fragen und Antworten zerlegt und durch Sprüche, bibl. Beispiele und Lieder erläutert und namentlich den Lehrern an Volksschulen als Grundlage beim Katechismusunterrichte dargeboten. 8. Aufl. gr. 8. (112 S.) Berlin 882, Wohlgemuth's Verlagsh. *

Seeliger, R. A., der kleine Katechismus Dr. Martin Luthers nach seinem nächsten Wortlaute, in Fragen und Antworten zerlegt und durch Sprüche, bibl. Beispiele und Lieder erläutert und nameatl. den Lehrern an Volksschulen als Grundlage beim Katechismusunterrichte dargeboten. 9. und 10. Aufl. gr. 8. (112 S.) Berlin 885,87, Wohlgemuth. * 80 Pf.; geb. **

Seeliger, R. A. Der kleine Katechismus Dr. Martin Luthers, nach seinem nächsten Wortlaute in Fragen u. Antworten zerlegt u. durch Sprüche, bibl. Beispiele u. Lieder erläutert u. namentlich den Lehrern an Volksschulen als Grundlage beim Katechismusunterrichte dargeboten. 11. Aufl. 8. (112 S.) Berl. **890**, Wohlgemuth. * — 80; geb. * 1 —

Seeliger, R. A., der kleine Katechismus Mart. Luthers, nach seinem nächsten Wortlaute in Fragen u. Antworten zerlegt u. durch Sprüche, bibl. Beispiele u. Lieder erläutert u. namentlich den Lehrern an Volksschulen als Grundlage beim Katechismusunterrichte dargeboten. 12. Aufl. 8. (112 S.) Berlin 893. J. A. Wohlgemuth. n. — 80; geb. n.n. 1. —

Seeliger, R. A., der kleine Katechismus Dr. Martin Luthers, nach s. nächsten Wortlaute in Fragen u. Antworten zerlegt u. durch Sprüche, bibl. Beispiele u. Lieder erläut. u. namentlich den Lehrern an Volksschulen als Grundlage b. Katechismusunterricht dargeboten. 13. Aufl. 8. (112 S.) Berlin 896. Breslau, F. Hirt. Geb. n. 1. —

Seeliger, R. A., der kleine Katechismus Dr. Martin Luthers, nach seinem nächsten Wortlaute in Fragen u. Antworten zerlegt u. durch Sprüche, bibl. Beispiele u. Lieder erläutert u. namentlich den Lehrern an Volksschulen als Grundlage beim Katechismusunterricht dargeboten. 15. Aufl. 8. (112 S.) Breslau 902. F. Hirt. Geb. n. 1. —

Seeliger, R. A., der kleine Katechismus Dr. Martin Luthers, nach seinem nächsten Wortlaute in Fragen u. Antworten zerlegt u. durch Sprüche, bibl. Beispiele u. Lieder erläutert u. namentlich den Lehrern an Volksschulen als Grundlage b. Katechismusunterrichte dargebot. 16., durchgeseh. u. veränd. Aufl., besorgt v. Rob. Seeliger. (112 S.) 8. Breslau 905. F. Hirt. Geb. n. 1. —

—— das Notwendigste aus der Bibelkunde für Volksschulen, zur Förderung eines gedeihl. Bibellesens zusammengestellt. Als Anhang zu der Katechismuserklärung desselben. 2. Aufl. gr. 8. (16 S.) Ebendas. 882.

— d. Notwendigste aus d. Bibelkunde f. Volksschulen, zur Förderg. e. gedeihl. Bibellesens zusammengest. Anh. zu d. Katechismuserklärg. desselben. 3. Aufl. 8. (16 S.) Ebd. 896. n.n. — 15

Seeliger, Richard [aus Frankenberg, Kgr. Sachsen]: Beitrag zur quantitativen Trennung von Ferriphosphat, Manganophosphat, Calcium- u. Magnesiumphosphat ... Dresden, Druck v. C. C. Meinhold & Söhne, Kgl. Hofbuchdr., 1893; 38 S. 8.
Erlangen, Phil. Fak., Inaug.-Diss. v. 1893

Seeliger, Rudolf: Beitrag zur Theorie der Elektrizitätsleitung in dichten Gasen. ⟨Gekr. Preisschr.⟩ Leipzig: J. A. Barth 1910. 104 S. 8° ¶(Aus: Annalen d. Physik. F. 4, Bd 33.)
München, Phil. Diss. v. 12. Juli 1909, Ref. Sommerfeld
[Geb. 12. Nov. 86 Bogenhausen; Wohnort: München; Staatsangeh.: Bayern; Vorbildung: Realgymn. München Reife Juli 05; Studium: Tübingen 1, Heidelberg 1, München 6 S.; Rig. 12. Juli 09.] [U 10. 3697

Seeligmann, Felix, diplomierter Chemiker aus Karlsruhe in Baden: Zur Kenntnis der Derivate des s-Triaethylbenzols. Zürich 1908. 49 S. 8°. [9. IV. 08.]
Zürich. Phil. Diss. II. S. 1907/08.

Seeligmann, Felix. Zur Kenntnis der Derivate des s-Triaethylbenzols. Diss. Phil. [II.] Univ. Zürich. 49 S. 8. Zürich, F. Lohbauer, 1908.

Seeligmann, Franz: Beiträge zur Kenntnis der Polymerisation. 1906. 75 S. 8°
Karlsruhe, Dr.-Ing.-Diss. v. 2. 7. 1906

Seeligmann, Frz., u. Emil Zieke, Handbuch d. Lack- u. Firnis-Industrie. Lehrbuch der Fabrikation v. Lacken u. Firnissen, sowie Beschreibg. u. Untersuchg. der dazu verwendeten Rohmaterialien. Unter Mitwirkg. v. Eug. Sachsel u. Fritz Zimmer. Mit 252 Abb., zahlr. Tabellen, sowie ausführl. Sach- u. Autorenregister. (XVI, 953 S.) gr. 8. Berlin 910. Union Zweigniederlassung. 28.—; geb. 30.—

Seeligmann, Kaspar Rudolph (Annaberg) A. S. 1162/40

Disputatio chymico-medica inauguralis, de vitrioli metallici praeparatione et usu.
Präs. Johann Philipp Eysel.
Erfurt (Grosch) 18. IV. 1703. 24 S. 32235

Seeligmann, Max [app. Arzt aus Karlsruhe]: Uber Nasensteine im Anschluss an zwei neue Fälle ... Karlsruhe, Handels-Dr., A. H. Dillinger & C., 1892; 36 S. 8.
Heidelberg, Med. Fak., Inaug.-Diss. v. [18. Juli] 1892

Seeligmann, O., evangelische Predigten. Ein Beitrag zum Ausbau wahren Christenglücks in Haus und Herz. 8. (159 S.) Leipzig 888, Strübig. *ℳ 1.80.; geb. **

Seeligmann, Richard [app. Arzt aus Karlsruhe]: Zur Kenntnis der halbseitigen durch Tumoren an der Schädelbasis verursachten Hirnnervenlähmungen ... Leipzig, Druck v. J. B. Hirschfeld, 1896; 32 S. 8.
Heidelberg, Med. Fak., Inaug.-Diss. v. [13. Jan.] 1896

Seeligmüller, Adolph

Seeligmüller, A., neuropathologische Beobachtungen. Festschrift zur Feier des fünfzigjähr. Promotionsjubiläums des Geh. Med.-Rath Prof. Dr. Ernst Blasius, dargebracht von dem Vereine für pract. Medicin in Halle a/S. gr. 8. (41 S.) Halle 873, Buchh. des Waisenhauses. *

Seeligmüller, Adph., die Errichtung von Unfallkrankenhäusern e. Act der Nothwehr gegen das zunehmende Simulantenthum. gr. 8. (28 S.) Leipzig 890. Geo. Thieme. n. — 80

Seeligmüller, A., Die Errichtung von Unfalls-Krankenhäusern, ein Akt der Nothwehr gegen das zunehmende Simulantenthum. 8°. Leipzig, Thieme, 1891.

Seeligmüller, Adph., Kopfschmerz. s. Volks-Bibliothek, medizinische. 2. Bd.

Kopfschmerz. Von Prof. Dr. med. Adolph **Seeligmüller**, Halle a. d. S. *Berlin: O. Coblentz 1903.* (69 S.) 8° [F.]
= Volks-Bibliothek, Medizinische. Bd 2. [03. 16179

Seeligmüller, Adph., die Krankheiten des Nervensystems, s. Handbuch der Kinderkrankheiten.

Seeligmueller, Adolphus: De traumaticis nervi sympathici cervicalis laesionibus. Halis Saxonum 1876: Karras. 30 S. 8°
Halle-Wittenberg, Med. Hab.-Schr. v. 15. Sept. 1876

Der Minister gestattete 14. 2. 1877 den Verfassern bei medizinischen Habilitationsschriften die Wahl zwischen der deutschen und lateinischen Sprache.

—— Lehrbuch der Krankheiten des Nervensystems. 1. Abthl. A. u. d. T.: Lehrbuch der Krankheiten der peripheren Nerven und des Sympathicus, für Aerzte und Studirende. gr. 8. (IX, 398 S. mit 56 eingedr. Abbild. in Holzschn.) Braunschweig 882, Wreden. *

Seeligmüller, Adph., Lehrbuch der Krankheiten des Rückenmarks und Gehirns, sowie der allgemeinen Neurosen. Für Ärzte und Studirende. 2 Abthlgn. gr. 8. [Braunschweig.] Berlin, Wreden. [1. Abthl. (S. 1—288 mit 76 Abbild. in Holzschn.) 886. *ℳ 6.—; 2. Abthl. (XIV, S. 289—786 mit 26 Abbild.) 887. *ℳ 10.—.] *

Seeligmüller, O(tto) Lud(ovicus) Gust(avus) **Adolph(us)**: De tumoribus cavi mediastini solidis, praecipue carcinomatosis. Halis Saxonum (1861): Gebauer-Schwetschke. 37 S. 8°
Halle-Wittenberg, Med. Diss. v. 22. Aug. 1861

Geb. Naumburg a. d. Saale 1. 4. 1837. V.

Verf. führte später nur den Vornamen Adolf. Er erlebte die Diplomerneuerung 1911 als Geheimer Medizinalrat und emer außerordentlicher Professor in Halle.

Seeligmüller, Adf., war Paulus Epileptiker? Erwägungen e. Nervenarztes. (82 S.) 8. Leipzig 910. J. C. Hinrichs' Verl. 1.60

Seeligmüller, Adph., wie bewahren wir uns u. unsere Kinder vor Nervenleiden? Eine zeitgemäße Frage, beantwortet. 1. u. 2. Aufl. [Aus: „Deutsche Revue".] 8. (60 S.) Breslau 891. E. Trewendt. n. — 80

Seeligmüller, Siegfried Gustav Adolf [aus Halle a. d. S.]: Zur Aetiologie der Tetanie im Kindesalter ... Bonn, Buch- u. Steindr. J. Bach Wwe, 1895; 58 S. 8.
Bonn, Med. Fak., Inaug.-Diss. v. [10. Dez.] 1895

Seeligmüller, Wilh., der Leitstern auf dem Lebenswege. Eine Sammlung von Bibelsprüchen nach ihrem Inhalte alphabetisch geordnet. gr. 16. (216 S.) Halle 865. [Leipzig, Hinrichs'sche Verlagsh.] * 20 Ngr.; geb. *

Seeligmüller, Wilh., der Leitstern auf dem Lebenswege. Eine Sammlung von Bibelsprüchen, nach ihrem Inhalte alphabetisch geordnet. 2. unveränd. (Titel-)Ausg. 16. (216 S.) Leipzig (865)70, Hinrichs' Verlag. cart. *
geb. mit Goldschn. *

(——) Perlen in Spruch und Lied. Ziehkästchen für gläubige Erdenpilger. 3. Aufl. 16. (64 Blatt.) Halle 865. [Leipzig, Hinrichs'sche Verlagsh.] * 12 Ngr.; geb. mit Goldschn. *

Seeligsberg, Leonhard [Cand. med. aus Altenkundstadt]: Zur Casuistik der Miliartuberkulose. ... München, Buchdr. v. M. Ernst, 1889; 32 S. 8°
München, Med. Fak., Inaug.-Diss. v. 1889

Seeligsohn, Willy

Seeligsohn, W., Gesundheitspflege des Auges, s. Volksschriften, hygienische. Nr. 14.

Gesundheitspflege des Auges. Von Dr. W[illy] **Seeligsohn,** Augenarzt in Berlin. Berlin: Vogel & Kreienbrink 1904. (16 S.) 8° [F.]
— **Volksschriften,** Hygienische. No 14. [05. 13788

Seeling, A. Topographische Karte des Regierungs-Bezirks Münster. 1 : 200 000. Münster 1876. 1 Bl. c. L. Fl.

Seeling, Fritz, die gesamte Litteratur üb. Philippum Magnanimum, Landgraf zu Hessen, Graf zu Catzenelnbogen etc., in kritischer Uebersicht u. der Zeit nach bibliographisch verzeichnet. 1. Drittel: Versuch e. krit. Uebersicht, zur Einleitg. [Aus: „Hessenland" in 2., verb. Aufl.] (20 S. m. 1 eingedr. Bildnis.) Lex.-8. Bronnzell bei Fulda 905. Dr. Fr. Seeling. n. 1. —

Seeling, H., s.: Villa, die deutsche.

Seeling, Heinr., neue Grundrissdispositionen zu den Wallotschen Façaden d. Reichstagsgebäudes. Imp.-4. (8 S. m. 1 eingedr. Fig. u. 2 Taf.) Berlin 883. Polytechn. Buchh. n. 1. —

Seeling, Otto, Ethik u. ethische Systeme. Skizze zur Einführg. in das Gesamtgebiet. 8. (16 S.) Flöha 900. A. Peitz & Sohn. — 40

Das Gewissen nach seinem Wesen, seiner Bedeutung im Seelenleben und der Aufgabe, die es dem Erzieher stellt. Eine Studie z. Information u. z. Vorbereitung auf pädagog. Prüfungen von Otto Seeling. Flöha i. S.: A. Peitz & Sohn 1906. (34 S.) 8°

— der preußisch-deutsche Zollverein. Vortrag. (16 S.) 8. Ebd. 905. n. — 40

Seeling-Saulenfels, Ludw. Ritter v., ist die Verallgemeinerung d. Lupinen-Anbaues u. die Verfütterung der entbitterten Lupinen-Körner wünschenswerth? (Internationaler land- u. forstwirthschaftl. Congress zu Wien 1890, 119. Hft.) gr. 8. (8 S.) Wien 890. (Frick.) n. — 60

Seelinger, H. J. „Ueber die Theorie der Dampfmaschinen". pg. 3—8. 4°. Biechele'sche Buchdr.
Amberg, Progr. 1840/41

Seelinger, J., Der Advokat der geschorenen Schwestern (900 Prostituirten). Wien 1782. 8°. (1 Mk. Theod. Ackermann, München, 1877; jetzt viel theurer!)

Seelinger, Jak. „Ueber den Nutzen artesischer Bohrungen". pg. 3-7. 4°. o. O. u. Dr.
Amberg, Progr. 1836/37

Seelinger, Jakob Ludwig Heinrich „Untersuchung einiger fossilen Brennstoffe (in der Oberpfalz), vorgenommen im chemischen Laboratorium der Schule". pg. 13—18. 4°. Carl Klöber
Amberg, Progr. 1837/38

Seelisberg [Sachliches OW]

Seelisberg, der Curort, im Canton Uri. Luzern 870. Räber. 8. (56 S. mit einer Steintaf.) geb. n. 8 ngr.; Ausg. mit 7 Steintaff. geb. n. 14 ngr.

Seelisberg [Schlagwort]

Seelisberg, Umgebung, s.: Geologische Karten. Pannekoek.

Seelisch, Adolf: Zur Textkritik von Hartmans Gregorius. Halis Saxonum 1884: Orphanotropheum. 33 S. 8°
Halle-Wittenberg, Phil. Diss. v. 5. Mai 1884
Geb. Mühlhausen (Thür.) 29. 1. 1862. V.
Ersch. vollst. in: Zeitschrift f. deutsche Philologie. Bd 16. Halle 1884. S. 257—306.

Seelisch, *Georg Adolf* [Dr.]: *Festrede, geh. am Geburtstage Sr. Majestät des Kaisers 1892.* (Rückblick auf d. letzte Jahrh. d. deutsch. Gesch. u. daraus sich ergebende Mahngn.) Hagenau, F. Gilardone'sche Buchdr., *1892*; 21—26 S. 4.
Hagenau, G u. R, MP 1892 (507)

Seelisch, Rich. Einführung in Xenophons Anabasis im letzten Vierteljahre des Untertertia-Kursus. Abschnitte aus Anab. Lib. I für Anfänger erleichtert und mit Anmerkungen versehen. 12 S.
Progr. G. *Erfurt* 1884.

Seelisch, Richard, Prof. Dr.: Vergils Hirtengedichte, im Versmaß der Urschrift übersetzt. Erfurt 1904: Fr. Bartholomäus. (32 S.) 8° [F.]
Erfurt, k. G OP 1904 (277)

Seelisch, Richard [Dr.]: Der homerische Hymnus an Demeter. Metrisch übs. u. m. kurzen Inhaltsangaben versehen. Erfurt, Druck v. F. Bartholomäus, 1896; 1—12 S. 8.
Erfurt, k. G, Festschr. 1896**

[F.] Dispositive Inhaltsübersicht über Vergils Georgika. Von Dr. Richard **Seelisch**, Oberl. ... zu Erfurt. *Paderborn: F. Schöningh 1896.* (34 S.) 1 Bd 8.
[96. 2136

Seelisch, Ricard., de casuum obliquorum apud Valerium Maximum usu Liviani et Tacitei dicendi generis ratione habita. Dissertatio philologica. gr. 8. (VII, 40 S.) Münster 872. (Mitsdörffer.) n. — 50

— s.: Vergil's Georgika.

SEELMAIR, Benno (Berghofen): Ueber das Wesen der Zuckerharnruhr (Diabetes mellitus).- München: Deschler 1859. 15 S.
4.8.1854 - Urk (Titel: De diabete mellito.); F 68 (= Seelmayr)
Diss. Ingolst.-Landsh.-Mchn.

Seelmann, Andr., († d. 18. Oct. 1789.) Lob- u. Trauerrede auf den Kardinal Frz. Cph. v. Hutten, Bischof zu Speier. 4. Bruchsal (Manh.) 770. Schwan u. G. 3 gr.

Seelmann, Aug., Adelheid v. Waldersee. Dramatisches Märchen in 4 Aufzügen. 8. (IV, 94 S.) Dessau 878. Barth. n. 1. 25

Seelmann, Aug., Katechismus der allgemeinen Religionslehre für Deutschlands Volksschulen. gr. 16. (16 S.) Dessau 849, Aue. 1/24 ₰

Seelmann, Aug., Treffübungen mit Text. Erster Gesangunterricht überhaupt und nothwendiger 1. Thl. zu allen ein- und zweistimmigen Liedersammlungen für Schulen insbesondere, enthaltend Lieder und Gesangstücke zu Erzielung sichern Treffens, guter Tonbildung und richtiger Aussprache. 8. (IV und 34 S.) Halle 855, Schmidt. *

Seelmann, Aug. Treffübungen mit Text. Erster Gesangunterricht überhaupt u. nothwendiger erster Theil zu allen ein- u. zweistimmigen Liedersammlungen für Schulen insbesondere, enthaltend Lieder u. Gesangstücke zur Erzielung sichern Treffens, guter Tonbildung u. richtiger Aussprache. 2. Aufl. Halle 863. Schmidt's Verlag. 8 (34 S.) n 3 ngr.

Seelmann, Aug., Treffübungen mit Text. Erster Gesangunterricht überhaupt und nothwend. erster Theil zu allen ein- und zweistimm. Liedersammlungen für Schulen insbesondere, enth. Lieder und Gesangstücke zu Erzielung sicheren Treffens, guter Tonbildung und richt. Aussprache. 3. Aufl. 1871, und 4. Aufl. 8. (34 S.) Halle 874, Schmidt's Verlag.

Seelmann, Aug., Treffübungen mit Text. Erster Gesangunterricht überhaupt und notwend. erster Teil zu allen ein- und zweistimm. Liedersammlungen für Schulen insbesondere, enthaltend Lieder und Gesangstücke zur Erzielung sichern Treffens, guter Tonbildung und richt. Aussprache verfaßt. 5. Aufl. 8. (II, 34 S.) Halle 883, Schmidt's Verlagsh. **

Seelmann, Aug., Treffübungen m. Text. Erster Gesangunterricht überhaupt u. notwend. 1. Tl. zu allen ein- u. zweistimm. Liedersammlgn. f. Schulen insbesondere, enth. Lieder u. Gesangstücke zur Erzielg. sicheren Treffens, guter Tonbildg. u. richt. Aussprache. 7. Aufl. (36 S.) 8. Jena (905). H. W. Schmidt. n.n. — 30

—— zweistimmige Treffübungen mit Text für Sopran und Alt oder Tenor und Baß. Op. 35. 8. (60 S.) Halle 876, Schmidt's Verlagsh. *

Seelmann, E., Bibliographie d. altfranzösischen Rolandsliedes, m. Berücksicht. nahesteh. Sprach- u. Litteraturdenkmale verf. gr. 8. (XIII, 113 S.) Heilbronn 888. [Gebr. Henninger] Leipzig, Reisland. n. 4. 80

— Rezension von: Wilh. Meyer, Die lat. Sprache in d. roman. Ländern 1888. S.-A. 1890. 23 S. —.50

— Latein. Sprache u. Litteratur. S.-A. 1891. 40 S.

Seelmann, Emil, die Aussprache des Latein nach physiologisch-historischen Grundsätzen. gr. 8. (XV, 398 S.) Heilbronn 885, Gebr. Henninger. *

Seelmann, Emil. Die Aussprache d. Latein. gr. 8. Heilbronn 885. Lpz., Reisland. * 8 —

Seelmann, Emil (geb. am 25 Jan. 1859 in Gr. Oschersleben): Wesen und Grundsätze lateinischer Accentuation ... Leipzig, Druck v. Breitkopf & Härtel 1884. 32 S., 1 Bl. 8. ¶ Sonderabdr. aus des Verf. Aussprache des Latein 1885 (S. 15–45).
Bonn, Phil. Fak., Diss. v. 10 März 1884

Seelmann, Erich: Die Mundart von Prenden (Kreis Nieder-Barnim). Norden 1908: D. Soltau. (39 S.) 8° ¶ (Erscheint in: Niederdeutsches Jahrbuch Bd 34.)
Breslau, Phil. Fak., Ref. Siebs, Diss. v. 29. Mai 1908
[Geb. 1. Aug. 79 Berlin; Wohnort: Berlin; Staatsangeh.: Preußen; Vorbildung: Friedrichs-Werdersche Oberrealsch. Reife M. 01; Studium: Berlin 8 S.; Rig. 4. März 08.]

Seelmann, F.

Seelmann: De historia Xenophontis in institutione Cyri fide quid judicandum videatur. 18 S. – Potsdam, Progr. 1870.

Seelmann, F., De historica Xenophontis in institutione Cyri fide quid iudicandum videatur. Diss. 1870. 18 S. 4°. 2.—

—— von dem deutschen Geiste in deutscher Dichtung, s. Sammlung gemeinverständlicher Vorträge und Abhandlungen.

—— Luther als Lehrer und Erzieher, s. Vorträge, öffentliche.

Seelmann, F. De Prometheo aeschyleo. 24 S. G. *Dessau* 1876. **Progr.**

Seelmann, (Ferdinand): Bericht über die Feier des 100jährigen Jubiläums der Anstalt; S. 17–21 der Schuln. 4.
Progr. Herz. Francisceum *Zerbst* 1904 (798).

Seelmann, F., de nonnullis epithetis homericis commentatio, s. a. Hachtmann, C., symbolae criticae ad T. Livi decadem tertiam.

Seelmann, F., De nonnullis epithetis Homericis. Pr. 1884. 16 S.

Rede zur Trauerloge, gehalten in der Loge Esiko zum aufgehenden Licht zu Dessau am 30. Nov. 1893 von Ferd. **Seelmann.** Dessau [1893]: Art'l. 7 S. 8°
Abgedr. in: Bbl. 8 (1894) S. 543—548.
Thema: Würdige Ehrung u. Trauer den Toten, Tröstung in der Erinnerung u. ahnungsvolle Hoffnung für die Zukunft lehrt die Betrachtung des Todes den Mr.

Zwei Schwesternfest-Reden, gehalten in der Loge Esiko zum aufgehenden Licht zu Dessau von Ferd. Seelmann am 20. Sept. 1891 und 17. Sept. 1893. Dessau [1893]: Art'l. 14 S. 8° [Umschlagtit.]
1. Üb. mrische Arbeit. 2. Üb. die Worte: Alles verstehen heisst alles verzeihen.

Seelmann, Hans, Anleitung zur Berechnung der Invalidenversicherungsbeiträge. Zum prakt. Gebrauche f. Beamte u. Arbeitgeber. (52 u. IV S.) gr. 8. Mainz 904. J. Diemer. n.n. — 75
Sonderabdruck aus: „Die Invaliditäts- u. Altersversicherg. im Deutschen Reiche".

Seelmann, Hans, die Ansprüche der Armenverbände aus den Reichsversicherungsgesetzen u. ihre Geltendmachung, s.: Krankenkassen-Bibliothek. 4. Hft.

Seelmann, H., Arbeiterversicherung, s. Krankenkassen-Bibliothek.

— Armenverbände, s. Krankenkassen-Bibliothek.

— Ausbau der Invaliden-Versicherung zu einer allgemeinen Volksversicherung. Mit besond. Berücksicht. der Versicherg. der selbständ. Gewerbetreibenden u. der höh. Privatangestellten. (16 S.) Lex.-8. Grunewald-(Berlin) 903. Gr.-Lichterfelde, Verlag der Arbeiter-Versorgg. A. Troschel. n. — 60
Sonderabdruck aus: „Arbeiter-Versorgg."

Seelmann, die ärztliche Begutachtung in Invaliden- u. Krankenversicherungssachen. Zum prakt. Gebrauch f. Ärzte, Krankenkassen u. Verwaltungsbehörden. (IV, 64 S.) gr. 8. Leipzig 908. F. C. W. Vogel. 2. 50

Seelmann, Hans, die beschränkt Erwerbsfähigen u. die Arbeitslosigkeit. Ein Beitrag zur Lösg. der Arbeitslosenfrage. Erweiterter Abdr. aus XVIII. Jahrg. der Arbeiter-Versorgg. gr. 8. (48 S.) Berlin 902. Grunewald, Verlag der Arbeiter-Versorgg. A. Troschel. n.n. — 90

— die Feststellung der Invalidität im Sinne des Invalidenversicherungsgesetzes. Zum prakt. Gebrauche f. Aerzte, Beisitzer der unteren Verwaltungsbehörden und Schiedsgerichte sowie f. Behörden dargestellt. gr. 8. (61 S.) Ebd. 901. n. 1. 20

— das gesamte Material zur Reform der Arbeiterversicherung in Deutschland, s. Krankenkassen-Bibliothek. 6. Heft.

Seelmann, Hans, Das gesamte Material zur Reform der Arbeiterversicherung in Deutschland. 8°. Frankfurt a. M., Schnapper, 1906. (Krankenkassen-Bibliothek, Heft 6.)

— die preußische Ministerialanweisung betr. das Verfahren bei der Ausstellung u. dem Umtausch, sowie bei der Erneuerung (Ersetzung) u. der Berichtigung v. Quittungskarten (§§ 131 ff., 158, 160 des Invalidenversicherungsgesetzes vom 19. VII. 1899, RGBl. S. 463), vom 17. XI. 1899. Textausg. m. Anmerkgn. gr. 8. (VIII, 139 S.) Ebd. 903. n. 3. —

— die preußische Ministerialanweisung, betr. das Verfahren vor den unteren Verwaltungsbehörden (§§ 57 bis 64 des Invalidenversicherungsgesetzes), v. 6. XII. 1899. Mit Kommentar. gr. 8. (VII, 180 S.) Ebd. 903. n. 3. —

— s.: Reformblatt der Arbeiter=Versicherung.

— das Selbstverwaltungsrecht der Krankenkassen. Eine Betrachtg. im Hinblick auf den geplanten Umbau der Arbeiterversicherg. (36 S.) gr. 8. Frankfurt a/M. 904. Dr. E. Schnapper. n. 1. —

Das Streitverfahren in den Reichsversicherungsgesetzen. Systemat. dargest. von Hans Seelmann. Berlin: A. Troschel 1899. (IV, 54 S.) 8⁰

— das Streitverfahren in den Reichs=Versicherungsgesetzen. Systematisch dargestellt. 2. gänzlich umgearb. u. verb. Aufl. (IV, 820 S.) gr. 8. Grunewald=Berlin 904. Gr.=Lichterfelde, Verlag der Arbeiter=Versorgg. A. Troschel. n. 3. —; geb. n. 4. —

Meibom, B., resp. J. G. Seelmann, De animae ad restituendam sanitatem potentia. Helmst. 4°. 1719

Seelmann, Theo: Jakob Fugger, der König der mittelalterl. Kaufherren, s.a. Männer des Erfolgs.

Seelmann, T., Jakob Fugger, der König der mittelalterlichen Kaufherren. (164 S. m. 5 Taf.) 8. Stuttgart, C. & A. Ulshöfer. 1909 1. 80; geb. 2. 50.
Männer des Erfolgs.

Seelmann, Theo., das höchste Gut. Schauspiel in 4 Aufzügen. 8. (163 S.) Halle 899. C. A. Kaemmerer & Co. n. 2. 50

Das höchste Gut. Schauspiel in 4 Aufz. von Theo Seelmann. 2. Aufl. *Halle a. S.: C. A. Kaemmerer & Co. 1900.* (163 S.) 8° [Ant. u. F.] (01. 28)

Seelmann, W., Gerhard von Minden, s.: Denkmäler, niederdeutsche.

Seelmann, W., Valentin u. Namelos, s.: Denkmäler, niederdeutsche.

Seelmann, Walther, Amtsrichter: Der Rechtszug im älteren deutschen Recht. Ein Beitrag zur Geschichte der Berufung. Breslau: Marcus 1909. 00 S. 8° ¶(Ersch. vollst. in: Untersuchungen z. deutschen Staats- u. Rechtsgeschichte.)
Berlin. Jur. Diss. v. 22. Juli 1909, Ref. Brunner
[Geb. 22. Juli 80 Berlin; Wohnort: Stettin; Staatsangeh.: Preußen; Vorbildung: Friedrich-Wilhelms-Gymn. Berlin Reife M. 98; Studium: Berlin 6 S.; Rig. 14. Juli 08.] [U 09. 17

Seelmann, Wilh., mittelniederdeutsche Fastnachtsspiele, s. Drucke des Vereins für niederdeutsche Spruchforschung.

— zur Geschichte der deutschen Volksstämme Norddeutschlands und Dänemarks im Altertum und Mittelalter. gr. 8. (94 S.) Norden 887, Soltau. *
Aus: Jahrbuch des Vereins fur niederdeutsche Sprachforschung, besonders abgedruckt.

Seelmann, Wilh., Fritz Reuter's Leben u. Werke, s.: Meyer's Volksbücher.

Die plattdeutsche Litteratur des 19. Jahrhunderts. Bibliographische Zusammenstellung v. Wilhelm Seelmann. Nebst Nachtrag. Ausschnitt aus: Jahrbuch des Vereins fur ndd. Sprachforschung. 22 u. 28. Norden u. Leipzig. 1897 u. 1902. 8⁰.

Seelmann, Guilelmus: De propagatione scholiorum Aeschyleorum. Halis Saxonum (1875): Karras. 37 S. 8⁰
Halle-Wittenberg, Phil. Diss. v. 9. Jan. 1875
Geb. Oschersleben a. d. Bode [20.] 1. 1849. V.
Im Buchhandel Berlin: Simion 1875.
Verf. hiess später Seelmann-Eggebert. Ihn beglückwünschte die Fakultät 1935 als Professor und Oberbibliothekar a. D. in Berlin-Wilmersdorf zum 60jährigen Dr.-Jubiläum.

Seelmann, Gu., de propagatione scholiorum Aeschyleorum. Dissertatio inauguralis. gr. 8. (37 S.) Berlin 875. Simion. n. 1. 25

—— niederdeutsches Reimbüchlein, s. Drucke des Vereins für niederdeutsche Sprachforschung.

— Reuter-Forschungen. (III, 80 S. m. 2 Bildnissen.) gr. 8. Norden 910. D. Soltau. 1. 60
Sonderabdruck aus: „Niederdeut. Jahrb."

— s.: Schauspiele, niederdeutsche, älterer Zeiten.

Seelmann, Wilh., die Totentänze d. Mittelalters. Untersuchungen, nebst Litteratur- u. Denkmäler-Übersicht. [Aus: „Jahrb. d. Vereins f. niederdeutsche Sprachforschg."] Lex.-8. (III, 80 S.) Norden 893. D. Soltau. n. 2. —

Seelmann, Wilhelm (Hrsg.), s. Universitätskalender, Deutscher.

Seelmann-Eggebert, H., Feldpostbriefe aus dem Kriegsjahre 1870. gr. 8. (IV, 200 S.) Colberg 872. Post in Comm. n. 1. 50

Seelmatter, P., Pathologia et therapia dolorum ventriculi. 42 pp. Jen. 4°
1795

Seelmatter, Sam., Gnadenstand d. Kinder Gottes. 8. Bern, 708.

Seelmatter, Sam., Zofingen: Dissertatio inauguralis medica sistens morbos circa Tobinium familiares cum casibus nonnullis et observationibus rarioribus.
Basel, med. Diss. 1751

Der deutsche Unterricht und die deutsche Privatlectüre in der ersten und zweiten Gymnasialclasse. Von J. Seelos, G. P. - 1876. Neuburg, ibid. — S. I–XVI⁸.
1883. Dasselbe. II. — Von J. Seelos, G. P. — 1877. Neuburg, ibid. — S. II—XV⁸.
Progr. Neuburg a. d. D. K. Gymn.

SEELOS, Alois (Füssen): Zur Casuistik des Darmverschlusses durch Gallensteine.- München: Gruelinger 1882. 27 S.
14.7.1882 - Urk (Titel: De stricturis intestinorum calculis felleis ortis.); Chr 1882/83,16
• Diss. Ingolst.-Landsh.-Mchn.

Seelos, G., Landschaften, s. Paterno's, F., systematische Zeichnen-Schulen.

Seelos, G.: Kleine Landschaftsschule. 1. u. 2. Heft à. 6 Blatt. Wien: F. Paterno 1863.

—— das Salzkammergut und Berchtesgaden mit Umgebung. 24 (lithogr.) Ansichten in Farbendr. 4. Wien 865, (Prandel.) In Carton. * 6 Thlr. 20 Ngr.; einzelne Blätter *

Seelos, Heinrich: Ueber die Reinigung der Stärkefabrikabwässer. Basel 1898. 44 S. 8⁰. .
Basel. Phil. Diss. 1897/98.

Seelos, Ignaz & Ignaz Vinzenz Zingerle. Fresken-Cyklus des Schlosses Runkelstein bei Bozen. Gezeichnet und lithografirt von Ignaz Seelos, erklaert von Ignaz Vinzens Zingerle. Herausgegeben von dem Ferdinandeum in Innsbruck. (Druck der Wagner'schen Buchdruckerei 1857).
Tit., 10 Bl. Text; 23 z. T. farb. Taf. in Lithogr. 2°.

Seelow [Schlagwort]

Seelow, s.: Geologische Karten. Preussen 121.

Seelow [Verfasser]

Seelow, P., Gesetz gegen den unlauteren Wettbewerb vom v. 7. VI. 1909. Für die Praxis bearb. 1. u. 2. Aufl. (84 S.) 8. Berlin 909. 10. L. Düringshofen. 1.20; geb. 1.50

Seelsorge. Die deutsche S' in der Stadt Freiburg. Freiburg 1893 s. [Büchi, Albert].

Seelsorge, die, in den Gemeinschaften. Aus den Verhandlgn. des 2. deutschen Gemeinschaftstages zu Wernigerode (11. u. 12. VI. 1908). Hrsg. im Auftrage des deutschen Verbandes f. Evangelisation u. Gemeinschaftspflege v. Otto Sartorius. (48 S.) 8. Stuttgart 908. Buchh. des deutschen Philadelphia-Vereins. — 50

Seelsorge, die, in Theorie u. Praxis. Centralorgan zur Förderg. d. Seelsorge. E. Monatsschrift mit Stahlst.-Porträts hervorrag. Seelsorger. Unter Mitwirkung erprobter Kräfte aus der ges. evang. Geistlichkeit hrsg. v. Liebermann. 1. Jahrg. 1896. 12 Hfte. (Bog. m. Bildn.) gr. 8. Leipzig, Arw. Strauch. n. 3. —

— dasselbe. 2. Jahrg. 1897. 12 Hfte. gr. 8. (Bog. m. Bildn.) Ebd. n. 3. —

— dasselbe. Internat. Centralorgan zur Erforschung u. Ausübg. d. Seelsorge. E. Monatsschrift m. Stahlst.-Porträts u. musikalischen Beigaben „Für's Pfarrheim“. 3. Jahrg. 1898. 12 Hfte. (Bog. m. Bildn.) gr. 8. Ebd. n 3. —

Seelsorge, die, in Theorie u. Praxis. Monatsschrift zur Erforschg. u. Ausübg. der Seelsorge m. Seelsorger-Porträts. Unter Mitwirkg. v. B. Liebermann, G. F. Fuchs u. anderen erprobten Kräften aus der gesamten evangel. Geistlichkeit hrsg. v. J. Jaeger. 4.—7. Jahrg. 1899—1902. à 12 Hfte. gr. 8. (IV, 256; IV, 246; VIII, 296 u. VI, 376 S. m. 5, bezw. 4, 4 u. 5 Taf.) Leipzig, A. Strauch. à Jahrg. n. 6. —

Seelsorge, die, in Theorie u. Praxis. Monatsschrift zur Erforschg. u. Ausübg. der Seelsorge m. Seelsorger-Porträts. Unter Mitwirkg. v. B. Liebermann, G. F. Fuchs u. anderen erprobten Kräften aus der gesamten evangel. Geistlichkeit hrsg. v. J. Jaeger. 8. Jahrg. 1903. 12 Hefte (IV, 376 S. m. 1 Taf.) gr. 8. Leipzig, A. Strauch. n. 6. —
Erscheint nicht mehr.

Seelsorger, der, e. kathol. Zeitschr., hrsg. im Vereine von mehr. Geistlichen, v. Joh. Bapt. Zarbl. 1—4. Jahrg. 1839. 4 Hfte. u. 1840—42. à 6 Hfte. gr. 8. Landshut, 1. u. 2. J. Krüll'sche Univers.-Buchh., 3. u. 4. J. Thomann'sche Buchh. à J.

Seelsorger, der, eine kathol. Zeitschrift, herausgeg. im Vereine mit mehreren Geistlichen, von Jh. Bapt. Zarbl. 3.—7. Jahrg. 1841—1845, à 6 Hefte. gr. 8. Landshut, Attenkofer. (Thomann.) à n. 3⅓ ℛ

Seelsorger, der gute, bei seinen **Kranken u. sterbenden** Christen. 8. Augsb. 783. Rieger. 3 𝒦

Seelsorger, der katholische. Geschildert von einem emeritirten Pfarrer. gr. 8. (VII, 666 S.) Regensburg 881, Manz.

Seelsorger, der katholische. Wissenschaftlich-prakt. Monatsschrift f. den Klerus Deutschlands. Unter Mitwirkg. namhafter Vertreter der Wissenschaft u. Praxis hrsg. von Heiner u. Otten. Mit e. Anh.: Systematische Übersicht der neuesten Erscheingn. auf den theolog. u. philosoph. Gebieten. 1. u. 2. Jahrg. 1889. 1890. à 12 Hfte. gr. 8. (à Hft. ca. 64 S.) Paderborn, F. Schöningh. à Jahrg. n. 4. —

Seelsorger, der katholische. Wissenschaftlich-prakt. Monatsschrift f. den Klerus Deutschlands. Unter Mitwirkg. namhafter Vertreter der Wissenschaft u. Praxis hrsg. v. Heiner u. Otten. Mit e. Anh.: Systematische Übersicht der neuesten Erscheingn. auf den theolog. u. philosoph. Gebieten. 3.—5. Jahrg. 1891—1893. à 12 Hfte. (à ca. 4 Bog.) gr. 8. Paderborn, F. Schöningh. à Jahrg. n. 4. —

— dasselbe. Hrsg. v. Heiner, Otten u. Woker. Mit e. Anh.: Systematische Übersicht der neuesten Erscheingn. auf den theolog. u. philosoph. Gebieten. 6. Jahrg. 1894. 12 Hfte. (à ca. 4 Bog.) gr. 8. Ebd. n. 4. —

Seelsorger, d. katholische. Wissenschaftlich-prakt. Monatsschrift f. d. Klerus Deutschlands. Unter Mitwirkung v. Bertram, Schäfer, Schick u. a. namhafter Vertreter d. Wissenschaft u. Praxis hrsg. v. F. Heiner, H. Otten u. F. W. Woker. Mit e. Anh.: Systemat. Uebersicht d. neuesten Erscheingn. auf d. theolog. u. philosoph. Gebiete. 7.—10. Jahrg. 1895—1898. à 12 Hfte. (à ca. 4 Bog.) gr. 8. Paderborn, F. Schöningh. à Jahrg. n. 4. —

Seelsorger, der katholische. Wissenschaftlich-prakt. Monatsschrift f. den Klerus Deutschlands. Unter Mitwirkg. v. Heiner, Bertram, Schäfer u. a. namhaften Vertretern der Wissenschaft u. Praxis hrsg. v. F. W. Woker. 11.—14. Jahrg. 1899—1902. à 12 Hfte. gr. 8. (VII, 582; VII, 582; VIII, 599 u. VIII, 576 S.) Paderborn, F. Schöningh. à Jahrg. n. 4. —

Seelsorger, der katholische. Wissenschaftlich-prakt. Monatsschrift f. den Klerus Deutschlands. Unter Mitwirkg. v. Heiner, Bertram, Schäfer u. a. namhaften Vertretern der Wissenschaft u. Praxis hrsg. v. F. W. Woker. 15. bis 18. Jahrg. 1903—1906. à 12 Hefte. (XII, 786; XII, 792; XII, 810 u. XII, 796 S.) gr. 8. Paderborn, F. Schöningh. à Jhrg. n. 4. —

Seelsorger, der katholische. Wissenschaftlich-prakt. Monatsschrift f. den Klerus Deutschlands. Unter Mitwirkg. v. Heiner, Schäfer, Perger, S. J., u. a. namhaften Vertretern der Wissenschaft u. Praxis hrsg. v. F. W. Woker. 19.—21. Jahrg. 1907—1909. à 12 Hefte. (VI, 582; VI, 580 u. VIII, 578 S.) gr. 8. Paderborn, F. Schöningh. 19. u. 20. Jahrg. à 4.—; 21. Jahrg. 5. —
Erscheint nicht mehr.

Seelsorger, Der katholische, am Krankenbette und bei den übrigen geistlichen Amtsverrichtungen. 2. Aufl. Koblenz 1839. V: *Püllenberg, Joseph.* (Th)

Seelsorger, d., a. d. Canzel, in d. Schulen ꝛc., s. Magazin f. kathol. Prediger.

— d. am Krankenbette, od. systemat. Anleitung f. Seelsorger z. e. zweckm. Verfahren b. Kranken. gr. 8. Wien, Aloys Doll. 787.

Seelsorger, Der, als Liturg und Beichtvater. Wien 1797. V: ***Pek, Burkh.*** (schmal) (Th)

— der, als Liturg u. Beichtvater, od. Samml. gewählter Abhandll. üb. die Pflichten des Seelsorgers beim öffentl. Gottesdienst u. im Beichtstuhl. gr. 8. Wien 797. Al. Doll. 2 ꝟ Hbg. Pr. 1 ꝟ

—— der prakt., am Krankenbette u. bei d. übrigen geistl. Amtsverrichtungen, zugleich Betrachtn. u. Gebete f. jed. Katholiken bei besond. Veranlassungen. 2 Bdchn. 8. (19 B.) Coblenz 837, Hergt.

Seelsorger, Der, im Privatunterricht, im gesellschaftlichen Umgang und im häuslichen Leben. Wien 1798. V: *Pek, Burkh.* (schmal) (Th)

— der, im Privatunterricht, im gesellschaftl. Umgange u. in seinem häusl. Leben. gr. 8. Wien 798. Aloys Doll. 2 ₰ Hbg. Pr. 1 ₰

Seelsorger, Der, in der Schule, oder Abhandlung zu einem zweckmässigen Schul- und Religionsunterricht. Wien 1796. V: *Pek, Burkh.* (Th) (schmal)

— der, in Schulen, od. Samml. gewählter Abhandll. zu einem zweckmäßigen Schul- u. Religions-Unterricht. 2 Thle. gr. 8. Wien 796. Al. Doll. 4 ₰ Hbg. Pr. 1 ₰ 16 gl.

Seelsorger, der, in den vorzügl. Verrichtungen seines Amtes. In verschied. Aufsätzen, aus den hinterlass. Schriften des Laurenz Brendel, ausgezogen u. zusammengestellt von Leon. Clem. Schmitt. gr. 8. (28 B.) Bamberg 844, [Hobbach'sche Buchh.]

— der, in den vorzügl. Verrichtungen seines Amtes. In verschied. Aufsätzen, aus den hinterlass. Schriften des Dr. Laurenz Brendel, ausgezogen u. zusammengestellt von Leon. Clemens Schmitt. gr. 8. Bamberg 844, literarisch-artist. Institut. 1¼ ₰

Seelsorger-Praxis. Sammlung prakt. Taschenbücher f. d. kath. Klerus. 1. *Paderborn: F. Schöningh 1902.* 8° [J.]

Seelsorger-Praxis. Sammlung prakt. Taschenbücher f. den kathol. Klerus. I—V. 12. Ebd. Geb. in Leinw. n. 5. 70

I. Die praktisch-sociale Thätigkeit des Priesters od. wie kann jeder Priester einiges zur Lösung der socialen Frage beitragen? Mit e. Führer durch die kathol. sociale Litteratur. Von Max Heimbucher. Unveränd. Abdr. (3. u. 4. Taus.) (VII, 220 S.) 902. n. 1. 50

II. Arbeit u. Leben des katholischen Klerikers im Lichte der Gesundheitslehre. Von Heinr. Gassert. (183 S.) 902. n. 1. 20

III. Der Klerus u. das Strafgesetzbuch. Praktischer Kommentar der auf Religion u. Klerus bezügl. Materien des Reichsstrafgesetzbuches. Von Adf. Rösch. (V, 152 S.) 902. n. 1. 20

IV. Vademecum f. die Präsides der kath. Jünglingsvereinigungen. Von Jos. Drammer. (VIII, 104 S.) 902. n. — 90

V. Zwangsgedanken u. Zwangszustände in pastoral-psychiatrischer Beurteilung. Von G. Weber. (VIII, 109 S.) 903. n. — 90

Seelsorger-Praxis. Sammlung prakt. Taschenbücher f. den kathol. Klerus. I. u. VI.—XVII. 12. Ebd.
Geb. in Leinw. n. 17. —

Arndt, Augustin, S. J., die kirchlichen u. weltlichen Rechtsbestimmungen f. Orden u. Kongregationen. (VIII, 118 S.) 904. (XII.) n. — 90

Dochnahl, Jos., Ratgeber bei Verfügungen v. Todeswegen, Schenkungen u. Stiftungen. Mit zahlreichen Beispielen u. Mustern u. e. Anh. üb. Steuern, Kosten u. Gebühren. (XVI, 404 S.) 905. (XV.) n. 2. 20

Fidler, F., Vormundschaftsrecht nebst Fürsorgeerziehung. (X, 217 S.) 904. (XIII.) n. 1. 50

Geiger, Karl Aug., die religiöse Erziehung der Kinder im deutschen Rechte. Eine Darstellg. des üb. die Konfession der Kinder gelt. Rechtes in Deutschland, Oesterreich-Ungarn, Schweiz u. Luxemburg. (XVI, 301 S.) 903. (VII. VIII.) n. 1. 80

Heimbucher, Max, die praktisch-soziale Tätigkeit des Priesters od. Wie kann jeder Priester einiges zur Lösung der sozialen Frage beitragen? Mit e. Führer durch die soziale Literatur. 5., verm. Aufl. (5. u. 6. Taus.) (VII, 292 S.) 904. (I.) n. 1. 80

Heyne, B., über Besessenheitswahn bei geistigen Erkrankungszuständen. Mit 13 in den Text gedr. Fig. (VIII, 147 S.) 904. (XIV.) n. 1. 20

Hilling, Nikol., die römische Kurie. Ein kurzes Handbuch f. die Kenntnis der gegenwärt. Verfassg. u. e. kanonist. Führer f. den prakt. Verkehr m. den obersten päpstl. Behörden in Rom. (XII, 324 S.) 906. (XVI.) n. 1. 80

Kunze, Frz., die Führung des katholischen Pfarramtes. Unter Berücksicht. der neuesten Bestimmgn. bearb. (XII, 153 S.) 903. (VI.) n. 1. 20

Neumann, J., der Seelsorger u. der Alkoholismus. (VI, 164 S.) 906. (XVII.) n. 1. 20

Schönfelder, Alb., der Pfarrer in seinem Umgang m. der Gemeinde außerhalb des Gottesdienstes. (VIII, 162 S.) 903. (IX.) n. 1. 20

Walter, Frz., Aberglaube u. Seelsorge m. besond. Berücksicht. des Hypnotismus u. Spiritismus. (VIII, 462 S.) 904. (X. XI.) n. 2. 20

Seelsorger-Praxis. Sammlung prakt. Taschenbücher f. den kathol. Klerus. II, XV u. XVIII—XXI. kl. 8. Paderborn, F. Schöningh. Geb. in Leinw. 7. 80

Chwala, Adf., Obl. M. I., die praktische Durchführung der öfteren u. tägl. Kommunion. (XVI, 109 S.) 910. (XXI.) Geb. in Leinw. 1. —

Dochnahl, Jos., Ratgeber bei Verfügungen v. Todes wegen. Schenkungen u. Stiftungen. Mit zahlreichen Beispielen u. Mustern u. e. Anh. üb. Steuern, Kosten u. Gebühren. 2., m. e. Nachtrag verm. Aufl. (XVI, 404 u. 9 S.) 908. (XV.) Geb. in Leinw. 2. 20

Gassert, Heinr., Arbeit u. Leben des kathol. Klerikers im Lichte der Gesundheitslehre. 2., verb. Aufl. (VI, 184 S.) 907. (II.) Geb. in Leinw. 1. 20

Jatsch, Jos., der Seelsorger in seiner apologet. Wirksamkeit. (160 S.) 907. (XVIII.) Geb. in Leinw. 1. 20

Kapitza, Johs., die Seelsorge u. die Mäßigkeitsbewegung. (XVI, 88 S.) 909. (XX.) Geb. in Leinw. 1. —

Kassiepe, Max, Obl. M. J., die Volksmission. Wesen u. Ziele. Methode der Missionare. Anteil des Seelsorgers an ihrem Gelingen. (VII, 168 S.) 909. (XIX.) Geb. in Leinw. 1. 20

Seelstrang, A. de, y A. Tourmente, nuevo mapa de la República Argentina. Construido segun los ultimos datos. 2 Bl. Lithogr. Imp.-Fol. Buenos-Aires 876. (Berlin, Behr's Verlag.) *

Seemann, der, s.: Blüten u. Früchte, Nr. 4.

Seemann, der, u. seine Familie. Eine Erzählg. Uebersetzt aus dem Engl. v. E. D. 8. (72 S.) Stuttgart 876. Buchh. der evangel. Gesellschaft. n. — 35

Bremen. Deutsche Gesellschaft zur Rettung Schiffbrüchiger. Seemann in Noth. 1. Auflage. Bremen 1876.

—— in Noth. (Hrsg. von der Deutschen Gesellschaft zur Rettung Schiffbrüchiger.) 3. unveränd. Aufl. 8. (71 S. mit 2 Holzschntaf., 1 chromolithogr. Flaggenkarte und 1 lithogr. und color. Karte der deutschen Rettungsstationen in qu. Fol.) Bremen 877, (Heinsius.) **

Seemann in Noth. Hrsg. von der deutschen Gesellschaft zur Rettung Schiffbrüchiger. 4.—6. veränd. Aufl. 8. (75 S. mit eingedr. Holzschn., 1 Chromolithogr. und 1 chromolithogr. Karte.) Bremen 880—82, (Heinsius.) *

— dasselbe. 6., veränd. Aufl. 8. (76 S. m. eingedr. Holzschn., 1 Chromolith. u. 1 chromolith. Karte.) Ebend. 881. n. 1. —

Seemann in Noth. 7. Aufl. Bremen 1888. Beigeb.: Vorschriften für die Handhabung von Rettungsgeräthen. (Deutsche Ges. zur Rettung Schiffbrüchiger) Bremen 1888

B XVa 45. Seemann in Not. Hrsg. von d. Deutschen Gesellschaft z. Rettung Schiffbrüchiger. 13. Aufl. Bremen 1905: Diercksen & Wichlein. 92 S. 8°

Seemann's litterarischer Jahresbericht und Weihnachtskatalog für 1883 und 1884. Hrsg. von E. Dohmke, C. Gehlert, K. Heinemann, E. Lehmann, Ad. Rosenberg und O. Seemann. gr. 8. (160; 164 S. mit eingedr. Holzschn.) Leipzig, Seemann. à Jahrg.
Frühere Jahrg. u. d. T.: Weihnachtskatalog, illustrirter, für den deutschen Buchhandel.

Seemanns litterarischer Jahresbericht für 1885. Hrsg. von E. Dohmke, K. Gehlert, K. Heinemann, E. Lehmann, Ad. Rosenberg, O. Seemann. 15. Jahrg. gr. 8. (208 S. mit Illustr.) Leipzig, Seemann.

—— dass. — für 1886. Hrsg. unter Mitwirkung von E. Dohmke, K. Gehlert, K. Heinemann, E. Lehmann, Ad. Rosenberg, O. Seemann. 16. Jahrg. gr. 8. (208 S. mit Illustr.) Ebendas.

Krit. Tl. (80 S.) allein *

Seemanns litterarischer Jahresbericht und Weihnachtskatalog für 1887. Hrsg. unter Mitwirkung von E. Dohmke, K. Gehlert, K. Heinemann, E. Lehmann, Ad. Rosenberg, O. Seemann. 17. Jahrg. gr. 8. (176 S. mit Illustr.) Leipzig, mann.

—— dass. — für 1888. Eine Auswahl der hervorragendsten Erscheinungen des Büchermarktes. Hrsg. unter Mitwirkung von C. Gehlert, E. Lehmann, H. Reimann, Ad. Rosenberg, O. Seemann von K. Heinemann. 18. Jahrg. gr. 8. (160 S.) Leipzig, Verlag der litterar. Jahresberichte (A. Seemann). Ausg. B. mit Kalendarium und belletrist. Beilage (XXIV, 160 S.)

Seemann's litterarischer Jahresbericht u. Weihnachtskatalog f. 1889—1892. Eine Auswahl der hervorragendsten Erscheingn. d. Büchermarktes. Hrsg. v. K. Heinemann unter Mitwirkg. v. C. Gehlert, A. Kirchhoff, E. Lehmann, M. Necker, Ad. Rosenberg, O. Seemann. 19.—22. Jahrg. gr. 8. (à Jahrg. ca. 100 S. m. Bildern.) Lpz., Art. Seemann. à Jahrg. — 60

Ausg. B. belletrist. Beilage (XVI, 96 S. m. Bildern.) — 75

Seemann's litterarischer Jahresbericht u. Weihnachts-Katalog f. 1894. Eine Auswahl der hervorragendsten Erscheingn. des Büchermarktes. Hrsg. unter Mitwirkg. v. R. Friedrich, C. Gehlert, A. Kirchhoff u. a. v. K. Heinemann. 24. Jahrg. gr. 8. (80 S. m. Abbildgn.) Leipzig 894. E. A. Seemann. — 75

Seemann's litterarischer Jahresbericht u. Weihnachts-Katalog f. 1898. E. Auswahl d. hervorragendsten Erscheingn. d. Büchermarktes. Hrsg. unt. Mitwirkg. v. R. Friedrich, C. Gehlert, A. Kirchhoff u. a. v. K. Heinemann. 28. Jahrg. gr. 8. (144 S. m. Abb.) Leipzig, E. A. Seemann. — 75

Seemann's litterarischer Jahresbericht und Weihnachts-Katalog f. 1902. Eine Auswahl der hervorragendsten Erscheingn. des Büchermarktes u. Kunsthandels. Hrsg. unter Mitwirkg. v. Walt. Gensel, Karl Heinemann, Alfr. Kirchhoff u. a. 32. Jahrg. 8. (144 S. m. Abbildgn.) Leipzig, E. A. Seemann. — 75

Seemann's literarischer Jahresbericht u. Weihnachts-Katalog f. 1906. Empfehlensw. Neuigkeiten des Buchhandels, besprochen v. Walt. Gensel, K. Heinemann, A. Kirchhoff u. a. 36. Jahrg. (148 S. m. Abbildgn. u. 1 Farbdr.) gr. 8. Leipzig, E. A. Seemann. — 75

Seemann's literar. Jahresbericht u. Weihnachts-Katalog f. 1910. Empfehlenswerte Neuigkeiten des Buchhandels, besprochen v. Heinr. Bergner, Paul Brandt, K. Gutwasser u. a. 40. Jahrg. Ausg. im Novbr. 1910. (120 S. m. Abbild., 1 Farbdr. u. 1 Taf.) gr. 8. Leipzig, E. A. Seemann. — 75

— Kunsthandbücher. 1.—7. Bd. gr. 8. Leipzig, E. A. Seemann. n. 42. 80; geb. n. 51. —

1. Meyer, Frz. S., systematisch-geordnetes Handbuch der Ornamentik zum Gebrauche f. Musterzeichner, Architekten, Schulen u. Gewerbetreibende, sowie zum Studium im Allgemeinen. 1.—3. Aufl. (VIII, 615 S. m. Fig.) 888—890. n. 9. —; geb. n. 10. 50
2. — Handbuch der Schmiedekunst zum Gebrauche für Schlosser u. Kunstschmiede, gewerbl. u. kunstgewerbl. Schulen, Architekten u. Musterzeichner. Mit 196 in den Text gedr. Abbildgn. (VI, 204 S.) 888. n. 3. 20; geb. n. 4. —
3. Luthmer, F., Gold u. Silber. Handbuch der Edelschmiedekunst. (VIII, 272 S. m. 153 eingedr. Abbildgn.) 888. n. 3. 60; geb. n. 4. 50
4. Heyden, A. v., die Tracht der Kulturvölker Europas vom Zeitalter Homer's bis zum Beginne d. XIX. Jahrh. Mit 222, teilweise vom Verf. gezeichneten Abbildgn. (XVI, 262 S.) 889. n. 3. 20; geb. n. 4. —
5. Meyer, Frz. S., Handbuch der Liebhaberkünste zum Gebrauche f. Alle, die e. Vorteil davon zu haben glauben. 7 Lfgn. (XII, 429 S. m. 250 eingedr. Abbildgn.) 890. à n. 1. — (cplt.: n. 7. —; geb. n. 8. 50)
6. Adam, P., der Bucheinband. Seine Technik u. seine Geschichte. Mit 194 Illustr. (V, 268 S.) 890. n. 3. 60; geb. n. 4. 50
7. Boeheim, W., Handbuch der Waffenkunde. Das Waffenwesen in seiner histor. Entwickelg. vom Beginn d. Mittelalters bis zum Ende d. 18. Jahrh. Mit 662 Abbildgn. nach Zeichngn. von Anton Kaiser u. vielen Waffenschmiedemarken. (VIII, 694 S.) 890. n. 13. 20; geb. n. 15. —

Seemann's Kunsthandbücher. I., IV.—X. Bd. gr. 8. Lpz., E. A. Seemann. * 48 30; geb. * 56 85

I. Meyer, Frz. Sales. Systematisch geordnetes Handbuch der Ornamentik, zum Gebrauche f. Musterzeichner, Architekten, Schulen u. Gewerbetreibende, sowie zum Studium im Allgemeinen hrsg. Mit vielen auf 300 Taf. zusammengestellten u. in den Text gedr. Abbildgn. 4. durchgesch. Aufl. (VIII, 615 S.) 892. * 9 —; geb. * 10 50.

IV. Heyden, A. v. Die Tracht der Kulturvölker Europas vom Zeitalter Homers bis zum Beginne d. XIX. Jahrh. Mit 222, teilweise vom Verf. gezeichneten Abbildgn. (XVI, 263 S.) 889. * 3 20; geb. * 4 —.

V. Meyer, Frz. Sales. Handbuch der Liebhaberkünste zum Gebrauche f. Alle, die e. Vorteil davon zu haben glauben. (XII, 429 S. m. 250 eingedr. Abbildgn.) 890; 2. Aufl. (XII, 445 S. m. 260 eingedr. Abbildgn.) 891. * 7 —; geb. * 8 25.

Die erste Aufl. erschien in 7 Lfgn. à * 1 —. — Vgl.: Vorbilder f. häusliche Kunstarbeiten.

VI. Adam, Paul. Der Bucheinband. Seine Technik u. seine Geschichte. Mit 194 Illustr. (V, 268 S.) 890. * 3 60; geb. * 4 50.

VII. Boeheim, Wendelin. Handbuch der Waffenkunde. Das Waffenwesen in seiner historischen Entwickelung vom Beginn d. Mittelalters bis zum Ende d. 18. Jahrh. Mit 662 Abbildgn. nach Zeichngn. v. Anton Kaiser u. vielen Waffenschmiedemarken. (VIII, 694 S.) 890. * 13 20; geb. * 15 —.

VIII. Elis, Carl. Handbuch der Mosaik- u. Glasmalerei. Zum Gebrauch f. Mosaik- u. Glasmaler, Architekten, Künstler u. Dekorationsmaler, sowie f. kunstgewerbl. Schulen bearb. Nach dem Tode d. Verf. hrsg. v. J. Andree. Mit 82 Abbildgn. (VII, 131 S.) 891. * 3 —; geb. * 3 60.

IX. Luthmer, Ferd. Das Email. Handbuch der Schmelzarbeit. (XVI, 204 S. m. 64 Abbildgn.) 892. * 3 30; geb. * 4 —.

X. Moser, Ferd. Handbuch d. Pflanzenornamentik. Zugleich e. Sammlg. v. Einzelmotiven f. Musterzeichner u. Kunstgewerbetreibende. (VIII, 68 S. m. 525 Abbildgn. auf 120 Tondr.-Taf.) 892. * 6 —; geb. * 7 —.

Den II. u. III. Bd. bilden: Meyer, Frz. Sales. Handbuch der Schmiedekunst. 1888. * 3 20; geb. * 4 —. — Luthmer, F. Gold u. Silber. 1888. * 3 60; geb. * 4 50.

— Kunsthandbücher. 2., 5., 8.—11. Bd. gr. 8. Leipzig, E. A. Seemann. n. 27. 30; geb. in Leinw. n. 32. 45

2. Handbuch der Schmiedekunst zum Gebrauche f. Schlosser u. Kunstschmiede, gewerbl. u. kunstgewerbl. Schulen, Architekten u. Musterzeichner. Hrsg. v. Frz. Sales Meyer. 2., verm. Aufl. (IV, 218 S. m. 214 Abbildgn.) 893. n. 3. 20; geb. n. 4. —
5. Handbuch der Liebhaberkünste zum Gebrauche f. Alle, die e. Vorteil davon zu haben glauben, hrsg. v. Frz. Sales Meyer. 2., verm. Aufl. Mit 260 in den Text gedr. Abbildgn. (XII, 445 S.) 891. n. 7. —; geb. n. 8. 25
8. Handbuch der Mosaik- u. Glasmalerei. Zum Gebrauch f. Mosaik- u. Glasmaler, Architekten, Künstler u. Dekorationsmaler, sowie f. kunstgewerbl. Schulen bearb. v. Carl Elis. Nach dem Tode d. Verf. hrsg. v. J. Andree. Mit 82 Abbildgn. (VII, 131 S.) 891. n. 3. —; geb. n. 3. 60
9. Das Email. Handbuch d. Schmelzarbeit v. Ferd. Luthmer. (XVI, 204 S. m. 64 Abbildgn.) 892. n. 3. 30; geb. n. 4. —
10. Handbuch der Pflanzenornamentik. Zugleich e. Sammlg. v. Einzelmotiven f. Musterzeichner u. Kunstgewerbetreibende. Hrsg. v. Ferd. Moser. (VIII, 68 S. m. 525 Abbildgn. auf 120 Tondr.-Taf.) 892. n. 6. —; geb. n. 7. —
11. Handbuch der Spitzenkunde. Technisches u. Geschichtliches üb. die Näh-, Klöppel- u. Maschinenspitzen v. Tina Frauberger. (VIII, 272 S. m. 153 Illustr.) 894. n. 4. 80; geb. n. 5. 60

— Kunsthandbücher. 1. u. 12. Bd. gr. 8. Leipzig, Seemann & Co. n. 15. —; geb. in Leinw. n. 17. 50

1. Systemat. geordn. Handbuch d. Ornamentik, z. Gebrauche für Musterzeichner, Architekten, Schulen u. Gewerbetreibende, sow. z. Studium im Allgemeinen hrsg. v. Frz. Sales Meyer. M. vielen auf 300 Taf. zusammengest. u. in d. Text gedr. Abb. 5., durchgeseh. Aufl. (VIII, 615 S.) 895. n. 9. —; geb. n. 10. 50
12. Die Feuerwerkerei als Liebhaberkunst. Von Frz. Sales Meyer. (IX, 270 S. m. 140 Abb.) 898. n. 6. —; geb. n. 7. —

Seemann's Kunsthandbücher. 1. Bd. gr. 8. Leipzig, Seemann & Co. n. 9. —; geb. in Leinw. n. 10. 50

Systematisch geordnetes Handbuch der Ornamentik, zum Gebrauche f. Musterzeichner, Architekten, Schulen u. Gewerbetreibende, sowie zum Studium im Allgemeinen. Von Frz. Sales Meyer. Mit 3000 auf 300 Taf. zusammengestellten u. in den Text gedr. Abbildgn. 6. durchgeseh. Aufl. (VIII, 615 S.) 898.

— Kunsthandbücher. 1. Bd. gr. 8. Leipzig, Seemann & Co. Geb. in Leinw. n. 10. 50

Systematisch geordnetes Handbuch der Ornamentik, zum Gebrauche f. Musterzeichner, Architekten, Schulen u. Gewerbetreibende, sowie zum Studium im Allgemeinen. Von Frz. Sales Meyer. Mit 3000 auf 300 Taf. zusammengestellten u. in den Text gedr. Abbildgn. 7. durchgeseh. Aufl. (VIII, 615 S.) 903.

Seemann's Porträtmarken-Album. Liebhaber-Ausg. gr. 4. (40 Bl.) Berlin 896. R. O. Seemann.
Geb. 3. 60; Stammserie v. 40 Porträts dazu 2. 40

— dasselbe. Jugend-Ausg. Lex.-8. (48 Bl.) Ebd. 896. 1. 60;
Porträtmarken hierzu, à Serie v. 10 Bilder — 15

Seemann's kleine Unterhaltungsbibliothek. Nr. 1—34. kl. 8. Berlin, H. Seemann Nachf. n. 34. —
Baer, Berth. A., nette Geschichten. Amerikanische Humoresken u. Novellen. (115 S.) Leipzig (903). (Nr. 24.) n. 1. —
— Herzens-Angelegenheiten. Amerikanische Humoresken. (134 S.) Leipzig 903. (Nr. 12.) n. 1. —
Borel, Henri, ein Traum. Roman. Einzig autoris. Uebersetzg. aus dem Holl. v. Else Otten. (190 S.) (905.) (Nr. 26. 27.) n. 2. —
Bourget, Paul, Monika. Roman. Einzig autoris. Ausg. Aus dem Französ. v. Adele Achard. (109 S.) Leipzig 903. (Nr. 8.) n. 1. —
Flaubert, Gust., Herodias. St. Julian der Jäger. Ein schlichtes Herz. Erzählungen. Deutsch von Paul Adler. (172 S.) Leipzig (903). (Nr. 17.) n. 1. —
Goebeler, Dorothee, das Recht auf Sünde. Ein Roman. (128 S.) Leipzig 903. (Nr. 6.) n. 1. —
Goldmar, Jon v., ist es das Herz? (99 S.) Leipzig 903. (Nr. 3.) n. 1. —
Maupassant, Guy de, Yvette. (Roman.) Aus dem Franz. v. Jean Jaques Hegner. (151 S.) (905.) (Nr. 30.) n. 1. —
Meisel-Hess, Grete, Annie-Bianka. Eine Reisegeschichte. (73 S.) Leipzig 903. n. 1. —
Molo, Walt. v., als ich die bunte Mütze trug . . . Erinnerungen. (IV, 134 S.) Leipzig (904). (Nr. 32.) n. 1. —
Müller, Gust. Adf., Töchter der Sünde. Geschichten aus dem dunkelsten Leben. (132 S.) Leipzig (903.) (Nr. 25.) n. 1. —
Ostwald, Hans, Berliner Nachtbilder. (155 S.) Leipzig 903. (Nr. 20.) n. 1. —
Rüttenauer, Benno, Larissa. Roman e. Tänzerin. (213 S.) Leipzig 903. (Nr. 14. 15.) n. 2. —; geb. n. 3. —
Saturnus, Berta, der Zauber der Aphrodite. Roman. (303 S.) (904.) (Nr. 33. 34.) n. 2. —
Schmidt-Hansen, Gerda, Mensch sein! Roman. (119 S.) Leipzig (903). (Nr. 16.) n. 1. —
Schulte vom Brühl, was uns passierte. Skizzen. (183 S.) Leipzig 903. (Nr. 5.) n. 1. —
Ubbe, Wilh., ich bin e. Subalternbeamter u. andere humorist. Geschichten. (133 S.) Leipzig (903). (Nr. 29.) n. 1. —
Urbar, Eman., Zucht. Roman. (225 S.) Leipzig 903. (Nr. 21. 22.) n. 2. —; geb. n. 3. —
Vanzype, Gust., Claire Fantin. Roman. Einzige vom Verf. autoris. Uebersetzg. v. Catharina Brenning. 2. Aufl. (214 S.) Leipzig (903). (Nr. 18. 19.) n. 2. —
Varna, B., „Le Horla". Mysteriöse Geschichten. (121 S.) Leipzig 903. (Nr. 13.) n. 1. —
Vivanti, Annie, Marion, die Sängerin des Café-chantant. Deutsch v. Else Rema. (140 S.) Leipzig 903. (Nr. 7.) n. 1. —
Walter, Ellen, das Feigenblatt. Eine Gelegenheitsgeschichte. (93 S.) Leipzig (903). (Nr. 28.) n. 1. —
— die Wagner-Kette. Moderne Liebes-Novelle. (88 S.) Leipzig 903. (Nr. 11.) n. 1. —
Weissl, Aug., Gräfin Julie. Einige Kapitel Liebeswahnsinn. (200 S.) Leipzig 903. (Nr. 1. 2.) n. 2. —; geb. n. 3. —
Wilde, Osk., der glückliche Prinz. Moderne Märchen. Deutsch v. E. Otten. (94 S.) Leipzig 903 (Nr. 4.) n. 1. —
Wit, A. de, Feindschaft. Das höchste Gesetz. Erzählungen. (92 S.) Leipzig (903). (Nr. 10.) n. 1. —
— Orpheus in der Dessa. Erzählung. Autoris. Uebersetg. v. Else Otten. (120 S.) (905.) (Nr. 31.) n. 1. —
Wolf, Curt Jul., Leda m. dem Schwan. Novellen. (155 S.) (905.) (Nr. 23.) n. 1. —

— Wandbilder. Meisterwerke d. bild. Kunst, Baukunst, Bildnerei, Malerei, in 100 Wandbildern (in Lichtdr.). M. Text v. Geo. Warnecke. 10 Lfgn. à 10 Taf. à ca. 46×68 cm. Leipzig 895—898. E. A. Seemann. à Lfg. n. 15. —; auf Pappe u. lackiert à Lfg. n 25. —

— Wandbilder. 100 Meisterwerke der bild. Kunst. Erläuterungen v. Geo. Warnecke. 2. Hälfte: Taf. 51—100. Lex.-8. (III, 100 S. m. Abbildgn.) Leipzig 899. E. A. Seemann. n. 3. —

— dasselbe. (2. Folge.) Meisterwerke der bild. Kunst, Baukunst, Bildnerei, Malerei in 200 Wandbildern. 11.—17. Lfg. à 10 Taf. à 60×78 cm. Lichtdr. Ebd. 900—903. à Lfg. n. 15. —; auf Pappe u. lackiert à n. 25. —; einzelne Taf. n. 3. —

— Wandbilder. (2. Folge.) Meisterwerke der bild. Kunst, Baukunst, Bildnerei, Malerei in 200 Wandbildern. 18—20. (Schluss-)Lfg. Je 10 Taf. à 60×78 cm. Lichtdr. Leipzig 903. 904. E. A. Seemann. à Lfg. n. 15. —; auf Pappe u. lackiert à Lfg. n. 25. —; einzelne Taf. n. 3. —

— dasselbe. 3. Folge. Porträtgallerie. (In 5 Lfgn.) Ausgewählt f. Schulen v. Jul. Vogel. 1. u. 2. Lfg. (Wandbilder Nr. 201—220.) à 10 Taf. je ca. 61×48 cm. Lichtdr. Ebd. 902. à Lfg. n. 15. —; auf Pappe u. lackiert à n. 25. —; einzelne Taf. n. 3. —

— dasselbe. 3. Folge. Porträtgallerie. Ausgewählt für Schulen von Jul. Vogel. 3.—5. (Schluss-)Lfg. (Wandbilder Nr. 221—250.) à 10 Taf. je etwa 60×48 cm. Lichtdr. Ebd. 903—905. à Lfg. n. 15. —; auf Pappe u. lackiert à Lfg. n. 25. —; einzelne Taf. n. 3. —; 100 Taf. n. 150. —

— dasselbe. Erläuterungen v. Geo. Warnecke. 1. Hälfte. Tafel 1 bis 50. Lex.-8. (100 S. m. Abb.) Ebd. 897. n. 3. —

— Erläuterungen v. G. Warnecke zu Tafel 1-200 in 2 Bänden. 4° Leipzig 1897-1906

Seemann, A. W., Adreßbuch f. d. Provinz Westfalen, auf d. J. 1836. 8. (22 B.) Minden, Eßmann.

Seemann, A. W., alphabet. Haupt-, Namen- u. Sachregister zu d. Amtsblättern d. Regierung zu Arnsberg v. 1816—33. .. (..B.) Minden ...., Eßmann. Thlr.

—— alphabet. Haupt-, Namen- u. Sachregister zu d. Amtsblättern d. Regierung zu Minden, v. 1816—32. .. (..B.) Minden ..., Eßmann.

—— der Regierungsbezirk Minden. Geograph.-statist. u. topograph. Handb. 8. (..B.) Minden ..., Eßmann.

—— der Rathgeber f. d. Bürger u. Landmann, e. Zusammenstell. d. gesetzl. Bestimmungen u. polizeil. Verordnn., geg. welche im gewöhnl. Leben am häufigsten gefehlt wird rc. 8. (3¾ B.) Minden 835, (neu. Ttl.) 838, Eßmann. *

—— die Grafschaft Ravensberg m. ihren Alterthümern u. Merkwürdigkeiten. 8. (..B. u. 1 Abbild.) Minden..., Eßmann.

Seemann, Adb., vollst. Wunschbuch f. jedes Kindesalter. Ausgew. Sammlg. v. Glückwünschen zum neuen Jahre, Geburts- u. Namensfesten, Weihnachten u. and. festl. Gelegenheiten. 12. (96 S.) Preßburg 897. M. Natali. n. — 60

Seemann, Adalbert: Zweck und Erfolg der Reise Kaiser Josef II. nach Frankreich im Jahre 1777.
Phil. Diss., Prag 1894/95

Seemann, Alfr., die Müller'schen Schieberdiagramme, in Anwendung auf die Steuerungen der Betriebsdampfmaschinen bearb. Lex.-8. (VI, 124 S. mit 11 lithogr. Taf.) München 881, Th. Ackermann. *

Seemann, Alfr., die Müllerschen Schieberdiagramme f. Steuerungen ortfester Dampfmaschinen. 2, umgearb. Aufl. Mit 121 Textfig. u. 7 lith. Taf. (VIII, 192 S.) Lex.-8. München 906. Th. Ackermann. n. 8. —; geb. n. 9. —

Seemann, Anton [illegible] (1835): De [illegible]
[illegible]
Berlin, Med. Diss. v. [illegible] Mai 1835

Seemann, Art., japanische Fächerschablonen. 100 Muster kleineren Formates in Orig.-Grösse. Hrsg. u. m. e. Einleitg. versehen. gr. Fol. (100 Taf. m. IV S. Text.) Ebd. 899. In Mappe n. 20. —

— der Hunger nach Kunst. Betrachtungen. gr. 8. (IV, 145 S. m. 1 Farbdr.) Ebd. 901. n. 1. 50

— bildende Kunst in der Schule. Eine Denkschrift. 2. veränd. Aufl. 12. (68 S.) Ebd. 902. — 30
1. Aufl. (43 S.) 901. n. — 30.

Seemann, Art., s.: Kunstgewerbe-Zeichner, deutsche.

Die Verödungsgefahr der wissenschaftlichen Litteratur in Deutschland. Von Artur **Seemann**, Verlagsbuchh. Leipzig 1904: Ramm & Seemann. 28 S. 8°
Aus: Börsenblatt f. d. Deutschen Buchhandel. [11. 16965

Seemann, Art., s.: Weisheit, billige.

Seemann, Aug., Andäu. Rige plattdütsche Lieder un Balladen. (112 S.) gr. 8. Berlin 905. W. Röwer. n. 1. 50

Seemann, Aug., Hänn'n. Ein föft Band plattdütsche Gedichte. (235 S.) 8. Berlin 910. W. Röwer. 2. —

Seemann, Aug., Heitblicken. Plattdütsche Balladen un Lieder. gr. 8. (91 S.) Berlin (902). Hilfsverein deutscher Lehrer. n. 1. —; geb. in Leinw. n. 1. 50

Tweilicht. En drüdd Reig' plattdütsche Gedichte von August **Seemann**. Berlin: W. Röwer 1907. (172 S.) 8° [F.] [08. 958 9

— Verteeknis v. plattdütsche Böker, s.: Schwarz, Alb.

— Vierblatt. Ein viert Blatt plattdütsche Gedichte. (172 S.) 8. Berlin 909. W. Röwer. 2. —

August Adolf Seemann

Aug(ustus) Adolphus Seemann: De Contagio ophthalmiae neonatorum. Berolini (1827:) Petsch. 24 S. 8°
Berlin, Med. Diss. v. 5. Nov. 1827

Seemann, August Nathanael Friedrich

Seemann, A. N. F. *Albert und Eugenie.* Eine Bildungsschrift für die reifere Jugend. Von Aug. Nath. Friedr. Seemann. Herausgegeben von D. Christian Wilhelm Spieker. Mit vier [handkolorierten] Kupfern [Leop. Poratzky sc.]. Leipzig, Carl Cnoblauch, 1824. XII, 404 S. Kl.-8°. Blaßrosa Or.-Kartonbd. m. schwarzer Deckelbordüre, ähnlicher Rückenverzierung u. gedr. Rückentitel. 30.—
Vorwort v. Spieker. Ein „geistig anspruchsvoller", etwas breiter Erziehungsroman. Selten. — Wenige unbedeutende Fleckchen, Einband ein wenig benutzt. Gutes Ex. schön kolor. Ex.

— Blumen u. Früchte z. Geschenk f. die Jugend beim Antritt d. 19n Jahrhund. Mit Kpf. u. Musik. 8. Berl. 800. Maurers W. 1 Thlr. Mit ill. Kpf. 1 Thlr. 4 Gr.

— Blumenlese f. gute Kinder, s. unten: Neujahrsgeschenk.

Seemann, A. N. F., Blumenlese für gute Kinder. N. Aufl. 8. Berlin, Oehmigke. 816.

— Bruder u. Schwester, ein Unterhaltungsbuch f. Knaben u. Mädchen von 8 bis 12 Jahren. Mit Kpf. 8. Helmst. 818. Fleckeisen. 1 Thlr. 4 Gr.

— Darstellungen aus d. Jugendwelt. Ein Geschenk f. Knaben u. Mädchen. Mit Kpf. 8. Berl. 821. 2e Aufl. 832. Herbig. 1 Thlr. 12 Gr.

— Darstellungen aus d. Jugendwelt; eine Unterhaltungsschrift für Knaben u. Mädchen. Neue Ausg. mit 4 Kpfrn. gr. 8. Berlin 822, Herbig.

— Lederstrumpf-Erzählungen, s.: Cooper, J. F.

— kleine Natur- u. Sittengemälde zur Denk- u. Leseübung für Knaben u. Mädchen. Mit 1 Kpf. 8. Helmst. 819. Fleckeisen. 14 Gr.

Seemann, A. N. F., Neujahrs-Angebinde f. gute Kinder auf 1802, m. K. 8. Berl. Braun.

— Neujahrs-Angebinde f. gute Kinder auf d. J. 1802. Mit Kpf. 8. Berl. (801.) (W. Rauck in Leipz.) 20 Gr. 2e A. unt. d. T.: Blumenlese f. gute Kinder. 8. Ebd. 816. (L. Oehmigke). 20 Gr.

— die Familie Otto. Eine Bildungsgeschichte f. Jünglinge u. Jungfrauen. Seitenstück zu Albert u. Eugenie. Herausgg. v. C. W. Spicker. Mit Kpf. 8. Leipz. 825. N. A. 832. Cnobloch. 1 Thlr. 12 Gr.

Seemann, Benno, die deutschen Volksbücher, s.: Schwab, G.

— deutsche Volksmärchen, s.: Musäus, J. K. A.

Seemann, Berthold, die in Europa eingeführten Acacien, mit Berücksicht. der gärtnerischen Namen. gr. 8. (VII und 72 S. mit 2 farbigen Kpfrt.) Hannover 852, Rümpler. *

— s.a. Bonplandia

Seemann (B., & W. E. G.). Bonplandia . . . Hannover, 1853–62. 10 vols. 4°.
The index is very badly constructed.

Seemann, Berthold, die Palmen. Populäre Naturgeschichte derselben und ihrer Verwandten. Nebst einem vollständigen Verzeichniß aller bisher in unsre Gärten eingeführten Arten. Unter Mitwirkung des Verf. deutsch bearb. von Carl Bolle. Mit 7 Illustr. (6 Holzschn. u. 1 Lithogr. in Farbendruck). Leipzig 857. Engelmann. gr. 8. (XIII, 258 S.) 2 Thlr. 7½ ngr.

Seemann, Berth., die Palmen. Populäre Naturgeschichte derselben. Nebst Verzeichniß aller bekannten u. in Gärten eingeführten Arten. Unter Mitwirkung des Verf. deutsch bearb. von Carl Bolle. 2. Aufl. Mit 8 Illustr., (wovon 1 lith. in Farbendr. u. 7 in Holzschn.) Leipzig 863. Engelmann. gr. 8. (XI, 368 S.) 2 Thlr.

Seemann, Berth., Endlicher's paradisus Vindobonensis, s. Endlicher.

Seemann, Berth., s. Paradisus Vindobonensis.

—— Reise um die Welt und drei Fahrten der königl. britischen Fregatte Herald nach dem nördl. Polarmeere zur Aufsuchung Sir John Franklin's in den J. 1845—1851. 2 Bde. gr. 8. (XX und 629 S. mit 4 Stnt. in Tondr.) Hannover 853, Rümpler.

—— Reise um die Welt und drei Fahrten der königl. britischen Fregatte Herald nach dem nördl. Polarmeere zur Aufsuchung Sir John Franklin's in den J. 1845—1851. 2 Bde. (in 1 Bd.) 2. Aufl. gr. 8. (XVIII und 629 S. mit 4 Stnt. in Tondr.) Hannover 858, C. Rümpler. geb.

Seemann, Berth., Hannoversche Sitten und Gebräuche in ihrer Beziehung zur Pflanzenwelt, ein Beitrag zur Culturgeschichte Deutschlands. Populäre Vorträge, gehalten in der naturforsch. Gesellschaft zu Hannover am 4. März 1858, 20. April 1859 und 19. Jan. 1860. 16. (X und 98 S.) Leipzig 862, Engelmann.

Seemann, Berth., die Volksnamen der amerikan. Pflanzen. — The popular nomenclature of the american flora. gr. 8. (VIII und 54 S.) Hannover 851, Rümpler. *

Seemann, Carl H., s. Seemann, Karl H.

Seemann, Carla, s. Seemann, Karla

Seemann, Carlo, Robinson Krusoe, s.: Campe, Joach. Heinr.

Seemann, Christian, approb. Arzt aus Niecklitz: Ein Fall von sehr verbreiteter amyloider Degeneration als Beitrag zur Aetiologie derselben. *Würzburg 1893 [vielm. 1901/02]: Becker.* (23 S.) 8°
Würzburg, Med. Diss. v. 1893

Seemann, E. Quaest. grammat. et crit. ad Pausaniam spectantes. Diss. 1880. 55 S.

Seemann, E. A. Kunsthistorische Bilderbogen. 5 Bde. Nebst Textbuch von Anton Springer, 2. verbesserte Auflage. 1881. Leipzig 1880–1887. 4° und 8°. — 3. verbesserte Auflage des Textbuches unter dem Titel: Grundzüge der Kunstgeschichte. Leipzig 1888. 8°.

Verzeichnis der bei E. A. Seemann in Leipzig erschienenen Verlagswerke 1858–1908. Leipzig: Seemann (1908). 95 S. 8°

Seemann, E. F.: Die Monopolisirung d. Petroleumhandels u. der Petroleum-Industrie, s.a. Zeitfragen, Volkswirthschaftliche.

Seemann E.F. die Monopolisierung des Petroleumhandels und der Petroleum-Industrie. (Zeitfragen, volkswirtschaftliche 114) Berlin 1893

Seemann, E. F., Staatsbürgerthum od. e. neue ständische Gesellschaft in Deutschland, s.a. Zeitfragen, volkswirthschaftliche.

Seemann, Staatsburgertum oder eine neue ständische Gesellschaft in Deutschland. (Zeitfragen, Volkswirtschaftliche 75-76) Berlin 1888

Seemann, Emma, Lehren für Kinder, die noch nicht lernen können. 16. (V und 105 S.) Warschau 863, Wende und Comp.

Seemann, Ernst

Becker, A. W., Charakterbilder aus der Kunstgeschichte in chronologischer Folge von den ältesten Zeiten bis zur italienischen Kunstblüthe. Nach den Darstellungen der vorzüglichsten Kunstschriftsteller. gr. 8. (VI und 392 S. mit 1 Holzschnt. und 187 eingedr. Holzschn.) Leipzig (861)62, Seemann.
geb.

Becker, A. Wolfg., Charakterbilder aus der Kunstgeschichte in chronologischer Folge von den ältesten Zeiten bis zur italienischen Kunstblüthe. Nach den Darstellungen der vorzüglichsten Kunstschriftsteller. 2., verm. Aufl. gr. 8. (VI und 424 S. mit 200 eingedr. Holzschn. und 1 Holzschntaf.) Leipzig 865, Seemann. cart. 2 Thlr. 7½ Ngr.; geb. 2

Becker, A. Wolfg., Charakterbilder aus der Kunstgeschichte. Zur Einführung in das Studium derselben zusammengestellt. 3. Aufl., völlig umgearb., verm. und verb. von C. Clauß. Mit Illustr. (in Holzschn.) 3 Abthlgn. gr. 8. Leipzig 869, Seemann. à Abthl. * *M.* 2,40.; complet geb. *

Inhalt:
Abthl. 1. Das Alterthum. (III, 156 S. mit 1 Holzschntaf.)
" 2. Das Mittelalter. (III, 131 S. mit 1 Holzschntaf.)
" 3. Die neuere Zeit. (VII, 159 S. mit 1 Holzschntaf.)

—— die Kunst und die Künstler des 16., 17. und 18. Jahrhunderts. Biographien und Charakteristiken. Mit (eingedr.) Holzschn. nach Zeichnungen von Adf. Neumann, G. Kühn und A. 30 Lfgn. Lex.-8. Leipzig 862—65, Seemann. à Lfg. * 10 Ngr. *

Hieraus einzeln:
Bd. 1. Die Kunst und die Künstler des 16. Jahrh. (VII und 423 S.) * 3 Thlr.
" 2. Die Kunst und die Künstler des 17. Jahrh. (VI und 520 S.) * 3 Thlr. 20 Ngr.
" 3. Kunst und Künstler des 18. Jahrh. Von A. Wolfg. Becker und Adf. Görling. (VIII und 462 S.) * 3 Thlr. 10 Ngr.

— Kunst u. Künstler des 16, 17. u. 18. Jahrh. Supplem.-Bd. Ebend. 870. gr. 8. n. 3 ₰; geb. n. 3 ₰ 10 ngr.
Inhalt: Michelangelo. Raffael. Von Charles Clement. Deutsch bearb. mit Einleitung, Ergänzungen u. Anh. von C. Clauß. Mit 40 Holzschn. u. 2 lith. Taff. (in Fol.) (X, 339 S.)

Seemann, Friedrich, Assistenzarzt: Aus d. Prov.-Irrenanstalt Plagwitz (Schlesien) (Dir. Dr. Petersen-Borstel). Folgeerscheinungen nach Strangulationsversuch bei einer Geisteskranken. Krämpfe, Amnesie, Aphasie, Monoplegie, Heilung. Leipzig 1905: B. Georgi. (44 S.) 8°
Leipzig, Med. Fak., Ref. Flechsig, Diss. v. 25. Jan. 1905
[Geb. 11. März 73 Pawlowitzke, Schlesien; Wohnort: Plagwitz a. Bober; Staatsangeh.: Preußen; Vorbildung: Gymn. Neustadt O.-S. Reife O. 93; Studium: Berlin 2, Greifswald 9 S.; Coll. 11. Febr. 02; Approb. 26. Juni 99.]

Seemann, Frid. Franc. (geb. Prenzlau 1 10. 1820): De febri puerperali. Berolini (1853) (31 S.) 8°
Berlin, Med. Diss. v. 28. Sept. 1853

Seemann, Fritz: Über Chromi-Aquo-Triammine. Freiburg i. B. 1910: Wagner. 34 S. 8°
Freiburg i. B., Phil. Diss. v. 10. Juli 1910, Ref. Gattermann
[Geb. 12. Nov. 85 Villingen i. B.; Wohnort: Villingen; Staatsangeh.: Baden; Vorbildung: Oberrealsch. Karlsruhe Reife juli 05; Studium: Karlsruhe Techn. Hochsch. 2, München 1, Jena 1, Berlin 1, Freiburg i. B. 4 S.; Rig. 14. Jan. 10.] [U 10. 1088

Seemann, Fritz [Assistenzarzt in Posen]: Ueber Castration bei retinirten Hoden .... Berlin, Buchdr. v. Gustav Schade (Otto Francke) (1888). 29 + 1 S. + 1 Bl. 8°
Berlin, Med. Fak., Inaug.-Diss. v. 2. März 1888

Seemann, H.: Annotationes in Vergili Georgicon lib. IV. v. 1-314. 19 S. – Neisse, Progr. 1870.

Seemann H, Bericht uber die Linnenwaren der Industrieausstellung in Paris 1855. Herausgeg. v. der kgl. württemb. Zentralstelle f. Gewerbe u Handel. Stuttgart 1857

(Pries, [Friedrich]): Entwickelung der Landarbeiter-Wohnung. (Von Friedrich *Pries.*) Erfahrungen beim Bau einer Häuslerei. (Von H. *Seemann.*) Erfahrungen bei den Ansiedelungen in Pommern. (Von *Kray.*) Bevolkerungsabnahme der Mecklenburgischen Domanial-Pachthofe (1863—1905). Berlin 1909. 8°

Seemann, H., die Wohlfahrtspflege auf dem Lande. Vortrag, geh. zu Neubrandenburg am 14. XI. 1900 u. veröffentlicht v. dem Vorstande der kirchl. Konferenz in Mecklenburg-Strelitz. gr. 8. (12 S.) Neustrelitz 901. (Neubrandenburg, C. Brünslow.) — 25

— ländliche Wohlfahrtspflege. Vortrag. gr. 8. (16 S.) Rostock 899. (Güstrow, Opitz & Co.) n. — 50

Seemann, H., ländliche Wohlfahrtspflege in Mecklenburg. Vortrag. (Hrsg. v. Ausschuß f. Wohlfahrtspflege auf dem Lande.) (16 S.) 8. Berlin 898. Deutscher Verlag. n. — 50

Seemann, H.J.: Das griechische und römische Heidenthum in seiner Beziehung zum Christenthum. 24 S. – Progr. Neiße 1856.

Seemann, H. J., Leitfaden für den ersten geschichtl. Unterricht auf Gymnasien und Realschulen. Mit e. Vorrede von Dr. Wissowa. 8. Breslau 839. Leuckart. ¼ ₰

Seemann, H. J., Leitfaden für den ersten weltgeschichtl. Unterricht auf Gymnasien u. Realschulen. Mit e. Vorrede von Dr. Wissowa. 2. verm. Aufl. 8. Breslau 844, Leuckart. n. 1/6 ℔

Seemann, H. J., Leitfaden für den ersten weltgeschichtlichen Unterricht auf Gymnasien und Realschulen. Mit einer Vorrede von Wissowa. 3., neu umgearb. Aufl. gr. 8. (VI und 58 S.) Breslau 855, Leuckart. *

—— deutsches Lesebuch f. die unteren Klassen der Gymnasien u. Realschulen, so wie für höhere Bürgerschulen, eine Sammlung poetischer u. prosaischer Lesestücke. gr. 8. (14 B.) Neisse 845, Burckhardt. * -

Seemann, Heinrich, Hilfsarzt an d. Heil- u. Pflegeanst. Sonnenstein: **Aus d. Landes-Heil- u. Pflegeanstalt Sonnenstein. (Direktor Geh. Medizinalrat Dr. Weber.) Ein Fall von Irresein bei Zwillingen.** *Leipzig 1903: B. Georgi.* (29 S.) 8°
Leipzig, Med. Diss. v. (18. Febr.) 1903

Seemann, Henricus *(geb. Neiße 20. 8. 1858)*: De asyndeto Sophocleo quaestiones. Vratislaviae (1882). (57 S.) 8° *[Im Buchhandel 1882 bei Köhler in Breslau.]*
Breslau, Phil. Diss. v. 9. Dez. 1882

Seemann, Heinrich: Projektive Verallgemeinerung metrischer Begriffe. Giessen 1910: Christ & Herr. 24 S. 8°
Gießen, Phil. Diss. v. 21. Sept. 1910, Ref. Pasch
[Geb. 2. April 79 Hamburg; Wohnort: Gießen; Staatsangeh.: Hamburg; Vorbildung: Oberrealsch. vor d. Holstentor Hamburg Reife O. 06; Studium: Gießen 3, München 2, Gießen 3 S.; Rig. 30. Juli 10.] [U 11. 1386

Seemann, Henr. J. De Ranarum fabulae Aristophaneae consilio. 22 S.
Neisse, Progr. 1846

Seemann, J. De conjugationibus Latinis commentatio. 16 S.
Culm, Progr. 1846

Seemann, Jo. Ch., Diss. sistens momenta quaedam physiologica circa visum. 16 pp. Tüb. 4°.
1797

Seemann, Johann: Ueber das Franziskaner-Kloster in Culm. 21 S. Progr. Neustadt i. Westpr. 1860.

Seemann, Joh. Geschichte des kön. Gymnasiums zu Neustadt i. Westpr. während seines fünfundzwanzigjährigen Bestehens. 40 S. **Progr.** *Neustadt Pr.* 1882.

Seemann, Johann: Die Culmer Pfarrkirche. 32 S. und Abbildung von dem Gymnasial-Zeichenlehrer Dlugoß, lithographirt von E.A. Mann in Thorn. Progr. Culm 1856.

Seemann, Joan. (geb. Schwetz a. W. 16. 6. 1813): De rebus gestis Arabum ante Cristum [!] natum. Berolini (1835). (40 S.) 8°
Berlin, Phil. Diss. v. 2. Jan. 1835

Seemann, John, Dr., Assist. am Physiol. Inst.: (Aus d. Physiol. Institut d. Universität Marburg.) Über die Combination exspiratorisch wirksamer Athemreflexe. Marburg 1902: H. Bauer. (29 S.) 8°
Marburg, Med. Hab.-Schr. v. [26. Juli] 1902

Seemann, Jos., Erklärung der Kriegs-Artikel. Ein Leitfaden zu den wochentlichen Vorlesungen über die Kriegs-Artikel, für die Mannschaft vom Feldwebel abwärts. 8. (VI u. 52 S.) Wien 850, Seidel. 1/4 ℔

Josef Anton Seemann

Nonnulla de arsenici effectu in organismum animalem per experimenta in canibus istituta illustrata praecipue de mutationibus in cadavere arsenico venenatorum. Berolini (1829:) Dieterich. 27 S. 8°
Berlin, Med. Diss. v. 14. Okt. 1829

Seemann, J. A., nonnulla de Arsenici effectu in organismum animalem per experimenta in canibus instituta illustrata praecipue de mutationibus in cadavere arsenico venenatorum. Dissertat. inaug. med.-toxicolog. 8. (1 1/4 B.) Berolini 829, (Mittler.)

—— und Ad. Otto Siegm. Fr. Karl, Toxikologie nach Orfila, s. a. Toxikologie.

— u. Ad. Otto Siegm. Fr. Karls, Toxicologie, od. die Lehre v. d. Giften u. Gegengiften, f. angehende u. ausübende Aerzte u. Apotheker, Polizei- u. Criminalbeamte. Nach d. 3n Aufl. des Traité des Poisons von Orfila, durchaus frei bearb. 1r Bd. Allgem. u. specielle Toxicologie. 1e Klasse: Kaustische Gifte. 1e Abtheil. Kaustische Gifte des unorgan. Reichs. gr. 8. Berl. u. Posen 821. Mittler. 2 ℔ 2r (letzter) Bd. Kaustische Gifte des organ. Reichs. — Narkotische Gifte. — Narkotisch scharfe Gifte. — Septische Gifte. gr. 8. Ebd. 831. 2 ℔

Toxicologie, od. die Lehre v. den Giften u. Gegengiften für angeh. u. ausüb. Aerzte u. Apotheker, Policei- u. Criminalbeamte. Nach der 3. Aufl. des Traité des poisons von Orfila, durchaus frei bearb. v. J. A. **Seemann** u. Apotheker Ad. O. S. Fr. Karls. 1. Bd. allg. u. spec. Toxicol. 1. Classe: Kaustische Gifte; 1. Abthl.: Kaust. Gifte des anorgan. Reichs. Berlin, Posen u. Bromb., Mittler. 1829. 8° (2 Thl.) 2. Band Kaustische Gifte des organ. R., nark. G., nark. scharfe G., septische G. Ebend. 1831. 8° (2 Thl.)

Seemann, Karl H.

Seemann, Carl H., Zwölf Stromkarten für jede Stunde der Tide bei Dover, umfassend das Gebiet der südlichen Nordsee, des Englischen Kanals, des Bristol-Kanals und des südlichen Theils vom Irischen Kanal. Hamburg [o. J.]

Seemann, Carl H., Wetter-Lexikon, ein Register zu den europäischen Wetterkarten von 1876—85. (A. d. Archiv d. D. S., 1890, No. 4.)

Seemann, Karla

Seemann, Carla, im Blütenduft. Sammlung deutscher Gedichte. 8. (160 S. m. Abbildgn. u. 3 Farbdr.) Dresden (899). M. Fischer. Geb. in Leinw. m. Goldschn. 5. —

— der gestiefelte Kater. Ein Märchen. In Reime gebracht. Zeichnungen v. C. W. Baum. 4. (22 S.) Dresden (898). Leipzig, Liebes & Teichner. Kart. 3. —

— Märchenpracht u. Feenglanz. 12. (91 S.) Dresden (899). M. Fischer. 1. 50; steif brosch. 2. —

— dasselbe. 8. (128 S. m. 4 Farbdr.) Ebd. (899). Geb. 4. —

— dasselbe. gr. 8. (191 S. m. 4 Farbdr.) Ebd. (899). Geb. 6. —

— die Struwwel-Lene od. Böse Streiche e. ungezogenen Mädchens. Zeichnungen v. C. W. Baum. Unzerreißbares Bilderbuch. 4. (22 S.) Dresden (898). Leipzig, Liebes & Teichner. Kart. 3. —

Seemann, L., über die Einrichtungen zur Entstaubung der Braunkohlen-Brikettfabriken. (28 S. m. 15 Abb.) 8. Freiberg 905. Craz & Gerlach. n. 1. —

Seemann, Lorenz: 1. Untersuchungen über das Gold. 2. Über die Einwirkung verschiedener anorganischer Körper auf Formaldehyd. Nürnberg 1909: Hilz. 38 S. 8°
Erlangen, Phil. Diss. v. 14. Juli 1909, Ref. Paal
[Geb. 1. Febr. 77 Kohlberg (Oberpfalz); Wohnort: Weilheim (Oberbayern); Staatsangeh.: Bayern; Vorbildung: Altes Gymn. Regensburg Reife 95; Studium: Erlangen 4, München 4 S.; Rig. 26. Mai 09.] [U 09. 862

Seemann, M. H., commentatio de causis mutationum humorum ex actione solidorum rivorum in fluida derivandis. 4. Götting. 791. Brose. 4 gr

Das Herz der Frau. Ein modernes Frauen-Fabel-Buch von Meta Seemann mit Portr. von: Elsa Asenijeff, C. Eysell-Kilburger (Frau Victor Blüthgen)... Leipzig-R.: Frauen-Rundschau [1900]. 155 S. 8° [10. 11146

Seemann, Meta, das Herz der Frau, e. modernes Frauen-Fabel-Buch, m. Portraits v.: Elsa Asenijeff, C. Eysell-Kilburger (Frau Victor Blüthgen), Leonore Frei, Maria Janitschek, Käthe Lubowski, Grete Meisel-Heß, Ella Mensch, Erika Riedberg, Carmen Teja, Lu Volbehr, Ellen Walter, Olga Wohlbrück, Wilhelm Holzamer, Felix Hübel, Johannes Schlaf. 21. Aufl. (164 S.) 8. Leipzig (908). Berlin, Verlag der „Frauen-Rundschau" n. — 20

Seemann, O. Über einige Hexenprozesse im Stift Essen, i. Beiträge zur Geschichte v. Stadt u. Stift Essen.

Seemann, O. S.

— s. Byron, Lord, Manfred.

Seemann, O. S., der letzte König. Politisches Drama in 5 Aufz. 8. (10 B.) Leipzig 842, Brockhaus. *

Seemann, O. S., üb. den Ursprung der Sprache. (Vortrag.) 8. (88 S.) Leipzig 884. Friedrich. n. — 60

Seemann, Oswald: Aus d. anatom. Inst. zu Marburg (Dir.: Gasser) u. d. chir. Klin. zu Breslau (Dir.: Küttner). Anatomische Untersuchungen ueber die Sehnenscheiden der Fussbeuge in Beziehung zur sogenannten Tendovaginitis und Perimysitis crepitans. Tübingen 1908: Laupp. 48 S. 8° (Aus: Beiträge z. klin. Chir. Bd 60, H. 1. 2.)

Breslau, Med. Diss. v. 16. Dez. 1908, Ref. Küttner

[Geb. 10. Nov. 80 Berlin; Wohnort: Berlin; Staatsangeh.: Preußen; Vorbildung: Joachimsth. Gymn. Berlin Reife O. 01; Studium: Marburg 5, Berlin 3, Breslau 2 S.; Coll. 11. Apr. 08; Approb. 2. Mai 08.] [U 09. 575

Seemann, Otto: Die Aebtissinnen von Essen, s. Beiträge zur Geschichte von Stadt und Stift Essen.

Seemann, Otto (Hrsg.), s. Apel, Heinrich Ed.: Deutsches Lesebuch für die unteren u. mittleren Classen der Gymnasien, Real-u. höheren Burgerschulen.

– Der Bauernsturm von 1662, s. Beiträge zur Geschichte von Stadt und Stift Essen.

Seemann, Otto: De primis sex bibliothecae Alexandrinae custodibus. 15 S. – Essen, Progr. 1859.

Seemann, Otto, die gottesdienstlichen Gebräuche der Griechen und Römer, s. Kulturbilder aus dem klassischen Altertume.

Seemann, Otto, die Götter und Heroen nebst einer Uebersicht der Culturstätten und Religionsgebräuche der Griechen. Eine Vorschule der Kunstmythologie. gr. 8. (XII, 448 S. mit 153 eingedr. Holzschn.) Leipzig 869, Seemann. geb.

—— die Mythologie der Griechen und Römer. Unter steter Hinweisung auf die künstler. Darstellung der Gottheiten als Leitfaden für den Schul- und Selbstunterricht bearb. 2. verb. und verm. Aufl. gr. 8. (VIII, 264 S. mit 79 Holzschn.-Illustr.) Leipzig 880, Seemann. geb.

Seemann, Otto, Mythologie der Griechen u. Römer. Unter steter Hinweisg. auf die künstler. Darstellg. der Gottheiten als Leitfaden f. den Schul- u. Selbstunterricht. 3. Aufl., unter Mitwirkg. v. R. Engelmann neu bearb. Mit 83 Holzschn.-Illustr. 8. (VIII, 280 S.) Leipzig 885. Seemann. n. 2. 70; geb. in Calico n. 3. 50; Liebhaberausg. geb. n. 4. 50

Seemann, Otto, Mythologie der Griechen u. Römer. Unt. stetem Hinweis auf die künstler. Darstellg. der Gottheiten. 4. Aufl. Durchgesehen u. verb. v. Rich. Engelmann. gr. 8. (XII, 340 S. m. 93 Abb.) Leipzig 895. E. A. Seemann. Geb. in Leinw. n. 4. 50

Seemann, Otto, Mythologie der Griechen u. Römer. Unter stetem Hinweis auf die künstler. Darstellung der Gottheiten. 5. Aufl. Durchgeseh. u. verb. v. Rich. Engelmann. (XIV, 319 S. m. 134 Abbildgn.) gr. 8. Leipzig 910. E. A. Seemann. Geb. in Leinw. 4. 50

—— kleine Mythologie der Griechen und Römer. Unter steter Hinweisung auf die künstler. Darstellung der Gottheiten und die vorzügl. vorhandenen Kunstdenkmäler bearb. gr. 8. (XII, 228 S. mit 63 eingedr. Holzschntaf.) Ebendas. 874. geb.

Seemann, Otto, u. Albert Dulk, die Wände. Eine politische Comödie in 1 Acte. [Den Bühnen gegenüber als Manuscript gedr.] gr. 8. (36 S.) Königsberg 848, Pfitzer & Heilmann. 1/4 Rf

Seemann, Otto, Wohin? Eine Unterhaltung aus dem 19. Jahrh. gr. 8. (87 S.) Berlin 866, Springer's Verlag.

Seemann, O. S., Wohin? Eine Unterhaltung aus dem 19. Jahrh. über Gott — Unsterblichkeit — Willensfreiheit. 2. durch ein Vorwort verm. (Titel-)Ausg. 8. (VI, 87 S.) Berlin (868)70, Springer's Verlag. *

Seemann, Richard [aus Berlin]: Ueber arsenhaltige Verbindungen der Xylolreihe ... Rostock, C. Boldt'sche Hof-Buchdr., 1892; 37 S. 8.

Rostock, Phil. Fak., Inaug.-Diss. v. [18. Febr.] 1892

Seemann, Salomon, Hn. Salomon Seemanns /// jetziger Kayserl. Majest. von Russ // land gewesenen Praeceptoris, // TURNUS // Und // andere Teutsche // Gedichte /// welche // mit einer Vorrede // ans Licht stellet // M. Jacob Friederich Baader/ // H. B. H. V. S. // MARBURG MDCCXXIX. // In Verlegung Philipp Casimir Müller /// Universitäts-Buchdr. und Händler. - 6 Blatt (nicht paginiert) Vorrede. - 202 S. (Das Titelblatt als 1/2 gezählt).

Auf dem Vorblatt steht die Widmung:

Der Deutschen Gesellschafft
in Leipzig
Überreichte dieses
als
ein Geschencke
M. Heinrich Gottlieb Schellhaffer.

B. S. T. 8°.653.

Seemann, Sal., Turnus und andere deutsche Gedichte. 8. Marb. Keßler. 729.

Seemann, Thdr., Agamemnon. Tragödie in 5 Akten. 8. (XI, 68 S.) Dresden 872, (Gilbers.) *

Seemann, Thdr., Einleitung in die Aesthetik. 8. (IV und 130 S.) Dresden 867, Lövy.

Seemann, Thdr. Architektonische u. ornamentale Formenlehre. Ein Handbuch f. die Schule u. das Haus. Lex.-8. (XVI, 199 S. m. Holzst.) Lpz. 890. Scholtze. * 10 —

Die Ausgabe erfolgte in 7 Heften zum (inzwischen erloschenen) Subskr.-Pr. à * 1 —.

Seemann, Thdr., Führer durch Dresden u. die Sächsische Schweiz als Reisenotizbuch. 12. (VIII, 95 S. m. 1 Plan u. 1 Karte.) Dresden 893. Friese & v. Puttkamer. Kart. 1. —

— **Gedanken über die Meisterwerke der Dresdner Gemäldegalerie in zwanglosen Blättern. 1. Blatt. Rafael u. die Sixtinische Madonna. Dresden 868. (Berlin, Conrad.) gr. 8. (16 S.)** n.n. 2½ *ngr.*

—— die Genremalerei, ihre Aufgabe und Begrenzung. Eine Studie. 8. (31 S. mit eingedr. Holzschn.) Dresden 871, Adler's Buchh.

— die Genremalerei, ihre Aufgabe u. Begrenzung. Eine Studie. 8. (31 S. m. eingedr. Holzschn.) Dresden 871. Huhle. — 75

Seemann, Thdr., **Geschichte der bildenden Kunst von der ältesten Zeit bis auf die Gegenwart. Ein Handbuch für Gebildete aller Stände zum Selbststudium, sowie zum Gebrauche für Gelehrtenschulen, Kunst- und Gewerbeschulen. 2 Thle. gr. 8. (XIV, 445 S. mit ca. 170 in den Text gedr. Holzschn.) Jena 879,** Costenoble. à Thl. * ℳ 4. * geb. in 1 Bd. *

Seemann, Thdr. Allgemeine Götterlehre. Zum Gebrauche f. höhere Lehranstalten, Kunstschulen, sowie z. Selbstunterricht. gr. 8. (208 S. m. Abbildgn.) Hannov.-Linden 889, Manz u. Lange. * 2 40; geb. * 3 —

Seemann, Thdr., Grundriss der Poetik oder die Lehre von den Dichtungsarten. Lehrbuch zum Selbstunterricht für Gebildete aller Stände. gr. 8. (196 S.) Berlin 880, (Bohne.) *

Seemann, Thdr., die Harmonie der Farben. Zum Gebrauche f. Maler, Dekorateure, Tapetendrucker u. alle, welche sich der Farben als Mittel der Verschönerg. bedienen. 4. verb. u. verm. Aufl. Mit 1 Titelkpfr. in Farbendr. (VI, 153 S.) gr. 8. Leipzig 909. B. F. Voigt. 4.50; geb. 5.50

Seemann, Thdr., Ideal und Täuschung. Schauspiel in 3 Akten. Bern 860. Blom in Comm. 8. (43 S.) n. 8 *ngr.*

— die Kunst der Etrusker nach den **Forschungen** unserer heutigen Wissenschaft als **Supplement zur** allgemeinen Kunstgeschichte. 8. (76 S. **m. 26 Taf.** in Lichtdr.) Dresden 890. Wilh. Hoffmann. n. 6. —

—— die Kunst des Orients, s. Klassiker-Bibliothek der bildenden Künste.

Seemann, Theodor. Deutsches Kunstblatt. Organ für die gesammten Interessen der bildenden Kunst. Jahrg. I–III. 3 Bde. Dresden 1881—1883. 4°.

— Lehrbuch der vervielfältigenden Künste im Umriß. Kurze geschichtl. Entwickelg. u. Technik des Holzschnitts, der Kupferstechkunst, des Zink- u. Stahlstichs, der Lithographie, der Heliogravüre, Photogravüre, des Lichtdrucks u. der Zinkographie. Nach den besten Quellen bearb. gr. 8. (III, IV, 88 S. m. Abbildgn.) Dresden 894. B. W. Esche. n. 2. —

—— die Lehre von der Harmonie der Farben, s. Schauplatz, neuer, der Künste und Handwerke.

— die Lehre von der Harmonie der Farben. Zum Gebrauche für Maler, Dekorateure, Tapetendrucker u. Alle, welche sich der Farben als Mittel der Verschönerung bedienen. 3. Aufl. von Hay's „Gesetzen der Farbenharmonie", vollständig neu bearb. Mit einem Titelkpfr. in Farbendr. gr. 8. (VIII, 120 S.) Weimar 881. B. F. Voigt. 3. —

—— moderne Plastiker, s. Klassiker-Bibliothek der bildenden Künste.

— Peter Paul Rubens, seine Eltern, sein Leben u. seine Werke. Eine Studie. gr. 8. (53 S.) Leipzig 893. P. Friesenhahn. n. — 80

—— die Tapete, ihre ästhetische Bedeutung und technische Darstellung, sowie kurze Beschreibung der Buntpapier-Fabrikation. Zum Gebrauche für Musterzeichner, Tapeten-Fabrikanten und Buntpapier-Drucker. 8. (III, 234 S. mit 42 Holzschn.-Abbild.) Wien 882, Hartleben's Verlagsh.

Seemann, W., der gerichtliche u. außergerichtliche Auctions-Commissair, eine Zusammenstellung sämmtlicher, in Beziehung auf die Geschäftsführung dieser Beamten bis jetzt ergangenen Gesetze, gesetzl. Verordnungen u. Instructionen. 8. Minden 844, Eßmann. 9¼ ngl

—— der Gast- u. Schenkwirthschafts-Betrieb so wie der Kleinhandel mit Getränken in den kgl. preuß. Staaten. Eine Zusammenstellung der über diesen Gewerbe-Betrieb ergangenen Gesetze u. gesetzl. Bestimmungen. gr. 8. (4 B.) Minden 843, Eßmann.

Seemann, W. E. G., s.: Bonplandia.

Seemann, Wilh., Führer durch d. Kranken-, Unfall- u. Invaliditäts-Gesetz, sowie Altersversicherungs-Gesetz. Enth. die wichtigsten Bestimmgn. üb. d. Rechte u. Pflichten der Arbeitgeber u. Versicherten. In leicht verständl. u. knapper Weise zusammengest. Zur Orientierg. in d. Arbeiterversicherungs-Gesetzgebg. f. Jedermann unentbehrlich. 8. (31 S.) Karlsruhe 898. G. Braun'sche Hofbuchdr. u. Verl. n. — 40

Seemann's, des, Frau, s.: Gabelsberger-Bibliothek. 65. Bd.

Seemanns, des, Gebetbüchlein. Ein Begleiter auf d. Schiffe. 16. (XIV u. 211 S.) Frankfurt a. M. 1851, Brönner. ⅓ ℳ

Seemanns, des, Leben u. Leiden. Zur Warng. f. die aus dem Binnenland, zur Mahng. f. die v. der „Waterkant" nach altenmäß. Belegen getreu der Wahrheit geschildert. gr. 8. (64 S.) Berlin 894. Buchh. des „Vorwärts". n. — 40

Seemanns, des, Leiden und Freuden, anschaulich gemacht durch 8 fein illum. Scenen aus d. bunten Leben u. Treiben des Seefahrenden. 4. Nürnberg ... Renner u. Comp. ⅓ ℳ

Seemann's Reisebuch. Hrsg. von dem Bremer Verein zur Verbreitung kleiner christl. Schriften. 2. Aufl. 8. (XII und 148 S.) Bremen 864, (Noltenius.)

SEEMANNS Sünden. Bekenntnisse eines Matrosen. Budapest, Schneider & Kunert (um 1905). 8°.
Verb. d. Ldg. Leipzig 4 A. 345/07.

Die Gesellschaft Seemannshaus für Unteroffiziere und Mannschaften der Kaiserlichen Marine und ihre Tätigkeit im ersten Jahrzehnt ihres Bestehens 1. November 1895—1905. Eine Werbeschrift. o. O. (1905.) 8°

Seemanns-Kalender für 1854. Enthaltend den gewöhnl. auf den oldenburg. Horizont berechneten Kalender nebst Tabellen über die Declination der Sonne und des Mondes, die Zeitgleichung und die Sternenzeit nach der Greenwich mittleren Zeit. Als erster Nachtrag zum Schifffahrts-Handbuch. Von Fr. Ant. Strackerjan. 8. (IV und 82 S. mit einer lithochrom. Karte der oldenburg. Flaggen in qu. 4.) Oldenburg 854, Schulze'sche Buchh. *

Seemanns-Kalender. 1898. 4. (50 S. m. Abb., 1 Farbdr. u. Wandkalender.) Berlin, Schriftenvertriebsanstalt. — 25

Seemanns-Kalender, deutscher, f. 1874. Berechnet auf der Hamburger Sternwarte. 1. Jahrg. gr. 8. (111 S. m. eingedr. Holzschn.) Hamburg, Richter. n. 1. —

Die Hamburgische **Seemannskasse** und das Seemannshaus. Bericht über den Ursprung, den Zweck und die Ausführung dieser Anstalten. Hamburg. 1863. 4°.

[F.] **Seemanns-Liederbuch**. E. Sammlg d. neuesten u. beliebtesten Seemanns- u. Fischer- (a. d. Deckel: Schiffer)lieder. *Mülheim a. d. R.: J. Bagel [1893].* (128 S.) 1 Bd 8. [96. 783

Seemanns-Liederbuch, nagelneues. Eine Sammlg. der schönsten bis auf die neueste Zeit fortgeführten Lieder. Große Ausg. 7. Aufl. 16. (416 S.) Harburg 876. Elkan. 1. —; kleine Ausg. (VIII, 207 S.) — 50

[Kopft.:] [F.] Die **Seemannsmission**. E. geschichtl. Rückblick. *(Berlin: Gedr. b. J. Sittenfeld 1894 [?].)* (10 S.) 1 Bd 8. [96. 602

Seemannsmission, d. deutsche. gr. 8. (16 S.) Berlin 895. Buchh. d. Ostdeutschen Jünglingsbundes. n. — 15

Seemannsordnung. Vom 27. Dezbr. 1872. Gesetz betr. die Verpflichtung deutscher Kauffahrteischiffe zur Mitnahme hülfsbedürft. Seeleute. Vom 27. Dezbr. 1872. gr. 8. (40 S.) Berlin 873, v. Decker'sche Geh. Ober-Hofbuchdr.

Seemannsordnung. Vom 27. Dezbr. 1872. Gesetz, betr. die Verpflichtung deutscher Kauffahrteischiffe zur Mitnahme hülfsbedürftiger Seeleute. Vom 27. Dezbr. 1872. 8. (32 S.) Danzig 876, P. Anhuth. *

Seemannsordnung. — Deutsche Seemannsordnung, s.a Purlitz, Friedrich

—— deutsche. Nebst Gesetz betr. die Verpflichtung deutscher Kauffahrteischiffe zur Mitnahme hülfsbedürft. Seeleute. Vom 27. Decbr. 1872. 1.—3. Aufl. gr. 8. (43 S.) Bremen 873, Kühtmann und Comp. *

—— die deutsche, vom 27. Dezbr. 1872 nebst ergänzenden Gesetzen. Für den prakt. Gebrauch aus den Materialien sowie den Vollzugsbestimmungen erläutert von einem Reichsbeamten. gr. 8. (XI, 124 S.) Berlin 875, Kortkampf. cart. *

—— dass. — Mit ausführl. Sachregister. 8. (48 S.) Altona 880, Send.

—— dass. — 3. und 4. Aufl. 8. (28 S.) Bremerhaven 882,84, v. Vangerow. *

Seemanns-Ordnung, deutsche, vom 27. Dezbr. 1872 und Gesetz betreffend Verpflichtung deutscher Kauffahrtei-Schiffe zur Mitnahme hülfsbedürft. Seeleute vom gleichen Tage. Nebst Ausführungs-Verordnung für Hamburg vom 26. Febr. 1873. Mit ausführl. Sachregister und Anhang. 5. Aufl. 8. (44 S.) Hamburg 882, Nestler und Melle.

Seemannsordnung, deutsche, v. 27. Dezbr. 1872 u. Gesetz betr. die Verpflichtung deutscher Kauffartei-schiffe zur Mitnahme hülfsbedürft. Seeleute. Vom 27. Dezbr. 1872. Nebst Ausführungs-Verordnung f. Hamburg v. 26. Febr. 1873. gr. 8. (26 S.) Hamburg 895. Eckardt & Messtorff. n. — 45

Seemannsordnung, deutsche. Gesetz vom 2. VI. 1902. Nebst Gesetz, betr. die Verpflichtg. der Kauffahrteischiffe zur Mitnahme heimzuschaff. Seeleute. Vom 2. VI. 1902. Gesetz, betr. die Stellenvermittlg. f. Schiffsleute. Vom 2. VI. 1902. Gesetz, betr. Abänderg. seerechtl. Vorschriften des Handelsgesetzbuchs. Vom 2. VI. 1902. 8. (40 S.) Hamburg 902. Eckardt & Messtorff. — 45

— dasselbe. Text-Ausg. nebst Sachregister. 8. (48 S.) Hamburg 902. L. Friederichsen & Co. n. — 60

— dasselbe, vom 2. VI. 1902 unter Berücksicht. der gesetzl. Abänderqn. vom 23. III. 1903 u. 12. V. 1904, nebst Nebengesetzen, Verordngn. u. Ausführungs-Bestimmgn., sowie den Bestimmgn. über die Militärverhältnisse der seemänn. u. halbseemänn. Bevölkerg. u. die Anmusterg. als Schiffsmann. Text-Ausg. m. ausführl. Sachregister zur Seemannsordng. 2., verm. Aufl. (83 S.) 8. Hamburg 905. L. Friederichsen & Co. n. — 60

— dasselbe, Nachträge. 1. Bekanntmachg. betr. die Untersuchung von Schiffsleuten auf Tauglichkeit zum Schiffsdienste vom 1. VII. 1905. 2. Bekanntmachung betr. die Logis-, Wasch- u. Baderäume sowie die Aborte für die Schiffsmannschaft auf Kauffahrteischiffen vom 2. VII. 1905. 3. Bekanntmachg. betr. Krankenfürsorge auf Kauffahrteischiffen vom 3. VII. 1905. 2. unveränd. Aufl. (40 S.) 8. Ebd. 906. n. — 60

— deutsche. Gesetz vom 2. VI. 1902 in der Fassg. vom 23. III. 1903, nebst Nachträgen vom 1. bis 3. VII. 1905. Gesetz betr. die Verpflichtung deutscher Kauffahrteischiffe zur Mitnahme hilfsbedürft. Seeleute. Gesetz betr. Stellenvermittlg. f. Schiffsleute vom 2. VI. 1902. Bestimmngn. über die Militärverhältnisse der seemänn. u. halbseemänn. Bevölkerg. u. die Anmustrg. als Schiffsmann. 4. Aufl. (114 S.) 8. Bremerhaven 906. L. v. Vangerow. n. 1. —

— deutsche, nebst Nebengesetzen. 1. Seemannsordnung. Vom 2. VI. 1902. 2. Gesetz, betr. die Verpflichtg. der Kauffahrteischiffe zur Mitnahme heimzuschaff. Seeleute. Vom 2. VI. 1902. 3. Gesetz, betr. die Stellenvermittelg. f. Schiffsleute. Vom 2. VI. 1902. 4. Gesetz, betr. Abänderung seerechtl. Vorschriften des Handelsgesetzbuchs. Vom 2. VI. 1902. 5. Zusammenstellung der Bestimmgn. über die Militärverhältnisse der seemänn. u. halbseemänn. Bevölkerg. u. die Anmusterung als Schiffsmann. 6. Abänderung der Seemannsordng. u. des Handelsgesetzbuchs. Vom 12. V. 1904. 7. Bekanntmachung, betr. die Untersuchung von Schiffsleuten auf Tauglichkeit zum Schiffsdienste. Vom 1. VII. 1905. 8. Bekanntmachung, betr. die Logis-, Wasch- u. Baderäume sowie die Aborte für die Schiffsmannschaft auf Kauffahrteischiffen. Vom 2. VII. 1905. 9. Speiserolle. Text-Ausg. nebst Sachregister. (68 S.) kl. 8. Hamburg 906. Eckardt & Messtorff. n. — 60

Die **Seemannsordnung** vom 2. Juni 1902, mit Anm. vers. von K[onrad] Herrmann, Rechn.R., im Anh. enth. das Gesetz, betr. die Stellenvermittelung für Schiffsleute, v. 2. Juni 1902. *Berlin: R. v. Decker 1902.* (57 S.) 8° [F.] [03. 804

Die **Seemannsordnung** vom 2. Juni 1902 nebst Gesetz, betr. d. Verpflichtung d. Kauffahrteischiffe z. Mitnahme heimzuschaffender Seeleute, v. 2. Juni 1902, Gesetz, betr. d. Stellenvermittelung d. Seeleute, v. 2. Juni 1902, Gesetz, betr. Abänderung seerechtl. Bestimmungen d. Handelsgesetzbuchs v. 2. Juni 1902. Zsgest. von Otto Kotze, Bürgermeister a. D. Berlin: A. W. Hayn's Erben 1902. (59 S.) 8°

Seemannsordnung vom 2. VI. 1902, nebst den Gesetzen betr. die Verpflichtg. der Kauffahrteischiffe zur Mitnahme heimzuschaff. Seeleute, die Stellenvermittelg. f. Schiffsleute, Abänderg. seerechtl. Vorschriften des Handelsgesetzbuches, sowie die Dienstanweisg. betr. das Strafverfahren vor den kaiserl. Konsulaten als Seemannsämtern. 2. Aufl. (III, 95 S.) gr. 8. Berlin 903. C. Heymann. n. 1. —

— neue deutsche, vom 2. VI. 1902, nebst einschläg. Gesetzen u. amtl. Bekanntmachungen. Ausg. f. das Großherzogtum Oldenburg. (70 S.) 8. Oldenburg 904. G. Stalling's Verl. n. — 80

— u. Verpflichtung deutscher Kauffahrteischiffe zur Mitnahme hülfsbedürftiger Seeleute. Gesetze vom 27. Dezbr. 1872, nebst Verordng. vom 23. Dezbr. 1871 zur Verhütg. d. Zusammenstoßens der Schiffe auf See. Mit ausführl. Sachregister. 8. (43 S.) Berlin 873. Kortkampf. n. — 50

Seemannsrecht, Neues. (Gareis, Reichsgesetze 315-318) Giessen (1903)

Seemannstraum, ein. Zur Warnung für junge Binnenländer nach eigenen Erlebnissen erzählt von H. G.—B. 8. (87 S. mit 3 Holzschn.) Leipzig 881, Brauns. cart. *

Seemanns-Zeitung, deutsche. Illustr. Halbmonatsschrift f. die Interessen des deutschen Seemannsstandes u. der Schiffahrt. Schriftleiter: H. de Méville. 1. Jahrg. 1898. 24 Nrn. (à ca. 24 S.) gr. 4. Berlin, R. Eckstein Nachf. n. 14. —

See-Maschinisten-Kalender, Hamburger, f. d. J. 1906. (III, 96 S.) kl. 8. Hamburg, Eckardt & Messtorff. n. — 75

See-Maschinisten-Kalender, Hamburger, f. d. J. 1907. (III, 80 S.) kl. 8. Hamburg, Eckardt & Messtorff. — 75
Erscheint nicht mehr.

Seemen, Max von, Referendar im Oberlandesgerichtsbezirk Königsberg i. Pr.: Die Rechtsverhältnisse des niederen Adels in den landrechtlichen Gebieten Preußens. Berlin 1905: W. Pilz. (XIV, 109 S.) 8°
Münster, Jur. Fak., Ref. Schreuer, Diss. v. 8. Juli 1905
[Geb. 24. Okt. 80 Petersdorf, Kr. Wehlau; Wohnort: Münster; Staatsangeh.: Preußen; Vorbildung: Altstädt. Gymn. Königsberg Reife O. 98; Studium: Lausanne 1, Berlin 1, Königsberg 5 S.; Rig. 12. Mai 05.]

Seemen, Otto v., 50 Jahre. Se. Maj. der Kaiser Wilhelm und Ihre Maj. die Kaiserin Augusta in ihrer 50jähr. Ehe. Eine Festschrift zum 11. Juni 1879. (Volks- und Armee-Ausg.) 1.—4. [Ster.-]Ausg. gr. 8. (170 S. mit 2 Portr. in Holzschn.) Berlin 879, Militaria. *
Feinere Ausg. mit 2 Portr. in Lichtdr. *
Aus: Biographische Blätter aus deutscher Geschichte, besonders abgedruckt.

Salices Japonicae. Krit. bearb. von O[tto] v. **Seemen.** Mit 18 Taf. *Leipzig: Gebr. Borntraeger 1903.* (VII, 83 S.) 4°

Seemen, Walter von, aus Elbing (Prov. Westpr.): **Beiträge zur** Kenntnis des p-Methyl-ana-Oxychinolins und der p-Methyl-ana-Oxychinolin-o-Sulfonsäure. *Freiburg i. B.: J. Elchlepp 1900.* (36 S.) 8°
Freiburg i. B., Phil. Diss. v. 1900

Seemer, Hermann [pr. Arzt aus Wallen in Westfalen]: **Zur Casuistik der Naevi....** Würzburg, Anton Boegler'sche Buchdr., 1889; 30 S. 8°
Würzburg, Med. Fak., Inaug.-Diss. v. 1889

Seemiller, Sebastian

— Sanctorum Jacobi et Judae Apostolorum epistolae catholicae, quas ad graeci textus fidem lat. reddidit. 8maj. Nürnb. 783. (Eichhorn). 8 gr.

Seemiller, Sebastian., Ss. Jacobi et Judae apostolorum epistolas catholicas quoad Graeci textus fidem Latine reddidit, cum Vulgata versione e regione posita exacte contulit et perpetuis varii argumenti annotationibus illustravit. Nürnberg, Grattenauer, 1783, 8°, 7 Bg.
Recens. Litteratur des kathol. Deutschland, Bd. VI (1786), S. 181—191. Schwarz, a. a. O. S. 226.

Seemiller, Sebast., Exercitatio philologico-theologica ad illustranda et vindicanda quaedam primi Gen. capitis loca. Ingolstadt, 1776, 4°.

***Seemiller*, Seb., († d. 23. April 1798.) bibliothecae academ. Ingolstadiensis incunabula typograph. IV Fasc. 4maj. Ingolst. 787—92. Krüll. 3 ℔ 8 gr.**

Seemiller, Seb., Bibliothecae academicae Ingolstadiensis incunabula typograph. IV fasc. 4. maj. Ingolst. Krüll. 797. 91.

Seemiller, Sebast., Institutiones ad interpretationem s. Scripturae seu hermeneutica sacra. Accessit commentatio de studio linguae Hebraicae cum theologia coniungendo. Augsburg, 1779, 21 Bg., gr. 8°.

— institutiones ad interpretationem sacrae scripturae, seu hermeneutica sacra. 8. Augsb. 779. Veith. 20 gr.

Seemiller, Sebastian., Programma theologicum notitiam continens historico-critico-litterariam de Bibliis polyglottis Complutensibus, quorum exemplar a D. Joanne Eckio Romae anno 1521 emptum exstat in bibliotheca huiate academica. Ingolstadt, 1785, 4°, 27 S.
Litteratur d. kath. Deutschl. 1787, Bd. VIII, S. 164—170.

Seemiller, Sebast., Programma theologicum notitiam continens de antiquissimo codice manuscripto Latinam quatuor evangeliorum versionem complectente et in bibliotheca academiae Ingolstad. adservato. Descripsit codicem, variantes eiusdem a Vulgata lectiones ad Marc. 12, 21 usque ad finem huius evangelii excerpsit et critice recensuit. Ingolstadt, 1781, 4°.

Seemiller, Seb., Quindecim psalmi graduales, quos ex ipso fonte Hebraico Latine fecit, cum Vulg. versione e regione posita exacte contulit et perpetuis annotationibus illustravit. Ingolstadt, 1791, 4°.

— quindecim psalmi graduales. 4maj. Ingolst. 791. Krüll. 4 gr.

Seemiller, Seb., Septem psalmi poenitentiales, quos ex ipso fonte Hebraico Latine fecit, cum Vulgata versione e regione posita exacte contulit et perpetuis annotationibus illustravit. Ingolstadt, 1790, 4°.

— septem psalmi poenitentiales etc. 4maj. Ingolstadt 791. Krüll. 4 gr.

— [a] Psalmus CXIX.

Seemiller, Sebast., Psalmus 119. (Hebr.) ex ipso fonte Hebraico Latinum fecit et litterales difficilioribus locis notas adiecit. Nürnberg, 1779, 8°, 18 S.
Recens. Litt. d. kath. Deutschl., Bd. III, S. 491—496.

Seemiller, Sebast., De Graecis Bibliorum Veteris Testamenti versionibus dissertatio historico-critica. Programma I. et II. Ingolstadt, 1787—1788.

Seeminen und Torpedos. Ein Vortrag. Berlin 1875 8°.

Die **Neusiedler Seemulde** im Jahre 1865. Hydrographische Andeutungen. (Manuskript.) Ungarisch-Altenburg 1866 5 S. Fol.

Seemüller, Johann: **Die Doubletten** in der ersten Dekade des Livius. Neuburg a. D. 1904: **Grießmayer.** (66 S.) 8°
Neuburg a. D., k. humanist. G P 1904*

Seemüller, Johann: Die Dubletten in der dritten Dekade des Livius. Neuburg a. D. 1908: Griessmayer. 50 S. 8°
¶ [Forts. d. P-Beil. 1904.]
Neuburg a. D., k. G P 1908* [S 08. 447

Seemüller, Joh., die Dubletten in der 3. Dekade des Livius. Progr. (50 S.) gr. 8. Neuburg a. D. 908. (Leipzig, Buchh. G. Fock.) 1. —

Seemüller, Jos., s. Chronik, Österreichische, v. den 95 Herrschaften.

Seemüller, J., die Handschriften und Quellen von Willirams deutscher Paraphrase des Hohen Liedes, s.a. Quellen und Forschungen zur Sprach- und Culturgeschichte der germanischen Völker.

Seemüller, Jos., Die Handschriften und Quellen von Willirams deutscher Paraphrase des Hohen Liedes. Ebd. 1877. 8°. 117 S. (Mk. 2,50.) (1 Mk. 50 Pfg. Bernh. Liebisch, Lpz., 1902.)
Quellen und Forschungen XXIV. Dazu Anzeiger f. deutsches Alterthum 1878. S. 278 ff.

—— s. Helbling, Seifried.

Seemüller, Jos., zur Kritik der Königsfelder Chronik. (49 S.) gr. 8 Wien 903. (A. Hölder.) n. — 90
Sonderabdruck aus: „Sitzungsber. d. k. Akad. d. Wiss."

Seemüller, Jos., Leitfaden zum Unterricht in der deutschen Grammatik am Obergymnasium nach dem neuen Lehrplane. gr. 8. (IV, 92 S.) Wien 885. Hölder. n. 1. —

— zur Methodik d. deutschen Unterrichts in der 5. Gymnasialclasse. Zugleich Commentar zu den neuen Instructionen f. den deutschen grammat. Unterricht in dieser Classe. gr. 8. (IV, 36 S.) Ebend. 885. n. 1. 8

— Deutsche Mundarten, s.a. Mitteilung der Phonogramm-Archivs-Kommission. XI.

— Deutsche Mundarten, s.a. Sitzungsberichte der kaiserl. Akademie der Wissenschaften in Wien. Philos.-histor. Kl. 161, VI.

Seemüller Josef, Dr. ... 11. Mitteilung der Phonogramm-Archivs-Kommission der Kaiserlichen Akademie der Wissenschaften in Wien. Deutsche Mundarten. I. S. 158 4 K — 70
— ... Deutsche Mundarten. II. S. 161 6 ... — 90
— ... Deutsche Mundarten. III. S. 167 3 ... 1 50
Separatabdruck

Deutsche Mundarten. Von Joseph Seemüller. I. Wien: Hölder in Komm. 1908. 8°
(Mitteilung d. Phonogramm-Archivs-Kommission. 11.)
(Sitzungsberichte d. Kais. Akad. d. Wiss. in Wien. Philos.-hist. Kl. Bd 158, Abh. 4.)

Seemüller, J.: XV. Mitteilung der Phonogramm-Archivskommission. Deutsche Mundarten. II. [Sitzungsber. d. k. Akad. d. Wiss. philos.-histor. Klasse. 161. Bd. 6. Abt.] Gr.-8°. (36 S.) ÷
Wien: Hölder 1909.

Seemüller, J., Willirams deutsche Paraphrase des Hohen Liedes, s. Quellen und Forschungen zur Sprach- und Culturgeschichte der germanischen Völker.

— deutsche Poesie vom Ende d. XIII. bis in den Beginn des XVI. Jahrh. (III, 81 S. m. 2 Fig. u. 8 Lichtdr.-Taf.) Fol. Wien 903. A. Holzhausen. n.n. 35. —
Sonderabdruck aus: „Geschichte der Stadt Wien".

Rede auf Adolf Pichler † 15. Nov. 1900 geh. auf d. akad. Trauer-Commers 1900 von Joseph Seemüller. Innsbruck 1900: Wagner. 16 S. 8° [10. 18457 7

Seemüller, J., der deutsche Sprachunterricht am Obergymnasium. Abwehr u. Fürwort. 8. (44 S.) Wien 888. Hölder. n. — 80

— die Sprachvorstellungen als Gegenstand d. deutschen Unterrichts. Zugleich Commentar zu den neuen Instructionen f. den deut. grammat. Unterricht in der 6. Gymnasialclasse. gr. 8. (IV, 32 S.) Ebend. 885. n. 1. —

Seemüller, Jos., Studien zum kleinen Lucidarius [„Seifried Helbing"]. Lex.-8. (110 S.) Wien 883, (Gerold's Sohn.) *
Aus: Sitzungsberichte der k. Akademie der Wissenschaften, besonders abgedruckt.

Seemüller, J., Studien zu den Ursprüngen d. altdeutschen Historiographie, s.: Abhandlungen zur german. Philologie.

Seemüller Josef: Das Verhältnis der althochdeutschen Willirамhandschriften. Diss. Wien Univ.
D: Quellen u. Forschungen zur Sprache u. Kulturgesch. d. germ. Völker, Heft 24. Verlag Trübner in Straßburg.
1877 PN 65

Die Oberitalienischen Seen. Lago Maggiore, Lugano-See, Como-See, Garda-See u. Mailand. Prakt. Reisehandbuch, neu bearb. von W. Schultz-Riesenberg. 6. Aufl. Mit 4 Karten. Berlin: A. Goldschmidt 1907–08. (VI, 163, 16 S.) 8°
= Reiseführer. Griebens. Bd 15. [07. 8401

Die oberitalienischen Seen und Mailand. Prakt. Reiseführer neu bearb. von W. Schultz-Riesenberg. 7. Aufl. Mit 4 Kt. Berlin: Goldschmidt 1909–10. 177 S. 8°
(Griebens Reiseführer. Bd 15.)

See'n, die, Wagr ens. In lith. Farbendr. gr. 8. Kiel 847, Akademische Buchhandlung. n. 3 ngr.

v. Seenus, Frhrr. Jos., Beschreib. einer Reise nach Istrien u. Dalmatien. Mit e. Vorr. von D. H. Hoppe. Als Beilage zu Hoppe botan. Taschenbuch 1805. 8. Nürnb. 805. Monath u. K. 6 gr

Seeoffiziere, die, Lustspiel in 5 Akten, vom Prof. Tode. 8. Copenhagen, Proft. 783. (Brummer.)

Seepe, Alfr., Schill u. seine Tapferen. Lützow u. seine schwarze Schar, s.: Hausschatz, deutscher. X.

Seepe, Heinrich: Lehr- und Übungsstoffe für den Unterricht im Rechnen. s. Kirsch, Bruno

Seepe, Heinrich: Lehr- und Übungsstoffe für den Unterricht in der deutschen Sprache. s. Kirsch, Bruno

Seepolizei-Verordnung f. das Reichskriegshafengebiet b. Kiel. gr. 8. (7 S.) Berl. 892. Mittler u. Sohn. * — 20

—— für das Reichskriegshafengebiet b. Wilhelmshaven m. Nachtrag 1—3 u. Anh. Hafenordnung f. Handelsschiffe u. Fahrzeuge. Lex.-8. (14; Anh. 8 S.) Ebd. 888–891. ** — 30

Seepost: Die Seepost
④ Thurgauer Anzeiger (I) ⑤ 1869—1. 6. 1871 ⑦ wöchentlich 3× ⑧ Weinfelden: J. Brugger; Romanshorn: J. Jucker (1. 1. 1871); ⑪ Hagen: Buchdruck- u. Zeitungswesen im Thurgau.

Seer, Carl, s. Seer, Karl

Seer, Christian

— und Weltzenböck R.: Über azylierte Aminoanthrachinone und Anthrachinonmerkaptane und ihr Verhalten zur pflanzlichen Faser. S. 119. IIb. 57 . . . . vgr.

Seer Christian: Über eine Bildungsweise alkylierter Anthrachinone aus alkylierten Benzoylchloriden und Aluminiumchlorid. 1. Mitteilung. S. 120. IIb. 4 . . . . . . vgr.
— — 2. Mitteilung. S. 120. IIb. 957 . . . . . . vgr.
Separatabdruck

— und Dischendorfer Otto: Über die drei isomeren Di-α-naphthoylbenzole. S. 122. IIb. 749 . . . . . . vgr.
Separatabdruck

— — Über die Einwirkung von Benzylchlorid und Monochloressigsäure auf Aminoanthrachinone. S. 119. IIb. 985 . . . . vgr.
Separatabdruck

SEER, Christian: Über die Oxydation von Alizarin mit Ferricyankalium in alkalischer Lösung. — 1910. 56 Bl. Diss. Graz, Univ.

— Über das anormale Verhalten einiger Anthrachinonderivate gegen alkalische Reduktionsmittel. 1. Mitteilung. S. 121. IIb. 211 . . . . vgr.
Separatabdruck

— Verhalten des Dibenzoyl-1, 5-dibenzylaminoanthrachinons gegen alkalisches Natriumhydrosulfit. S. 122. IIb. 3 . . . . vgr.
Separatabdruck

— und Ehrenreich Karl: Versuche zur Darstellung eines Tetraoxydianthrachinonyls mit Alizarinstellung der Hydroxyle. S. 122. IIb. 13 . . . . vgr.
Separatabdruck

Seer, Christian: Versuche zur Einführung mehrerer Phtalsäurereste in aromatische Verbindungen und zur Darstellung neuer Küpenfarbstoffe der Anthracenreihe. Anh.: Ueber die Reduktion der o-Benzoylbenzoesäure. 1908. 103 S. 8° ¶ Vgl. Berichte d. Deutschen Chem. Gesellschaft. Jg. 44. 1911.
Karlsruhe, Dr.-Ing.-Diss. v. 19. 11. 1907 ·

Seer, Ernst Georg: Die Pfandkehr im geltenden Recht und im Vorentwurf (§ 289 StGB., § 294 Vorentwurf). Borna-Leipzig 1910: Noske. IX, 78 S. 8°
Heidelberg, Jur. Diss. v. 16. Aug. 1910, Ref. v. Lilienthal
[Geb. 14. Juni 84 Berlin; Wohnort: Berlin; Staatsangeh.: Preußen; Vorbildung: Kaiserin-Augusta-Gymn. Charlottenburg Reife O. 05; Studium: Göttingen, Bonn, Berlin zus. 9 S.; Rig. 1. Aug. 10.] [U 10. 2017

Seer, J. A. H., neueste Beobachtungen u. Erfahrungen über die Lungenseuche des Rindviehes. Ihr Wesen als Krankheit u. Seuche, mit besond. Angabe der Vorsichtsmaßregeln bei der Schlempefütterung u. gründliche Belehrung wie sie erkannt u. verhütet werden kann. Für Landwirthe u. Viehbesitzer beschrieben. 8. Leipzig 842, Expedition des Archivs der teutschen Landwirthschaft. 1/4 ß

Seer, J. A. H., neueste Beobachtungen u. Erfahrungen über die Lungenseuche des Rindviehes. Ihr Wesen als Krankheit u. Seuche, mit besond. Angabe der Vorsichtsmaßregeln bei der Schlempefütterung u. gründliche Belehrung wie sie erkannt u. verhütet werden kann. Für Landwirthe u. Viehbesitzer beschrieben. 8. (3½ B.) Leipzig 842, (Voigt u. Fernau.)

Seer, H., Handbuch der Thierheilkunde oder Anleitung die Krankheiten der Haussäugethiere richtig zu erkennen, zu beurtheilen und zu heilen, mit Berücksicht. der von der Homöopathie empfohlenen Arznei-Mittel und Angabe der in Deutschland, vornehmlich aber in Preußen Geltung habenden polizeil. und gerichtl. Maßnahmen. gr. 8. (823 S. mit 15 Stnt. in qu. gr. 4.) **Glogau 856**, Flemming's Verlag. Thlr

Seer, H., **Handbuch der Thierheilkunde oder Anleitung, die Krankheiten der Haussäugethiere richtig zu erkennen, zu beurtheilen und zu heilen, mit Berücksichtigung der von der Homöopathie empfohlenen Arznei-Mittel und Angabe der in Deutschland, vornehmlich aber in Preußen Geltung habenden polizeil. und gerichtl. Maßnahmen. 2., verm. und verb. Aufl. gr. 8. (XVI und 832 S. mit 15 Stnt., wovon 4 ill., in 4., qu. 4. und qu. Fol.) Glogau 867, Flemming.**

Seer, H., die Heerden-Krankheiten der Schaafe, deren Erkennung Verbeugung und Heilung. Für Schaafzüchter und Thierärzt nach eigener Erfahrung zusammengestellt. 8. (VIII und **90** S. **Glogau 854**, Flemming's Verlag.

Seer, Karl

Seer, Carl *Friedrich Heinrich* [app. Arzt]: Ueber Fracturen des Calcaneus. '(Aus d. chirurg. Abtheilg d. städt. Krankenhauses am Urban zu Berlin.)' ... Berlin, *Druck v. J. Abel in Greifswald*, 1894; 48 S. 8.
Leipzig, Med. Fak., Inaug.-Diss. v. 23. Sept. 1894

(U.-Titel:) Der | Seeräuber | oder | die Geschichte | von | dem Gespensterschiff. | Eine Sage aus dem Orient. | (Fig.: *Hafenszene*, 68 × 72) | Reutlingen. | Druck und Verlag von Enßlin und Laiblin.
o. J., 16 S., 150 × 95.
Priv.-Bes.

Seeräuber, der christliche, eine Erzählung, 8. (Straßburg) 788. (Akademie) 10 sgl.

— der christliche, e. Erzählung, (von Jh. Mich. Armbruster). 8. Straßb. (Leipz.) 788. Hinrichs. 8 ℛ

Seeräuber, der gefürchtete, auf Marino. Eine Geschichte voller Abentheuer u. blutiger Scenen. Vom Verf. d. „Eduardo da Rasto" ꝛc. 2 Thle. 8. (26¼ B. u. 1 Stndr.) Nordhausen 832, Fürst.

Seeraeuber Marino

Die gefürchteten Seeräuber auf Marino oder Triumph der Liebe. Romantische Erzählung. 2. Aufl. Th. 1.2.
Leipzig: Lit. Museum 1866. 8°

— der, von Neapel; aus d. Engl. 3 Bde. Mit Kpf. 8. Leipz., Joachim. 1 ß 20 ℛ

SEERÄUBER, Der, von Neapel. Frey nach dem Englischen. Eine abentheuerliche Geschichte. Mit TKpf. Leipzig, Joachim, 1803. 8°.
Kayser p. 115.

—— die verwegensten, kühnsten Seefahrer u. traurigst. Unglücksfälle auf d. Meere, in histor.-biograph. Gemälden f. Leser aus allen Ständen. Frei n. d. Franz. übers. 8. (21 B. u. 1 Stndr.) Stuttgart 832, Scheible.

Seeräuber-Admiral Don Valesco da Gaston, der spanische, ein Roman voller Abentheuer u. kühner Thaten. 3 Thle. 4. Ausg. 12. (42½ B.) Leipzig 846, Expedit. des Journals f. Leihbibliothekare. (Schreck). *

Seeräuberin, Die, von Tunis. Leipzig 1803. V: *Polt, Joh. Joseph.* (GGr)

Seeräuberin, Die, von Tunis. Eine Arabeske aus dem achtzehnten Jahrhundert, vom Verfasser Carolo Carolini. Leipzig 1803. V (nicht): *Polt, Joh. Jos.* V: *Jünger, Ernst Theodor.* (BGE VII³, 272)

Seeräuberin, die, von Tunis. 8. Leipz. 803. Joachim. 10 ℛ

Seeräuberkönig, der,. Ein histor. romant. Schausp. in 5 A. v. F. Bornschein. 8. Regensb. Montag u. W. 803.

Seeräuberkönigin, Die, ein histor.-romantisches Schauspiel... Regensburg 1803. V: *Bornschein, Joh. Ernst Dan.* (NN)

Seerecht, das. Des allgemeinen Deutschen Handelsgesetzbuches 5. Buch: vom Seehandel. 8. (118 S.) Paderborn 877, Kleine.

Seerecht, d. allgemeine öffentliche, im Deutschen Reiche. Sammlung der Gesetze u. Verordngn. m. Erläutergn. u. Registern, hrsg. unter Leitg. v. F. Perels. gr. 8. (XIX, 288 S.) Berlin 901. E. S. Mittler & Sohn. n. 6.50; geb. in Leinw. n.n. 8.—

— dasselbe. Ergänzungsbd. gr. 8. Ebd. n. 2.—; geb. n.n. 2.75
Die Seemannsordnung vom 2. VI. 1902 u. ihre Nebengesetze. Von L. Perels. (XI, 95 S.) 902.

Seerecht, das allgemeine öffentliche, im Deutschen Reiche. Sammlung der Gesetze u. Verordngn. m. Erläutergn. u. Registern, hrsg. unter Leitg. v. F. Perels. 2. Ergänzungsbd. gr. 8. Berlin, E. S. Mittler & Sohn. 1.50; geb. 2.50
Die Seestrassenordnung vom 5. II. 1906 u. die ihr verwandten Vorschriften. Von Leop. Perels. (XI, 55 S.) 906. Hauptwerk u. I. Erg.-Bd. Ebd. 901. 02. 8.50; geb. 10.75

Seerecht, allgemeines deutsches, nebst dem preußischen Einführungs-Gesetz vom 24. Juni 1861. (Abdr. der Bestimmungen des allgemeinen deutschen Handels-Gesetzbuchs über den Seehandel.) Stettin 861. Müller. (v. d. Nahmer.) gr. 8. (XXVII, 85 S.) 12 ngr.

Seerecht, das deutsche. Enthaltend das fünfte Buch des Allgemeinen deutschen Handelsgesetzbuchs, die Seemannsordnung, die Strandungsordnung, sowie die weiteren einschlag. Gesetze. Mit Inhaltsverzeichniß und Sachregister. 8. (IV, 196 S.) Leipzig 883, Roßberg'sche Buchh. *

Lübeckisches u. deren Städte in Holstein gebränchl. See- u. and. Rechte. 767. 4.

Seerecht, das, und die Neutralität auf der See, s. Europa's brennende Fragen.

— das, v. Oléron, hrsg. v. Heinr. Ludw. Zeller, s.a. Sammlung älterer Seerechtsquellen.

Das **Seerecht** von Oléron nach der Handschrift von Troyes (Les drois et la coustume d'Oléron, ou coustume de la mer) ⟨1386⟩. Diplomat. Abdr. nebst deutscher Übers., Einl., Glossar u. e. Handschriftenprobe von Dr. jur. H. Zeller. Mainz: J. Diemer 1906. (43 S.) 8°
(Sammlung älterer Seerechtsquellen. H. 1.)

Das Seerecht von Oléron [Les drois et la coustume d'Oléron ou coustume de la mer], nach d. Hs. Paris, Biblioth. Nat. no 5330. Diplomat. Abdr. nebst Einl., Glossar u. e. Hsprobe von Dr. jur. Heinrich Ludwig Zeller. Mainz: J. Diemer 1907. (20 S.) 8°
(Sammlung älterer Seerechtsquellen. H. 2.)

Das Seerecht von Oléron [Les drois et la coustume d'Oléron, ou coustume de la mer] nach d. Hs. Rennes no 74. Diplomat. Abdr. mit teilweiser deutscher Übers., Einl., erg. Glossar u. e. Handschriftprobe. Von Dr. Heinrich Ludwig Zeller. Mainz: Diemer 1908. 22. S. 8°
(Sammlung älterer Seerechtsquellen. H. 3.)

Das Seerecht von Oléron nach der Hs. Haag O. 154 (Coustume [Coutume] de la mer). Diplomat. Abdr. m. Einl., erg. Glossar u. e. Hsprobe von Dr. Heinrich Ludwig Zeller. Berlin: Prager in Komm. 1910. 18 S. 8°
(Sammlung älterer Seerechtsquellen. H. 5.) [10. 13831

Königlich-Preußisches See-Recht. [Dat.:] Berlin den 1. Dec. 1727. Königsberg i. Pr. 1728.

Seerecht, Königl. Preuß, nebst einer Beilage v. Landesherrl. Verordnn. rc. 8. Königsb. 770. (Unzer). 1 ₰

„Königlich Preussisches Seerecht; nebst Beilagen", Königsberg 1771 (Hartung).

— Schwedisch-Pommerisches. 4. Stralf. ... Struck. 8 gr (Löffler). 12 gr

Schwedisch-Pommersches **Seerecht.** Nebst Publikations-Patent ... [Dat.:] Stralsund, den 15. Febr. 1805.

Seerechte, die altniederländischen. Hrsg. v. A. Telting. (XVI, 45 S) Lex. 8. Haag 907. M. Nijhoff. nn 5.—

Seerechtsgesetzgebung, deutsche. Leipzig 883.

Seereise, die, Lustspiel in 5 Akten. Aus d. Engl. des Beaumont und Fletcher, übersetzt von Kannegießer. 8. Berlin, Braunes. 808. (Sommerbrodt.) und der Preis

Seereise, Die. Eine Geschichte in Briefen. Von Maria v. ***: Wiener Zeitschr. 1818, Nr. 63/68. 70/72. V: *Zay, Marie Gräfin v.* Wiederholt in deren ‚Feierstunden', Bd. 1 (1820). Siehe An.-Lex. II, 3099. (DARP)

Seereise, Meine erste. Durch Dalmatien nach Corfu im Jahre 1863. Wien 1869. V: *Winter, Betty.* (EB)

Seereise, meine kleine, s. Meine rc.

Seereise, Meine kleine, oder die Fahrt nach Helgoland. . . . Leipzig 1836. V: *Becker, Gfr. Wilhelm.* (CBH) (Ky) (EngG) (BrMm)

Seereise, meine kleine, oder die Fahrt nach Helgoland. Seitenstück zu meiner großen Reise nach Oesterreich. Von *r. (Becker.) gr. 12. Leipzig 836. Fest. 2/3 ₰

Des See-Captains Franz Urban Bawiers merkwürdige Seereise nach den beeden Indien in einer Reihe von außerordentlichen Begebenheiten. Mit Kpfrn. Frankf. 1777. 8°. (3 Mk. 50 Pfg. Friedr. Klüber, München, c. 1905.)
408 S. Rar und nahezu unbekannt! Ueber das interess. Buch s. Wirth, Dr. Albr., „Ein deutsch-schweizerischer Odysseus", in: „Deutsche Erde", hrsg. v. Prof. Paul Langhans.

—merkwürdige, nach d. beiden Indien. Mit Kpf. 8. Nürnb. 777. Monath u. K. 10 gr

Seereise eines jungen Officiers, oder Geschichte eines Schiffbruchs auf der Königsinsel, Cap Breton genannt . . . Strasburg 1786. V: *Wenzel, Gottfried Traugott.* (Ky) (MGT)

—eines jungen Officiers, od. Geschichte eines Schiffbruchs auf der Königsinsel, sonst Cap Breton genannt, (v. G. Tr. Wenzel). 12. Strasb. 786. Akadem. B. 4 gr

Seereise von Paris nach St. Cloud u. Rückreise zu Lande, frei nach d. Französ. des Noel. 8. Coblenz 801. Pauli u. C. 8 gl. (Körner in Frankf. a. M.) 9 gl.

See- u. Landreisen, die berühmtesten, nebst allen interessanten Entdeckungen, seit Columbus bis auf die gegenwärt. Zeit. Mit Kpf. 6 Bde. 8. Leipz. 811, N. A. 816, (W. Rauck). 8 ℛ

See- u. Land-Reisen, d. berühmtesten, nebst allen interessanten Entdeckungen s. Columbus bis auf gegenwärtige Zeit, 6 Bde. m. K. 8. Leipz. Sommer. 811. (à 1 Rthlr. 8 gr.)

See- u. Landreisen, die berühmtesten, nebst allen interessanten Entdeckungen, seit Columbus bis auf gegenwärt. Zeiten. 6 Bde. mit K. 8. Leipz. Sommer. 816. (à 1 Rthlr. 8 gr.)

Seereisen der Engländer, Holländer, Franzosen, Spanier, Dänen u. Russen auf d. Nordmeer. 4. Bern, Typ. Soc. 3 ℛ 8 gl.

Seerig, Albert Wilhelm Hermann

Seerig, A. W. H., Armamentarium chirurgicum, od. möglichst vollständ. Samml. von Abbildn. chirurg. Instrumente ält. u. neu. Zeit. 12 Lfgn. Roy.-Fol. (145 Stnt. u. ca. 80 B. Text, gr. 8.) Breslau 835, 36, [Gosohorsky's Buchh.] à 2½ Thlr.

Seerig, W., Bericht über das klinische chirurgisch-augenärztliche Institut der Universität zu Königsberg f. die Jahre 1836—1844. gr. 4. (11¾ B.) Königsberg 844, (Universitäts-Buchhdlg. Leipzig, Voigt u. Fernau.) *

Seerig, Wilh., anatom. Demonstrationen, od.: Samml. kolossaler Abbildn. aus d. Gebiete d. menschl. Anatomie. Zur Erleichterung d. Unterr. u. d. Selbstbelehr. 1. u. 2. Hft. gr. 8. Breslau, [Hentze.] [1. (2½ B. u. 4 Stnt. Imp.-Fol.) 830., 2. (1 B. u. 5 Stnt. Imp.-Fol.) 832. à 1 Thlr. 12 Gr., ill. 2 Thlr. 8 Gr.] 3 Thlr., ill. Thlr.

Seerig, A[lbertus] G[uilelmus] H[ermannus]: Nonnulla de fungi durae matris origine et diagnosi. Vratislaviae (1825). (31 S., 3 Taf.) 4° *[Im Buchhandel 1825 bei Neubourg in Breslau.]*
Breslau, Med. Fak., Hab.-Schr. v. 10. [vielmehr 12.] Nov. 1825

Seerig, A(lbert) W(ilhelm) H(ermann): Nonnulla de fungi durae matris origine et diagnosi. 31 S., gbd., 3 Taf.

Vratislaviae: typ. Universitas 1825

JB 4.774

Seerig, A. Wlh. H., Nonnulla de fungi durae matris origine et diagnosi. Comment. Acced. tab. III lithogr. gr. 8. Bresl. 826. (Neubourg). 16 gl.

— s. Otto, Karl, Handbuch für angehende Mediciner und Chirurgen.

– s. Otto, Karl: Handbuch für angehende Wundärzte.

Albert Wilhelm Hermann Seerig

Albertus Guilielmus Herrmannus Seerig: De hydroencephaloceles specimine Eximio. Vratislaviae (1822:) Typis Universitatis. 23 S. 8°

Breslau, Med. Diss. v. 1822

— üb. angeborne Verwachsung d. Finger u. Zehen, u. Ueberzahl derselben. Mit 2 lithogr. Taf. gr. 8. Breslau 827, Grüson u. C.

— üb. angeborne Verwachsung der Finger u. Zehen, u. Ueberzahl derselben. Eine Gelegenheitsschrift. Mit 2 lithogr. Taf. gr. 8. Bresl. 828. (Hense). 6 gl.

Seerosen. (Eine unterhalt. Zeitschr.) Redakt.: Carl Wilh. Vogt. 1. Jahrg. 1839. Nr. 1—6. (à 1½ B.) gr. 8. Lindau. [Augsburg, Rieger'sche Buchh.] *

Seerosen. Sammlung von Liedern rc., s. a. Schönhuth.

Seerosen. Sammlung von Liedern, Sagen und Geschichten des Bodensees und seiner Umgebung. Hrsg. von Ottmar Schönhuth. 16. (VI und 408 S.) Constanz 853, Meck.

Seeschiffahrt, s.a. Statistik des Deutschen Reichs.

Seeschiffahrt. Statistik der S. Hrsg. v. Kaiserl. Statist. Amt. Berl. (erscheint seit 1873.) Jährl.

Seeschiffahrt, Hannovers. Leer 1853. V: *Grupen, Chr. H. A.* (Priv.-Bibl. König v. Hannover. Hann. 1853.)

Seeschiffahrt, die, im Jahre 1899, siehe Statistik des Dtsch. Reichs 130. Bd.

Die Seeschlacht. Gesellschaftsspiel. Ebds. Ebenso. 1885.

(F) **Die Seeschlacht bei Lissa.** 20. Juli 1866. 8°. (79 S.) K —.40
Graz: Styria 1906.

Seeschlacht, die, bei Lissa, nach den Berichten und Urtheilen der englischen Presse. gr. 8. (XVIII und 230 S. mit 1 Holzschntaf.) Wien 867, Hilberg.

Seesemann, G., die Lehre der Irvingianer, nach ihren Schriften dargelegt und nach der heil. Schrift geprüft. gr. 8. (32 S.) Mitau 881, Besthorn. *

Seesemann, G. Musica sacra. 12 kirchl. Gesänge aus d. 16. u. 17. Jahrh. f. gemischten Chor. gr. 8. (32 S.) Mitau 891, Besthorn. * 1 —

Seesemann, H.: Agape u. Euchristie in d. Zeit vor Justin. S.-A. 1897. 14 S.

Seesemann, Heinrich

Seesemann, H., u. N. Bonwetsch. Das Amt der Diakonissen in der alten Kirche. Vorträge. 12. (38 S.) Mitau 891, (Besthorn). * — 50
Aus: Bote d. Mitauer Diakonissenhauses, besonders abgedruckt.

Seesemann, Heinr., in deutschen Gymnasien. Reisebeobachtungen. gr. 8. (44 S.) Mitau 881. Riga, C. J. Sichmann. n. — 50

Seesemann, Heinr., Hülfsbuch zum neuen Testament. Für die oberen Klassen der Gymnasien und für gebildete Leser der heil. Schrift. 1. Thl.: Die vier Evangelien oder das Leben Jesu. gr. 8. (XVI, 267 S.) Mitau 874, Behre's Verlag. *

Seesemann, Heinr., über den Religionsunterricht auf dem Gymnasium. gr. 8. (24 S.) Mitau 886, (Besthorn.) *
Aus: Mittheilungen und Nachrichten für die evangel.-lutherische Kirche in Rußland, besonders abgedruckt.

Seesemann, Max [Assist. am anorgan. Laborat. d. Kgl. Techn. Hochsch. zu Berlin]: Ueber einige Sulfantimoniate ... Berlin, C. Vogts Buchdr., *1897;* 29 S., 1 Bl. 8.
Rostock, Phil. Fak., Inaug.-Diss. v. [2. Febr.] 1897

Seesemann, Otto: Die Ältesten im Alten Testament ... Leipzig, Druck v. G. Kreysing, 1895; 57 S., 1 Bl. 8.
Leipzig, Phil. Fak., Inaug.-Diss. v. [9. Aug.] 1895

Seesemann, Otto, d. Ältesten im Alten Testament. Diss. gr. 8. (58 S.) Leipzig 895. Buchhdlg. G. Fock. n. 1. —

Seesemann, Otto, Lic. theol. Dr. phil.: Israel und Juda bei Amos und Hosea nebst einem Exkurs über Hos. 1—3. *Leipzig: Dieterich 1898.* (IV, 44 S.) 8°
Leipzig, Theol. Hab.-Schr. v. 10. Nov. 1898

Seesen [Schlagwort]

Seesen, s.: Braunschweig. Landeskarten. — Geologische Karten. Karte (Preussen). — Preussen. Messtischblätter.

Seesener Forst [Schlagwort]

Seesener Forst, s.: Braunschweig. Landeskarte.

Seeshaupt [Schlagwort]

Seeshaupt, s.: Bayern. Positionskarte.

Seesselberg, Frdr., die skandinavische Baukunst der ersten nordisch-christl. Jahrhunderte, in ausgew. Beispielen bildl. vorgef. Hrsg. v. d. kgl. techn. Hochschule zu Berlin. Louis-Boissonnet-Stiftung. 1891. Imp.-Fol. (26 Lichtdr.-Taf. m. 3 Bl. Text.) Nebst Textbd.: Die früh-mittelalterl. Kunst d. german. Völker. Unt. bes. Berücksicht. d. skandinav. Baukunst in ethnologisch-anthropolog. Begründg. dargest. gr. Fol. (VII, 146 S. m. 500 Fig.) Berlin 897. E. Wasmuth. In Mappe. Text kart. n. 150. —

Seesselberg, Friedrich: Das Praemonstratenser-Kloster Delapais auf der Insel Cypern vom kirchen- und kunstgeschichtlichen Standpunkte erläutert. Mit 8 Taf. u. 9 Textfig. *Berlin 1901: H. S. Hermann.* (85 S.) 4° (8°)
Heidelberg, Phil. Diss. v. 1901

Seeßelberg, Frdr., der Heimatschutz als Charakterangelegenheit, s.c. Wertung. 3. Heft.

Der Heimatschutz als Charakterangelegenheit. Von Friedrich Seeßelberg. Leipzig: Eckardt 1910. 12 S. 8° [Umschlagt.]
(Wertung 1910. H. 3.) [10. 1938]

Seesselberg, Frdr., Helm u. Mitra. Studien u. Entwürfe in mittelalterl. Kunst. (66 Taf. m. II, 18 S. illustr. Text.) gr. Fol. Berlin (905). E. Wasmuth. In Mappe n. 40. —

K. Techn. Hochschule zu Berlin. Louis Boissonnet-Stiftung 1891. Die früh-mittelalterliche Kunst der germanischen Voelker. Unter besond. Beruecks. d. skandinav. Baukunst in ethnolog.-anthropol. Begründung dargest. von Friedrich Seesselberg [Textwerk u. Tafelwerk.] *Berlin: E. Wasmuth 1897.* 1 Bd 2°, 1 Bd gr. 2°
[Textwerk.] Mit 500 Textfig.
[Tafelwerk u. d. T.:] Die skandinav. Baukunst d. ersten nordisch-christl. Jahrhunderte in ausgew. Beispielen. [01. 188] 4

— u. Erich R. Werbandt, Streiflichter auf die Lage der bild. Kunst, s.: Wertung. 10. Heft.

Seeßelberg, Frdr., Volk u. Kunst. Kulturgedanken. (Einbd. u. Buchschmuck v. Frdr. Seeßelberg. Vorsatzpap. v. Anna Seeßelberg.) (XVI, 246 S.) 8. Berlin 907. Schuster & Bufleb. Kart. n. 4. 50; in Geschenkbd. n. 5. 50; auf Büttenpap., geb. in Ldr. n. 12. —

Volk und Kunst. Kulturgedanken von Friedrich Seeßelberg. 2. Taus. Berlin: Heyder 1909 (auf d. Umschl.: Schuster & Bufleb 1907). 246 S. 8°

— Volk u. Kunst. Kulturgedanken. 3. Taus. (XVI, 246 S.) 8. Berlin 909. F. Heyder. Geb. (urspr. Pr. 4. 50)

— s.: Werbandt.

Aufnahme-Lied, comp. v. Joh. Seestädt. Als maur. Ms. gedr. und unseren Tochterlogen zum Andenken an unseren i. d. e. O. eing. Br [Joh.] Seestädt gewidmet von J. C. R. Mg. [Nebst 4 Bl. Beil.] Hamburg: 1886. 3 S. 8° [Lithogr.] [Kopftit.]
Für Gesang mit Noten: „Du hast am heiligen Altar . . .“

Seestern, s.a. Unter der Kaiserstandarte.

Seestern. (Pseud.) Unter der Kaiserstandarte. Leipzig 1910. 8°.

Seestern 1901. Der Zusammenbruch der alten. Volks-Ausg. Leipzig [1907]. V: *Grautoff, Ferdinand.* (Berlzu 1925, I, 355)

Seestern „1906“. Der Zusammenbruch der alten Welt. (Von Ferd. Grautoff.) 1.—5. Taus. (IV, 203 S.) gr. 8. Leipzig (906). Dieterich. n. 2. 50; geb. n. 3. —

Seestern „1906“. Der Zusammenbruch der alten Welt. (Von F. Grautoff.) Volks-Ausg. 22.—26. Taus. (Der Gesamtaufl. 127.—131. Taus.) (IV, 203 S.) gr. 8. Leipzig (908). Dieterich. 1. —

Seestern „1906“. Der Zusammenbruch der alten Welt. (Von F. Grautoff.) 132.—135. Taus. (IV, 203 S.) gr. 8. Leipzig (909). Dieterich. Geb. in Leinw. 3. —

Seestern – Pauly, Friedrich

Seestern-Pauly, Fr., Beitrr. z. Kunde d. Geschichte, so wie des Staats- u. Privat-Rechts des Herzogth. Holstein. 2 Bde. gr. 8. Schleswig 822. Taubstumm.-Inst. (Leipz., Knobloch). 2 ₰ 1 ℳ

Seestern-Pauly. Friedr.: Beiträge zur Kunde der Geschichte sowie des Staats- u. Privat-Rechts des Herzogthums Holstein. Bd 1. 2. Schleswig 1822. 25.

Actenmässiger Bericht über die in dem Herzogthume Holstein vorhandenen milden Stiftungen; v. Friedrich Seestern-Pauly. Th. 1. Heft 1 bis 6. Th. 2. Heft 1 bis 6. Schleswig. 1831. 8°

Actenmässiger Bericht über die im Herzogthum Holstein vorhandenen Stipendien für Studirende nebst einer tabellarischen Uebersicht dieser Stipendien. Von F. S.-P. [d. i.: Friedrich Seestern-Pauly]. Schleswig. 1823. 8°

Seestern-Pauly, Fried.: Die Neumünsterschen Kirchspiels- u. die Bordesholmischen Amts-Gebräuche, nebst Versuch e. Geschichte dieses Holsteinischen Gewohnheits-Rechts. Schleswig 1824.

Seestern-Pauly, H. H. W., de quaestione, quanto modo heres, qui hereditatem inventario neglecto adiit, legata debeat? Dissertatio inauguralis. 4. (48 S.) Kiel 859. (Akademische Buchh.)

SEESTERN-PAULY, L[UDW.] A[UG.], De partu nimis accelerato et retardato. Diss. inaug. Kiliae. 1832. P.

Seestern-Pauly, Walther

Seestern-Pauly, W., die protocollirten Gläubiger in der Prov. Schleswig-Holstein u. der 1. Octbr. 1879. Für Juristen u. Nichtjuristen dargestellt. 1. u. 2. unveränd. Aufl. gr. 8. (52 S.) Kiel 879. Lipsius & Tischer. n. 1. —

Seestern-Pauly, W., das Grundbuch-Recht für die Provinz Schleswig-Holstein. 2 Thle. Lex.-8. (XIV, 303 S.) Kiel 874, v. Wechmar. *

Das Grundbuch-Recht für die Provinz Schleswig-Holstein. Von Walther **Seestern-Pauly**. 8°.

Th. 1.: Commentar zu dem Gesetz vom 27. Mai 1873 über das Grundbuchwesen und die Verpfändung von Seeschiffen in der Provinz Schleswig-Holstein. Kiel. 1874.

Th. 2: Das Immobiliarsachenrecht in Schleswig-Holstein. Abth. 1: Das bisherige Immobiliarsachenrecht in Schleswig-Holstein. Abth. 2: Das Grundbuchrecht. ebd. 1874.

Seestern-Pauly, W., der § 1102 des Entwurfs e. bürgerlichen Gesetzbuches f. das Deutsche Reich u. die in Schleswig-Holstein, insbesondere in Altona, nach dem § 41 des Grundbuchgesetzes vom 27. Mai 1873 u. dem früheren Recht zulässige Eintragung e. neuen Hypothek an die Stelle der erloschenen. gr. 8. (VIII, 92 S.) Kiel 888. Lipsius & Tischer. n. 2. 60

—— das von dem Vormund aufzunehmende Vermögensverzeichniß und die Anlegung der Capitalien der Minderjährigen, eine für den praktischen Gebrauch der Vormünder dienende Erläuterung der §§ 35 und 39 der Vormundschaftsordnung vom 5. Juli 1875. Mit Anhang. 8. (XXVIII, 50 S.) [Kiel 875, v. Wechmar.] Leipzig, Licht und Meyer. *

Seestern-Pauly, W., die Vortheile der aus den Schleswig-Holsteinischen Schuld- u. Pfandprotocollen in die Grundbücher übertragenen Gläubiger u. das in den Rückwirkungs-Vorschriften d. Grundbuchrechts in Cassel enthaltene Prinzip. Nebst Anh.: In Altona gilt, in Folge v. Verordngn. aus der Zeit vor dem Grundbuchrecht, Zinsgarantie. gr. 8. (51 S.) Kiel 888. Lipsius & Tischer. n. 1. 50

Seesterne. 1.—10. Heft. (Mit Abbild.) 8. Friedrichshagen 907. Jugendbund-Buchh. à — 10

1. Ernstes u. Heiteres v. den Südsee-Inseln. (16 S.)
2. Unter den Menschenfressern der Südsee. (24 S.)
3. Auf den schwarzen Felsen (Truk-Inseln) im Stillen Ozean. (16 S.)
4. Die Macht des Wortes Gottes auf d. Südsee-Inseln. (24 S.)
5. Das sonderbarste Geld in der Welt u. anderes aus d. Südsee. (16 S.)
6. Paul, C., u. a., auf Samoa, d. Perle der Südsee. [Z. T.: aus: „Die ev. Missionen"]. (16 S.)

7. 8. Die deutschen Marshall Inseln u. ihre Bewohner. (32 S.)

9. Pioniere u. Märtyrer der Südsee. Einige Lebensbilder aus der Mission. (24 S.)
10. Ein zerstörtes Paradies. Schildergn. e. span. Mönches v. d. Schreckenstagen auf Ponape (Karolinen), sowie Geschichte d. evangel. Mission daselbst. (24 S.)

Seestraßenordnung, die, vom 5. II. 1906 nebst darauf bezüglichen Nebengesetzen u. Verordnungen. Gültig vom 1. V. 1906 ab. Auf Veranlassg. der Deputation f. Handel u. Schiffahrt zusammengestellt. (24 S.) gr. 8. Hamburg 906. L. Friederichsen & Co. n. — 60

Seestraßenordnung, die, vom 5. II. 1906 nebst darauf bezüglichen Nebengesetzen u. Verordngn. Gültig vom 1. V. 1906 ab. Auf Veranlassung der Deputation f. Handel u. Schiffahrt zusammengestellt. 2., ergänzte Aufl. (24 S.) gr. 8. Hamburg 907. L. Friederichsen & Co. — 60

Seesturm, der, od. die Inselbewohner im Thale. 8. Leipz., Joachim. 14 Ngr

Seetaktik und Signale für die k. k. Kriegs-Marine. (Mit 1 Taf.) 4. Triest 1852.

— — (Neuauflage.) (Mit 1 Taf.) 4. Triest 1860.

Seetaler: Der Seetaler
v. **Der Seethaler.**

v. **Seethal,** Bernh. B., Tabelle über die Betreffnisse d. Steuern u. Umlagen von 1 bis 30 Kreuzer auf jedes Hundert Gulden nach den Steuerkapitalien von 5 bis 500,000 Gulden. Berechnet u. gefertigt im Januar 1838. Imp.-Fol. Konstanz 839. Glükher. 1/6 Thlr

Seethal, Bernh. v., Tabelle üb. d. Betreffnisse d. Steuern u. Umlagen v. 1 — 30 Kreuzer auf jedes 100 Gulden nach d. Steuerkapitalien v. 5 — 500,000 Gulden. Imp.-Fol. Konstanz 839, (Meck.)

v. Seethal, Bernh. B., Tabellen über die Betreffnisse der Kapitalzinse von 1 bis 365 Tage à 3—6 pro Cento von 5 Fl. bis 1000 Fl. Kapital. 2. Aufl. gr. 8. Constanz 844, Bannhard'sche Buchh. 1/6 Thlr

Seethal, Bernh. B. v., Tabellen üb. die Betreffnisse d. Kapitalzinse von 1 bis 365 Tage à 3—6 pro Cento von 5 bis 1000 Fl. Kapital. 2. Aufl. gr. 8. (2½ B.) Constanz 844, [Meck.]

v. Seethal, Gerv., s. M. v. Pappenheim, Chronik.

Die Seethalbahn, Die, von **Luzern nach Lenzburg. Ein Kulturbild aus der Centralschweiz. Zürich 1885. V:** ***Meyer, J.*** **(BSchwLk V, 9 h)**

Seethalbahn, ‚Die S'... von Luzern nach Lenzburg. Ein Kulturbild aus der Centralschweiz. Für Touristen und Naturfreunde von Dr. M . (Mit Karten, Ansichten [wovon 9 Tafeln] und Plänen.) (Illustr. Reisebilder. Nr. 4.) 8. Zürich 1885.

Seethalbahn, die, v. Luzern nach Lenzburg. Ein Culturbild a. d. Centralschweiz. In-8°. Zürich, Schmidt. 1893 1 —

Seethaler: Der Seethaler
① Wochenblatt vom Hallwylersee (Juni 1866). Anzeiger und Wochenblatt von Hallwylersee (1901). Anzeigeblatt des aarg.-luzern. Seethales; heute: Anzeigeblatt für das aarg.-luzern. Seetal ② Der Seetaler ⑤ Probe-Nummer 10. 1. 1866; 17. 1. 1866 (cont.) ⑥ 4° ⑦ Wochenblatt (1866—1902); wöchentlich 2× (1902 ff.) ⑧ Aarau: Fr. Kappeler (bis Juni 1866); Seengen: Buchdruckerei Gloor (Juni 1866), Mellinger & Kull (1872), J. J. Mellinger (1882), Karl Melliger (1899), Otto Fehlmann (1923) ⑨ Seerosen (mit Beiträgen zur aarg. Geschichte: 1. 1. 1867; 8°) ⑩ die jeweiligen Drucker ⑪ die Drucker ⑫ neutral ⑬ BGSZ: 746, 941 ⑭ Be: L (1915—1918; 1953 cont.).

See(-thalerblatt): See- und Suhrenthalerblatt
v. **See-** und **Surenthaler-Blatt** (sub 15).

See(-thaler-Blatt): See- und Surenthaler-Blatt
⑤ ?—1867—1868—? ⑦ Wochenblatt ⑧ 1. Druckort im Kt. Aargau, 2. Druckort im Kt. Luzern, 3. Druckort: Seengen ⑪ Lehrer Krell in Triengen (Lu) ⑮ Der «Eidgenosse» (Lu) schreibt in Nr. 33 v. 23. 4. 1867: «Seitdem das ‚Surenthaler-Blatt' wieder im Aargau erscheint, haben wir dasselbe nicht mehr gelesen; die Redaktion in Triengen war uns früher persönlich als Mitarbeiter am ‚Eidgenossen' bekannt.» Die Zeitung wird im «Eidgenosssen» auch «See- und Surenthaler» genannt; in BGSZ 12, p. 34 heißt sie «See- und Suhrenthalerblatt».

Seetzen, Theodor Robert, bacc. iur. in Leipzig: Die Bedeutung der Aktienurkunde für den Erwerb des Aktienrechts. Borna-Leipzig 1906: R. Noske. (IX, 69 S.) 8°
Leipzig, Jur. Fak., Diss. v. 2. Juli 1906
[Geb. 20. Febr. 82 Leipzig; Wohnort: Leipzig: Staatsangeh.: Sachsen; Vorbildung: Fürstensch. Grimma Reife O. 00; Studium: Leipzig 2, Genf 1, Leipzig 2, Berlin 5 S.; Rig. 22. Dez. 05.]

Seetzen, Ulrich Jasper

— Systematum generaliorum de morbis plantarum brevis dijudicatio. Diss. inaug. med. 8. Götting. 789. Dieterich. 2 gr.

Seetzen, Ulr. Jasp., († im Sept. 1811.) linguistischer Nachlaß rc. s. J. S. Vaters Proben deutscher Mundarten.

Seetzen's, Ulr. Jasper, Reisen durch Syrien, Palästina, Phönicien, die Transjordan-Länder, Arabia Petraea und Unter-Aegypten. Herausg. u. commentirt von Fr. Kruse in Verbindung mit Hinrichs, G. Fr. Herm. Müller u. mehreren andern Gelehrten. 3 Bde. Berlin 854, 55. G. Reimer. gr. 8. (1. Bd.: 4 Bl., LXXV, 432 S.; 2. Bd.: 2 Bl., 400 S.; 3. Bd.: 2 Bl., 502 S. u. 6 lith. Taf. in Farbendruck.) Jeder Bd. 2 ₰. 7½ ngr.

Seetzen's, Ulr. Jasper, Reisen durch Syrien, Palästina, Phönicien, die Transjordan-Länder, Arabia Petraea und Unter-Aegypten. Hrsg. und commentirt von Fr. Kruse in Verbindung mit Hinrichs, G. Fr. Herm. Müller, H. L. Fleischer und mehreren anderen Gelehrten. 4. (Schluss-)Bd. A. u. d. T.: Commentare zu Ulr. Jasper Seetzen's Reisen durch Syrien etc. Ausgearb. von Fr. Kruse und H. L. Fleischer in Verbindung mit mehreren anderen Gelehrten. Nebst sämmtl. Orig.-Charten Seetzen's, von ihm selbst zu seiner Reise gezeichnet und auf seinen Wunsch vervollständigt durch Hinzufügung mehrerer Ortsnamen nach seinen Tagebüchern, so wie der alten Namen der zu bestimmenden Orte von Kruse. gr. 8. (XXXI und 524 S. mit 3 lithogr. Karten in Imp.-Fol.) Berlin 859, G. Reimer. *
1—3. Bd. Ebendas. 1854. * 6 Thlr. 22½ Ngr.

⊙ Deutsche Gesellschaft zur Rettung Schiffbrüchiger. Zur deutschen Schiffbruch-Statistik. Seeunfälle und Rettungen an den deutschen Küsten 1867—75. Bremen. 1868—76. 8°

See-Unfallversicherungsgesetz (m. d. Text des bisher. Gesetzes). gr. 4. (48 S.) Berlin 896. (C. Heymann's Verl.) n. — 80

See-Unfallversicherungsgesetz. [Mit dem Texte des bisher. Gesetzes.] hoch 4. (67 S.) Berlin (900). C. Heymann's Verl. n. 1. 60

See-Unfallversicherungsgesetz vom 30. Juni 1900 in d. Fassung d. Bekanntmachung d. Reichskanzlers vom 5. Juli 1900. Text-Ausg. mit Anm. aus d. Materialien u. d. Rechtsprechung, erg. Vorschriften u. Sachreg. von Dr. Max Mittelstein, Oberlandesger.R. in Hamburg. *Berlin: H. Spamer (1900).* (XIII, 247 S.) 8° [F.]
— Sammlung Kaufmännischer Fach- u. Lehrbücher. No 57. [01. 8544

— Vom 30. VI. 1900. Mit Gegenüberstellg. des Gesetzes, betr. die Unfallversicherung der Seeleute. Nach der Bekanntmachg. des Reichskanzlers vom 5. VII. 1900—RGBl. S. 573. 1. u. 2. Aufl. Lex.8. (à 78 S.) Berlin 900. Grunewald, Verlag d. Arbeiter-Versorgg., A. Troschel. n. 1. —; f. Abonnenten der Arbeiter-Versorgg. n. — 60

See-Unfallversicherungsgesetz vom 30. Juni 1900 in d. Fassung d. Bekanntmachung d. Reichskanzlers vom 5. Juli 1900. Text-Ausg. mit Anm. aus d. Materialien u. d. Rechtsprechung, erg. Vorschriften u. Sachreg. von Dr. Max Mittelstein, Oberl.Ger.R. in Hamburg. *Berlin: J. Guttentag 1901.* (XIII, 247 S.) 8° [F.]
— Sammlung Guttentag'sche, Deutscher Reichsgesetze. No 57. [01. 9388

See-Unfallversicherungsgesetz, s. Gareis, Reichsges.

See-Unfallversicherungsgesetz vom 5.7.1900. (63 S) (Gareis, Reichsgesetze 304 305) Giessen (1901)

Der Seeverkehr in den Deutschen Hafenplätzen in den Jahren 1893, 94, 96. Die Seereisen Deutscher Schiffe in d. Jahren 1893, 94, 96. (Sond.-Abdruck aus den Vierteljahrsheften zur Statistik des Deutschen Reiches 1895, II; 1896, II; 1898, II. Berlin [o. J.]

Seevers, H., die katechetische Behandlung der Heilsordnung nach der lutherischen Erklärung des 3. Artikels. 8. (32 S.) Hannover 878, Feesche. *

Seevers, H., der Schuldienst. Auszug aus den Gesetzen, Verordnungen und Ausschreiben in Schulsachen für den Bezirk der königl. Regierungen zu Hannover, Hildesheim und Lüneburg. gr. 8. (III, 71 S.) [Ilfeld 886, Fulda.] Hannover, Meyer. *

Seevers, H. Der Schuldienst. Auszug aus den Gesetzen, Verordngn. u. Ausschreiben in Schulsachen f. den Bezirk der Königl. Regiergn. zu Hannover, Hildesheim u. Lüneburg. 2. Aufl. gr. 8. (VI, 80 S.) Hannov. 889, C. Meyer. * 1 —

Anonym: „Die See-Versicherungs-Anstalten in Hamburg, oder Darstellung der von einander abweichenden oder übereinstimmenden Plane und Einrichtungen der hamburgischen Versicherungs-Compagnien, verglichen mit der hamburgischen Assecuranz- und Havarie-Ordnung", Hamburg 1809.

Seeversicherungs-Bedingungen, allgemeine. 1867. Auf Grundlage des Allgemeinen deutschen Handelsgesetzbuches, nach Berathungen von Sachverständigen in den norddeutschen Seestädten. Auf den Wunsch der Betheiligten von der Handelskammer in Hamburg veranstalt. Ausg. gr. 8. (88 S.) Hamburg 867, (Hoffmann und Campe. — Nolte.) *

Seeversicherungs-Bedingungen, allgemeine. 1867. Auf Grundlage des Allgemeinen deutschen Handelsgesetzbuchs, nach Berathungen von Sachverständigen in den norddeutschen Seestädten. Auf den Wunsch der Betheiligten von der Handelskammer in Hamburg veranstaltete Ausg. 2. unveränd. Aufl. gr. 8. (90 S.) Hamburg 879, (Nolte.) **

Allgemeine Seeversicherungs-Bedingungen 1867. Auf Grundlage des Allgemeinen Deutschen Handelsgesetzbuchs, nach Berathungen von Sachverständigen in den norddeutschen Seestädten. 3. Aufl. mit den von den Hamburger Versicherern nachträglich beschlossenen und den Polizen beigefügten Zusätzen und Abänderungen. Hamburg 1882.

Seeversicherungs-Bedingungen, allgemeine, v. 1867. Auf Grundlage d. Allgemeinen deutschen Handelsgesetzbuchs, nach Berathgn. v. Sachverständigen in den norddeutschen Seestädten. Auf den Wunsch der Betheiligten von der Handelskammer in Hamburg veranstaltete Ausg. 4. Aufl. m. den v. den Hamburg. Versicherern nachträglich beschlossenen u. den Polizen beigefügten Zusätzen u. Abänderugn. gr. 8. (92 S.) Hamburg 888. (Herold'sche Buchhandlg.) n.n. — 60

Seeversicherungs-Bedingungen, allgemeine, v. 1867. Auf Grundlage d. Allgemeinen deutschen Handelsgesetzbuchs, nach Berathgn. v. Sachverständigen in den norddeutschen Seestädten. 5. Aufl. gr. 8. (90 S.) Hamb. 891, (Herold'sche Buchh.). ** 1 —
4. Aufl. 1888. ** — 60. Französ. u. spanische Ausg. bei H. Seippel in Hamburg.

Allgemeine Seeversicherungs-Bedingungen von 1910. Entwurf d. Hamburger Assekuranzmakler nebst Sitzungsprotokollen. Hamburg: Friedrichsen 1909. LXXIX, 358 S. 8°

Seeversicherungsbedingungen der Bremischen Seeversicherungs-Gesellschaften, gültig vom 1. 1. 1854. Bremen 1853.

Seeverwaltung, die österreichische. Nebst Special-Catalog zu den von der k. k. Seebehörde ausgestellten Gegenständen. [Oesterreichisch-ungar. Industrie- und landwirthschaftl. Ausstellung Triest 1882.] gr. 8. (LXXI, 274 S.) Triest 882, (Schimpff.) k

Seeverwaltung, Die österr., nebst Special-Katalog zu den von d. k. k. Seebehörde ausgestellten Gegenständen. (LXXI u. 274 S.) Wien, *Wilh. Braumüller. 3 fl.
1883

Seewald, Ed.

Seewald: Abgekürzte Berechnung drit. Potenzen u. Wurzeln. 7 S.–B öh.-Leipa OR., Progr. 1867

Seewald, Ed., einfache Berechnung elliptischer Bögen. [Aus: „Sitzungsber. d. k. Akad. d. Wiss."] Lex.-8. (8 S.) Wien 877. (Gerold's Sohn.) n.n. — 25

Seewald E.: Einfache Berechnung der Ludolf'schen Zahl. 3. Leitmeritz LBA 76. **Progr.**

Seewald: Näherungsformeln zur Auflösung höherer Gleichungen. 8 S.–B.-Leipa OR., Progr. 1864

Seewald. Näherungsformeln z. Auflösung höherer Gleichungen. Böhm. Leipa 4. 28 p. **Schul-/Univ.-Schrift**

Seewald: Ein Satz über die Kegelschnittlinien mit einigen Anwendungen. 7 S. – Elbogen OR., Progr. 1859.

Seewald, H., Ephemeros. Ein Künstlerroman. (294 S.) 8. München 904. E. Koch. n. 3. —; geb. n. 4. —

— **Fränkisch.** Ein Roman aus den sechziger Jahren. (381 S.) gr. 8. Ebd. 903. n. 4. —; geb. n. 5. —

Seewald, Wilh. v., Geschick u. Wille. Morona. Familien-Tragödie in 5 Aufzügen. (127 S.) 8. Leipzig 906. Modernes Verlagsbureau. n. 2. —

Seewarte. Deutsche. siehe Monatl. Uebersicht der Witterung. 1876—83.

Seewarte, deutsche. Circulare vom 1. Juli und 20. Sept. 1875. 4.

Seewasser-Aquarium, das, s.: Miniatur-Bibliothek.

Seewen im Kanton Schwyz in Hinsicht auf dessen Lage und Umgebungen und Mineral-Wasser. Schwyz 1833 s. [Finsler, Hans Jacob].

Seewen im Kanton Schwyz in Hinsicht auf dessen Lage und Umgebungen und Mineralwasser. Schwyz 1833. V: *Finsler, Dr.* (BSchwLk III, 2)

Seewer, E., die Verwertung des Obstes, s.: Gräff, H.

Seewis. Der Luft- und Molkenkurort S' im Prättigau (Graubündten). [Mit 1 Vignette und 1 Tafel.] 8. Zürich 1865.

See- u. Ober-Wynen-Thal, das. Hrsg. vom Verkehrsverein. qu. 8. (19 S. m. Abbildgn.) Aarau (902). (A. Trüb & Co.) — 50

See-Zeitung
v. Zeitung vom Zürichsee (sub 13).

Seetal-Bote
v. Anzeiger von Flums.

Seetal (-Bote): Seetal- und Flumser-Bote
v. Anzeiger von Flums, Der Sarganserländer.

SEFCHEN, Das rote, oder Die Tochter des Henkers, oder Das Geheimnis einer Mädchenseele. Dresden, H. G. Münchmeyer (um 1908). 8°.
Verb. d. Ldg. Danzig 8 J. 1041/09.

Sefer ha-Rikma, ein grammat. Werk aus dem XI. Jahrhundert von Jona ben Gannâch. Zum ersten Male hrsg. von B. Goldberg. 8. (Frankfurt a. M., Kauffmann.)

[Hebr.] **Sêfor tôledôt Ješû'a ham-mešiah.** Dibrê Ješû'a. *Leipzig:* ... *1898.* [Umschlagt.:] ... Βίβλος γενέσεως Ἰησοῦ ... Τὰ λόγια Ἰησοῦ [Hrsg.: Alfred Resch]. *Leipzig: J. C. Hinrichs 1898.* (120 S.) 1 Bd 8.

Seff. Ein Weihnachtsspiel f. Kinder in 4 Aufzügen. gr. 4. (36 S. m. Vignetten.) Wien 893. Verlagsh. „St. Norbertus". Geb. in Leinw. n. 3.—

Seffenzoff, Paul, der Bergwerkssträfling od. die Opfer russ. Tyrannei in den Quecksilberminen Sibiriens. Sensationsroman. Aufsehen erreg. Enthüllgn. e. zu lebenslängl. Zwangsarbeit nach Sibirien verurteilt gewesenen Mitgliedes der Petersburger Geheimpolizei. 100 Hfte. gr. 8. (2398 S.) Berlin 893. A. Weichert. à — 10

Seffer, G. H.

— u. **H. Dieckmann, Anleitung zur deutschen Rechtschreibung.** Ausg. f. **Elementarclassen der höheren Schulen** u. f. **Mittel- u. Volksschulen. Zusammengestellt im Auftrage** d. vormal. königl. **Ob.-Schulcollegiums zu Hannover.** 3. Aufl. gr. 8. (36 S.) **Hannover 871. Rümpler. n.n.** — 30

— — **dasselbe.** 4. Aufl. gr. 8. (38 S.) **Ebend. 875.** n. — 40

Seffer, G. H., Elementarbuch der hebräischen Sprache. Eine Grammatik für Anfänger mit eingeschalteten, systematisch geordneten Uebersetzungs- u. andern Uebungsstücken, einem Anhange von zusammenhängenden Lesestücken u. einem vollständ. Wortregister. Zunächst zum Gebrauch auf Gymnasien. gr. 8. Leipzig 845, Steinacker. 1 ℳ

Seffer, G. H., Elementarbuch der hebräischen Sprache Eine Grammatik für Anfänger mit eingeschalteten, systematisch geordneten Uebersetzungs- und andern Uebungsstücken, einem Anhang von zusammenhängenden Lesestücken und einem vollständ. Wortregister. Zunächst zum Gebrauch auf Gymnasien. 2., verb. und verm. Aufl. gr. 8 (XVI und 347 S.) Leipzig 854, Brandstetter.

Seffer, G. H., Elementarbuch der hebräischen Sprache. Eine Grammatik für Anfänger mit eingeschalteten, systematisch geordneten Uebersetzungs- und andern Uebungsstücken, einem Anhang von zusammenhängenden Lesestücken und einem vollständ. Wortregister. Zunächst zum Gebrauch auf Gymnasien. 3., verb. und mit Uebungsstücken zum Uebersetzen ins Hebräische, sowie mit unpunktierten Uebungs- und Lesestücken verm. Aufl. gr. 8. (XX und 388 S.) Leipzig 861, Brandstetter.

Seffer, G. H., Elementarbuch der hebräischen Sprache. Eine Grammatik für Anfänger mit eingeschalteten, systematisch geordneten Ueberzetzungs- und anderen Uebungsstücken, einem Anh. von zusammenhängenden Lesestücken und den nöth. Wortregistern. Zunächst zum Gebrauche auf Gymnasien. 4. Aufl., aufs neue durchgesehen und mit einem hebräisch-deutschen Wortregister verm. 1868. ℳ 3,75., und 5. Aufl. gr. 8. (XX, 397 S.) Leipzig 873, Brandstetter.

Seffer, G. H., Elementarbuch der hebräischen Sprache. Eine Grammatik f. Anfänger m. eingeschalteten, systematisch geordneten Uebersetzungs- u. anderen Uebungsstücken, e. Anh. v. zusammenhäng. Lesestücken u. den nöth. Wortregistern. Zunächst zum Gebrauche auf Gymnasien. 4. Aufl. gr. 8. (XX, 397 S.) Leipzig 873. Brandstetter. 4. —

Seffer, G. H., Elementarbuch der hebräischen Sprache. Eine Grammatik für Anfänger mit eingeschalteten, systematisch geordneten Uebersetzungs- und andern Uebungsstücken, einem Anhang von zusammenhängenden Lesestücken und den nöthigen Wortregistern. Zunächst zum Gebrauch auf Gymnasien. 6. Aufl. (XX, 397 S.) Leipzig 878, Brandstetter. *

Seffer, G. H., Elementarbuch der hebräischen Sprache. Eine Grammatik für Anfänger mit eingeschalteten, systematisch geordneten Übersetzungs- und anderen Übungsstücken, einem Anhang von zusammenhängenden Lesestücken und den nöt. Wortregistern. Zunächst zum Gebrauch auf Gymnasien. 7. Aufl., besorgt von F. Sebald. gr. 8. (XIV, 378 S.) Leipzig 883, Brandstetter. *

Seffer, G. H., Elementarbuch der hebräischen Sprache. Eine Grammatik für Anfänger mit eingeschalteten, systemat. geordneten Übersetzungs- und andern Übungsstücken, einem Anhang von zusammenhängenden Lesestücken und den nöt. Wortregistern. Zunächst zum Gebrauch auf Gymnasien. 8. Aufl., besorgt von F. Sebald. gr. 8. (XIV, 378 S.) Leipzig 886, Brandstetter. *

Seffer's, G. H., Elementarbuch der hebräischen Sprache. Eine Grammatik f. Anfänger. Mit eingeschalteten, systematisch geordneten Übersetzungs- u. anderen Übungsstücken, e. Anh. v. zusammenhäng. Lesestücken u. den nöt. Wort-, Stellen- u. Sachregistern. Zunächst zum Gebrauch auf Gymnasien. 9. Aufl. m. Benutzg. der v. F. Sebald besorgten 8. Aufl. völlig neu bearb. v. G. R. Hauschild. gr. 8. (XXIV, 431 S.) Lpz. 892, Brandstetter. * 4 50

Seffer, J. H. Chr.

Seffer, J. C. H., Fibel f. Kinder als erste Leseübung. 8. Hildesh. Gerstenberg. 815.

Seffer, J. H. Chr., Fibel für Kinder zur ersten Leseübung. 8. Hildesh. 815. N. A. 817, 24, 28, 30. Gerstenberg. 1 gr.

Seffer, J. H. Ch., Fibel f. Kinder z. ersten Leseübung. (1. Thl.) 8. (1½ B.) Hildesheim 830, Gerstenberg.
2. Thl., s. dess. „Lesebuch f. Kinder."
3. = s. dess. „Hannover. Kinderfreund."

— allgemeine Grundsätze, beim Unterricht im Lesen. 8. Ebend. 815.

— Handfibel oder: Erstes Lesebuch zum Lesenlernen, sowohl nach der Buchstabir-Methode, als auch nach d. Lautmethode Neueste Aufl. 8. Hannov. 825, Hahn.

—— Handfibel od. erstes Lesebuch zum Lesenlernen, sowohl nach d. Buchstabirmethode als auch nach d. Lautmethode. 3., verb. u. verm. Aufl. 8. (3 B.) Hannover 830, Hahn.

Seffer, J. H. Ch., Handfibel, oder erstes Lesebuch. 5e Aufl. 8. Hannover 835. Hahn. 1 gr.

Seffer, J. H. Ch., Handfibel oder erstes Lesebuch z. Lesenlernen, sowohl nach der Buchstabirmethode, als auch nach der Lautmethode. 6., verb. Aufl. 8. (3 B.) Hannover 842, Hahn'sche Hofbuchh. Thlr.

Seffer, J. H. Ch., († 1849), Handfibel oder erstes Lesebuch zum Lesenlernen, sowohl nach der Buchstabirmethode, als auch nach der Lautmethode. 8. verb. Aufl. 8. (48 S.) Hannover 850, Hahn. 1/24 Thlr.

Seffer, J. H. Ch., Handfibel oder erstes Lesebuch zum Lesen lernen, sowohl nach der Buchstabirmethode, als auch nach der Lautmethode. 10. Aufl. 8. (48 S.) Hannover 855, Hahn'sche Hofbuchh.

Seffer, J. H. Ch., Handfibel oder erstes Lesebuch zum Lesenlernen, sowohl nach der Buchstabiermethode als auch nach der Lautmethode. 15. Aufl. Hannover 867. Hahn'sche Hofbuchh. 8. (48 S.) 1¼ ngr.

Seffer, J. H. Chr., Handfibel oder erstes Lesebuch zum Lesenlernen. 17. Aufl. 8. Hannover 873, Hahn'sche Buchh.

—— erstes Hülfsbuch beim Unterr. in d. deutschen Sprache f. Kinder in Elementarschulen. gr. 8. (7 B.) Hannover 832, Hahn.

Seffer, J. H. Ch., erstes bis drittes Hülfsbuch beim Unterr. in d. deutschen Sprache f. Kinder in Elementarschulen. 8. Hannover, Hahn'sche Hofbuchh. [1. 2. u. 3., verb. Aufl. (à 7 B.) 835, 40. à ⅛ Thlr., 2. (8½ B.) 836. ⅙ Thlr., 3. (12½ B.) 841. ¼ Thlr.]

— erstes Hülfsbuch beim Unterricht in der deutschen Sprache für Kinder in Elementarschulen. 2e verb. Aufl. 8. Hannover 835. 3e Aufl. 840. Hahn. ⅛ Thlr.

—— erstes Hülfsbuch beim Unterrichte in der deutschen Sprache für Kinder in Elementarschulen. 4., verb. Aufl. gr. 8. (7½ B.) Hannover 844, Hahn'sche Hofbuchh.

—— erstes Hülfsbuch beim Unterrichte in der deutschen Sprache für Kinder in Elementarschulen. 5. Aufl. 1848. und 6., verb. Aufl. gr. 8. (VI und 114 S.) Hannover 852, Hahn'sche Hofbuchh.

—— erstes Hülfsbuch beim Unterrichte in der deutschen Sprache für Kinder in Elementarschulen. 7., aufs neue durchges. und vielfach veränd. Aufl.. gr. 8. (VIII und 119 S.) Hannover 856, Hahn'sche Hofbuchh.

Seffer, J. H. Ch. Erstes Hülfsbuch beim Unterrichte in der deutschen Sprache . . . 7. Aufl. Hannover 1856. H: *Seffer, G. H.* (Ky)

—— erstes Hülfsbuch beim Unterrichte in der deutschen Sprache für Kinder in Elementarschulen. 10. Aufl. gr. 8. Ebendas. 869. *

Seffer, J. H. Ch., erstes Hilfsbuch beim Unterrichte in der deutschen Sprache für Kinder in Elementarschulen. 11. Aufl. 8. (VIII, 119 S.) Hannover 880, Hahn'sche Buchh. **

— zweites Hülfsbuch beim Unterrichte in der deutschen Sprache, für Kinder in Elementarschulen. gr. 8. Ebd. 836. ⅙ Thlr.

—— zweites Hülfsbuch beim Unterr. in der deutschen Sprache f. Kinder rc. 2., verm. Aufl. gr. 8. (10½ B.) Ebds. 844.

—— zweites Hülfsbuch beim Unterrichte in der deutschen Sprache für Kinder in Elementarschulen. 3., verb. und verm. Aufl. gr. 8. (VI und 162 S.) Hannover 853, Hahn'sche Hofbuchh.

Seffer, J. H. Ch. Zweites Hülfsbuch beim Unterrichte in der deutschen Sprache . . . 3. Aufl. Hannover 1853. H: *Seffer, G. H.* (Ky)

Seffer, J. H. Ch., zweites Hülfsbuch beim Unterrichte in der deutschen Sprache. 4., neu bearb. Aufl. Hannover 863. Hahn. gr. 8. (VI, 160 S.) 8 ngr.

Seffer, J. H. Ch., zweites Hülfsbuch beim Unterrichte in der deutschen Sprache. 5. Aufl. gr. 8. (VIII, 136 S.) Hannover 873. Hahn. — 90

— drittes Hülfsbuch beim Unterrichte in der deutschen Sprache, für Kinder in Elementarschulen, enthaltend das Nöthigste über Aufsätze. gr. 8. Ebend. 841. ¼ Thlr.

— Hannöver. Kinderfreund, als 3r Theil zu Obigem. 8. Hildesh. 818. 2e A. 820. 3e A. 827. 4e A. 832. Gerstenberg. 5 gr.

—— hannover. Kinderfreund, als 3. Thl. d. ersten Leseübungen f. Kinder. 5., verb. Aufl. 8. (14½ B.) Hildesheim 838, Gerstenberg'sche Buchh.

—— hannoverscher Kinderfreund als 3. Thl. der ersten Leseübungen für Kinder. 6., verm. u. verb. Aufl. gr. 8. (14 B.) Hildesheim 845, Gerstenbergsche Buchh. *

— Hannoverscher Kinderfreund, als 3. Thl. der ersten Leseübungen für Kinder. 7. Aufl. Hildesheim 853. Gerstenberg. 8. (IV, 304 S.) 7½ ngr.

— das Kopfrechnen, angewandt auf die Lösung der leichtern Aufgaben d. Algebra. 8. Hannov. 818. Hahn. 8 gr.

— das Kopfrechnen, angewandt auf die Lösung solcher Aufgaben, welche zu d. sogenanuten Rechnen mit Ursache u. Wirkung gehören, f. Schullehrer. 8. Hannov. 818. Hahn. 6 gr.

— das Kopfrechnen, angewandt auf die Lösung solcher Aufgaben, welche zu der sogenannt. Vergleichungsrechnung gehören. 8. Hannov. 818. Hahn. 4 gr.

— Lesebuch f. Kinder, als 2r Theil zu Obigem. 8. Hildesh. 818. 2e A. 820. 4e A. 825. 6e A. 833. Gerstenberg. 2 gr.

— — Lesebuch für Kinder, als 2ter Theil zu Obigem. 2te Aufl. 8. Ebend. 818.

—— neue Lese-Fibel. (Aus dem Nachlasse des Verf. hrsg.) 8. (72 S.) Hannover 848, Hahn'sche Hofbuchh.

—— Wandfibel zum Lesenlernen, nebst e. kurzen Anweis. zum zweckmäß. Gebr. ders. so wohl bei d. Buchstabirmethode, als auch bei d. Lautmethode. 2. Aufl. (20 B. gr. Fol. u. 1 B. gr. 8.) Hannover 829, Hahn.

Sefferl, O., neue rationelle Gesangschule. Deutsche Ausg. von Arth. v. Oettingen. Ausg. 1894. hoch 4. (IX, 124 S. m. Abbildgn.) Leipzig, J. H. Zimmermann. Kart. n. 4. —; geb. n. 6. —

Sefferl, O., neue rationelle Gesangschule f. d. Unterricht der Kinder. Rev. von Arth. v. Oettingen. Ausg. 1897. Lex.-8. (XII, 81 S.) Leipzig 897. J. H. Zimmermann. Kart. 3. —

Seffner, (Bürgermstr.,) die Sparkassen des Regierungsbezirks Merseburg nach Doktrin, Gesetzgebung u. prakt. Gestaltung mit einigen Vorbemerkungen über Begriff u. Nutzen solcher Anstalten im Allgemeinen u. einzelnen vergl. Nachrichten dargestellt. gr. 8. Merseburg 846, Garcke. ¼ rß

Geschichte der Freimaurer-Loge zum goldenen Kreuz im Or. zu Merseburg. Eine Festgabe zur funfzigjährigen Säkular-Feier der Loge am 22. Oct. 1855 vom Br. [Friedr. Heinr. Gabr.] Seffner. Merseburg 1855: Herling. VI. 62 S. 8⁰ [Umschlagtit.]
cf. Bh. 38 (1895) S. 393—305 (J. C. Vigelius). Tt. 581. Nebst Verzeichn. der Beamten der Loge.

Seffner, Joh., Geschichte der Reformation in Schlesien. Fasc. I. gr. 8. (IV, 182 S.) Breslau 886, Aderholz' Buchh. *

Sefranka, Gust. Adf., Monographie von Korytnica und Lucsky. gr. 8. (III und 75 S.) Presburg 863, (Wigand.) *
Aus: Correspondenzblatt des Vereins für Naturkunde, besonders abgedruckt.

Sefström, N. G., u. J. J. Berzelius, üb. das Vanadium; ein neu entdecktes Metall; aus d. Schwed. gr. 8. Halle 831. Anton. 8 gr. (Aus Schweiggers Handb. d. Pharmacie abgedr.)

Sefström, N. G., und J. J. Berzelius, über d. Vanadium, e. neues Metall; entdeckt u. beschrieben. A. d. Schwed. übers. gr. 8. (6 B.) Halle 831, Anton.
Aus „Neues Jahrbuch d. Chemie etc., hrsg. v. Schweigger-Seidel" abgedruckt.

Sefuelin, Andreas B. (Västergötland)
U. S. Greifswald 1767, 2

Dissertatio gradualis de motivis voluntatem non-cogentibus. Präs. Peter Ahlwardt. Greifswald (Röse) 11. XII. 1767. 16 S.

W. v.: C. H. Bundy. 32238

Hyperhippidium, eine neue südamerikanische Pferdegattung. Von Ivar **Sefve.** Mit 6 Taf. u. 2 Fig. Uppsala & Stockholm 1910: Almqvist & Wiksell. 43 S. 4°
(Svenska Vetenskapsakademiens Handlingar. Bd 46, Nr 2.) [II. 4001 4

Segaar, Karl

— observationes philologicae et theologicae in evangelii Lucae capita XI priora. 8. Utrecht 766. 1 rß

— Observat. philolog. et theol. in evangelii Lucae capita XI priora. 8. Wesel. 768.

Segaar, C., oratio de Hugone Grotio illustri humanor. et divinor. novi foederis scriptorum interpr. 4maj. Frankf. 786. (Weidmann in Leipz.) 6 gr.

Segal, Jacob. aus Warschau: (Aus dem Psychologischen Laboratorium der Universität in Zürich.) Über die Wohlgefälligkeit einfacher räumlicher Formen. Eine psychologisch-ästhetische Untersuchung. Leipzig 1906. 76 + 2 S. 8°. S.-A. a. d. Archiv f. d. ges. Psychologie. Bd. 7. [12. II. 06.]
Zürich. Phil. Diss. I. S. 1905/1906

Segal, Jacob. Über die Wohlgefälligkeit einfacher räumlicher Formen. Eine psychologisch-ästhetische Untersuchung. Diss. Phil. I. Univ. Zürich. (Sonderdruck aus dem «Archiv für die gesamte Psychologie» Bd. 7, Heft 1.) 78 S. 8. Leipzig, Wilhelm Engelmann, 1906.

Segal, Martin, prakt. Arzt in Alt-Reetz, Kr. Königsberg i. NM.: Über Vaccineerkrankung des Auges. *Leipzig: G. Fock 1900.* (26 S.) 8°
Leipzig, Med. Diss. v. [17.] Febr. 1900

Segal, Nachim: Aus der Kgl. Universitäts-Augenklinik zu Königsberg i. Pr. Ueber Cataracta perinuclearis congenita. Königsberg i. Pr. 1905: H. Jaeger. (35 S.) 8°
Königsberg, Med. Fak., Ref. Kuhnt, Diss. v. 16. Jan. 1905
[Geb. 15. Juli 75 Gluboko, Gouvern. Wilna; Wohnort: Königsberg i. Pr.; Staatsangeh.: Rußland; Vorbildung: Privatunterricht; Studium: Berlin Phil. 2, Königsberg Med. 9 S.; Rig. 12. Jan. 05.]

Ségalas, Madame Anaïs de, la fille mourante, hrsg. v. Heinr. Saure, s.: Auteurs français mod. I.

Ségalas, Anaïs, le miroir du diable. (Suivi de Le moulin abandonné par Hippolyte Castille.) Leipzig 856. Gerhard. 16. (135 S.) 10 ngr.

Segall, Eugen [pr. Arzt]: Ein Fall von angeborener Harnröhrenverengerung ... Königsberg i. Pr., Buch- u. Steindr. E. Erlatis (1890). 35, 1 S., 1 Bl. u. 2 Taf. 8⁰
Königsberg, Med. Fak., Inaug.-Diss. v. 17. Mai 1890

Segall, E., e. Fall v. angeborener Harnröhrenverengerung. Inaug.-Diss. gr. 8. (35 S. m. 2 Taf.) Königsberg i/Pr. 890. (Koch.) n. 1. —

Die Entwickelung der jüdischen Bevölkerung in München 1875–1905. Ein Beitrag z. Kommunalstatistik von Jakob **Segall**, Dr. d. Staatswirtschaft. Hrsg. vom Verein f. d. Statistik d. Juden, E. V., München. Berlin: Bureau f. Statistik d. Juden 1910. V, 108 S. 8°
(Veröffentlichungen d. Bureaus f. Statistik d. Juden. H. 7.)

Segall, Jakob: Die Entwicklung der Juden in München von 1875 bis 1905. E. bevölkerungsstatist. Studie. München 1908: B. Heller. (62 S.) 8° ¶ (Erscheint vollst. 1908 b. Lamm, Berlin.)
München, Staatswirtsch. Fak., Ref. G. v. Mayr, Diss. v. 30. Jan. 1908
[Geb. 30. Aug. 83 Czembin (Reg.-Bez. Posen); Wohnort: München; Staatsangeb.: Preußen; Vorbildung: Gymn. Aschaffenburg Reife Juli 04; Studium: Würzburg 2, München 5 S.; Rig. 30. Jan. 08.]

Segall, Julius, Referendar: Über die Verwandtschaft des Anspruchs auf Herausgabe der ungerechtfertigten Bereicherung und des Schadensersatzanspruchs. Borna-Leipzig 1907: R. Noske. (VIII, 66 S.) 8°
Heidelberg, Jur. Fak., Ref. Heinsheimer, Diss. v. 1907
[Geb. 22. März 86 Berlin; Wohnort: Charlottenburg b. Berlin; Staatsangeb.: Preußen; Vorbildung: Friedrichs-Gymn. Berlin Reife O. 04; Studium: Freiburg i. B. 1, Berlin 2, München 3, Berlin 4 S.; Rig. 23. Okt. 07.]

Segall, Max [app. Arzt aus Kirchenjahn]: Versuche über Die Resorption des Zuckers im Magen. . . . München, Buchdr. v. Julius Fuller, 1888; 22 S. 8°
München, Med. Fak., Inaug.-Diss. v. 1888

Segall, S., praktische Anleitung zur Erlernung des Ansatzes v. Gleichungen, s.: Miniatur-Bibliothek.

Segall, Walter: Aus d. Prosektur d. Krankenhauses München r. d. I. (Prosektor: Privatd. Dr. Oberndorfer.) Ueber einen Fall von multiplen Dermoidzysten des Ovarium und des grossen Netzes bei Torsion der Tube. Gleichzeitig e. Beitrag z. Lehre v. d. Entstehung d. Netzdermoide. Mit 1 Abb. Berlin 1908: L. Schumacher. (22 S., 1 Taf.) 8°
München, Med. Fak., Ref. v. Bollinger, Diss. v. 3. Juni 1908
[Geb. 22. Dez. 81 Dessau; Wohnort: Berlin; Staatsangeb.: Preußen; Vorbildung: Königstädt. Gymn. Berlin Reife M. 01; Studium: Berlin 2, München 3, Freiburg i. B. 1, Berlin 1, München 3 S.; Coll. 3. Juni 08; Approb. 19. Dez. 07.]

Segall Zalel: Die Muhammedanische Eschatologie in ihrer Beziehung zur jüdischen und christlichen.
1897 PN 1084 Diss. Wien. Univ. 2864

Segall-Socoliu, Ilariu
s. Socoliu. (10. 10/09

Segall-Socoliu, I., zur Verjüngung der Philosophie. Psychologisch-krit. Untersuchgn. auf dem Gebiet des menschl. Wissens. 1. Reihe. Das Wissen vom spezifisch Menschlichen. Prologomena. gr. 8. (VI, 261 S.) Berlin 893. C. Duncker. n. 6. —

Segalla, Silvio. I sentimenti religiosi nel Boccaccio. Diss. Fil. Berna. 85 p. 8. Riva, F. Miori, 1909.

Segalle, Rachmiel

— Über die Erweiterung des Unterrichtes der anorganischen Chemie an Realschulen in der Richtung der theoretischen Chemie (8). ibd.
Progr.

Segalle R.: Über einige Halogensubstitutionsprodukte des Resacetophenons und seines Diäthyläthers. S. 105. IIb. 279 . . . . rgr.
Separatabdruck

— Über eine Methode zur Darstellung des Ammoniumbichromates. (5). Czernowitz R. 05.
Progr.

— Der Satz von der Erhaltung der Substanz (im Anschlusse an die vorangegangenen chemischen Theorien). 25. Czernowitz U. G. (II. St. G.) 99.
Progr.

SEGALLE, R.
Ein natürliches System der Materie. Von Dr. R. Segalle. (Separatabdruck aus: „Xenia Czernoviciensia", Festschrift zum Jubiläum der Alma Mater Francisco Josephina.) Czernowitz. 1900. In Comm. Pardini. Gr.-8°. 22 S. K —.60

Segaloff, Thimoteus: Die Krankheit Dostojewskys. Heidelberg 1906: K. Rössler. (56 S.) 8°
Heidelberg, Med. Fak., Ref. Nissl, Diss. v. 1906
[Geb. 8/21. März 81 Moskau; Wohnort: Moskau; Staatsangeh.: Rußland; Vorbildung: Gymn. Moskau Reife Mai 00; Studium: Berlin 5, Heidelberg 5 S.; Rig. 15. Nov. 05.]

Segaloff, Tim., die Krankheit Dostojewskys, s.: Grenzfragen der Literatur u. Medizin.

Die Krankheit Dostojewskys. Eine ärztl.-psycholog. Studie mit e. Bildn. Dostojewskys von Dr. Tim. **Segaloff**. München: E. Reinhardt 1907. (54 S.) 8°
= **Grenzfragen** d. Literatur u. Medizin in Einzeldarstellungen. H. 5. 07-14316

Segalowitz, Abraham Adolf, Arzt: Aus d. Kgl. Universitäts-Frauenklinik in Königsberg i. Pr. Ueber die **Prognose** der Ovariotomie. Bearbeitet an 300 Ovariotomien aus d. Kgl. Universitäts-Frauenklinik. (In d. Jahren 1897—1903.) *Königsberg i. Pr. 1903: O. Kümmel.* (127 S.) 8°
Königsberg, Med. Diss. v. 11. Apr. 1903

Segantini. *Segantini-Nummer der* Jugend. (Segantini und der Engadin. Von Franz Servaes — Die Jahre der Kindheit. Autobiographisches von Giovanni Segantini — *Gedichte zu seinen Ehren, etc.*) [Illustriert.] 4.
Jugend. 1903, Nr. 3 (Jan. 7). (München, Knorr & Hirth.) [M. —. 80] (16 S.)

Segantini, Giovanni. Mit e. Geleitwort v. Wilh. Kotzde. Hrsg. v. der freien Lehrervereinigung f. Kunstpflege. (39 S. m. Abb. u. Bildnis.) 21,5×29 cm. Mainz (908). J. Scholz. 1. —

Segantini, A., Lehr- u. Lesebuch der italienischen Sprache, s.: Baroni, G.

Segantini, Bianca, man muß es verstehen, glücklich zu sein! Roman. (Übers. v. Frz. Diettr. Kalkhoff.) (149 S.) 8. Thale (910). H. Wendt. 2.50

Segantini, Bianca Zehder-
s. Zehder-Segantini. A12.11610

Ausstellung von Werken von Giovanni Segantini, Schulhaus St. Moritz Dorf, Eröffnet vom 1 August bis 15 September 1904 (Organisiert von den Söhnen: Gottardo und Mario mit Werken aus den Gemäldegalerien von Alberto Grubicy's-Mailand, Familie Segantini-Maloia, Privatbesitz Samaden). Catalog. [Mit Porträt, Vignetten, Autograph und 6 Tafeln.] II + 47 S. 8. (Milano, Soc. Tip. Edit. Popolare.) (fr. 2.—)
(Darin: Betrachtungen uber die Kunst von G' S', Lettere di G. S', Urtheile über G. S', *etc.*)

Segantini. Giovanni S'. Versteigerung von 38 Gemälden und Zeichnungen aus dem Besitze des Herrn Alberto Grubicy, Mailand .... Ausstellung: ... 13. und ... 14. November 1910 .... (Katalog [hrg. von]) Rudolph Lepke's Kunst-Auctions-Haus, Berlin .... Mit ([biographischer Einleitung von] Hans Rosenhagen, [1 Porträt, 1 Facsimile, sowie]) 25 Farb- und Lichtdrucken [auf 16 Tafeln]. 20 S. + 16 Tafeln. 4. (Berlin, A. Seydel & Cie., 1910.) [cart.] M. 4. —

Segantini, [Giovanni]. Mutterglück. (Farbige Nachbildung.) 1 Bl., *cart. in Umschlag.* 4. Leipzig, E. A. Seemann, [1903]. M. 1. — E. A. Seemanns Stellbilder.

Segantini's, Giovanni, Schriften u. Briefe. Hrsg. u. bearb. v. Bianca Segantini. (Die Übersetzung aus dem Ital. besorgte unter Benutzg. einiger publiz. Bruchstücke Geo. Biermann.) (VIII, 219 S. m. 8 Vollbild.) 8. Leipzig (909). Klinkhardt & Biermann. 5.—; geb. 6.50

SEGARD, Achille. Der Geiz. (Die sieben Todsünden, Bd. VII.) Budapest, G. Grimm, 1904. 8°.
Verb. d. Ldg. I Berlin 38 J. 424/12.

Segard, A., Die Hoffart. [Die sieben Todsünden. VI.] 8°. (142 S.) K 3.60
Budapest: Grimm 1905

SEGARD, A., Der Neid. Mit vielen pikanten Bildern. Budapest, Grimm, 1904. 8°. (Eleg. br. Kr. 3,60.) (2 Kr. 40 H. Vict. Eytelhuber, Wien, 1905.)

Segard, Achille, s.: Todsünden, die sieben. II.

Segarra, Don Tomas, Poesias populares. 8. (VIII und 296 S. mit 51 S. Musikbeilagen in qu. 4.) Leipzig 862, Brockhaus' Sortiment und Antiquarium. *

Segaud, Wilhelm v.

Segaud, W. v., Festpredigten, aus s. größ. Werke zusammengetragen, a. d. Franz. gr. 8. Bamberg, Göbhard. 791.

v. Segaud, W., Festpredigten, aus seinem großern Werke zu sammengetragen; aus d. Französ. gr. 8. Bamb. 791. (Wesché in Frankf. a. M.) 1 ₰ 4 𝔤𝔯

Segaud, Guillaume de.
Sämmtliche Predigten, welche vor dem Könige Ludwig dem Fünfzehnten und zu Paris gehalten worden. A. d. Franz. . . . Bamberg 1763. Ü: *Heyde, Johann Daniel.* (Jes) »1763—65« (MI.)

— sämmtl. Predigten vor Ludwig XV. u. zu Paris gehalten; aus d. Französ. 6 Thle. gr. 8. Bamb. 765—67. (Wesché in Frankf.) 6 ₰
— Dies. 6 Thle. 8. Würzb. 765—67. Stahel. 2 ₰ 16 𝔤𝔯

Segdwick, James, goldene Fingerzeige für junge Seeleute. Aus dem Engl. von Heinr. Meyer. gr. 8. (VI und 77 S.) Hamburg 856. (Leipzig, Gerhard.) *

Sege, od. Segius, Jh. Jak., († d. 3. Dec. 1679.) Haematologia sacra, d. i.: Meditationes u. heil. Betrachtt. unsers überaus köstlichen u. hochtheuern Lösegeldes, welches ist das kräftige Blut d. hochgelobten Sohnes Gottes rc. einfältig aufgesetzt rc. u. herausgg. 8. Lüneb. 672. N. Aufl. 8. Schloß Oberpahlen 767.

Sege v. Laurenberg, Siegm., († im Febr. 1788.) s. Versuch e. geometr. Augenmaaßes.

Segebade, Johannes

— et Ernestus **Lommatzsch,** Lexicon Petronianum. gr. 8. (IX, 274 S.) Leipzig 898. B. G. Teubner. n. 14.—

Segebade, J., Observationes grammaticae et criticae in Petronium, s. Dissertationes philologicae Halenses.

Segebade, Joannes: Observationes grammaticae et criticae in Petronium. Halis Saxonum 1880: Karras. 54 S. 8°
Halle-Wittenberg, Phil. Diss. v. 3. Aug. 1880
Geb. Elsfleth a. d. Weser (Oldenb.) 23. 2. 1858. V.
Ersch. auch in: Dissertationes philologicae Halenses. Vol. 4. Halis Sax. 1880. S. 291—344.

Segebade, Johannes [Dr.]: Vergil als Seemann. E. Beitr. z. Erklärg u. Würdigg d. Dichters. Oldenburg, Druck v. G. Stalling, 1895; 1—19 S. 4.
Oldenburg, grossh. G, OP 1895 (695)

Segebade, Joa., Vergil als Seemann. E. Beitrag zur Erklärg. u. Würdigg. d. Dichters. Progr. 4. (19 S.) Oldenburg 895. (Leipzig, Buchh. G. Fock.) n. 1.—

Segebarth, Joh., die Halbinsel Darss-Zingst m. besond. Berücksicht. der Ostseebäder Prerow, Zingst, Ahrenshoop vom 12. Jahrh. an bis zur Gegenwart. 8. (VII, 53 S. m. Abbildgn. u. 1 Karte.) Prerow 900. Selbstverlag. n. — 50

Segebarth, Joh., ut de Demokratentid. Erzählung in niederdeutscher Mundart. 8. (XI, 209 S.) Pasewalk 885. (Berlin, Mrose.) n. 2. —

Segebarth, Joh., ut de Demokratentid. Erzählung in niederdeutscher Mundart. 8. (XI, 209 S.) Pasewalk 885. (Leipzig, Siegismund und Volkening.) *ℳ 2.—.; geb. *

Segebarth, Joh., de irste Seemannsreis'. Poetische Erzählung, und Up Frigensfäut, Erzählung in niederdeutscher Mundart. 8. (260 S.) Berlin 886. (Leipzig, Siegismund und Volkening.) *

— de Darßer Smuggler. Erzählung in niederdeutscher Mundart. 8. (VI, 290 S.) Berlin 884. (Mrose.) n. 2. —

Segebarth, Joh., de Darßer Smuggler. Erzählung in niederdeutscher Mundart. 8. (VI, 290 S.) Pasewalk 884, (Schnurr.) *

Segebarth, J., Snaken u. Snurren. Gedichte heiteren Inhalts in niederdeutscher Mundart. 8. (VIII, 176 S.) Rostock 887. (Werther.) n. 1. 80; geb. n. 2. 50

Segebarth, Joh., dat Strafgericht. Poetische Erzählg. in niederdeutscher Mundart. 8. (161 S.) Rostock 889. (W. Werther.) n. 2. —; geb. n. 3. —

Segeberg [Sachliches OW]

Segeberg. [Bearb. v. Olaf Nicolay **Olsen**]. hrgg. v. H. C. Schumacher. 1 : 20000. o. O. (1826.) Kupferstich. 1 Bl. Fol., 57,2·48,6 cm.

Fremdenführer. Soolbad **Segeberg.** Segeberg. o. J. 8°.

Soolbad **Segeberg.** Prospect. o. O. u. J. 8°.

Soolbad **Segeberg.** Segeberg. 1901. 8°.

Sol- und Moorbad **Segeberg** i. Holst. (Segeberg. [1906.]) 8°

Segeberg [Schlagwort]

Segeberg, s.: **Deutschland.** Kürschner-Pelp.

Segel, B. W., jüdische Sprichwörter u. Redensarten, s.: Bernstein, Jgn.

Segel, Binjamin, die Entdeckungsreise des Herrn Dr. Theodor Lessing zu den Ostjuden. (VI, 74 S.) gr. 8. Lemberg (Mickiewiczgasse 5) 910. Verlag „Hatikwa". 1. —

Segel, Ed., Spiegelbilder aus dem ärztlichen Leben. gr. 8. (153 S.) Wien 878, Perles. *

Segel, Ed., Spiegelbilder aus dem ärztlichen Leben. 2. verm. Aufl. gr. 8. (IV, 168 S.) Wien 881, Perles. *

Segel, Otto Walt., s.: Walter-Segel, Otto.

Segel-Anleitung für die Deutsche Nordseeküste vom Juvre Tief bis zur Eider. Hrgg. vom Hydrographischen Amt der Kaiserlichen Marine auf Grund der v. Holzhauer bei den Vermessungen in den Jahren 1877, 1879 u. 1881 gemachten Wahrnehmungen.. (Beilage zu den Annalen der Hydrographie und maritimen Meteorologie.) Berlin. 1882. 4°.

Segelanweisung f. die Befahrung der Ems zur Nachtzeit. Mit e. (farb.) Karte im Maßstabe 1 : 100,000. Amtliche Ausg. gr. 8. (12 S.) Emden 892. W. Haynel. n. 2. 70

Segelanweisung für die Befahrung der Ems zur Nachtzeit. Karte im Masst. 1:100,000. Amtl. Ausg. Emden & Borkum: W. Haynel 1901. (1 Kartenbl. 55x96 cm.) 8° [Umschlagt.]

Segelanweisung f. die Befahrung der Flensburger Föhrde u. die Ansegelg. v. Sonderburg zur Nachtzeit. Amtl. Ausg. kl. 4. (7 S.) M. 1 Karte. 1:50,000. 46,5×100 cm. Farbdr. Flensburg 897. A. Westphalen. n.n. 2. 50

Segel-Anweisung f. die nach Swinemünde bestimmten Schiffe m. Küsten-Ansichten — Sailing directions for ships bound for Swinemünde with a chart of the coast. gr. 8. (8 S. m. 1 Steintaf. in qu. gr. 4.) Stettin 874. Dannenberg. n. 1. —

Segel-Anweisung für den mittleren u. nördlichen Theil der Ostsee, den Finnischen und Bottnischen Meerbusen. Mit 473 Holzschn. u. 3 Tafeln, sowie mit Karten. Berlin, D. Reimer, 1882. gr. 8.
Durch Nachträge correct erhalten
Ist: Segelhandbuch für die Ostsee. Th. 2

Segel-Anweisung für den westlichen Theil der Ostsee mit der Einsegelung durch das Kattegat, den Sund und die Belte. Herausg. von dem hydrogr. Bureau der Kais. Admiralität. — Durch Nachträge correct erhalten. Berlin 1878. gr. 8.
Ist: Segel-Handbuch für die Ostsee. Th. 1. (MvA.)

Segelanweisungen und hydrografische **Nachrichten**. Jg 1873—1892. Pola
Seit 1876: **Nachrichten**, Hydrografische.

Segelbach, Chr. Fr.

— **Diss. inaug. sistens annotationes quasdam in Epinicium Deborae criticas et exegeticas, quibus subjungitur diatribe** de lingua Hebraica a studiosis theologiae evangelicae nunquam negligenda. 4. Dorpat 811.

— s. Aristophanes Plutus.

— auf welche Wissenschaften hatte die Reformation einen heilsamen Einfluß? Rede bei der 3n hundertjähr. Jubelfeier der Reformation in Dorpat gehalten. 8. Dorpat 817. (57 S.)

Segelbach, Chr. Fr., Bemerkk. üb. das vor Kurzem erschienene Werk: Kirchenordnung f. die Protestanten im russ. Reiche, entworfen v. Geo. Fr. Sahlfeldt. 1s Hft. 8. Dorpat 808.

— üb. d. Einfluß seltener Gedächtnißfeste auf höhere Geistesstimmung. Eine Rede. 8. Dorpat. 827. (16 S.)

Segelbach, Chr. Fr., Handbuch zum Unterricht im Christenthum z. Getr. f. die obern Klassen d. deutschen Hauptschule zu St. Petri. gr. 8. St. Petersb. 807. (102 S.) (Anonym).

— vier Cantileren, zur Stiftungsfeier d. mathemat.-physik. Gesellschaft, auf die Wahrheit, das Licht, die Natur, die Scheidekunst. 8. Erfurt 795.

— die Vaterlandsliebe. Cantate am Geburtsfest des Kurfürsten Fr. C. Joseph. 8. Erfurt 791.

Segeloke, Ludwig, approb. Arzt aus Hambergen: (**Aus d. Augenklinik zu Jena.**) Zur pathologischen **Anatomie** der Echinokokkenerkrankung der Augenhöhle. Mit 1 Taf. *Leipzig: W. Engelmann 1900.* (17 S.) 8° ¶(Aus: v. Graefe's Archiv f. Ophthalmologie, Bd 49, Abth. 3.)
Jena, Med. Diss. v. (20. Febr.) 1900

Segelcken, Chr. Diedr., Pfingstwanderung im Harz. Gedicht in 5 Gesängen, nebst einem Prolog u. Epilog. 16. (63 S.) Bremen 879. Hampe in Comm. n. 1. 50

Segelhandbuch der Adria. Hrsg. auf Anordng. des k. u. k. Reichskriegsministeriums „Marinesektion" vom hydrograph. Amte der k. u. k. Kriegsmarine. (XII-b-1.) 2. Aufl. (VIII, 469 S. m. eingedr. Kartenskizzen.) Lex.-8. Pola 906. (Triest, F. H. Schimpff.) Geb. n.n. 16.—

— für den Ostindischen Archipel. Hrsg. v. Reichs-Marine-Amt. I. Tl.: West- u. Südostküste v. Sumatra, Sunda-Strasse, westlich Java-See, Banka-, Riouw-, Gaspar- u. Karimata-Strasse; Westküste von Borneo. Mit 282 Küstenansichten, davon 218 im Text u. 64 auf 14 Taf. (XV, 721 S.) gr. 8. Ebd. 908. Geb. i. Lw. 4.50

Reichs-Marine-Amt. **Segelhandbuch** für Ceylon und die Malakkastraße (einschl. Malediven, Lakediven, Andamanen u. Nikobaren). Mit 93 Küstenansichten. Berlin: E.S. Mittler & Sohn 1907. (XV, 612 S.) 8° Geb. 1838

— f. die Färöer. Hrsg. vom Reichs-Marine-Amt. Mit 12 Stromkarten u. 38 Küstenansichten auf 4 Taf. (V, 61 S.) gr. 8. Ebd. 905. Geb. in Leinw. n. 1. —

— für die Färöer nebst Anh., betr. die Schiffahrt u. Fischerei in den Gewässern dieser Inseln. Hrsg. vom Reichs-Marine-Amt. 2. Aufl. Mit 12 Stromkarten u. 47 Küstenansichten im Text. (XII, 104 S.) gr. 8. Ebd. 908. Geb. in Leinw. 1. —

— f. d. Golf v. Bengalen. Hrsg. vom Reichs-Marine-Amt. Mit 39 Küstenansichten, davon 29 im Text u. 10 auf 2 Taf. (X, 403 S.) gr. 8. Berlin 907. (E. S. Mittler & Sohn.) Geb. in Leinw. 3. —

— für den Persischen Golf. Hrsg. vom Reichs-Marine-Amt. Mit 94 Küstenansichten auf 17 Taf. (XIII, 277 S. m. farb. Abbildgn. u. 2 Karten.) gr. 8. Berlin 907. (E. S. Mittler & Sohn.) Geb. in Lw. 3. —

— für die Insel Island nebst Anh., betr. die Fischerei in den Gewässern dieser Insel. Hrsg. vom Reichs-Marine-Amt. Mit 104 Küstenansichten auf 7 Blättern. gr. 8. (X, 140 S.) Berlin 899. (D. Reimer.) Geb. in Leinw. n. 2. 50

Reichs-Marine-Amt. **Segel-Handbuch** für die Insel Island nebst Anh., betr. d. Fischerei in d. Gewässern dieser Insel. Mit 104 Küstenansichten auf 7 Bl. [nebst] Nachtrag. Berlin: D. Reimer in Komm. 1899–1902. 2 Bde. 8°
Nachtr. Berichtigungen bis Ende Januar 1902. 1902.

Reichs-Marine-Amt. **Segelhandbuch** für die Insel Island nebst Anh., betr. d. Fischerei in d. Gewässern dieser Insel. 2. Aufl. Mit 128 Küstenansichten u. 2 Taf. Berlin: D. Reimer in Komm. 1908. (XIV, 239 S.) 8° [08.1941]

Segelhandbuch des Englischen Kanals. 3 Thle. Hrsg. v. der Direction der deutschen Seewarte. gr. 8. Hamburg 893. (L. Friederichsen & Co.) In Leinw. kart. n. 9. —
1. Die englische Küste. (XII, 440 S. m. 2 Taf.) n. 4. —
2. Die französische Küste. (XIV, 442 S. m. Fig. u. 2 Taf.) n. 4. —
3. Die Kanal-Inseln. (VIII, 168 S. m. Fig. u. 2 Taf.) n. 1. —

— dasselbe. Nachträge. 1. Hft. 1894. gr. 8. (22 Bl.) Ebd. 894. n. — 50

— des englischen Kanals. I. u. II. Thl. gr. 8. Ebd. 899. Geb. in Leinw. à n.n. 3. —
I. Die engl. Küste. Hrsg. von der Direktion der deutschen Seewarte. 2. Aufl. Mit 12 Küstenansichten u. 5 Hafenplänen. (XXIV, 508 S.)
II. Die französ. Küste. Hrsg. v. der Direktion der deutschen Seewarte. 2. Aufl. Mit 87 Küstenansichten u. 9 Hafenplänen. (XVIII, 656 S.)

— f. den Englischen Kanal. 2 Tle. gr. 8. Berlin, E. S. Mittler & Sohn. Geb. in Leinw. à n. 3. —
I. Die Südküste Englands. Hrsg. vom Reichs-Marine-Amt 3. Aufl. Mit 18. Küstenansichten im Text. (VIII, 433 S m. farb. Abbildgn. u. 1 Karte.) 904.
II. Die Nordküste Frankreichs. 3. Aufl. Mit 193 Küstenansichten im Text. (XII, 635 S. m. z. Tl. farb. Abbildgn. u. 1 Karte.) 905.

Segelhandbuch des Irischen Kanals. I. u. II. Thl. Hrsg. v. d. Direktion d. deutschen Seewarte. gr. 8. Hamburg (L. Friederichsen & Co.). In Leinw. kart. n. 4. 50
I. Die Westseite. (XI, 303 S. m. 2 Fig.) 896. n. 1. 50
II. Die Ostseite. (XXIX, 462 S.) 897. n. 3. —

— f. den Irischen Kanal. Hrsg. vom Reichs-Marine-Amt. 2. Aufl. (XVIII, 626 S. m. z. Tl. farb. Abbildgn. u. 5 Taf.) gr. 8. Ebd. 904. Geb. in Leinw. n. 5. —

Reichs-Marine-Amt. **Segel-Handbuch** für die Küste von Deutsch-Ostafrika und die Insel Zanzibar. M. 26 in d. Text gedr. Holzschn. ... [Nebst] Nachtrag. *Berlin: In Komm. bei D. Reimer; (gedr. v. E. S. Mittler & S.) 1895—97.* 2 Bde 8.
Segelhandbuch. 1895. (IX, 150 S., 1 Kt., 2 Tab.)
Nachtrag. Berichtiggn bis Ende Juni 1897. 1897. (13 gez. Bl.) [97.7375]

Berlin, Reichs-Marine-Amt.

— — Nachtrag zum Segelhandbuch für die Küste von Deutsch-Ostafrika und die Insel Zanzibar. Berlin 1899. 8°.

— für das ostchinesische Meer. Hrsg. v. Reichs-Marine-Amt. Mit 140 Küstenansichten, davon 90 im Text u. 50 auf 11 Taf. (XII, 736 S.) gr. 8. Berlin 909. E. S. Mittler & Sohn. Geb. in Leinw. 4. 50

— f. das Rote Meer u. den Golf v. Aden. Hrsg. vom Reichs-Marine-Amt. (XII, 588 S. m. 3 Taf.) gr. 8. Berlin 906. (E. S. Mittler & Sohn.) Geb. in Leinw. 4. 50; Beiheft. 25 Taf. m. 188 Küstenansichten. (Mit V S. Text.) 906. Geb. in Leinw. n. 3. —

— f. das Schwarze Meer. Hrsg. vom Reichs-Marine-Amt. (XX, 446 S.) gr. 8. Ebd. 906. Geb. in Leinw. n. 3. —

— für das Schwarze Meer. Hrsg. v. Reichs-Marine-Amt. Beiheft. 19 Taf. m. 223 Küstenansichten. (V S. Text.) gr. 8. Ebd. 907. Geb. in Leinw. 3. —
Hauptwerk. Ebd. 906. Geb. 3.—.

— für das südchinesische Meer. Hrsg. v. Reichs-Marine-Amt. Mit 223 Küstenansichten, davon 151 im Text u. 72 auf 14 Taf. (XIV, 694 S.) gr. 8. Ebd. 908. Geb. in Leinw. nn 4. 50

— f. das Mittelmeer. Hrsg. vom Reichs-Marine-Amt. I.—V. Tl. u. Beiheft I—III. gr. 8. Ebd. Geb. in Leinw. n. 24. —
I. Ostküste Spaniens u. Balearen, Südküste Frankreichs u. Korsika. (XVI, 456 S. m. Fig. u. 2 Karten.) 905. n. 3. —; Beiheft. 31 Taf. m. 155 Küstenansichten. (IV S. Text.) n. 3. —
II. West- u. Südküste Italiens, Sardinien u. Sizilien. (XIV, 401 S. m. 2 Karten.) n. 3. —; Beiheft. (28 Taf. m. 229 Küstenansichten.) (V S.) n. 3. —
III. Die Nordküste von Afrika. (XV, 459 S. m. farb. Fig., eingedr. Kartenskizzen u. 1 Karte.) n. 3. —; Beiheft. 20 Taf. m. 152 Küstenansichten. (IV S. Text.) 906. n. 3.—
IV. Griechenland u. Kreta. (XIX, 369 S. m. Fig. u. 1 Karte.) 906. n. 3. —
V. Die Levante. (XVI, 555 S. m. Fig. u. 2 Karten.) 906. n. 3. —

Segelhandbuch für das Mittelmeer. Hrsg. vom Reichs-Marine-Amt. IV. Tl. Beiheft, V. u. VI. Tl. u. VI. Tl. Beiheft. Berlin 907. E. S. Mittler & Sohn. Geb. in Leinw. 15. —
IV. Griechenland u. Kreta. Beiheft. 16 Taf. m. 125 Küstenansichten. (IV S. Text.) 909. Geb. in Leinw. 3. —
V. Die Levante. Beiheft. 16 Taf. m. 125 Küstenansichten. (IV S. Text.) gr. 8. 908. Geb. 3. —
VI. Das Adriatische Meer. (XVIII, 600 S. m. Fig. u. 3 Kart.) gr. 8. 907. Geb. in Leinw. 3. —
VI. Dasselbe. Beiheft. 310 Küstenansichten. (II, 69 S.) 46.5×16 cm. 910. Geb. in Leinw. 6. —

— f. die Nord- u. Westküsten Spaniens u. Portugals. Hrsg. vom Reichs-Marine-Amt. (XV, 582 S.) gr. 8. Ebd. 904. Geb. in Leinw. n. 5. —; Beiheft. 44 Taf. m. 224 Küstenansichten. (IV S.) 904. Geb. in Leinw. n. 5. —

Segel-Handbuch für die Nordsee. Hrsg. von dem hydrograph. Amt der Admiralität. 1. Heft: Meteorologische und klimatologische Verhältnisse, magnetische Elemente, physikalische und Strömungs-Verhältnisse des Nordseegebiets. gr. 8. (III, 78 S. mit 21 Fig. und Taf.) Berlin 884, (D. Reimer.) *

Segelhandbuch für die Nordsee. Hydrograph. Amt der Admiralität. [1. Thl.] 2. Heft: Skagerrak. gr. 8. (VII, 151 S. mit 125 in den Text gedr. Holzschn. und 2 Karten.) Berlin 885, (D. Reimer.) cart. *

—— dass. — 1. Thl. 3. Heft: Deutsche Bucht der Nordsee. Dänische Küste von Hanstholm bis Ribe. Holländische Küste von der Ems bis Terschelling. gr. 8. (XII, 188 S. mit 1 Taf. und 17 in den Text gedr. Holzschn.) (Ebendas.) 886. *ℳ 3.—; cart. *ℳ 3.50.; geb. *
[1. Thl.] 1. Heft. (Ebendas.) 1884. *ℳ 2.—.

—— dass. — 2. Thl. 1. Heft: Die Westküste Norwegens von Lindesnaes bis Stadt Landet nebst Anhang für die äussere Route von Stadt Landet bis Trondhjem. Hydrographisches Amt der Admiralität. gr. 8. (VIII, 226 S. mit 149 in den Text gedr. Holzschn.) (Ebendas.) 888. * geb. *

—— für die Nordsee. Hydrograph. Amt der Admiralität. 1. Thl. 3. u. 4. Heft u. 2. Thl. 2. Heft. gr. 8. Berl., D. Reimer. * 9 50; geb. * 11 —
1. Thl. 3. Heft. Deutsche Bucht der Nordsee. Dänische Küste von Hanstholm bis Ribe mit dem Liim Fjord. Holländische Küste von der Ems bis Terschelling. 2. Aufl. (VIII, 245 S. m. 73 Holzschn. u. 1 Taf.) 889. * 3 —; geb. * 3 50.
1. Thl. 4. Heft. Die Hoofden. (X, 408 S. m. 32 Holzschn.) 891. * 3 50; geb. * 4 —.
2. Thl. 2. Heft. Die Shetland- u. Orkney-Inseln, die Nord- u. Ostküste Schottlands vom Kap Wrath bis Kinnaird Head. Mit 93 eingedr. Holzschn. (VIII, 196 S.) 889. * 3 —; geb. * 3 50.
1. Thl. 1. u. 2. Heft. Ebd. 1884, 85. * 5 50; 2. Thl. 1. Heft. Ebd. 1888. * 3 —.

— f. die Nordsee. Hydrographisches Amt d. Reichs-Marine-Amts. 1. Thl. 2. Hft. Skagerrak. 2. Aufl. gr. 8. (XII, 160 S. m. 126 Holzschn.) Berlin 892. (D. Reimer.) Geb. in Leinw. n. 3. —

— dasselbe. 2. Abth. 3. Hft. gr. 8. Ebd. 894. Geb. in Leinw. n. 3. —
Ostküste Schottlands von Kinnaird Head bis Berwick u. d. Ostküste Englands von Berwick bis Cromer. (XVI, 265 S. m. 57 Holzschn. u. 1 Karte.)

Segelhandbuch f. die Nordsee. Hrsg. vom Reichs-Marine-Amt. 1. Thl. 3. u. 4. Hft. gr. 8. Ebd. Geb. à n. 4. —
3. Deutsche Bucht d. Nordsee. Dänische Küste v. Hanstholm bis zur deutsch-dän. Grenze m. dem Lim Fjord. Holländ. Küste von der Ems bis Terschelling. 3. Aufl. (XVIII, 366 S. m. 77 Holzschn. u. 1 Karte.) 895.
4. Die Hoofden. 2. Aufl. (XIII, 396 S. m. 28 Holzschn. u. 2 Taf.) 896.

Berlin, Reichs-Marine-Amt.

— — Segelhandbuch für die Nordsee. 1. Theil, Heft 4: Die Hoofden. 3. Auflage. Berlin 1900. 8°.

— für die Nordsee. Hrsg. vom Reichs-Marine-Amt. I. Thl. 3. Hft. Deutsche Bucht der Nordsee, Dänische Küste von Hanstholm bis zur deutsch-dän. Grenze m. dem Lim-Fjord. Holländische Küste von der Ems bis Terschelling. 5. Aufl. gr. 8. (XX, 374 S. m. Abbildgn. u. 2 Taf.) Ebd. 902. Geb. in Leinw. n. 4. —

— der Nordsee. Hrsg. vom Reichs-Marine-Amt. I. Tl. 1. u. 4. Heft u. II. Tl. 2. Heft. gr. 8. Berlin (D. Reimer). Geb. in Leinw. n. 8. —
I, 1. Meteorologische u. klimatologische Verhältnisse, magnetische Elemente, physikalische u. Strömungs-Verhältnisse des Nordseegebiets. 2. Aufl. (V, 79 S. m. Fig. u. 12 Taf.) 903. n. 2. —
4. Die Hoofden. 4. Aufl. (VII, 331 S. m. 7 Holzschn. u. 2 Karten.) 904. n. 3. —
II, 2. Die Shetland- u. Orkney-Inseln, die Nord- u. Ostküste Schottlands von Kap Wrath bis Kinnaird Head. 3. Aufl. Mit 92 in den Text gedr. Holzschn. (VII, 308 S.) 904. n. 3. —

— für die Nordsee. Hrsg. vom Reichs-Marine-Amt. II. Tl. 1. Heft. Die Küste Norwegens von Lindesnes bis zur russ. Grenze. 2. Aufl. (X, 535 S. m. Abbildgn. u. 3 Karten.) gr. 8. Berlin 907. (D. Reimer.) Geb. in Leinw. 4. —

— für Nordsee-Fischer. Ein Kommentar zur Karte: Die Nordsee-Fischerei-Gründe. Bearb. v. Darmer. Hrsg. vom deutschen Seefischereiverein (früher: Sektion f. Küsten- u. Hochseefischerei). Mit 2 Stromkarten u. 1 Signaltaf. gr. 8. (VII, 122 S.) Hamburg 894. (Eckardt & Meßtorff.) Geb. in Leinw. n. 2. 50

Segel-Handbuch für die Ostsee. Hrsg. von dem hydrographischen Bureau der kaiserl. Admiralität. 1. Thl. A. u. d. T.: Segel-Anweisung für den westlichen Theil der Ostsee mit der Einsegelung durch das Kattegat, den Sund und die Belte. gr. 8. (XIV, 524 S. mit 332 in den Text gedr. Holzschn. und 25 lithogr. Taf. und Karten.) Berlin 878, (D. Reimer.) **

—— für die Ostsee. 2. Thl. 1. Heft: Deutsche Küste von Arkona bis zur russ. Küste Bornholm. Hrsg. von dem hydrograph. Amte der kaiserl. Marine. gr. 8. (X, S. 1—165 mit 72 in den Text gedr. Holzschn.) (Ebendas.) 881. **
1. Thl. (Ebendas.) 1878. ** ℳ 10.
—— dass. — 2. Thl. 2. Heft: Rigaischer und finnischer Meerbusen. Die Küste von Polangen bis Lyser-Ort, die finn. Scheeren zwischen Utö und Hangö-Udde. gr. 8. (XVI, S. 167—294 mit 2 lithogr. Taf., 3 lithogr. Karten und 124 in den Text gedr. Holzschn.) (Ebendas.) 881. **

—— dass. — 2. Thl. 3. Heft: Der mittlere und nördliche Theil der Ostsee und der finnische und bottnische Meerbusen. Schwedische Küste von Falsterbo bis Grisslehamn oder vom Eingang in den Sund bis zum Einlauf in die Süd-Quarken. gr. 8. (XVII, S. 295—472 mit 1 lithogr. Taf., 3 lithogr. Karten und 175 in den Text gedr. Holzschn.) (Ebendas.) 882. **
—— dass. — 2. Thl. 4. Heft: Bottnischer Meerbusen und die Ålands-Inseln. gr. 8. (XIX, S. 473—637 mit 3 lithogr. Karten und 102 in den Text gedr. Holzschn.) (Ebendas.) 882. **

— für die Ostsee. Hrsg. vom Reichs-Marine-Amt. 1. Abth. 1. Hft. u. 2.—5. Abth. 2. Aufl. gr. 8. Berlin, (D. Reimer). Geb. in Leinw. n. 16. —
1. Meteorologie, Klimatologie u. physikal. Verhältnisse d. Ostseegebiets. Bearb. v. der Seewarte. 1. Hft. (III, 111 S. m. 25 Fig.-Taf.) 891. n. 2. 50
2. Das Kattegat u. die Zugänge zur Ostsee. (XV, 411 S. m. 120 Holzschn., 1 Taf. u. 2 Karten.) 893. n. 3. 50
3. Von der Linie Schleimünde — Fakkebjerg bis zur Linie Nimmersatt — Christianopel. (XXXV, 411 S. m. 249 Holzschnitten u. 6 Taf.) 893. n. 3. 50
4. Die russ. Küste von der preuss. Grenze bis Dagerort, der Moon Sund, Rigasche u. Finnische Meerbusen. (XV, 329 S. m. 173 Holzschn. u. 4 Taf.) 892. n. 3. 50
5. Die Ostküste v. Schweden. Der botln. Meerbusen u. die Alands-Inseln. (XV, 225 S. m. 51 Holzschn. u. 1 Karte.) 894. n. 3. —

Berlin, Reichs-Marine-Amt.

— — Nachträge zum Segelhandbuch für die Ostsee. Abth. I—V. Berlin 1895. 96.

Berlin, Reichs-Marine-Amt, Segelhandbuch für die Ostsee. 3. Abth. 3. Aufl. Berlin 1899. 8°.

Berlin, Reichs-Marine-Amt.

— — Nachtrag 1900 zum Segelhandbuch für die Ostsee. 3. Abth. Berlin. 8°.

— für die Ostsee. Hrsg. vom Reichs-Marine-Amt. 2. Abth. Das Kattegat u. die Zugänge zur Ostsee. 8. Aufl. Mit 33 in den Text gedr. Holzschn. u. 5 Taf. m. Küstenansichten. gr. 8. (XXXIV, 393 S.) Ebd. 901. Geb. in Leinw. n. 3. 50

— f. die Ostsee. Hrsg. v. Reichs-Marine-Amt. 4. Abtlg. Die russ. Küste von der preuss. Grenze bis Dagerort, der Moon Sund, Rigasche u. Finnische Meerbusen. 3. Aufl. (XVI, 241 S. m. Abbildgn., 1 Taf. u. 2 Karten.) gr. 8. Ebd. 903. Geb. in Leinw. n. 3. 50

Reichs-Marine-Amt. Segelhandbuch für die Ostsee. 3. Aufl. Abt. 1. Berlin: D. Reimer 1906. 8°

— für die Ostsee. Hrsg. vom Reichs-Marine-Amt. 2. Abtlg. Das Kattegat u. die Zugänge zur Ostsee. 4. Aufl. (VI, 552 S. m. Abb., 1 farb. Taf. u. 2 Karten.) gr. 8. Berlin 907. (D. Reimer.) Geb. in Leinw. 3. 50

—— für den Atlantischen Ozean. Hrsg. von der Direktion der Deutschen Seewarte. Lex.-8. (X, 595 S. mit 1 Atlas von 36 Karten, zahlreichen in den Text gedr. Holzschn. und 9 Stnt.) Hamburg 885, Friederichsen und Comp. geb. *

Segelhandbuch f. den atlantischen Ozean. 2. Aufl. Hrsg. v. der Direktion der deutschen Seewarte. Mit 61 Text-Fig. u. 4 Steindr.-Taf. Lex.-8. (X, 598 S.) Hamburg 899. L. Friederichsen & Co. Geb. in Leinw. n. 20. —

Segelhandbuch f. den Atlantischen Ozean. 3. Aufl. Hrsg. v. der deutschen Seewarte. (Kaiserl. Marine.) Mit 79 Textfig. u. 6 Steindrucktafeln. (XIV, 561 S.) Lex. 8. Hamburg 910. L. Friederichsen & Co. Geb. in Leinw. 20. —

— f. den Indischen Ozean. Hrsg. v. der Direktion der deutschen Seewarte. Lex.-8. (X, 812 S. m. 41 Fig. u. 3 lith. Taf.) Ebd. 892. Geb. in Leinw. n. 30. —
Atlas dazu:
– Atlas d. Indischen Ozeans. 35 (z. Tl. farb.) Karten, die physikal. Verhältnisse u. die Verkehrs-Strassen darstellend. Mit e. erläut. Einleitg. u. als Beilage zum Segelhandbuch f. den ind. Ozean. Hrsg. v. der Direktion der deutschen Seewarte. qu. Fol. (16 S. Text.) Ebd. 892. n. 18. —

Deutsche Seewarte. **Segelhandbuch** für den Stillen Ozean. M. 1 Atlas v. 31 Kt. Hrsg. v. d. Direktion. M. 32 in d. Text gedr. Fig. u. 9 Steindrucktaf. [Nebst] Atlas. (Vorr.: [Georg] Neumayer.) *Hamburg: L. Friederichsen & C. 1896. 97.* 1 Bd 4.(8.) 1 Bd quer-2.
Segelhandbuch. 1897 (XII, 916 S., 9 Kt. u. Taf.)
Atlas v. 31 Kt., die physikal. Verhältn. u. d. Verkehrsstrassen darstellend ... 1896 (14 S., 31 Kt.) [97. 6003

Deutsche Seewarte. **Segelhandbuch** der Südküste Irlands und des Bristol-Kanals. Hrsg. v. d. Direktion. [Nebst] Nachträge. **Heft 1.** *Hamburg: In Comm. bei L. Friederichsen & C. 1895—97.* 8. [97 6174

Hamburg, Deutsche Seewarte.

— — **Nachtrag für das Segelhandbuch der Südküste Irlands und des Bristol-Kanals** 1899 **Hamburg** 1899. 8°.

— f. die Süd- u. Ostküste von Afrika von dem Kap der Guten Hoffnung bis Kap Guardafui einschliesslich der Comoren-Inseln. Hrsg. vom Reichs-Marine-Amt. 2. Aufl. (XV, 472 S. m. Fig., 1 Tab. u. 8 Karten.) gr. 8. Berlin 908. (D. Reimer.) Geb. in Leinw. n. 4. —

— für die Westküste Frankreichs. Hrsg. v. Reichs-Marine-Amt. 3. Aufl. Mit 196 Küstenansichten. (XII, 419 S. m. 2 Karten.) gr. 8. Ebd. 909. Geb. in Lw. 3. —

— der Französischen Westküste. Hrsg. v. der Direction der deutschen Seewarte. gr. 8. (XV, 270 S. m. 3 Taf.) Ebd. 894. Geb. n. 3. —

— für d. Westküste v. Hindustan. Hrsg. v. Reichs-Marine-Amt. Mit 50 Küstenansichten, davon 34 im Text, 16 auf 3 Taf. (X, 345 S.) gr. 8. Ebd. 907. Geb. in Leinw. 3. —

Segelhandbuch f. die Westküste Schottlands. Hrsg. vom Reichs-Marine-Amt. Mit 12 Küstenansichten im Text. (IX, 462 S. m. Abbildgn. u. 3 Taf.) gr. 8. Berlin 905. (E. S. Mittler & Sohn.) Geb. in Leinw. n. 3. —

Segel-Handbücher, s. Seekarten.

Segelhorst, Wilhelm, a. Somborn: Die Sprache des 'English Register of Godstow Nunnery' ⟨ca. 1450⟩ in ihrem Verhältnis zu Oxford und London. Marburg 1908: Noske, Borna-Leipzig. 85 S. 8°
Marburg, Phil. Diss. v. 20. Febr. 1900, Ref. Viëtor
[Geb. 5. Nov 85 Klev; Wohnort: Marburg; Staatsangeh.: Preußen; Vorbildung: Oberrealsch Dortmund Reife O 04, Erg.-Prüf. Berlin Prüf.-Komm. Nov 06; Studium: Tubingen 2, Bonn 2, Berlin 2, Marburg 5 S.; Rig. 18 Juni 08.] [U 09. 3215

Segelitz, Ludwig, a. Butzow i. M.: Über β-Äthyläpfelsäure. Halle a. S. 1904: R. P. Nietschmann. (36 S.) 8°
Halle, Phil. Fak., Ref. Doebner, Diss. v. 10. Nov. 1904
[Geb. 22. Febr. 77 Butzow, Meckl.-Schw.; Wohnort: Golssen; Staatsangeh.: Mecklenburg-Schw.; Vorbildung: Realgymn. Butzow Reife O. 95; Studium: Berlin 2, Rostock 2, Berlin 1, Halle 3 S.; Rig. 25. Juli 04.]

Segel-Karte des südlichen Theils der Ostsee zu Preussens See-Atlas, hrsg. von dem königl. Ministerium des Handels. 2. Ausg. Revidirt und umgearb. nach den in den J. 1858 und 1859 im Auftrage der königl. Admiralität ausgeführten Peilungen und Beobachtungen. 4 Blatt. Lithogr. Imp.-Fol. Berlin 860, D. Reimer. **

Segel-Karte des südlichen Theils der Ostsee zu Preussens Seeatlas. Hrsg. von dem Königl. Ministerium des Handels. Revid. und umgearb. nach den in den J. 1858 und 1859 im Auftrage der Königl. Admiralität ausgeführten Peilungen und Beobachtungen. 4 Bl. Neue revid. Ausg. Ebendas. 873. *M 8.; aufgez. *

Segelken, G., das Leben u. die Ruhe in dem Herrn. Gedächtnißpredigt des am 2. Jan. 1811 verewigten Hrn. Eh. G. L. Meister. 8. Brem. Heyse.

Segelken, *Gerhard* Heinrich *Diedrich* [app. Arzt aus Sandhausen, Gr. Oldenb.]: Über congenitalen Defect der Fibula ... Leipzig, Buchdr. R. Hahn, 1894; 50 S., 1 Bl. 8.
Leipzig, Med. Fak., Inaug.-Diss. v. 20. Juni 1894

Segelken, Heinr., üb. congenitalen Defect der Fibula. Diss. gr. 8. (50 S.) Leipzig 894. (G. Fock.) n. 1. —

Segelsport, der, s. a. Miniatur-Bibliothek.

Segelsport, der. Lust- u. Rennfahrten des kaiserl. Yachtclubs u. des norddeutschen Regatta-Vereins. Nach Momentaufnahmen des Hofphotogr. Wilh. Dreesen in Lichtdr. vervielfältigt. 25 Bl. m. 34 Bildern. gr. 4. (1 Bl. Text.) Kiel 893. Lipsius & Tischer. In Segeltuch-Mappe. n. 10. —

Der Segelsport. 1903. Leipzig. 8°. (52 S. m. Abb.) M. 10.—

Segelsport, Der deutsche. Hrsg. von W. Stöwer. Leipzig 1905

Segen, der, der Arbeit oder Geschichte des Bauers Frühauf, der seinen Namen verdient. Ein landwirthschaftliches Lesebuch für Sonn- und Feiertagsschulen und landwirthschaftl. Fortbildungsschulen überhaupt. Mit 15 (eingedr.) Holzschn. und vielen landwirthschaftl. Rechnungs-Beispielen nebst Futterwerths-Tabelle. gr. 8. (IV und 120 S.) München 861, (Kaiser.) * —

Segen, der, der Arbeit oder Geschichte des Bauers Frühauf, der seinen Namen verdient. Ein landwirthschaftl. Lesebuch für Sonn- u. Feiertagsschulen u. landwirthschaftl. Fortbildungsschulen überhaupt. 5. Aufl. München 867. (Kaiser.) gr. 8. (IV, 120 S. mit 15 eingedr. Holzschn. u. vielen landwirthschaftl. Rechnungs-Beispielen nebst Futterwerths-Tab.) cart. n. 15 *ngr.*

Segen der Arbeit. Bilder aus der Geschichte des oberschles. Industriebezirkes. (Lektüre f. Schule u. Haus.) 1. Bd. 8. Kattowitz, Phönix-Verlag C. Siwinna. Geh. n. 1. —
Schlesien, ein deutsches Land. Begründer der Industrie Oberschlesiens u. reichverdiente Förderer seiner Kulturentwickelg. Ein Beitrag zur Heimatkunde. Von Jos. Kania. Mit 7 Abbildgn. 1. Bd. (140 S.) (906.)

—— der Bibel. Erzählungen für die Jugend. 16. (48 S. mit 1 Holzschnt.) Cincinnati 856(60). (Philadelphia, Schäfer und Korabi.) *

Segen, der, des Familiengebets. Beleuchtet durch mehrere Geschichten. 11. Aufl. 16. (56 S.) Bremen 880, Verlag des Tractathauses. *

Segen und Fluch. in Bildern aus der Gegenwart dargestellt v einem Verehrer des Konigs und Vaterlandes Flensburg 1834 8°.

Segen u. Fluch. Eine Erzählung von einem kathol. Geistlichen über das vierte Gebot. 8. Sulzbach 839 v. Seidel. 1/8 ß

Segen über Friedrich. Gefühle aus d. Herzen treuer Unterthanen, bei der Ankunft des Kronprinzen Friedrich zu Altona. 8. Altona 796. Bechtold. 3 ß

Segen, Der, des Gastfreundes, Dem Herrn *** zu seinem 30sten Geburtstage ... [Berlin 1815.] V: *Kley*, *Eduard Israel*. (Sulamith. V. Jg. 1. Bd. S. 91—94.)

Segen, Meß, u. Schildwacht, geistliche, 24. Nürnberg, Endter.

— der, Gottes. (Abgedr. aus dem christlichen Volks-Kalender aus Minden-Ravensberg.) Minden 863. (Volkening.) 16. (115 S.) 3 *ngr.*

—— der, der Großmutter. Ein Familienbild. Von der Verf. von „Helene" und „Aus schönen Stunden". Eingeführt von Jul. Sturm. 2 Thle. 8. (215; 243 S.) Stuttgart 880, J. F. Steinkopf. *
geb. in 1 Bd. *

— des Großvaters. Nonnenweier 870. (Barmen, Klein.) 32. (16 S.) 1½ ngr.

Segen f. das Haus. Häusliche Morgen-Andachten. Lex.-8. (VI, 564 S.) Berlin 901. C. A. Schwetschke & Sohn. Geb. in Leinw. n. 7.—

Segen Jacobs, der, eine Weissagung des Propheten Nathan; Parallele dess. m. der beim Virgil übers. u. erläut. von J. C. Friedrich. gr. 8. Bresl. Korn d. ält. 811.

Segen der evangel. Kirche. Zur Erbauung im geistl. Leben herausgeg. von Ed. Niemann u. Ldw. Ad. Petri. 1.—3. Heft. gr. 8. Hannover 845, 46, Hahn'sche Hofb. à n. ½ ₰

Segen der evangel. Kirche. Zur Erbauung im geistlichen Leben hrsg. von Ed. Niemann u. Ludw. Ad. Petri. 4. Hft. gr. 8. (152 S.) Hannover 847, Hahn. n. ½ ₰ (4 Hfte. n. 2 ₰)

— im Leben u. Trost im Sterben für Jedermann. Berlin 866. (C. Beck.) 16. (36 S.) 1½ ngr.

— mütterlicher, f. meinen Sohn. Ein Gedicht. 8. Berl. 793. Franke. (Leipz., Barth). 2 gr.

Segens, des, Quell. Andachtsbuch für Israeliten, vermehrt mit kurzgefaßten deutschen Gebeten zur häuslichen Erbauung der israelitischen Jugend. 4. Aufl. 8. (VIII und 414 S.) Prag 860. (Leipzig, C. L. Fritzsche.) geb. *

Segen, Ruriks. Ein lyrisches Festspiel mit Chören und Tänzen. St. Petersburg 1827. V: *Lüderwald, George Ernst gen. Lange.* (GGr)

Ein SCHÖNER und wahrhaftiger Heiliger Segen zu Wasser und Land wider alle seine Feinde, so einem begegnen auf allen seinen Wegen und Stegen. o. O. o. Dr. 44 S. - 110 mm

— ein schöner u. wohlapprobirter heiliger, zu Wasser u. zu Lande, wider alle seine Feinde, die ihm begegnen, auf allen seinen Wegen u. Stegen. 18. Kempt. 788. Dannheimer. 1 gr.

Segen, Der, der Seemannsmission. [Hamburg 1894.] V: *Jungclaussen, J.* (Berl)

—— der, des Sonntags. Eine wahre Geschichte aus dem Hessenlande. 16. (16 S.) Gernsbach 883, Christl. Kolportage-Verein. *

Segen, Der, der heiligen Taufe, ein Wort herzlicher Liebe, Liebhabern christlicher Wahrheit zur Beherzigung zugerufen ... Nördlingen 1857. V: *Göring, Christian Carl Ernst.* (Zu)

Segen, der, der heiligen Taufe, ein Wort herzlicher Liebe, Liebhabern christlicher Wahrheit zur Beherzigung zugerufen von einem Mecklenburg. Candidaten der Theologie. Nördlingen 857. Beck. gr. 8. (2 Bl., 117 S.) 10 ngr.

—— der, der Trübsal. Eine wahre Geschichte. 6. Aufl. 8. (30 S.) Barmen 869, (Buchh. der evangel. Gesellschaft.) *

— der, der Trübsal. Eine wahre Geschichte. 6. Aufl. Barmen 869. Klein. 8. (30 S.) n. 2 ngr.

—— der, der Trübsal. Eine wahre Geschichte. Hrsg. von der Wupperthaler Tractat-Gesellschaft. 12. (30 S.) Barmen 881, Wiemann.

Segen. Des Vaters S'. Dargestellt in dem Pilgergange unsers lieben Vaters Felix Schneider. Geboren ... 1768. Gestorben den 28. Februar 1845. Nebst der Leichenrede bei seiner Beerdigung ... von Johannes Linder ... [und einigen Gedichten]. 8. [Basel.]

— von dem wahren, bei Verwaltung des Predigtamts. 8. Königsb. 773. Hartung. 4 gr.

Segen des Wohlthuns. Zur Aufführung hauptsächlich in Jünglings- und anderen christlichen Vereinen. Heilbronn 1891. V: *Wurster, Paul.* (Russell XVI, II, 1, 774)

Segen d. Wohlthuns. (Charakterzüge aus Gellerts Leben.) Zur Aufführg. hauptsächlich in Jünglings- u. anderen christl. Vereinen v. P. W. 8. (27 S.) Heilbronn 891. Scheurlen's Sort. n.n. — 30

Segen, Wunderthätiger, heiliger — nebst vielen sehr schönen Gebeten und Liedern. Ein Geschenk für alle frommen Christen. Neutitschein, 1855. Schnellpressendruck von J. N. Enders. (22 S. 8.)

Segens-Früchte des Evangeliums. 5 Bilder aus dem Reiche Gottes. 16. (87 S.) Basel 879. Missionsbuchhandlung. n. — 35

Segensquelle: 1889–1926

Monthly, 1889–97; bi-weekly, 1898–1926. Organ of Die Allgemeine Evangelische Kirchenversammlung der Deutschen Kongregationalisten. Sunday School paper, later published in English and German. Editors: the Rev. John D. Gross, C. A. Zimmermann [founder], H. Zummern, A. Huelster, K. J. Stahl, G. J. Brakemeyer, F. Egeland, P. Krumbein, A. H. Vogel, J. Block, W. Schlutzkus.

Chicago, IL

Segenssprüche. 50, zur Confirmation in biblischem Sinn u. Wort. qu. 8. (50 Bl. auf Schreibp. mit Einfass.) Stuttgart 843, J. F. Steinkopf. n. ⅓ ₰

Segenstage, die, in Oxford. Reden geh. bei den Versammlgn. vom 29. Aug. bis 7. Sept. 1874. gr. 16. (XV, 316 S.) Basel 875. Spittler. n. 1. 50

Segenswünsche zum neuen Jahre u. zum Geburtstage v. F. B. qu. 16 (6 Karten auf Glacépap.) Berlin 875. (Beck.) n.n. — 75

Seger, (Land- u. St.-Ger.-Direktor,) Uebelstände u. Bedürfnisse der preuß. Rechtspflege, mit Hinblick auf die Verordn. vom 21. Juli 1846 über das Verfahren in Civilprocessen. gr. 8. Posen 846, Gebr. Scherk. n. 5/12 ₰

Kreis Apenrade gez. v. Rohdehoff u. Seger. 1 : 37500. o. O. u. J. [Wandkarte.]

Seger, A., Leitfaden zu den geschichtlichen Ausarbeitungen der Schüler in mittleren Bürgerschulen u. Realklassen. 8. (71 S.) Gnesen 851, Lange. n. 1/6 ₰

Seger, August Hermann, s. S e g e r , Hermann August

Seger, Carl, s. S e g e r , Karl

Seger, Fritz, Poeten. Drama in 1 Aufzug u. 1 Zwischenakt. (45 S.) 8. Leipzig 905. Modernes Verlagsbureau. n. 1.—

Seger, G. Ch., s. S e g e r , Johann Theophil

Seger, Georg Joachim (Nürnberg) A. S. 728/15

Dissertatio inauguralis juridica, de relationibus seu literis informatoriis, Von Obrigkeitlichen Bericht-Schreiben. Präs. Johann Heinrich Meier. Erfurt (Grosch) 15. VI. 1701. 36 S.

W. v.: Präs., Johann Hermann von Sode, Melchior Ludolph Lilien, Johann Wodicke, Johann Daniel Schultze, Christoph Seger. 32246

Seger, Georg Joachim (Nürnberg) A. S. 212/21

Dissertatio inauguralis juridica, de relationibus, seu literis informatoriis, Von Obrigkeitlichen Bericht=Schreiben. Präs. Johann Heinrich Meier. Leipzig (Schede) 1717. 15 Bl.

Diss. Erfurt 15. VI. 1701. 32247

Seger, Georg Joachim (Nürnberg) A. S. 33/9

Dissertatio inauguralis iuridica, de relationibus seu literis informatoriis, Von Obrigkeitlichen Bericht=Schreiben. Präs. Johann Heinrich Meier. Rec. Leipzig 1746. 35 S.

Diss. Erfurt 15. VI. 1701. 32248

Seger, Hans, s.: Jahrbuch des schlesischen Museums f. Kunstgewerbe u. Altertümer.

— Schlesiens Münzen u. Medaillen der neueren Zeit, s.: Friedensburg, F.

— s.: Schlesiens Vorzeit in Bild u. Schrift.

Seger, Hans, Dr. phil.: Die Steinzeit in Schlesien. T. 1. Breslau 1907: H. Fleischmann. (3 Bl.) 8° ¶(Nur Titelbl., Vita u. Thesen.)
Breslau, Phil. Fak., Hab.-Schr. v. 11. Mai 1907
(Nicht für den Austausch)

— s.: Zeitschrift, praehistorische.

Seger, Heinrich Adolph A. S. 565/54

Archaeologiae iuridicae specimen. Präs. Christoph Friedrich Wolle. Leipzig (Langenheim) 26. II. 1772. 51 S.

Gew.: Jakob Heinrich Born. 32249

Seger, Hermann August

Apparate und Geräte zur Prüfung von Portland-Cement zsgest. v. Chem. Laborat. f. Thonindustrie Prof. Dr. H[ermann] **Seger** & E[duard] Cramer. *Berlin: Thonindustrie-Zeitung 1903.* (120 S.) 8° [F.] [04. 16930

A p p a r a t e und Geräte zur Prüfung von Portland-Zement, Beton und Zementwaren, zsgest. vom Chemischen Laboratorium für Tonindustrie, Prof. Dr. H. **Seger** & E. Cramer. Berlin: Tonindustrie-Zeitung 1908. 177 S. 4° (8°)

Seger, H., und E. Cramer: Seger'sche Brennkegel. Berlin 1895—1896

Das kleine Gipsbuch. Ein kurzer Überblick über d. Herstellung u. Verwendung von Gips. Bearb. im Auftr. d. Deutschen Gips-Vereins v. Chem. Laboratorium f. Tonindustrie Prof. Dr. H[ermann] **Seger** & E[duard] Cramer. 3. Aufl. Berlin: Tonindustrie-Zeitung 1907. (79 S.) 8° [F.] [08. 313

Seger, H., über Glasurfehler und deren Ursachen. gr. 8. (30 S.) Berlin 883, (Polytechn. Buchhandlung.) *
Aus: Thonindustrie-Zeitung, besonders abgedruckt.

Seger, H., und E. Cramer: Hilfs-Geräte für Beaufsichtigung und Vervollkommnung des Betriebes von Ziegeleien und ähnlichen Werken. Berlin 1907

K o n t r o l l - A p p a r a t e für Ziegeleien und verwandte Betriebe. Zu beziehen vom Chemischen Laborat. f. Thonindustrie Prof. Dr. H. **Seger** & E. Cramer, Berlin. Berlin: 'Thonindustrie-Zeitung' 1903. (96 S.) 8°

Seger, H., Der Rechtsbestand des Hoffmannschen Ringofenprivilegiums vom Standpunkte der Tatsachen. Berlin, 1872. 38 S. mit 2 Taf.

[F.] (Hermann August) **Seger's** Gesammelte Schriften. Hrsg. auf Veranl. des Dtsch. Ver. f. Fabrikation v. Ziegeln ... u. nach d. Akten d. Kgl. Porzellan-Manufaktur zu Berlin bearb. v. H. Hecht u. E. Cramer. *Berlin: Verl. d. Thonindustrie-Ztg. 1896.* (XV, 908 S., 1 Portr., 9 Tab.) 1 Bd 8. [98. 11435

Seger's gesammelte Schriften. Hrsg. auf Veranlassung des dtschn. Vereins f. Ton-, Zement- u. Kalkindustrie, E. V., des Verbandes keram. Gewerke in Deutschland und des Vereins deutscher Fabriken feuerfester Produkte, E. V., u. bearb. nach den Akten der königl. Porzellan-Manufaktur zu Berlin v. H. Hecht und E. Cramer. 2. Aufl. (XV, 930 S. m. Abbildgn. u. Bildnis.) gr. 8. Berlin 908. Tonindust.-Ztg. Geb. in Hfrz. 21.50

Sind Ringofengase den Pflanzen schädlich? Eine Zusammenfassung der im Deutschen Verein f. Ton-, Zement- u. Kalkindustrie ... gepflogenen Verhandlungen u. der in s. Auftr. vorgenomm. Untersuchungen. Bearb. von d. Chem. Laborat. f. Tonindustrie, Prof. Dr. H. **Seger** u. E. Cramer. *Berlin: Tonindustrie-Zeitung 1903.* (143 S.) 8° [03. 13208

– (Hrsg.), s. T h o n i n d u s t r i e z e i t u n g

– (Red.), s. T ö p f e r z e i t u n g , Deutsche, u. Zieglerzeitung

Seger, Aug. Herm., die technische Verwerthung Schwefelkies führender Schiefer und Thone der Stein- und Braunkohlenformation. Kritik des heut. Standes der Alaun- und Vitriol-Gewinnung und Mittel zu deren Hebung. gr. 8. (42 S.) Neuwied 869, Heuser's Verlag.

Seger, J., s. S e g e r s

Seger, J.E.: De a r a ignoti Dei. – P.1.2.– Regiom. 1710-12.

Seger, I. E., compend. theolog. exegeticae. 4. Königsberg. 714.

Seger, J. F.: Diss. de Leonis philosophi constitutionum Novellar. auctoritate. *L.* **767. 4.**

Seger, J. Gli.: D. de successorio edicto. *L.* **769. 4.**

J. Gli. Seger (resp. Ch. H. Schmid): D. de Ulpio Marcello. *Lpz.* **768. 4.**

SEGER, J.T.: De leg. et decret. in territorio alieno. *Lips.* 777.

Seger, Johann (Sandow) A. S. 728/29

Disputatio juridica de justitiae, tam commutativae, quam distributivae, proportionibus.
Präs. Samuel Reyher.
Kiel (Reuther) 28. VII. 1701. 14 S. 32250

Seger, Joh. Chrstph. Friedr., Nachtrag zu d. Repertorium gesezl. Bestimmungen u. Verfügungen üb. d. evangel. Kirchen- u. Schulwesen d. preuß. Staates, enth. die neueren Bestimmn. u. Verfügn. bis zu Ende d. J. 1836. Mit e. vollständ. Sach-Register üb. d. ganze Werk. gr. 4. (12½ B.) Berlin 837, Stuhr'sche Buchh.
Hauptwerk. Ebendas. 1828. 1 Thlr. 8 Gr.

Seger, J. Chr. Fr., Repertorium gesezl. Bestimmungen u. Verfügungen ꝛc., s. Repertorium.

Seger, Johann Gottlieb, s. Seger, Johann Theophil

Seger, Johann Theophil [Praes.], s. Behling, Joh. Dav.: De jure conferendi dignitates in imperio Romano Germanico.

Seger, Johann Theophil [Praes.], s. Behrisch, Carl Friedrich: De sectione cadaveris occisi.

Seger, Johann Theophil [Praes.], s. Biener, Christian Gottlob: Disputatio juris Romani et Germanici de apibus.

Seger, Johann Theophil [Praes.], s. Börner, Johann Gottfried: Archimareschallus imperii aeneatorum patronus et judex.

Seger, Johann Theophil [Praes.], s. Chladen, Ernst Florens Friedr.: De banno contumaciae.

Seger, Johann Theophil [Praes.], s. Cleemann, Johann August: Miscella argumenta juris civilis praesertim decemviralis.

Seger, Johann Theophil [Praes.], s. Creutzer, Christoph Friedrich: De sententia novellae constituti I.

Seger, Johann Theophil [Praes.], s. Deutschlaender, August Wolfgang: De crimine stellionatus.

Seger, Johann Theophil [Praes.], s. Dietze, Gottfried Leberecht: De arbitris honorariis ad historiam juris civilis illustrandam dissertatio.

Seger, Johann Theophil [Praes.], s. Doles, Joh. Friedrich: De Leonis philosophi constitutionum novellarum auctoritate.

Seger, Johann Theophil [Praes.], s. Füssel, August Wilhelm: De successorio edicto.

Seger, Johann Theophil [Praes.], s. Grundig, Johann Gottlob: De statutis Fribergensibus.

Seger, Johann Theophil [Praes.], s. Hartwig, Georg Dietrich: Brevis curarum historia.

Seger, Johann Theophil [Praes.], s. Hebenstreit, Heinrich Michael: Historia jurisdictionis ecclesiasticae ex legibus utriusque codicis illustrata.

Seger, Johann Theophil [Praes.], s. Heyme, Christian Gottfried: De conjunctione loci et suffragii in comitiis provincialibus cum dominio praediorum nobilium.

Seger, Johann Theophil [Praes.], s. Heyme, Christian Gottfried: Specimen observationum ad eruendas origines juris publici Germanici.

Seger, Johann Theophil [Praes.], s. Heyne, Christian Gottlob: Bernhardus Ascanius dux Saxoniae varii generis observationibus.

Seger, Johann Theophil A. S. 126/20

Historia iuris Romani liberae rei publicae de tutelis et curationibus.
Leipzig (Breitkopf) 19. III. 1760. 42 S.

Gew.: Johann Jakob Mascov. 32251

Seger, Johann Theophil [Praes.], s. Job, Christian Friedrich: De consilio veterum jureconsultorum in conjungendis nominis ac rei definitionibus.

Seger, Johann Theophil [Praes.], s. Kanne, Christian Karl: De re singulari e pluribus uno pretio venditis retrahenda.

Seger, Johann Theophil [Praes.], s. Karg, Friedrich Fürchtegott: De privilegiis cursus publici recte aestimandis.

Seger, Johann Theophil [Praes.], s. Krezschmar, Christ. Friedrich: Vis et facultas clausulae codicillaris testamento destituto.

Seger, Johann Theophil [Praes.], s. Kummer, Karl Gottfr.: Quaestiones forenses sylloge II.

Seger, Johann Theophil [Praes.], s. Kuenzel, H. Th.: De origine et natura communis Saxonum manus.

Seger, Johann Theophil [Praes.], s. Messerschmidt, Johann Georg: De finibus potestatis ecclesiasticae regundis.

Seger, Johann Theophil [Praes.], s. Müller, Johann Gottfried: Dubiae quaestiones de foro militari in Saxonia.

Seger, Joh. Thphl: Specimen observationum ad eruendas origines juris publici Germanici. Lipsiae 1773. 4°

Seger, Jo. Theoph.: Opuscula iuris universi et historiae. Ed. et praef. est Jo. Lud. Klüber. Vol. 1. [einz.] Erlangae 1788.

SEGER, G. Ch.: Opuscc. jur. univ. et historiae; ed. J. L. KLÜBER. *Erl.*, Palm. 788—90. 2 Vol. 8. (1 Thl.)

Seger, Jh. Gli., († d. 21. April 1786.) opuscula juris universi et historiae edit. et praef. est Jh. L. Klüber. Vol. I. 8maj. Erlang. 789. Palm. 20 gr

Seger, Johann Theophil [Praes.], s. Schiebeler, Daniel: De modo poenarum.

Seger, Johann Theophil [Praes.], s. Schmid, Christian Heinrich: Ulpius Marcellus.

Seger, Johann Theophil [Praes.], s. Schnorr, Johann Theophil: Historia iuris civilis de pignoribus tacite contractis.

Seger, Johann Theophil [Praes.], s. Schwabe, Karl Heinrich: De alimentis viduae indotatae ex feudo debitis.

Seger, Johann Theophil [Praes.], s. Schwabe, Karl Heinrich: De coloniis mercatorum in Germania et praecipue in Saxonia.

Seger, Johannes: Byzantinische Historiker des zehnten und elften Jahrhunderts. I. Nikephoros Bryennios. Eine philologisch-historische Untersuchung . . . München, *Druck v. G. Hoyer & Comp. Breslau*, 1888; 1 Bl. + IV + 58 S. 8°
München, Phil. Fak., Inaug.-Diss. v. 1888

Seger, Johs., byzantinische Historiker des 10. und 11. Jahrh. I.: Nikephoros Bryennios. Eine philologisch-histor. Untersuchung. gr. 8. (IV, 129 S.) München 888, Lindauer'sche Buchh. *

Seger, Karl

Seger, Carl, das Gesetz betreffend die Auflösung des Lehns-Verbandes der nach dem Lehnrecht der Kurmark, Altmark und Neumark zu beurtheilenden Lehne. Vom 23. Juli 1875. Ergänzt und erläutert durch die vollständ. amtl. Motive, die Commissions-Berichte und Verhandlungen des Landtags. 8. (VII, 104 S.) Berlin 886. Siemenroth und Worms. geb. *

Ludwig Christian Seger

De Febribus intermittentibus sub finem aestatis loco dysenteriae grassantibus. Helmstadii (1777:) Schnorr. 24 S. 8°

Helmstedt, Med. Diss. v. 26. Sept. 1777

Seger, Ldw. Chr., († d. 2. Nov. 1799.) s. **Frz. Milman**, Anmerkk.

Seger, L(udwig) C(hristian) (Übers.):

s.: Murray, Johan Anders: Arzneyvorrath oder Anleitung zur praktischen Kenntniß der einfachen, zubereiteten und gemischten Heilmittel. (Apparatus medicaminum tam simplicium quam praeparatorum et compositorum... Dt.) Bd 1 - 4. Braunschweig: 1782 - 1788

JB 1.307

Seger, Oscar E., a. San Carlos ⟨Peru⟩, Referendar in Berlin: Schutz der Aktionäre nach deutschem Recht im Vergleich mit den wichtigsten europäischen Handelsrechten. Berlin 1907: E. Ebering. (110 S.) 8°
Erlangen, Jur. Fak., Ref. Sehling, Diss. v. 12. Nov. 1907
[Geb. 15 Febr 81 San Carlos, Wohnort: Berlin; Staatsangeh.: Preußen; Vorbildung: Luisen Gymn Berlin Reife M 00; Studium: Berlin 2, Marburg 2, Breslau 3 S.; Rig. 12 Okt 07.]

Segers, Georg Friedrich (Königsberg/Pr.) A. S. 752/38

Dissertatio juridica prior, de venatione juxta jus Germanicum. Präs. Zacharias Hess. Königsberg/Pr. (Reusner) VII. 1702. 52 S.

32253

Segers, J., Anleitung zu den Fechtübungen in der K. Preuß. Cavallerie. Mit 19 lithogr. Figuren. qu. 16. Bonn 844. (Habicht.) n. 1/3 ₰

Seger, J., Anleitung zum Hiebfechten mit Korbrappier, Säbel u. Pallasch, zum Selbstunterr. auf deutschen Universitäten u. mit besond. Rücksicht auf d. Militair hrsg. 8. (8¾ B. u. 5 Stnt. gr. 4.) Bonn 834, (Habicht.)

—— Anleitung z. Hiebfechten mit Korbrappiren, Säbel u. Pallasch, z. Selbstunterr. auf deutsch. Universiten u. mit besond. Rücksicht auf d. Militair hrsg. 2., verm. Aufl. 8. (10½ B. u. 5 Stnt.) Bonn 837, Habicht. *

—— Anleitung z. Stoßfechten, nach eigenen Grundsätzen u. Erfahrn. hrsg. gr. 8. (6½ B. u. 4 Stnt.) Bonn 836, Habicht.

Segers, J., Anleitung zu d. zweckmäß. gymnast. Uebungen d. Jugend. gr. 8. (10¼ B. u. 4 Stnt.) Bonn 838, (Habicht.) *

— Anleitung zu den zweckmäßigsten gymnastischen Uebungen der Jugend. 2. verb. u. verm. Aufl. Mit 60 Figuren. 12. Bonn 843, Habicht. ¾ ₰

— Anleitung zum grundl. Unterricht im Schwimmen, nach den Grundsätzen u. der Methode des Generals v. Pfuel, mit e. Vorrede über die Einführung des Schwimmens bei Deutschlands Frauen u. Jungfrauen. Aus d. Verf. Anleitung zu den zweckmäß. gymnast. Uebungen bes. abgedr. gr. 8. Bonn 837. (König u. van Borcharen.) n. ¼ ₰

Segers, J., Kleine Fechtschule, E. prakt. Anleitung z. Hiebfechten mit Korb-Rappier, m Abb., Leipzig, 48 S., 8°.

Segers, J., kleine Fechtschule. Eine prakt. Anleitung zum Hiebfechten mit Korb-Rappier für den Selbstunterricht. (48 S. m. 20 Abbildgn.) 8. Leipzig (907). S. Schnurpfeil. — 30

Segers, J.: Leitfaden zu einigen ausgewählten gymnastischen Übungen für die weibliche Jugend. Bonn 1839. 78 S. m. Abb.

—— üb. d. Zweikampf im Allgemeinen. 8. (1¼ B.) Bonn 837, Habicht. *

Segers, J. C., de ludis scenicis. Regiom. 1702. 4.

Segers, J.E.: De χειροθεσίᾳ. – Regiom. 1710.

Segers, J. E, de Spiritu S. sedente super apostolos Regiom. 1712. 4.

Segers, Johann Georg [Praes.], s. Lange, Chr. Mich.: De idearum associatione

Segerström, A. v., Lorbeerkranz. Gedichte histor. Inhalts aus dem Kriegs-Jahre 1866. 8. (IX und 61 S.) Danzig 867, (Saunier'sche Buchh.) *

Segert, Anna, wilde Rosen. Dichtungen. 8. (VIII, 314 S.) Breslau 884, Schottländer. *ℳ 3.; geb. *

Segert, Anna, in stillen Stunden. Gedichte. 12. (VI, 72 S.) Wismar 886, Hinstorff'sche Hofbuchh., Verlag. geb. mit Goldschn. *

Segert-Stein, Anna (Hrsg.), s.a. Sanders, Daniel. Ein Gedenkbuch.

Segert-Stein, Anna, Daniel Sanders. E. Gedenkbuch. 8. (VIII, 70 S. m. Bildn.) Neustrelitz 897. Barnewitz. n. 2. —

Seges, Otto. Ein Rechnungsfehler. [Erzählung. Sep.-Abdr. aus der «Volksstimme von Baselland», Jahrg. 1902.] 40 S. 8. [Sissach, J Schaub-Buser.]

Segessemann, E[mil]. Die moderne Geschäfts-Reklame. Praktische Wegleitung durch das Gebiet der Reklame-Kunst, für Kaufleute, Industrielle und Gewerbetreibende. Nebst einem Anhang: Nebenverdienst für jeden Beruf. [Umschlag illustriert.] 96 S. 8. Zürich, Reklame-Kunst-Verlag, [1910]. [geb. fr. 3. 50]

Segesser, Schultheiss **Anton Philipp L. von,** † 30/VI 1888. Brustbild. Nach einer Zeichnung. Lithogr. Tondruck. 9 u. 15½ cm. Zürich, Orell Füssli & Cie. 1 —
1888

Segesser, die, zu Mellingen. Aarau und Brugg 1250—1550. Stammesgeschichte und Regenten. In-8°, 340 S. Bern, Wyss. 1893

Segesser, A[nton] Ph[ilipp von]. Die Angelegenheit der 57 Mitglieder des ehemal. Grossen Rathes des Kantons Luzern vor dem schweizerischen Nationalrath. Ein Vortrag, gehalten in der Sitzung vom 19. Dezemb. 1850. (SA.) 8. (Luzern.)

Segesser, Ant. Phil. v., Annahme oder Verwerfung der neuen Bundesverfassung? Vortrag gehalten in Sursee den 25. März 1872. gr. 8. (16 S.) Luzern 872, Gebr. Räber. *

[Segesser, Anton Philipp von.] Beiträge zur Geschichte des innern Krieges in der Schweiz im November 1847. von einem Luzernischen Miliz-Offizier. Mit einem Kärtchen. 8. Basel 1848.
Ausg A: (Darin: Errata.)
Ausg. B: Corrigierte Ausg.

Segesser, A[nton] Ph[ilipp] v[on]. Beiträge zur Geschichte des Stanser-Verkommnisses. Von Dr. Ph. A. v. Segesser. Neue Bearbeitung. ⟨Separatabdruck aus dem Bande 2 der Sammlung kleiner Schriften.⟩ 8. Bern 1877.

(Segesser, A[nton] Ph[ilipp] v[on].) Die Berichte des P. Philipp Segesser aus der Gesellschaft Jesu über seine Mission in Sonora, 1731–1761. ([Hrg. von] Dr. Ph. A. v. Segesser.) [SA.] 8. [Luzern 1886.]

Segesser, Ant. Phil. v., die Beziehungen der Schweizer zu Mathias Corvinus, König von Ungarn in den J. 1476—1490. gr. 8. (IV und 114 S.) Lucern 860, Schiffmann.

Segesser, Phpp. Ant. v., Erinnerungen. [Aus: „Kathol. Schweizer-Blätter".] gr. 8. (90 S. m. Bildnis.) Luzern 891. (Gebr. Räber.) n. 1. 20

— s. a. Festreden an der Schlachtfeier in Sempach.

Segesser, Ant. Phil. v., und Vinc. Kreyenbühl, Festreden an der Schlachtfeier in Sempach am 10. Juli 1871. gr. 8. (29 S.) Luzern 871, Gebr. Räber. *

Segesser, Ph. A. u. Herzog, Jos. Festreden an der Schlachtfeier in Sempach am 10. Juli 1875 (28.) 8. Luzern 1876. 0.40.

—— und Jos. Herzog, Festreden an der Schlachtfeier in Sempach am 10. Juli 1876. gr. 8. (28 S.) Luzern 876, Gebr. (Räber.) *

—— und Jos. Jg. v. Ah, Festreden an der Schlachtfeier in Sempach am 7. Juli 1879. gr. 8. (28 S.) Luzern 879, Gebr. Räber. *

Segesser, A. Ph. v., Genealogie und Geschlechtshistorie der Segesser von Brunegg. Als Manuscript gedruckt. Mit Stammtfl. Bern 1886. 8.

[Segesser, Anton Philipp von.] Genealogie und Geschlechtshistorie der Segesser von Brunegg in der Schweiz und im deutschen Reiche. Als Manuscript gedruckt. (2 Abtheilungen.) 8. Bern 1884–1885.
[Abtheilung 1] *u. d. T.:* Die Seg' zu Mellingen, Aarau und Brugg, 1250–1550. Stammesgeschichte und Regesten. [Mit 1 Stammtafel.]
(Abtheilung 2.) Die Seg' in Lucern und im deutschen Reiche von Mitte des sechszehnten bis Ende des achtzehnten Jahrhunderts. [Mit 3 Stammtafeln.]

Segesser, Anton Philipp von. Werner's von Meggen Heirathsgeschichte. Aus den nachgelassenen Schriften von Dr. A' Ph' von S'. Als Manuscript gedruckt. 8. Luzern 1889.

Segesser, A. Ph., 45 Jahre im Luzernischen Staatsdienst. Erinnerungen und Akten aus dem kantonalen Leben 1841—1887. gr. 8. (XIV, 703 S.) Bern 887, Wyß. *

—— neun Jahre im Großen Rathe des Kantons Luzern, 1851—1860. gr. 12. (108 S.) Schaffhausen 860, Hurter'sche Buchh. *

Segesser, Dr. U. Ph., der Kulturkampf. Neue Studien und Kritiken zur Tagesgeschichte. 3. vermehrte Aufl. 8. Bern, K. J. Wyss. 1. — 1875

Segesser, Ant. Phil. v., Neujahrsbüchlein für das Luzerner-Volk auf das J. 1867. gr. 8. (35 S.) Luzern 867, Gebr. Räber. *

Segesser, A. Ph. v., Ludwig Pfyffer u. seine Zeit. Ein Stück französ. u. schweizer. Geschichte im 16. Jahrh. 1. Bd. A. u. d. T.: Die Schweizer in den 3 ersten französischen Religionskriegen 1562—1570. Mit einer (chromolith.) Karte. gr. 8. (VIII, 676 S.) Bern 880. Wyss. n. 10. —

Segesser, A. Ph. v., Ludwig Pfyffer u. seine Zeit. Ein Stück französ. u. schweizer. Geschichte im 16. Jahrh. 2. u. 3. Bd. gr. 8. Bern, Wyss. n. 21. 60 (I—III.: n. 37. 60)
2. Vierzehn Jahre schweizerischer u. französischer Geschichten. 157.—1584. (572 S.) 881. n. 8. 60
3. Die Zeit der Ligue in Frankreich u. in der Schweiz. 1585—1594. 2 Abthlgn. (496 u. 374 S.) 882. n. 13. —

Segesser, Ant[on] Ph[ilipp von]. Rede des Herrn Nationalrath Dr. Ant. Ph. S' betreffend Amnestirung der heimgekehrten Schweizersoldaten. Gehalten in der Sitzung des h. Nationalraths vom 23. Juli 1861. 8. Schwyz 1861.

Segesser, Ant[on] Ph[ilipp von]. Rede des Herrn Nationalrath Dr. Ant. Ph. S' in Angelegenheit des Landesverrathsprozesses. Gehalten in der Sitzung des h. Nationalrathes den 9. Juli 1861. 8. Schwyz 1861.

Segesser, A[nton] Ph[ilipp] v[on]. Rede des Hrn. Nationalrath Ph. A. v. Segesser (*Ausg. B:* Ph. A. Seg') gegen das Verbot fremder Kriegsdienste. Gehalten in der Sitzung des h. Nationalrathes den 25. Juli 1859. 8. Schwyz.
Ausg A: 16 S. — Ausg B: 15 S.

Segesser, Ant. Phil. v., Rechtsgeschichte der Stadt und Republik Lucern. 1. Bd. 1. und 2. Buch: Die Stadt Lucern unter der Herrschaft der Aebte von Murbach und des Hauses Oesterreich. gr. 8. (XXIII und 306 S.) Lucern 850, Gebr. Räber.

—— dass. — 1. Bd. 3. Buch: Die Erwerbung der Landschaft. gr. 8. (S. 307—787.) Ebds. 851.

—— dass. — 4—6. Buch. (2. Bd. 1. Lfg.): Die Stellung Lucerns im Bunde der Eidgenossen. Die Stellung Lucerns im Reiche bis zum Ausgang des Schwabenkriegs. Die Verfassungsgeschichte bis zum Ende des 15. Jahrhunderts. gr. 8. (2. Bd. S. 1—238.) Ebds. 852.

Segesser, Ant. Phil. v., Rechtsgeschichte der Stadt und Republik Lucern. (2. Bd. 2. Lfg.:) 7. und 8. Buch: Die Staatsverwaltung im 14. und 15. Jahrhundert. Das Privatrecht. gr. 8. (S. 239—594.) Lucern 853, Gebr. Räber.

—— dass. — 2. Bd 3. Lfg. (oder 9. und 10. Buch: Das Strafrecht. Die kirchl. Rechtsverhältnisse.) gr. 8. (S. 595 — 914.) Ebds. 854.

—— Rechtsgeschichte der Stadt und Republik Lucern. 3. Bd. 1. und 2. Lfg. und 4. Bd. 1—3. Lfg. (oder 11—16. Buch.) gr. 8. Lucern, Gebr. Räber.

Inhalt:

Bd. 3. Lfg. 1. oder 11. u. 12. Buch. Allgemeine Einleitung in die Geschichte der drei letzten Jahrhunderte. — Die aristocratische Verfassung. (III und 387 S.) 857. 1 Thlr. 12 Ngr.

Bd. 3. Lfg. 2. oder 13. Buch. Die Staatsverwaltung während der drei letzten Jahrhunderte. (III und 226 S.) 857. 24 Ngr.

" 4. " 1. " 14. u. 15. " Das neue Privatrecht. Die Carolina und das neuere Strafverfahren. (S. 1—233.) 358. 24 Ngr.

" 4. " 2. " 16. " Kirche und Staat seit den Zeiten der Glaubenstrennung. 1. Abthl.: Das 16. und 17. Jahrhundert. (S. 234—582.) 858. 1 Thlr. 7½ Ngr.

" 4. " 3. " 16. " Kirche und Staat seit den Zeiten der Glaubenstrennung. 2. Abthl.: Das 18. Jahrhundert. Schluß: Allgemeiner Blick auf die politischen und rechtlichen Entwickelungen der Neuzeit. (S. 583—771.) 858. 24 Ngr.

Segesser. Anton Philipp von s. Sammlung. Amtliche S' der ältern Eidgenössischen Abschiede. Lucern ....

Segesser, Ant. Phil. v., Sammlung kleiner Schriften. 1.—3. Bd. gr. 8. Bern, Wyß. *

Inhalt:

Bd. 1. Studien und Glossen zur Tagesgeschichte. 1859—1875. (XV, 663 S.) 877. *M 7.

" 2. Monographien, Recensionen, Nekrologe 1847—1877. (VI, 564 S.) 879. *M 6.

" 3. Reden im schweizer. Nationalrathe und staatsrechtl. Abhandlungen. 1848—1878. (XL, 430 S.) 879. *M 6.

Segesser. A[nton] Ph[ilipp] von. Sammlung kleiner Schriften. 4 Bände. 8. Bern 1877–1887.

Band 1: Studien und Glossen zur Tagesgeschichte. 1859–1875. B' 1877.
Band 2: Monographien. Recensionen, Nekrologe. 1847–1877. B' 1879.
Band 3: Reden im schweiz. Nationalrathe und staatsrechtliche Abhandlungen. 1848–1878. B' 1879.
Band 4: Fünfundvierzig Jahre im Luzernischen Staatsdienst ... B' 1887.

—— das alte Stadtrecht von Lucern, s. Stadtrecht.

Segesser, Ant. Phil. v., das alte Stadtrecht von Lucern. Nach der im Staatsarchiv liegenden Originalhandschrift herausg. Basel 855. Bahnmaier. 8. (82 S.) n. 11 ngr.

—— Studien und Glossen zur Tagesgeschichte. Die Monarchie und die Republik in Europa und Amerika 1866. gr. 8. (79 S.) Luzern 866, Gebr. Räber. *

—— Studien und Glossen zur Tagesgeschichte. Am Vorabend des Conciliums. gr. 8. (83 S.) Basel 869, Bahnmaier's Verlag. *

—— dass. — Das Ende des Kaiserreichs. gr. 8. (133 S.) Schwyz 870. (Luzern, Gebhardt.) *

Segesser, von, Dr. A. Ph., Studien u. Glossen zur Tagesgeschichte. Der Culturkampf. 2. Aufl. 8. Bern, K. J. Wyss. 1875 1. —

—— neue Studien und Glossen zur Tagesgeschichte. Das Jahr 1860. 2., durchgeseh. Aufl. gr. 8. (77 S.) Lucern 861. (Nördlingen, Beck'sche Buchh.) Thlr. *

Segesser. A[nton] Ph[ilipp] v[on]. Innere Unruhen in Lucern in den Jahren 1569–1575. Der Pfyffer-Amlehnhandel und der Rothenburger Aufstand. SA. 8. Bern 1880.

Segesser, C. L. Gutachten über Verwerthung d. Wasserkraft d. Reuss in Luzern. Aut. 4.

Segesser. F[ranz]. Erinnerungen an den hochwürdigsten Herrn Leonhard Haas, Bischof von Basel und Lugano. [Mit 2 Tafeln.] II + 47 S. 8. Luzern, Buchdr. J. Schills Erben (* *Umschlag:* Verlag Räber & Cie.). 1907. [fr. —. 60]

(Segesser, Franz.) Mgr. Leonhard Haas, Bischof von Basel und Lugano (1833—1906. Nekrolog, von Regens Dr. F. S'). [Mit Porträt-Tafel.] 14 S. 4.

Jahresbericht für die Höhere Lehranstalt zu Luzern für das Schuljahr 1905/1906. Beilagen: ... II... Luzern, J Schill's Erben, 1906.

Segesser, Fr.: Jos. Suppiger. Luzern, Progr. 1884.

Segesser. F[ranz]. † Commissar Dr. Joseph Winkler (1809–1886). [Necrolog. A.] 4. [Luzern 1886.]

[Segesser, Friedrich.] Ein völliger Ablass. [Mit Titelbild.] 8 S. 8. [Zürich, Christl. Vereinsbuchh., 1903.] (einzeln und franko fr. —. 10)

[Segesser, Friedrich.] Ein völliger Ablass. [Mit illustriertem Titel.] 8 S. 8. (Basel, Walz & Miéville, [1907].) [fr. —.05]

Segesser, Frdr., Argentinien, seine Kolonien u. die deutsche Einwanderung. 8. (IV, 87 S.) St. Gallen 876. Scheitlin & Zollikofer. 1. 80

[Segesser, Friedrich.] Die wahre Kirche und ihr Kennzeichen. 8 S. 8. [Basel, Walz & Miéville, 1907.] (fr. —.05)

Segesser, Friedrich v. [prakt. Arzt aus Luzern]: Carcinomähnliche Nekrosen im Lebergewebe, o. O. (1900.) 23 S. 8°.

Zürich. Med. Diss. 1899/1900.

[Segesser, Friedrich.] Petrus der Fels. [Mit Titelbild.] 8 S. 8. (Basel, Walz & Miéville, [1904].) [fr. —. 05]

[Segesser, Friedrich.] Eine wunderbare Prophezeiung. Bevor Christus erscheint, muss erst der Antichrist kommen. ... [Illustriert.] 32 S. 8. Basel, [Walz & Miéville,] 1909. [fr. —. 20]

Segesser, Fr(iedrich). Der Ruf zur Hochzeit des Lammes und Die Vollendung des Geheimnisses Gottes. 1. und 2. Teil. II + 40 + 56 S. 8. Basel, [Walz & Miéville,] 1907. (fr. —.50)

[Segesser, Friedrich.] Die Sonntagsgesetze in der Schweiz. 8 S. 8. (Basel, Walz & Miéville, [1905].) [fr. —. 05]

Segesser, F[riedrich]. Der Sozialismus. [Mit Abbildung.] 8 S. 8. Basel, (Walz & Miéville,) 1906.

Segesser, F[riedrich]. Der Sozialismus, Ein Zeichen der Zeit. Seine Bedeutung, Zukunft, Dauer, Verlauf und Ende mit vielen Einzelheiten in Gottes Wort deutlich vorausgesagt. [Mit illustriertem Umschlag.] II + 48 S. 8. Basel, (Walz & Miéville,) 1906. [fr. —. 25]

[Segesser, Friedrich.] Studien zum Ruhetagsgesetz. Ernste Gedanken über Sonntagsheiligung und Sonntagsgesetze. ⟨Allen Freunden der Sonntagsheiligung gewidmet.⟩ 16 S. 8. (Basel, Walz & Miéville, [1908].) (fr. —. 10)

Segesser, Friedrich. Die Vollendung des Geheimnisses Gottes, oder Zeiten und Stunden der Wiederaufrichtung des Reiches Israel. [Adventisten-Traktat.] 2. Aufl. IV + 64 S. 8. Basel, Walz & Miéville, 1904. (fr. —. 50)

[Segesser, Friedrich.] Eine merkwürdige Voraussagung. 8 S. 8. (Basel, Walz & Miéville, [1904].) [fr. —. 05]

[Segesser, Friedrich.] Eine merkwürdige Voraussagung (oder die Prophezeihung vom Antichrist). 16 S. 8. [Basel, Walz & Miéville, 1907.] (fr. —.10)

Segesser, F[riedrich]. Die Vorbilder der himmlischen Dinge. Die mosaische Ordnung, ein Prüfstein des christlichen Glaubens (und) Ein Spiegel für alle Sekten. [Mit Titel-Vignette.] II + 88 S. 8. Basel, (Walz & Miéville,) 1907. [fr. —. 75]

[Segesser, Friedrich.] Ein Zeichen des nahenden Endes. Einige Ereignisse unserer Zeit im Lichte des Wortes Gottes betrachtet. Das Welträtsel gelöst. [Mit 1 Abbildung.] 16 S. 8. Basel, [Walz & Miéville,] 1910. [fr. —. 15]

Segesser, H. Komödie der Irrungen. Ein Beitrag zur Kulturgeschichte des 19. Jahrhunderts. In-12°, 120 S. Oberstrass, Zürich, D. Herzog. 1 25
1886 gebd. 2 25

Segesser, Hans Albrecht v[on]. Die Personentarife der schweiz. (*Ausg. B: schweizerischen) Privateisenbahnen und die Tarifreformen der Bundesbahnen. VIII + 137 S. 8. Zürich, Zürcher & Furrer, 1902.
Ausg. A: Diss. Staatsw. Univ. Zürich ... von Hans Albrecht v. Segesser aus Luzern.
Ausg. B: Von Hans A. v. Segesser, Dr. juris publ. [Zürich, C. M. Ebell.] [fr. 4. —]

Segesser, [Heinrich Victor] von. Kampf der Urner gegen die Franzosen anno 1799. Kriegsgeschichtliche Studie. [Mit 1 Plan und 1 Karte.] kl.-4. (Altdorf 1899.)
Denkschrift an die Ereignisse im Lande Uri vor hundert Jahren. [Nr. 8.]

Segesser, J., Ueber das Verarmen der Schweiz. 8°. Luzern 1818.

Segesser, J. C.

Segesser, Dr., Winke über das Studium der Witterungsprognostik. 8. Luzern, Anich. (Leipzig, Schmidt.) 817.

Segesser, Dr. J. C., Winke üb. das Studium der Witterungsprognostik. 8. Luzern 817. (Leipz., Schmidt). 9 ℊ
— der astrolog. Wetteranzeiger. Ein Beitr. zur Unterhaltung f. Freunde d. Witterungskunde. 1r Jahrg. gr. 12. Bern 821. Anich. 1 ß 8 ℊ

Segesser, J. P., die Volkswehr als Ergänzung und Abrundung der Landesvertheidigung betrachtet vom Standpunkte der Schweizer'schen Heeresorganisation. gr. 8. (VI und 66 S.) Luzern 866, (Gebr. Räber.) *

Segesser, J[ost] B[ernhard]. Freimüthige Gedanken mehrerer Stadtburger von Luzern über die Berufung der Jesuiten. Gesammelt und hrg. für die Einwohnerschaft Luzerns von J. B. S'. 8. Luzern 1844.

Segesser, Louis v[on]. Die Grenzverrückung. Diss. Jur. Bern. 147 S. 8. Luzern, J. Schills Erben, [1909].

Segesser, Philipp Anton v., s. Segesser, Anton Philipp v.

Segesser, [Joseph] Placid. Der Landsturm, mit besonderer Beziehung auf die katholische Schweiz und den Stand Luzern. Auszug aus einer grössern Abhandlung des Herrn... Plazid S'.... 8. Luzern 1847.

Segesser von Brunegg, Heinrich Viktor von. [Zürich 1900]. V: *Rahn, Joh. Rud.* (Zuwachsverz. d. Bibliotheken in Zürich 1898 ff.)

Segesvár [Schlagwort]

Segesvár s.: Schässburg.

Segeta Bonifaz: De stasimis Euripideis. H. 1897 PN 1061 Diss.Wien. Univ. 1539

Segeth, Karl

Segeth, Car. (Franc.) (geb. Tarnowitz 26. 6. 1811): De cataracta puerorum. Berolini (1836). (30 S.) 8°
Berlin, Med. Diss. v. 28. März 1836

Seggel, K.

— — Über die Anforderungen an das Auge und die Sehstörungen beim Schießen der Infanterie. Berlin 1898. 15 S.

Seggel, Bericht über die Augenkrankenstation des Königl. Garnison-Lazareths München. gr. 8. (144 S.) Berlin 884, Mittler und Sohn. *
Aus: Deutsche militärärztliche Zeitschrift, besonders abgedruckt.

Seggel, die objective Bestimmung der Kurzsichtigkeit beim Militär-Ersatzgeschäfte. [Aus: „Aerztl. Intelligenzbl."] gr. 8. (36 S.) München 876. J. A. Finsterlin. n. 1. —

Seggel, Dr. K. Mitteilungen aus der Augenkrankenstation des k. Garnisonlazaretts München. München 1886. 9 S.

Seggel, ein doppelröhriges metrisches Optometer. [Aus: „Aerztl. Intelligenzbl."] gr. 8. (20 S. m. eingedr. Holzschn.) München 882. J. A. Finsterlin. n. — 60

Seggel, Sehproben-Tafeln zur Prüfung d. Lichtsinns. gr. 8. (7 S. m. 4 Taf.) München 888. Literarisch-artist. Anstalt. n. 2. 40

Seggel. Sehproben-Tafeln zur Prüfung d. Lichtsinns. gr. 8. Münch. 888, Bassermann. * 2 40

— — Über den Wert der Messung von Schulterbreite u. Sagittaldurchmesser der Brust für die Beurteilung der Diensttauglichkeit. Berlin 1891. 13 S.

Seggel, die Zunahme der Kurzsichtigkeit an den höheren Unterrichtsanstalten, s. Mittheilungen und Auszüge aus dem ärztlichen Intelligenz-Blatt.

Seggel, Rudolf [cand. med. aus München]: Ein Dermoid der Conjunctiva bulbi ... München, Buchdr. Kastner & Lossen, 1895; 21 S., 1 Taf. 8.
München, Med. Fak., Inaug.-Diss. v. 1896

Seggel, Rudolf, Dr., 1. Assist. d. chirurg. Klinik: Historische Untersuchungen über die Heilung von Sehnenwunden und Sehnendefekten. Tübingen 1902: H. Laupp Jr. (80 S.) 8°
(Aus: Beiträge zur klinischen Chirurgie, Bd 37, H. 2.)
München, Med Hab.-Schr. v. 1902
(Nicht für den Austausch)

Segger, Franz

— Rechenbuch f. höhere Mädchenschulen, s.: Müller, Heinr., u. D. Schmidt.

— Rechenbuch f. Präparandenanstalten, s.: Baltin, R.

Segger, Frz., Rechenbuch f. die Vorschule der höh. Lehranstalten. Im Anschluß an das Rechenbuch f. die unteren Klassen von H. Müller u. F. Pietzker hrsg. 3 Hefte. 8. Leipzig, B. G. Teubner. Kart. à n. — 80
1. Lehraufgabe des 1. Schulj. (IV, 64 S.) 905.
2. Lehraufgabe des 2. Schulj. (IV, 72 S.) 905.
3. Lehraufgabe des 3. Schulj. (IV, 58 S.) 905.

Rechenbuch für die Vorschule der höheren Lehranstalten. Im Anschluß an d. Rechenbuch f. d. unteren Klassen von Prof. H. Müller u. Prof. F. Pietzker hrsg. von F[ranz] **Segger**, Lehrer. 2. Aufl. H. 1-3. Leipzig & Berlin: B. G. Teubner 1907. 3 Bde. 8° [F.]
1. Lehraufgabe d. 1. Schulj. 2. ... d. 2. Schulj. 3. ... d. 3. Schulj. [08. 316

Segger, Frz., Rechenbuch für die Vorschule der höh. Lehranstalten. Im Anschluß an das Rechenbuch f. d. unteren Klassen von H. Müller u. F. Pietzker hrsg. 3 Hefte. 8. Leipzig, B. G. Teubner. à — 80
1. Lehrausgabe des 1. Schulj. 3. Aufl. (IV, 60 S.) 910.
2. Lehrausgabe des 2. Schulj. 8. Aufl. (IV, 74 S.) 910.
3. Lehrausgabe des 8. Schulj. 3., unveränd. Aufl. (IV, 62 S.) 909.

Segger, Johann

Segger, J., Dienstunterricht f. Polizei-Exekutiv-Beamte. 1. Thl. Strafgesetzgebung. (Gerichtsverfassung. Strafprozeßordnung. Strafgesetzbuch.) gr. 16. (VIII, 297 S.) Berlin 900. J. Guttentag. Kart. n. 2. —

Segger, J., Executiv-Polizei u. Publikum. E. Wort zur Klärg. u. gegenseit. Würdigg. gr. 8. (VIII, 48 S.) Hann. Münden 898. R. Werther. n. 1. —

Segger, J., Inhaltsverzeichniss der Jahrgänge 1835—1888, s.: Archiv f. die Artillerie- u. Ingenieur-Offiziere d. deutschen Reichsheeres.

— Sammlung d. f. d. Stadt Görlitz erlass. Orts-Polizei-Verordngn., d. wichtigsten Regierungs- u. Ober-Präsidial-Verordngn., gesetzl. u. sonst. Bestimmngn. Im Auftr. d. Magistrats zusammengest. gr. 8. (VIII, 340 S.) Görlitz 898. (P. W. Sattig.) Kart. n. 4. —

Segger, Rud., Wer hat die Wahrheit, Rom oder Wittenberg? Ein Wort zur Verständigung gegen Evers' Buch „Katholisch oder protestantisch?" gr. 8. (36 S.) Leipzig 881, Hinrichs'sche Buchh. *

Segger-Bethmann, der praktische Arzt im Hause. Ein volksthüml. Handbuch f. die deutsche Familie zur schnellen u. sachgemäßen Hilfe in allen Krankheitsfällen sowie zu vernünft. Gesundheitspflege. Mit e. zerlegbaren Modell des menschl. Körpers. gr. 8. (VII, 290 S.) Berlin 902. Deutscher Verlag. Geb. 2. 50

Segger-Bethmann, Wilhelm Hermann Ernst

Segger-Bethmann, Ernst, approb. Arzt aus Braunschweig: **Aus** d. kgl. chirurg. Klinik zu Kiel. Kasuistischer **Beitrag zur** Kenntnis der Hernia epigastrica. *Kiel 1900: Schmidt & Klaunig.* (16 S.) 8°
Kiel, Med. Diss. v. [7. Sept.] 1900

Segger-Bethmann, die Geschlechtskrankheiten, ihre Entstehg., Verhütg., Behandlg. u. Heilg. gemeinverständl. dargestellt. (63 S.) 8. Berlin (903). Deutscher Verl. 1. —

Segger-Bethmann, die Hautkrankheiten, ihre Entstehung, Verhütung, Behandlung u. Heilung gemeinverständlich dargestellt. 8. (70 S.) Ebd. (902). 1. 25

Die Hautkrankheiten, ihre Entstehung, Verhutung, Behandlung u. Heilung, gemeinverstandl dargest. von Dr. [Wilh. Herm. Ernst] **Segger**-Bethmann, Spezialarzt in Hannover. *Berlin: Deutscher Verl. [1903].* (70 S.) 8° [F.] [04. 1361

Die Radierungen des Herkules **Seghers**. Hrsg. von Jaro Springer. T. 1. Berlin: B. Cassirer 1910. 2°
(Graphische Gesellschaft. Veröffentlichung. 13.) [11. 5170

Seghers, Louis, antike Alphabete, Initialen, Fragmente rc. ausgezogen aus Missalen, Bibeln, Manuscripten rc. vom 12. bis zum 19. Jahrh. qu. 4. (23 Stnt. mit lithogr. Titel.) Leipzig 862, E. H. Mayer.

Seghers, Louis, antike Alphabete, Initialen, Fragmente etc., ausgezogen aus Missalen, Bibeln, Manuscripten etc. vom 12. bis zum 19. Jahrh. 2. Aufl. qu. 4. (24 Stnt. mit 1 Bl. Text.) Köln 883, Mayer. *

Seghers, Louis, antike Alphabete, Initialen, Fragmente rc., ausgezogen aus Missalen, Bibeln, Manuscripten rc. vom 12. bis zum 19. Jahrh., gesammelt, gezeichnet nnd gravirt. 2. Aufl. qu. 4. (24 zum Theil farb. Taf. mit 1 Bl. Text.) [Köln 885.] Leipzig, E. H. Mayer. *

SEGI, Matoo (Miye): Die Infektionskrankheiten des Kindesalters bearb. nach dem Beobachtungsmateriale der Universitäts-Poliklinik für Kinderkrankheiten zu München (1905-1909).- München: Kastner & Callwey 1910. 58 S.
17.7.1911 - Chr 1911/12,25; U 11.5751
Diss. Ingolst.-Landsh.-Mchn.

Segin, Adalbert, aus Lauda: Über den **Nachweis** von Kokosfett in Butter. *Würzburg 1904: C. J. Becker.* (20 S.) 8°
Würzburg, Phil. Diss. v. 1904

Segin, Friedrich: Die chirurgischen Werkzeuge aus elastischem Harze nebst Angabe ihrer Bereitung und Gebrauchsweise. 9 S., gbd., 5 Taf.

Heidelberg u.Leipzig: Groos 1833

JB 3.693

Segin, Fr., zur Würdigung des homöopath. Heilverfahrens. Beobachtungen. gr. 8. Heidelberg 841, Groos. 3/4 rf

Segitz, Konrad

Segitz, **Conrad**: Marc Antoine Le Grand. Sein Leben und seine Werke. Erlangen 1910: Junge. VIII, 109 S. 8°
Erlangen, Phil. Diss. v. 26. April 1910, Ref. Pirson
[Geb. 6. Aug. 82 Nürnberg; Wohnort: Hamburg; Staatsangeh.: Bayern; Vorbildung: Realgymn. Nürnberg Reife 01; Studium: Paris 2, München 5, Erlangen 2 S.; Rig. 22. Dez. 09.] [U 10. 900

Segitz, Martin, Das Unterstützungswesen der Gewerkschaften, insbesondere die Arbeitslosen-Unterstützung und deren Einführung im Deutschen Metallarbeiterverband. Rede. 8°. Nürnberg, J. Scherm, 1897.

Segitz, Martin, Vortrag über den dritten Punkt der Tagesordnung: Agitation. Zur 5. Generalvers. des deutschen Metallarbeiterverbandes. Zur Orientierung für die Verbandsmitglieder. 8°. Stuttgart, Verl. d. deutsch. Metallarbeiterverbandes, s. a. (1901).

Segler, G., vom Bekenntnisse der Kirche. gr. 8. Nürnberg 873. Gütersloh, Bertelsmann. *

Segler's Handbuch. Bearb. v. Muchall-Viebrook. Lex.-8. (478 S. m. 259 eingedr. Abbildgn. u. 56 Taf.) Berl. 887, [Verlag d. Wassersport] A. Braun u. Comp. [* 30 —] * 21 —

Segler's Handbuch. 2., gänzl. umgearb. Aufl., hrsg. v. d. Red. d. „Wassersport" Geo. Belitz. M. 123 Taf. u. 261 Abb. im Text. Lex.-8. (XII, 536 S.) Berlin 897. M. Oldenbourg. Geb. in Leinw. n. 30. —
Erschien auch in 20 Lfgn. zum Subskr.-Pr. von à n. 1. —.

—— Taschenbuch. Leitfaden f. den Anfänger im Segelsport. kl. 8. (232 S. m. üb. 100 Illustr. im Text u. 8 Taf.) Berl. 890, A. Braun u. Comp. * 4 —

Seglers Taschenbuch. Das Wissenswürdigste f. Anfänger im Segelsport. Hrsg. v. der Red. des „Wassersport". Mit 8 Taf. u. mehr als 100 Fig. im Text. 12. (III, 231 S.) Berlin 891. A. Braun & Co. Geb. in Leinw. n. 4. —

— Taschenbuch. D. Wissenswürdigste f. Anfänger im Segelsport. Hrsg. v. d. Redaktion d. „Wassersport". 2., verm. u. verb. Aufl. 12. (III, 245 S. m. Fig. u. 19 Taf.) Ebd. 896. Geb. in Leinw. n. 4. —

Segler's Taschenbuch. Das Wissenswürdigste f. Anfänger im Segel-Sport. Hrsg. von der Redaktion des „Wassersport" Geo. Bolitz. 3. verm. u. verb. Aufl. (III, 267 S. m. Fig. u. 23 Taf.) 12. Berlin 903. Wassersport-Verlag. Geb. in Leinw. n. 4. —

Akademischer Segler-Verein an der Königlichen Technischen Hochschule zu Berlin in Charlottenburg. (Jahrbuch.) [Charlottenburg] 1896. (112 S.) 8°

Segmehl, Ferdinand Leopold (Breslau) U. S. Halle 1716, 4

Dissertatio juridica inauguralis de eo, qui post litem contestatam bona immobilia possidere desiit.
Präs. Jakob Friedrich Ludovici.
Halle (Grunert) V. 1716. 44 S.

Gew.: Heinrich von Bünau. 32254

Segmehl, Ferdinand Leopold (Breslau) A. S. 106/25

Dissertatio juridica inauguralis de eo, qui post litem contestatam bona immobilia possidere desiit.
Präs. Jakob Friedrich Ludovici.
Halle (Grunert) 1737. 44 S.

Diss. V. 1716.
Gew.: Heinrich von Bünau. 32255

[Segmuller, P. Fridolin] Gall(us) Jakob Baumgartner (von Altstätten. 1797–1869), ein schweizerischer Staatsmann. Sein Wirken und seine Zeit. Zusammengestellt von Wilhelm von Roosen. [Mit Portrat-Tafel.] 8. Altstatten 1894.

Segmüller, Fridolin, O. S. B., Blätter aus d. Kirchengeschichte d. Schweiz zur Zeit d. Helvetik. Progr. gr. 4. (46 S.) Einsiedeln 896. Verlagsanstalt Benziger & Co. n. 2. —

— dasselbe z. Zeit d. Mediation u. Restauration. Progr. gr. 4. (44 S.) Ebd. 897. n. 2. —

Segmüller, Fridolin, O. S. B., s.: Regel des hl. (Vaters) Benedikt.

— s. a. Regula sancti Benedicti.

Segmuller, P. Fridolin. Regula Sancti Benedicti. Editio 5a quam ad veteres codices revisit et emendavit P. Fridolinus S'.... VIII + 161 p. 8. Einsidlæ..., Benziger & sociorum, [1909]. [geb. fr. 2. 50]
Mit 1 Tafel.

Segmüller, P. Fridolin. St. Geroldsbüchlein. Leben, Stiftung und Verehrung des heiligen Bekenners Gerold, nebst Gebetsanhang. [Mit Illustrationen und 1 Tafel.] 112 S. 8. Selbstverlag der Propstei St. Gerold, Vorarlberg; Komm.: Einsiedeln, Eberle, Kälin & Cie.; Feldkirch, Unterberger, (1906). [fr. —. 45]

Segner, Franz

Segner, F., Soll u. Haben der Univ.-Bibliotheksgebühr. Etatvergleichende Betrachtgn. (32 S.) gr. 8. Würzburg 910. Stahel's Sort. 1. —

Segner, Franz: Die bayerische **Staatsschuld insbesondere** seit Errichtung der Staatsschulden-Tilgungsanstalt ⟨1. Okt. 1811⟩. *Stuttgart 1903: Union.* (77 S.) 8° ¶(Erscheint vollst. in. Finanz-Archiv.)
Würzburg, Jur. Diss. v. 1903

Segner, Johann Andreas v.

* **De adfrictu solidorum in motu constitutorum praeside** *Jo. Andr. de Segner* **disput.** *Jo. Ephr. Scheibel* ..... **Halae 4.** 1758

v. Segner, Jh. Andr., († d. 5. Oct. 1777.) Anfangsgründe der Arithmetik, Geometrie rc.; aus d. Latein. von Jh. Wlh. Segner. 8. Halle 764. 2e vom Verf. selbst verb. Aufl. 773. Renger. 20 gl

Die Anfangsgründe der Arithmetik, Geometrie und Trigonometrie, oder der erste Theil des math. Cursus des Hrn. von *Segner* sind auch 1769. zu Leipzig in einer griechischen Uebersetzung herausgekommen. Der Titel ist:
Ιωαν. Ανδρ. Σεγνέρε καὶ συγγραμάτων καὶ συνεσείων φιλοπόνω μεν σπεδῇ Ευγεν. Διακ. τε Βουλγαρέως — φιλοτιμω δὲ δαπάνῃ του ἐξοχωτάτε εν ιατροφιλοσοφοις κυρίε — Θωρια του Μανδακάσε. — Γεωμετριαν καὶ Αριθμητικην ἀσραβῆ τῆς ἀληθειας Κανόνατις, ὲκ αν ἁμαρτον τε πρέποντος Συνεσ. προς Παιονιον. ἐν Λειψιά τῆς Σαξονίας ἐν τῇ τυπογραφία του Βρειτκοπφ ετει αψξζ.

* Das eilfte und zwölfte Buch der Elemente des Euklides. Ein Supplement der sechs ersten Bücher, welche mit einer Vorrede des Herrn geheimten Raths *von Segner* zu Halle 1773. im Druck erschienen sind. Halle im Verlag der Buchhandlung des Waysenhauses. gr. 8. 62 S.

1781

* Die sechs ersten Bücher der geometrischen Anfangsgründe des Euklides zum Gebrauch der Schulen. Aus dem Griechischen übersetzt durch *L.* Nebst einer Vorrede von *J. A. von Segner.* Halle. gr. 8. 139 S. 10 Blätter.

1773

Johann Andreas v. Segner

Io[annes] Andreas [v.] Segnerus [Segner]: De Causa gravitatis redekeriana. [Resp.:] Carolus Philippus Gesnerus [Gesner]. Gottingae: Schultz (1738). 40 S. 8°

Göttingen, Med. Diss. v. 10. Apr. 1738

* **De celeritate, qua liquidum in quavis ejusdem tubi parte fluit disputatiuncula.** *Jo. Andr. Segneri.* **Gottingae. 4.** 1746

* *Desselb.* **Programma academicum. (Praemittitur Computatio formae atque virium machinae hydraulicae nuper descriptae.) Gotting. 4.**

1750

Segner, Johann Andreas [Praes.], s. Cropp, Friedr. Ludw. Christ.: Observationes quasdam et conclusiones circa calorem et frigus maxime hiemis 1740.

Johann Andreas v.Segner

Cursus mathematici.([Verf.:] Joannes Andreas Segnerus [v.Segner].) P.1-3. Halae Magd.:Renger 1756 - 61. 3°

P.1: Segner: Elementa arithmeticae geometriae et calculi geometrici. 1756.
P.2: Segner: Elementa analyseos finitorum. 1758.
P.3: Segner: Elementorum analyseos infinitorum p.1. 1761.

— cursus mathematicus, cum fig. V Partes. 8. Halle 767—768. Renger. 3 ℔ 20 gr (Pars III. et IV. Etiam s. titulo: elementorum analyseos infinitorum Pars I. et II.)

— defensio adversus censuram Berolinensem. 8. Götting. Vandenhök. 743.

— de derivatione et revulsione p. venae Sectionem. 4. Götting. Vandenhök et R. 750.

Johann Andreas v.Segner

Johann Andreas [v.] Segners Einleitung in die Natur-Lehre. Göttingen 1746. 554 S. 8°

— Einleit. in die Naturlehre. Mit 14 Kpf. 8. Götting. 746. 2e verb. Ausg. Mit 16 Kpf. 753. 3e Ausg. Mit 16 Kpf. 770. Vandenhöck u. R. 1 ℔ 4 gr

Johann Andreas v.Segner

Johann Andreas [v.] Segners Einleitung in die Natur-Lehre. 2.Aufl. Göttingen: Vandenhoeck 1754. 565 S. 8°

Johann Andreas v. Segner

Elementa analyseos finitorum Joannis Andreas Segneri [v. Segner]. Halae Magd.: Renger 1758. 510 S. 8°

(= Segner: Cursus mathematicus. P.2.)

Johann Andreas v. Segner

Elementorum analyseos infinitorum Joannis Andreae Segneri [v. Segner] p.1. Halae Magd.: Renger 1761. 8°

(= Segner: Cursus mathematicus. P.3.)

P.1: 1761.

Elementorum analyseos infinitorum *Joan. Andreae Segneri*, ser. regi Bor. a consiliis intimis, mathemat. et phil. nat. in acad. Fridericiana profess. primarii etc. Pars II. pagg. 572. cum V tabb. in 8. Halae Magd. in offic. Rengeriana. 1762

Johann Andreas v. Segner

Jo[annis] Andreae Segneri [v. Segner] Elementa arithmeticae et geometriae in usus auditorum. Goettingae: Cumo 1739. 248 S. 8°

Johann Andreas v. Segner

Elementa arithmeticae geometriae et calculi geometrici Joannis Andreae Segneri [v. Segner]. Halae Magd.: Renger 1756. XVI,336 S. 8°

(= Segner: Cursus mathematicus. P.1.)

— elementa arithmeticae et geometriae, in us. auditorum. Cum fig. aen. 8. Götting. 739. Umgearb. unt. d. T.: elementa arithmeticae, geometriae et calculi geometrici. 8. Halle 756. ibid. 767.

— exercitationes hydraulicae, cum fig. 4. Gött. Vandenhök. 747.

Johann Andreas v.Segner

Johannes Andreas [v.] Segner: De Fonte Pliniano. 1. Gottingae (1737:) Schultz. 4°

1: (1737.)
[Einladungsschrift zur Dr.med.-Promotion von Christian Andreas Koch, Göttingen,5.Sept.1737.]

Segner, Johann Andreas [Praes.], s. Gesner, Karl Philipp: De causa gravitatis Redekeriana.

Segner, Johann Andreas [Praes.], s. Giesecken, Hilmar Adolph Ludwig: Prophylaxin morborum non esse pecularem hygiaenes partem.

Segner, Johann Andreas [Praes.], s. Groskurt, Johann Heinrich: De abortu.

* *Johann Andreas von Segner* Sr. Königl. Preuſs. Maj. Geh. Raths, ersten Lehrers der Mathematik und Naturlehre bey der Königl. Friedrichs-Universität etc. Gründe der Perspectiv. Mit 8 Kupfertafeln. Berlin, b. Christ. Fr. Himburg. 6 Bog. oder 94 S. 8.
1779

— Gründe der Perspektive. Mit 8 Kpftaf. 8. Berl. 779. (Reimer); (a. Hinrichs in Leipz.) 8 gr

Segner, Johann Andreas [Praes.], s. Hermann, Leopold: Commentationis de inertia pars prior.

Segner, Johann Andreas [Praes.], s. Ilsemann, Johann Wilhelm: De colica saturnina metallurgorum.

Johann Andreas v. Segner

Ioannes Andreas de Segner: Commentationis de inertie p.1. Halae ad Salam (1772):Hendel. 8°

P.1: [Resp.] Leopold Hermann. (1772)
Halle,Phil.Diss.v.4.Mai 1772

Libram, qua sui quisque corporis pondus explorare commode possit, describit ...... *J. A. Segner.* Gottingae. 4.
1740

— specimen logicae universaliter demonstratae. 8. Jenae, Cröcker. 740.

Johann Andreas v.Segner

Ioannes Andreas [v.] Segnerus [Segner]:Methodus Newtoniana reperiundi divisores aequationum. [Resp.:] Michael Laurentius Willich. Gottingae (1738): Vandenhoeck. 28 S. 8°

Göttingen, Phil.Diss.v.25.Jan.1738

* *Dessёlb.* Progr. de natura fluidorum quaedam theoremata sistens. Ebend. 4. (Handelt besonders: De viribus a quibus fluidorum superficies mutantur.)
1750

Johann Andreas v. Segner

Io[annes] Andreas [v.] Segnerus [Segner]: De Natura fluidorum quibusdam theorematibus. Goettingae (1750:) Hager. 14 S. 8°

[Einladungsschrift zur Dr.-med.-Promotion von Samuel Aurivillius, Göttingen, 21. März 1750.]

* Q. D. B. V. Pressiones quas fila corporibus certis circumducta et utrinque viribus aequalibus tracta in ea corpora exercent et lineas in eorum corporum superficiebus describendas quibus imposita eo modo fila quiescunt universaliter considerat eademque lectiones publicas atque privatas hoc semestri Hyemali divino auxilio a se habendas indicat *Joan. Andr. Segner*. Gottingae apud Abrah. Vandenkoeck. 4. 28 S. 1 Kupft.
1735

Johann Andreas v. Segner

Ioan[nes] Andreas [v.] Segner: De Raritate luminis. Gottingae: Vandenhoeck (1740). 12 S. 8°

[Einladungsschrift zur Dr. med.- Promotion von Georg Gotthelf Bielckius, Göttingen, 16. Sept. 1740.]

* Ad virum excellentissimum atque experientissimum dominum *Geo. Erhardum Hambergerum* phil. et medic. D. in acad. Jen. med. prof. extraord. ac phil. prof. publ. med. prov. Saxo-Vinar. Dissertatio epistolica, qua regulam *Harrioti*, de modo ex aequationum signis numerum radicum tam verarum, quam spuriarum eas componentium, cognoscendi, demonstrare, simulque rationem structurae instrumenti novi, sectionibus conicis secundi generis plerisque, ac omnibus primi, describendis apti, exponere conatur *Jo. Andr. Segner*. M. C. Jenae ap. *Chr. Franc. Buchium*. 23 S. in 4. 1718

Segner, Johann Andreas [Praes.], s. Scheibel, Johann Ephraim: De adfrictu solidorum in motu constitutorum.

Johann Andreas v. Segner

Joh[ann] Andreas [v.] Segners Sendschreiben an einen Freund, in welchen die Ursachen angeführet werden warum er denjenigen nicht antworte, die bisher seine Crisin angefochten haben. Göttingen 1742. 16 S. 8°

Segner, J. A., resp. J. C. Lederer, De sensibus in genere. Goett. 4°.
1741

Seguer, Jo. Andr., De sensibus in genere. Gött. 4°. 1746

* *Jo. And. Segner* Progr. qua superficies fluidorum convexas evolvit. Gottingae. 4. 1750

Segner, Jo. Andr., resp. Jo. Chr. L. König, Pr. praemissa virium motricium theoria generali. 26 pp. Gött. 4°. 1746

* *Joh. Andr. Segneri*, Programma, cui theoriam machinae cujusdam hydraulicae praemittit. Gottingae. 4. 24 S. 1750

— Progr. Specimen theoriae turbinum. 4. Halle 755. Gebauer. 3 gr

Johann Andreas von Segner

Johann Andreas von Segner. Astronomische Vorlesungen. Eine deutliche Anweisung zur gründlichen Kenntniß des Himmels. Th.1.2. Halle: Curt 1775-76. 876 S. 2 Bde 8°

— astronom. Vorlesungen. 2 Thle. Mit 26 Kpft. 4. Halle 775, 776. (Laue in Berl.) 3 rthl 12 gr

Johann Andreas v. Segner

Deutliche und vollständige Vorlesungen über die Rechenkunst und Geometrie... ,ausgefertigt von Joh[ann] Andreas [v.] Segner. Lemgo 1747: J.H. Meyer. 782 S. 8°

— * 2te verbesserte Aufl. Lemgo, in der Meyerschen Buchhandlung. 788 S. 15 Kupf. 4.
1767

Segner, Johann Josef

— kurzer Auszug der Kirchengesch. für die Jugend rc. 8. Bresl. 782. Gutsch. 4 gr

— bibl. Predigten für Landleute üb. die Evangelien. 4. Bresl. 793. (J. F. Korn). 1 rthl 12 gr

Segner, Jh. Jos., († d. 4. Juni 1804.) Samml. einiger Beschäftigungen mit der Jugend in der Schule zu Breslau. 8. Bresl. 784. J. F. Korn. 4 gr

v. Segner, Jh. Wlh., († d. 23. März 1795.) s. Jh. A. v. Segner, Anfangsgründe d. Arithmetik.

Segneri, Paul, die Andacht zur seligsten Jungfrau Maria. Belehrung über die Beweggründe und über die Mittel, welche die Gläubigen dahin führen, der Gottesmutter recht zu dienen. Aus dem Italien. Regensburg 858. Manz. 24. (378 S.) 7½ ngr.

— Auslegung des Magnificat. Aus dem Italien. Regensburg 858. Manz. 24. (108 S.) 3 ngr.

— Beichtunterricht für Erwachsene. Ein Andenken an die heil. Mission. (Separatausg. der sämmtlichen Werke. 3. Bd. 2. Abthlg.) gr. 8. (VIII u. 142 S.) Ebd. 852. 5/12 rthl

— der unterrichtete Beichtvater oder Anleitung, das Sakrament der Buße mit Nutzen zu verwalten. Aus dem Ital. übersetzt v. A. Weiskopf. gr. 8. (VIII u. 122 S.) Freiburg im Br. 851, Herder. 12 ngr

Segneri, Paul, Betrachtungen üb. d. Gebet d. Herrn. Nebst e. Vorbetracht., Einleit. u. Schlußbetrachtung. A. d. Franz. übers. u. hrsg. v. e. kathol. Weltpriester. gr. 12. (7 B.) Münster 841, Deiters.

— Betrachtungen über das Gebet des Herrn. Nebst einer Vorbetrachtung, Einleitung und Schlußbetrachtung. Aus dem Französ. übers. u. herausg. von einem kathol. Weltpriester. 2. (Titel-)Aufl. Münster (841.) 858. Deiters. (Aschendorff.) 12. (161 S.) n. 10 ngr.

— Betrachtungen über die 8 Seeligkeiten, nebst Vor- und Schlußbetrachtung. Aus d. Franz. von e. kathol. Weltpriester. 8. Munster 840. Deiters. 1/4 rthl

Segneri, Paul, Betschule, od. Betrachtt. üb. das Vater Unser; aus d. Italien. übers. v. M. Löri. 8. Augsb. (761.) (Mayr in Salzb.) 3 ℊ

— wahrer Diener Mariä, übers. v. G. Wirsing. 8. Augsb. 802. (Kranzfelder). 10 ℊ

— wahrer Diener Mariä, übers. v. Wirsing. 8. Augsb. Veith 802.

Segneri, Paul, Erklärung des Psalmes Miserere. Aus dem Italien. Regensburg, Manz, jetzt Verlags-Anstalt, 1859. 32°. 464 S., 1,05 Mk.

—— Fastenpredigten. Aus dem Italien. übers. von Ant. Weiskopf. Mit einer Vorrede des Uebersetzers. 2 Bde. gr. 8. (947 S.) Regensburg 849, Manz.
Wurde auch unter dem Umschlagstitel: Bibliothek der vorzüglichsten kathol. Kanzelredner des Auslandes. 7. Abthl. 1—10. Heft, ausgegeben.

Segneri, Paul, sechs Fastenpredigten, aus d. Quaresimale v. d. Gesellsch. Jesu. Uebers. v. Ign. Kollmann. 8. (..B.) Grätz 835, [Kienreich's Brls.-Compt.] Thlr.

—— Gebetfrüchte oder Erleuchtungen, Gedanken und Empfindungen während des betrachtenden Gebetes. Aus dem Italien. 82. (174 S.) Regensburg 859, Manz.

— Himmelsbrod der Seelen; aus d. Italien, 2 Thle. 8. Wien 752. (Trattner). 2 ℔

— homo christianus in sua lege institut. 3 Tmi. 4. Bamberg. Göbhard. 759.

— homo christiannus in sua lege institut. III Tmi. 4. Bamb. 759. (Wesché in Frankf. a. M.) 2 ℔ 9 ℊ

Segneri, P. Incredulus non excusabilis ... Heidelbergae 1764. Ü: *Kassler, Maximilian.* (Jes)

— manna animae. 4. Augsb. 766. Wolff. 1 ℔ 20 ℊ

— Manna animae. Tägliches Himmelsbrod der Seele. Oder: Kurze Betrachtungen auf alle Tage des Jahres. Im Auszuge neu bearbeitet von Mich. Sintzel. 4 Bdchn. (in 2 Bdn.) 12. (918 S. m. 1 Stahlst.) Augsburg 848, Kollmann. 1 ℔ 4 ngr

Segneri, Paul, Manna oder Himmelsbrod der Seele. Aus dem Italien. 4 Bde. 2. Aufl. gr. 8. Regensburg 879, Manz.
Inhalt:
Bd. 1. Monate Januar, Februar, März und die beweglichen Feste. (XVI, 320 S.) 878. ℳ 2,75.
» 2. Monate April, Mai und Juni. (XVIII, 627 S.) 878. ℳ 5.
» 3. Monate Juli, August und September. (XVIII, 630 S.) 879. ℳ 5.
» 4. Monate Oktober, November und Dezember. (XVIII, 646 und Register 96 S.) 879. ℳ 6,75.

Segneri, Paul, manne céleste de l'ame, ou méditations, pour tous les jours de l'année. IV Tomes. 4. Manh. 767. Löffler. 4 ℔

Segner, s. a. Meditationes selectae.

Segneri, Paolo Meditationes selectae pro singulis anni diebus ... in Latium vertit P. Ign. Kistler. Ed. altera ... Regensburg 1874. H: *Schneider, Joseph.* (SO) (Jes)

— panegyrici sacri, ex italico translati. 4. Augsb. 772. Wolff. 20 ℊ

— panoplia exegetica. 4. ibid. 740.

— quadragesimale seu 40 Sermones per verni jejunii tempus dicti. 4. Augsb. 765. Wolff. 1 ℔

Segneri, die wahre Selbsterkenntniß, s. Blüthen u. Blumen rc., 3. Bdchn.

Segneri, P. Die wahre Selbsterkenntnis. Nebst den Übungen der Demuth. Übersetzt ... Landshut 1834. Ü: *Dätzl, Georg Ant.* (Th)

Segneri, P. Sodalis instructus ... in Latinum translatum ... Passavii 1720. Ü: *Foresi, Johann.* (Jes) (SO)

Segneri, Paul (sen.), Der Ungläubige unentschuldbar, oder Nachweis, daß jeder, der erkennen will, welches die wahre Religion sei, selbe auch erkennen müsse. Aus dem Italien. übersetzt von Anton Weiskopf. (Sämtl. Werke Bd 5.) Regensburg, Manz, jetzt Verlagsanst., 1852, 8°, XXIV, 586 S.

— der andächtige Verehrer Mariens oder Beweggründe und Mittel zur wahren Verehrung der seligsten Jungfrau. Aus dem Italien. übers. und mit Morgen-, Abend-, Meß- rc. Gebeten versehen von Ant. Weiskopf. Mit 1 Stahlst. Sigmaringen 853. (Augsburg, Schlosser.) 8. (272 S.) 9 ngr.

—— der andächtige Verehrer Mariens oder Beweggründe und Mittel zur wahren Verehrung der seligsten Jungfrau. Aus dem Italien. übers. und mit Morgen-, Abend-, Meß- rc. Gebeten versehen von Ant. Weiskopf. 8. (272 S. mit 1 Stahlst.) Sigmaringen 854. (Augsburg, Schlosser's Buchh.)

—— Weg zur Erkenntniß. Sieben Fastenpredigten, aus d. Quaresimale v. d. Gesellsch. Jesu. Uebers. v. Ign. Kollmann. 8. (..B.) Grätz 837, [Kienreich's Brls.-Compt.]

Segneri, Paul, sämmtliche Werke. Aus dem Italien. übers. 1 u. 2. Bd. 3. Bd. 3 Abtheilgn: 4—6. Bd. gr. 8. 1 u. 2. Bd. A. u. d. T.: Fastenpredigten. Aus dem Italien. übersetzt von Ant. Weiskopf. Mit einer Vorrede d. Uebersetzers. 2 Bde. [Mit dem Umschlagstitel: Bibliothek der vorzüglichsten kathol. Kanzelredner d. Auslandes. VII. Abth. 1—10. Hft.] (947 S.) 3. Bd. 1. Abthl. A. u. d. T.: Unterweisung für Beichtväter. (XII u. 164 S.) 3. Bd. 2. Abthl. A. u. d. T.: Unterricht für Beichtende. (VIII u. 142 S.) 3. Bd. 3. Abthl. A. u. d. T.: Unterweisung für Pfarrer. (XII u. 379 S.) 4 u. 5. Bd. A. u. d. T.: Der Ungläubige unentschuldbar, oder Nachweis, daß Jeder, der erkennen will, welches die wahre Religion sei, selbe auch erkennen müsse. Aus d. Italien. übersetzt von Ant. Weiskopf. 2 Bde. (XXIV u. 586 S.) 6. Bd. A. u. d. T.: Lobreden. (VIII u. 496 S.) Regensburg 849—52, Manz. (I u. II: 2½ ℔ III, 1: ½ ℔ III, 2: 5/12 ℔ III, 3: 1⅙ ℔ IV u. V: 1¾ ℔ VI: 1¼ ℔) 7 ℔ 16¼ ngr

—— dass. — 7—10. Bd. A. u. d. T.: Manna, oder Himmelsbrod der Seele. 4 Bde. gr. 8. Ebds. [7. (XXVI und 310 S.) 27½ Ngr., 8. (XIX und 627 S.) 1 Thlr. 20 Ngr., 9. (XIX und 631 S.) 853. 1 Thlr. 20 Ngr., 10. (XVIII und 646 S. mit Register 103 S.) 854. 2 Thlr. 7½ Ngr.]

—— dass. — 11. und 12. Bd.: Der Christ in seinem Gesetze unterrichtet, oder christl. Sittenreden. 1. und 2. Bd. — Von den göttl. Tugenden und den Geboten. 1. und 2. Abthl. gr. 8. Ebds. [11. (VIII und 464 S.) 854. 1 Thlr. 10 Ngr., 12. (500 S.) 855. 1 Thlr. 15 Ngr.]

—— dass. — 13—15. Bd.: Der Christ in seinem Gesetze unterrichtet oder christliche Sittenreden. 3—5. Bd.: Von der Sünde und ihren Folgen. 1. und 2. Abthl.: Von den Gnadenmitteln. gr. 8. (1042 S.) Ebds. 856.
Den 1. und 2. Bd. dieses Werkes bilden des Verf. im Jahre 1849 ebendas. erschienene Fastenpredigten und kosten 2 Thlr. 15 Ngr.

Segneri, Paul, sämmtliche Werke. Aus dem Italien. übers. 16—21. Bd. 1. Abthl. gr. 8. Regensburg, Manz.
Inhalt:
Bd. 16. Der Christ in seinem Gesetze unterrichtet, oder christliche Sittenreden. 6. Bd.: Von den Gnadenmitteln. 2. Abthl. (379 S.) 857. 1 Thlr.
„ 17. Der Christ in seinem Gesetze unterrichtet, oder christliche Sittenreden. 7. Bd.: Von den Gnadenmitteln. 3. Abthl. (370 S.) 857. 1 Thlr.
„ 18. Predigten, gehalten im apostolischen Palaste. (XVI und 331 S.) 857. 1 Thlr.
„ 19. Kleinere Schriften. 1. Bd.: Die Andacht zur seligsten Jungfrau Maria. — Erklärung des Magnificat. — Fünf Freitage zu Ehren der heil. Maria Magdalena de' Pazzi. — Uebung der inneren Vereinigung mit Gott. (VIII und 349 S.) 858. 1 Thlr.
„ 20. Kleinere Schriften. 2. Bd.: Erklärung des Psalmes Miserere. — Gebetsfrüchte. (308 S.) 859. 27 Ngr.
„ 21. Abthl. 1. Anleitung zur geistlichen Beredsamkeit. (VIII und 206 S.) 861. 22½ Ngr.

Segneri, Paul, sämmtliche Werke. Aus dem Italien. übers. 21. (Schluß-)Bd. 2. Abthl.: Briefe über den Probabilismus. gr. 8. (224 S.) Regensburg 868, Manz.

Segneri, Paul, sämmtliche Werke. 1. und 2. Bd. A. u. d. T.: Fastenpredigten. Aus dem Italien. übers. von Ant. Weiskopf. 2 Bde. Mit einer Vorrede des Uebersetzers. 2. Aufl. gr. 8. (464; 478 S.) Regensburg 880, Manz.

Segnitz, Arthur von, approb. Arzt aus Cannstatt i. W.: **Beitrag zur Kenntnis der Croupösen Pneumonie im Kindesalter.** *Tübingen: F. Pietzcker 1901.* (15 S.) 8°
Tübingen, Med. Diss. v. 1901

Segnitz, Bernhard

—— zur Hospital-Reform; wahre und beherzigenswerthe Worte. gr. 8. (18 S.) Hanau 848, König. *

Segnitz, Bernhard. Medizinische Novellen. NY, 1875.

Segnitz, Bernh., ärztliches Urtheil über ärztliches Treiben; für Gebildete aller Klassen. gr. 8. (49 S.) Frankfurt a. M. 850, Lizius. *

Segnitz, Christian Heinrich (Rostock) A. S. 579/14

Disputatio inauguralis juridica, de requisitione consensus, absque formidine denegationis: vulgo Vom Mundgönnen. Präs. Ernst Johann Friedrich Mantzel. Rostock (Adler) 18. IV. 1747. 35 S.

W. v.: Präs. 32258

Segnitz, E., die Papstjubelfeier zu Dresden u. wir. Vortrag, geh. auf der Protestversammlg. des evang. Bundes zu Dresden, am 20. I. 1903. 1. u. 2. Aufl. (Je 27 S.) gr. 8. Leipzig 903. C. Braun. n.n. — 10

Segnitz, Edm., Beiträge zu einer mechanischen Theorie des Pfluges. Abhandlung. gr. 4. (60 S.) Greifswald 856(57), (Koch's Verlagsbuchh.) *

Segnitz, Edmund, das Buch der Fortschritte auf dem gesammten Gebiete der Landwirthschaft während der letzten 10 Jahre. In Verbindung mit mehreren anderen Männern vom Fach bearb. u. hrsg. 1. Lfg. 2 Hälften. 8. (S. 1—128.) Berlin 852, Wiegandt & Grieben. n. ⅓ ℛ

— das Buch der Fortschritte auf dem gesammten Gebiete der Landwirthschaft während der letzten 10 Jahre. 2. u. 3. Liefg. Berlin 854. K. Wiegandt. (Bosselmann.) 8. (1. Bd.: S. 129—304; 2. Bd.: 318 S. u. 1 lith. Taf. in Fol.) n. 1 ℛ. 15 ngr.

— 30 Bücher von der Landwirthschaft, ein encyclopäd. Handb. für gebildete Landwirthe, Staatsbeamte, Kameralisten rc., so wie zum Gebrauche bei akadem. Vorlesungen. 1. Bd. enth. die Pflanzen- u. Thierproductionslehre nebst einem Anhang über die landwirthschaftl.-techn. Gewerbe; mit 25 Holzschn. u. 2 lith. Taf. 2. Bd. 3 Lfgn. 3. Bd. 2 Lfgn. gr. 8. (1. Bd. XX u. 439 S. 2. Bd. VIII u. 636 S. m. 1 Tab. in Fol. 3. Bd. IV u. 422 S.) Leipzig 847—51, Arnold. (1. Bd. n. 2⅓ ℛ 2. Bd. 1. Lfg. n. 1 ℛ 22 ngr 2. Lfg. n. 21 ngr 2. Bd. 3. Lfg. u. 3. Bd. 1. Lfg. n. 1 ℛ 16 ngr 3. Bd. 2. Lfg. n. 1 ℛ 4 ngr) n. 7 ℛ 16 ngr

Segnitz, Erh., Abschiedspredigt, geh. am III. Sonntag p. Trin. zu Wellerswalde u. Liebschütz. gr. 8. (13 S.) Dresden 899. Fr. Richter. n. — 20

— evangelisches Volk, Hand angelegt an das gute Werk des evangelischen Bundes! Predigt, geh. zur Hauptversammlg. des sächs. Landesvereins des evangel. Bundes in Döbeln am 22. IX. 1901. gr. 8. (15 S.) Leipzig 901. Buchh. des ev. Bundes v. C. Braun. n. — 20

W. A. Mozart. Bläser-Serenaden. No 10 B dur f. 2 Oboen ... ‹Köch. Verz. Nr. 361›. No 11 in Es dur f. 2 Oboen ... ‹Köch. Verz. Nr. 375›. Erl. von Eugen **Segnitz**. Berlin & Leipzig: H. Seemann Nachf. [1904]. (19 S.) 8°
= Musikführer, Der. No 236.

Segnitz, Eug., W. A. Mozart's Bläser-Serenaden Nr. 10 u. 11, s. a. Musikführer, der, Nr. 236.

Edward Elgar. Variationen für Orchester, op. 36. Erl. von Eugen **Segnitz**. Berlin: Schlesinger [1908]. (20 S.) 8°
= Musikführer, Der. No 282.
(Schlesingersche Musik-Bibliothek.)

Segnitz, Eug., Goethe u. die Oper in Weimar, s. a. Magazin, musikalisches.

Goethe und die Oper in Weimar. Von Eugen **Segnitz**. Langensalza: Beyer 1908. 24 S. 8°
(Musikalisches Magazin. H. 21.)

Segnitz, Eug., Hans Huber op. 115. Symphonie in E moll (Böcklin-Symphonie). Aesthetisch-analyt. Einführg. 8. (30 S.) Leipzig (901). Gebr. Hug & Co. — 30

— Franz Liszt u. Rom, s. a. Studien, musikal. VIII.

Franz Liszt und Rom. Von Eugen **Segnitz**. *Leipzig: H. Seemann Nf. 1901.* (74 S.) 8°
— Studien, Musikalische. 8. [01 11460

— Carl Maria v. Weber's Oberon, s. a. Opernführer.

Oberon. Romant. Oper in 3 Akten. Nach d. Engl. des J. Planché von Theodor Hell. Musik von Carl Maria v. Weber. Hist.-ästhet. Einführung von Eugen **Segnitz**. *Leipzig: H. Seemann Nachf. [1902].* (59 S.) 8° [F.]
= Opernführer. No 94. [03. 6111

— Carl Reinecke. Moderne Musiker. schmal gr. 8. (44 S. m. 1 Bildnis.) Leipzig (900). Berlin, H. Seemann Nachf. n. 1. —

Carl Reinecke. Von Eugen **Segnitz**. Leipzig: H. Seemann Nachf. [1901]. (43 S.) 8°
(Moderne Musiker.)

(B) — Carl Reinecke. 900. Jetzt: Berlin, Harmonie.

Friedrich Smetana. Streichquartett E moll 'Aus meinem Leben'. Erl. von Eugen Segnitz. Berlin: Schlesinger [1907]. (16 S.) 8°
= Musikführer. No 244.
(Schlesingersche Musik-Bibliothek.)

— Richard Wagner u. Leipzig (1813—1883), s. a. Studien, musikalische. V.

Richard Wagner und Leipzig (1813—1833). Von Eugen Segnitz. Leipzig: H. Seemann Nachf. 1901. (80 S.) 8°
= Studien, Musikalische. 5 [vielm. 7].

Segnitz, Friedrich Ludwig

Segnitz, F. L., De electricitate animali quam dicere solent magnetismum animalem. 34 pp. Jena. 4°.
1790

— Grundsätze e. vernünft. Kinderpflege.
(NB. Soll auch Verf. der (Chr. G. Donat) zugeschriebenen: Beitrr. zur Geschichte d. Medicinalwesens in Kursachsen seyn.)

— Grundsätze e. vernünft. Kinderpflege. gr. 8. Löbau (Schöps in Zittau.) 800.

Segniz, Fr. Ldw., († d. 5. Jan. 1805.) Handbuch d. prakt. Arzneimittellehre in alphabet. Ordnung, für angeh. Aerzte u. Wundärzte auf d. Lande u. in kleinen Städten. 1r Thl. 1r u. 2r Bd. (A. u. d. T.: pharmakolog. Handb. f. Aerzte. 2 Thle. 797, 98. Mit n. Titel 800. 2 ₰ 8 gr 2r Thl. 2 Bde. A. u. d. T.: pharmakolog. Handb. f. Wundärzte. 2 Bde. 801, 2. 2 ₰ 8 gr) gr. 8. Leipz., Hinrichs. 4 ₰ 16 gr 3r Thl. oder 5r Bd. Enthalt. die Nachtrr. zum 1n u. 2n Thl. u. Hauptregister üb. das Ganze v. K. F. Burdach. (A. u. d. T.: Handbuch d. neuest. Entdeck. der innern u. äußern Heilmittellehre, nebst e. Abhandl. über die Principien dieser Disciplin.) gr. 8. Ebd. 806. 1 ₰ 16 gr Aufs Neue hrsgg. von K. F. Burdach. 1r u. 2r Thl. à 2 Bde. A. u. d. T.: pharmakolog. Handbuch f. Wundärzte rc. gr. 8. Ebd. 812, 13. 4 ₰ 16 gr Schrbpap. 6 ₰ Velinp. 8 ₰ Alle 3 Bde compl. Drckp. 6 ₰ 8 gr

— über Naturtrieb u. Denktrieb der Thiere. gr. 8. Leipz. 790. Kleyb. 5 gr

Segnitz, G. v., und F. Emmert, Flora von Schweinfurt, s. Emmert.

Segnitz, Gust. Wlh., von der Gefahr einer gänzlichen Spaltung, welche gegenwärtig die evangel. Kirche bedroht. Ein Vortrag. 12. Meißen 846, Goedsche. 4 ngr

Segnitz, Johann Elias (Schweinfurt) A. S. 97/7

Disquisitio juridica inauguralis theoretico-practica, de licentia emphyteusin, itemque feudum alienandi, in ipsa prima investitura absolute concessa.
Präs. Ferdinand Christoph Harpprecht.
Tübingen (Franck) I. 1713. 94 S.

W. v.: Ernst Theophil Majer, Präs., Gabriel Schweder, Michael Grass, Jakob David Moegling, Wolfgang Adam Schöpff, J. P. Besserer. 32259

Segnitz, K. Ch. Glo.: „De jure fodiendi turfam lutosam inter regalia principis haud referendo", Diss. Leipzig 1802 (Richter).

Segnitz, Karl Michael (Merseburg) A. S. 602/11

Quaestio iuris controversi an habitatio sit servitus iuris civilis. Präs. Christian Heinrich Breuning.
Leipzig (Langenheim) 13. VIII. 1774. 8 S. . 32261

Segnitz, Ludwig Adam (Schweinfurt) A. S. 290/14

Dissertatio iuridica inauguralis de legitima liberorum Franconica.
Altdorf (Meyer) 22. X. 1705. 48 S. 32262

Segnitz, Maur. (geb. Bitterfeld 14. 5. 1815): De emeticorum efficacia atque usu recto. Berolini (1843). (30 S.) 8°
Berlin, Med. Diss. v. 29. Juli 1843

Segnitz, Sim Fr., Staatsrecht, Geschichte u. Statistik d. beiden Reichsdörfer Gochheim u. Sennfeld; als e. Anh. zu v. Dacheröden Versuch e. Staatsrechts rc. gr. 8. Schweinf. 802.

Segnitz, Sim. F.: Staatsr., Gesch. u. Statistik d. beid. Reichsd. Gochsheim u. Sennfeld. *Schweinf.*, Volkhart. 802. 8.

Segniz, Adolph

Segniz, Ad., Sagen, Legenden, Mährchen u. Erzähln. aus d. Gesch. d. sächs. Volkes, in e. Reihe v. Romanzen, Balladen rc. bearb. 1. Bd. (6 Lfgn.) u. 2. Bd. 1—3. Lfg. 8. Meißen, Klinkicht u. Sohn. [1. (24¼ u. 6 Stnt.) 839—41., 2. 1—3. (12 B. u. 3 Stnt.) 841, 42. à L. * ⅙ Thlr.] *

Segniz, Ad., Sagen, Legenden, Mährchen u. Erzählungen aus der Geschichte des sächsischen Volkes. 2. Bd. 4. u. 5. Lfg. 8. (à 4 B. u. 1 Stnt.) Meißen 843, 44, Klinkicht u. Sohn. à *

Segniz, Adph., Sagen, Legenden, Mährchen und Erzählungen aus der Geschichte des sächsischen Volkes. 2. Bd. 6. (letzte) Liefg. Meißen (854.) Klinkicht u. Sohn. 8. (S. 321—382 u. 1 Lithogr.) n. 5 ngr.

Segniz, Friedrich Adam von (Schweinfurt) A. S. 2/3

Singularia de secundis nuptiis ad constitutionem Rogerii Siculorum regis.
Giessen (Lammers) 28. XII. 1734. 22 S. 32264

Segniz, Friedrich Ludwig, s. Segnitz

Segniz, Johann Gottlob (Löbau) A. S. 1411/5

Dissertatio inauguralis medica de erroribus circa salivationem mercurialem.
Präs. Johann Friedrich Depre.
Erfurt (Grosch) 4. X. 1726. 28 S.

Gew.: Stadt Löbau. 32265

Segniz, Simon Friedrich (Schweinfurt)
Altd. los Diss. jur.

Dissertatio inauguralis de hypotheca pupilli tacita bona tutoris post finitum administrationis officium quaesita afficiente.
Altdorf (Meyer) 10. X. 1789. 23 S. 32266

Segniz von Schmalfelden, Gottfried Kaspar (Schweinfurt) A. S. 39/5

Dissertatio inauguralis iuridica de allodialitate fructuum feudi et de competentia iudicis ordinarii in rebus eo pertinentibus.
Altdorf (Meyer) 21. I. 1754. 40 S. 32267

Segnungen, die, des preußischen Culturkampfes. Von Ma. gr. 8. (31 S.) Crefeld 879, Klein'sche Buchh. *
Aus: Niederrheinische Volkszeitung, besonders abgedruckt.

Segnungen, Die, des katholischen Priesterthums auch in zeitlicher Hinsicht dargestellt in einer Primiz-Predigt . . . zu Eppan von P. C. F. Bozen [1871]. V: *Fleischmann, Carl.* (Margr)

„Segnungen", die, „der Reformation" od. der Papst hat wahrgesprochen, s.a. Treu zu Christus. Nr. 2.

Die Segnungen der „Reformation". Paderborn, Bonif.-Druckerei, 1884, 12°, 10 Pf. (Bonif.-Broschüren Jahrg. 15, Heft 2 u. 3.)

Die Segnungen der Reformation, geschildert von Dr. M. Luther, in Erinnerung gebracht von einem deutschen Patrioten. Berlin, Germania, 1890, 16°, 78 S., 7. Aufl., 10 Pf. (Flugschr. zur Wehr u. Lehr' Nr. 4.)

Segnungen, die, des heiligen Sakraments der Oelung. 1. Aufl. 1878, und 2. Aufl. 16. (8 S. mit 1 Holzschn.) Freiburg i. Br. 874, Herder'sche Verlagsh. 12 Expl. *

Segnungen, die, d. heiligen Sakraments der Oelung. 2. Aufl. 16. (8 S. m. 1 Holzschn.) Freiburg i/B. 874. Herder. pro 12 Expl. n. — 40

— die, des heiligen Sakramentes der Oelung. 3. Aufl. 16. (8 S.) Freiburg i/Br. 877. Herder. pro 12 Expl. n. — 20

Segnungen der freien Verfassung im Königreiche Dänemark! Zur Beherzigung für seine Landsleute dargestellt von einem Holsteiner. Kopenhagen. 1863. 8°.

Segnungen, die, des Zollvereins. Eine statist. Skizze. gr. 8. (48 S.) Leipzig 852, Brockhaus. *

Segody, Jos. v., Freiheit, Gleichheit, Brüderlichkeit. Abhandlung über diese Losungswörter des Zeitgeistes. 8°. Pressburg, Heckenast, 1897.

SEGONDAT: Holztabellen zu leichter Berechnung des viereckigen und runden Holzes nach Kubik- und des gesägten Holzes nach Quadratfuß. Aus dem Französischen. - Hamburg 1766 u. 1785. - N. d. franz. Original verb. Ausg. m. Vorr. v. P. H. C. Brodhagen. ebd. 1792. 38 1/2 Bog. - Neue Ausg. ebd. 1810 m. Anmerkungen v. J. H. Röding. - 4. n. d. franz. Original verb. Ausg. v. J. T. Renike, nebst Anh., die franz., engl. u. dtsch. Benennungen aller z. Schiffbau erforderlichen Stücke Holz u. deren Abbildung enthaltend v. J. H. Röding. ebd. 1818. - 5. Ausg. bearb. u. durch neue Zusätze verm. v. J. K. Köster. Leipzig 1840. - ebd. 1860 u. d. T.: Kubiktabellen für vierkantige Hölzer, nur die im Holzhandel meist vorkommenden Dimensionen mit besonderer Rücksicht auf schnelle Übersicht und leichtes Auffinden enthaltend

Segondat, ..., Holztabellen zur leichten Berechnung des viereckigen u. runden Holzes nach Quadratfuß; nach d. französ. Original verbess. v. P. H. C. Brodhagen. gr. 8. Hamb. 792. 2e A. mit Anmerkk. von J. H. Röding 11. Mit Kpf. gr. 8. Hamb. 810. Gundermann. 2 ℔ 4e nach d. französ. Original verb. Aufl. herausgg. v. J. T. Reinke. Mit 2 Kpft. 8. Ebd. 819. Ebd. (Leipz., Cnobloch). 2 ℔ 16 gr

Segondat, Holztabellen, zur leichten Berechn. d. Cubikinhalts vierkantiger u. runder Hölzer u. d. Quadratinhalts gesägter Flächen. N. d. 4. Aufl. bearb. u. theilweise durch neue Zusätze verm. v. Joh. Corn. Köster. 5., verb. Aufl. gr. 8. (34¾ B. u. 1 Stnt.) Leipzig 840, Cnobloch.

Segondat, Holztabellen zur leichten Berechnung des Cubikinhaltes vierkantiger und runder Hölzer. Nach der 5. Aufl. bearb. und theilweise durch neue Zusätze verm. von Jul. Harttung. 6., verb. und verm. Aufl. gr. 8. (XXXII und 581 S.) Leipzig 859, Werner.

Segondat's Holztabellen zur leichten Berechnung d. Kubikinhaltes vierkantiger u. runder Hölzer nach Metermaß. Nebst e. Uebersicht verschiedener Landesmaaße, Reductionstafeln v. Fußen auf Metermaaße u. umgekehrt Metermaaße auf Fuße, auch Gewichtsangaben verschiedener Holzgattgn. u. Preisreductions-Tabellen v. alten Schocken in Thalern auf Mark pro 100 Meter. Zum prakt. Gebrauch f. Bautechniker, Holzhändler, Rheder, Forstleute ꝛc. 7 Aufl. gr. 8. (VIII, 340 S.) Leipzig 875. Werner. 6.

—— Kubik-Tabellen für vierkantige Hölzer, nur die im Holzhandel meist vorkommenden Dimensionen mit besonderer Rücksicht auf schnelle Uebersicht und leichtes Auffinden enthaltend. (Auszug aus des Verf. Holztabellen.) 6. Aufl. 5 Tab. in qu. Fol. Leipzig 860, Werner. Aufgezogen geb. in gr. 4. oder hoch 4.

Ségouin, A., die Mysterien der Magnetomagie, s. Mysterien.

Segoviae et Avilae Provinciarum Charta geographica ex illis D. Tom. Lopezii collecta a F. L. Güssefeld, in lucem edita per Hom. Hered. 1799. 1: 500,000. 1 Bl.

Segretario, il giovine, ovvero modelli d'ogni specie di lettere dei più insigni autori con ammaestramenti sul modo di comporle sulle norme di Bembo, Tolomei, Bonfadio ecc. 1. ediz. 1863. 12 Ngr. e 2. ediz. 8. (VIII und 160 S.) Triest 865, Coen. *

—— il grande, italiano ossia modelli di lettere sopra qualsiasi argomento, cioè: lettere famigliari, consigli, informazioni ecc. nonchè istruzioni sul modo di ben piegare le lettere, dar loro la forma e i titoli d'indirizzo ecc. 2. ediz. 8. (264 S.) Triest 864, Coen. *

Segretaro il perfetto; ovvero Modelli di lettere di vario argomento. II Tom. gr. 12. Leipz. Sommer.

Segretario de' galant' uomi overo nuova raccolta delle migliore e bellissime lettere. 8. Strasburg, König. 755.

Segreti per campare cento anni, ossia l'arte di guarire da sè stessi da ogni malattia. Opera compilata dietro le migliori scoperte ed esperienze fatte sino ai nostri giorni. gr. 16. (IV und 148 S.) Triest 860, Coen. *

Segreti per campare cento anni ossia l'arte di guarire da sè stessi da ogni malattia. Opera compilata dietro le migliori scoperte ed esperienze fatte sino ai nostri giorni. 2. ediz. 1863. * 14 Ngr. e 3. ediz. accresciuta e migliorata. gr. 16. (IV und 208 S.) Triest 868, Coen. *

Seguier, J., formes quadratiques et multiplication complexe. Deux formules fondamentales d'après Kronecker. gr. 8. (VIII, 339 S.) Berlin 894. (F. L. Dames.) n.n. 12. —

Seguin, A., neu erfund. Gärbermethode, mit bloßer Lohebrühe in kurzer Zeit gahr zu gärben. Mit neuen Entdekk. verm. v. J. Bautsch. 8. Prag 181.. 2e Aufl. 817. Krauß; (a. Haase, Söhne); (a. Cnobloch in Leipz.) 12 gr

Seguin, Amadeo, Grammatica teorio-pratica della lingua tedesca. gr. 8. (VII, 268 S.) Berlin 882, Wohlgemuth's Verlagsh. *

Seguin, E. C., Vorlesungen üb. einige Fragen in der Behandlung v. Neurosen. Geh. vor der medicin. Gesellschaft der Universität Toronto in Canada am 11. u. 12. März 1890. Ins Deutsche übertr. v. E. Wallach. gr. 8. (V, 81 S.) Leipzig 892. G. Thieme. n. 1. 60

Der nächste Feldzug von L. Seguin u. das deutsche Antwortschreiben. Hannover 1881. 27 S.

Seguin, L., der nächste Krieg. Aus dem Französ. von S. 1.—4. Aufl. gr. 8. (IV, 196 S.) Hannover 881, Helwing'sche Verlagsh. *

(Pierre Seguin). Numismata moduli maximi vulgo medaigloni ex Cimeliarchio Ludovici XIV ad Exemplar Parisiense servato et ordine Numismatum et Numero XLI Tabellarum recusa. Eleutheropoli 1704. Fol.

Séguin, R., Anleitung u. Grundriß zur französischen Kaninchenzucht, um m. geringen Kosten in der Zucht d. zahmen Kaninchens e. überall erträgl. Erwerbszweig zu begründen. Nach R. Séguin's franz. Mscr. v. Ferd. Havemann. 16. (80 S. m. 2 Tab. in 4. u. Fol.) Quedlinburg 874. Ernst. 1. —

ŠEGULA, Franz: Wie können die mittelalterlichen Fürstenabsetzungen und Lösungen des Treueides durch den Papst vom historisch-kanonistischen Standpunkte aus erklärt werden? — 1909. III, 125 S. Diss. Graz, Univ.

Segula, Franz Seraph.

Šegula, F. S., Diarium ordinis seu annotatio functionum sacerdotalium. Ausgabe A. Kl.-4. In Halbfranzband 2.70
— — Ausgabe B. Kl.-4. In Halbfrzbd. 1.80
Graz: Styria 1896.

Segula, F. S. Die Intercalar-Rechnung. Ein Handbüchlein f. Pfarr-Provisoren, zunächst in Steiermark. Auf Grundlage der zu verschiedenen Zeiten gegebenen Verordngn., sowie aller in den kirchl. Verordnungs-Blättern der Diöcesen Seckau u. Lavant zur Benehmungswissenschaft mitgetheilten Normen. 8. (VIII, 56 S.) Graz 892, Styria. cart. * 1 80

Segula, F. S., die Maiandacht e. Jerusalem-Pilgers. 31 Betrachtgn. Entworfen an Ort u. Stelle auf der Pilgerfahrt nach Jerusalem zum Osterfeste 1889. Bearb. nach der Heimkehr. 8. (VII, 131 S.) Graz 890. Styria. n. 1. —

—— Die Maiandacht e. Jerusalem-Pilgers. 31 Betrachtgn. Entworfen an Ort u. Stelle auf der Pilgerfahrt nach Jerusalem zum Osterfeste 1889. Bearb. nach der Heimkehr. 2. erweit. Aufl. 12. (264 S.) Ebd. 892. geb. * 1 20

Segundo, J., neue Gebisse, u. Methode, e. Pferd gut zu zäumen. Mit einigen Noten hrsg. v. (A. D. W.) v. Schepeler. gr. 8. (3 B. u. 5 Stnt.) Aachen 829, Mayer.
Vgl. Schepeler, (A. D. W.) v., einige Erläuterungen rc.

Ségur, ...?, Histoire sainte, depuis la création jusqu' à la destruction de Jérusalem par Titus. A l'usage de la jeunesse. gr. in-8. (15 B. u. 7 Kpfrt.) Francfort s. l. M. 839, Magazin d'arts et de littérature. (?)

Ségur, Marquis Anatole, Leben d. Monsignore L. G. de Ségur. Autoris. Uebersetzg. 8. (XIV, 572 S.) Mainz 884. Kirchheim. n. 4. —

Ségur, Anatole de, der Soldaten-Sonntag. Geschichten und Erzählungen. Übers. nach der 3. französ. Ausg. Mit 1 Original-Holzschn. Osnabrück 853. Fredewest. (Overwetter.) 16. (VIII, 227 S.) n. 7½ ngr.

—— Sonntags-Erheiterungen für brave Soldaten, s. a. Sonntags-Erheiterungen.

de Ségur, A. Sonntagserheiterungen für brave Soldaten in Geschichten und Erzählungen. Nach dem Franz. d. 3. Aufl., mit Anmerk. von v. H. (191) 16. Münster 1854. 0,50.

Ségur, Eugenie Gräfin v., s. Ségur, Sophie Gräfin v.

Ségur, G., s. Ségur, Louis Gaston de

Segur, J. A., les femmes, leur condition et influence dans l'ordre social chez différens peuples anciens et modernes. III Vol. avec grav. 12. Strasb. et Paris, Treuttel et W. 801.

Ségur, **L. F.**, Jaques Dumond. Comód. en 1 A. 8. Braunschw. 805. Pluchart. 6 gr.

— le retour du mari. Coméd. 8. Ebd. 806. 6 gr.

— s. Verwandlungen, die.

Ségur, Louis Gaston de

Ségur, (G.) de, Abendstunden für das katholische Volk oder leichtfaßl. Belehrungen über alle Wahrheiten der Religion. Nach dem Französ. 2 Bde. 8. (XIV und 958 S.) Mainz 864, Kirchheim.

-- die Anbetung des allerheiligsten Sacraments, durch einfache Mittel erleichtert. Nach der 3. Aufl. des französ. Originals übersetzt. Köln 859. Bachem. 18. (VI, 162 S.) 7½ ngr.

Ségur, L. G. Graf, Antworten auf die Einwürfe gegen die Religion. Nach dem Französ. frei bearbeitet von P. Heinr. Müller. Mit 8 Illustrationen. Steyl, Missionsdruckerei, 1900, 8°, 277 S., 5. Aufl., 70 Pf.
1. Aufl. 1899. Angezeigt Linzer Quartalschrift 1901, S. 161—2 (Koppler). In mehr als 25 000 Exempl. verbreitet. Die frühern Übersetzungen der Ségurschen „réponses" s. o. S. 71.

Ségur, v., Antworten auf die Einwürfe gegen die Religion. Nach dem Franz. frei bearb. u. m. Zusätzen u. Anmerkgn. versehen v. Heinr. Müller, S. V. D. 5. Aufl. 20.—25. Taus. 8. (277 S. m. Abbildgn.) Steyl 900. Missionsdruckerei. Kart. n. — 70

Ségur, v., Antworten auf die Einwürfe gegen die Religion. Nach dem Französ. frei bearb. u. m. Zusätzen u. Anmerkgn. verseh. v. Heinr. Müller, S. V. D. 12., verb. Aufl. 50.—60. Taus. (288 S. m. 18 Vollbildern.) kl. 8. Steyl 906. Missionsdruckerei. Kart. n. — 70; geb. in Leinw. n. 1. 20; m. Goldschn. n. 1. 50

Ségur, de (II.), kurze und einfache Antworten auf die am meisten verbreiteten Einwendungen gegen die Religion. Uebers. nach der 16. (französ.) Ausg. 1. Aufl. (IV und 180 S.) und 2., mit Antworten auf mehre besonders in Deutschland gangbare Einwendungen gegen die Kirche verseh. Aufl. 8. (VIII und 196 S.) Osnabrück 852, Fredewest. *

— kurze u. vertrauliche Antworten auf die am meisten verbreiteten Einwürfe gegen die Religion. Ins Deutsche übersetzt von C. J. Cämmerer. gr. 12. (IV u. 140 S.) Mainz 852, Kirchheim & Schott. n. ⅙ rf

—— 2. mit Antworten auf mehrere besonders in Deutschland gangbare Einwendungen gegen die Kirche versehene Aufl. Ebendas. 1852, 8°. VIII u. 196 S. 0,50 Mk.

—— kurze und vertrauliche Antworten auf die am meisten verbreiteten Einwürfe gegen die katholische Religion. Ins Deutsche übers. von C. J. Cämmerer. 4. Aufl. gr. 12. (IV und 140 S.) Mainz 858, Kirchheim. *

—— kurze und vertrauliche Antworten auf die am meisten verbreiteten Einwürfe gegen die katholische Religion. Ins Deutsche übertragen von C. J. Cämmerer. 5. Aufl. 1862. und 6. Aufl. 8. (IV und 140 S.) Mainz 867, Kirchheim. *

Ségur, v., kurze u. vertrauliche Antworten auf die am meisten verbreiteten Einwürfe gegen die katholische Religion. In's Deutsche übersetzt v. C. J. Cämmerer. 7. Aufl. 8. (140 S.) Mainz 874. Kirchheim. n. — 60

Segur, [Louis Gaston] v., kurze und vertrauliche Antworten auf die am meisten verbreiteten Einwürfe gegen die katholische Religion. Ins Deutsche übers. von C. J. Cämmerer. 8. Aufl. 8. (144 S.) Mainz 881, Kirchheim. *

—— kurze und vertrauliche Antworten auf die am meisten verbreiteten Einwürfe gegen die katholische Religion. Ins Deutsche übersetzt von C. J. Cämmerer. 9. Aufl. 8. (144 S.) Mainz 888, Kirchheim.

— kurze u. vertrauliche Antworten auf die am meisten verbreiteten Einwürfe gegen die katholische Religion. Ins Deutsche übers. v. C. J. Cämmerer. 10. Aufl. 8. (144 S.) Mainz 899. F. Kirchheim. n. — 60

Segur, v., kurze u. vertrauliche Antworten auf die am meisten verbreiteten Einwürfe gegen die katholische Religion. Ins Deutsche übers. v. C. J. Cämmerer. 11. Aufl. (144 S.) 8. Mainz 910. Kirchheim & Co. —60; geb. in Leinw. 1. —

Segur, Monsignore v., der junge christliche Arbeiter. Kleiner geistlicher Führer für junge Leute. Autoris. Uebersetzung von J. Molzberger. gr. 16. (VIII, 211 S.) Mainz 877, Kirchheim.

— die Bedeutung d. 3. Ordens d. heiligen Vaters Franziscus. Autoris. Uebersetzg. gr. 16. (VIII, 68 S.) Ebend. 876. — 35

— die Bedeutung des dritten Ordens des heil. Vaters Franziscus. Autoris. Uebersetzung. 2. Aufl. gr. 16. (VIII, 68 S.) Ebend. 878. — 35

— die Beichte. Kurze Anweisgn. üb. deren Nothwendigkeit u. Nützlichkeit. Autorisirte Uebersetzg. gr. 16. (IV, 78 S.) Ebend. 871. n. — 25

—— die Beicht. Kurze Unterweisungen über deren Nothwendigkeit und Nützlichkeit. Autoris. Uebersetzung. 2. Aufl. 12. (76 S.) Ebendas. 882.

Ségur, [Louis Gaston], de. Die Beicht. Kurze Unterweisgn. üb. deren Nothwendigkeit u. Nützlichkeit. Autoris. Uebersetzg. 3. Aufl. 12. (76 S.) Mainz 890, Kirchheim. * — 25

— Belehrungen u. Rathschläge f. Lehrlinge u. Gesellen. 8. (71 S.) Ebend. 873. n. — 35

—— geistlicher Betstuhl zur Anbetung des allerheiligsten Altarssakramentes oder Anleitung für fromme Seelen, ihre Anbetungsstunde mit großem geistl. Nutzen vor dem heiligsten Sakramente zuzubringen. Nach der 3. französ. Ausg. neu übers. und mit einer Betrachtung über die Litanei vom heiligsten Namen Jesu rc. vermehrt. Bevorwortet von Laur. Hecht. 16. (XVIII und 222 S. mit 1 Stahlst.) Schaffhausen 861, Hurter'sche Buchh. *

—— Christus und die Welt. Mein Glaube. Autorisierte Übersetzung. Daselbst 1875, 8°, VII, 120 S., 0,50 Mk.

—— die landläufigen Einwürfe gegen die Encyklika vom 8. Decbr. Autoris. Uebersetzung nach der 6. Aufl. des Orig. 16. (44 S.) Mainz 865, Kirchheim. *

Segur, L. G. de, Die landläufigen Einwürfe gegen die Encyklika. Deutsch von J. Molzberger. München, Lentner, 1865, 8°, 38 S., 35 Pf.

—— die Freiheit. Autorisirte Uebersetzung von J. Molzberger. gr. 16. (VIII, 244 S.) Ebendas. 869.

Die Freimaurer, was sie sind, was sie thun und was sie wollen: Von [Louis Gaston] de Ségur. Autor. Uebers. Mainz: Kirchheim 1868. 136 S. 8⁰

[Dasselbe.] 2. Aufl. Ebendas. 136 S. 8⁰

[Dasselbe.] 3. Aufl. Ebendas. 1869. 136 S. 8⁰

Dasselbe.] 4. Aufl. Ebendas. 1870. 36 S. 8⁰

Dasselbe.] 5. Aufl. Ebendas. 1878. 36 S. 8⁰

Ct. 1780. 1. Aufl. in 358; 2. in 193; 3. in 23; 4. in 140; 5. in 25.

—— die Frömmigkeit und das innere Leben. Eine Reihenfolge von kleinen Abhandlungen gewidmet den Zöglingen der großen und kleinen Seminarien, den religiösen Genossenschaften, sowie auch allen frommen Personen weltl. Standes. Mit Autoris. des Verf. übers. von Bonifacius. 4 Bdchn. 16. Mainz, Kirchheim.

Inhalt:

Bdchn. 1. Grundwahrheiten. (IX und 67 S.) 866. 2½ Ngr.
" 2. Die Entsagung. (120 S.) 866. 4½ Ngr.
" 3. Das Leben Jesu Christi in dem Christen. (XI und 308 S.) 867. 10 Ngr.
" 4. Das Leben des Christen in Jesus Christus. (XII und 320 S.) 867. 10 Ngr.

—— die Frömmigkeit und das innere Leben. Eine Reihenfolge von kleinen Abhdlungen, gewidmet den Zöglingen der großen und kleinen Seminarien, den religiösen Genossenschaften, sowie auch allen frommen Personen weltl. Standes. Mit Autoris. des Verf. übersetzt von Bonifacius und J. Molzberger. 5.—7. Bdchn. gr. 16. Ebendas. 870,71. à Bdchn. ¹ℳ 1,25. *

Inhalt:

Bdchn. 5. Unsere Größe in Jesus Christus. 1. Thl. Aus dem Französ. übersetzt von Bonifacius. (399 S.)
" 6. 7. —— dass. — 2. und 3. Thl. Aus dem Französ. übersetzt von J. Molzberger. (XII, 363, X, 378 S.)

—— die Frömmigkeit und das innere Leben. Eine Reihenfolge von kleinen Abhandlungen, gewidmet den Zöglingen der großen und kleinen Seminarien, den religiösen Genossenschaften, sowie auch allen frommen Personen weltl. Standes. Mit Autoris. des Verf. übers. von Bonifacius. 2 Bdchn. 2. Aufl. 12. Ebendas. 880.

Inhalt:

Bdchn. 1. Grundwahrheiten der Frömmigkeit und des inneren Lebens. (VIII, 68 S.) 879. 25 Pf.
" 2. Die Entsagung, erste Grundlage der Frömmigkeit und des inneren Lebens. (120 S.) 880. 45 Pf.

— Führer zur Tugend u. Frömmigkeit. Rathschläge u. Belehrgn. f. die christl. Jugend. gr. 16. (VI, 283 S.) Ebend. 873. 1. 25

Segur, L. G. von, Der Glaube der modernen Wissenschaft gegenüber. Mainz, Kirchheim, 1871, gr. 16°, VIII, 98 S., 0,60 Mk. (Fehlt.)

—— der seraphische Gürtel und dessen wunderbare Reichthümer. Nach dem Französ. 1.—3. Aufl. 12. (48 S.) Ebendas. 877—79.

— das heiligste Herz Jesu. Betrachtungen. Mit e. Stahlst. 8. (VIII, 203 S.) Ebend. 873. 1. —

—— die Hölle. Ob es eine gibt, was sie ist, wie man ihr entgeht. Autoris. Uebersetzung. gr. 16. (XV, 110 S.) Mainz 876, Kirchheim.

—— die Hölle. Gibt es eine, was ist sie, wie entgeht man ihr? Autoris. Uebersetzung. 2. Aufl. 12. (XII, 108 S.) Ebendas. 880.

— die Hölle. Gibt es eine, was ist sie, wie entgeht man ihr? Autoris. Uebersetzg. 3. Aufl. 12. (XII, 108 S.) Ebd. 889. — 60

—— Jesus Christus. Vertrauliche Erörterungen über die Person, das Leben und das Geheimniß des Erlösers. Aus dem Französ. in's Deutsche übertr. von C. J. Cämmerer. gr. 12. (III und 149 S.) Mainz 856, Kirchheim.

—— Jesus Christus. Vertrauliche Erörterungen über die Person, das Leben und das Geheimniß des Heilandes. Aus dem Französ. übers. 24. (321 S.) Regensburg 856, Manz.

—— das Jesuskind. Ein Geschenk für die lieben Kinder. Autoris. Uebersetzung nach der 16. Aufl. des Originals. 12. (48 S.) Paderborn 879, Bonifacius-Druckerei.

—— das göttliche Jesuskind, das Vorbild für christliche Kinder. Autoris. Uebersetzung. 16. (VIII, 112 S. mit 1 Stahlst.) Ebendas. 884. cart. *

—— Der erleuchtete Katholik im Kampfe gegen den Irrtum und Unglauben oder Beantwortung der gewöhnlichsten Einwendungen gegen die Religion. Nach dem Franz. herausgegeben von der Gesellschaft des seligen Nikolaus von Flüe. Einsiedeln, Benziger, 1856. 12°, 184 S.

Segur, [Louis Gaston] de, „kommet Alle zu mir!" Ermahnung zum öfteren Besuche des allerheiligsten Altarsakramentes. Autoris. Uebersetzung. 16. (48 S.) Bensheim 879. (Mainz, Frey.) *

– die heilige Communion in ihrem öfteren würdigen Empfang. Aus dem Französ. nach der 20. Aufl. übers. von einem Priester der Diözese Mainz. 1—3. Aufl. Mainz 861—64. Kirchheim. 16. (72 S.) 2 ngr.

—— dass. — Aus dem Französ. nach der 60. Aufl. übers. von einem Priester der Diöcese Mainz. 4. Aufl. 8. (88 S.) Ebendas. 867. *

—— die heilige Communion in ihrem öfteren würdigen Empfang. Aus dem Französ. nach der 67. Aufl. des Orig. übers. von einem Priester der Diöcese Mainz. 5. Aufl. 1871, und 6. Aufl. 8. (88 S.) Ebendas. 872. *

—— die heilige Communion in ihrem öfteren würdigen Empfang. Aus dem Französ. nach der 91. Aufl. des Orig. übers. von einem Priester der Diöcese Mainz. 7. Aufl. 16. (88 S.) Ebendas. 878. *

Segur, Marquis de, die hl. Communion in ihrem öft. würd. Empfang. Aus d. Franz. nach d. 103. Aufl. d. Originals übers. v. e. Priester d. Diözese Mainz. 13. u. 14. Aufl. 12. (80 S.) Mainz 897. F. Kirchheim. n. —20

— die hl. Communion in ihrem öfteren würdigen Empfang. Aus dem Franz. nach der 103. Aufl. des Originals übers. von e. Priester der Diözese Mainz. 15. u. 16. Aufl. 12. (80 S.) Ebd. 900. n. —20

— die hl. Kommunion in ihrem öfteren würdigen Empfang. Aus dem Französ. nach der 103. Aufl. des Originals übers. v. e. Priester der Diözese Mainz. 18. Aufl. (80 S.) kl. 8. Mainz 906. Kirchheim & Co. n. —20

— Die hl. Kommunion in ihrem öfteren würdigen Empfang. Aus dem Franz. nach der 103. Aufl. des Originals übers. v. e. Priester der Diözese Mainz. 20. verb. Aufl. (88 S.) kl. 8. Ebd. 908. —30; kart. —50

—— die wöchentliche Communion. Ein Wort über den öfteren Empfang der heil. Sakramente der Buße und des Altars. Autoris. Uebersetzung. 16. (63 S.) Ebendas. 879.

— d. wöchentliche Communion. E. Wort üb. d. öft. Empfang d. hl. Sakramente d. Buße u. d. Altars. Autor. Uebersetzg. 3. Aufl. gr. 16. (63 S.) Ebd. 897. n. — 20

— die wöchentliche Kommunion. Ein Wort über den öfteren Empfang der hl. Sakramente der Buße u. des Altars. Autoris. Uebersetzung. 4. Aufl. (63 S.) gr. 16. Ebd. 903. n. — 20

— Die wöchentliche Kommunion. Ein Wort über den öfteren Empfang der heil. Sakramente der Buße u. des Altars. Autoris. Übersetzg. 5. verb. Aufl. (67 S.) 16. Ebd. 908. —25; kart. —45

—— das Concil. Ein Büchlein für das kathol. Volk. Autoris. Uebersetzung. gr. 16. (70 S.) Ebendas. 869. *

—— krátké a sprostné odpowědi na námitky proti náboženstwí nejwice rozšířené. Přeložil Frant. P. Poimon. gr. 12. (138 S.) Brünn 852, Nitsch und Grosse. *

— das Leben d. hl. Franz v. Sales, s.: Propaganda-Schriften, kathol., Nr. 17.

—— An alle ehrlichen Leute. Die landläufigen Einwürfe gegen die Encyklika vom 8. Dezember. Autorisierte Übersetzung nach der 6. Aufl. des Originals. Mainz, Kirchheim, 1865, 16°, 44 S., 20 Pf.

Segur, L. G. von, Mahnung an junge liberale Katholiken. Autorisierte Übersetzung. Mainz, Kirchheim, 1876, gr. 16°, V, 106 S., 60 Pf.

—— die allerseligste Jungfrau Maria. Fromme Lesungen für den Maimonat. 1. Thl.: Die allerseligste Jungfrau Maria vor Menschwerdung Christi. Autorisirte Uebersetzung. gr. 16. (VII, 312 S.) Ebendas. 869.

— die allerheiligste Jungfrau Maria. Fromme Lesgn. f. den Maimonat. 2. Thl. A. u. d. T.: Die allerseligste Jungfrau Maria in dem Neuen Testamente. 12. (256 S.) Mainz 883. Kirchheim. 1. 20 (1. u. 2.: 2. 20)

— der Marien-Monat f. fromme Kinder Mariä. Autorisirte Uebersetzg. 8. (VIII, 244 S.) Ebend. 871. — 75

— der Marien-Monat für fromme Kinder Mariä. Autoris. Uebersetzung. 2. Aufl. 16. (VIII, 320 S.) Mainz 881. Kirchheim. 1. —

—— die heilige Messe. Ein Büchlein für das kathol. Volk. 1. Aufl. 1870, und 2. Aufl. 1870. gr. 16. (VII, 128 S.) Ebendas. 874. *

— die heilige Messe. Ein Büchlein f. das kathol. Volk. 2. Aufl. gr. 16. (VII, 128 S.) Ebend. 874. n. — 50

— der Monat des heil. Franziskus v. Assisi u. die Wunder seines Lebens. Autoris. Uebersetzung von einem Mitgliede des Kapuziner-Ordens. Mit 1 Stahlst. 12. (272 S.) Ebend. 882. 1. 20

— meine Mutter. Erinnerungen an ihr Leben u. ihren sel. Tod. Autoris. Uebersetzg. gr. 16. (116 S.) Ebend. 876. — 90

—— der Papst. Eine Tagesfrage. Aus dem Französ. 8. (32 S.) Mainz 860, Kirchheim.

—— dass. — Die Tagesfrage in 17 Fragen und Antworten erörtert. 8. (15 S.) Wien 860, (Mayer und Comp.)

—— das Papstthum, seine Begründung und seine Bedeutung in der Kirche. Aus dem Französ. 8. (VIII und 180 S.) Mainz 863, Kirchheim.

Segur [Louis Gaston] v., praktische Rathschläge für die Beicht der Kinder. Autoris. Uebersetzung. 16. (55 S.) Ebendas. 882. *

— praktische Rathschläge f. die Beicht der Kinder. Autoris. Uebersetzg. 2. Aufl. 16. (55 S.) Ebend. 883. cart. n.n. — 25

—— die Revolution und ihre Verkörperung im „modernen Staate". Ein Büchlein für Jedermann. Aus dem Französ. 16. (VIII und 159 S.) Mainz 861, Kirchheim.

—— die Revolution und ihre Verkörperung im modernen Staate. Ein Büchlein für Jedermann. Aus dem Französ. 2. Aufl. gr. 16. (VIII und 144 S.) Mainz 865, Kirchheim.

— Trost im Leiden. Ein Büchlein f. alle bedrängten u. leid. Christen. 8. (VII, 206 S.) Ebend. 873. — 90

—— vertrauliche Unterhaltungen über den heutigen Protestantismus. Aus dem Französ. 8. (XII und 172 S.) Mainz 859, Kirchheim.

—— vertrauliche Unterhaltungen über den heutigen Protestantismus. Aus dem Französ. 2. Aufl. 8. (VIII und 172 S.) Mainz 864, Kirchheim.

—— die am meisten verbreiteten Vorurtheile und Einwürfe gegen die Encyklika vom 8. Decbr. 1864. Aus dem Französ. für das deutsche Volk bearb. gr. 8. (24 S.) Augsburg 865, Kranzfelder'sche Buchh.

— Was ist der Papst? Eine Tagesfrage. Aus dem Französ. übers. von Jos. Lennartz. Aachen 860. (Leipzig, Wengler.) 8. (32 S.) n. 2 ngr.

Ségur, Ludwig Gaston de, Was ist die Kirche? Ein Büchlein fürs Volk. Aus dem Franz. nach der 5. Aufl. übersetzt. Mainz, Kirchheim, 1861, 16°, 13 S., 2. Aufl., 20 Pf.

Beantwortet 2 Fragen: Ob man außerhalb d. Kirche selig w. könne, u. welcher Art der Einfluß ist, den die K. in d. Welt gewinnen u. ausüben will.

SEGUR, M. DE: Geistlicher Wegweiser. Pest 1856. - 8°

— die Wunder v. Lourdes. Autoris. Uebersetzg. 8. (XII, 243 S.) Ebend. 875. 1. —

—— Die Wunder v. Lourdes. Autoris. Uebersetzg. 2. Aufl. 12. (VII, 246 S. m. Titelbild.) Ebd. 890. 1 20

Segur, Ludw. Gaston Graf v., Der Zeitgeist und seine Vorurteile besonders gegen die kath. Kirche und ihre Einrichtungen vor dem Richterstuhle der gesunden Vernunft und des Glaubens. Auf Grundlage der 23. Aufl. bearbeitet von Ludwig Donin. Wien, Dorfmeister, 1823, 204 S.

Das Büchlein, welches mehrere Übersetzungen ins Deutsche erfuhr, widerlegt mit Beiseitelassung alles gelehrten Apparates gewandt u. schlagend die von dem ungläubigen Geiste der Zeit wider die kath. Kirche, ihre Lehren u. Einrichtungen erhobenen Einwendungen.

Segur Abbé. Der Zeitgeist und seine Vorurtheile gegen die katholische Kirche. Bearbeitet von L. Donin. 8. Wien, A. Dorfmeister 1853.

Ségür, v., die Ceremonien der heiligen Messe. Autoris. Uebersetzg. gr. 16. (XII, 160 S.) Mainz 874. Kirchheim. — 75

—— die Ceremonien der heiligen Messe. Autoris. Uebersetzung. gr. 16. (XII, 160 S.) Ebendas. 876.

Ségur, (Louis) Ph. de, les trois soeurs. Mit sprachwissenschaftl. Noten u. e. Wörterbuche. 8. (9¾ B.) Leipzig 840, Baumgärtners Buchh.

Ségur, Philippe Paul

— Denkwürdigkt., Rückerinnerungen u. Anekdoten aus seinem Leben; aus d. Französ. v. D. v. W***. 3 Thle. gr. 8. Stuttg. 823—26. (Brodhag). 6 ℛ

v. Segür, (Graf.) Denkwürdigkeiten, Rückerinnerungen u. Anekdoten aus d. Leben ic. Aus d. Franz. 3 Thle. gr. 8. Stuttg. 823—26, Frankh. Rthlr.

— Dass. übers. v. L. G. Förster. 10 Bdchen. 16. Quedlinb. 827, 828. Basse. (à 9 ℊ) 3 ℛ 18 ℊ

Segur [Paul Philippe] Comte de, les désastres de la grande armée de Napoléon pendant 1812, s. Bibliothek gediegener und interessanter französischer Werke.

Segur, Graf Paul Philipp v., Adjutant Napoléons I, Erinnerungen, bearb. v. Frdr. M. Kircheisen, s.a. Bibliothek wertvoller Memoiren. 5. Bd.

Ségur, Philippe-Paul de. Die Erinnerungen des Generals Grafen Paul Philipp von S', Adjutanten Napoléons I. Hohenlinden Alpenfeldzug – Kopenhagen und Madrid – ... Russische Gefangenschaft – Somo Sierra. Bearb. von Friedrich M. Kircheisen (Genf, Petit-Lancy. [Mit 6 Kartenskizzen, sowie] Leisten von Ernst Liebermann, München). 1.—3. Tausend. (Ausg. A.) IV + 472 S. 8. Hamburg, Gutenberg-Verlag, 1908.

(Ausg. A: M. 6. —, geb. 7. —; Ausg. B geb. 12. —, Ausg. C geb. 20. —) Bibliothek wertvoller Memoiren. Lebensdokumente hervorragender Menschen aller Zeiten und Völker. Hrg. von Dr. Ernst Schultze. Band 5.

— Feldzug der Donau- u. Bündner Armeen, s. Denon d. Xelt.

—— Napoleon's Feldzug nach Rußland im J. 1812, bearb. v. J. W. Christern, s. Volks-Bibliothek, 2. Bdchn.

v. Segur, Graf Ph., Geschichte der vorzügl. Begebenheiten unter der Regierung Friedrich Wilhelms II. Königs v. Preußen, von 1786—1795; aus d. Französ. gr. 8. Leipz. 801. Hartknoch. 1 ℛ 12 ℊ Schrbp. 1 ℛ 18 ℊ

— Geschichte Ludwigs des Elften, s.a. Bibliothek, Ausgewählte historische.

Ségur, (Paul Phil.) Graf v., Geschichte Ludwig d. Elften. Uebers. v. W. Suckau u. J. C. Wagner. gr. 8. (23½ B.) Frankfurt a. M. 830, Brönner.

— Geschichte Ludwigs des Elften. Uebersetzt v. W. Suckau u. J. C. Wagner. gr. 8. Frankf. a. M. 831. Brönner. 1 ℛ 15 ℊ

— Dass. übers. u. mit e. Vorr. begleitet v. L. Hoffmann. gr. 8. Leipz. 831. Hartleben. 1 ℛ (Vergl. Bibliothek der Geschichtswerke, 17r Thl.)

— Geschichte Napoleons u. der großen Armee, während des Jahres 1812; aus d. Französ. v. General J. v. Theobald. 2 Bde. gr. 8. Stuttg. 825. v. Cotta. 4 ℛ

— Dass. aus d. Französ. 2 Bde. gr. 8. Berl. 825. Mittler. 3 ℛ 12 ℊ

Ségur, Paul Philippe Comte de. Geschichte Napoleons und der grossen Armee im Jahre 1812 ... Berlin 1826. Ü: *Ife, August.* (MGT) »1827« (Ky)

— Gesch. Napoleons u. der großen Armee im Jahre 1812. Nach d. neuesten franz. Original-Ausg. v. J. F. E. 4 Bdchn. Mit 4 Bildn. u. 1 Charte 12. Berl. 826. Enslin.

— Geschichte Napoleons u. der großen Armee im J. 1812. Nach d. neuesten französ. Orig.-Ausg. v. J. F. E. (A. Jse). 4 Bdchn. Mit Bildn. u. 1 Karte. 12. Berl. 827. 3e A. 827. Enslin. 2 ℛ

— Dass. französ. Neue Aufl. Mit 4 Kpf. u. 1 Karte. IV Vols. 12. Berl. 827. Enslin. 2 ℛ

— Dass. aus d. Französ. übers. 6 Bdchn. 16. Stuttg. 831. Brodhag. (à 3 ℊ) 18 ℊ (Vergl. Napoleons Ehrentempel.)

— dass. Nach der 10n Aufl. aus d. Franz. übersetzt von Dr. Kottenkamp. (In 4 Lfrgg.) gr. 12. Mannheim 835. Hoff. 2/3 ℛ — 2e verb. Aufl. gr. 12. Ebd. 836. 2/3 ℛ cart. 3/4 ℛ

— Geschichte Napoleon's und der großen Armee im Jahre 1812. Nach der 10n Aufl. aus d. Franz. übertragen von Karl Courtin. Mit 12 Abbildd. 4 Lfrgg. (oder in 1 Bande gebunden). gr. 8. Stuttgart 835. Scheible. 2 ℛ — 2e Aufl. Mit 10 Kpfr. gr. 8. Ebd. 839. (Gaul u. Tonger in Cöln.) 1 1/2 ℛ

—— Geschichte Napoleon's u. d. großen Armee im J. 1812. N. d. 10. Aufl. a. d. Franz. übertr. v. Carl Courtin. 1. Aufl. in 4 Lfgn. (33 1/2 B. u. 12 Abbild.) 835. u. 2. A. gr. 8. (33 1/2 B. u. 10 Kpfrt.) Stuttgart 840, [Scheible, Rieger u. Sattler.] à

v. Ségur, General Graf, Geschichte Napoleons u. der großen Armee im Jahre 1812. Aus dem Französ. von C. Courtin. Neue unveränd. Aufl. 2 Bde. (Mit Napoleons Bildniß und 1 verziert. Titel in Farben- u. Silberdruck.) 16. Stuttgart 841, Scheible's Buchh. 1 1/2 ℛ

v. Ségur, General Graf, Geschichte Napoleons u. der großen Armee im Jahre 1812. Nach der 10. Aufl. aus dem Französ. übers. von Dr. Kottenkamp. 3. verb. Aufl. 1. Liefg. 8. Mannheim 846, Hoff. 1/6 ℛ

v. Segur, Graf, Geschichte Napoleons u. der großen Armee im J. 1812. Nach der 10. Aufl. aus dem Franz. übersetzt von Kottenkamp. 4. (Titel-) Aufl. 8. (536 S.) Stuttgart (846) 850, Frz. Köhler. 18 ngl

Ségur, [Paul Philippe] Graf v., Geschichte Napoleons und des großen Heeres während des J. 1812. Wortgetreu nach H. R. Mecklenburg's Grundsätzen aus dem Französischen übersetzt von R. T. 1.—4. Heft. 32. (S. 1—256.) Berlin 886, H. R. Mecklenburg. à Heft * 25 Pf. *

—— Geschichte Napoleons u. d. großen Heeres während d. J. 1812. Buch 8: Der Brand v. Moskau. 1.—3. Heft. 32. (S. 1—153.) Berl. 889, H. R. Mecklenburg. à Heft * — 25; * — 75

—— dass. — Buch 11: Der Übergang üb. die Beresina. 2 Hefte. 32. (125 S.) Ebd. 890. à Heft * — 25; * — 50

Ségur, P., Graf v., Geschichte Napoleon's u. d. großen Heeres während d. J. 1812. Buch 8: Der Brand v. Moskau u. Buch 9. Wortgetreu nach H. R. Mecklenburg's Grundsätzen aus dem Franz. übers. v. B. W. 1.—3. Hft. 32. (8. Buch S. 1—153 u. 9. Buch S. 1—39.) Berlin 890. H. R. Mecklenburg. à n. — 25

Ségur, (Paul Phil.) Graf v., Geschichte Rußlands u. Peter d. Großen. A. d. Franz. übers. v. J. P. Krieger. gr. 8. (35 1/2 B. u. Titvign.) Zweibrücken 829, Ritter. Thlr.

— Geschichte Rußlands u. Peters d. Großen; aus d. Französ. v. C. D. H. Grimm. 3 Bdchen. 12. Halberst. 831, 32. (Leipz., Schreck). 1 ℛ (A. u. d. T.: Magazin wicht. Geschichtswerke des Auslandes ꝛc.)

Ségur, Phil. Paul v., Geschichte Rußlands u. Peter's d. Gr. 3 Bdchn. (Neue Ausg.) 16. (41 1/2 B., 1 Portr. u. 1 Kärtchen.) Leipzig 837, Schreck.

— die Geschichte der Völker der alten u. neuen Zeit; für alle Stände. 1s Bdchn. A. u. d. T.: Gesch. der Aegypter u. Assyrer. Uebersetzt v. W. Hoffmann. 2s u. 3s Bdchn. A. u. d. T.: Gesch. d. vorderasiat. Völker u. der Perser bis auf Artaxerxes Langhand. 2 Thle. Uebersetzt v. W. Hoffmann. 4s Bdchen. A. u. d. T.: Gesch. der Juden, übers. von C. W. Mutscher. 1r Thl. 16. Stuttg. 828. (Brodhag). (à 5 ℊ) 20 ℊ

– Histoire ancienne, s. Prosateurs français.

Ségur, P. Ph. Comte de, histoire et mémoires. 8 vls. gr. 8. (529, 563, 477, 413, 461, 480, 563, 528 S.) Paris 873. Didot & Co. n. 30. —

—— histoire de Napoléon et de la Grande Armée pendant l'année 1812, s. Bibliothèque française.

Ségur, Comte de, histoire de Napoléon et de la Grande-Armée pendant l'année 1812, hrsg. v. O. Schmager, s. Prosateurs français.

— histoire de Napoléon et de la grande armée, pendant l'année 1812. II Vols. 16. Stuttg. 828., Hoffmann. 1 ℛ 12 ℊ (Scheible). 1 ℛ 6 ℊ

Ségur, Louis-Paul-Charles Cte de

Histoire de Napoléon et de la grande-armée pendant l'année 1812. Par le général Cte de Ségur.
Stuttgart: Bur. nouv. lit. franç. 1834. 704 S. 8°

—— le même. gr. in-12. (29 1/2 B. u. N's. Bildn.) Stuttgart 834, (Scheible.)

— le même. Mit grammat. u. erläut. Anmerkk. u. e. Wörterbuche. 8. Leipzig 836. Schumann. 1 1/3 ℛ

—— le même. Mit grammat. u. erläut. Anmerkn. u. e. Wörterbuche. 8. (32 B.) Leipzig 836, [T. O. Weigel.]

—— le même. Nouv. édit. II Ts. 16. (33 B.) Stouttgart 839, Erhard.

—— Histoire de Napoléon et de la grande armée pendant l'année 1812. Nouv. édit. 8. (..B.) Stouttgart 839, [Scheible, Rieger et Sattler.]

—— Histoire de Napoléon et de la grande armée pendant l'année 1812. Enrichi d'un vocabulaire et de notes grammaticales par E. J. Hauschild. 8. (27 3/8 B. u. 1 Holzschn.) Leipzig 846, Renger'sche Buchh.

— histoire de Napoléon et de la grande-armée pendant l'année 1812. Mit grammat. u. erläut. Anmerkungen u. e. Wörterbuche. 2. Sterotyp.-Abdr. 8. Leipzig 843, L. Schumann. (T. O. Weigel.) 1 ℛ

Ségur, de (I.), Histoire de Napoléon et de la grande armée. Pendant l'année 1812. Enrichie d'un vocabulaire et de notes grammaticales par E. I. Hauschild. 3. Édition. gr. 16. (440 S.) Berlin 856, Renger'sche Buchh.

Ségur, Comte de, Histoire de Napoléon et de la grande armée. Pendant l'année 1812. Enrichie d'un vocabulaire et de notes grammaticales par E. J. Hauschild. 4. Édit. gr. 16. (440 S.) Berlin 861, Renger'sche Buchh. Thlr.

Ségur, P. Ph. Comte de, Histoire de Napoléon et de la grande armée pendant l'année 1812. Enrichie d'un vocabulaire et de notes grammaticales par E. J. Hauschild. 5e et 6e édit. 16. (440 S.) Berlin 869,73, Renger'sche Buchh.

—— Histoire de Napoléon et de la grande armée pendant l'année 1812. Enrichie d'un vocabulaire et de notes grammaticales par E. J. Hauschild. 7e édit. 12. (440 S.) Berlin 880, Renger'sche Buchh.

—— dass. — Unter Mitwirkung von Bernh. Schmitz erklärt von H. Lambeck. 4 Bde. gr. 8. Berlin, Weidmann'sche Buchh. *

Inhalt:

Bd. 1. 1.—4. Buch. (183 S. mit 1 lithogr. Karte von H. Kiepert.) 880. ℳ 1,80.
» 2. 5.—7. Buch. (162 S. mit 1 lithogr. Karte von H. Kiepert.) 880. ℳ 1,80.
» 3. 8. und 9. Buch. (207 S. mit 2 lithogr. Karten von H. Kiepert.) 880. ℳ 2,10.
» 4. 10.—12. Buch. (260 S. mit 2 lithogr. Karten von H. Kiepert.) 881. ℳ 2,70.

Ségur, [Paul Philippe], Graf v. Histoire de Napoléon et de la grande armée pendant l'année 1812. Unter Mitwirkg. v. Bernh. Schmitz erklärt v. H. Lambeck. 1. Bd. Mit 1 Karte v. H. Kiepert. 2. verb. Aufl. gr. 8. (VI, 178 S.) Berl. 890, Weidmann. * 1 —

—— Histoire de Russie et de Pierre-le-Grand. gr. in-12. (19 B.) Brunswick 829, Vieweg.

— incendie de Moscou et retraite de la grande armée jusqu'au Niémen, bearb. v. P. Steinbach, s.: Perthes' Schulausgaben engl. u. französ. Schriftsteller.

— lettre sur la campagne du Général Macdonald dans les Grisons. 8. Strassb. 802. Treuttel u. W. 12 gr.

v. Ségur, Graf, Memoires. 3 Vols. 16. Stuttgart 829. (Gaul et Tonger in Cöln.) 2 ℳ

— mémoires, ou souvenirs et anecdotes. III Vols. 16. Stuttg. 829. Hoffmann. 2 ℳ 12 gr (Scheible). 2 ℳ 4 gr

— Moscou, hrsg. von Carl Stöhsel, s.: Klassiker-Bibliothek, französische u. englische.

— Moscou u. Le passage de la Bérézina, hrsg. v. K. Strüver, s.: Prosateurs français.

Moscou und Le passage de la Bérézina par (Paul Philippe de) Ségur. Im Ausz. aus Hist. de Napoléon et de la grande armée. Mit Anm. z. Schulgebr. hrsg. von Dr. K[arl] Strüver, Oberl. zu Steglitz. Mit 1 Übersichtskarte. [Nebst] Anm. Bielefeld & Leipzig: Velhagen & Klasing 1900. 2 Bde 8°
= Sammlung, Velhagen & Klasings, franz. u. engl. Schulausgaben. Prosateurs franç. Lfg. 120 B.

Moscou und Le passage de la Bérézina par (Paul Philippe de) Ségur. Im Ausz. aus Hist. de Napoléon et de la grande armée. Mit Anm. z. Schulgebr. hrsg. von Dr. K[arl] Strüver, Oberl. zu Steglitz. Mit 1 Übersichtskarte. [Nebst] Anm. u. Wörterbuch. Bielefeld & Leipzig: Velhagen & Klasing 1900. 3 Bde 8°
= Sammlung, Velhagen & Klasings, franz. u. engl. Schulausgaben. Prosateurs franç. Lfg. 120 B.

— — Napoleon und die Grosse Armee in Russland, zugleich eine kritische Beleuchtung und Berichtigung des Werks des Herrn Grafen Ph. v. Ségur. Aus dem Französischen. 8. Darmstadt 1825.

— — ehemal. erster Ordonn.-Officier und Adjutant des Kaisers Napoleon. Napoleon und die Grosse Armee in Russland oder kritische Beleuchtung des von dem Herrn Grafen v. Segur herausgegebenen Werkes. Beigebunden: Ségur, Graf v., General. Geschichte Napoleons und der Grossen Armee während des Jahres 1812. Aus dem Französischen übersetzt von General J. v. Theobald. 8. Stuttgart und Tübingen 1825.

— Napoléon à Moscou, Passage de la Bérézina, hrsg. v. F. J. Wershoven. s.: Auteurs francais.

— Napoléon à Moscou, hrsg. v. G. van Muyden, s.: Collection d'auteurs français.

— Napoléon à Moscou u. Passage de la Bérézina, hrsg. von Adf. Hemme, s.: Schulbibliothek, französische u. englische.

—— le passage de la Bérézina oder XI. Buch aus Ségur's Histoire de Napoléon et de la grande armée pendant l'année 1812. Mit einer Einleitung, sachl. und sprachl. Anmerkungen, einem Anh. und einer (lithogr.) Karte hrsg. von F. C. Schwalbach. gr. 8. (IV, 139 S.) Leipzig 873, Teubner.

— la passage de la Bérézina; od. XI. Buch aus Ségurs histoire de Napoléon et de la grande armée pendant l'année 1812. Mit Einleitg., Anmerkgn. u. 1 Karte hrsg. v. F. K. Schwalbach. 2. Aufl. gr. 8. (IV, 85 S.) Leipzig 892. B. G. Teubner. n. 1. 20

—— Rußland u. Peter d. Große. A. d. Franz. 2 Thle. gr. 8. (14½ u. 17½ B.) Stuttgart 829, [Brodhag.] à 21 Gr.

v. Segur, Ph. P. Russland und Peter der Grosse. A. d. Französ. von C. D. H. Grimm. 2 Bde. (32 B.) 8. Stuttgart 1829. 5,25. — A. d. Franz. von J. P. Krieger (35 B.) 8. Zweibrücken 1828. 3,40. — 3 Bde. (41½ B.) 16. Leipzig 1833. 3,00.

— das unheilvolle Schicksal der großen Armee Napoleon's im J. 1812, s.: Hausbibliothek ausländischer Klassiker.

Ségur, Sophie Gräfin v.

Ségur, Gräfin v., geb. Rostopschin, Erinnerungen e. Esels. Nach dem Franz. 3. Aufl. 8. (VIII, 286 S. m. Abbildgn.) Freiburg i/B. (901). Herder. 1.80; geb. in Halbleinw. n. 2.—

Ségur, Gräfin geb. Rostopchine, die Herberge zum Schutzengel. Aus dem Französischen übersetzt von Elise v. Pongrácz. 12. (VI, 316 S. mit 67 Illustr.) Freiburg i. Br. 885, Herder'sche Verlagsh. ℳ 1.80.; geb.

Ségur, Gräfin, geb. Rostopchine, d. Herberge z. Schutzengel. Aus d. Französ. übers. v. Elise v. Pongrácz. 2. Aufl. 8. (VI, 279 S. m. 67 Illustr.) Freiburg i/B. 896. Herder. 1. 80; kart. n. 2. —

Ségur, Gräfin Eugenie v., die Herberge zum Schutzengel. Freie Bearbeitg. von Elise v. Pongrácz. 3., verb. Aufl. (VIII, 255 S. m. 60 Abbildgn.) 8. Freiburg i/B. 906. Herder. n. 1. 80; geb. in Leinw. n. 2. —

Ségur, Mme la Comtesse, née Rostophine, Les malheurs de Sophie, bearb. v. Ed. Meyn, s.: Bibliothèque française.

Ségur, Gräfin v., geb. Rostophine, Memoiren eines Esels. Autoris. Uebersetzung. Mit 70 (eingedr. Holzschn.-)Illustr. von H. Castelli. 8. (VIII, 275 S.) Freiburg i. Br. 877, Herder'sche Verlagsh. ℳ 2.; geb. *

Ségur, Gräfin v., geb. Rostophine, Memoiren eines Esels. Autoris. Uebersetzung. Mit 70 (eingedr. Holzschn.-)Illustr. von H. Castelli. 8. (VIII, 275 S.) Freiburg i/Br. 878. Herder. 2. —; geb. 2. 70

Ségur, Gräfin v., geb. Rostopchine. Memoiren e. Esels. Autoris. Übersetzg. Mit 68 Illustr. v. H. Castelli. 2. verb. Aufl. 8. (VIII, 284 S.) Freib. i. Br. 890, Herder. 1 80; geb. * 2 —

Ségur, Gräfin, geb. Rostopchine, russisch u. deutsch. Aus dem Franz. Mit Illustr. (in eigedr. Holzschn. u. Holzschntaf.) v. Emil Bayard. 8. (286 S.) Freiburg i/Br. 875. Herder. 2. —

—— Russisch und Deutsch. Nach dem Französischen. 3. neu durchgeseh. Aufl. 8. (VIII, 264 S. mit 83 Illustr. von Emil Bayard.) Ebendas. 887. ℳ 1.80.; geb. *

— Russisch u. Deutsch. Nach dem Franz. 4. Aufl. 8. (V, 242 S. m Holzschn.) Ebd. (899). 1. 80; geb. in Halbleinw. n. 2.—

[Ségur-Cabanac.] Journal du Comte Auguste François Marcel de Ségur-Cabanac, préfet de la chambre de sa Maj. l'empereur Ferdinand I., chambellan, conseiller intime, général-major 1771—1847. Publié par son arrière-petit-fils le comte Vict. de Ségur-Cabanac. (XV, 237 S. m. 5 Vollbildern.) gr. 8. Wien 910. C. W. Stern. 10. —

Ségur-Cabanac, Vikt. Arth. Graf v., Cahier d'exercice pour le verbe français. (87 S.) Lex.-8. Brünn 904. C. Winiker. n. 1. —

Ségur-Cabanac, Vict. Graf, Discours sur la littérature française joints à la lecture. (Glanes littéraires.) (123 S.) gr. 8. Brünn 908. Karafiat & Sohn. Kart. 2.50

— Grammaire française d'après une nouvelle méthode analytique. 1. partie. (XVIII, 111 S.) gr. 8. Ebd. 904. Geb. in Leinw. n. 8. —

Ségur-Cabanac, Comte Vict. de, Grammaire de la langue française à l'usage des Allemands et des Français d'après un nouveau système en 28 entretiens. 2 Tle. gr. 8. (152 u. 98 S.) Würzburg (901). (Ballhorn & Cramer Nachf.) n. 3. 75

— Histoire de la maison de Ségur dès son origine 876. Marquis, Comtes et Vicomtes de Ségur en Limousin, en Guienne, en Périgord, en l'Ile de France, en Champagne, en Autriche et en Hongrie. (Ouvrage publié à la memoire du centième anniversaire de l'établissement de la maison de Ségur-Cabanac en Autriche.) (264 S. m. 7 Taf.) 32×24,5 cm. Ebd. 908. 40. —

— Pflicht u. Liebe. Roman. (2. [Umschlag-]Aufl.) 12. (88 S.) München 899. A. Merk. n. 1. —

— Précis de l'histoire de la littérature française pour les classes supérieures des lycées des jeunes filles. 1. Tl. (109 S.) 8. Brünn 904. B. Knauthe. n. 3. —

Ségur-Cabanac, Vikt. Arth. Graf v., Recueil systématique de locutions françaises, ordonnées d'après les verbes. (78 S.) 8. Wien 905. (K. Graeser & Co.) n. 1. —

— Style de conversation moderne. Les métiers par S.-C. 8. (IX, 144 S.) Würzburg 902. Ballhorn & Cramer Nachf. n. 2. —; geb. in Leinw. n. 2. 50

Segura y Tornel, Adrian (geb. Pachuca in Mexico 8. 9. 1849): Einige Bemerkungen über die Behandlung der Hautgeschwüre. Berlin (1878). (47 S.) 8°
Berlin. Med. Diss. v. 24. Dez. 1878

Séguy, E. A., französ. Möbel der Neuzeit, s.: Hessling, Egon.

Séguy, E. A., Textiles. (20 farb. Taf.) 46×33 cm. Planen (910). C. F. Schulz & Co. In Halbleinw. Mappe 36.—

Sehauf H., Tip u. s. Leuchte. Eine Erzählg. f. Jung u. Alt. Nach d. Engl. 12. (186 S.) Konstanz 893. C. Hirsch. n. — 80; geb. in Leinw. n. 1. 40

Sehauf, H., Tip u. seine Leuchte. Eine Erzählg. f. Jung u. Alt. Nach dem Engl. 8. (231 S.) Konstanz 900. C. Hirsch. Geb. in Leinw. 2. —

Sehemelcher, J. E., de Polypis cordis. 8. Landishutti, Weber: 820.

Sehen von innen heraus; Beytrag zur Experimentalseelenlehre aus Kinderbeobachtungen. [Breslau 1785.] V: *Werdermann, Johann Günther Carl.* (MGT)

Sehenswürdigkeiten von ganz Bamberg! 16. (31 S. mit 5 Holzschntaf.) Bamberg 881, (Schmidt'sche Buchh.) **

Sehenswürdigkeiten, die, der Oberamtsstadt Blaubeuren u. ihrer nächsten Umgebung, m. e. Sammlg. Erzählungen, Volkssagen, Balladen, Romanzen u. Legenden aus der Vorzeit. 4. Aufl. (36 S.) 8. Blaubeuren 909. H. Baur. — 25

Sehenswürdigkeiten, Die, der Festung Hohen-Salzburg. Salzburg 1851. V: *Peroll, Georg.* (Hr)

— die, Lübeck's. Neuester erklärender Führer durch die Stadt und deren Umgebung. 3. Aufl. 8. (75 S. mit 1 lithogr. Plan.) Lübeck 880, Carstens. *
2. Aufl. Ebendas. 1874. * 90 Pf.

Sehenswürdigkeiten v. Mannheim u. seiner Umgebung. Ein Wegweiser f. Fremde u. Einheimische, zur schnellen Besichtigung d. Interessantesten dies. Stadt. gr. 12. (2½ B.) Mannheim 833, Löffler. 6 Gr., m. d. Plan d. Stadt 12 Gr., m. 4 Ansichten u. d. Plane

Die **Sehenswürdigkeiten** des Königsberger Rathauses. Mit 4 Bild. Bearb. im Auftr. d. Magistr. Königsberg i. Pr. 1909: Hartung. 18 S. 8°

Seher, der Nordische, ein Sonntagsblatt für die Weltbürger. 4 Hfte jeder Jahrg. 8. Halle 810 u. 11. Schimmelpfennig u. C. (à 1 ₰ 12 ₰) 3 ₰

Seher, Der, in die mögliche und wirkliche Welt. Ein Sonntagsblättchen ... Liegnitz 1791. V: *Frosch, Frdr. Thdr.* oder *Meissner Joh. Glieb* [?]. (MGT) (Ky) (Adel)

— der, in die mögliche u. wirkliche Welt, e. Sonntagsblättchen, (v. J. G. Meißner, nach And. v. Fr. Thdr. Frosch). 1s Quartal. 8. Bresl. 793. (W. Nauck in Leipz.) 1 ₰

— d, in d. möglichen u. wirklichen Welt, ein Sonntagsblättchen. 1s Quartal. 8. Breslau. (Sommer in Leipz.) 793.

Seher, Der, in die wirkliche und mögliche Welt, oder Beyspiele von Tugenden u. Lastern, Geistesirrungen, schönen Handlungen, etc. als ein Beytrag zur Vervollkommnung des Menschengeschlechts. Ein Sonntagslesestück für Jedermann. Leipzig 1795. V: *Frosch, Friedrich Theodor* oder *Johann Gottlieb Meissner* (?). (BGE VII², 273)

Seher, Karl

Seher, Carl, aus M.-Gladbach: Aus der medizinischen Klinik in Zürich. Direktor Prof. Dr. H. Eichhorst. Beitrag zum Blutbefund bei progressiver perniciöser Anämie nach Untersuchungen auf der medizinischen Universitätsklinik in Zürich. Elmshorn 1907. 61 S. 8°. [27. VI. 07.]
Zürich. Med. Diss. 1906/1907

Seher, Carl. Beitrag zum Blutbefund bei Progressiver perniciöser Anämie, nach Untersuchungen auf der medizinischen Universitäts-klinik in Zürich. Diss. Med. Univ. Zürich. *Kopftitel:* Aus der med' Klinik in Zürich. Direktor Prof. Dr. H[ermann] Eichhorst. 61 S. 8. Elmshorn i. Holstein, Gebr. Bramstedt, 1907.

Seher, Carl, s.a. Geheimnis, e. herrliches.

Ein herrliches Geheimnis. Christus alles in allem. Kol. 3, 11. (Verf.: Karl Seher) *Elmshorn: 'Für Jung u. Alt' [1900].* (14 S.) 8° [F.] (03. 8146

In der Welt des Halbmondes. Reisen u. Studien in Persien, Armenien, Kurdistan, Mesopotamien u. Aegypten von Carl **Seher**. Mit e. Vorw. von Dr. Johannes Lepsius. Ill. *Elmshorn: Gebr. Bramstedt 1902.* (211 S.) 8° [F.] (03. 7204

Seher, Carl, ist der Atheismus heilbar? (29 S.) 8. Berlin 909. M. Warneck. —50

Kein Reisen ist ohn' Ungemach! Reise-Erlebnisse e. Missionarin. (Verf.: Frau H. **Seher**.) Gesammelt u. hrsg. von Prediger (C[arl]) Seher. *Elmshorn: Gebr. Bramstedt 1899.* (47 S.) 8° [F.] (03. 9043

— s.a. Reisen, kein, ist ohn' Ungemach.

Die Seele des Gesunden und Kranken. Eine gemeinverständl. Handbuch f. d. gesamte Seelenkunde von Dr. med. Carl **Seher**. Berlin: Warneck 1910. VII, 159 S. 8° (10. 6691

— Die Seelenwunden des modernen Kulturmenschen u. ihre Heilung. (81 S.) 8. Ebd. 909. —50

Was aber sagt die Wissenschaft über das sexuelle Problem? Von Dr. med. Carl Seher. Berlin: Warneck 1909. 32 S. 8°

— Was jedermann v. der Gesundheitspflege wissen muß. Hygienischer Wegweiser. (176 S.) kl. 8. Ebd. 910. Geb. in Leinw. 1.50

Seher, Konr., „Splitter". Nothrufe m. e. Aufruf. gr. 8. (XV, 390 S.) Zürich 891. Verlags-Magazin. n. 4.—

SEHER, Leopold Karl
(F) Phantasie, Ulk und Humor. Erzählungen, Sagen und Humoresken von Leopold Karl Seher. 1. Auflage. Retz und Oberhollabrunn. [1900.] Selbstverlag. [In Comm Oberhollabrunn, Jordan.] 8°. VII, 117 S. K 1.—, geb. K 2.—

Seher, Leop. Karl, Phantasie, Ulk u. Humor. Erzählungen, Sagen u. Humoresken. 8. (VII, 117 S.) Retz & Oberhollabrunn 900. (Wien, Derflinger & Fischer) —85; geb. 1.70

Seher, Lothar, Rechnungs-Aufgaben f. die ersten Schuljahre des Kindes in der Elementarschule. 2 Thle. 8. (32 u. 21 S.) Neuwied 851, Heuser. (1: 2 ngr 2: 1½ ngr) 3½ ngr

Seher, Lothar, erstes Sprach- und Rechtschreibe-Buch für die Unterklassen in Elementarschulen. 8. (32 S.) Neuwied 853, Heuser.

Seher, Ludwig [Gymnasiall.]: Festgedicht *zur Einweihung des neuen Schulgebäudes.* Coblenz, Krabben'sche Buchdr., 1895; 16—18 S. 4.
Coblenz, Kaiserin Augusta-G, P 1895 (440)

Seherblicke in das geheimnißvolle Heiligthum der Schöpfungswerke Gottes mit Inbegriff der Wunder des Himmels betrachtet im Lichte der Wissenschaft u. des Evangeliums nach den zwölf Glaubensartikeln. Neuestes Lehr- u. Erbauungsbuch für christliche Personen u. Familien ohne Unterschied des Glaubensbekenntnisses. 3. Aufl. St. Gallen 868. Altwegg-Weber. 8. (408 S. mit 1 feinen Stahlstiche u. 1 Widmungsblatte in Farben- u. Golddruck.) 28 ngr; geb. in Halblwd. 1 ℛ 4 ngr; eleg. geb. 1 ℛ 6 ngr

Seherblicke, treffende, schon vor mehr als 50 Jahren gewordene, eines Engländers ... Hartleys, in Hinsicht auf bevorstehende Revolution d. Staaten u. d. Kirche. Nebst einigen Prophezeihungen Bengels, Oetingers u. J. D. Michaelis etc. 8. Stuttg. 799. Metzler. 6 ℊ

Sehergaben, die, von einer Seherin. 8. (5¼ B.) Leipzig 842, Friedrich Fleischer. *

Seherin, die, (de) Ferriëm. Berichte, hrsg. v. Frédéric Godefroy. Schriftleitung: Fr. G. Kerkau. Nr. 1—3. gr. 4. (12 S.) Bitterfeld 899. 900. F. E. Baumann. à —10
Nr. 2. 3 sind vergriffen.

Seherin, die, (de) Ferriëm. Berichte, hrsg. v. Jeffry. Nr. 4. gr. 4. (S. 13—16.) Bitterfeld 900. F. E. Baumann. —10

Seherin, die, von Prevorst und ihre Gesichte in die Geisterwelt nach Justin. Kerner von einem ihrer Zeitgenossen. 1 Lfg. 8. (48 S.) Stuttgart 866, Cammerer. *

Seherin, die, v. Prevorst u. ihre Gesichte in die Geisterwelt nach Justinus Kerner von einem ihrer Zeitgenossen. Stuttgart 866. Ulrich. 8. (232 S. mit 1 Holzschntaf.) 15 ngr

Seherin, die, von Prevorst und ihre Gesichte in die Geisterwelt nach Justinus Kerner von einem ihrer Zeitgenossen. 8. (232 S. mit 1 Holzschntaf.) Stuttgart (866)69, Ulrich.

Seherr Thoß, Arth. Graf, Erinnerungen aus meinem Leben. 8. (157 S.) Berlin 881. Paetel. n. 8.—; geb. n.n. 4.50

Seherr-Thoss, Günther Frhr v.

— s.a. Festfahrt, die officielle, nach Jerusalem.

Die officielle Festfahrt nach Jerusalem. Eine Erinnerungsschrift an d. Einweihung d. Erlöser-Kirche. Hrsg. von Franz Goerke. Text von G[ünther] Frhrn v. Seherr-Thoss. Gedichte von Dr. G[eorg] Wühlisch. Berlin: Graph. Ges. 1899. (82 S.) 4°

Seherr-Thoß, G. Frhr. v., auf der officiellen Festfahrt zur Einweihg. der Erlöserkirche in Jerusalem. Zwanglose Reisebriefe, geschrieben f. die Schles. Zeitg. gr. 8. (V, 78 S.) Breslau 899. W. G. Korn. n. 1.50

— das schlesische Hochwasserschutzgesetz v. 3. VII. 1900, nebst den dazu gehör. amtl. Materialien zusammengestellt u. erläutert. gr. 8. (IV, 292 S. m. 9 Taf. u. 1 farb. Karte.) Breslau 900. W. G. Korn. n. 6.—; geb. n. 7.—

Seherr-Thoß, G. Frhr. v., die Jagd, s.a. Schultz, W.

SEHERR-THOSS, G. Frhr. v.: Die Jagd. Jagdrecht, Jagdpolizei, Wildschaden, Jagdschutz. - Berlin 1904. 179 S.

Seherr-Thoß, G. Frhr. v., die Jagdgesetzgebung, s.: Schultz, W.

Seherr-Thoß, G. Frhr. v., d. Jagdscheingesetz v. 31. Juli 1895, nebst d. minister. Ausführungsverfügg. vom 2. Aug. 1895, erläut. u. hrsg. gr. 16. (VI, 103 S.) Berlin 895. J. Springer. Kart. n. 1.60

Erinnerungen an Kaiser Friedrich. Von Hans Frh. v. Seherr-Thoß, Hauptm. a. D. Breslau: Hirt 1907. (35 S.) 8° [F.] (08. 1823

Seherr-Thoss, Joachim Frhr v.

Seherr-Thoß, Frhr. v., Stammliste d. Husaren-Regiments Graf Goetzen (2. schles.) Nr. 6. 1809—1908. Mit 4 Bildn. u. 1 Bildertaf. (VIII, 323 S.) Lex. 8. Berlin 908. E. S. Mittler & Sohn. 15.—; geb. n 16. 50

Seherr-Thoss, Olga Gräfin, geb. Gräfin Strachwitz, des Christen Hülfe. Ein Lehr-, Gebet- und Betrachtungsbuch, aus den Schriften der Heiligen und frommen Geistesmänner gezogen, mit Ablaßgebeten versehen und einem Unterricht über das Gebet als Vorwort. 16. (XI, 491 S. mit 1 Stahlst.) Breslau 881, Aderholz' Buchh. *

—— Communion-Buch. 16. (IV, 480 S.) Wien 882, Mayer und Comp. *

Seherr-Thoß, Olga Gräfin, tägliche Lesung f. jeden Tag d. Jahres. 16. (IV, 576 S.) Wien 896. Gerold & Co. n. 6. —

Seherr-Thoß, Olga Gräfin, geb. Gräfin Strachwitz, Litaneien-Gebetbuch f. katholische Christen. 16. (IV, 782 S.) Wien 893. Mayer & Co. n. 5. —

Seherr-Thoß, Gräfin O., geb. Gräfin Strachwitz. Beim Tabernakel. Besuchungen d. allerheil. Sacramentes. 32. (300 S.) Wien 892, Mayer u. Comp. * 1 50

—— der Gott geweihte Tag der christlichen Seele. Gebete, gesammelt und geschrieben. 24. (IV, 288 S.) Breslau 880, Aderholz' Buchh. *

Seherr-Thoß, Gräfin Olga, geb. Gräfin Strachwitz, der Gott geweihte Tag der christlichen Seele. Gebete. 2. Aufl. 16. (III, 314 S.) Wien 888. Mayer & Co. n. 4. —

Sehet den Menschen. Leipzig 1819. V: *Saint-Martin, Louis Claude.* (Th)

— die Vögel unter dem Himmel an! od. das Rothkelchen. Eine Parabel wider das thörichte Sorgen. 16. (20 S.) Barmen 872. (Klein.) n. — 10

Sehet euch vor! Zwei Aufsätze gegen d. Prediger-Bibel des Hrn. Hülsmann u. gegen dessen Vertheidigungs-Schrift. Aus der Evangel. Kirchenzeitung. gr. 8. Berlin 836. L. Oehmigke. 1/6 ₰

Sehet Euch vor! Ein Zuruf an die St. Catharinen-Gemeinde zu Magdeburg . . . Magdeburg 1847. V: *Theune, H.* (zu)

Sehet euch vor! Ein Zuruf an die St. Katharinen-Gemeinde zu Magdeburg und an alle evangel. Gemeinden. Veranlaßt durch Uhlich's „weitere Mittheilungen." gr. 8. (20 S.) Magdeburg 847, Heinrichshofen'sche Buchh.

Sehet, jetzt ist die gnadenreiche Zeit. Eingehender Unterricht u. Ermahng. zur würd. Feier d. großen Jubiläums im J. d. Heils 1875. Nebst e. Anh. v. Buß- u. Bittgebeten v. e. Prister der Diöcese Trier. 8. (72 S.) Coblenz 875. Hergt. — 30

Sehet zu, dass Euch nicht Jemand verführe! St. Gallen 1839 s.a. [Heim, Johann Jacob].

—— zu, daß Euch nicht Jemand verführe! (Marc. 13, 5 ff.) Ein treu gemeintes Wort, veranlaßt durch d. Berufung d. Dr. Strauß auf d. einzigen Lehrstuhl d. Dogmatik, od. christl. Glaubenslehre, an Zürich's Hochschule. gr. 8. (1½ B.) St. Gallen 839, [Scheitlin u. Zollikofer.]

Sehir-Eddin's Geschichte von Tabaristan, s.: Quellen, Muhammedanische, zur Geschichte der südl. Küstenländer des Kaspischen Meeres. 1. Thl.

Sehlbach, *Abraham* [aus Barmen]: Geschichte der operativen Behandlung des Zungenkrebses . . . Würzburg, P. Scheiner's Buchdr., 1895; 30 S., 1 Bl. 8.
Würzburg, Med. Fak., Inaug.-Diss. v. 1895

Sehlbach, Friedrich, aus Hameln a./Weser: Über **Periarthritis** des Handgelenks. *Bonn 1904: C. Georgi.* (51 S.) 8°.
Bonn, Med. Diss. v. 17. Febr. 1904

Sehlbach, Paul Oskar, approb. Arzt aus Barmen, z. Z. Volontärarzt am pathol. Inst. zu Tübingen: Ueber Tubargravidität und ihre Schicksale. 44 Fälle aus d. Tübinger Frauenklinik. Tübingen: F. Pietzcker 1903. (113 S.) 8°
Tübingen, Med. Diss. v. 1903

Sehlen, v., über die Grundwasserverhältnisse der Stadt Hannover und ihre Beziehungen zu den Infectionskrankheiten. Eine hygien. Studie, nach einem Vortrage im ärztl. Verein zu Hannover erweitert. gr. 8. (60 S. mit 3 Taf.) Hannover 886, Schmorl und v. Seefeld. *
Aus: Mittheilungen des Vereins für öffentliche Gesundheitspflege zu Hannover, besonders abgedruckt.

Sehler, Paul: Ueber Citrylidenacetessigester. *Heidelberg 1897: Ph. Wiese.* (33 S. mit Tab.) 8°
Heidelberg, Naturw.-math. Diss. v. [15. Okt.] 1897

Sehling, Emil, die religiöse Erziehung der Kinder u. der Entwurf e. bürgerlichen Gesetzbuches f. das Deutsche Reich. gr. 8. (64 S.) Leipzig 891. A. Deichert Nachf. n. — 90

Sehling, Emil, s.: Festschrift, Emil Friedberg zum 70. Geburtstage gewidmet.

Sehling, Emil: Geschichte der protestantischen Kirchenverfassung. Leipzig 1907 4° (8°) *[Umschlagtit.]*
(Grundriß d. Geschichtswissenschaft. 2, 8.)

Sehling, Emil, die civilrechtlichen Gesetze des Deutschen Reiches m. Ausschluß des bürgerlichen Gesetzbuchs u. der handels-, wechsel- u. seerechtlichen Gesetze, sowie der in der Gewerbeordnung, in den Reichsjustizgesetzen, im Zwangsversteigerungsgesetze, in der Grundbuchordnung u. in der Reichsstrafgesetzgebung enthaltenen civilrechtl. Bestimmungen. Für die Praxis u. zum Gebrauch bei Vorlesgn. in zeitl. Folge zusammengestellt. 3. Aufl. 8. (XII, 692 S.) Leipzig 902. Veit & Co. Geb. in Leinw. n. 5.—

— die Gesetzgebung auf dem Gebiete des bürgerlichen u. sozialen Rechtes m. Ausschluß der handels-, wechsel- u. seerechtlichen, sowie der in der Reichsstrafgesetzgebung u. in den Reichsjustizgesetzen enthaltenen Bestimmungen. Für die Praxis u. den akadem. Gebrauch zusammengestellt. 2., umgearb. Aufl. (der Sammlg. der Reichsgesetze civilrechtl. Inhalts). 8. (XII, 647 S.) Leipzig 894. Veit & Co. Geb. in Leinw. n. 5. —

Sehling, die Kirchengesetzgebung unter Moritz v. Sachsen 1544—1549 u. Georg v. Anhalt. Leipzig 898.

Sehling, Emil, d. Kirchengesetzgebung unt. Moritz v. Sachsen 1544 — 1549 u. Georg v. Anhalt. gr. 8. (V, 222 S.) Leipzig 899. A. Deichert Nachf. n. 3. 60

— s.: Kirchenordnungen, die evangel., d. XVI. Jahrh.

— Kirchenrecht, s. a. Sammlung Göschen.

Kirchenrecht. Von Dr. Emil Sehling, Prof. Leipzig: Göschen 1908. 146 S. 8°
(Sammlung Göschen. 377.)

— zur Lehre v. den Willensmängeln im kanonischen Recht. gr. 8. (28 S.) Leipzig 901. A. Deichert Nachf. n. 1.—
Sonderabdruck aus: „Festschrift d. Universität Erlangen f. Prinzregent Luitpold".

— der Pfarrer u. das bürgerl. Gesetzbuch, s.: Bericht üb. die 30. allgem. Pastoralkonferenz evangelisch-luther. Geistlicher Bayerns.

— die Rechtsverhältnisse an den der Verfügung des Grundeigentümers nicht entzogenen Mineralien, m. besonderer Berücksicht. des Kohlenbergbaus in den vormals sächs. Landesteilen Preussens, des Eisenbergbaus im Herzogt. Schlesien u. a. sowie des Kalibergbaus in der Prov. Hannover. (VI, 271 S.) gr. 8. Leipzig 903. A. Deichert Nachf. n. 6.—

Die Rechtsverhältnisse an den der Verfügung des Grundeigentümers nicht entzogenen Mineralien mit bes. Berücks. d. Kohlenbergbaus in d. vormals sächs. Landesteilen Preußens, d. Eisenerzbergbaus im Herzogt. Schlesien u. a. sowie d. Kalibergbaus in d. Prov. Hannover. Von Dr. Emil Sehling, Prof., Erlangen. Leipzig: A. Deichert 1904. (VI, 271 S.) 8°

— Sammlung handelsrechtlicher u. wechselrechtlicher Fälle. Zum akadem. Gebrauche. 2. vollständig umgearb. Aufl. 8. (III, 120 S.) Leipzig 902. A. Deichert Nachf. n. 1.80

— Sammlung handelsrechtlicher u. wechselrechtlicher Fälle. Zum akadem. Gebrauche. 3., umgearb. Aufl. (III, 135 S.) 8. Ebd. 906. n. 2.10; geb. n. 2.50

Sehling, Emil, Sammlung der Reichsgesetze civilrechtlichen Inhalts mit Ausschluß der handels-, wechsel- und seerechtlichen, sowie der im Reichsstrafgesetzbuche und in den Reichsjustizgesetzen enthaltenen civilrechtlichen Bestimmungen. Textausg. 16. (XII, 583 S.) Leipzig 888, Veit und Comp. cart. *

Sehling, Emil, die Schenkung auf den Todesfall nach dem sächsischen Gesetzbuche. Eine civilrechtl. Abhandlg. gr. 8. (67 S.) Leipzig 886. Veit & Co. n. 1.60

— üb. kirchliche Simultanverhältnisse. gr. 8. (VIII, 97 S.) Freiburg i/B. 891. J. C. B. Mohr. n. 2.40

Daniel von Superville. Das Kanzleramt an der Universität Erlangen. E. Beitr. z. Universitätsgesch. v. *Emil* Sehling, Prof. d. Rechte, d. Zt. Prokanzler. Festschr. im Auftr. d. Kgl. Akadem. Senates z. 150j. Jubilaeum d. Univ. Erlangen. M. d. Bildn. Superville's. Leipzig, Veit & C., 1893; VIII, 188 S., 1 Portr. 8.
(Nicht für den Austausch)

Sehling, E., die Unterscheidung der Verlöbnisse im kanonischen Recht. gr. 8. (VI, 184 S.) Leipzig 887. Veit & Co. n. 5.—

—— die Wirkungen der Geschlechtsgemeinschaft auf die Ehe. Eine kirchenrechtl. Abhandlung. gr. 8. (VIII, 104 S.) Ebendas. 885. *

— s.: Zeitschrift, deutsche, f. Kirchenrecht.

Sehling, Theodor, über angeborene Kniescheibenverrenkungen. Diss. Würzburg 1885, Stahelsche Univ.-Buchh. 8°. 34 S. mit einer Tabelle.

Sehling, Theodor [pract. Arzt aus Brieg in Schlesien]: Ueber angeborene Kniescheibenverrenkungen ... Sprottau: L. Wildner's Buchdr., 1885. 34 S. u. 1 Tab. 8°
Würzburg, Med. Fak., Inaug.-Diss. v. 1885.

Sehlmeyer, J. F., Index alphabeticus specierum hymenomycetum in epicrisi systematis mycologici Friesii descriptarum earumque synonymarum. 8maj. (58 S.) Coloniae 852, Bachem. *

Sehlstedt, E., s. Gedichte, einige.

Sehmisch, Franciscus: * Observationes in A. Persii Flacci saturas. P. 1.: De Persiano genere dicendi. (P. 2.: De Persiana ratione imitandi.) 100 S. 8° (4°)
Halle-Wittenberg, Phil. Diss. v. 18. Dez. 1873
Geb. Löhsten (Kr. Torgau) 14. 12. 1846. V.
Vom Verf. z. T. verwendet in seiner Schrift: Frz Semisch: De vi ac natura poesis Persii satiricae. Friedeberg Nm. 1877: Eisermann. 24 S. 8° (4°) Progymn.-Progr.
Sein Name lautete in seinen Zeugnissen und Schreiben Sehmisch, später aber hieß er Semisch.

Sehmsdorf, Erich, die Germanen in den Balkanländern bis zum Auftreten der Goten. gr. 8. (VI, 74 S.) Leipzig 899. C. L. Hirschfeld. n. 2.40

Sehnal, Eug., das neue Kaiser Franz Josef-Krankenhaus in Rudolfsheim-Wien, s.: Schopf, Frz.

Sehner, Johann Friedrich (Holzelfingen) A. S. 1368/11

Propositiones quaedam physicae de aere.
Präs. Johann Kies.
Tübingen (Erhard) X. 1761. 16 S.

W. v.: Präs. 32269

Sehnert, Friedrich, aus Groß-Zimmern: Die landwirtschaftliche Betriebsweise im Kreise Erbach. *Gießen 1904: v. Münchow.* (97 S.) 8° [J.]
Gießen, Phil. Diss. v. 1904

SEHNSUCHT, Gestillte. (Intimer Briefwechsel zwischen zwei Backfischen.) (2 Mk., eine böhm. Firma, 1901.)
Vergriffenes Sotadicum.

Sehnsucht Lessings. Weitere Ausführungen zur Schrift » Vom künftigen Gott und seinem Kult « oder » Psychotheismus statt Kosmotheismus « von demselben Verf. Leipzig 1905. V: *Moltmann, Johann.* (wolfstieg II, 110)

Sehnsucht und Liebe, Geschichte Eduards von **, aus den Papieren seines Freundes, von Fr. Gleich. 8. Stralsund, Löffler. 816.

Sehnsucht und Liebe, Geschichte Eduards von *** ... Wien 1817. V: *Gleich, Frdr.* (BGE)

Des Maurers Sehnsucht nach der Mutter □. [Unterz.:] G. Schbt. o. O. u. J. 1 Bl. 8° [Kopftit.]
Lied mit Chor ohne Noten: Erinnerung, du süsse Himmelsfreude, . . ."

Sehnsucht nach dem gelobten Lande ... O. O. [1793]. V: *Bernold, Frz Jos. Benedict.* (Cat. d. Stadtbibl. Zürich. Zürich 1864—97.)

Sehnsucht, Wünsche u. Hoffnung, des Deutschen, v. e. Freunde d. Freiheit. Den wackern deutschen Volksvertretern gewid. 8. (3¼ B.) Hanau 833, Edler.

SEHNSÜCHTIGE, Der ... Verlag v. F. Braunbeck in Heilbronn.
Verboten v. L.-G. Lemberg, 15. Juli 1889. § 516.

Sehproben, entworfen nach dem Metersystem, zur Bestimmung der Sehschärfe hrsg. vom St. Petersburger Augenhospital. Lex.-8. (5 Taf. in gr. Fol. mit 2 S. russ. und deutschem Text.) St. Petersburg 885, (Ricker.) *

Amicitia: **Dem Sehr verehrungsw. Oberaufseher der ... Loge, teutscher Nation, eines Ordens, der wahre Tugend und Menschen-Liebe zum ersten Zwecke hat. Widmet diese redliche Worte der Freundschaft zu Erweisung seiner besonderen Hochachtung der Verf. Ein Mitglied des Ordens und Aufseher der ∴ Loge. Gedruckt zum Gebrauch der Mitglieder. o. O. 1762. 61 S. 2°**
Selten. Enth. ein 1761 in einer androgynen Loge (vielleicht des Amicistenordens?) gehaltene Rede üb. die Vorzüge des Ordens nebst Ermunterung zur Beobachtung der obliegenden Pflichten.

Sehr: Richtung und Eigentümlichkeit der deutschen Literatur im 16. Jhdt. 20 S.–Rakovac OR., Progr. 1866

Sehrig, Othmar, Skiführer durch Tirol, Wegweiser f. alpine Wintertouren. (XII, 55 S.) kl. 8. Innsbruck 906. Deutsche Buchdruckerei. In Leinw. kart. n. 1. 20

Sehring, Bernh. Ideal-Projekt für ein Deutsches Künstlerheim u. -Werkstatt in Rom. Berlin 1888. 8. (Als Manuscript gedruckt.)

Sehring, Ludw., Hegel, — s.a. Kulturträger.

Hegel. Sein Leben u. s. Wirken. Von Dr. Ludwig **Sehring**. Berlin & Leipzig: H. Seemann [1908]. 91 S. 8°
(Kulturträger. Bd 25.)

Hegel. Sein Leben u. s. Wirken. Von Dr. Ludwig **Sehring**. 2. Aufl. Berlin & Leipzig: H. Seemann [1908]. 91 S. 8°
(Kulturträger. Bd 25.)

— Maeterlinck als Philosoph u. Dichter, s.a. Kulturträger.

Maeterlinck als Philosoph und Dichter. Von Dr. Ludwig **Sehring**. Berlin & Leipzig: H. Seemann [1908]. 121 S. 8°
(Kulturträger. Bd 18.)

— Spinoza, s.a. Kulturträger.

Spinoza. Sein Leben u. s. Philosophie. Von Dr. Ludwig **Sehring**. 2. Aufl. Berlin & Leipzig: H. Seemann [1908]. 96 S. 8°
(Kulturträger. Bd 23.)

Spinoza. Sein Leben u. s. Philosophie. Von Dr. Ludwig **Sehring**. 3. Aufl. Berlin & Leipzig: H. Seemann [1908]. 96 S. 8°
(Kulturträger. Bd 23.)

Sehring, V. R., das Treppenhaus im neuen Museum zu Berlin. Culturhistorisch-entwickelnder Führer und Erklärer beim Besuch der Kaulbach'schen Wandgemälde. 16. (32 S.) Berlin 866, Sandrog und Comp. *.

Sehring, W. Th., die Altersstufen, s. Rothbart.

Sehring, W. Th., Durch Nacht zum Licht. Christliche Gedichte. (Abdr. aus der 3. Abth. des Buches „Nur ein Menschenleben.") Braunsberg 863. (Leipzig, Hinrichs.) 16. (X, 85 S.) n. 6 ngr

Sehring, W. Th., nur ein Menschenleben. Gedichte. gr. 16. (XVI und 527 S.) Leipzig 863, Hinrichs'sche Verlagsb. geb. *

— — Literarische Wanderungen durch Süd- und Nord-Deutschland in Zeitungsberichten, nebst vorläufigen Federnroben. Elbing, Druck von Schmidt. O. J. (c. 1840). 8°. Rar! (Ein Warmbrunn.)

SEHRING, W. Th., Die Censoriade. 5 Bücher Censorenlieder. Straßburg 1843. 8°. Selten! (15 Mk., Ganzlederbd. m. G., Ernst Geibel, Hannover, 1908; 10 Mk., br., unbeschn., F. W. Haschke, Lpz., 1912.)
Sehr interessante Sammlung von Liedern, die sich gegen das Censorentum richten und charakteristisch für den Geist der 40er Jahre sind. Enthält u. a. „Der Liebesfrühling od. Klänge der Sehnsucht u. Liebe" m. e. Abhandlung üb. d. deutschen Censoren v. H. Heine und e. Epilog. v. A. Grün — Buch V: „Der Verstossene oder Censor und Schinder". Stimmen d. Zeit a. d. deutschen Nation, den Censor als ehrlos aus jeder guten Gesellschaft zu ächten u. zu verbannen. — Ferner mit Nachschrift: Censor Fuchs aus Mannheim, einer d. scheusslichsten dieses Gelichters. wird darin in s. ganzen Niederträchtigkeit durch Angabe e. grossen Anzahl von Censorenlücken gebrandmarkt etc. Auch die Geschichte der Kölner Hurenböcke findet sich genau darin aufgezeichnet etc. etc., sowie 27 Seiten Anmerkungen. F. W. Haschke, Lpz., 6. 12.

Sehring, Wilh., Fürst Bismarck, d. Reichskanzler. Vaterländ. Gedichte. [Aus: „S., Gedenkblätter deutscher Geschichte".] 8. (16 S.) Karlsruhe 888. (Berlin, U. Kracht.) — 20

SEHRING, WILH. *Das Buch der Balladen.* Jugendalbum erzählender Dichtungen aus den Schätzen unsrer neueren epischen Poesie in literaturgeschichtlicher Reihenfolge ... Mit 8 [hand]col. [lithogr.] Bildern von Prof. HOSEMANN. Berlin, Winckelmann und Söhne [1865], XVI, 351 SS. 8°. Chromolithogr. Or.-Pappbd. 36.—
Brllobr. 323. Rümann 981. ★ Originalausgabe dieser schönen Balladensammlung von Bürger bis Geibel. Bes. bekannt die Illustration zum „Erlkönig".

Mein Buch der Frauenhuldigung. Minnedienstl. Sängerfahrten von Wilhelm **Sehring**. Karlsruhe: Selbstverl. [1898]. (VIII, 110 S.) 8°
= Sehring: Die Kreuz u. Quer. Bdch. 1.

— d. deutsche Burschenschaft. 1815—1871. Gesänge zur Vaterlandsgeschichte. Eingeleitet durch e. Präludienzyklus: Weimars Karl August, Deutschlands Trost u. Hoffng. gr. 8. (VI, 161 S.) Straßburg 895. Basel, G. L. Kattentidt. n. 3. —; geb. n. 4. —

Sehring, Wilh., Erinnerungen aus d. Leben u. für d. Leben. In 110 Strophen. 8. (4 B.) Halle 829, Ruff. (?)

Sehring, Wilh., Freiheit und Vaterland. Gesammelte Schriften. 1. Bdchn.: Vor dem Befreiungskriege. Vaterländische Gedichte. gr. 16. (XII, 171 S.) Karlsruhe 871, Selbstverlag. *

Sehring, Wilh., hie Welf! hie Zollern! Gedanken und Gedichte zur neuesten Geschichte Deutschlands. Mit Abdruck der in der Norddeutschen Allgemeinen Zeitung veröffentlichten Briefe des Königs Georg von Hannover und seines Agenten. 8. (VIII, 104 S.) Heidelberg 885, Weiß' Verlag. *

Die K r e u z und Quer. Flugblätter freiester Vermächtnisschriften von Wilhelm **Sehring**. Geweiht Deutschlands Frau'n u. Jungfrau'n. Bdch. 1. [einz.]. Karlsruhe: Selbstverl. [1898]. (VIII, 110 S.) 8°
1= Mein Buch d. Frauenhuldigung. Minnedienstl. Sängerfahrten.

Sehring, Wilh., die Kreuz u. Quer. Flugblätter freiester Vermächtnisschriften. Geweiht Deutschlands Frau'n u. Jungfrau'n. 2. Bdchn. 8. Dresden, E. Pierson. n. 1.—; geb. n. 2. —
Von Schiller u. Goethe, Grillparzer u. Oehlenschläger zu Richard Wagner. Sieben dramaturg. Sängerfahrten. (VII, 67 S. m. Bildnis.) 900.

SEHRING. *Lust und Scherz*. Jugend-Album erzählender Dichtungen humoristischen Inhalts von Wilhelm Sehring. Mit 8 col[orierten] Bildern von TH. HOSEMANN. Berlin, Winckelmann & Söhne [1856]. XIV, 365 S. Kl.-8°. Chromolithogr. illustr. Or.-Karton. 40.—
Eins der schönsten Hosemannbücher: phantasievolle Zeichnungen zu bekannten deutschen Gedichten. „Ein für Hosemann charakteristisches Werk" (Hobrecker). — Schönes Ex., nur der Einband leicht benutzt u. unbedeutend lädiert.

—— Lust und Scherz. Jugend-Album erzähl. Dichtungen humorist. Inhalts. gr. 8. (XIV und 365 S. mit 8 lithogr. und ill. Bildern von Hosemann.) Berlin 867, Winckelmann und Söhne. cart.

Sehring's, [Wilh.], deutsche National-Bibliothek. Nr. 1 u. 2. gr. 8. Berl., Kracht. à Nr. 1 50; 3 —
1. Badenia als Tochter Germanias od. Großherzog Friedrich v. Baden u. die deutschen Hohenzollernkaiser. Gedenkblätter bad. Heimathsfeste. 9. Septbr. 1867—9. Septbr. 1890. (XVI, 144 S.) 890.
2. 1814—1816. Das betrogene Deutschland od. v. Wiens Kongreß zu Frankfurts Bundestag. (XVI, 160 S.) 891.

Sehring, Wilh., vom Konzil zu Nicäa bis zum westfälischen Frieden. 324 bis 1648. Epigramme, Lieder und Jamben zur Geschichte der Menschheit. Auch ein Beitrag zur Festliteratur des Lutherjubiläums. gr. 8. (XXIV, 432 S.) [Leipzig 883, Licht und Meyer.] Heidelberg, Weiß' Verlag. *
geb. *

Sehring, W., Kaiser Wilhelm der Erste, der Siegreiche, u. Fürst Bismarck, sein Reichskanzler. 2. (Titel-)Aufl. 8. (VI, 54 S.) Berlin 889. Kracht. — 60

* Das erste Sehrohr oder die Erfindung der Ferngläser, ein Gedicht, *Klopstocken* gewidmet. Altona gedruckt bei Iohann David Adam Eckhardt. 4. 32. S.
1787

Sehrohr, Das erste, oder die Erfindung der Ferngläser: ein Gedicht Klopfstocken gewidmet. Altona 1788. V: *Hegewisch, Dietrich Hermann.* (Schr) (Ky) (MGT) (GGr) (Kordes, Schleswig-holst. u. eutin. Schriftst. Schleswig 1797.) (Rotermund, Gel. Hannover. Bremen 1823).

Sehrt, Albrecht (Gladenbach)
Ueber die chronische Gelenkentzündung der Wirbelsäule. (Spondylitis difformans.)
Giessen: Brühl 1864. 31 S. (in Δ mit „Thesen")
Diss. med. 30.11.1864. vorh. 26. 7. Δ.

Sehrt, Ernst, approb. Arzt aus Hofheim, Kr. Gr.-Gerau in Hess.: Aus d. path. anat. Abteil. d. Kgl. hygien. Instituts in Posen. Vorsteher: Prof. Dr. Lubarsch. **Beiträge** zur Kenntnis des primären Lungenkarzinoms. *Leipzig 1904: B. Georgi.* (52 S.) 8°
Leipzig, Med. Diss. v. (16. Jan.) 1904

Sehrwald, Christian Friedrich

Sehrwald, C. F., s. Katalog der herzogl. Landesbibliothek in Altenburg.

Sehrwald, C. F., Quaest. crit. et exeget. in S. Oedipum Coloneum. Pr. 1864. 20 S. 4°. 1.20

Sehrwald, Chrn. Friedr., quaestionum criticarum et exegeticarum in Sophoclis Oedipum Coloneum specimen. gr. 4. (20 S.) Altenburg 864, (Bonde.)

Sehrwald, Ernst [Dr., I. Assistenzarzt d. med. Klinik zu Jena]: Ueber die Bedeutung des Nervensystems für die Niere .... Jena, Verl. v. Gustav Fischer, 1887; 88 S. 8°.
Jena, Med. Fak., Hab.-Schr. v. [Jul.] 1887.

Sehrwald, Ernst [aus Altenburg, Assistenzarzt d. med. Klinik zu Jena]: Ueber die percutane Injection von Flüssigkeiten in die Trachea, deren Verbreitung in der Lunge und Wirkung auf Lunge und Gesammtorganismus. Vorbereitender Beitrag zu einer eingreifenderen, örtlichen Behandlung der chronischen Lungenkrankheiten. Leipzig, Druck v. J. B. Hirschfeld, 1886; 4 + 39 S. 8°.
Jena, Med. Fak., Inaug.-Diss. v. Jul. 1885.

Sehrwald, Ernst, über die percutane Injection von Flüssigkeiten in die Trachea, deren Verbreitung in der Lunge und Wirkung auf Lunge und Gesammtorganismus. Vorbereitender Beitrag zu einer eingreifenderen, örtlichen Behandlung der chronischen Lungenkrankheiten. Diss. Jena 1886, G. Neuenhahn. 8°. 39 S.

Sehrwald, E., s. Rossbach, M. J. Gesammelte klinische Arbeiten.

Sehrwald, Friedr., deutsche Dichter und Denker der vaterländischen Jugend und ihren Freunden ausgewählt und durch literar-histor. Charakteristiken eingeleitet. Mit Titelkpfr. von Moßdorf und zahlr. Portr. (in eingedr. Holzschn.). 2 Bde. in 10 Lfgn. Lex.-8. (IV, 480; VI, 480 S.) Altenburg 869,71, Bonde. à Lfg. * 80 Pf. *

Sehrwald, Frdr., deutsche Dichter u. Denker, der vaterländ. Jugend u. ihren Freunden ausgewählt u. durch literar-histor. Charakteristen eingeleitet rc. Billige Volksausgabe. 4. (962 S. m. Stahlst. u. eingedr. Holzschn.) Altenburg 873. Bonde. n. 4. 50

Sehrwald, Frdr., deutsche Dichter u. Denker. Geschichte der deutschen Literatur mit Probensammlung zu derselben. Für Schule u. Haus bearb. 2., durchaus umgearb. Aufl. (In 4 Lfgn.) 1. Lfg. u. 2. Lfg. 1. Abth. Lex.-8. (1. Bd. VII u. S. 1—480 mit 1 Stahlst.) Altenburg 880. 81. Bonde. à n. 2. —

-- dasselbe. 2. Bd. A. u. d. T.: Deutsche Dichter u. Denker in Proben, Mottos, Selbstbekenntnissen u. Urtheilen der Zeitgenossen u. Nachwelt. Literarhistorische Auswahl für alle Freunde der deutschen Literatur bearb. 1. Lfg. Von den Anfängen der deutschen Literatur bis auf Hamann. Mit zahlreichen Porträts in Holzschn. Lex.-8. (320 S.) Ebend. 883. n. 2. —

Sehrwald, Friedr., deutsche Dichter und Denker. Geschichte der deutschen Literatur mit Probensammlung zu derselben. Für Schule und Haus bearb. 2. durchaus umgearb. Aufl. 5 Lfgn. oder 2 Bde. Lex.-8. (XII, 559; XII, 1076 S. mit eingedr. Holzschn.) Altenburg 883,84, Bonde's Verlag. à Lfg. *M 2. *
geb. *

—— Lieder und Worte von Goethe. Der Jugend zu Genuß und Anregung dargebracht und durch eine Charakteristik des Dichters eingeleitet. 8. (148 S. mit 1 Holzschntaf.) Ebendas. 870. *
Aus: Deutsche Dichter und Denker, besonders abgedruckt.

Sehrwald, Guido, († d. 9. Mai 1827.) Diss. inaug. med. de dolore faciei Fothergillii. 8. Dorpat 822. (60 S.)

Sehrwald, Konr.: Der A p o l l o n m y t h u s u. s. Deutg.. s. S t u d i e n , Berliner. f. class. Philologie u. Archäologie.

Sehrwald, Konr., die Kristalltheorie der Säugetiere. Neue Anschaugn. aus d. Gebiete der Biologie. (51 S.) 8. Leipzig 907. G. Thieme. 1.20

Sehrwald, Konrad [app. Arzt aus Eisenach (Sachsen-W.-E.)]: Über das Lymphangioma cavernosum ... Freiburg i. B., Universitätsbuchdr. v. Ch. Lehmann, 1893; 56 S. 8.
Freiburg i. B., Med. Fak., Inaug.-Diss. v. 1893

— d. **Naturheilverfahren** im griechisch-röm. Altertum. Systemat. Uebersicht d. v. d. alten Griechen u. Römern erprobten physikalisch-diätet. Heilmethoden. Aus d. Quellen zusammengest. [Zum Tl. aus: „Der Naturarzt".] gr. 8. (V, 89 S.) Eisenach 896. Hofbuchdruckerei Eisenach, H. Kahle. n.n. — 75

— Das Obst der Tropen. s.a. Süsserott's Kolonialbibliothek.

Das Obst der Tropen von Dr. Konrad **Sehrwald**. Mit 43 Abb. Berlin: Süsserott [1910]. 95 S. 8°
(Süsserotts Kolonialbibliothek. Bd 18.) [11. 1610 11

— d. naturgem. **Pflege** d. Kindes in d. ersten Lebensjahren. Ein Mahnwort an alle Mütter. 8. (26 S.) Dresden 896. Trachenberge, A. Herrmann & Co. — 40

Seht ein schönes neues Land .... O. O. u. J. Comp: *Wolff, Heinrich*. (wolfstieg II, 861)

Seht wie schön! gr. 4. (6 Farbdr.) Eßlingen 895. J. F. Schreiber. Kart. n. 1.—

Sehuster, L., Nietzsche's Moralphilosophie. gr. 8. (16 S.) Rheinbach 897. Rudolstadt, A. Bock. n. — 50

Nietzsche's Moralphilosophie v. L. **Sehuster**. *Rheinbach bei Bonn: Litterar. Bureau 1897.* (16 S.) 1 Bd 8. [97. 1893

Sehuster, L., Nietzsche's Moralphilosophie. gr. 8. (16 S.) Rheinbach 897. Göttingen, F. Wunder. n. — 50

Šehzāde s. Vezire, Die vierzig.

Sei gegrüßt. Ein Blumenstrauß deutscher Lyrik. 32. (112 S.) Berlin 895. F. Huldschinsky. Geb. n. 1.—

Sei gegrüßt, o Maria! Ein Andachtsbuch für wahre Verehrer der Gottesmutter insbesondere zur Heiligung des Monat Mai. 2., verm. Aufl. 8. (IV und 243 S. mit 1 Stahlst.) Breslau 852, Korn. * —
Blnp. *

— **gesegnet!** od. Chrischna u. d. Lotosblume. (Eine ind. Legende.) E. Gedicht v. sittl. poet. Gehalt. 12. (20 S.) Freiburg i/B. 898. (Lorenz & Waetzel.) n. — 60

Sei getreu! Ein Wort auf den Lebensweg für Neuconfirmirte. 2. Aufl. Oldenburg o. J. V: *Gramberg, Gerhard Anton Hermann, K. F. W. Gramberg & H. Spaeth*. (Russell IX, 57)

Sei getreu! Ein Wort auf den Lebensweg für Neuconfirmirte. 1. und 2. Aufl. 8. (IV, 95 S.) Oldenburg 876,77, Schulze'sche Hofbuchh. cart. — 75

— **getreu!** Ein Wort auf den Lebensweg für Neuconfirmirte. 3. Aufl. 8. (IV, 95 S.) Oldenburg 885, Schulze'sche Hofbuchh. cart. * — 75

— **getreu!** E. Mahnruf f. Alt u. Jung zur Beherzigg. D. „Brosamen". 2. Aufl. 8. (124 S.) Zürich 895. Dépôt d. Evang. Gesellschaft. n.n. — 30

— **getreu!** Auszug aus d. im Auftr. J. K. H. d. Großherzogin Luise v. Baden unt. Mitwirkung mehr. Geistlichen v. Fischer bearb. „Andachtsbuch f. Konfirmanden u. f. d. christl. Haus". gr. 8. (VI, 98 S.) Karlsruhe 896. Ch. F. Müller. In Leinw. kart. n. 1.—

„Sei getreu". 20 Konfirmations-Scheine. (In 4 Sammlgn.) 1. Sammlg. (20 Bl.) gr. 4. Hannover (906). H. Feesche. n. 1. 75

Sei getreu bis an den Tod. Vier Blumenzweige mit Kreuz in Wolken. Chromolithogr. 16. Leipzig 888, (Baldamus.) *

Sei mir gegrüßt! Orakelsprüche der Blumensprache. 4. (106 S. mit 1 Titelbilde und 3 Vollbildern, nebst vielen in den Text gedr. Initialen.) Leipzig 888, Matthes. geb. mit Goldschn. ** 4 50

Sei stille dem Herrn. qu. 12. (8 S. m. farb. Abbildgn.) Leipzig 891. E. Pfeiffer. n. — 80

— **unverzagt!** Katholische Krankenblätter v. e. alten Pfarrer. 12. (16 Nrn. à 4 S.) Augsb. 891, Literar. Institut v. Huttler. * — 80

Sejan, der gestürzte Günstling; eine dramatische Geschichte; a. d. Engl. Erfurt 1797. Ü: *Andreae, Dietr. Wilh.* (Ky)

Sejan, oder der gestürzte Günstling, eine dramatische Geschichte, aus dem Englischen, übersetzt von D. W. Andreä, 8. Erfurt, 797. Keyser. 13 ggl. Auch unter dem Titel: Johnsons, Benj. dramatische Werke, 1ter Theil.

Seib, s.a. Seip

Seib, C: Die Heiß- und Kaltsatinir-Maschine »Fernande«. Wien 1896

Seib, Carl, s. Seib, Karl

Seib, Eduard, Was sollen wir Wolgadeutschen tun? 116 S. Saratow: Druck Schellhorn 1907 UBF

Seib, Joh. Nic., s. Seip

Seib, Josef: Kondensation von 2, 3-Oxynaphtoesäuremethylester mit *p*- und *m*-Nitrobenzaldehyd. S. 122. IIb. 823
Separatabdruck

Seib, Karl

Seib, Carl: Ueber neue Reaktionen des Chloralurethans. (Berlin 1910: Ebering.) 32 S. 8°
Berlin, Phil. Diss. v. 19. Jan. 1910, Ref. E. Fischer
[Geb. 21. März 84 Offenbach a. M.; Wohnort: Berlin; Staatsangeh.: Hessen; Vorbildung: Gymn. Offenbach Reife O. 04; Studium: Wien 2, Heidelberg 3, Berlin 6 S.; Rig. 16. Dez. 09.] [U 10. 161

Seibel, Franz: Quibus artificiis poetae Latini numerorum vocabula difficilia evitaverint. Freising 1909: Datterer. 42 S. 8° ¶[Ersch. auch als Phil. Diss. München 1909.]
Freising, k. G P 1909* [S 09. 436

Seibel, Franciscus: Quibus artificiis poetae Latini numerorum vocabula difficilia evitaverint. Frisingae 1909: Datterer. 42 S. 8° ¶(Ersch. auch als Progr. d. Gymn. Freising. 1909.)
München, Phil. Diss. v. 25. Juni 1909, Ref. Vollmer, Crusius
[Geb. 1. Okt. 76 Weilheim; Wohnort: Freising; Staatsangeh.: Bayern; Vorbildung: Gymn. Freising Reife Juli 96; Studium: München 8 S.; Rig. 25. Juni 09.] [U 09. 3521

Seibel, Heinr., die Kinder-Bewahr-Anstalt zu Wiesbaden. 1835—1887. 8. (VIII, 55 S. mit 1 Ansicht und 1 Grundriß.) Wiesbaden 887, (Bechtold und Comp.) — 75

Seibel, J.: Über den Rechenunterricht in den ersten 5 Schuljahren. Lennep. 1864. 19 S. 4° Schul-/Univ.-Schrift

Seibel, Ludwig, appr. Tierarzt: Aus d. landw. Inst. zu Giessen. Ergebnisse der Milchkontrolle in einer Abmelkwirtschaft. Giessen 1908: v. Münchow. 95 S. 8°
Gießen, Veterinär-Med. Diss. v. 2. Okt. 1908, Ref. Frank
[Geb. 8. Nov. 82 Darmstadt; Wohnort: Gießen; Staatsangeh.: Hessen; Vorbildung: Oberrealsch. Darmstadt Reife O. 02; Studium: Gießen 6 S.; Rig. 6. März 08.] [U 09. 1178

Nekrolog auf Dr. Andreas Spengel, G.-R. a. D. — Von Dr. M. Seibel, G.-R. (Jahresbericht p. 51).
Progr. Passau, K. Gymn.

Seibel, M., Trauerrede bei den feierlichen Exequien Königs Ludwig I. von Bayern in der Pfarrkirche zu Landau am 11. März 1868. Speyer 868. Kleeberger. gr. 8. (8 S.) 1½ ngr.

Seibel, M[ax]: Die Einrichtung des Passauer Studienwesens nach Aufhebung des Jesuitenordens. Passau 1908: Buchdr. Passavia. 63 S. 8°
Passau, k. G P 1908*

Seibel, M[ax], [Rektor] Dr.: Zur Geschichte des Gymnasiums in Passau. Nachträge und Beiträge. Passau 1907: Ablaßmayer & Penninger. (59 S.) 8° [F.]
Passau, k. G P 1907*

Seibel, Max Die Klage um Hektor im letzten Buche der Ilias. Eine homerische Studie. 43 S. 8. Ludw. G. *München* 1881.
Progr.

Seibel, Max [Dr.]: Zu Aristoteles *περὶ ποιητικῆς*. München, Druck d. Akad. Buchdr. v. F. Straub, 1891; S. 1—9; 8°
München, k. Ludwigs-G, P 1891 •

Seibel, Otto [aus Ranschbach '(Rheinpfalz)']: Ueber das Resorptionsvermögen der intakten menschlichen Haut für fein zerstäubte Flüssigkeiten ... Würzburg, A. Boegler'sche Buchdr., 1892; 38 S. 8.
Würzburg, Med. Fak., Inaug.-Diss. v. 1892

Seibel, Th., stilisierte Naturformen, s.: Thielmann, H.

Seibel, V., die revidirte Ordnung der lateinischen Schulen und der Gymnasien im Königr. Bayern vom 24. Febr. 1854 mit den seither erschien. Vollzugsbestimmungen, Erläuterungen und Novellen. Systematisch geordnet. gr. 8. (VIII und 150 S.) Bamberg 864, Buchner'sche Buchh. *

Seibel, Val.

Seibel, V.: Die Epidemien-Periode des 5. Jhrh. v. Chr. u. die gleichzeitigen ungewöhnlichen Naturereignisse mit besonderer Berücksichtigung der attischen Pest. 38 S.–Dillingen, Progr. 1869.

Seibel, Val., die große Pest zur Zeit Justinians I. und die ihr voraus und zur Seite gehenden ungewöhnlichen Natur-Ereignisse. Ein Beitrag zur Geschichte des 6. Jahrhunderts christl. Zeitrechnung. Durchaus aus den Quellen bearb. gr. 4. (40 S. mit 1 Tab. in qu. Fol.) Dillingen 857, (Blättermann.) *

Der Söldner-Krieg der Karthager. Ein historischer Versuch. Von Valentin Seibel, G. P. — 1848. Ebend. — S. 3—32.
Progr. Dillingen

Ueber Stellung und Bedeutung der Geschichte und der Philologie gegenüber der Zeitrichtung. Antrittsrede zum Beginne seiner Vorlesungen, gehalten am 19. Dezbr. 1849 von Valentin Seibel, L. P. — Ebend. — S. 3. Vorwort, S. 5—15 Rede in 8.
Progr. Dillingen

Seiberlich, Albert, Festschrift zur Feier des 25. Stiftungsfestes der Turngesellschaft Karlsruhe 8.—9. 5. 1909, 52 S., 8°.

Seiberling, Jos., gegen Brafmann's „Buch des Kahal". gr. 8. (VII, 73 S.) Wien 882, [D. Löwy.] Lippe. *

Seibert, A. E.: Atlas für Bürgerschulen und mehrclassige Volksschulen. 19 Haupt- und 2 Nebenkarten. Wien: Ed. Hölzel 1902. Lex.- 8°

Seibert, A. E, Beiträge zur Heimatkunde v. Oberösterreich. Landschaftsbilder. Gesammelt und für den Unterricht bearbeitet. 8 (32 S.) Wels, Joh. Haas. 30 kr. 1884.

Seibert, A. E., die Besitzstandsveränderungen der österreichischen Herrschaft. gr. 8. (36 S.) Wien 877, Pichler's Wwe. und Sohn. — 60

Seibert, A. E., Distanz-Karte des Salzkammergutes. 1:444,000. Lithogr. gr. Fol. Wien 882, Hölder. * — 72

Seibert, A. E., Geografia ad uso di scuola. In 3 parti. Elaborata giusta il piano d'insegnamento per le classi superiori delle scuole popolari e cittadine austriache. Traduzione di Matteo Bassa. gr. 8. Wien, Hölder. [Parte 1. 1a—3a ediz. riveduta. (76 S. mit eingedr. Holzschn.) 880. * 64 Pf.; parte 2. (95 S.) 882. * 90 Pf.; parte 3. (74 S.) 882. * 64 Pf.] * 2 18

Seibert, A. E., geografia ad uso delle scuole, in 3 parti compilate secondo i piani d'insegnamento per le scuole cittadine austriache. Parte 1 e 2. gr. 8. Wien 894. A. Hölder. Geb. n. 2. 68
1. **Elementi di geografia matematica e fisica; prospetto generale delle parti del mondo quanto a configurazione orizzontale e verticale; compendio della geografia politica. 2. impressione italiana riveduta sulla 10. ed. tedesca. (III, 100 S. m. 24 Abbildgn.)** n. 1. 16
2. **Prospetto generale delle parti del mondo secondo la loro divisione politica con particolare riguardo dell' Europa centrale. Le zone terrestri. La luna e le ecclissi. 2. impressione italiana riveduta sull' 8. ed. tedesca. (III, 125 S. m. 29 Abbildgn.)** n. 1. 52

Seibert A. E., Geografia ad uso delle scuole in tre parti. Compilata secondo i piani d' insegnamento per le scuole civiche austriache. Parte seconda: Quarta impressione italiana tradotta della decima terza edizione tedeska. Wien 1910. A. Hölder. Geb. K 1.68.

— Geschichts-Atlas f. Volks- u. Bürgerschulen. qu. Fol. (4 chromolith. Karten.) Ebend. 883. n. — 80

Seibert's, A. E., Geschichts-Karten für Volks- und Bürgerschulen. 4 Nrn. Lithogr. und color. qu. Fol. Wien 879, Hölzel. à Nr. * 24 Pf. * — 96
Inhalt:
Nr. 1. Schauplatz der Geschichte des Alterthums.
» 2. Schauplatz der Geschichte des Mittelalters.
» 3. Schauplatz der Geschichte der Neuzeit.
» 4. Schauplatz der Geschichte Oesterreichs.

Seibert, A. E., Görz. Stadt u. Land 1873. gr. 16. (140 S.) Görz 873. Sochar. n. 2. 40

Seibert, A. E. Grundzüge der allgemeinen Geographie f. kaufmännische Fortbildungsschulen. [1. Jahrg.] Vorstufe zur Handels- u. Verkehrsgeographie. gr. 8. (IV, 43 S.) Wien 891, Hölder. cart. ** — 56

Seibert, A. E., Grundzüge der allgem. Geographie f. kaufmännische Fortbildungsschulen. (1. Jahrg.) Vorstufe zur Handels- u. Verkehrsgeographie. 2., durchgeseh. Aufl. (IV, 39 S.) gr. 8. Wien 905. A. Hölder. Geb. n. — 50

—— desgl. — f. zweiclassige Handelsschulen. (Vorbereitungsclasse.) Vorstufe zur Handels- u. Verkehrsgeographie. gr. 8. (IV, 114 S. m. 16 Kartenskizzen.) Ebd. 892. cart. ** 1 20

— dasselbe f. zweiklassige Handelsschulen. Vorstufe zur Handels- u. Verkehrsgeographie. 2., im wesentl. unveränd. Aufl. (In neuer Rechtschreibg.) (IV, 126 S. m. 16 Kartenskizzen.) gr. 8. Ebd. 902. Kart. n. 1. 80

Seibert's, A. E., Kubiktabellen. Sicherster Rechenmeister im Kubikmaße der geschnitt. u. beschlag. Hölzer (Latten, Pfosten, Bohlen, Laden, Balken) im alten u. neuen Maße. 2. Aufl. (VII, 291 u. 68 S.) 16. Wels (889). J. Haas. Kart. n. 1. 25

— dasselbe der Rundhölzer im neuen u. alten Maße. 7. Aufl. (VIII, 266 u. 68 S.) 16. Ebd. Kart. n. 1. 25

Seibert, A. E., Landeskunde v. Oberösterreich. Method. f. d. Lehrgebr. bearb. M. 10 Holzschn., 1 Karte u. 8 Kartenskizzen. (Method. bearb. Texte zu d. v. k. u. k. militär-geograph. Institute in Wien hrsg. Schul-Wandkarten u. Handkarten v. K. Schober. Red. v. Schober.) gr. 8. (VI, 116 S.) Wien 895. R. Lechner's Sort. In Leinw. kart. n. 3. 60

Seibert, A. E., Landeskunde v. Oberösterreich. Methodisch f. den Lehrgebrauch bearb. 2. Aufl. Mit 10 Holzschn., 1 Karte u. 8 Kartenskizzen. (Methodisch bearb. Texte zu den vom k. u. k. militär-geograph. Institute in Wien hrsg. Schul-Wandkarten u. Handkarten v. K. Schober. Red. v. K. Schober.) gr. 8. (VI, 116 S.) Wien 899. R. Lechner's Sort. In Leinw. kart. n. 2. 40

Seibert, A. E., Landeskunde v. Tirol, s. a. Sibler's Unterrichtsbücher. II.

(F) **Seibert,** A. E., Landeskunde von Tirol. Zum Gebrauch in Volksschulen. [Sibler's Unterrichtsbücher II.] 8°. (58 S.) K —.60 Innsbruck: Eugen Sibler 1907.

(F) **Seibert,** A. E., Landeskunde von Tirol. Zum Gebrauch in Volksschulen. 2. Aufl. [Sibler's Unterrichtsbücher. II.] 8°. (58 S.) Innsbruck: Sibler 1908. K —.80

—— Lehrbuch der Geographie für österreichische Lehrerbildungsanstalten. 3 Thle. gr. 8. Prag, Tempsky. * 4 —

Inhalt:

Thl. 1. Für den 1. und 2. Jahrg. (VIII, 192 S. mit 39 eingedr. Holzst.) 1880; 2. verb. Aufl. (VIII, 207 S. mit 42 eingedr. Holzst.) 883. *M 1,80.

" 2. Für den 3. Jahrg. (V, 112 S. mit 1 eingedr. Kartenskizze und 47 eingedr. Holzst.) 880. *M 1,10.

" 3. Für den 4. Jahrg. (V, 90 S. mit 69 eingedr. Holzst.) 880. *M 1,10.

Seibert, A. E., Lehrbuch der Geographie für österreichische Lehrerbildungsanstalten. 2. und 3. Thl. gr. 8. Prag 885, Tempsky. *M 1.70.; geb. ** 2 20

Inhalt:

Thl. 2. Für den 3. Jahrg. (VIII, 132 S. mit 1 Kartenskizze und 50 Holzst.) *M 1.10.; geb. **M 1.40.

" 3. Für den 4. Jahrg. 2. revid. Aufl. (VI, 90 S. mit 64 Holzst.) * 60 Pf.; geb. ** 80 Pf.

1. Thl. Ebendas. 1883. *M 1.80.

Seibert, A. E., Lehrbuch der Geographie für österreichische Lehrerbildungsanstalten. I. Theil, für den I. und II. Jahrgang. 4. veränderte Auflage. F. Tempsky. Wien 1891. (Min.-Erl. 11. November 1890. Z. 21736.) Geheftet —.90, gebunden 1.10

Seibert, A. E., Lehrbuch der Geographie für österreichische Lehrerbildungsanstalten. II. Theil: Für den 3. Jahrgang. 3. umgearbeitete Auflage. Wien und Prag 1890. Verlag von F. Tempsky. (Min.-Erl. 8. Juli 1890. Z. 12610.) Geheftet —.60, gebunden —.80

Seibert, A. E.: Lehrbuch der Geographie für österreichische Lehrerbildungsanstalten. III. Theil. Für den IV. Jahrgang. 3. verbesserte Auflage mit 56 Holzstichen. Wien und Prag bei F. Tempsky, Leipzig bei G. Freytag, 1891. (Min.-Erl. 3. Juni 1891. Z. 9048.)

Seibert, A. E., Lehrbuch der Geographie für österreichische Lehrer- und Lehrerinnen-Bildungsanstalten. I. Theil. 5. verbesserte Auflage. Mit 16 Abbildungen u. 4 Kartenskizzen. F. Tempsky. Wien und Prag 1893. (Min.-Erl. v. 5. October 1893. Z. 21303.) Geheftet 2 K, gebunden 2 K 50 h

Seibert, A. E., Lehrbuch der Geographie für österreichische Lehrer- und Lehrerinnen-Bildungs-Anstalten. II. Theil, für den dritten Jahrgang. 4. verbesserte Auflage mit 4 Kartenskizzen und 25 Profilen. Wien, Prag. F. Tempsky. (Min.-Erl. v. 31. Jan. 1894, Z. 400.) Geb. 1 K 70 h

Seibert, A. E., Lehrbuch der Geographie für österreichische Lehrer- und Lehrerinnen-Bildungs-Anstalten. II. Theil. Für den III. Jahrgang. 5. neubearbeitete Auflage. Mit 89 Abbildungen. Wien u. Prag. Verlag v. F. Tempsky. 1898.

— **Lehrbuch** der Geographie f. österreichische Lehrer- u. Lehrerinnen-Bildungsanstalten. 1.—3. Thl. gr. 8. Wien, F. Tempsky. Geb. in Leinw. n. 6. 60

1. Für den 1. u. 2. Jahrg. 6., neubearb. Aufl. (IV, 260 S. m. 108 Abbildgn.) 899. n. 3. —
2. Für den 3. Jahrg. 6., im Text unveränd. Aufl. (174 S. m. 89 Abbildgn.) 900. n. 2. 20
3. Für den 4. Jahrg. 5., im wesentlichen unveränd. Aufl. (96 S. m. 64 Abbildgn.) 900. n. 1. 40

— **Lehrbuch** der Geographie f. österreich. Lehrer- u. Lehrerinnen-Bildungsanstalten. 3 Tle. gr. 8. Wien 902. F. Tempsky. Geb. in Leinw. n. 6. 60

I. Für den 1. u. 2. Jahrg. 7., im wesentlichen unveränd. Aufl. (IV, 258 S. m. 103 Abbildgn.) n. 3. —
II. Für den 3. Jahrg. 7., im wesentlichen unveränd. Aufl. (175 S. m. 89 Abbildgn.) n. 2. 20
III. Für den 4. Jahrg. 6., inhaltlich unveränd. Aufl. (96 S. m. 64 Abbildgn.) n. 1. 40

Seibert A. E., Lehrbuch der Geographie für österreichische Lehrer- und Lehrerinnenbildungsanstalten. I. Teil. Für den I. und II. Jahrgang. Mit 103 Abbildungen. 8., durchgesehene Auflage. Wien 1905. F. Tempsky. Geb. K 3.—.

Seibert A. E., Lehrbuch der Geographie für österreichische Lehrer- und Lehrerinnenbildungsanstalten. Neu bearbeitet von Dr. Roman Hödl. II. Teil. Für den III. Jahrgang. Mit 56 Abbildungen, 12 Trachtenbildern und 4 Karten in Farbendruck. 8. Auflage. Wien 1907. F. Tempsky. Geb. K 3.—.

Seibert A. E., Lehrbuch der Geographie für österreichische Lehrer- und Lehrerinnenbildungsanstalten. Neu bearbeitet von Dr. Roman Hödl. III. Teil. Für den IV. Jahrgang. Mit 84 Abbildungen. 7. Auflage. Wien 1907. F. Tempsky. Geb. K 1.90.

— **Lehrbuch** der Geographie f. österreich. Lehrer- u. Lehrerinnen-Bildungsanstalten. Neu bearb. v. Roman Hödl. II. Teil. 8. Wien 908. F. Tempsky. Geb. 3. —

II. Für d. 3. Jahrg. Mit 56 Abbildgn., 12 Trachtenbildern u. 4 Karten in Farbendr. 8. Aufl. (160 S.)

—— Leitfaden der Geographie. Bearb. nach dem Lehrplane für 4-, 5- und 6class. österreich. Volksschulen. Für das 6., 7. und 8. Schulj. an 4- und 5class. und für das 5.—8. Schulj. an 6class. Volksschulen. gr. 8. (98 S. mit eingedr. Holzschn.) Wien 878, Hölder. * — 60

—— Leitfaden der Geographie für allgemeine Volksschulen. 3. umgearb. Aufl. gr. 8. (IV, 130 S. mit 28 Holzschn.) Wien 886, Hölder. * — 72

Schulwandkarte der Eisenbahnen von Oesterreich-Ungarn. 1: 1,000.000. Von A. E. Seibert und V. v. Haardt. 4 Blatt. Gesammtgrösse 137 × 108 *cm*. Chromolith. Roh 3.50, auf Leinwand in Mappe 5.50, auf Leinwand mit Stäben 6.50
Wien: Hölzel 1894.

—— Wegweiser an den Seen des Salzkammergutes, zugleich Führer auf der Salzkammergutbahn. Mit einem Anhang: Die Ennsthalbahn. 3. Aufl. gr. 16. (84 S. mit lithogr. Karten und Illustr.) Ebendas. 877. * — 72

Seibert, A. E., Wegweiser an den Seen d. Salzkammergutes. 4. Aufl. Mit 6 Uebersichtskärtchen. 12. (VIII, 70 S.) Wien 886. Hölder. n. — 80

— **Das Wichtigste a. d. Heimatkunde v. Oberösterreich. Beilage zur 15. Aufl. d. I. Tls. der „Schulgeographie". (20 S.) gr. 8. Wien 908. A. Hölder. — 16**

— dasselbe v. Tirol u. Vorarlberg. Beilage zum I. Tl. v. A. E. Seibert's „Schulgeographie". (26 S.) gr. 8. Ebd. 908. — 16

Seibert A. E.: Einige Worte über Verwertung der Karte. 16. Bozen LBA. 92.
Progr.

—— die wichtigsten Zahlen aus der Geografie. Eine Ergänzung zu jedem Atlas der Erdbeschreibung. Nach den besten Quellen zusammengestellt. 8. (36 S.) Wels 875, Haas. * — 50

Seibert, A. E., Leitfaden der Geographie f. allgemeine Volksschulen. **Mit 42 Holzschn. 4., verb.** Aufl. gr. 8. (IV, 164 S.) Wien **889. Hölder.** n. — 90

— **Leitfaden der Geographie f. allgemeine Volksschulen. 5., durchgeseh. u. gekürzte Aufl. gr. 8. (III, 154 S. m. 42 Holzschn.) Ebd. 893. Geb. n. 1. 16**

— Leitfaden d. Geographie f. allgem. Volksschulen 6., neu bearb. Aufl. gr. 8. (II, 144 S. m. 94 Abb.) Ebd. 898. Geb. n. 1. 16

— Leitfaden der Geographie f. allgemeine Volksschulen. 7. Aufl. (II, 148 S. m. 92 Abbildgn.) gr. 8. Wien 903. A. Hölder. Geb. n. 1. 10

Seibert, A. E., Leitfaden der Geographie für 4-, 5- und 6classige österreichische Volksschulen. 2. revidirte Auflage. Wien. Alfred Hölder. Preis 82 kr. 1881.

— Methodik des Unterrichtes in der Geographie, s. Lehrbuch der speciellen Methodik. 5.

SEIBERT, A. E.
Methodik des Unterrichtes in der Geographie. Von A. E. Seibert. 2. Auflage. Mit 30 Illustrationen. [Lehrbuch der speciellen Methodik für die österreich. Lehrer- und Lehrerinnen-Bildungsanstalten. Redigirt von Dr. Wilh. Zenz. 5. Heft.] Wien. 1899. Hölder. Gr.-8°. 63 S. fl. —.44

—— sicherster Rechnenmeister im Kubikmaß der Rundhölzer. 1. Thl.: Kubiktabellen nach dem neuesten Maße. 2. Thl.: Anwendung derselben auch nach dem alten Maße. 1. und 2. Aufl. 16. (151 S.) Wels 873,78, Haas. * 1 20

— Welser Schnell-Rechner, s.: Geyer, Alois.

Seibert, A. E., Schulgeographie (in 3 Theilen, bearbeitet nach den Lehrplänen für die österreichischer Bürgerschulen). I. Theil. 12. umgearbeitete Auflage, mit 53 Abbildungen. Wien 1877. Alfred Hölder. (Min.-Erl. v. 4. März 1897, Z. 5104.) Geb. —.52

—— Schul-Geographie. Bearb. nach dem Lehrplane für die oberen Klassen der österreich. Volks- und Bürgerschulen. 3 Thle. gr. 8. Wien, Hölder. * 2 28

Inhalt:
Thl. 1. Die Elemente der mathematischen und physischen Geographie. — Allgemeine Uebersicht der Erdtheile nach horizontaler und vertikaler Gliederung. — Abriß der politischen Geographie. Zunächst für den 6. Jahrg. 8classi. Volks- und Bürgerschulen und 1. Jahrg. 3classi. Bürgerschulen. 1. und 2. unveränd. Aufl. (68 S. mit eingedr. Holzschn.) 877,78. * 72 Pf.
" 2. Allgemeine Uebersicht über die Erdtheile nach ihrer polit. Eintheilung mit besond. Berücksicht. Mitteleuropas. Zunächst für den 7. Jahrg. 8classi. Volks- und Bürgerschulen und 2. Jahrg. 3classi. Bürgerschulen. (100 S.) 877. * 96 Pf.
" 3. Eingehende Betrachtung der österreich-ungar. Monarchie und ihrer Beziehungen zu anderen Ländern, betr. Industrie und Handel. Zunächst für den 8. Jahrg. 8classi. Volks- und Bürgerschulen und 3. Jahrg. 3classi. Bürgerschulen. (72 S.) 877. * 60 Pf.

—— Schul-Geographie. In 3 Thln. Bearb. nach dem Lehrplane für die oberen Klassen der österreich. Volks- und Bürgerschulen. gr. 8. Wien, Hölder.

Inhalt:
Thl. 1. Aus den Elementen der mathematischen und physikalischen Geographie. Allgemeine Uebersicht der Erdtheile nach horizontaler und verticaler Gliederung. Abriss der polit. Geographie. Zunächst für den VI. Jahrg. achtclass. Volks- und Bürgerschulen und für den I. Jahrg. dreiclass. Bürgerschulen. 4. revid. Aufl. (72 S.) 881; 5. revid. Aufl. (IV, 76 S. mit eingedr. Holzschn.) 882; 6. revid. Aufl. (IV, 81 S.) 884. * 64 Pf.
" 2. Allgemeine Uebersicht über die Erdtheile nach ihrer politischen Eintheilung und mit besond. Berücksicht. Mittel-Europas. Zunächst für den VII. Jahrg. achtclass. Volks- und Bürgerschulen und für den II. Jahrg. dreiclass. Bürgerschulen. 3. revid. Aufl. (95 S.) 880; 4. revid. Aufl. (IV, 92 S.) 882. * 80 Pf.
" 3. Eingehende Betrachtung der österreichisch-ungarischen Monarchie und ihrer Beziehungen zu anderen Ländern, betr. Industrie und Handel. Zunächst für den VIII. Jahrg. achtclass. Volks- und Bürgerschulen und für den III. Jahrg. dreiclass. Bürgerschulen. 2. revid. Aufl. (70 S.) 880. * 60 Pf.; 3. revid. Aufl. (IV, 76 S.) 882. * 64 Pf.

— Schul-Geographie. In 3 Thln. Bearb. nach dem Lehrplane f. die oberen Klassen der österreich. Volks- u. Bürgerschulen. gr. 8. Ebend. n. 2. 8
1. Aus den Elementen der mathematischen u. physikalischen Geographie. Allgemeine Uebersicht der Erdtheile nach horizontaler u. verticaler Gliederung. Abriß der polit. Geographie. Zunächst f. den VI. Jahrg. 8class. Volks- u. Bürgerschulen u. f. den I. Jahrg. 3class. Bürgerschulen. 7. Aufl. (IV, 76 S. m. Holzschn.) 886. n. — 64
2. Allgemeine Uebersicht üb. die Erdtheile nach ihrer politischen Eintheilung m. besond. Berücksicht. Mittel-Europas. Zunächst f. den VII. Jahrg. 8class. Volks- u. Bürgerschulen u. f. den II. Jahrg. 3class. Bürgerschulen. 5. Aufl. (IV, 92 S.) 885. n. — 80
3. Eingehende Betrachtung der österreichisch-ungarischen Monarchie u. ihrer Beziehungen zu anderen Ländern, betr. Industrie u. Handel. Zunächst f. den VIII. Jahrg. 8class. Volks- u. Bürgerschulen u. f. den III. Jahrg. 3class. Bürgerschulen. 4. Aufl. (IV, 76 S.) 885. n. — 64

—— Schul-Geographie. In 3 Thln. Bearb. nach dem Lehrplane für die österreich. Bürgerschulen. gr. 8. Wien, Hölder. * 2 46

Inhalt:
Thl. 1. Aus den Elementen der mathematischen und physikalischen Geographie. Allgemeine Uebersicht der Erdtheile nach horizontaler und verticaler Gliederung. Abriss der polit. Geographie. 7. revid. Aufl. (IV, 90 S. mit 23 Holzschn.) 886; 8. Aufl. (IV, 90 S. mit 22 Holzschn.) 887. * 72 Pf.
Thl. 2. 1. Allgemeine Uebersicht über die Erdtheile nach ihrer politischen Eintheilung und mit besond. Berücksichtigung Mittel-Europas. 2. Characteristik der Zonen. 3. Der Mond und die Finsternisse. 5. revid. und 6. Aufl. (IV, 112 S. mit 25 Kartenskizzen.) 885,87. * 84 Pf
" 3. 1. Eingehende Betrachtung der österreichisch-ungarischen Monarchie und ihrer Beziehungen zu anderen Ländern, betreffend Industrie und Handel. 2. Das Wichtigste über unser Sonnensystem. 4. revid. Aufl. (IV, 115 S. mit 15 Kartenskizzen.) 886; 5. Aufl. (115 S. mit 15 Kartenskizzen.) 887. * 90 Pf.

— Schul-Geographie. In 3 Thln. Bearb. nach dem Lehrplane f. die österreich. Bürgerschulen. gr. 8. Wien 890. Hölder. n. 2. 46
1. 9. Aufl. Mit 25 Holzschn. (IV, 99 S.) n. — 72
2. 7. Aufl. Mit 25 Kartenskizzen. (IV, 112 S.) n. — 84
3. 6. Aufl. Mit 15 Kartenskizzen. (115 S.) n. — 90

—— Schul-Geographie. 3 Thle. Bearb. nach den Lehrplänen f. die österreich. Bürgerschulen. gr. 8. Ebd. * 2 46; geb. * 3 42
1. Aus den Elementen der mathematischen u. physischen Geographie. Allgemeine Übersicht der Erdtheile nach horizontaler u. verticaler Gliederg. Abriss der polit. Geographie. 10. durchgeseh. Aufl. (IV, 99 S. m. 25 Abbildgn.) 891. * — 72; geb. * 1 04.
2. Uebersicht üb. d. Erdtheile. Charakteristik der Zonen. Der Mond. 8. Aufl. Mit 25 Kartenskizzen. (IV, 118 S.) 892. * — 84; geb. * 1 16.
3. I. Die österreichisch-ungarische Monarchie. II. Das Wichtigste üb. unser Sonnensystem. 7. Aufl. (III, 117 S. m. 15 Kartenskizzen.) 893. * — 90; geb. * 1 22.

— Schul-Geographie. Bearb. nach den Lehrplänen f. die österreich. Bürgerschulen. 3 Thle. gr. 8. Ebd. 894. Geb. n. 3. 36
1. Aus den Elementen der mathematischen u. physischen Geographie. Allgemeine Übersicht der Erdtheile nach wagrechter u. lothrechter Gliederg. Abriß der polit. Geographie. 11., durchgeseh. Aufl. (96 S. m. 25 Abbildgn.) n. 1. 4
2. Allgemeine Übersicht üb. die Erdtheile nach ihrer polit. Eintheilg. m. besond. Berücksicht. Mittel-Europas. Charakteristik der Zonen. Der Mond u. die Finsternisse. 9., rev. Aufl. (IV, 118 S. m. 25 Kartenskizzen.) n. 1. 10
3. Eingehende Betrachtung der österreichisch-ungar. Monarchie u. ihrer Beziehungen zu anderen Ländern, betr. Industrie u. Handel. Das Wichtigste üb. unser Sonnensystem. 8. unveränd. Aufl. (III, 116 S. m. 15 Kartenskizzen.) n. 1. 22

— Schul-Geographie. In 3 Thln. Bearb. nach d. Lehrplänen f. d. österr. Bürgerschulen. gr. 8. Wien, A. Hölder. Geb. n. 3. 72
1. Aus d. Elementen d. mathemat. u. phys. Geographie. Allgem. Uebersicht d. Erdtheile nach wagrechter u. lotrechter Gliederg. u. staatl. Eintheilg. 12., umgearb. Aufl. (86 S. m. 53 Abb.) n. 1. 04
2. Allgem. Uebersicht üb. d. Erdtheile nach ihrer polit. Eintheilg. m. bes. Berücksicht. Mitteleuropas. Charakteristik d. Erdzonen. — D. Mond u. d. Finsternisse. 10., theilweise umgearb. Aufl. (II, 121 S. m. 63 Abb.) 898. n. 1. 40
3. Eingeh. Betrachtg. d. österr.-ungar. Monarchie u. ihrer Beziehgn. zu and. Ländern, betr. Industrie u. Handel. Das Wichtigste üb. uns. Sonnensystem. 9., umgearb. Aufl. (II, 107 S. m. 60 Abb.) 897. n. 1. 28

— Schul-Geographie. In 3 Thln. Bearb. nach den Lehrplänen f. die österr. Bürgerschulen. gr. 8. Wien, A. Hölder. Geb. u. kart. n. 3. 74
1. Aus den Elementen der mathemat. u. phys. Geographie. Allgemeine Übersicht der Erdtheile nach wagrechter u. lothrechter Gliederg., nebst staatl. Eintheilg. 13. durchgeseh. Aufl. (II, 87 S. m. 55 Abbildgn.) 900. Kart. n. 1. 04
2. Allgemeine Übersicht üb. die Erdtheile nach ihrer staatlichen Eintheilung m. besond. Berücksicht. Mitteleuropas. — Charakteristik der Erdzonen. — Der Mond u. die Finsternisse. 11., durchgeseh. Aufl. Mit 63 Abbildgn. (II, 122 S.) 901. Geb. n. 1. 40
3. Eingehende Betrachtung der österreichisch-ungarischen Monarchie u. ihrer Beziehungen zu anderen Ländern, betr. Industrie u. Handel. Anh.: Das Wichtigste üb. unser Sonnensystem. 10., durchgeseh. Aufl. Mit 48 Abbildgn. (II, 111 S.) 901. Geb. n. 1. 30

— dasselbe. Eintheilige Ausg. Mit 74 Abbildgn. gr. 8. (200 S.) Ebd. 901. Geb. n. 1. 60

— Schul-Geographie. 3 Tle. Bearb. nach den Lehrplänen f. die österreich. Bürgerschulen. gr. 8. Ebd. Geb. n. 3. 42
I. Aus den Elementen der mathemat. u. phys. Geographie. Allgemeine Uebersicht der Erdtheile nach wagrechter u. lotrechter Gliederg., nebst staatl. Einteilg. 14., durchgeseh. Aufl. Mit 56 Abbildgn., wovon 6 in Farbendr. (II, 96 S.) 905. n. 1. 02
II. Allgemeine Uebersicht üb. die Erdteile nach ihrer staatlichen Einteilg. m. besond. Berücksicht. Mitteleuropas. — Charakteristik der Erdzonen. — Der Mond u. die Finsternisse. 12. Aufl. Mit 63 Abbildgn. Inhaltlich im wesentlichen unveränd., nach der neuen Rechtschreibg. hergestellter Abdr. der 11. Aufl. (II, 123 S.) 903. n. 1. 20
III. Eingehende Betrachtung der österreichisch-ungar. Monarchie u. ihrer Beziehungen zu anderen Ländern betr. Industrie u. Handel. Anh.: Das Wichtigste üb. unser Sonnensystem. 11. Aufl. Mit 48 Abbildgn. (II, 112 S.) 903. n. 1. 20

Seibert A. E., Schulgeographie. In drei Teilen. Bearbeitet nach den Lehrplänen für die österreichischen Bürgerschulen. Wien 1907. Alfred Hölder. II. Teil. 13. Auflage. Geb. K 1.50. III. Teil. 12. Auflage. Geb. K 1.40.

Seibert A. E., Schulgeographie in drei Teilen. Bearbeitet nach den neuen Lehrplänen für die österreichischen Bürgerschulen vom 15. Juli 1907. II. Teil. 14. Auflage. Mit 2 Karten in Farbendruck und 30 Abbildungen (darunter 11 vollseitigen). Wien 1910. Alfred Hölder. Geb. K 1.30.

— s.: Zeitschrift f. Schul-Geographie.

Seibert, Engelb., s. Seibertz

Seibert, Fr., Ritchen's erste Lebensjahre. Ein Büchlein für Kinder. 4. (8 Chromolithogr. mit 9 Blatt Text.) Langensalza 861, Schulbuchh. von Greßler.

Seibert, Friedrich, aus Essershausen: Lotze als Anthropologe. *Wiesbaden 1900: P. Plaum.* (131 S.) 8°
Erlangen, Phil. Diss. v. 20. Juni 1900

Seibert, F., Lotze als Anthropologe. Litterarisch-krit. Studie. gr. 8. (VI, 131 S.) Wiesbaden 900. H. Ferger. n. 2. 50; geb. n. 3. 50

Seibert, Frdr., Quittungsbuch üb. die zur Invaliditäts- u. Altersversicherung geleisteten Beiträge d. Arbeitgebers. 12. (28 S.) München 891. R. Oldenbourg. Abteilg. f. Schulbücher. n. — 20; größere Ausg. (81 S.) n. — 25

Seibert, George: Die Zerstörung der Stadt Chambersburg durch die Rebellen am 30. Juli 1864. *Nach persönlicher Erkundigung an Ort und Stelle, sowie nach den veröffentlichten Berichten des Augenzeugen Dr.* B. S. Schneck. *Philadelphia, Pa.: J. Kohler 1865. 48 S., Karten.*

Seibert, Geo., die Zerstörung der Stadt Chambersburg durch die Rebellen am 30. Juli 1864. Nach persönl Erkundigg. an Ort u. Stelle, sowie nach den veröffentlichten Berichten d. Augenzeugen B. S. Schneck. Historisch treu dargestellt. 2. verm. Aufl., enth. Namensverzeichniß der Betroffenen. 8. (58 S. m. 1 Karte in Holzschn.) Philadelphia 865. (Schäfer & Koradi.) geb. n. 1. —

Seibert, Geo., die Zerstörung der Stadt Chambersburg durch die Rebellen am 30. Juli 1864. Nach persönl. Erkundigung an Ort und Stelle, sowie nach den veröffentlichten Berichten des Augenzeugen Dr. B. S. Schneck. Historisch treu dargestellt. 2. verm. Aufl., enth. ein Namensverzeichniß der Betroffenen. 8. (58 S. mit 1 Karte in Holzschn.) Philadelphia 876, (Schäfer und Koradi.) geb. * 1 —

Seibert, George C. Die Freiheit als Lebensideal. Cinci, 1888.

--Michel u Jonathan, ein Wort zur Verständigung u zum Frieden. NY, 1887.

Seibert, Geo. C., die schrecklichen Verbrechen unserer Tage in den Augen des modernen Aberglaubens u. Unglaubens u. im Lichte des Wortes Gottes. Ein Beitrag zur Lösung der Frage nach dem Verhältniß Gottes zum Bösen in der Welt überhaupt. Philadelphia 865. (Schäfer & Koradi.) gr. 8. (84 S.) n. 20 *ngr.*

--Unsere dten Vorfahren. NY, 1886.

Seibert, Karl Ge.: Unsere deutschen vorfahren: ihr ursprünglicher volkscharakter, ihre heidnische religion, und ihr übergang zum Christentum. New York 1887. 8°

Geschichte des Vorschuß-Vereins zu Wiesbaden, e. G. m. u. H. Von Gustav Seibert. — Wiesbaden 1896: Petmecky. 50 S. 8°
58 A.

Seibert, Herm., Leitfaden der Raumlehre f. die IV. Kl. d. Realschulen. Nach Prof. J. Mengers „Grundlehren der Geometrie" dem neuen Lehrplan gemäss bearb. (III, 58 S. m. 81 Abbildgn. u. 3 Taf.) 8. Wien 910. A. Hölder. Geb. in Leinw. — 90

Seibert, Joseph [aus Bensheim an d. Bergstr.]: Arbeiten aus d. pharmakolog. Institut d. Univ. zu Würzburg. Beiträge zur Toxikologie der Amanita phalloides ... München, Buchdr. V. Höfling, 1893; 17 S. 8.
Würzburg, Med. Fak., Inaug.-Diss. v. 1893

Seibert, Karl Georg

Seibert, Carl Geo., deutsche Abende. Vorträge über die ursprüngliche Religion der Germanen, ihren Nationalcharakter u. die Geschichte ihres Uebertritts zum Christenthum. 1. Thl. Barmen 859. Sartorius. gr. 8. (VIII, 205 S.) 1 ℛ

— über ein charakteristisches Element in der Lyrik Emanuel Geibels. Ein Vortrag. gr. 12. (42 S.) Marburg 859, Elwert'sche Universitäts-Buchh.

— Geschichte des Königreich Neapel. 1. Thl. Von der Gründung des Reiches durch die Normannen bis zum Untergang des aragonischen Hauses. 1050—1505. Bremen 862. Strack. 8. (XV, 630 S.) 1 ℛ 22½ ngr.

— Griechentum und Christentum oder der Vorhof des Schönen und das Heiligtum der Wahrheit in ihrem gegenseitigen Verhältnis. Dargestellt für Gebildete überhaupt und die in's griech. Altertum eingeführte reifere Jugend insbesondere. 8. (XXII und 409 S.) Barmen 856(57,) Langewiesche.

Seibert, Carl Geo., Griechentum und Christentum oder der Vorhof des Schönen und das Heiligtum der Wahrheit in ihrem gegenseitigen Verhältniß. Dargestellt für Gebildete überhaupt und die in's griech. Altertum eingeführte reifere Jugend insbesondere. Barmen 857. Langewiesche. 8. (XXII, 409 S.) 1 ℛ 12 ngr.

— das Heimweh im Wachthäuschen zu Wetter. Lebensgeschichte und Lebensbilder. gr. 12. (213 S.) Marburg 854, Elwert'sche Universitäts-Buchh.

— Schleiermacher's Lehre von der Versöhnung. In ihrem Zusammenhang mit der Schleiermacher'schen Christologie überhaupt, sowie in ihrem Verhältnis zur rationalist., altorthodoxen und rein bibl. Lehre dargestellt und beleuchtet. gr. 8. (39 S.) Wiesbaden 855, Kreidel und Niedner. *

— Savonarola, der Reformator von Florenz. Ein Vortrag. gr. 12. (61 S.) Barmen 858, Langewiesche's Verlag.

Seibert, C(ar.) G(eo.), de apologetica Plutarchi Chaeronensis theologia. Dissertatio inauguralis. 8maj. (III und 80 S.) Marburgi 854, libr. univers. Elwert.

Seibert, Karl Ge.. Unsere deutschen Vorfahren, s. Seibert, George C.

Seibert, N., Rechenbuch für die ein- u. zweiklassige Volksschule. 1. Tl. Mittelstufe. gr. 8. (IV, 56 S.) Birkenfeld 882. Fillmann. n. — 35

Seibert, N., Rechenbuch für die ein- und zweiklassige Volksschule. 2 Thle. gr. 8. Birkenfeld, Fillmann. [1. Thl. (IV, 56 S.) 882. * 35 Pf.; 2. Thl. (160 S.) 884. * 80 Pf.] * 1 15

Seibert, Richard [aus Wiesbaden]: Ueber Reactionen und Derivate der Nitrotoluole. ... Freiburg i. B., Buchdr. v. Chr. Ströcker, 1890; 80 S. + 1 Bl. 8°
Freiburg i. B., Phil. Fak., Inaug.-Diss. v. 1890

Seibert, Rudolf, pr. Tierarzt: Arbeiten aus d. med. Veterinärklinik der Univ. Gießen. Dir.: Gmeiner. Experimentelle und klinische Untersuchungen über die Kreuzdornbeeren. Nieder-Olm 1909: Zipp. 67 S. 8°
Gießen, Veterinär-Med. Diss. v. 24. Febr. 1910, Ref. Pfeiffer
Geb. 15. Mai 85 Hahnheim; Wohnort: Mainz; Staatsangeh.: Hessen; Vorbildung: Realgymn. Mainz Reife O. 05; Studium: Gießen 3, Berlin Tierärztl. Hochsch. 2, Gießen 2 S.; Rig. 14. Mai 09.] [U 10. 1256

Seibert, Willy, der deutsche Thronfolger im Lichte unserer Zeit. Von e. Mitmenschen. (87 S.) 8. Berlin 906. P. Speier & Co. n. 2. —; geb. n. 3. —

Seibert-Dill, Frau Liesbet, s.: Dill, Liesbet.

Jean Seiberth, Specialhaus für Herren- und Knaben-Bekleidung, Basel... . ([Prospect, ausgegeben zur] Basler Gewerbe-Ausstellung 1901.) [Illustriert.] [II + 16 S.] 8. Basel, Wassermann & Schäublin.

Seibertz, Engelb., s. Goethe's Faust mit Zeichnungen.

Seibertz, Engelb., moderne Kirchenbauten, s.: Hartol, Aug.

Seibertz, Joh. Suibert

—, J. Kayser, W. Spancken und Wilh. Engelb. Giefers, Beiträge zur Geschichte Westfalens. gr. 4. (54 S.) Paderborn 866, Schöningh. *

Seibertz, Joh. Suib., westfälische Beiträge zu deutschen Geschichte. 2 Bde. 8. Gießen 819. u. 823. (Leipzig, Fr. Fleischer.) (1r Bd. 1⅚ ℛ 2r Bd. 1⅔ ℛ) 3 ℛ 13 gl

Seibertz, Jh. Suibert, westphäl. Beitrr. zur deutschen Geschichte. 2 Bde. 8. Darmst. 820, 24. Tasché. 3 ℛ 13 gl

Seibertz, Jh. Suibert, westfälische Bilder. Mit Erläuterungen. (Supplement zu Freiligrath u. Schücking, das maler. und romant. Westphalen.) (In 2 Heften.) 1. Heft. gr. 8. (Mit 4 Stahlst.) Arnsberg 844. Ritter. n. ⅓ ℛ

Seibertz, J. S., Chronik d. Minoritenklosters in Brilon. 8. (96 S.) Brilon 890. Friedländer. n. 1. 25

Seibertz, J. S., Diplomat. Familiengeschichte der alten Grafen von Westfalen zu Werl und Arnsberg. Mit Kpfrn. u. Stammtfln. Arnsberg 1845. 8.

Seibertz, I. S., Zur Geschichte der Freigrafschaften in Westfalen. (7 Hefte.) Münster 1863—71. 8.
Sep.-Abdr.

Seibertz, Joh. Suibert, Landes- u. Rechtsgeschichte d. Hrzth. Westfalen. 2. Bd. — A. u. d. T.: Urkundenbuch rc. 1. Bd. 799—1300. gr. 8. (40¾ B. u. 3 Stnt.) Arnsberg 839, Ritter. *
Der 1. Bd. ist (1842) noch nicht erschienen.

— dass. 3. Bd. A. u. d. Ttl.: Urkundenbuch. 2. Bd. 1300—1400. Mit 49 Siegel-Abdrücken. gr. 8. (44⅝ B. u. 4 Stnt.) Ebds. 843. *
2. Bd. Ebendas. 1839. * 2 Thlr.

— Landes- und Rechtsgeschichte des Herzogthums Westfalen. 1. Bd. 1. Abthl. A. u. d. T.: Diplomat. Familiengeschichte der alten Grafen von Westphalen zu Werl u. Arnsberg. gr. 8. (Mit 4 Kupf. u. 2 Stammtaf.) Ebend. 845. n. 1⅓ ℛ — 3. Bd. A. u. d. T.: Urkundenbuch. 2. Bd. 1300—1400. Mit 49 Siegel-Abdrücken (auf 4 Steindrucktaf.) gr. 8. Ebend. 843. n. 2½ ℛ (Subscr.-Preis 1.—3. Band n. 5⅚ ℛ)

— dass. — 4. Bd.: Urkunden von 1400 bis 1800. Mit 53 Siegel-Abdr. 1. und 2. Abthl. A. u. d. T.: Urkundenbuch zur Landes- und Rechtsgeschichte des Herzogth. Westfalen. 3. Bd. 1. und 2. Abthl. gr. 8. (VII und S. 1—658 mit 5 Stnt. in qu. Fol.) Ebds. 852—54. *
1. Bd. 1. Abthl. und 2. und 3. Bd. Ebendas. 1839—44. * 5 Thlr. 25 Ngr.

Seibertz, Joh. Suibert, Landes- und Rechtsgeschichte des Herzogth. Westfalen. 1. Bd. 2. Abthl. A. u. d. T.: Diplomatische Familiengeschichte der Dynasten und Herrn im Herzogth. Westfalen. gr. 8. (VI und 434 S. mit 5 Stammt. in Fol.) Arnsberg 855, Ritter. *

Seibertz, Joh. Suibert, Landes- und Rechtsgeschichte des Herzogthums Westfalen. 1. Bd. 3. Abthl.: Geschichte des Landes und seiner Zustände. 1. Thl.: Die Anfänge der westfälischen Geschichte bis zum Ausgange der Karolinger. (1—912.) gr. 8 (XX und 358 S.) Arnsberg 860, Ritter. *

—— dass. — 1. Bd. 3. Abthl.: Geschichte des Landes und seiner Zustände. 2. Thl.: Die Zeiten der Blüte und Kraft des deutschen Reichs. (912—1272.) gr. 8. (XXXI und 476 S mit 2 Tab. in qu. Fol.) Ebendas. 861. *
1. Bd. 1. und 2. Abthl. und 2—4. Bd. Ebendas. 1839—54. * 9 Thlr. 26 Ngr

Seibertz, Joh. Suibert, Landes- und Rechtsgeschichte des Herzogthums Westfalen. 1. Bd. 3. Abthl.: Geschichte des Landes und seiner Zustände. 3. Thl.: Die Zeiten der Blüte und Kraft des deutschen Reichs. II. (912—1272.) gr. 8. (XXVI und 782 S.) Arnsberg 864, Ritter. *
1. Bd. 1.—3. Abthl. 1. und 2. Thl. und 2.—4. Bd. Ebendas. 1839—61. * 13 Thlr. 4 Ngr.

Seibertz, Joh. Suibert, Landes- und Rechtsgeschichte des Herzogthums Westfalen. 1. Bd. 3. Abthl.: Geschichte des Landes und seiner Zustände. Nach des Verf. Tode fortgesetzt. 4 Thl. 1. Hälfte: Schluß der Landesgeschichte, von 1278 [1275] bis 1508 von W. Tobien. gr. 8. (VIII, 136 S.) [Arnsberg 875, Ritter.] Werl, Stein'sche Buchh. * 2 40
1. Bd. 1.—3. Abthl., 1.—4. Thl. und 2.—4. Bd. Ebendas. 1839—75 (soweit erschienen) * M. 49,80., herabgef. Pr. * M. 36.

Seibertz, J. S., s.a. Quellen der westfälischen Geschichte.

— Quellen der Westfälischen Geschichte. 1. Bd. 3 Hefte. Arnsberg 857, 58. Grote. gr. 8. (483 S.) Jedes Heft n. 20 ngr.

— Quellen der westfälischen Geschichte. 2. Bd. 3 Hefte. Arnsberg 859—61. Grote. gr. 8. (2 Bl., 480 S.) Jedes Heft n. 20 ngr.

Seibertz, J. S., Stammbuch der Familie Seibertz zu Wildenberg und Brunscappell. Arnsberg 1847. 4.

—— die Statutar- u. Gewohnheitrechte d. Hrzgth. Westfalen, aus d. Quellen geschichtl. u. pract. dargest. Mit Urkunden u. Rechtsfällen. gr. 8. (36 B.) Arnsberg 839, Ritter.

Seible, R. Aufgaben zur Übung im Zirkelzeichnen f. Schüler in Handwerker- u. Fortbildungsschulen. Methodisch geordneter Lehrgang. gr. 8. (28 S. m. 6 lithogr. Taf.) Berl. 891, Winckelmann u. Söhne. cart. * — 60

Seible, R., Aufgaben zur Übung im Zirkelzeichnen f. Schüler in Handwerker- u. Fortbildungsschulen. Methodisch geordn. Lehrgang. 2. unveränd. Aufl. gr. 8. (28 S. m. 6 Taf.) Berlin 900. Winckelmann & Söhne. Kart. n. — 60

Seibold, s.a. Seybold.

Seibold, Alois, aus Freising: Zur **Kasuistik der angeborenen Cystengeschwülste des Halses unter besonderer Berücksichtigung eines Falles von congenitalem cavernösem Lymphangiom.** *Würzburg 1903: C. J. Becker.* (42 S.) 8°
Würzburg, Med. Diss. v. 1903

Seibold, Alois, die Radierung. Ein Leitfaden u. Ratgeber. Mit 2 Kunstbeilagen u. 10 Abbildgn. im Text. (VIII, 92 S.) 8. Eßlingen 909. P. Neff. 2. —

Seibold, D. C., Anthologia Romana poëtica parallelos. Lips. 778. 8. 12 gr.

Seibold, Ernst: Ueber den Keimgehalt unter aseptischen Kautelen gewonnener Milch und dessen Bedeutung für die Praxis. Jena 1910. 26 S.
Giessen, Vet.-med. Diss. v. 1910.

Seibold, F. M. J., die englische Krankheit. gr. 4. (4¼ B. u. 2 Stnt. Fol.) Würzburg 827, (Stahel.)

Seibold, Fr. Ferd., Julie Trautmann. 8. Manh. 814. Löffler. 8 gr

Seibold, Franz Ferdinand (Speier)
De morbis infantum.
Giessae 22. März 1790. 4°

SEIBOLD, Ottmar (Dürrlauingen): De exanthematibus.- Bonschil: Weiss 1845. 28 S.
22.2.1845 - Urk; F 66
Diss. Ingolst. - Landsh - Mchn.

Seibold, Patriz, der Friedensbote, ein Sonntagsblatt xc., s. Friedensbote.

Seibold, Wilhelm, aus Fellbach: Anatomie von Vitrella Quenstedtii (Wiedersheim) Clessin. *Stuttgart 1904: C. Grüninger.* (S. 198—226.) 8° ¶ Aus: Jahreshefte d. Ver. f. vaterl. Naturkunde i. Württemb., Jg 1904.
Tübingen, Naturw. Diss. v 1904

Seibt, A. K., Opfer des Glaubens u. der Andacht. Ein Gebet- u. Andachtsbuch für kathol. Christen. Neueste verb. u. verm. Aufl. Mit 3 Stahlst. 8. Würzburg 844, Etlinger'sche Verlagsbuchh. 5/6 ₰

Seibt, Ant., Anleitung zum Mästen d. Rindviehes, d. Schafe, Schweine, Gänse, Hühner u. Truthühner. Nebst e. Anh. üb. d. Räucherungsart d. Hamburger Rindfleisches, d. Westphäl. Schinken u. d. Pommer. Gänsebrüste. Nach d. Localverhältnissen Böhmens bearb. gr. 8. (6¼ B.) Prag 831, Calve.
Aus dem „Oekonom. Neuigkeiten, Jahrg. 1831" abgedruckt.

Seibt A.: Anleitung z. Mästen d. Rindviehes, d. Schafe, Schweine, Gänse, Hühner u. Truthühner. Nebst. e. Anh. üb. die Räucherungsart d. Hamburger Rindfleisches, d. westphäl. Schinken u. d. pommerschen Gänsebrüste. Prag 1831. 94 S. (Sertr.).

—— Handbuch d. Landwirthschaft, nach rationell. Grundsätzen u. vieljähr. Erfahrn., mit besond. Rücksicht auf Lokalverhältnisse. 1. Thl. — A. u. d. T.: Der Feldbau, nebst e. neuen nach Bodengattung, Klima u. Lokalverhältnissen entworf. Bewirthschaftungs-System. 8. (22½ B.) Prag 833, (Calve.)

—— dass. 2. Thl. Der Anbau d. Handelsgewächse. 1. Bd. — A. u. d. T.: Anleit. zur Kultur d. vorzügl. Gewebe- u. Gewürzpflanzen, Caffeesurrogate, verschied. Fabrikpflanzen u. deren Bereitung als Kaufmanns-Waare. 8. (26½ B.) Prag 834, (Calve.)

Seibt, Anton

— Zur Lehre von den sympathischen Gefühlen. 32. Karolinenthal R 06.
Progr.

Seibt, Ant., Studien zu den Königsaaler Geschichtsquellen, s.a. Studien, Prager, a. d. Gebiete d. Geschichtsw.

Studien zu den Königsaaler Geschichtsquellen. Von Dr. Anton **Seibt.** Prag: Rohlíček & Sievers 1898. (2 Bl., 53 S.) 1 Bd 8°
(Studien, Prager, a. d. Gebiete d. Geschichtswissenschaft. H. II.)

Seibt Dr. Anton Urtheilstheorie und Irrthumsproblem bei Descartes. 8. Wien III. R. 01.
Progr.

Seibt, Anton: Die Verse im Chronicon Aulae Regiae.
Phil. Diss., Prag 1896/97

Seibt, Arth Beurteilung der Politik, welche die Athener während des spartanisch-thebanischen Krieges befolgt haben. 22 S.
Progr. Rsch. *Cassel* 1885.

Seibt, Artur, Saabor i. Schl.: Das Einigungs- und Schiedsverfahren bei Kollektivstreitigkeiten in Frankreich. Grünberg i. Schl. [1906]: Löbner & Co. (85 S.) 8°
München, Staatswirtsch. Fak., Ref. Brentano, Diss. v. 10. Juli 1906
[Geb. 12. Dez. 80 Saabor; Wohnort: Saabor; Staatsangeh.: Preußen; Vorbildung: Realgymn. Grünberg Reife O. 01; Studium: Phil. Breslau 4, Staatsw. München 2 S.; Rig. 10. Juli 06.]

Jubiläums-Festpredigt geh. 1908 zu Tepliwoda v. Ortsgeistl. P. [Arthur] **Seibt**. (Tepliwoda): Gemeindekirchenrat (1908). (8 S.) 8° [F.] [08. 5107

Aus Tepliwoda's Vergangenheit. Ein Beitrag z. Geschichte d. Münsterberger Fürstentums u. d. Frankensteiner Weichbildes. Aus Anlaß d. 200jähr. Jubelfeier d. ev. Kirchgemeinde Tepliwoda dargeboten von Pastor (Arthur) **Seibt**. Tepliwoda: Gemeinde-Kirchenrat (1907). (VIII, 240 S.) 8° [F.] [08. 2184 2

– Dass., s.a. Seibt, Georg

Seibt, Ed., die Zeit ist erfüllt. Sendschreiben an seine Mitwelt. 8. (46 S.) Birnbaum 848. (Landsberg, Volger und Klein.) *

Seibt, F. J., Ave Maria. Andachtsbuch für katholische Christen. 16. (456 S. m. 1 Stahlst.) Aachen 848, Hensen & Co. 1/3 nß

Seibt, F. J., Ave Maria. Andachtsbuch für kathol. Christen. 16. (456 S. mit 1 Stahlst.) Aachen 850, Hensen und Comp.

Seibt, Franz. Lyrischer Nachlass. Hrsg. u. eingeleitet von Edm. R. Seibt. 8. (110 S.) Dresd. 888, Heinrich. * 1 —

Seibt, G: Vorführung von Experimenten über schnelle elektrische Schwingungen. Vortrag. Berlin 1903

Seibt, G. K. Wilh., s. Seibt, Wilhelm

Seibt, Georg, Ingenieur aus Berlin: Elektrische **Drahtwellen** mit Berücksichtigung der Marconi'schen Wellentelegraphie. *Berlin: J. Springer 1902.* (43 S.) 4°(8°)
Rostock, Phil. Diss. v. [19. März] 1902

Seibt, Geo., Excelsior. (Höher hinauf!) Ein Buch v. der Kraft Gottes. (167 S.) 8. Breslau 905. Ev. Buchh.
Geb. in Leinw. n. 3. —

Excelsior (Höher hinauf!). Ein Buch von d. Kraft Gottes. Von Georg **Seibt**. Breslau: G. Kauffmann 1905. (167 S.) 8° [Ant. u. F.] [05. 4833 2

Seibt, Geo., Excelsior. (Höher hinauf!) Ein Buch v. d. Kraft Gottes. 3. Aufl. (167 S.) 8. Breslau 910. Ev. Buchh. Geb. in Leinw. 3.—; m. Goldschn. 3. 60

Excelsior. (Höher hinauf!) Ein Buch von d. Kraft Gottes. Von Georg **Seibt**. 3. Aufl. Breslau: Kauffmann 1910. 167 S. 8° [10. 9032 2

— Gedanken zur Reform der Mädchen-Erziehung, s.a. Zeitfragen des christlichen Volkslebens.

Seibt, Georg: Gedanken zur Reform der Mädchen-Erziehung. — Stuttgart: Belser 1907. 41 S. 8° (Zeitfragen d. christlichen Volkslebens. Bd 32, H. 2.)

— Evangelische Gemeindeabende, s.: Müller, Joh. Herm.

— Johannisfeier. (Funken vom Heiligtum Gottes.) (182 S.) kl. 8. Hagen (908). O. Rippel. Kart. 2.—; geb. in Leinw. 3.—

— Kirche und moderne Bildungsbestrebungen, s.a. Zeitfragen des christlichen Volkslebens.

Kirche und moderne Bildungsbestrebungen. Von Georg **Seibt**-Breslau. Stuttgart: Ch. Belser 1908. (47 S.) 8°
(Zeitfragen d. christlichen Volkslebens. Bd 33, H. 4.)

— Heiliges Land. Ein Gruß aus d. Höhe f. junge Christenleute. (48 S.) kl. 8. Breslau (910). Ev. Buchh. — 20

— s.: Lehrbuch f. den evangelischen Religionsunterricht an höheren u. gehobenen Mädchenschulen.

— Religionsunterricht f. Lyzeen u. Studienanstalten, s.: Fuchs, R.

— Die geistigen Strömungen i. d. modernen Literatur. Vortrag, geh. in der schles. Gruppe der freien kirchlich-sozialen Konferenz. (14 S.) 8. Breslau 905. Ev. Buchh. — 20

Die geistigen Strömungen in der modernen Literatur. Vortrag geh. in d. schles. Gruppe d. Freien kirchl.-soz. Konferenz von Georg **Seibt**, Pastor. Breslau: G. Kauffmann 1905. (14 S.) 8° [F.] [07. 9133

— Aus Tepliwoda's Vergangenheit. Ein Beitrag zur Geschichte des Münsterberger Fürstentums u. des Frankensteiner Weichbildes. Aus Anlaß der 200jährigen Jubelfeier der evangel. Kirchgemeinde Tepliwoda dargeboten. (VIII, 240 S. m. Abbildgn. u. 4 Taf.) 8. Tepliwoda (907). (Frankenstein, E. Philipp.) nn 2. —

– Dass., s.a. Seibt, Arthur

Seibt, Gustav, Gerichts-Assessor: Die **Wartheschiffahrt**. *Heidelberg 1903: (Pierer in Altenburg).* (99 S.) 8° [F.]
Heidelberg, Phil. Diss. v. 1903

Seibt, J. G.: De somno morborum caussa, s. Alberti, M. [Praes.]

Seibt, Ign., s. Cicero de divinatione. — ejusd. de natura deorum. — ejusd. Disputatio Tusculanarum.

— s. Cicero, Opera philos., — de Officiis.

— s. Cornelius Nepos.

Seibt, Ign., s. Flori, L. An., Epitome rerum Romanarum.

Seibt, Ignaz (Ed.):

s.: Plinius C(aecilius) Secundus (minor), G(aius): Epistolarum libri decem ad optimas editiones collati. Wien: 1829

JB 412

— s. Sallust, bellum Catilinar. et bellum Jugurthinum.

Seibt's, Ign., praktische Übungen zum Übersetzen ins Lateinische über die kleine Brödersche Grammatik. Prag 818. 20. 3 Bde. 8. 1 rthl. 12 gr.

Seibt, Ign., prakt. Uebungen zum Uebersetzen aus d. Deutschen ins Latein. 3 Thle. Die 1e bis 3e Grammatikalklasse enthalt. gr. 8. Prag 819 u. 20. Krauß. 3 ß (Buchler). 2 ß 2 ℊ 2e A. 8. Ebd. 823—28. (Calve). 2 ß 6 ℊ (Kronberger u. W.) 2 ß (Haase, Söhne). 2 ß 12 ℊ Neureutter. 1 ß 15 ℊ Enders. 2 ß 3 Thle. (1r Thl. 3e A. 831.) Wien, Volke. 1 ß 18 ℊ

Seibt, (Ign.,) prakt. Uebungen z. Uebersetzen aus d. deutschen ins lateinische. 1r u. 2r Thl. 2e Aufl. 8. Prag 823, Calve. 1 Rthl. 8 gr. — 3r Thl. 2e Aufl. 8. Prag 827, (Leipzig, Central-Cptr.)

— s. Vellejus Paterculus.

— s. Victor, Aurelius

Seibt, Ign., neues latein.-deutsch-böhm. Wörterbuch zum 1. Thle. d. latein. Sprachlehre mit Rücksichtnehmung auf Etymologie u. Zusammensetzung d. Wörter nach d. Instruction. gr. 8. ... Prag 830, (Kronberger u. Weber.)

Seibt, Joachim Gottlieb (Pilgramsdorf) A. S. 1172/25

Dissertatio inauguralis medica theoretico-practica, desomno, morborum causa. Präs. Michael Alberti. Halle (Hendel) XII. 1726. 26 S.

Gew.: Michael Ernst Ettmüller, Johann Friedrich Mentz. 32271

Seibt, Karl Ge., s. Seibert, Karl Georg

v. Seibt, Karl Hnr., († d. 2. April 1806.) akadem. Blumenlese. gr. 8. Prag 784.

— von dem Einflusse der Erziehung auf die Glückseligkeit des Staats. 8. Prag 771. Mangold. 3 ℊ

— von dem Einflusse d. schönen Wissenschaften auf die Ausbild. d. Verstandes; e. Rede. 4. Prag 764.

Seibt, K. H., christkathol. Gebetbuch, mit K. 8. Prag, Enders. 815.

—— Gebeth- u. Erbauungsbuch in d. Sprache d. kindl. Herzens, s. Gebet- u. Erbauungsbuch 2c.

Seibt, Carl Heinr., vollständ. Gebeth- u. Erbauungsbuch f. kathol. Christen. Neueste, v. C. Hauser durchaus verb. Aufl. Mit Anh. sämmtl. beim öffentl. Gottesdienste eingeführt. Kirchengesänge, Gebethe u. Litaneyen. 8. (31 B. u. 1 Kpfr.) Wien 828, Haas.

—— dass. Neueste, verb., mit d. Gebethen u. (9 gest.) Abbild. der Landespatrone verm. Aufl. Mit Anh. d. sämmtl. beym öffentl. Gottesdienste eingeführt. Kirchengesänge, Gebethe u. Litaneyen. gr. 18. (540 Seit.) Ebds. 834.
Grober Druck mit Ttlkpfr., 20 Gr.

— von den Hülfsmitteln einer guten deutschen Schreibart. 8. Prag 773. Herrl. 12 ℊ

K. H. v. Seibt's Klugheitslehre, od. d. Kunst, a. d. Umg. m. Menschen d. mögl. grössten Vortheile zu ziehen, praktisch abgehandelt. *Prag*, Elsenwanger (jetzt Neureuter.) (799-815.) 3e A. 824. 2 Bde. gr 8° 1 ß 16 ℊ

— Klugheitslehre. 2 Thle. gr. 8. Prag 799. Widtmann. 2 ß 2e A. 814. 3e A. 824. Ebd., Neureutter. (Fr. Fleischer in Leipz.) 1 ß 16 ℊ

— Klugheitslehre. 2 Bde. gr. 8. Prag, Neureutter. 815.

v. Seibt, (Carl H.,) Klugheitsregeln, od. die Kunst aus d. Umgange mit Menschen d. möglichst größten Vortheile zu ziehen, prakt. abgehandelt. 2 Bde. 3e Aufl. gr. 8. Prag 824, Neureuter. (Leipz., Fr. Fleischer.)

— Lehr- u. Gebetbuch f. die Jugend. N. A. 16. Wien 819. Geistinger. 12 ℊ

—— Lehr- u. Gebetbuch f. d. kathol. Jugend. 4., verb. Aufl. 12. (..B. u. Ttlkpfr.) Augsburg 839. (Regensburg, Manz.)

Seibt, Carl Heinr., Lehr- und Gebetbuch für die katholische Jugend. 6., verb., mit einem Stahlst. gezierte Aufl. 12. (204 S.) Augsburg 853, Doll.

Seibt, Karl Heinr., Lehr- und Gebetbuch für die katholische Jugend. 6. Aufl. 853. — 7. verb., mit 1 Stahlst. gezierte Aufl. Augsburg 857. Doll. 12. (204 S.) 5 ngr.

— kathol. Lehr- u. Gebetbuch. Orig.-Ausg. gr. 8. Prag 779. 2e rechtmäß. Ausg. od. neues kathol. Gebetbuch. 8. Ebd. 783. Neu hrsgg. von e. sr. Schüler. 8. Ebd. 816. Enders. 16 ℊ

— kathol. Lehr- u. Gebetbuch. 12. Bamb. 780. (Wesché in Frkf. a. M.) 9 ℊ Mit Kpf. gr. 8. 791. Nachdruck. 1 ß in 8. 799. 12 ℊ Schrbp. 20 ℊ

— Dass. mit Kpf. 8. Salzb. 780. 2e A. 783. 3e A. 784. 5e A. 790. 6e A. 805. Mayr. 10 ℊ Schrbp. 12 ℊ

Seibt, Karl Heinrich. Katholisches Lehr- und Gebethbuch. 2. rechtmässige, durchaus verb., u. ansehnlich verm. Aufl. Klgft., Kleinmayer, 1783. 606 S.

— kathol. Lehr- u. Gebetbuch. 12. Bamberg, Göbhard. 787.
m. Kupf. gr. 8. 791.
8. 799.
Schreibp.

— — dass. 8. Münst. Aschendorff. 796.
Schreibp.

SEIBT, KARL HEINRICH: Katholisches Lehr- und Gebetbuch. Herausgegeben von Karl Heinrich Seibt, k. k. Rath, Univ.Prof. zu Prag. Neueste verb. u. verm. Aufl. Tyrnau 1798: Jelinek. 426 (6) S. 1 t. - 12°
- Dass. Tyrnau 1802: Wenzel Jelinek. 424, 6 S. - 8°

v. Seibt, Karl Hnr., kathol. Lehr- u. Gebetbuch. 8. Münst. 799. Aschendorff. 10 ℊ Schrbp. 14 ℊ

— kathol. Lehr- u. Gebetbuch. 8. Augsb. 802. N. A. 818, 825, 829, 830. Doll. (Landsh., Krüll). 12 ℊ Velinp. mit Kpf. 16 ℊ Schrbp, mit Kpf. 20 ℊ

— — dasselbe. m. K. 8. Salzb. Mayr. 805.
Schreibp.

— — dasselbe. gr. 8. Prag, Enders. 807.

— — dasselbe. m. K. 8. Prag. (v. Mösle in Wien.) 807.

— Dass. mit Kpf. 8. Prag 807. (Neureutter). 1 ß

Seibt, C. H., kathol. Lehr- und Gebetbuch. Neue Aufl. 8. Augsburg, Doll. 818. 10 Gr. Mit 16 Kupfern. — 16
Schreibpap. mit Kupfern. — 20

— kathol Lehr- u. Gebetbuch. 8. Augsb. 825, Doll. (Landshut, Krüll.) — 13

— — kathol. Lehr- u. Gebethbuch. 8. (26½ B., Ttlkpfr. u. Ttlvign.) Augsburg 830. (Regensburg, Manz.)

Seibt, Karl Heinr., kathol. Lehr- u. Gebetbuch. 8. (27 B. u. Ttlkpfr.) Augsburg 837. (Regensburg, Manz.)

Seibt, Carl Heinr., kath. Lehr- u. Gebetbuch. 13., verb. Originalaufl. 8. (27½ B. m. Stahlst.) Regensburg 846, Manz. Thlr.

— kathol. Lehr- u. Gebetbuch f. d. Jugend. 12. Augsb. M. Rieger. 791. — 5

— — kathol. Lehr- u. Gebethbuch f. d. Jugend. 18. (254 Seit., Ttlkpfr. u. Ttlvign.) Wien 830, Armbruster.

— kathol. Lehr- u. Gebetbuch für die Jugend. Mit Titelkpfr. 18. Wien 833. Armbruster. ¼ ℛ — 4e verb. Aufl. 838. ⅓ ℛ

Seibt, Carl Heinr., katholisches Lehr- und Gebethbuch für die Jugend. Neueste, vielverm. Aufl. 18. (XXVI und 262 S. mit 4 Stahlst.) Wien 847, Mayer und Comp. *

— katholisches Lehr- und Gebetbuch für die Jugend. Neueste, vielverm. Aufl. Wien 858. Mayer u. Co. 32. (XXVIII, 304 S. u. 1 Stahlst.) 7½ ngr

— — katholisches Lehr- und Gebetbuch für die Jugend. Neueste, vielverm. Aufl. 16. (XXVIII und 304 S. mit 1 Stahlst.) Wien 859, Mayer und Comp.

— — katholisches Lehr- und Gebetbuch, umgearb. von einem katholischen Priester. 8. (510 S.) Salzburg 861, Pustet. Ausg. mit großem Druck

v. Seibt, Karl Hnr., s. Montaldo, Gabriele.

— von dem Nutzen d. Moral in d. Beredtsamkeit. 4. Wien 767.

— — Opfer des Glaubens und der Andacht. Kathol. Lehr- und Gebetbuch. 15. Aufl. (VI und 378 S. mit 1 Stahlst.) 1848. 11¼ Ngr. und neueste, verb. und verm. Aufl. 8. (384 S. mit 2 Stahlst. und Titel in Stahlst.) Würzburg 848, Etlinger'sche Vrlgsh.

— die tägl. Opfer eines wahren Christen. 12. Augsb. 808. 13e Aufl. 830. Doll. (Landsh., Krüll). 3 ℛ

— das tägl. Opfer eines wahren Christen. 3te verm. Aufl. 12. Prag, Haas. 815.

— das tägliche Opfer eines wahren Christen, oder auserlesene Gebete zum kirchl. Gebrauche. 11e Aufl. 12. Augsb. 823, Doll (Landsh., Krüll.)

— — das tägliche Opfer e. wahren Christen, od. auserles. Gebethe zum kirchl. Gebr. 13. u. 14. Aufl. (à 7 B. u. Ttlkpfr.) 12. Augsburg 830, 34. (Regensburg, Manz.) à

— — das tägliche Opfer eines wahren Christen oder auserlesene Gebete zum kirchl. Gebrauche. 18. Aufl. 12. (132 S.) Augsburg 853, Doll.

— — das tägliche Opfer eines wahren Christen, oder auserlesene Gebete zum kirchlichen Gebrauche. 19. Aufl. 12. (132 S. mit 1 Stahlst.) Augsburg 858, N. Doll'sche Buchh.

— vom Unterschied des zierlichen, Hof- u. Curialstyls. 8. Wien 769.

— über die Vortheile eines empfindsamen Herzens; e. Rede. 8. Wien 773.

— akadem. Vorübungen üb. die deutsche Schreibart. 8. Wien 770. Walther in Dresd. 10 ℛ

Seibt, Karl Heinr., die Wege des Heils. Ein vollständ. Lehr- und Gebetbuch. Neu bearb. von Jos. Fleißner. 5. Aufl. 12. (440 S. mit 1 Stahlst.-Titel und 1 Stahlst.) Salzburg 872, Pustet. * — 90

Seibt, Rich., der religiöse Memorierstoff f. die evang. Volksschule u. den Konfirmanden-Unterricht, nebst e. Anh., enth. das Verzeichnis der bibl. Bücher, die Perikopen d. Kirchenjahres, die im religiösen Memorierstoff enth. Sprüche, nach dem Katechismus geordnet, die Bekenntnisschriften der evangel. Kirche, die Hauptunterscheidungslehren der evangel. u. der römisch-kathol. Kirche, den evangel. Hauptgottesdienst u. kurze Verhaltungsmaßregeln f. das Christenleben. Für die Hand der Kinder zusammengestellt. 4., verm. u. verb. Aufl. gr. 8. (IV, 98 S.) Breslau 890. Woywod. cart. n. — 45

Seibt, Robert: Mrs. Centlivre und ihre Quelle Hauteroche. Berlin: Weidmann 1910. 27 S. 4°
Berlin, 7. st. R OP 1910 (103) [S 10. 410

Seibt, Rob., Mrs. Centlivre u. ihre Quelle Hauteroche. (Progr.) (27 S.) gr. 8. Berlin 910. Weidmann. 1. —

Seibt, Robert: Die Komödien der Mrs. Centlivre. Halle a. S. 1909: Karras. 58 S. 8° ¶(Ersch. vollst. in: Anglia.)
Kiel, Phil. Diss. v. 13. Juli 1909, Ref. Holthausen
[Geb. 8. März 72 Frankfurt a. M.; Wohnort: Berlin; Staatsangeh.: Preußen; Vorbildung: Realgymn. Grünberg i. S. Reife O. 93; Studium: Berlin 9 S.; Rig. 12. Dez. 08.] [U 09. 2340

Seibt, Rochus, Handbuch der Fremdwörter, s.: Petri, Frdr. Erdm.

Seibt, Walter, a. Zittau: Thrombosen und Embolieen nach Perityphlitisoperationen. Leipzig 1906: B. Georgi. (39 S.) 8°
Leipzig, Med. Fak., Ref. Trendelenburg, Diss. v. 1. Juli 1906
[Geb. 13. Aug. 80 Zittau; Wohnort: Leipzig; Staatsangeh.: Sachsen; Vorbildung: Gymn. Zittau Reife O. 00; Studium: Freiburg i. B. 1, Leipzig 5, Rostock 1, Leipzig 3 S.; Coll. 12. Juli 06; Approb. 12. Juli 05.]

Seibt, Wilhelm

Seibt, Wilh., d. selbstthät. Druckluft-Pegel, System Seibt-Fuess. Veröffentlichg. d. Bureaus f. d. Hauptnivellements u. Wasserstandsbeobachtgn. im Ministerium d. öffentl. Arbeiten. Lex.-8. (16 S. m. 6 Fig.) Berlin 897. W. Ernst & Sohn. n. 1. —

Seibt, Wilhelm Einfluss des französischen Rittertums und des Amadis von Gallien auf die deutsche Kultur. (S. 3—50).
Progr. Adlerflychtsch. Frankfurt a. M. 1886 (375

Seibt, Wilhelm: Selbstthätiger elektrischer Fernpegel. ([S.-A.] Centralblatt der Bauverwaltung. 1900.) (Berlin 1900.) 4 S. 8°

— d. selbstthät. Gezeitenpegel (System Seibt-Fuess). [Aus: „Centralbl. d. Bauverwaltg."] gr. 8. (8 S. m. 3 Abb.) Ebd. 897. n. — 80

Seibt, W., Gradmessungs-Nivellement des Kgl. Geodätischen Instituts. 1. Zwischen Swinemünde und Konstanz. Mit 2 Taf. u. 1 Übersichtskarte. — 2. Zwischen Swinemünde und Amsterdam. (wie bei 1.) — 3. Zwischen Anclam und Cuxhaven. Berlin 1882—1887

Seibt, Wilh.: Gradmessungs-Nivellement zwischen Swinemünde und Amsterdam. Berlin 1883. 4°

Seibt, Wilh.: Gradmessungs-Nivellement zwischen Swinemünde und Konstanz, s.a. Publication des königl. preuss. geodätischen Instituts.

Seibt, Wilh.: Gradmessungs-Nivellement zwischen Swinemünde und Konstanz. Berlin 1882. 4⁰

Seibt, Wilhelm. Helldunkel. 1. Von den Griechen bis zu Correggio. (Studien zur Kunst- und Culturgeschichte, III.) Frankfurt a. M. 1885. 8⁰.

Seibt, Wilhelm. Helldunkel. 2. Adam Elsheimer's Leben und Wirken. Mit Elsheimer's Bildnis radiert von J. Eisenhardt. (Studien zur Kunst- und Culturgeschichte, IV.) Frankfurt a. M. 1885. 8⁰.

– Absolute Höhen der Festpunkte des Gradmessungs-Nivellements zwischen Swinemünde und Konstanz, s. Publication des königl. preuss. geodätischen Instituts.

Die Höhenlage der Havelpegel zu Brandenburg, Rathenow und Havelberg. [Vf.: Prof. Wilh. Seibt.] Ermittelt im Jahre 1893 v. d. Bureau f. d. Hauptnivellements u. Wasserstandsbeobachtgn im Min. d. öffentl. Arb. M. 1 Sk. *Berlin 1893.* (VI, 12 S., 1 Bl.) 1 Bd 4. [Lithogr.]

Seibt, Wilhelm: Gesetzmässig wiederkehrende Höhenverschiebung von Nivellements-Festpunkten. 1, 2, 3. ([S.-A.] Centralblatt der Bauverwaltung. 1899 u. 1902.) Berlin 1899. 1 Bd. 6; 4; 9 S. 8⁰.

Seibt, Wilh., der curvenzeichnende Controlpegel System Seibt-Fuess. [Aus: „Centralbl. d. Bauverwaltg."] Lex.-8. (8 S. m. 1 Abbildg.) Berlin 893. W. Ernst & Sohn. n. — 80

Seibt, Wilh. Das Mittelwasser der Ostsee bei Swinemünde, s. Publication d. königl. preuss. geodätischen Institutes.

Seibt, Wilh.: Das Mittelwasser der Ostsee bei Swinemünde. Heft 1–2. Berlin 1881–90. 4⁰

—— das Mittelwasser der Ostsee bei Swinemünde. gr. 4. (IV, 94 S. mit 8 Taf.) Berlin 881, (Friedberg und Mode.) ** 8 —

Das Mittelwasser der Ostsee bei Swinemünde. Bearb. von Wilhelm Seibt. Mit 8 Taf. Berlin: Stankiewicz 1881. 93 S. 4⁰ (Publication des Kgl. Preuß. Geodät. Instituts.)

Seibt, Wilh., das Mittelwasser der Ostsee bei Travemünde, s. Publication des königl. preussischen geodätischen Institutes.

Das Mittelwasser der Ostsee bei Travemünde. Bearb. von Wilhelm Seibt. Mit 9 Taf. – Berlin: Stankiewicz 1885. 60 S. 4⁰ (Publication des Kgl. Preuß. Geodät. Instituts.)

Seibt, G. K. Wilh. Franciscus Modius, Rechtsgelehrter, Philologe und Dichter, der Korrektor Sigmund Feyerabends. Eine kulturhistorische Studie. 44 S. Progr. Kling. *Frankfurt a/M.* 1882. Vgl. denselben Titel. (68 S.) 8. Ebenda, Keller. 1 Mk.

[Umschlagt.:] (VII. Internat. Schiffahrts-Congress. Brüssel 1898. 3. Abt.) Über selbstthätige Pegel (und die Zusammengehörigkeit ihrer Aufzeichnungen mit Nivellements erster Ordnung). Mitteilg bearb. v. Prof. Dr Wilhelm Seibt, Geh. Regiergsr. ... zu Berlin. *Brüssel: Impr. d. travaux publ. 1898.* (17 S.) 1 Bd 8.

—— Präcisions-Nivellement der Elbe, s. Veröffentlichung des königl. preussischen geodätischen Instituts.

Seibt, W., Praecisions-Nivellement der Elbe. 1—3. Mittheilung. Auf Veranlassung der Elbstrom-Baubehörden von Preussen, Mecklenburg u. Anhalt (2. Auf Veranl. d. Kgl. Preuss. Elbstrom-Bauverwaltung) ausgeführt in den Jahren 1876 u. 1877..., 1885 u. 1886. Berlin 1878—87.

Seibt, Wilh., Präcisions-Nivellement der Elbe. Auf Veranlassung der Elbstrom-Baubehörden von Preussen, Mecklenburg und Anhalt ausgeführt. gr. 4. (VII, 133 S. mit 2 lithogr. Fig.-Taf. und 1 lithogr. Uebersichtskarte.) Berlin 878, (Schlesier.) ** 10 —
Aus: Publication des königl. preussischen geodätischen Institutes, besonders abgedruckt.

—— Präcisions-Nivellement der Weichsel. Im Auftrage des Hrn. Ministers der öffentl. Arbeiten ausgeführt u. bearb. gr. 4. (III, 74 S. m. 1 lithogr. Taf.) Berl. 891, Stankiewicz. * 6 —

Seibt, G. K. Wilh., Studien zur Kunst- und Culturgeschichte. I. und II. gr. 8. Frankfurt a. M. 882, Keller. à *ℳ 1. * 2 —
Inhalt:
I. Hans Sebald Beham, Maler und Kupferstecher [geb. 1500 zu Nürnberg, gest. 1550 zu Frankfurt a. M.] und seine Zeit. — Deutsche Trinkgläser des 16. und 17. Jahrh. (64 S.)
II. Franciscus Modius, Rechtsgelehrter, Philologe und Dichter, der Corrector Sigmund Feyerabends. (68 S.)

Seibt, [G. K.] Wilh., Studien zur Kunst- und Culturgeschichte. III und IV. gr. 8. Frankfurt a. M. 885, Keller. * 2 20
Inhalt:
III. Helldunkel. 1. Von den Griechen bis zu Correggio. (IV, 81 S.) *ℳ 1.—.
IV. Helldunkel. 2. Adam Elsheimer's Leben und Wirken. (VIII, 98 S. mit Elsheimer's Bildnis, radiert von J. Eissenhardt.) *ℳ 1.20.
I. und II. Ebendas. 1882. à *ℳ 1.—

Seibt, [G. K.], Wilh. Studien zur Kunst- u. Culturgeschichte. V. Helldunkel. 3. Chiaroscuro-Camaïeu-Holzschnitte in Helldunkel. (VIII, 75 S.) gr. 8. Frankf. a. M. 891, Keller. * 1 —
I—IV. Ebd. 1882—85. * 4 20.

—— Der selbstthätige Universalpegel in Swinemünde, System Seibt-Fuess. Lex.-8. (19 S. m. 1 Taf.) Berl. 891, Ernst u. Sohn. * 1 60
Aus: Centralblatt d. Bauverwaltg., besonders abgedruckt.

Seiche, Jos., Beobachtungen über die Heilwirkungen der Quellen von Teplitz-Schönau und der Moorbäder daselbst, gesammelt während einer 23jähr. Praxis. gr. 8. (67 S.) Leipzig 868, Giesecke und Devrient. *

Seiche, Jos., Geschwüre als Heilobject der Thermalquellen von Teplitz-Schönau. Abdr. aus d. med. Jahrb. der Heilquellen von Teplitz-Schönau. Meissen 856. Gödsche. gr. 8. (100 S.) 15 ngr.

—— und F. X. Berthold, medicinisches Jahrbuch der Thermalquellen von Teplitz-Schönau in Böhmen, s. Jahrbuch, medicinisches.

Seiche, Jos., die Moorbäder zu Teplitz-Schönau in Böhmen und ihre Wirksamkeit bei Lähmungen, Gicht, chronischen Rheumatismus und den Folgekrankheiten nach schweren Verletzungen. gr. 8. (VII und 40 S.) Teplitz 858, Copek. *

Seiche, Jos., topographische, historische und therapeutische Schilderung des Sauerbrunnens zu Bilin in Böhmen. 2., verb. und verm. Aufl. gr. 8. (50 S. mit 2 Stnt. in Tondr.) Meissen 855, Goedsche'sche Buchh.

Seiche, Jos., das Verhalten des Kurgastes zu Teplitz-Schönau, vor während u. nach dem Bade. Regeln in Bezug der zu beobachtenden Diät, der zu machenden Bewegung u. der zu haltenden Ruhe. Angabe der Ursachen, welche den guten Erfolg der Kur sehr oft behindern. Chemische Analyse der einzelnen Quellen u. allgemeine Wirkungsweise derselben, sowie Angabe der Krankheiten, bei denen sie sich besonders hülfreich zeigen. Teplitz 859. Copek. 16. (2 Bl., 46 S.) n. 10 ngr.

Seiche v. Nordenheim. Aufzählung der Krankheitsfälle, welche in den Thermen v. Teplitz geheilt werden. gr. 8. (11 S.) Teplitz 891, (Dominicus Nachf.). cart. * 1 —

Seichter, Aloys, bunte Blumen. Neue Gedichte. 8. (VI, 109 S.) Glatz 882, Graveur's Verlag. geb. mit Goldschn. * 2 —

Seichter, Aloys, Gedichte. br. 8. (X, 255 S.) Glatz 871. Sauer. n. 4. – ; geb. n. 5. —

—— Gedichte. 2. Aufl. 8. (X, 255 S.) Ebendas. 882. geb. mit Goldschn. 3 —

SEICHTER, Elisabeth (ps.), Antwort auf das herausgegebene Schriftchen, dass die Weibsbilder keine Menschen wären. (Wien) 1782. 8°.
Karajan's Bibl. II. Wien 1879. no. 1607. — Rarl Der Pseud. fehlt bei Weller.

Seichter, Emil, Referendar in Straßburg i. E.: Die „Gläubigerschaft" im Konkurse. Schiltigheim i. E. 1908: Bartl & Reimann. (103 S.) 8°
Straßburg, Rechts- u. staatswiss. Fak., Ref. Schultze, Diss. v. 12. Febr. 1908
[Geb. 4. Juli 83 Beuthen (O.-S.); Wohnort: Straßburg i. E.; Staatsangeh.: Preußen; Vorbildung: Gymn. Beuthen Reife; Studium: Halle 1, Straßburg 8 S.]

Seichter, *Karl Oswald* Richard [aus Beuthen in Ober-Schles.]: Über den Einfluss der Massage auf die Zuckerausscheidung bei Diabetes mellitus ... Halle a. S., Hofbuchdr. v. C. A. Kaemmerer & C., 1896; 28 S., 2 Bl. 8.
Halle, Med. Fak., Inaug.-Diss. v. 5. März 1896

Seick, Louise, Kochbuch f. Nierensteinkranke, nebst e. Anh. f. die körperl. Pflege der Kranken. Nach ärztl. Anordngn. u. eigenen langjähr. Erfahrgn. zusammengestellt. 2. verm. Ausg. (XVI, 144 S.) 8. Wiesbaden 903. J. F. Bergmann. n. 2. —

Seick, Louise, prakt. Kochbuch f. chron. Leidende. M. bes. Berücksicht. d. Steinleidenden, nebst prakt. Winken f. d. Pflege d. Letzteren. Nach ärztl. Anordngn. u. eig. langjähr. Erfahrgn. zusammengest. 8. (XVI, 136 S.) Wiesbaden 896. J. F. Bergmann. n. 2. —

Seid

— christl. gesinnt! Nothwend. Belehr. u. bringende Ermahnung an alle Christen; aus d. Engl. 8. Stuttg. 826. Steinkopf. 6 gr

Seid christlich gesinnt; nothwendige Belehrung ... an alle Christen; a. d. Engl. Leipzig 1827. V: *Owen, John.* (winer)

Seid der Bestimmung eingedenk, e. Gespräch bei der Prüfung der Hartung'schen Töchterschule. 8. Berl. 803. Dieterici. (Mittler). 4 gr

Seid einig! Mahn- u. Weckrufe an Deutschlands Conservative. Von Alexander Waldemar. 1. Hft. gr. 8. (31 S.) Berlin 877. C. Heymann's Verl. in Comm. n. — 60

Seid einig! Ein Mahnruf an die Völker Oesterreichs v. e. Patrioten. gr. 8. (15 S.) Berlin 877. Luckhardt. n. 1. —

Seid einig! Seid treu! Seid deutsch! (Kaiser Wilhelm II.) Ein Sammelruf an d. deutsche Volk von F. v. W. Berlin: Verl. f. nationale Lit. 1907. 27 S. 8° (10. 1. 08)

Seid fleißig zu halten die Einigkeit im Geist, durch das Band des Friedens. Ein Friedenswort, Anhalt-Cöthens protestant. Bürgern u. Landleuten bei d. bevorsteh. Vereinigung beider protestant. Kirchen zur frommen Beherzig. empfohlen. gr. 8. (1½ B.) Dessau 828, Fritsche u. Sohn.

— geistl. gesinnt! Nothwend. Belehrung u. Ermahnung an alle Christen. 8. Leipz. 827. Tauchnitz. 16 gr Fein Pap. 20 gr.

— gerecht! Bitte des Publikums an die Landesbehörden u. Landstände, welche Kriegssteuern vertheilen. 8. Magdeb. 807. Creutz. 8 gr

Seid ihr glücklich? Vollkommen glücklich? Aufrichtiges Geständniß einiger Freunde. Eine Predigt aus dem J. 1666. Abschnitt aus dem Leben Fénélons. Frei nach dem Französ. gr. 16. (80 S.) Berlin 852, W. Schultze. Thlr. *

Seid ihr glücklich? Vollkommen glücklich? Aufrichtiges Geständniß einiger Freunde. Frei nach dem Französ. 8. (39 S.) Gernsbach 882, Christl. Colportage-Verein. * — 24

Seid ihr glücklich? Vollkommen glücklich? Aufricht. Geständnis ein. Freunde. Frei nach d. Franz. 12. (54 S. m. 1 Abb.) Gernsbach 894. Baden-Baden, Christl. Kolportage-Verein. n. — 20

Seid lustig und fröhlich! Taschen-Liederbuch. Eine Auswahl der beliebtesten und bekanntesten Lieder und Gesänge für Freunde des Gesanges insbesond. für fröhl. und heitere Gesellschaften. 2. Aufl. 32. (VIII und 164 S.) Augsburg 866, Kranzfelder'sche Buchh. cart. *

Seid sparsam! Mahnungen eines Jugend- und Volksfreundes ... Ausg. B. 2. Aufl. Frankfurt a. O. 1881. V: *Senckel, Ernst.* (Kat. d. stat. Bureaus. Dresden 1890.)

Seid sparsam! Mahnungen eines Jugend- und Volksfreundes, nebst Belehrungen und Nachrichten über Jugend- und Pfennigsparkassen, Sparmarken 2c. Hrsg. vom Verein für Jugendsparkassen. 4. Aufl. kl. 8. (44 S.) Frankfurt a. M. 888, (Harnecker und Comp.) Ausg. A. billige Volks-Ausg. * — 8
Ausg. B. auf besseres Papier * — 12

Seid sparsam! Mahnungen eines Jugend- u. Volksfreundes ... Hrsg. v. Ver. f. Jugendsparkassen in Deutschl. 6. verm. Aufl. Frankfurt a. O.: Selbstverl.; G. Harnecker in Komm. 1900. (48 S.) 8°

— stark in dem HErrn. Worte freundl. Erinnerg. an unsere christl. Jünglinge. 16. (93 S.) St. Louis, Mo. 889. (Dresden, H. J. Naumann.) geb. n. — 60

Seid wach! Mahnruf an die Grundbesitzer. Berlin 861. Kücker & Püchler. 8. (42 S.) 6 ngr

Seid will kom Herr: gar nit schad. Nürenberg 1570. V: *Sachs, Hans.* (WA)

v. **Seida** u. Landensberg, Frhr. Frz. Eugen Jos., s. a. Frz. E. Joseph.

v. Seida und Landensberg, Frhr. Fr. Eugen. Historisch-statistische Beschreibung aller Kirchen-, Schul-, Erziehungs- und Wohlthätigkeits-Anstalten in Augsburg, von ihrem Ursprunge an bis auf die neuesten Zeiten. 2 Bände mit Tabellen u. 3. Kupf. gr. 8. 1810 u. 1813. *Augsburg, Stage.*

— histor.-statist. Beschreib. aller Kirchen-, Schul-, Erziehungs- u. Wohlthätigkeitsanstalten in Augsburg, von ihrem Ursprunge bis auf die neuesten Zeiten. 2 Bde. Mit Tabb. u. 3 Kpf. gr. 8. Augsb. 813. v. Jenisch u. St. 3 rthl 18 gr Velinpap. 5 rthl 15 gr

v. Seida u. Landensberg, F. E. J., Burkhardt u. Elsbeth, od. die Opfer der boshaften Rache. 8. Augsb. 799. (Andrä in Leipz.) 8 gr

— histor.-chronolog. Darstell. des Feldzuges in Deutschland vom J. 1800. Mit 1 Kpf. u. 1 Tab. gr. 8. Augsb. 802, Braun. 1 rthl 20 gr

— — Histor. chronolog. Darstellung des wichtigen Feldzugs in Deutschland vom J. 1800. Mit 1 Kpf. u. 1 Tab. Leipzig 1802. 580 S.

Seida und Landensberg, Frz. Eug. (Jos.) Frhr. v. (geb. 1772, ÷ 18**), Denkbuch der französ. Revolution. 2 Thle. 2. Aufl. (1 vol.) Memmingen, Chph. Müller, 1817. Quer-Fol. Ppb. Defektes Expl.

Vorhanden 42 + 32 (= 74) Kpftaf. (entworfen von Veny, Monet u. Prieur, gestoch. von Otto) m. erläut. Texte. Es fehlt in Th. 1 Bog. 1—4 mit Kpftaf. 1—11, in Th. 2 der Titel u. Schluss.

Carl Aug. Lebschée überarbeitete 1815 in Memmingen f. oben gen. Verleger die stumpf geword. Kupferstichplatten zur vorstehenden 2. Aufl. (Vgl. die Monographie über Lebschée von Dr. Holland. München 1879. S. 4.)

—Denkbuch d. französ. Revolution vom ersten Aufruhr in d. Vorstadt St. Antoine d. 28. April 1789 bis zum Todestage Ludwigs XVI. d. 21. Jan. 1793, in 42 Kpftaf. mit e. erläut. Texte. qu. Fol. Memming. 815.

Seida und Landesberg, Franz Eugen Freiherr v., königl. bayer. Kämmerer, Kreisrath etc. Denkbuch der französischen Revolution vom ersten Aufruhr in der Vorstadt S. Antoine den 28. April 1789 bis zum Todestage Ludwig's XVI. den 21. Jänner 1793 in 84 Kupfern, mit einem erläuternden Texte. 2. Aufl. I. u. II. Bd. (2 Bde. in 1 Bde. geb.) Qu.-Fol. Memmingen 1817—1819.

v. Seida u. Landensberg, Frhrr. Frz. Eug. Jos., Augsburgs Geschichte von Erbauung d. Stadt bis zum Tode Maximilian Josephs, ersten Königs v. Baiern 1825. 2 Thle. Mit 7 Kpf. gr. 8. Augsb., Wirth. 3 ₰ (v. Jenisch u. St.) 3 ₰ 8 ℊ

v. Seida u. Landensberg, Frz. E. Augsburgs Geschichte von Erbauung der Stadt bis 1825. 2 Th. 8. M. 7 K. Augsburg 1826. 9.00.

Seida, Frz. E. v., Geschichte d. Stadt Augsburg. 2 Bde. gr. 8. (..B. u. Kpfrt.) Augsburg 830, v. Jenisch u. Stage'sche Bh.

—polit.-militär. Geschichte des Feldzuges vom J. 1799 ꝛc. gr. 8. Ulm 801. Stettin. 1 ₰ 8 ℊ

v. Seida u. Landesberg, F. E. Politisch-militärische Geschichte des Feldzuges von 1800 (in Deutschland). 8. Ulm 1801.

Seida und Landensberg, F. E. Frh. v. Polit.-milit. Geschichte des merkwürdigen Feldzuges vom Jahre 1799. Ulm 1801. 436 S.

Seida und Landensberg. Franz Eugen Freiherr v. Politisch-militärische Geschichte des merkwürdigen Feldzuges vom Jahre 1799. In besonderer Rücksicht auf die Armee Sr. königl. Hoheit des Erzh. Karl etc. 8. Ulm 1801.

—Maximilian Franz, letzter Kurfürst zu Cöln u. Bischof zu Münster, e. biograph.-charakterist. Skizze ꝛc. gr. 8. Nürnb. 803. Lechner. (v. Ebner). 10 ℊ

Seida, F. E. v., Joh. Heinr. von Schüle. Mit Portr. u. Stammtfl. Leipzig 1805. 8.

—Joh. Heinr. v. Schüler, ein biograph. Denkmal. 8. Augsb. 805. v. Jenisch u. St. 16 ℊ

(Seida, Frz. E. v.,) neuestes Taschenbuch v. Augsburg, s. Taschenbuch.

– s. Vaterlandskunde, Allgemeine k. baierische.

— Versuch e. theoret.-prakt. Anleit. zum Selbststudium der empirischen Psychologie ꝛc. 8. Augsb. 800. M. Rieger. 18 ℊ

Seida, E. von (Hrsg.), s. Zeitschrift, Oberdeutsche, für Haus- und Landwirthe ...

Seidel, Erasmus; od. Unterhaltungen über Gegenstände der Erziehung, Moral u. der vaterländ. Naturgeschichte. 2 Thle. 8. Prag 808. Calve. 2 ₰ 4 ℊ. Hbd. Pr. 1 ₰ 12 ℊ

Seidel, Robert. 1910, s.a. Beck, Gottfried

Seidel. Robert S'. Zu seinem sechzigsten Geburtstag.... Zürich 1910 s.a. (Sch[aumberg], G[eor]g, [und] B[eck], G[ottfried]).

Seidel, Robert. Zu seinem sechzigsten Geburtstag, 23. November 1910. Zürich 1910. V: *Schaumberg, Georg & Gottfried Beck.* (BBullschw II, S. 149)

Seidel, Robert. Zu seinem 60. Geburtstag, 23. XI. 1910. (15 S. m. Bildnis.) 8. Zürich 910. Art. Institut Orell Füßli. —40

Seidel

– s. auch Seydell.

Seidel's kleines Armee-Schema. Dislokation und Eintheilung des k. k. Heeres, der k. k. Kriegsmarine, der k. k. Landwehr und der kgl. ungar. Landwehr. Jährl. zwei Numm. Mai u. Nov. Wien seit 1878.

Seidel's kleines Armee-Schema. Nr. 3. Mai 1879. Dislocation und Eintheilung des k. k. Heeres, der k. k. Kriegsmarine, der k. k. Landwehr und der königl. ungar. Landwehr. 16. (IV, 113 S.) Wien 879, Seidel und Sohn. *

Seidel's kleines Armee-Schema. Dislocation und Eintheilung des k. k. Heeres, der k. k. Kriegsmarine, der k. k. Landwehr und der königl. ungar. Landwehr. Nr. 4—16. 16. (à Nr. IV, 114 S.) Wien 880—84, Seidel und Sohn. à Nr. * 1 —

Seidel's kleines Armee-Schema. Dislocation und Eintheilung des k. k. Heeres, der k. k. Kriegsmarine, der k. k. Landwehr und der königl. ungar. Landwehr. Nr. 17—24. Wien 885—88, Seidel und Sohn. [Nr. 17. Mai 1885. (IV, 117 S.); Nr. 18. Novbr. 1885. (VI, 117 S.); Nr. 19. Mai 1886. (IV, 117 S.); Nr. 20. Novbr. 1886. (IV, 118 S.); Nr. 21. Mai 1887. (IV, 120 S.); Nr. 22. Novbr. 1887. (IV, 120 S.); Nr. 23. Mai 1888. (IV, 122 S.); Nr. 24. Novbr. 1888. (IV, 123 S.)] à Nr. * 1 —

Seidel's kleines Armee-Schema. Dislocation und Eintheilung d. k. k. Heeres, d. k. k. Kriegsmarine, der k. k. Landwehr und der königl. ungar. Landwehr Nr. 25. 1889. 12. (IV, 124 S.) —.50 Ebd.

Seidel's kleines Armee-Schema. Dislocation u. Eintheilung des k. k. Heeres, der k. k. Kriegsmarine, der k. k. Landwehr und der königl. ungar. Landwehr. Nr. 26. 1889. Novbr. 12. (IV, 124 S.) Ebd. —.50

Seidel's kleines Armee-Schema. Dislocation u. Eintheilg. d. k. u. k. Heeres, der k. u. k. Kriegsmarine, der k. k. Landwehr u. der königl. ungar. Landwehr. Nr. 28. 1890. Novbr. 12. (IV, 136 S.) Wien 890. Seidel & Sohn. n. 1. —

Seidel's kleines Armee-Schema. Dislocation und Eintheilung des k. und k. Heeres, der k. und k. Kriegsmarine, der k. k. Landwehr und der königl.-ungar. Landwehr. Nr. 29. 1891. Mai. 12. (IV, 137 S.) Ebd. – .50

Seidel's kleines Armee-Schema. Dislocation u. Eintheilg. d. k. u. k. Heeres, der k. u. k. Kriegsmarine, der k. k. Landwehr u. der kgl. ungar. Landwehr. Nr. 32. 1892. Novbr. 12°. (IV, 137 S.) Wien, Seidel u. Sohn. * 1 —

Erscheint jährlich 2 mal, im Mai u. Novbr.

Seidel's kleines Armee-Schema. Dislocation und Eintheilung des k. u. k. Heeres, der k. u. k. Kriegsmarine, der k. k. Landwehr und der königl.-ungar. Landwehr Nr. 33. 1893. Mai. 12. (IV, 143 S.) Ebd. —.50

Seidel's kleines Armee-Schema. Dislocation und Eintheilung des k. u. k. Heeres, der k. u. k. Kriegsmarine, der k. k. Landwehr und der königl. ungar. Landwehr. Nr. 34. 1893. November. 12. (IV, 143 S.) Ebd. —.50

Seidel's kleines Armee-Schema. Dislocation u. Eintheilg. des k. u. k. Heeres, der k. u. k. Kriegsmarine, der k. k. Landwehr u. der k. ungar. Landwehr. (Abgeschlossen m. 1. Novbr. 1894.) Nr. 36. 1894. Novbr. 12. (IV, 130 S.) Wien 894. L. W. Seidel & Sohn. n. 1. —

Seidel's kleines Armee-Schema. Dislocation und Eintheilung des k. u. k. Heeres, der k. u. k. Kriegsmarine, der k. k. Landwehr und der königl. ungar. Landwehr. Nr. 37. Mai 1895. 16. (IV, 130 S.) Ebd. —.50

Seidel's kleines Armee-Schema. Dislocation und Eintheilung des k. u. k. Heeres, der k. u. k. Kriegsmarine, der k. k. Landwehr und der königl. ungar. Landwehr. Nr. 38. November 1895. 16. (IV, 142 S.) Ebd. —.50

Seidel's kleines Armee-Schema. Dislocation und Eintheilung des k. u. k. Heeres, der k. u. k. Kriegsmarine, der k. k. Landwehr und der königl. ungar. Landwehr. Nr. 39. Mai 1896. 16. (IV, 148 S.) Ebd. —.50

Seidel's kleines Armee-Schema. Nr. 40. 1896 November. Dislocation und Eintheilung des k. u. k. Heeres, der k. u. k Kriegsmarine der k. k. Landwehr und der königl. ungar. Landwehr. (Abgeschlossen mit 1. November 1896.) 12. (148 S.) Ebd. —.50

Seidel's kleines Armee-Schema. Nr. 41. 1897. Mai. Dislocation und Eintheilung des k. u. k. Heeres, der k. u. k. Kriegsmarine, der k. k. Landwehr und der königl. ungar. Landwehr. (Abgeschlossen mit 1. Mai 1897.) 12. (148 S.) Ebd. —.50

Seidel's kleines Armee-Schema. Nr. 42 1897. November. Dislocation und Eintheilung des k. u. k. Heeres, der k. u. k. Kriegsmarine, der k. k. Landwehr und der königl. ungar Landwehr. (Abgeschlossen mit 1. November 1897.) 12. (148 S.) Ebd. —.50

Seidel's kleines Armee-Schema. Dislocation und Eintheilung des k. u. k. Heeres, der k. u. k. Kriegs-Marine, der k. k. Landwehr und der königlich-ungarischen Landwehr. (Abgeschlossen mit 1. Mai 1898.) Nr. 43. 1898. Mai. 12. (148 S) Ebd. —.50

Seidel's kleines Armee-Schema. Dislocation u. Eintheilg. d. k. u. k. Heeres, d. k. u. k. Kriegsmarine, d. k. k. Landwehr u. d. kgl. ungar. Landwehr. Nr. 44. (Abgeschlossen m. 1. XI. 1898.) gr. 16. (IV, 148 S.) Wien 898. L. W. Seidel & Sohn. n. 1. —

Seidel's kleines Armee-Schema. Nr. 45. Dislocation und Eintheilung des k. u. k. Heeres, der k. u. k. Kriegsmarine, der k. k. Landwehr und der königlich ungarischen Landwehr. (Abgeschlossen mit 1. Mai 1899.) Wien. 1899. Seidel & Sohn 16°. 164 S. fl. —.50

Seidel's kleines Armee-Schema. Nr. 46. Dislocation und Eintheilung des k. u. k. Heeres, der k. u. k. Kriegsmarine, der k. k. Landwehr und der königlich ungarischen Landwehr. (Abgeschlossen mit 1. November 1899.) Wien. 1899. Seidel & Sohn. 16°. 164 S. fl. —.50

Seidel's kleines Armee-Schema. Nr. 47. Dislocation und Eintheilung des k. u. k. Heeres, der k. u. k. Kriegsmarine, der k. k. Landwehr und der königlich ungarischen Landwehr. (Abgeschlossen mit 1. Mai 1900) Wien. 1900. Seidel & Sohn. 16°. 167 S. K 1.—

Seidel's kleines Armee-Schema Nr. 48. Dislocation und Eintheilung des k. u. k. Heeres, der k. u. k. Kriegsmarine, der k. k. Landwehr und der königlich ungarischen Landwehr. (Abgeschlossen mit 1. November 1900.) Wien. 1900. Seidel & Sohn. 16°. 177 S. K 1.—

Seidel's kleines Armee-Schema. Nr. 49. Dislocation und Eintheilung des k. u. k. Heeres, der k. u. k. Kriegsmarine, der k. k. Landwehr und der königlich ungarischen Landwehr. (Abgeschlossen mit 1. Mai 1901.) Wien. 1901. Seidel & Sohn 16°. 164 S. K 1.—

Seidel's kleines Armee-Schema. Nr. 50. Dislocation und Eintheilung des k. u. k. Heeres, der k. u. k. Kriegsmarine, der k. k. Landwehr und der königlich ungarischen Landwehr. (Abgeschlossen mit 1. November 1901.) Wien. 1901. Seidel & Sohn. 16°. 177 S. K 1.—

Seidel's kleines Armee-Schema. Dislocation u. Eintheilg. des k. u. k. Heeres, der k. u. k. Kriegs-Marine, der k. k. Landwehr u. der königl. ungar. Landwehr. Nr. 52. (Abgeschlossen m. 1. XI. 1902.) gr. 16. (178 S.) Wien, L. W. Seidel & Sohn. n. 1. —

Seidel's kleines Armeeschema. Dislokation u. Einteilg. des k. u. k. Heeres, der k. u. k. Kriegsmarine, der k. k. Landwehr u. der königl. ungar. Landwehr. Nr. 60. (Abgeschlossen m. 24. XI. 1906.) (194 S.) 16. Wien, L. W. Seidel & Sohn. n. 1. —

Seidel's kleines Armeeschema. Dislokation u. Einteilg. des k. u. k. Heeres, d. k. u. k. Kriegsmarine, d. k. k. Landwehr u. der königl. ungar. Landwehr. Nr. 68. Novbr. (Abgeschlossen m. 18. XI. 1910.) (189 S.) 16. Wien, L. W. Seidel & Sohn. 1. —

Seidel, Bemerkungen über die Möglichkeit mit Hilfe der Photographie die directen Leistungen optischer Apparate in Ansehung der Vergrösserung zu verstärken. (Sitzung der mathem.-physik. Cl. vom 12. Dec. 1861.)

Seidel: De comparativis et superlativis apud poetas Graecorum epicos. 24 S. – Brandenburg Ri.A., Progr. 1862.

Seidel's Dislocations- und Eintheilungs-Karte des k. k. Heeres, der k. k. Kriegsmarine und beider Landwehren. 1 : 900,000. Berichtigt bis Ende Jänner 1883. Chromolithogr. Imp.-Fol. Wien, Seidel und Sohn. * 2 —
Auf Leinw. in Carton * ℳ 4.; mit Oesen * 4 40

Erster Gesang, wenn der Br. v. Scheurl den Hammer in die Hände des Brs. 1. Aufsehers übergiebt. [Am Sommer-Johannisfest 5807.] [Unterz.:] S[eidel]. [Nürnberg 1807.] 2 Bl. 8⁰ [Umschlagtit.]
Kl. 17 8. Ohne Noten: „Du trittst vom Strahlenthrone . . .“

Zweiter Gesang, wenn der Br. v. Scheurl den Hammer wieder übernommen hat. [Am Sommer-Johannisfest 5807.] [Unterz.:] S[eidel.] [Nürnberg 1807.] 2 Bl. 8⁰ [Umschlagtit.]
Kl. 1798. Ohne Noten: „Herrlicher strahlet die Sonne im Osten . . .“

Seidel, Mad. de, Histoires, Contes et Nouvelles. II Vol. 12. Brunsv. Pluchart. 815.

[Lied.] Dem Br. C. J. W. v. Scheurl als er am Sommer-Johannisfeste 5807 nach eifrig geführtem Amte eines Mstr. v. St. diese Würde wieder übernahm, bey der Tafel-Loge gesungen von seinen dankbaren Brüdern. [Unterz.:] Seidel. [Nürnberg] 1807. 2 Bl. 8⁰ [Umschlagtit.]

[Dasselbe.] Dem Br. v. Scheurl. Ebendas. 1807. 2 Bl. 8⁰
Kl. 1798. Ohne Noten: „Lass Dich grüssen, edler Meister . . .“

Der Maurerbund. Festgesang zu der Br. Br. Lingke und Seidel silbernem Maurerjubiläum. Den 10./12. August 5841. o. O [1841.] 1 Bl. 8⁰. [Kopftit.]
Ohne Noten: „Vom hohen Osten flammt das Licht hernieder . . .“ 21.

—— Militär-Administrativ-Karte der österreichisch-ungarischen Monarchie, enthaltend die Eintheilung des Reiches in die Heeres- und Marine-Ergänzungs-Bezirke mit Angabe der Bataillons-Stationen beider Landwehren. 1 : 900,000. Chromolithogr. Imp.-Fol. Ebendas. 883. * 2 —

— Militär-Sprachlehren. Nr. 3, 5 u. 6. 12. Ebd. à n. 1. 60
3. Kroat. Militär-Sprache. E. Handbuch f. d. Vorgesetzten im Verkehre m. d. Untergebenen. Von Alois Vukovic. (191 S.) 887.
5. Sloven. Militär-Sprache. Ein Handbuch f. d. Vorgesetzten im Verkehre m. Untergebenen. Von Jos. Pfeiffer. (168 S.) 896.
6. Neues militär. deutsch-böhmisches Wörterbuch. Von Jos. Dumek. (147 S.) 898.
Nr. 1, 2 u. 4 erschienen nur als Einzeltitel:
Beszédes, Frdr., ungar. Militär-Sprache. 894.
Sangerozanu, Basil., rumän. Militär-Sprache. 883.
Trubozkowski, Alex. Ritter v., poln. Militär-Sprache. 894.

— Militär-Sprachlehren. Nr. 1. 12. Ebd. n. 1. 60
Ungarische Militär-Sprache. Ein Handbuch f. den Vorgesetzten im Verkehre m. den Untergebenen. Von Frdr. Beszédes. 5. Aufl. (III, 175 S.) 902.

Seidel, „Moses od. Darwin“. Vortrag gegen Hrn. O. Mühle geh. im evangel. Arbeiterverein Lichtenstein-Callnberg. Nach stenograph. Niederschrift. Hrsg. vom evangel. Arbeiterverein Lichtenstein-Callnberg. gr. 8. (27 S.) Lichtenstein-Callnberg 902. (M. Doerffeldt.) — 20

Seidel. Kurze Nachricht von der Schlacht bei Kunersdorf. Frankfurt a. O. 1800. 8°.

Seidel, kurze Nachricht von d. Schlacht bei Kunnersdorf. 8. Frankf. an d. Oder, Akademische Buchh. (in Commiss.) 811.

Seidel, Landrat, Der Personalkredit des ländlichen Kleingrundbesitzes in der Provinz Posen. Schriften d. Vereins f. Socialpol., Bd. 74. gr. 8⁰. Leipzig 1896.

Seidel, Vivatbänder aus alter und neuer Zeit, Berlin, 40 S., 8°.

Seidel, A. Atlas der Eisenbahnen d. Deutschen Reiches. Dargestellt in 23 nach polit. Gebieten u. Provinzen getrennten (farb.) Spezial-Karten (in qu. gr. 4.), 1 Uebersichtskarte (in qu. Fol.) u. e. vollständ. Stations-Verzeichniss. gr. 8. (91 S.) Colmar i. E. 889. (Strassb. i. E., Strassburger Druckerei u. Verlagsanstalt.)
geb. ** 3 50

Seidel, A., s.: Fischer's Kalender f. Mediciner.

Seidel, A., Katechesen f. d. Kinder u. erwachsene Jugend. 8. Wien 824. (Wimmer). 3 fl

Seidel, A. H., Balthasar Scharfenberg, s. Für den Feierabend.

Seidel, A. J. Fabularum Aeschyl. adhuc superstitum argumenta et consilium. 8 S
Glogau, k., Progr. 1833

Seidel, A. J. De scholarum, quae florente Rom. imperio Athenis exstiterunt, conditione. 17 S.
Glogau, k., Progr. 1838

Seidel, A. J. Qua ratione juvenes Romanorum viam ad munera publica ineunda et summa cum laude administranda sibi muniebant? 9 S.
Glogau, kath., Progr. 1849

Seidel, A. M., die Schwimmkunst, s. a. Volks-Turnbücher. 3. u. 4. Hft.

Seidel, A. M.: Die Schwimmkunst. Leipzig 1899. 88 S. m. Abb. (Deutsche Volks-Turnbücher. 3—4.)

Seidel (A. M.). Die Schwimmkunst. 1901. Leipzig. 8⁰. 88 S. m Abb. M. —.50

Seidel, Adolf [approb. Arzt aus Friedland O/Schl.]: Ueber Necrosen und ihre Heilung . . . . München, K. Hof- u. Univ.-Buchdr. Dr. C. Wolf & Sohn, 1887; 60 S. + 1 Bl. 8°.
München, Med. Fak., Inaug.-Diss. v. 1887.

Seidel, Adolf, über Necrosen und ihre Heilung. Diss. München 1887, A. Buchholz. 8°. 60 S.

Seidel, Albert Die „Seeschule“ und ihre Gegensätze in der englischen Litteratur. 8 (S. 56—73).
In: II. Abschnitt der Festschrift z. 50jähr. Jubiläumsfeier des Rg. am Zwinger zu *Breslau* 1886.
Nicht im Tauschverkehr.
Progr.

Seidel, Alb., Studien über die Darstellung, Zusammensetzung und Eigenschaften des Sennits [Chatartomannits]. Inaugural-Dissertation. gr. 8. (67 S.) Dorpat 884, (Karow.) * 1 —

Seidel, Alfred, Arzt in Dresden: Über die **Geschwülste der**[1] Thymus. *Leipzig 1902: A. Th. Engelhardt.* (23 S.) 8°
Leipzig, Med. Diss. v. (12. Apr.) 1902

Seidel, Amalie, praktisches Kochbuch f. Frauen u. Mädchen. Nach dem neuen Maaß- u. Gewichts-System u. auf Grund langjähr. Erfahrg. bearb. gr. 16. (95 S.) Potschappel 875. Engelmann. — 60; cart. 1. —

Seidel, Amalie, praktisches Kochbuch für Stadt und Land. Ein unentbehrl. Handbuch für Frauen und Mädchen. Nach dem neuen Maaß- und Gewichts-System und auf Grund langjähr. Erfahrung bearb. gr. 16. (95 S.) Potschappel 875, Engelmann.
cart.

Seidel, Andreas (Kulmbach) A. S. 1192/24

Hydraulica. Präs. Georg Albert Hamberger. Jena (Gollner) 1707. 71 S., 1 Taf.

Diss. 8. I. 1698.
Gew.: Konsistorium von Bayreuth. 32273

Seidel, Arno: Zur Kenntnis von Mono- und Diaethyl-m-amidophenol und ihren Abkömmlingen. 1905. 46 S. 8°
Dresden, Dr.-Ing.-Diss. v. 26. 7. 1905

Seidel jun., Arth., der rote Hannis od. das Geheimnis des Schmugglers, s.: Teich's Vereinstheater. (Mielke, Geo.)

Seidel, August

Seidel, A: Anthologie aus der asiat. Volkslitteratur, s.a. Beiträge zur Volks- u. Völkerkunde, Bd. 7.

Anthologie aus der asiatischen Volkslitteratur. Hrsg. v. A[ugust] Seidel, Hrsg. d. Zeitschr. f. afrikan. u. ozean. Sprachen. *Weimar. E. Felber 1898.* (XIV, 396 S.) 1 Bd 8.
= Beiträge z. Volks- u. Völkerkunde. Bd 7. [98. 1108]

Seidel, A., s.: Aus fernen Landen.

Seidel, A., die Aussichten des Plantagenbaus in den deutschen Schutzgebieten. (VI, 79 S. m. 1 Karte.) gr. 8. Wismar 905. Hinstorff's Verl. n. 1.60

— s.: Beiträge zur Kolonialpolitik u. Kolonialwirtschaft.

— neugriechische Chrestomathie, s.a. Kunst, die, d. Polyglottie.

Seidel, A., Neugriechische Chrestomathie. Ausgewählt und mit einem Wörterbuche, sowie erklärenden Anmerkungen versehen. 8. (VIII, 184 S.) [Bibliothek der Sprachenkunde. 50. Thl.] Gebunden Wien: Hartleben 1897. 1.10

Seidel, August: Dar-es-Salaam, die Hauptstadt Deutsch-Ostafrikas. Ein Kulturbild. Berlin 1898. 46 S. 8°

Für Deutsche u. Engländer. Mercantile terms systematically arranged for Englishmen and Germans von A[ugust] Seidel. Berlin. H. Spamer [1905]. (X, 170 S.) 8° [F.]
= Seidel: Der Sprachschatz d. Kaufmanns. 1. [05. 14405]

Für Deutsche u. Franzosen. Terminologie commerciale en ordre systématique pour Français et Allemands von A[ugust] Seidel. Berlin: H. Spamer [1905]. (X, 100 S.) 8° [F.]
= Seidel: Der Sprachschatz d. Kaufmanns. 2. [05. 14406]

— Deutsch-Kamerun, wie es ist u. was es verspricht. Historisch, geographisch, politisch, wirtschaftlich dargestellt. Mit 23 Text-, 9 Einschalt-Bildern u. 1 Kartenskizze. (XVI, 367 S.) 8. Berlin 906. H. J. Meidinger. n. 4. —; geb. n. 5. —

— s.: Deutschland, das überseeische.

— die Duala-Sprache in Kamerun. Systematisches Wörterverzeichnis u. Einführg. in die Grammatik. (Methode Gaspey-Otto-Sauer.) (VIII, 119 S.) 8. Heidelberg 904. J. Groos. Geb. in Leinw. n. 2. —

— **Einführung in das Verständnis u. den Gebrauch der Fremdwörter im Deutschen. Eine systemat. Anleitung., jedes Fremdwort richtig zu schreiben, zu sprechen, seinen Sinn zu bestimmen u. korrekt zu gebrauchen. (VIII, 376 S.) 8. Berlin (910). H. Bermühler. Geb. in Leinw. 3.50**

— das Geistesleben der afrikanischen Negervölker. (XII, 340 S.) 8. Berlin 904. A. Schall. n. 4. —

— Geschichten u. Lieder der Afrikaner, s.a. Veröffentlichungen d. Vereins d. Bücherfreunde.

[F.] Geschichten und Lieder der Afrikaner. Ausgew. u. verdeutscht v. A. Seidel, Sekr. d. Deutschen Kolonialges. *Berlin: Ver. d. Bücherfreunde [1896].* (XII, 320 S.) 1 Bd 8.
= Verein d. Bücherfreunde. Jg. V. [No] 5. [96. 4..]

— **Grammaire allemande à l'usage des Français,** s.a. Kunst, die, der Polyglottie.

Seidel, A., Grammaire Allemande à l'usage des Français. [Die Kunst der Polyglottie. 99. Teil.] 8°. (VI, 188 S.) geb. K 2.20
Wien: Hartleben 1906.

— German grammar for the use of Englishmen, s.: Kunst, die, der Polyglottie.

Seidel, A., Praktische Grammatik der Hauptsprachen Deutsch-Südwestafrikas. 2. Aufl. [Die Kunst der Polyglottie. [37. Teil.] 8°. (XII, 180 S.) Wien Hartleben 1909. geb. K 2.20

Seidel, A., Praktische Grammatik der japanischen Sprache für den Selbstunterricht. Mit Lesestücken, einem systematischen Wörterbuch und 10 Schrifttafeln. 8. (VIII, 198 S.) Geb. 1.10
Wien: Hartleben 1890

Seidel, A., praktische Grammatik d. malayischen Sprache, s.a. Kunst, die, der Polyglottie.

Seidel, A., Praktische Grammatik der Malayischen Sprache, nebst einem Lesebuche, sowie einem malayisch-deutschen und einem deutsch-malayischen Wörterbuche. [Bibliothek der Sprachenkunde. 34. Theil.] 8. (X, 176 S.) Geb. 1.10
Wien: A. Hartleben 1891

Seidel, A., Praktische Grammatik der malayischen Sprache 2. Aufl. [Die Kunst der Polyglottie. 34. Teil.] 8°. (X, 176 S.) geb. K 2.20
Wien: Hartleben 1908

Seidel, A., Praktische Grammatik der Neupersischen Sprache für den Selbstunterricht. Mit Lesestücken und einem systematischen Wörterbuch. (Bibliothek der Sprachenkunde. 26. Theil.) 8. (VIII, 181 S.) Geb. Wien: Hartleben 1890. 1.10

— Dass., s.a. Kunst, Die, der Polyglottie.

— praktische Grammatik der Suaheli-Sprache, s.a. Kunst, die, der Polyglottie.

Seidel, A., Praktische Grammatik der Suaheli-Sprache, auch für den Selbstunterricht. Mit Uebungsstücken, einem Lesebuche und einem Deutsch-Kisuaheli-Wörterbuche. 8. (VIII, 182 S.) Geb. (Bibliothek der Sprachenkunde. 32. Theil) Wien: Hartleben 1890. 1.10

[F.] Praktische Grammatik der Suaheli-Sprache auch f. d. Selbstunterr. M. Uebgsstücken, e. Leseb. u. e. Deutsch-Kisuaheli-Wörterb. v. A. Seidel. *Wien, Pest, Leipzig: A. Hartleben [1896?].* (VIII, 182 S.) 1 Bd 8.
[96. 4518]

Seidel, A., Praktische Grammatik der Suaheli-Sprache auch für den Selbstunterricht. 2. Aufl. [Die Kunst der Polyglottie. 32. Teil.] 8°. (VI, 184 S) Wien: Hartleben 1906. geb K 2.20

— Grammatik der japanischen Schriftsprache, s.a. Kunst, die, der Polyglottie.

Grammatik der Japanischen Schriftsprache, mit Lesestücken u. e. Wörterverz. sowie e. Einführung in d. japan. Schrift. Von A[ugust] Seidel. *Wien & Leipzig: A. Hartleben [1904].* (VIII, 184 S.) 8° [F.]
= Kunst d. Polyglottie. T. 83.
(A. Hartleben's Bibliothek d. Sprachenkunde.)
[04. 8..]

Seidel, A., theoretisch-praktische Grammatik der Hindustani-Sprache, s.a. Kunst, die, der Polyglottie.

Theoretisch-Praktische Grammatik der Hindustani-Sprache mit zahlr. Uebungsstücken in arab. Schrift ... sowie e. systemat. deutsch-hindustani Wörterbuche von A[ugust] **Seidel**. Wien, Pest, Leipzig: A. Hartleben [1893]. (194 S.) 8°
= Kunst d. Polyglottie. T. 40.
(Bibliothek d. Sprachenkunde.)

— Grammatik der japanischen Umgangssprache, s.a. Kunst, die, der Polyglottie.

Grammatik der Japanischen Umgangssprache mit Übungsstücken und Wörterverzeichnissen. Von A[ugust] **Seidel**. 2. Aufl. Wien, Pest, Leipzig: A. Hartleben [1901]. (XI, 178 S.) 8°
= Kunst d. Polyglottie. T. 22.
(Bibliothek d. Sprachenkunde.)

Seidel, A: Grammatik der japanischen Umgangssprache mit Übungsstücken und Wörterverzeichnissen. 3. Aufl. Wien und Leipzig 1909. (Bibliothek der Sprachenkunde. — Kunst der Polyglottie T. 21)

Seidel, A., Grammatik der japanischen Umgangssprache mit Übungsstücken und Wörterverzeichnissen. 3. Aufl. [Die Kunst der Polyglottie. 22. Teil.] 8°. (VIII, 184 S.) geb. K 2.20
Wien: Hartleben 1909.

— Praktische Grammatiken der Hauptsprachen Deutsch-Südwestafrikas (Nama, Otyiherero, Oshindonga), s.a. Kunst, die, der Polyglottie.

Praktische Grammatiken der Hauptsprachen Deutsch-Südwestafrikas. 1. Nama. ⟨Sprache d. Nama-Hottentotten.⟩ Kurzgefaßte Grammatik, analys. Lesestücke nebst e. nama-deutschen u. e. deutsch-nama Wörterbuch. 2. Otyiherero. ⟨Sprache d. Herero.⟩ ... 3. Oshindongo. ⟨Sprache d. Ndonga-Stammes d. Ovambo.⟩ ... Von A[ugust] Seidel. *Wien, Pest, Leipzig: A. Hartleben [1892].* (X, 180 S.) 8° [F.]
= Kunst d. Polyglottie. T. 37.
(Bibliothek d. Sprachenkunde.)
[94. ....]

Praktische Grammatiken der Hauptsprachen Deutsch-Südwestafrikas. 1. Nama ⟨Sprache d. Nama-Hottentotten⟩ ... Grammatik ... Lesestücke ... Wörterbuch. 2. Otyiherero. ⟨Sprache d. Herero⟩ ... 3. Oshindonga ⟨Sprache d. Ndonga-Stammes d. Ovambo⟩ ... von A[ugust] **Seidel**. 2., verb. Aufl. Wien & Leipzig: Hartleben [1908]. XII, 180 S. 8°
(Die Kunst der Polyglottie. T. 37.)
(A. Hartlebens Bibliothek d. Sprachenkunde.)

— Grammatiken der japanischen, der malayischen, der neupersischen, der Suaheli-Sprache, und der Hauptsprachen Deutsch-Südwestafrikas, s. Kunst, die, der Polyglottie.

— praktisches Handbuch der arabischen Umgangssprache ägyptischen Dialekts. Mit zahlreichen Übungsstücken u. e. ausführl. ägyptoarabisch-deutschen Wörterbuch. gr. 8. (VI, 310 S.) Berlin 894. Gergonne & Co. n. 10. --

— Handbuch d. Shambala-Sprache in Usambara, Deutsch-Ostafrika. M. Texten e. Shambala-deutschen u. e. deutsch-Shambala-Wörterbuch. gr. 8. (III, 135 S.) Dresden 895. A. Köhler. n. 4. 50

— der gegenw. Handel der deutschen Schutzgebiete u. die Mittel zu seiner Ausdehnung, s.a. Sammlung v. Abhandlungen zur Kolonialpolitik. 1. 1.

— Der gegenwärtige Handel der deutschen Schutzgebiete u. die Mittel zu seiner Ausdehnung. 2. [Titel-]Aufl. (63 S.) 8. Gießen [905] 07. E. Roth. — 60

— die Haussasprache. La langue Haoussa. The Hausa language. Grammatik (deutsch) u. systematisch geordnetes Wörterbuch: Haussa-deutsch-französisch-englisch. Grammaire (en français) et vocabulaire systématique: Haoussa-allemand-français-anglais. Grammar (in English) and systematic vocabulary: Hausa-German-French-English. (Methode Gaspey-Otto-Sauer.) (XVI, 292 S.) 8. Heidelberg 906. J. Groos. Geb. n. 4. —

— unser Hohenzollernhaus. Lebensbeschreibungen der brandenburgisch-preuß. Herrscher von Kurfürst Friedrich I. bis Kaiser Wilhelm II., m. 20 Portr. in Holzschn. 8. (365 S.) Berlin (900). A. Schall. Geb. in Leinw. 4. 50

Katechismus für Weltsprachler aller Systeme. In Deutsch und Ile. Im Anh.: Abriss der Grammatik e. internat. Weltsprache. Von A[ugust] **Seidel**. Berlin: Märk. Verlagsanst. 1910. 68 S. 8°
(Studien d. Vereinigung f. internationale Hilfssprache zu Berlin. H. 2.)

– Dass., s.a. Studien d. Vereinigung f. internationale Hilfssprache zu Berlin. 2. Hft.

— das Kijukuma. Grammatische Skizze, nebst Kijukuma-deutschem u. Deutsch-Kijukuma-Vokabularium. [Aus: „Zum Victoria Nyanza v. C. W. Werther".] gr. 8. (18 S.) Berlin 894. Gergonne & Co. n. 1. --

— dasselbe, s.a. Werther, C. W., zum Victoria Nyanza.

— Deutschlands Kolonien. Koloniales Lesebuch f. Schule u. Haus. Beschreibung der deutschen Schutzgebiete nebst e. Auswahl aus der kolonialen Litteratur. gr. 8. (XVI, 284 S. m. 24 Vollbildern.) Berlin 902. C. Heymann. n. 2. 60; geb. in Schulbd. n. 3. —; in Leinw. 5. —

Deutschlands Kolonien. Koloniales Lesebuch f. Schule u. Haus. Beschreibung d. deutschen Schutzgebiete nebst e. Auswahl aus d. kolonialen Literatur. Von A[ugust] **Seidel**. 2. verm. Aufl. bearb. von Rektor W[ilhelm] Kreyenberg. Mit 36 Vollbild. Berlin: Heymann 1909. VII, 296 S. 8°

— unsere Kolonien, was sind sie wert, u. wie können wir sie erschließen, s.: Fortschritt, sozialer. Nr. 41–44.

— chinesische Konversations-Gramatik im Dialekt der nordchinesischen Umgangssprache, nebst e. Verzeichnis v. ca. 1500 der gebräuchlichsten chines. Schriftzeichen. (Methode Gaspey-Otto-Sauer.) gr. 8. (XVI, 304 u. 31 S. m. 2 Karten.) Heidelberg 901. J. Groos.
Geb. in Leinw. n. 8.—; Schlüssel. (23 S.) Kart. n. 1.—

— et I. Struyf, S. J., la langue congolaise. Grammaire, vocabulaire systématique, phrases graduées et lectures. (Méthode Gaspey-Otto-Sauer.) (VII, 223 S.) 8. Heidelberg 910. J. Groos. Geb. in Leinw. 4. —

— Lehrbuch der Ewhe-Sprache in Togo. (Anglo-Dialekt.) Mit Uebungsstücken, e. systemat. Vokabular u. e. Lehrbuch. (Methode Gaspey-Otto-Sauer.) (VIII, 176 S.) 8. Heidelberg 906. J. Groos. Geb. n. 2. —

Praktisches Lehrbuch der Arabischen Umgangssprache syrischen Dialekts. Erl. durch zahlreiche mit Übers. u. Wörterverzeichnis vers. Übungsstücke. Von A[ugust] Seidel. Wien, Pest, Leipzig: A. Hartleben [1894]. (VIII, 190 S.) 8°
= Kunst d. Polyglottie. T. 47.
(Bibliothek d. Sprachenkunde.)

– Dass., s.a. Kunst, Die, der Polyglottie.

Seidel, A., Praktisches Lehrbuch der Englischen Umgangssprache in 52 Wochen-Aufgaben. Unter Benützung des Besten aus allen bisherigen Systemen und mit besonderer Berücksichtigung der Bedürfnisse der Handelswelt. 8. (VIII, 182 S.) Geb. (Bibliothek der Sprachenkunde. 44. Theil) 1.10
Wien: Hartleben 1894.

Seidel, A., Praktisches Lehrbuch der englischen Umgangssprache in 52 Wochenaufgaben. 2. Aufl. [Die Kunst der Polyglottie. 44. Teil.] 8°. (VIII, 184 S.) geb. K 2.20
Wien: Hartleben 1904.

– Dass., s.a. Kunst, Die, der Polyglottie.

— Praktisches Lehrbuch der Französischen Umgangssprache in 52 Wochen-Aufgaben. Unter Benützung des Besten aus allen bisherigen Systemen und mit besonderer Berücksichtigung der Bedürfnisse der Handelswelt. 8. (VII, 182 S.) Gebunden. (Bibliothek der Sprachenkunde. 45. Theil) 1.10
Wien: Hartleben 1894.

Seidel, A., Praktisches Lehrbuch der französischen Umgangssprache in 52 Wochenaufgaben. 2. Aufl. [Die Kunst der Polyglottie. 45. Teil.] 8°. (VIII, 184 S.) geb. K 2.20
Wien: Hartleben 1904.

– Dass., s.a. Kunst, Die, der Polyglottie.

Seidel, A. Leitfaden zur Erlernung der Duala-Sprache in Kamerun. Mit Lesestücken, e. Duala-Deutschen u. e. Deutsch-Duala Wörterbuch. gr. 8. (IX, 83 S.) Berl. 892, C. Heymann. * 3 —

Seidel-Berlin, A. Die Pathogenese, Komplikationen u. Therapie der Greisenkrankheiten. gr. 8. (45 S.) Neuwied 889, Heuser's Verlag. * 1 20

— die Pathogenese, Komplikationen u. Therapie der Greisenkrankheiten. (Neue [Titel-]Ausg.) (45 S.) gr. 8. Berlin [889] (903). Berlin. Verlagsanstalt. n. 1. 20

— Phraseologie der englischen Sprache. In systemat. Anordng. zum Gebrauch in Schulen u. beim Selbstunterricht. (Sammlung v. Phraseologien der modernen Sprachen.) (IV, 104 S.) 8. Leipzig 905. Renger. Kart. n. 1.50

— dasselbe der französischen Sprache. (IV, 102 S.) 8. Ebd. 904. Kart. n. 1. 50

— Kaufmänn. Redewendungen. Französisch-Deutsch. Systematisch zusammengestellt, erläutert u. m. Schlagwort-Register versehen. Locutions commerciales françaises et allemandes. Arrangés d'après un simple système, expliquées et pourvues d'un index. (45 S.) gr. 8. Berlin 910. H. Th. Hoffmann. Geb. 2. —

— Reform-Esperanto, s.a. Reform-Bibliothek.

Reform-Esperanto. Abriß d. Grammatik, Sprachproben u. Wörterverzeichnis von A[ugust] Seidel. Steglitz-Berlin: Kunze 1909. 24 S. 8°
(Reform-Bibliothek. Nr 1.)

— die deutschen Schutzgebiete u. ihr wirtschaftl. Wert. Abriß der deutschen Kolonialgeschichte. Beschreibung der deutschen Kolonien u. Untersuchg. ihrer wirtschaftl. Bedeutg. (V, 107 S.) 8. Berlin 905. A. Duncker. 1. 50
Aus dem Handel gezogen.

Seidel, Aug., üb. Schwefelphosphorverbindungen u. die Einwirkung v. Chlorkohlensäureäther auf Cyanamidnatrium. Inaugural-Dissertation. gr. 8. (26 S.) Dresden 876. (Göttingen, Vandenhoeck & Ruprecht.) n. — 60

— Sitten u. Gebräuche des Bakwirivolkes in Kamerun, nebst e. Abriß der Bakwirisprache. gr. 8. (42 S.) Berlin 902. W. Süsserott. n. — 60
Sonderabdr. a.: „Beiträge z. Kolonialpolitik u. Kolonialwirtschaft".

— grammatische Skizze des „Kisukuma", s.: Werther, C. Wald., zum Victoria-Nyanza.

— kaufmännische Sprachführer. I u. II. 8. Stuttgart (905). Muth. Geb. in Leinw. à n. 2. —
I. Deutsch-Französisch. — Kaufmänn. Fachausdrücke — Handelsrecht — Wechselverkehr — Handelsgesellschaften — Banken — Börse — Korrespondenz — Buchhaltung — 2 alphabet. Handelswörterbücher. Von A. Seidel. (VIII, 149 S.)
II. Deutsch-Englisch. Kaufmännische Fachausdrücke — Handelsrecht — Wechselverkehr — Handelsgesellschaften — Banken — Börse — Korrespondenz — Buchhaltung — 2 alphabet. Handelswörterbücher. Von W. Howell. (VIII, 139 S.)

— praktische Sprachführer f. Reise u. Verkehr. Aussprache. Kurze Grammatik. Allgemeiner Wortschatz. Ausführliches Wörterverzeichnis f. die Reise u. das tägliche Leben. Kurze Gespräche. I u. II. kl. 8. Ebd. Geb. à n. 1.20
I. Deutsch-Französisch. (IV, 124 S.) (904.)
II. Deutsch-Englisch. (IV, 116 S.) (904.)

— kleine chinesische Sprachlehre im Dialekt der nordchinesischen Umgangssprache, nebst Übungsstücken, Gesprächen u. e. Wörterverzeichnis. (Methode Gaspey-Otto-Sauer.) gr. 8. (VII, 91 S. m. 2 Karten.) Heidelberg 901. J. Groos. Geb. in Leinw. n. 2. —; Schlüssel. (15 S.) Kart. n. — 80

— Marokkanische Sprachlehre. Praktische Grammatik des Vulgärarabischen in Marokko. Mit Übungsstücken u. Vokabular. (Methode Gaspey-Otto-Sauer.) (VIII, 198 S.) 8. Heidelberg 907. K. Groos. Geb. in Leinw. 3. —

— der Sprachschatz des Kaufmanns. Terminologie des Handels in systemat. Anordng. I u. II. 8. Berlin (905). H. Spamer. à n. 1. 75; geb. in Leinw. à n. 2. —
I. Für Deutsche u. Engländer. Mercantile terms systematically arranged for Englishmen and Germans. (X, 170 S.)
II. Für Deutsche u. Franzosen. Terminologie commerciale en ordre systématique pour Français et Allemands. (X, 169 S.)

—— Ueber den gegenwärtigen Stand der Trippertherapie. gr. 8. (15 S.) Ebd. 889. — 75
Aus: Der Frauenarzt, besonders abgedruckt.

Suahili Konversations-Grammatik nebst e. Einführung in d. Schrift u. d. Briefstil d. Suahili von A[ugust] Seidel. Hrsg. d. Zeitschr. f. afrik. Sprachen. [Nebst] Schlüssel. Heidelberg: Groos 1900. 8°
(Lehrbücher Methode Gaspey-Otto-Sauer.)

— Suahili-Konversations-Grammatik nebst e. Einführung in die Schrift u. den Briefstil der Suahili. (Methode Gaspey-Otto-Sauer.) gr. 8. (XVI, 404 S.) Ebd. 900. Geb. in Leinw. n. 5.—; Schlüssel. (95 S.) Kart. n. 2.—

Seidel, August: Schlüssel zur Suahili Konversations-Grammatik. (Methode Gaspey-Otto-Sauer.) Heidelberg 1900. 95 S. 8°.

— die Suahili-Sprache, s.: Raddatz, Hugo.

Seidel, A., Togo-Sprachen, s.: Koch's Sprachführer. 24. Bd.

[F.] Transvaal, die Südafrikanische Republik. Histor., geogr., polit., wirtschaftl. dargest. v. A[ugust] Seidel. M. 17 Vollbild., 48 Textill. u. 6 Kt. 2. Aufl. *Berlin: Allg. Ver. f. Deutsche Litt. 1898.* (XV, 481 S., 17 Taf., 2 Ktn.) 1 Bd 8.
(Allg. Verein f. Deutsche Litteratur. Abt. 24. [No 3.]) [99. 220

Transvaal, die Südafrikanische Republik. Histor., geograph., polit., wirtschaftl. dargest. von A[ugust] Seidel. Mit 17 Vollbild., 49 Textill. u. 6 Karten. 3. verb. u. verm. Aufl. Berlin: Allg. Verein f. Deutsche Litteratur 1900. (XV, 541 S.) 8°
(Verein, Allgemeiner, f. Deutsche Litteratur. Abt. 24, [3.])

– Universal od. Esperanto?, s.a. Studien der Vereinigung f. internationale Hilfssprache zu Berlin. 1. Heft.

Universal oder Esperanto? Der Kampf zweier Weltsprachen um d. Vorherrschaft. Vortrag, geh. am 17. Febr. 09 von A[ugust] Seidel. Steglitz-Berlin: Kunze 1909. 24 S. 8° [Umschlagt.]
(Studien d. Vereinigung f. Internationale Hilfssprache zu Berlin. H. 1.)

— kleines systematisches Vokabular der engl. Sprache. Enth. 4000 Wörter in 15 Hauptgruppen auf 100 Unterabteilgn. Mit durchgäng. Bezeichng. der Aussprache. Für die Schule u. den Selbstunterricht. (Sammlung kleiner systemat. Vokabularien der modernen Sprachen.) (VIII, 88 S.) 8. Leipzig 905. Renger. Kart. n. 1. 30

— dasselbe der französischen Sprache. (VIII, 88 S.) 8. Ebd. 905. Kart. n. 1. 30

— Weg frei f. das Esperanto! Das Weltsprachenproblem vor dem Forum der Sprachwissenschaft. (112 S.) gr. 8. Berlin 908. Herm. Walther. 1. 50

— Wie erlerne ich e. fremde Sprache?, s.a Reform-Bibliothek.

Wie erlerne ich eine fremde Sprache? Von A[ugust] Seidel. Steglitz-Berlin: Kunze 1909. 38 S. 8°
(Reform-Bibliothek. Nr. 2/3.)

Seidel, A., goldene Worte d. Hohenzollern. M. Lebensbeschreibg. d. brandenburg-preuß. Herrscher, s.a. Veröffentlichungen d. Vereins d. Bücherfreunde.

[F.] Goldene Worte der Hohenzollern. E. Gedenkb. f. d. deutsche Volk. M. Lebensbeschreibgn d. brandenb.-preuss. Herrscher u. 20 Portr. in Holzschn. Z. Feier d. hundertjähr. Wiederkehr des Geburtst. Kaiser Wilhelms d. Grossen hrsg. v. A. Seidel. 10.—12. Taus. *Berlin: Ver. d. Bücherfreunde (1897).* (VII, 365 S., 26 Portr.) 1 Bd 8.
= Verein d. Bücherfreunde. Jg. VI. [No] 4. [97. 315

Systematisches Wörterbuch der Suahilisprache in Deutsch-Ostafrika nebst e. Verzeichnis d. gebräuchlichsten Redensarten von A[ugust] Seidel, Hrsg. d. Zeitschr. f. afrik. Sprachen. Heidelberg: Groos 1902. XII, 178 S. 8°
(Lehrbücher Methode Gaspey-Otto-Sauer.)

Seidel, A., Systematisches Wörterbuch der englischen Umgangssprache. [Die Kunst der Polyglottie. 86. Teil.] 8°. (VIII, 183 S.) Wien: A. Hartleben 1905. geb. K 2.20

— systematisches Wörterbuch der englischen bezw. französischen Umgangssprache, s.a. Kunst, die, der Polyglottie.

Seidel, A., Systematisches Wörterbuch der französischen Umgangssprache. [Die Kunst der Polyglottie. 85. Teil.] 8°. (187 S.) Wien: A. Hartleben 1905. geb. K 2.20

— systematisches Wörterbuch der japan. Umgangssprache. (VII, 193 S.) 8. Oldenburg (904). Schulze. Geb. in Leinw. n. 2. 50

— systematisches Wörterbuch der nordchinesischen Umgangssprache (Peking-Dialekt). 8. (XVI, 208 S.) Oldenburg (901). Schulze. Geb. in Leinw. n. 2. 50

— dasselbe d. nordchinesischen Umgangssprache (Peking-Dialekt). 2. [Titel-]Aufl. (XVI, 208 S.) 8. Ebd. [901] (904). Geb. in Leinw. n. 2. 50

— Wörterbuch der deutsch-japanischen Umgangssprache m. e. Abriss der Grammatik der japan. Umgangssprache u. unter Berücksicht. der Phraseologie. (In 10 Lfgn.) 1.—6. Lfg. (S. 1—288.) 8. Berlin 910. Märkische Verlagsanstalt. à 1.—

Wörterbuch der Nordchinesischen Umgangssprache. Deutsch-Chinesisch von A[ugust] Seidel, Chefred. d. Deutschen Kolonialzeitung. H. 1. Berlin: W. Süsserott 1901. 8°

— s.: Zeitschrift f. afrikan. u. ocean. Sprachen.

Seidel, B., Lehrbuch e. methodisch verbindenden Unterrichts in Mineralkunde, unorganischer Chemie u. chemischer Technologie. 2 Tle. in 1 Bde. gr. 8. (XV, 152 u. VI, 191 S. m. Abbildgn.) Leipzig 893. J. Klinkhardt. n. 3. 60

Seidel, B. Sozialdemokratie u. ethische Bewegung. In-8°. 15 S. Zürich, Buchhandlung des Schweiz. Grütlivereins. 1897 — 20

Seidel, Bernh., die archäischen Formationen d. Erzgebirges in der Umgebung v. Zschopau. gr. 8. (45 S.) Zschopau 886. Raschke. n. — 80

Seidel, Bernh., die paläozoischen Formationen in der Umgebung von Chemnitz und Flöha. gr. 8. (43 S.) Zschopau 887, Raschke. * — 80

Seidel, Bernhard, Spiel- und Turnbüchlein für kleine Mädchen, m. Abb., Hof a. S. 1896, 145 S., 8°.

Seidel, Bernh., Spiel- u. Turnbüchlein f. kleine Mädchen. gr. 8. (XIX, 145 S. m. 116 Fig.) Hof 897. R. Lion. Geb. n. 40

Seidel, Bruno, die Lehre des hl. Augustinus vom Staate, s.a. Abhandlungen, kirchengeschichtliche. IX, 1.

Die Lehre des heiligen Augustinus vom Staate. Von Pfarrer Bruno Seidel. Breslau: Aderholz 1909. 53 S. 8°
(Kirchengeschichtliche Abhandlungen. Bd 9, H. 1.)

Seidel, Bruno, Religions- u. Oberlehrer: Die Lehre vom Staat beim heiligen Augustinus. Breslau 1910: Nischkowsky. 53 S. 8° ¶ (Ersch. auch als: Kirchengeschichtl. Abhandlungen. Bd 9, H. 1. 1909.)
Breslau, Kath.-theol. Diss. v. 2. Mai 1910, Ref. Sickenberger
[Geb. 23. Dez. 76 Neiße; Wohnort: Königshütte; Staatsangeh.: Preußen; Vorbildung: Johannes-Gymn. Breslau Reife O. 96; Studium: Breslau 7 S.; Rig. 17. Febr. 10.] [U 10. 434

Seidel, C., s.a. Seidel, Karl

Seidel, C., s.a. Seidel, Kaspar

Seidel, C.: Instrumentenkunde für Forschgs.-Reisende, s. Müller, W.

Seidel, C., Stoffe zu deutschen Aufsätzen auf Grund poetischer Sprachstücke. Für gehobene Bürger- und Mittelschulen. 8. (IV, 222 S.) Langensalza 884, Schulbuchh. von Greßler. 1 80

Seidel, C. A., s. Seidel, Karl August

Seidel, C. F., zur Entwickelungsgeschichte der Victoria regia Lindl. gr. 4. (28 S. mit 2 Stnt., zum Theil color., in qu. Fol.) Dresden 869. (Jena, Fr. Frommann.) *

Seidel. C. F., de peccato malorum angelorum. Helmst. 748. 4.

Seidel, C. H.

*— — Biblische Helden-Briefe, In XII. sonderbaren Liebes-Begebenheiten Des Alten Testaments, Als ein dritter Theil Zu des Hrn. von Zieglers Helden-Liebe, ... Vorgestellet .... von *C. H. S.* (d. i. *Seidel*) Schweidnitz u. Leipzig, 1732. Verlegts Johann George Böhm, Buchhändler. 8°. (In Berlin: an Yu 8681.)

Seidel, C. S. S., geb. Lange, hinterlass. Schriften. 8. Nürnb. Bauer. (Schmidtmer.) 793.

Seidel, Carl, s. Seidel, Karl

Seidel, Charlotte Sophia Sidonia.
Hinterlassene Schriften. Nürnberg 1793.
H: *Sattler, Johann Paul.* (Bresl 31, S. 151)

Seidel, Charl. Soph. Sid., geb. Lange, († d. 29. Mai 1778.) hinterlaß. Schriften; hrsgg. v. Jh. P. Sattler. 8. Nürnb. 793. Bauer. (Winter). 1 ℛ

Seidel, Chr., iura circa processus forens. in Silesia. 4. Bresl. 724.

Seidel, Chr. Fr., († d. .. Jan. 1809.) s. Cph. Fr. Seidel, Blumengärtnerkalender.

Seidel, Chr. Hch.: Gedächtnissrede bei der Gruft des Herrn Georg Christoph Ölhafen. Nürnberg 1780. 8°

Seidel, Chr. Math.

— kleiner Katechismus rc. 12. Stendal. 729.

Seidel, Chr. Math., kurze u. leichte Methode d. d. Juden, sie zu überweisen. 12. Stendal, Campe. 718. — 3

— Wappen-Alphabet n. Anleit. m. K. 4. Leipz. Lange. 718. — 8

— v. Zechen, Schwelgen, Spielen u. Tanzen. 4. Halle.

Seidel, Christoph Friedrich

Seidel, Cph. Fr., († d. 12. Juli 1783.) kurze Anweis., den Spargel mit wenig Kosten u. zugleich schön u. vorzügl. zu bauen. 8. Erlang. 781. 2e A. 782. 3e A. 786. Palm. 4 gr Zusätze f. die Besitzer d. 1n Ausg. 8. Ebd. 782.

Seidel's, Chrph. Friedr., kurze Anweisung den Spargel mit wenigen Kosten und zugleich vorzüglich schön zu bauen. Nach den besten Erfahrungen neu herausg. von A. Rauch. 4. verm. Aufl. Erlangen 856. Palm. 8. (40 S.) 5 ngr.

Seidel, Chrph. Fr., Blumengärtnerkalender, in welchem etliche 100 Gewächse mit ihrer botan. Beschreib. enthalten sind etc. 2 Hfte. 8. Wetzlar, 1790 u. 91. (Stuttgart, Metzler.) — 10

Seidel, Chr Fr., Blumengärtnerkalender rc. 8. Wetzlar. (Jacobäer, Leipz.) 791-92. — 10

* **SEIDEL**, M. Chp. Matthäus (Pfarrer zu Wolkenburg), Die Beantwortung etlicher durch Misbrauch (sic!) der H. Schrifft erzwungenen Gegensprüche, mit welchem das weltübliche Tantz-Spiel- und Lust-Wesen entschuldiget .... wird. Berlin 1719. 8°. (In Berlin: an Cy 8624.)

Seidel, Christoph Timoth.

— Abhandl. v. d. Sekte d. Elcesaiten. 4. Ebend. (auch Weygand in Leipz.) 749. — 3

— exeget. u. homilet. Abhandll. üb. die Sonn- u. Festtags-Episteln. 4 Thle. 8. Halle 753—755. Mit n. Titel 762—764. Schwetschke u. S. 4 ℛ

Seidel, Cph. Timoth., († d. 30. Mai 1758.) exeget. u. homilet. Abhandll. üb. die Sonn- u. Festtags-Evangelien. 5 Thle. 8. Halle 754—56. N. A. (?) 763, 64. Schwetschke u. S. 4 ℛ 16 gr

SEIDEL, Chr. Timoth. (1703—58), Abhandlungen von unerkannten Sünden. 2 Thle. Helmstädt 1744—45. 8°.

— Anweis. z. Erklärung d. H. Schrift, v. Nahmmacher. 8. Halle, Hemmerde u. Schw. 759. — 10

— Anweis. zur Erklär. der heil. Schrift. Mit e. Abhandl. von d. canon. Büchern d. Alt. Testam., von K. Nahmmacher. 8. Halle 759. Schwetschke u. S. 10 gr

— Anweis. zum würdigen Gebrauch des heil. Abendmahls. 8. Helmst. 743. 2e A. 747. 3e A. 755. 4e verm. Aufl. 8. Leipz. 789. Weygand. 8 gr

— Anweis. d. wahr. Methode zu katechisiren. 8. Ebd. 742.

— Anweis. zum erbaul. Predigen. Mit e. Vorrede u. histor. Einleit. hrsgg. von K. Nahmmacher. 8. Halle 758. Schwetschke u. S. 8 gr

— Beschreib. d. Charurgiten. 4. Ebend. 749.

– Erklärung des Briefs Pauli an die Galater. Halle: Schwetschke u. S. 1754. 4°

— Erklär. d. Br. Pauli an die Galater. 4. Halle 757. Schwetschke u. S. 1 ℛ 4 gr

— Erklärung des Briefs Pauli an die Colosser. 4. Halle 758. Schwetschke u. S. 1 ℛ

— Erklär. d. Br. Pauli an d. Philipper. 4. Halle 757. Schwetschke n. S. 1 ℛ

— Gedanken üb. 2 Fragen. 8. Helmstädt. (Weygand in Leipz.) 741. — 3

— dogmat. Gottesgelahrtheit; hrsgg. (mit Anmerkk.) v. Jh. Frz. Wagner. 8. Halle 760. Schwetschke u. S. 20 gr

— Grundriß v. heil. Reden üb. ordentl. Sonn- u. Fest-Evangelien. 3 Thle. 8. Halle 765. Schwetschke u. S. 2 ℛ 18 ℊ

— Grundrisse v. Buß-Predigten üb. Texte aus d. alten Testam. 8. Halle 755. Schwetschke u. S. 20 ℊ

Seidel, Chr. Timoth., der würdige Communicant od. Anweisg. zum würd. Gebrauch d. heil. Abendmahls. Allen, die ihre Seligkeit ernstlich suchen, zur Erbaug. entworfen. Neue, nach der 4. unverändert abgedruckte Ausg. 8. (VIII, 288 S.) St. Louis 873. (Leipzig, Bredt.) n. 1. 80

Seidel, Chr. T., der würdige Communicant od. Anweisg. zum würd. Gebrauch d. heil. Abendmahls. Allen, die ihre Seligkeit ernstlich suchen, zur Erbaug. entworfen. Neue Ausg. 2. Aufl. 8. (VIII, 288 S.) St. Louis, Mo. 888. (Leipzig, E. Bredt.) n. 1. 80

— Ordnung d. Heils. 3 Thle. 8. Halle, Hemmerde und Schw. 754–56. (I. 12 gr. II. 8 gr. III. 18 gr.)

— Pastoraltheologie. gr. 8. Helmst. 749. Mit Zusätz. u. e. Vorrede herausgg. von Fr. Eb. Rambach I. 769. (Weygand in Leipz.) 22 ℊ

Seidel, C. T., Pontificios in ritu confirmationis a praxi eccl. apost. plane aberrare ostenditur. Helmst. 1733. 4.

— heil. Reden bei besond. Fällen. 2 Thle. 8. Braunschw. 755, 756. Schröder. 1 ℛ

— H. Reden b. d. Gruft verdient. Männer. 8. Halle, Hemmerde u. Schw. 757.

— heil. Reden bei der Gruft verdienter Männer. 8. Halle 757. Schwetschke u. S. 12 ℊ

— vermischte Reden an hohe Häupter. 8. Halle 753. Schwetschke u. S. 4 ℊ

— Sendschreiben v. Seelenschlafe. 4. Helmst. (Weygand in Leipz.) 747.

— christl. Sittenlehre nach den Zeugnissen der heil. Schrift. 4. Braunschw. 758. Schröder. 2 ℛ

— Sittenlehre christl. Communikanten. 2 Thle. 8. Helmst. 757. (Weygand in Leipz.) 1 ℛ 14 ℊ

— e. unerk. Sünden d. Menschen. 2 Thle. 8. Ebend. 745. — 8

— Vertheid. s. Sendschr. v. Seelenschlafe. 8. Halle, Hemmerde u. Schw. 754. — 4

— Vertheidigung ss. Sendschreibens vom Seelenschlafe. 8. Halle 754. Schwetschke u. S. 4 ℊ

— Helmst. gelehr. Wochenblatt. 1r Thl. d. Jahr. 1751–753 enth. 4. Halle, Hemmerde. 754. 1 4

— Helmstädtisches gelehrtes Wochenblatt. 1r Thl. die J. 1751–1753 enthalt. 4. Halle 754. Schwetschke u. S. 1 ℛ 4 ℊ

Seidel, Curt, s. Seidel, Kurt

Seidel, E., Jesus auf Golgatha. Präparation nach psycholog. Methode f. die Oberstufe, s.a. Zur Volksschulpädagogik.

Jesus auf Golgatha. Präparation nach psycholog. Methode f. d. Oberstufe. Von E. Seidel. Langensalza: Beltz 1910. 19 S. 8°
(Zur Volksschulpädagogik. H. 10.) [11. 6192

Seidel, E. A., Grünhain seit der Reformation. Ein Beitrag zur Geschichte v. Grünhain. gr. 8. (131 S.) Zwönitz 900. Annaberg, Graser. n. 2. —

Grünhain seit der Reformation. Ein Beitrag z. Gesch. von Grünhain von E. A. Seidel, P. (In 4 Lfgn.) *Zwönitz 1900: C. B. Ott* (aufgest.: *Annaberg i. S.: Graser*). (131 S.) 8° [J.] [01. 11745

Seidel, Eberh., Montesquieus Verdienst um die römische Geschichte. gr. 4. (20 S.) Annaberg 887. (Leipzig, Fock.) * 1 —

Seidel, Ed., Geschichte d. homöopath. Heilanstalt zu Leipzig u. sämmtl. darin behandelter Krankheitsfälle, nebst Angabe d. angewandten Mittel u. deren Erfolge. Ein Beitr. z. richt. Würdigung d. Homöopathie. gr. 8. (15½ B.) Grimma 840, Verlags-Comptoir.

Seidel, Eduard, u. J. B. Saller, Wiener u. Münchner Gerichtssaal-Humoresken. (IV, 144 S.) kl. 8. Erlangen (906). Palm & Enke. n. 1. —

Seidel, Emilie (Hrsg.), s. Aufgaben, 300, zu deutschen Aufsätzen für die Oberklassen höherer Töchterschulen.

Seidel, Emilie, Friede sei mit Euch! Gedichte zum Geleit durch das Leben. Berlin 869. Haude & Spener. 8. (124 S.) n. 10 ngr; in engl. Einb. mit Goldschn. n. n. 15 ngr.

Seidel, Er. Gf., († d. 29. April 1817.) s. Auszug aus der heil. Schrift.

Seidel, Erich: Aus d. Universitäts-Augenklinik zu Jena. Über Lidbildung mittelst übertragener stielloser Hautlappen. Mit 6 Fig. im Text. Jena 1907: A. Kämpfe. (47 S.) 8°
Jena, Med. Fak., Ref. Wagenmann, Diss. v. 15. Juni 1908
[Geb. 30. Dez. 82 Apolda; Wohnort: Apolda; Staatsangeh.: Sachsen-Weimar; Vorbildung: Realgymn. Weimar Reife O. 02; Studium: Berlin 5, Erlangen 1, Straßburg 1, Leipzig 1, Jena 2 S.; Coll. 2. Dez. 07; Approb. 15. Juni 08.]

Seidel, Erich, Referendar: Die Vindikation eines durch einen falsus procurator verpfändeten blankoindossierten Wechsels. Ein Beitr. z. Wertpapierlehre. Rostock 1908: Adler. IX, 63 S. 8°
Heidelberg, Jur. Diss. v. 1908, Ref. Schröder
[Geb. 26. Febr. 86 Berlin; Wohnort: Berlin; Staatsangeh.: Preußen; Vorbildung: Gymn. z. Grauen Kloster Berlin Reife O. 05; Studium: Berlin 6 S.; Rig. 26. Juni 08.] [U 09. 1906

Der Mildaer Adjuvantenchor. Von Ernst Seidel, Pfarrer in Milda. Hildburghausen: Kesselring 1901. (S. 64–76.) 4° (8°)
(Schriften d. Vereins f. Sachsen-Meining. Geschichte u. Landeskunde. H. 39, 2.)

Seidel, Ernst, s.: Kikeriki, Bruder.

Seidel, Ernst, s.a. Mochithar's „Trost bei Fiebern“.

Mechithar's des Meisterarztes aus Her [Mḫithar bžškapet Heraçi] 'Trost bei Fiebern' [Džermanç mḫitharouthiun]. Nach d. Venediger Drucke v. J. 1832 z. ersten Male aus d. Mittelarmen. übers. u. erl. von Dr. med. Ernst Seidel, (Oberspaar bei Meißen). Leipzig: J. A. Barth 1908. (V, 308 S.) 4° [08. 3190

Seidel, Erw. Rud. Max [aus Kamenz]: Ueber d. Einwirkung von Chlorkohlensäureäther auf Phenyl- und Diphenylsulfoharnstoff .... Leipzig, Druck v. Metzger u. Wittig, 1885; 19 + 1 S. 8°.
Leipzig, Phil. Fak., Inaug.-Diss. v. 23. Okt. 1885.

Seidel, Erw. Rud. Max, über die Einwirkung von Chlorkohlensäureäther auf Phenyl- und Diphenylsulfoharnstoff. Diss. Leipzig 1885, Gustav Fock. 8°. 19 S.

Seidel, Eugenius [Silesius]: De usu praepositionum Plotiniano quaestiones .... Nissae, typ. F. Baer (1886); 4 + 79 S. 8°.
Breslau, Phil. Fak., Inaug.-Diss. v. 15. März 1886.

Seidel, Eug., de usu praepositionum Plotiniano quaestiones. Dissertatio inauguralis philologica. gr. 8. (77 S.) Nissae 886. (Breslau, Köhler.) * 1 —

Seidel, F., Intellektualismus und Voluntarismus in der platon. Ethik. Diss. 1910. 108 S. 2.—

Seidel, F. A., Confirmanden-Unterricht, enth. 24 Anreden an Confirmanden über die ganze christliche Religionslehre in Sprüchen, Liedern u. Beispielen, für Lehrer, Confirmanden und jeden Christen. gr. 8. Reichenbach 844. (Leipzig, Lauffer.) n. 1/6 ℛ

Seidel, F. A., Confirmandenunterricht, enthaltend 24 Anreden an Confirmanden über die ganze christl. Religionslehre mit Sprüchen, Liedern u. Beispielen für Lehrer, Confirmanden u. jeden Christen. gr. 8. (5 B.) Reichenbach 844. (Leipzig, Orthaus.) *

Seidel, Fd, naturhistor. Kupferwerk, mit erklär. Texte, nach Büffon. 1r Bd. Mit 179 Kpft. gr. 4. Leipz. 810. (Heinsius in Gera). 5 ℛ Hbg. Pr. 3 ℛ

Seidel, Ferd. Ernst, die Devertikel des Darmcanals und ihre Bedeutung. Inaugural-Dissertation. gr. 8. (21 S. mit 2 Holzschntaf.) Leipzig 882, (Rossberg'sche Buchh.) * 1 —

Seidel, Franz Wilhelm (Schweigger)

s.: Schweigger-Seidel, Franz Wilhelm

Seidel, Frieda v., Liebesbriefsteller f. Damen. 8. (80 S.) Mühlheim a/R. 898. J. Bagel. n. — 50

Liebes-Briefsteller für Damen. Von Frida v. Seidel. Mülheim a. d. Ruhr: J. Bagel [1900]. (80 S.) 8°

— Lome, d. Hauptstadt d. Togokolonie, s.: Sammlung geograph. u. kolonialpolit. Schriften, Nr. 12.

Seidel, Frdr., Album-Sprüche. Eine Blumenlese der schönsten Geistesblüten aus deutschen, französ. u. engl. Dichtern u. Prosaikern, von den Klassikern bis zur Gegenwart. 6. Aufl. 8. (VII, 283 S.) Weimar 886. B. F. Voigt. geb. 3. 75

Seidel, Fr., und Fr. Schmidt, Arbeitsschule I. Das Netzzeichnen für Kinder von 5 bis 8 Jahren. Weimar 858. Böhlau 4. (1 Bl. u. 15 lith. Taf.) n. 10 ngr.

— u. Fr. **Schmidt**, Arbeitschule. I—VIII. Weimar, Böhlau. qu. 4. n. 3 ℛ 18 ngr.

Inhalt: I. Das Netzzeichnen für Kinder von 5—9 Jahren. 2. verm. u. verb. Aufl. 861. (20 lith. Taf. u. 4 S. Text.) n. 15 ngr. — II. Das Flechten für Kinder von 3—14 Jahren. 859. n. 10 ngr. — 2. verm. u. verb. Aufl. 863. (12 lith. Taf. u. 4 S. Text.) n. 15 ngr. — III. Das Pappen [Modelliren] für Kinder von 5—14 Jahren. 860. (10 lith. Taf. u. 2 S. Text.) n. 12 ngr. — IV. Das Ausstechen für Kinder von 5—9 Jahren. 862. (18 lith. Taf. u. 3 S. Text) n. 18 ngr. — V. Das Stäbchenlegen für Kinder von 3—8 Jahren. Von A. Köhler. 862. (12 lith. Taf. u. 2 S. Text.) n. 12 ngr. — VI. Die Erbsenarbeiten für Kinder 4—10 Jahren. Von A. Köhler. 862. (12 lith. Taf. u. 2 S. Text.) n. 12 ngr. — VII. Das Netzzeichnen. 2. Abth. Krummlinige Figuren. Für Kinder von 7 bis 12 Jahren. 865. (13 lith. Taf. u. 4 S. Text.) n. 12 ngr. — VIII. Das Thonmodelliren. Für Kinder von 4—14 Jahren. 865. (9 lith. Taf. u. 4 S. Text.) n. 12 ngr.

Seidel, Fr., und Fr. Schmidt, Arbeitsschule I. Das Netzzeichnen für Kinder von 5 bis 9 Jahren. 1. Aufl. 1858. * 10 Ngr. und 2., verm. und verb. Aufl. qu. gr. 4. (4 S. mit 20 Stnt.) Weimar 861, Böhlau. *

—— —— dass. — II. Das Flechten für Kinder von 5 bis 14 Jahren. qu. gr. 4. (2 S. mit 11 Stnt.) Ebendas. 860. *

—— —— dass. — III. Das Pappen (Modelliren) für Kinder von 5 bis 14 Jahren. qu. gr. 4. (2 S. mit 10 Stnt., wovon 1 ill., in qu. gr. 4. und Fol.) Ebendas. 861. *

—— und Fr. Schmidt, Arbeitschule. I—X. qu. gr. 4. Weimar 865,66, Böhlau. *

Inhalt:

I. Das Netzzeichnen. 1. Abthl.: Geradlinige Figuren. Für Kinder von 5—9 Jahren. 3.—5., verm. und verb. Aufl. (18 Stnt. und 2 S. Text.) * 15 Ngr.
II. Das Flechten für Kinder von 3 bis 12 Jahren. 2.—4., verm. und verb. Aufl. (12 Stnt. und 4 S. Text.) * 15 Ngr.
III. Das Pappen (Modelliren) für Kinder von 5—14 Jahren. 2. Aufl. (10 Stnt. und 4 S. Text.) * 15 Ngr.
IV. Das Ausstechen. Für Kinder von 5 bis 10 Jahren. 1. und 2. Aufl. (15 Stnt. und 4 S. Text.) * 18 Ngr.
V. Das Stäbchenlegen für Kinder von 3 bis 8 Jahren. Von A. Köhler. 1. und 2. Aufl. (12 Stnt. und 4 S. Text.) * 12 Ngr.
VI. Die Erbsenarbeiten für Kinder von 4 bis 10 Jahren. Von A. Köhler. 1. und 2. Aufl. (12 Stnt. und 4 S. Text.) * 12 Ngr.
VII. Das Netzzeichnen. 2. Abthl.: Krummlinige Figuren. Für Kinder von 7 bis 12 Jahren. (13 Stnt. und 4 S. Text.) * 12 Ngr.
VIII. Das Thonmodelliren. Für Kinder von 4 bis 14 Jahren. (9 Stnt. und 4 S. Text.) * 12 Ngr.
IX. Das Verschränken. Für Kinder von 5 bis 12 Jahren. (9 Stnt. und 4 S. Text.) * 12 Ngr.
X. Das Ausschneiden. Für Kinder von 5 bis 12 Jahren. (12 Stnt. und 4 S. Text.) * 15 Ngr.

—— und Fr. Schmidt, Arbeitsschule. 1.—14. Heft. Lex.-8. Weimar, Böhlau. * 17 96

Inhalt:

Heft 1. Das Netzzeichnen. 1. Abthl.: Gradlinige Figuren. Für Kinder von 5—8 Jahren. 6. und 7. Aufl. (VI S. mit 18 Stnt.) 870,74. * M 1,50.
" 2. Das Flechten. Für Kinder von 3—14 Jahren. 5.—7. Aufl. (4 S. mit 12 Stnt.) 870—75. * M 1,24.; mit Flechtmaterial-Mappe * M 2,40.
" 3. Das Pappen (Modelliren). Für Kinder von 8—14 Jahren. 3. und 4. Aufl. (4 S. mit 10 Stnt.) 871,75. * M 1,24.
" 4. Das Ausstechen. Für Kinder von 5—9 Jahren. 3. Aufl. (4 S. mit 18 Stnt.) 875. * M 1,80.
" 5, 6. Das Stäbchenlegen und die Erbsenarbeiten. Für Kinder von 3—10 Jahren. 3. und 4. Aufl. (4 S. mit 12 Stnt.) 871,75. * M 1,24.
" 7. Das Netzzeichnen. 2. Abthl.: Krummlinige Figuren. Für Kinder von 7—12 Jahren. 2. Aufl. * M 1., und 3. verb. Aufl. (3 S. mit 12 Stnt.) 874. * M 1,20.
" 8. Das Thonmodelliren. Für Kinder von 4—14 Jahren. 2. verb. Aufl. (6 S. mit 9 Stnt. in Tondr.) 872. * M 1,20.
" 9. Das Verschränken. Für Kinder von 5—12 Jahren. (9 Stnt. mit 4 S. Text.) 873. * M 1,20.
" 10. Das Ausschneiden. Für Kinder von 5—12 Jahren. 2. Aufl. (2 S. mit 11 Stnt.) 874. * M 1,50.
" 11. Das Nähen. 1. Abthl.: Für Anfänger. Für Kinder von 4—6 Jahren. Unter Mitwirkung von Minna Schellborn bearb. 1. Aufl. 1868. * M 1,60., und 2. Aufl. (4 S. mit 10 Stnt.) 875. * M 1,24.
" 12. Das Nähen. Unter Mitwirkung von Minna Schellborn bearb. 2. Abth. Für Kinder von 5—8 Jahren. (10 Stnt. mit 4 S. Text und Garnproben.) 1868. * M 1,60., und 2. Aufl. 871. * M 1,24.
" 13. Das Schnüren mit Papier. Für Kinder von 6—14 Jahren. (4 S. mit 12 Stnt.) 872. * M 1,20.
" 14. Fadenspiele. Für Kinder von 3—7 Jahren. (4 S. mit 11 Stnt.) 872. * M 1,20.

—— —— dass. — Flechtmaterial-Mappe. 10. Aufl. qu. gr. 8. (1 Flechtnadel, 72 farb. Flechtblätter und Flechtstreifen in 8 Farben und in 3 Größen und 2 Breiten.) Ebendas. 875. * 1 50

Seidel, F., und F. Schmidt: Arbeitsschule. Weimar

1. Das Netzzeichnen. Abth. 1. Geradlinige Figuren. 9. Aufl. (1891)
3. Das Pappen (Modelliren). 4. Aufl. 1875
4. Das Ausstechen. 3. Aufl. 1875
5./6. Das Stäbchenlegen und die Erbsenarbeiten. 5. Aufl. (Um 1877?)
7. Das Netzzeichnen. Abth. 2. Krummlinige Figuren. 4. Aufl. 1878
8. Das Thonmodelliren. 3. Aufl. 1882
9. Das Verschränken. 2. Aufl. 1877
10. Das Ausschneiden. 3. Aufl. 1891
11. Das Nähen. Abth. 1. Für Anfänger. 2. Aufl. 1875
12. Das Nähen. Abth. 2. Für Geübtere. 2. Aufl. 1875
13. Das Schnüren mit Papier. 2. Aufl. 1891
14. Fadenspiele. 2. Aufl. 1891
15. Der gegliederte Stab. 1875
16. Schneesterne. Bilder zum Anschauen, Stäbchenlegen, Ausstechen, Ausnähen und zum Zeichnen in's Gedrittnetz. 1875

—— und Fr. Schmidt, Arbeitschule. 1., 7., 9., 15. und 16. Heft. gr. 8. Weimar, Böhlau. * 7 17

Inhalt:

Heft 1. Das Netzzeichnen. 1. Abthl.: Geradlinige Figuren. Für Kinder von 5—8 Jahren. 8. Aufl. (8 S. mit 18 Stnt.) 879. * M 1,60.
" 7. —— dass. — 2. Abthl.: Krummlinige Figuren. Für Kinder von 7—12 Jahren. 4. Aufl. (4 S. mit 12 Stnt.) 878. * M 1,24.
" 9. Das Verschränken. Für Kinder von 5—12 Jahren. 2. verb. Aufl. (4 S. mit 12 Stnt.) 877. * M 1,24.
" 15. Der gegliederte Stab. Für Kinder von 5—8 Jahren. (4 S. mit 8 Stnt.) 875. * M 1,24.
" 16. Schneesterne. Bilder zum Anschauen, Stäbchenlegen, Ausstechen, Ausnähen und zum Zeichnen ins Gedrittnetz. (11 S. mit 12 Stnt.) 875. * M 1,60. — Netzbuch dazu * 25 Pf.

— — und Fr. Schmidt, Arbeitsschule. 8. Heft: Das Thonmodelliren. Für Kinder von 4—14 Jahren. 3. Aufl. Lex.-8. (VII S. mit 9 Stnt.) Weimar 882, Böhlau. * 1 25

— — u. Fr. Schmidt. Arbeitschule. I., X., XIII u. XIV. hoch 4. Weim. 891, Böhlau. * 5 32
1. Das Netzzeichnen. 1. Abthl. Geradlinige Figuren. Für Kinder von 5—8 J. 9. Aufl. (18 Taf. m. 8 S. Text.) * 1 60.
X. Das Ausschneiden. Für Kinder von 5—12 Jahren. 3. Aufl. (12 Taf. m. 4 S. Text.) * 1 24.
XIII. Das Schnüren m. Papier. Für Kinder von 6—14 Jahren. 2. Aufl. (12 Taf. m. 4 S. Text.) * 1 24.
XIV. Fadenspiele. Für Kinder von 3—7 Jahren. 2. Aufl. (11 Taf. m. 4 S. Text.) * 1 24.

— u. J. Huhn, Vögleins Aufenthalt in Feld u. Wald. Ein Lieder- u. Bilderbuch. Langensalza 862. Greßler. gr. 16. (30 S. u. 15 color. Lithogr.) n. 24 ngr.

— — und J. Huhn, Vögleins Aufenthalt in Feld und Wald. Ein Lieder- und Bilderbuch. br. 8. (30 S. mit 15 Chromolithogr.) Langensalza 862, Schulbuchh. des Thüringer Lehrer-Vereins. cart. *

Seidel, Frdr., das Bauen nach Fröbel, s.a. Hirt's Vorlagen zu Fröbel'schen Beschäftigungen.

Seidel, Frdr., das Bauen nach Fröbel. Vorlagen u. Anweisg. 1—4. Hft. 4. Leipzig 877. Hirt & Sohn. n. 4. 50
1. 178 Vorlagen. (2 S. m. 6 Steintaf.) n. 1. —
2. 222 Vorlagen. (2 S. m. 6 Steintaf.) n. 1. —
3. 208 Vorlagen. (2 S. m. 10 Steintaf.) n. 1. 25
4. 121 Vorlagen. (2 S. m. 10 Steintaf.) n. 1. 25

Seidel, Frdr., das Bauen nach Fröbel. Vorlagen u. Anweisg. 2. Aufl. 4 Hfte. gr. 8. (à 4 S. Text.) Wien 890. Pichler's Wwe. & Sohn. n. 4. 60
1. 178 Vorlagen auf 6 Taf. n. 1. —
2. 222 Vorlagen auf 6 Taf. n. 1. —
3. 208 Vorlagen auf 10 Taf. n. 1. 30
4. 121 Vorlagen auf 10 Taf. n. 1. 30

Seidel, Friedr., Beschäftigungs-Magazin für Kindergärten, Bewahr- und Kleinkinderschulen, Kindergärtnerinnen-Seminare, Arbeitsschulen und Elternhaus. I.—III. gr. 8. (42 S. mit 12 Stnt.; 12 S. mit 12 Stnt.; 2 S. mit 12 Stnt.) Wien 882—84, Pichler's Wwe. und Sohn. à * M 1. * 3 —

— — Beschäftigungs-Magazin für Kindergärten, Bewahr- und Kleinkinderschulen, Kindergärtnerinnen-Seminare, Arbeitsschulen, Knabenhorte und Elternhaus. IV—VII. gr. 8. (à 12 Taf. mit 1 Bl. Text.) Wien 885—88, Pichler's Wwe. und Sohn. à * M 1.—. *
I—III. Ebendas. 1882—84. à * M 1.—.

— — Beschäftigungs-Magazin f. Kindergärten, Bewahr- u. Kleinkinderschulen, Kindergärtnerinnen-Seminare, Arbeitsschulen u. Elternhaus. VIII. Leichtes Ausschneiden als Vorübg. zum Fröbel'schen Ausschneiden. gr. 8. (12 Taf. m. 3 S. Text.) Ebd. 889. * 1 —

— — dass. — [Gesamt-Ausg.] gr. 8. (12 S. m. 120 Taf.) Ebd. 892. In Mappe * 5 —

Seidel, Frdr., Beschäftigungs-Magazin f. Kindergärten, Bewahr- u. Kleinkinderschulen, Kindergärtnerinnen-Seminare, Arbeitsschulen, Knabenhorte, Handfertigkeitsunterricht u. Elternhaus. gr. 8. (12 S. m. 120 Taf.) Wien 892. A. Pichler's Wwe. & Sohn. In Mappe. n. 5. —

Seidel, Friedr., die Bewegungsspiele und Lieder des Fröbel'schen Kindergartens. Gesammelt und bearb. gr. 8. (VIII, 296 S.) Ebendas. 888. * M 3.20.; geb. *

Seidel, Frdr., die Bewegungsspiele u. Lieder des Fröbelschen Kindergartens. Gesammelt u. bearb. 2. Aufl. gr. 8. (VIII, 296 S.) Wien (899). A. Pichler's Wwe. & Sohn. n. 3. 20; geb. in Leinw. n. 3. 60

— — Buch der Erzählungen für Mütter, Kindergärtnerinnen und Lehrer, s. Köhler, A.

— das Buch der Trinksprüche, Fest- u. Tischreden in Versen. 4., verm. Aufl. 8. (IV, 192 S.) Weimar 893. B. F. Voigt. 1. 50

— — Einblicke durch Fenster, Thür und Dach in das Innere des Menschen. Eine Quintessenz der Beobachtungen und Forschungen eines Lavater, Gall, Spurzheim, Roger, David u. a. m. über Physiognomik; Schädellehre, Mund, Zähne und Lippen; Haltung und Bewegung des Körpers, Stimme, Gang, Kleidung; Mimik; Deutung und Auslegung der Handschriften; Chirologie rc. 3. Aufl., durchgesehen, verb. und verm. von F. S. gr. 8. (XVI, 152 S. mit 14 Taf. Abbild.) Weimar 886, B. F. Voigt.

Seidel, Friedrich (Hrsg.), s. Felden, Joh. v.: Geometria ...

— Figuren-Räthsel-Spiel. 2. verb. Aufl. Hierbei 12 (lith.) Taf. m. 119 Fig. gr. 16. (2 S. Text m. 4 Holztäfelchen.) Weimar 877. Böhlau. In Mappe. n. 1. 80

— — Figuren-Räthsel-Spiele. 2. verb. Aufl. Hierbei 12 (lithogr.) Taf. mit 119 Fig. gr. 16. (2 S. Text mit 4 Holztäfelchen.) Weimar 877, Böhlau. In Mappe *

— — Figuren-Räthsel-Spiele für Kinder. Erste Gabe. 8. (4 S. Text und 10 Taf. mit 119 Fig. und 4 Holztäfelchen.) Weimar 870, Böhlau. In Etui. *

— symmetrisches Figurenspiel f. Kinder. 8. (8 S. m. 11 Steintaf. u. Holzfig.) Ebend. 873. In Etui. n. 2. —

Seidel, Friedr., die Frithjof-Sage. Der Jugend erzählt. Mit Illustr. von J. Huhn u. J. Naue. Leipzig 866. Weber. 8. (X, 87 S. mit 8 Holzschntaf.) cart. n. 24 ngr.

Seidel, Frdr., der Froschmäuseler oder Geschichte des Frosch- u. Mäusekriegs von Marx Hupfinsloch von Mauseloch [Geo. Rollenhagen]. Ein Volksbuch aus dem 16. Jahrh. Für Volk u. Jugend neu bearb. Mit Illustr. (in Holzschn.) von A. Wiedemann. Langensalza 861. Greßler. 8. (IV, 139 S.) 15 ngr.

— Gedichte f. Kindergarten u. Elternhaus. gr. 8. (XII, 190 S.) Wien 892. A. Pichler's Wwe. & Sohn. n. 2. —; geb. in Leinw. n. 2. 50

— Katechismus der praktischen Kindergärtnerei. s.a. Weber's, J. J., illustrirte Katechismen.

— Katechismus der praktischen Kindergärtnerei. Mit 35 in den Text gedr. Abbildgn. 3., verm. Aufl. 8. (X, 116 S.) Leipzig 887. J. J. Weber. geb. n. 1. 50

— Katechismus der praktischen Kindergärtnerei. 4. Aufl., s.: Heerwart, Eleonore, Einführung in die Theorie u. Praxis des Kindergartens.

— — der Kindergarten. 8. (48 S. mit eingedr. Holzschn.) Langensalza 863, Schulbuchh. von Greßler.

— der Fröbel'sche Kindergarten. 2. Aufl. gr. 8. (III, 36 S. m. Fig.) Wien 888. Pichler's Wwe. & Sohn. n. — 60

Seidel F. Kindergartnerei. (Weber's illustrierte Katechismen 45) Leipzig 1863

— — Kinderbeschäftigungen. 1. Die Nähschule. Abteilung 1 u 2. 4° Weimar 1868

— — Lieder-Tafel. 75 deutsche Volkslieder für mehrstimm. Männergesang. Ein Taschenbuch für Gesangvereine. 1. Bdchn. 12. (VIII und 188 S.) Weimar 864, Voigt.

Seidel, Friedr., Lieder-Tafel. 75 deutsche Volkslieder für mehrstimmigen Männergesang. Ein Taschenbuch für Gesangvereine. 2. Bdchn. 12. (VIII, 237 S.) Weimar 871, B. F. Voigt. 2 50
1. Bdchn. Ebendas. 1864. ℳ 2.

Seidel, Frdr., Mutter- u. Kose-Lieder, s.: Fröbel, Frdr.

— Lemuel Gullivers Reise nach Brobdingnag, dem Lande der Riesen, s.a. Pichler's Jugendbücherei.

—— L. Gulliver's Reise nach Brobdingnag, s.a. Volks- und Jugend-Bibliothek.

(F) Seidel, F., Lemuel Gullivers Reise nach Brobdingnag, dem Lande der Riesen. [Pichlers Jugendbücherei. Bd. 8.] 8°. (67 S.) Wien: Pichler 1904. geb. K 1.—

— Lemuel Gulliver's Reise nach Liliput, s.a. Volks- u. Jugend-Bibliothek.

—— Lemuel Gulliver's Reise nach Liliput. Für die Jugend bearb. 8. (102 S. mit 8 chromolithogr. Illustr. von J. Huhn und chromolithogr. Titel.) Langensalza 863, Schulbuchh. von Greßler. cart.

Seidel, Fr., merkw. Reisebeschreib. aus Deutschland bis an die Ottomannische Pforte. 8. Leipz. 733.

—— das Ringlegen, s. Hirt's Vorlagen zu Fröbelschen Beschäftigungen.

— das Ringlegen nach Fröbel. Vorlagen u. Anweisung. gr. 8. (12 Steintaf. mit 3 S. Text.) Leipzig 877. Stralsund, Misch. In Mappe n. 1. —; Holzkästchen mit 72 großen u. kleinen, ganzen u. halben Ringen n. 1. —

—— deutsche Schul-Gesänge. 1. Aufl. 1864. 15 Ngr. und 2., wohlf. (Titel-)Ausg. 8. (VIII und 158 S.) Weimar 866, Voigt.

—— deutsche Schul-Gesänge. 3. verb. und verm. Aufl. 8. (VIII, 157 S.) Weimar 876, B. F. Voigt.

—— deutsche Schulreden, unter Mitwirkung hervorragender Schulmänner hrsg. von F. S. gr. 8. (IX, 306 S.) Wien 886, Pichler's Wwe. und Sohn. *

— deutsche Schulreden, hrsg. unter Mitwirkg. v. Armstroff, Bähring, Baron u. A. 2., verm. Abdr. gr. 8. (IX, 314 S.) Wien 891. A. Pichler's Wwe. & Sohn. n. 3. —; geb. n. 3. 50

— Sprüche f. Haus u. Gerät. Gesammelt, geordnet u. hrsg. 8. (VII, 165 S.) Weimar 892. B. F. Voigt. 2. —

Seidel, Friedrich: Studien über den Zellulosedarstellungsprozess und eine Methode für Bestimmung des Reinheitsgrades von Zellulosen. 1907. 81 S. 8°
Dresden, Dr.-Ing.-Diss. v. 13. 2. 1907

— der Herr Vergnügungsrat od. der unerschöpfliche Maitre de plaisir. Wie man's anfängt, zu allen Jahreszeiten, im Freien u. zu Hause, sowie an allen nur denkbaren Freudentagen die belustigendsten Unterhaltgn. anzuordnen. Enth. die besten Spiele, Lieder, Deklamier- u. Kunststücke ꝛc. Ein Handbuch f. alle lebensfrohen Familien. 12. Aufl., völlig neu bearb. 8. (XVI, 312 S.) Weimar 890. B. F. Voigt. 3. —

—— 100 auserlesene deutsche Volkslieder mit Begleitung des Klaviers. Ein bis auf die neueste Zeit fortgeführtes Suppl. zu Wilh. Wedemann's deutschen Volksliedern in 3 Heften. 12. (VI und 221 S.) Weimar 864, Voigt.

—— hundert auserlesene deutsche Volkslieder mit Begleitung des Klaviers. Ein bis auf die neueste Zeit fortgeführtes Supplement zu Wilh. Wedemann's deutschen Volksliedern in 2 Heften. 2. verb. Aufl. gr. 16. (VIII, 221 S.) Ebendas. 871. 2 —

— 100 auserlesene deutsche Volkslieder m. Begleitung d. Klaviers. 3. verb. Aufl. gr. 16. (VIII, 221 S.) Ebend. 876. 2. —

— 100 auserlesene deutsche Volkslieder m. Begleitung d. Klaviers. 4., verb. Aufl. qu. 12. (VI, 219 S.) Ebd. 891. 2. —

Seidel, Friedrich, Referendar a. Zschopau: Die Voraussetzungen des bürgerlichen Zurückbehaltungsrechts. Borna-Leipzig 1907: R. Noske. (IX, 86 S.) 8° [F.]
Leipzig, Jur. Fak., Diss. v. 16. Aug. 1907
[Geb. 29. Aug. 81 Zschopau (Sachsen); Wohnort: Jöhstadt; Staatsangeh.: Sachsen; Vorbildung: Kgl. Gymn. Chemnitz Reife O. 02; Studium: Marburg 3, Leipzig 4 S.; Rig. 2. Febr. 06.]

— die Weihnachtsfeier im Kindergarten, s.: Nitschke, A.

Cantate, in Musik gesetzt vom Br. [Friedr. Ludw.] **Seidel,** und aufgeführt in der Trauer-Loge, gehalten am 13ten Aug. 1826, zu Ehren des am 8ten Juli zum höhern Licht eingegangenen Hochw. Meisters vom Stuhl des geliebten Br. Daniel Gottlieb Friederici [!]. [Text von Theod. Heinsius.] Berlin [1826]: Amelang. 4 Bl. 8° [Umschlagtit.]

Cantate zur Feier des Geburtstages Sr. Majestät des Königs Friedrich Wilhelm III. Von [Edu.] Schüller, in Musik gesetzt vom Br. [Friedr. Ludw.] **Seidel,** und aufgeführt in der Grossen ▭ R[oyal] Y[ork] zur Freundschaft [in Berlin]. Berlin o. J.: Dieterici. 2 Bl. 8° [Umschlagtit.]
Ohne Noten: „In der Völker jauchzende Chöre, . . .“ Üb. Friedrich Wilhelm s. Allgem. Deutsche Biographie Bd 7 1878 S. 700 bis 729 (v. Hartmann); Paulig: Friedrich Wilhelm III. 2. Aufl. 1905; Treitschke: Deutsche Geschichte Bd 1 1879.

Cantate zur Feier des Geburtstages Sr. Majestät des Königs Friedrich Wilhelms III. Vom Br. [Edu.] Schüller, in Musik gesetzt vom Br. [Friedr. Ludw.] Seidel, und aufgeführt in der Grossen ▭ R. Y. zur Freundschaft [in Berlin]. Berlin 1824: Amelang. 2 Bl. 8° [Umschlagtit.]
Ohne Noten.

Cantate zur Feier der fünf und zwanzigjährigen Regierung Sr. Majestät des Königs Friedrich Wilhelms III. Vom Br. [Edu.] Schüller, in Musik gesetzt vom Br. [Friedr. Ludw.] Seidel und aufgeführt in der Grossen □ R[oyal] Y[ork] zur Frdschft. [in Berlin] den 16ten [recte: 24.] Nov. 1822. Berlin [1822]: Dieterici. 2 Bl. 8⁰ [Umschlagtit.]
„In der Völker jauchzende Chöre, . . .“ Gleichen Inhalts mit Nr 15529.

Cantate zum Gedaechtnisse verstorbener Brüder vom Br Carl Dielitz, in Musik gesetzt und der Hochw. Gr. Loge Royal-York zur Freundschaft gewidmet von dem Br [Friedr. Ludw.] **Seidel.** Berlin, den 18. März 1829. [Berlin 1829: Dieterici.] 2 Bl. 4⁰ [Umschlagtit.]
Ohne Noten: „Der Grabgesang, . . .“

Kantate zur Todtenfeier des Br. Ernst Ferd. Klein, gedichtet vom Br. Th[eod.] Heinsius, komp. vom Br. [Friedr. Ludw.] **Seidel.** Berlin, den 18. April 1810. 2 Bl. 8⁰ [Umschlagtit.]
Kl. 1434. Ohne Noten: „Tod ist nicht Tod, ist Uebergang zum Leben, . . .“

Herbst: [Lied.] An meine Brüder. Bei der Aufnahme des [Br.] Herbst gesungen von F[riedr.] L[udw.] **Seidel.** Berlin o. J.: Maass. 2 Bl. 8⁰ [Umschlagtit.]
Ohne Noten: „Wer zu seines Lebens Freuden . . .“

Vereinigte Logen v. Royal York: [Lied.] An die vier St. Johannis-Logen der Gr. Loge Royal York zur Freundschaft. Von Herbst. In Musik gesetzt von [Friedr. Ludw.] **Seidel.** [Berlin 1799.] 2 Bl. 8⁰ [Umschlagtit.]
Ohne Noten: „Wie ein Wandrer, der auf rauhem Stege . . .“

Sieben Lieder nach Sophie Mereau comp. und der Grossen Loge Royale-York [zur Freundschaft in Berlin] achtungsvoll zugeeignet vom Br.·. [Friedr. Ludw.] **Seidel.** [Berlin o. J. 17 S. 8⁰
Mit Noten.

Nächstenliebe: Die Nächsten-Liebe von Joh. Fr. Oswald und F[riedr.] L[udw.] **Seidel.** o. O. u. J. 1 Bl. 8⁰ [Kopftit.]
Lied ohne Noten.

Trauer-Cantate zum Gedächtnisse des verewigten Br. Ludw. Aug. v. Guionneau, gedichtet vom Br. Carl Dielitz; in Musik gesetzt vom Br. [Friedr. Ludw.] **Seidel.** Berlin, den 30. März 1829. [Berlin 1829]: Amelang. 4 Bl. 8⁰ [Umschlagtit.]
Ohne Noten: „Der Grabgesang . .“ Beigefügt ein Lied von J. D. Symanski u. Winter: „Am Sarkophage“.

Weisheit. Stärke. Schönheit: Weisheit, Schönheit, Stärke. Cantate zum Johannis-Feste. Gedichtet vom Br [Edu.] Schüller, in Musik gesetzt vom Br [Friedr. Ludw.] **Seidel.** Berlin o. J.: Dieterici. 8 S. 8⁰ [Umschlagtit.]

[Dasselbe.] . . . zum Johannis-Feste 1822 . . . und der grossen □ Royal-York zur Freundschaft [in Berlin] geweiht. [o. O. 1822.] 8 S. 8⁰

[Dasselbe.] 1825. Berlin 1825: Dieterici. 8 S. 8⁰
Ohne Noten: „Auf der Töne brausenden Wogen, . . .“

Seidel, Friedr. Wilh., Kubik-Tabellen für runde, geschnittene und beschlagene Hölzer nach Metermaß. 8. (IV, 130 S.) Halle 883, Kaemmerer und Comp. cart. * 2 50
geb. * 2 80

[F.] Kubik-Tabellen für runde, geschnittene und beschlagene Hölzer nach Metermaass bearb. v. Fr. Wilh. **Seidel.** Neue Ausg. *Halle a. S.: C. A. Kaemmerer & C. [1896].* (2 Bl., 130 S.) 1 Bd 8. [97. 6745

Seidel, (Kammer-Direktor) G., s. Blätter, gemeinnützige, für Deutschland.

Plan der Schlacht bey Austerlitz nach einer vortrefflichen durch die Güte des K. Franz. H. Generals Maison mitgetheilten Originalzeichnung gefertiget von G. E. F. Seidel 1806. Nürnberg in der Seidel'schen Buchhandlung. Avec relation. 1: 40,000. 1 Bl.

Seidel, G. F., untrügliches durch viele Erfahrungen bewährtes Mittel, die Onanie, die Hypochondrie, den Spleen, wie die Hysterie, und die meisten, wo nicht alle hartnäckigen Unterleibsverstopfungen sammt den dadurch erzeugten heftigen Schweißen, der Schlaflosigkeit, dem Kreuzschmerz und andere Nebenkrankheiten, ohne die mindeste Medizin von Grund aus und mit der Wurzel für immer zu vertilgen, nebst Darlegung der wahren Ursachen der obengenannten Krankheiten. 2., durch viele Erläuterungen verm. und verb. Aufl. gr. 16. (48 S.) Dresden 850, (Arnoldische Buchh.) **

Seidel, G. F. (Hrsg.), s. Obermayer, Ed.: Das Königliche Lustschloss Schleissheim.

Seidel, G. F., die königliche Residenz in München. Mit Unterstützung Sr. Maj. des Königs Ludwigs II. von Bayern. In Kupferstichen von Ed. Obermayer und Farbendrucken von Winckelmann und Söhne. (In 8 Lfgn.) 1.—4. Lfg. Imp.-Fol. (15 Kpfrst. und 3 Chromolithogr.) Leipzig 873, Seemann.
Ausg. mit der Schrift auf weissem Pap. à Lfg. *M. 24. 96 —
Ausg. vor der Schrift auf weissem Pap. mit breitem Rande à Lfg. *M. 30. 120 —
(Pracht-)Ausg. vor der Schrift auf chines. Pap. mit breitem Rande à Lfg. *M. 45. 180 —

Seidel, G. F., die königl. Residenz in München. Mit Unterstützung Sr. Maj. des Königs Ludwig II. von Bayern. In Kupferstichen von Ed. Obermayer und Farbendrucken von Winckelmann und Söhne. 5.—8. (Schluss-)Lfg. Imp.-Fol. (18 Kpfrst., 1 Chromolithogr. und 2 Bl. Text.) Leipzig 875—79, Seemann.
Ausg. mit der Schrift auf weissem Pap. à Lfg. *
Ausg. vor der Schrift auf weissem Pap. mit breitem Rande à Lfg. *
(Pracht-)Ausg. vor der Schrift auf chines. Pap. mit breitem Rande à Lfg. *
Compl. * ℳ 192.; geb. in Halbjuchten * ?

Seidel, G. F., die königl. Residenz in München, mit Unterstützung Sr. Maj. des Königs Ludwig II. hrsg. Text-Bd.: Geschichte der Residenz in München von ihren frühesten Zeiten bis herab zum J. 1777, nach archival. Quellen bearb. von Chrn. Haeutle. gr. 4. (X, 151 S.) Leipzig 883, Seemann. * 12 —

Seidel, G. F., das königl. Lustschloss Schleissheim, mit Unterstützung Sr. Maj. des Königs Ludwig II. hrsg. 12 Taf. in Kpfrst. von Ed. Obermayer. gr. Fol. Nebst einem histor. Texte von J. Mayerhofer. hoch 4. (XV, 59 S. mit 3 Lichtdr.-Taf.) Leipzig 885, Seemann.
Ausg. I. auf chines. Pap. in Mappe **
Ausg. II. auf weissem Pap. in Mappe **

Seidel, Geo., s.: Kalender, maschinen-technischer, der graphischen Gewerbe.

Seidel, Geo. Frdr., Baugeschichte d. Domes u. Klosters Ettal im bayerischen Gebirge bei Oberammergau. Mit 3 Kpfrtaf. [Aus: „Ztschr. f. Bauwesen".] Fol. (8 S.) Berlin 890. Ernst & Korn. cart. n.n. 9. —

Seidel, Gotthold Emanuel Friedrich

Seidel, Gtthlb. Emm. Fr., Auswahl bibl. Sprüche u. Liederverse, zum Unterricht in d. christl. Lehre. 8. Nürnb. 814. 2e A. 815. 3e A. 820. Riegel u. W. 4 gr

— Beicht- u. Communionbuch für evangel. Christen. s.a. Rosenmüller, J. G.

— — Beicht- und Communionbuch für evang. Christen. herabgesetzter Preis; auf ungeleimt Schreibpapier Sulzbach, Seidel. 821. — 8
Auf Postpapier. — 12

GOTTHOLD EMANUEL FRIEDRICH SEIDEL, Denkmal der Hochachtung, Liebe und Dankbarkeit Herrn Johann Albert Colmar, beider Rechte Doctor, ... im Namen des Pegnesischen Blumenordens errichtet. Nürnberg, 1835. 4o.

G. E. F. SEIDEL, Denkmal der Hochachtung, Liebe und Dankbarkeit Herrn Johann Friedrich Frank Königlich Bairischem Stadtpfarrer bey St Sebald und Herrn Michael Christoph Albrecht Riederer Diakon an derselben Kirche im Namen des Pegnesischen Blumenordens gesetzt Nürnberg, 1813. 4o.

GOTTHOLD EMANUEL FRIEDRICH SEIDEL, Denkmal der Hochachtung und Liebe Herrn Georg Wilhelm Friedrich Freiherrn Löffelholz, von Colberg auf Zerzabelshof, ... im Namen des Pegnesischen Blumen-Ordens gesetzt Nürnberg 1819. 4o.

— Einführungs-Rede d. Hrn. Besenbeck, s. Gli. Fd. Besenbeck, Antrittspredigt.

— Ideen zu Beichtreden. gr. 8. Sulzb. Seidel. 812.

Seidel, G. E. F., u. E. Bauer, Jugendkalender, siehe Jugendkalender.

— Kanzelrede, gehalten am letzten Abende des Jahres 1814. 2e Aufl. gr. 8. Nürnb. 815. (v. Ebner). 2 gr

— Kanzelrede gehalten am letzten Abende des Jahres 1814. 2te Aufl. gr. 8. Nürnb. Lechner. 815.

Seidel, Gtho. Emm. Friedr., Kanzelrede am letzten Abende d. J. 1830 gehalt. gr. 8. (1 B.) Nürnberg 831, v. Ebner.

—— Kanzelrede am letzten Abende d. J. 1831 gehalt. gr. 8. (1 B.) Nürnberg 832, v. Ebner.

—— Kanzelrede am letzten Abende d. J. 1832 gehalt. gr. 8. (1 B.) Nürnberg 833, v. Ebner.

—— Kanzelrede, gehalt. am letzten Abende d. J. 1833 in d. Kirche zu St Aegidien. gr. 8. (1 B.) Nürnberg 834, v. Ebner.

—— Kanzelrede, geh. am letzt. Abende d. J. 1834. gr. 8. (1 B.) Nürnberg 835, v. Ebner'sche Buchh.

—— Kanzelrede, geh. am letzt. Abende d. J. 1835 in d. Kirche zu St. Aegidien. gr. 8. (1 B.) Nürnberg 836, v. Ebner'sche Bh.

— Kanzelrede, zum Andenken an Karl Valent. Veillodter gehalten. 4. Nürnb. 828. Riegel u. W. 6 gr

— Kanzelrede am 6. Sonnt. nach Trinit. 1824. gr. 8. Nürnb. 824. Riegel u. W. 2 gr

— Kanzelrede am Tage des 300jähr. Jubelfeier des Nürnberg. Gymnasiums. gr. 4. Nürnb. 824. Riegel u. W. 2 gr

—— Krankenbüchlein. Nach d. Tode d. Verf. hrsg. u. mit Zusätzen aus d. schriftl. hinterlass. Predigten dess. verm. v. J. S. Sondermann. gr. 8. (10 B.) Nürnberg 839, Riegel u. Wießner.

— neuer Orbis Pictus in 6 Sprachen; od. d. belehrende u. unterhalt. Bilderbuch, m. 40 illum. K. 16. Nürnberg, Campe. 810.

— s.a. Seidel, Heinrich

—— Predigt f. d. letzten Abend d. J. 1836. gr. 8. (1 B.) Nürnberg 837, v. Ebner'sche Buchh.

— Predigt am Erndtefest 1817. gr. 8. Nürnb. 817. Riegel u. W. 2 gr

— Predigt zur Feier des ersten Säcularkirchweihfestes bei St. Aegydien. 2e A. gr. 8. Nürnb. 818. Riegel u. W. 2 gr

—— Predigt am Feste d. 300jähr. Säcularfeier d. Uebergabe d. Augsburg. Confession d. 25. Juni 1830. gr. 8. (1 B.) Nürnberg, v. Ebner.

— Predigt auf das Neujahrsfest 1821. gr. 8. Nürnb. 821. Riegel u. W. 2 gr

—— Predigt, gehalt. am Reformationsfeste 1831. gr. 8. (1 B.) Nürnberg 822, (Stein.)

Seidel, Gtthlb. Emm. Fr., Predigt, am Sonnt. nach Neujahr gehalten. 8. Nürnb. 808.

Seidel, (G. E. F.,) Predigten am letzten Abend d. Jahres v. 1815—27. gr. 8 Nürnb. Riegel u. W. à 2 gr.

—3 Predigten, am Schlusse des J. 1806 gehalten. gr. 8. Sulzb. 806. v. Seidel. 3 gGr.

— dreizehn Predigten. gr. 8. Nürnb. 817. (v. Ebner). 9 gGr. Schrbp. 16 gGr. Velinp. 1 Rthlr. 8 gGr.

Seidel, G. E. F., dreizehn Predigten. gr. 8. Nürnberg, Lechner. 817.

Rthlr.	—	9
Schreibpap.	—	16
Velinpapier	1	8

—— Predigten üb. d. sonn- u. festtägl. Episteln d. Jahres, s. Predigten.

—— neun Predigten üb. d. Gebet d. Herrn. N. d. Tode d. Verf. unveränd. nach d. hinterlass. Mspte. hrsg. gr. 8. (7⅛ B.) Nürnberg 838, Riegel u. Wießner.

—4 Predigten, gehalten in der Passionszeit. gr. 8. Sulzb. 810. v. Seidel. 6 gGr.

—2 Predigten am Feste der Säcularfeier der Reformation 1817. gr. 8. Nürnb. 817. Riegel u. W.; (a. v. Ebner). 4 gGr.

—2 Predigten, bei Gelegenheit d. Jahreswechsels 1816—17 gehalten. gr. 8. Nürnb. 817. Riegel u. W. 3 gGr.

—2 Predigten am Reformationsfeste, im J. 1817, gehalten v. ... Veillodter u. ... Seidel. gr. 8. Nürnb. 817. Riegel u. W. 2 gGr.

— Rede gehalten am letzten Abend, des Jahres 1813. gr. 8. Nürnb. Campe. 814.

Rede zum Andenken an Karl Valentin Veillodter, der Theologie Doctor, Decan, Hauptprediger und Distriktsschuleninspector in Nürnberg, gehalten von dem Präses des pegnesischen Blumenordens GOTTHOLD EMANUEL FRIEDRICH SEIDEL, ... in der Versammlung am 17. November 1828. Nürnberg, Verlag von Riegel und Wiessner. 4°.

—— Rede zum Andenken an D. V. K. Veillodter. Am 17. Nov. 1828. 4. (3 B.) Nürnberg, Riegel u. Wießner.

– s. Ries, Heinrich Aug. Andr.: Auserlesenes und vollständiges Gebetbuch für gläubige Christen ...

— Samml. 18 einzeln erschien. Kanzelreden u. Predigten in den J. 1814—1821. gr. 8. Nürnb. 821. (v. Ebner). 1 Rthlr. 4 gGr. Einzeln unter folg. Titeln: Kanzelrede, gehalt. in der letzten Abendstunde d. J. 1815. 2e A. gr. 8. 816. (v. Ebner). 2 gGr. — Dies. am letzt. Abende d. J. 1816. 2e A. gr. 8. 817. 2 gGr. — Dies. gehalt. am letzt. Abende d. J. 1817. gr. 8. 818. 2 gGr. — Dies. am letzt. Abende d. J. 1818 gehalt. gr. 8. 818. 2 gGr. — Dies. am letzt. Abende d. J. 1819 gehalt. gr. 8. 819. 2 gGr. — Dies. am Abende d. J. 1820 gehalten. gr. 8. 821. 2 gGr. — Kirchweihpredigt, am 14n Sonnt. nach Trinit. 1820 gehalt. gr. 8. 820. 2 gGr. — Predigt, gehalt. am ersten Tage des J. 1817. 2e Aufl. gr. 8. 817. 2 gGr. — Predigt, am Erndtefeste 1817 gehalt. gr. 8. 817. 2 gGr. — Predigt, zur Feier des 1n Säcularkirchweihfestes bei St. Aegydien, am 15n Sonnt. nach Trinitatis gehalt. gr. 8. 818. 2 gGr. — Predigt, wo ist Christus? gr. 8. Nürnb. 820. (v. Ebner). 2 gGr. — Predigt auf das Neujahrsfest 1821. Nürnb., (v. Ebner). 2 gGr.

—— Sammlung 28 einzeln erschienener Kanzelreden und Predigten, in d. Jahren 1814 bis 1821. gr. 8. Nürnberg, Lechner. 821. 1 4

Einzeln unter folgenden Titeln:

(Seidel, G. E. F., Kanzelrede, geh. in der letzt. Abendst. d. J. 1815. 2te Aufl. gr. 8. 816. 2 Gr. — dies. am letzten Abende d. J. 1816. 2te Aufl. gr. 8. 817. 2 Gr. — dies. geh. am letzten Abende d. J. 1817. gr. 8. 818. 2 Gr. — dies. am letzt. Abend. d. J. 1818. geh. gr. 8. 818. 2 Gr. — dies. am letzten Abende d. J. 819. gehalten. gr. 8. 819. 2 Gr. — dies. am Abende d. J. 1820 gehalten. gr. 8. 821. 2 Gr. — Kirchweihpredigt am 14. S. nach Trinitatis 1820 gehalten. gr. 8. 820. 2 Gr. — Predigt, gehalten am ersten Tage des Jahres 1817. 2te Aufl. gr. 8. 817. 2 Gr. — Predigt am Erndtefeste 1817 gehalten. gr. 8. 817. 2 Gr. — Predigt zur Feyer des ersten Säkularkirchweihfestes bey St. Aegidien, am 15. S. nach Trinitatis gehalten. gr. 8. 818. 2 Gr. — Predigt, wo ist Christus? gr. 8. 820. 2 Gr. — Predigt auf das Neujahrsfest. 821. 2 Gr.)

— Samml. einzeln erschienener Kanzelreden u. Predigten, in d. J. 1814—29 gehalten. 2 Bde. gr. 8. Nürnb. 831. v. Ebner. 2 Rthlr. 4 gGr.

—— Sammlung einzeln erschien. Kanzelreden u. Predigten, in d. J. 1821 bis 1829 gehalt. 2. Bd. gr. 8. (16½ B.) Nürnberg 831, v. Ebner.

1. Bd., 28 Reden u. Predigten, gehalt. 1814—21. Ebendas. 1821. 1 Thlr. 4 Gr.

— Sammlung v. Predigtentwürfen rc. gr. 8. Nürnb. Stiebner. 802.

— Samml. unterhaltender u. belehr. Reisebeschreibb. für die erwachsene Jugend. 2 Thle. Mit Kpf. u. Kart. 8. Nürnb. 806—808. Campe. 2 Rthlr.

— Schematismus d. mathemat. Geographie, so weit sie zum Elementar-Unterricht d. Geographie überhaupt nöthig ist. Landkartenform. Nürnb. 806. Frmbo. 6 gGr.

— Synodalpredigt, gehalten in d. Hauptkirche zu St. Sebald im J. 1812. gr. 8. Sulzb. Seidel. 812.

— Vesperpredigt am letzten Tage d. J. 1807 gehalten. gr. 8. Sulzbach, Seidel.

— einige Worte über die Empfänglichkeit d. Kinderseelen. gr. 8. Nürnb. 816. (v. Ebner); (a. Riegel u. W.) 2 gGr.

—— Worte d. alten Lehrers an seine geliebte Gemeinde bei d. Wechsel d. J. 1837 u. 1838. gr. 8. (1 B.) Nürnberg 838, v. Ebner'sche Buchh.

— Worte des Trostes. Nürnberg 826. jetzt: (Berlin, Bade.)

Seidel, Gli. Fr.: Der exotische Gärtner, s.a. Cushing

Seidel, Gi. Fr., d. exotische Gärtner, od. d. Art u. Weise, wie d. Engländer d. Pflanzen in d. Gewächshäusern behandeln u. vermehren etc. Aus d. Engl. d. John Cushing, mit Anmerk., e. Anhang u. 2 Kpf. etc. gr. 8. Dresden, 1817. (Leipzig, Barth.) 1. 15

Seidel, G. F., der exotische Gärtner, oder die Art und Weise, wie die Engländer die Pflanzen in den Gewächshäusern behandeln und vermehren rc. Aus dem Engl. des J. Cussing übers. und mit Anmerk. und einem Anhange und 2 Kupfr. erläutert rc. gr. 8. Dresden, (Leipzig, Barth.) 817. 1 12

Seidel, Günther Karl Friedrich

Seidel, G. K. F., histor. Beyträge u. Dokumente zu Ramsay Gesch. d. Amerikan. Revolut. s. Ramsay Geschichte d. Amerikan. Revolut. 4r.

– s. Eratosthenis geographicorum fragmenta.

– s.a. Franken, Die, und Karl der Grosse.

(Seidel, Günth. C. Fr.) Die Franken und Carl der Grosse. 12. Berlin 1793.

Seidel, Günth. Karl Fr., († d. 9. April 1800.) neueste Geschichte von Europa, s.a. Geschichte des heutigen Europa, 13r u. 14r Bd.

SEIDEL, Günther Karl Friedrich 1764 - 1800
Neueste Geschichte von Europa seit dem Ende des siebenjährigen Krieges.
Von G. K. F. Seidel ...
Erster [- Zweiter] Theil.
Berlin: Maurer. 1798 [- 1799]. 8°.
William Russell, Geschichte des heutigen Europa,
A. d. Engl. von Joh. Friedr. Zöllner, Dreizehnter [- Vierzehnter] Theil.
Stadt- und Universitätsbibliothek Bern
Johann Friedrich Zöllner, 1753-1804

– s. Gibbon, Edward: Geschichte des Verfalls und Untergangs des Römischen Reichs.

– s. Middleton, Conyers: Römische Geschichte.

Seidel, Günther Karl Fr., s. Ovid's Metamorphosen.

– (Übers.), s. Ramsay, David: Geschichte der Amerikanischen Revolution ...

SEIDEL, Günther Karl Friedrich 1764 - 1800
Die Staatsverfassung der Vereinigten Staaten von Nordamerika und historische Beiträge und Belege zu der Geschichte ihrer Revolution. Von G. K. F. Seidel. s. David RAMSAY, Geschichte der Amerikanischen Revolution, 4 Bde. [Berlin 1794-95]. Bd. 4.

Seidel, Gustav (geb. am 1 Jan. 1848 in Mihla Grossh. Weimar): Ueber Bronchialcroup ... Bonn, Buchdr. v. P. Neusser (1872). 25 S., 1 Bl. 8.
Bonn, Med. Fak., Diss. v. 26 Juli 1872

Seidel, H., Bilder aus dem Alltagsleben d. Togoneger, s.: Missionsschriften, Bremer. Nr. 9.

Seidel, H. und Bittner J. C.: Über Derivate der Nitrophtalsäuren. S. 111. IIb. 244.
Separatabdruck

– s.: Deutschland, das überseeische.

Seidel, H., die Missionsstation Ho in Deutsch-Togo, s.: Missions-Schriften. Bremer. Nr. 4.

Seidel, H., Instruktion für ethnograph. Beobachtungen u. Sammlgn. in Togo. Zusammengest. im Auftr. d. Direktion d. kgl. Museums f. Völkerkunde in Berlin u. m. Zugrundelegg. e. entsprech. Instruktion f. Deutsch-Ostafrika von v. Lutschan. [Aus: „Mittheilungen aus d. deutschen Schutzgebieten."] gr. 8. (64 S.) Berlin 897. E. S. Mittler & Sohn. n. 1.25

Seidel, H., Die natürlichen Kanäle auf den Salomo-Inseln. (Sonder-Abdruck a. „Globus".)

Das Zahnärztliche Institut der Westfälischen Wilhelms-Universität. Chronik u. Bericht über d. ersten drei Semester s. Bestehens ... bearb. von Hans Seidel. Münster i. W. 1909: Westf. Vereinsdr. 56 S. 8°

Seidel, Hans, Referendar: Die Grundzüge der Geschichte des eigenhändigen Testaments. Borna-Leipzig 1910: Noske. x, 90 S. 8°
Leipzig, Jur. Diss. v. 31. Jan. 1910
[Geb. 9. Juni 81 Dresden; Wohnort: Dresden; Staatsangeh.: Sachsen; Vorbildung: Kgl. Gymn. Dresden-N. Reife O. 01; Studium: Freiburg i. B. 1, Berlin 1, Leipzig 6 S.; Rig. 26. Febr. 06.] [U 10. 2887

Seidel, Hans, approb. Arzt aus Berlin: (Aus d. Kgl. Universitäts-Frauenklinik zu Berlin.) Laparotomie bei 90 Fällen von freiem Bluterguß in die Bauchhöhle infolge unterbrochener Tubenschwangerschaft mit besonderer Berücksichtigung der Prognose. *Berlin (1903): G. Schade.* (54 S.) 8°
Berlin, Med. Diss. v. 13. Febr. 1903

Seidel, Heinrich

Seidel, Hnr., Abdallah, König von Persien. Trspl. in 5 Akt. 8. Leipz. 827. Wienbrack. 20 g

— Allerlei aus Stadt u. Land,
— der Besuch in Berlin,
— der Besuch auf dem Lande,
s.: Röhling, C.

Seidel, Heinr., Blätter im Winde. Gedichte. 16. (VIII, 171 S.) Berlin [Breslau] 872, Hoffmann. 3 —

Seidel, Heinr., Eginhard u. Emma. Drama in 5 Akt. Br. 8. (9½ B.) Bunzlau 837, Appun's Buchh.

Seidel, Heinrich: Norddeutsche Erzähler, s. Jensen, Wilhelm

Seidel, Hnr. I., Gedichte. 8. Dessau u. Leipz. 808. Voß. 18 g

Gedichte von Heinrich Seidel. Gesamtausgabe. *Stuttgart & Berlin: J. G. Cotta Nachf. 1903.* (XIV, 343 S.) 8° [F.] [03. 13464

Seidel, Heinrich, Dr.: Zur Geschichte des deutschen Aufsatzes bei der Reifeprüfung an den höheren Lehranstalten Preussens. T. 1. *Sagan (1901): C. Koeppel.* (S. 3–26.) 4°
Sagan, k. kath. G, OP 1901 (220)

Seidel, Heinrich Dr.: Zur Geschichte des deutschen Aufsatzes bei der Reifeprüfung an den höheren Lehranstalten Preußens. T. 2. *Sagan (1902): C. Koeppel.* (S. 3–20.) 4° [Forts. d. P-Beil. 1901.]
Sagan, k. kath. G, OP 1902 (228)

—— Geschichten und Skizzen aus der Heimath. 2. veränd. und sehr verm. Aufl. gr. 16. (343 S.) Leipzig 885, Liebeskind. * M 8.—.; geb. **

Seidel, Heinrich [Dr.]: Über römische Grabinschriften. I. Tl. Sagan, Druck v. P. Mertsching, 1891; S. 3—22; 4°
Sagan, k. kath. G, OP 1891 (201)

Der Haselwurm. Von Heinrich Seidel. Gera-Untermhaus [1899]: F. E. Köhler. (14 S.) 8°
(Monatsschrift, Ornithologische, d. Deutschen Vereins z. Schutze d. Vogelwelt. Bd 24, Unterhalt. Beil. [2.])

— aus der Heimath. Studien. gr. 16. (VI, 222 S.) Ebend 874. n. 3. 60; geb. n. 4. 80

— Heimatgeschichten. Gesamt-Ausg. 2 Reihen. 8. (IV, 362 u. IV, 374 S.) Ebd. 902. à n. 4.—; geb. in Leinw. à n. 5.—

— Heimatgeschichten. Gesamt-Ausg. I. Reihe. 2. Aufl. (3. Taus.) (VI, 362 S.) 8. Ebd. 909. 4.—; geb. 5.—

Leberecht Hühnchen von Heinrich Seidel. Gesamtausg. *Stuttgart: J. G. Cotta Nachf. 1901.* (342 S.) 8° [F.] [02. 13464

— Leberecht Hühnchen. Gesamtausg. 2.—4. Aufl. (11. bis 25. Taus.) (VIII, 342 S. m. Bildnis.) 8. Ebd. 903. 907. n. 4.—; geb. n. 5.—

— Leberecht Hühnchen. Gesamtausg. 5.—8. Aufl. (26.—45. Taus.) (VIII, 342 S. m. Bildnis.) 8. Ebd. 907—11. 4.—; geb. 5.—

—— die Jahreszeiten, s. Röhling, C.

Seidel, Heinr., Idyllen und Scherze. Neue Gedichte. 3. Sammlung. 12. (VIII, 163 S.) Leipzig 883, Liebeskind. * 2 50
Die 1. und 2. Sammlung erschienen u. d. T.: Blätter im Winde und Winterfliegen.

— Idyllen u. Scherze. Neue Gedichte. 3. Sammlg. 12. (VIII, 163 S.) Ebend. 884. n. 2. 50

Seidel, Heinr., Jorinde u. andere Geschichten. 12. (XI, 351 S.) Leipzig 882. Liebeskind. n. 3. —

— Kinderlieder u. Geschichten. Mit Buchschmuck v. Carl Röhling. (X, 190 S.) 4. Stuttgart (903). Union. Geb. in Leinw. n. 3. 50

Kinderlieder und Geschichten. Von Heinrich Seidel. Mit Buchschmuck von Carl Röhling. 2. Aufl. Stuttgart, Berlin, Leipzig: Union [1903]. (190 S.) 8°

— Kinkerlitzchen. Allerlei Scherze. (Kleine Ausgabe Liebeskind V.) 16. (VIII, 172 S. Ebd. 895. n. 1. —; Einbd. n.n.n. — 50

— Kinkerlitzchen. Allerlei Scherze. 7. Taus. (X, 172 S.) kl. 8. Ebd. 909. 1.—; geb. 1. 50

Seidel, Heinr., Mosaik. (Gedichte.) 8. (9 B.) Stuttgart 844. Hallbergersche Vrlgsh.

— die Musik d. armen Leute u. and. Vorträge. gr. 8. (V, 41 S. m. Musikbeilage 6 S. in qu. 4.) Ebd. 896. n. — 50

Die Musik der armen Leute und andere Vorträge von Heinrich Seidel. Mit 1 Notenbeil. 2. verm. Aufl. Stuttgart & Berlin: J. G. Cotta Nachf. 1905. (48 S.) 8° [F.] [ob. 1,80]

— die Musik der armen Leute u. andere Vorträge. Mit e. Notenbeilage. 2., verm. Aufl. (11.—16. Taus.) (48 u. Notenbeilage VI S.) 8. Stuttgart 906. J. G. Cotta Nachf. n. — 50

— Die Musik der armen Leute u. andere Vorträge. 3. Aufl. (16.—20. Taus.) (48 u. Notenbeilage VI S.) 8. Ebd. 909. — 50

— Naturbilder. Hrsg. v. H. Wolfg. Seidel. (VIII, 175 S.) 8. Leipzig (909). B. Elischer Nachf. 2.50; geb. in Leinw. 3. 50

— Natursänger. Mit 110 Orig.-Zeichngn. v. H. Giacomelli. Lex.-8. (VIII, 207 S.) Leipzig 888. Elischer. n. 9. —; geb. in Halbleinw. n. 10. —; in Prachtbd. m. Goldschn. n. 12. —

— Neues v. Leberecht Hühnchen u. anderen Sonderlingen. Der Vorstadtgeschichten 2. Bd. 12. (V, 347 S.) Leipzig 888. Liebeskind. n. 3. —

Der Neuntöter. Von Heinrich Seidel. Gera-Untermhaus [1899]: F. E. Köhler. (11 S.) 8°
(Monatsschrift, Ornithologische, d. Deutschen Vereins z. Schutze d. Vogelwelt. Bd 24, Unterhalt. Beil. [3.])

Seidel, Henricus Aug(ustus) *(geb. Arnsdorf bei Schweidnitz 19. 9. 1854)*: Observationum epigraphicarum capita duo. Vratislaviae 1880. (62 S.) 8° *[Im Buchhandel 1880 bei Koebner in Breslau; Forts. ist d. Progr. d. Gymn. zu Sagan v. 1891: „Über römische Grabinschriften. T. 1".]*
Breslau, Phil. Diss. v. 23. März 1880

Seidel, Heinr. Aug., Observationum epigraphicarum capita duo. Dissertatio inauguralis philologica. gr. 8. (60 S.) Breslau 880, (Aderholz. — Koebner. — Koehler.) * 1 —

— neuer Orbis pictus, in 6 Sprachen, od. unterhalt. u. belehr. Bilderbuch f. Kinder v. jedem Alter. Mit 40 Kpf. 8. Nürnb. u. Leipz. 804. 6e A. 821. Campe. 2 ₰

— — s.a. Seidel, Gotthold Emanuel Friedrich

— Phantasiestücke. Gesamtausg. der in den gesammelten Schriften Bd. I—XIV verstreuten Märchen. (III, 374 S.) 8. Ebd. 903. n. 4. —; geb. in Leinw. n. 5. —

Seidel, Hnr. II., allgem. Rechnen-Knecht, vorzügl. für Einwohner der preuß. Monarchie. Ein Handbuch für Staats- u. Justizbeamte rc. 4 Hfte. 8. Görlitz 830—831. Zobel. 20 ℊ 2e Aufl. 8. Lauban 832. (Görlitz, Schmidt). 3 ₰ 18 ℊ

Seidel, Heinr., allgem. Rechen-Knecht, vorzügl. f. Einwohner d. Preuß. Monarchie. Ein Handb. f. Staats- u. Justizbeamte, Kaufleute rc. 4 Hfte. 1. Aufl. 830, 31., u. 2., verb. A. 8. Lauban 832. (Kittlitz, Zobel.) [1. (à Aufl. 16¼ B.) à Aufl. 20 Gr., 2. (à 23½ B.) à 1 Thlr. 4 Gr., 3. (à 15 B.) à 20 Gr., 4. (à 17½ B.) à 22 Gr.] à Aufl.

—— allgem. Rechenknecht, vorzügl. f. Einwohner d. preuß. Monarchie. 4 Hfte. 8. Leipzig 837, (Friese.) *
Hft. 1. Hülfsbuch f. alle Steuer- u. Zoll-Beamte. (15¾ B.) * 8 Gr.
„ 2. Der Rechenknecht in d. Concurs- u. Gerichtskosten-Rechnung, so wie in d. allgem. Haushaltung d. Bürgers u. Landmanns. (23½ B.) * 8 Gr.
„ 3. Hülfsbuch bei allen Lieferungs-, Natural-Verpflegungs-, Brand-, Hagel- u. Waaren-Assecuranz-Rechnungen, so wie bei d. Reduction aller Hohl- u. Längenmaaße. (15¼ B.) * 8 Gr.
„ 4. Handbuch f. Proviant-Magazinbeamte, Commandanturen, Fouragelieferer rc. (17½ B.) * 6 Gr.
Ist eine wohlfeile Aufl. des 1832 in Lauban erschienenen Werkes.

Seidel, Heinrich [aus Wien]: Ueber die elektrolytische Reduktion einiger aromatischer Nitrosäuren und ihrer Ester . . . Heidelberg: Univ.-Buchdr. v. J. Hörning 1894. 34 S., 1 Bl. 8°
Heidelberg, Naturw.-math. Fak., Inaug.-Diss. v. [22. Febr.] 1894

— der Rosenkönig. 16. (IV, 100 S.) Ebend. 871. geb. m. Goldschn. n. 3. —

Der Rosenkönig. Eine Vorstadtgeschichte von Heinrich Seidel. Stuttgart & Berlin: J. G. Cotta Nachf. [1903]. (76 S.) 8°
(Handbibliothek, Cotta'sche, No 61.)

– Dass., s.a. Handbibliothek, Cotta'sche.

Rothkehlchen. Von Heinrich Seidel. Gera-Untermhaus [1899]: F. E. Köhler. (15 S.) 8°
(Monatsschrift, Ornithologische, d. Deutschen Vereins z. Schutze d. Vogelwelt. Bd 24, Unterhalt. Beil. [1.])

— erzählende Schriften. 53 Lfgn. 8. Ebd. à — 40; auch in 7 Bdn. à 3. —; geb. in Leinw. 4. —
1. Bd. Leberecht Hühnchen. (VIII, 342 S. m. Bildnis.) 899.
2. Bd. Vorstadtgeschichten. 1. Bd. (V, 354 S.) 899.
3. Bd. Dasselbe. 2. Bd. (360 S.) 899. 900.
4. Bd. Heimatgeschichten. 1. Bd. (362 S.) 900.
5. Bd. Dasselbe. 2. Bd. (VI, 374 S.) 900.
6. Bd. Phantasiestücke. (VI, 374 S.) 900.
7. Bd. Von Berlin nach Berlin. Aus meinem Leben. (VI, 334 S.) 900.

Seidel, Heinr., gesammelte Schriften. 1.—8. Bd. gr. 16. Leipzig 888—890. Liebeskind. 1.—6. u. 8. Bd. à n. 3. —; geb. à n. 4. —. — 7. Bd. n. 3. 60; geb. n. 4. 80
1. Jorinde u. andere Geschichten. 2. u. 3. Tausend. (XI, 351 S.)
2. Vorstadtgeschichten. 4. Aufl. (VII, 377 S.)
3. Neues v. Leberecht Hühnchen u. anderen Sonderlingen. 2. Tausend. (VII, 347 S.)
4. Geschichten u. Skizzen aus der Heimath. 2. Tausend der 2., veränd. Aufl. (VII, 343 S.)
5. Die goldene Zeit. Neue Geschichten aus der Heimath. 2. Tausend. (VIII, 351 S. m. Musikbeilage.)
6. Ein Skizzenbuch. Neue Geschichten. (VII, 309 S.)
7. Glockenspiel. Gesammelte Gedichte. (XIV, 341 S.)
8. Leberecht Hühnchen als Grossvater. (VII, 273 S.)

Seidel, Heinr. Gesammelte Schriften. 1.—10. Bd. gr. 16. Lpz., Liebeskind. Bd. 1—6., 8—10. à · 3 —; geb. * 4 — Bd. 7. · 3 60; geb. ** 4 60; * 30 60; geb. · 40 60
1. Leberecht Hühnchen, Jorinde u. andere Geschichten. 3.—9. Taus. (XI, 366 S.) 889—92.
2. Vorstadtgeschichten. 7. Taus. (VII, 377 S.) 893.
3. Neues v. Leberecht Hühnchen u. anderen Sonderlingen. 2.—7. Taus. (VII, 347 S.) 889—92.
4. Geschichten u. Skizzen aus der Heimath. 4. Taus. (VII, 343 S.) 891.
5. Die goldene Zeit. Neue Geschichten aus der Heimath. 5. Taus. (VIII, 351 S. m. Musikbeilage.) 892.
6. Ein Skizzenbuch. Neue Geschichten. 4. Taus. (VII, 309 S.) 891.
7. Glockenspiel. Gesammelte Gedichte. 3. Taus. (XIV, 341 S.) 892.
8. Leberecht Hühnchen als Grossvater. 5. Taus. (VII, 273 S.) 891.
9. Sonderbare Geschichten. 3. Taus. (VII, 275 S.) 891.
10. Der Schatz u. Anderes. (VII, 302 S.) 893.

Gesammelte Schriften von Heinrich **Seidel**. Bd 1–20. Stuttgart & Berlin: Cotta 1889–1909. 8°

1. Leberecht Hühnchen, Jorinde u. andere Geschichten. 1907. 2. Vorstadtgeschichten. 1907. 3. Neues von Leberecht Hühnchen u. anderen Sonderlingen. 1907. 4. Geschichten u. Skizzen aus d. Heimath. 1907. 5. Die goldene Zeit. 1909. 6. Ein Skizzenbuch. 7. Glockenspiel. 1903. 8. Leberecht Hühnchen als Grossvater. 1909. 9. Sonderbare Geschichten. 1898. 10. Der Schatz, u. anderes. 1898. 11. Neues Glockenspiel. 1893. 12. Berliner Skizzen. 1907. 13. Von Perlin nach Berlin. 1907. 14. Die Augen d. Erinnerung. 1898. 15. Reinhard Flemmings Abenteuer zu Wasser u. zu Lande. 1. 1909. 16. 17. Wintermärchen. 1. 2. 1901. 18. 19. Reinhard Flemmings Abenteuer zu Wasser u. zu Lande. 2. 3. 1900. 20. Ludolf Marcipanis u. anderes. 1907.

A 12. 11103 5

Seidel, Heinr., gesammelte Schriften. 1., 3., 7., 9.—13. Bd. gr. 16. Leipzig, A. G. Liebeskind. n. 24. 60; geb. m. Goldschn. n. 32. 60 (1—13.: n. 39. 60; geb. n. 52. 60)
1. Leberecht Hühnchen, Jorinde u. andere Geschichten. 9. Taus. (XI, 366 S.) 892. n. 3. —; geb. n. 4. —
3. Neues v. Leberecht Hühnchen u. anderen Sonderlingen. 4. Taus. (VII, 344 S. m. 1 Musikbeilage.) 891. n. 3. —; geb. n. 4. —
7. Glockenspiel. Gesammelte Gedichte. 2. Taus. (XIV, 341 S.) 891. n. 3. 60; geb. n. 4. 60
9. Sonderbare Geschichten. (VII, 275 S.) 891. n. 3. —; geb. n. 4. —
10. Der Schatz u. Anderes. (VII, 302 S.) 893. n. 3. —; geb. n. 4. —
11. Neues Glockenspiel. Gesammelte Gedichte. II. Sammlg. (XI, 277 S.) 893. n. 3. —; geb. n. 4. —
12. Berliner Skizzen. Neue Vorstadtgeschichten. 2. Taus. (VII, 304 S.) 894. n. 3. —; geb. n. 4. —
13. Von Perlin nach Berlin. Aus meinem Leben. 1.—3. Taus. (V, 287 S. m. Bildnis.) 894. n. 3. —; geb. n. 4. —

Seidel, Heinr., gesammelte Schriften. 1.—14. Bd. gr. 16. Leipzig. Stuttgart, J. G. Cotta Nachf. n. 42. 60; geb. in Leinw. m. Goldschn. n. 57. —
1. Leberecht Hühnchen, Jorinde u. and. Geschichten. 18. Taus. (XI, 366 S.) 894. n. 3. —; geb. n. 4. —
2. Vorstadtgeschichten. 10. Aufl. (VII, 377 S.) 893. n. 3. —; geb. n. 4. —
3. Neues v. Leberecht Hühnchen u. and. Sonderlingen. Anh.: Sehnsucht. Lied v. Emil Jacobsen. 11. Taus. (VII, 344 u. 3 S.) 894. n. 3. —; geb. n. 4. —
4. Geschichten u. Skizzen aus d. Heimath. 6. Taus. d. 2., veränd. Aufl. (VII, 343 S.) 891. n. 3. —; geb. n. 4. —
5. Die goldene Zeit. Neue Geschichten aus der Heimath; 6. Taus. (VIII, 351 u. Musikbeilage 4 S.) 893. n. 3. —. geb. n. 4. —
6. E. Skizzenbuch. Neue Geschichten. 6. Taus. (XI, 309 S.) 894. n. 3. —; geb. n. 4. —
7. Glockenspiel. Ges. Gedichte. 5. Taus. (XIV, 341 S.) 893. n. 3. 60; geb. n. 5. —
8. Leberecht Hühnchen als Grossvater. 10. Taus. (VII, 273 S.) 894. n. 3. —; geb. n. 4. —
9. Sonderbare Geschichten. 5. Taus. (VII, 275 S.) 894. n. 3. —; geb. n. 4. —
10. Der Schatz u. Anderes. 5. Taus. (VII, 302 S.) 894. n. 3. —; geb. n. 4. —
11. Neues Glockenspiel. Ges. Gedichte. II. Sammlg. 3. Taus. (XI, 277 S.) 894. n. 3. —; geb. n. 4. —
12. Berliner Skizzen. Neue Vorstadtgeschichten. 4. Taus. (VII, 304 S.) 894. n. 3. —; geb. n. 4. —
13. Von Perlin nach Berlin. Aus meinem Leben. 4. Taus. (VII, 287 S. m. Bildn.) 894. n. 3. —; geb. n. 4. —
14. D. Augen d. Erinnerg. u. Anderes. 2. Taus. (X, 285 S.) 897. n. 3. —; geb. n. 4. —

Seidel, Heinr., gesammelte Schriften. 1.—17. Bd. 12. Stuttgart, J. G. Cotta Nachf. Geb. in Leinw. m. Goldschn. n. 68. 80
1. Leberecht Hühnchen, Jorinde und andere Geschichten. 39. Taus. (XI, 366 S.) 902. n. 4. —
2. Vorstadtgeschichten. 17. Taus. (VII, 377 S.) 902. n. 4. —
3. Neues v. Leberecht Hühnchen u. anderen Sonderlingen. 20. Taus. (VII, 347 S.) (901.) n. 4. —
4. Geschichten u. Skizzen aus der Heimath. 10. Taus. der 2., veränd. Aufl. (VII, 343 S.) (901.) n. 4. —
5. Die goldene Zeit. Neue Geschichten aus der Heimath. 10. Taus. (IX, 350 u. Musikbeilage 4 S.) 901. n. 4. —
6. Ein Skizzenbuch. Neue Geschichten. 8. Taus. (XI, 309 S.) 901. n. 4. —
7. Glockenspiel. Gesammelte Gedichte. 5. Taus. (XIV, 341 S.) Leipzig 897. n. 4. 80
8. Leberecht Hühnchen als Grossvater. 13. Taus. (VII, 273 S.) 901. n. 4. —
9. Sonderbare Geschichten. 6. Taus. (VII, 275 S.) Leipzig 894. n. 4. —
10. Der Schatz u. anderes. 5. Taus. (VII, 302 S) Leipzig 894. n. 4. —
11. Neues Glockenspiel. Gesammelte Gedichte. 2. Sammlung. 4. Taus. (XI, 277 S.) Leipzig 894. n. 4. —
12. Berliner Skizzen. Neue Vorstadtgeschichten. 5. Taus. (VII, 304 S.) Leipzig 895. n. 4. —
13. Von Perlin nach Berlin. Aus meinem Leben. 6. Taus. (VII, 287 S. m. Bildnis.) Leipzig 895. n. 4. —
14. Die Augen der Erinnerung u. Anderes. 4. Taus. (X, 285 S.) Leipzig 897. n. 4. —
15. Reinhard Flemmings Abenteuer zu Wasser u. zu Lande. 5. u. 6. Taus. (à 325 S.) 900. n. 4 —
16. Wintermärchen. 1. Bd. 3. Taus. (V, 314 S.) 901. n. 3. —; geb. n. 4. —
17. Dasselbe. 2. Bd. 4. Taus. (V, 316 S.) 901. n. 3. —; geb. n. 4. —

Seidel, Heinr., gesammelte Schriften. 1., 2., 7., 8., 18. u. 19. Bd. kl. 8. Stuttgart, J. G. Cotta Nachf. Geb. in Leinw. m. Goldschn. n. 24. 80
1. Leberecht Hühnchen, Jorinde u. andere Geschichten. 42. u. 43. Taus. (à XI, 366 S.) 906. Geb. n. 4. —
2. Vorstadtgeschichten. 18. Taus. (VII, 377 S.) 902. Geb. n. 4. —
7. Glockenspiel. Gesammelte Gedichte. 7. Taus. (XIV, 341 S.) 903. Geb. n. 4 80
8. Leberecht Hühnchen als Grossvater. 19. Taus. (VII, 273 S.) 903. Geb. n. 4. —
18. 19. Reinhard Flemmings Abenteuer zu Wasser u. zu Lande. 2. u. 3. Bd. 1. u. 2.—4. Taus. (à 304 u. 323 S.) 906. Geb. à n. 4. —

Seidel, Heinr., gesammelte Schriften. (In 20 Bdn.) 1.—5. 8. 12. 13. 15. u. 20. Bd. kl. 8. Stuttgart, J. G. Cotta Nachf. à 3. —; geb. in Leinw. m. Goldschn. à 4. —
1. Leberecht Hühnchen, Jorinde u. andere Geschichten. 44.—46. Taus. (XI, 366 S.) 907.
2. Vorstadtgeschichten. 19. u. 20. Taus. (VII, 377 S.) 907.
3. Neues v. Leberecht Hühnchen u. anderen Sonderlingen. 22. u. 23. Taus. (VII, 344 u. Musikbeilage 3 S.) 907.
4. Geschichten u. Skizzen aus der Heimath. 11. Taus. der 2. veränd. Aufl. (VII, 343 S.) 907.
5. Die goldene Zeit. Neue Geschichten aus der Heimat. 11. Taus. (VIII, 350 S.) 909.
8. Leberecht Hühnchen als Grossvater. 20. Taus. (VII, 273 S.) 909.
12. Berliner Skizzen. Neue Vorstadtgeschichten. 7. Taus. (VII, 304 S.) 907.
13. Von Perlin nach Berlin. Aus meinem Leben. 7. Taus. (VII, 287 S. m. Bildnis.) 907.
15. Reinhard Flemmings Abenteuer zu Wasser u. zu Lande. 1. Bd. 9. Taus. (325 S.) 909.
20. Ludolf Marcipanis u. Anderes. Aus dem Nachlasse hrsg. v. H. W. Seidel. (VII, 269 S.) 907.

Seidel, Heinr., Selbstbiographie, s.: Schriften, deutsche, f. Litteratur u. Kunst.

— fliegender Sommer. Phantasiestücke. 16. (VI, 179 S.) Ebend. 873. n. 3. —; geb. m. Goldschn. n. 4. 50

— die silberne Verlobung, s. Erzähler, norddeutsche.

Seidel, Heinr.: Die silberne Verlobung, s. Volksbücher, Wiesbadener.

Seidel, Heinrich, Referendar am Landgericht Breslau: Das Verschulden des ersatzberechtigten Dritten in seinem Einfluß auf die Schadensersatzpflicht. Breslau 1907: Breslauer Genossenschafts-Buchdruckerei. (33 S.) 8° [F.]

Breslau, Jur. Fak., Ref. Leonhard-Schott, Diss. v. 19. März 1907

[Geb. 17. Dez. 83 Ohlau; Wohnort: Breslau; Staatsangeh.: Preußen; Vorbildung: Magdalenen-Gymn. Breslau Reife O. 01; Studium: Breslau 2, Heidelberg 1, Breslau 4 S.; Rig. 30. Juni 05.]

—— das Volksfest, s. Röhling, C.

Von Perlin nach Berlin. Von Berlin nach Perlin und Anderes. Aus meinem Leben. Von Heinrich **Seidel**. Gesamt-Ausg. Stuttgart & Berlin: J. G. Cotta Nachf. 1903. (334 S.) 8°

—— Vorstadt-Geschichten. Humoristische Studien. 1. und 2. Aufl. 8. (VII, 207 S.) Berlin 880, F. Luckhardt. * 4 —

—— Vorstadtgeschichten. 8. veränd. Aufl. gr. 16. (360 S.) Leipzig 885, Liebeskind. *
geb. in Leinw. **

— Vorstadtgeschichten. Gesamt-Ausg. 1. u. 2. Reihe. 8. (IV, 354 u. IV, 360 S.) Stuttgart (901). J. G. Cotta Nachf. à n. 4.—; geb. à n. 5.—

— Vorstadtgeschichten. Gesamt-Ausg. I. Reihe. 2. Aufl. (4. u. 5. Taus.) (VI, 354 S.) 8. Stuttgart 909. J. G. Cotta Nachf. 4.—; geb. 5.—

– Weihnachtsgeschichten, s.a. Handbibliothek, Cotta'sche.

Weihnachtsgeschichten von Heinrich **Seidel**. Stuttgart & Berlin: J. G. Cotta Nachf. [1903]. (128 S.) 8°
(Handbibliothek, Cotta'sche. No 62.)

—— Winterfliegen. Neue Gedichte. 12. (XVI, 128 S.) Ebendas. 880. *ℳ 2.; geb. * 3 —

Seidel, Heinr., Wintermärchen. Mit 4 Aquarellen u. 65 Holzschn. v. W. Friedrich, C. Röhling, C. Gehrts ꝛc. 8. (X, 327 S.) Glogau 885. Flemming. geb. n. 5.—

— Wintermärchen. Buchschmuck von Carl Röhling. 2. Aufl. 4. (VIII, 276 S.) Stuttgart (901). Union.
Geb. in Leinw n. 5.—

Wintermärchen von Heinrich **Seidel**. Buchschmuck von Carl Röhling. 3. Aufl. Stuttgart, Berlin, Leipzig: Union [1902]. (VIII, 276 S.) 8°

Wintermärchen. Von Heinrich **Seidel**. Buchschmuck von Carl Röhling. 4. Aufl. Stuttgart, Berlin & Leipzig: Union [1901]. (VIII, 276 S.) 8°

— Wintermärchen. Buchschmuck v. Carl Röhling. 7. Aufl. (VIII, 276 S. m. 40 Abb.) 8. Stuttgart (909). Union. Geb. in Leinw. 5.—

—— das Wirtshaus an der Landstraße, s. Röhling, C.

—— die goldene Zeit. Neue Geschichten aus der Heimath. 12. (VII, 354 S) Leipzig 888, Liebeskind. *

Seidel, Heinr. Alex., 48 Denksprüche für Confirmanden. qu. 4. (48 Bl.) Rostock 847, Stiller'sche Hofbuchh. *

Seidel, H(einr.) A(lex.), 48 Denksprüche für Confirmanden. 2. Aufl. qu. 4. (48 Bl.) Schwerin 856(57,) Stiller'sche Hofbuchh.

Seidel, Heinr. Alex., 48 Denksprüche für Confirmanden. 2. Aufl. qu. 4. (48 Bl.) Halle 868, Schwabe. In Couvert. * 1 20

—— 22 schöne geistliche Hauslieder, s. Hauslieder.

Seidel, Heinr. Alex., Aus der Kirche. Zeitgedichte. 8. (4½ B.) Parchim 845, Hinstorff'sche Buchh.

—— das mecklenburg-schwerinsche Kirchengesangbuch. Eine historisch-kritische Abhandlung, im Auftrage der Gesangbuchs-Commission verfaßt und veröffentlicht. gr. 8. (30 S.) Schwerin 852, Stiller'sche Hofbuchh. *

Seidel, Heinr. Alex., Kreuz u. Harfe. Eine Samml. geistl. Dichtungen. 8. (15 B.) Rostock 839, Oeberg.

—— Kreuz u. Harfe. Geistliche Dichtungen. 2., verm. u. verb. Aufl. 8. (18½ B.) Rostock 846. (Leipzig, Klinkhardt.) *

—— Kreuz und Harfe. Geistliche Lieder. 3. Aufl. gr. 12. (XI und 191 S.) Schwerin 856, Stiller'sche Hofbuchh. *

Seidel, Heinr. Alex., Kreuz und Harfe. Geistliche Lieder. Neue Sammlung. gr. 12. (XI und 120 S.) Schwerin 857, Stiller'sche Hofbuchh. * 15 Ngr.; geb. *
1. Sammlung. 3. Aufl. Ebendas. 1856. * 20 Ngr. Beide Sammlungen in 1 Bd. geb. * 1 Thlr. 20 Ngr.

Seidel, Heinr. Alex., Liederbuch für deutsche Krieger, s. Liederbuch.

—— Paulus. Geistliches Gedicht in 10 Gesängen. gr. 8. (22 B.) Schwerin 845, Kürschner'sche Bh. (Berlin, Plahn'sche Bh.) *

— Paulus. Geistliches Gedicht in 10 Gesängen. Neue (Titel-) Aufl. gr. 8. (IV u. 338 S.) Schwerin (845) 849, Kürschner (jetzt: Hildebrand). 1 ₰

— Rede, gehalten am 4. Juni 1853 zur Feier der Enthüllung des für die in den Feldzügen der Jahre 1848 und 1849 in Schleswig und Baden gefallenen mecklenburgischen Krieger bei Schwerin errichteten Denkmals ꝛc. Schwerin 853. Stiller. gr. 8. (15 S.) 2½ ngr.

—— Rede, gehalten am 2. Octbr. 1856 zur Feier der Enthüllung des bei Rossentin errichteten Krieger-Denkmals. gr. 8. (10 S.) Schwerin 856, Stiller'sche Hofbuchh. *

SEIDEL, Heinr. Alex. (Pastor zu Perlin b. Wittenburg im Mecklenburgischen), Das Saufen, im Lichte des Evangeliums. Eine Predigt. Parchim u. Ludwigslust 1842. Gr. 8°. 16 S. Selten! (In Rostock, Landesbibl.)
Dr. Franz Schnitzer's Bibl. München 1902. Nr. 1322.

— das Saufen, im Lichte des Evangeliums betrachtet. Eine Predigt. gr. 8. Parchim u. Ludwigslust 842, Hinstorff'sche Hofbuchh. ⅛ ₰

Seidel, Heinr. Alex., Balthasar Scharfenberg od. Ein Reitersmann aus d. 30jähr. Kriege, s.a. Bücher, bunte.

Seidel, Heinr. Alex., Balthasar Scharfenberg od. Ein Reitersmann aus dem 30jährigen Kriege, s.a. Für den Feierabend.

—— Balthasar Scharfenberg, oder ein mecklenburg. Dorf vor 200 Jahren. Eine Geschichte für das Volk. 12. (VI und 184 S. mit 1 Stnt.) Hamburg 851, Agentur des Rauhen Hauses.

— Balthasar Scharfenberg, oder ein mecklenburgisches Dorf vor 200 Jahren. Eine Geschichte für das Volk erzählt. 2. Aufl. Hamburg 866. Agentur des Rauhen Hauses. 12. (192 S.) n. 10 ngr.

Seidel, Heinr. Alex., Balthasar Scharfenberg, oder ein Reitersmann aus dem 30jährigen Kriege. 3. Aufl. 8. (IV, 164 S.) Hamburg 878. Agentur des Rauhen Hauses.
n. 1.—

Seidel, Heinr. Alex., Balthasar Scharfenberg od. e. Reitersmann aus dem 30jähr. Kriege. 4. Aufl. 8. (178 S.) Hamburg 892. Agentur d. Rauhen Hauses. n. 1.—

—— der Sieg des Kreuzes an der Usenz. Eine Schweizer-Sage. 16. (VII und 104 S.) Schwerin 860, Stiller'sche Hofbuchh.
cart. mit Goldschn. *

—— der Soldat nach dem Herzen Gottes, ein Buch für deutsche Krieger. gr. 16. (VI und 98 S.) Schwerin 859, Stiller'sche Hofbuchh. *

— Spruchbuch zu Luthers Katechismus, nebst Hinweis auf pass. Beispiele aus der bibl. Geschichte u. auf Gesangbuchslieder. Ein Hilfsbuch f. Lehrer u. Lernende. 15. Aufl. 8. (80 S.) Schwerin 892. Stiller. Geb. n. — 60

—— Sprüche und Liederverse zum mecklenburg-schwerinschen Landes-Katechismus, nebst angedeuteten passenden Beispielen aus der bibl. Geschichte. Ein Hülfsbuch für Lehrer und Lernende. 1. Aufl. 1851. 7½ Ngr. und 2. Aufl. 12. (VI und 76 S.) Schwerin 852, Stiller'sche Hofbuchh. *

— Sprüche u. Liederverse zum Mecklenburg-Schwerinschen Landes-Katechismus, nebst angedeuteten passenden Beispielen aus der bibl. Geschichte. Ein Hülfsbuch für Lehrer u. Lernende. 8. (VI u. 76 S.) Schwerin 852, Stiller. n. ¼ ℛ — 2. Aufl. 12. (VI u. 76 S.) Ebd. 852. n. ⅙ ℛ

—— Sprüche und Liederverse zum Mecklenburg-Schwerinschen Landes-Katechismus, nebst angedeuteten passenden Beispielen aus der bibl. Geschichte. Ein Hülfsbuch für Lehrer und Lernende. 7. Aufl. 8. (VI und 76 S.) Schwerin 862, Stiller'sche Hofbuchh. cart. *

Seidel, Heinr. Alex., Sprüche u. Liederverse zum Mecklenburg-Schwerinischen Landes-Katechismus, nebst angedeuteten passenden Beispielen aus der bibl. Geschichte. Ein Hülfsbuch f. Lehrer u. Lernende. 10. Aufl. 8. (76 S.) Schwerin 873. Stiller. n. — 50

—— Gottlieb Treu, der Tagelöhner von Bergkaten, eine erbauliche Geschichte, insonderheit für den norddeutschen Landmann erzählt. 12. (108 S. und 1 Stnt.) Hamburg 848, Agentur des Rauhen Hauses. *

— Viele sind berufen, aber Wenige sind auserwählet. Predigt, gehalten am 20. Sonntage nach Trinitatis. gr. 8. (16 S.) Schwerin 852, Stiller. n. $^1/_{12}$ ℛ

—— Wie dünket euch um Christo? Predigt, gehalten am 18. Sonnt. nach Trinitatis. gr. 8. (15 S.) Schwerin 852, Stiller'sche Hofbuchh. *.

Seidel, Heinrich August, s. Seidel, Heinrich

Seidel, Hellmuth, Referendar a. Berlin: Die Stellung des ordentlichen Gerichts zu einem Patent, dessen Erteilungsverfahren mit einem Mangel behaftet ist. Borna-Leipzig 1908: R. Noske. (VIII, 40 S.) 8°
Leipzig, Jur. Fak., Diss. v. 17. Juni 1908
[Geb. 11. Jan. 85 Berlin; Wohnort: Wilmersdorf-Berlin; Staatsangeh.: Preußen; Vorbildung: Bismarck-Gymn. Wilmersdorf-Berlin Reife O. 03; Studium: Berlin 1, Leipzig 1, Berlin 5 S.; Rig. 15. Dez. 06.]

Seidel, Hermann, Referendar aus Frankenstein i. Schl.: Das richterliche Veräußerungsverbot nach gemeinem Recht und B.G.B. Greifswald 1904: J. Abel. (82 S.) 8°
Greifswald, Jur. Diss. v. [24. Mai] 1904

Seidel, Hugo: Spuren des Slaventums zwischen Mulde und Saale, mit besonderer Berücksichtigung der Kreise Delitzsch und Bitterfeld. Delitzsch 1907: R. Kämmerer. (18 S.) 4° [F.]
Delitzsch, OR i. E. OP 1907 (323)

Seidel, J., Verordnungen betr. das Schulwesen des Reg.-Bez. Breslau, s. a. Sperber, E.

Seidel, J., Verordnungen, betreffend das Schulwesen des Reg.-Bez. Breslau. Nach amtl. Quellen zusammengestellt. gr. 8. (XVI, 314 S.) Breslau 881, F. Hirt. * 4 —

Seidel, J. C., num Christus pascha ultimum una eademque die cum Judaeis, vel praecedente die anticipando comederit. Helmst. 1748. 4.

Seidel, J. K. F., s. Seidel, Günther Karl Friedrich

SEIDEL, JO. FRID., Index musei anatomici Kiliensis, qvem præfatus est D. Fischer. Diss. inaug. Kiliæ. 1818. 4.

Seidel, Johann August Wilhelm (Golssen) A. S. 11/7

Dissertatio iuridica de antichresi quatenus est usurariae privatis involucrum cautelis eliminanda.
Präs. Heinrich Brokes.
Wittenberg (Eichsfeld) IV. 1734. 30 S.

W. v.: Präs. 32292

Seidel, Jh. Bas., († d. 9. März 1798.) Versuch e. kurzgefaßten, doch gründl. Abhandl. von dem Burggrafth. Nürnberg, oder dessen Ursprung u. Umfang ꝛc. 8. Eisenach 751. (Mit neuem Titelbl. 1752 u. 53.) Wittekind. 6 ₰

Seidel, Joh. Chr. Programma de Georgio Friderico Carolo semper florente. 4 Baruthi 1731.

Seidel, Joh. Chr. Memoria Georgii Wilhelmi, marchionis Brandenburgici. fol. Baruthi 1727.

Seidel, Jh. Chr. Glo., Moses; e. Gedicht in 12 Gesängen. 8. Jena 805. Gabler. (Knobloch in Leipz.) 1 ℛ 8 ₰ Holl. P. 1 ℛ 12 ₰

Seidel, Jh. Chr. Hnr., († d. 30. Jan. 1787.) s. 1) Gaßners Aufenthalt. 2) Rechtschaffene, der neue. 3) Samml. von Predigten am Erndtefest.

Seidel, Joh. Friedrich

Seidel, Jh. Fr., Aufmunterungen an die Jugend zur Ausübung ihrer Pflichten. 8. Berl. 781. Mylius. 18 ₰

— Blumenlese zur Declamationsübung in öffentl. u. Privat-Lehranstalten. Zweiter Cursus der Fabeln u. Erzählungen. gr. 8. Berl. 818. Mylius. 1 ℛ

— wohlfeile u. zweckmäß. Fabeln u. Erzähll. für die Jugend zu Declamationsübungen. gr. 8. Berl. 805. 2e A. 812. 3e Aufl. 817. 4e A. 821. 5e A. 827. Mylius. 10 ₰

— Gedichte. 2 Thle. 8. Berlin, Dieterici. 809–10. (1r 16 gr. 2r 10 gr.) 1 2

— Gedichte. 2 Thle. 8. Berl. 809, 10. 2e Aufl. Mit Melod. 4. Ebd. 830. Mittler. 1 ℛ 20 ₰ Ohne Melodien. 1 ℛ 12 ₰

Seidel, Joh. Fr., Gedichte. 2. Aufl. 8. (25 B.) Nebst 18 Melodien v. Fr. L. Seidel. 4. (8¼ B.) Berlin 830, Mittler. Ohne Melodien, 1 Thlr. 12 Gr.

— Monolog beim Tode Friedrichs des Großen. 8. Berl. 786.

Seidel, Jh. Geo. Gf., s. Multiplikation, die, u. setze hinzu: (von J. G. G. Seidel).

Hauptschlüssel zu dem Herrnhutischen Ehesakrament (von *Joh. Gottlob Seidel*). Frankfurt und Leipzig (Jena) 1755. 8°.
Anon.-Lex. II. p. 267 (nach Otto u. Meusel).

Seidel, Johann Heinrich

— Der Frühlings- u. Sommergärtner, od. Anweis., jede Art von Blumen, Gewächsen ..., s. Leonhardi, F. G.

Seidel, Joh. Heinr.: Verzeichniss der Glas- und Treibhauspflanzen. Dresden 1794. 8°

Seidel, Jh. Hnr., († d. 30. Jan. 1815.) synonym. Verzeichniß aller im königl. Orangeriegarten zu Dresden befindl. Gewächse. 8. Dresd. 799. 3e (v. Fr. Er. Wlh. Löber besorgte) Aufl. 806. Walther. 1 ß Hbg. Pr. 16 ℊ

Seidel, Johann Heinrich. Synonymisches Verzeichniss aller im königlichen Orangeriegarten zu Dresden befindlichen Gewächse. 3. Aufl. O. O. 1806. H: *Löber, Frdr. Ernst Wilhelm.* (Ky)

Seidel, Jh. Jul., die Orgel und ihr Bau. Ein systematisches Handbuch für Cantoren, Organisten, Schullehrer rc. u. alle Freunde des Orgelspiels. Mit Notenbeispielen und 9 Figurentaf. gr. Lex.-8. (Mit 2 lith. Tafeln.) Breslau 843, Leuckart. 2 ß — 2. verb. u. verm. Aufl. gr. 8, Ebend. 844. n. 1 ß

Seidel, Joh. Jul., die Orgel u. ihr Bau. Ein systemat. Handbuch für Cantoren, Organisten, Schullehrer rc. Mit Notenbeispielen. 1. Aufl. (13½ B. u. 2 Stnt.) 843. 2 Thlr. u. 2., verb. u. verm. Aufl. gr. 8. (18½ B. u. 10 Figurentaf.) Breslau 844, Leuckart. *

Seidel, Johann Julius: Die Orgel und ihr Bau. 3. Auflage. Herausgegeben von C. Kuntze. Leipzig 1875.

Seidel, Joh. Julius, die Orgel und ihr Bau. Ein systemat. Handbuch für Organisten, Orgelrevisoren und Kirchenvorstände. 4. verb. und sehr verm. Aufl., bearb. von Bernh. Kothe. gr. 8. (VIII, 352 S. mit zahlr. in den Text gedr. Illustr.) Leipzig 887, Leuckart's Verlag. *

Seidel, J[ohannes]: Jodsubstitutionsprodukte einiger aromatischer Alkohole, Aldehyde und Säuren. *Leipzig: J. A. Barth 1899.* (49 S.) 8°
Rostock, Phil. Diss. v. [1? Dez.] 1898

Seidel, Joannes Josephus *(geb. Queißen in Schles. 13. 1. 1790)*: Acidi hydrocyanici ejusque indolis venenatae specimen historicum. Vratislaviae (1818). (35 S.) 4°
Breslau, Med. Diss. v. 24. Febr. 1818

Seidel, Joseph: Fasti aedilicii von der Einrichtung der plebejischen Ädilität bis zum Tode Caesars. Breslau 1908: Breslauer Genossenschafts-Buchdruckerei. (100 S.) 8°
Breslau, Phil. Fak., Ref. Cichorius, Diss. v. 18. April 1908
[Geb. 14. März 82 Güntbersdorf, Kr. Ohlau; Wohnort: Breslau; Staatsangeh.: Preußen; Vorbildung: Matthias-Gymn. Breslau Reife O. 03; Studium: Breslau 10 S.; Rig. 26. Febr. 08.]

Seidel, Jos. Edler v., Commentar zur Disciplinar-Strafvorschrift für das k. k. Heer. Laibach 869. Zeschko & Till. gr. 8. (IV, 70 S.) n. 20 ngr.

Seidel, Jos. Edler v., Commentar zur Vorschrift für das ehrenräthliche Verfahren in der k. k. Armee und Kriegsmarine. gr. 8. (VII, 111 S.) Wien 872, Braumüller. 2 —

Seidel, Jos., kurzer Lehrgang der vereinfachten Stenographie (Schrey). Für 10stünd. Anfängercurse, sowie zum Privat- u. Selbstunterrichte. (3. Aufl.) 5.—6. Taus. gr. 8. (20 S.) Wien (VII/2, Neustiftgasse 3) 898. Verlag v. „Der prakt. Stenograph". — 50

—— Militär-Ehren-Gerichte, s. Hadàry, L. v.

— Unterrichtsbriefe zur schnellen u. gründlichen Erlernung der vereinfachten Stenographie (Einigungs-System Stolze-Schrey). Vollständiger Lehrgang f. den Selbstunterricht. gr. 8. (Anfängercurs. 8 autograph. S.) Ebd. (900). 3. 30

Seidel, Joseph, Silesius: Vestigia diatribae, qualia reperiuntur in aliquot Plutarchi scriptis moralibus. Vratislaviae 1906: H. Fleischmann. (65 S.) 8°
Breslau, Phil. Fak., Ref. Norden, Diss. v. 14 Juli 1906
[Geb. 15. Okt. 78 Groß-Silsterwitz, Kr. Schweidnitz; Wohnort: Groß-Silsterwitz; Staatsangeh.: Preußen; Vorbildung: Matthias-Gymn. Breslau Reife 01; Studium: Breslau 2, Berlin 1, Breslau 7 S.; Rig. 2. Mai 06.]

—— der Zweikampf und dessen Beurtheilung in der oesterreichischen und preussischen Armee. Kritische Vergleichung der einschläg. Normen mit den Grundzügen für ein Verfahren vor den einheim. Ehrengerichten bei Ehrensachen zwischen Officieren und für die Behandlung des Duells. gr. 8. (III, 52 S.) Laibach 869, Zeschko und Till. 1 30

Seidel, Julius *(geb. Beckern bei Striegau 1. 12. 1838)*: De fistulis colli congenitis. Vratislaviae (1863). (21 S.) 8°
Breslau, Med. Diss. v. 12. Sept. 1863

Seidel, Karl, Berlins Architektur in kunstwissenschaftl. Hinsicht dargestellt. (Aus dess. Miscellaneen rc., 1r Bd., abgedr.) gr. 8. Berl. 830. Plahn. 10 ℊ

Seidel, Carl, Berlins Architektur in kunstwissenschaftl. Hinsicht dargestellt. gr. 8. (9 B.) Berlin 830, [Schultze.]
Aus dess. „Miscellaneen rc." 1. Bd., mit Zusätzen vermehrt, abgedr.

Seidel, Karl, s. Aufgaben zu deutschen Aufsätzen. — Aufgaben, 300.

Seidel, Carl A. J. [aus Oppendorf]: Beiträge zur Anatomie der Saxifrageen. . . . Kiel, Druck v. C. Böckel, 1890; 51 S., 2 Bl. 8°
Kiel, Phil. Fak., Inaug.-Diss. v. [29. Nov.] 1890

SEIDEL, Carl, Charinomos.. Beiträge zur allgemeinen Theorie und Geschichte der schönen Künste. I. Terpsichore. Magdeburg, Ferd. Rubach, 1825.
1. c. (ohne Formatsangabe).

— Charinomos. Beitr. zur allgem. Theorie u. Geschichte d. schönen Künste. 2 Bde. Mit lithograph. Figur. u. Noten. gr. 8. Magdeb. 825, 28. Rubach. (à 2 ß 20 ℊ) 5 ß 16 ℊ

— Blüchers Denkmal zu Berlin, mit histor. Rückblicken auf die Entwickelung der plastisch. Kunst. (Aus dess. Miscellaneen rc., 1r Bd. abgedr.) gr. 8. Berl. 830. Plahn. 4 ℊ

Seidel, Carl, die Erhaltung der lutherischen Kirche, s.: Kirchen-Geschichte, märkische.

Seidel, Carl: Die Geschichte der Friedrich-Wilhelms-Schützen-Gesellschaft zu Danzig. Mit Radierungen. Danzig, Th. Bertling, 1851. 802

Seidel, Carl, das Kreuz in der Mark. (Gedichte.) gr. 12. (18⅔ B. u. verziert. Tll., Kpfrst.) Berlin 838, Plahn'sche Buchh. Thlr.

— die schönen Künste zu Berlin im J. 1826. gr. 8. Berl. 826. Plahn. 20 ℊ — Die schönen Künste zu Berlin im J. 1828. gr. 8. Ebd. 828. 1 ß — Beide Schriften im J. 1828 auch unt. d. T.: Miscellaneen zur vaterländ. Kunstgeschichte unserer Zeit. 1r Bd. gr. 8. Ebd. 1 ß 12 ℊ

Seidel, Carl, die schönen Künste zu Berlin im J. 1828. gr. 8. (17¼ B.) Berlin 828, [Schultze.] Thlr.
Dess. „die schönen Künste zu Berlin im J. 1826." gr. 8. Ebendas. 20 Gr.

—— Miscellaneen zur vaterländ. Kunstgeschichte uns. Zeit. 1. Bd. gr. 8. (27¾ B.) Berlin 828, [Schultze.]
Der Inhalt dieser Schrift ist mit dem der beiden Werkchen „die schönen Künste zu Berlin im J. 1826 u. 28" ganz gleich.

Seidel, Car. (geb. Berlin 14. 10. 1788): De saltationibus sacris veterum Romanorum. Berolini (1826). (40 S.) 8°
Berlin, Phil. Diss. v. 18. Febr. 1826

Seidel, Carl *(geb. Kraschen bei Guhrau 23. 1. 1846)*: Thesen . . . behufs Erlangung der medicinischen Doctorwürde. Breslau (1870). (1 Bl.) 2°
Breslau, Med. Thesen v. 28. Juli 1870

Seidel, Karl Anton Gottlieb, s. S e i d e l , Karl August (Gottlieb)

Seidel, Karl August

Seidel, Karl Aug. (Gli.), Anton, od. eins folgt aus d. andern. Mit 1 Titelkpf. 8. Weißenf. 792. (Leipz., Weygand). 16 gr

Seidel, C. A., ausführliche Anweisung zur richtigen Pflege u. Behandlung großer Orangerieen, aus eigenen langjähr. Erfahrungen niedergeschrieben. 8. Dresden u. Leipzig 842, Arnoldische Buchh. 1/4 Thlr

— Aristokratismus in ihrer unnatürl. Ausartung. 8. Weißenf. 795. (Leipz., Weygand). 8 gr

— der fromme Betrug. 8. Ebd. 789. 3 gr

— s. B i b l i o t h e k der grauen Vorwelt.

Seidel, Karl Aug. (Gli.,) († d. 22. Febr. 1822.) erste Blicke in den weibl. Wirkungskreis für gute Töchter. 3 Bde. Mit 41 Kpf. 12. Leipz. 804. Leo. 4 Thlr 8 gr

BLUNT, E h r e n r e i c h , oder A b e n t h e u e r e i n e s F r i s e u r s . Eine (stellenw. verfängl.) Kopie nach dem Leben (von *Carl Aug. Gottlieb Seidel*). 2 Thle. (in 1 Bde.). Mit 1 Titelkpf. (W. J u r y del. et sc.) Weißenfels u. Leipzig, bei Friedrich Severin. 1795. Kl. 8⁰.
156 + 167 S. — Im Anon.-Lex. I. p. 250 u n r i c h t i g (nach A. G. Schmidt).

Seidel, C. A., Bürger- u. Handwerksbriefsteller, zunächst zum Gebrauch f. Bürgerschulen u. auch zum Selbstgebrauch. 8. Leipz. Baumgärtner.

— Bürger- u. Handwerksbriefsteller, zunächst zum Gebr. f. Bürgerschulen u. auch zum Selbstgebrauch. 8. Leipz. 805. (Grau in Hof). 16 gr

— (Hrsg.), s. C u r t von der Wetterburg ...

— (Hrsg.), s. D e n k m a l der Freundschaft und Liebe ...

— Edelmuth und Rachsucht. Schspl. 8. Hamb. 794. Vollmer. (Herold jun.) 6 gr

EMISSARIEN, D i e , e i n e r n e u e n P r o p a g a n d a , oder d a s g e n i a l i s c h e I n k o g n i t o . Aus den Papieren eines Reisenden, vom Verfasser der Gräfin Sidonie Montabaur *(Carl Aug. Gottlieb Seidel)*. 2 Thle. Mit Kupf. Cöthen, Aue, 1804. 8⁰. (2 Rthl.)

Seidel, Karl Aug., (Gli.), angenehme Erzähll. f. die Toilette. 16. Weißenf. 811. Nerr. 12 gr

— der Fehler in Formalibus. Lstspl. 8. Lpz. 789. Fr. Fleischer. 7 gr

— Feierabende, od. Erzähll. für das zarte Kindesalter. 2 Thle. Mit 27 ill. Kpf. 12. Leipz. 802. Leo. 3 Thlr 4 gr

— s. G e i s t e r s e h e r i n , Die, Gräfin Seraphine v. Hohenacker.

— G e m ä l d e

— —, K l e i n e r o m a n t i s c h e (meist zahme, von *Carl Aug. Gottlieb Seidel* u. Andern). 4 Bde. Neue Ausgabe. Leipzig und Weißenfels 1811.
Zuerst gedr. titulo: R o m a n i s c h e B a g a t e l l e n (s. d.). (Goedeke V, 505, 10 hat: „6 (1) Thle. Weißenfels 1791—94".)

— s.a. G e s c h i c h t e n aus unserer Zeit.

— G e s c h i c h t e n

— — a u s u n s e r e r Z e i t . Vom Verf. der Volksgeschichten der Teutschen *(Carl Aug. Seidel)*. 2 Bde. Berlin 1788. 8⁰. (2 Rthl.)
Schlesinger's in Berlin Leihbibl.-Cat. 1827. p. 148. — Anon.-Lex. II. p. 211 hat „Altona 1789" (nach Kayser, Otto, A. G. Schmidt u. Meusel).

SEIDEL, Carl Aug. (eigentl. Gottlieb), (geb. 14. Febr. 1754 zu Löbau, Oberlausitz, † 21. Febr. 1822 als Inspektor der Töchterschule in Dessau), G o l d c h e n , oder d a s Z i g e u n e r m ä d c h e n . 2 Thle. Mit TKpf. Köthen 1800—2. 8⁰.
Neue Allg. dtsch. Bibl. Anh. zu 29—68. 1, 207. — Goedeke V, 505, 5, 30.

— Goldchen, od. das Zigeunermädchen. 2 Thle. 8. Göthen 800—802. Aue. 4 Thlr

— Goldchen No. II., od. das Schweizermädchen, e. Geschichte uns. Zeit. 8. Göthen 805. Aue. 16 gr

— s.a. G r u m b a c h , Friedlieb ...

GRUMBACH, F r i e d l i e b , oder m e i n e G e s c h i c h t e a l s D e d i c a t i o n und V o r l ä u f e r a n d i e s c h ö n e n l e s e n d e n D a m e n z u G e r n w i z , vor einen ganz neuen Roman in 40 Bänden (von *Karl Aug. Seidel*). 4 Bdchn. Mit Silhouetten. Germanien (Giessen u. Marburg, Krieger) 1783 bis 84. 8⁰.
Stellenw. freie satyr. Erörterungen und Liebeshändel. Nur Bdchn. 1—2 lagen vor: 150 S. (incl. XVI S. Vorst.) u. S. 151—302. — Selten cplt.! — Anon.-Lex. II. p. 240 (nach Hayn, Kayser, Weller, Otto, Meusel).

Die Geisterseherin Gräfin Seraphine v. Hohenacker; eine Geschichte zu Anfang des vorletzten Jahrhunderts, aus einem Familien-Archiv gezogen. [Von Karl Aug. Gottlieb Seidel.] Bd 1—3. Leipzig: Reinicke [richtig: Baumgärtner] 1795. 8⁰
cf. ⁰Neue allg. deutsche Bibliothek. 20 S.

⁰[Dasselbe.] 2. Aufl. Bd 1—3. Ebendas. 1798. 8⁰
TB. 132.

— G e i s t e r s e h e r i n n

— —, D i e , G r ä f i n n S e r a p h i n e v o n H o h e n a c k e r . Geschichte zu Anfang des vorletzten Jahrhunderts aus einem Familienarchiv gezogen. (Etwas freier Roman von *Carl Aug. Gottlieb Seidel*.) 3 Thle. Z w e y t e u. v e r b e s s. A u f l a g e . Leipzig, bey Reinicke u. Hinrichs. 1798. 8⁰. (10 Mk., „1796—98", Edm. Meyer, Berlin, 1908.)
272, 286, 247 S. Portr. vor Th. 1. Neue Allg. dtsch. Bibl. 20, 54. — Zuerst gedr. Leipzig 1795—96, bey A. L. Reinicke. (Mit gestoch. Titeln.) Anon.-Lex. II. p. 170 (nach Kayser u. Meusel). Goedeke V, 505, 24 hat „1796 bis 98".

ISMAEL, d e r H a g a r S o h n , oder L e b e n s s k i z z e F. E u p h o n i u s , e i n e s V i r t u o s e n . (Roman von *Carl Aug.* [Gottlieb] *Seidel*.) Berlin 1799. (Im British Museum.)
Anon.-Lex. II. p. 338.

— — Dasselbe. 2 Aufl. Mit 1 Kpfr. Berlin, Matzdorff, 1804.

— Ismael d. Hagar Sohn. 8. Berl. 804. Matzdorf. 1 Thlr 8 gr

— (Übers.), s. J u c h b a l d : Natur und Kunst.

— s.a. K ö h l e r p f l e g l i n g , Der ...

KÖHLERPFLEGLING, D e r , oder d e r R i t t e r v o n d e r R o s e (von *Carl Aug. Gottlieb Seidel*). Leipzig 1795. 8⁰.
Anon.-Lex. II. p. 368 (nach Kayser, A. G. Schmidt u. Meusel).

— die Konnexionen. 8. Hof 793. N. Aufl. 8. Leipz. 813. Hinrichs. 12 gr.

CONSTELLATION, Die unglückliche, oder Gräfin Agnese von Mansfeld, eine Sage aus d. 2. Hälfte des 16. Jh. vom Verf. der „Gräfin u. Geisterseherin Seraphine von Hohenacker" (von *Carl Aug. Gottlieb Seidel*, 1754—1822). Leipzig 1796. 8°. (23 gr.) Zahm.

— der kleine Correspondent für Kinder. 2 Thle. 12. Leipz. 803. Leo. (2r Thl. A. u. d. T.: Kindercorrespondenz.) 1 Rthlr. 12 gr.

* **KÜHNEMUND** von Thoreneck. (Ritter- und Familien-Roman mit humorist. Anklängen, von *Carl Aug. Seidel*.) 2 Thle. Mit 1 feinen Titelkpf. (wohl von Chodowiecki, Jury oder Meil?). Berlin, 1795. bei Johann Georg Langhoff. 12°. Zahm. (In Berlin: Yw 4348.)

1: Titel u. 296 S. 2: Titel u. 338 S. — Nicht im Anon.-Lex. Goedeke V, 505, 5, 17.

CURT von der Wetterburg, oder die unbekannten Obern. Aus den Zeiten der Kreuzzüge (von *Carl Aug. Gottlieb Seidel*). Weissenfels u. Leipzig, bey Friedr. Severin. 1794. 8°.

Tit. gestoch., 3 Bl. Zuschr. an e. Dame, 352 S. (cplt.) — Anon.-Lex. I. p. 358 hat 2 Theile, „1794—95" (nach Goedeke) u. bezeichnet Seidel nur als Herausgeber.

— — Dasselbe. 2 Thle. Neue Aufl. Leipzig, Hinrichs, 1811. 8°. (2 Rthl.)

— die Macht der Kindesliebe. Schspl. 8. Ebd. 789. 9 gr.

— — Das Mädchen unter den Husaren oder Hermine Charlotte v. Biörnskold. 2 Bde. 2. Aufl. Chemnitz 1802. 8°. (4 Mk. 50 Pfg., nicht reines Expl., A. Bielefeld, 1892:)

Ziemlich frei. — Zuerst gedr. ebd. 179? Selten! — Goedeke hat „Heroine" und „Biornskiöld" (?).

MÄDCHEN, Das, unter den Husaren oder Heroine Charlotte von Biörnskiöld (von *Karl Aug. Gottlieb Seidel*). Mit 4 Kpfrn. 2. Aufl. Chemnitz 1802. 8°. Rar!

Fehlt im Anon.-Lex. (Goedeke V, 505, 23.) — Zuerst gedr. Leipzig b. Friedr. Gotthold Jacobäer (c. 1795). 8°. (2²/₃ Rthl.) (Anzeige des Verlegers, ohne Jahresangabe.)

— das Mädchen unter d. Husaren. 2e A. 8. Leipz. (Chemn.) 802. Mauke. 2 Rthlr. 16 gr.

– s.a. Mantel, Der schwarzgraue.

MANTEL, der schwarzgraue, ein Zaubermährchen aus der Vorzeit nach einer alten Handschrift (von *Carl Aug. Gottlieb Seidel*). 2 Thle. Mit 1 Kpfr. Leipzig, Jacobäer, 1795—96. 8°.

Anon.-Lex. III. p. 112 (nach Kayser, Meusel u. A. G. Schmidt's Anhalt. Schriftst.-Lex.). — Neue Allg. dtsch. Bibl. 24, 531; 26, 484.

— der Märtyrer seines Versprechens, die Konnexionen. 2e Aufl. 8. Leipz. 813. Hinrichs. 16 gr.

— s. Merinval.

Seidel, Karl Aug., Mittheilung u. Beschreib. e. neuen Methode: Treib- u. Glashäuser durch Dämpfe zu erwärmen, nebst Beschreib. e. solchen besteh. Dampfheitzung, mit e. kurzen Anh. üb. die vorzügl. Regeln d. Kanalheitzung. 8. Dresd. 823.

— Netto 56 Ahnen. Lstspl. 8. Leipz. 789. Fr. Fleischer. 9 gr.

— Novellen. 6 Thle. 8. Bayreuth 789—91. (Hinrichs in Leipz.) 4 Rthlr. 8 gr. Daraus einzeln: Die Aussöhnung, — Robert u. Molly, — der geheime Envoyé. 3 Novellen. 2e Aufl. 8. Leipz. 813. Hinrichs. 20 gr. Die übertroffene Erwartung. 16 gr.

Seidel, C. A. Novellen, 6 Theile, mit Kupfern, 8. Bayreuth, 789-93. Lübecks. 4 Rthl. (Hiervon ist eine neue Auflage unter der Presse.)

NOVELLEN und Wanderungen in die Vorzeit (von *Carl August Seidel*). O. O. u. J. (c. 1795).

Anon.-Lex. III. p. 220 (nach Meusel).

— Andreas Patasch, (od. Goldchen rc. 3r u. 4r Thl.) 8. Cöthen 801. Aue. 2 Rthlr.

Seidel, Karl Anton Gottlieb

Andreas Patasch. Zigeuner-Hauptmann. Mit 1 Kupfer. Cöthen: Aue 1801. 356 S. 8°

PORTRÄTE einiger noch lebenden Damen an deutschen Höfen (von *Karl Aug. Seidel*, 1754—1822). 4 Bdchn. Mit 9 Silhouetten u. 1 Musikbeilage, (componirt vom Kapellmeister Wolf). In allen Hofbuchhandlungen. (Gießen u. Marburg, Krieger) 1791. 8°. (5 Mk. Lübcke & Hartmann, Lübeck, 1896; 8 Mk. S. Glogau & Co., Lpz., vor 1900.)

1—2: XVI—299 S. m. 9 Silhouetten. 3—4: 1 Bl., 484 S. m. 1 Notenbl. Betrifft keineswegs histor. Personen d. schönen Geschlechts; die Bände sind mit liederlichen Familien- u. Klatschgeschichten angefüllt, die zuerst unter ganz anderem Titel herauskamen: „Friedlieb Grumbach, oder meine Geschichte als Dedication u. Vorläufer an die schönen lesenden Damen zu Gernwiz, vor einen ganz neuen Roman in 40 Bänden. 4 Bdchn. Mit Silhouetten. Germanien (ebd.) 1783—84." 8°.

— — Rache getäuschter Liebe, eine Novelle. Bayreuth, Lübeck, 1793. 8°.

Auch in *Seidel's* Novellen. Ebd. 1789—93. VI. 8°.

— Rache getäuschter Liebe. 8. Bayreuth 793. Grau 12 gr. N. Aufl. Leipz. 813. Hinrichs. 12 gr.

Seidel, Karl Aug., Schauspiele für die Jugend. 3 Bde. 8. Weißenfels 790—92. 2e A. 813. Baumgärtner in Leipz. 1 Rthlr.

— Schauspiele f. d. Jugend. 3 Bde. 8. Weißenf. Severin. (Baumgärtner in Leipz.) 790-92. (à 8 gr.)

– s.a. Sidonie, Gräfin, von Montabaur.

— — Sidonie, Gräfin, von Montabaur, oder die Geheimen aus Griechenland. 2 Thle. Cöthen 1798—99. 8°. 326 + 321 S.

Neue Allg. dtsch. Bibl. 53, 61.

Gräfin Sidonie von Montabaur, oder Die Geheimen Griechenlands. Vom Verf. der Geisterseherin. [d. i. Karl Aug. Gottlieb **Seidel**.] Bd 1. 2 mit Kupfern. Cöthen: Aue 1798. 8°

1. 326 S.; 2. 312 S.

cf. °Neue allgem. deutsche Bibliothek. 53 S. 61.

TB. 133.

– s. Sie studiren; ein Lesebuch ...

– s. Sklav, Der.

— die Stiefsöhne. Schspl. 8. Ebd. 789. 4 gr.

– s. Tagebuch einer Reise von der westphäl. Gränze bis nach Leipzig ...

— Theaterstücke. 2 Thle. (Enth.: 1) Gutherzigkeit u. Eigensinn. 9 gr. — 2) Macht der Kindesliebe. 9 gr. — 3) Der fromme Betrug. 3 gr. — 4) Der Fehler in Formalibus. 7 gr. — 5) Die Stiefsöhne. 4 gr. — 6) Netto 56 Ahnen. 9 gr.). 8. Leipz. 789, 90. (Fr. Fleischer). 1 Rthlr. 18 gr.

– s. Volksgeschichten der Deutschen.

— Vorzug d. Bewohner Dessau's durch e. öffentl. Töchterschule; e. Rede. 8. Dessau 806.

– s.a. Wanderungen in die Vorzeiten.

– Wanderungen

— in die Vorzeiten (von *Carl August Seidel*). 1. (einz.) Bd. Leipzig, Breitkopf, 1794. 8⁰. VI—314 S.
1. Die Liebe ist das Grab der Freundschaft. 2. Robert Graf v. Artois. 3. Idda von Toggenburg. Eine Legende.
Anon.-Lex. IV. p. 372 (nach A. G. Schmidt, Meusel, Kayser) hat unrichtig „Vorzeit".

— das frohe Wiedersehen. 8. Leipz. 798. Weygand. 3 ℋ

WOLLMANN, Adolph, nach seinem geführten Tagebuche. Ein Beytrag zur Geschichte des menschlichen Herzens (von *Carl Aug. Gottlieb Seidel*). 2 Thle. Dresden und Leipzig, bey J. G. J. Breitkopf, 1790. 8⁰.
I: Tit. u. 320 S. II: Tit. 384 S. Selten! — Anon.-Lex. IV. p. 411 (nach Schmidt, Anhalt. Schriftst.-Lex.) unrichtig: „gefährlichem" Tagebuche. Zahm.

ZAUBERSPIEGEL, Der, ein Märchen der grauen Vorzeit (von *Carl August Seidel*). Mit Titelkpfr. Leipzig, Voß, 1794. 12⁰. 274 S. Zahm. (2 Mk. 10 Pfg. Taussig, Prag, 1906.)

— — Der Zauberspiegel, ein Märchen der grauen Vorzeit. (Auch m. d. Tit.: Bibliothek [s. d.] der grauen Vorwelt. Bd. 3.) Leipzig, Voss, 1794. 8⁰.

Seidel, Carl Friedrich. Entwurf zu einem Volksgarten im „Grofsen Ostragehege" zu Dresden. 4 (S. III—XXXVI, 1 Plan).
Progr. Rsch. u. Prg. *Dresden-Friedrichstadt* 1886 (517).

Seidel, Karl Traug. Hnr., Gedichte. 8. Dessau u. Leipz. 808.

Seidel, Kaspar

— etwas üb. d. Wissenschaften u. deren Fortgang. 8. **Dessau, Gelehrte Buchh. 784.**

Seidel, Casp., portula linguae graecae. 8. Hamburg. 702.

— portula linguae latinae. 8. Hamburg, Hoffmann. 704.

— tirocinium latinitatis. 8. Lipsiae, Jacobäer. 774.

— tyrocinium latinitatis, auct. ed. Karl Glo. Franke. 8. Leipz. 775. (Aue in Altona). 8 ℋ

Seidel, Ksp., tyrocinium graecae linguae, curav. Karl Glo. Franke. 8. Dresd. 780. Walther. 8 ℋ

Seidel, Kurt

Seidel, Curt, approb. Arzt aus Neustadt i. S.: Aus d. pathol. Institut d. Universität Leipzig. Zwei Fälle von congenitalem Defekt der Vorhofsscheidewand bei Erwachsenen. *Leipzig 1904: B. Georgi.* (35 S.) 8⁰
Leipzig, Med. Diss. v. (23 Juni) 1904

Seidel, Kurt, aus Oberhohndorf (Kgr. Sachsen): Ueber Salze des Antimontrichlorids mit Chlorkalium und einige analoge Derivate mit organischen Säuren. Erlangen 1904: E. Th. Jacob. (83 S.) 8⁰
Erlangen, Phil. Fak., Ref. Fischer, Diss. v. 3. Mai 1905
[Geb. 21. Apr. 79 Oberhohndorf; Staatsangeh.: Sachsen; Vorbildung: Realgymn. Zwickau Reife O. 99; Studium: Dresden T.H. 2, Erlangen 8 S.; Rig. 3. Mai 04.]

Seidel, L.: Die Frauenfrage und die innere Mission mit besonderer Rücksicht auf die Frauen und Töchter des Arbeiterstandes. Vortrag. — Nürnberg: Rau 1885. 20 S. 8⁰

GV133
11

Seidel, L., die Frauenfrage und die innere Mission mit besond. Rücksicht auf die Frauen und Töchter des Arbeiterstandes. Vortrag, gehalten auf der Konferenz für innere Mission zu Nürnberg am 15. Septbr. 1885. 1.—4. Aufl. gr. 8. (20 S.) Nürnberg 885, Raw'sche Buchh. *

Seidel, L., Schillers Glaube. Eine Betrachtung seiner religiösen, sittl. und socialen Grundgedanken im Lichte der Bibel. Vortrag. gr. 8. (20 S.) Dresden 883. (Leipzig, Buchh. des Vereinshauses.) * — 20

Seidel, L., üb. die Grenzwerthe e. unendl. Potenzausdruckes der Form x. [Aus: „Abhandlgn. d. k. bayer. Akad. d. Wiss."] gr. 4. (10 S.) München 870. Franz in Comm. n. — 40

— die evangelischen Männer- u. Jünglingsvereine Sachsens. Ihre Geschichte u. ihr gegenwärt. Stand 1885. gr. 8. (IV, 70 S.) Dresden 885. (Leipzig, Buchh. d. Vereinshauses.) n. — 60

Seidel, (L.,) Nomenclator synonymor. pharmaceutico-chemicorum, oder, chem. pharmaceut. Handbuch, enthalt. d. Vergleichung d. in d. Pharmacie u. Pharmakochemie übl. ält. u. neueren Namen mit d. gebräuchlichen. Mit 1 Tab. in Steindr. 4. Rathenow 824. (Leipz., Leich.)

Seidel, L., Nomenclator synonymorum pharmaceuto-chemicorum, oder chemisch-pharmazeutisches Handbuch ꝛc. 4. Rathenow 824. (H. Schultze in Berlin.) 5/12 ℞

Seidel, L., Nomenclator synonymor. pharmacentico-chemicorum, oder: chem.-pharmaceut. Handbuch, enthalt. d. Vergleichung d. in d. Pharmacie u. Pharmakochemie übl. ält. u. neueren Namen mit d. gebräuchlichen. Mit 1 Tab. in Steindr. 4. Rathenow 825. Flick. (Leipz., Leich). 10 ℋ

Seidel, L., zwei Reden über die Arbeit der inneren Mission im Dienste der Kirche, s. Kohlschütter, C. V.

Seidel, L. C., s. Seidel, L. E.

Seidel, L. E., Kaiserin Augusta. Deutsche Kaiserin u. Königin v. Preußen. Ein Lebensbild. Mit dem Bildnis der Kaiserin. 8. (III, 64 S.) Langensalza 891. Schulbuchhandlg. n. — 40

— Kaiserin Augusta Viktoria, Kaiserin v. Deutschland u. Königin v. Preußen. Ein Lebensbild. Mit dem Bildnis der Kaiserin u. e. Ansicht d. Schlosses Primkenau. 8. (46 S.) Ebd. 891. n. — 35

Seidel, L. E., die Behandlung deutscher Lesestücke auf der Unterstufe. 30 der schönsten u. beliebtesten Gedichte, Erzählgn., Fabeln u. Märchen, f. die Unterstufe ausgewählt, nach den Jahreszeiten geordnet, erläutert u. methodisch behandelt. 8. (VI, 113 S.) Langensalza 886. Schulbuchh. — 90

— die Behandlung deutscher Lesestücke auf der Unterstufe. 29 der schönsten u. beliebtesten Gedichte, Erzählgn., Fabeln u. Märchen, f. die Unterstufe ausgewählt, nach den Jahreszeiten geordnet, erläutert u. methodisch behandelt. 2. Aufl. 8. (IV, 112 S.) Ebd. 892. — 90

Seidel, L. E., General Georg Leo v. Caprivi, der neue Kanzler d. Deutschen Reiches. Eine Biographie. Mit dem Bildnis d. Kanzlers. 12. (31 S.) Langensalza 890. Schulbuchhandlg. — 25

—— Charakterzüge aus dem Leben d. deutschen Kaisers u. Königs v. Preußen Wilhelm II. Von seiner Kindheit an bis auf die neueste Zeit. 1. u. 2. Aufl. 8. (IV, 162 S. m. Portr.) Ebd. 891,92. * 1 10

—— Friedrich III., Kaiser v. Deutschland u. König v. Preußen. Ein Lebensbild. 1. u. 2. Aufl. 12. (III, 63 S. m. 2 Portr.) Ebd. 889,90. — 60

— Friedrich III., Kaiser v. Deutschland u. König v. Preußen. Ein Lebensbild. Für Schule u. Haus zur Erweckg. u. Pflege der Liebe zum Kaiserhaus u. Vaterland hrsg. Mit den Bildnissen d. Kaisers u. der Kaiserin. 1. u. 2. Aufl. 12. (III, 63 S.) Ebd. 890. — 60

Seidel, L. E., Friedrich III., Kaiser v. Deutschland u. König v. Preußen. E. Lebensbild. Für Schule u. Haus zur Erweckg. u. Pflege d. Liebe z. Kaiserhaus u. Vaterland hrsg. Mit dem Bildn. d. Kaisers u. d. Kaiserin. 3. Aufl. 8. (III, 63 S.) Langensalza 895. Schulbuchhandlung. — 60

Seidel, L. E. Vaterländische Geschichtsbilder. Im Anschluß an d. Verf. „Präparationen auf den Geschichtsunterricht" u. auf Grund der Allerhöchsten Kabinetts-Ordre vom 1. Mai 1889 u. der Ministerialbestimmungen vom 27. Juli 1889 bearb. u. hrsg. Ausg. A. Für die Hand der Kinder in Volksschulen. 8. (IV, 84 S.) Langens. 892, Schulbuchh. cart. — 40
—— dass. — Ausg. B. Für die Hand der Kinder in gehobenen Volks-, Bürger- u. Mittelschulen. 8. (IV, 124 S.) Ebd. 892. cart. — 70

Seidel, L. E., der biblische Geschichtsunterricht im ersten Schuljahr. 24 bibl. Geschichten aus dem alten und neuen Testament, für Kinder der untersten Stufe erzählt und methodisch behandelt, nebst Sprüchen, Liederstrophen, Reimversen und Gebeten. Ein prakt. Handbuch für Elementarlehrer an Volks-, Bürger-, Mittel- und höheren Bürgerschulen. 8. (105 S.) Hildburghausen 882, Gadow und Sohn. * — 60

—— das Leben der Tiere in Charakterbildern und abgerundeten Gemälden. Ein naturhistor. Lesebuch für Schule und Haus, sowie reichhalt. Material zur Ergänzung und Belebung des naturgeschichtl. Unterrichts. Zusammengestellt und hrsg. für Lehrer und Lernende. gr. 8. (VIII, 472 S. mit Holzschn.) Ebendas. 886. ℳ 3.30.; geb. *

— das Leben der Tiere in Charakterbildern u. abgerundeten Gemälden. Ein naturhistor. Lesebuch f. Schule u. Haus, sowie reichhalt. Material zur Ergänzg. u. Belebg. d. naturgeschichtl. Unterrichts. Zusammengestellt u. hrsg. f. Lehrer u. Lernende. 2., verm. Aufl. gr. 8. (VIII, 477 S m. Abbildgn.) Ebd. 894. 3.30; geb. in Leinw. n. 4.30

Das Leben der Tiere in Charakterbildern u. abgerundeten Gemälden. Ein naturhist. Lesebuch f. Schule u. Haus ... Zsgest. u. hrsg. f. Lehrer u. Lernende von L. E. Seidel, 3. Aufl. *Langensalza: F. G. L. Gressler 1902.* (VIII, 479 S.) 8° [J.]

Seidel, L. E., das Leben der Tiere in Charakterbildern u. abgerundeten Gemälden. Ein naturhistor. Lesebuch f. Schule u. Haus. sowie reichhalt. Material zur Ergänzg. u. Belebg. des naturgeschichtl. Unterrichts. Zusammengestellt u. hrsg. für Lehrer u. Lernende. 3. Aufl. gr. 8. (VIII, 479 S. m. Abbildgn.) Langensalza 902. Schulbuchh. n. 3. 50; geb. n. 4. 50

—— Die deutschen Lehrerkonferenzen der J. 1888—1891. Themen, Thesen u. Ausführgn. pädagog. Vorträge, geh. auf den verschiedenen Lehrerkonferenzen Deutschlands 2c. 1.—4. pädagog. Jahrbuch. Für alle Lehrer, Leiter u. Freunde der Schule hrsg. 8. (VIII, 167; VIII, 164; VIII, 183; VI, 243 S.) Ebd. 889. 1.—3. Jahrb. à * 1 30
4. Jahrb. * 2 —

— die deutschen Lehrerkonferenzen des Jahres 1889. Themen, Thesen u. Ausführgn. pädagog. Vorträge, geh. auf den verschiedenen Lehrerkonferenzen Deutschlands. Ein Gesamtbild der neuesten Bestrebgn. deutscher Lehrer auf dem Gebiete d. Schul- u. Unterrichtswesens, sowie reiches Material zu Konferenzarbeiten u. zur Fortbildg d. Lehrers im Amte. 2. pädagog. Jahrb. Für alle Lehrer, Leiter u. Freunde der Schule hrsg. gr. 8. (VIII, 164 S.) Ebd. 890. n. 1. 30

— dasselbe d. J. 1890. 3. pädagog. Jahrb. (VIII, 183 S.) Ebd. 891. n. 1. 30

— dasselbe d. J. 1891. 4. pädagog. Jahrb. (VI, 243 S.) Ebd. 892. n. 2. —

— dasselbe d. J. 1892. 5. pädagog. Jahrb. (VIII, 184 S.) Ebd. 893. n. 1. 30

— die deutschen Lehrerkonferenzen des J. 1893. Themen, Thesen u. Ausführgn. pädagog. Vorträge, geh. auf den verschied. Lehrerkonferenzen Deutschlands. Ein Gesamtbild d. neuesten Bestrebgn. deutscher Lehrer auf d. Gebiete d. Schul- u. Unterrichtswesens, sow. reiches Material zu Konferenzarbeiten u. z. Fortbildg. d. Lehrers im Amte. 6. pädagog. Jahrbuch. Für alle Lehrer, Leiter u. Freunde d. Schule hrsg. gr. 8. (VI, 225 S.) Ebd. 894. n. 2. —

— dasselbe d. J. 1891. 4. pädagog. Jahrbuch. 2. Aufl. gr. 8. (VI, 243 S.) Ebd. 895. n. 2. —

Seidel, L. E., die deutschen Lehrerkonferenzen d. J 1889 u. 1890. Themen, Thesen u. Ausführgn. pädagog. Vorträge, geh. auf den verschiedenen Lehrerkonferenzen Deutschlands. Ein Gesamtbild der neuesten Bestrebgn. deutscher Lehrer auf dem Gebiete des Schul- u. Unterrichtswesens, sowie reiches Material zu Konferenzarbeiten u. zur Fortbildg. des Lehrers im Amte. 2. u. 3. pädagog. Jahrbuch. Für alle Lehrer u. Freunde der Schule hrsg. 2. Aufl. 8. Langensalza 905. Schulbuchh. n. 3. 75
1889. (VIII, 175 S.) 1. 75. — 1890. (VIII, 196 S.) 2. —

—— Materialien für den Anschauungs- und Sprachunterricht im ersten Schuljahr. Ein prakt. Handbuch für Elementarlehrer, sowie zum Gebrauch an Seminarien. gr. 8. (VIII, 94 S.) Bernburg 884, Bacmeister. * 1 —

— Materialien f. den Anschauungs- u. Sprachunterricht im ersten Schuljahr. Ein prakt. Handbuch f. Elementarlehrer, sowie zum Gebrauch an Seminarien. gr. 8. (VIII, 94 S.) Gotha 884. Behrend. n. 1. —

Seidel, L. E., Generalfeldmarschall Graf Moltke. Ein Lebensbild. Festschrift zum 26. Oktbr. 1890, dem 90. Geburtstage Moltke's. Für Schule, Haus u. Heer zur Erweckung der Vaterlandsliebe hrsg. Mit dem Bildnisse Moltke's u. e. Ansicht d. Gutes Kreisau. 12. (78 S.) Langensalza 890. Schulbuchhandlg. n. — 70

— Generalfeldmarschall Graf Moltke. Ein Lebensbild. Festschrift zum 26. Oktbr. 1890, dem 90. Geburtstage Moltkes. Mit dem Bildnisse Moltkes u. e. Ansicht d. Gutes Kreisau. (2. Aufl.) 12. (78 S.) Ebd. 890. n. — 70

— das Pflanzenleben in Charakterbildern u. abgerundeten Gemälden. Nebst e. Anh.: Biographieen u. Bilder aus dem Mineralreiche. Ein naturhistor. Lesebuch f. Schule u. Haus. Zusammengestellt u. hrsg. f. Lehrer u. Lernende. gr. 8. (VIII, 399 S.) Ebd. 889. n. 4. —; geb. n. 5. —

— das Pflanzenleben in Charakterbildern u. abgerundeten Gemälden. Nebst e. Anh.: Biographieen u. Bilder aus dem Mineralreiche. Ein naturhistor. Lesebuch f. Schule u. Haus, sowie reichhalt. Material zur Ergänzg. u. Belebg. d. naturgeschichtl. Unterrichts. Zusammengestellt u. hrsg. f. Lehrer u. Lernende. 2. Aufl. gr. 8. (VIII, 399 S. m. Abbildgn.) Langensalza 894. Schulbuchhandlg. n. 4. —; geb. in Leinw. n. 5. —

—— die Pflege der Poesie in der Volksschule. Volkstüml. und klass. Gedichte, für den Gebrauch in Volks- und Mittelschulen erläutert und methodisch behandelt, nebst kurzen Biographieen der Dichter. gr. 8. (XII, 508 S. mit 9 in den Text gedr. Bildnissen.) Ebendas. 887. *

Seidel, L. E., vollständige Präparationen auf den Geschichtsunterricht in Volks-, Bürger- u. Mittelschulen. Für Lehrer u. Lernende auf Grund der Allerhöchsten Kabinetts-Ordre vom 1. Mai 1889 und der Ministerialbestimmgn. vom 27. Juli 1889 ausgewählt u. bearb. 1. u. 2. Bd. gr. 8. Langensalza, Schulbuchhandlg. n. 7. 30
1. Die Hohenzollern als Kurfürsten, Könige u. Kaiser. 1. u. 2. Aufl. (XII, 515 S.) 891. 893. n. 4. 50
2. Bilder aus der deutschen Geschichte m. besond. Berücksicht. d. Kulturgeschichte. (VII, 324 S.) 892. n. 2. 80

— vollständ. Präparationen auf d. Geschichtsunterricht in Volks-, Bürger u. Mittelschulen. II. Bd.: Bilder aus d. deutschen Geschichte m. besond. Berücksicht. d. Kulturgeschichte. Für Lehrer u. Lernende auf Grund d. Allerhöchsten Kabinetts-Ordre v. 1. Mai 1889 u. d. Ministerial-Bestimmgn. v. 27. Juli 1889 unt. Mitwirkg. v. Schulmännern hrsg. 2. Aufl. gr. 8. (VI, 324 S.) Ebd. 896. 2. 80 (I u. II: 7. 30)

— der Rechenunterricht im 1. Schuljahr. Der Zahlenraum von 1—10, in ausgeführten Lektionen bearb. 1. Aufl. (IV, 71 S.) 885; 2. verb. Aufl. 8. (IV, 76 S.) Ebendas. 887.

— der Rechenunterricht im ersten Schuljahr. Der Zahlenraum v. 1—10, in ausgeführten Lektionen bearb. 3. Aufl. 8. (IV, 76 S.) Ebd. 892. — 75

Das achte Schuljahr. Theoret.-prakt. Anweisung f. Lehrer u. Lehrerinnen z. Erteilung e. erfolgreichen Unterr. in Volks- u. Mittelschulen ...bearb. von L. E. Seidel. Langensalza: F. G. L. Greßler 1904. (IX, 565 S.) 8°

Das achte Schuljahr. Theoret.-prakt. Anweisung f. Lehrer u. Lehrerinnen ... bearb. von L. E. Seidel. 2., verm. u. verb. Aufl. Langensalza: F. G. L. Gressler 1905. (IX, 588 S.) 8°

— das dritte Schuljahr. Theoret.-prakt. Anweisg. für Lehrer u. Lehrerinnen z. Erteilg. e. erfolgr. Unterrichts in Volksschulen, nebst vollständ. ausgef. Präparationen. Auf Grund d. gesetzl. Bestimmgn. u. nach Herbartschen Grundsätzen im Verein m. Schulmännern bearb. gr. 8. (VIII, 424 S.) Ebd. 897. 4. —

— das dritte Schuljahr. Theoretisch-prakt. Anweisg. f. Lehrer u. Lehrerinnen zur Erteilg. e. erfolgreichen Unterrichts in Volksschulen, nebst vollständig ausgeführten Präparationen. Auf Grund der gesetzl. Bestimmgn. u. nach Herbartschen Grundsätzen im Verein m. Schulmännern bearb. 2. u. 3. Aufl. gr. 8. (à VIII, 424 S.) Ebd. 899. 901. 4. —

Das dritte Schuljahr. Theoret.-prakt. Anweisung f. Lehrer u. Lehrerinnen ... bearb. von L. E. Seidel. 4. Aufl. Langensalza: F. G. L. Greßler 1904. (VIII, 424 S.) 8°

Das dritte Schuljahr. Theoret.-prakt. Anweisung f. Lehrer u. Lehrerinnen ... bearb. von L. E. Seidel. Kath. Ausg. bearb. von Rektor K. Michels. Langensalza: Greßler 1908. VIII, 418 S. 8°

Das dritte Schuljahr. Theoret.-prakt. Anweisung f. Lehrer u. Lehrerinnen ... bearb. von L. E. Seidel. 5. Aufl. Langensalza: Greßler 1908. VIII, 424 S. 8°

— das erste Schuljahr. Theoretisch-prakt. Anweisg. f. Lehrer u. Lehrerinnen zur Erteilg. e. erfolgreichen Unterrichts in der Elementarklasse, nebst vollständig ausgeführten Präparationen. Auf Grund der gesetzl. Bestimmgn. u. nach den Herbart'schen formalen Stufen bearb. 2. Aufl. gr. 8. (IV, 278 S.) Ebd. 890. 2. 50

— Das erste Schuljahr. Theoretisch-prakt. Anweisg. f. Lehrer u. Lehrerinnen zur Erteilg. e. erfolgreichen Unterrichts in der Elementarklasse, nebst vollständig ausgeführten Präparationen. Auf Grund der gesetzl. Bestimmgn. u. nach den Herbartschen formalen Stufen bearb. 3. Aufl. gr. 8. (IV, 278 S.) Ebd. 889—92. 2 50

— das erste Schuljahr. Theoretisch-prakt. Anweisg. f. Lehrer u. Lehrerinnen zur Erteilg. e. erfolgreichen Unterrichts in der Elementarklasse, nebst vollständig ausgeführten Präparationen. Auf Grund der gesetzl. Bestimmgn. u. nach den Herbartschen formalen Stufen bearb. 4. Aufl. gr. 8. (IV, 282 S.) Ebd. 894. 2. 50

— das erste Schuljahr. Theoret.-prakt. Anweisg. für Lehrer u. Lehrerinnen z. Erteilg. e. erfolgr. Unterrichts in d. Elementarklasse, nebst vollst. ausgef. Präparationen. Auf Grund d. gesetzl. Bestimmgn. u. nach d. Herbartschen formalen Stufen bearb. 5. Aufl. gr. 8. (IV, 283 S.) Ebd. 898. 2. 50

— das erste Schuljahr. Theoretisch-prakt. Anweisg. für Lehrer u. Lehrerinnen zur Erteilg. e. erfolgreichen Unterrichts in Volksschulen nebst vollständig ausgeführten Präparationen. Auf Grund der gesetzl. Bestimmgn. u. nach den neueren Grundsätzen der Pädagogik im Verein mit Schulmännern bearb. 6. Aufl. gr. 8. (IV, 283 S.) Langensalza 901. Schulbuchh. 2. 50

Das erste Schuljahr. Theoret.-prakt. Anweisung f. Lehrer u. Lehrerinnen z. Erteilung e. erfolgreichen Unterr. in Volks- u. Mittelschulen .. bearb. von L. E. Seidel. 7. Aufl. Langensalza: F. G. L. Greßler 1904. (IV, 284 S.) 8°

Das erste Schuljahr. Theoret.-prakt. Anweisung f. Lehrer u. Lehrerinnen z. Erteilung e. erfolgreichen Unterrichts in Volks- u. Mittelschulen nebst vollst. ausgeführten Präparationen. Auf Grund d. gesetzl. Bestimmungen u. nach d. neueren Grundsätzen d. Pädag. im Ver. mit Schulmännern bearb. von L. E. Seidel. Kath. Ausg. bearb. von Rektor K. Michels. Langensalza: F. G. L. Greßler 1905. (IV, 270 S.) 8° [F.] 04. 1956 3

Das erste Schuljahr. Theoret.-prakt. Anweisung f. Lehrer u. Lehrerinnen ... bearb. von L. E. Seidel. 9. Aufl. Langensalza: Greßler 1908. IV, 284 S. 8°

— das erste bis achte Schuljahr. Theoretisch-prakt. Anweisg. f. Lehrer u. Lehrerinnen zur Erteilg. e. erfolgreichen Unterrichts in Volks- u. Mittelschulen nebst vollständig ausgeführten Präparationen. Auf Grund der gesetzl. Bestimmgn. u. nach den neueren Grundsätzen der Pädagogik im Verein m. Schulmännern bearb. Langensalza, Schulbuchh. n. 34. 75

I. 8. Aufl. (IV, 284 S.) 905. n. 2. 75
II. 5. u. 6. verb. Aufl. (VIII, 318 S.) 904. 906. n. 3. —
III. 4. Aufl. (VIII, 424 S.) 904. n. 4. —
IV. 3. Aufl. (VIII, 680 S.) 904. n. 5. —
V. 3. verb. Aufl. (X, 588 S.) 906. n. 5. 50
VI. 2. verm. Aufl. (X, 551 S.) 903. n. 4. 50
VII. 2. (verb u. verm.) Aufl. (VIII, 596 S.) 904. n. 5. —
VIII. 2. verm. u. verb. Aufl. (IX, 688 S. m. Fig.) 905. n. 5. —

Seidel, L. E., das erste, dritte, vierte, sechste u. siebente Schuljahr. Theoretisch-prakt. Anweisung f. Lehrer u. Lehrerinnen zur Erteilg. e. erfolgreichen Unterrichts in Volks- u. Mittelschulen nebst vollständig ausgeführten Präparationen. Auf Grund der gesetzl. Bestimmgn. u. nach den neueren Grundsätzen der Pädagogik im Verein m. Schulmännern bearb. 8. Langensalza, Schulbuchh. 24. 75

1. Schuljahr 9. Aufl. (IV, 284 S.) 908. 3. —
3. Schuljahr 5. Aufl. (VIII, 424 S.) 908. 4.25; kathol. Ausg., bearb. v. K. Michels. (VIII, 418 S.) 4. 20
4. Schuljahr 4. Aufl. (VIII, 725 S.) 909. 7.—; kathol. Ausg., bearb. v. K. Michels. (VIII, 526 S.) 909. 5. —
6. Schuljahr 3. Aufl. (X, 560 S.) 909. 4.50; kathol. Ausg., bearb. v. K. Michels. (X, 551 S.) 909. 4. 50
7. Schuljahr 8. verm. u. verb. Aufl. (VIII, 586 S. m. Fig.) 910. 6.—; kathol. Ausg., bearb. v. K. Michels. (VIII, 577 S. m. Fig.) 910. 5. 50

Seidel, L. E., das 1., 2. u. 5. Schuljahr. Theoretisch-prakt. Anweisg. f. Lehrer u. Lehrerinnen zur Erteilg. e. erfolgreichen Unterrichts in Volks- u. Mittelschulen nebst vollständig ausgeführten Präparationen. Katholische Ausg. Auf Grund der gesetzl. Bestimmgn. u. nach den neueren Grundsätzen der Pädagogik im Verein m. Schulmännern bearb. v. K. Michels. 8. Langensalza 905. Schulbuchh. n. 11. 25

I. (IV, 270 S.) 905. 2. 75. — II. (VIII, 292 S.) 905. 3. —
V. (X, 589 S.) 906. 5. 50

Das fünfte Schuljahr. Theoret.-prakt. Anweisungen f. Lehrer u. Lehrerinnen z. Erteilung e. erfolgr. Unterr. in Volksschulen nebst vollst. ausgef. Präparationen. Auf Grund d. gesetzl. Bestimmungen ... im Verein mit Schulmännern bearb. von L. E. Seidel. *Langensalza: F. G. L. Gressler 1901.* (X, 552 S.) 8° [F.] 01. 8315

— das fünfte Schuljahr. Theoretisch-prakt. Anweisg. f. Lehrer u. Lehrerinnen zur Erteilg. e. erfolgreichen Unterrichts in Volksschulen, nebst vollständig ausgeführten Präparationen. Auf Grund der gesetzl. Bestimmgn. u. nach den neueren Grundsätzen der Pädagogik im Verein m. Schulmännern bearb. 2. verm. Aufl. gr. 8. (X, 570 S.) Ebd. 902. 4. 50

1. Aufl. (X, 562 S.) 901. 4. 50.

Das fünfte Schuljahr. Theoret.-prakt. Anweisung f. Lehrer u. Lehrerinnen ... bearb. von L. E. **Seidel**. 3. verb. Aufl. Langensalza: F. G. L. Gressler 1906. (X,588 S.) 8°

— das sechste Schuljahr. Theoretisch-prakt. Anweisg. f. Lehrer u. Lehrerinnen zur Erteilg. e. erfolgreichen Unterrichts in Volksschulen nebst vollständig ausgeführten Präparationen. Auf Grund der gesetzl. Bestimmgn. u. nach den neueren Grundsätzen der Pädagogik im Verein mit Schulmännern bearb. gr. 8. (VIII, 528 S.) Ebd. 902. 4.50

Das sechste Schuljahr. Theoret.-prakt. Anweisung f. Lehrer u. Lehrerinnen ... in Volksschulen nebst vollst. ausgeführten Präparationen. Auf Grund d. gesetzl. Bestimmungen u. nach d. neueren Grundsätzen d. Pädagogik ... bearb. von L. E. **Seidel**. 2. verm. Aufl. *Langensalza: F. G. L. Greßler 1903.* (X, 551 S.) 8° [Fr.] [03. 13109 3

Das sechste Schuljahr. Theoret.-prakt. Anweisung für Lehrer u. Lehrerinnen . . . bearb. von L. E. **Seidel**. 3. Aufl. Langensalza: Greßler 1909. X, 560 S. 8°

Das sechste Schuljahr. Theoret.-prakt. Anweisung für Lehrer u. Lehrerinnen ... bearb. von L. E. **Seidel**. Katholische Ausg. bearb. von Rektor K. Michels. Langensalza: Greßler 1909. X, 551 S. 8°

Das siebente Schuljahr. Theoret.-prakt. Anweisung f. Lehrer u. Lehrerinnen z. Erteilung e. erfolgreichen Unterr. in Volksschulen nebst vollst. ausgeführten Präparationen. Auf Grund d. gesetzl. Bestimmungen u. nach d. neueren Grundsätzen d. Pädag. im Ver. mit Schulmännern bearb. von L. E. **Seidel**. Langensalza: F. G. L. Gressler 1903. (VIII, 584 S.) 8°

Das siebente Schuljahr. Theoret.-prakt. Anweisung f. Lehrer u. Lehrerinnen ... bearb. von L. E. **Seidel**. 2. Aufl. Langensalza: F. G. L. Greßler 1904. (VIII, 596 S.) 8°

Das siebente Schuljahr. Theoret.-prakt. Anweisung f. Lehrer u. Lehrerinnen ... bearb. von L. E. **Seidel**. 3., verm. u. verb. Aufl. Langensalza: Greßler 1910. VIII, 596 S. 8° [11. 10707

Das siebente Schuljahr. Theoret.-prakt. Anweisung f. Lehrer u. Lehrerinnen ... bearb. von L. E. **Seidel**. Kath. Ausg. bearb. von Rektor K. Michels. Langensalza: Greßler 1910. VIII, 377 S. 8° [11. 10708

— das vierte Schuljahr. Theoretisch-prakt. Anweisg. f. Lehrer u. Lehrerinnen zur Erteilg. e. erfolgreichen Unterrichts in Volksschulen, nebst vollständig ausgeführten Präparationen. Auf Grund der gesetzl. Bestimmgn. u. nach den neueren Grundsätzen der Pädagogik im Verein m. Schulmännern bearb. 1. u. 2. Aufl. gr. 8. (à VIII, 680 S.) Ebd. 899. 901. n. 5. —

Das vierte Schuljahr. Theoret.-prakt. Anweisung f. Lehrer u. Lehrerinnen ... bearb. von L. E. **Seidel**. 3. Aufl. Langensalza: F. G. L. Greßler 1904. (VIII, 680 S.) 8°

Das vierte Schuljahr. Theoret.-prakt. Anweisung für Lehrer u. Lehrerinnen ... bearb. von L. E. **Seidel**. 4. Aufl. Langensalza: Greßler 1909. VIII, 725 S. 8°

Das vierte Schuljahr. Theoret.-prakt. Anweisung für Lehrer u. Lehrerinnen ... bearb. von L. E. **Seidel**. Katholische Ausg. bearb. von Rektor K. Michels. Langensalza: Greßler 1909. VIII, 526 S. 8°

— das zweite Schuljahr. Theoretisch-prakt. Anweisg. f. Lehrer u. Lehrerinnen zur Erteilg. e. erfolgreichen Unterrichts in Volksschulen, nebst vollst. ausgeführten Präparationen. gr. 8. (VIII, 307 S.) Ebd. 893. n. 2. 50

— das zweite Schuljahr. Theoret.-prakt. Anweisg. f. Lehrer u. Lehrerinnen z. Erteilg. e. erfolgr. Unterrichts in Volksschulen nebst vollständ. ausgef. Präparationen. Auf Grund d. gesetzl. Bestimmgn. u. nach d. Herbart'schen formalen Stufen im Verein m. Schulmännern bearb. 3. Aufl. gr. 8. (VIII, 316 S.) Ebd. 898. 2. 50

Seidel, L. E., das zweite Schuljahr. Theoretisch-prakt. Anweisg. f. Lehrer u. Lehrerinnen zur Erteilg. e. erfolgreichen Unterrichts in Volksschulen, nebst vollständig ausgeführten Präparationen. Auf Grund der gesetzl. Bestimmgn. u. nach den neueren Grundsätzen der Pädagogik im Verein m. Schulmännern bearb. 4. Aufl. gr. 8. (VIII, 316 S.) Ebd. 901. 3. —

Das zweite Schuljahr. Theoret.-prakt. Anweisung f. Lehrer u. Lehrerinnen z. Erteilung e. erfolgreichen Unterr. in Volks- u. Mittelschulen ... bearb. von L. E. **Seidel**. 5., verb. Aufl. Langensalza: F. G. L. Greßler 1904. (VIII, 316 S.) 8°

Das zweite Schuljahr. Theoret.-prakt. Anweisung f. Lehrer u. Lehrerinnen ... bearb. von L. E. **Seidel**. 6. verb. Aufl. Langensalza: F. G. L. Gressler 1906. (VIII, 316 S.) 8°

Das zweite Schuljahr. Theoret.-prakt. Anweisung f. Lehrer u. Lehrerinnen ... bearb. von L. E. **Seidel**. Kath. Ausg. bearb. von Rektor K. Michels. Langensalza: F. G. L. Gressler 1906. (VIII, 292 S.) 8°

—— Spiele im Freien. Eine Sammlung von 62 der schönsten und beliebtesten Jugendspiele. Zum Gebrauch auf dem Turnplatze, bei Kinderfesten, Spaziergängen und während der Schulpausen auf dem Spielplatze. Auf Grund des Ministerialerlasses vom 27. Oktbr. 1882 bearb. 12. (64 S.) Leipzig 884, Siegismund und Volkening. * cart.

Seidel, L. G., Spiele im Freien, E. Samml. v. 62 d. schönsten u. beliebtesten Jugendspiele, auf Grund d. Ministerialerlasses v. 27. 10. 1882 bearb., 1. u. 2. Aufl., Leipzig 1884 u. 1885, 16°.

— Kaiserin Viktoria (Kaiserin Friedrich), Kaiserin v. Deutschland u. Königin v. Preußen. Ein Lebensbild. Mit dem Bildnis der Kaiserin. 8. (52 S.) Ebd. 891. n. — 40

— Wilhelm I., Kaiser v. Deutschland u. König v. Preußen. Ein Lebensbild. Für Schule u. Haus zur Erweckg. u. Pflege der Liebe zum Kaiserhaus u. Vaterland. 8. (46 S. m. Bild.) Ebd. 889. n. — 40

Katalog militärischer Werke der K. u. K. Hofbuchhandlung von L. W. **Seidel** & Sohn, Wien. Depot der K. u. K. Generalstabskarten. Wien: L. W. Seidel & Sohn (1903). (166 S.) 8°

Seidel, Leberecht — Das auf natürlichem, nicht mystischem Wege erschlossene Jenseits hauptsächlich in Beziehung auf unsern ursprünglichen jenseitigen Geist in seiner, ihm vom Schöpfer vorgezeichneten Wirksamkeit, welche die Aufgabe hat, unsern Körper zu bilden und ihn auf seiner ganzen Lebensreise zu begleiten als Lehrer, Warner und Schutzgeist, dann auch dessen ursprünglich sehr irdischen diesseitigen Geist von Zeit zu Zeit mit immer mehr geistigen Fähigkeiten zu bereichern und ihn für die schließliche Aufnahme in das Jenseits vorzubereiten und tüchtig zu machen. Ueberzeugungen, die sich mir beim Schauen der Dinge und Begebenheiten in der Natur unwiderstehlich aufdringen. Von — —. Teplitz, 1856. Druck von Fischer und Kürsten in Leipzig. Im Selbstverlage des Verfassers. In Kommission bei J. W. Pohlig. (172 S. 8.)

Seidel, Leberecht, das auf natürlichem, nicht mystischem Wege erschlossene Jenseits hauptsächlich in Beziehung auf unsern ursprünglichen jenseitigen Geist in seiner, ihm vom Schöpfer vorgezeichneten Wirksamkeit, welche die Aufgabe hat, unsern Körper zu bilden und ihn auf seiner ganzen Lebensreise zu begleiten als Lehrer, Warner und Schutzgeist; dann auch dessen ursprünglich sehr irdischen diesseitigen Geist von Zeit zu Zeit mit immer mehr geistigen Fähigkeiten zu bereichern rc. Ueberzeugungen die sich mir beim Schauen der Dinge und Begebenheiten in der Natur unwiderstehlich aufdringen. gr. 8. (IV und 172 S.) Teplitz 856, (Pohlig.) * —

Seidel, Leberecht, das Leben des Geistes nach dem Tode des Körpers. Aus der Natur des Geistes selbst erwiesen. Ein Wort der beruhigenden Ueberzeugung. gr. 8. (20 S.) Dresden 848. (Teplitz, Pohlig.) n. 8 ngr

—— das Leben des Geistes nach dem Tode des Körpers. Aus der Natur des Geistes selbst erwiesen. Ein Wort der beruhigenden Ueberzeugung. gr. 8. (20 S.) Dresden 852. (Teplitz, Pohlig.) *

—— dass. — Fortsetzung. gr. 8. (30 S.) Ebds. 853.

Seidel, Ludw., Bemerkungen über den Zusammenhang zwischen dem Bildungsgesetze eines Kettenbruches und der Art des Fortgangs seiner Näherungsbrüche. gr. 4. (44 S.) München 855, (Franz.) *
Aus: Abhandlungen der k. bayr. Akademie der Wissenschaften, besonders abgedruckt.

Seidel, Ludwig [cand. med. aus Gräfenberg]: Ein Fall von Hemmungsmissbildung des weiblichen Genitalkanals ... Erlangen: Druck d. Univ.-Buchdr. v. E. Th. Jacob 1889. 30 S. 8°
Erlangen, Med. Fak., Inaug.-Diss. v. 20. Febr. 1889

Seidel, Ludw., Christkinds Geburt. Ein Hirten- u. Königsspiel auf Weihnachten. 8. (40 S.) Leipzig 900. G. Wigand. — 30

Seidel, Ludw., Christkinds Geburt. Ein Hirten- u. Königsspiel auf Weihnachten. 2. Aufl. (40 S.) kl. 8. Leipzig 904. F. Jansa. n. — 50

Seidel, Ludw., über die Grenzwerthe eines unendlichen Potenzausdruckes der Form $x^{x^{x^{\cdot^{\cdot^{\cdot}}}}}$. gr. 4. (10 S.) München 870, (Franz'sche Buchh.) * — 40

—— und Eug. Leonhard, Helligkeits-Messungen an 208 Fixsternen. Angestellt mit dem Steinheil'schen Photometer in den J. 1852—1860. gr. 4. (117 S.) München 867, (Franz'sche Buchh.) *
Vorstehende zwei Schriften des Verf. wurden aus: Abhandlungen der k. bayer. Akademie der Wissenschaften, besonders abgedruckt.

Seidel, Ludw., Resultate photometrischer Messungen an 208 der vorzüglichsten Fixsterne. Mit 1 Steintaf. (Aus den Abhdlgn. der k. bayer. Akad. der Wissensch.) München 862. Franz in Comm. gr. 4. (191 S.) n. 1 ₰ 25 ngr

—— Untersuchungen über die gegenseitigen Helligkeiten der Fixsterne erster Grösse und über die Extinction des Lichtes in der Atmosphäre. Nebst einem Anhange über die Helligkeit der Sonne verglichen mit Sternen, und über die Licht reflectirende Kraft der Planeten. gr. 4. (122 S.) München 852, (Franz.) *
Aus: Abhandlungen der k. bayr. Akademie der Wissenschaften, 2. Classe, 6. Bd. 3. Abthl., besonders abgedruckt.

Seidel, Ludw., Untersuchungen über die Lichtstärke der Planeten Venus, Mars etc., s. Monumenta saecularia.

—— über ein Verfahren, die Gleichungen, auf welche die Methode der kleinsten Quadrate führt, sowie lineäre Gleichungen überhaupt, durch successive Annäherung aufzulösen. gr. 4. (28 S.) (Ebendas.) 874. * 1 —
aus: Abhandlungen der k. bayer. Akademie der Wissenschaften, besonders abgedruckt.

Seidel, Ludwig: Vergleichung der Schwankungen der Regenmengen mit den Schwankungen in der Häufigkeit des Typhus in München. (Zusammengestellt im Sommer 1865.)

Seidel, Ludwig: Ueber den numerischen Zusammenhang, welcher zwischen der Häufigkeit der Typhus-Erkrankungen und dem Stande des Grundwassers während der letzten 9 Jahre in München hervorgetreten ist. 1865.

Seidel, M. Adnotationes ad Livii locos XXI, 36. 7. 8. 28, 7—10. 28. 1—3. 31, 4. et de usu quodam particulae aut. 16 S.
Glogau, kath., Progr. 1844

Seidel, M., die Atrophia musculorum lipomatosa (sogenannte Muskelhypertrophie). Jena 867. Mauke's Verlag. gr. 8. (VIII, 120 S. mit 2 Steintaff.) n. 1 ₰

Seidel, M., s. Kommunalfinanzen.

Seidel, M., acute Phosphorvergiftung od. chronische Arsenvergiftung durch e. arsenhaltigen Wandanstrich. Entgegnung auf die Broschüre: „Tod durch arsenhaltige Tapeten od. Vergiftung m. Phosphor". Für den Otto'schen Giftmordprozeß beleuchtet durch M. J. Roßbach. gr. 8. (IV, 108 S.) Jena 890. Pohle. n. 1. 60

Seidel, M., Herrn Stadtpfarrer, nach seiner Zurückkunft von der Ständeversammlung zu München gewidmet von mehreren seiner Freunde. Nürnberg im August 1819. 4. 2 Bl. — Fehlt bei Kloss.

Seidel, M., die Vergiftungen in gerichtsärztlicher Beziehung, s. Handbuch der gerichtlichen Medicin.

Seidel, Mart., über die Paedagogik der Proverbien. Inaugural-Dissertation. gr. 8. (38 S.) Halle 875. (Jena, Deistung's Buchh.) *

Seidel, Mart., zur Zeit Jesu. Darstellungen aus der neutestamentl. Zeitgeschichte. 8. (V, 154 S.) Leipzig 882, Drescher. *ℳ 2,40.; geb. *

—— dass. — 2. (Titel-)Aufl. gr. 8. (V, 54 S.) Ebendas. 884. * geb. *

Seidel, Mart., zur Zeit Jesu. Darstellungen aus der neutestamentl. Zeitgeschichte. 2. Aufl. gr. 8. (V, 154 S.) Frankfurt a/M. 884. Drescher. n. 1. 50; geb. n. 2. —

Seidel, Mart., zur Zeit Jesu. Darstellungen aus der Neutestamentl. Zeitgeschichte. 2. Aufl. gr. 8. Leipzig 884, Wilh. Weber. *ℳ 1.50.; geb. * 2 —

Martin Friedrich Seidels Bilder-Sammlung, in welcher hundert grösstentheils in der Mark Brandenburg gebohrne, allerseits aber um dieselbe wohlverdiente Männer vorgestellt werden, mit beygefügter Erläuterung, in welcher Derselben merkwürdigste Lebens-Umstände und Schriften erzehlet werden, von Georg Gottfried Küster. Berlin 1751. 4°.

Seidel, Martin Friedrich & Georg Gottfried Küster. Martin Friedrich Seidels Bilder-Sammlung, in welcher hundert grösstentheils in der Mark Brandenburg gebohrne, allerseits aber um dieselbe wohlverdiente Männer vorgestellet werden, mit beygefügter Erläuterung von George Gottfried Küster. Berlin, Im Verlag des Buchladens bey der Real-Schule 1751.
Kupfertit., Tit., 3 Bl., 204 S., 1 Bl. Register, 102 Taf. in Kupferst. 4°
Nach der Vorrede die erste Ausgabe ohne Text mit 75 Kupfern 1670, die zweite mit lateinischem Titel, Vorrede und Verzeichnis und 100 Kupfern 1671.

Seidel, Max. Ueber die Einwirkung von Chlorkohlensäureäther auf Phenyl- und Diphenylsulfoharnstoff. Leipzig, 1885.

Seidel, Max, A. v. Tröltsch, Fr. Horner, J. Michel. Die Erkrankungen der Muskeln, die Krankheiten d. Gehörorganes, die Krankheiten d. Auges im Kindesalter. gr. 8. (VII, 634 S.) Tüb. 889, Laupp. * 12 —
Aus: Handb. der Kinderkrankheiten, hrsg. v. Gerhardt, besonders abgedr.

Seidel, Max [Kgl. Landrath d. Kreises Schmiegel]: Die Feststellungsklage im Civil- und Verwaltungsprozess ... Göttingen, Druck d. Dieterich'schen Univ.-Buchdr., 1893; 37 S. 8.
Göttingen, Jur. Fak., Inaug.-Diss. v. [1. Dez.] 1893

Seidel, Max, die Feststellungsklage im Civil- u. Verwaltungsprozess. Diss. gr. 8. (37 S.) Göttingen 893. (Vandenhoeck & Ruprecht.) n. — 80

Seidel, Max, Hypothekenbankgesetz, s.: Guttentag's Sammlung deutscher Reichsgesetze. (Göppert, Heinr.)

Seidel, Max, das deutsche Sparkassenwesen. 1. Bd. D. deutschen Bundesstaaten m. Ausnahme Preußens u. d. Reichsland Elsaß-Lothringen. gr. 8. (VIII, 472 S.) Berlin 896. C. Heymann's Verl. n. 6. —

Seidel, Max, das Wichtigste aus d. geometr. Zeichnen etc., s.: Stade, Frz.

Seidel, O., evangelisches Choralbuch, s.: Schärtlich, J. C.

Deutschlands erste Kolonie. Gesammelte Erfahrungen u. Erlebnisse während e. Aufenthaltes von 9 Jahren in Deutsch-Südwest-Afrika. Von O. **Seidel**. Hamburg: Busch 1898. 37 S. 8°

Seidel, O., Lieder f. die Volksschule, in drei Stufen geordnet u. hrsg. 3 Hfte. gr. 8. Berlin 874. Stubenrauch. n. 1. —
1. 38 Lieder f. die Unterstufe. (19 S.) n. — 30
2. 40 Lieder f. die Mittelstufe. (24 S.) n. — 30
3. 49 Lieder f. die Oberstufe. (41 S.) n. — 40

Seidel, O., Lieder für die Volksschule, in drei Stufen geordnet und hrsg. 3. Heft: 50 Lieder für die Oberstufe. 2. verm. Aufl. gr. 8. (40 S.) Berlin 884, Stubenrauch'sche Buchh. *

Seidel, O., Lieder f. die Volksschule, in 3 Stufen geordnet u. hrsg. 2. u. 3. Hft. 2. Aufl. gr. 8. Berlin, Stubenrauch. n. — 80
2. 40 Lieder f. die Mittelstufe. (23 S.) 885. n. — 30
3. 50 Lieder f. die Oberstufe. (40 S.) 885. n. — 50

Seidel, O., Lieder für die Volksschule, in 3 Stufen geordnet und hrsg. 3 Hefte. 8. Berlin, Stubenrauch'sche Buchh. *
Inhalt:
Heft 1. 46 Lieder für die Unterstufe. 3. verm. Aufl. (26 S.) 886. * 30 Pf.
" 2. 40 Lieder für die Mittelstufe. 2. verm. Aufl. (23 S.) 885. * 30 Pf.
" 3. 50 Lieder für die Oberstufe. 3. verm. Aufl. (40 S.) 887. * 40 Pf.

Seidel, O., Lieder f. die Volksschule, in 3 Stufen geordnet. 8. Bielefeld, Velhagen & Klasing. n. 1. —
1. Hft.: 46 Lieder f. die Unterstufe. 3., verm. Aufl. (26 S.) 886. n. — 30
2. Hft.: 40 Lieder f. die Mittelstufe. 4. Aufl. (23 S.) 889. n. — 30
3. Hft.: 50 Lieder f. die Oberstufe. 3., verm. Aufl. (40 S.) 887. n. — 40

Seidel, O., Lieder f. die Volksschule, in 3 Stufen geordnet. 3 Hfte. 8. Bielefeld, Velhagen & Klasing. n. 1. —
1. 40 Lieder f. die Unterstufe. 4. Aufl. (24 S.) 892. n. — 30
2. 40 Lieder f. die Mittelstufe. 5. Aufl. (23 S.) 891. n. — 30
3. 50 Lieder f. die Oberstufe. 4. Aufl. (40 S.) 891. n. — 40

Seidel, O., Lieder f. d. Volksschule; in 3 Stufen geordnet u. hrsg. 2. u. 3. Hft. gr. 8. Bielefeld 897. Velhagen & Klasing. n. — 70
2. 40 Lieder f. d. Mittelstufe. 6. Aufl. (23 S.) n. — 30
3. 50 Lieder f. d. Oberstufe. 5. Aufl. (40 S.) n. — 40

Seidel, O., Lieder f. die Volksschule, in 3 Stufen geordnet u. hrsg. gr. 8. Bielefeld, Velhagen & Klasing. n. 1. —
1. 46 Lieder f. die Unterstufe. 5. Aufl. (24 S.) (902.) n. — 30
2. 40 Lieder f. die Mittelstufe. 7. Aufl. (23 S.) (901.) n. — 30
3. 50 Lieder f. die Oberstufe. 6. Aufl. (40 S.) (901.) n. — 40

— Lieder f. die Volksschule, in 3 Stufen geordnet u. hrsg. 2. Heft. 40 Lieder f. die Mittelstufe. 8. Aufl. (23 S.) 8. Bielefeld (905). Velhagen & Klasing. n. — 30

Seidel, O., Volksschul-Liederbuch. gr. 8. (II, 46 S.) Berlin 874. Stubenrauch. n. — 40

— Volksschul-Liederbuch. In 1 Hft hrsg. 2. Aufl. gr. 8. (46 S.) Ebend. 884. n. — 40

— Volksschul-Liederbuch. In 1 Hft. hrsg. 3. Aufl. gr. 8. (II, 46 S.) Ebd. 891. n. — 40

Seidel, O. M., Buntes aus dem Leben, s.: Universal-Bibliothek f. die Jugend.

Seidel, O. M., Ergebnisse u. Präparationen f. den Unterricht in der Naturkunde. Ein Hilfsbuch f. Lehrer. (In 6—8 Hftn.) 1. Hft. gr. 8. (XVI, 154 S.) Leipzig 890. Brandstetter. n. 2. —

— Ergebnisse u. Präparationen f. den Unterricht in der Naturkunde. Ein Hilfsbuch f. Lehrer. 2.—6. Hft. gr. 8. Leipzig, F. Brandstetter. n. 11. 80 (1—6.: n. 13. 80)
2. (IV, 188 S.) 891. n. 2. 40. — 3. (IV, 166 S.) 891. n. 2. 20. — 4. (IV, 152 S.) 892. n. 2. —. — 5. (III, 196 S.) 893. n. 2. 40. — 6. (III, 225 S.) 894. n. 2. 80.

Seidel, O. M., Ergebnisse u. Präparationen für den Unterricht in d. Naturkunde. Ein Hilfsbuch f. Lehrer. 7. u. 8. Hft. gr. 8. Leipzig, F. Brandstetter. n. 7. 80 (kplt. n. 21. 60)
7. (VIII, 250 S.) 896. n. 3. 20
8. M. e. Inhaltsübersicht üb. alle 8 Hfte. u. e. Sachregister. (IV, 363 S.) 898. n. 4. 60

Seidel, O. M., Excursionsflora für Anfänger im Pflanzenbestimmen. Ein Taschenbuch zum leichten Bestimmen der in und um Zschopau wildwachsenden und häufiger angebauten Pflanzen [Phanerogamen und Gefäßkryptogamen], nebst 2 Tab. zum Bestimmen der Pflanzen im winterl. Zustande. 12. (XVI, 298 S. mit 61 in den Text gedr. Holzschn.-Abbild.) Zschopau 880, Raschke. *

Seidel, O. M., Exkursionsflora f. Anfänger im Pflanzenbestimmen, m. besond. Berücksicht. der pflanzenbiolog. Verhältnisse. Ein Taschenbuch zum leichten Bestimmen der in u. um Zschopau wildwachs. u. häufiger angebauten Pflanzen (Phanerogamen u. Gefäßkryptogamen), nebst 2 Tab. zum Bestimmen der Pflanzen im winterl. Zustande. 2. Aufl. 8. (XV, 308 S. m. 61 Abbildgn.) Zschopau 900. R. Gensel. n. 4. —; geb. n.n. 4. 60

—— Handreichung für Elementarlehrer. Eine Sammlung von Kindergebeten, Fabeln und Gedichten, Wünschen zum Jahreswechsel, Sprüchen und Zuchtreimen, Auszähl-, Spiel- und andern Reimen, Rätseln und Rätselfragen, sowie Kinderliedern. 8. (XX, 130 S.) Ebendas. 881. *

— Mutter u. Kind in deutschen Liedern u. Reimen, } s.: Universal-Bibliothek f. die Jugend.

Seidel, O. M., das Schwimmen am königl. Seminare zu Zschopau. Die wichtigsten Bade- u. Schwimm-Regeln, nach GutsMuths, Lion, Euler, Kluge u. a. f. die Hand seiner Schüler zusammengestellt. 16. (68 S.) Zschopau 886. Raschke. cart. n. — 75

— Spiel und Scherz, s. Universal-Bibliothek für die Jugend.

Seidel, Otto (geb. Rathenow 21. 5. 1843): Der Aderlass in der croupösen Pneumonie historisch dargestellt. Berlin (1869). (32 S.) 8°
Berlin, Med. Diss. v. 29. Mai 1869

Seidel, Otto: Ueber die Benzoylderivate des Acetonitril und das p-Toluylacetonitril. *Leipzig 1898: Metzger & Wittig.* (33 S.) 8°
Rostock, Phil. Diss. v. [6. Aug.] 1898

Seidel, Otto, Dir. Dr.: Die Geschichte des Progymnasiums und der vorhergehenden höheren Schuleinrichtungen zu Frankenstein i. Schl. Frankenstein 1904: H. Lonsky. (20 S.) 4°
Frankenstein i. Schl., kathol. PG P 1904 (220)

Seidel, Otto Richard: Die Lehre von der Spina bifida in anatomischer, genetischer und klinischer Beziehung nebst einem Beitrag zur Casuistik. *Leipzig (1898): A. Edelmann.* (49 S.) 8°
Leipzig, Med. Diss. v. 23. März 1898

Seidel, Otto [Dr.]: Die Methode des botanischen Unterrichts m. bes. Berücks. d. Unterrichtsmaterials. Frankenstein, Buchdr. v. F. Huch, 1894; 20 S. 4.
Frankenstein i/Schl., kath. PG, OP 1894 (182)

Seidel, Otto. Tafeln zur Bestimmung der Gefässpflanzen Schlesiens. gr. 8. (IV, 189 S. m. 60 Abbildgn.) Frankenstein i. Schles. 890, (Philipp). * 2 50

Seidel, Otto *(geb. Neiße 30. 12. 1854)*: Ueber einige Verbindungen des Bleihyperoxyds (der Bleisäure). Breslau (1878). (30 S.) 8° *[Im Buchhandel 1878 bei Koebner in Breslau]*
Breslau, Phil. Diss. v. 3 Apr. 1878

Seidel, Otto, über einige Verbindungen des Bleihyperoxyds [der Bleisäure]. Chemische Inaugural-Dissertation. gr. 8. (30 S.) Breslau 878, (Koebner.) *

Seidel, Otto, wie lernt man richtig u. schnell rechnen? Allgemeinverständliche Anleitg. f. Jedermann. gr. 8. (88 S.) Berlin (900). H. Steinitz. n. 1. —

Seidel, P., Bavaria vetus et nova, exhibita in dramate musico cantatorio Ao. 1775. — Eine Weissagung, die in neuerer Zeit sich erfüllt hat. gr. 8. (2 B.) Landshut 833, Thomann.
Aus der „Literaturzeitung f. d. kathol. Geistlichkeit, hrsg. v. F. v. Besnard." abgedruckt.

Die Akten des Prozesses Seidel in Braunschweig zsgest. von Paul Seidel. (Als Ms. gedr.) *Berlin 1898: W. Möser.* (198 S.) 4° [F.] [04. 1998 7

Seidel, Paul, aus Leipzig: Beiträge zur Kenntnis der gesteinsbildenden Biotite vorwiegend aus Paragneisen. (Mit besonderer Berücksichtigung ihres Chemismus.) [Mit 1 Tabelle.] Borna-Leipzig 1906. 61 S. 8°. [22. X. 06.]
Zürich. Phil. Diss. II. S. 1906/1907.

Seidel, Paul. Beiträge zur Kenntnis der gesteinsbildenden Biotite vorwiegend aus Paragneisen. ⟨Mit besonderer Berücksichtigung ihres Chemismus.⟩ Diss. Phil. [II.] Univ. Zürich. [Mit 1 Tabelle.] 61 S. 8. Borna-Leipzig, Robert Noske, 1906.

Seidel, Paul, s.a. Bildnisse, die, der Königin Luise.

Die Bildnisse der Königin Luise. Hrsg. von Paul Seidel. 12 Kupferätzungen nach zeitgenöss. Orig. mit begleit. Text. Berlin: Gesellsch. z. Verbreitung klass. Kunst 1906. 12 Taf. 2°

Seidel, Paul, s.: Böcklin's, Arnold, Werke in der kaiserl. Schackgalerie zu München.

Seidel, Paul [aus Dresden]: Ueber einige Derivate aus den Reihen des Carbonyl-o-amidophenols und des Thiocarb-o-amidophenols ... Dresden: Druck v. B. G. Teubner 1889. 31, 1 S. 8°
Jena, Phil. Fak., Inaug.-Diss. v. 1889

Die äussere Erscheinung des Grossen Kurfürsten. Von Paul Seidel und Frank Skarbina. Als Manuscr. gedr. (Vort.: Festschrift zur Feier d. zehnjährigen Regierungsjubil. S. M. d. Kaisers u. Königs Wilhelm II. am 15. Juni 1898. Hrsg. u. Verl. des Hohenzollern-Jahrbuches 1898.) Leipzig & Berlin: Giesecke & Devrient (1898). (25 S., 10 Taf., 10 Erl.-Bl.) 1 Bd 2° (4°)

Seidel, Paul. Friedrich der Grosse u. die französische Malerei seiner Zeit. 60 Taf. in Lichtdr., darunter 12 farb., nebst zahlr. Textillustr. nach den Gemälden im Besitz Sr. Maj. d. Kaisers u. Königs. Fol. (73 S.) Berl. 892, Frisch. geb. 150 —

— s.a. Gemälde alter Meister im Besitze Sr. Maj. des deutschen Kaisers u. Königs v. Preussen.

Gemälde alter Meister im Besitze Seiner Majestät des deutschen Kaisers und Königs von Preussen. Unter Mitw. von Wilhelm Bode u. Max J. Friedländer hrsg. von Paul Seidel. (In 24 Lfgen.) Berlin, Leipzig, Wien, Stuttgart: R. Bong [1906–07]. (205 S., 72 Taf.) gr. 2°

Seidel, Paul. Die Gründung des hohen Ordens vom Schwarzen Adler und die Königskronung am 17. und 18. Januar 1701 in Königsberg in Ostpreußen.
S. 127—139 m. 18 Abb.; 5 Taf. 2°.
Aus: Hohenzollern Jahrbuch 1900

Seidel, Paul, s.: Hohenzollern-Jahrbuch.

— s.: Hohenzollern-Kalender.

— s.a. Kaiser, der, u. die Kunst.

Der Kaiser und die Kunst. Hrsg. von Paul Seidel. Berlin 1907: Reichsdr. (307 S.) 2°(4°) [F.] [07. 11758 B

— s.: Katalog d. Schack-Galerie in München.

— f. Se. Maj. den deutschen Kaiser angefertigte Kunstmöbel u. Bronzen auf der Pariser Weltausstellung 1900. gr. Fol. (14 S. m. 11 Abbildgn. u. 17 Taf.) Leipzig 901. Giesecke & Devrient. In Mappe n.n. 15. —

— die Kunstsammlung Friedrichs des Grossen auf der Pariser Weltausstellung 1900. Beschreibendes Verzeichnis. Mit 45 Abbildgn. nach Zeichnungen u. Radiergn. v. Pet. Halm. 8. (XII, 95 S.) Ebd. 900. n. 2. 40; traduction française par Paul Vitry et Jean J. Marquet de Vasselot. (XII, 95 S.) n. 2. 40

— französische Kunstwerke des XVIII. Jahrh. im Besitze Sr. Maj. des deutschen Kaisers u. Königs v. Preussen. Geschichte der Erwerbung u. Verzeichnis. Mit 14 Radiergn. u. 76 Zeichngn. v. Pet. Halm. gr. Fol. (X, 220 S.) Ebd. 900. Geb. in Leinw. n.n. 150. —; französ. Ausg. zu gleichem Preise.

Les collections d'œuvres d'art françaises du 18e siècle [Französische Kunstwerke des 18. Jahrh.] appartenant à S. M. l'Empereur d'Allemagne, Roi de Prusse. Hist. et catalogue par Paul Seidel. Trad. franç. par Paul Vitry et Jean J. Marquet de Vasselot. 14 eaux-fortes et 76 dessins de Peter Halm. Berlin, Leipzig: Giesecke & Devrient 1900. (220 S., 14 Taf.) 2° (4°)

Seidel Paul, la langue des plantes. (Paul Seidel, Blumensprache.) 24. (32 S.) Stuhlweissenburg, Klökner. 1861. 24 kr.

— s.: Monarchen, die, des Hauses Hohenzollern.

Schack-Galerie in München im Besitz Sr. Maj. des Deutschen Kaisers, Königs von Preussen. (Verf.: Dr. [Paul] Seidel. Einl. von Prof. Dr. Rich. Muther.) Mit 56 Abb. München: (G. Hirth) 1895. (X, 108 S.) 8°

Kgl. Akad. d. Künste zu Berlin. Andreas Schlüter als Bildhauer. Rede am 17. Jan. 1901 z. Vorfeier d. Kgl. preuss. Kronjubiläums in d. öffentl. Sitzung d. kgl. Akad. d. Künste geh. von Dr. Paul Seidel. *Berlin: E. S. Mittler & Sohn [1900].* (17 S.) 8° [01. 2584

Seidel, Paul, Andreas Schlüter als Bildhauer. Rede, am 17. I. 1901 zur Vorfeier des kgl. preuss. Kronjubiläums u. des allerhöchsten Geburtstages Sr. Maj. des Kaisers u. Königs in der öffentl. Sitzg. der königl. Akademie der Künste geh. gr. 8. (17 S.) Berlin (901). E. S. Mittler & Sohn. n. — 50

— d. Silber- u. Goldschatz d. Hohenzollern im kgl. Schlosse zu Berlin. Mit 2 allegor. Darstellgn., entworfen v. E. Doepler d. J., nebst 1 Heliograv. u. 41 Lichtdr. gr. 4. (VII, 65 S.) Berlin 895. Leipzig, Cosmos. n. 50. —

Der Silber- und Goldschatz der Hohenzollern im Königlichen Schlosse zu Berlin v. Paul Seidel. M. 2 allegor. Darstellgn entworfen v. E. Doepler d. J. nebst 1 Heliograv. u. 41 Lichtdr. *Berlin: Cosmos [1896].* (4 Bl., 65 S., 43 Taf.) 1 Bd 8. [96. 1520

— das Urtheil im Prozeß Seidel. Text m. e. Begleitwort v. Rich. Huch. gr. 8. (81 S.) Braunschweig 898. A. Limbach. n. 1. —

Seidel, Paul. Die Werke Arnold Böcklins in der Kaiserlichen Schackgalerie zu München. Zwölf Photogravüren, mit begleitendem Texte von Paul Seidel [sowie 20 Abbildungen]. *In Mappe.* IV + 16 S. fol. München, Photographische Union, [1902]. [M. 50. —]

Seidel, Ph. L., und C. A. Steinheil, über die Bestimmung des Brechungs-Verhältnisses verschiedener Medien, s. Steinheil.

Seidel, Phpp. Ludw., Note üb. e. Eigenschaft der Reihen, welche discontinuirl. Functionen darstellen, s.a. Ostwald's, W., Klassiker der exakten Wissenschaften.

Seidel, Ph. Ludw., Note üb. eine Eigenschaft der Reihen, welche discontinuirliche Figuren darstellen. (Abgedr. aus d. Abhandlungen d. II. Cl. d. k. Akad. d. Wiss. V. Bd. 2. Abth.) gr. 4. (15 S.) (München 851, Franz.) 6 ngr

Seidel Ph. L., Note über eine Eigenschaft der Reihen, welche discontinuierliche Funktionen darstellen. (1847) Her. v. H Liebmann. (Ostwald's Klass. 116) Leipzig 1900

Seidel, Ph. L.: Resultate photometrischer Messungen an zweihundert und acht der vorzüglichsten Fixsterne. München 1862. 4°

— **Untersuchungen über die gegenseitigen Helligkeiten der Fixsterne erster Grösse u. üb. die Extinction d. Lichtes in der Atmosphäre. Nebst einem Anh. über die Helligkeit der Sonne verglichen mit Sternen, u. über die Licht reflectirende Kraft der Planeten. [Aus d. Abhandlgn. d. k. Bayr. Akad. d. Wiss. II. Cl. VI. Bd. 3. Abth.] gr. 4. (122 S.) München 852, Franz in Comm.** n. 1 ½ ℳ

Seidel, Ph. L.: Untersuchungen über die Convergenz und Divergenz der Kettenbrüche. München 1846. 4°

Seidel, R.: Über die Antigone des Sophokles. Bochum 1867. 10 S. 4° Schul-/Univ.-Schrift

Seidel, R., die kgl. **Eisengiesserei zu Gleiwitz.** Denkschrift zur Feier d. 100jähr. Bestehens d. kgl. Eisengiesserei zu Gleiwitz. [Aus: „Zeitschr. für das Berg-, Hütten- u. Salinen-Wesen im preuss. Staate“.] gr. 4. (16 S. m. 2 Taf.) Berlin 896. W. Ernst & Sohn. Kart. n. 4. —

Seidel, Reinh., Modell-Studien f. Gebrauchs-Geschirre nach Entwürfen v. S. 1. Lfg. (6 Lichtdr.-Taf.) qu. gr. Fol. Plauen (903). Ch. Stoll. n. 8. —

Seidel, Reinh., s.: **Studienmappe f. d. keram. Industrie.**

— s.: **Taschenbuch, keramisches.**

Seidel, Rob., Der Achtstundentag vom Standpunkte der Socialökonomie, der Hygiene, der Moral und der Demokratie. Rede an der Feier des 1. Mai 1890 auf dem Tonhalleplatz in Zürich. 8°. Zürich, Buchhdlg. d. schweiz. Grütlivereins, 1891. 8°. Leipzig, R. Lipinski, 1902.

Seidel, Robert. Der Achtstundentag vom Standpunkte der Sozialökonomie, der Hygieine, der Moral und der Demokratie. 16 S. 8. Leipzig, Richard Lipinski, [1902]. (M —. 10)

Seidel, Rob., Der Achtstundentag vom Standpunkte der Sozialökonomie, Moral und Demokratie. 8°. Zürich, Schweiz. Grütliverein, 1891.

Seidel, Rob., die Arbeitslosigkeit, e. Pest der kapitalistischen Wirtschaft. gr. 8. (8 S.) Zürich 893. Buchh. des Schweiz. Grütlivereins. n. — 10

Seidel, Robert. Arbeitsschule, Arbeitsprinzip und Arbeitsmethode. 2. verbesserte Aufl. von: Der Arbeitsunterricht, eine soziale und pädagogische Notwendigkeit, zugleich eine Kritik der gegen ihn erhobenen Einwände. IV + XII + 130 S. 8. Zürich, Orell Füssli, 1910. [fr. 2. —]

Seidel, Rob., der Arbeits-Unterricht eine pädagogische und soziale Notwendigkeit, zugleich eine Kritik der gegen ihn erhobenen Einwände. gr. 8. (VIII, 120 S.) Tübingen 885, Laupp'sche Buchh. *

Seidel, Robert. Soziale Frage — Schule und Lehrerschaft. Ihr Zusammenhang und ihr Verhältnis. 2. Aufl. 80 S. 8. Zürich, Orell Füssli, (1909). [fr. 1. —]

— **Soziale Frage, Schule u. Lehrerschaft.** Ihr Zusammenhang u. ihr Verhältnis. 2. Aufl. (80 S.) 8. Zürich (910). Art. Institut Orell Füssli. 1. —
1. Aufl. (78 S.) 909. 1.—.

— **Friedrich der Grosse, „der Heros der deutschen Volksbildung“** und die Volksschule. gr. 8. (VI, 110 S.) Wien 885, Pichler's Wwe. und Sohn. *

Seidel, Robert. Staatlicher Getreidehandel oder: wie kommt das Volk zu billigem Brod. Begründung der Volks-Initiative im Kant. Zürich. In-8°, 58 S. Hottingen-Zürich, Volksbuchhandlung. 1879. — 60

Seidel, Robert. Die Handarbeit, der Grund- und Eckstein der harmonischen Bildung und Erziehung. Von Robert Seidel, Reallehrer (Zürich). 38 S. 8. Leipzig, Richard Lipinski, 1901. (M. —. 50)

Seidel, Robert. Georg Herwegh ein Freiheits-Sänger. Mit einem Bildnis Georg Herweghs [Tafel]. 29 S. 8. Frankfurt a. M., Neuer Frankfurter Verlag, 1905. [M. —. 60]

— Le journée de huit heures. 8°. Zürich, Buchh. d. Schweiz. Grütlivereins, 1894.

Seidel, Robert, Aus Kampfgewühl und Einsamkeit. Gedichte. 8°. Stuttgart, Dietz, 1895.

Seidel, Rob., aus **Kampfgewühl u. Einsamkeit.** Gedichte. 3. Aufl. 8. (VIII, 119 S.) Stuttgart 896. J. H. W. Dietz Nachf. n. 1. —

— **aus Kampfgewühl u. Einsamkeit.** Gedichte. 4. u. 5. Aufl. 8. (à VIII, 117 S.) Stuttgart 899. 902. J. H. W. Dietz. Nachf. n. 1.—

— Die Lebensmittelzölle u. die Sozialreform. 8°. Zürich, Buchh. d. Schweiz. Grütlivereins, 1894.

— **Lebensmittelzölle** u. Sozialreform. 16. Aufl., ergänzt durch Vorwort, „Geschichte des Zollkampfes v. 1890/91“ u. „Die Zollfrage im J. 1902/1903“. 17. bis 20. Tauf. (42 S.) 8. Zürich 903. Buchh. des schweiz. Grütlivereins. n.u. — 30

— **Lichtglaube u. Zukunftssonnen.** Gedichte. 2. Bd. (144 S.) 8. Berlin (907). Buchh. Vorwärts. Geb. in Leinw. 2. 50

— Der unbekannte **Pestalozzi**, der Sozialpolitiker u. Sozialpädagoge. (32 S.) 8. Zürich (909). Art. Institut Orell Füssli. — 50

Seidel, Robert. Die Schule der Zukunft, eine Arbeitsschule. Kritik und Ergänzung des Vortrages von Stadtschulrat Dr. [Georg] Kerschensteiner aus München. IV + 32 S. 8. Zürich, Orell Füssli, 1908. (fr. —.80)
(Schweizer-Zeitfragen. Heft 85. 1908.)

— dasselbe, s.a. Zeitfragen, schweizer.

Seidel, Robert. Die Schule der Zukunft, eine Arbeitsschule. Kritik des Vortrages von Stadtschulrat Dr. [Georg] Kerschensteiner aus München. 2. vermehrte Aufl. 51 S. 8. Zürich, Orell Füssli, 1909. [fr. —. 80]

— Socialdemokratie u. ethische Bewegg. 8. (15 S.) Zürich 897. Buchh. d. schweiz. Grütlivereins. n. — 20

Seidel, Rob. Sozialpädagogische Streiflichter üb. Frankreich u. Deutschland, zugleich Bericht üb. den I. internationalen Lehrerkongress zu Havre 1885. 2. (Titel-)Aufl. gr. 8. (III, 123 S.) Hamb. 890, Carly. * 2 —

Seidel, Rudolf, appr. Arzt aus Winzig i. Schl.: **Ueber Fremdkörper** im Gehirn, **insbesondere reaktionslos eingeheilte** Projektile. *München 1899: M. Ernst.* (38 S.) 8°
München, Med. Diss. v. 1900

Seidel, S., sacra ἀνακαίνια. Laub. 1747. f.

Seidel, S., de pulchritudine Servatoris vera quidem, sed demum miserabili. Lauban. 1745. 4.

Seidel, S., Versuch einer zuverlässigen Grundlage zu der Geschlechtskunde des sämmtlichen Kirchhoffischen Geschlechts in Lauban. Lauban 1751. 4.

v. *Seidel*, **Sabina, Contes et Anecdotes à l'usage de la jeunesse. II Vols. fig. 18. Braunschw. 814. Pluchart. 1 ℛ 4 ℊ**

Seidel, Samuel. Letzter Abschied // Des Hochwohlgebornen Freyherrn, // HERRN // Casp. Abraham Leopolds, // Freyherrn von Glaubitz, // Sr. kaiserl. und Cathol. Maj. // unter dem hochlöbl. Sehrrischen Küraßier-Regiment // Hochbestalt gewesenen // CORNETS, // Welcher den 22. Jul. im Jahr MDCCXXXIX, // In dem bey Grozka in Servien wider den Erbfeind gehaltenen Treffen, durch eine // feindliche Kugel sein edelmüthiges Leben verlohren. // Auf Gnädigen Befehl // In einer // ODE // entworffen von // Einem Mitgliede der deutschen Gesellschaft zu Leipzig, // M. Samuel Seideln, // Der Schule zu Lauban Conrector. // LAUBAN, // Gedruckt bey Nicolao Schillen. // Im Monath Decemb. 1739. - 6 Blatt (nicht paginiert).
Auf dem Titelblatt steht:
Der Hochansehnlichen
Deutschen Gesell
schafft
in
Leipzig.
Beigegeben ist:
Memoriam // praesentis Laubanae // Curiae // CC. abhinc annis condi coeptae // pariter et // novissimas // fascium consularium // vices // cum juvenibus nonnullis melioris exempli // pia magis quam festiva sollemnitate // D. XXII. Oct. a. MDCCXXXIX // ad prima scholae pulpita // celebraturus // μουσαγέταις καὶ μουσοφίλοις // S. P. D. // Samuel Seidelius.AA. M. // Lycei juxta quissum conr. et societ. Teut. // ap. Lips. collega. // Laub. // ex chalcographeo Schilliano. - 3 Blatt (nicht paginiert).
B. S. T. Fol. 48

Seidel, Sam., auserles. Gedichte etc. 10 Thle. 4. Lauban, Wirthgen. 740-47.

Seidel, Sam.: Von dem letzten heidnischen und ersten christlichen polnischen Fürsten Miecislaus I. fol. Lauban 1752.

SEIDEL, M. Samuel, Die gerechtfertigte Priester-Heyrath in Schertz und Ernst poetisch entworfen. Lauben, b. Nicolaus Schill. 1746. 4°. 2 Bog.
O. M. V. 1746. H 1 a; Cat. univ. d. Buchh. d. Waisenh. in Züllichau (174*); Cat. Meissner III. p. 546, Cat. Monath IV. p. 8.

Seidel, Sap. de, s. Seidel, Sabina von

Seidel, Set., exegetisches Predigerlexikon. 2 Thle. 4. Chemnitz. 75.

Seidel, Theodorus: De tuberculosa renum degeneratione. Halis Saxonum (1865): Gebauer-Schwetschke. 29 S. 8°
Halle-Wittenberg, Med. Diss. v. 23. Aug 1865
Geb. Eisleben 20. 4. 1842. V.

Seidel, Traugott (auch Traugott Lebr.)

— u. Jak., Hülfsblätter zum Studium d. Botanik, s. M. Tettelbach.

— d. Küchen- u. Gemüse-Gärtner, od. deutl. Anweis., wie auf d. leichteste u. zweckmässigste Art e. Küchengarten z. bestellen u. jede Pflanze d. Natur gemäss z. warten sei, nebst e. Anweis. üb. d. Cultur d. Blumenzwiebeln u. einiger Knollengewächse. 8. Dresden, 1822. 2. Aufl. 1830. (Zeh.) — $11\frac{1}{4}$

Seidel, Trgtt. Lebr., der Küchen- Gemüß- Gärtner, od. deutl. Anweis., wie auf die leichteste u. zweckmäßigste Art ein Küchengarten zu bestellen u. jede Pflanze der Natur gemäß zu warten sey etc. 8. Dresd. 822. 2e Aufl. 825. (Grimmer). 16 ℊ Hbg. Pr. 12 ℊ

Seidel, (T.,) der Küchen- Gemüß- Gärtner, od. deutl. Anweisung, wie auf die leichteste u. zweckmäßigste Art, ein Küchengarten zu bestellen, u. jede Pflanze der Natur gemäß zu warten sey etc. 2e Aufl. 8. Dresden 825, Hilscher.
Hieraus ist besonders abgedruckt:
— u. Jac., die Kultur d. Blumenzwiebeln u. einiger Knollengewächse. 4e Aufl. 8. Dresd. 825, Hilscher.

Seidel, Traug., der Küchen- Gemüß- Gärtner etc. Nebst einer Anweisung über die Kultur der Blumenzwiebeln und einiger Knollengewächse. Wohlf. Ausg. 8. Dresden 836. Grimmer. $^3/_8$ ℛ — Neue Ausg. 8. Berlin 839. Morin. $^1/_{12}$ ℛ

Seidel, Traug., der Küchen-Gemüß-Gärtner etc. Nebst e. Anweis. üb. d. Kultur d. Blumenzwiebeln u. einiger Knollengewächse. Wohlf. Ausg. 8. ($10\frac{1}{2}$ B.) Dresden 836, [Korische Buchh.]

Seidel, Traug. Lebr. d. Cultur d. Blumenzwiebeln u. einiger Knollengewächse. 8. Dresden, 1812. 2. Aufl. 1817. 3. Aufl. 1822. 4. Aufl. 1825. 5. Aufl. 1857. Leipzig, Haynel. — 5

Seidel, Trgtt. Lebr., u. Jak., die Kultur d. Blumenzwiebeln u. einiger Knollengewächse. 3e u. 4e A. 8. Dresd. 825. (Weinedel in Leipz.) 6 ℊ

—— und Jak. Seidel, die Kultur der Blumenzwiebeln und einiger Knollengewächse. Eine kurze Anweisung für angehende Gartenliebhaber. 5. Aufl. 8. (28 S.) Leipzig 856(57,) Haynel.*

Seidel, Traug., Rezepte gegen die Kartoffel-Krankheit und Mittel zur Vertilgung dieser zerstörenden Krankheit. gr. 4. (3 S.) Teplitz 853, (Pechlig.) *

Seidel, Traug. Jac., die Rhodoraceae oder Rhododendreae. Eine Anleitung zur Kultur dieser Pflanzenfamilie, nebst e. Beschreibung d. Gattungen u. Arten etc. derselben v. Gust. Heynhold. 1. Ausg. 843. 15 Ngr. u. 2. Ausg. 8. (à 8 B.) Leipzig 846, Arnoldische Buchh. *

Seidel, Traug. Lebr., s. Seidel, Traug.

Seidel, Viktor, Referendar: Das Sammellagergeschäft. Seine wirtschaftliche Bedeutung und seine obligatorischen Wirkungen. Borna-Leipzig 1910: Noske. 57 S. 8°
Leipzig, Jur. Diss. v. 23. März 1910
[Geb. 10. Aug. 82 Schönheide; Wohnort: Eibenstock; Staatsangeh.: Sachsen; Vorbildung: Gymn. Schneeberg Reife O 03; Studium: Kiel 1, Leipzig 1, Freiburg i. B. 1, Leipzig 6 S.; Rig. 1. Juli 07.] [U 10. 2888

Seidel, Vitus, Sonn- u. Festtags- sammt marianischen Predigten. 3 Thle. 4. Augsb. M. Rieger. 719.

— triumphirende Tugend, in Fest- u. Feyertagspredigten. 4. Ebend. 719.

Seidel, Walter, appr. Arzt, Assistenzarzt b. Fußart.-Reg. Nr. 5: Uber[!] gleichzeitige Verletzungen der Brust- und Bauchhöhle. Ein Beitrag zur Zwerchfellnaht und Milzexstirpation. Berlin 1910: G. Schade. 43 S. 8°
Berlin, Med. Diss. v. 16. April 1910, Ref. Hildebrand
[Geb. 3. Sept 83 Berlin; Wohnort: Posen; Staatsangeh.: Preußen; Vorbildung: Friedrichs-Wilhelms-Gymn. Berlin Reife O. 02; Studium: Berlin K. W. A. 10 S.; Coll. 15. April 10; Approb. 4. Juli 08.] [U 10. 96

Seidel, Wilhelm, Gerichtsassessor in Finsterwalde N./L.: Die Zuständigkeit deutscher Nachlassgerichte beim Tode von Ausländern. Berlin u. Leipzig: Schuster & Löffler 1905. (77 S.) 8°
Rostock, Jur. Fak., Ref. Wachenfeld, Diss. v. 31. Dez. 1905
[Geb. 10. Juni 77 Finsterwalde; Wohnort: Berlin; Staatsangeh.: Preußen; Vorbildung: Gymn. Luckau Reife O. 96; Studium: Freiburg i. B. 1, Leipzig 3, Berlin 3 S.; Rig. 22. Sept. 05.]

Seidel, Willy, Absalom. Eine Legende. (219 S.) 8. Stuttgart 911. A. Bonz & Co. 3.—; geb. in Leinw. 4.—

— Der schöne Tag. Titelzeichnung v. Schneider-Franken. (V, 139 S.) 8. München (908). R. Piper & Co. 2. 50

Seidel-Berlin, A., s. Seidel, A.

Seidelin, D., den raa Eddike, Acetum. Et historisk pharmacolog. Forsög. For Pharmaceuter og Eddike-Fabrikanter gr. 8. (48 S.) Kjöbenhavn 847, Reitzel. n. 8 ß

Kriegsereignisse zwischen Dänemark und England von dem 30. März 1801 bis zum Anfang der Stillstands-Unterhandlungen am 2. April. Nach officiellen Berichten u. Augenzeugen gesammelt von K[laus] H[enrik] **Seid[e]lin.** Mit 1 Kt. vom Sunde. 2. verb. Ausg. — Kopenhagen u. Leipzig: Schubothe 1801. 56 S. 8°

Seidelman(n), L. (Pseud.), s.a. Zitelmann, Karl Ludwig

† Seidelman, L., (Carl Ludw. Zitelmann,) Champagner-Schäume. Umbildungen P. de Kock'scher Skizzen. 8. (12 1/2 B.) Stettin 838, Nicolai'sche Buchh.

Seidelman, L., Champagner-Schäume. Umbildungen P. de Kock'scher Skizzen. 8. Stettin 838. Nicolai. (Gutberlet.) 3/4 ℳ

Seidelmann, Oscar *(geb. Breslau 21. 2. 1852)*: Zur Actiologie und Prophylaxis der Erblindungen. Berlin 1876. (31 S.) 8°
Breslau, Med. Diss. v. 14. [vielmehr 16.] März 1876

Seidelmann, Wolfgang: (Aus der königlichen Universitätsfrauenklinik zu Berlin.) Die Laparotomie beim Uteruscarcinom. Berlin (1898): G. Schade. (45 S.) 8°
Berlin, Med. Diss. v. 21. Jan. 1898

Seidel's ..., s. Seidel ...

Seidemann, Carl, s. Seidemann, Karl

Seidemann. Friedrich Bernhard. prakt. Tierarzt aus Taucha in Sachsen: Über die histologischen Veränderungen der Nieren bei Nephritis des Pferdes. Leipzig 1908. 29 S. und eine Tabelle. 8°. [23. VII. 08.]
Bern. Vet.-med. Diss. 1908/09.

Seidemann, Friedrich Bernhard. Über die histologischen Veränderungen der Nieren bei Nephritis des Pferdes. Diss. Vet.-Med. Bern. [Mit 1 Tabelle.] 29 S. 8. Leipzig, August Hoffmann, 1908.

Seidemann, G., Panaceen für allerlei Wunden der gebrechl. Menschheit; e. satyr. Versuch, s.a. **Recepte, zehn, brauchbare** 2c.

SEIDEMANN, D. G., ausübend. Arzt an dem großen Narrenhospital unterm Monde (ps.), Panazeen für allerley Wunden der gebrechlichen Menschheit. Ein satyrischer Versuch. Neustadt, Wagner (fing.), o. J. (um 1800?). 8°. (6 Kr. A. H. Huber, Salzburg, 1908.)
Fehlt in Weller's Lex. Ps. — War auch in Schmidt's in Dresden Leihbibl.-Cat. 1819, S. 422.

Seidemann, G., Panaceen f. allerley Wunden d. gebrechl. Menschheit. e. satyr. Versuch. Neustadt a. d. Orla, Wagner. 803.

Seidemann, G. A.: Johannes Hevelius. Zittau 1864. 40 S. 4°
Schul-/Univ.-Schrift

Seidemann, G. E., theoretisch-practische Anleitung zur Herstellung eines auf Wasser-, Wind-, Dampf- und Thiermühlen anwendbaren Potenzwerkes, wodurch die vorhandene Kraft auf das Zwei- und Dreifache gesteigert werden kann. Nebst Darstellung einer horizontalen Windmühle, welche jede vertikale an Wirkung übertrifft. gr. 8. Gera 849. (Heinsius.) Thlr. *

SEIDEMANN, G. E.: Ausmessung fester Körper und Hohlräume, oder leicht fasslicher Unterricht den Flächen- und kubischen Inhalt runder und geschnittener Hölzer ... ganz genau und schnell zu bestimmen, nebst Angabe der spezifischen Schwere, der ... Festigkeit der Metalle und Hölzer, des Wachsthums der Hölzer wie auch der Maasse verschiedener Länder. Ein unentbehrliches Handbuch für Baumeister... - Leipzig 1840. 142 S., 1 Taf.

Seidemann, G. E., Ausmessung fester Körper und Hohlräume, oder leichtfaßl. Unterricht, den Flächen- und kubischen Inhalt runder u. geschnittener Hölzer, runder u. ovaler Fässer 2c. zu bestimmen. Mit 1 Kpfrtaf. 8. Leipzig 840. Franke. 2/3 ℳ

Seidemann, G. E., Ausmessung fester Körper u. Hohlräume. 8. (9 1/4 B. u. 1 Kpfrt.) Leipzig 840, [Voigt u. Fernau.]

Seidemann, G. E., Ausmessung fester Körper u. Hohlräume, oder leicht faßl. Unterricht den Flächen- u. kubischen Inhalt runder und geschnittener Hölzer, runder und ovaler Fässer u. s. w., mit und auch ohne Tab., blos mittelst hierzu eingerichteter Visirstäbe ganz genau u. schnell zu bestimmen 2c. mit 1 Kpfrtaf. 8. Leipzig 846, Voigt u. Fernau. 1/2 ℳ

—— der Himmel u. seine Gestirne. Ein Lehrb. d. Astronomie f. d. gebild. Jugend. 8. (7 B., 28 Abbild. im Text u. 1 Planetensystem.) Leipzig 838, Schreck.

—— das Planetensystem d. Sonne, od. anschaul. Darstell. d. Größe u. Lage d. Bahnen d. Planeten u. Cometen u. deren Laufgeschwindigkeit, mit erläut. Text. gr. 8. (2 1/4 B. incl. 3 Tabn., u. 2 Stnt.) Leipzig 838, Pönicke u. Sohn. *

— tabellarische Uebersicht zur schnellen Inhaltberechnung der Kugelkessel, zum Gebrauch für Steuerbeamte, Kupferschmiede, Hammerwerksbesitzer, Blecharbeiter 2c. Lithogr. qu. gr. 4. Leipzig 839. Pönicke u. Sohn. n. 1/6 ℳ

—— Vorschläge um Wasser- u. Windmühlen bei Wasser- u. Windmangel durch zweckmäßige u. wenig kostspielige Abänderungen im Gange zu erhalten. gr. 8. (1/2 B. u. 2 Stnt.) Leipzig 842, [Gust. Pönicke.]

—— der Wetterprophet, ein Witterungstaschenbuch f. das Schaltjahr 1844. Nebst e. Anhange: Ueber Vorherbestimmung des Wetters; nach vieljährigen Erfahrungen. 8. (2 1/2 B.) Leipzig 843, Thenau. *

—— dass. f. d. Jahr 1845. Nebst e. Anhange, enthaltend: Anweisung, wie man das Baroscop selbst fertigen kann. Nützliches u. Unterhaltendes aus der Naturgeschichte. Die monatl. Verrichtungen im Blumen- u. Küchengarten. 8. (1 3/4 B.) Leipzig 845. Thenau. *

—— Wetterveränderungen, Erdbeben u. Stürme d. Schaltjahres 1840. Mathematisch vorausbestimmt. 8. (2 B.) Leipzig, [Voigt u. Fernau.]

— Wetterveränderungen, Erdbeben und Stürme des Schaltjahres 1840. Mathematisch vorausbestimmt. 8. Leipzig 839. Franke. 1/6 ℳ

—— die Wetterveränderungen u. angebl. Landwirthschafts-Verrichtungen d. J. 1839. 8. (1½ B.) Leipzig. [Quedlinburg, Ernst'sche Buchh.]

— die Wetterveränderungen und angeblichen Landwirthschafts-Verrichtungen des Jahres 1839. 8. Leipzig 839. Melzer. 1/6 ₰

— die merkwürdigen Wetterveränderungen und seltsamen Naturereignisse in den Monaten Juli — December des Schaltjahres 1836, ganz zuverlässig vorausbestimmt. 2e Aufl. 8. Leipzig 836. 9e Aufl. 836. Schreck. 1/6 ₰

—— die Wetterveränderungen u. außerord. Naturereignisse d. J. 1837. Voraus bestimmt. 1—4. Aufl. 8. (à 1 B.) Leipzig, Schreck.

— die Wetterveränderungen und außerordentlichen Naturereignisse des Jahres 1837. Vorausbestimmt. 8. Ebd. 836. 1/6 ₰ — 4e Aufl. 8. Ebd. 837. 1/6 ₰

— die ungewöhnlichen Wetterveränderungen des Jahres 1838. Vorausbestimmt. Als Zugabe: Gesundheitsregeln für jeden der 12 Monate des J. 1838. Von e. bekannten Arzte. 8. Leipzig, Schreck. 1/6 ₰

—— die merkwürdigen Witterungs-Ereignisse, Stürme, Erdbeben und Nordscheine des J. 1849. Nebst Angabe einer wohlf. und zweckmäß. Düngung und Samen-Unterbringung zur Erzielung eines höchsten Ertrages. Für Freunde der Natur und Oekonomie rc. 8. (14 S.) Gera 849, (Heinsius.)

Seidemann, G. E., Witterungs-Taschenbuch a. d. J. 1841. 16. (4 B.) Leipzig, [Voigt u. Fernau.] Thlr.

Seidemann, G. E., Witterungs-Taschenbuch auf d. Jahr 1841, 1842 u. 1843. Zum nützl. Gebrauch f. Oekonomen, Gartenbesitzer etc. 16. Leipzig, 1840, 41 u. 42. Franke. à — 5

— Witterungs-Taschenbuch auf d. J. 1842 u. 1843. Mit e. Anhange, enthaltend: Lehre von den vorzüglichen Düngmitteln. Nebst Winken zur Einführung eines neuen auf Erfahrung gegründ. Ackerbausystems zur Erzielung eines höchsten Ertrages durch zweimal. Erndte ohne vermehrte Kosten u. Düngerbedarf. 16. Leipzig 841, 42, Franke. à 6¼ ngl

—— Witterungs-Taschenbuch auf d. Jahr 1843. Mit e. Anh., enthaltend: Lehre von den vorzügl. Düngmitteln. Nebst Winken z. Einführung eines neuen auf Erfahrung gegründ. Ackerbausystems zur Erzielung eines höchsten Ertrages durch zweimal. Erndte ohne vermehrte Kosten u. Düngerbedarf. 16. (4 B.) Leipzig 842, [Voigt u. Fernau.]

Seidemann, Gustav: Blätter der Erinnerung von J. G. Braun, s. Braun, Johann Gottfried

Seidemann, J. K., Geschichte der Familie Gutbier. 1. (einz.) Bd. Dresden 1867. 8.

Seidemann, Joh. Carl, Beiträge zur Reformationsgeschichte. 1. Hft. A. u. d. Ttl.: Die Reformationszeit in Sachsen von 1517—1539. Mit Urkunden. gr. 8. (17½ B.) Dresden 846, Korische Buchh. *

Seidemann, Joh. Carl, Beiträge zur Reformationsgeschichte. 2. Heft. A. u. d. T.: Die Reformationszeit in Sachsen von 1517 bis 1539. Urkunden und Briefe. gr. 8. (XII und 72 S.) Dresden 848, Kori. *
1. Heft. Ebendas. 1846. 1 Thlr. 20 Ngr.

Seidemann, Jh. Karl, die Leipziger Disputation im Jahre 1519. Aus bisher unbenutzten Quellen histor. dargestellt u. durch Urkunden erläutert. gr. 8. Dresden u. Leipzig 843, Arnoldische Buchh. 7/8 ₰

— Erläuterungen zur Reformationsgeschichte durch bisher unbekannte Urkunden. gr. 8. Dresden 844, Naumann. 5/6 ₰

Seidemann, Johann Carl s. Luther, Martin. Dr. M. Luthers Briefe.... [Theil 6.] Berlin 1856.

Seidemann, Joh. Carl, Karl von Miltitz, Kanonikus zu Meißen, Trier, Mainz, päpstl. Kammerherr u. Nuntius apostolicus. Eine chronolog. Untersuchung zu besserem Verständnisse der Quellen. gr. 8. (3 B.) Dresden 844, Naumann. Thlr.

— Thomas Münzer. Eine Biographie, nach den im Königlich Sächsischen Hauptstaatsarchive zu Dresden vorhand. Quellen bearbeitet. gr. 8. Dresden u. Leipzig 842, Arnoldische Buchh. 5/6 ₰

Seidemann, Joh. Karl, Dr. Jacob Schenk, der vermeintliche Antinomer, Freibergs Reformator. Zum ersten Male aus den unbekannten urkundl. Quellen dargestellt. gr. 8. (203 S.) Leipzig 875. Hinrichs' Verl. n. 5. —

Seidemann, Joh. Karl, die Unruhen im Erzgebirge während des deutschen Bauernkriegs. Nach den Acten des königl. sächs. Haupt-Staatsarchivs zu Dresden. gr. 4. (60 S.) München 865, (Franz'sche Buchh.) *
Aus: Abhandlungen der k. bayer. Akademie der Wissenschaften, besonders abgedruckt.

Seidemann, Karl *Friedrich Theodosius* [aus Ruhland in Schles.]: Ein Beitrag zur Theorie der Bewegung eines materiellen Punktes auf einer Rotationsfläche. E. Doppelproblem, welches d. ellipt. Functionen in allen mögl. Formen z. Anwendg bringt ... Halle a. S., Hofbuchdr. v. C. A. Kaemmerer & C., 1895; 36 S., 1 Bl. 8.
Leipzig, Phil. Fak., Inaug.-Diss. v. [9. Aug.] 1895

Seidemann, Carl, e. mechanisches Doppel-Problem. E. Muster zur Lösg. aller Probleme, welche noch auf ellipt. Functionen führen. Für Studirende auf Universität u. Polytechnicum bearb. M. 4 lith. Taf. im Anh. gr. 8. (IV, 95 S.) Halle 896. C. A. Kaemmerer & Co. n. 3. —

Seidemann, R., u. J. G. A. Lasche, systematisch-praktischer Unterricht im Turnen, s.: Lasche, J. G. A.

Seidenadel, Emil, aus Karlsruhe: Frauenzimmer. Eine wortgeschichtl. Untersuchung. *Straßburg: K. J. Trübner 1903.* (40 S.) 8° [F.] ¶ [Aus: Zeitschr. f. deutsche Wortforschung, Bd 5.]
Freiburg i. B., Phil. Diss. v. 1903

Dr. Karl Seidenadel. Orpheus Argonautenzug, im Versmass der Urschrift übersetzt. 61 S. Bruchsal, P 1873

Seidenadel, Karl [Dr., Prof.]: Altgriechische Epigramme, Tisch- und Volkslieder deutsch nach der Urschrift und in freien Nachbildungen. Rastatt, Buchdr. v. J. G. Vogel, 1892; 17 S. 4.
Rastatt, grossh. G, MP 1892 (609)

Dr. Karl Seidenadel. Kallinos, Tyrtaeos und Solon, in den Versmassen der Urschrift übersetzt. 40 S. Bruchsal, P 1868

Orpheus' Lithika, ein theurgisches Epos üb. d. Wunderkräfte d. Steine, im Versmaße der Urschrift von Karl Seidenadel. 25 S. *Bruchsal* 1876. Progr.

Dr. Karl Seidenadel. De Pindaro non immodesto sui ipsius laudatore. 34 S. Bruchsal, P 1855

Seidenadel, Karl, Psalmenklänge. 16. (XVI, 196 S.) Stuttgart 880, [Greiner.] Greiner und Pfeiffer. geb. mit Goldschn. *

Dr. Karl Seidenadel. Simonides von Keos in den Versmassen der Urschrift übersetzt. 51 S. Bruchsal, P 1861

Seidenbau, der. 1. Aufl. 1862. * 6 Ngr. und 2. Aufl. 1 Bog. in gr. Fol. mit eingedr. und ill. Holzschn. Wittenberg [Leipzig] 863, Reichenbach'sche Buchh. In Couvert. *

Seidenbau, Der, in Sachsen und angrenzenden Ländern. Zwickau 1844. V: *Carlowitz, Gg Hnr. v.* (Kat. d. stat. Bureaus. Dresden 1890.)

Seidenbau, der, in Sachsen u. angrenzenden Ländern. Eine Volksschrift von e. Freunde des vaterländ. Gewerbfleißes zur Verbreitung gemeinnütziger Kenntnisse, bearb. von v. E. gr. 8. (4¼ B. m. mehr. Holzschn.) Zwickau 844, (Leipzig, Klinkhardt.) *

Seidenbau-Zeitung, allgemeine. Redact.: Liebich. 2. Jahrg. 1865. 12 Nrn. (Bog.) gr. 4. Prag, (Silber und Schenk.) *

Seidenbau-Zeitung, allgemeine. Redact.: Alois Pstross. 5. Jahrg. 1868. 12 Nrn. (à ½ Bog.) gr. 4. Prag, (Calve'sche Universitäts-Buchh.) * 4 —
—— dass. — Redact.: Ferd. Hiller. 6. Jahrg. 1869. 12 Nrn. (à ½ Bog.) gr. 4. (Ebendas.) * 4 —

— — Red.: Ferd. Hiller. 7. Jahrg. 1869. 12 Nrn. (½ Bgn.) Ebend. gr. 4. n. 1 ₰ 10 ngr.

Seidenbau-Zeitung, deutsche. Organ der deutschen Seidenbau-Compagnie. Redig. von C. Löffler. 1. Jahrg. 1861. 52 Nrn. (Bog.) Mit Abbildungen. Fol. Berlin, Thiele. *

—— für Norddeutschland. Organ des Seidenbau-Vereins und der Seidenbau-Versuchsstation in Jena. Hrsg. von E. Hallier, H. Maurer und J. Zorn. Jahrg. 1870. 12 Nrn. (Bog.) gr. 4. Jena, Dufft. 4 —

— für Norddeutschland. Organ des Seidenbau-Vereins u. der Seidenbau-Versuchsstation in Jena. Hersg. von E. Hallier, H. Maurer u. J. Zorn. Jahrg. 1870. 12 Nrn. (Bgn.) Jena, Mauke's Verlag. gr. 4. 1 ₰ 10 ngr.

Seidenbau- und Bienen-Zeitung, schweizerische. Organ des schweizer. Seidenbauvereins und des Vereins schweizer. Bienenwirthe. Redact.: Briner und J. B. Egli. Jahrg. 1863—65. à Jahrg. 12 Nrn. (à 1½ Bog.) gr. 4. Lenzburg. (Basel, Bahnmaier's Verlag.) à Jahrg. * 1 15

⊙ Johann Friedrich Seidenbender's Vorschläge für die Wiederaufrichtung der Stadt Worms nach der Zerstörung derselben durch die Franzosen i. J. 1689. Eingeleitet u. hrgg. v. August Weckerling. Vereinsgabe des Wormser Altertumsvereins Worms 1894 8°

Seidenberg [Schlagwort]

Seidenberg, s.: Lauban.

Seidenberg, s.: Sachsen. Karte. Messtischblätter.

Seidenberger, Jean, s. Seidenberger, Johann Baptist

Seidenberger, [Johann]: Bürgerkunde in Lehrproben für den Schulunterricht. Darmstadt 1909: Uhde. 134 S. 8° ¶ [Ersch. auch als Buch b. Roth, Gießen.]
Gernsheim, großh. R OP 1909 (870) [S 09. 437

Seidenberger, Bürgerkunde in Lehrproben f. den Schulunterricht. (IV, 134 S.) 8. Gießen 909. E. Roth. 2.—; geb. 2. 40

Seidenberger, [Johann], Prof. Dr.: Heimatkunde von Friedberg und der Wetterau und ihre Verwertung im Geschichtsunterricht. Friedberg i. H. 1905: C. Damm. (103 S.) 8°
Friedberg, großh. AugustinerS (G u. R) OP 1905 (764)

Seidenberger, Johann Baptist

Seidenberger, J. B., der parlamentarische Anstand unter dem Reichstagspräsidium des Grafen v. Ballestrem, nebst parlamentarischem Lexikon. (78 S.) gr. 8. Köln 903. J. P. Bachem. n. — 80

— Friedberg u. die Wetterau im Rahmen deutscher Reichsgeschichte. Für Haus u. Schule. (108 S.) gr. 8. Friedberg i/H. 905. (Leipzig, Dyk.) n.n. 1. 50

Friedberg und die Wetterau im Rahmen deutscher Reichsgesetze. Für Haus u. Schule. Von Prof. Dr. [Joh. Bapt.] Seidenberger. Friedberg i. H. 1905: C. Damm. (103 S.) 8°
Erschien auch als Schulprogr. Friedberg 1905 u. d. T.. Heimatkunde von Friedberg u. d. Wetterau. [05. 10818

Seidenberger, J. B., Grundlinien idealer Weltanschauung, aus Otto Willmann's „Geschichte des Idealismus" u. seiner „Didaktik" zusammengestellt. gr. 8. (VIII, 300 S.) Braunschweig 902. F. Vieweg & Sohn. n. 3.—

— das 19. Jahrhundert, s. a. Broschüren, Frankfurter zeitgemäße. XX. 2.

Das neunzehnte Jahrhundert. Ein Rückblick, von Dr. [Joh. Bapt.] Seidenberger, Gymn. L. Hamm i. W.: Breer & Thiemann 1900. (32 S.) 8°
(Broschüren, Frankfurter zeitgemässe. N. F. Bd 20, H. 2.)

– Die preußische Schulreform u. die Stellungnahme der Katholiken, s. a. Broschüren, Frankfurter zeitgemäße. 24. Bd. 1. Hft.

Die preußische Schulreform und die Stellungnahme für Katholiken. Von Prof. Dr. J[ohann] B[aptist] Seidenberger. Hamm i. W.: Breer & Thiemann 1904. (38 S.) 8°
(Broschüren, Frankfurter zeitgemäße. N. F. Bd 24, H. 1.)

– O. Willmann u. seine Bildungslehre, s. a. Kultur u. Katholizismus.

O. Willmann und seine Bildungslehre. Von J[oh.] B[apt.] Seidenberger. Mainz & München: Kirchheim [1906]. (89 S.) 8°
= Kultur u. Katholizismus. Bd 4. [06. 15477

Seidenbeuteltuch-Weberei: Die Seidenbeuteltuch-Weberei
① Organ des allgemeinen Verbandes der Seidenbeuteltuchweberei (26. 8. 1898—August 1900) ④ Beuteltuch-Industrie-Zeitung ⑤ 26. 8. 1898—August 1900 (selbständig); 20. 9. 1900—19. 12. 1901 (als 1. Teil der Appenzellischen Weberzeitung) ⑥ 2° ⑦ Monatsblatt ⑧ Rheineck: Albert Indermaur ⑩ ein freiwilliger Ausschuß des allgemeinen Verbandes der Seidenbeuteltuchweberei in Wolfhalden ⑪ Redaktionskomitee mit Pfarrer H. Eugster in Wolfhalden ⑫ sozialistisches Verbandsorgan ⑬ BGSZ: 944 (p. 365); Im neuen Kleid. »Der Textilarbeiter« Nr. 1 vom 7. 1. 1916; Friedrich Heeb: Der Schweizerische Gewerkschaftsbund 1880—1930 (Bern 1930). p. 464 ⑭ Be: L (20. 9. 1900—1901: Appenzellische Weber-Zeitung).

Seidenburg, Jh. Gli., s. 1) Anweis. f. Frauenzimmer. 2) Anweis., Mineralwässer. 3) Nachrr. vom türk. Reiche. 4) Taschenatlas.

Seidenbusch, August Friedrich (Frankenhausen)
A. S. 315/29

Differentiae iurium Romani et Germanici in pactis de superstitis heredio ad l. ult. c. de pactis itemque 50 decisionum characteres.
Präs. Johann Peter Ludewig.
Halle (Grunert) 3. VI. 1742. 62 S. 32303

Seidenbusch, Chr., vor d. Audienz. Gevatter Blitz, } s. a. Dilettanten-Theater.

Vor der Audienz. Gevatter Blitz. 2 heitere Wein-Scenen. Von Chr[istian] Seidenbusch. (Paderborn: F. Schöningh 1897.) (24 S.) 8°
(Dilettanten-Theater. H. 41.)

Seidenbusch, Christian, das weiße Jackett, s. a. Dilettanten-Theater. 38. Hft.

Das weisse Jaquet. Weihnachtsbild von Christian Seidenbusch. (Paderborn: F. Schöningh 1896.) (16 S.) 8°
(Dilettanten-Theater. H. 38.)

SEIDENBUSCH, Ernst (Tirschenreuth): De pneumonia.- Monachii: Giesser 1837. 12 S.
10.8.1837 - Urk: F 63
Diss. Ingolst.-Landsh.-Mchn.

Seidener, J.. Starkstromtechnik, s.: Rziha, E. v.

Seidener, Michael: Ueber einen seltenen Fall von angio-cavernösen Geschwülsten entstanden nach Trauma. München 1910: Kastner & Callwey. 33 S. 8°
München, Med. Diss. v. 1. März 1910, Ref. v. Angerer
[Geb. 5. Nov. 83 Nikolajew; Wohnort: Nikolajew; Staatsangeh.: Rußland; Vorbildung: Gymn. Nikolajew Reife Mai 02; Studium: Phil. Odessa 8, Med. Heidelberg 1, München 7 S.; Rig. 1. März 10.] [U 10. 3585

Seidenfels, s.a. **Anton,**

Seidenfels, Anton, u. Emilie Rosenberg, od. wunderbare Schicksale 2c. Quedlinb. Ernst. 806.

Seidenfels, Anton, u. Emilie Rosenberg, oder wunderbare Schicksale 2c. wohlf. Ausg. 8. Quedlinb. Ernst. 815.

Seidenhaus, Das. Von der Mühle in Basel, 1743—1917. Herausgegeben zur ersten Schweizer Mustermesse in Basel 1917. [Basel.] V: *Wyss, Gottlieb.* (BBullschw 17, S. 163)

Seidenmahlerin, die, od. die Kunst u. Art auf Sammet, Atlas u. andern Seidenstoffen haltbar zu malen; e. Taschenbüchlein f. Damen; nach d. Französ. v. e. Frauenzimmer (Secret. Diesing). 12. Brünn 822. Traßler. 6 gr.

Seidenpfennig, Karl, der Brief an die Galater. Übers. u. erklärt. Neue (Titel-)Ausg. (v. „Der Brief an die Galater, übers. u. erklärt"). gr. 8. (III, 81 S.) Münster 892. Theissing. n. — 60
Die 1. Ausg. erschien anonym.

— der 1. Brief an die Korinther. Uebers. u. erklärt. gr. 8. (III, 54 S.) München 893. J. Seybertl). n. 1. 20

— dasselbe. Neue (Titel-)Ausg. gr. 8. (III, 54 S.) Münster 893. Theissing. n. — 70

— der 2. Brief an die Korinther. Übers. u. erklärt. gr. 8. (51 S.) Ebd. 894. n. — 70

Seidenraupe, die, und ihre Behandlung. Aus dem Chines. übers. 2., wohlf. (Titel-)Ausg. 12. (24 S.) St. Gallen (838)63, Scheitlin und Zollikofer.

Seidenraupen-Wärter, der, in der Brianza, od. prakt. Anleit. z. Kultur d. Seidenraupen. Ein Auszg. aus d. besten u. neuesten Werken. A. d. Ital. mit Anmerkn. v. Frz. Morawek. 8. (2¼ B.) Wien 840. (Leipzig, Herbig.)

Seidenraupen-Warter, der, in der Brianza, oder prakt. Anleitung zur Kultur der Seidenraupen. Ein Auszug aus den besten u. neuesten Werken. Aus d. Ital. mit Anmerkk. v. Franz Morawek. 8. Wien 840. Ign. Klang. 5 gr.

Seidenschnur, C. Otto, de Hippocratis methodo alvum purgandi. Dissert. inaug. historico-medica. 4. (7¼ B.) Lipsiae 843, (T. O. Weigel.) *

—— Repertorien d. sächsischen Medicinalgesetze. Nach den Quellen ausgearb. gr. 16. (7 B.) Dresden u. Leipzig 845, Arnoldische Buchh.

Seidenschnur, Emanuel, Kammergerichtsref.: Das Kontrahiren des Publikums mit den Theaterunternehmungen. *Rostock 1899.* (63 S.) 8°
Rostock, Jur. Diss. v. [20. Jan.] 1900

Seidenschnur, F., Über die Imprägnierung von Grubenhölzern. Essen-Ruhr, 1906 4 S. mit 2 Abb

Michael Jakob Seidenschnur

De cannabis Vi medica. Halae (1803:) Bathe. 16 S. 8°
Halle, Med. Diss. v. 24. Apr. 1803

Seidenschwanz, Georg Christian (Rothenburg o. d. T.)
f, n:12

Disputationum symbolic. V. de tribus symbolicis oecumenicis theses selectas continuans.
Präs. Kaspar Jakob Huth.
Erlangen (Camerarius) 14. VII. 1753. S. 34-40.
32304

Seidenspinner, Die verschiedenen, und die Möglichkeit ihrer Vermischung. Waidhofen a. d. Ybbs 1868. V: *Hütter, Johann.* (FB)

Seidenspinner, [Karl]

Seidenspinner, die Militärstrafgerichtsordnung, s. a. Taschengesetzsammlung.

Seidenspinner. Die Militairstrafgerichtsordnung nebst Einführungsgesetz vom 1. 12. 1898. Berlin 1899. 8°. (Taschen-Gesetzsammlung. 41.)

Seidenspinner, Dr. Die Militärstrafgerichtsordnung nebst dem Einführungsgesetz, den Nebengesetzen u. sämtl. Ausführungsgesetzen erläutert. 2. Aufl. Berlin 1900. 421 S.

Seidenspinner, [Karl]: Die Militärstrafgerichtsordnung nebst dem Einführungsgesetz, den Nebengesetzen und sämmtlichen Ausführungsbestimmungen. Erläutert. (Taschen-Gesetzsammlung. 41.) Berl. 1900.

Seidenspinner, Martin, aus Simmringen (Württ.): **Beiträge zur** Kenntniss der Teighefe. *Würzburg 1895 [vielm. 1901/02]: A. Göb & Co.* (17 S.) 8°
Würzburg, Med. Diss. v. 1895

Seidensticker, Dr. Oswald, Professor an der Universität v. Pennsylvanien. Ein Lebensbild. Hrsg. vom Philadelphia Pionier-Verein. gr. 8. (72 S. m. Bildnis.) Philadelphia 894. (Schaefer & Koradi.) Postfrei n. 3. —

Seidensticker, August

Seidensticker, üb. die genossenschaftlichen Holzungsrechte u. Holzgerichte, s. a. Blätter, forstliche.

SEIDENSTICKER, H. A.: Über die genossenschaftlichen Holzungsrechte und Holzgerichte im alten Amte Medingen, Fürstenthum Lüneburg, wie in den vormals hannoverschen Erblanden überhaupt. Eine historische Betrachtung. - Leipzig 1872 60 S. - (Forstl. Blätter N. F. 1. Suppl. - Bd.)

Seidensticker, Aug., Rechts- u. Wirthschafts-Geschichte norddeutscher Forsten, bes. im Lande Hannover, actenmäss. dargest. 2 Bde. (1. Bausteine. — 2. Geschichte d. Forsten.) M. e. alphabet. Gesammt-Register am Schlusse d. 2. Bds. gr. 8. (XX, 450 u. IX, 588 S. m. 1 Tab.) Göttingen 895. L. Horstmann. n. 10. —; geb. n. 12. —

Rechts- und Wirthschafts-Geschichte norddeutscher Forsten besonders im Lande Hannover, actenmässig dargest. v. August **Seidensticker,** Kgl. Preuss. Reg.-Forstmeister a. D. ... M. e. alphab. Gesammt-Register ... Bd 1. 2. *Göttingen: Dieterich 1896.* 2 Bde 8.
1. Bausteine. (XX, 450 S., 1 Tab.) 2. Gesch. d. Forsten. (1 Bl., IX, 588 S.) [96. 5450

Seidenſticker, H. A., über den geſchichtlichen Urſprung und die rechtliche Natur der hannöverſchen Intereſſentenforſten, beſonders im Fürſtenth. Calenberg. gr. 8. (IV und 105 S.) Peine 853, Heuer. **

Seidensticker, Aug., Waldgeschichte des Alterthums. Ein Handbuch für akadem. Vorlesungen etc. 2 Bde. gr. 8. Frankfurt a. O. 886, Trowitzsch und Sohn. * geb. *

Bd. 1. Vor Cäsar. (XII, 403 S.) *ℳ 7.—; geb. *ℳ 8.—.
„ 2. Nach Cäsar. (IX, 460 S.) *ℳ 8.—; geb. *ℳ 9.—.

Seidensticker, C. W., de oneribus realibus quae vocantur. Dissertat. inaug. jurid. 8 maj. (3¼ B.) Gottingae 830, Dieterich.

Seidensticker, H. A., s. Seidensticker, August

Seidensticker, J. Metallurgische Notizen, gesammelt auf einer Reise im südlichen Norwegen. Handschrift. St. Andreasberg, 1839.

Seidensticker, Joh. Anton Ludwig

— Ankündigung eines beſond. Inſtituts zu ſchriftl. Uebungen in der Theorie d. geſammt. Jurisprudenz, wie auch Einladung zu ſeinen Vorleſungen üb. ſyſtemat. Pandecten u. üb. d. Territorialſtaatsrechts. 8. Götting. 792. Dieterich. 1 gl.

Seidenſtücker, Jh. Ant. Ldw., († d. 30. Oct. 1817.) Ankündigung ſeiner Vorleſungen üb. geläuterte Pandecten. 8. Götting. 790. Dieterich. 1 gl.

— Beitrr. zum Reichsſtaatsrechte Welſcher Nation. 1r Bd. 8. Jena 795. (Dieterich in Götting.) 20 gl.

Seidensticker, J. Ant. L.: Corpus jur. civ. in chrestomathiam contractum in us. acad., pariter ac gymnasior. cur. et notitiam corp. jur. civ. literariam praem. *Gött.* Dieterich. 798. 8. (1 Thl.)

— Einleitung in d. Codex Napoléon. gr. 8. Tübing. Cotta. 808.

— Einleit. zu ſn. Vorleſſ. f. den Winter 1793. 8. Götting. 793.

— Entwurf ſyſtemat. Pandecten, zu Vorleſungen. 8. Götting. 791. Dieterich. 3 gl.

Seidensticker, Ant. L.: Entw. d. Systems d. Pandektenrechts, zu Vorless. *Jena*, Göpferdt. 807. 8. (12 Gr.)

— Entwurf e. Syſtems des Pandectenrechts. gr. 8. Jena 808 Göpfert. (Schmid); (a. Serig in Leipz.) 12 gl.

Seidensticker, J. Ant.: De Marculfinis similibusque formulis liber singularis. *Jena*, Schreiber, (Schmidt.) 815. 4. (12 Gr.)

— comment. de Marculfinis atque formulis. 4. Jena 818. Schmid. 9 gl.

— s.a. Fragmente, Juristische.

[Seidensticker, Joh. Ant. Ludw.]: Juristische Fragmente. Th. 1. 2. Göttingen 1802.

Seidensticker, J. Ant. L.: Comment. de fundamentis juris supremae potest. circa Adespota — in concert. civ. ac. Gott. praem. orn. *Gött.*, Dieterich. 789. gr. 4. (8 Gr.)

— comment. de fundamentis juris supremae potestatis etc. 4maj. Götting. 789. Dieterich. (Vandenhöck u. R.) 6 gl.

— s. Geiſt der juriſt. Literatur.

Eb.: Italien u. d. kaiserl. Staaten, insbes. Wien, zu mehr. Aufklär. ein. rechtl. u. polit. Verhältnu. *Berlin* u. *Stettin*, Nicolai. 797. 8. (22 Gr.)

Seidensticker, Jo. Ant. Lud.: Commentatio de iure emigrandi ex moribus Germanorum iure communi ac II. imperii constituto. Praemio ornata. Gottingae 1788.

— comment. de jure emigrandi ex moribus Germanorum etc. 4maj. Götting. 788. Dieterich; (a. Vandenhöck u. R.) 6 gl.

— lectionum variantium in arte amatoria Ovidii ex codice Helmstadiensi excerptarum Spec. I. 4. Helmst. 786. 24 S.

— Literat. des Napoleoniſchen Rechts, beſond. in Frankreich u. Deutſchland ꝛc. 1r Bd. gr. 8. Tübing. 811. b. Cotta. 2 ℛ

— observationes quaedam de legum retractandarum studio nostris temporibus haud inopportuno. Diss. inaug. jur. 8. Götting. 790. Dieterich. 2 gl.

— specimen doctrinae de jure monetae chartaceae. 8. Jena 807. Göpferdt. (Schmid). 4 gl.

Seidensticker, J. A. L.: „Ueber die Vergütung des Cassengeldes durch Conventionsmünze in Beziehung auf die Churbraunschweigischen Verordnungen vom 18. Julius 1793, 8. Junius 1795", Göttingen 1796. — Vorh.: Bibl. des Oberlandesgerichts Celle — Tc. 570.

— üb. die Vergütung des Caſſengeldes d. Conventionsmünze, in Beziehung auf die kurbraunſchweig. Verordnn. 8. Götting. 796. (Röwer). 6 gl.

Seidensticker, Oswald

Seidenſticker, O., Bilder aus der deutſch-pennſylvaniſchen Geſchichte, s.a. Geſchichtsblätter.

-- Bilder aus d dt-Pennsylvanischen Gesch Phila, 1882; NY, 1886. (Forming v2 of. Geschsblätter, Bilder u Mittlgn aus dem Leben der Deutschen in Amerika. Ed. Carl Schurz)

— Bilder aus der Deutsch-pennsylvanischen Geschichte. *New York: E. Steiger & Co. 1885. VIII, 276 S. = Geschichtsblätter. Bilder und Mittheilungen aus dem Leben der Deutschen in Amerika. Herausgegeben von Carl Schurz. Band II. 2. Auflage. New York, N. Y.: E. Steiger & Co. 1886. VIII, 276 S.*

— Die erste deutsche Einwanderung in Amerika und die Gründung von Germantown, im Jahre 1683. *Philadelphia, Pa.: Globe Printing House 1883. 92, (2) S. = Festschrift zum deutsch-amerikanischen Pionier-Jubiläum am 6. Okt. 1883.*

Seidenſticker, Oswald, die erſte deutſche Einwanderung in Amerika und die Gründung von Germantown, im J. 1683. Feſtſchrift zum deutſch-amerikan. Pionier-Jubiläum am 6. Octbr. 1883. gr. 8. (94 S.) Philadelphia, Pa. 883. (Göttingen, Deuerlich'ſche Buchh.) geb. *

— Ephrata, eine amerikanische Klostergeschichte. *Sonderdruck des „Deutschen Pionier". Cincinnati, O.: Druck von Mecklenburg und Rosenthal 1883. 141 S.*

--Festgruß zu Dr. Constantin Herings 80. Geburtstage am 1. Jan 1880. Phila, 1880. Neudruck zur Erinngsfeier, 1. Jan 1890. Phila, 1889.

Seidensticker, Oswald: Geschichte der Deutschen Gesellschaft von Pennsylvanien. Von der Zeit der Gründung bis zum Jahre 1876. *Festgabe zum Jubeljahre der Republik. Verfaßt auf Veranlassung der Deutschen Gesellschaft. Philadelphia, Pa.: Verlag von Jg. Kohler 1876. 336 S.*

Seidensticker, Osw., Geschichte der Deutschen Gesellschaft von Pennsylvanien. Von der Zeit der Gründung 1764 bis zum J. 1876. Festgabe zum Jubeljahre der Republik. Verfaßt auf Veranlassung der Deutschen Gesellschaft. gr. 8. (336 S.) Philadelphia 876, (Schäfer und Koradi.) geb. *

--Gesch des Männerchors in Phila v 1835-85. Phila. 1885.

--Schiller im Englischen. Phila, 1864.

Seidensticker, R. A. A.S. 744/4

Dissertatio juridica de jure disponendi filiifamilias, religioni protestantium addicti, circa canonicatum. Präs. Luder Mencken.
Leipzig (Titius) 17.IV.1703. 32 S.

W. v.: Adam Rechenberg, Gottfried Olearius, Johann Gottlieb Heineccius, Präs. 32306

Seidenstücker, Diss. Lectt. variantes in arte amatoria Ovidii ex cod. Helmst. excerptae. Helmst. 786. 4.

Seidenstuecker, *Carolus Augustus* Eduardus [Holzthalebensis]: De Xantho Lydo rerum scriptore quaestiones selectae ... Sondershusae, ex offic. Eupeliana, 1895; 3 Bl., 64 S., 1 Bl. 8.
Kiel, Phil. Fak., Inaug.-Diss. v. [8. Febr.] 1896

Seidenstücker, Joh. Anton Ludwig, s. Seidensticker

Seidenstücker, Johann Heinrich Philipp

Seidenstücker, Jh. Hnr. Phil., († d. 23. Mai 1817.) Acten, eine auf d. Lippstädtischen Gymnasium für die Schüler eingerichteten Gottesverehrung betreff. ꝛc. 8. Helmst. 787. Fleckeisen. 8 gr.

— Anfangsbuch zur Erlernung der griech. Sprache. 8. Dortm. 816. Unveränd. Ausg. 821. 2e A. 8. 823. 3e A. Hamm 831. Schulz. 8 gr. 2e Abtheil. od. No. 2. A. u. d. T.: W. Fr. Th. Seidenstücker, Uebungsbuch z. Uebersetzen aus d. Deutschen ins Griechische. 8. Ebd. 825. 8 gr.

— Ankündigung einer sittl. Erziehungsanstalt, welche in Vereinigung mit der literar. Bildung auf dem Gymnasium zu Lippstadt eingerichtet wird. 8. Helmst., Fleckeisen. 1 gr.

— Aufsätze pädagog. u. philolog. Inhalts. 2 Stcke. gr. 8. Helmst, 795—97. Fleckeisen. (1s Stck. 9 gr. 2s Stck. od. üb. Schulinspektion. 6 gr.) 15 gr.

Seidenstücker's Aufsätze pädagogischen u. philologischen Inhalts. Helmst. 795. 97. 2 Thle. 8. Eb. 819. 2 Thle. 8. (Thl. 2. enthält nichts philologisches.)

— Bemerk. üb. d. deutsche Sprache, e. Vorarbeit zu einer krit. Grammatik d. hochdeutschen Sprache. gr. 8. Helmstädt, Fleckeisen. 804.

— Diss. de christianis ad Trajanum usque a Caesaribus et Senatu Romano pro cultoribus relig. mosaicae semper habitis. 4. Helmst. 790. Fleckeisen. 4 gr.

— de christianismo ad Trajanum usque a caesaribus et senatu romano pro cultoribus religionis mosaicae semper habitis. 4. ibid. 790.

Seidenstücker, J. H. P., Elementarbuch

— — dass. zur leichtern Erlernung d. latein. Sprache No. I. 1ste Abthl. 8. Ebend. 814.

Seidenstücker, Jh. Hnr. Ph., Elementarbuch zur Erlernung der französ. Sprache. 1e Abtheil. No. 1. 8. Dortm. 811. 4e A. 8. Hamm 818. 7e A. 830. Schulz. 6 gr. 2e Abtheil. Ebd. 814. 3e A. 817. 4e A. 8. Ebd. 828. 12 gr. 3e Abtheil. od. No. 3., v. G. E. A. Wahlert. 8. Ebd. 829. Ebd. 12 gr.

Seidenstücker, J. H. P., Elementarbuch zur Erlernung d. franz. Sprache. 1ste u. 2te Abthl. 8. Dortmund, Mallinckrodt. 813 u. 14. (1ste 6 gr. 2te 12 gr.)

— — Elementarbuch zur Erlernung der französischen Sprache. 1ste Abtheil. 4te Aufl. No. 1. 819. 6 Gr. 2te Abtheil. oder No. 2. 2te Aufl. 8. Ebend. 818.
Beyde Abtheil.

— dass. 2e Abtheilung od. No. II. — A. u. d. T.: Dr. W. Fr. Th. Seidenstücker, Uebungsbuch z. Uebers. aus d. Deutschen ins Griech. 2e Aufl. 8. Hamm 824, Schulz.

Seidenstücker, (J. H. P.,) Elementarbuch z. Erlernung d. französ. Sprache. No 1. 6e Aufl. 8. Hamm 827, Schulz.

Seidenstücker, Joh. Heinr. Phil., Elementarbuch zur Erlernung d. franz. Sprache. 3 Abthln. od. Nr. I—III. 8. Hamm, Schulz.
Abthl. 1. od. No. I. 7. u. 8., verb. Aufl. (à 6 B.) 830, 33. à 6 Gr.
" 2. " " II. 4., revid. Aufl. (10 B.) 828. 8 Gr.
" 3. " " III. Von G. E. A. Wahlert. (17 B.) 829. 12 Gr.

Seidenstücker. Joh. Heinr. Phil., Elementarbuch z. Erlern. d. französ. Sprache. 1. u. 2. Abthl. od. Nr. I. u. II. 8. Hamm, Schulzische Buchh. [1. 11. Aufl. (6 B.) 841. 1/4 Thlr., 2. 6. A. (10 B.) 839. 1/3 Thlr.]
3. Abthl. od. Nr. III. Ebendas. 1829. 12 Gr.

Seidenstücker's, J. H. P., Elementarbuch zur Erlernung der Französischen Sprache. 1. Abthl. oder Nro. I. 11. Aufl. 8. Hamm 841, Schulzische Buchh. 1/4 Thlr — 12. Aufl. 8. Ebend. 843. 1/4 Thlr

Seidenstücker's, J. H. P., Elementarbuch zur Erlernung der französ. Sprache. Nr. I. 14. verb. u. verm. Ausgabe von Frdr. Rempel. 8. (VIII u. 102 S.) Wesel 848, Bagel. Nr. II. 7. sorgfält. revid. u. mit einem Anh. von französischen Lesestücken verm. Aufl. von Frdr. Rempel. 8. (IV u. 156 S.) Ebd. 849. (I: 1/4 Thlr II: 1/3 Thlr) 7/12 Thlr

Seidenstücker's, J. H. P., Elementarbuch zur Erlernung der französischen Sprache. Nr. I. 14., verb. und verm. Ausg. von Friedr. Rempel. 8. (VIII und 102 S.) Wesel 850, Bagel.

—— dass. — Nr. II. 7., revid. und mit einem Anhange von französ. Lesestücken verm. Ausg. von Friedr. Rempel. 8. (IV und 156 S.) Ebds. 851(52.)

Seidenstücker's, J. H. P., Elementarbuch zur Erlernung der französischen Sprache. Nr. I. 15., verb. Ausg. von Friedr. Rempel. 8. (IV und 102 S.) Wesel 853, Bagel.

—— Elementarbuch zur Erlernung d. griech. Sprache. 1. Abthl., od. No. I. — A. u. d. T.: Anfangsgründe zur Erlern. d. griech. Sprache. 3., mit Accenten verseh. u. verbess. Aufl. 8. (12 1/2 B.) Hamm 831, Schulz.
2. Abthl. od. No. II. Bearb. v. W. Fr. Th. Seidenstücker. Ebendas. 1825 8 Gr.

—— Elementarbuch zur Erlernung der griechischen Sprache. 1. Abthl. oder Nr. I. 4., verm. und verb. Aufl. 8. (VI und 177 S.) Hamm 851(52,) Wickenkamp.

– Elementarbuch der engl. Sprache, s. Hecker, J. T. G.

– Elementarbuch der griechisch. Sprache, s.a. Seidenstücker: Anfangsgründe.

— — Elementarbuch der griechischen Sprache. 1r Curs. oder No. 1. 8. Ebend. 816

— Elementarbuch der latein. Sprache. 1e Abtheil. od. No. I. 8. Dortm. 814. 2e A. 818. 3e A. 8. Hamm 821. 4e A. 825. 8 gr 2e Abtheil. od. No. 2. 818. 2e A. Ebd. 822. 8 gr Wundermann. 16 gr

—— Elementarbuch d. latein. Sprache. 1. Abthl. od. No. I. 5., revid. u. mit kleinen Uebungsstücken zu d. Regeln verm. u. verb. Aufl. 8. (15¼ B.) Hamm 830, Wundermann.
2. Abthl. od. No. II. Ebendas. 1817. 8 Gr.

Seidenstücker, Johann Heinrich Philipp. Elementarbuch der lateinischen Sprache. 6. Aufl. H: *Seidenstücker, Wilh. Frdr. Theod.* (Ky)

—— Elementarbuch d. latein. Sprache. 1. Abthl. od. Nr. I. 6., sorgfältig revid. u. mit kleinen Uebungsstücken zu d. Regeln verm. u. verb. Aufl. (v. W. Fr. Th. Seidenstücker.) 8. (15½ B.) Münster 836, [Wundermannsche Buchh.]
2. Abthl. od. Nr. II. Ebendas. 1817. 8 Gr.

— Elementarbuch der latein. Sprache. 1. Abthl. oder No. I. 7. verb. Aufl. 8. Münster 843, Wundermann. ½ ℛ

— Elementarbuch der Latein. Sprache. 1. Abth. 8. Aufl. Sorgfältig durchges. u. erweitert von J. F. W. Burchard. gr. 8. (202 S.) Münster 849, Wundermann. — 9. Aufl., sorgfältig durchgesehen u. erweitert von J. F. W. Burchard. gr. 8. (VI u. 202 S.) Ebd. 852. — 2. Abth. 3. Aufl. gänzlich umgearb. von J. F. W. Burchard. gr. 8. (400 S.) Ebd. 852. (1: ½ ℛ 2: ⅚ ℛ) 1⅓ ℛ

Seidenstücker's, J. H. P., Elementarbuch der lateinischen Sprache. 1. Abthl. 11. Aufl., sorgfältig durchgesehen und erweitert von J. F. W. Burchard. Mit Zusätzen zur Einübung der Declinationen und Conjugationen versehen von Ed. zur Nieden. gr. 8. (IX und 284 S.) Münster 861, Wundermann'sche Buchh.

Seidenstücker's, J. H. P., Elementarbuch der lateinischen Sprache 2. Abthl. 8. Aufl., gänzlich umgearb. von J. F. W. Burchard gr. 8. (400 S.) Münster 861, Wundermann'sche Buchh. Thlr

— Eutonia, oder declamator. Lesebuch f. mittlere u. obere Schulklassen. 8. Dortm. 807. 2e A. 810. 3e A. 822. Mallinkrodt. 18 gr N. A. 8. Hamm 827. Schulz. Hbg. Pr. 10 gr (A. u. d. T.: Weihnachts- u. Neujahrsgeschenk.) — Zusätze f. die Besitzer der 1n Ausgabe. 8. Ebd. 810. 4 gr

— Eutonia, od. declamat. Lesebuch, f. mittl. u. obere Schulclassen. 2te verm. Ausg. 8. Ebend. 811.

Seidenstücker, (J. H. P.,) Eutonia od. deklamator. Lesebuch f. höhere Bürgerschulen u. Gymnasien. Neue Aufl. 8. Hamm 827. Schulz. Rthlr.

—— Eutonia, od. deklamator. Lesebuch f. höh. Bürgerschulen u. Gymnasien. 4. Aufl. gr. 8. (16 B.) Hamm 836, Schulzische Buchh.

— Diss. de excolenda tripl. memoriae forma. 4. Helmst. 789. Fleckeisen. 3 gr

— Grundzüge e. Einleit. zum Studium des N. Testam.; zu sn. Vorlesungen bestimmt. 8. Helmst. 794. Fleckeisen. 1 gr

– s. Haas, Johann Gottfried: Griech. Speccius ...

— de duobus frequentioris linguae hebraicae impedimentis. 4. Helmst. 791. Fleckeisen. 1 gr

— ist der Staat befugt den Büchernachdruck zu verbieten? gegen A. v. Knigge. 8. Helmst. 792. Fleckeisen. 6 gr

J. H. Ph. **Seidenstücker**: ist d. Staat nach reinen Grundss. d. gesellschaftl. Vertr. u. nach gemeinen Grundss. d. bürgerl. Rechts befugt, d. Büchernachdr. zu verbieten od. nicht? *Helmst.*, Fleckeisen. 792. 8° 5 gr

— Leitfaden für den ersten Unterricht in der hebräisch. Sprache. 8. Helmst. 791. Fleckeisen. 1 gr

— neuer — od. nicht allein richtiger Maßstab die Bürger mit Einquartierung zu belegen. 8. Paderborn, Wesener. 814.

Seidenstücker, J. H. P. Nachlass, die deutsche Sprache betreffend. Dortmund 1818. H: *Mallinkrodt, Arnold Andr. Frdr.* (Ky)

— Nachlaß, die deutsche Sprache betreff.; (hrsgg. v. A. Mallinkrodt). 8. Dortm. 818. Schulz in Hamm. 16 gr („Fast ⅔ dieses Buchs finden sich schon in den vom Verf. selbst zu Helmstädt 1804 herausgg. Bemerkk. üb. die deutsche Sprache.")

—— Programme, Schulreden u. Briefe üb. d. deutsche Sprache. gr. 8. (27½ B.) Soest 836, [Nasse'sche Buchh.]

— Programme, Schulreden u. Briefe üb. d. deutsche Sprache. gr. 8. Soest 836. Nasse. Leipzig, Fr. Fleischer. n. 1 ℛ

— Redetheile u. die Declinationen d. deutschen Sprache. 8. Dortmund, Gebr. Mallinckrodt. (In Comm.) 811.

— Redetheile u. die Declinationen d. deutschen Sprache. 8. Dortmund 811. (Hamm, Wundermann). 6 gr

— über Schulinspektion, od. Beweis, wie nachtheilig es sey, solche den Predigern zu überlassen ꝛc. 8. Lippstadt 797.

— drei Schulreden. 8. Dortm. 811. Mallinkrodt. 4 gr

— u. Schmitz, Vertheidigungsschrift geg. Schliepsteins Anschuldigung einer in Lippstadt gemachten Finsterniß ꝛc. 8. Dortmund, Mallinkrodt. 799.

— u. Schmitz, Vertheidigungsschrift gegen Schliepsteins Anschuldigungen einer in Lippstadt gemachten Finsterniß ꝛc. 8. Dortm. 799. (Schulz in Hamm). 12 gr Hbg. Pr. 8 gr

— Vorschlag zu zweckmäß. Einrichtung der gewöhnl. Schulexamen. 8. Dortm. 799. 2e A. 815. (Wundermann in Hamm). 4 gr

Seidenstücker, Karl B.

Seidenstücker, Karl, s.: Bilder aus der buddhistischen Kulturwelt.

Seidenstücker, Karl B., s.: Buddhist, der.

— s.: Evangelien, buddhistische.

— Buddhistischer Katechismus, s.: Olcott, H. S.

— s.: Khuddaka-Pātho.

— s.: Licht, das, des Buddha.

— s. Pāli-Buddhismus in Übersetzungen.

— s.: Schriften, heilige, der Buddhisten.

Seidenstücker, Wilh. Fr. Th.

Seidenstücker, W. Fr. Th., Elementarbuch d. hebrä. Sprache. Lex.-8. (16¾ B.) Soest 836. (Leipzig, Fr. Fleischer.) *

Seidenstücker, W. F. T., Elementarbuch der hebräischen Sprache. Soest, Nasse, jetzt Paderborn, Schöningh, 1836, gr. 8°, 168 S., 1,50 Mk.

Seidenstücker, Wilh.: Commentatio de nonnullis Aeschyli Agamemnonis locis. 8 S. – Soest, Progr. 1854.

Seidenstücker, W. F. Th. De nonnullis Aeschyli atq. Sophoclis locis difficilioribus. (Agam. 11 Stellen, Pers. 2, Soph. Trach. 7 Stellen.) 16 S.
Soest, Progr. 1828

Seidenstücker, W. F. Th., Commentatio de nonnullis Plutarchi atque Aeschyli locis difficilioribus. 16 S. [Them. 11. Camill. 4. 8. 25. 28. 29. 40. 41. 41. Pericl. 1. 1. 33. Fab. Maxim. 3. Aem. Paul. 26. Marc. 28. Cato 27. Pomp. 77. Agam. 48. 167. 446. 555. 1270. 1428. Sept. 336.]
Soest, Progr. 1843

Seidenstücker, W. T. Th., Commentatio de nonnullis Thucydidis locis difficilioribus. 10 S. [I, 2. 3. 6. 9. 16 21. 25. 28. 28. 50.]
Soest, Progr. 1848

Seidenstücker, W. F. Th. Philologische Miscellaneen. (Enth. u. a. Bemerk. üb. Stellen des Aesch. Agam. u. Pers., mehrere Biograph. Plut., Soph. Trachin. u. Demosth. Philipp. III. 10.) 19 S.
Soest, Progr. 1837

Seidenstücker, W. F. Th. Philologische Miscellaneen. (Grammat. und exeget. Inhalts: Beziehung eines Prädikats auf mehrere Subj.; Wortstellung bei unmittelbarer Verbindung eines Hauptwortes mit einem Pronomen; von den negativen Sätzen; Uebersetz. der Conjunct. daß, sc. 19 S.
Soest, Progr. 1837

Seidenstücker, W. Fr. T.: Uebungsbuch zum Uebersetzen ..., s. Seidenstücker, J. H. P.: Anfangsbuch.

Seidentopf, Jh. Gli.

Seidentopf, J. G., Materialien zu Catechisationen aus den 4 Evangelien. 8. Berlin, Maurersche Buchhdl. 818.

— Moral d. bibl. Geschichte Alt. Testam. f. d. Jugend und ihre Lehrer sc. 2 Thle. gr. 8. Berl. Wilh. Vieweg. 805–6. (à 16 gr.)

Seidentopf, J. G., neue Samml. lehrreich. Beyspiele z. Beförder. echter Sittlichkeit, ein Lesebuch. 8. Berl. Nauck. 800.

J. Gli. Seidentopf's neue Sammlung lehrr. Beytrr. z. Beförd. ächter Sittlichk., als d. sichersten Grundlage wahren Bürgerglücks; e. Leseb. f. Bürger- u. Industrieschulen. *Berl.*, Nauck. 800. 8° 6gl

Seidenwurm, der 4400jähr. Meister, aus China. A. d. Chines. in's Franz. übers. v. Stanisl. Julien. In's Deutsche frei bearb. v. H. Henking. 8. St. Gallen 838, [Scheitlin u. Zollikofer.] Verklebt.

Seidenwurm, Prinz, s.a. Prinz.

Seiden-Wurm, Prinz, der Reformator oder die Kron-Kompetenten, ein moralisches Drama ... Genf [Basel] 1780. V: *Klinger, Friedr. Maximilian von.* (Ky) (Mn) (Wr) (MGT)

Seidenwurm, Prinz, d. Reformator. Drama (v. F. M. Klinger). 8. Basel 780. Serini. 8 gl

Seidenzucht, die japanesische, Abhandlung der Herren Brunat, Davison und Piquet, nebst einer Uebersetzung des 2. Berichts des Herrn F. O. Adams. Im Auftrage des Königl. Ministeriums für die landwirthschaftl. Angelegenheiten übers. durch B. Gnadenderff. gr. 8. (43 S.) Berlin 871, Wiegandt, Hempel und Parey. * 1 —

Seidenzucht, die, des Schullehrers Liebmann in Hellingen Von C. S. gr. 8. (40 S.) Langensalza (861)62, Verlags-Comptoir.

Ungarns *Seidenzucht* u. Seidenindustrie. U. St. [1910]. 25 S. 23 Tvl. P.

Seider, des Pastor, Leb. u. Leiden. 8. Erfurt, Hennings.

Seider, A., s.: Festgabe, Alois Knöpfler zur Vollendung d. 60. Lebensjahres gewidmet.

SEIDER, Andreas: S. Maximi Confessoris pugna contra Monotheletas. (Titel nach der Urkunde) 21.7.1894 – Urk; Chr 1894/95,18
Diss. Ingolst.-Landsh.-Mchn.

Seider, Fr. Sam., s. Todeskampf, Der, am Hochgericht.

Über die Schönheit (von *Friedr. Samuel Seider*). (St. Petersburg 1806.)
Anon.-Lex. IV. p. 228 (nach Recke-Napiersky).

Seiderer, Fritz [app. Arzt aus Freising '(Bayern)']: Aus d. Univ.-Augenklinik zu Giessen. Casuistische Beiträge zur Kenntnis der praecornealen Sarkome. '(M. 2 Abb.)'... Freising, Dr. F. P. Datterer, Buchdr., 1895; 49 S., 2 Taf. 8.
Giessen, Med. Fak., Inaug.-Diss. v. 1895

Seidewitz, F. Beitrag zu dem Thema: Mathematik und Philosophie. (Vertheidigung der Würde und Selbständigkeit der Mathematik gegenüber der Philosophie.) 39 S.
Erfurt, k., Progr. 1833

Seidewitz, F. Sammlung trigonometrischer Aufgaben. Heiligenstadt. 1839.

Seidewitz, F.: Das Wesen der involutorischen Gebilde in d. Ebene. Heiligenstadt 1846.

(Seidî Alî): Die topographischen Capitel des indischen Seespiegels Mohit. Uebersetzt von Maximilian Bittner. Mit einer Einleitung sowie mit 30 Tafeln versehen von Wilhelm Tomaschek. Festschrift zur Erinnerung an die Eröffnung des Seeweges nach Ostindien durch Vasco de Gama (1497), herausgegeben von der k. k. Geographischen Gesellschaft in Wien. Wien 1897. VI, 92 S., 30 Tf. Fol.

Seidl, (Forstmeister,) meteorologische Beobachtungen zu Bodenbach bei Tetschen in Böhmen, 31° 52′ 4″ östlicher Länge, 50° 46′ 39″ nördlicher Breite und 403,2 pariser Fuß über der Nordsee im Jahre 1841. Neue Folge; 1. Jahrg. gr. 8. Prag 842. (Calve'sche B.) n. ½ ℛ

Seidl, Uebersicht der meteorolog. Beobachtungen zu Bodenbach bei Tetschen a. d. Elbe, im Jahre 1837, 38, 39 und zu Görlitz im Jahre 1838.

Seidl, A., s.: Lesebuch, deutsches, f. realistische Mittelschulen.

Seidl, Adf., Beitrag zur Statistik u. Casuistik der Gehirntuberkel bei Kindern, s.a. Abhandlungen, Münchener medicinische.

Seidl, Adolf [app. Arzt aus Nürnberg]: Beitrag zur Statistik und Casuistik der Gehirntuberkel bei Kindern ... München, J. F. Lehmann, 1891; 39 S. 8.
München, Med. Fak., Inaug.-Diss. v. [27. Juli] 1891

Seidl, Adolf Franz, Souffleur, Lemberger Theater-Almanach für das Jahr 1854. Allen hohen verehrungswürdigen Freunden dramatischer Kunst gewidmet von — —. (16 S.) Lemberg. Druck mit Schnaydersche Lettern.

Theater-Almanach, Lemberger — für das Jahr 1855. Allen ..... Freunden dramatischer Kunst gewidmet von Adolf F Seidl. 8. (20 S.) Lemberg. Gedruckt bei Michael Fr. Poremba. 1854.

Seidl, Adolf Franz — Lemberger Theater-Almanach für das Jahr 1857. Allen hohen verehrungswürdigen Freunden dramatischer Kunst gewidmet von — —. Lemberg, 1856. Stauropigianische Instituts-Druckerei. (24 S. 8.)
Inhalt: Theaterstand. — Gedichte.

Seidl, Alois: Ableitung der Cassinoide aus dem Schnitte eines Rotationskörpers. S. 18. 311
Separatabdruck

Seidl, Alois A., der neue Handelsvertrag m. dem Deutschen Reiche u. die österreich. Landwirtschaft. (IV, 91 S.) gr. 8. Wien 905. Manz. n. 2. —

— Landwirtschaftsrecht u. Landwirtschaftspflege in Böhmen. Eine Sammlg. der auf die Landwirtschaft bezügl. Reichs- u. Landesgesetze u. sonst. Vorschriften. Hrsg. v. der deutschen Sektion des Landeskulturrates f. Böhmen. 1.—3. Abtlg. gr. 8. Prag (J. G. Calve).
1. Allgemeine Grundlagen. (XII, 447 S.) 904. à n. 5. 20
2. Pflanzenbau; Jagd, Fischerei u. Bienenzucht. (XI, 397 S.) 904.
3. Tierzucht u. Veterinärwesen. (XII, 454 S.) 905.

Landwirtschaftsrecht und Landwirtschaftspflege in Böhmen. Eine Sammlung der auf d. Landwirtsch. bezügl. Reichs- u. Landesgesetze u. sonstigen Vorschriften. Zsgest. von JUDr. Alois A. Seidl, Prof., Tetschen-Liebwerd. Abt. 1. Prag: Deutsche Sektion d. Landeskulturrates f. Böhmen 1904. 8°

Seidl, Alois A., Landwirtschaftsrecht u. Landwirtschaftspflege in Böhmen. Eine Sammlg. der auf die Landwirtschaft bezügl. Reichs- u. Landesgesetze u. sonst. Vorschriften. Hrsg. v. der deutschen Sektion des Landeskulturrates f. Böhmen. 4. Abtlg.: Kreditwesen; Vereins- u. Genossenschaftswesen; Dienstboten u. Arbeiter; Pensions- u. Rentenversicherg.; Heimatsgesetz u. Armenwesen; Lebensmittelpolizei; Unterrichtswesen. (XII, 398 S.) gr. 8. Prag 910. J. G. Calve. 6. —

— österreichische Rechtskunde f. Jedermann. (247 S.) gr. 8. Wien 904. C. Fromme. n. 2. 50

Seidl, Ambrosius: Organisation und Tätigkeit der Landes-Central-Creditgenossenschaft für Ungarn. Budapest: Lipinszky 1904. DGK

Seidl, Ant., Korn-Schanzen als Schutzwehr gegen Getreide-Noth. gr. 8. (24 S. und 1 Stnt. in Fol.) München 851, (Finsterlin.) *
Aus: Kunst- und Gewerbeblatt des polytechn. Vereines für Bayern. Jahrg. 1851, besonders abgedruckt.

Seidl, Armin Dr. „Anthropogeographie des Regnitzthales". (Geschichte, Bevölkerung und Besiedlung.) pg. 1—58. 8°. Junge & Sohn.
Erlangen, Progr. 1899/1900

Seidl, Armin, das Regnitzthal (von Fürth bis Bamberg). gr. 8. (VII, 182 S. m. Fig.) Erlangen 901. F. Junge. 2. 40

Seidl, Armin: Goethes Religion, s. Wort, Das.

Seidl, Armin, Joh. Heinr. v. Schüle u. sein Prozess m. der Augsburger Weberschaft (1764—1785), s. a. Abhandlungen, historische.

Seidl, Armin [k. Reallehrer in Lindau]: Joh. Heinr. v. Schüle und sein Prozess mit der Augsburger Weberschaft '(1764—1785)'. München, H. Lüneburg, 1894; 60 S., 2 Bl. 8.
München, Phil. Fak., Inaug.-Diss. v. 1894

Moderne Dirigenten von Dr. Arthur Seidl. Berlin & Leipzig: Schuster & Loeffler 1902. (48 S.) 8°
Aus: Seidl: Kultur u. Kunst.

— moderner Geist in der deutschen Tonkunst. 4 Vorträge. gr. 8. (161 S.) Berlin (901). Harmonie. n. 3. 50;

Seidl, Arth. Zur Geschichte d. Erhabenheitsbegriffes seit Kant. gr. 8. (XI, 168 S.) Lpz. 889, W. Friedrich. * 3 —

— s.: Gesellschaft, die.

—— Hat Richard Wagner e. Schule hinterlassen?, s. Schriften, deutsche, s. Litteratur u. Kunst.

— Kunst u. Kultur. Aus der Zeit — f. die Zeit — wider die Zeit! Produktive Kritik in Vorträgen, Essais, Studien. gr. 8. (529 S. m. Bildnis.) Berlin 902. Schuster & Loeffler. 6. —; geb. 7. —

Seidl, Arthur [aus München]: Vom Musikalisch-Erhabenen. Prolegomena zur Aesthetik der Tonkunst .... Regensburg, Druck v. M. Wasner, 1887; 2 Bl. + 134 S. + 1 Bl. 8°
Leipzig. Phil. Fak., Inaug.-Diss. v. 24. Sept. 1887

Seidl, Arth., vom Musikalisch-Erhabenen. Prolegomena zur Aesthetik der Tonkunst. gr. 8. (VII, 132 S.) Leipzig 887, Kahnt Nachf.

Seidl, Arth., vom Musikalisch-Erhabenen. Ein Beitrag zur Aesthetik der Tonkunst. 2., durchgearb. u. verm. Aufl. (VII, 275 S.) gr. 8. Leipzig 907. C. F. Kahnt Nachf. 3. —

Richard Wagner-Credo. Eine Ergänzung zur 'Richard Wagner-Schule' von Arthur Seidl. *Berlin & Leipzig: Schuster & Loeffler 1901.* (505 S.) 8°
= Seidl: Wagneriana. Bd 1. [01. 939]

Seidl, Arthur und Wilh. Klatte: Richard Strauss. Eine Charakterskizze. (Sonderausgabe aus „Heimdal".) Prag 1896.

Von Palestrina zu Wagner. Bekenntnisse eines musikal. 'Wagnerianers' von Arthur Seidl. Berlin & Leipzig: Schuster & Loeffler 1901. (520 S.) 8°
(Seidl: Wagneriana. Bd 2.)

— Wagneriana. Erlebte Aesthetik. 3 Bde. gr. 8. Berlin, Schuster & Loeffler. à 5. —; geb. à 6. —
1. Richard Wagner-Credo. Eine Ergänzg. zur „Richard Wagner-Schule". (505 S.) 901.
2. Von Palaestrina zu Wagner. Bekenntnisse e. musikal. „Wagnerianers". (520 S.) 901.
3. Die Wagner-Nachfolge im Musik-Drama. Skizzen u. Studien zur Kritik der „modernen Oper". (524 S.) 902.

Die Wagner-Nachfolge im Musik-Drama. Skizzen u. Studien z. Kritik d. 'modernen Oper' von Arthur Seidl. Berlin & Leipzig: Schuster & Loeffler 1902. (524 S.) 8°
(Seidl: Wagneriana. Bd 3.)

— was ist modern? Ein Vortrag. gr. 8. (39 S.) Berlin 900. Harmonie. n. 1. —

Seidl, Carl, s. Seidl, Karl

Seidl E. v.: Die Entwicklung einer österreichischen Zuckerfabrikswirtschaft. (Bresl. 1910). 30 S. P.

Seidl, E.: Sind die romanischen Sprachen eine Schöpfung der eingewanderten Besiegten oder der sieghaften Germanen? Sind dieselben eine Verschlechterung des Latein? 14 S. 8°. – Waidhofen a/Y.R., Progr. 1871.

Seidl, Ed.: Ueber den Gebrauch der Modi und Tempora im französischen, verglichen mit dem deutschen. 40 S. 8° – Waidhofen a/Y.R., Progr. 1872.

Seidl, Eduard. Hauptmann. Das Mailander Attentat am 6. Februar 1853. (Aus:) „Mittheilungen des k. und k. Kriegs-Archivs" Neue Folge. X. Bd. 8. Wien 1898.

Seidl, Eman. v., mein Landhaus. (56 Bl. u. S. m. Bildnis u. z. Tl. farb. Abbildgn.) 31,5×26 cm. Darmstadt 910. Verlagsanstalt A. Koch. Geb. 12. —

Seidl, Emanuel: Die granulöse Ophthalmie oder die sogenannte Egyptische Augenentzündung. 40 S., gbd.
Wien: Leo 1850 JB 4.286

Seidl, **Eman.**, die granulöse Ophthalmie, oder die sogenannte egypt. Augentzündung. gr. 8. (VIII und 40 S.) Wien 850, Leo. *

Seidl, F., kurzgefaßte Gesetzes- u. Bürgerkunde. Für die gewerbl. Fortbildungsschule in Regensburg im Auftrage der Leitg. bearb. (31 S.) gr. 8. Regensburg 906. (W. Wunderling. n. — 30

Seidl, F., kurzgefaßte Gesetzes- u. Bürgerkunde. Für die gewerbl. Fortbildungsschule in Regensburg im Auftrage der Leitg. bearb. 2. Aufl. (32 S.) 8. Regensburg (908). W. Wunderling. — 30

Seidl, F. M., der Geist d. Religion Jesu; betrachtet aus d. Geschichte d. Evangelien. 1r u. 2r Thl. Mit 1 Kpf. 8. Münch. 814. Giel. (Barth in Leipz.) 20 gr.

Seidl, Ferdinand: Bericht üb. das Erdbeben in Untersteiermark u. Krain am 31. III. 1904, s. Hoernes, Rud.

Seidl, Ferdinand und Hoernes, Rudolf: Bericht über das Erdbeben in Untersteiermark und Krain am 31. März 1904 (mit 1 Karte) Siehe Mitteilungen der Erdbeben-Komm., neue Folge Nr. 27. Separatabdruck

Seidl, Ferd., d. Erderschütterungen Laibachs in d. J. 1851—1886, s.a. **Mitteilungen der Erdbeben-Commission d. kaiserl. Akademie d. Wissenschaften** in Wien, VI.

Seidl Ferdinand. Mitteilungen der Erdbeben-Kommission der Kaiserlichen Akademie der Wissenschaften in Wien. 6. Die Erderschütterungen Laibachs in den Jahren 1851—1886, vorwiegend nach den handschriftlichen Aufzeichnungen Karl Deschmanns. S 107. I. 465 — 50
Siehe Mitteilungen der Erdbeben-Kommn., alte Folge Nr. 6.

Seidl, Ferdinand, Die Erderschütterungen Laibachs in den Jahren 1851—1886. (28 S.) Wien: Gerold 1898. —.25

— — 12. Übersicht der Laibacher Osterbebenperiode für die Zeit vom 16. April 1895 bis Ende Dezember 1898. S. 108. I. 395 — .70
s.a. Mitteilungen der Erdbeben-Komm., alte Folge Nr. 12.

Mittheilungen der Erdbeben-Commission der kaiserlichen Akademie der Wissenschaften in Wien. XII. Übersicht der Laibacher Osterbebenperiode für die Zeit vom 16. April 1895 bis Ende December 1898 von Ferdinand Seidl. (Aus den Sitzungsberichten der kaiserl. Akademie der Wissenschaften in Wien. Mathem.-naturw. Classe; Bd. CVIII, Abth. I. Mai 1899.) Wien. 1899. In Comm. Gerold's Sohn. Gr.-8°. 36 S. K —.70

Seidl, Fr. Xav., zum Andenken. Ein neues Liederheft. gr. 16. (88 S.) Regensburg 885, Coppenrath's Verlag. * 1 20
geb. ** 2 20

Seidl, Fr. Xav. André Chénier. Eine Studie aus der französischen Litteraturgeschichte. 48 S. 8. **Progr.** Alt. G. Regensburg 1883

Seidl, Fr. X., für Dich. Neue Lieder u. Gedichte. 12. (VII, 127 S.) Regensburg 887. Coppenrath. geb. n. 2. —

—— ein bayerisches Dichterbuch. 8. (XVI, 291 S.) Regensburg 887, Bauhof. *M 3.20.; geb. mit Silberschn. ** 4 50

Seidl, Fr. Xav., Dichtungen vom Morgenlande. Nach e. Orig.-Mscr. bearb. 16. (40 S.) Regensburg 872. Forchthammer. n. — 90

Seidl, Frz. Xav. Fest-Schrift zur Feier der Enthüllung d. Standbildes Königs Ludwigs I. v. Bayern in der Walhalla. Fol. (55 S. m. eingedr. Abbildgn. u. 3 Taf.) Regensb. 890, Bauhof. ** 1 50

— Fest-Schrift zur Feier der Enthüllung d. Standbildes König Ludwig's I. v. Bayern in der Walhalla. Im Auftrage der Stadt Regensburg verf. Fol. (55 S. m. eingedr. Abbildgn. u. 3 Taf.) Ebd. 890. n.n. 1. 50

Seidl, Fr. Xav., deutsche Fürsten als Dichter u. Schriftsteller. Mit einer Auswahl ihrer Dichtungen. Von den Hohenstaufen bis zur Gegenwart. Ein Beitrag zur deutschen Literaturgeschichte. 8. (CII, 194 S.) Regensburg 883. Coppenrath. n. 6. —; geb. n. 7. —

— neue Gedichte. 12. (VIII, 160 S.) Ebend. 881. n. 2. 60; geb. mit Goldschn. n. 3. 80

— Gewitter im Ehestand, s.: Theater-Mappe.

— das Jahr in Dichtungen. 8. (VII, 96 S.) Stuttgart 873. Bonz & Co. n. 2. 40

—— das Jahr in Dichtungen. 8. (VII, 96 S.) Stuttgart 873, Metzler's Verlag. cart. * 2 40

Seidl, Fr. Xav., Immergrün. Frische Blätter aus der neuesten deutschen Lyrik. Gesammelt. 8. (354 S.) Regensburg 885. Coppenrath. n. 3. —; geb. m. Goldschn. n.n. 4. 50

Seidl, Frz. Xaver, spring and love. A hundred German poems, translated in English. Selected. 8. (VIII, 104 S) Minden i/W. 891. J. C. C. Bruns' Verl. n. 1. 80; geb. n. 2. 60

—— die Tarquinier. Tragödie in 5 Aufzügen. gr. 16. (91 S.) Regensburg 887, Bauhof. * 75 Pf.; geb. * 1 25

— Vergiß mein nicht. Lieder u. Gedichte. gr. 16. (VII, 110 S.) Regensburg 879. Coppenrath. n. 2. —; geb. m. Goldschn. n. 3. —

—— und Karl Zettel, aus schöner Zeit. Ein poet. Gedenkbuch des literar. Vereines in Regensburg zu seiner 25jähr. Stiftungsfeier. 8. (VIII, 172 S.) Regensburg 885, Coppenrath's Verlag. *M 3.—.; geb. mit Goldschn. ** 4 —

Seidl, Gabr. v., Denkschrift üb. die Erhaltung u. künftige Verwendung der alten Augustinerkirche, nun Mauthalle, in München. (8 S. m. Abbildgn. u. 8 [1 farb.] Taf.) 4. München (906). (F. Bruckmann.) n. — 50

Seidl, Gabr., s.a. **Künstlerhaus**, das Münchener.

Seidl G, das Münchener Kunstlerhaus. Phot. Aufnahmen v. O. Aufleger. (30 T) 4° München 1900

Der Neubau des bayerischen Nationalmuseums in München. Hrsg. mit Genehmigung d. Kgl. Staatsministeriums d. Innern f. Kirchen- u. Schulangelegenheiten. (Verf.: G[abriel] v. Seidl.) München: F. Bruckmann 1902. (XI, 88 S., 82 Taf.) 2°

Seidl, J., s.a. Seidl, Johann Gabriel

Seidl, J., der Jude d. 19. Jahrh. od. Warum sind wir antisemitisch? 1.—6. Tauf. 8. (à IV, 115 S.) Graz 899. Styria. n. — 70

Seidl, J., der Jude des 19. Jahrh. od. warum sind wir antisemitisch? 7.—9. Tauf. 8. (à IV, 115 S.) Graz 899. Styria. n. — 70

— dasselbe od. warum sind wir Antisemiten? 11. bis 14. Tauf. 8. (XV, 184 S.) München 900. [R. Abt.] G. Schuh & Cie. n. 1. —

Seidl J. G. Siehe Zeitschrift für die Oesterreichischen Gymnasien. (161.)

Seidl, J.H.: Oeffentliche Sanitätspflege für die Wundärzte der Königreiche Galizien und Lodomerien. 290 S., gbd.

Lemberg, Stanislawów u.Tarnow: Millikowski 1843

JB 5.479

Seidl, J.H., üb. d. kalte salinische Schwefelquelle zu Niemierow im zolkiewer Kreise d. Königr. Galizien. 8. (..B.) Wien 837. (Lemberg, Millikowski.)

Seidl Jakob: Die ersten Niederlassungen des Predigerordens in den deutsch-österreichischen Ländern. II. 1910 PN 2960 Diss.Wien, Univ. 1040

Seidl, Joh., praktisches Hilfsbuch zu Panholzers „Große biblische Geschichte". 2 Tle. gr. 8. Graz, U. Moser. 7.50; geb. in 2 Leinw.-Bde. 8.70; in 1 Halbldr.-Bd. 9.50
1. Das Alte Testament. (VIII, 326 S.) 909. 3. —
2. Das Neue Testament. (V u. S. 327—797.) 909. 4. 50

Seidl, Joh., allgem. Taxnorme für alle Gegenst. obrigkeitl. u. richterl. Amtshandl. 4. Prag. Widtmann. 802.

Seidl, Johann Gabriel

Seidl, Joh. Gabr., Almer. Innerösterreichische Volksweisen. Aus einer größeren Sammlung mitgetheilt. 3 Hefte. 18. (IV und 271 S.) Wien 850, Gerold, Verlag. à Heft 8 Ngr.

Seidl, Joh. Gabr., Aurora, s.a. Aurora.

Seidl J. G. Aurora für 1853. Wien, Ignaz Lienhardt. Leipzig. Liebeskind. 8.

Seidl, Joh. Gabr. — Aurora. Taschenbuch für das Jahr 1854. 30. Jahrgang. Mit 6 Stahlstichen 8. (324 pag.) Wien. Bei Ignaz Lienhart. Druck von J. P. Sollinger's Witwe Leipzig. Bei A. J. Liebeskind.

Seidl, Johann Gabriel: Beiträge zu einer Chronik der archäologischen Funde in der österreichischen Monarchie. 1. Teil. Ar. 3. 159. Separatabdruck

– Beiträge zu einer Chronik der archäologischen Funde in der österreichischen Monarchie. 2. Teil. Ar. 6. 205
– Fortsetzung. S. 8. 216
– 3. Teil. Ar. 9. 81
Separatabdruck

– Beiträge zu einer Chronik der archäologischen Funde in der österreichischen Monarchie. 4. Teil. Ar. 13. 71
Separatabdruck

– Beiträge zu einer Chronik der archäologischen Funde in der österreichischen Monarchie. 5. Teil. Ar. 15.
Die Forts. dieser Beiträge siehe unter Kenner Friedrich Edler von, Dr.
Separatabdruck

— Beiträge zu einer Chronik der archäologischen Funde in der österreich. Monarchie. [Abgedr. aus d. Archiv f. Kunde österreich. Geschichtsquellen. Jahrg. 1849. II. Bd. 1 u. 2. Hft.] Lex. 8. (42 S.) (Wien 851, Braumüller.) II. (Hft.) [Fortsetzg. vom II. Bd. 1 u. 2. Hft. des Jahrg. 1849 d. Archivs für Kunde österreich. Geschichtsquellen.] Lex. 8. (67 S.) Ebd. 851. (1 : n. 8 ngr 2 : n. ⅓ rf) n. 18 ngr

— Fortsetzung der Beiträge zu einer Chronik d. archäologischen Funde in der österreichischen Monarchie. [Aus den Sitzungsberichten 1852 d. k. Akad. d. Wiss.] Lex. 8. (13 S.) Wien 852. (Braumüller.) n. 4 ngr (cplt. n. 22 ngr)

—— Fortsetzung der Beiträge zu einer Chronik der archäologischen Funde in der österreichischen Monarchie. Lex.-8. (13 S.) Wien 852, (Gerold's Sohn.) *
I. und II. Beitrag. Ebendas. 1851. * 18 Ngr.

Seidl, Joh. Gabr., Beiträge zu einer Chronik der archäologischen Funde in der österreich. Monarchie. III. Lex.-8. (88 S.) Wien 853, (Gerold's Sohn.) Thlr. *
Aus: Archiv für österreich. Geschichtsquellen, Bd. 9., besonders abgedruckt.

—— dass. — IV. und V. Lex.-8. Ebds. [IV. (71 S.) 854. * 15 Ngr., V. (98 S.) 856. * 20 Ngr.] *
Aus: Archiv für österreich. Geschichtsquellen, Bd. 13. und 15., besonders abgedruckt.

— Beiträge zu einem Namensverzeichnisse der römischen Procuratoren in Noricum. Mit 2 (lith.) Taf. (in Fol.) (Aus d. Sitzungsberichten d. k. Akad. d. W.) Wien 854. (Gerold.) gr. 8. (30 S.) n. 16 ngr

– Beiträge zu einem Namensverzeichnisse der römischen Prokuratoren in Noricum (mit 2 Taf.). S. 13. 62
Separatabdruck

—— Beiträge zu einem Namensverzeichnisse der römischen Procuratoren in Noricum. Lex.-8. (30 S. mit 2 Stnt. in qu. Fol.) Wien 855, (Gerold's Sohn.) *
aus: Sitzungsberichte der k. Akademie der Wissenschaften, besonders abgedruckt.

— Bifolien, s.a. Hesse's, Max, Volksbücherei.

—— Bifolien. (Gedichte.) 1. Aufl. gr. 12. (11⅓ B. u. 1 Bign.) Wien 836, Sollinger. 1⅓ Thlr.; 2., verm. Aufl. 8. (20⅓ B. u. 1 Holzschn.) Wien 841, [Pfautsch u. Voß.]

—— Bifolien. Dichtungen. 3., verm. Aufl. 8. (24½ B. u. S's. Bildn. u. Facsim.) Wien 843, Pfautsch u. Voß.

Seidl, Joh. Gabr., Bifolien. 4. verb. u. verm. Aufl. 16. (VIII u. 454 S.) Wien 849, Pfautsch & Voß. In Engl. Einb. 2 rf

— Bifolien. 5. Aufl. Wien 855. Pfautsch u. Voß. 16. (4 Bl., 426 S. u. Bildniß in Stahlst.) n. 1 rf.

— Bilder ohne Rahmen. Erzählungen, Novellen, Sagen u. Geschichten. 2 Bdchn. 8. Wien 841, Pichler's sel. Wwe. — dass. später unter d. T.: Laub und Nadeln. 2 Bde. gr. 12. Ebend. 842. 1 rf 24 ngr — 2. verm. Aufl. 2 Bde. 12. Ebend. 845. (Braumüller u. S.) n. 1⅝ rf

— Brosamlin. Ein Buch für Jünglinge. Mit 3 Kpfrn. 8. Wien 836. Müller. 1⅓ rf.

— ueber des Tit. Calpurnius „Delos", s.a. Denkschriften der kais. Akad. d. Wissenschaften. Philosoph.-histor. Cl., I. Bd.

– Über des Tit. Calpurnius „Delos". Ein philologisch-numismatischer Exkurs. D 1. I. 207
Separatabdruck

Seidl, Joh. Gabr., Dichtungen. 3 Thle. gr. 12. (27 B.) Wien, Sollinger.
Thl. 1. Balladen, Romanzen, Sagen u. Lieder. } 826. 16 Gr.
= 2. Lieder d. Nacht. Elegieen aus Alfons v. Lamartine. — Die Deutung. }
= 3. Erzählungen. Nebst: Ansichten üb. Oper u. Opernbücher. — Der Maurer u. d. Schlosser. Romant. kom. Singsp. 828. 10 Gr.

Seidl, (J. G.,) Dichtungen. 1r Thl.: Balladen, Romanzen, Sagen u. Lieder. — 2r Thl.: Lieder d. Nacht. — Elegien aus Alfons von Lamartine. — Die Deutung. gr. 8. Wien 826, Sollinger 18 gr. bei (Enobloch in Leipz.)

Seidl, Jh. Gabr., Dichtungen. 1r Thl.: Balladen, Romanzen, Sagen u. Lieder. — 2r Thl.: Lieder d. Nacht. — Elegien aus Alfons v. Lamartine. — Die Deutung. gr. 8. Wien 827. Sollinger. 16 gGr (bei Enobloch in Leipz.) 1 ℛ

—— Dichtungen. 3 Bdchn. gr. 12. (26½ B.) Wien 836, 38, Sollinger.
X. u. d. Ttln.:
Bdchn. 1. Balladen, Romanzen, Sagen u. Lieder.
= 2. Lieder d. Nacht. Elegieen aus Alf. v. Lamartine. Die Deutung.
= 3. Erzählungen. — Der Maurer u. d. Schlosser. Romant.-kom. Singspiel in 3 Aufz.

Seidl, Johann Gabriel —. Dichtungen von ——. Bifolien. Fünfte Auflage. 1. Lieferung. Wien. 1855. Verlag von Pfautsch und Voß. Druck und Papier von Leop. Sommer. (80 S. kl. 8.) geh.

Seidl, Johann Gabriel —. Dichtungen. Bifolien. Fünfte Auflage. 2.—6. Lieferung. (Die sechste Lieferung mit dem Porträte des Dichters.) Wien. 1855. Verlag von Pfautsch und Voß. Druck und Papier von Leop. Sommer. (S. 81 — 426. kl. 8.) geh.

— ausgewählte Dichtungen, s.: Universal-Bibliothek.

—— über den Dolichenus-Cult. Lex.-8. (89 S. mit 6 Stnt. in gr. 8. und qu. gr. 4.) Wien 854, (Gerold's Sohn.) *

– Über den Dolichenus-Kult. S. 12. 4. Separatabdruck

—— Nachträgliches über den Dolichenus-Cult. Lex.-8. (31 S. mit 2 Stnt. in gr. 4.) Wien 854, (Gerold's Sohn.)*
Vorstehende zwei Schriften des Verf. wurden aus: Sitzungsberichte der k. Akademie der Wissenschaften J. 1854, besonders abgedruckt.

– Nachträgliches über den Dolichenus-Kult (mit 2 Taf.). S. 13. 233. Separatabdruck

Seidl, Jh. Gabr., Episoden aus dem Romane des Lebens. Mit Titelkpfr. gr. 12. Leipzig 839. Volckmar. (Wien, Tendler u. Schäfer.) 1 ℛ

Seidl, Joh. Gabr., Erzählungen. gr. 12. (8½ B.) Wien 828, Sollinger. Thlr
Ist ein besond. Abdruck des 3. Thls. vorsted. Werkes mit Hinweglassung der: Ansichten üb. Oper 2c.

– s. Faërni, Gabr.: Fabulae.

Seidl, Joh. Gabr., s'letztl Fensterln, } s. Theater-Repertoir, Wiener.

— Cornelia Fieramonti, s.: Schatzgräber, der.

— dasselbe, s.: Schatzgräber's Taschenbücher. Nr. 8.

—— Flinserln. Oest'reichische G'schbanz'ln, G'sang'ln u. G'schicht'ln 3 Hfte. 16. Wien, Sollinger. [1. (7 B.) 828., 2. (7½ B.) 829., 3. (8 B.) 830. à 8 Gr.]

—— Flinserln. Oest'reicharischi G'setz'ln, G'sang'ln u. G'schicht'ln. 3. u. 4. (letzt.) Hft. 16. Wien, Sollinger. [3. 2. Aufl. (8 B.) 838., 4. (10½ B.) 837. à ⅓ Thlr.]
1. u. 2. Hft. Ebendas. 1828, 29. à 8 Gr.

— Gedichte in niederösterreichischer Mundart ("Flinserln") } s.a. Hesse's, Max, Volksbücherei.

—— Gedichte in niederösterreich. Mundart. (Gesammt-Ausg.) gr. 8. (24⅝ B. m. Einfassung.) Wien 844, [Sollinger's Wwe.]

— Georgien. Gesammelte Erzählungen für Frauen. gr. 12. Grätz 836. Kienreich. 1⅙ ℛ

—— Georgien. Gesamm. Erzähln. f. Frauen. gr. 12. (15⅓ B.) Grätz 836. (Wien, Gerold's Verlgh.) *

— drei Jahrl'n nach'm letzt'n Fensterln, } s.: Theater-Repertoir, Wiener.

Seidl, Johann Gabriel, s. Klassiker, moderne.

— s. de Lanckval, J. Ch. J. Luce, Hector.

– Laub und Nadeln, s.a. Seidl: Bilder ohne Rahmen.

—— Laub u. Nadeln. 2 Bde. 1. Aufl. (26 B.) 842. u. 2., verm. Aufl. 12. (29 B.) Wien 845, Pichler's Wwe., (Braumüller.) à *

— Laub u. Nadeln. 2. verm. Aufl. Neue Ausg. 2 Bde. gr. 8. (IV, 346 u. 334 S.) Wien 871. Braumüller. n. 4. –

— Lieder der Nacht. 2. verb. u. verm. Aufl. 16. (237 S. m. 5 Holzschnitttaf. u. eingedr. Holzschn.) Wien 851, Sollinger. n. 1⅓ ℛ; in Engl. Einb. m. Goldschn. n. 2 ℛ

—— Lieder der Nacht. 2., verb. und verm. Aufl. 16. (237 S. mit 5 Holzschnt. und eingedr. Holzschn.) Wien 851, [Zamarski.] *

—— Liedertafel. gr. 12. (12⅔ B.) Wien 840, [Gerold's Verlgh.]

— Schiller's Manen! Bilder aus dem Dichterleben. 16. Wien 826, Wallishausser

Seidl, J. G., der Maurer u. der Schlosser. Singspl. in 3 Aufz., nach Scribe u. Delavigne. 12. Wien 827. Sollinger. 6 gGr

—— Natur und Herz. (Lyrische Nachlese.) 10. (XII und 404 S.) Stuttgart 853, Ed. Hallberger.

Seidl, Joh. Gabr., Natur und Herz. (Lyrische Nachlese.) 2. (Titel-) Aufl. (1853) 57. und 3. Aufl. 16. (XII und 404 S.) Stuttgart 859, E. Hallberger. geb.

– Alt-Wiener Novellen, s.a. Lesebibliothek, Österreichische Gabelsberger. 5 Bdchn.

Seidl, J. G., Altwiener Novellen. Fraungruber, H., Kleine Erzählungen. [Österr. Lesebibliothek Gabelsbergers. 5. Bd.] 8°. (96 S.) Wien: Manz 1910. K 1.—

– 10 ausgewählte Novellen, s. Hesse, Max: Volksbücherei.

— Novelletten. gr. 12. Wien 838. Sollinger. ¾ ℛ

—— Pentameron. 12. (15½ B.) Wien 843, Tauer u. Sohn.

Seidl, Joh. Gabr., seine Sagen und Geschichten aus Steiermark. Eingeleitet und hrsg. von Ant. Schlossar. 8. (XXXI, 138 S. mit 9 Illustr.) Graz 881, Cieslar. *

—— gesammelte Schriften. Mit einer Einleitung von Jul. v. der Traun. Hrsg. von Hans Max. (In 6 Bdn.) 1.—4. Bd. 8. Wien, Braumüller. à Bd. * *M* 4. *

Inhalt:

Bd. 1. Schiller's Manen. — Lieder der Nacht. — Balladen, Romanzen, Sagen und Lieder. — Alfons v. Lamartine's Elegien. — Liedertafel. (XX, 296 S.) 877.

» 2. Bifolien. (VIII, 342 S.) 877.

» 3. Gedichte in niederösterreich. Mundart. [Flinserln.] (V, 370 S.) 878.

» 4. Almer. — Natur und Herz. (V, 459 S.) 879.

Seidl's, Joh. Gabr., gesammelte Schriften. Mit einer Einleitung von Jul. v. der Traun. Hrsg. von Hans Max. 5. und 6. (Schluß-)Bd. 8. Wien, [Braumüller.] Stern. à Bd. * *M* 4. *
compl. 6 Bde. (* *M* 24.)
geb. in Leinw. (* *M* 30.)

Inhalt:

Bd. 5. Oesterreichische Volkshymne. Des Gabriel Faërnus Fabeln. Aus dem dichter. Nachlasse. Novellen und Erzählungen. (VIII, 329 S.) 880.

» 6. Joh. Gabr. Seidl's Biographie. — Novellen und Erzählungen. II. Mit dem (phototyp.) Bildnisse Seidl's. (XXXI, 261 S.) 881.

1.—4. Bd. Ebendas. 1877—79. à * *M* 4.

— Die Schweden vor Olmütz, s.a. Bücherei, allgemeine.

— dasselbe. Sie ist versorgt, s.a. Erzähler, unsere.

Johann Gabriel **Seidl.** Die Schweden vor Olmütz. Eine hist. Erzählung. Sie ist versorgt. Münster i. W.: Aschendorff [1910]. 95 S. 8°
(Unsere Erzähler. Buch 24.) [10. 17393

– Das alt-italische Schwergeld im k. k. Münz- und Antiken-Kabinette. S. 11. 403. Separatabdruck

—— das alt-italische Schwergeld im k. k. Münz- und Antiken-Cabinette zu Wien. Lex.-8. (97 S.) Wien 854, (Gerold's Sohn.) *

Aus: Sitzungsberichte der k. Akademie der Wissenschaften J. 1853, besonders abgedruckt.

Vgl.: Klassiker, moderne.

– Das alt-italische Schwergeld des k. k. Münz- und Antiken-Kabinettes in Wien. (Auszug.) S. 3. 76.
Separatabdruck

Seidl, J. G., die Staatsbahn von Wien bis Triest, s. Mandl, Aug

— Tyrol u. Steyermark, siehe: Deutschland, das maler. u. romant. 10. Bd.

— Wiens Umgebungen, nach eigenen Wanderungen u. mit Benutzung der besten u. neuesten Quellen geschildert. 16. Wien 826. Mörschner u. J. 1 ℛ 12 𝒢

Seidl, J. G. — Volkshymne. Nach der Melodie von Haydn. Durch Allerhöchstes Handbillet Sr. k. k. Apost. Majestät vom 27. März 1854 als authentisch erklärter Text. 8. (2 Blätter.) Wien. Mechitharisten-Buchdruckerei. Bei F. Glöggl, Kunst- und Musikalienhandlung. 1854.

– Vorwort zu seinem für das Archiv bestimmten Aufsatze „Beiträge zu einer Chronik der archäologischen Funde in der österreichischen Monarchie". S. 3. 81
Separatabdruck

—— Wanderungen durch Tyrol u. Steyermark, s. Deutschland, das malerische, VIII. Sect.

Seidl, Joh. Gabr., ausgewählte Werke, s.a. Klassiker-Bibliothek, deutsch-österreichische.

Seidl's, Joh. Gabr., ausgewählte Werke in 4 Bdn. Mit e. biographisch-krit. Einleitg. u. erklär. Anmerkgn. hrsg. von Wolfg. v. Wurzbach. Mit 1 Bildnisse des Dichters u. 1 Stammbuchblatte als Handschriftprobe. (LXXX, 218, 118, 208 u. 200 S.) kl. 8. Leipzig (905). M. Hesse. In 1 Bd. geb., in Leinw. 2. —; feine Ausg., in Halbfrz. 3. —; Luxus-Ausg., in Liebh.-Halbfrz. 4. —

(F) Seidl, J., Ausgewählte Werke. I. Bd. Alt-Wiener Novellen. [Deutsch-österreichische Klassikerbibliothek. 5. Bd.] 8°. (206 S.)
Teschen: Prochaska 1908. geb. K 1.—

Seidl, Joh. Nep., der Diakonat in der katholischen Kirche, dessen hierat. Würde und geschichtl. Entwicklung. Eine kirchenrechts-geschichtl. Abhandlung. gr. 8. (XI, 243 S.) Regensburg 884, Manz. *

Seidl, Joh. Nep., der Diakonat in der katholischen Kirche, dessen hierat. Würde u. geschichtl. Entwicklg. Eine kirchenrechts-geschichtl. Abhandlg. gr. 8. (XI, 243 S.) Regensburg 884. Verlags-Anstalt. n. 3. —

Seidl, Joh. Nep., die Gott-Verlobung v. Kindern in Mönchs- u. Nonnen-Klöstern od. de pueris oblatis. Eine kirchenrechts-geschichtl. Untersuchg. gr. 8. (XI, 188 S.) München 872. Stahl. n. 1. 40

Seidl Josef: Die Statthalterschaft des Erzherzogs Matthias in den Niederlanden.
M. 1907 PN 2241 Diss. Wien, Univ. 958

Seidl, Jul., jagdliche Erlebnisse. (69 S. m. 2 Taf.) gr. 8. Linz a/D. 905. Jos. Feichtinger's Erben. (Nur direkt.) n. 1. 70

Seidl, K., Die Kohlenvorräte der Ver. Staaten nach den neuesten Ermittlungen.
Kattowitz, 1909. 17 S. mit 1 Karte.

v. Seidl, Karl, Beleuchtung manches Tadels Friedrichs d. Großen, Königs v. Preußen, veranlaßt durch den 4n u. 5n Thl. der Denkwürdigkeiten des Hrn. v. Dohm. gr. 8. Liegn. 821. (Kuhlmey). 1 ℛ 21 𝒢

– s. Bellona.

s. Dienst. Vom. der leichten Kavallerie im Felde.

— Friedrich der Große u. seine Gegner. Nebst e. Vertheidigung d. kön. Preuß. Militärs gegen die Beschuldigungen v. Schmettau u. Dohm. 1r Bd. gr. 8. Erfurt u. Gotha 819. Hennings. 1 ℛ 16 𝒢 2r Bd. 1e u. 2e Abtheil. u. 3r Bd. gr. 8. Dresd. 820. Walther. 2 ℛ 12 𝒢

Seidl, Carl. Matrikenführung in der Erzdiöcese Wien nach den derzeit in Kraft stehenden kirchlichen u. staatlichen Gesetzen u. Verordngn. Für den Amtsgebrauch d. Clerus dargestellt. 12. (XV, 214 S. m. Formularen.) Wien 891, Verlag „St. Norbertus". * 2 —; geb. * 2 50

Seidl, Karl, Domcapitular, Matrikenführung nach den in Oesterreich geltenden kirchlichen und staatlichen Gesetzen und Verordnungen. 2. Aufl. Kl.-8. (659 S., mit 7 Muster-Formularen.)
Wien: St. Norbertus 1895.

Seidl, Carl, Matrikenführung nach den in Oesterreich gelt. kirchl. u. staatl. Gesetzen u. Verordngn. Mit bes. Berücksicht. d. Erzdiöcese Wien. 12. (XIX, 659 S. m. 7 Formularen.) Wien 896. „St. Norbertus". Geb. in Leinw. n. 8. —

— dasselbe. Handbuch in Matriken- u. Ehe-Angelegenheiten. 3., verm. u. verb. Aufl. 8. (XVII, 663 S.) Wien 897. Manz. n. 7. —

Seidl, Carl, s.: Radlerei!

Seidl, Carl v., Schreiben an Hrn. Prof. D. Schütz, bess. Schrift: die Stimme Friedrich's d. Großen im 19. Jahrh. betreff. gr. 16. ($1\frac{1}{2}$ B.) Berlin 829, (Logier.)

– s.a. Versuch einer militärischen Geschichte des baier. Erbfolgekriegs.

von Seidl, oder **von Seydell,** Versuch einer militärischen Geschichte des Bayerischen Erbfolgekrieges i. J. 1778. Von einem Königl. Preuss. Officier. Thl. 1—3. (Mit Anhang u. Tabellen.) Königsberg 1781. 8.

Seidl, Karl, die Verwaltung des Kirchen- u. Pfründenvermögens in Oesterreich. Systematische Zusammenstellg. aller einschläg. kirchl. u. staatl. Gesetze u. Verordngn. sowie der diesfäll. Judikate. Handbuch, f. den Amtsgebrauch bearb. (XVI, 588 S.) 8. Wien 905. Manz.
n. 5. 20; geb. n. 6. —

– (Red.), s. Warte, Die, an der Elbe.

Seidl, Kurt: Bestimmung der augenblicklichen Wettermenge e. Ventilators aus Depression u. Tourenzahl, s.a. Sammlung berg- u. hüttenmännischer Abhandlungen.

Bestimmung der augenblicklichen Wettermenge eines Ventilators aus Depression und Tourenzahl. Von Bergreferendar Kurt **Seidl**. Kattowitz: Gebr. Böhm 1908 (12 S.) 8°
Aus: Berg- u. Hüttenmännische Rundschau.
(Sammlung Berg- u. Hüttenmannischer Abhandlungen. H. 27.)

– Veränderung der Wettermenge bei Ventilatoren m. unmittelbarem Drehstromantrieb, s.a. Sammlung berg- u. hüttenmännischer Abhandlungen.

Veränderung der Wettermenge bei Ventilatoren mit unmittelbarem Drehstromantrieb, Von Bergref. Kurt **Seidl**. Kattowitz: Gebr. Böhm 1908. (17 S.) 8°
Aus: Berg- u. Hüttenmännische Rundschau.
(Sammlung Berg- u. Hüttenmannischer Abhandlungen. H. 20.)

SEIDL, Michael: Über den Holzzuwachs im Hochwalde und über Ertragstafeln. - Prag 1837. 117 S.

Seidl, Otto [cand. med. **aus Waldsassen, '(Oberpfalz.)'**]: Ein Fall von metastasierendem Angiosarkom der Mamma, entstanden während der Gravidität ... München, Buchdr. Kastner & Lossen, 1895; 29 S. 8.
München, Med. Fak., Inaug.-Diss. v. 1895

Seidl, Otto: Nachahmung und Motiv-Mischung bei dem Pleier. Dortmund 1909: Ruhfus. 37 S. 8° ¶ (Ersch. vollst. als Buch ebd. u. d. T.: Der Schwan v. d. Salzach. Nachahmung...)
München, Phil. Diss. v. 15. Juli 1909, Ref. H. Paul, Muncker
[Geb. 9. April 85 München; Wohnort: München; Staatsangeh.: Bayern; Vorbildung: Maximilians-Gymn. München Reife Juli 04; Studium: München 1, Zürich 1, München 1, Marburg 1, München 1, Kiel 1, München 4 S.; Rig. 15. Juli 09.] [U 10. 3698

Seidl, Otto, der Schwan v. der Salzach. Nachahmung u. Motiv-Mischg. bei dem Pleier. (75 S.) gr. 8. Dortmund 909. F. W. Ruhfus. 2. —

Seidl, Rudolf, Rechtsprakt.: Über die Notwendigkeit eines deutschen 'Scheckgesetzes'. München 1910: Beck. x, 51 S. 8°
Erlangen, Jur. Diss. v. 14. Juni 1910, Ref. Sehling
[Geb. 18. Okt. 83 München; Wohnort: München; Staatsangeh.: Bayern; Vorbildung: Ludwigs-Gymn. München Reife 02; Studium: München 5, Berlin 1, Erlangen 2 S.; Rig. 28. April 10.] [U 10. 763

Seidl, Seb., C. ss. R., der hl. Alphons u. sein Gegner **R. Graßmann. Was ist vom Urteile R. Graßmanns üb. die Moraltheologie des hl. Alphonsus zu halten. 1.—13. verm. Aufl. gr. 8. (à 47 S.) Augsburg 901. Literar. Institut v. Dr. M. Huttler. — 15**

Seidl, Wenzel Benno, Flora von Böhmen, s. 1) Graf v. Berchtold. 2) E. Halirsch, literar. Nachlaß.

Seidl-Wilkens, Hundert neue Strophen à la Klapphorn. 8. (30 S.) Wien, Carl Fritz. 30 kr. 1885.

Seidl-Wilkens, Heinr., 100 neue Strophen à la Klapphorn. 8. (80 S.) Wien 885. Neidl. n. — 60

Seidler, Malerin Louise, s.a. Uhde, Herm.

Seidler, der Malerin Louise, [geb. zu Jena 1786, gestorben zu Weimar 1866] Erinnerungen u. Leben. Aus handschriftl. Nachlaß zusammengestellt u. bearb. v. Herm. Uhde. gr. 8. (X, 479 S.) Berlin 874. Hertz. n. 7. —

Seidler, ..., s.a. Reldies.

Seidler: Die Nothwendigkeit der praktischen Begründung der Unabhängigkeit des Richterstandes, s. Seidler, Ernst Herm.

Seidler, s. Soerge.

Seidler, das amtsgerichtliche Strafprozeßrecht. Für Laien bearb. 8. (XVIII, 228 S.) Crossen a/O. 889. (Appun.)
n. 3. 60

[F.] Die gesetzlich unmöglichen Verurtheilungen des Amtsgerichtsraths Seidler durch die Disciplinarsenate d. Königl. Kammergerichts. Aktengetreu dargest. u. kritisch beleuchtet. Vom Verurtheilten **(Seidler)**, Rechtsanw. zu Landsberg a. W.... *Landsberg a. W.: Kommr. v. F. Schäffer & C.; (Dr. v. Dermietzel & Schmidt) 1896.* (xx, 66 S.) 1 Bd 8. [96. 5451

— die gesetzlich unmöglichen **Verurtheilungen** des Amtsgerichtsraths S. durch **die Disciplinarsenate** des königl. Kammergerichts. **Aktengetreu dargestellt** u. kritisch beleuchtet. **Vom Verurtheilten. 2. vervollständigte** Aufl. gr. 8. (XXXIII, 124 S.) **Berlin 899.** Imberg & Lesson. **n. 1.60**

Seidler, Adf., über die Zinsenberechnung im Contocorrent bei Bankgeschäften. gr. 8. (24 S.) Wien 862, (Braumüller und Sohn.) *

Seidler, Aem. A. Fd., Versuch einer Bestimmung d. Lehre v. d. Wiedererstattung. 8. Jena. Akadem. Buchhdl. 786.

Seidler, Aem. Aug. Fd., Versuch e. Bestimmung der Lehre von der Wiedererstattung. 8. Jena 786. (Hennings in Neisse). 4 gr.

Seidler, August

– s. Euripides, Tragoediae.

Seidlerus, Augustus: Brevis disputatio de Aristophanis fragmentis. Halis Saxonum 1818: **Baentsch.** 28 S. 8° (4°)
Halle-Wittenberg, Progr. mit Glückwunsch d. Univ. z. 50jähr. Dr.-Jubil. v. Christian Gottfried **Schütz** am 21. **März** 1818.

Seidler, Jh. Fr. Aug., de versibus dochmiacis Tragicorum Graecorum. II Voll. 8maj. Leipz. 811 u. 12. Fr. Fleischer. 2 ß 8 gr

Seidler, C., s. Seidler, Karl

Seidler, C. A. L., De nonnullis locis Hippolyti Euripidei. Pr. 1863. 33 S. 4°. 2.—

Seidler, C. F., s. Seidler, E. F.

Seidler, E. F.

Seidler, C. F.: Anleitung zum Fechten mit dem Säbel und dem Kürassierdegen. Berlin 840. 64 S. m. Abb.

Seidler, Anleitung zum Fechten mit dem Säbel und dem Kürassierdegen, zuvörderst d. Unterrichte in Kavallerieabteilungen angeeignet, u. Bemerkungen f. d. ernstlichen Kampf zu Fuß u. zu Pferde, m. Abb., 2. verm. Aufl., Berlin 184?, VIII u. 38 S., 1 Taf., 8°.

Seidler, E. F., Anleitung z. Fechten mit dem Säbel u. dem Kürassierdegen, zuvörderst dem Unterrichte in Kavallerie-Abtheilungen angeeignet, nebst Bemerkungen f. den ernstlichen Kampf zu Fuß u. zu Pferde. 2., verm. Aufl. gr. 8. (3 B. u. 1 Kpfrt.) Berlin 843, [Mittler u. Sohn.] *

Seidler: Anleitung zum Voltigiren, sowohl auf dem hölzernen Voltigirbock, als auf dem lebendigen Pferde. Berlin 1840. 35 S.
— — 2. Aufl. 1843. 28 S.

—— Anleitung z. Voltigiren, sowohl auf dem hölzernen Voltigirbock als auf dem lebendigen Pferde, nebst kurzer Anweisung, d. Pferde an das ruhige Stehen hierzu zu gewöhnen 2c. 2., verm. Aufl. gr. 8. (2¼ B.) Berlin 843, [Mittler u. Sohn.]

Seidler: Unparteiische Ansichten üb. das Baucher'sche System d. Pferde-Dressur ... Berl. (etc.). 1844. 44 S. P.

Seidler, E. F., (Stallmeister,) unpartelische Ansichten über das Baucher'sche System der Pferde-Dressur, nebst theilweisem Vergleich mit den bei uns im Allgemeinen üblichen Principien. gr. 8. Berlin 844, Mittler. ¼ ℳ

Seidler, E. F., die Dressur des Pferdes für Kavallerie-Offiziere, angehende Bereiter und Freunde der Reitkunst. 1. Thl. A. u. d. T.: Die systematische Dressur des Campagne- und Gebrauchs-Pferdes mit Berücksichtigung junger Pferde, deren Körper noch nicht kräftig ausgebildet ist. 3., neu korrigirte und ausführlich erläut. Aufl. gr. 8. (XXII und 375 S. mit 50 erläut. Abbild. auf 8 Stnt. in gr. 4.) Berlin 860, Mittler und Sohn. *

Seidler, E. F., die Dressur des Pferdes für Kavallerie-Offiziere, angehende Bereiter und Freunde der Reitkunst. 1. Thl.: Die systemat. Dressur des Campagne- und Gebrauchs-Pferdes mit Berücksicht. junger Pferde, deren Körper noch nicht kräftig ausgebildet ist. 4., neu korrig. und ausführlich erläut. Aufl. gr. 8. (XX, 365 S. mit 50 erläut. Abbild. auf 13 Stnt. in 4.) Berlin 872, Mittler und Sohn. * 6 —
2. Thl. Ebendas. 1846. *ℳ 3.

Seidler, E. F., die Dressur des Pferdes für Kavallerie-Offiziere, angehende Bereiter und Freunde der Reitkunst. 2. Thl. A. u. d. T.: Die Dressur diffiziler Pferde, die Korrektion verdorbener und böser Pferde, erläutert durch Hinweisung auf den geregelten und ungeregelten Mechanismus und die in Disharmonie gestellten Muskelkräfte des Pferdes, nebst Anleitung zur theilweisen und auch zur speziellen Bearbeitung des Pferdes an der Hand, ohne und mit dem span. Reiter. 2. neu korrigirte Aufl. gr. 8. (XIV, 331 S. mit 61 erläut. Abbild. auf 9 Stnt.) Berlin 879, Mittler und Sohn. *
1. Thl. Ebendas. 1872. *ℳ 6.

Seidler, E. F., die Dressur des Pferdes für Kavallerie-Offiziere, angehende Bereiter und Freunde der Reitkunst. 1. Thl. A. u. d. T.: Die systemat. Dessur des Kampagne- und Gebrauchs-Pferdes, mit Berücksicht. junger Pferde, deren Körper noch nicht kräftig ausgebildet ist. 5. von Neuem durchges. Aufl. gr. 8. (XVIII, 350 S. mit 50 erläut. Abbild. auf 14 Stnt.) Berlin 882, Mittler und Sohn. *

Seidler E. F.: Die Dressur difficiler Pferde ... Berl., Posen u. Bromb. 1846. (10) 412 S.
(Als Th. 2 gehörig z. Leitfaden z. systemat. Bearbeitung d. Kampagne-Pferdes).
— — (Atlas). 10 Tvl. Tv.-Fol.

—— die Dressur difficiler Pferde, die Korrection verdorbener u. böser Pferde, erläut. durch Hinweisung auf den geregelten u. ungeregelt. Mechanismus u. die in Disharmonie gestellten Muskelkräfte d. Pferdes. Für Kavallerie-Offiziere, angehende Bereiter u. Freunde d. Reitkunst. Als 2. Thl. gehör. zum Leitfaden z. systemat. Bearb. d. Campagne-Pferdes. gr. 8. (27 B. u. 10 Taf. mit 62 erläut. Abbild.) Berlin 846, [Mittler u. Sohn.] *

Seidler, E. F., erster Stallmeister bei der k. preuss. Militär-Reitschule. Die systematische Dressur des Campagne- und Gebrauchs-Pferdes. Mit Berücksichtigung junger Pferde, deren Körper noch nicht kräftig ausgebildet ist, für Cavallerie-Officiere, angehende Bereiter und Freunde der Reitkunst. 4., neu korrigirte und ausführlich erläuterte Aufl. Mit 50 erläuternden Abbild. (Mit 14 Taf.)
8. Berlin 1872.

Seidler, E. F., einiges über die Ausbildung der Reiter und Pferde bei der Königl. Preußischen Militair-Reitschule mit Bezugnahme auf die Brochüre: „Auch ein Wort über die Ausbildung der Kavallerie von S. v. C., Stabsoffizier der Kavallerie." gr. 8. (25 S.) Berlin 863, Mittler und Sohn.

Seidler, E. F., Leitfaden zur systemat. Bearbeitung des Campagne- u. Gebrauchs-Pferdes, mit besond. Berücksichtigung junger Pferde, deren Körper noch nicht kräftig ausgebildet ist. Mit 50 erläut. Abbildd. gr. 8. Berlin 837. Mittler. n. 2 ℳ

Seidler, E. F., Leitfaden z. systemat. Bearbeit. d. Campagne- u. Gebrauchs-Pferdes, mit besond. Berücksichtig. junger Pferde, deren Körper noch nicht kräftig ausgebildet ist, f. Kavallerie-Offiziere, angeh. Bereiter u. Freunde d. Reitkunst. gr. 8. (26¼ B. u. 8 Stnt.) Berlin 837, Mittler, Brlsh. Thlr. *

Seidler, E. F., (Stallmstr.,) Leitfaden z. systemat. Bearbeitung des Campagne- u. Gebrauchs-Pferdes, mit besond. Berücksicht. junger Pferde, deren Körper noch nicht kräftig ausgebildet ist, f. Kavallerie-Offiziere, angeh. Bereiter u. Freunde d. Reitkunst. 2. unveränd. Aufl. Mit 50 erläut. Abbild. (auf 14 Tafeln.) gr. 8. Berlin 843, Mittler. n. 2 ℳ

— — Leitfaden zur systematischen Bearbeitung des Kampagne- u. Gebrauchs-Pferdes. 2. unveränd. Aufl. Mit Abb. Berlin 1843. 397 S.

— — 5. neu durchges. Aufl. 1882.

Seidler, E. H., Beiträge zur Reform der preußischen Ehegesetzgebung. gr. 8. (IV und 106 S.) Nordhausen 861, [Eigendorf.] *

Seidler, E. H., Beiträge zur Reform der preußischen Ehegesetzgebung. Nordhausen 861. Förstemann's Buchhdlg. (Eigendorf.) gr. 8. (IV, 106 S.) n. 15 ngr.

Die Eisenbahntarife in ihren Beziehungen zur Handelspolitik. Von Dr. Ernst Seidler, Sectionsrat, u. Alexander Freud, Kais. Rat. *Leipzig: Duncker & Humblot 1904.* (VI, 189 S.) 8° [04. 7149

Seidler, Ernst, Heimarbeit und Hausindustrie in Obersteiermark (Handelskammerbezirk Leoben). Schriften des Vereins f. Socialpol., Bd. 86. gr. 8°. Leipzig 1899.

Seidler, Dr. Ernst, Das Kleingewerbe in Obersteiermark. Schriften d. Vereins f. Socialpol., Bd. 71. gr. 8°. Leipzig 1896.

Seidler, Ernst, die Mängel unseres Eisenbahn-Tarifwesens u. dessen Verhältnis zur Handelspolitik. Denkschrift der Handels- Gewerbekammer in Leoben. gr. 8. (24 S.) Leoben 900. L. Nüßler. n. 1.—

Seidler, Ernst, die Reform d. österreichischen Wasserrechtes. Lex.-8. (66 S.) Leoben 900. L. Nüssler. n. 2.—
Sonderabdruck aus: „Zeitsch. f. Volkswirtschaft, Socialpolitik u. Verwaltg."

Seidler, [Ernst Herm.]: Die Nothwendigkeit der Aufhebung der Allerhöchsten Kabinets-Order vom 17. Juli 1816 betr. Verpflichtung der Beamten zum Beitritt zur Königl. Preuß. Allgem. Wittwen-Verpflegungs-Anstalt. Berlin 1876.

Seidler, d. Nothwendigkeit d. prakt. Begründg. d. Unabhängigkeit des Richterstandes. Dem Hohen Hause der Abgeordneten als Petition unterbreitet. gr. 8. (IV, 76 S.) Landsberg a/W. 895. (F. Schaeffer & Co.) n. 1. 20

Seidler, die Nothwendigkeit der praktischen Begründung der Unabhängigkeit des Richterstandes. Dem Hohen Hause der Abgeordneten als Petition unterbreitet. gr. 8. (64 S.) Landsberg 902. H. Schönrock's Nachf. n. — 50

Seidler, die Nothwendigkeit der Reform der preußischen Disciplinargesetzgebung, insbesondere der Aufhebung des Gesetzes vom 7. Mai 1851, betr. die Dienstvergehen der Richter. gr. 8. (VIII, 161 S.) Landsberg a/W. 894. (Berlin, H. Bahr's Sort.) n. 3. —

Seidler, F., kleines kaufmänn. Rechenbuch, zum Selbstunterr. in allen im Handel u. Verkehr vorkomm. Rechnungsarten. Leichtfaßl. dargest. u. mit vielen Uebungsbeispielen verseh. Für Kaufmannslehrlinge u. Handelsleute. 8. (13½ B.) Quedlinburg 834, Basse.

—— prakt. Unterricht im Feldmessen f. den Bürger u. Landmann. Nebst d. Beschreib. e. neuen, höchst einfachen Winkelmeßinstruments, welches sich e. Jeder selbst anfertigen kann. 8. (3½ B. u. 1 Stnt. Fol.) Quedlinburg 830, Basse.

Seidler, F., prakt. Unterricht im Feldmessen für den Bürger u. Landmann. Oder faßl. Anweis., wie jeder Bürger u. Landmann, der nur die vier Species der gemeinen Rechenkunst versteht, den Flächeninhalt eines jeden Grundstücks, als: Gärten rc. aufs genaueste bestimmen kann. Mit Abbildd. 8. Quedlinb. u. Leipz. 830. Basse. 16 gr.

Seidler, Ferd., Anleitung zur Berechnung und Construction der Fässer, s. Schauplatz, neuer, der Künste rc. 239. Bd.

Seidler, Ferd., Tabellen z. leichten, schnellen u. richt. Inhaltsbestimmung d. Kugelkessel v. 10—72 Zoll Durchmesser. Nach Kubikzollen u. preuß. Quartgemäß. gr. 8. (3¼ B. u. 1 Abbild.) Quedlinburg 837, Basse.

Seidler, Fr., Gründe f. d. Wahrscheinlichkeit, daß d. oriental. Cholera e. Wechselfieber sey u. als solches geheilt werden müsse. 8. (2½ B.) Leipzig 831, Hinrichs.

Seidler, Frz., der Aufklärungs- u. Sicherungsdienst. Behelf f. die theoretisch-prakt. Ausbildg. der Chargen u. Mannschaft. An der Hand der Reglements zusammengestellt. gr. 8. (56 S. m. 3 Taf.) Teschen 893. K. Prochaska. n. 1. —

Seidler, Gust., Budget und Budgetrecht im Staatshaushalte der constitutionellen Monarchie mit besond. Rücksichtnahme auf das österreichische und deutsche Verfassungsrecht. gr. 8. (VI, 244 S.) Wien 885, Hölder. * 5 —

Seidler, Gust. Die Immunität der Mitglieder der Vertretungskörper nach österreichischem Rechte. Auf rechtsgeschichtl. u. rechtsvergleich. Grundlage. gr. 8. (VIII, 115 S.) Wien 891, Deuticke. * 2 50

Seidler, Gust., das juristische Kriterium des Staates. (VII, 103 S.) gr. 8. Tübingen 905. J. C. B. Mohr. n. 2. —

Seidler, G., Lehrbuch der österreichischen Staatsverrechnung. gr. 8. (XII, 252 S.) Wien 888. Hölder. n. 6. —

Seidler, Gust., Lehrbuch der österreichischen Staatsverrechnung. 2., durchgeseh. Aufl. gr. 8. (XII, 252 S.) Wien 893. A. Hölder. n. 6. —

— Lehrbuch d. österreichischen Staatsverrechnung. 3., nach d. neuesten Stande d. Gesetzgebg. bearb. Aufl. gr. 8. (XII, 237 S.) Wien 897. A. Hölder. n. 6. —

Seidler, Gust., Lehrbuch der österreich. Staatsverrechnung. 4., nach dem neuesten Stande der Gesetzgebung bearb. Aufl. gr. 8. (XII, 239 S.) Wien 900. A. Hölder. n. 6. —

Seidler, Dr. Gust. Lehrbuch der österreichischen Staatsverrechnung. gr. 8°. Wien, Hölder, 1888. 2. Aufl. gr. 8°. Ebd. 1893. 3. Aufl. gr. 8°. Ebd. 1897. 4. Aufl. gr. 8°. Ebd. 1900. 5. Aufl. gr. 8°. Ebd. 1901.

— Lehrbuch der österreich. Staatsverrechnung. 6., nach dem neuesten Stande der Gesetzgebg. bearb. Aufl. (XII, 242 S.) gr. 8. Wien 906. A. Hölder. n. 6. —
5. Aufl. (XII, 240 S.) 903. n. 6. —.

Seidler, G., Lehrbuch der österreichischen Staatsverrechnung. 7. Aufl. Gr.-8°. (XII, 257 S.) Wien: Hölder 1909. K 6.40

Seidler, Gust., zur Lehre v. Gewohnheitsrecht auf d. Gebiete d. österr. Staats- u. Verwaltungsrechtes, s.: Festschrift z. 70. Geburtstage Dr. Joseph Ungers.

—— Leitfaden der Staatsverrechnung. 1. und 2. Thl. gr. 8. Ebendas. 886. à Thl. *ℳ 2.40. * 4 80
Inhalt:
Thl. 1. Grundsätze der allgemeinen Verrechnungslehre. (VII, 99 S.)
» 2. Grundsätze des Staatsrechnungs- und Controlwesens. (VIII, 96 S.)

—— Leitfaden d. Staatsverrechnung. 2 Tle. 2. durchges. Aufl. gr. 8. Wien, Hölder. à Tl. * 2 40; * 4 80
1. Grundzüge der allgemeinen Verrechnungslehre. (VIII, 98 S.) 891.
2. Grundsätze d. Staatsrechnungs- u. Controlwesens. (VIII, 95 S.) 892.

— Leitfaden der Staatsverrechnung. 1. u. 2. Tl. gr. 8. Ebd. à n. 2. 40
1. Grundsätze der allgemeinen Verrechnungslehre. 3., durchgeseh. Aufl. (VIII, 98 S.) 896.
2. Grundsätze d. Staatsrechnungs- u. Controlwesens. 2., durchgeseh. Aufl. (VIII, 95 S.) 892.

— Leitfaden der Staatsverrechnung. 2 Thle. gr. 8. Ebd. à n. 2. 40
1. Grundsätze d. allgem. Verrechnungslehre. 4., durchgeseh. Aufl. (VIII, 98 S.) 898.
2. Grundsätze des Staatsrechnungs- u. Controlwesens. 3., durchgeseh. Aufl. (VIII, 96 S.) 896.

— Leitfaden der Staatsverrechnung. 2 Thle. gr. 8. Ebd. à n. 2.40
1. Grundsätze der allgemeinen Verrechnungslehre. 5. durchgeseh. Aufl. (VIII, 98 S.) 901.
2. Grundsätze des Staatsrechnungs- u. Controlwesens. 4. u. 5. durchgeseh. Aufl. (à VIII, 97 S.) 899. 902.

Seidler, G., Leitfaden der Staatsverrechnung. 1. Theil. Grundsätze der allgemeinen Verrechnungslehre. 6. Aufl. Gr.-8°. (IV, 98 S.) Wien: Hölder 1903. K 2.40

— Leitfaden der Staatsverrechnung. 2 Tle. gr. 8. Ebd. à n. 2. 40
1. Grundsätze der allgemeinen Verrechnungslehre. 7., durchgeseh. Aufl. (VIII, 101 S.) 906.
2. Grundsätze des Staatsrechnungs- u. Kontrollwesens. 6. durchgeseh. Aufl. (VIII, 97 S.) 904.

Seidler, Gust., Leitfaden der Staatsverrechnung. 2. Tl. Grundsätze des Staatsrechnungs- u. Kontrollwesens. 7., durchgeseh. Aufl. (VIII, 97 S.) gr. 8. Wien 909. A. Hölder. 2. 40

— die Oekonomie d. Haushaltes, s. a. Vorträge, volksthümliche, d. allg. n.-ö. Volksbildungsvereins.

Seidler, Dr. Gustav. Die Oekonomie des Haushaltes. Volksthüml. Vorträge d. allg. n.-ö. Volksbildungsvereins Zweig Wien u. Umgeb., No. 3. 8⁰. Wien, G. Szelinski in Komm., 1891.

Seidler, Gust., der Staatsrechnungshof Oesterreichs. gr. 8. (41 S.) Wien 884, Hölder. *

Seidler, Dr. Gustav. Prof. an der Wiener Universität. Studien zur Geschichte und Dogmatik des österreichischen Staatsrechtes. 1. Einleitende Uebersicht über die öffentlich-rechtlichen Verhältnisse in Oesterreich unter den Babenbergern 976—1246. 2. Das Recht der Thronfolge in geschichtlicher und dogmatischer Darstellung. 3. Behördensystem und Staatsbildung. 8. Wien 1894.

— Studien zur Geschichte u. Dogmatik des österreichischen Staatsrechtes. gr. 8. (IV, 188 S.) Wien 894. A. Hölder. n. 4. —

Seidler, H. J., die Bestimmung d. Jungfrau u. ihr Verhältniß als Geliebte u. Braut. gr. 12. ($7\frac{1}{4}$ B.) Quedlinburg 840, Ernst'sche Buchh.

Seidler, H. J., die Bestimmung der Jungfrau, ihr Verhältniß als Geliebte u. Braut, wie auch Regeln üb. Anstand, Anmuth u. Würde rc. 2. Aufl. (7 B.) 843., 3. Aufl. ($7\frac{1}{2}$ B.) 844. u. 4. u. 5., verb. Aufl. gr. 16. (à $12\frac{3}{4}$ B.) Quedlinburg 845, 47, Ernst'sche Buchh. à

Seidler, H. J., die Bestimmung der Jungfrau, ihr Verhältniß als Geliebte u. Braut, wie auch Regeln üb. Anstand, Anmuth u. Würde, welche die Jungfrau im häuslichen Kreise, im Umgange mit Freundinnen u. in der Gesellschaft mit Jünglingen zu beobachten hat. 4. verb. Aufl. 8. (IV u. 186 S.) Quedlinburg 851, Ernst. — 5. (Titel-) Aufl. 8. (IV u. 186 S.) Ebd. (851) 852. $\frac{1}{2}$ ß

Seidler, H. J., die Bestimmung der Jungfrau, ihr Verhältniß als Geliebte und Braut, wie auch Regeln über Anstand, Anmuth und Würde rc. 6., verb. Aufl. 8. (VIII und 168 S.) Quedlinburg 855(56,) Ernst'sche Buchh.

Seidler, H. J., die Bestimmung der Jungfrau, ihr Verhältniß als Geliebte und Braut, wie auch Regeln über Anstand, Anmuth und Würde, welche die Jungfrau im häuslichen Kreise rc. zu beobachten hat. 7. Aufl. 1858. und 8., verb. Aufl. 8. (VIII und 147 S.) Quedlinburg 861, Ernst'sche Buchh.

Seidler, H. J., die Bestimmung der Jungfrau, ihr Verhältniß als Geliebte und Braut, wie auch Regeln über Anstand, Anmuth und Würde, welche die Jungfrau im häusl. Kreise, im Umgange mit Freundinnen und in der Gesellschaft mit Jünglingen zu beobachten hat. 9., verb. Aufl. 8. (VIII und 140 S.) Quedlinburg 863, Ernst'sche Buchh.

Seidler, H. J., die Bestimmung der Jungfrau u. ihr Verhältniß als Geliebte u. Braut. Zur Bildung des Geistes u. zur Veredelung des Herzens nebst Regeln über guten Ton, Anstand, Anmuth, Würde u. das gesellschaftliche Leben. 10. verb. Aufl. Quedlinburg 870. Ernst. 8. (VIII, 164 S.) 20 ngr.

Seidler, H. J., die Bestimmung der Jungfrau u. ihr Verhältniß als Geliebte u. Braut. Zur Bildg. d. Geistes u. zur Veredlg. d. Herzens, nebst Regeln üb. guten Ton, Anstand, Anmuth, Würde u. das gesellschaftl. Leben. 12. verb. Aufl. 8. (VIII, 182 S.) Quedlinburg 875. Ernst. 2. —; geb. 2. 50

Seidler, H. J., die Bestimmung der Jungfrau und ihr Verhältniß als Geliebte und Braut. Zur Bildung des Geistes und zur Veredlung des Herzens, nebst Regeln über guten Ton, Anstand, Anmuth, Würde und das gesellschaftl. Leben. 13. verb. Aufl. 8. (VIII, 184 S.) Quedlinburg 882, Ernst'sche Buchh.

Seidler, H. J., die Bestimmung der Jungfrau u. ihr Verhältniß als Geliebte u. Braut. Zur Bildg. d. Geistes u. zur Veredelg. d. Herzens, nebst Regeln üb. guten Ton, Anstand, Anmuth, Würde u. das gesellschaftl. Leben. 14., verb. Aufl. 8. (VIII, 184 S.) Halberstadt 892. Ernst. 2. —; geb. in Leinw. 3. —

Seidler, H. J., die Bestimmung der Jungfrau u. ihr Verhältnis als Geliebte u. Braut. Zur Bildg. des Geistes u. zur Veredelg. d. Herzens, nebst Regeln über guten Ton, Anstand, Anmut, Würde u. das gesellschaftl. Leben. 15. verb. Aufl. 8. (VIII, 179 S.) Leipzig (900). Ernst. 2. —

—— der junge Mann bei d. Wahl ein. Gattin. 2. Aufl. Leipzig 837. $\frac{3}{8}$ Thlr., u. 2. Abdr. 8. (à $4\frac{1}{2}$ B.) Quedlinburg 840, Ernst'sche Buchh.

Seidler, H. J., der junge Mann bei der Wahl einer Gattin. 2. (Titel-)Abdr. gr. 16. (III und 66 S.) Quedlinburg 850, Ernst'sche Buchh. Thlr.

Seidler, Hermann: Über geometrische Eigenschaften der Niveau- und Kraftlinien. S. 13—32. 8. K. k. Sophiengymn. *Wien* 1909. Progr

Seidler, Hermann: Die klimatischen Verhältnisse von Bielitz nach dreißigjährigen meteorologischen Beobachtungen. S. 3—30. 8. **Progr.** K. k. Staats-Gymn. *Bielitz* 1904.

Seidler, J., Honig- u. Schwarmbienenzucht, s.: Kanitz, J. G.

Seidler, Johann Fr. August, s. Seidler, August

Seidler, Johann Martin (Halle) A. S. 766/14

Disputatio juridica exhibens decadem differentiarum juris Magdeburgici a jure civili, circa materiam contractuum. Präs. Johann Friedrich Bastineller. Halle (Gruner) IX. 1708. 32 S. 32307

Theses philosophicae a. d. VI. Iul. 1748 in auditorio magno illustris Collegii Carolini disputatae ab Io. Guil. Seidlero, phil. doct. et prof. p. o. et Io. Frider. Meyero, Lauenburgo-Hannoverano. 2 Bl. 4⁰

Seidler, Jul., Münchener Architektur-Plastik. (40 Lichtdr.-Taf. m. VIII S. Text.) Lex. 8. München (908). P. Klostermann. In Leinw.-Mappe 15. —

Karl Seidler

Kurze Beschreibung des Trentschiner warmen und Gesundbades auf der gräflich Illeshazischen Herrschaft zu Teplitz im Kgr. Ungarn. Von Karl Seidler. Wien 1797: Trattner. 25 S. 8⁰

Seidler, K., Beschreibung d. Treutschner Bades. 8. Wien, Trattner (Tendler) 797.

Seidler, Carl [pract. Arzt aus Brandenburg]: Ueber Carcinoma mammae. (41 Fälle aus der Greifswalder Chirurgischen Klinik.) . Greifswald, Druck v. Carl Sell, 1888; 35 + 1 S. + 1 Bl. 8⁰
Greifswald, Med. Fak., Inaug.-Diss. v. 4. Aug. 1888

Seidler, Carl: Zehn Jahre in Brasilien während der Regierung Dom Pedros und nach dessen Entthronung. Mit bes. Hinsicht auf das Schicksal der ausländischen Truppen und der dt. Colonisten. Bd 1. 2. — Quedlinburg: Basse 1835. VI, 327 und 304 S.

—— zehn Jahre in Brasilien während d. Regier. Dom Pedro's u. nach dess. Entthronung. Mit besond. Hinsicht auf d. Schicksal d. ausländ. Truppen u. d. deutschen Colonisten. 2 Bde. gr. 12. (14 u. 13 B.) Quedlinburg 835, Basse. à 1⅓ Thlr.

Seidler, C. Brasiliens Kriegs- u. Revolutionsgeschichte seit 1825. (214) 8. Leipzig 1837. 2,75.

Seidler, Carl, Brasiliens Kriegs- u. Revolutionsgeschichte seit d. J. 1825 bis auf uns. Zeit. 8. (13½ B.) Leipzig 837, Kummer.

Seidler, Carl: Memoiren eines Ausgewanderten. – Hbg. Perthes-Besser & Mauke 1837. 196 S.

—— Memoiren e. Ausgewanderten. 8. (12½ B.) Hamburg 837, (Perthes-Besser u. Mauke.)

Seidler, Karl Otto Hermann, s. Seidler, Otto

Seidler, L., Katechismus des preuß. Militär-Strafrechts. Ein Leitfaden für Unteroffiziere und Soldaten ꝛc. 2., verb. Aufl. gr. 12. (67 S.) Coblenz 848, Hergt.

Seidler, L. C. L., s. Seidler, L. K. E.

(Seidler, L. K. E.,) s.a. †Clauren d. jüng., J. [Der wahre Name d. Verf. ist am a. O. hinzuzufügen.]

CLAUREN d. jüng., J. (d. i. *L. C. L. Seidler*), Erzählungen in H. Claurens Manier. Quedlinburg u. Leipzig. Verlag von Gottfr. Basse. 1829. 8⁰.
Tit., 1 Bl. Inh., 187 S., 1 S. Verlag d. Firma. —

Seidler, L. K. E., das Moselthal zwischen Coblenz u. Trier. Als erläut. Zugabe zu Bodmer's maler. Ansichten d. Mosel. kl. qu. 4. (2¾ B.) Coblenz 836, Hölscher.
Vgl. Ansichten, maler., d. Rheins etc.

—— Mythologie d. alten Völker, hauptsächl. d. Inder, Aegypter u. Römer. Für d. gebild. Stände, insbesond. f. d. studir. Jugend u. angeh. Künstler. 2 Thle. gr. 8. (44 B. u. 20 Taf. Abbildn.) Quedlinburg 836, Basse.

Seidler, L. P., Claudia Procula. Dramatisches Gedicht in 5 Abthlgn. Frankfurt a. d. O. 859. Trowitzsch & Sohn. 16. (VII, 144 S.) 20 ngr.

—— Paul Werkmann und seine Freunde. Aus den Papieren eines Beamten. 2 Thle. 8. (VI und 563 S.) Frankfurt a./O. 859, Schleser.

Seidler, Leopold: Untersuchungen über die durch Hafer in den einzelnen Vegetationsperioden bewirkte Aufnahme und Abgabe von Nährstoffen. Leipzig-Reudnitz 1908: A. Hoffmann. (95 S., 7 Taf.) 8°
Königsberg, Phil. Fak., Ref. Stutzer, Diss. v. 24. März 1908
[Geb. 29. März 86 Bialla; Wohnort: Königsberg i. Pr.; Staatsangeh.: Preußen; Vorbildung: Wilhelms-Gymn. Königsberg, Einjähr.-Freiw.-Zeugnis; Studium: Berlin Landw. Hochsch. 1, Univ. Königsberg 8 S.; Rig. 29. Okt. 07.]

Seidler, (Frid. Guil.) Osc. (geb. Weissenfels 21. 8. 1821): De peritonitide puerperali. Berolini (1847). (31 S.) 8°
Berlin, Med. Diss. v. 23. Apr. 1847

Seidler, Otto, aus Allstedt: Die Flexion des englischen einfachen Demonstrativpronomens in der Uebergangszeit 1000—1200. *Jena 1901: G. Neuenhahn.* (66 S.) 8°
Jena, Phil. Diss. v. (7. Juni) 1901

Seidler, Otto: Ein Jahrhundert dtsch. Turnlebens, Vaterländ. Festsp., 1901, Hs., 12 S., 2⁰

Seidler, Otto, 25jähr. Jubelfeier des Männerturnvereins Wurzen 13. 6. 1909, 15 S., 8°.

Seidler, *Karl* Otto *Hermann* [pr. Arzt aus Stadtoldendorf '(Herzogth. Braunschw.)']: Über die Nachbehandlung des operirten Felsenbein-Cholesteatoms ... Leipzig, Druck v. A. Edelmann, Univ.-Buchdr., *1894*; 20 S., 1 Bl. 8.
Leipzig, Med. Fak., Inaug.-Diss. v. 10. Juli 1894

Seidler, Paul, über Chrysarobin u. die angebliche Chrysophansäure im Goapulver. Inaugural-Dissertation. gr. 8. (38 S.) Göttingen 878. (Vandenhoeck & Ruprecht.) n. — 80

Seidler, Paul, Referendar am Grh. Sächs. Amtsgericht Allstedt: Die Sicherungsübereignung. *Allstedt 1904: H. Schottin.* (VI, 55 S.) 8°
Jena, Jur. Diss. v. (25. Sept.) 1904

Seidler, Rhold., statistische Darstellung des Kreises Torgau. 8. (III und 185 S.) Torgau 863, [Jacob.] *

—— die Gesinde-Ordnung vom 8. Novbr. 1810 (für die vormals sächs. Landestheile durch Patent vom 10. Nov. 1816 gültig erklärt) nebst den im Laufe der Zeit bis jüngsthin erlass. zusätzl. und erklär. Bestimmungen und unter Berücksicht. der von dem königl. Ober-Tribunale ergang. bezügl. Entscheidungen mit erläut. Anmerkungen und mit einem Vorworte über die Mittel zur Verbesserung des Gesindewesens versehen. br. 8. (XII und 51 S.) Torgau 864, Jacob. *

Seidler, Richard: Über die Leitung elektrischer Ströme im Wismutdraht. Weida i. Th. 1909: Thomas & Hubert. 114 S. 8°
Leipzig, Phil. Diss. v. 11. Aug. 1909, Ref. Des Coudres, Wiener
[Geb. 15. März 86 Bautzen; Wohnort: Bautzen; Staatsangeh.: Sachsen; Vorbildung: Realgymn. Zittau Reife O. 05; Studium: Dresden Techn. Hochsch. 4, Leipzig 5 S.; Rig. 25. Juni 09.] [U 09. 3063

Seidler, Rudolf [app. Arzt, Hannov.-Münden]: Ein Fall von Anus vaginalis bei Verdoppelung des Uterus und der Scheide ... (Aus: Arb. aus d. pathol. Inst. in Göttingen, 1893.) Berlin, gedr. bei L. Schumacher, 1893; 13 S. 8.
Göttingen, Med. Fak., Inaug.-Diss. v. [19. Dez.] 1892

Seidlin, K. H., Kriegsereignisse zwischen Dänemark u. England von d. 30. März 1801 bis zum Anfang der Stillstands-Unterhandlungen am 2. April. Mit 1 Karte. 8. Kopenh. 1e u. 2e Aufl. 801. Schubothe. 6 gr. 1e Fortsetz. mit Karte. 8. Kopenh. 802. Proft. 8 gr.

Seidlitz, s.a. Seydlitz

Seidlitz, ..., s. Abhandlungen, vermischte, aus dem Gebiete der Heilkunde.

Seidlitz, medicinische Geschichte des russisch-türkischen Krieges in den J. 1828 und 1829, s. Geschichte, medicinische.

Seidlitz, C. v. (Hrsg.), s. Weltzien, C. E. von: Briefe auf einer Reise in Deutschland...

Seidlitz, C. J. v., s. Seidlitz, Karl J. von

Seidlitz, C. S. v., s. Seidlitz, Karl Sigm. von

Seidlitz, Carl, s. Seidlitz, Karl

Seidlitz, G. A. v., Experimentaluntersuchungen üb. Zerreissungen der Chorioidea. Inauguraldissertation. 4. (13 S. m. 1 Steintaf.) Kiel 873. v. Wechmar. — 90

Seidlitz, Geo., Beiträge zur Descendenz-Theorie. [1. Die chromat. Function als natürl. Schutzmittel. — 2. Baer u. die Darwin'sche Theorie.] gr. 8. (IV, 176 S.) Leipzig 876. Engelmann. n. 2. 60

Seidlitz, Geo., s. Bericht üb. die wissenschaftlichen Leistungen im Gebiete der Entomologie.

Seidlitz, Geo., die Bildungsgesetze der Vogeleier in histologischer und genetischer Beziehung und das Transmutationsgesetz der Organismen. gr. 8. (IV, 58 S. mit 1 Tab. in qu. gr. 4.) Leipzig 869, Engelmann. *

Seidlitz, Geo., Coleoptera, s.: Erichson, W. F., Naturgeschichte der Insekten Deutschlands.

Seidlitz, Geo. v. Das nordische Deutschthum an der Ostsee. Rede, geh. in Nürnberg den 3. Aug. 1890 auf der Hauptversammlg. d. allgemeinen deutschen Schulvereins zur Erhaltg. d. Deutschthums im Auslande. gr. 8. (12 S.) Königsb. i. Pr. 890, Hartung. * — 20

—— Fauna baltica. Die Käfer [Coleoptera] der Ostseeprovinzen Russlands. 1. Lfg. gr. 8. (IV, S. 1—128.) Dorpat 872. (Leipzig, Köhler.) *

—— Fauna baltica. Die Käfer [Coleoptera] der Ostseeprovinzen Russlands. 2.—4. (Schluss-)Lfg. gr. 8. (XLII S. Einleitung und Familien, 142 S. Gattungen und S. 129—560 Arten und Register mit 1 Stnt.) Dorpat 872—75. (Leipzig, Köhler.) *
1. Lfg. (Ebendas.) 1872. *M 4.

Seidlitz, Geo., fauna baltica. Die Käfer der Ostseeprovinzen Russlands. 2. neu bearb. Aufl. 1.—3. Lfg. gr. 8. Königsberg, Hartung'sche Verlagsdr. à Lfg. *M 1.50. * 4 50
Inhalt:
Lfg. 1. Gattungen (XL, S. 1—16), Arten (S. 1—96 mit 1 lithogr. Taf.). 887.
» 2. Gattungen (S. 17—48), Arten (S. 97—224). 888.
» 3. Familien (S. XLI—XLVIII), Gattungen (S. 49—80) und Arten (S. 225—336). 888.

—— Fauna baltica. Die Käfer [Coleoptera] der Ostseeprovinzen Russlands. 2. neu bearb. Aufl. 4.—6. (Schluss-)Lfg. gr. 8. Königsb., Hartung. 6 —
4. Gattungen (S. 81—128) u. Arten (S. 337—512). 889. 1 50.
5. Gattungen (S. 129—160) u. Arten (S. 513—608). 890. 1 50.
6. Familien (S. XLIX—LVI), Gattungen (161—192) u. Arten (S. 609—818). 891. 3 —.
1.—3. Lfg. Ebd. 1887,88. à 1 50.

—— fauna transsylvanica. Die Käfer Siebenbürgens. 1. und 2. Lfg. gr. 8. (XL, Gattungen S. 1—48 und Arten S. 1—240.) Ebendas. 888. 3 —

—— Fauna transsylvanica. Die Käfer Siebenbürgens. 3.—6. (Schluss-)Lfg. gr. 8. (Familien S. XLI—LVI; Gattungen S. 49—192 u. Arten S. 241—914.) Ebd. 889,91.
3. u. 4. Lfg. 3 —; 5. u. 6. Lfg. à 3 —; 9 —
1. u. 2. Lfg. Ebd. 1888. 3 —.

— **Naturgeschichte der Insecten Deutschlands**, s.: Erichson, W. F.

—— die Otiorhynchiden s. str. nach den morphologischen Verwandtschaftsverhältnissen ihres Hautskelet's vergleichend dargestellt. gr. 8. (IV, 153 S.) Berlin 868. Leipzig, Fr. Fleischer. *

— die Parthenogenesis u. ihr Verhältniss zu den übrigen Zeugungsarten im Thierreich. gr. 8. (31 S.) Leipzig 872. Bidder. n. — 75

— die Darwin'sche Theorie. Elf Vorlesgn. üb. die Entstehg. der Thiere u. Pflanzen durch Naturzüchtg. gr. 8. (XXXVIII 230 S. m. e. Tabelle in qu. Fol.) Dorpat 871. (Leipzig, K. F. Köhler.) n. 4. —

— dasselbe. 2. verm. Aufl. gr. 8. (VIII, 346 S. m. e. Tab. in qu. gr. 4.) Leipzig 875. Engelmann. n. 6. —

Seidlitz, Geo. v., Volkswirthschaft und Fischzucht. Vortrag auf der Generalversammlung des deutschen Fischereivereins in Berlin am 31. März 1879. 1. Aufl. (16 S.) 1879. 30 Pf.; 2. Aufl. Vermehrt durch ein Nachspiel als Vorwort. 8. (XXIII, 16 S.) Königsberg 880, Hartung'sche Verlagsdruckerei.

Seidlitz, Johs., Sergeant Lehmanns Abenteuer im Reiche der Mitte, s.: Soldatenliebe in Krieg u. Frieden. I.

Seidlitz, Jul., die letzten Adepten. Roman. 4 Thle. Wien 855. Hartleben. 8. (175; 180; 168; 168 S.) 1 rthl. 10 ngr.

Seidlitz, Julius —. Die letzten Adepten. Roman von — —. Vier Theile. Wien. 1855. Druck von Leopold Sommer. Pesth, Wien und Leipzig. Hartleben's Verlags-Expedition. (176, 180, 168, 168 S. 8.) (Bildet einen Theil der „Erholungsstunden" einer Reihe von Wiener Original-Romanen.)

Seidlitz, Jul., (Itzig Jeiteles,) der Astrolog. Histor. Roman a. d. 16. Jahrh. 1. Bd. 8. (15¼ B.) Leipzig 839, E. Klein.

—— Böhmen vor vier hundert Jahren. Ein Roman. 3 Thle. 8. (51½ B.) Leipzig 837, Engelmann.

Seidlitz, Jul., Cechy před čtyrmi sty léty. Historický román. Preložil J. V. Sešit 1—13. Prag 862, 63. Steinhauser. 16. (1—3. Bd.: 861 S.) Jedes Heft n. 4 ngr.

—— der arme Heinrich. Ein Weihnachtsgeschenk f. fleiß. Kinder. Breit 12. (6 B. u. 4 ill. Bild.) Prag 841, Bohmann's Erben. *

—— ein Mann aus der Vorstadt, s. Geheimnisse, die, von Wien.

—— Novellen. 8. (13 B.) Leipzig 838, Friese.

†Seidlitz, Jul., (Itzig Jeiteles,) Novellen. 8. (13 B. u. Titvign.) Leipzig 842, [C. L. Frissche.] Thlr.

— Novellen. 8. Leipzig 842, Taubert. 1 rthl.

— neue Novellen. 2 Thle. gr. 12. Wien 845, Stöckholzer v. Hirschfeld. 2 rthl.

—— die Poesie u. d. Poeten in Oesterreich im J. 1836. 2 Bde. 8. (25 B.) Grimma 837, Gebhardt.

Seidlitz, Jul. (Red.), s. Stadt-Zeitung, Wiener, und Vorstadt-Zeitung.

– (Red.), s. Vorstadt-Zeitung, Wiener.

—— Wanderung durch Prag. 16. (13 B., 1 Situationsplan u. 4 Ansi.) Prag u. Leitmeritz 844, Medau.

Seidlitz, Karl von

Seidlitz, Carl v., das General-Nivellement Esthlands. Vortrag geh. in der Dorpater Naturforscher-Gesellschaft. gr. 8. (41 S.) Dorpat 873. Schnakenburg. n. 1. —

Seidlitz, Carl v., Wasily Andrejewitsch Joukoffsky. Ein russ. Dichterleben. Mitau 870. Behre. gr. 8. (VII, 240 S.) n. 1 rthl. 15 ngr.

Seidlitz, Carl v., Wasily Andrejewitsch Joukoffsky. Ein russ. Dichterleben. 2. Ausg. gr. 8. (VII, 240 S.) Mitau 872. [Behre.] Riga, C. J. Sichmann. Erm. Pr. n. 2.—

— Arthur Schopenhauer vom medicinischen Standpunkte aus betrachtet. gr. 8. (III, 43 S.) Dorpat 872. Schnakenburg. n. — 80

Seidlitz, Karl v., über die Vererbung der Lebensformen, Eigenschaften und Fähigkeiten organischer Wesen auf ihre Nachkommen in Bezug auf Physiologie und prakt. Heilkunst. Festschrift zum 50jähr. Doctorjubiläum des Geh. Raths Dr. J. Weiße. 8. (72 S.) St. Petersburg 865, Röttger. *

Seidlitz, Carl J. v., der Narowa-Strom und das Peipus-Becken. Lex.-8. (20 S. mit 1 Stnt.) Dorpat 859, (Glaeser's Verlag.) *

—— die Periodicität der Eisgänge auf der Newa. Lex.-8. (48 S.) Dorpat 861, (Glaeser's Verlag.) *

Vorstehende zwei Schriften des Verf. wurden aus: Archiv für die Naturkunde Liv-, Ehst- und Kurlands, besonders abgedruckt.

v. **Seidlitz**, Karl Sigm., († d. 11. Jan. 1821.) Briefe über Gott u. Unsterblichkeit. 8. Bresl. 793. (Gosohorsky). 10 gr

Seidlitz, C. S. v., Briefe über Gott u. Unsterblichkeit. 8. Breslau, Meyer. 793.

— Lichtpunkte d. Lebensnächte, od. der Friede meiner Vernunft mit sich selbst, üb. die Herkunft u. Bestimmung des Menschen. 8. Bresl. 816. Heidufer. (J. F. Korn). 1 ₰ 8 gr

Seidlitz (N. von). Botan. Ergebnisse . . . oestl.-Transkaukasien. I. Thalamifloren. Dorpat. 1857. 8°.

Seidlitz, Sgm. K. v., s. Seidlitz, Karl Sigm. von

Seidlitz, Wilfried von, a. Berlin: Geologische Untersuchungen im östlichen Raetikon. M. 5 Taf. u. 20 Zeichn. i. T. Freiburg i. Br. 1906: C. A. Wagner. (136 S.) 8° ¶ (Aus: Berichte der Naturforschenden Gesellschaft zu Freiburg i. B. Bd. 16.)

Freiburg i. B., Phil. Fak., Ref. Steinmann, Diss. v. 24. Mai 1906

[Geb. 31. Aug. 80 Berlin; Wohnort: Freiburg i. B.; Staatsangeh.: Sachsen; Vorbildung: Vitztumsches Gymn. Dresden Reife M. 00; Studium: Freiburg i. B. 2, München 3, Freiburg i. B. 5 S.; Rig. 20. Juli 05.]

Seidlitz, Wold. v., aus d. Residenz Dresden, s.: Mediz, Karl.

— d. Entwickelg. d. modernen Malerei, s. a. Sammlung gemeinverständl. wissenschaftl. Vorträge.

[S.] Die Entwickelung der modernen Malerei. Von Dr. W[old.] v. Seidlitz, (Geh. Regiergsr. in Blasewitz b.) Dresden. *Hamburg: Verlagsanst. u. Dr. A.-G. 1897.* (41 S.) 8.
= Sammlung gemeinverständl. wiss. Vorträge. N. F. Ser. 12. H. 265.

Seidlitz, W. v., über Farbengebung. gr. 8. (52 S.) Berlin 900. Stuttgart, W. Spemann. n. 2.—
Sonderabdruck aus: „Das Museum".

Seidlitz, Woldem. v., Fuhrer durch die deutsche Jahrhundert-Ausstellung 1906. Gemälde, Zeichngn., Bildwerke. (IV, 107 S.) kl. 8. München (906). F. Bruckmann. n.n. 1.—

— Geschichte d. japanischon Farbenholzschnitts. M. 95 Abb. gr. Lex.-8. (XVI, 220 S.) Dresdon 897. G. Kühtmann. n. 18.—; geb. n. 20.—

Seidlitz, Wold. v., Geschichte des japanischen Farbenholzschnitts. 2., wesentlich verb. u. verm. Aufl. (X, 228 S. m. 116 [16 farb.] Abbildgn. im Text u. auf Taf.) Lex. 8. Dresden 910. G. Kühtmann. 25.—;
geb. in Halbfrz. 28.—

— Raphaels Jugendwer[illegible] gleich e. Antwort an Hrn. W. Koopmann. gr. 8. (3[illegible] m. Abbildgn.) München 891. Verlagsanstalt f. Kun[illegible] u. Wissenschaft. 1.50

— die Kunst auf der Pariser Weltausstellung. 8. (VII, 111 S.) Leipzig 901. E. A. Seemann. n. 1.50

— Kunstmuseen. Vorschlag zur Begründg. e. Fürstenmuseums in Dresden. (IV, 52 S. u. 20 S. Abbildgn.) Lex. 8. Leipzig 907. E. A. Seemann. 3.50

— Leonardo da Vinci, Malerbuch. Vollständige Zusammenstellg. seines Inhalts. (88 S. m. 13 Abb.) gr. 8. Berlin 910. J. Bard. 2.—;
geb. in Halbperg. 3.—; in Perg. 10.—

— Leonardo da Vinci, der Wendepunkt der Renaissance. 2 Bde. (454 u. 339 S. m. 215 Abbildgn. im Text u. auf 63 Taf.) gr. 8. Ebd. 909. 30.—
geb. in Leinw. 35.—; in Halbmaroquin 50.—

Seidlitz, Wold. v., s. a. Porträtwerk, allgemeines historisches.

Seidlitz W v, allgemeines historisches Porträtwerk. 600 Porträts der berühmtesten Personen aller Nationen von ca. 1300-1840. Mit biographischen Daten. 6 Bde (mit 602 T) gr 4° München 1883-90

von Seidlitz, Woldemar. Allgemeines historisches Porträtwerk. Eine Sammlung von 600 Porträts der berühmtesten Personen aller Völker und Stände seit 1300. Mit biographischen Daten. Phototypien nach den besten gleichzeitigen Originalen. 5 Bde. München 1884. 4°.

— Ambrogio Preda u. Leonardo da Vinci, s. a. Jahrbuch der kunsthist. Sammlungen des allerhöchsten Kaiserhauses.

Ambrogio Preda und Leonardo da Vinci von W[oldemar] v. **Seidlitz**. Mit 12 Taf. u. 23 Textabb. Wien: F. Tempsky; Leipzig: G. Freytag 1906. (48 S.) 2°
= **Jahrbuch** d. kunsthist. Sammlungen d. Allerh. Kaiserhauses. Bd 26, H. 1.

— Rembrandt's Radirungen. Mit 44 Textbildern u. 3 Heliogravüren. [Verm. u. verb. Abdr. aus: „Zeitschr. f. bild. Kunst".] gr. 4. (VIII, 84 S.) Leipzig 894. E. A. Seemann's Cto. Geb. in Leinw. n. 10.—

— krit. Verzeichnis d. Radierungen Rembrandts, zugleich e. Anleitg. zu deren Studium. gr. 8. (XI, 244 S.) Loipzig 895. E. A. Seemann.
Geb. in Leinw. n. 10.—

— Zeichnungen deutscher Künstler v. Carstens bis Menzel. Mit erläut. Text von W. v. S. gr. Fol. (50 Lichtdr.-Taf. m. 1 Bl. Text, nebst Textheft. hoch 4., V, 70 S.) München 893. Verlagsanstalt f. Kunst u. Wissenschaft. In Leinw.-Mappe. n. 120.—

Seidlitz, W. v., Bernardo Zenale, s. Studien, gesammelte, zur Kunstgeschichte.

Seidlmayer, Hubert

Seidlmayer, Hub., das schwurgerichtliche Verfahren im Lichte des Reichsgerichtes. Sammlung der auf das schwurgerichtl. Verfahren bezügl. Entscheidungen des Reichs-Gerichtes. Bearb. u. systematisch geordnet. (XI, 156 S.) gr. 8. Berlin 905. R. v. Decker. n. 4.75; geb. in Leinw. n. 5.25

Seidmacher, D., kurze und allgemein verständliche Beschreibung eines höchst einfachen elektromagnet. Telegraphen, der von Jedem selbst angefertigt und überall gebraucht werden kann. gr. 8. (15 S. und 1 Stnt. in qu. Fol.) Dresden 848, (Kori.) *

—— die elektrische Sonne. Allgemein verständl. Beschreibung des Apparates, mit dem das prachtvollste Licht durch Electricität hervorgebracht wird. Mit Abbildungen. gr. 8. (19 S. und 1 Stnt. in qu. Fol.) Dresden 850, Adler und Dietze. *

Seidmann, Markus [aus Jassy (Rumänien)]: Beitrag zur Casuistik und Kenntniss der Dermoidcysten in der Halsgegend.... Würzburg, Becker's Univ.-Buchdr., 1886; 17 S. 8°.
Würzburg, Med. Fak., Inaug.-Diss. v. 1886.

Seidmann, Markus, Beitrag zur Casuistik und Kenntniss der Dermoidcysten in der Halsgegend. Diss. Würzburg 1886, Stahelsche Univ.-Buchh. 8°. 17 S.

Seidner, Josef — Frohsinn mein Ziel. Humoristische Vorlesungen, satyrische Aufsätze und scherzhafte Gedichte zur Deklamation. Von — —. Erste Lieferung. Pesth, 1855. Druck von J. Beimel und Basil Kozma. (48 S. 8.)

Seidner, Michael: Theorie und Konstruktion der Teillochwicklungen für Mehrphasengeneratoren. Wien: Selbstverl. 1910. 13 S. 4° ¶ Aus: Elektrotechnik u. Maschinenbau. Jg. 28.
Berlin, Dr.-Ing.-Diss. v. 24. 6. 1910

Seidner, Salomon: Ueber die Zersetzung der Fettstoffe beim Erwärmen unter Druck. 1889. 58 S. 8°
Karlsruhe, Dipl.-Diss. v. 29. 1. 1889

Seidt, Frz. Johs., Dr. Watson, s.: Kriminal-Kommissar, der.

SEIF, Leonhard (München): Über die Kraftleistung bei progressiver Paralyse. (Titel nach der Urkunde)
25.6.1894 - Urk: Chr 1893/94,15'
Diss. Ingolst.-Landsh.-Mchn.

Seifart, s.a. Seifert – Seiffert – Seuffert – Seyfart – Seyffarth – Seyffert.

Seifart, Alfred [aus Hirschberg in Schlesien]: Synthese des 2-2'-Dioxyflavon. Bern 1901. 58 S. 8°.
Bern, Phil. Diss. 1900/1901.

Seifart, Alfred. Synthese des 2-2' Dioxyflavon. Diss. Phil. Bern. 59 S. 8. Bern, Stämpfli & Cie, 1901.

Seifart, Carl, s. Seifart, Karl

Seifart, Erich. Das Gunildmoor. Eine nord. Sage aus d. 10. Jahrh. in 10 Gesängen. gr. 16. (58 S.) Lpz. 890, Fock. * — 75 geb. m. Goldschn. * 1 50

— Lieder u. Hymnen. 12. (79 S.) Ebd. 897. Geb. in Leinw. m. Goldschn. 2. —

Seifart, Erich, zwei Lieder deutscher Frauenehre. 12. (40 S.) Leipzig 895. G. Fock, Verlag. n. 1.20; geb. n. 1.80

Seifart, Erich, ein Weihe-Fest der Schule. Kinderfestspiel f. 1-, 2- u. 3stimm. Chor m. Begleitg. v. Klavier- u. Streichquartett. Musik von Ed. Schwarz. Textbuch. 8. (11 S.) Hildburghausen (902). F. W. Gadow & Sohn. n. — 20; Partitur. (23 S.) gr. 4. n. 1. —; Klavierstimme, Stimmen des Streich-Quartetts, Chorstimme. (7, 2, 2, 2, 2 u. 4 S.) gr. 4. n. 1. —

Seifart, Fr., poet. Erstlinge. 8. ... 813.

Seifart, Friedrich (Halle) A. S. 826/37

Tractatio iuridica, de advocatis, Von Advocaten und ihren Rechten. Präs. Ernst Friedrich Schröter. Halle (Hendel) 1723. 20 S.

Diss. Jena 1651. 32310

Seifart, J., das Reich Gottes auf Erden. gr. 8. (15 B. u. 1 Tab.) Leipzig 830, [Böhme.]

Seifart, Joh. Friedr., Geschichte des im 1756 und 1757sten Jahre in Teutschland und dessen angränzenden Ländern gefürten Krieges in welcher nicht allein alle merkwürdige Kriegs Begebenheiten . . . beschrieben, sondern auch von den vornehmsten Generals . . . die Lebens . . . Umstände angefürt werden. (Mit 6 Tafeln) Frankfurt und Leipzig 1758. 4.

— Geschichte des im 1756. u. 1757. J. (von Bd. 2 an: „Des seit 1756") in Deutschland und dessen angränzenden Ländern geführten Krieges, in welcher nicht allein alle Kriegs-Begebenheiten beschrieben, und durch . . Abrisse der Belagerungen und Schlachten erläutert . . . werden. Theil (1). (2. Aufl.) Frankfurt u. Leipzig 1759. Theil 2—6. (6. mit dem vollen Namen des Verfassers.) ibid. 1760—65. 4.

Seifart, Karl

Seifart, Carl, Blätter u. Blüthen vom 1000jährigen Rosenstock zu Hildesheim. Göttingen 867. Wigand. gr. 16. (201 S. mit Holzschntaff.) n. 20 ngr.

—— altdeutsche Geschichten. 2 Bde. gr. 16. (XV und 625 S.) Göttingen 862, Wigand.

Seifart, Karl
Das Heideröschen. Erinnerungen. Aus den Universitätsjahren. Stuttgart 1855.
In: Hausblätter. Bd 4.

— der hannoversche Katechismusstreit. Ein Kampf der Civilisation gegen die Barbarei. Kulturgeschichtliche Betrachtung. Hildesheim 862. Fincke. gr. 8. (28 S.) n. 5 ngr.

Seifart, Karl, leibeigen. Erzählung aus der Zeit Friedrichs d. Großen. Mit e. Bilde v. Ludw. Löffler (Holzschntaf.) 8. (162 S.) Bremen 876. Nordwestdeutscher Volksschriften-Verl. n. 1. —

Seifart, Karl, leibeigen. Eine Erzählg. aus der Zeit Friedrichs des Großen. Mit 1 Bilde v. Ludw. Löffler. Ster.-Ausg. 8. (160 S.) Reutlingen 894. Enßlin & Laiblin. Kart. — 50; m. Bunttitel — 60

Seifart, Carl, Lust, Leiden, Lieben und Leben aus Vorzeit und Gegenwart. br. 8. (V und 310 S.) Stuttgart 857, Krabbe.

— Märchen-Schatz aus 1001 Nacht. Für die Jugend bearb. Mit 6 Illustr. in Farbendruck nach Zeichngn. v. Konr. Weigand. gr. 8. (207 S.) Stuttgart 874. Hofmann & Hohl. geb. 3. —

— Märchen-Schatz aus 1001 Nacht. Gesammelt und für die Jugend bearb. Mit 6 Illustr. in Farbendr. nach Zeichnungen von Konr. Weigand. 2. Aufl. 8. (III, 207 S.) [Stuttgart 877, Hofmann und Hohl.] Eßlingen, Schreiber. cart. *

— Tausend u. eine Nacht in e. Auswahl der schönsten morgenländischen Märchen u. Erzählungen f. die Jugend bearbeitet. Illustrirte Pracht-Ausg. m. 12 Abbildgn. in Farbendr. nach Zeichngn. v. Konr. Weigand. gr. 8. (334 S.) Ebend. 874. geb. 5. 50

— 1001 Nacht in einer Auswahl der schönsten morgenländ. Märchen u. Erzählungen für die Jugend bearb. Illustr. Pracht-Ausgabe m. 12 Abbildungen in Farbendr. nach Zeichnungen v. Konr. Weigand. 2. Aufl. 8. (VIII, 334 S.) Ebend. 877. n. 4. —

— Reineke Fuchs. Für die Jugend neu bearb. Mit 8 fein color. lith. Bildern nach Zeichngn. v. Konr. Weigand. 8. (147 S.) Ebend. 874. geb. 3. —

— Reineke Fuchs. Für die Jugend neu bearb. Mit 8 fein color. (lith.) Bildern nach Zeichnungen v. Konr. Weigand. 2. Aufl. 8. (IV, 147 S.) Ebend. 877. cart. 2. 75

Seifart, Karl, Reineke Fuchs. Für die Jugend neu bearb. Mit 8 fein color. Bildern nach Zeichngn. v. Konr. Weigand. 8. (IV, 147 S.) Eßlingen 884. Schreiber. geb. n. 2. —

— Robinson der Jüngere. Nach Joach. Heinr. Campe für die Jugend bearb. Mit 8 fein kolor. (lithogr.) Bildern nach Zeichnungen von Konr. Weigand. 2. Aufl. 8. (IV, 208 S.) Ebendas. 877. cart.

Seifart, Karl
Die verwandelten Rosen. Erzählung. Stuttgart 1858.
In: Hausblätter. Bd 1.

Seifart, Carl, Sagen, Märchen, Schwänke und Gebräuche aus Stadt und Stift Hildesheim. Gesammelt und mit Anmerkungen versehen. 8. (XIV und 207 S.) Göttingen 854, Wigand. *

— Sagen, Märchen, Schwänke und Gebräuche aus Stadt und Stift Hildesheim. Gesammelt und mit Anmerkungen versehen. 2. Sammlung. 8. (XII und 206 S.) Göttingen 860, Wigand. *
1. Sammlung. Ebendas. 1854. * 20 Ngr.

Seifart, Karl. Sagen, Märchen, Schwänke u. Gebräuche aus Stadt u. Stift Hildesheim. 2. Aufl. 8. (VIII, 191 S.) Hildesh. 889, Lax. cart. * 2 —

— Schuld u. Sühne. Eine Erzählg. 12. (89 S. m. 4 Stahlst.) Stuttg. 889, Schmidt u. Spring. cart. — 75

— altdeutscher Studentenspiegel. (Abdr. aus dem „Bremer Sonntagsblatt.") Bremen 856. Strack. 16. (71 S.) 7½ ngr.

— Wanderungen u. Skizzen. Hildesheim 863. Fincke in Comm. 8. (V, 312 S.) n. 1 ₰ 10 ngr.

— Wanderungen und Skizzen. 1. Aufl. 1863. * 1 Thlr. 10 Ngr. und 2., verm. Aufl. 8. (III und 374 S.) Göttingen 865, Wigand.

— der Wunderborn. Eine Sammlung der schönsten Märchen u. Sagen aus deutschen Gauen. Illustrirt v. Eug. R. Neureuther. 12 Lfgn. gr. 4. (VIII, 192 S. m. eingedr. Holzschn. u. Holzschntaf.) Stuttgart 881. 82. Kröner. à n. — 50 (cplt. geb.: n. 10. —)

Seifarth, F., die Berufsstatistik d. deutschen Reiches, nebst der landwirthschaftlichen Betriebs- u. Gewerbestatistik. Nach authent. Quellen bearb. 2 Bde. 8. Heidelberg, J. Hörning. à n. 2. 40
1. Die Berufsstatistik. (VIII, 205 S.) 892.
2. Die landwirthschaftl. Berufs- u. Gewerbestatistik. (IX u. S. 207—405.) 893.

Seifarth, F., China. Schilderung von Land u. Leuten, Kultur, Religion (Missionswesen), Sitten u. Geschichte, m. kurzer Berücksicht der jüngsten Ereignisse u. Deutschlands Handelsinteressen. 8. (VII, II, 182 S.) Leipzig 900. F. Luckhardt. n. 1. 80

(B) Seifarth, F., China. 900. (KBB 32.) Jetzt: Leipzig, O. Gracklauer.

Seifarth, F., Die Entstehung und die Ziele der deutschen Sozialdemokratie. 2. Aufl. 8⁰. Mannheim 1878.

Seifarth, F., volkswirtschaftliche Fragen. Notlage der Tabakbauern und Mittel zur Abhilfe. 8. (IV, 104 S.) Stuttgart 888, (Kohlhammer.) * 1 50

— soll das Privileg f. die sogenannte deutsche Reichsbank erneuert werden? [Aus: „Volkswirtschaftl. Fragen".] 8. (IV, 35 S.) Heidelberg 889. (Leipzig, Th. Fritsch.) — 10

— Ursachen und Ziele der Umsturzbestrebungen. Bd. 1. 8⁰. Heidelberg 1895.

Seifarth, Hermann [aus Marburg a. d. L.]: Ueber Indenderivate aus Xylylacetessigäther ... Marburg, Buchdr. F. Sömmering, 1891; 46 S., 1 Bl. 8.
Marburg, Phil. Fak., Inaug.-Diss. v. [8. Apr.] 1892

Seifarth, Herm., arabisch-deutsch-französisches Taschenwörterbuch, für deutsche Colonisten und Auswanderer nach Algier bearb. und mit einer kurzen sprachl. Anleitung zum Lesen und Verstehen des Arabischen versehen. A. u. d. T.: Dictionnaire de poche arabe-allemand-français. 16. (XXXVI und 304 S.) Grimma 848. (Wurzen,] Verlags-Comptoir.

Seifenbach, Wlh., Fatime, Saladin Jussuf Ebe Olguls Tochter. Eine furchtbare Rittergeschichte aus d. Zeiten der Kreuzzüge u. der mächt. Vehme. 2 Bde. 8. Nordhaus. 830. Fürst. 1 ₰ 21 gr

Seifenblasen
s.a. Interlakner Zeitung.

Seifenblasen, v. Amor d. Knaben. 8. Weißenf. Graffe. 805.

Seifenblasen, von Amor d. Knaben. 8. Weißenf. 805. (Lpz., Schmidt). 20 gr

— v. Fr. Laun. (Fr. A. Schulz.) 2 Thle. 8. Tübing. Cotta. 809 — 10. (à 1 Rthlr. 4 gr.)

Seifenblasen. Humoristisches Sonntagsblatt für alle Stände. Jahrg. 1866. 52 Nrn. (½ Bgn. mit eingedr. Holzschn.) Dresden, Gärtner. 4. n. 1 ₰ 20 ngr.

—— dass. — 3. Jahrg. 1867. 52 Nrn. (½ Bog. mit eingedr. Holzschn.) Ebendas. *

Seifenblasen, die. Humoristisch-satyrisches Sonntagsblatt. 4.—6. Jahrg. 1868—1870. à Jahrg. 52 Nrn. (à ½ Bog. mit eingedr. Holzschn.) gr. 4. Dresden, Gaertner. à Jahrg. *

Seifenblasen. 1. Wildgrube-Beutersitz: H. Kramer [1900]. 8° [J.]

—— humoristische. Lustiges und Schnurriges, Anekdoten, Schwänke, lust. Geschichten in Wort und Bild. 1. und 2. Sammlung. 8. (64 S. mit 48 Holzschn.) Mülheim 878, Bagel. à Sammlung 50 Pf.

Seifenblasen-Jubel, der, über den Ronge'schen Brief oder Götzendienst in allen Ecken. Stimme eines Predigers in der Wüste. 12. Leipzig 844, Naumburg. n. ⅛ ₰

Seifenfabrikant, der. Zeitschrift für Seifen-, Kerzen- und Parfümerie-Fabrikation, sowie verwandte Geschäftszweige. Organ des Verbandes der Seifenfabrikanten. Hrsg. von C. Deite. 1. Jahrg. 1881. 24 Nrn. (à Nr. 2 Bog. mit eingedr. Holzschn.) gr. 4. Berlin, Springer. *

—— dass. — 2.—4. Jahrg. 1882—1884. à Jahrg. 52 Nrn. (Bog.) gr. 4. Ebendas. à Jahrg. *

Seifenfabrikant, der. Zeitschrift für Seifen-, Kerzen- und Parfümerie-Fabrikation, sowie verwandte Geschäftszweige. Organ des Verbandes der Seifenfabrikanten. Hrsg. von C. Deite. 5. Jahrg. 1885. 52 Nrn. (Bog.) gr. 4. Berlin, Springer. * 10 —

—— dass. — 6.—8. Jahrg. 1886—1888. à Jahrg. 52 Nrn. (Bog.) gr. 4. Ebendas. à Jahrg. * 12 —

Seifenfabrikant, der. Zeitschrift f. Seifen-, Kerzen- u. Parfümerie-Fabrikation, sowie verwandte Geschäftszweige. Organ d. Verbandes der Seifenfabrikanten. Hrsg. v. C. Deite. 9.—12. Jahrg. 1889—1892. à Jahrg. 52 Nrn. (à Nr. 1—2 Bog.) gr. 4. Berl., Springer. à Jahrg. * 12 —

Seifenfabrikant, der. Zeitschrift f. Seifen-, Kerzen- u. Parfümerie-Fabrikation, sowie verwandte Geschäftszweige. Organ d. Verbandes der Seifenfabrikanten. Hrsg. v. C. Deite. 11.—14. Jahrg. 1891—1894. à 52 Nrn. (2 Bog.) gr. 4. Berlin, J. Springer. à Jahrg. n. 12. —

Seifenfabrikant, der. Zeitschrift f. Seifen-, Kerzen- u. Parfümerie-Fabrikation, sow. verw. Geschäftszweige. Organ d. Verbandes d. Seifenfabrikanten. Hrsg. v. C. Deite. 15.—18. Jahrg. 1895—1898. à 52 Nrn. (à ca. 20 S.) gr. 4. Berlin, J. Springer. à Jahrg. n. 12. —
Kann auch vierteljährlich bezogen werden.

Seifenfabrikant, der. Zeitschrift f. Seifen-, Kerzen- u. Parfümerie-Fabrikation, sowie verwandte Geschäftszweige. Organ des Verbandes der Seifenfabrikanten, E. G. Hrsg. u. red. v. C. Deite. 19. u. 20. Jahrg. 1899 u. 1900 à 52 Nrn. gr. 4. (VI, 1258 u. VI, 1264 S.) Berlin, J. Springer. à Jahrg. n. 12. —

— dasselbe. Begründet v. C. Deite. Hrsg. v. O. Heller. 21. u. 22. Jahrg. 1901 u. 1902. à 52 Nrn. gr. 4. (VI, 1282 u. VIII, 1312 S.) Ebd. à Jahrg. n. 12. —

Seifenfabrikant, der. Zeitschrift f. Seifen-, Kerzen- u. Parfümerie-Fabrikation, sowie verwandte Geschäftszweige. Organ des Verbandes der Seifenfabrikanten. Begründet v. C. Deite. Hrsg. u. red. v. O. Heller. 23.—26. Jahrg. 1903—1906. à 52 Nrn. (VI, 1286; VI, 1286; VIII, 1288 u. VIII, 1312 S. m. Abbildgn.) gr. 4. Berlin, J. Springer. à Jhrg. n. 12. —

Seifenfabrikant, der. Zeitschrift f. Seifen-, Kerzen- u. Parfümerie-Fabrikation, sowie verwandte Geschäftszweige. Organ des Verbandes der Seifenfabrikanten. Begründet v. C. Deite. Hrsg. u. red. v. O. Heller. 27.—30. Jahrg. 1907—1910. à 52 Nrn. (VII, 1296; VII, 1340; VIII, 1312 u. VIII, 1328 S.) Lex. 8. Berlin, J. Springer. à Jahrg. 12. —

DEUTSCHLANDS SEIFEN- UND FETTINDUSTRIE. Redakteur: J. Hamacher. 7 vols., 4to. Trier, 1888–94 +

Seifen-, Oel- u. Fett-Industrie, die. Fach-Blatt u. General-Anzeiger der gesamten Seifen-, Parfümerie-, Stearin-, Margarin-, Oel-, Fett-, Wachswaaren-, Mineralöl-, Maschinenöl-, Theer-, Harz-, Paraffin-, Maschinen- u. Textil-Industrie, sowie der Farben-, Soda- u. Pottasche-Industrie u. deren Nebenzweige. 1. Jahrg. April 1890—März 1891. 52 Nrn. (à 1—1½ B. m. Abbildgn.) gr. 4. Düsseldorf. [Silbermann.] Buchdr. C. Kraus (Eduard Lintz.) n. 15. —

Seifen-, Oel- u. Fett-Industrie, die. Fach-Blatt u. General-Anzeiger der gesamten Seifen-, Parfümerie-, Stearin-, Margarin-, Oel-, Fett-, Wachswaren, Mineralöl-, Maschinenöl-, Teer-, Harz-, Paraffin-, Maschinen- u. Textil-Industrie, sowie der Farben-, Soda- u. Pottasche-Industrie u. deren Nebenzweige. 2.—5. Jahrg. 1891—1894. à 52 Nrn. (à ca. 1½ Bog.) gr. 4. Düsseldorf, E. Lintz. à Jahrg. n. 12. —

Seifen-, Oel- u. Fett-Industrie, die. Fach-Blatt u. General-Anzeiger der gesamten Seifen-, Parfümerie-, Stearin-, Margarin-, Oel-, Fett-, Wachswaren-, Mineralöl-, Teer-, Harz-, Paraffin-, Maschinen- u. Textil-Industrie, sow. d. Farben-, Soda- u. Pottasche-Industrie u. deren Nebenzweige. Red.: Alwin Engelhardt. 6.—8. Jahrg. 1895—1897. à 52 Nrn. (à ca. 2 Bog.) Fol. Zittau. Leipzig, Pahl. à Jahrg. n. 12. —

— dasselbe. Red.: Th. Canz. 9. Jahrg. 1898. 52 Nrn. (à ca. 2 Bog.) Fol. Leipzig, Pahl. n. 12. —
Kann auch vierteljährlich bezogen werden.

Seifen-Industrie-Kalender. Hrsg. v. O. Heller. 1895. (2. Jahrg.) gr. 16. (VIII S., Schreibkalender u. 143 S. m. Fig.) Leipzig, Eisenschmidt & Schulze. Geb. in Leinw. n. 1. 50

Seifen-Industrie-Kalender. Hrsg. v. O. Heller. 3. Jahrg. 1896. gr. 16. (VIII S., Schreibkal. u. 172 S. m. Fig.) Leipzig, Eisenschmidt & Schulze. Geb. in Leinw. n. 2. —

Seifen-Industrie-Kalender. Jahrbuch des Verbandes der Seifenfabrikanten. Hrsg. v. O. Heller. 2 Tle. 10. Jahrg. 1903. 12. (VIII S., Schreibkalender, 132 u. 92 S.) Leipzig, Eisenschmidt & Schulze. Geb. in Leinw. u. geh. n. 2. 50; in Ldr. u. geh. n. 3. —

Seifen-Industrie-Kalender 1906. Jahrbuch des Verbandes der Seifenfabrikanten. Hrsg. v. O. Heller. 2 Tle. 13. Jahrg. (VIII S., Schreibkalender, XVI, 234 u. IV, 148 S. m. Abbildgn. u. 1 Bildnis.) kl. 8. Leipzig, Eisenschmidt & Schulze. Geb. in Leinw. u. geh. n. 2. 50

Seifen-Industrie-Kalender 1911. Jahrbuch des Verbandes der Seifenfabrikanten. Hrsg. v. O. Heller. 2 Tle. 18. Jahrg. (XI S., Schreibkalender, III, XVI, 253 u. IV, 195 S. m. Abbildgn. u. 1 Bildnis.) kl. 8. Leipzig, Eisenschmidt & Schulze. Geb. in Leinw. u. geh. 2. 50

Seifenkünstler, der erfahrne, oder Anweis., alle Arten zum Hausgebrauch dienlicher, so wie künstl. u. wohlriechender Seifen zu verfertigen rc. 8. Leipz., Centr.-Compt.

Seifensieder, s.a. S e i f f e n s i e d e r

Seifensieder, der wohlerfahrene, und Kerzen- oder Lichtzieher. Nebst einem Zusatze von unterschiedenen nützlichen Kenntnissen und Künsten. Verbess. Aufl. 8. Grätz ... Kienreich. 5/12 rf

S e i f e n s i e d e r u. Lichtzieher, d. wohlerfahrne, 8. **Frankfurt, Schneider (Linke in Lpz.)** 796.

Seifensieder, Jak., d. **M u t t e r h e r z. D. deutschen Dichtg. schönste Mutterlieder. 8. (184 u. XIII S.) Dresden** 898. **E. Pierson.** n. 2. 50; geb. n. 3. 50

S e i f e n s i e d e r, Jacob. Johann Jacob Wehrli (1790–[1855]), ein Jünger [Johann Heinrich] Pestalozzi's. 8. Fürth i. B. 1896.

— **Johann Jacob W e h r l i, e. Jünger Pestalozzis. gr. 8.** (39 S.) **Fürth 896. G. Rosenberg.** **n. — 50**

Seifensieder-Zeitung, s. S e i f e n s i e d e r - Z e i t u n g, Neue.

S e i f e n s i e d e r - Z e i t u n g, Neue. Organ [von Jhg. 8. 1881. ab:] Central-Organ der Seifenfabrikanten etc. Die neuesten Fortschritte in der Seifenfabrikation und den damit verwandten Geschäftszweigen. Herausg. von A. Engelhardt. Jhg. 1—14. 1874—87. Leipzig. Fol.
— und Centralblatt der gesammten chemisch-technischen Grossindustrie. Die neuesten Fortschritte ... Herausg. von A. Engelhardt. Jhg. 15—17. 1888—90. Ebda. Fol.
— Central-Organ der Seifenfabrikanten, verbunden mit dem Central-Anzeiger der chemischen Grossindustrie. Begründet v. Alw. Engelhardt. Red.: Herm. Krätzer. Jhg. 18—22. 1891—95. Mit Abbildungen. Augsburg. gr. 4.

S e i f e n s i e d e r - Z e i t u n g, **neue. Organ der Seifenfabrikanten** 2c. **Die neuesten Fortschritte in der Seifenfabrikation und den damit verwandten Geschäftszweigen. Hrsg. von Alwin Engelhardt.** 1. Jahrg. 1874. 52 Nrn. (à 1—1½ Bog. mit eingedr. Holzschn.) Fol. Leipzig, (Stauffer.)

S e i f e n s i e d e r - Z e i t u n g, **neue. Organ der Seifenfabrikanten** 2c. **Die neuesten Fortschritte in der Seifenfabrikation und den damit verwandten Geschäftszweigen. Hrsg. von Alwin Engelhardt.** 2.—6. Jahrg. 1875—1879. à Jahrg. 52 Nrn. (à 1—1½ Bog. mit eingedr. Holzschntaf.) Fol. Leipzig, (Stauffer.) à Jahrg. *

S e i f e n s i e d e r - Z e i t u n g, **neue. Organ der Seifenfabrikanten** 2c. **Die neuesten Fortschritte in der Seifenfabrikation und den damit verwandten Geschäftszweigen. Hrsg. von Alwin Engelhardt.** 7. Jahrg. 1880. 52 Nrn. (à Nr. 1—1½ Bog. mit eingedr. Holzschn.) Fol. Leipzig, (Stauffer.) *

Seifensieder-Zeitung.

—— dass. — **Central-Organ der Seifenfabrikanten. Die neuesten Fortschritte in der Seifenfabrikation und den damit verwandten Geschäftszweigen. Hrsg. von Alwin Engelhardt. Mitredact.: Herm. Krätzer.** 8.—11. Jahrg. 1881—1884. à Jahrg. 52 Nrn. (à Nr. 1—1½ Bog. mit eingedr. Holzschn.) Fol. (Ebendas.) à Jahrg. *

S e i f e n s i e d e r - Z e i t u n g. Central-Organ der Seifenfabrikanten. Die neuesten Fortschritte in der Seifenfabrikation und den damit verwandten Geschäftszweigen. Hrsg. von Alwin Engelhardt. 12. und 13. Jahrg. 1885 und 1886. à Jahrg. 52 Nrn. (à Nr. 1—1½ Bog. mit eingedr. Holzschn.) Fol. Leipzig, (Stauffer.) à Jahrg. * 15 —

—— dass. — Hrsg. von Alwin Engelhardt. Mitredact.: Herm. Krätzer. 14. Jahrg. 1887. 52 Nrn. (à Nr. 1—1½ Bog. mit eingedr. Holzschn.) Fol. (Ebendas.) * 15 —

Seifensieder-Zeitung u. **Centralblatt** der gesammten chemischen Großindustrie. Die neuesten Fortschritte in der Seifenfabrikation u. den damit verwandten Geschäftszweigen. Hrsg. v. A. E n g e l h a r d t. Mitred.: H. K r ä t z e r. 14.—17. Jahrg. 1887—1890. à 52 Nrn. (à 1—1½ B. m. eingedr. Holzschn.) Fol. Augsburg, Lampart & Co. à Jahrg. n. 15. —

Seifensieder-Zeitung. Verbunden m. dem Central-Anzeiger der chem. Großindustrie. Central-Organ der Seifenfabrikanten u. Insertions-Organ f. die Seifen-, Parfümerie-, Stearin- 2c. Industrie. Hrsg. unter der Red. v. Herm. K r ä t z e r. 18.—20. Jahrg. 1891—1893. à 52 Nrn. (à ca. 2½ Bog.) Fol. Augsburg, Lampart & Co. à Jahrg. n. 15. —

— **dasselbe. 21. Jahrg. 1894. 52 Nrn. (à ca. 2½ Bog.) Fol. Ebd.** **n. 10. —**

Seifensieder-Zeitung, umfassend die Seifen-, Oel- u. Fett-Industrie. Central-Organ d. Seifenfabrikanten. General-Anzeiger f. die Seifen-, Parfümerie-, Stearin- 2c. Industrie. Mit d. Beiblatt: Chemische Mitteilgn. Red.: Herm. K r ä t z e r. 22. Jahrg. 1895. 52 Nrn. (à ca. 5 Bog.) gr. 4. Augsburg, Verlag f. chem. Industrie. n. 10. —

— dasselbe. Nebst Suppl.: Handelsblatt u. Marktberichte. 23. u. 24. Jahrg. 1896—1897. à 52 Nrn. (à ca. 20 S.) gr. 4. Ebd. à Jahrg. n. 12. —

— dasselbe. Central-Organ d. Seifen-, Parfümerie-, Oel- u. Fett-Branche, sow. d. verwandten Industriezweige. Mit d. Beiblatte: Chemische Mitteilgn. u. Handelsblatt. 25. Jahrg. 1898. 52 Nrn. (à ca. 1 Bog.) gr. 4. Ebd. n. 12. —
Kann auch vierteljährlich bezogen werden.

Seifensieder-Zeitung. Central-Organ der Seifen-, Parfümerie-, Oel- u. Fett-Branche, sowie der verwandten Industriezweige. Mit dem Beiblatte: Chemische Mitteilungen u. Handelsblatt. Red.: E. Gips, D. Meininger. Chefred.: E. Marx. 26. u. 27. Jahrg. 1899 u. 1900. à 52 Nrn. gr. 4. (à ca. 8 u. 16 S.) Augsburg, Verlag f. chem. Industrie. à Jahrg. n. 12. —

— **u. Revue üb. die Harz-,** Fett- u. Oelindustrie. Offizielles Organ des Verbandes bayer. Seifenfabrikanten. Red.: E. Marx u. G. Lutz. 28. Jahrg. 1901. 52 Nrn. hoch 4. (à ca. 18 S.) Ebd. n. 12. —

— **dasselbe.** Red.: E. Marx u. M. O. Steffan. 29. Jahrg. 1902. 52 Nrn. hoch 4. (à ca. 18 S.) Ebd. n. 15. —

Seifensieder-Zeitung u. Revue üb. die Harz-, Fett- u. Oelindustrie. Offizielles Organ des Verbandes bayer. Seifenfabrikanten. Fachorgan der Vereinigg. d. Seifensieder u. Parfümeure. Red.: E. Marx u. M. O. Steffan. 30.—33. Jahrg. 1903—1906. à 52 Nrn. (1012, 1061, 1032 u. 1180 S. m. Abbildgn.) hoch 4. Augsburg, Verlag f. chem. Industrie. à Jhrg. n. 15. —

Seifensieder-Zeitung u. Revue üb. die Harz-, Fett- u. Oelindustrie. Mit dem Beiblatte: Der chemisch-techn. Fabrikant. Offizielles Organ des Verbandes bayer. Seifenfabrikanten. Fachorgan der Vereinigg. der Seifensieder u. Parfümeure. Red.: E. Marx u. M. Steffan. 34.—37. Jahrg. 1907—1910. à 52 Nrn. (XXIV, 1284; XXII, 1494; XXII, 1610 u. XXII, 1479 S. m. Abb.) 30,5×22,5 cm. Augsburg, Verlag f. chem. Industrie. à Jahrg. 15. —
Vergriffen.

— W i e n e r. Fach-Organ der österr.-ungar. Seifen-, Kerzen-, Parfümerie-, Oel- u. Fettwaaren-Industrie u. des einschläg. Handels. Früher Wochen-Bericht. Hrsg. v. N. Königstein. 28. Jahrg. 1906. 52 Nrn. (624 S. m. Abbildgn.) Lex.-8. Wien (II, Castellezgasse 25), Emil Königstein. n. 12. —

S e i f e r, Cäcilie, † (Cäc. Friese,) Encyklopädie d. sämmtl. Frauenkünste, s. L e o n h a r d t - L y s e r, C.

†Seifer, Cäcilie, (Cäc. Friese,) Encyklopädie der weibl. Hauptkenntnisse, s. Encyklopädie.

Seifer, Cäcilie, d. sämmtl. Frauenkünste, s. Karol. Leonhardt-Lyser.

Seifer, Cäcilie, Lehrbuch zur sichern Erwerbkunde rc., s. Encyclopädie aller weibl. Hauptkenntnisse, 1. Bd.

Seifer, Rob., Kinderspiele. Ein Hülfsb. zur kräft. Beförderung d. Frohsinns, d. Unterhaltung, Gesundheit u. Heiterkeit guter Knaben u. Mädchen. Nach J. G. Ziehnert rc. bearb. 12. (6 B. u. 12 ill. u. schw. Kpfr.) Pirna 832, [Leipzig,] Friese.

– (Bearb.), s. S c h w a r t z , Jh. Wlh.: Materialien zum Katechisiren.

Seifer, R., Sommerfreuden. — Winterfreuden, s. Geschenk f. d. Jugend rc., 6. u. 7. Bdchn.

– (Bearb.), s. Z i e h n e r t , Amad.: Sommerfreuden . . .

Seiferheld, Georg Heinrich

Seiferheld, G. H., Beschr. einer sehr wirks. Elektrisirmaschine, m. K. 8. Nrnb. Grattenauer. 787.

Seiferheld, G. H., Beschreibung einer Electrisir-Maschiene. 8. Nürnb. 787. Jetzt Lauffer in Leipzig. Rtbl.

— Entw. e. elektr. Flinte u. üb. d. Werth d. Luftmaschinen v. Weber. m. 1 K. gr. 8. Salzb. Waisenh. Buchhdl. (Duyle) 787.

– s.a. S a m m l. elektrischer Spielwerke.

Georg Heinrich Seiferheld

Sammlung electrischer Spielwerke für junge Electriker. [Verf.: Georg Heinrich Seiferheld.]
Lfg 1-4. Nürnberg & Altdorf: Monath & Kußler 1788-91. 1 Bd 8°

Lfg 1: 2. Aufl. 1791.
Lfg 2: 1788.
Lfg 3: 1790.
Lfg 4: 1791.

— elektr. Versuch, wodurch Wassertropfen in Hagelkörner verändert worden. 8. Nrnb. Monath. 790.

— elektr. Zauberversuche, m. K. 8. Nürnberg, Monath. 793.

Seiferheld, Johann David (Schwäb. -Hall) A. S. 118/11

Dissertatio jur. publ. inauguralis, de liberarum S. R. G. I. civitatum judicio amicabili.
Präs. Christian Heinrich Hiller.
Tübingen (Franck) 25. XI. 1719. 40 S. 32314

Seiferheld, Johann David (Schwäb. -Hall) A. S. 637/17

Dissertatio de liberarum S. R. G. I. civitatum judicio amicabili. Präs. Christian Heinrich Hiller.
In: Syntagma dissertationum selectiorum ... 17.
Tübingen (Schramm) 1738. S. 553-588.

Diss. 1719. 32315

Seiferheld, Johann Lorenz (Schwäb. -Hall)
Altd. lose Diss. Phs.

Dissertatio philologica partem secundam praefationis tertiae libri Masoret Hammasoret Eliae Levitae Germani continens. Präs. Johann Andreas Michael Nagel.
Altdorf (Hessel) 4. V. 1763. 36 S.

W. v.: Präs., Gustav Erhart Reiz, Wilhelm Gottlieb Reiz (Opp.), Georg Gottfried Beisel (Opp.), Johann Christoph Gendner (Opp.). 32316

Seiferheld, Karl

Seiferheld, Carl, s. Archiv, Schwäbisch.-Fränk., für vierstimm. Männergesang. — Sänger, d. kirchliche.

Seiferheld, Karl Friedrich (Schwäb. -Hall) A. S. 39/16

Dissertatio inauguralis iuridica de foro heredis.
Präs. Jo. Christoph Koch.
Giessen (Braun) 25. VII. 1765. 48 S.

Gew.: Stadt Schwäb. -Hall. 32317

Seiferheld, Karl Friedrich (Schwäb. -Hall)
U. S. Giessen 1771, 2

Dissertatio inauguralis iuridica de foro heredis.
Präs. Johann Christoph Koch. Ed. 2.
Giessen (Braun) 1771. 51 S.

Diss. 25. VII. 1765. 32318

Seiferhelt, Konrad (Schwäb. -Hall) 4°Thl. XIV, 22/21

Dissertatio I. de visione inaugurali S. Ezechielis, cap. I. Präs. Johann Georg Dorsch.
Strassburg (Ledertz) 2. XII. 1628. 16 Bl. 32319

De Apollinis n u m i n e sacrisque commentatio, cui de summa mythologiae quaedam praemittuntur. Scrips. Car. Seb. **Seiferling**, G. P. – 1838. Ibid. – S. 1–33.
Progr. Aschaffenburg

Seifert, s.a. S e i f a r t – S e i f f e r t – S e u f f e r t – S e y f f a r t h – S e y f e r t – S e y f f e r t.

Seifert: Mittheilungen üb. Zweck u. Einrichtung d. Wanderlehrerinstitutes im Königreich Sachsen. Dresd. 1876. (2) S. P.

Seifert, Reise von Deutschland nach Ungarn, Italien, der Türkei, Klein-Asien, Syrien, Palästina, Aegypten, Griechenland, der Schweiz und Frankreich. 8. (IV und 370 S. mit 3 Stnt.) Dresden 864. (Chemnitz, Hein's Buchh.) *
Mit 1 chromolithogr. Karte von Jerusalem (in gr. Fol.) *

Seifert, ..., Unterricht zu neuen Vortheilen f. Branntweinbrenner, wie solche weit mehr u. reinern, stärkeren Branntwein u. zugleich die besten Bäckerhefen auf die holländ. Art aus d. gährenden Maische erzeugen können. Nebst Hermbstädts Methode, den gemeinen Getreide- od. Kartoffelbranntwein von seinem stinkenden Geruch u. Geschmack zu befreien rc. 8. Leipz., Centr.-Compt. 1 ∮ 12 ℋ

Seifert, landwirthschaftliche Vereins-Gespräche mit dem kleinen Landwirth Sachsens. gr. 8. (III, 59 S.) Döbeln 877. (Schmidt.) *

Seifert (Red.), s. Z e i t s c h r i f t deutscher Spediteure.

Seifert, A., die Jugendfreunde, od.: erbaul. Beyspiele, Lehren u. Erzähln. Ein Christenlehr- u. Prüfungsgeschenk. 8. (7 B.) Würzburg 830, [Etlinger.]

— die neue Jugendfreude, od. erbaul. Beyspiele, Lehren u. Erzähln. Ein Christenlehr- u. Prüfungsgeschenk. 8. (9¼ B.) Würzburg 831, [Etlinger.]

— zu uns komme dein Reich! Gebete u. Andachten mit Unterricht u. Liedern f. kathol. Christen. Mit 1 Abbild. d. Erlösers. gr. 12. Bresl. 826. 2e A. Mit 1 Kpf. 12. Ebd. 830. Max u. C. 5 gr.

Seifert, Adolf [aus Berlin]: Glossar zu den Gedichten des Bonvesin da Riva .... Berlin, Druck v. G. Bernstein, 1885; 30 + 1 S. 8°.
Berlin, Phil. Fak., Inaug.-Diss. v. 18. Dez. 1885.

Seifert, Adolf, Glossar zu den Gedichten des Bonvesin da Riva. Diss. Berlin 1885, Mayer & Müller. 8⁰. 30 S.

Seifert, Adf., Glossar zu den Gedichten d. Bonvesin da Riva. gr. 8. (VI, 78 S.) Berlin 886. W. Weber. n.n. 2. —

Seifert, Adf., Katechismus der Geschichte Böhmens m. besond. Berücksicht. der Deutschböhmen. In die Form von Fragen u. Antworten, sowie volksthüml. Unterrichtes gebracht. gr. 8. (132 S.) Saaz 898. (Tetschen, O. Henckel.) n. — 80

— die Stadt Saaz im 19. Jahrh. Geschichtlich u. statistisch geschildert. (In 5 Lfgn.) 1. u. 2. Lfg. gr. 8. (V u. S. 1—162 m. 4 Taf.) Saaz 902. (A. Ippoldt's Nachf.) à n.n. 1.—

Seifert, Adf., die Stadt Saaz im 19. Jahrh. Geschichtlich u. statistisch geschildert. 3.—6. (Schluß-)Lfg. (S. 163 bis 579 m. 2 Taf.) gr. 8. Saaz 903 (A. Ippoldt's Nachf.). à n.n. 1. —

Die Stadt Saaz im 19. Jahrhunderte. Geschichtlich u. statistisch geschildert von M. Dr. Adolf Seifert. (In 6 Lfgen.) *Saaz: Selbstverl. 1902(–03).* (577 S.) 8° [?] 04. 1959

Seifert, Alfr. R., auf dem Eise! Leichtverständliche Anleitg. f. Herren, Damen u. Kinder, es im Schlittschuhlaufen sehr bald zu höchster Vollendg. zu bringen. (Wenedikt's Sportbücher.) 4. [Titel-]Aufl., m. Illustr. (64 S.) 16. Wien [887]. 908. F. C. Mickl. — 50

Seifert, Alfred Rob., Halifax: Der vollkommene Schlittschuhläufer. Leichtverständliche Anleitung für Herren, Damen und Kinder, es im Eislaufe in kurzer Zeit zur höchsten Vollendung zu bringen. 3. verbesserte Aufl. Mit mehreren Illustr. Wien: A. Wenedikt. 1887. 64 S. 16⁰

Seifert, A. R.: Halifax. Der vollkommene Schlittschuhläufer. 3. Aufl. Wien 1888. 64 S. m. Abb.

Seifert, Arth., ertappt!, s.: Herrenbühne.

— Königs Geburtstag od. Der Leutnant in tausend Ängsten, s.: Vereinstheater.

— Ich heirate nicht!, s.: Herrenbühne.

— Ein toller Streich, s.: Mehrakter.

Seifert, Aug. Die Armenpflege der Zukunft. Ein Beitrag zur Lösg. der sozialen Frage. 2. Aufl. 8. (61 S.) Lpz. 889, Scholtze. * 1 20

Seifert, A., die Brot-, Noth- u. Zollfrage u. die Lage der Landwirthe. Ein Wort zur Aufklärg. u. zur Widerlegg. v. Irrthümern. gr. 8. (64 S.) Leipzig 891. A. Berger. n. 1. —

Seifert, Aug., Charakterbilder aus der vaterländischen Geschichte. Für die Mittel- u. Oberstufen kathol. Volksschulen entworfen. 8. (54 S.) Breslau 883. Goerlich. n. — 25

— der Kreis Frankenstein. Ein Beitrag zur Heimatskunde. 2. veränd. Aufl. 8. (26 S.) Frankenstein i. Schl. 883, Philipp's Buchh. *
1. Aufl. erschien im Selbstverlage des Verfassers.

— deutsche Sprachlehre m. Uebungsaufgaben. Für die Mittel- u. Oberstufe der Volksschulen zusammengestellt. 8. (54 S.) Breslau 883. Goerlich. n. — 25

Seifert, Aug., die Unsterblichkeits-Idee in ihrer geschichtlichen Entwickelung, als culturhistor. Beitrag dargelegt. gr. 8. (39 S.) Leipzig 878, (Würzner.) *

Seifert, Aug., die Centralisation in der Armenpflege. Ein Beitrag zur Lösung der sozialen Frage. 8. (61 S.) Leipzig 886, Scholtze. * 2 —

Seifert, Cyril P.: Jeremia. Phil. Diss., Prag 1893/94

Seifert, C., neues deutsches u. französ. ABC- u. Lesebuch; od. Anweis. f. Aeltern u. Erzieher, binnen 2 Monaten ihre Kinder richtig deutsch u. französisch lesen zu lehren. 8. Augsb. 816. Kranzfelder. 4 gr.

Karte der Umgebung von Straßburg i/E. Gez. von E. Seifert. Maßst. 1:50,000. *Straßburg: W. Heinrich [1904]; Lith. A. Michel.* (1 Kartenbl. 81 × 71 cm mit Legende.) 8° [kol.]
[Umschlagt.:] Karte d. Umgebung von Straßburg i. E.

Karte der Umgebung von Strassburg i/E. (Gez. von E. Seifert.) Maßst. 1:50,000. 2. Aufl. 1906. (Strassburg: W. Heinrich 1906; Lith. A. Michel.) (1 Kartenbl. 81×71 cm mit Legende.) 8° [kol.] 06. 13788

Seifert, Edmund, approb. Arzt aus Oederan: Einige Fälle von Beschäftigungsneurosen. *Leipzig 1903: B. Georgi.* (41 S.) 8°
Leipzig, Med. Diss. v. (14. März) 1903

Seifert, Emmy, ein Ausflug nach Panama, } s.: Immergrün.

Seifert, Emmy, Bilder aus Konstantinopel, s.: Immergrün. 122.

Seifert, Emmy, d. drei Doktorsbuben, s.: Kinderbibliothek, Nr. 7.

Seifert, E(mmy) s. Edelweiss. Erzählungen.... Nr. 74. 77. 82.

– Auf der Flucht, s. Immergrün.

– Der vereinsamten Helfer, s. Immergrün.

— der Höhlenvitus, s. Tannenzweige.

Der Höhlenvitus. Erzählung von Emmy Seifert. Mit Bild. Barmen: Wupperthaler Traktat-Ges. [1903]. (36 S.) 8⁰ (Tannenzweige. H. 20.)

— d. Kleinodien d. Kurfürstin, s.: Immergrün.

– Das Kreuz im Walde, s. Edelweiß.

– Ein Veldener Ratsherr, s. Immergrün.

– Eine Reise in Ostafrika, s. Immergrün.

– Aus Nürnbergs vergangenen Tagen, s. Edelweiß.

– Ein Talismann, s. Immergrün.

— die verlorene Urkunde, s.: Immergrün. 121.

— zwei Weihnachtsabende, s.a. Christblumen.

Zwei Weihnachtsabende. Eine Erzählung von Emmy **Seifert**. Ein Gottesgeschenk. Eine Erzählung von Robert P. G. Wendlandt. Mit Bild. Barmen: Wuppertaler Traktat-Gesellsch. [1905]. (78 S.) 8° [F.]
— **Christblumen**. Bdch. 17. 07. 10074

Zwei Weihnachtsabende. Erzählung von Emmy **Seifert** (a. d. Umschl.: E. Seiffert). Barmen: Wuppertaler Traktat-Gesellsch. [1905]. (44 S.) 8° [F.]
— **Tannenzweige**. H. 30. 07. 11141

— dasselbe, s.a. Tannenzweige.

— Michels erste Weihnachtsfeier. Der verlassene Knabe, s.: Edelweiß. Nr. 74.

Seifert, Ernst, lustiges Kinderbuch. (18 Bl. m. farb. Abbildgn.) Lex. 8. Wesel (908). W. Dums. Geb. 2. —

Seifert, F. A. J., allgem. neue tabellar. Procent-Berechnung über 1 Kreuzer — 6 Gulden vom Hundert, u. von 1 Gulden — 10,000 Gulden Kapital rc. rc. Mit 13 Tabb. Bamb., Lachmüller. 16 gr

Seifert, Friedr., die Reformation in Leipzig. Zur 400jähr. Geburtstagsfeier Dr. Martin Luthers hrsg. gr. 8. (VIII, 220 S.) Leipzig 883, Hinrichs'sche Buchh. *

Seifert, G., die Irrenheilanstalt in ihren administrativen, technischen u. therapeutischen Beziehungen nach den Anforderungen der Gegenwart dargestellt. Nebst den Planen einer Heilanstalt für 200 Kranke (auf 5 lith. Taf. in 4. u. Fol.), entworfen von C. Giese. Gekrönte Preisschrift. Leipzig 862. Naumann. 4. (VIII, 100 S.) n. 1 $\mathscr{f}$ 20 ngr.

Seifert, Glo., dem Andenken M. K. G. Boigt's. 4. Görl. 801.

— Beitr. zu d. evangel. Predigergeschichte in d. Sechsstädten d. Oberlausitz. 1e u. 2e Hälfte. 8. Görlitz 803.

(—) Beitr. zur Oberlausitzischen Presbyterologie. 4. Görlitz 798.

— Nachr. von d. Stadt- u. Landpredigern, die sich drei- u. viermal verehelicht haben. 8. Görl. 805.

— s. Verzeichniß der Prediger des Eigenischen Kreises.

Seifert, Gust., Wand-Alphabete. I. u. II. qu. gr. Fol. (à 4 Bl.) Berlin 882. (H. R. Mecklenburg.) à n. 1. 50
I. Deutsches Alphabet. — II. Lateinisches Alphabet.

Seifert, H., Dr. Markus Vetsch von Grabs u. seine Zeit. Ein histor. Versuch. [Aus der „St. Galler Zeitung."] St. Gallen 868. (Huber & Co.) 4. (V, 33 S.) n. 9 ngr.

Seifert, H. O. R. Liederbuch für christliche Schulen. Milw, c. 1866.

Seifert, Henr. Car. (geb. Frankenstein in Schles. 7. 5. 1832): De nonnullis morbis cutaneis. Berolini (1858). (27 S.) 8°
Berlin, Med. Diss. v. 1. Apr. 1858

Seifert, Huldr., Geschichte der evangelischen Kirche u. Gemeinde Ebnet. Zur Erinnerung an ihre erste Säkularfeier, Sonntags den 12. Oktbr. 1862. Mit (1 lith.) Abbildg. Herisau 1863. Meisel. gr. 8. (175 S.) n. 18 ngr.

Seifert, Huldreich, die Verarmung, ihre Ursachen und Heilmittel. 8. (76 S.) St. Gallen 855, Huber und Comp.

Seifert, Dekan Huldreich, kirchl. u. sittl. Zustände im evangel. Kantonstheile von St. Gallen. Vortrag bei Eröffnung der ordentl. Synode am 18. Juli 1843. gr. 8. St. Gallen 843, Scheitlin u. Zollikofer. 1/12 $\mathscr{f}$

Seifert, J., Kniestedt'sche Ahnentafel. Regensburg 1731.

Seifert, J., Geneal. Beschreibung derer Freyherren von Neuhauss in Greiffenfelss und Ehrenhauss. Regenspurg 1708. 12.

Seifert, J., Geneal. Beschreibung des Geschlechts der Graffen von Egg und Hungersbach. Regenspurg 1703. fol.

(Seifert, J.,) Geneal. Beschreibung derer Graffen und Herren von Stubenberg. Regensburg 1703. fol.

Seifert, J., Beschreibung des Geschlechts der von Pflug.

XXIV Anjetzo florirender hoher Familien, Kurtze Histor. und Geneal. Beschreibung (v. J. Seifert). O. O. 1708. 12.

Seifert, J., X. Anjetzo florirender Hoher Familien Kurtze Histor. u. Geneal. Beschreibung. Samt Wapen-Kupfern. Regenspurg 1710. 12.

Seifert, J.. Kurtze histor. und geneal. Beschreibung des uhralten und Hoch-Adelichen Hauses derer von Hahn. Regensburg 1716. 12.

Seifert, J., Genealogie derer Dümpffel. Regenspurg 1702. 4.

Seifert, J., Genealogie Hoch-Adelicher Eltern u. Kinder. 2 Thle. Regenspurg 1716—24. 12.

Seifert, J., Genealogie derer Hilmer. Regenspurg 1703. 4.

Seifert, J., Genealogie derer Seiferte. Regenspurg 1703. 4.

Seifert, J., Das hohe Haus derer Graffen und Herrn von Werthern. Regenspurg 1707. 12.

Seifert, C. J., Recht auf ein ander gehende Ahnen derer von Watzdorf. Regenspurg 1712. fol.

Seifert, J. Alexander Barclay's „Ship of Fools". Brünn, städt. R., 1884. 13 S. Progr.

Seifert, J., Stammtafel der Familie der Ritter von Urendorf. 1724.

Seifert, J., Stammtafeln gelehrter Leute. O. O. 1717. fol.

Seifert, Jh. Albr. Jos.

Seifert, J. A. J., das Bamberger Bier, oder praktische Verfahrungsweise, Handgriffe und Gewerbs-Vortheile beym Brauen des Bamberger Bieres. 8. Bamberg, Kunz. 817.

Seifert, Jh. Albr. Jos., (Oekonom u. Lieut.,) das Bamberger Bier, oder prakt. Verfahrungsweise, Handgriffe u. Gewerbs-Vortheile beim Brauen des Bamberger Bieres. Nebst e. Anh. u. 2 Tabb. 8. Bamb. 819. Kunz. 14 gr (Lachmüller). 12 gr

Seiffert, (Seifert) Jh. Albr. Jos., das Bamberger Bier, oder prakt. auf chem. Grundsatze gestützte Verfahrungsweise, Handgriffe u. Gewerbsvortheile beim Brauen des Bamberger Biers. 8. Bamberg 819. jetzt Dresch. 7/12 rf

Seifert, Jos., bildliche Darstellung z. Uebersicht aller, von Aussen am Pferde möglichst ersichtlich gemachten Fehler u. Krankheiten, als Leitfaden f. angehende Thierärzte, Officiere, Oekonomen, Curschmide u. Pferdeliebhaber. — Die Conturen der Pferde sind nach d. Original-Zeichnungen des Adolf Hess dargestellt, u. die Krankheitsformen nach der Angabe des Verf. der Natur gemäss aufgenommen u. lith. von Ad. Tilch. Roy.-Fol. (3 Taf. n. 2¼ B. Text in deutscher, französ. u. engl. Sprache in gr. 4.) Wien 842, (Gerold, Verl.) *

SEIFERT, JOSEPH: Zur Erinnerungsfeier der Kreuzeinweihung in der alten Au am 26. Juni 1869. 3 Holzschnitte. Pressburg 1896: Karl Angermayer. 8 S. - 8°

Lebenslänglich verhaftet! Singspiel in 1 Aufz. von Fritz Nowak, Musik von Josef Seifert, f. Solostimmen u. Männerchor mit Pianoforte oder Salonorchester... Regie-Buch. Als Ms. gedr. Magdeburg: Heinrichshofen [1907]. (26 S.) 8° [F.]. (08. 3273

Seifert, Julius: Katalog der Lehrerbibliothek. 8 (S. 1—29). Progr. Deutsche Staats-Rsch. *Karolinenthal* 1898. Nicht im Tauschverkehr.

— Zur Psychologie der Schreibfehler. 50. ibd. 04. Progr.

Seifert, Julius Die „Wit und Science"-Moralitäten des 16. Jahrhunderts. 8 (S. 3—32). Deutsche Staatsrsch. *Karolinenthal* 1892. Literarhistorischer Theil Metrischer Theil Nicht im Tauschverkehr. Progr.

SEIFERT, Karl, Altdeutscher Studentenspiegel. Bremen 1856. (In Dresden.)
P. E. Richter, Bibl. geogr. Germaniae. Lpz. 1896. S. 790.

Seifert, L., Tabellen zur Gewichtsberechnung v. Walzeisen u. Eisenconstructionen, s.: Scharowsky, C.

Seifert, Leo, s.: Album f. Liebhaber-Bühnen.

Seifert, Leo, die alten Griechen, s.: Album f. Liebhaber-Bühnen.

— Im bunten Rock, s.: Album f. Liebhaber-Bühnen.

Seifert, Manfred, a. Villingen, Assistenzarzt am städt. Krankenhaus Konstanz: Neuere Erfahrungen über Antistreptococcenserum speziell bei Puerperalfieber. Borna-Leipzig 1906: R. Noske. (20 S.) 8°
Freiburg i. B., Med. Fak., Ref. Krönig, Diss. v. 1906
[Geb. 27. April 80 Constanz; Wohnort: Constanz; Staatsangeh.: Baden; Vorbildung: Gymn. Baden-Baden Reife Juni 99; Studium: München 5, Freiburg i. B. 5 S.; Coll. 3. Aug. 06; Approb. 1. Mai 05.]

Seifert, Margit, die Frauenkrankheiten, deren Ursachen, Verlauf u. Heilung, nach den neuesten Erfahrgn. hrsg. Mit zahlreichen anatom. Abbildgn. u. e. Anh.: Die Pflege des Körpers vom Standpunkte der Hygiene u. Aesthetik. (236 S. m. Bildnis.) gr. 8. Leipzig (904). A. Strauch. n. 4.—; geb. n. 5.—

Seifert, Moritz, Karte der sächsischen Schweiz. 1 : 15,000. 1. Thl.: Karte der Umgegend von Bastei und Wehlen. Lichtdr. Imp.-Fol. Dresden 878, Axt. *
aufgezogen * *M* 7.; mit Stäben *
Mit Stäben und lackirt *

Seifert, M., Karte zu den Uebungen der combin. I. Infanterie-Division Nr. 23 zwischen Pirna und Dippoldiswalde im Septbr. 1377. 1 : 50,000. Autogr. gr. Fol. Dresden 877, (Burdach.) ** — 75

Seifert, M., Karte zu den Uebungen der combin. II. Infanterie-Division Nr. 24 westlich Chemnitz im Septbr. 1877. 1 : 50,000. Autogr. Fol. Dresden 877, (Burdach.) **

Seifert, Mor., Plan von Dresden und Umgegend. Neueste Bearbeitung. 1877 und 1878. 1 : 15,000. Chromolithogr. Imp.-Fol. Dresden 878, Burdach. * — 60

—— Plan der Lössnitz bei Dresden. 1 : 15,000. Chromolithogr. qu. gr. Fol. (Ebendas.) 876. 1 50

Seifert, Mor., Special-Karte des sächsisch-böhmischen Erzgebirges mit seiner Umgebung. 1 : 250,000. Photolithogr. und color. Imp.-Fol. Annaberg 883, Graser. * 1 —

Seifert, Mor., Special-Karte des Mulden- und Zschopauthales mit Berücksicht. der Umgegend von Chemnitz, auf Grund neuester Materialien hrsg. und gezeichnet. 1 : 125,000. 3. Aufl. Chromolithogr. Imp.-Fol. Chemnitz 881, Friese. * 1 20

Seifert, Mor., Special-Karte der Umgegend von Chemnitz, mit besond. Berücksicht. des Mulden- und Zschopauthales, auf Grund neuester Materialien hrsg. und gezeichnet. 1 : 125,000. 2. Aufl. Chromolithogr. Imp.-Fol. Chemnitz 879, Friese's Buchh. * 1 20

—— Special-Karte der Umgegend von Dresden und der Sächsischen Schweiz. 1 : 75,000. Nach der k. s. Generalstabskarte bearb. 2 Sectionen. Chromolithogr. Imp.-Fol. Mit Ortsverzeichniss. 8. (à 2 S.) Ebendas. 878.
cart. à Sect. *M* 1,25.; auf Leinw. à Sect. *
Zusammen cart. * *M* 2.; auf Leinw. cart. *
Inhalt:
Section 1. Umgegend von Dresden.
» 2. Die Sächsische Schweiz.

Seifert, Mor. Special-Karte der Umgegend von Dresden u. der sächsischen Schweiz. 1 : 75,000. Nach der k. s. Generalstabskarte bearb. (Neudruck m. Nachträgen 1891.) 2 Sectionen. Farbendruck. 31,5×47 cm. Dresd., Warnatz u. Lehmann. 1 25
Auf Leinw. 2 —; einzeln à — 75; auf Leinw. 1 —
1. Umgegend von Dresden. — 2. Sächsische Schweiz.

Seifert, Otto (Hrsg.), s. Abhandlungen, Würzburger, a.d. Gesamtgebiet d. praktischen Medizin.

Seifert, Otto, über Acetonurie. gr. 8. (15 S.) Würzburg 882. Stahel. n. — 80

Seifert, O., üb. Ankylostomum duodenale. [Aus: „Verhandlgn. d. phys.-med. Gesellsch. zu Würzburg".] gr. 8. (12 S. m. 1 Taf.) Würzburg 888. Stahel. n. 1. —

Seifert, Otto, üb. Aprosexia nasalis. [Aus: „Sitzungsberichte d. Würzb. phys.-med. Gesellsch."] gr. 8. (4 S.) Würzburg 891. Stahel. n. — 50

— üb. Asthma. [Aus: „Sitzungsber. d. Würzb. phys.-med. Gesellsch."] gr. 8. (8 S.) Ebd. 892. n. — 30

— u. Max Kahn, Atlas d. Histopathologie d. Nase, d. Mundrachenhöhle u. d. Kehlkopfes. Enth. 77 Fig. auf 40 Taf. in Farbendr. u. 8 Zeichngn. Fol. (VIII S. u. 40 Bl. Erklärgn. m. 1 Abb.) Ebd. 895. In Mappe n. 27. —

—— die Darmparasiten des Menschen, s. Sonderabdrücke der Deutschen Medizinal-Zeitung.

—— Demonstration von Beleuchtungsapparaten. gr. 8. (3 S.) Würzburg 885, Stahel'sche Universitäts-Buchh. — 30
Aus: Sitzungsberichte der physikalisch-medicinischen Gesellschaft zu Würzburg.

—— Demonstration eines neuen Zungen-Spatels. gr. 8. (1 S.) Ebendas. 886. — 15
Aus: Sitzungsberichte der physikalisch-medicinischen Gesellschaft zu Würzburg.

Seifert, über das Auer'sche Gasglühlicht. 8. (3 S.) Würzburg 887, Stahel'sche Universitäts-Buchh. — 15
Aus: Sitzungsberichte der physikalisch-medicinischen Gesellschaft zu Würzburg, besonders abgedruckt.
Vergriffen.

Geschichte der Laryngologie in Würzburg. Von Prof. Dr. Otto Seifert, Würzburg. Würzburg: C. Kabitzsch 1908. (68 S.) 8° [08. 4098]

Seifert, Otto, d. Gewerbekrankheiten d. Nase u. Mundrachenhöhle, s.: Vorträge, klin., aus d. Gebiete d. Otologie u. Pharyngo-Rhinologie.

—— über Influenza, s. Sammlung klinischer Vorträge.

— üb. Intubation d. Larynx. [Aus: „Sitzungsber. der Würzb. physikal.-medicin. Gesellsch."] gr. 8. (8 S.) Ebd. 890. n. — 60

—— über Cocain und Cocainismus. gr. 8. (12 S.) Ebendas. 886. * — 40
Aus: Sitzungsberichte der physikalisch-medicinischen Gesellschaft zu Würzburg, besonders abgedruckt.

Seifert, O., Krankenbogen f. d. rhino-laryngologische Praxis. Fol. (4 S. m. lith. Fig.) Würzburg 889. Hertz. à n. — 10; 200 B. m. Register geb. n. 6. —; 300 B. n. 8. —; 400 B. n. 10. —

— Krankenbogen f. die rhino-laryngologische Praxis. (2. Aufl.) Fol. (200 Schemata m. Abbildgn., Reg. u. 24 Bl.) Dresden 893. G. Hertz. In Leinw. geb. n.n. 6. —; 300 Schemata n.n. 8. —; 400 Schemata n.n. 10. —

Seifert, Otto, Lehrbuch der Kinderkrankheiten, s.: Gerhardt, Carl.

— die Nebenwirkungen der mod. Arzneimittel, s.: Abhandlungen, Würzburger, aus dem Gesamtgebiet der praktischen Medizin. I. 1.

Seifert, Otto, über die Nebenwirkungen der modernen Arzneimittel, s.: Abhandlungen, Würzburger, aus dem Gesamtgebiet der praktischen Medizin. V. 1.

– Über die Nebenwirkungen der modernen Arzneimittel, s. Abhandlungen, Würzburger, aus dem Gesamtgebiet d. prakt. Medizin. IX, 1. 2.

— Die tierischen Parasiten d. Menschen, s.: Braun, Max.

—— Recepttaschenbuch f. Kinder-Krankheiten. 1. u. 2. unveränd. Aufl. 12. (XII, 164 S.) Wiesb. 891, Bergmann. geb. * 2 80

– Recepttaschenbuch f. Kinderkrankheiten. 3. Aufl. 12. (XII, 176 S.) Wiesbaden 896. J. F. Bergmann. Geb. in Leinw. n. 2. 80

— Recepttaschenbuch f. Kinder-Krankheiten. 4. Aufl. 12. (XV, 216 S.) Wiesbaden 901. J. F. Bergmann. Geb. in Leinw. n. 3. 20

—— über Rhinolithen. gr. 8. (4 S.) Ebendas. 885. — 30
Aus: Sitzungsberichte der physikalisch-medicinischen Gesellschaft zu Würzburg.

—— und Friedr. Müller, Taschenbuch der medicinisch-klinischen Diagnostik. 1. und 2. Aufl. 8. (VII, 119 S. mit 41 Abbild.) Wiesbaden 886, Bergmann. geb. * 2 40

—— dass. — 3. und 4. verm. und verb. Aufl., besorgt von Friedr. Müller. Mit 60 Abbild. 8. (VII, 144; VII, 147 S.) Ebendas. 887. geb. * 2 80

—— u. Friedr. Müller. Taschenbuch der medicinisch-klinischen Diagnostik. 5. Aufl. Mit 50 Abbildgn. u. 1 color. Taf. (VIII, 164 S.) 889; 6. Aufl. Mit 52 Abbildgn. u. 1 color. Taf. (VIII, 168 S.) 890; 7. Aufl. Mit 59 Abbildgn. u. 1 color. Taf. 8. (VII, 174 S.) Ebd. 891. geb. * 3 20

— u. Frdr. Müller, Taschenbuch der medizinisch-klinischen Diagnostik. 8., verm. Aufl. 12. (VI, 192 S. m. 66 Abbildgn. u. 1 kolor. Taf.) Ebd. 893. Geb. in Leinw. n. 3. 20

— u. Frdr. Müller, Taschenbuch der medizinisch-klinischen Diagnostik. Mit 70 Abb. u. 1 kolor. Taf. 9. Aufl. 12. (VII, 222 S.) Ebd. 896. Geb. in Leinw. n. 3. 60

— u. Frdr. Müller, Taschenbuch der medizinisch-klinischen Diagnostik. Mit 87 theilweise farb. Abbildgn. 10. gründlich umgearb. Aufl. 8. (V, 238 S.) Ebd. 899. Geb. in Leinw. n. 4. —

— u. Frdr. Müller, Taschenbuch der medizinisch-klinischen Diagnostik. Mit 89 teilweise farb. Abbildgn. 11. Aufl. (VIII, 262 S.) 8. Wiesbaden 905. J. F. Bergmann. Geb. in Leinw. n. 4. —

— u. Frdr. Müller, Taschenbuch der mediz.-klinischen Diagnostik. 14. Aufl. (VII, 339 S. m. 106 z. Tl. farb. Abb.) 8. Wiesbaden 910. J. F. Bergmann. Geb. in Leinw. 4. 50
12. Aufl. (VIII, 303 S. m. 100 Abb.) 907. — 13. Aufl. (VIII, 313 S. m. 108 Abb.) 909. Geb. à 4. —.

—— Untersuchungen über die Wirkungsweise einiger neuerer Arzneimittel [Hydrochinon, Chinolinum tartaricum, Kairinum muriaticum]. gr. 8. (151 S. mit 15 eingedr. Holzschn.) Würzburg 883, Stahel'sche Universitäts-Buchh. *

—— über eine seltene Ursache von Reflexneurosen. gr. 8. (5 S.) Ebendas. 886. * — 40
aus: Sitzungsberichte der physikalisch-medicinischen Gesellschaft zu Würzburg, besonders abgedruckt.

Seifert, P., „die Fürbitte Jesu Christi, des treuen Hohenpriesters, für seine Gemeinde". Predigt über Joh. 17, 20—26 am Sonntage Laetare, den 22. März 1868 gehalten. gr. 8. (8 S.) Glatz 868, Hoffmann. **

Seifert, P., Leitfaden für den Confirmations-Unterricht. gr. 8. (IV, 56 S.) Neustadt O/S. 880. Pietsch Nachf. n.n. — 40

— dasselbe. 2., verm. Aufl. 8. (IV, 96 S.) Ebend. 881. n.n. — 50

Seifert, Paul, die Einrichtung des modernen Zeichensaales. (47 S. m. Abbildgn.) 8. Jauer 805. O. Hellmann. n. 1. —

Die Einrichtung des modernen Zeichensaales von Paul Seifert, Zeichenlehrer. Jauer & Leipzig: O. Hellmann 1905. (47 S.) 8° [F.] [06. 1903 2]

Seifert, Paul, üb. Schulbäder. Vortrag, geh. bei Gelegenheit d. Ausstellg. v. Erzeugnissen f. Kinderpflege, Ernährg. u. Erziehg. in Dresden Sommer 1895. [Aus: „Für Haus u. Schule".] gr. 8. (11 S.) Dresden 895. A. Köhler. — 50

Schweissen und Löten von Paul Seifert, Dipl.-Ing. Hannover: Jänecke [1910]. IV, 282 S. 8°
(Bibliothek d. gesamten Technik. Bd 154.)

Seifert, Ph.

— nosolog.-therapeut. Bemerkk. üb. die Natur u. Behandlung d. Scharlachfiebers. gr. 8. Greifsw. 827. Koch. 1 ß

Seifert, Phil., die Bronchiopneumonie d. Neugebornen u. Säuglinge, eine nosolog.-therapeut. Monographie. Nach eigenen Erfahrn. entworfen. gr. 8. (19¼ B.) Berlin 837, G. Reimer.

Seifert, Phil., († d. 17. Nov. 1845), Handbuch der Arzneimittellehre. Nach des Verf. Tode hrsg. u. bevorwortet von Baum. gr. 8. (442 S.) Greifswald 847, Bamberg. 1½ ß

Seifert, Phil., Handbuch der Arzneimittellehre. 2., durchaus umgearb. und verm. Aufl. von F. Laurer. gr. 8. (XXII und 494 S.) Greifswald 856, Bamberg.

Philipp Seifert

Ueber die neue französische Methode, Blasensteine ohne Steinschnitt zu entfernen. Von Philipp Seifert. Greifswald: Akadem. Buchh. 1826. VI, 93 S. 8°

Seifert, Ph., üb. die neue franzöſ. Methode, Blasensteine ohne Steinschnitt zu entfernen. gr. 8. Greifsw. 826. Koch. 14 ß

Philipp Seifert

Spicilegia adenologica. Berolini (1823:) Kraus. VI, 12 S. 8°
Berlin, Med. Diss. v. 10. Nov. 1823
2. Ex.: Mx 4° 38 (9)

Internat. Ständiger Verband d. Schiffahrt-Kongresse. Die Anwendbarkeit der Ergebnisse der Flügeleichungen auf die Messungen im fließenden Wasser. Im Auftr. d. Preuß. Minist. d. öff. Arb. f. d. 10. Internat. Schiffahrt-Kongr. in Mailand 1905 bearb. von R. Seifert, Reg.-Baumeister. Berlin: Kgl. Versuchsanst. f. Wasserbau u. Schiffbau [1905]. (33 S.) 4°

Seifert, R., üb. genossenschaftliche Gutsbewirthschaftung u. Antheilswirthschaft. gr. 8. (III, 124 S.) Leipzig 873. Schmidt & Günther. 1. 50

Seifert, R., die Landwirtschaft im Herzogt. Altenburg. Im Auftrage des landwirtschaftl. Vereins verf. gr. 8. (VII, 192 S.) Altenburg 886, (Bonde's Verlag.) ** 1 50

Seifert, R., Rechenbuch f. landw. Schulen, s.: Löser, F.

Seifert, Reinhold [Einj.-Freiw. Arzt aus Oppach bei Bautzen (Sachsen.)]: Ueber ein destruierendes papilläres Adenoma carcinomatodes des Dickdarmes ... München, Buchdr. v. M. Ernst, 1892; 25 S. 8.
München, Med. Fak., Inaug.-Diss. v. 1892

Seifert, Richard. Ueber die Einwirkung von Natriummerkaptid auf Phenylester. (Tübingen) Leipzig, 1885.

Seifert, Richard [aus Gössnitz (Sachsen-Altenburg)]: Zwei Fälle von Kleinhirntumor.... Freiburg i. Baden., Univ.-Buchdr. v. H. M. Poppen & Sohn, 1888; 41 S. + 1 Bl. 8°
Freiburg i. B., Med. Fak., Inaug.-Diss. v. 1888

Seifert, Rud., über Tuberkulose der Lungen nach dem neueren Standpunkte der Medicin. gr. 8. (80 S.) Wien 854, [Wallishausser's Hoftheater-Druckerei.] *

Seifert, Thdr., der Christen seliger u. heiliger Stand. 8 Predigten üb. d. Seligpreisgn. d. Bergpredigt, Matth. 5, 1—12. gr. 8. (77 S.) Gotha 899. G. Schloeßmann. n. 1. 20

Seifert, W. Specialkarte des gesammten sächsisch-böhm. Erzgebirges m. seiner Umgebung. 1 : 2,500,000. 3. Abdr. Steindr. u. kolor. 47×54 cm. Annaberg 892, Graser's Verlag. * 1 —

Seifert, W., üb. Vitin u. den Wachskörper der Traubenbeeren amerikanischer Reben u. deren Hybriden. (I. Mittheilg.) [Aus: „Sitzungsber. d. k. Akad. d. Wiss."] Lex.-8. (19 S. m. 1 Taf.) Wien 893. (F. Tempsky.) n. — 60

Seifert, W.: Über Vitin und den Wachskörper der Traubenbeeren amerikanischer Reben und deren Hybriden. I. Mitteilung (mit Taf.). S. 102. IIb. 675
Separatabdruck

Seifert, W., Zinsen-Tabelle. 16. (II, 14 S.) Berlin 883, (Kamlah's Verlagsb.) * — 60

Seifert, Walther: Aus der geburtshilflich-gynäkologischen Klinik zu Kiel. Ein Beitrag zur Schwangerschaft bei Uterus bicornis. *Neustadt O.-S. [1897]: R. Reichelt.* (27 S.) 8°
Kiel, Med. Diss. v. [23. Okt.] 1897

Seifert, Wilh., die Buchhaltung für Gewerbtreibende. 8. (15 S.) Dresden 865, Schöpff.)

Seifert, W. [Oberl. Dr.]: Gemeinfaßliche Geschichte der elektrischen Fernverständigung. Metz, Buchdr. v. Gebr. Lang, 1889; 53 S. 4°
Metz, L. P. 1889 (483)

Seifert, W., gemeinfaßliche Geschichte der elektr. Fernverständigung. gr. 4. (53 S.) Metz 890. (Leipzig, Fock.) n. 1 —

—— und Fr. Schubert, Handbuch für die sächsischen Börsen 1886—1887, enth. Nachrichten über notirte, oder sonst zur Ausgabe gelangte sächs. Börsenpapiere u. s. w. Ein Nachschlagebuch für Banquiers und Capitalisten. gr. 8. (XXXI, 243 S.) Leipzig 887, Gloeckner. * 4 50
geb. * 5 —

— — dasselbe. Nachtrag. gr. 8. (VIII, 88 S.) Ebd. 887. gratis

—— dass. — Nachtrag. gr. 8. (VIII, 88 S.) Ebendas. 888. gratis

Seifert, Wilh., das Leben der Berge. (18 S.) 8. Krems 906. F. Oesterreicher. n. — 50

und Fr. Schubert

— — Special-Supplement f. das Königr. Sachsen zu Saling's Börsenjahrbuch. Enthaltend alle an den sächs. Börsen gehandelten od. sonst ausgegebenen sächs. Werthpapiere. [Schluss der Redaction am 9. Juli 1888.] 3. (XVI, 207 S.) Ebd. 888. geb. n. 3. 50

Seifert, Wilh., der Kreis Striegau, nach seinen physischen und statistischen Verhältnissen dargestellt. 8. (III, 44 S. mit 1 lithogr. Karte) Striegau 884, Nahlick's Buchh. * — 50

Seifert, Wilh., zur Währungsfrage in Deutschland. Ein Vortrag. gr. 8. (48 S.) Dresden 887, v. Zahn und Jaensch. * 1 —

Seifert, Willy, die im Königr. Sachsen geltenden fischereipolizeilichen Vorschriften. Textausgabe m. Sachregister. (28 S.) 12. Dresden (903). C. C. Meinhold & Söhne. n. — 40

Seifert, Willib., üb. die Integration der Differentialgleichung $(t-a)(t-b)(t-c)\frac{d^2y}{dt^2} + (a + bt + ct^2)\frac{dy}{dt} + (b + et)y = 0$. Inaugural-Dissertation. gr. 4. (30 S.) Göttingen 875. (Vandenhoeck & Ruprecht.) n. 1. 60

Seifert-Geba, Otto, ein Held der Arbeit. Bilder aus dem Leben e. Rhöndorfes. (168 S.) 8. Meiningen 905. (L. v. Eye.) n. 2. —

Seifert-Grüna, Fritz, das Haus Gerson. Eine Kaufmanns-Komödie in 3 Aufzügen. (123 S.) kl. 8. Leipzig-Leutzsch (910). B. Küchler. (Nur direkt.) 2. 80

Seifert-Grüna, Fritz, Streublumen. Gedichte. 8. (IV, 74 S.) Dresden 902. E. Pierson. n. 1.50; geb. n. 2. 50

Seifert-Schubert's Special-Supplement für das Königreich Sachsen zu Saling's Börsenjahrbuch, s. Seifert, Wilhelm: Handbuch für die sächsischen Börsen ...

Seifert von Tennecker, Capitain und Commandant des k. sächs. Train-Bataillons. Memoiren über den Dienst des Artillerie- und Militär-Fuhrwesens, sowie der Fuhrwesens-Wirthschaft überhaupt, für Officiers und Unter-Officiers des Artillerie-Trains, des Commissariats und des sämmtlichen Armeefuhrwesens.
8. Freyberg 1811.

Seiferth, J. Praktischer Führer f. Arbeitgeber u. Arbeiter zum Invaliditäts- u. Altersversicherungs-Gesetz in seiner Anwendg. in Bayern. Mit Tabellen u. Beispielen. 12. (VII, 112 S.) Münch. 891, Gerber. * — 25

Seiferth, J., der Gemeinde-Bevollmächtigte. Eine Sammlg. sämtl. gesetzl. u. verordnungsmäß. Bestimmgn. üb. Beruf, Bestellg., Wahl, Wirkungskreis u. Geschäftsgang der Gemeinde-Bevollmächtigten in Gemeinden m. städt. Verfassg. In 2. Aufl. nach dem derzeit. Stande der Gesetzgebg. u. der Rechtsprechg. des Verwaltungs-Gerichtshofes f. den prakt. Gebrauch neu bearb. u. durch e. Anh.: „Die bürgerl. Ehrenstellen" bedeutend erweitert v. Karl Hatzold. (136 S.) 8. München 895. Buchdruckerei u. Verlagsanstalt C. Gerber. Kart. n.n. 1. 20

Seiferth, Jh. Gli., s.a. Nachr. von Erbauung des Flachses.

Seiferth J. G.: Nachricht v. Erbauung u. Zurichtung d. feinen Flachses ... Ingleichen v. der ... in Schottland eingeführten Methode, neues u. ungebauetes Land mit wenig Kosten anzubauen. Aus engl. Urkunden gesamm. Dresd. 1780. 238 S.

Seifertshausen [Schlagwort]

Seifertshausen, s.: Geologische Karten (Preussen).

Seifertshausen, s.: Preussen. Messtischblätter.

SEIFF, FRANCISCUS JOSEPHUS: Modicum quid de Deo e vicino et Deo de longe. Etwas Weniges von dem naher und entfernten Gott oder Lob- und Ehren-Rede ... der Allerheiligsten Dreyfaltigkeit vorgetragen in der Kirche ... zu Groß Comorn 1744. Raab (1744): Streibig. (6 f.) - 4°

Seiff, Hnr., Sylbenräthsel u. Lieder. 12. Königsb. 816. Unzer. 16 gr

Seiff, Johann Christoph (Frankfurt/M.) A.S. 283/19

Dissertatio inauguralis iuridica, de divortio totali, seu quoad vinculum, lege evangelii licito.
Präs. Johann Friedrich Kayser.
Giessen (Lammers) XI. 1740. 124 S.

Gew.: Stadt Frankfurt/M.
W. v.: Präs. und 32 andere. 32322

Seiff, Jul., Reisen in der asiatischen Türkei. gr. 8. (VIII, 533 S. mit eingedr. Holzschn.) Leipzig 875, Hinrichs'sche Buchh. ℳ 7,50.; geb. 8 75

Seiffart, die Massage in der Gynäkologie. gr. 8. (54 S. mit 14 Abbild. im Text.) Stuttgart 888, Enke. * 1 60

Seiffart, Hans (Martin Ferd. Paul) (geb. Erdmannsdorf in Schl. 16. 11. 1858). Beiträge zur Diphtheritis und Croup-Statistik. Berlin (1882) (28 S.) 8°
Berlin, Med. Diss. v. 24. Juli 1882

Kayser, Jo. Friedr. [Präs.] u. Jo. Ludw. Seiffart (Alsfeld) [Resp.]
Disputatio inauguralis juridica de poena regradationis tam ecclesiasticae quam civilis.
Giessae 3. Juni 1728: Joh. Reinh. Vulpius. 64 S. 4°
pro summis in utroque iure honoribus et privilegiis doctoralibus majorum more rite obtinendis.

Seiffart, Konrad Heinrich (Alsfeld) A.S. 14/6

Dissertatio inauguralis juridica, de commodis in incommodis ex adhaesione appellationis in partes litigantes redundantibus, occasione pr. legis fin. c. de appel.
Präs. Lukas Frantz.
Giessen (Vulpius) VI. 1719. 47 S.

Gew.: Johann und Philipp Helfrich von Frantz.
W. v.: Bernhard Ludwig Mollenbek, Melchior Dethmar Grolman, Immanuel Weber, Jeremias Lorenz Franc., Johann Nikolaus Schedell. 32326

Seiffart, Selmar

Seiffart, S., astronomische Jugend-Abende. br. 8. (VI und 160 S. mit 6 Stnt. in gr. 8. und 4. und lithogr. Titel.) Berlin 865, C. Heymann's Verlag. cart.

Seiffart's, Selmar, astronomische Jugend-Abende. Neue Ausg. gr. 8. (VI, 160 S. m. eingedr. Holzschn. u. 6 Steintaf.) Berlin 871. Bichteler & Co. geb. m. Goldschn. 4. —

— das Sonst, das Jetzt u. das Dereinst unserer Erde. 11 Vorträge. Mit 4 (eingedr.) Abbildgn. (in Holzschn.) u. 1 (lith.) Tab. (in qu. 4.) gr. 8. (VI, 170 S.) Leipzig 874. Wölfert. n. 4. 50

— dasselbe. 2. Aufl. gr. 8. (VI, 170 S.) Ebend. 875. n. 2. —

Seiffart, Selmar, lehrreiche Unterhaltungen für die Jugend. gr. 8. (172 S.) Leipzig 876, Wölfert's Buchh. * 1 50

Seiffart, Selmar, was die Jugend wissen muß, oder: Die Pfingstferien der Gebhardt'schen Kinder. Ein Lehrbuch wissenswerther Gegenstände aus dem Gebiet der Physik, Technologie, Naturgeschichte, Astronomie, Geologie, Industrie und Landwirthschaft. gr. 8. (172 S. mit 4 Stnt.) Leipzig 874, Wölfert. *

Seiffart von Klettenberg, Remigius (Frankfurt/M.)
A.S. 1308/16

Osteologiae compendium. Präs. Lorenz Heister. Altdorf (Kohles) 20. XII. 1715. 24 S., 1 Taf.

Gew.: Johann Erasmus von Klettenberg. 32329

Seiffensieder, s.a Seifensieder

Der *Seiffensieder*, Kerzen- u Lichtzieher, nebst einem Zusatze v. bewährten u. wohl eintragenden Wissenschaften. Frankf. 1748 210 S. [Rigtig Titel, Sted og Aar?? Titelbl. mgl.]

Seiffer, Fr. Wilh. [app. Arzt aus Geislingen a. d. St. '(Württemb.)']: Störungen des Sehorgans bedingt durch Erkrankungen der Stirnhöhlen ... Strassburg i. E., Buchdr. C. Gœller, 1895; 40 S. 8.
Strassburg, Med. Fak., Inaug.-Diss. v. 1895

Seiffer, Wilhelm. Atlas u. Grundriss der allgem. Diagnostik u Therapie der Nervenkrankheiten, s.a. Lehmann's medizinische Handatlanten.

Atlas und Grundriss der Allgemeinen Diagnostik und Therapie der Nervenkrankheiten von Dr. W[ilhelm] Seiffer, Privatd., Berlin. Mit e. Vorw. von Prof. Dr. (F[riedrich]) Jolly, Berlin. Mit 26 Taf. u. 264 Abb. München: J. F. Lehmann 1902. (XIII, 379 S.) 8°
(Handatlanten, Lehmanns Medizinische. Bd 29.)

Seiffer, Wilh., über die Geschwülste des Kleinhirns u. der hint. Schädelgrube, s.a. Klinik, medizin. Beihefte.

Über die Geschwülste des Kleinhirns und der hinteren Schädelgrube. Von Prof Dr [Wilhelm] Seiffer, Berlin Berlin Urban & Schwarzenberg 1907 (32 S.) 8°
= Klinik, Medizinische Beihefte Jg 3, H 1 [illegible]

— das spinale Sensibilitätsschema zur Segmentdiagnose der Rückenmarkskrankheiten. Mit 19 Zinkogr. gr. 8. (48 S.) Berlin 901. A. Hirschwald. n. 1.20
Sonderabdruck a.: „Archiv f. Psychiatrie u. Nervenkrankh."

— spinales Sensibilitätsschema f. die Segmentdiagnose der Rückenmarkskrankheiten zum Einzeichnen der Befunde am Krankenbett. schmal hoch 4. (40 Taf. m. 5 S. Text.) Ebd. 901. n. 1.20

Seiffer, W., spinales Sensibilitätsschema f. die Segmentdiagnose der Rückenmarkskrankheiten zum Einzeichnen der Befunde am Krankenbett. 2. Aufl. (40 Bl. m. 7 S. Text.) schmal Lex.-8. Berlin 906. A. Hirschwald. n. 1.20

— hysterische Skoliose bei Unfallkranken. (16 S. m. 4 Abbildgn.) Lex.-8. Ebd. 904. n.n. — 50
Sonderabdruck aus: „Charité-Annalen".

Seiffert, s.a. Seifart – Seifert – Seuffert – Seyffahrt – Seyffert.

Seiffert, Anhaltspunkte f. die Instruktion der Unteroffiziere u. Patrouillenführer üb. Frankreich u. die französische Armee. gr. 8. (16 S. m. Fig.) Metz 899. Deutsche Buchh. — 30

Seiffert, die Erkrankungen d. Zinkhüttenarbeiter u. hygien. Maassregeln dagegen. [Aus: „Deutsche Vierteljahrsschr. f. öffentl. Gesundheitspflege".] gr. 8. (39 S.) Braunschweig 897. (F. Vieweg & Sohn.) n. 1.—

Seiffert, Reiseprediger: Der Fluch des Branntweins. Referat. Liegnitz 1893. 8°

Seiffert, Säuglingssterblichkeit, Volkskonstitution und Nationalvermögen. (30 S. m. 3 Taf.) gr. 8. Jena 905. G. Fischer. n. 1.50
Sonderabdruck aus: „Klin. Jahrb."

— kurzer Ueberblick üb. die Geschichte des 2. hannoverschen Ulanen-Regiments Nr. 14 u. des ehemaligen königl. hannoverschen Garde-Kürassier-Regiments, m. dem ersteres durch Allerhöchste Kabinets-Ordre v. 24. I. 1899 als eins anzusehen ist u. der Träger v. dessen Ueberliefergn. es hinfort zu sein hat, nebst e. Ueberblick üb. d. Vorgeschichte der Ulanen in der preuß. Armee. Für die Mannschaften d. Regiments zusammengestellt. 8. (94 S.) Ebd. 900. — 75

Seiffert, A. J., die Leiden, welche sich aus der Beschäftigung der Zahnärzte u. Zahnkünstler entwickeln, ihre Verhütg., Besserg. u. Heilg. gr. 8. (IV, 39 S.) Dresden 890 Weiske. n. 1.—

Seiffert, Ab., Andacht bei d. 14 Stationen, nach des gottseligen Tauber neu bearb. Betrachtt. üb. das Leiden Christi, nebst e. Zugabe. 12. Münch. 828. Giel. (Barth in Leipz.) 4 gr

— s. Buch, das, von der Nachfolge Mariä.

Seiffert, Albr., Lindau und seine Umgebungen. 16. (IV und 99 S. mit einer lithogr. Ansicht von Lindau.) Lindau 855, Stettner. *

Drei Lieder für Männerchor, komp. von Alexander Seiffert Op 43 No 1–3. *Munster i. W.: E. Bisping [1901]* 3 Bde 4°
1. Der Kindheit Melodie (Gedicht von A. Lundehn)
2. O Muttersprache (Aus e. Gedicht von Klaus Groth) mit Barytonsolo ad libit
3. Wasserfahrt [illegible]

Seiffert, Alfred: Über eine neue geometrische Einführung in die Theorie der elliptischen Funktionen. Nebst e. Taf. Charlottenburg, 896; 29 S., 1 Taf. 4.
Charlottenburg, st. R, OP 1896 (127)

Seiffert, Kelsch u. Weidlich, die Geschäftsordnung f. die Gerichtsschreibereien d. preuß. Amtsgerichte, s.: Hilfsbücher f. den gerichtl. Sekretariats- u. Kassendienst. III.

Seiffert, Alfred: Die Herstellung der Raumgebilde als Ausgangspunkt Entwicklungsprinzip und Endziel des geometrischen Unterrichts. Charlottenburg 1899: A. Gertz. (21 S.) 4°
Charlottenburg, st. OR, OP 1899 (130)

Seiffert, Alex. [illegible] Ueber Todesursachen der Kinder während der Geburt. Berlin (1873). (28 [illegible] S.) 8.
Berlin, Med. D. [illegible]

Seiffert, Bernhard: Aus alten Akten des Strausberger Stadtarchivs. Kurfürstliche und königliche Edikte aus dem 16. bis 18. Jahrhundert betr. Toleranz und Sonntagsheiligung, Luxus in Sitte und Tracht, Verkehr u. a. Krotoschin 1909: Kosmäl. 39 S. 8°
Krotoschin, k. Wilhelms-G OP 1909 (227) [S 09.438

Seiffert, B[ernhard]: Zum dreißigjährigen Krieg. Eigenhändige Aufzeichnungen von Stadtschreibern u. Ratsherren d. Stadt Strausberg. Aus d. Perlitz'schen 'Handschriftlichen Beschreibung' u. d. Archiv d. Stadt gesammelt, ergänzt u. geordnet. *Krotoschin (1902): Kosmal.* (47 S.) 8° • (Weiteres erscheint seiner Zeit in einer 'Geschichte d. Stadt Strausberg'.)
Krotoschin, k. Wilhelms-G, OP 1902 (176)

Seiffert, B[ernhard], Prof.: Zum dreißigjährigen Krieg. Regesten aus dem städtischen Archiv zu Strausberg, gesammelt und geordnet Krotoschin 1905: Kosmäls Buchdr. (52 S.) 8° [F.]
Krotoschin, k. Wilhelms-G OP 1905 (190)

Seiffert, B.: Urkunden und Nachrichten zur Geschichte der Stadt Strausberg. (I. Theil.) Strausberg, Buchdr. v. A. Kobisch, 1890; S. 8—82; 4⁰
Strausberg, RPG, P 1890

Seiffert, C., aus Jugendtagen. Verse. (XVI, 270 S.) gr. 8. Braunschweig 903. Leipzig, R. Sattler. n. 4. —; geb. n. 5. 50

Seiffert, C. H., die Verfassungs-Grund-Gesetze d. Hrzgth. Braunschweig. Alphabet. nach d. Materien geord. gr. 8. (14½ B.) Braunschweig 833, G. C. E. Meyer.

Seiffert, E., Observationes ad Theocriti Pharmaceutrias. Pr. 1875. 11 S. 4⁰.

Seiffert, Emil [aus Glogau]: Zwei Fälle von malignen Neubildungen in alten Strumen . . . Würzburg: Etlinger's Buchdr., 1890. 40 S., 1 Bl. 8⁰
Würzburg, Med. Fak., Inaug.-Diss. v. 1890

Seiffert, Ernst [aus Berlin]: Über Antifebrin und seine Anwendung beim akuten Gelenkrheumatismus . . . . Berlin, Buchdr. v. Gustav Schade (Otto Francke) (1887); 30 S. + 1 Bl. 8⁰.
Berlin, Med. Fak., Inaug.-Diss. v. 6. Aug. 1887.

Seiffert, Ernst, über Antifebrin und seine Anwendung beim akuten Gelenkrheumatismus. Diss. Berlin 1887, Mayer & Müller. 8⁰. 30 S.

Seiffert, Ernst Der lateinische Aufsatz in Obersekunda. 17 S. **Progr.** *G. Liegnitz* 1885.

Seiffert, F., **& Co.**: Kompensations-Vorrichtungen. Berlin 1904

Seiffert, F., **& Co.**: Maschinenfabrik und Eisengießerei, Prospekt über Rohrleitungen für Hochdruck. Berlin und Eberswalde (1903?). Fol.

Seiffert, Friedr., Anweisung z. Einrichtung u. Führung amtl. Registraturen, besond. f. königl. Rentämter. 8. (2 B.) Nördlingen 838, Beck'sche Buchh. •

—— **Handbuch** d. Rentamtsadministration. (12 Hfte.) gr. 8. (58½ B.) Nördlingen 839, Beck'sche Buchh. •

—— dass. — Supplement. gr. 8. (15¾ B. u. 18 Tab.) Ebds. 840. •
Dient auch als Supplem. zu nachstehendem Werke.

Seiffert, Fr., Hilfsbuch für rentamtliche Geschäftsführung u. den Finanz-Rechnungs-Commissariats-Dienst. Eine Ergänzung dessen Handbuchs zur Rentamts-Administration u. Supplement, so wie zu allen ähnlichen Werken. gr. 8. Nürnberg 843, Schrag. 1⅛ ℳ

—— cameralist., vorzügl. z. **Rentamtsdienste** ressortir. Resolvirungs-Tabellen. Mit Bezug auf d. betreff. k. bayer. Verordnn. bearb. qu. gr. 4. (16 B., incl. 2 lith.) Nördlingen 837, Beck'sche Buchh.

Seiffert, Friedr. Gust., über das Verhältniß des Christenthums zu den verschiedenen Regierungsformen und dem Staatsbürgerthume im Lichte unserer Zeit. Für gebildete Christen bearb. 8. (IV und 109 S.) Grimma 852. [Wurzen,] Verlags-Comptoir. *

Seiffert, Fritz

Seiffert, F. Ein Namenbuch zu den altfranzösischen Artusepen. I. Diss. Greifswald 1882. 43 S.

Seiffert, Fritz, e. Namenbuch zu den altfranzösischen Artusepen. gr. 8. (III, 143 S.) Greifswald 885. J. Abel. n. 2. 80

Seiffert, Gustav: ⟨Aus d. kgl. Inst. f. experim. Therapie zu Frankfurt a. M.⟩. ⟨Dir. Ehrlich.⟩ Bakteriol.-hyg. Abt.: Neisser. Studien zur Salmonellagruppe ⟨Paratyphus-B-Gruppe⟩. Leipzig: Veit 1909. 20 S. 8⁰ ¶(Aus: Zeitschr. f. Hygiene u. Infektionskrankh. Bd 63.)
Freiburg i. B., Med. Diss. v. 1910, Ref. Schottelius
[Geb. 12. Juli 84 Düsseldorf; Wohnort: Frankfurt a. M.; Staatsangeh.: Preußen; Vorbildung: Gymn. Düsseldorf Reife O. 03; Studium: Gießen 1, Bonn 4, Freiburg i. B. 5 S.; Coll. 22. Jan. 09.] [U 10. 1003

Seiffert, H.: Chronik der Schützengilde zu Brieg für die Jahre 1845—1883. Brieg, 1883, 34 S. 749

Seiffert, H., Ortschafts-Verzeichniß der Provinz Schlesien u. Nachweis der Kreise u. Amtsbezirke sowie der Namen u. Wohnsitze der Amtsvorsteher u. deren Stellvertreter. Nach den Tableaux der Amtsbezirke zusammengestellt. gr. 8. (236 S.) Brieg 874. Lebek & Weigmann. n. 4. —

Seiffert, Henricus *(geb. Brieg 1. 3. 1833)*: De aneurysmatis arcus aortae. Vratislaviae (1854). (32 S.) 8⁰
Breslau, Med. Diss. v. 1. Apr. 1854

Seiffert, Heinrich, appr. Arzt: Zur Lehre von der Pseudologia phantastica. Heidelberg 1909: Hörning. 141 S. 8⁰
Heidelberg, Med. Diss. v. 13. Okt. 1909, Ref. Nißl
[Geb. 17. Febr. 80 Rügenwalde; Wohnort: Kamerun; Staatsangeh.: Preußen; Vorbildung: Gymn. Belgard Reife O. 00; Studium: Heidelberg 4, Kiel 1, Berlin 2, Wien 1, Breslau 2, Straßburg 1 S.; Coll. 22. April 07; Approb. 3. Okt. 07.] [U 10. 2096

Seiffert, Joh., Gebäude aus transportfähigen Einzelräumen, s.: **Jäger, Joh.**

Seiffert, Jh. Albr. Jos., s. Seifert, Jh. Albr. Jos.

Seiffert, Johs., die Verirrungen des menschlichen Geistes, als Zeitkrankheiten auftretend. gr. 8. (104 S.) Leipzig 886, Mutze. * 1 50

Seiffert, Karl, der Alkoholgenuß u. seine Folgen, vom wissenschaftlichen u. praktischen Standpunkt des Arztes aus dargestellt. (63 S. m. Abb. u. 2 Taf.) gr. 8. Beuthen O.-S., 903. Oberschles. Bezirksverein gegen den Mißbrauch geistiger Getränke (Geschäftsstelle: Graf Schaffgotsch'sche Verwaltg.) — 60

Seiffert, Karl, Ergebnisse des Unterrichts in der Harmonielehre an Lehrerseminaren. gr. 8. (51 S.) Bremen 898. Praeger & Meier. n. 1. 20

Seiffert, K[arl]: Über gegenwärtige Fragen im höheren Schulwesen. Eine Übersicht f. d. Eltern unserer Schüler. Waldenburg: Glaeser (1910). 19 S. 4⁰
Waldenburg i. Schl., st. ev. G OP 1910 (297) [S 10. 411

SEIFFERT, Karl (Strelitz): De litholapaxia. (Titel nach der Urkunde)
21.6.1884 - Urk; Chr 1883/84,14
Diss.Ingolst.-Landsh.-Mchn.

— s.: Opernführer.

Albert Lortzing's komische Opern Die beiden Schützen und Der Wildschütz oder Die Stimme der Natur. Textl. u. musikal. erl. von Karl **Seiffert**. *Leipzig: H. Seemann Nachf. [1902]*. (56 S.) 8⁰ [F.]
— Opernführer. No 74. [03. 1847

Der Waffenschmied. Komische Oper in 3 Akten von Albert Lortzing. Textl. u. musikal. erl. von Karl **Seiffert**. *Leipzig: H. Seemann Nachf. [1901]*. (35 S.) 8⁰ [F.]
— Opernführer. No 61. [03 5476

Festlied zur Vorfeier des 15. October in der Loge Horus. Preussens „Vorwärts". [Von Arminius.] Musik v. L. T. Seiffert. Breslau 1849. 1 Bl. 4°. [Kopftit. Steindruck.]
„Vorwärts ist das hohe Ziel . . ."

Seiffert, Leo, appr. Arzt, a. Saarbrücken: **Aus dem Bürger-Hospital zu Saarbrücken (Sanitätsrat Dr. med. Jüngst). Über einen Fall von eingeklemmtem Nabelschnurbruch nebst kasuistischen Beiträgen.** Breslau 1905: O. Opitz, Namslau. (43 S.) 8°
Breslau, Med. Fak., Ref. Küstner, Diss. v. 14. Nov. 1905
[Geb. 22. Febr. 77 Grottkau; Wohnort: Saarbrücken; Staatsangeh.: Preußen Vorbildung: Friedrichs-Gymn. Breslau Reife O. 98; Studium: Breslau 9 S.; Coll. 2. Aug. 05; Approb. 15. Juli 05.]

Seiffert, M.: Die Mutter als Erzieherin ihrer Töchter u. Söhne, s. Klencke, Herm.

Seiffert, Max: Technische Anleitung zur mikroskopischen Diagnostik, s. Bibliothek, Medicinische, für praktische Ärzte.

Seiffert, Max (Hrsg.), s. Buxtehude, Dietrich: Abendmusiken und Kirchenkantaten.

Seiffert, Max, Geschichte der Klaviermusik. Hrsg. als 3., vollständig umgearb. u. erweit. Ausg. von C. F. Weitzmann's Geschichte d. Klavierspiels u. d. Klavierlitteratur. Nebst e. Anh.: Geschichte des Klaviers v. Osk. Fleischer. 1. Bd. Die ältere Geschichte bis um 1750. gr. 8. (X, 461 S.) Leipzig 899. Breitkopf & Härtel. n. 8. —; geb. n. 9. —

Nürnberger **Meister** der zweiten Hälfte des 17. Jahrhunderts. Geistl. Konzerte u. Kirchenkantaten. Hrsg. von Max Seiffert. Leipzig: Breitkopf & Härtel 1905. (XV, 195 S.) 2°(4°)
— **Denkmäler** deutscher Tonkunst. Folge 2. Jg. 6, Bd 1. [06. 2943]

Seiffert, Max [aus Beeskow]: **J. P. Sweelinck und seine direkten** deutschen Schüler. . . . (Vollst. ersch. in: „Vierteljahrsschr. f. Musikwiss. 1891. H. 2.) Leipzig, Druck v. Breitkopf & Härtel, 1891; 2 Bl., 42 S., 1 Bl. 8°
Berlin, Phil. Fak., Inaug.-Diss. v. 24. Apr. 1891

– (Hrsg.), s. Tunder, Franz: Gesangswerke.

Aus d. Univ.-Kinderklinik (Dir. Med. R. Prof. Dr. Soltmann) Leipzig. Die Versorgung der Großstädte mit Kindermilch. Notwendigkeit, Mittel u. Wege ihrer Umgestaltung. Von Dr. Max **Seiffert**, Privatd. zu Leipzig. (Als Ms gedr.) Hamburg: Allgem. Ausstellung f. hygien. Milchversorgung 1903. (16 S.) 8°

Seiffert, Max, die Versorgung der großen Städte mit Kindermilch. I. Tl.: Die Notwendigkeit e. Umgestaltg. der Kindermilcherzeugg. Mit 4 Kurventaf. (278 S.) gr. 8. Leipzig 904. A. Weigel. n. 6. —

– (Hrsg.), s. Zachow, Friedr. Wilh.: Gesammelte Werke.

Seiffert, O., logarithmische Hilfstafel zur Berechnung der Fehlergleichungs-Koeffizienten beim Einschneiden nach der Methode der kleinsten Quadrate. **Lex.-8.** (19 S.) Halle a/S. 892. E. Strien. Kart. n. 2. —

Seiffert, O., vierstellige polygonometrische Tafeln zur Berechnung u. Sicherg. der Koordinatenunterschiede m. der Rechenmaschine. (34 S.) 24,5×14 cm. Braunschweig 907. F. Vieweg & Sohn. Kart. 2.50

Seiffert, Otto, Bergreferendar aus Halle a. S.: **Beiträge zur Kenntnis der Ozokerit führenden miozänen Ablagerungen bei Boryslaw am Nordrande der Karpathen.** *Halle a. S. 1902: E. Karras.* (27 S.) 8°
Würzburg, Phil. Diss. v. 1902

Seiffert, Otto [aus Brieg]: Beiträge **zu den Theorieen des Syllogismus** und der Induktion . . . . Breslau, Druck v. **Brehmer & Minuth,** 1888; 1 Bl. + 49 S. + 1 Bl. 8°
Breslau, Phil. Fak., Inaug.-Diss. v. 25. Febr. 1888

Seiffert, O., Beiträge zu den Theorieen d. Syllogismus u. der Induction. gr. 8. (49 S.) Breslau 888. (Leipzig, Fock.) n. 1. —

Seiffert, Otto [wiss. Hilfsl. Dr.]: Der Einfluss der formalsprachlichen Bildung auf das menschliche Denken. (Th. 1.) Lauban, Druck v. A. Ludwig, 1893; 1—26 S. 4.
Lauban, k. G, P 1893 (194)

Seiffert, Otto [Wiss. Hilfsl. Dr.]: Der Einfluss der formalsprachlichen Bildung auf das menschliche Denken. ([Umschlagt.:] Der Einfluss ... Denken: Sprache u. Anschauung.) Tl 2. (Forts. d. P-Beil. 1893.) Lauban, Druck v. M. Baumeister, 1896; 1—32 S. 4.
Lauban, k. G, P 1896 (196)

Seiffert, Paul, Johannes Falk. Festspiel in 3 Aufzügen. (36 S.) 8. Berlin 910. Buchh. des ostdeutschen Jünglingsbundes. 1. —

Seiffert, R., die Vereinigten Staaten von Nord-Amerika und die Auswanderungsnoth in Oesterreich vom socialen und volkswirthschaftl. Standpunkte beleuchtet. gr. 8. (72 S.) Wien 866, v. Waldheim. *

Seiffert, Rud. Kochin-Arbeiten [Tuberculinum Kochii] im Alexianer-Hospital in Chicago. I. [März u. April 1891.] Berichte u. Orig.-Abhandlgn. Lex.-8. (34 S.) Chicago, Ill., 891, Koelling u. Klappenbach. * 2 —

Seiffert, W., s. Seifert, Willib.

TRICHTER, Valentin (d. i. *Christian Ehrenfried Seiffert v. Tennecker*, Major der Reiterei u. Oberpferdearzt, geb. am 10. April 1770 zu Bräunsdorf bei Freiberg, hieß nach seinem Vater Seiffert, nahm aber später von seiner Mutter deren Familiennamen „von Tennecker" an, † zu Dresden, als ehemal. Direktor der dortigen Thierarzneischule, am 23. Novbr. 1839). Lebensgeschichte der Mecklenburgischen Stute Amante, von ihr selbst erzählt und ins Reine gebracht von —. 2 Bdchn. Mit TKpfrn. Leipzig, 1804, bei Theod. Seeger. 8°.
Harmloser Roman. — Tit., 2 Bl., 144 u. 140 S., nebst 1 Bl. Inh. bei jedem Bde.
— — Dasselbe. 2. verbesserte Auflage. Mit 2 Kpfrn. Leipzig. Liebeskind, 1831. 8°.
A. G. Schmidt. Gallerie etc. — Fehlt Kayser untr Romanen 1827 u. 1836.

[F.] . . . 1846—1896. Fünfzig Jahre im zweiten Vaterhause. (F. Gabe z. Feier d. 50j. Bestehens des Pestalozzistiftes zu Dresden.) Das Leben, d. Beschäftigg u. d. Erziehg d. Zöglinge d. Pestalozzistifts in Dresden dargest. in Wort u. Bild v. Friedrich **Seiffert**h, Dir. *Dresden: A. Köhler (1896).* (132 S., 1 Portr.-Taf., 2 Portr., 6 Taf.) 1 Bd 8. [96. 8056]

Seiffge, Fr., Choral- und Arienbuch. qu. 8. Berlin 843, Logier. 1/8 Rß

Seifhardt, Franz, approb. Arzt aus Meiningen: Aus d. Ohrenabt. d. Kgl. Universitätspoliklinik (Prof. Dr. Haug). Zur Kenntnis der congenitalen Ohr- und Halsfisteln. Mit 1 Abb. *München 1901: C. Wolf & Sohn.* (34 S.) 8°
München, Med. Diss. v. 1901

Seifhennersdorf [Schlagwort]

Seifhennersdorf, s.: Sachsen. Karte.

Seifhennersdorf, s.: Sachsen. Messtischblätter.

Seifried Helbling, s. Helbling.

Seifried, s. a. Seyfried.

Seifried, Alois, Rechtspraktikant a. Kappelwindeck: Vorsatz und Handlung des Betrügers. Bühl ⟨Baden⟩ 1906: Buchdruckerei „Unitas". (79 S.) 8° [F.]
Heidelberg, Jur. Fak., Ref. v. Lilienthal, Diss. v. 12. Jan. 1907
[Geb. 7. Jan. 79 Kappelwindeck; Wohnort: Kappelwindeck; Staatsangeh.: Baden; Vorbildung: Lendersche Anstalt Sasbach, Gymn. Rastatt Reife Juli 99; Studium: Freiburg i. Br. 11 S.; Rig. 26. Okt. 06.]

BALLLIEDER (von *Carl Heinr. Seifried* und *Langbein*). Mit Titelkpf. (schönes Medaillon-Portrait eines üppigen Mädchens, einen Pokal zum Trunk erhebend, in Braundruck, C. F. Stoelzel del. et sc. 1797). O. O. u. J. (1798). 8°. 24 S. Orig.-Umschl., von hübscher Randleiste umgeben. (18 Mk. E. Frensdorff, Berlin, 1907.)
Enth. 12 Nrn. nach der Marschmusik aus der Oper „Palmyra", Diverses aus „Don Juan" etc. — Höchst selten! Anon.-Lex. I. p. 134 (nach Meusel).

FÜNDLINGE (18 zahme Erzählungen von *Karl Heinr. Seifried*, 1753—1838). 3 Thle. Mit 3 TKpfrn. Schneeberg, in Arnolds Buchh. 1793, 95, 97., 8°. (In Darmstadt: E 3838) (Th. 1 apart 3 Mk Taussig, 1907.)
— — Dasselbe. 3 Thle. Ebd. 1798—1800. 8°. (2 Rthl.)
Citirt Kayser

Fündlinge

— —, Jüngere, vom Verfasser der alteren (*K. H. Seifried*). Ebd., Hilscher, 1819 8°. (18 ggr.)
Anon.-Lex. II. p 100 (nach Meusel) Kayser hat „1821".

Seifriz, Paul (geb Lowenberg in Schles 29 6 1858) Ein Beitrag zur Kenntniss von Railway-Spine Berlin (1880) (31 S 8°
Berlin, Med Diss v 4 Aug 1880

Seifug, A., Prag und Umgebungen, s. Grieben's Reise-Bibliothek.

Seige, s.: Beiträge zur Typhusforschung.

Seige, Max, appr. Arzt a. Saalfeld: Aus dem pharmakologischen Institut der Universität Jena. Die physikalischen Verhaltnisse bei der Inhalation zerstaubter Flussigkeiten. Bruxelles-Paris: Lamertin-Doin 1905. (26 S.) 8° ¶ Aus: Internationales Archiv fur Pharmakodynamie und Therapie Bd 14.
Jena, Med. Fak., Ref. Kionka, Diss. v. 15. Nov. 1905
[Geb. 12. Jan 80 Saalfeld; Wohnort: Saalfeld; Staatsangeh.: Sachsen-Meiningen; Vorbildung: Gymn Bernhardinum Meiningen Reife M. 98; Studium: Jena 2, Erlangen 2, Jena 2, Marburg 1, Kiel 1, Jena 2 S.; Coll. 28. Juli 05; Approb 29 Marz 01]

Seige, Paul. Wem gehört die Zukunft? 2 Aufsatze z. Reform d hoheren Schulen. Leipzig 1905. 8°

Seige, Willy [aus Poessneck]: Ueber einen Fall von Ankylostomiasis . . . Berlin, Buchdr. v. G. Schade, 1892. 28 S., 2 Bl. 8°
Berlin, Med. Fak., Inaug.-Diss. v. 6. Aug. 1892

Seigel, Julius, Stadttierarzt und Schlachthofdirektor in Heppenheim a d. Bergstrasse Grossherzogtum Hessen: Ueber die Cuti- und Ophthalmo-Reaktion ⟨Aus der medizinischen Klinik der Kgl. Tierärztlichen Hochschule zu Stuttgart. Vorstand: Prof. Klett⟩ Heppenheim 1908. IV + 84 S 8°. [4. XII. 08]
Bern Vet-med Diss 1908 09

Seigel, Julius. Ueber die Cuti- u. Ophthalmo-Reaktion. Diss. Vet.-Med. Bern. *Kopftitel:* Aus der medizinischen Klinik der Kgl. Tierärztlichen Hochschule zu Stuttgart.... IV + 84 S. 8. Heppenheim, (a. d. Bergstr.), G. Otto, 1908 (**Umschlag:* 1909).

Seigerschmied, J. M. Sveta družina vzor krščanskim družinam. Nauki in molitve. Celovec, St. Hermagoras-Druck., 1906. 352 S.

Seigerschmied, J. M. Pamet in vera Slovenskemu narodu v potrditev njegove vere. V Celovcu, St. Hermagoras-Druck., 1901—07. 3 Bde.

Seigert, A. E., Schul-Geographie. In 3 Theilen. Bearbeitet nach den Lehrplänen für die österreichischen Bürgerschulen. III. Theil Mit 50 Abbildungen. Neunte, umgearbeitete Auflage. 8. (107 S.) Geb. Wien: Hölder 1897. —.64

Seigev, E., neue theoretisch-prakt. franz. Grammatik, ganz f. Deutsche bearbeitet. 8. Dresd. Walther. 813.

Seigneur-Démocrate, le (en russe). In-8°, 48 p. Genève et Bâle, H. Georg. 1880. 1 —

de Seigneux, G. H., Precis historique de la Révolution du Canton de Vaud. et de l'invasion de la Suisse en 1798; appuyé sur des documens authentiques. II Tomes. gr. in-8. Lausanne 831. (Bern, Burgdorfer; Leipzig, Fr. Fleischer.) n. 2½ ₰

Seigneux, R[aoul] de. Beitrag zur mechanischen Erweiterung des Cervicalcanales und des Muttermundes während der Schwangerschaft und der Geburt. ⟨Ein neuer Uterusdilatator für geburtshülfliche und gynäkologische Zwecke.⟩ Von Dr. R. de S', . . Genf. ⟨Mit 6 Figuren im Text.⟩ ⟨Sonderabdruck aus dem Archiv für Gynäkologie, Bd. 70, H[eft] 3.⟩ 16 S. 8. [Berlin, A. Hirschwald, 1903.]

Seigneux, R[aoul] de. Die graphische Methode in der Gynäkologie und ihre Anwendung zur Bekämpfung des Gebärmutterkrebses. Von Dr. R. de S', ... Genf. Mit einer Tafel. Sonder-Abdruck aus Nr. 9, 1906 [des] Zentralblatt für Gynäkologie.... Jahrg. 30. 4 S. 8. [Leipzig, Breitkopf & Haertel.]

Seigneux, R[aoul] de. Über die Neigung der Uterusaxe am Ende der Schwangerschaft und die Kopfeinstellung. Aus den Frauenkliniken der Universitäten Basel und Genf. Mit 26 Textabbildungen. Sonderabdruck aus Band 4, Heft 3 [der] Beiträge zur Geburtshilfe und Gynaekologie.... III S. + S. 410—465. 8. Leipzig, Arthur Georgi, 1901.

(Seigneux, R[aoul] de.) Souvenirs d'Angleterre Coup d'œil sur Oxford et son Université. Travail présenté à la section genevoise de la Société de Zofingue [F.] 8. [Bern 1887.]

Seigneux, R[aoul] de. Neue geburtshilfliche Tasche. Von Dr. med. R. de S' in Genf. [Mit 2 Figuren.] Sonder-Abdruck aus Nr. 42, 1903 [des] Zentralblatt für Gynäkologie.... Jahrg. 27. 6 S. 8. [Leipzig, Breitkopf & Haertel.]

Politische Geschichte des modernen Europa [Histoire politique de l'Europe contemporaine]. Entwicklung d Parteien u. Staatsformen 1814-1896. Von Ch[arles] **Seignobos**, Prof. Deutsch nach d. 5. Aufl. d. Orig. Leipzig: W. Klinkhardt 1910. XVI, 808 S. 8°
(10. 7339 9
[1 Aufl. 1897]

Seignobos, Ch., politische Geschichte des modernen Europa. Entwicklung der Parteien u. Staatsformen 1814—1896. Preisgekrönt v. der Académie française. Deutsch nach der 5. Aufl. des Originals. (XVI, 808 S.) Lex. 8. Leipzig 910. Dr. W. Klinkhardt. 12.—; geb. 13.20; in Halbfrz. 15.—

Seitel, G., Geräteübungen zur Auswahl für die Preisrichter, zsgest. v. Techn Komitee, u. Freiübungen u. Aufmarsch z. 24. Bundesturnf. d. Nordamerik Turnerbundes, Milwaukee, Wis. 1885, 22 S., 8°.

Seikilos. Epigrammation. F. e. Singst. u. Pianof. '(oder Harfe)' m. griech. u. deutschem Text hrsg. v. A[lbert] Thierfelder. Dr. phil. . . . *Leipzig: Breitkopf & Hartel 1897.* 2 Bl. 4.
(97. 330

Seil, das rothe. Josua 2 u. 6. Aus dem Französ. übersetzt. 8. Basel 843, Bahnmaier's Buchh. n. 1/12 ß

Seil, Henr Joseph (geb. Cöln a. Rh. 23 2 1832): De parenchymatis pulmonum tensione et capacitate in corpore sano et in nonnullis pulmonum morbis. Berolini (1857). (28 S.) 8°
Berlin, Med. Diss. v 16. März 1857

Seil, Math. Ioseph. (geb. am 19 [nicht 11] Juni 1800 in Koblenz): Dissertatio . . . sistens omenti physiologiam et pathologiam . . . Bonnae, typ. viduae Hackeri (1827). 2 Bl., 30 S., 1 Bl. 4.
Bonn, Med. Fak., Diss. v. 10 März 1827

Seilacher, Carl, Schillers Heimatzeit. Eine Urkundensammlung. (VIII, 151 S.) 8. Frankfurt a/M. 909. M. Diesterweg. 1.—

— dasselbe. s.a. Diesterweg's deutsche Schulausgaben.

Seilbahn auf den Schlossberg in Graz. Technischer Bericht. Graz 1893. V: *Schmidt, L. Ph.* (JOANSTYRA)

Seiler, s a Seyler

Seiler: Facitverzeichniß, s. Haeseler

Seiler, Von dem schädlichen Gebrauche der Schnürbrüste. Leipzig 1791.
Citirt v. Martius (ohne Formatsang.).

Seiler, Húon u. Amande; Sgspl. 8. Flensb. 789. (Alt., Hammerich). 6 ℊ

Seiler, Lehrbuch des praktischen Rechnens, s. Haeseler.

Seiler. . Der Kurort Schwendi-Kaltbad und seine Heilquelle. Medizinisch-topographische Skizze fur Aerzte, nebst praktischen Winken fur die Anstalt besuchende Personen. 8 Sarnen 1862.

Seiler. Die indirecten Steuern im Deutschen Reich. 8°. Dresden 1877.

Seiler (a. Landammann), sämmtl. Werke, hsggb. v. Dr. Bertsch-Seiler. M. Biogr. u. Portr. 8. St. Gallen, Altwegg-Weber. 1872.

(F) **Seiler,** A. Freih. v., Das Gesetz vom 26. Dezember 1895, RGBl. Nr. 197. betreffend das Urheberrecht an Werken der Literatur, Kunst und Photographie. [Manz'sche Gesetzausgabe. Nr. 71.] 8° (XXXIX, 241 S.) K 2 60, geb K 3 20
Wien: Manz 1904.

Seiler, A., Turnziele für die Basellandschaftlichen Schulen, nach Niggeler u. Maul bearb., Liestal 1873, 34 S., 8°.

Seiler, Albert [aus Stein a./Rh. (Schaffhausen), prakt. Arzt in Ebnat-Kappel]: Ein Fall von Geschwulstbildung in der Brücke mit Metastasen in mehrfachen Hirnnerven und in den Gasserschen Ganglien. Zürich 1901. 67 S. 1 Taf. 8°.
Zurich. Med. Diss. 1900/1901.

Seiler, Albert. Ein Fall von Geschwulstbildung in der Brücke mit Metastasen in mehrfachen Hirnnerven und in den Gasserschen Ganglien. Diss. Med. Univ. Zürich. *Kopftitel:* Aus dem Zürcher Kinderspital. — [Mit 2 Tafeln.] 69 S. 8. Zürich, Art. Institut Orell Füssli, 1901.

Seiler, Alfr., bakteriologische Untersuchung der Sodbrunnen des Stadtbez. Bern. Diss. gr. 8. (45 S.) Bern 894. (H. Koerber.) n. — 80

Seiler, Andr., s.a. Seyler.

Seiler, Andr, kurzgef. Grammatik d. Sorben-Wendischen Sprache, nach d. Budissiner Dialekte. gr. 8. (10 B.) Budissin 830, Weller.

Seiler, Ant., Handbuch für Gemeindevorsteher und Sicherheitsorgane, enth. in höchst übersichtl. Zusammenstellung die wichtigsten der auf den allgemeinen Sicherheitsdienst Bezug nehmenden Reichsgesetze und Verordnungen. 12. (192 S.) Urfahr-Linz 886. (Wien, Daberkow.) *

Seiler, Aug., Beitrag zur Pyoktanin-Frage. Diss. gr. 8. (55 S.) Jurjew (Dorpat) 890. (E. J. Karow.) n. 1. 60

B. Seiler. Bemerkungen über das Grossherzogliche vereinigte Lyceum zu Mannheim, durch die diesjährige Direktionsführung veranlasst, nebst ehrerbietiger Einladung zu den auf den 23., 24., 25. und 26. September festgesetzten Prüfungen und Feyerlichkeiten des Lyceums, Verzeichnis der Lehrgegenstände und Ordnung derselben in den Prüfungen. S. 1—7 des Programms. Mannheim, P 1811

Seiler, B G. Wilhelm, s Seiler, Burkhard Wilhelm

Seiler, Bernardus, s. Seiller

Seiler, Burkhard Wilhelm

Seiler, Burkard Wilhelm (Erlangen) F, zm:11

Anatomiae corporis humani senilis specimen. Erlangen (Hilpert) (13.)XII. 1799. 118 S.

Gew.: Georg Friedrich Seiler (Vater). 32332

Seiler, Ritter Burkh. Wlh., Diss. inaug. anatomiae corporis humani senilis specimen. 8maj. Erlang. 800. Palm. 9 ℊ

Seiler, Burkhard Wilh., († d. 27. Septbr. 1843), Anatomie des Menschen für Künstler u. Turnlehrer. Hrsg. von A. F. Günther. Dazu 8 Kpfrtaf. in Imp. Fol. u. 1 Steindrtaf., das Skelet u. die Muskeln des Pferdes darstellend. gr. 8. (XVI u. 183 S. m. 1 Tab. in qu gr. 4.) Leipzig 850, Arnold. n. 5 1/3 ß

Seiler, Burkhard Wilh., Anatomie des Menschen für Künstler und Turnlehrer. Hrsg. von A. F. Günther. 2. (Titel-) Ausg. gr. 8. (XVI und 183 S. mit 8. Kpfrt. in Imp.-Fol., 1 Stnt. und 1 Tab. in qu. gr. 4.) Leipzig 856, Arnoldische Buchh. Thlr.

Seiler, B(urkhard) W(ilhelm): Anleitung zu der Zergliederung der Leistengegend in Beziehung auf die Lehre von den Brüchen und Erläuterung der Entwickelungsgeschichte der Hoden. 146 S.(S.255 - 401), gbd.
Leipzig: Engelmann 1822
in: Scarpa, Antonio: Neue Abhandlungen über die Schenkel- und Mittelfleischbrüche nebst Zusätzen zu den Abhandlungen über die Leisten- und Nabelbrüche... (Memorie sull'ernie del perineo e del femore. Seconda edizione. Dt.) (Übers.und mit Zusätzen von B.W.Seiler). (Nebst) Abbildungen. 1822
JB 6.324

Seiler, Burkard Wilhelm [Praes.], s. Behrens, Friedrich: De scirrho.

(Seiler, Burkh. Wilh.,) Belehrung üb. d. asiat. Cholera, s. Belehrung.

— Beobachtungen ursprüngl. Bildungsfehler u. gaenzl. Mangels d. Augen. gr. Fol. (18½ B. u. 1 Kpfrt.) Dresden 833, Walther.

Burkhard Wilhelm Seiler

De polyporum Curatione. [Resp.:] Georgius Fridericus Guilielmus Grahn. Vitebergae (1812:) Gräßler. 26 S. 8°

Wittenberg, Med. Diss. v. 27. Okt. 1812

— u. K. A. Böttiger, Erklär. üb. Muskeln u. der Basreliefs an E. Matthai's Pferde-Modell. Mit 1 Kpft. gr. 4. Dresd. 823. Arnold. 1 ₰ 6 ℊ

— u. Böttiger, Erklärung üb. Muskeln u. der Basreliefs an E. Matthai's Pferde-Modell. Mit 3 Kupfer. gr. 4. Dresd. 824, Arnold.

Seiler u. Boettiger: Erklärungen d. Muskeln u. d. Basreliefs an E. Matthacis Pferde-Modelle. Dresd. 1823. 58 S. 3 Tvl. 4°.

— die Gebärmutter u. das Ei des Menschen in d. ersten Schwangerschaftsmonaten nach d. Natur dargest. (2 Abthln.) — 1. Abthl. gr. Fol. (10½ B. u. 12 Kpfrt. incl. 2 ill.) Dresden 832, Walther.
Die 2. Abthl. wird noch erwartet.

Seiler, Burkard Wilhelm [Praes.], s. Fiedler, Friedrich August: De laparotomia novissimoque ejus exemplo.

Seiler, Burkard Wilhelm [Praes.], s. Grahn, Georg Friedrich Wilhelm: De polyporum curatione.

Seiler, Burkard Wilhelm [Praes.], s. Helfensrieder, Karl Friedrich: De labiis oris eorumque vitiis.

Burkhard Wilhelm Seiler

Burcardus Guilielmus Seilerus [Seiler]: De Herniis. [Resp.:] Carolus Godofredus Hille. Vitebergae (1809:) Seibt. 22 S. 8°

Wittenberg, Med. Diss. v. 6. Okt. 1809

Seiler, Burkard Wilhelm [Praes.], s. Hille, Karl Gottfried: De herniis.

Burcard Guil. Seiler progr. historia academiae medico-chirurgicae Dresdensis. Viteb. 1815. 4. (Germanice et auctius in *Dresdener Zeitschrift f. Natur- und Heilkunde I.* 433 sq. *I'.* 464 sq.)

Seiler, Burkard Wilhelm [Praes.], s. Kolbe, Heinrich Gottlieb: De tussi convulsiva.

Burkhard Wilhelm Seiler

De Labiis oris eorumque vitiis. [Resp.:] Carolus Fridericus Helfensrieder. Vitebergae (1809:) Seibt. 30 S. 8°

Wittenberg, Med. Diss. v. 30. Sept. 1809

Burkhard Wilhelm Seiler

Burcardus Guilielmus Seilerus [Seiler]: De Laparotomia novissimoque eius exemplo. [Resp.:] Friedrich August Fiedler. Vitebergae (1811:) Grässler. 30 S. 8°

Wittenberg, Med. Diss. v. 30. Sept. 1811

— Progr. Comment. primas lineas praelect. anatomiae chirurgicae complectens. 4. Wittenb. 802. Zimmermann. 4 ℊ

Burkhard Wilhelm Seiler

Burcardus Guilielmus Seiler: De Machinis ano artificiali adponendis. (Vitebergae 1807: Seibt.) 15 S. 8°

[Einladungsschrift zur Dr. med.-Promotion von Karl Friedrich Schurich, Wittenberg, 10. Febr. 1807.]

Seiler, Burkard Wilhelm [Praes.], s. Meissner, Johann Karl Wilhelm: Diss. med. anatomen, physiologiam et pathologiam ventriculi sistens.

Burkhard Wilhelm Seiler

De Morbis senum p. 2. ([Wittenberg] 1807.) 8°

P.2: (1807.)
[Einladungsschrift zur Dr.-med.-Promotion von Karl August Grupe, Wittenberg, 26. Febr. 1807.]

Seiler, Burkhard Wilhelm, De morbo epizootico sic dicto sphacelo lienis. Progr. II. 4°. Wittenberg 11. (?)

Seiler, Burkhard Wilhelm: Nachricht über die Wirksamkeit der chirurgisch-medizinischen Akademie und der Thierarzneischule zu Dresden während des ersten Jahrzehnts nach ihrer Erweiterung. Dresden 1828. 14 S.

— Naturlehre d. Menschen, mit Bemerkk. aus d. vergleichenden Anatomie, f. Künstler u. Kunstfreunde. 1s Hft. Mit 4 Kpft. in gr. Roy.-Fol. u. 4 Bogen Text in gr. 8. Dresd. u. Leipz. 826. Arnold. 6 ₰

Burkhard Wilhelm Seiler

Burcardus Guilielmus Seiler: Observationes anatomicae. Fasc. 2. 3. ([Wittenberg] 1810 - 12.) 8°

Fasc. 2: (1810.)
[Einladungsschrift zur Dr. med.- Promotion von Friedrich Ferdinand Flemming, Wittenberg, 3. Nov. 1810.]
Fasc. 3: (1812.)
[Einladungsschrift zu Dr. med.- Promotion von Georg Friedrich Wilhelm Grahn, Wittenberg, 27. Okt. 1812.]

Burkhard Wilhelm Seiler

Academiae chirurgico- medicae Dresdensis... Burcardus Guilielmus Seiler: [Observationes nonnullae de testiculorum descensu et partium genitalium anomalis]. Dresdae (1816:) Gaertner. 30 S. 4°

Dresden, Chirurg.-mediz. Akademie, P 1816

— observat. nonnullae de testiculorum ex abdomine in scrotum descensu et partium genital. anomal. Cum tabb. IV. 4maj. Leipz. 817. (Engelmann). 1 ₰ 8 ℊ

Seiler, Burkard Wilhelm [Praes.], s. Peissel, Karl Wilhelm: De usu medico-chirurgico kalium cum fixorum tum volatilis.

Seiler, Burkard Wilhelm [Praes.], s. Pistorius, Christian Ludwig: De Artis obstetriciae studio, medicis quam maxime necessario.

Seiler, Burkard Wilhelm [Praes.], s. Riedel, Johann Gotthelf: De enteritide.

– s. Sammlung einiger Abhandlungen von Scarpa . . .

Seiler, Burkhard Wilhelm (Übers.u.Comm.):

s.: Scarpa, Antonio: Anatomisch-chirurgische Abhandlungen über die Brüche. (Sull'Ernie. Memorie anatomico-chirurgiche. Dt.) 2...verm.Ausg. (Nebst) Abbildungen). Leipzig: 1822

JB 6.323

Seiler, Burkhard Wilhelm (Übers.u.Comm.):

s.: Scarpa, Antonio: Neue Abhandlungen über die Schenkel- und Mittelfleischbrüche nebst Zusätzen zu den Abhandlungen über die Leisten- und Nabelbrüche... (Memorie sull'ernie del perineo e del femore. Seconda edizione. Dt.) (Nebst) Abbildungen. Leipzig: 1822

JB 6.324

– s. White, Karl: Über die Geschwulst der Kindbetterinnen . . .

s. Zeitschrift f. Natur- u. Heilkunde.

— die Zucht der medicin. Blutegel, s. Belehrung über die Zucht u. Aufbewahrung der Blutegel.

Seiler, C., Dr. Ueber die rechtliche Natur der Eisenbahn-Konzessionen nach schweizerischem Recht. Gr. in-8⁰, 146 S. Zürich, Meyer & Zeller (Reimmannsche Buchhandlung). 1888. 2 50

Seiler, Chr. Godofr.: Tractatio iur., exhibens privilegia quaedam partus qui in utero est et casus in quibus pro iam nato habetur, Von den Freyheiten der Kinder im Mutter-Leibe, und von den Fällen, in welchen Sie schon vor gebohren gehalten werden. Marburgi 1700. ventilata. Rec. Halae Magdeb. 1723.

Seiler, Christ. Gottfried A. S. 187/32

Tractatio juridica, exhibens privilegia quaedam partus qui in utero est et casus in quibus pro iam nato habetur, Von den Freyheiten der Kinder in Mutter-Leibe, ... Rec.
Halle (Hendel) 1723. 24 S.

Diss. 1700. 32334

Seiler, Christian Ludwig (Hamburg) A. S. 1378/33

Henotica Orientis. Präs. Johann Wilhelm Berger.
Wittenberg (Gerdes) 3.IV.1723. 98 S. 32336

Seiler, Chrph., Ursachen u. Folgen der jähen Überschwemmungen u. die Mittel zu deren Beseitigung, unter besond. Berücksicht. der Stauweiher u. Thalsperren als Reserven f. Bewässergn. u. Kraftanlagen. Unter Zugrundelegg. der Denkschrift von Classen f. den anerkannten Verein für Verbesserg. der Wasserstandsverhältnisse im Reg.-Bez. Mittelfranken bearb. gr. 8. (VII, 46 S.) München 899. R. Oldenbourg. n. 1.—

Seiler, E., Altes und Neues über die Ausbildung des Gesangorganes mit besonderer Rücksicht auf die Frauenstimme. gr. 8. (III und 68 S. mit 1 Stnt.) Leipzig 861, Voss.

Seiler, E., Culturhistorisches aus dem Ruodlieb. (Progr.) Trarbach 1881. 4⁰. 19 S.

Seiler, E. A., s. Seiler, Ernst Ed.

Seiler, E. F., über d. Gottheit Christi.. 8. Lpz. Schwickert. 775.

Seiler, Emil [von Kreuzlingen (Thurgau)]: Ueber die Abhängigkeit der Wärmestrahlung erhitzter Metalldrähte von der Temperatur und vom Luftdruck. Winterthur 1898. 28 S. (Mit 3 Tafeln.) 8°.
Zürich. Phil. Diss. II. S. 1897/98.

Seiler, Emil, a. Nürnberg: Anlagerung von Metallchloriden an ungesättigte Moleküle. München 1907: V. Höfling. (45 S.) 8°

München, Phil. Fak., Ref. v. Baeyer, Diss. v. 1. Febr. 1907

[Geb. 22. Sept. 82 Nürnberg; Wohnort: Nürnberg; Staatsangeh.: Bayern; Vorbildung: Realgymn. Nürnberg Reife Juli 00; Studium: München 13 S.; Rig. 1. Febr. 07.]

Seiler, Ernst Edu.

Seiler, s.: Capelle, C., vollständiges Wörterbuch üb. die Gedichte d. Homeros u. der Homeriden.

— Griechisch-Deutsches Hand-Lexicon, s. Gust. Pinzger.

Seiler, Er. Ed., Handwörterbuch der griech. Sprache, s. Jacobitz, Karl.

Seiler's Homer-Wörterbuch, s. Capelle, C.

Seiler, Er. Ed., Indices in Apparatum ad Demosthenem, s. Apparatus criticus.

Longi Pastoralia.

Seiler, Ernst Ed., Register über die griechischen Lyriker, s. Lyriker, die griechischen.

Seiler, Ernst Ed., deutsch-griechisches und griechisch-deutsches Wörterbuch, s. Jacobitz, Karl.

Seiler, E. E., Wörterbuch der griechischen Sprache, s.: Jacobitz, K.

Seiler, E. E., vollständiges griechisch-deutsches Wörterbuch über die Gedichte des Homeros und der Homeriden mit steter Rücksicht auf die Erläuterung des häusl., religiösen, polit. und krieger. Zustandes des heroischen Zeitalters nebst Erklärung der schwierigsten Stellen und aller mytholog. und geograph. Eigennamen zum Schul- und Privat-Gebrauch. 6., gänzlich umgearb. Aufl. des G. Ch. Crusius'schen Wörterbuches. Lex.-8. (XII und 545 S.) Leipzig 863, Hahn'sche Verlagsh.

Seiler, E. E., vollständiges griechisch-deutsches Wörterbuch, üb die Gedichte d. Homeros u. der Homeriden m. steter Rücksicht auf die Erläuterg. d. häusl., religiösen. polit. u. krieger. Zustandes d. hero. Zeitalters nebst Erklärg. der schwierigsten Stellen u. allen mytholog. u. geograph. Eigennamen. Zum Schul- u. Privat-Gebrauch. 7. gänzlich umgearb. Aufl. gr. 8. (XV, 639 S.) Leipzig 871. Hahn. 5. 40

Seiler, E. E., vollständiges griechisch-deutsches Wörterbuch über die Gedichte des Homeros und der Homeriden, mit steter Rücksicht auf die Erläuterung des häuslichen, religiösen, politischen und kriegerischen Zustandes des heroischen Zeitalters, nebst Erklärung der schwierigsten Stellen und aller mytholog. und geograph. Eigennamen. Zum Schul- und Privatgebrauch. 8. Aufl., neu bearb. von C. Capelle. Lex.-8. (XV, 652 S.) Leipzig 878, Hahn'sche Verlagsh. 5 40

Seiler, F., die Auferstehung der Todten. Vortrag gehalten im evangel. Verein zu Berlin am 25. April 1855. gr. 8. (19 S.) Berlin 855, W. Schultze.

Seiler, F., de Tibulli eligia I, 2., s.: Friedel, O., de Hippiae sophistae studiis Homericis.

— Macht euch Freunde mit dem ungerechten Mammon. Vortrag, gehalten im Frauenverein rc. zu Halle den 9. Febr. 1857. Halle 857. Mühlmann. 12. (24 S.) 3 ngr.

— Missions-Predigt in der Kirche zu Dorf Alsleben gehalten. 8. (10 S.) Halle 859, (Mühlmann.) *

— drei Lutherische Predigten. 8. (44 S.) Halle 858, Mühlmann. *

— Predigten über die Evangelien eines Kirchenjahres. 2 Bde. Halle 862, 63. Buchh. des Waisenhauses. gr. 8. (VIII, 464 S.; 470 S.) Jeder Bd. 1 *ℳ* 15 ngr.

Seiler, F., die Sünde wider den heiligen Geist. Predigt, gehalten am Pfingstmontage 1866. Halle 867. Barthel. gr. 16. (24 S.) n. 5 ngr.

— 95 Thesen wider die falsche Union. Zur Nachfeier des Reformationsfestes allem lutherischen Volke unseres Vaterlandes dargeboten. 1. Aufl. 1857, und 2. Aufl. 8. (22 S.) Halle 858, Mühlmann.

— 95 Thesen wider die falsche Union. Zur Nachfeier des Reformationsfestes allem Lutherischen Volke unseres Vaterlandes dargeboten. 1. u. 2. Aufl. Halle 858. Mühlmann. 8. (22 S.) 3 ngr.

Seiler, F.: Die aërohydrostatische Waage angewendet zur Hebung von Zügen in Tunneln. Bern 1864.

Seiler, F. G., über die Thaten Jesu und d. Apostel. gr. 8. Lpz. Barth. 810.

[Seiler, F. Sebast.:] Caspar Hauser, der Thronerbe Badens. 3. Aufl. Paris 1847.

SEILER, FR.
See Schweizerische Wochenschrift für Chemie und Pharmacie.

Seiler, Franz, Assistenzarzt: Ueber **Spätepilepsie.** *Leipzig 1901: B. Georgi.* (32 S.) 8°
Leipzig, Med. Diss. v. 1901

Seiler, Franz, aus Rastatt (Baden): Aus d. Pathol. anat. Institut d. Kgl. Tierärztl. Hochschule zu Hannover. Über das Verhalten der lymphatischen Apparate bei Ulcerationen im Darme des Schweines. Mit 2 Taf. Hannover 1902: A. Eberlein & Co. (51 S.) 8°
Gießen, Veterinär-med. Diss. v. 1902

Seiler, Franz, a. Münster: Zusammensetzung der durch Bakterien gebildeten Schleime. Münster, Westf. 1905: Westfäl. Vereinsdruckerei. (45 S.) 8°
Münster, Phil. Fak. Ref. König, Diss. v. 23. März 1905
[Geb. 19. Jan. 80 Münster; Wohnort: Münster; Staatsangeh.: Preußen; Vorbildung: Gymn. Münster Reife O. 00; Studium: Münster 6 S.; Rig. 24. Febr. 05.]

Seiler, Frédéric, statistique des résultats d'analyse de vins suisses d'origine authentique. — Zusammenstellung der Resultate der Analysen v. schweizer. Weinen v. reeller Herkunft. Publiée sur la demande de la société suisse des chimistes analystes. [Aus: „Schweizer. Wochenschr. f. Chemie u. Pharmacie".] gr. 8. (46 S.) Bern 894. F. Semminger. n. 1. 20

Seiler, F[riedrich]: [Antrittsrede.] S. 24—27. 4.
Progr. Kgl. Gymn. *Luckau* 1904 (89).

Seiler, Athen u. s. Denkmäler, s: Projections-Vorträge 6. Hft.

Athen und seine Denkmäler. Vortrag zu 20 Projektionsbildern. Von Prof. Dr. [Friedr.] **Seiler.** Düsseldorf: E. Liesegang 1897. (44 S.) 8°
(Projections-Vorträge. H. 6.)

Seiler, Friedrich [Prof. Dr.]: Die Behandlung des sittlichen Problems in Schillers „Kampf mit dem Drachen", der Erzählung bei Livius VIII, 7, Kleist's „Prinz von Homburg" und Sophokles' „Antigone". Eisenberg, P. Kaltenbach, 1890; 25 S. 4°
Eisenberg, herz. Christians-G, OP 1890

Seiler, F., die Behandlung d. sittlichen Problems in Schiller's „Kampf m. dem Drachen", der Erzählg. bei Livius VIII, 7, Kleist's „Prinz v. Homburg" u. Sophokles' „Antigone". gr. 4. (25 S.) Eisenberg 890. (Leipzig, Fock.) n. 1. —

Seiler, Frdr., die aristotelische Definition der Tragödie im deutschen Unterrichte, s.a. Festschrift d. fürstl. Stolberg'schen Gymnasiums zu Wernigerode.

Seiler, Friedrich: Die aristotelische Definition der Tragödie im deutschen Unterrichte. 8 (S. 47—71).
Festschrift z. 350j. Jubelfeier des Fürstl. Stolberg'sch. G. *Wernigerode* 1900
Nicht im Tauschverkehr (Leipzig, G. Fock.) *ℳ* —.90.
„Das Uebrige wird in einer Zeitschrift veröffentlicht werden."
Progr.

Seiler, Friedrich, Prof. Dr.: Die aristotelische **Definition** der Tragödie im deutschen Unterrichte. *Wernigerode 1900: B. Angerstein.* (S. 47—71.) 8° ¶ (Teil einer gröss., in einer Zeitschrift erscheinenden Arbeit: Welchen sachlichen Wert hat Lessings Hamburgische Dramaturgie für die Gegenwart?)
Wernigerode, fürstlich Stolberg'sches G, Festschr. 1900"

Seiler, [Friedrich], Dir. Prof. Dr.: Über die Einführung des griechischen Lesebuches von Wilamowitz-Moellendorff. Luckau 1904: Entlentnersche Buchdr. (S. 1—10.) 4° [G.]
Luckau, k. G P 1904 (89)

Seiler, Frdr., die Entwicklung der deutschen Kultur im Spiegel des deutschen Lehnworts. I. Die Zeit bis zur Einführg. des Christentums. 8. (99 S.) Halle 895. Buchh. des Waisenhauses. n. 1. 50

— die Entwicklung der deutschen Kultur im Spiegel des deutschen Lehnworts. II. Von der Einführg. d. Christentums bis zum Beginn der neueren Zeit. 8. (XI, 223 S.) Halle 900. Buchh. des Waisenhauses. n. 2. 60; (kplt. n. 4. —; in 1 Bd. geb. n.n. 5. —)

Seiler, Frdr., die Entwicklung der deutschen Kultur im Spiegel des deutschen Lehnworts. 1. Tl.: Die Zeit bis zur Einführg. des Christentums. 2., umgearb. u. verm. Aufl. (XXVII, 118 S.) 8. Halle 905. Buchh. des Waisenhauses. n. 2. 20

Seiler, Frdr., die Entwicklung der deutschen Kultur im Spiegel des deutschen Lehnworts. 2. u. 3. Tl. 8. Halle, Buchh. des Waisenhauses. 9.80
2. Von der Einführung des Christentums bis zum Beginn der neueren Zeit. 2. verm. u. verb. Aufl. (XX, 283 S.) 907. 3.80
3. Das Lehnwort der neueren Zeit. 1. Abschn. (XVI, 430 S.) 910. 6. —
1. Tl.· Ebd. 905. 2.20.

Seiler, Frdr., der schwarze Erdteil u. seine Erforscher. Reisen u. Entdeckgn., Kämpfe u. Erlebnisse, Land u. Volk in Afrika. Mit besond. Berücksicht. der deutsch-afrikan. Bestrebgn. geschildert. Mit zahlreichen Abbildgn. u. erläut. Karten. Zugleich als 5., bis auf die Gegenwart fortgeführte Aufl. d. Buches „Der schwarze Erdteil" v. Rhard. Zöllner. gr. 8. (V, 601 S.) Bielefeld 891. Velhagen & Klasing. geb. n. 8. —

Seiler, Frdr., allerlei Fahrten. Erlebtes u. Erschautes. 8. (VI, 311 S. m. 12 Abb.) Berlin 899. M. Warneck. n. 3. —; geb. n. 4. —

— griechische Fahrten u. Wanderungen. Reiseeindrücke u. Erlebnisse. Mit einem Titelbild u. 17 Zeichnungen. v. Martha Lobach. (VIII, 423 S.) 8. Leipzig 904. F. W. Grunow. n. 4. 50; geb. n. 6. —

— Gustav Freytag, s. a. Volksbücher, biograph.

Gustav Freytag. Von Friedrich Seiler. M. 28 Abb. Leipzig: R. Voigtländer 1898. (224 S., 1 Portr.) 1 Bd 8°
(Volksbücher, Biographische. No 48–55.)

— der Gegenwartswert der hamburg. Dramaturgie. gr. 8. (70 S.) Berlin 901. Weidmann. n. 1. 40

Seiler, Frdr., Geschichte des deutschen Unterrichtswesens, s. a. Sammlung Göschen.

Geschichte des deutschen Unterrichtswesens von Prof. Dr. Friedrich Seiler. 1. 2. Leipzig: Göschen 1906. 8°
1. Von Anfang an bis z. Ende d. 18. Jhs. 2. Vom Beginn d. 19. Jhs. bis auf d. Gegenwart.
(Sammlung Göschen. 275. 276.)

— die Heimath der Indogermanen, s. a. Sammlung gemeinverständlicher wissenschaftlicher Vorträge.

Seiler Fr. die Heimat der Indogermanen. (Slg wiss. Vortr. NF 210) Hamburg 1895

— auf alten Kriegspfaden vor Paris. Kriegs- u. Reisebilder. 8. (XI, 436 S.) Halle 901. Buchh. des Waisenhauses. n. 4. —; geb. in Leinw. n. 5. —

Seiler, Friedr. Kulturhistorisches aus dem Ruodlieb. 19 S. Progr. Trarbach 1881.

Seiler, Frdr., der Oberlehrer, s.: Buch, das, der Berufe. VII.

— der lateinische Primaneraufsatz auf preussischen Gymnasien u. die Lehrpläne von 1882. 8. (82 S.) Halle a/S. 890. Buchhandlg. d. Waisenhauses. n. 1. 20

— Reise durch die Peloponnes, s. a. Projections-Vorträge. 5. Hft.

Reise durch den Peloponnes. Vortrag zu 35 Projectionsbildern. Von Prof. Dr. [Friedr.] Seiler. Düsseldorf: E. Liesegang 1897. (56 S.) 8°
(Projections-Vorträge. H. 5.)

Seiler, Friedr., Ruodlieb, der älteste Roman des Mittelalters, nebst Epigrammen, mit Einleitung, Anmerkungen und Glossar hrsg. gr. 8. (XIII, 329 S.) Halle 882, Buchh. des Waisenhauses. * 4 50

— (Hrsg.), s. Tacitus, Publius Cornelius: Germania.

Seiler, Friedrich: Die althochdeutsche Uebersetzung der Benedictinerregel. Halle 1874: Karras. 36 S. 8°
Halle-Wittenberg, Phil. Diss. v. 30. Jan. 1874
Geb. Polkritz (Kr. Osterburg) 27. 7. 1851. V.
Ersch. vollst. in: Beiträge zur Geschichte der deutschen Sprache und Literatur. Bd 1. Halle 1874. S. 402—485; Nachtrag ebd. Bd 2. 1876. S. 168—171.

Seiler, F[riedrich], Direktor Prof. Dr.: Was ist Schiller uns? Rede, gehalten am 5. Mai 1905. Luckau 1906: Entleutner. (S. 3—11.) 4° [F.]
Luckau, k. G P 1906 (93)

Seiler, Fritz [Assistenzarzt]: Aus der medicinischen Klinik der Universität Bern (Herr Prof. Sahli). Über eine neue Methode der Untersuchung der Functionen des Magens. Naumburg a. S. 1901. 22 S. 8°.
Bern, Med. Diss. 1901/1902

Seiler, Fritz. Über eine neue Methode der Untersuchung der Functionen des Magens. Diss. Med. Bern. *Kopftitel:* Aus der medicinischen Klinik der Universität Bern (Herr Prof. [Hermann] Sahli). — [Mit 1 Figur.] II + 22 S. 8. Naumburg a. S., Lippert & Co., 1901.

FELDTENSTEIN C. J. v. (d. i. *G. Seiler*). Erweiterung der Kunst nach der Choreographie zu tanzen, Tänze zu erfinden, und aufzusetzen; wie auch Anweisung zu verschiedenen National-Tänzen; Als zu Englischen, Deutschen, Schwäbischen, Pohlnischen, Hannack- Masur- Kosak- und Hungarischen. 2 Thle. Mit 8 großen Kupfertaf. (Tanzfiguren u. musikal. Kompositionen). Nebst 24 Englischen Tänzen und 6 Cottillons (Quadrillen) sammt Figuren. Braunschweig, Schulbuchhandlung, 1775. 8°. 109 S. (30 Mk., mit eigenhänd. Widm. d. Vf. an Jul. Hinke, J. Halle, München, c. 1907.)
Seltenes Werk, dem Bodo Georg Ludew. von der Wense gewidmet.

Seiler, G. A., Gottwilche! Allemannische Klänge aus Stadt und Landschaft Basel. Für Freunde der Mundart ausgewählt. 8. (VIII, 279 S.) Liestal 879, Lüdin und Walser. * 2 50
geb. * 3 50

— die Basler Mundart. Ein grammatisch-lexikal. Beitrag zum schweizerdeutschen Idiotikon, zugleich ein Wörterbuch für Schule und Haus. Mit einem Vorwort von M. Heyne. gr. 8. (XVIII, 331 S.) Basel 879, Bahnmaier's Verlag. * 6 40

Seiler, G. C. H., Rede am Namensfeste Sr. Majest. d. Königs Maximil. Joseph v. Baiern, gehalten am 12. Octbr. 1823. gr. 8. Nürnb. 823. Bauer u. R. 1¼ gr

Seiler, G. Dan., Elbinga, oder 500jährige Jubelfeyer von Erbauung der Stadt Elbingen. Fol. Danzig. 739.

Seiler, G. F., zweckmäßigste neu erprobte Methode Rüb- u. Hanf-Oel sowie alle Sorten Thran rc. zu raffiniren; nebst einem Verfahren, das Rüböl f. die Tuchfabrikation anwendbar zu machen. Mit Zeichnung u. Beschreibung des brauchbarsten Filtrir-Apparates. 8. Wittenberg 850, Seiler. Verklebt. n. 5⅔ ngr

Seiler, Georg (geb. Lügde in Westf. 22. 9. 1831): De hernia femorali. Berolini (1855). (30 S.) 8°
Berlin, Med. Diss. v. 14. Aug. 1855

Seiler, Geo., über die Pocken u. Schutzmittel gegen dieselben mit besonderer Berücksichtigung der Pockenepidemie der Jahre 1864—65 in Zürich. Inaugural-Dissertation. Zürich 867. Verlags-Magazin. gr. 8. (20 S. mit 1 Steintaf. in 4.) n. 5 ngr.

Seiler, Georg Christian Friedrich

Seiler, Geo. Chr. Fr., (+ d. 24. Maj 1834.) vindiciae potestatis camerae imperialis supremae decernendi commissiones ad integram causam. 4maj. Erlang. 793. Heyder. 12 gr

Seiler, Georg Christian Friedrich (Erlangen) A. S. 180/14

Vindiciae potestatis camerae imperialis supremae decernendi commissiones ad integram caussam. Erlangen (Hilpert) 30. XII. 1793. 76 S.

Gew.: Karl August Fhr. von Hardenberg. 32337

Seiler, G. C. Fr., vindiciae potestatis camerae imperialis supremae decernendi commissiones ad integram causam. 4. maj. Erlang. Palm. 794.

Seiler, Georg Friedrich

— ABC-Tabelle für Kinder, um ihnen solches spielend beizubringen. Fol. Erlang. 780. Bibel-Anstalt.

Seiler, **Geo. Fr., (+ d. 13. Mai 1807.) abrégé historique du vieux et du nouveau Testament,** s.a. Seiler, **das kleine bibl. Erbauungsbuch.**

Seiler, Georg Fr., Abrégé historique du vieux et du nouv. Testam. II Tom. trad. p. Meynier. 8. Erlang. Bibelanstalt. 784..

Seiler, G. F., an Jesus miracula suis ipsius viribus ediderit et si hoc, quid inde sequatur? Erlang. 1799. 4.

— ad morum eorundemque doctrinae historiam animadversiones theologicae lib. I. 4. Erlang. 770. — Diss. Animadversiones theologicae ad morum eorumdemque doctrinae historiam lib. I. cap. 3. et 4. et lib. II. 4. Erlang. 771. (Heyder). 12 gr

— ad morum corundemque doctrinam historicam animadversiones theologicae. 4. Erlang. Walther (Breuning) 771. — 12

• G. F. Seiler Animadvers. ad psychologiam sacram. Pars I—VII. 4. Erlang 1778—87.

-- Anweis. zum Gebrauch der Bibel in Volksschulen, s.a. Seiler. Schullehrerbibel.

Seiler, G. Fr., Anweis. z. Gebr. d. Bibel in Volksschulen, oder die Schullehrerbibel des alt. u. N. Testaments 2c. 6 Thle. 3te verb. Aufl. 8. Erlangen, Bibel-Anstalt. 818.

— kurze Apologie des Christenthums, nebst e. Entwurf d. Religion e. christl. Philosophen. 8. Erlang. 776. 2e A. 779. Palm. 16 gr

— Progr. Apostolorum spes veniendi ad Christum in coelis versantem, an et ad nos et ad omnes pertineat homines, qui vitam aeternam consequuntur? Sect. I. et II. Erlang. 800, 801.

Seiler, Georg Friedrich (Creussen) f, q; 34

De argumento quodam ad religionis revelatae veritatem comprobandam ex dei veri cultorum victoria petenda. Erlangen (Junge) 1790. 24 S. 32342

— Baireuth, der Künste Sitz unter der Regierung Friedrichs; Lobgedicht auf Friedrich, Markgrafen zu Brandenburg. 4. Erlang. 757. 2 gr

— üb. die Beschaffenheit, Zwecke u. Wirkungen der Thaten Jesu u. ſr. Apostel 2c. Mit e. Vorrede u. Anmerk. hrsgg. v. J. G. Rosenmüller. gr. 8. Erlang. 810. Bibelanstalt; (a. Barth in Leipz.) 6 gr

— kurze Beschreib. der Künste u. Handwerker. 8. Erlang. 1e u. 2e A. 791. 3e A. ... 4e v. Jh. Andr. Ortlof verm. Aufl. 8. Ebd. 803. Bibelanstalt. 4 gr

— Beschreib. von Palästina, mit 1 ill. Karte. 8. Erlang. 827. Herder.

— Betracht. über die neue philosoph. Darstell. der Dreieinigkeit, welche Prof. Meyer in Halle geliefert hat, od. Entwickelung d. Frage: Sind die göttl. Personen Substanzen, Accidenzien, od. keines von Beiden? 8. Bresl. 765. J. F. Korn. 4 gr

— Betracht. üb. Meiers neue Vorstellung der Dreyeinigkeit. 8. Breslau, Korn d. ält. 765.

— erbaul. Betracht. üb. die Leidensgeschichte Jesu. (Als 2r Anh. zum Versuch einer Liturgie.) 8. Erlang. ... 2e Aufl. 785. Palm. 12 gr

— gemeinnütz. Betrachtt. der neuesten Schriften, welche Religion, Sitten u. Besserung des Menschengeschlechts betreffen. 25 Jahrgänge, v. 1776—1800. 8. Erlang., Bibelanstalt. (à 3 ß) 75 ß

— theolog.-krit. Betrachtt. neuer Schriften. In Vereinigung mit e. Gesellsch. Gelehrten. Als Beilage zu den gemeinnütz. Betrachtt. 8 Jahrgg. à 4 Stcke. 8. Erlang. 779—86. Palm. 6 ß 16 gr

– Bibel, s.a. Seiler: Schriften.

— Bibel, Alt. u. N. Testam. im Ausz. m. Anmerk. 2 Thle. 8. Erlang. Bibelanstalt. 782.

weiß Papier
mit Kupfern

— neues Buchstabir- u. Lesebuch, mit den ersten Grundlagen menschl. Erkenntniß. 8. Erlang. 791. Bibelanstalt. 2 gr 15e Aufl. Handfibel, od. neues Buchst.- u. Leseb. 823. Ebd. 2½ gr

— neues Buchstabir- u. Lesebuch m. d. ersten Grundlagen menschl. Erkenntniß. 8. Erlang. Bibelanstalt. 810.

Seiler, G. F., neues Buchstabir- u. Lesebuch mit d. ersten Grundlage menschl. Erkenntniß. 12te Aufl. 8. Erlangen, Bibel-Anstalt. 812.

— de causis atque finibus vaticiniorum. I—IV. Ibid. 1793 s. 4.

Seiler, Ge. F., de vaticiniorum causis atque finibus. Sect. I—III. Erl. 792. 4. et in opusce. theol. I. p. 1—104.

— Progr. De vaticiniorum causis atque finibus. Sect. I—IV. 4. Erlang. 792, 93.

— Charakter einer wahren Christin, der Frau Buirette v. Oehlefeld. 8. Leipz. 803. Kummer. 3 gr

— Junkheims Charakter u. Verdienste. gr. 8. Erlang. 791. Bibelanstalt. 3 kr

— — über das wahre und thätige Christenthum. 6te Aufl. 8. Ebend. 818.

— d. wahre u. thät. Christenthum u. Gebet. 8. Erlang. Bibelanstalt. 799.
m. K. gr. 8. 789.

— üb. das wahre u. thätige Christenthum, einige Gebet- u. Communionandachten. 8. Erlang. 789 bis 1818 5 Aufl. 6e Aufl. unt. d. T.: Gebete u. Communionandachten. 8. Ebd. 827. Bibelanstalt. 4 kr Fein Pap. 6 kr — Dass. f. Katholiken, v. W. Friedrich. 8. Ebd. 4 kr Fein P. 6 kr

— Das Christenthum durch Wahrheit, nicht durch Täuschung gegründet, s. Christenthum.

— Progr. de Christo, omnium rerum domino et gubernatore, Sect. I. et II. Erlang. 788, 89.

— Progr. Christologia Justini martyris. 4. Erlang. 775.

— Progr. ad Diss. inaug. J. G. Rosenmüller: Christologia Tatiani, Athenagorae, Theophili Antiocheni. 4. Erlang. 775

— Christus an in operibus suis mirabilibus efficiendis arcanis usus sit remediis? 4. Erlang. 795.

— doctrinae christianae compendium minus. 8. Erlang. 774. 2e Aufl. 779. N. A. 784 u. 797. 4e A. 8. Ebd. 819. Heyder. 20 kr

— Doctrinae christianae compendium minus. 8. Erlang. Walther. (Breuning.) 784.

— — ejusd. doctrinae christianae compendium minus. Edit. 4a. 8. Ebend. 819.

— Progr. De terrae conflagratione et novi coeli novaeque terrae instauratione. 4. Erlang. 792.

— de corpore Christi glorificato. Ibid. 1803. 4.

— (Übers.), s. Demosthenes: Reden für die Krone.

— Denkmal der Güte, die Gott Christian-Erlangen ꝛc. erzeigt hat. 4. Erlang. 786. Bibelanstalt. 2¼ kr

— Denkmal auf D. J. C. Pfeifer. 4. Erlang. 787. Bibelanstalt. 2¼ kr

— Progr. Deus, an, quod multi contendunt, Domini potissimum forma et nomine se sub oeconomia Mosis describi curaverit, unde sensus Israelitarum servilis sit derivandus, inquiritur. Erlang. 796.

— Progr. De difficultibus Arianismi, subtilioris imprimis. 4. Erlang. 774. Bibelanstalt.

Seiler, Geo. Fr., Progr. ad Diss. inaug. G. Schlegel: Justificationis a praedestinatione discrepantia. Erlang. 777.

— Progr. De revelationis et inspirationis discrimine rite constituendo. 4. Erlang. 794.

— Progr. ad Diss. inaug. Henr. Carl Alex. Haenlein: Discussio quaestionis, utrum ex Jesu sermonibus in Evangelistarum commentariis obviis, quae unice vera sint religionis ipsius dogmata, intelligi possit, et dijudicari debeat? 4. Erlang. 795.

— die brüderliche Duldung, eine Pflicht gegen Gott ꝛc. 8. Erlang. Bibelanstalt. 785.

— neue Eidesverwarnungen, in Gerichten zu gebrauchen, nebst J. G. C. Bodenschatz's Abhandl. über den Judeneid. 4. Erlang. 791. Bibelanstalt; (a. Joachim in Leipz.) 3 kr

— Einleit. zum leichtern Verständniß der prophet. Schriften des alten Bundes. 8. Erlang. 792. Bibelanstalt. 3 kr

— premier élemens des sciences en général. 8. ibid.

— an Eltern u. Lehrer. Einige Worte über die Pflicht u. rechte Art des frühen Religionsunterrichts für Kinder. 8. Erlang. 803. 3e Aufl. 829. Bibelanstalt. 4 kr

— an Eltern u. Lehrer über d. frühen Religionsunterricht d. Kinder. 8. Ebend. 805.

— das größere bibl. Erbauungsbuch. Alten Testaments. 1r Thl. in 2 Abtheill. Das 1e Buch Mose enthalt. 785. 2e Aufl. 786. 2r Thl. Das 2e — 5e Buch Mose enthalt. 789. 3r Thl. Die histor. Bücher, von Josua bis z. 2n Buche der Könige. 790. 4r u. 5r Thl. Die Psalmen. 788. 6r Thl. Die Sprüchwörter u. der Prediger Salomo. 791. 7r Thl. Jesaias u. Jeremias. 792. 8r Thl. Die Propheten, vom Ezechiel bis zum Maleachi. 793. 9r Thl. Hiob u. Jesus Sirach. 10r Thl. Esra, Nehemia u. die apokryph. Bücher. 795. 10 Thle. 788 — 795. — Neues Testament. 7 Thle. 788 — 793. Zusammen 17 Thle. gr. 8. Erlang., Bibelanstalt. (à 18 kr) 12 fl 18 kr — in 4. mit grober Schrift. 17 fl

Seiler, Geo. Friedr., das größre bibl. Erbauungsbuch. (Neuen Testam. 3. Thl.) Leben Jesu nach d. Johannes mit d. Gesch. sein. Leidens u. Sterbens. 5., verb. Aufl. gr. 8. (32½ B.) Erlangen 839, Bibelanstalt. (Heyder.)

Seiler, Geo. Fr., das kleine bibl. Erbauungsbuch, od. die bibl. Historien mit erklär. Andachten. 2 Thle. 8. Erlang. 782 bis 1816 13 Aufl. 14e A. 8. Ebd. 828. Heyder. 12 kr Mit 20 Kpf. 1 fl — Dass. f. die französ.-reformirte Gemeinde. A. u. d. T.: Abrégé historique du vieux et du nouveau testament, trad. p. Meynier. II Toms. 8. Ebd. 15 kr Mit Kpf. 1 fl 12 kr — Dass. für Katholiken, (v. F. X. Sauer bearb.) Ebd. 12 kr Mit Kpf. 1 fl

— d. kl. bibl. Erbauungsbuch. 2 Thle. 8. Ebend. 803.
m. 20 Kupf.

— — dasselbe für Katholiken ohne Kupfer. 8. Ebend.
m. 20 Kupf.

— das kleine bibl. Erbauungsbuch, od. die bibl. Historien mit erklärenden Andachten. 2 Thle. 12te verb. Aufl. 8. Ebend. 812.

— — das kleine biblische Erbauungsbuch. 13te verb. Aufl. 8. Erlangen, Bibelanstalt. 816.

— — dasselbe mit 20 Kupfern. 8. Ebend.

— — dasselbe für die französisch-reformirte Gemeinde.
Auch unter dem Titel:
Abrégé historique du vieux et du nouveau testament etc. II Tom. 8. Ebend.

Seiler, Georg Friedrich.
Kleines Erbauungsbuch . . . Erlangen 1828.
H: *Sauer, Franz Xav.* (Ky) (Th)

— von der Erbsünde u. dem natürl. Verderben des Menschen. 8. Erlang. 779.

— Erndte-Predigt. Wie ungemein viel die Gottesfurcht dazu beitrage, daß ein Volk gesegnet u. glückl. sey. 8. Erlang. 772. (Heyder). 2 gr

– (Vorr.), s. Ernesti, Johann Heinrich Martin: Moral.-prakt. Lehrbuch der Schönen Wissenschaften.

– (Vorr.), s. Ernesti, Johann Heinrich Martin: Unterweis. in d. schönen Wissenschaften.

— Festfragen, eine Beilage zu jedem Katechismus. 8. Erlang. 786 bis 1816 11 Aufl. 12e A. 820. 13e A. Ebd. 832. (Heyder). 1 gr

— Festfragen, e. Beylage z. jed. Katechismus. 8. Ebend. 800.

— Festfragen. 10te verbess. Aufl. 8. Ebend. 812.

— — Festfragen. 12te verb. Aufl. 8. Ebend. 820.

Seiler, Geo. Friedr., Festfragen. Eine Beilage zu jedem Katechismus. 13. Aufl. 8. (3 B.) Erlangen 832, (Heyder.) Thlr.

— Fibel zum Gebrauch bei den ersten Leseübungen. 15e verb. A. 8. Erlang. 823. Bibelanstalt. ½ gr

— d. Fragen d. zweifelnden Vernunft: Ist Vergebung d. Sünde möglich? ist v. Gott Gnade d. Christ. zu hoffen? gr. 8. Ebend. 797.

— die Fragen der zweifelnd. Vernunft: Ist Vergebung der Sünde möglich? Ist Begnadigung durch Christum zu hoffen? Beantwortet. gr. 8. Erlang. 798. Bibelanstalt. 1 Rthlr 6 gr

– Gebete u. Communionandachten ..., s.a. Seiler: Über das wahre u. thätige Christenthum.

— Gebete u. Communionandachten rc. 6e Aufl. 8. Erlang. 827, Bibelanstalt 4 gr. Weiß Pap.

—— Gebete u. Kommunionandachten f. d. wahren thät. Christen. Zum häusl. u. Schulgebr. 8., verb. Aufl. d. Buches „üb. d. wahre thät. Christenthum." 8. (6¼ B.) Erlangen 841, Bibelanstalt. (Heyder.)

— dass. f. Katholiken; bearb. v. W. Friedrich. 8. Ebd. 827, Eb. 4 gr. Weiß Pap.

— Gebete für Stadt- u. Landschulen. 8. Erlang. 793. 5e A. Ebd. 829. Bibelanstalt. 1½ gr Fein Pap. 3 gr

— Gebete für Studirende, nebst Lebens-, Sitten- u. Klugheitsregeln für Jünglinge. 8. Erlang. 780. 2e Aufl. 788. Palm. 8 gr

— s. Gebrauch, über den, des alten Testaments.

— Zum Gedächtniß von Buirette. Kurze Gesch. des Instituts der Moral u. der schönen Wissensch. in Erlangen. Erlang. 795. Bibelanstalt.

— einige Gedanken von der frühen Bildung künftiger Prediger. 8. Erlang. 773. Bibelanstalt.

— Geist u. Gesinnungen des vernunftmäß. Christenthums zur Erbauung. 1r Thl. 8. Coburg 769 u. bis 775 6 Aufl. 2r Thl. 775. 2e A. 778. Neue Orig.-Ausg. 2 Thle. 8. Cob. 780. (Riemann). 12 gr Mit Anh. e. Andachten rc. 2 Thle. 22 gr gr. 8. 792. 1 Rthlr 8 gr

— Geist und Gesinnungen des vernunftmäßigen Christenthums z. Erbauung. 2 Thle. 8. Coburg, Ahl. 786. gr. 8. 792.

— Geist u. Kraft der Bibel für die Jugend. 1r Thl. Das alte Testament. 2r Thl. Das neue Testam. A. u. d. T.: Geist u. Kraft d. Schriften des neuen Testaments rc. 8. Erlang. 801. Bibelanstalt. 18 gr

— neue Geographie. 8. Erlang. Bibelanstalt.

– Kurze Geschichte der christl. Kirche u. Reformation ..., s.a. Seiler: Kleine Kirchen- u. Reformationsgeschichte.

—— kurze Geschichte d. christl. Kirche u. Reformation, nebst d. Augsburg. Confession wesentl. Inhaltes. 6., verb. Aufl. Mit e. Anh., die Gesch. d. protestant. Kirche vom Augsb. Religionsfrieden an bis auf gegenwärt. Zeiten, v. Hörmann. 8. (4½ B.) Erlangen 828, (Heyder.)

— kurze Geschichte der geoffenbart. Religion. Mit Kpf. u. Kart. 8. Erlang. 772 u. bis 792 8 Aufl. 9e A. 800. (Heyder). 16 gr 10e A. Gesch. d. christl. Religion. 821. 18 gr 11e A. ... 12e A. Mit 2 Kart., 1 Grundr. u. 7 Kpft. 8. Ebd. 827. 21 gr

— — Geschichte der christlichen Religion, Mit Karten und Kupf. 10te Auflage. 8. Erlangen, Heyder. 821.

— Gesch. d. christl. Religion. 12e Aufl. 8. Erl. 827, Heyder.

— Geschichte d. geoffenb. Religion. m. Kupf. u. Chart. 8. Erlangen, Walther. 800.

— Geschichte des israelit. Volkes. Für israelit. Schulen. (Aus d. 12n Aufl. d. Gesch. der christl. Religion abgedr.) Mit 1 Kpf. u. 1 Karte. 8. Erlang. 827. Heyder. 12 gr

– Geschichte der Zerstörung Jerusalems, s.a. Seiler: Magazin, Liturgisches.

— Geschichte d. Zerstör. Jerusalems (a. d. liturg. Magazin is besond. abgedr.) 8. Ebend. 784.

– Bibl. Geschichten, s.a. Seiler: Kl. bibl. Erbauungsbuch.

— bibl. Geschichten. 2 Bde. 14e Aufl. 8. Erlang. 827, Bibelanstalt. 12 gr., mit Kupf.

— die Gesinnungen des Christen bei ungewissen Sagen von bevorstehenden schreckl. Bewegungen der Natur. 4. Erlang. 786. Bibelanstalt. 2½ gr

— Gespräche von Gott u. Jesu. Eine Anleit., Kindern über die Grundwahrheiten d. christl. Religion nachdenken zu lehren. 8. Erlang. 801. 2e A. 804. Bibelanstalt. 6 gr — Dass. f. kathol. Schulen. 6 gr

— d. vernünft. Glaube a. d. Wahrheit d. Christenthums. gr. 8. Ebend. 796.

— d. vernünftige Glaube an die Wahrheiten d. Christenthums. gr. 8. Erlang. Bibelanstalt. 795.

— der vernünftige Glaube an die Wahrheiten des Christenthums ꝛc. 2te Aufl. gr. 8. Ebend. 814.

Seiler, Geo. Fr., Bahrdts Glaubensbekenntniß, widerlegt von Semler ꝛc. u. wie dies alles enthalten ist in den gemeinen Betrachtt. 8. Erlang. 779. Palm. 2 gr.

— üb. die Gottheit Christi; für Gläubige u. Zweifler. 8. Leipz. 775. Schwickert. 16 gr.

— erste Grundlage menschl. Erkenntnisse. 8. Erlang. 805. Bibelanstalt. 1 gr. 12e Aufl. Neues kleines Lesebuch f. Schulen aller Confessionen ꝛc. Ein Anh. zu jeder Fibel ꝛc. 8. Ebd. 823. 1 gr. — Dass. f. die französ.-reform. Gemeinde unt. d. T.: Premiers éléments des sciences en général à l'usage des enfans. 2½ gr.

— erste Grundlage menschl. Erkenntniß. 8te verb. Aufl. 8. Ebend. 812.

— — erste Grundlage menschlicher Erkenntniß. Ein Anhang zu einem jeden ABC- Buchstabir- oder Lesebuch. 9te Aufl. Ebend. 816.

— Grundsätze zur Bildung künftiger Volks- u. Jugendlehrer, od. die Homiletik, Katechetik, Pädagogik. gr. 8. Erlang. 782. 2e A. 786. Palm. 1 thl.

— Güte d. Allmächtigen im Winter. 8. Ebend. 784.

Seiler, Geo. Fr.: Handfibel, s.a. Seiler: Buchstabir- u. Lesebuch.

— — Handfibel, oder neues Buchstabir- und Lesebuch, mit der ersten Grundlage menschlicher Erkenntniß. 14te verb. Aufl. 8. Erlangen, Bibel-Anstalt. 818. Schreibpap.

— Handfibel od. neues Buchstabir- u. Lesebuch mit d. ersten Grundlage menschl. Erkenntniß. 15e Aufl. 8. Erlang. 823. Bibelanstalt.

— bibl. Hermeneutik, od. Grundsätze u. Regeln zur Erklär. der heil. Schrift. gr. 8. Erlang. 800. Bibelanstalt. 1 thl. 12 gr.

Seiler, Georg Friedrich (Creussen) Diss. Erlg. 1775, 2a

Dissertatio inauguralis theologica. Antiquissima telluris historia a Mose Gen. I. descripta et quidem eius pars I. Präs. Johann Georg Rosenmüller. Erlangen (Walther) V. 1775. 28 S. 32341

— s. Jesaias.

Seiler, G. F., Jesum corpore pariter atque anima in coelum assumtum esse, an argumentis probari possit fide dignis. Erlang. 1798. 4; rep. in Pott syll. commentt. theol. 6. p. 505 ss.

— Progr. Jesus, an miracula suis ipsius viribus ediderit, et si hoc, quid inde sequatur. Erlang. 799.

— Der Wahrheitslehrer Jesus Christus, kein Volkstäuscher, s.a. Christenthum, Das, durch Wahrheit ...

— d. Wahrheitslehrer Jesus C. kein Volkstäuscher. 8. Erlangen, Palm. 787.

— Inbegriff d. Kirchengeschichte d. N. Test. in Tabellen. gr. Querfol. Erlang. Walther. 803.

Seiler, G. F. Kurzer Inbegriff der Kirchengeschichte N. T. 3.—7. Aufl. Erl. 1777—96. H: *Rosenmüller, Joh. Gg.* (winer)

— kurzer Inbegriff der Kirchengeschichte des neuen Testaments in Tabellen. gr. qu. Fol. Erlang. 773. 2e A. 774. 3e A., welcher das 18e Jahrhundert v. J. G. Rosenmüller beigefügt ist. 776. 5e — 8e Aufl. 782, 89, 93, 97. 9e A. Ebd. 803. (Heyder). 16 gr.

— kurzer Inbegriff der Religion nach Vernunft u. Bibel. 8. Erlang. 799. Bibelanstalt. 12 gr.

— initia doctrinae christianae accommod. ad puerit. captum in usum scholarum lat. redd. And. S. Gessner. 8. Erlang. 775. N. A. 780. (Heyder). 6 gr.

— der bibl. Katechismus, e. Auszug aus der bibl. Religion u. Glückseligkeitslehre. 8. Erlang. 789 bis 1818 8 Aufl. 9e A. 8. Ebd. 825. Bibelanstalt. 4 gr. — Dass. f. die deutsch-reformirten Schulen. 8. Ebd. 4 gr.

— d. bibl. Katechismus. 8. Ebend. 810.

— bibl. Katechismus, nebst dem kleinen Katechismus Lutheri. 9e Aufl. 8. Erlang. 824. Bibelanstalt.

Seiler's, Geo. Friedr., evangelischer Katechismus. Im Auftrage der Kreissynode Wetzlar neu bearb. Gießen 866. Roth. 8. (IV, 107 S.) n. 4 ngr.

Seiler's, Geo. Frdr., evangelischer Katechismus. Im Auftrage der Kreissynode Wetzlar neu bearb. u. v. der XII. rhein. Provinzial-Synode gutgeheißen. 3. Aufl. 8. (109 S.) Wetzlar 878. Bourguet. n. — 40; geb. n.n. — 60

— kleiner u. histor. Katechismus, ob. erste Grundlage zum Unterricht in d. bibl. Geschichte ꝛc. 8. Bayr. 775. Lübecks Erb. 4 gr., bis 1818 29 Aufl. Neue (30e) Aufl. 8. Leipz. 824. Fr. Fleischer. 4 gr.

— kleiner und histor. Katechismus. 8. Bayreuth, Lübeck. 809.

— kleiner u. histor. Katechismus, od. der Katechismus Lutheri, die bibl. Geschichte nebst der evangel. Glaubens- u. Sittenlehre. 8. Erlang. 809. Bibelanstalt. 4 gr.

— — kleiner und historischer Katechismus. Neue Aufl. 8. Leipzig, Friedr. Fleischer. 818.

— kleiner u. histor. Katechismus Lutheri, d. bibl. Geschichte, nebst d. evangel. Glaubens u. Sittenlehre. Neue (30e) Aufl. 8 Leipz. 824, Fr. Fleischer.

— kleiner u. historischer Katechismus. Oder der Katechismus Lutheri, die bibl. Geschichte, nebst der evangel. Glaubens- und Sittenlehre 31. Aufl. Revidirt u. umgearb. von Jh. Konr. Irmischer. Stereotypausg. 8. Leipzig 843, Fr. Fleischer. n. 1/6 thl.

Seiler, Geo. Friedr., kleiner und historischer Katechismus. Oder der Katechismus Lutheri, die biblische Geschichte, nebst der evangel. Glaubens- und Sittenlehre. Revidirt und umgearb. von Joh. Conr. Irmischer. 34. Aufl. (4. Ster.-Aufl.) 8. (VIII und 231 S.) Leipzig 850, Fr. Fleischer. *

Seiler, Geo. Friedr., kleiner und historischer Katechismus. Oder der Katechismus Lutheri, die bibl. Geschichte, nebst der evangel. Glaubens- und Sittenlehre. Revidirt und umgearb. von Joh. Konr. Irmischer. 36. Aufl. (6. Ster.-Aufl.) 8. (VIII und 231 S.) Leipzig 856, Fr. Fleischer. *

Seiler, Geo. Frdr., kleiner u. historischer Katechismus. Oder der Katechismus Lutheri, die biblische Geschichte, nebst der evangelischen Glaubens- u. Sittenlehre. Revidirt u. umgearb. von Joh. Konr. Irmischer. 37. Aufl. 7. Stereot.-Aufl. Leipzig 861. Fr. Fleischer. 8. (VIII, 231 S.) n. 5 ngr.

Seiler, Dr. Georg Friedrich, Kleiner und historischer Katechismus, revidirt und umgearbeitet von Dr. J. K. Irmischer. Leipzig. Fleischer. (Min.-Erl. 23. Juni 1891. Z. 12557) —.32

— d. kleinste Katechismus f. Kinder v. 5—7 Jahren. 8. Erlang. Bibelanstalt. 805.

— der kleinste Katechismus f. die Kleinen, zur Anregung sittlich-religiöser Gefühle. 4e Aufl. 8. Erlang. 822, Bibelanst.

— der kleinste Katechismus f. die Kleinen, f. Kinder von 5—7 Jahren. 8. Erlang. 803. 4e A. 822. (Heyder). 2½ gr

— der kleinste Katechismus f. die Kleinen, f. Kinder von 5—7 Jahren. 3te Aufl. 8. Ebend. 812.

— kleine christl. Kirchen- u. Reformationsgeschichte, nebst Inhalt d. Augsburg. Confession. 8. Erlang. 790 bis 1818 5 Aufl. 6e A. Kurze Geschichte d. christl. Kirche u. Reformation. Mit 1 Anh. die Gesch. der protestant. Kirche rc., von ... Hörmann. 8. Ebd. 828. Heyder. 2½ gr

— kl. christl. Kirchen- u. Reformationsgeschichte. 8. Ebend. 797.

— — kleine christliche Kirchen- und Reformationsgeschichte rc. 5te Aufl. 8. Erlangen, Bibel-Anstalt. 818.

— Landeskunde von Palästina. (Aus d. Gesch. der christl. Religion rc. abgedr.) Mit 1 Kpf. u. 1 Karte. 8. Erlang. 827. Bibelanstalt. 8 gr

— Leben Christi nach den vier Evangelisten in kurzen Sätzen beschrieben. 8. Erlang. 773. 4 gr N. A. 8. Ebd. 827. (Heyder). 3 gr Mit 1 Karte. 8 gr

— Leben Christi nach den 4 Evangelisten in kurzen Sätzen beschrieben. 8. Erlang. Walther. (Breuning.) 773.

— Leben Jesu. 8. Erlang. 827, Heyder 3 gr mit 1 ill. Karte.

— Lehrgebäude der evangel. Glaubens- u. Sittenlehre f. die Jugend u. den gemeinen Mann. 8. Erlang. 774 bis 1808 8 Aufl. 9e Aufl. ... 10e A. 8. Ebd. 829. (Heyder). 8 gr

—— Lehrgebäude d. evangel. Glaubens- u. Sittenlehre f. Schule u. Haus. 10., verb. Aufl. 8. (13½ B.) Erlangen 829, Heyder.

— Leitfaden zum Unterricht der Katechumenen. 8. Erlang. 802, 5e A. 818. Bibelanstalt. 2½ gr

— Leitfaden z. Unterricht d. Katechumenen. 8. Erlangen Bibelanstalt. 805.

— Lesebuch. Anhang dazu, s. Ortloff.

— allgem. Lesebuch f. den Bürger u. Landmann u. f. Stadt- u. Landschulen. 8. Erlang. 790 bis 1826 20 Aufl. 22e A. Ebd. 830. Bibelanstalt. 8 gr — Dass. f. Militärschulen. 830. 10 gr — Für Sonn- u. Feiertagsschulen rc. 830. 12 gr — Für kathol. Schulen, s. Lesebuch f. d. Bürger u. Landmann.

— — dasselbe f. Katholiken. 8. Ebend. 804.

— — dasselbe von Paulus u. Mannert umgearbeitet z. Gebrauch in protestant. Stadt- u. Landschulen. 8. Bamb. Göbhard. 810.

— — z. d. Lesebuche, 5 Landkarten, m. deutschen Lettern. Erlangen. Bibelanstalt.

— — — 3 Landcharten, Deutschland, Europa u. d. Erdkugel, mit Lettern gedruckt. Ebend.

— Dass. von H. E. G. Paulus u. K. Mannert neu (3e Aufl.) umgearb. zum Gebr. in protestant. Stadt- u. Landschulen. 8. Bamb. 810. N. A. 819. (Wesché in Frkf. a. M.) 14 gr — Dass. f. Katholiken, von e. kathol. Geistlichen (F. X. Sauer) in Franken. 8. Ebd. 810. 12 gr

— — allgem. Lesebuch f. d. Bürger und Landmann. 18te verb. und verm. Aufl. 8. Ebend. 820.

— allgem. Lesebuch f. d. Bürger u. Landmann, vornehmlich z. Gebrauch in Stadt- u. Landschulen. 20ste verb. wohlf. Aufl. 8. Erlangen 826, Bibelanstalt. (Heyder.)

—— allgem. Lesebuch f. den Bürger u. Landmann, vornehml. zum Gebr. in Stadt- u. Landschulen. 22. u. 23., verb. u. verm. Aufl. (à 40 B.) 8. Erlangen 830, 33, (Heyder.) à

Seiler's, Geo. Fr., allgemeines Lesebuch für den Bürger u. Landmann, vornehmlich zum Gebrauch in Stadt- und Landschulen. Von Neuem durchgesehen von Andr. Neubig. 23e verbess. u. verm. Aufl. 8. Erlangen 835. (Heyder.) n. ⅓ Thlr.

— dass. für Militair-Schulen eingerichtet. Ebd. 835. 5/12 Thlr.

— dass. für Sonn- u. Feiertags-Schulen einger. Ebd. 835. ½ Thlr.

– Kleines neues Lesebuch, s.a. Seiler: Erste Grundlage menschlich. Erkenntniß.

— kleines neues Lesebuch z. Gebrauch bei d. ersten Leseübungen in Schulen, 12e Aufl. 8. Erl 823, Bibelanst.

— allgem. Liederbuch f. Christen zur Beförder. einer geistvollen Erbauung. 8. Erlang. 807. 12 gr 2e Aufl. 813. 3e A. 823. (Heyder). 3 gr 4e verb. Aufl. (Mit e. Vorrede v. J. L. Fr. Richter.) 8. Ebd. 832. 6 gr

— Liederbuch, allgemeines, f. Christen, besond. zum Gebrauch in Schulen. 2te Auflage. 8. Erlangen, Bibel-Anstalt. 813.

— allgem. Liederbuch 3e Aufl. 8. Erl. 823, Bibelanst.

—— allgem. Liederbuch f. Schulen. Auch f. Erwachsene zur Beförder. e. geistvollen Erbauung bestimmt. Aus d. besten Liederdichtern gesammelt. (Mit e. Vorr. v. J. L. Fr Richter.) 4. (mit alphabet. Liederverzeichniß), verb. Aufl. 8. (11½ B.) Erlangen 832, (Heyder.)

Seiler, Ge. F., Pr. de N. T. locis quibusdam erroneae doctrinae de Angelorum vi et dignitate, Christi dignitatem superante, oppositum. Erlang. 797. 4.

– s. Luther's Katechismus.

— liturg. Magazin, als e. Fortset. des liturg. Versuchs. 2 Bde à 2 Stcke. 8. Erlang. 784—86. Palm. 20 gl 1r Bd. 1s Stck. A. u. d. T.: Gesch. d. Zerstörung Jerusalems. 784. 2 gl

Seiler, Georg Friedrich (Creussen) Diss. Erlg. Phs. 1756,3

Dissertatio philosophica inauguralis meditationes de praesumtione iuris naturalis circa actiones liberas in genere continens.
Präs. Johann Friedrich Julius Haerter.
Erlangen (Camerarius) 15.V.1756. 20 S. 32338

— katechet. Methodenbuch. 8. Erlang. 789. 2e A. 795. (Heyder). 18 gl 3e Aufl. 832. 1 ℛ — Dass. f. kathol. Seelsorger umgearb. v. A. F. Ortmann. 8. Erlang. 802. (Al. Doll in Wien). 1 ℛ 16 gl Hbg. Pr. 1 ℛ 8 gl

— katechet. Methodenbuch. 8. Erlang. Bibelanst. 795.

—— katechet. Methodenbuch. 3., verb. u. verm. Aufl. 8. (22 B.) Erlangen 832, (Heyder.)

— Moral der Vernunft u. Bibel in ihrer Harmonie. 8. Erlang. 798. Bibelanstalt. 12 gl

Seiler, Georg Friedrich (Creussen) F,zq:7

Dissertatio astronomica II. de motibus lunae et phaenomenis inde oriundis.
Präs. Johann Ernst Basilius Wiedeburg.
Erlangen (Tezschner) V.1757. 30 S.

W.v. Friedrich Philipp Karl Gf. von Pückler (Opp.). 32339

— kurze Nachricht von dem Institut der Moral u. schönen Wissenschaften. 4. Erlang. 773. Bibelanstalt. 2 gl

Seiler, Geo. Fr., Nachricht von der gegenwärtigen Verfassung der Armenanstalt zu Erlangen, und die Jahresrechnung. Erlangen 1783.

— Nachricht von einer Verwahrungs- u. Rettungs-Anstalt für Badende ꝛc. 8. Erlang. 803. Bibelanstalt. ½ gl

— Progr. De regni a vatibus divinis Messiae ipsiusque populo promissi vera natura atque indole. Sect. I. et II. Erlang. 791, 92.

— Progr. De necessitate mali moralis hypothetica. 4. Erlang. 802.

— Progr. ad Diss. inaug. Wilh. Fr. Hufnagel: De divinis notionibus cogitationibusque ab humanis in interpretandis vaticiniis caute discernendis. 4. Erlang. 783.

Seiler, G. F., de divinis notionibus ab humanis in interpretandis vaticiniis caute distinguendis. Erlang. 1783. 4

— über die gottl. Offenbarung. 2 Thle. gr. 8. Ebend. 797.

— üb. die göttl. Offenbarungen. 2 Thle. gr. 8. Erlang. 796, 97. Bibelanstalt. 2 ℛ 6 gl

— opuscula theologica Coll. I. 8. Erlang. 793. Bibelanstalt. 15 gl

—— über d. Pflicht u. rechte Art des frühen Religionsunterr. d. Kinder. Einige Worte an Eltern u. Lehrer zur Beherzigung. 2., verb. Aufl. — Als Anh.: Noch einige Worte üb. d. Inhalt, Zweck u. d. rechten Gebr. meiner Lehr- u. Erbauungsschriften f. d. Jugend. 8. (3½ B.) Erlangen 829, Heyder.

— Predigt. Einige der wichtigst. Ursachen, warum uns Gott das Gebet so nachdrückl. empfohlen hat. 8. Bayr. 767. 2 gl

— Predigt. Die großen Wirkungen des Zeugnisses des heil. Geistes in den Gläubigen. 8. Bayr. 767. 2 gl Beide auch unt. d. T.: zwei Predigten in Bayreuth gehalten. 768.

— Predigt. Der Segen einer Stadt aus einer wohleingerichteten Armenfürsorge. 8. Erlang. 776. Palm. 1 gl

— Predigt. Die brüderl. Duldung, eine der ersten Pflichten gegen Gott u. den Staat. 8. Erlang. 785. Bibelanstalt. Palm. 2½ gl

— Predigt. Dankbare Erinnerung an die Wohlthaten, welche die Einwohner von Christian-Erlangen seit Entstehung der Stadt von Gott empfangen haben. 8. Erlang. 801. Palm. 4 gl

— Predigt von der weisen Güte des Allmächtigen im Winter. 8. Erlang. 784. Bibelanstalt. 2½ gl

— Predigt üb. die Worte Pauli: Seyd Niemand Nichts schuldig. 4. Erlang. 778. Palm. 1 gl

— Predigten zur Befestigung im Glauben u. heil. Wandel. 1e Samml. 8. Bayr. 769. 2e A. 772. 3e A. 777. 2e Samml. 773. 3e Samml. 782. 4e A. (blos n. Titel aller 3 Sammll.) 799. Lübecks Erb. (Grau in Hof). 1 ℛ 4 gl

— Predigten z. Befestigung im Glauben u. heil. Wandel. 3 Thle. 8. Bayreuth, Lübeck. 798.

s Psalmen

— Progr. Quatenus boni motus spiritus sancti vi in hominum animis excitati a bonis naturae motibus discerni possunt 4. Erlang. 773.

— Progr. De vaticiniorum universam aliquam temporis periodum complectentium justa interpretandi ratione. Sect. I. et II. Erlang. 783, 84.

— Progr. De malae voluntatis ratione et originibus. 4. Erlang. 802.

— üb. die Rechte u. Freiheiten protestant. Prediger in liturg. Sachen. 8. Erlang. 795. Bibelanstalt. 3 gl

Seiler, G. F., de vero Jesu Chr. mortui in vitam reditu ad redimendum et emendandum genus humanum necessario. Erlang. 1803. 4.

— — biblische Religion, und Glückseligkeitslehre. Mit Kupf. 4te Auflage. 8. Erlangen, Heyder. 821.

— la réligion des petits enfans etc., traduit de l'allem. par Alb. Hollard. 8. Erlang. 783. (Heyder). 12 gl

— la Religion des petits enfans etc. trad. p. A. Hollard. 8. Erlang. Walther (Brenning) 783.

— Religion in Liedern. 8. Erlang. 788 bis 1816 7 Aufl. 8e A. 8. Ebd. 832. Bibelanstalt. 2½ gl

— Religion in Liedern. 8. Ebend. 801.

— die Religion in Liedern. 6te Auflage. 8. Ebendas. 812.

(——) die Religion in Liedern. Eine Samml. christl. Lieder, zum Gebr. in Stadt- u. Landschulen. 8., verb. Aufl. 8. (6 B.) Erlangen 832, (Heyder.)

— Religion der Unmündigen. 772 bis 1806 18 Aufl. 20e Aufl. unt. d. T.: Unterredungen e. Vaters mit seinem Sohn üb. die ersten Grundwahrheiten der christl. Religion. 8. Erlang. 823. (Heyder). 6 ggr Lateinisch, s. oben: *Initia.* — Dass. f. Katholiken, vergl. Religion, die, der Unmündigen.

SEILER, G. FR. *Religion der Unmündigen.* 6. verbess. Aufl. Erlangen, W. Walther, 1777. XXIV, 224 SS., mit feiner Titelvign. Kl.-8°. Etw. berieb. Leder d. Z. mit rotem Rückenschild. 8.—

— Religion d. Unmündigen. 8. Erlangen, Schubart (Breuning) 805.

— die Religion nach Vernunft u. Bibel in ihrer Harmonie. 8. Erlang. 798. Bibelanstalt. 18 ggr

— üb. das königl. preuß. Religionsedikt, vom 9n Juli 1788 mit Anmerkk. 8. Erlang. 789. Bibelanstalt. 5 ggr

— bibl. Religions- u. Glückseligkeitslehre. 8. Erlang. 788 bis 1822 4 Aufl. 5e Aufl. .:. 6e A. 8. Ebd. 828. Bibelanstalt. 8 ggr Mit 1 Kpf. gr. 8. 9 ggr — Für kathol. Schulen. 8 ggr Mit 1 Kpf. 9 ggr

— bibl. Religions- u. Glückseligkeitslehre. 6e Aufl. Mit 1 Kupf. 8. Erl. 827. Heyder.

– s. Robertson, Wlh.: Geschichte von Schottland ...

Seiler, Georg Friedrich [Praes.], s. Rosenmüller, Johann Georg: Dissertatio inauguralis theologica qua antiquissimam telluris historiam a Mose Gen. I. descriptam et quidem eius partem I. ... examini submittit ...

— die wichtige Sache des geistl. Redners; e. Lehrgedicht. 4. Coburg 767. 3 ggr

— Samml. liturg. Formulare d. evangel. Kirchen. 1r Bd. 1e—3e Abtheil. 786, 87. N. A. 788 u 97. 1 rthlr 18 ggr 2r Bd. Passionsbetrachtt. 787 u. 99. 16 ggr 3r Bd. 1e—3e Abtheil. 801 u. 804. 3 rthlr 16 ggr 4. Erlang. 794—804. Palm. 6 rthlr 2 ggr (1r Thl. 2e Abtheil. A. u. d. T.: Gebete auf Sonn- u. Festtage. 4. Ebd. 797. 12 ggr)

— Samml. bibl. Geschichten alten u. neuen Testaments, zur Erbauung angewendet u. zum Gebr. des Gymnasiums in Basel. 2 Thle. gr. 8. Basel 797. Schweighäuser. 12 ggr

— Schreiben an die Prediger u. Schullehrer, wegen seines Bibelwerks. 8. Erlang. 785. Bibelanstalt.

— die heil. Schrift alten Testaments im Auszuge, nebst dem ganzen neuen Testam. nach Luthers Uebersetzung. Mit Anmerkk. 8. Erlang. 781. 2e u. 3e A. 781. 4e u. 5e A. 783. Bibelanstalt. 21 ggr Mit 20 Kpf. 2 rthlr

– s. Schulbibliothek.

– Schulgebete, s.a. Seiler: Gebete.

—— Schulgebete f. deutsche Stadt- u. Landschulen. 5., verb. Aufl. 8. (4½ B.) Erlangen 829, Heyder. 1¼ Gr., wß. Pap.

— — Schullehrer-Bibel, s. dessen Anweisung zum Gebrauch d. Bibel.

— Schullehrerbibel, oder Anweis. f. Lehrer rc. Altes Testament. 3 Thle. 8. Erlang. 796. Bibelanstalt. 20 ggr 2e Aufl. 815. 21 ggr Neues Testament. 3 Thle. 8. Ebd. 790—93. 1 rthlr 6 ggr 5e Aufl. 3 Bde in 4 Abtheill. Ebd. 820. 1 rthlr 18 ggr

— Schulmethodenbuch. 8. Erlang. 789. 2e A. 802. 6 ggr 3e verb. A. 832. (Heyder). 12 ggr

— Schulmethodenbuch. 8. Erlang. Bibelanst. 802.

—— Schulmethodenbuch, od. Anweis. zur Erleichterung u. Leitung d. Schulaufsicht, so wie zur Unterweis. f. künftige Schullehrer. 3., verm. u. verb. Aufl. 8. (10 B.) Erlangen 832, (Heyder.)

— Sittenlehre u. Klugheitsregeln f. Knaben u. Mädchen. 19e A. 8. Erlang. 825. Bibelanstalt. 3 ggr

— — Sittenlehren und Klugheitsregeln für Knaben u. Mädchen. 18te Aufl. 8. Ebend. 820.

— Sonn- u. Festtags-Gebete zum Privat- u. öffentl. Gottesdienst. (Als in Anh. zum Versuch e. Liturgie.) 8. Erlang. 782. 2e A. 783. Palm. 4 ggr

— Spruchbüchlein zur Erleichterung des Lernens der bibl. Stellen rc. 8. Erlang. 805. 4e A. 822. Bibelanstalt. 2½ ggr

— — Spruchbüchlein rc. 3te verb. Aufl. 8. Erlangen, Bibel-Anstalt. 816.

— Spruchbüchlein zur Erleichterung des Lernens der bibl. Stellen, welche zur christl. Glaubens- u. Sittenlehre gehören. 4e Aufl. 8. Erl. 822, Heyder.

— Progr. De tempore et ordine, quibus tria Evangelia priora canonica scripta sint. Sect. I. et II. 4. Erlang. 805 u. 806.

– s. Testament, Das Neue.

— theologia dogmatico polemica, cum compendio historiae dogmatum succinctae, in usum praelect. academ. adornata. 8maj. Erlang. 774. 2e A. 780. 3e A. 789. 2 rthlr 4e A. ibid. 819. (Heyder). 1 rthlr 6 ggr Deutsch, s. unten: Vorstellung d. christl. Religion.

— Theologia dogmatico-polemica cum compend. historiae dogmatum succinct. in usum praelect. academicar. adornata. 8. maj. Erlangen, Walther. (Breuning.) 789.

— — Theologia dogmatico-polemica. Edit. 4a. 8maj. Erlangen, Heyder. 820.

— theses theologiae dogmaticae; compendium minus in us. praelect. academicar. 8. Erlang. 783. (Heyder). 16 ggr Edit. II. 8. ibid. 821. 20 ggr — Dass. ins Deutsche übers. v. Jph. Heres unt. d. T.: das Wesentliche in d. christl. Religion. 8. Gieß. 775. 2e A. ... 3e A. 782. Krieger. 8 ggr

— Uebers. d. Jesaias m. Anmerk. 8. Erlang. Bibelanstalt. 783.

— Uebersetzung d. Psalmen. 8. Erlang. Bibelanstalt. 788.

— Uebersetzung d. N. Testaments mit erklär. Anmerk. u. Erläut. schwerer Stellen n. d. Bedürfn. unserer Zeit. 2 Thle. gr. 8. Ebend. 806. 2 16

— Unterredungen e. Vaters . . ., s.a. Seiler: Religion d. Unmündigen.

— Unterredd. e. Vaters mit seinem Sohne über die ersten Grundwahrheiten d. christl. Religion od. die Religion d. Unmündigen. 20e Aufl. 8. Erlangen 823, Heyder.

— üb. den Unterschied der Rechtfertigung u. Prädestination rc.; aus d. Latein. von J. A. Schäfer. 8. Erlang. 778. Bibelanstalt. 4 gl

— üb. d. Unterschied d. Rechtfertigung u. Prädestination 8. Erlang. Palm. 778.

— üb. d. Unterweis. d. Jugend im Christenthum, besonders b. Gebr. s. Lehrbücher. 8. Bayreuth, Lübeck. 772.

— üb. die Unterweis. der Jugend im Christenthum, besond. beim Gebr. seiner Lehrbücher. 8. Bayr. 777. Lübecks Erb. 2 gl

— üb. die Unterweisung der Katechumenen, einige Vorschläge. 8. Erlang. 802. Bibelanstalt. 1¼ gl

Seiler, Georg Friedrich (Creussen) F, zv:2

Dissertationis de iusto probabilitatis valore et usu sectio II. Präs. Philipp Ludwig Statius-Müller. Erlangen (Camerarius) X. 1757. 52 S. 32340

— Progr. Super Jacobi morituri verba Gen. 49, 10. Erlang. 776.

— Progr. Vere in Christum credentes omnes justificari, non ad vitam aeternam praedestinatos solum. 4. Erlang. 777.

— von der Verfassung der Erlangischen Universität, u. von dem Institut der Moral daselbst. 8. Erlang. 805. 1 gl

— v. Verhältniß des Idealism. z. Religion rc. s. Verhältniß.

— üb. den Versöhnungstod Christi, nebst der Lehre von der Rechtfertigung vor Gott, u. von der Erbsünde. 2 Thle. gr. 8. Erlang. 778, 79. 2e A. 782. Palm. 2 rf 8 gl

— über den Versöhnungstod Christi, n. einer Abhandl. von natürl. Verderb. Frehh. d. Mensch. Rechtfert. 2 Thle gr. 8. Erlangen, Palm. 782.

— Versuch e. evangel.-christl. Liturgie für unsere Zeiten. 8. Erlang. 782. 2e A. 783. Palm. 10 gl 1r Anh. 8. Ebd. 783. 2r Anh., s. Seiler: Betrachtt., erbauliche.

— Versuch eines Plans zu Schullehrerseminarien des protestant. Deutschlands. gr. 8. Erlang. 787. Palm. 6 gl

— Vorschriften, s. Löhr, J. F.

— ausführl. Vorstellung der christl. Religion, od. deutsche Dogmatik; aus d. Latein. übersetzt. gr. 8. Marb. 781. Krieger. 2 rf

— die Weissagung u. ihre Erfüllung aus d. heil. Schrift. gr. 8. Erlang. 794. 2e A. 814. Bibelanstalt. 18 gl

— Wesentliches d. christl. Religion z. Gebr. d. Schulen. 8. Ebend. 783.

— Wie die von den Predigern anzustellende öftere Besuche der deutschen Schulen beschaffen seyn müssen, wenn der erwünschte Nutzen hervorgebracht werden soll. 8. Erlang. 777. Pam. 1 gl

— d. Zeitalter d. Harmonie, d. Vernunft u. bibl. Religion, Apologie gez. Th. Paine u. seines Gleichen rc. gr. 8. Leipz. Crusius. (F. C. W. Vogel.) 802.

Seiler, Gerh., Heimatkunde. Der Stadtkreis Gleiwitz u. der Kreis Tost-Gleiwitz. (43 S.) gr. 8. Gleiwitz 903. B. Wittmann. n. — 25; m. farb. Kreiskarte n. — 40

Seiler, Gust., Schulbedarfsgesetz vom 28. VII. 1902, m. Einleitg., Erläutergn. u. den Vollzugsvorschriften hrsg. 8. (XIII, 594 S.) München 902. 903. C. H. Beck. n. 4. 40; geb. in Leinw. n. 5. —

Sserbske bassnje, sswojemu wulzy lubemu ludej podate k wužitkoj a k sabawenju wot H. S(EILERJA). (Wendische Fabeln, seinem sehr lieben Volk zu Nutzen und Unterhaltung von H. SEILER.) ib. 1855. --

Seiler, H., 16 medizinische Essays. [Aus: „Dresdn. Journal".] 8. (VIII, 56 S.) Dresden 893. Warnatz & Lehmann. n. 1. 50

— Gesundheitslehre, s.: Sammlung Göschen.

— Dr. med. Ewald Hasse. [Aus: „Allg. med. Centralzeitg."] gr. 8. (4 S.) Berlin 894. O. Coblentz. n. 1. —

Seiler, H., Leitfaden der Krankenpflege zunächst für Diaconissinnen. gr. 8. (VII, 95 S.) Leipzig 886, G. Thieme. *

Sso swoni měr! K sswjećinam měra pěssnił H. S(EILER). (Es läutet Friede! Zur Friedensfeier gedichtet H. SEILER.) ib. 1871. — 80.

Seiler, Handr., krótke Khyrluschje a Spjewanczka sa serske Schulje. gr. 8. (2¼ B.) Budyschini 842, Weller. *

Seiler, Hans, der Schwanz der Melusine, s. a. Eckstein's 50 Pfennig-Bibliothek. Nr. 42.

Der Schwanz der Melusine von Hans Seiler. *Berlin: R. Eckstein Nachf. [1900].* (80 S.) 8° [J.]
— 50 Pfennig-Bibliothek, Eckstein's. No 42.

Seiler, Heinr. Edm., e. Blick in Satans Arbeitszimmer. 8. (40 S.) Hagen 893. H. Risel & Co. n. — 25

— des Christen Blick in die Zukunft. 8. (32 S.) Ebd. 892. n. — 20

— der christliche Enthusiast. 8. (48 S.) Ebd. 894. n. — 50

— Thomas, der Zweifler. 8. (51 S.) Ebd. 894. n. — 50

Seiler, Heinr. Edm. Christliche Zeitbilder. 8. (64 S.) Hagen i. W. 892, Risel u. Comp. — 50

Seiler, Hugo, Peter Frank (geb. 1745, gest. zu Wien 1821) zu s. 150jähr. Geburtstage d. 14. März 1897 nach d. eig. Aufzeichnungen desselben. gr. 8. (15 S. m. Bildn.) Dresden 895. H. Burdach. n. 1. 50

Seiler, J., über die Behandlung der Lungenschwindsucht durch die Brusterweiterung und den Gebrauch der Scrophularia nodosa. gr. 8. (VII und 227 S. mit eingedr. Holzschn.) Basel 862, Georg.

—— Diätetik für Brustleidende. gr. 8. (VII und 262 S.) Basel 867, Georg.

Seiler, J., über Rückgraths-Verkrümmungen und deren Heilung vermittelst der elektro-galvanischen Induction. Mit 7 Abbildgn. (Holzschn. im Text). Genf 857. Keßmann in Comm. 8. (142 S.) 21 ngr.

Seiler, J., über Rückgraths-Verkrümmungen und deren Heilung vermittelst der elektro-galvanischen Induction. 8. (142 S. mit 7 Abbild. in eingedr. Holzschn.) Genf 857. (Müller-Darier.)

Seiler, J. G., utrum ex Jesu sermonibus in evangg. commentariis obviis, quae unice vera sint religionis ipsius dogmata, intelligi possit et dijudicari debeat. Erlang. 1795. 4.

Seiler, J[acob]. Die Noctuiden der Umgebung von Liestal. Separatabdruck aus dem Tätigkeitsbericht der Naturforschenden Gesellschaft Baselland 1902/03. S. 53—75. 8. [Liestal, Gebr. Lüdin. 1904.]

Seiler, Jacob. Verzeichnis der Bombyciden von Liestal und Umgebung von Jakob S'.... Separat-Abdruck aus dem Thätigkeitsbericht der Naturforscheuden Gesellschaft Baselland pro 1900 und 1901. S. 54—67. 8. [Liestal, Gebr. Lüdin, 1902.]

Seiler, Jean, aus Merishausen (Kt. Schaffhausen): Bearbeitung der Brüggerschen Materialien zur Bündnerflora. Chur 1909. II + 581 S., sieben Tafeln, eine Tabelle und eine Karte. 8°. S.-A. aus dem Jahresbericht der Naturforschenden Gesellschaft Graubünden 1909. [20. VIII. 09.]
Zürich Phil Diss II S 1908/09

Seiler, Jean. Bearbeitung der Bruggerschen Materialien zur Bündnerflora. Diss. Phil. [II.] Univ. Zürich. [Mit 1 Tabelle, 7 Tafeln und 1 Karte.] (Separat-Abzug aus dem Jahresbericht der Naturforschenden Gesellschaft Graubündens. [Neue Folge Band 51. Vereinsjahr 1908/09.]) II + 581 S. 8. Chur, Bischofberger & Hotzenkocherle, 1909.

Seiler, Joach., der Geist Christi od. Anleitung, wie man nach dem Geiste Christi leben soll. Betrachtungen f. Priester u. Laien. Aus dem Latein. übers. v. Romuald Munz, O. S. B. (Aszetische Bibliothek.) (XII, 257 S.) kl. 8. Freiburg i/B. 909. Herder. 1.80; geb. 2.40

Seiler, Joach., Jesus, Maria u. Joseph oder der Umgang mit der heiligen Familie. Ein Betrachtungs- u. Gebetbuch für christliche Familien. 5., revid. Aufl. Mit (6 lith.) Bildern. Einsiedeln 864. Gebr. Benziger. 16. (468 S.) 10 ngr.

Seiler, Johs., die Anschauungen Goethes v. der deutschen Sprache. Vom deutschen Sprachverein gekrönte Preisschrift. (VII, 239 S.) 8. Stuttgart 909. J. G. Cotta Nachf. 3.—; geb. in Leinw. 4. —

Seiler, Johs., s.: Heliand.

– Heliand, s. Denkmäler der älteren deutschen Literatur. II, 3.

Seiler, Joh(annes): Homer und unsere Zeit. Bielefeld 1908: Siedhoff. S 1—32. 8°
Bielefeld, G. u. RG., in Festschr. z. 350j Jubil P 1908 (400) [S 10. 412

Seiler, Johannes [Saxo-Halensis]: De particulis copulativis quaestiones grammaticae et metricae.... Halis Saxonum, typ. Kaemmererianis, 1891; 37 S., 1 Bl. 8°
Halle, Phil. Fak., Inaug.-Diss. v. [2. Jul.] 1891

Seiler, Jos., XXIX kurze und leichte Adagio's für Orgel [oder Harmonium]. Ueber alte Choral-Motive komponirt und angehenden Organisten zum Gebrauch beim öffentl. Gottesdienst freundschaftlich gewidmet. Op. XIII. gr. 4. (14 S.) Trier 872, Lintz' Verlag. •

— adoremus! Cantiones sacrae de ss. sacramento Eucharistiae nec non de ss. passione d n Jesu Christi. Collectae et in libros duos redactae. Liber I. hoch 4. (IV, 149 S.) Paderborn 872. F. Schöningh. n. 5. —

—— Auswahl älterer und neuerer katholischer Kirchengesänge. Für vierstimm. Männerchor bearb. 1.—3. Heft. 8. (70; 74; 74 S.) Münster 872, Aschendorff'sche Buchh. à Heft 60 Pf.

— chorus ecclesiasticus, das ist: Sammlung gediegener 3—8stimm. Kirchengesänge aus alter u. neuer Zeit. Im Verein m. den ersten Kirchen-Komponisten Deutschlands hrsg. 1. Lfg. gr. 4. (V, 89 S.) Trier 871. Lintz. n. 4. —

Seiler, Jos. (II.), ein Grab auf der Reichenau, f. Familien-Bibliothek.

—— Laudate dominum! Sammlung latein. Kirchengesänge für Männerstimmen, von den vorzüglichsten Komponisten. hoch 4. Paderborn 870—72, Schöningh. [1. Lfg. (V, 52 S.) *M. 2.; 2. Lfg. (IV, 38 S.) *M. 1,60.; 3. Lfg. (IV, 86 S.) *M. 3.] *

Seiler, Jos., Litaniae Lauretanae. Dichtungen. gr. 8. (21 S.) Paderborn 856, Schöningh. *

Seiler, Jos. (I.), vollständige Maiandacht in frommen Liedern. Nachgelassenes Werk. Hrsg. von Friedr. Koenen mit Beiträgen von P. Piel, Fr. Witt und dem Herausgeber. hoch 4. (53 S.) Düsseldorf 878, Schwann. * 3 —

—— Johannes Püllenberg. Eine Skizze. gr. 8. (16 S.) Paderborn 856, Schöningh.

Seiler, Jos., Sagen und Märchen aus Heimat und Fremde. Gesammelt und hrsg. 12. (258 S. und 4 Stahlst.) Cassel 851, Luckhardt, Brlgsh.

—— Volkssagen und Legenden des Landes Paderborn. Gesammelt und hrsg. gr. 16. (128 S.) Cassel 848, Luckhardt, Brlgsh.

Seiler, Karl: Johann Georg Hamanns Bedeutung für die Pädagogik. (Naumburg a. S. [1906]: A. Rietz & Sohn. (51 S.) 8°
Leipzig, Phil. Fak., Ref. Volkelt, Heinze, Diss. v. 9. April 1906
[Geb 21. Juni 78 Neugersdorf, Sachsen; Wohnort: Glauchau; Staatsangeh.: Sachsen; Vorbildung: Seminar Lobau Wahlfähigkeitszeugnis Note 1 Nov. 00; Studium: Leipzig 6 S.; Rig. 27 Okt. 05.]

Seiler, Carl: Über die aussergewöhnlichen Silberverluste bei der Aufbereitung von silberhaltigem Bleiglanz und ihre Verringerung auf mechanischem Wege. 1906. 52 S., 4 Taf. 8°
Aachen, Dr.-Ing.-Diss. v. 14. 3. 1907

Seiler, Leop., s.: Hôtel- u. Gasthof-Adressen-Buch v. Oesterreich-Ungarn.

Seiler, Ludwig, approb. Arzt aus Eichtersheim: Ueber Uterus subseptus. *Heidelberg 1903: J. Hörning.* (36 S.) 8°
Heidelberg, Med. Diss. v. 1903

M. Seiler, Comestibles, Bern.... Preis-Liste 1903. 24 S. 8.

Seiler, M[artin]: Kulturgeschichte der Stadt Rheinfelden. Rheinfelden 1891. 4°

Seiler, Max, illustrirtes Eisenbahn-Güterverkehrs-Heft m. Berücksicht. des Verkehrs nach dem Auslande. Mit 18 Formularen versehen. 1. u. 2. unveränd. Aufl. gr. Lex.-8. (27 S.) Zittau 893. Pahl. n. 1. —

Seiler, Max, illustr. deutsches Eisenbahn-Güterverkehrs-Heft m. Berücksicht. d. Verkehrs nach d. Auslande. Prakt. Rathgeber f. Jedermann, unentbehrlich f. alle Geschäftsleute u. Gewerbtreibende, sowie z. Gebr. an kaufmänn. u. gewerbl. Lehranst. Mit 18 Formularen vers., nebst e. Güter-Classifikation (vom 1. Apr. 1895). 3., umgearb. u. verm. Aufl. gr. Lex.-8. (IV, 32 S.) Zittau 895. Leipzig, Pahl. n. 1. 20

Wörter-Verzeichnis zu dem französischen Lehrbuch von Rossmann-Schmidt, zgest. von M[inna] Seiler, Lehrerin zu Minden. *Minden i. W.: J. C. C. Bruns [1899].* (60 S.) 8° [...]

Wörter-Verzeichnis zu dem französischen Lehrbuch von Roßmann-Schmidt, zsgest. von M[inna] Seiler, Lehrerin zu Minden. (2. Aufl.) Minden i. W.: J. C. C. Bruns [1904]. (63 S.) 8° [F.] [...]

Seiler, Oscar, aus St. Gallen: Ueber die rechtliche Natur der Eisenbahn-Konzessionen nach Schweizerischem Recht. Zür. B. Cotti Dr. [Meyer & Zeller Verl.] 1888. 144 S. 8°
Zürich, Jur. Diss. [v. 18. Mai 1888].

Seiler, O., üb. die rechtliche Natur der Eisenbahn-Konzessionen nach schweizerischem Recht. gr. 8. (146 S.) Zürich 888. Meyer & Zeller. n. 2. 50

Seiler, Otto, von Arbon: The Sources of Tho. Shadwell's Comedy „Bury fair". Basel 1904. 63 p. 8°. [4. III. 04.]
Bern. Phil. Diss. 1904 1905

Seiler, Otto. The Sources of Tho(mas) Shadwell's Comody «Bury Fair». Diss. Phil. Bern. 63 S. 8. Basel, Friedrich Reinhardt, 1904.

Seiler, Paul [illegible] Ein Beitrag zur Casuistik der Missbildungen, zugleich ein Fall von [illegible] Vererbung von Spaltbildungen. Berlin (1882). (35 S.) 8°
Berlin, Med. Diss. v. 28. Nov. 1882

Seiler, Paul, Brocken. Religiöse Gedichte. 8. (IV, 168 S.) Großenhain 900. Baumert & Ronge. n. 2.—; geb. n. 3.—

Seiler, Philipp Jakob (Leutkirch) A. S. 749/25

Tractatio juridica inauguralis, de impedimentis usufructus statutarii materni, modisque eundem constitutum solvendi. Präs. Ferdinand Christoph Harpprecht. Tübingen (Reis) 4. XI. 1704. 60 S. 32346

Seiler, Philipp Jakob (Leutkirch) A. S. 111/15d

De impedimentis ususfructus statutarii materni, modisque eundem constitutum solvendi.
Präs. Ferdinand Christoph Harpprecht. Rec.
In: Harpprecht: Tractatus juridicus de usufructu staturario materno ... Tübingen (Sigmund) 1720. S. 169 - 216.
Diss. Tübingen 1704. 32347

Seiler, R[illegible] Zur Aetiologie der Apoplexia sanguinea. Berlin 1868. (32 S.) 8°
Berlin, Med. Diss. v. [illegible] März 1868

Marie Luise und der Herzog von Reichstadt, der Sohn Napoleons, die Opfer der Politik Metternichs. Hrsg. von einem Staatsdiener (von *S. Seiler*). Paris (Jenni Sohn in Bern) 1842. Weller, fing. Druckorte. — 2. Aufl. Ebd. 1849. 8°. (1 Kr. 50 H. Franz Malota, Wien, 1912.) Fehlt im Anon.-Lex.

Seiler, Sebast., s. Eigenthum, Das, in Gefahr.

[Seiler, Sebastian.] Kaspar Hauser, der Thronerbe von Baden. (Erneuerte, vermehrte Aufl.) 8. Frankfurt [*d. i. Zurzach?*] 1848.

Seiler, Sebast., das Complot vom 13. Juni 1849, oder der letzte Sieg der Bourgeoisie in Frankreich. Ein Beitrag zur Geschichte der Gegenwart. 8. (V und 100 S.) Hamburg 850, Hoffmann und Campe.

— s. Krieg (Der) zwischen der Schweiz und Frankreich.

— s.a. Weitling (Der Schriftsteller W.).

(Seiler, Sebastian.) Der Schriftsteller Wilhelm Weitling und der Kommunistenlärm in Zürich. Eine Vertheidigungsschrift, die bereits gesetzt aber vom wallijer Staatsrath unterdrückt, jetzt hier dem Publikum geboten wird. Bern, Jenni Sohn 1843. 28 S. 8.

Seiler, Th[eodor]. Die Macht des Gewissens. Für jung und alt von Th. S', Pfarrer. 56 S. 8. Einsiedeln *etc.*, Benziger & Co. A. G., 1905. [fr. —. 60]

Seiler, Th[eodor]. Suwarow. Historisches Drama in fünf Akten. Von Th. Seiler [kath. Pfarrer in Netstal]. (Mit Bild [Porträt-Tafel].) XII + 128 S. 8. Dresden, E. Pierson, 1903. [M. 1. 50]

Seiler, Th., Anton v. Thurn, s. a. Theater, kleines.

Anton v. Thurn. Hist. Trauerspiel in 5 Akten von Th. Seiler. *Paderborn: B. Kleine [1901].* (74 S.) 8° [F.]
— Theater, Kleines. H. 306. [...]

Seiler, Ulrich [von Dynhard (Zürich)]: Ueber Oscillationen bei der Ladung von Condensatoren und ihre Anwendung zur Bestimmung des Selbstpotentials beliebiger Leitersysteme. Leipzig 1897. 27 S. (Mit 1 Tabelle.) 8°.
Zürich. Phil. Diss. II. S. 1897/98.

Seiler, W., drey Predigten bey Aufstellung der, bey der allgemeinen Friedens- und Todtenfeyer den Kriegern geweihten Gedächtnißtafel. gr. 8. Berlin, Nauck, 819.

Seiler, Waldem., posttraumitische Peritonitis typhosa bei bestehender typhöser Cholecystitis. (Diss.) (30 S.) gr. 8. Berlin 910. E. Ebering. nn — 75

Seiler, Werner (geb. [illegible] 1822): De [illegible] in abortu vehementium caussis adjuncta brevi therapia. Berolini (1845). (30 S.) 8°
Berlin, Med. Diss. v. 31. Juli 1845

Seiler, Wilhelm, a. Eppstein im Taunus: Aus d. zool. Institut in Gießen. Beiträge zur Kenntnis der Ocellen der Ephemeriden. Jena: G. Fischer 1905. (38 S.) 8° ¶(Aus: Zool. Jahrb. Bd 22. Abt. f. Anat. 1905.)
Gießen, Phil. Fak., Ref. Spengel, Diss. v. 26. Aug. 1905
[Geb. 22. Juni 80 Eppstein; Wohnort: Mainz; Staatsangeh.: Hessen; Vorbildung: Realgymn. Mainz Reife O. 00; Studium: München 1, Gießen 7 S.; Rig. 14. Nov. 04.]

Seiler, Wilhelm [Praes.], s. Fieliz, Friedrich Theophil Heinrich: De exploranda dubia mentis alienatione in hominibus facinorosis.

Seiler, Wilhelm [Praes.], s. Hederich, Christian Gotthelf: Animadversiones in curam herniarum incarceratarum.

Seiler, Wilhelm [Praes.], s. Leonhardt, Gottl. Aug.: De tendinum pedis per fascias reunione.

Seiler, Wilhelm [Praes.], s. Meerhold, Johann Gottlieb August: De usu ac vi chemiae hodiernae ad explicandam corporis animalis aegroti rationem.

Seiler, Wilhelm [Praes.], s. Picnitz, Johann Karl: De frictionis unctionisque usu therapeutico et diaetetico.

Seiler-Rosenmund, Arnold, Stammbaum der Bürgergeschlechter v. Liestal. Zusammengestellt an der Hand der Pfarrbücher u. der Zivilstandsregister v. Liestal. Ausgearb. u. nachgetragen bis zum 31. XII. 1906 v. S.-R.'s Tochter Marie Seiler. Hrsg. v. Arnold Seiler. (XI, 166 Bl. u. S. m. 3 Wappentaf. u. Bildnis.) 23,5×33 cm. Liestal 908. Gebr. Lüdin.
Geb. in Halbfrz. 15.—

Seilern, Carl Max Graf, die Hochschule für Bodencultur in Wien. 8. (23 S.) Wien 879, Manz'sche Hofbuchh. * — 60

Seilern, Carl Max. Graf v., die Pflanzenernährungslehre mit Einschluß der Dünger- und Ersatzlehre. Für Landwirthe und landwirthschaft. Lehranstalten. gr. 8. (XVIII und 244 S. mit 2 Tab. in qu. Fol.) München 865, Oldenbourg. *

Seilern, Carl Max Graf, üb. den höheren landwirthschaftlichen Unterricht. 8. (24 S.) Wien 876. Manz. n. — 60

— das landwirthschaftliche Versuchswesen. 8. (24 S.) Ebendas. 878. * — 60

Seilern, Therese Gräfin, G'schichten aus die Berg'! 12. (V, 49 S.) Graz 895. F. Pechel. n. 1. 30

Mechanische Seilerwarenfabrik, Bamberg. — Berlin: Eckstein [1910]. 20 S. 4° [Kopft.] (Dt. Industrie, dt. Kultur. 8, 11.) 1. 38 A.

Seiler-Zeitung, Deutsche. Fachschrift und Handelsblatt. Jg. 1 –
Berlin: Berg u. Schoch 1879 – 4°

Seiler-Zeitung, deutsche. Fachzeitschrift und Handelsblatt für Seiler-, Zwirn-, Bindfaden- und Hanf-, resp. Drahttauwerk-Fabrikanten, Hanf-, Flachs-, Jute- und Roßhaar-Spinnereien, Gurt- und Schlauchwebereien 2c. Organ des Deutschen Seiler-Verbandes. Redact.: C. F. W. Berg. 10. Jahrg. 1888. 24 Nrn. (à Nr. 2—3 Bog.) gr. 4. Berlin, Expedition. *

Seiler-Zeitung, deutsche. [Organ d. deutschen Seiler-Verbandes.] 11.—14. Jahrg. 1889—1892. à Jahrg. 24 Nrn. gr. 4. (à Nr. ca. 20 S. m. Abbildgn.) Berl., C. F. W. Berg. à Jahrg. * 5 —

Seiler-Zeitung, deutsche. Fachschrift u. Handelsblatt f. Seiler, Zwirn-, Bindfaden-, Hanf-, resp. Drahttauwerk-Fabrikanten, Hanf-, Flachs-, Jute- u. Roßhaar-Spinnereien, Gurt- u. Schlauchwebereien, Hanf-, Flachs-, Roßhaar- u. Seilerwaaren-Handlgn., Importeure u. Exporteure u. s. w. [Organ d. deutschen Seiler-Verbandes.] Red.: F. W. Berg. 12. Jahrg. 1890. 24 Nrn. gr. 4. (Nr. 1: 20 S. m. Abbildgn.) Nebst Beiblatt: Mode u. Handarbeit. 12 Nrn. (½ B.) Berlin, Expedition. n. 5. —

Seiler-Zeitung, deutsche. Fachschrift u. Handelsblatt f. Seiler, Zwirn-, Bindfaden- u. Hanf-, resp. Drahttauwerk-Fabrikanten, Hanf-, Flachs-, Jute- u. Roßhaar-Spinnereien, Gurt- u. Schlauchwebereien, Hanf-, Flachs-, Roßhaar- u. Seilerwaaren-Handlgn., Importeure u. Exporteure u. s. w. [Organ d. deutschen Seiler-Verbandes.] 13.—16. Jahrg. 1891—1894. à 24 Nrn. (à ca. 2½ Bog. m. Abbildgn.) gr. 4. Berlin, C. F. W. Berg.
à Jahrg. n. 5. —

Seiler-Zeitung, deutsche. Fachschrift u. Handelsblatt f. Seiler, Zwirn-, Bindfaden- u. Hanf-, resp. Drahttauwerk-Fabrikanten, Hanf-, Flachs-, Jute- u. Roßhaar-Spinnereien, Gurt- u. Schlauchwebereien, Hanf-, Flachs-, Roßhaar- u. Seilerwaaren-Handlgn., Importeure u. Exporteure u. s. w. (Organ des deutschen Seiler- u. Reepschläger-Verbandes.) Red.: Rich. Schoch. 17.—20. Jahrg. 1895—1898. à 24 Nrn. (à ca. 20 S. m. Abb.) gr. 4. Berlin, Berg & Schoch. à Jahrg. n. 5. —
Kann auch halbjährlich bezogen werden.

Seiler-Zeitung, deutsche. Fachschrift u. Handelsblatt für Seiler, Zwirn-, Bindfaden- u. Hanf- resp. Drahttauwerk-Fabrikanten, Hanf-, Flachs-, Jute- u. Roßhaar-Spinnereien, Gurt- u. Schlauchwebereien, Hanf-, Flachs-, Roßhaar- u. Seilerwaaren-Handlgn. u. s. w. Alleiniges Organ des deutschen Seiler- u. Reepschläger-Verbandes 2c. Red. v. Rich. Schoch. Hrsg. v. C. F. W. Berg. 21. u. 22. Jahrg. 1899 u. 1900. à 24 Nrn. gr. 4. (à ca. 24 S. m. Abbildgn.) Berlin, Berg & Schoch. à Jahrg. n. 5. —

— dasselbe. Central-Anzeiger f. die gesamte Seilerwaren-Industrie. Fachschrift u. Handelsblatt f. Seiler-, Zwirn-, Bindfaden- u. Hanf- resp. Drahttauwerk-Fabrikanten, Hanf-, Flachs-, Jute- u. Roßhaar-Spinnereien, Gurt- u. Schlauchwebereien, Hanf-, Flachs-, Roßhaar- u. Seilerwaaren-Handlgn. u. s. w. Alleiniges Organ des deutschen Seiler- u. Reepschläger-Verbandes u. s. w. Red. v. Rich. Schoch. Hrsg. v. C. F. W. Berg. 23. u. 24. Jahrg. 1901 u. 1902. à 24 Nrn. gr. 4. (à ca. 24 S. m. Abbildgn.) Ebd. à Jahrg. n. 6. —

Seiler-Zeitung, deutsche. Central-Anzeiger f. die gesamte Seilerwaren-Industrie. Fachschrift u. Handelsblatt für Seiler, Zwirn-, Bindfaden- u. Hanf- resp. Drahttauwerk-Fabrikanten, Hanf-, Flachs-, Jute- u. Roßhaar-Spinnereien, Gurt- u. Schlauchwebereien, Hanf-, Flachs-, Roßhaar- u. Seilerwaren-Handlgn. u. s. w. Alleiniges Organ des deutschen Seiler- u. Reepschläger-Verbandes u. s. w. Red. v. Rich. Schoch. 25.—28. Jahrg. 1903 bis 1906. à 24 Nrn. (1903: IV, 626 S. m. Abbildgn.) gr. 4. Berlin, Berg & Schoch. à Jhrg. n. 6. —

Seiler-Zeitung, deutsche. Central-Anzeiger f. die gesamte Seilerwaren-Industrie. Fachschrift u. Handelsblatt f. Seiler, Zwirn-, Bindfaden- u. Hanf- resp. Drahttauwerk-Fabrikanten, Hanf-, Flachs-, Jute- u. Roßhaar-Spinnereien, Gurt- u. Schlauchwebereien, Hanf-, Flachs-, Roßhaar- u. Seilerwaren-Handlgn. u. s. w. Alleiniges Organ des deutschen Seiler- u. Reepschläger-Verbandes usw. Red. v. Rich. Schoch. 29.—32. Jahrg. 1907—1910. à 52 Hefte. (964, 1252, 1368 u. 1324 S. m. Abbildgn.) 31×23,5 cm. Berlin, Berg & Schoch. à Jahrg. 6. —

Seiling, Heinrich Ursprung und Messung des Homerischen Verses. 4 (20 S.) Progr. Rz. *Münster i. W.* 1887 (350).

Seiling, Jak., Erinnerungen an die Königs-Manöver der königl. bayerischen Armee im Herbste 1891. Mit dem Titelbilde Sr. königl. Hoh. d. Prinz-Regenten Luitpold v. Bayern u. den Bildnissen Sr. Maj. d. deutschen Kaisers u. Sr. königl. Hoh. d. Prinzen Leopold v. Bayern, sowie 16 Bildern aus Lager, Quartieren u. Manövern. Hrsg. u. photographirt v. J. S. Text v. Aug. König. gr. 8. (48 S.) München 891. (Literarisch-artist. Anstalt.) n. 1. —

Seiling, Jos., Sammlung von Aphorismen und Aussprüchen berühmter Persönlichkeiten über Musik und Musiker. 8. (V, 119 S.) Berlin 879, [Luckhardt'sche Verlagsh.] Hanow. (* ℳ 1,80.) * 1 50

Seiling, Jos., Sammlung von Aphorismen u. Aussprüchen berühmter Persönlichkeiten über Musik u. Musiker. 8. (V, 119 S.) Berlin 879. Raabe & Plothow. n. 1. 80

Seiling, Max, meine Erfahrgn. auf d. Gebiete d. Spiritismus. gr. 8. (III, 107 S.) Leipzig 898. O. Mutze. n. 2. —; geb. n. 3. —

Seiling, Max, Goethe u. der Materialismus. (III, 154 S.) 8. Leipzig 904. O. Mutze. n. 2. 40

Seiling, Max, Goethe u. der Okkultismus. gr. 8. (III, 56 S.) Leipzig 901. O. Mutze. n. 1. 20

— Ernst Haeckel u. der „Spiritismus". Ein Protest. gr. 8. (VIII, 52 S.) Ebd. 901. n. 1. —

— die Kardinalfrage der Menschheit. (129 S.) 8. Ebd. 906. n. 2. —; geb. n. 3. —

Seiling, Max, die Kardinalfrage der Menschheit. 2. Aufl. (129 S.) 8. Leipzig 908. O. Mutze. 2. —

Seiling, Max, Mainländer, ein neuer Messias. Eine frohe Botschaft inmitten der herrschenden Geistesverwirrung. gr. 8. (III, 144 S.) München 888, Th. Ackermann. *

Seiling, Max, Perlen der pessimistischen Weltanschauung. In Meisterwerken der Litteratur gefunden. 8. (X, 141 S.) München 886. Th. Ackermann's Verl. n. 2. —

Das Professorenthum, 'der Stolz der Nation'? Mit e. Anh.: Professorale Bocksprünge. Von Max **Seiling**, ehem. Prof. *Leipzig: O. Mutze 1904.* (VI, 122 S.) 8° [04. 3131]

— Das Professorentum, „der Stolz der Nation"? Mit e. Anh.: Professorale Bocksprünge. 2. Aufl. (VII, 122 S.) 8. Ebd. 908. 1. 50

Seiling, Max, die Regeneration des Menschengeschlechts, s.: Conrad, M. G., zur Wiedergeburt der Kulturmenschheit.

Seiling, M., Fluersoheim's Vorschlag zur Lösung der socialen Frage. gr. 8. (24 S.) Guben 889. Sallis. n. 1. —

— Was soll ich? Weise Lebensregeln. Mit e. Anh.: Gesundheitsregeln. (82 S.) 8. Schmiedeberg (908). F. E. Baumann. 1. —

— pessimistische Weisheitskörner, s.: Bibliothek, polysophische. Nr. 1—3.

Seiller, Alfr. Frhr. v., das Gesetz betr. das Urheberrecht an Werken der Literatur, Kunst u. Photographie, s.: Gesetz-Ausgabe, Manz'sche. Nr. 71.

Seiller, Bernardus [Dr. P., O. S. B.]: De sermone Minuciano. [= Inaug.-Diss. v. Würzburg 1893.] Augustae Vind., typ. Ph. J. Pfeifferi, 1893; 54 S. 8.
Augsburg, G bei St. Stephan, P 1893*

Seiller, Bernardus [P., O. S. B.]: De sermone Minuciano Augustae Vind., typ. Ph. J. Pfeifferi, 1893; 54 S. 8.
Würzburg, Phil. Fak., Inaug.-Diss. v. 1893

Seiller, David Salomon, Aarau. Dissertatio inauguralis anatomico-physiologica de structura et actione ventriculi.
Basel, Med. Diss. 1759

Seiller, Hugo Frhr. v., die Zentralheizung. Ein Leitfaden zur Projektierg. u. Berechng. v. Heizungsanlagen u. zur Beurteilg. v. Projekten f. Baumeister, Architekten etc. etc. (VIII, 165 S. m. 116 Abbildgn.) gr. 8. Wien 903. A. Hartleben. n. 4. —; geb. n. 5. 40

Seiller, J. M., üb. die Verdienste der Jesuiten um die Wissenschaften, u. üb. die Nothwendigkeit der Wiederherstellung derselben. 8. Augsb. 815. (Nürnb., Schrag). 5 gr.

Seiller, J. M., über die Verdienste der Jesuiten um die Wissenschaften, und über die Nothwendigkeit der Wiederherstellung derselben. 8. Augsburg. Nürnberg, Schrag. 817. Mihir.

Apollo oder Dionysos? Krit. Studie über Friedrich Nietzsche. Von Ernest **Seillière**. Autor. Übers. von Theodor Schmidt. Berlin: H. Barsdorf 1906. (XII, 317 S.) 8°
— [**Seillière**: Die Philosophie d. Imperialismus [La philosophie de l'impérialisme, deutsch]. Bd 2.] [07. 1613]

Seillière, Ernest. Der Demokratische Imperialismus: (Jean Jacques) Rousseau — (Pierre Joseph) Proudhon — Karl Marx. Autorisierte Uebersetzung von Theodor Schmidt. X + 448 S. 8. Berlin, H. Barsdorf, 1907. (M. 7. —; *geb.* Lwd. 8. 50, Hfz. 9. —)
Die Philosophie des Imperialismus. Autorisierte deutsche Ausgabe. Band 3....

Seillière, Ernest. Die Romantische Krankheit. (Charles) Fourier — (Henri) Beyle-Stendhal. Autorisierte Übersetzung von Fr[iedrich] v[on] Oppeln-Bronikowski. VIII + 455 S. 8. Berlin, H. Barsdorf, 1907. (M. 7. —; [geb.] Lwd. 8. 50, Hfz. 9. —)
Die Philosophie des Imperialismus. Autorisierte deutsche Ausgabe. Band 4....
Darin S. 7/9. 12. 14/22. 84/88. 63/65. 137/39. 288f. 301/8. 312f. 407f. 441f. etc. Jean-Jacques Rousseau *etc. betr.*

Seillière, Ernest, die Philosophie des Imperialismus. 2. u. 3. Bd. gr. 8. Berlin, H. Barsdorf. à n. 7. —; geb. in Leinw. à n. 8. 50; in Halbfrz. à n. 9. —
2. Apollo u. Dionysos? Kritische Studie üb. Friedrich Nietzsche. Autoris. Uebersetzg. v. Thdr. Schmidt. (XII, 317 S.) 906.
3. Der demokrat. Imperialismus. Rousseau — Proudhon — Karl Marx. Autoris. Uebersetzg. v. Thdr. Schmidt. (X, 446 S.) 907.
Bd. 1 ist noch nicht erschienen.

— dasselbe. 2., wohlf. [Titel-]Aufl. 3 Bde. gr. 8. Ebd. 911. 10.50; geb. in Leinw. 15.—; in Halbfrz. 16.50; einz. Bde. 3.50; geb. 5.—; bezw. 5.50
1. Apollo od. Dionysos? Kritische Studie üb. Friedr. Nietzsche u. den imperialist. Utilitarismus. Autoris. Uebersetzg. v. Thdr. Schmidt. (XX, 317 S.) [906.]
2. Der demokrat. Imperialismus. Rousseau — Proudhon — Karl Marx. Autoris. Uebersetzg. v. Thdr. Schmidt. (X, 446 S.) [907.]
3. Die romant. Krankheit. Fourier — Beyle-Stendhal. Autoris. Übersetzung von Fr. v. Oppeln-Bronikowski. (VII, 455 S.) [907.]

— Die Philosophie des Imperialismus. Autoris. deutsche Ausg. 4. Bd.: Die romantische Krankheit. Fourier — Beyle-Stendhal. (Autoris. Übersetzg. von Fr. v. Oppeln-Bronikoswki.) (VII, 455 S.) gr. 8. Ebd. 907. 7.—; geb. in Leinw. 8.50; in Halbfrz. 9. —

Peter Rosegger und die steirische Volksseele von Ernest **Seillière**. Autor. Übers. von J(eanne) B(erta) Semmig. *Leipzig: L. Staackmann 1903.* (144 S.) 8° [G.]
Gekürzte Übers. des in d. Revue des deux Mondes 1902, Nov. Déc. erschien. Originals. [03. 9818]

Seillière, Ernest, Nietzsches Waffenbruder, Erwin Rohde. Berechtigte Übertragg. 1.–3. Tauf. (XI, 152 S.) 8. Berlin 911. H. Barsdorf. 8.—; geb. 4.50

Seilnacht: Über die Hebold'sche Schreibmethode. Freiburg 1815. Schul-/Univ.-Schrift

Seil-Schiffahrt, Die, auf dem Rhein. [Köln 1871.] V: *Schwarz, Th.* (STBKöln II, 257)

Seim, Rob., die Alpen-Turnfahrten. Zur Unterhaltung und Belehrung hrsg. Zugleich Reisehandbuch für Tyrol und angrenz. Gebiete. 12. (VI, 362 S. mit 1 chromolithogr. Karte.) Grüna i. S. 884. (Leipzig, Strauch.) * 2 —

Seim, Robert, Bernhard Straß, Turnlehrer in Riga (Rußland), E. Schilderung f. Lebens u. Wirkens, Grüna b. Chemnitz (Sa.) 1882, 30 u. 36 S., 8°. 2 Bde.

Seimann, Mich., Belehrung f. Vieh- u. Fleisch-Beschauer, welche nicht Thierärzte sind. Ueber amtl. Auftrag verf. 8. (125 S.) Korneuburg 892. J. Kühkopf. Kart. n. — 80

Seimann, Mich., Belehrung f. Vieh- u. Fleischbeschauer, welche nicht Tierärzte sind. Ueber ämtl. Auftrag verf. (2. verm. Aufl.) (160 S.) 8. Korneuburg 904. J. Kühkopf. Kart. n. 1. 20

Seimert, Adolf, Referendar: Die Umwandlung einer Aktiengesellschaft in eine Gesellschaft mit beschränkter Haftung. *Berlin 1899: A. W. Schade.* (58 S.) 8°
Göttingen, Jur. Diss. v. [29. Juni] 1899

Seimert, Adf., die Umwandlung e. Aktiengesellschaft in e. Gesellschaft m. beschränkter Haftung. Diss. gr. 8. (58 S.) Berlin 899. (Göttingen, Vandenhoeck & Ruprecht.) n. 2. —

Sein und Erscheinung. Fortsetzung und Begründung der in „Ueber Idealismus und Realismus" aufgestellten Theorie des Wesens der Erscheinung. Vom Verf. von „Idealismus und Realismus." gr. 8. (VII und 240 S.) Berlin 865, Wilhelmi.

Sein, über, Nichts u. Werden. Einige Zweifel an der Lehre des Hrn. Prof. Hegel. gr. 8. Berl. 829. Mittler. 4 gl.

Sein oder nicht sein? — Gräfin Landsfeld oder Lola Montez. Leipzig 1848. V: *Glasbrenner, Adolph.* (Kat. d. Bibl. Schnitzer. München 1902. S. 200.)

Sein oder Nichtsein? Frage an Preußens Volk und dessen Vertreter. Berlin 1860. 8°.

Sein oder Nichtsein der deutschen Philosophie in Böhmen 1847. Ein Beitrag zur Geschichte der utilistischen Tendenzen der Jetztzeit. Bevorwortet und hrsg. von Cupr. gr. 8. (XXXVI und 172 S.) Prag 847, (Credner und Kleinbub.) *

— **u. Werden** im deutschen Buchhandel. Von Ernst Namenlos. Altenburg 868. A. H. Pierer. 8. (III, 64 S.) n. 18 ngr.

Sein u. Werden, das, d. christlichen Kirche. Ein Blick in die Zukunft von J. (Protestant.) 8. (1⅛ B.) Breslau 846, A. Schulz. *
Aus: Monatsschrift f. christkathol. Leben besond. abgedruckt.

Seinbach, Gustav (Hrsg.), s. Verfassungsgesetze, Die ungarischen.

Seinecke, Ferd., vierter Bericht über die höhere Töchterschule. gr. 8. (56 S.) Hannover 851, Ehlermann. n. ⅙ ₰

Seinecke, Ferdinand: Die höhere Bildung des weiblichen Geschlechts. H. 1. [Mehr nicht ersch.] — Hannover: Helwing 1846. XIV, 82 S. 8°

Seinecke, Ferd., Dichterklänge für die heranwachsende weibliche Jugend. Dresden 861. Ehlermann. gr. 8. (VIII, 248 S.) n. 16 ngr.

Seinecke, Ferd., Dichterklänge für die heranwachsende Jugend. Neu hrsg. von Otto Schönermark. 2. verm. Aufl. 8. (IV, 280 S.) Dresden 878, Ehlermann. * ℳ 1,20.; geb. * 2 —

Seinecke, F., Gedenkbuch. Blätter zur Beherzigg. u. Erinnerg. auf alle Tage d. Jahres. 2. Aufl. gr. 16. (366 S.) Hannover 871. Schmorl & v. Seefeld. geb. m. Goldschn. n. 4. —

— der christliche Glaube. Andachtsbuch für gebildete evangelische Christen. gr. 8. (XII und 644 S.) Hannover 859, Meyer. * 1 Thlr. 20 Ngr.; geb. *

Seinecke, Ferd., das Leben des Weibes in Spruch u. Lied unserer Dichter. Hannover 866. Schmorl & von Seefeld. 8. (XVIII, 301 S.) geb. mit Goldschn. u. Futteral n. 1 ₰ 20 ngr.

Seinecke, Ferd., premières lectures françaises. Französisches Lesebuch für die unteren Klassen. gr. 8. (VI und 170 S.) Hannover 854, Ehlermann. *

— premières lectures françaises. Französisches Lesebuch für die unteren Klassen. 2. Aufl. 1859. und 3., verb. Aufl. gr. 8. (VIII und 160 S.) Dresden (861)62, Ehlermann. *

— premières lectures françaises. Französisches Lesebuch für die unteren Klassen. 4.—9., verb. Aufl. gr. 8. (VIII und 160 S.) Dresden 862—68, Ehlermann. *

— premières lectures françaises. Französisches Lesebuch für die unteren Klassen. 15. Aufl. 1873, und 16. Aufl. gr. 8. (VI, 160 S.) Dresden 874, Ehlermann. * 1 —

— premières lectures françaises. Französisches Lesebuch für die unteren Klassen. 17. Aufl. (VIII, 160 S.) 1876, 18. und 19. Aufl. gr. 8. (VI, 160 S.) Ebendas. 877,79. * 1 —

Seinecke, Ferd., premières lectures françaises. Französisches Lesebuch für die unteren Klassen. 20. Aufl. Revid. von A. Maillard. gr. 8. (VIII, 160 S.) Dresden 881, Ehlermann. * 1 —

Seinecke, Ferd., premières lectures françaises. Französisches Lesebuch für die unteren Klassen. 21.—23. Aufl. Revid. von Gust. Jacquin. gr. 8. (VIII, 160 S.) Dresden 882—87, Ehlermann. *

— Premières lectures françaises. Französisches Lesebuch f. die unteren Klassen. 24. Aufl. revid. v. Gust. Jacquin. gr. 8. (VIII, 160 S.) Dresd. 890, Ehlermann. * 1 —; geb. * 1 30

Seinecke, Ferd., premières lectures françaises. Französisches Lesebuch f. die unteren Klassen. 25. Aufl., rev. v. Gust. Jacquin. gr. 8. (VIII, 160 S.) Dresden 894. L. Ehlermann. n. 1. —; geb. n.n. 1. 30

— secondes lectures françaises. Französisches Lesebuch für die mittleren Klassen. gr. 8. (VIII und 248 S.) Hannover 855, Ehlermann. *

Seinecke, Ferd., secondes lectures françaises. Französisches Lesebuch für die mittleren Klassen. 2.—4., verb. Aufl. gr. 8. (VIII und 268 S.) Dresden 862—68, Ehlermann. *

— secondes lectures françaises. Französisches Lesebuch für die mittleren Klassen. 5. verb. Aufl. 1871. * ℳ 1,60., und 6. Aufl. gr. 8. (VIII, 262 S.) Ebendas. 873. * 1 80

—— secondes lectures françaises. Französisches Lesebuch für die mittleren Klassen. 7.—9. Aufl. gr. 8. (VIII, 262 S.) Ebendas. 876—78. * 1 80

—— secondes lectures françaises. Französisches Lesebuch für die mittleren Klassen. 10. Aufl., revid. von A. Maillard. gr. 8. (VIII, 260 S.) Ebendas. 882. * 1 80

—— secondes lectures françaises. Französisches Lesebuch für die mittleren Klassen. 11. und 12. Aufl., revid. von A. Maillard. gr. 8. (VIII, 260 S.) Ebendas. 884,86. *

— secondes lectures françaises. Französisches Lesebuch f. die mittleren Klassen. 14. éd. revue et corrigée par A. Maillard. gr. 8. (VIII, 260 S.) Ebd. 892. n. 1. 80; geb. n. 2. 20

—— troisièmes lectures françaises. Französisches Lesebuch für die oberen Klassen. gr. 8. (VIII und 360 S.) Hannover 856, Ehlermann. *

— troisièmes lectures françaises. Französisches Lesebuch f. die oberen Klassen. 2. Aufl. Durchgesehen u. verm. v. A. Peschier. gr. 8. (VIII, 236 S.) Ebend. 874. n. 2. 25

—— Lehrbuch der allgemeinen Geschichte. 1. Abthl.: Alte Geschichte. gr. 8. (12 B.) Hannover 845, Helwing'sche Hofbuchh.

— Lehrbuch der allgemeinen Geschichte für die oberen Klassen der Real- u. höheren Töchterschulen. Hannover 869. Schmorl & von Seefeld. gr. 8. (VII, 266 S.) n. 27 ngr.

—— Lehrbuch der allgemeinen Geschichte für die oberen Klassen höherer Schulen. 2. Aufl. Bis auf die Gegenwart fortgeführt von W. Dieckmann. gr. 8. (VII, 278 S.) Hannover 879, Schmorl und v. Seefeld. cart. * 3 —

— Lehrbuch der Geschichte der deutschen Nationalliteratur. Ebend. 866. gr. 8. (VIII, 276 S.) n. 27 ngr.

— Lehrbuch der Geschichte der deutschen National-Literatur. Nach dem Tode d. Verf. hrsg. v. Herm. Dieckmann. 2. Aufl. gr. 8. (VIII, 255 S.) Hannover 873. Schmorl & v. Seefeld. n. 3. —

—— Lehrbuch der Geschichte der deutschen National-Literatur. Nach dem Tode des Verf. hrsg. von Herm. Dieckmann. 3. Aufl. gr. 8. (VIII, 255 S.) Ebendas. 878. * 3 —

Seinecke, Ferd. Lehrbuch der Geschichte der deutschen National-Litteratur. Nach dem Tode d. Verf. hrsg. v. W. Dieckmann. 4. Aufl. gr. 8. (VIII, 275 S.) Hannov. 890, Schmorl u. v. Seefeld Nachf. * 3 —

—— deutsches Lesebuch für die oberen Klassen der höheren Töchterschulen. 1. Aufl. (XVIII und 649 S.) 1850. * 1 Thlr. 10 Ngr. und 2., verb. Aufl. gr. 8. (XVIII und 622 S.) Hannover 852, Ehlermann. *

—— deutsches Lesebuch für die mittleren Klassen der höheren Töchterschulen. gr. 8. (VIII und 348 S.) Hannover 851, Ehlermann. *

—— deutsches Lesebuch für die unteren Klassen der höheren Lehranstalten. gr. 8. (VIII und 228 S.) Hannover 853, Ehlermann. *

—— deutsches Lesebuch für die mittleren Klassen der höheren Töchterschulen. 2., durchgeseh. Aufl. gr. 8. (X und 340 S.) Hannover 851, Ehlermann. *

—— deutsches Lesebuch für die oberen Klassen der höheren Töchterschulen. 3., verb. Aufl. gr. 8. (XVI und 555 S.) Dresden 861, Ehlermann. *

—— deutsches Lesebuch. 1. und 2. Thl. 2., verb. Aufl. gr. 8. Dresden, Ehlermann. [1. Thl. für die unteren Klassen der höheren Töchterschulen. (VIII und 280 S.) 866. * 16 Ngr., 2. Thl., für die mittleren Klassen der höheren Töchterschulen. 3., verb. Aufl. (VIII und 336 S.) 865. * 20 Ngr.] *
3. Thl. 3. Aufl. Ebendas. 1861. * 1 Thlr.

—— dass. — (1.) für die unteren Klassen der höheren Lehranstalten. 3. Aufl. (VIII, 280 S.) 1871. *M 1,60., und 4. verb. Aufl. Nach dem Tode des Verf. hrsg. von Otto Schönermark. gr. 8. (VIII, 288 S.) Ebendas. 875. * 1 80
II. 3. Aufl. Ebendas. 1865. *M 2.

— deutsches Lesebuch f. die oberen Klassen der höheren Lehranstalten. Nach dem Tode d. Verf. neu hrsg. v. Otto Schönermark. 4. verb. Aufl. gr. 8. (VIII, 592 S.) Dresden 875. Ehlermann. n. 3. 60

— deutsches Lesebuch für die mittleren Klassen der höheren Lehranstalten. Nach dem Tode des Verf. neu hrsg. v. Otto Schönermark. 4., verb. Aufl. gr. 8. (IV, 352 S.) Dresden 877. Ehlermann. n. 2. 25

—— evangelischer Liedersegen von Gellert bis zur neuesten Zeit. gr. 8. (XX und 236 S.) Dresden (861)62, Ehlermann. *
geb. *

— evangelischer Liedersegen von Gellert bis zur neuesten Zeit. 2. (Titel-)Aufl. Ebend. (862)870. gr. 8. (XX, 236 S.) In engl. Einb. n. 20 ngr.

— pädagogische Mittheilungen. 1. Heft. Hannover 867. Schmorl & v. Seefeld. gr. 8. (V, 73 S.) n. 10 ngr.

Seinecke, L., d. Evangelist des alt. Testaments. gr. 8. (X, 809 S.) Leipzig 870. Langensalza, H. Beyer & Söhne. n. 6. —; ermäss. Pr. n. 4. —

Seinecke, L., der Evangelist des alten Testaments. Erklärung der Weissagung Jesaias C. 40—66. gr. 8. (X, 309 S.) Leipzig 870, Pernitzsch. 6 —

Seinecke, L., Geschichte d. Volkes Israel. 1. Thl., bis zur Zerstörg. Jerusalems durch die Chaldäer. gr. 8. (VIII, 399 S.) Göttingen 876. Vandenhoeck & Ruprecht's Verl. n. 8. —

Seinecke, L., Geschichte des Volkes Israel. 2. (Schluss-) Thl.: Vom Exil bis zur Zerstörung Jerusalems durch die Römer. gr. 8. (XII, 356 S.) Göttingen 884, Vandenhoeck und Ruprecht's Verlag. * 7 —
1. Thl. Ebendas. 1876. *M 8.

Seinecke, L. Chr. F. W., der Grundgedanke des Buches Hiob. Clausthal 863. Grosse. gr. 8. (VI, 72 S.) n. 10 ngr.

Seinecke, L. Chr. F. W., Predigt gehalten am Reformationsfeste 1867 in der Marktkirche zu Clausthal. Clausthal 867. Grosse'sche Buchh. gr. 8. (15 S.) n.n. 2½ ngr.

Seinecke, L. C. F. W., die Sprachengabe der ersten Christen. Nach Act. 2. 1—14 u. 1. Cor. 12—14. erklärt. gr. 8. Rinteln 842, Bösendahl. (Liter.-artist. Verlags-Inst.) n. 1/6 ♯

Seinem Israel: Eine kleine Frucht gereift in der ersten Versammlung zur Bildung einer deutsch-kathol. Gemeinde in Berlin am 25. Jan. 1845. Von einem Gaste. (Gedicht.) Die Warte religiöser Freiheit u. Duldung. gr. 4. (½ B.) Berlin 845, (Enslin'sche Buchh.) *

Seiner, Franko, der Burenkrieg, f. Alt u. Jung erzählt. Mit Bildern v. Ernst Zimmer u. e. Übersichtskarte des Kriegsschauplatzes. gr. 8. (VI, 362 S.) München 908. C. H. Beck. Geb. n. 3. 50

— ernste u. heitere Erinnerungen e. deutschen Burenkämpfers. 2 Bde. 8. Ebd. n. 5. 25; geb. n. 6. 30
1. In der Karroo u. am Modderriver (10. XI. 1899—10. III. 1900). Mit 1 Übersichtskarte des Kriegsschauplatzes u. mehreren in den Text gedr. Plänen. (VIII, 237 S.) 901. n. 2. 25; geb. n. 2. 80
2. Rückzugsgefechte im Freistaate. Kämpfe bei Pretoria u. an der Delagoabahn; Schlacht b. Dalmanutha; Kriegsgefangenschaft u. Heimkehr. (10. III. bis 4. XI. 1900. Mit e. Spezialkarte der Delagoabahn u. 1 Plan der Schlacht von Dalmanutha. (VII, 325 S.) 902. n. 3. —; geb. n. 3. 50

Seiner, Frz., Bergtouren u. Steppenfahrten im Hererolande. (V, 278 S. m. Abbildgn. u. 1 Karte.) gr. 8. Berlin 904. W. Süsserott. n.n. 5. 25; geb. in Leinw. n. 6. —

Seiner, Frz.: Trockensteppen der Kalahari, s. Vegetationsbilder. VIII, 1.

— Die wirtschaftsgeograph. u. politischen Verhältnisse des Caprivizipfels, s.a. Abhandlungen, koloniale. Heft 27.28.

Die wirtschaftsgeographischen und politischen Verhältnisse des Caprivizipfels. Von Franz **Seiner**. Berlin: Süsserott [1909]. 51 S. 8°
(Koloniale Abhandlungen. H. 27/28.)

Seinig, O.

— Die redende Hand. Wegweiser zur Einführung des Werkunterrichts in Volksschule u. Seminar. (XV, 222 S. m. 49 Abbildgn. u. 2 Tab.) gr. 8. Ebd. 910. 2.40; geb. 3. —

Seinig, (O.), Praxis des veränderlichen Gedächtniszeichnens (Typenzeichnen). Sammlung zeichner. Übungs- u. Memorierstoffs, f. die Lehrerschaft zusammengestellt. 2. Aufl. (43 S. m. Abbildgn.) 25,5×20,5 cm. Leipzig 909. E. Wunderlich. 1.20; geb. 1.60

Seinsch, Ed[uard], Referendar: Die Aufnahme eines neuen Gesellschafters in eine Gesellschaft des bürgerlichen Gesetzbuches. *Rostock 1901: H. Winterberg.* (49 S.) 8°
Rostock, Jur. Diss. v. [5. Jan.] 1902

Seinsheim, J., Leitfaden für Reitunterricht. München 866. (Lindauer'sche Buchh.) 8. (71 S.) n. 9 ngr

(**Seinsheim,** Julius Graf v., k. bayer. Major.) Gedanken-Reiter und Reiter-Gedanken. München 1868. 8°

Sejour, die Kartenschlägerin. Drama in 5 Aufzügen. Nebst einem Vorspiel: Der Kindesraub. (Übers.) von C. Homburg. Autorisirte Ausg. Leipzig 860. O. Wigand. 8. (VIII, 144 S.) n. 24 ngr.

du Sejour, D., analyt. Abhandll. von Sonnenfinsternissen; aus d. Französ. (v. J. E. Scheibel). gr. 8. Bresl. 793. (Gosohorsky). 10 gr

Sejour, D. du, analyt. Abhandl. von Sonnenfinsternissen, a. d. Franz. gr. 8. Breslau, Meyer. 793.

Sejour, V., il regno di Luigi XI., s. Emporeo drammatico.

Sejour de Lorraine, die Geheimnisse der Schönheit oder gründliche Anweisung zur Pflege u. Verschönerung der verschiedenen Körpertheile, nebst physiognomischen Bemerkungen über dieselben 2c. Ein freundlicher Rathgeber für Jedermann, besonders aber für das schöne Geschlecht. Aus dem Französ. 2. Aufl. Stuttgart 859. Scheible. 16. (286 S.) 14 ngr.

— dass. — s.a. Bücher-Markt, deutscher.

Sejournant, de, Dictionnaire nouv. espagnol, franç. et latin, composé sur les Dict. des Académies royales de Madrid et Paris. III Vol. 4. Strasb. Levraut. 790.

— — le même. II Vol. Par. et Strasb. König. 789.

Seip, ..., Abhandl. von d. Steinschnitt. 8. Wien 777. (Heubner). 4 gr

Seip, Ant. Ludw.: Kurtze Abhandlung von dem Unterscheide der ehrenrührigen Strafen nach Römischen und Teutschen Rechten. Progr. Göttingen 1750.

Seip, Ant. Lud.: Historia iuris naturae in epochas et breves theses ad formam hist. iuris B. Koppii redacta. Goettingae o. J.

Seip, Anton Ludwig [Praes.], s. Laffert, Hier. Ernst v.: De jure occupandi exuvias defunctorum, sigillatim ex utroque privilegio Stadensi.

Seip, Anton Ludwig (Bad Pyrmont)
U. S. Göttingen 1747/3

Dissertatio inauguralis iuridica de libertate statuum provincialium circa dotationem filiarum illustrium potissimum apanagiatorum.
Göttingen (Schultze) 21. X. 1747. 114 S. 32356

Seip, Anton Ludwig [Praes.], s. Schwartz, Christoph August: De statu rusticorum ex medii aevi rationibus caute diiudicando.

Seip, Ant. Ldw., († d. 7. Juli 1806.) Vorschläge, wie ein Rechtsgelehrter in Deutschland seine Collegia nützlich einzurichten habe. 8. Götting. 752. Schmidt; (Hahn in Hannov.) 4 gr

Seip, Anton Ludwig [Praes.], s. Wedekind, Erich Christian: De substitutione exemplari, quoad descendentes mente capti haut conditionali.

***Seip,* C. C.,** specimen medicum inaugurale syllogen observationum varii argumenti sistens. 8. Kopenh. 782. (Brummer). 4 gr

Seip, C. C., Specimen medicum inaugurale syllogen Observationum varii argumenti sistens. 8. Hafn. Proft. 782.

Seip, Ernst Johann Friedrich [Praes.], s. Petersen, Wilhelm Gottfried Heinrich: De jure praesentandi.

Skandalöse Jagdverpachtungen im Kreise Altena. Hrsg. von F. W. **Seip**, Schalksmühle. (Schalksmühle): Selbstverl. (1903). (85 S.) 8°

Seip, Frdr., Dichtgn. u. Erzählgn. 2 Tle. (IV, 458 S.) 8. Speyer (910). (M. Nimb.) à 2.70

Seip, Jh. Nik., († d. 24. Sept. 1789.) Entwürfe heil. Reden üb. die sonn- u. festtägl. Episteln. 8. Marb. 759—60. (Brönner in Frankf. a. M.) 1 ♂ 8 gr

Seip, Joh. Nic., Entwürfe h. Reden üb. Episteln aufs J. 1757-58. 8. Marburg. (Brönner in Frankf.) 759-60.

— — — über die gewöhnlichen Sonn- u. Festtagsepisteln. 8. Frankf. Hermann. 759.

— die Macht d. Beispiele; e. Rede. 4. Marb. 754.

— Theorie der Vorhersehungen u. Ahndungen der menschl. Seele. 8. Marb. 755. (Brönner in Frkf. a. M.) 5 gr

SEIP, JOH. NIK. Theorie von Vorhersehungen und Ahndungen der menschlichen Seele nebst einer praktischen Anwendung derselben. Marburg, Weldige, 1755. Kl. 8°. 6 Bl. 179 S. HLd. d. Z. mit Rv. und Rsch.

Seip, Johann Philipp

Seip, Jh. Phil., Beschreib. des Pyrmonter Mineralwassers u. Stahlbrunnen. Mit Kpf. 8. Hannov. 750. Helwing. 1 ♂

Seip, Joh. Phil., Pyrmontische Krankengeschichte, m. K. 8. Hannover. Helwing. 737.

Seip, Ioh. Phil., de spiritu et sale aquarum mineralium praesertim Pyrmontanarum. 4. Göttingen, Förster. 749. Rthlr. ·

Seip, Johann Philipp A. S. 600/46

Dissertatio iuris cambialis de trassato litteras cambiales in honorem acceptante.
Präs. Johann Daniel Heinrich Musaeus.
Göttingen (Vandenhoeck) VI. 1775. 24 S. 32358

Seip, Jh. Ph., Diss. jur. cambialis de trassato litteras camb. in honorem acceptante. 4. Götting. 775. Vandenhöck u. R. 3 gr

Seip, Otto [Ruppertsburgensis]: De participii et infinitivi apud Hesiodum usu.... Gissae, typ. Guilelmi Kelleri, 1886; 70 S. + 1 Bl. 8°
Giessen, Phil. Fak., Inaug.-Diss. v. 1886.

Seip, Otto, de participii et infinitivi apud Hesiodum usu. Diss. Giessen 1886, J. Rickersche Buchh. 8° 70 S.

Seip, Phil. Fr. W., De phthisi nervosa. 40 pp. Gött. 4°. 1773

Seip von Engelbrecht, Andreas, a. Mecklenburg, Referendar am Herzogl. Amtsgericht zu Coburg: Die Bestätigung nichtiger und anfechtbarer Rechtsgeschäfte. Borna-Leipzig 1907: R. Noske. (VI, 63 S.) 8°
Erlangen, Jur. Fak., Ref. Binder, Diss. v. 11. Juni 1907
[Geb. 9. Mai 81 Mecklenburg b. Wismar; Wohnort: Coburg; Staatsangeh.: S.-Coburg; Vorbildung: Gymn. Coburg, Hildburghausen Reife O. 03; Studium: München 3, Jena 3 S.; Rig. 8 Mai 07.]

Seibel, Alfr., Geographie, s.: May, Vinzenz.

Seipel Alfred und Hinterwaldner Johann Max, Geographie für österreichische allgemeine Volksschulen. Mit 50 Abbildungen. Wien 1905. F. Tempsky. Preis, gebunden 1 K 40 h.

Seipel, Emil, das Brot des Lebens. Erklärung u. Anleitg. zur homilet. Verwendg. der neutestamentl. Texte üb. das allerheil. Altarssakrament. (X, 247 S.) 8. Freiburg i/B. 910. Herder. 2.50; geb. in Leinw. 3.20

Seipel, Ign., beim eucharist. Gott. Ein Zyklus homilet. Vorträge. (III, 136 S.) 8. Wien 909. H. Kirsch. 2.—; geb. n 3.—

— Die wirtschaftsethischen Lehren der Kirchenväter, s.a. Studien, theolog., der Leo-Gesellschaft.

Die wirtschaftsethischen Lehren der Kirchenväter dargest. von Dr. Ignaz Seipel. Wien: Mayer & Co. 1907. (XVI, 325 S.) 8°
— Studien, Theologische, d. Leo-Gesellschaft. 18. [07. 11759]

SEIPEL, Ignatius: Novissimae, quae circumferuntur sententiae de divinis processionibus inquiruntur et discutiuntur. — (1903) 115 S. 4° (Handschr.)
Diss. Wien, Univ. Diss. 600

Seipel, Jos. F., praktische Anleitung z. Anlage u. Führung d. landwirthschaftl. Gutsrechnung in Tabellenform. Mit Beantwortung d. an die Gutsverwaltung gestellten Fragen. gr. 4. (21 B.) Wien 846, (Volke's Bh.) * 4 Thlr. 10 Ngr. (Jasper, Hügel u. Manz.) *

Seipel, Jos. F., praktische Anleitung zur Anlage und Führung der landwirthschaftlichen Gutsrechnung in Tabellenform. Mit Beantwortung der an die Gutsverwaltung gestellten Fragen: 1. Welchen Nutzen oder Schaden hat ein jeder Verwaltungszweig rc. 2. Um wie viel zeigt sich der Betriebsfond mit dem Rechnungsschlusse vermehrt rc. 3. Welche Rente gebührt dem Gutsbesitzer rc. 2. (Titel-)Ausg. Leipzig (846.) 854. Hübner. gr. 4. (VIII, 142 S. u. 19 Tab. in Fol.) 2 ♂.

Seipen, Wilhelm von der, a. Bonn: Ueber das Flammenspektrum des Zinns. Bonn 1906: P. Hauptmann. (28 S.) 8°
Bonn, Phil. Fak., Ref. Kayser, Diss. v. 14. Jan. 1907
[Geb. 29. März 84 Bonn; Wohnort: Bonn; Staatsangeh.: Preußen; Vorbildung: Kgl. Gymn. Bonn Reife O. 02; Studium: Bonn 9 S.; Rig. 14. Nov. 06.]

Seipgens, Emile, der Siebente, s.: Bibliothek der fremden Zungen.

Seipgens, Karel Arsène Emile [K. Niederl. Marinearzt aus Roermond (Holland)]: Über die Nachbehandlung der Gelenkresektionen.... Leiden, Verl. v. Eduard Ijdo, 1889; 47 S. 8°
Freiburg i. B., Med. Fak., Inaug.-Diss. v. 1889

Seipka Edmund Über die Fläche der zu zwei windschiefen Geraden gehörigen Rotationsachsen und die Fläche der zu diesen Rotationsachsen gehörigen windschiefen Geradenpaare. 17. Zwittau R. 00.
Progr.

Seipoldy, s. Bericht üb. das Versuchsfeld der Universität Königsberg i. Pr. in Waldgarten.

Seipoldy, Karl, die Regentschaft der Kaiserin Agnes v. Poitiers. gr. 4. (28 S.) Berlin 887, Gaertner's Verlag. *

Seipoldy, Lothar, a. Berlin: Der Einfluss der Tiefe des Ackerbodens, in der die Kartoffelknolle gewachsen ist, auf ihren Stärkegehalt, unter Vergleichung der angewendeten Untersuchungsmethoden. Königsberg i. Pr. 1908: O. Kümmel. (58 S.) 8°
Königsberg, Phil. Fak., Ref. Albert-Mitscherlich, Diss. v. 24. Febr. 1908
[Geb. 9. Mai 76 Berlin; Wohnort: Königsberg i. Pr.; Staatsangeh.: Preußen; Vorbildung: Andreas-Realgymn. Berlin Reife M. 94; Studium: Berlin Landw. Hochsch. 4, Univ. 3, Königsberg 5 S.; Rig. 19. Dez. 07.]

Seipp, Cph., für seine Gebieterin sterben. Trspl. 8. Presb. 785. Mahler. 12 gr

Seipp, Cph., († im Juni 1793.) s. 1) Reise v. Preßburg nach Mähren, beide Schlesien rc., u. setze hinzu: (v. Cph. Seipp).

Seipp, Heinr., vom Baume des Lebens. Denkzeilen, Sinnsprüche, Epigramme rc. 8. (III, 92 S.) Dresden 899. E. Pierson. n. 1.60; geb. n. 2.60

Seipp, Heinr., Beiträge zur Kenntnis der Eigenschaften des ebenen Dreiecks. 4. (IV, 86 S. mit 3 Fig.-Taf.) Halle 886, Schmidt's Verlag. *

Seipp, Heinr., Beiträge zur Theorie u. Berechnung doppeltgekrümmter Freiträger u. verwandter Traggebilde. (VII, 48 S. m. 9 Abb.) gr. 8. Wien 910. A. Hartleben. 3.—; geb. 4.—

— Festigkeitslehre für Baugewerkschulen u. verwandte gewerbliche Lehranstalten, sowie zum Gebrauch in d. bautechn. Praxis. Mit Uebungsbeispielen, Profil- u. anderen Tabellen, sowie 71 Abbildgn. gr. 8. (V, 58 S.) Leipzig 899. Seemann & Co. Kart. n. 1.40

Seipp, Heinr., Festigkeitslehre f. Baugewerkschulen u. verwandte gewerbliche Lehranstalten, sowie zum Gebrauch in der bautechn. Praxis. Mit Uebungsbeispielen, Profil- u. anderen Tab., sowie 73 Abbildgn. 2. verb. u. verm. Aufl. (V, 66 S.) gr. 8. Leipzig 903. Seemann & Co. Kart. n. 1.40

—— über Kegelschnitte, welche mit einer gegebenen Ellipse in Doppelberührung sind und von denselben hergeleitete Verwandtschaften geometrischer Gebilde. Inaugural-Dissertation. gr. 8. (57 S. mit 1 Taf.) Marburg 883. (Berlin, Mayer und Müller.) *

Seipp, H., Lehrbuch der räumlichen Elementar-Geometrie (Stereometrie). 1. Tl.: Die Lage v. geraden Linien u. Ebenen im Raum. Nebst e. Sammlg. gelöster u. ungelöster Aufgaben, m. den Ergebnissen der ungelösten Aufgaben. Mit 573 Erklärgn. u. 174 in den Text gedr. Fig. Für das Selbststudium u. zum Gebrauch an Lehranstalten bearb. nach System Kleyer. gr. 8. (VI, 382 S.) Stuttgart 892. J. Maier. n. 6.—

— Leitfaden der Baustofflehre, s.: Degener's, Herm. A. L., Leitfäden f. Baugewerkschulen. III.

— Leitfaden der Statik der Hochbau- u. Tiefbaukonstruktionen, s.: Degener's, Herm. A. L., Leitfäden f. Baugewerkschulen. XVII. XVIII.

— die Wetterbeständigkeit der natürlichen Bausteine u. die Wetterbeständigkeitsproben, m. besond. Berücksicht. der Dachschiefer. Mit 8 Tab. (außerhalb des Textes), 21 Abbildgn. im Text u. 20 Taf. gr. 8. (XIX, 191 S.) Jena 900. Berlin, H. Costenoble. n. 15.—

— die abgekürzte Wetterbeständigkeitsprobe der natürlichen Bausteine, m. besond. Berücksicht. der Sandsteine, namentlich der Wesersandsteine. (XVI, 140 S. m. Abbildgn. u. 12 Taf.) Lex.-8. Frankfurt a/M. 905. H. Keller. n. 8.50

Seipp, J. B.

— s. Lange, Geo., deutsche Schulgrammatik.

Seipp, J. B., über den Unterricht im Hebräischen auf Gymnasien. gr. 8. Worms 843. (Kunze.) 1/8 ₰

Seipp, J. B., über d. Unterricht im Hebräischen auf Gymnasien. gr. 8. (1 B.) Worms 843, (Smith's Sorth.) Thlr.

Seipp, Johann Martin (Braunfels) A. S. 23/13

Dissertatio inauguralis juridica de decretis camerae imperialis extrajudicialibus,
Präs. Franz Christian Hennemann.
Heidelberg (Haener) 2. (3.) IX. 1740. 35 S.
32362

Valentini, Michael Bernh. [Präs.] u. Joh. Philipp Seipp (Pyrmont) [Resp.]
M. B. Valentini Novellae medico-legales, quarum introductionem generalem ... sub praesidio authoris publicae ventilationi sistit Joh. Phil. Seipp.
Gissae Hassorum [8.] Aug. 1704: H. Müller. 40 S. 4°

Seipp, Johann Philipp (Pyrmont) A. S. 1150/22

Dissertatio physico-medica inauguralis, exhibens scaturiginem plurimorum morborum demonstratam in abusu alimentorum, cibi et potus.
Utrecht (vande Water) 15. XI. 1709. 60 S. 32363

Seipp, Ludwig [app. Arzt aus Lollar]: Aus d. anatom. Institut zu Giessen. Das elastische Gewebe des Herzens ... Wiesbaden, J. F. Bergmann, 1895; 50 S. 8.
Giessen, Med. Fak., Inaug.-Diss. v. 1895

Seippel, Alex., s.: Rerum normannicarum fontes arabici.

Seippel, C. F., Anleit. zur Pflanzung u. Gewinnung des Tabaks in d. kön. Baier. Staaten. Mit 1 Kpft. u. 7 tabellar. Beilagen. gr. 8. Bamb. 813. Lachmüller. 8 gr

Seippel, Emil, Engel Agnes. Ein Lied der Liebe. 16. (115 S.) Barmen 851, Langewiesche. 16 ngr; cart. m. Goldschn. 5/6 ₰

Seippel, Emil, und Rud. Flehinghaus, belletristische Gaben. Hrsg. von Rud. Flehinghaus. 2 Thle. (in 1 Bde.) 8. (512 S.) Hagen 857, Butz. * 1 Thlr. 15 Ngr.; geb. *

Seippel, Emil, der Pastor unter seinen Konfirmanden. Vortrag auf der luther. Konferenz in Bielefeld am 21. V. 1907. (26 S.) 8. Gütersloh 907. C. Bertelsmann. p —50

— Wieder daheim in Zion! Predigten üb. Psalmen, die nach der Rückkehr aus Babel gesungen sind. (91 S.) 8. Ebd. 909. 1.20; geb. n 1.50

Seippel, E., d. Zucht in d. Vereinen. Referat, erstattet auf d. Bundes-Kreis-Konferenz zu Barmen am 7. Mai 1895. gr. 8. (16 S.) Elberfeld 895. Westdeutscher Jünglingsbund. n. —25

Seippel, H., Der Ramschhandel und seine Folgen. 8°. Hamburg, s. a.

† Ulrich Christian Friedrich la Motte v. Hermann Seippel. Ausschnitt aus: Börsenblatt für den Deutschen Buchhandel etc. Nr. 124. Leipzig. 1899. 4°.

Immer schaust du in die Ferne, aus Wolff's Rattenfänger für eine Singstimme mit Begleit. d. Pianoforte comp. von L. Seippel. Op. 9, 1. Dortmund: Ch. Garms [1892]. (5 S.) 4°

Seippel, Ludwig, aus Alvensleben: Kritische Beiträge zu Jean Bodel's Epos 'La Chanson des Saxons'. *Greifswald 1899: F. W. Kunike.* (70 S.) 8°
Greifswald, Phil. Diss. v. 19. Nov. 1899

Bochum einst und jetzt. Ein Rück- u. Rundblick bei d. Wende d. Jahrhunderts 1901. Von Max Seippel. Bochum: Rhein.-Westf. Verl.-Anst. (1901). (380 S.) 8° [F.] [ol. 9544 4

Seippel, Max, Gudula v. Hardenberg. Eine Erzählg. aus den Tagen Engelbert's III. v. der Mark u. Dortmund's großer Fehde. 2 Bde. 8. (630 S.) Leipzig 891. Dresden, C. Reißner. n. 8.—; geb. in 1 Bd. n. 9.—

Seippel, Max, der kleine Jakob. Eine Erzählg. f. Kinder. Mit Bildern v. Adf. Reile. (III, 89 S. m. 6 Farbdr.) 8. Stuttgart 909. G. Weise. Geb. in Leinw. 1.50

— An den Quellen. Gedichte aus Bad Wildungen. (78 S. m. Bildnis.) 8. Wildungen 908. P. Pusch. 1.—; geb. 1.80

Seippel, Oscar, med. pract. von Rheineck (St. Gallen): Aus dem pathologischen Institut der Universität Zürich. Über erworbene Darmdivertikel. Zür. Orell Füssli Dr. 1895. 28 S. 8°. Zürich. Med. Diss. [v. 4. April 1895].

Seippel, Paul s. Schweiz. Die Schweiz im neunzehnten Jahrhundert. Bern und Lausanne 1899–1900 — Suisse. La S au dix-neuvième siècle. Lausanne, Berne 1899–1901.

Seippel, Rudolfus, Saxo-Borussus: De veterum scriptorum Graecorum ratione auctores laudandi. *Gryphiae 1903: I. Abel.* (62 S.) 8°
Greifswald, Phil. Diss. v. 27. Juli 1903

Seipt, Gust., moderne Füllungen f. d. Kunstgewerbe. Orig.-Entwürfe in modernem Style, Gothik, Renaissance u. Barock. Zum prakt. Gebrauche f. Bildhauer, Möbelfabrikanten, Zeichner, Architekten, Dilettanten etc., sowie z. Schulgebr. Fol. (36 Taf. m. 2 Bl. Text.) Düsseldorf 898. F. Wolfrum. In Mappe n. 15. —

Seipt, Oscarus [Brunnensis]: De Polybii Olympiadum ratione et de bello Punico primo quaestiones chronologicae ... Lipsiae, typ. Iulii Klinkhardti, 1887; 50 S., 1 Bl. 8°
Leipzig, Phil. Fak., Inaug.-Diss. v. 16. Jul. 1887.

Seipt, Osc., de Polybii Olympiadum ratione et de bello punico primo quaestiones chronologicae. gr. 8. (50 S.) Leipzig 887, Fock. *

Seis, Eduard, Führer durch Lovrana an der österreichischen Riviera u. dessen Umgebung. (138 S. m. Abbildgn., Titelbild u. 3 Karten.) 8. Abazzia-Lovrana (906). F. J. Schmid. n. 1. —

Seis, Ed., Führer durch die Weltausstellung 1873. Praktisches Handbuch für Reisende und Einheimische. Mit einem bis Ende Juli 1873 ergänzten (chromolithogr.) Plane der Weltausstellung und des k. k. Praters (in Fol.). gr. 16. (V, 89 S.) Wien 873, Lechner's Universitäts-Buchh. geb. * 1 60

Seis, Ed., Führer durch Wien und Umgebung. Praktisches Handbuch für Reisende und Einheimische. Mit 1 (chromolithogr.) Stadtplane und 8 (lithogr.) Theaterplänen. 2. und 3. Ausg. [Mit Berichtigungen und Zusätzen bis Mai 1876.] (LII, 308, 16 S.) 1876; 4. Ausg. [Mit Berichtigungen und Zusätzen bis Juni 1878.] 8. (LII, 308 S.) Wien 878, Lechner's Verlag. geb. * 3 80

Seis, Ed., Führer durch Wien und Umgebung. Praktisches Handbuch für Reisende und Einheimische in 2 Thln. Mit 1 (chromolithogr.) Stadtplane von 1880 und 8 Theaterplänen (1 Stnt.). 5. Ausg. mit Berichtigungen und Zusätzen bis Juni 1880. 8. (LII, 336 S.) Wien 880, Lechner's Verlag. geb. * 3 80

—— Führer durch Wien und die Weltausstellung. Praktisches Handbuch für Reisende und Einheimische in 2 Theilen. Mit 1 (chromolithogr.) Stadtplane (in gr. Fol.), 1 (chromolithogr.) Weltausstellungsplane (in gr. Fol.) und 9 Theaterplänen (auf 1 Stnt. in Fol.). gr. 16. Ebendas. 873. geb. * 6 —
Inhalt:
Thl. 1. Führer durch Wien. (LII, 308 S.)
» 2. Führer durch die Weltausstellung. (V, 89 S.)

—— Humoristica, satyrische Dialoge und Theater aus der Zeit der zweiten Türken-Belagerung Wiens 1683. Wortgetreu nach seltenen Originalen hrsg. Mit 5 Orig.-Illustr., 1 Facs. eines gleichzeit. Flugblattes, 1 Schlachtenbild und der äußerst seltenen Suttinger'schen Ansicht Wiens aus dem J. 1683. gr. 8. (IV, 84 S.) Wien 883, Gottlieb's Verlag. * 2 —
Volksausg. — 60

Seis, Eduard, der Sommer- u. Winterkurort Lovrana an der österreich. Riviera u. dessen Umgebung. 2. durchaus verb. Aufl. (188 S. m. Abb. u. 2 Plänen.) 8. Abbazia (910). F. J. Schmid. 1.50

Seisen, D., s. Seisen, J. D.

J. D. Seisen. Einleitende Bemerkungen zu Johann Peter Hebels Allemannischen Dichtungen. 22 S. Schopfheim, P 1853

Seisen, J. D., üb. religiöse Erziehung u. üb. Religions-Unterricht in den Volksschulen. Eine Konferenzarbeit. gr. 8. (IV, 180 S.) Karlsruhe 871. Braun. n. 1. 20

Seisen, J. D., der Genius d. Cultus. Ein Wort z. Verständig. mit d. Gebildeten uns. Zeit üb. d. Verehr. d. Genius. gr. 8. (13¾ B.) Berlin 841, Duncker u. Humblot.

— Geschichte der Reformation zu Heidelberg von ihren ersten Anfängen bis zur Abfassung des Heidelberger Catechismus. Eine Denkschrift zur 300jährigen Jubelfeier daselbst am 3. Jan. 1846. gr. 8. Heidelberg 846, J. C. B. Mohr. n. ¾ ℳ

——, Nicolaus Methonensis, Anselmus Cantuariensis, Hugo Grotius, quod ad satisfactionis doctrinam a singulis excogitatam, inter se comparati. Dissert. 4maj. (5½ B.) Heidelbergae 838, Groos.

Seisenberg, E. H. v., meine Jugendgedanken. Gedichte. (IV, 126 S.) 8. Dresden 909. E. Pierson. 2.—; geb. n 3. —

Seisenberger, Max, s. Seisenberger, Michael

SEISENBERGER, Michael (Oberspoint): S. Pauli de resurrectione carnis doctrina. (Titel nach der Urkunde)
27.7.1951 - Urk: F 4a
Diss. Ingolst.-Landsh.-Mchn.

Seisenberger, Mich., die Bücher Esdras, Nehemias u. Esther, s.: Commentar, kurzgef. wissensch., zu den hl. Schriften des Alten Testamentes. I. 4.

Seisenberger, Mich., Einführung in die hl. Schrift. Ein Abriß der bibl. Geographie, Archäologie, Einleitung in das Alte u. Neue Testament samt Hermeneutik. 6., verb. Aufl. (XII, 558 S.) gr. 8. Regensburg 909. Verlagsanstalt vorm. G. J. Manz. 6.—; geb. in Halbfrz. 7.60

— Erklärung des Briefes an die Hebräer f. Studium u. allgemeines Verständnis. Als Lehrbuch verf. (IV, 116 S.) gr. 8. Ebd. 909. 2. —

Erklärung des Johannesevangeliums. Von Dr. M. Seisenberger. Regensburg: Manz 1910. IV, 300 S. 8° A 12. 11025

Seisenberger, Mich., das Evangelium nach Markus. Zum Zwecke des Selbststudiums u. der Repetition erklärt (VIII, 291 S.) gr. 8. Regensburg 905. Verlagsanstalt vorm. G. J. Manz. n. 3.—; geb. in Halbfrz. n. 4.50

Seisenberger, Mich., die Klagelieder d. Propheten Jeremias nach der Vulgata m. Berücksicht. d. hebrä. Textes erklärt. 8. (IV, 152 S.) Regensburg 872. Manz. 2. —

—— die Lehre von der Auferstehung des Fleisches nach dem 15. Capitel des I. Korintherbriefes. Exegetisch-dogmatische Abhandlung. gr. 8. (178 S.) Regensburg 868, Pustet. 2 10

Nekrolog auf Dr. Joseph Punkes, erzbisch. geistl. Rat u. Lyzealprofessor. (Chronik des Lyzeums). — Von Dr. Michael Seisenberger, L.-P. — 1904, Freising, A. Fellerer. — P. 14—15.

Progr. Freising, K. Lyzeum und Gymnasium

Seisenberger, M., der biblische Schöpfungsbericht [Genesis 1, 1—2, 3] ausgelegt. gr. 8. (IV, 96 S.) Freising 881, (Datterer.) * 2 50

—— dass. — 2. Aufl. gr. 8. (VIII, 95 S.) Ebendas. 882. * 1 80

Katalog des antiquarischen Bücherlagers von Johann Seiser in Trient. Catalogo di libri antichi di Giovanni Seiser in Trento. 8. (3 Blätt., 74 S.) Innsbruck. Druck der Wagner'schen Buchdruckerei. 1854.

Seisl, Marie, deutsche Kost. Der Unterricht im Kochen für die deutsche Küche. Unentbehrliches prakt. Handbuch für jede Hausfrau und Köchin, speziell wicht. Lehrbuch für junge Mädchen, welche die bürgerl. und die feine Kochkunst, das Einmachen der Früchte, die Zubereitung der verschiedenen Tagesmahlzeiten, des Kaffee's, Thee's, der Getränke ꝛc. erlernen sollen. Enthaltend mehr denn 800 Rezepte. Nebst Anhang: Hausmittel. gr. 8. (XX, 359 S.) Langensalza 884, Beyer und Söhne. * 2 —

Seisl, Mart., die Geleise des Kirchenjahres und der Wege Gottes in der Gründung seines Reiches auf Erden. In der Anordnung und dem Zusammenhange der sonn- und festtägl. Evangelien [de tempore] dargestellt nach Amalarius, Micrologus, B. Ivo, Honorius Augustodunensis, Durandus u. A. gr. 8. (IV, 356 S.) Regensburg 875, Pustet. 2 —

Seiss, J[oseph] A[ugustus]

Seiß, Jos. A., Obrigkeit u. Christenthum. Eine zeitgemäße Predigt, übers. von F. C. H. Lampe. Philadelphia 861. Schäfer & Koradi. 8. (22 S.) n. 8 ngr.

Seiß, J. A., die Offenbarung Jesu Christi, der gläub. Gemeinde ausgelegt in Vorträgen. Deutsche autoris. Ausg., nach dem engl. Original bearb. v. Athanasius Stuckert. I. Vortrag 1—16 [Off. Cap. 1—7]. gr. 8. (XXXII, 428 S.) Basel 884. Spittler. n. 4. —

Seiß, J. A., die Offenbarung Jesu Christi, der gläubigen Gemeinde ausgelegt in Vorträgen. Deutsche, autoris. Ausg., frei nach dem engl. Original bearb. von Athanasius Stuckert. II. Vortrag 17—52 [Offb. Kap. 8—22]. gr. 8. (XXX, 643 S.) Basel 887, Spittler. *M 6.—.; geb. *

I. Vortrag. Ebendas. 1884. *M 4.—.

Seiß, J. A., die Offenbarung Jesu Christi. Nach dem engl. Original bearb. v. Athanas. Stuckert. Mit Vorwort v. H. Dannert. 2 Bde. (VIII, 464 u. VII, 720 S.) 8. Neumünster (908). Vereinsbuchh. G. Ihloff & Co. 10.—; geb. 12. —

[J.] Göttliche Stimmen aus Babylon. Die Weissaggn d. Proph. Daniel ausgel. in Vortr. v. Dr. J[oseph] A[ugustus] Seiss, Vf. d. 'Offenbarg Jesu Christi'. Frei nach d. Engl. M. e. einleit. Vorw. v. Ernst Mühe, Dompred. in Naumburg a. d. S. *Berlin: Rehtwisch & Langewort 1895.* (1 Bl., 277 S.) 1 Bd 8. [94. 1141

—— Vorträge über die Offenbarung Jesu Christi. Auszug, für das deutsche Volk bearb. von Ernst Mühe. 8. (84 S.) Ebendas. 887. *

Seißer, A., die Gesetze über die direkten Steuern im Königr. Bayern, mit Einleitung, Anmerkungen, Vollzugsvorschriften und Sachregister hrsg. 2 Bde. und Ergänzungsbd. 8. Nördlingen, Beck'sche Buchh. cart. * 8 20

Inhalt:

Bd. 1. 1) das Grund- und Haussteuergesetz, 2) das Einkommensteuergesetz, 3) das Kapitalrentensteuergesetz. (III, 310 S.) 882. *M 3,50.
„ 2. Das Gewerbesteuergesetz. (XV, 312 S.) 881. *M 3,50.
Ergänzungsbd. (92 S.) 882. *M 1,20.

Seißer, A., die Gesetze über die direkten Steuern im Königr. Bayern, mit Einleitung, Anmerkungen, Vollzugsvorschriften und Sachregister hrsg. 2. neubearb. Aufl. 2 Bde. 8. [Nördlingen.] München, Beck'sche Verlagsh. cart. à Bd. *M 4.40. *

Inhalt:

Bd. 1. 1) Das Grund- und Haussteuergesetz, 2) das Einkommensteuergesetz, 3) das Kapitalrentensteuergesetz. (IV, 403 S.) 887.
„ 2. Das Gewerbesteuergesetz. (XVII, 384 S.) 885.

Seißer, Hermann: Titanit von der Rauris. Ein Beitr. z. Kenntnis des Titanites. Leipzig: W. Engelmann 1910. S. 321—345. 8° ¶(Aus: Zeitschrift f. Krystallogr. u. Mineral. Bd 47, H. 4.)

Würzburg, Phil. Diss. v. 11. März 1910, Ref. Beckenkamp

Geb. 11. Dez. 70 Würzburg; Wohnort: Würzburg; Staatsangeh.: Bayern; Vorbildung: Luitpold-Gymn. München Reife Juli 91; Studium: Techn. Hochschulen München, Darmstadt, Univ. Würzburg 3, München 1, Würzburg 8 S.; Rig. 23. Juli 09.] [U 10. 4403

Seissen, J. Chr.: Tract. de liberis expos. *Quedlinb.* 718.

Seisser, Philipp: Ueber die Beeinflussung des Stoffwechsels von Kaninchen und Hund durch Zufuhr von Nucleinsäure, Harnsäure und Allantoin ⟨gleichzeitig e. Beitr. z. Frage d. Nucleinsäure-Harnsäure-Verbindung⟩. Berlin 1909: Schumacher. 22 S. 8° ¶(Aus: Zeitschrift f. experim. Pathol. u. Therapie. Bd 7.)

Erlangen, Med. Diss. v. 7. März 1910, Ref. Schittenhelm

[Geb. 11. Okt. 82 München; Wohnort: Nürnberg; Staatsangeh.: Bayern; Vorbildung: Gymn. Schwäbisch-Hall Reife Juli 03; Studium: Erlangen 8, Würzburg 1, Kiel 1 S.; Coll. 6. Mai 09; Approb. 23. Dez. 08.] [U 10. 822

Seisser, Rudolf [aus Würzburg]: Über Einwirkungen mehrerer Antipyretika auf den Froschorganismus .... Würzburg, k. Universitätsdr. v. H. Stürtz, 1887, 25 S. 8°

Würzburg, Med. Fak., Inaug.-Diss. v. 1887

Seisser, Rudolf, über Einwirkungen mehrerer Antipyretika auf den Froschorganismus. Diss. Würzburg 1887, Stahelsche Univ.-Buchh. 8°. 25 S.

Seissl, Josef. Beiträge zur Kenntnis der Keton-Säuren. Jena, 1888.

Seit gestern ausgezogen, s.: Repertoir, neuestes, des deutschen Theaters. Nr. 4.

Seite: Die andere Seite
v. Die Ostschweiz.

Seite: Die bunte Seite
v. Der Landbote (Zh).

Seite (Zur finanziellen) der Militairfrage. gr. 8°. Berlin, v. Decker, 1862. 32 S.

Seite: Die Seite der Frau, s. Der Landbote (Zh).

– s. Der Landschäftler (I).

– s. Berner Tagwacht.

– s. Genossenschaftliches Volksblatt (I).

– s. Basler Vorwärts (I).

Seite: Interessante Seite
v. Der Landbote (Zh).

Seite, Die Soziale, der Reichsfinanzen, s.a. Volksbibliothek, Soziale.

Seite, Die soziale, der Reichsfinanzen. M.-Gladbach [1908]. 8°.
(Soziale Volksbibliothek. Nr 4.)

Seite: Die technische Seite
v. Schweizerische Metallarbeiter-Zeitung — Journal suisse des ouvriers sur métaux

Seiten, die guten, der gebrannten geistigen Getränke u. die Nachtheile d. Enthaltsamkeits-Vereine. Ein Gespräch. 8. (1 B.) Berlin 843, [J. A. Wohlgemuth, Berl.]

Seitengewehre, die, der Truppen zu Fuß. Vom 23. III. 1908. (D. V. E. Nr. 191.) (VII, 52 S. m. 12 Taf.) 8. Berlin 908. E. S. Mittler & Sohn. — 70; kart. — 90

— die, d. Truppen zu Pferde u. d. Lanzen. Vom 23. III. 1908. (D. V. E. Nr. 192.) (VII, 60 S. m. 11 Taf.) 8. Ebd. 908. — 70; kart. — 90

Seitenhalle. Zweimonatliche Ergänzungen der Lesehalle für Deutsch-Katholiken u. ihre Freunde. Herausg. von Joh. de Marle. (1.) Jahrg. 1847. 6 Hfte. 4. Schkeuditz, de Marle's Selbstverlag. n. ⅔ ℔ Einzelne Hefte à n. ⅙ ℔ (Vergleiche: Lesehalle.)

Seiten-Musterung, Poetische. O. O. 1742. V: *König, Christian Gottlieb.* (ML)

Seitensprünge am Barren. O. O. 1882. V: ***Mayenberg, Joseph.*** (Bmarsch 1195)

Seitenstück zu dem von J. G. W[einmann] vorgelegten Radikalmittel gegen Priestermangel. Rottweil 1821. V: *Wucherer, Rupert.* (Schmal) (Ky) (Th)

— zu d. von J. G. W(einmann) vorgelegten Radikalmittel, dem Mangel an kathol. Geistlichen abzuhelfen, u. für alle Zukunft vorzubeugen. gr. 8. Rotweil 821. (Herder). (Barth in Leipz.) 12 gr

Seitenstück zur Weisheit Dr. M. Luthers zum Jubeljahre der Reformation, s. M. Prechtl.

Seitenstück zur Weisheit Dr. Martin Luthers . . . zum Jubeljahre der Reformation Luthers in Deutschland. Sulzb. 1817. V: *Prechtl, Maximilian.* (MGT) (Ky) (Winer) (Th) (Jenaer Litt.-Ztg. 1818. Nr. 33.)

Seiter, Otto [aus Oberehnheim, Unterels.]: Studien über die Abstammung der Saccharomyceten und Untersuchungen über Schizosaccharomyces octosporus ... Erlangen, k. b. Hofbuchdr. v. A. Vollrath, 1896; 32 S., 1 Bl., 1 Taf. 8.
Erlangen, Phil. Fak., Inaug.-Diss. v. 8. Juli 1896

Seiters, B. Adph., s. Seiters, Paul Bernard Adolph

Seiters, J. Ch. A., Bonifacius der Apostel der Deutschen. Nach seinem Leben u. Wirken geschildert. gr. 8. (37 B.) Mainz 845, Kirchheim, Schott u. Thielmann.

Seiters, Paul Bernard Adolph, die erste Erzieherin des Menschen, oder die Kinderwärterinn, wie sie sein soll. Eine äußerst wichtige Lebensfrage und deren Beantwortung für Väter und Mütter. 12. Münster 840. Deiters. 5 gr

Seiters, Paul Bernard Adv., die erste Erzieherin d. Menschen, od. d. Kinderwärterin, wie sie sein soll. Eine äußerst wichtige Lebensfrage u. deren Beantwort. f. Väter u. Mütter. 12. (4 B.) Münster 841, Deiters. Thlr.

Seiters, Paul Bernard Adv., Gebetbuch in d. Kindersprache f. d. liebe christkathol. Jugend. 1. u. 2. Aufl. 12. (à 7 B.) Paderborn 839, 40, Crüwell. •

— die Kinderwärterinnen (Kindermädchen), wie sie sein sollen. Eine äußerst wichtige Lebensfrage u. deren Beantwortung für Kinderwärterinnen u. die es werden wollen. 12. Münster 840. Deiters. $^{1}/_{12}$ ℔

— die Kinderwärterinnen (Kindermädchen), wie sie sein sollen. Für Kinderwärterinnen u. die es werden wollen. Zugleich e. Anweis., ihren wichtigen Beruf treu zu erfüllen. 12. (2½ B.) Münster 841, Deiters.
Aus: Dess., die erste Erzieherin d. Menschen rc., besond. abgedruckt.

Seiters, Paul Bern. Ad., Lesebuch in der Kindersprache für Schule u. Haus. 8. Rinteln 842, Bösendahl. (Literar.-artist. Verlags-Anst.) n. ⅙ ℔ Velinp. ¼ ℔

Seiters, B. Adph., der fromme Soldat. Ein vollständ. Gebet- und Erbauungsbuch für das kathol. Militair. 32. (XVI und 463 S. mit lithochrom. Titel und 1 Stahlst.) Coblenz 846, Müller.

Seith, Frz.

Seith, F., praktische Anleitung zum Selbstanfertigen der Bienenwohnungen u. Geräthe. Mit e. illustr. Anh. üb. Werkzeuge u. Geräthe. 8. (VIII, 88 S. u. Anh. 38 lith. S.) Leipzig 889. (H. Voigt.) n. 2. 50

Seith, Frz. Praktische Anleitung zum Selbstanfertigen der Bienenwohnungen u. Geräthe. Mit e. illustr. Anh. üb. Werkzeuge u. Geräthe. 2. Aufl. gr. 8. (48 S.; Anh. 36 S.) Königshofen 892. (Oranienb., E. Freyhoff.) * 1 50
Die 1. Aufl. Lpz. 1889. (H. Voigt). * 2 50.

Seith, [Karl]: Professor Gotthold Schellenberg †. S. 6—7. 4.
Oberrealschule (Vormal. Höb. Bürgerschule) *Freiburg i. Br.*
Progr. 1906 (773).

Seith, Karl: Die Wurzeln der Hertz'schen Versuche über Strahlen elektrischer Kraft. *Karlsruhe 1902: F. Gutsch.* (S. 55—65.) 4°
Karlsruhe, großh. G. Festschr. 1902 (681)**

Seither, Jos., gründl. Unterricht z. fruchtbaren Gärtnerei, nebst zweifachem Gartenkalender. 8. Augsburg, 1779. Rieger. — 7½

Seits, Tob. Ant., Bibliothek f. Geistliche auf d. Lande, zum Nutzen u. Erbauung rc. 1r Bd. 8. Linz 800. Trattner.

Seits, Tob., sieben Fastenpredigten, worin e. Hauptursachen d. jetz. Sittenlosigk. dargest. werd. gr. 8. Linz, Akadem. Buchhandl. 806.

— sieben Fasten-Reden, worin einige Hauptursachen d. jetzigen Sittenlosigkeit dargestellt werden. 8. Linz 806. Haßlinger. (Kranzfelder in Augsb.) 10 gr

— kathol. Feldfrüchte, Andachten bei öffentl. Bittgängen u. am Erndtefest. 8. Salzb. 824. Mayr. 6 gr

— geistl. Früchtekranz, oder: allgem. u. besondere Andachten, Litaneien, Gebete u. Lieder f. das ganze Kirchenjahr. Mit 1 Kpf. gr. 12. Salzb. 825. Mayr. 5 gr

— auserles. Gedanken aus den heil. Urkunden beider Testamente, bei Kranken u. Sterbenden anzuwenden. 8. Linz 807. Akad. Buchh. 8 gr

— kathol. Kirchenlieder. 8. Salzb. 812, 13.

— die Rosen nach ihren Früchten. Ein unentbehrl. Leitfaden zu ihrer richtigen Bestimmung f. Botaniker 2c., oder: Alle bisher bekannten Rosenarten, nach Trattinik synodus, karpolog. dargestellt. 16. Prag 825. Enders. 16 gr

— allgem. ökonom. Samen- u. Früchtenlehre, als Vorläufer e. europ. karpolog. Flora. gr. 8. Salzb. 822. Mayr. 19 gr

Seitter, E., der Formaldehyd, s.: Vanino, L.

Seitter, E., die Patina, s.: Vanino, L.

Seitter, Eduard [aus Ludwigsburg]: Ueber den Schwefelstickstoff und seine Derivate ... München, Druck v. V. Höfling, 1897; 32 S. 8.
München, Phil. Fak., Inaug.-Diss. v. 1897

Seitter, Max. Experimentelle Untersuchungen über die physiologische Wirkung der Luftinsufflation in das Euter von Kühen und Ziegen als Beitrag zur Aetiologie der Gebärparese des Rindes. Diss. Vet.-Med. Univ. Zürich. [Mit 5 Tafeln.] 66 S. 8. Stuttgart, C. Liebich, 1910.
Arbeiten aus dem Institut für Pharmakologie und Therapie der K. Tierärztlichen Hochschule, Stuttgart ....

Seitz, Frz. v., Worte der Erinnerung an ihn, s. Hirth, G.

Seitz, s. a. Seiz

Seitz, ..., Anleit. z. Schönschreibekunst, in 28 Bl. kl. qu. Fol. Frankf. a. M. 803. Körner. 2 fl

Seitz, ..., üb. Bäder im Allgemeinen u. Bayerns Heilbäder insbesondere. 8. Münch. 803. Lentner. 8 gr

Seitz: Grundsätze üb. Aufstellung u. Bewirtschaftung des Etats der deutschen Schutzgebiete, s. Seitz, Theodor

Seitz: Zur Interpretation der cc. 12. 18 und 24. X de homicidio (V.12.) 18 S. – Regensburg, Progr. 1863.

Seitz, Lehrkurs der Obstbaumzucht und Obstbaumpflege für landwirtschaftliche Winter- und Fortbildungsschulen. Ansbach 1872.
Verf. Kgl. Hofgärten-Intendant.

Seitz: Zu Plautus' miles gloriosus. Jever 1867.
Schul-/Univ.-Schrift

Seitz: Die Überanstrengung des Herzens. Berlin. 1875.

Seitz: Wie ist der Turnunterricht zu gestalten ..., s. Wickenhagen, H.

Seitz, A., e. lepidopterologische Reise um die Welt. [Aus: „Jahrbb. des Nass. Vereins f. Naturkunde".] gr. 8. (40 S.) Wiesbaden 893. J. F. Bergmann. n. 1.20

Seitz, Adalbert [in Giessen]: Betrachtungen über die Schutzvorrichtungen der Thiere .... (Aus: „Zoolog. Jahrbücher Bd. III. Abth. f. Systematik".) Jena, Gustav Fischer, 1887; 40 S. + 1 Bl. 8°
Giessen, Phil. Fak., Inaug.-Diss. v. 1887

Seitz, Adalbert [Dr. phil. in Giessen]: Allgemeine Biologie der Schmetterlinge. I. Theil. Die geographische Verbreitung der Schmetterlinge und ihre Abhängigkeit von klimatischen Einflüssen.... Jena, G. Fischer, 1890; 1 Bl., 63 S. 8°
Giessen, Phil. Fak., Hab.-Schr. v. 1890

Seitz, Adalb., die Gross-Schmetterlinge der Erde. Eine systemat. Bearbeitg. der bis jetzt bekannten Grossschmetterlinge, in Verbindg. m. namhaftesten Fachmännern hrsg. I. Abtlg.: Die Grossschmetterlinge des palaearkt. Faunengebietes. (In ca. 100 Lfgn.) 1.—5. Lfg. (1. Bd. S. 1—28 u. 2. Bd. S. 1—16 m. 11 farb. Taf.) 8. Stuttgart 906. F. Lehmann. à n. 1.—

Seitz, Adalb., die Gross-Schmetterlinge der Erde. Eine systemat. Bearbeitg. der bis jetzt bekannten Grossschmetterlinge, in Verbindg. m. namhaftesten Fachmännern hrsg. I. Abtlg.: Die Grossschmetterlinge d. palaearkt. Faunengebietes. 6.—72. Lfg. (1. Bd. VIII, VII, III u. S. 29—379; 2. Bd. S. 17—112 u. 3. Bd. S. 1—124 m. 130 farb. Taf.) 33×25 cm. Stuttgart (907—10). Verlag des Seitz'schen Werkes. à 1.—; engl. u. französ. Ausg. à 1.—

— dasselbe. II. Abtlg.: die exot. Grossschmetterlinge. 1.—66. Lfg. (5. Bd. S. 1—176; 9. Bd. V u. S. 1—256; 10. Bd. S. 1—52 u. 13. Bd. S. 1—56 m. 131 farb. Taf.) 33×25 cm. Ebd. (907—10). à 1.50; engl. u. französ Ausg à 1.50

Seitz, Adolf [aus Ansbach]: Die Entwicklung der Lungenchirurgie und deren Fortschritte in dem letzten Decennium ... Aschaffenburg. Buchdr. Schippner We. & Cie., 1888. 49 + 1 S. 8°
Würzburg, Med. Fak., Inaug.-Diss. v. 1888.

Seitz, Adolf, die Entwicklung der Lungenchirurgie und deren Fortschritte in dem letzten Decennium. Diss. Würzburg 1888, Stahelsche Univ.-Buchh. 8°. 49 S.

Seitz, Adolf, a. Boizenburg a. E.: Zur Kasuistik der Nasenrachenfibrome ⟨nach dem Material der Leipziger chirurgischen Klinik⟩. Leipzig 1908: B. Georgi. (31 S.) 8°
Leipzig, Med. Fak., Ref. Trendelenburg, Diss. v. 28. Juli 1908
[Geb. 26. Juli 81 Boizenburg a. d. Elbe; Wohnort: Leipzig; Staatsangeh.: Mecklenburg-Schwerin; Vorbildung: Gymn. Katharineum Lübeck Reife O. 03; Studium: Kiel 5, Leipzig 5 S.; Coll. 4. Aug. 08; Approb. 22. Mai 08.]

Seitz, Adolf: ⟨Aus d. Privatfrauenklinik des Herrn Prof. Bulius.⟩ Tuberkulose und Infantilismus. Bonn: Georgi 1909. 43 S. 8°
Freiburg i. B., Med. Diss. v. 1909, Ref. Straub
[Geb. 26. Apr. 85 Elberfeld; Wohnort: Freiburg i. B.; Staatsangeh.: Preußen; Vorbildung: Gymn. Elberfeld Reife O. 03; Studium: Freiburg i. B. 5, Bonn 1, München 1, Freiburg i. B. 3 S.; Coll. 30. Juli 08.] [U 09. 975

Seitz, Adolf Leo Ludwig, a. Ansbach: Vergleichende Studien über den mikroskopischen Knochenbau fossiler und rezenter Reptilien und dessen Bedeutung für das Wachstum und Umbildung des Knochengewebes im allgemeinen. Halle a. d. S. 1907: E. Karras. (142 S.) 4° ¶(Aus: Nova acta Acad. Leopoldino-Carol. Bd 87.)
Erlangen, Phil. Fak., Ref. Fleischmann, Diss. v. 2. Juli 1907
[Geb. 23. Febr. 81 Ansbach; Wohnort: Erlangen; Staatsangeh.: Bayern; Vorbildung: Gymn. Aschaffenburg Reife 81; Studium: Würzburg 4, München 2, Straßburg 4, Erlangen 4 S.; Rig. 12. Juli 05.]

Seitz, Adf. Leo Ludw., vergleichende Studien üb. d. mikroskopischen Knochenbau fossiler u. rezenter Reptilien u. dessen Bedeutung f. das Wachstum u. Umbildung des Knochengewebes im allgemeinen, s. a. Acta, nova. academiae etc. naturae curiosorum. 87.

Vergleichende Studien über den mikroskopischen Knochenbau fossiler und rezenter Reptilien, u. dessen Bedeutung f. d. Wachstum u. Umbildung d. Knochengewebes im allgemeinen. Von Dr. med. Adolf Leo Ludwig **Seitz**. Mit 14 Taf. No 11–24. Leipzig: W. Engelmann in Komm. 1907. (139 S.) 4°
= **Acta**, Nova. Abh. d. Kais. Leop.-Carol. Deutschen Akad. d. Naturforscher. T. 87, No 2. [07. 13197

Seitz, Doktor Alexander, aus Marbach u. seine Schrift über die Lustseuche v. J. 1509, eingeleitet von Albert Moll. 8. (31 S.) Stuttgart 852, Erhard. 7 ngr

Seitz, Aloys De Catulli carminibus in tres partes distribuendis. 4 (11 S) **Progr** G *Rastatt* 1887 (573)

Seitz, Anton [Dr. theol., Priester d. Bist. [Würzburg]: Die Apologie des Christentums bei den Griechen des IV. und V. Jahrhunderts in historisch-systemat. Darstellg. Von d. theol. Fak. in Würzburg gekr. Preisschrift. Würzburg, A. Göbel, 1895; VIII, 296 S. 8.
Würzburg. Theol Fak., Inaug.-Diss. v. 1895

Seitz, Ant., die **Apologie d. Christentums** bei d. Griechen d. IV. u. V. Jahrh. in historisch-systemat. Darstellg. Von d. theolog. Fakultät in Würzburg gekrönte Preisschrift. gr. 8. (VIII, 296 S.) Würzburg 895. A. Göbel. n. 3. —

Seitz, Ant., Christus-Zeugnisse aus dem klassischen Altertum v. ungläubiger Seite. (81 S.) gr. 8. Köln 906. J. P. Bachem. n. 1. 80
Sonderabdruck aus: „Monatsblätter f. d. kathol. Relig.-Unterr."

Das Evangelium vom Gottessohn. Eine Apologie d. wesenhaften Gottessohnschaft Christi gegenüber d. Kritik d. modernsten deutschen Theologie. Von Dr theol. et phil. Anton **Seitz**, Prof., München. Freiburg im Br: Herder 1908. (XII, 545 S) 8° [J.] [08. 11941

Seitz, Anton, Dr theol et phil., Assist. im Bischöfl. Klerikalseminar Würzburg: Die **Heilsnotwendigkeit** der Kirche nach der altchristlichen Literatur bis zur Zeit des hl. Augustinus. T. 1. *Freiburg i. B.: Herder 1902.* (IV, 57 S.) 8°
¶ [Erschien vollst 1903 im gleichen Verl.]
Würzburg, Theol. Hab.-Schr. v. 1903
(Nur in beschränkter Zahl für den Austausch)

— die **Heilsnotwendigkeit** der Kirche nach der altchristlichen Literatur bis zur Zeit des hl. Augustinus. (VIII, 416 S.) gr. 8 Freiburg i/B. 903. Herder. n. 8. —

Seitz, Ant., **Willensfreiheit** u. moderner psychologischer Determinismus. Psychologische Studie. gr. 8. (III, 62 S.) Köln (902). J. P. Bachem. n. 1. 20

Seitz, Anton, Dr.: Die **Willensfreiheit** in der Philosophie des Chr Aug. Crusius gegenüber dem Leibniz-Wolff'schen Determinismus in historisch-psychologischer Begründung und systematischem Zusammenhang. Würzburg. A. Göbel 1899. VIII. 138 S. 8°
München, Phil. Diss. v. 1899.

— **die Willensfreiheit in der Philosophie des Chr. Aug. Crusius gegenüber dem Leibniz-Wolff'schen Determinismus in historisch-psychologischer Begründung. Historisch-philosoph. Studie. gr. 8. (VIII, 136 S.) Würzburg 899. (Göbel & Scherer.)** n. 2. —

Seitz, Arthur, Med.-Praktikant a. Antwerpen: Die Geschwülste der männlichen Brustdrüse. München 1905: Kastner & Callwey. (39 S.) 8°
München, Med. Fak., Ref. v. Angerer, Diss. v. 17. Nov. 1906
[Geb. 25. Jan. 80 Antwerpen; Wohnort: Berlin; Staatsangeh.: Deutsches Reich; Vorbildung: Gymn. Antwerpen Reife Juli 98; Studium: Brussel 2, Tubingen 3, Kiel 1, Berlin 1, Munchen 3 S.; Coll. 17. Nov. 06; Approb. 31. Okt. 06.]

Seitz, Aug., die Negation in der französ. Sprache wissenschaftlich abgehandelt. 8. Emden 843, Rakebrand. 3/8 ₰

Seitz, A., die Negation in der französischen Sprache wissenschaftlich abgehandelt. Progr. des Gymn. Emden 1843. 8°. 91 S.

Seitz, C., De aeternitate mundi a Neoplatonicis defensa. Regensburg (Stadtamhof), 1844, 4°, Programm.

Seitz, C., die **Behandlung** kranker Kinder. [Aus: „Grundr. d. Kinderheilkde."] gr. 8. (16 S.) Berlin 893. S. Karger. n. — 60

— **Grundriss** der Kinderheilkunde f. praktische Aerzte u. Studirende. gr. 8. (VI, 478 S.) Ebd. 894. n. 9. —; geb. n. 10. —

Seitz, C., München aus der Vogelschau in planmässiger, Bearbeitung, nebst Verzeichniss der Sehenswürdigkeiten, öffentl. Gebäude, Anstalten etc. Revid. 1877. Kpfrst. qu. gr. Fol. München, J. A. Finsterlin. * 1 20

Seitz, C., neuester Plan von München aus der Vogelschau nebst Verzeichniss der Sehenswürdigkeiten, öffentlichen Gebäude, Anstalten etc. Fol. München 872, J. A. Finsterlin. *

Seitz, C., neuestes Uebersichtskärtchen der Umgebung von München zu Tagesausflügen nebst Angabe der Eisenbahnzüge und Dampfschifffahrt auf dem Starnbergersee mit Terrainbezeichnung. qu. 4. München 872, J. A. Finsterlin. *

—— **Wo gehen wir heute hin? Uebersichtskärtchen der Umgebung von München zu Tagesausflügen. Kpfrst. 16. Ebendas. 877. * 30 Pf.; in Leder mit Messingecken * — 75**

Seitz, C. L., s. Seitz, Karl Ludw.

Seitz, Carl . ., s. Seitz, Karl . .

Seitz, Ch. Mémoire sur Joseph Juste Scaliger et Genève, suivi du programme de l'enseignement pour le collège de Genève année 1895—96. In-8°. 119 p. Genève et Bâle, Georg & Co. 1895. 1 —

Seitz, C., Darstellung der kathol. Kirchendisciplin in Ansehung der Verwaltung der Sacramente. Eine Anleitung zur geistl. Amtsverwaltung in Beziehung auf die Taufe, die Firmung, die Buße, den Ablaß, das Abendmahl, das Meßopfer, die letzte Oelung, die erste Tonsur, die Weihe, das Verlöbniß u. die Ehe. gr. 8. (XII u. 760 S.) Regensburg 850, Manz. 2 1/3 ₰

Seitz, der Erzbischof v. Köln, Clemens August v. Droste zu Vischering, in seinem Verhältniß z. röm. Curie u. z. Cabinet v. Berlin. gr. 12. (2 1/2 B.) Friedberg 838, Bindernagel.

Seitz, E.: Von den **Pfarreien** und Pfarrkirchen und von dem Pfarrkirchenvermögen der Katholiken. Regensburg 1840 8°

Seitz, C., Über den Primat der römischen Päpste Eine Beleuchtung der Schrift: „Der Primat der römischen Päpste :c. von J. Ellendorf." Zeitschr. f. Kirchenrechts- u. Pastoralwissenschaft (Regensburg, Manz) Bd 1, Heft 2, Bd 2, Heft 1.

Seitz, E.: Recht des Pfarramtes der katholischen Kirche. E. Handbuch. Regensburg. 4 Bde

Th. 1. Von den Pfarreien u. Pfarrkirchen u. von dem Pfarrkirchenvermögen der Katholiken. 1840.

" 2, Abth. 1. Der Pfarrer. Charakteristik seiner Amtsgewalt u. die Vorbereitung für das Pfarramt. 1852.

" 2. Die Pflichten des Pfarrers zur Wachsamkeit über seine Gemeinde. Der Seelsorge 1. Th. 1841.

" 3. Das Amt des Pfarrers in Absicht auf die Sacramentsverwaltung. Der Seelsorge 2. Th. 1845.

Th. 2, Abth. 4. Die Bußgerichtsbarkeit des Pfarrers u. sein Amt im Beichtstuhle. Abth. 1. Der Seelsorge 3. Th. 1854.

[Mehr nicht ersch.]

—— Recht d. Pfarramtes d. kathol. Kirche. Ein Handb. f. Kirchen- u. Staatsbeamte. 1. u. 2. Thl. 2. Abthl. gr. 8. Regensburg, Manz.

A. u. d. Ttln.:

Thl. 1. Von d. Pfarreien u. Pfarrkirchen u. v. dem Pfarrkirchenvermögen d. Katholiken. (27 B.) 840. 1 Thlr. 12 Gr.

" 2. Abthl. 2. Die Pflichten d. Pfarrers z. Wachsamkeit üb. seine Gemeinde u. sein Amt in Absicht auf d. Religionslehre u. d. Celebration d. heiligsten Meßopfers. — Der Seelsorge 1. Thl. (22½ B.) 841. 1 Thlr. 6 Gr.

2. Thl. 1. Abthl. ist (1842) noch nicht erschienen.

Seitz, E., Recht des Pfarramtes der kathol. Kirche. Ein Handbuch für Kirchen- u. Staatsbeamte. 2. Thl. 3. Abthl. A. u. d. Ttl.: Das Amt des Pfarrers in Absicht auf die Sacramentsverwaltung. Insbesondere d. Taufamt des Pfarrers. Der Seelsorge 2. Thl. gr. 8. (13½ B.) Regensburg 845, Manz.

1. Thl. u. 2. Thl. 2. Abthl. Ebendas. 1840, 41. 2 Thlr. 22½ Ngr. — Des 2. Thls. 1. Abthl. ist noch nicht erschienen.

— Recht des Pfarramtes der katholischen Kirche. Ein Handbuch f. Kirchen- u. Staatsbeamte. 2. Thl. 1. Abth. [1. Unterabth.] A. u. d. T.: Der Pfarrer, Charakteristik seiner Amtsgewalt u. die Vorbereitung für das Pfarramt durch den Eintritt in den geistl. Stand u. Empfang der heil. Weihen. gr. 8. (574 S.) Ebd. 852. 2⅙ ₰ (I. II, 2, 1 : 4¹¹/₁₂ ₰)

—— dass. — 2. Thl. 4. Abthl. A. u. d. T.: Die Bußgerichtsbarkeit des Pfarrers und sein Amt im Beichtstuhle. Eine Darstellung der alten und heutigen Kirchendisciplin in Absicht auf die Verwaltung der Bußanstalt. 1. Abthl. (Der Seelsorge 3. Thl.) gr. 8. (356 S.) Ebds. 854.

1. Thl. und 2. Thl. 2. und 3. Abthl. Ebendas. 1840–45. 3 Thlr. 15 Ngr.

— die Rheinhessischen Rechtsinstitutionen in ihrem Verhältniß zur allgem. Codification des Großherzogth. Hessen u. die vermeintlichen landesherrl. Garantien der Ersteren. Eine Beleuchtung der Schrift des Hrn. Heinr. v. Gagern: Rechtliche Erörterung üb. den Inhalt u. Bestand der der Provinz Rheinhessen verliehenen Garantie ꝛc. gr. 8. (X u. 412 S.) Ebd. 847. 1⅛ ₰

Seitz, E., zum Prozeße Twesten. Eine rechtsgeschichtl. Darlegung der Entstehung und des wahren Sinnes des Art. 84 der preuß. Verfassungs-Urkunde. gr. 8. (47 S.) Mainz 867, Kirchheim.

Seitz, E. (Hrsg.), s. Verhandlungen des Congresses für innere Medicin.

—— der kirchl. Verkehr zwischen Katholiken u. Protestanten u. d. Discordanz zwischen d. Staats- u. kathol. Kirchengewalt. Mit besond. Rücksicht auf d. heut. kirchl. Wirren. 8. (13 B.) Friedberg 839, Bindernagel.

— s. Zeitschrift für Kirchenrechts- u. Pastoralwissenschaft.

Seitz, Ed., die katholische Kirchenangelegenheit im Großherzogth. Hessen. Eine Abfertigung der Schrift: „Die Mainz-Darmstädter Convention und die großherzogl. hess. Verfassung." gr. 8. (III und 162 S.) Mainz 861, Kirchheim.

Seitz, Ernst [app. Arzt aus Jever]: Untersuchungen über Zahl, Lebensfähigkeit und Virulenz der in Kleidungsstücken vorkommenden Bacterien ... München, kgl. Hof- u. Univ.-Buchdr. v. Dr. C. Wolf & Sohn, 1893; 25 S. 8.

Rostock, Med. Fak., Inaug.-Diss. v. [15. Febr.] 1893

Seitz, Ernst Friedrich (Delitzsch) 4°Jur. V, 181/13

Dissertatio inauguralis juridica de privilegiis ad supplicia damnatorum, Vom Recht der Delinquenten. Erfurt (Grosch) 16. I. 1730. 26 S. 32367

Seitz, Eug., die Auscultation und Percussion der Respirationsorgane. Nebst einer theoretisch-physical. Einleitung von Friedr. Zamminer. Lex.-8. (IX und 228 S.) Erlangen 860, Enke's Verlagsbuchh. *

—— und Blattmann, Handbuch der gesammten Augenheilkunde, s. a. Desmarres.

Seitz, Eug., Handbuch der gesammten Augenheilkunde oder vollständ. Abhandlung der Augenkrankheiten und ihrer medicin. und operativen Behandlung für Aerzte und Studirende. 2., gänzlich neu gestaltete Aufl. zu der deutschen Bearbeitung des gleichnamigen Werkes von Desmarres. Mit in den Text gedr. Holzschn. 1. Lfg. Lex.-8. (IX und 228 S. mit 1 Stnt.) Erlangen 855, Enke's Vrlgsh. *

—— Handbuch der gesammten Augenheilkunde oder vollständige Abhandlung der Augenkrankheiten und ihrer medicinischen und operativen Behandlung für Aerzte und Studirende. Fortgesetzt von Wilh. Zehender. 2., gänzlich neu gestaltete Aufl. zu der deutschen Bearbeitung des gleichnamigen Werkes von Desmarres. Mit in den Text gedr. Holzschn. 2. Lfg. Lex.-8. (S. 229—484.) Erlangen 861, Enke's Verlagsbuchh. *

1. Lfg. Ebendas. 1855. * 1 Thlr. 10 Ngr.

Seitz, Eug., Handbuch der gesammten Augenheilkunde oder vollständ. Abhandlung der Augenkrankheiten und ihrer medicin. und operativen Behandlung für Aerzte und Studirende. Fortgesetzt von Wilh. Zehender. 2., gänzlich neu gestaltete Aufl. zu der deutschen Bearbeitung des gleichnamigen Werkes von Desmarres. Mit in den Text gedr. Holzschn. 3. und 4. (Schluss-)Lfg. Lex.-8. (XIV und S. 485—1099 mit 5 Chromolithogr.) Erlangen 865,69, Enke's Verlag. [3. Lfg. * 1 Thlr. 22 Ngr., 4. Lfg. * 1 Thlr. 28 Ngr.] * 3 20

1. und 2. Lfg. Ebendas. 1855,61. * 2 Thlr. 22 Ngr.

Seitz, Eug., Handbuch der Krankheiten des Bewegungsapparates, Erkältungskrankheiten, allgemeine Ernährungsanomalien, s. Handbuch der speciellen Pathologie und Therapie.

—— s. Niemeyer's, F. v., Lehrbuch der speciellen Pathologie und Therapie.

Seitz, F., der Abdominaltyphus nach langjähriger Beobachtung. gr. 8. (XII, 192 S.) Stuttgart 888. Enke. n. 6. —

Seitz, F.: Die Leibesübungen der alten Griechen und ihre Einwirkungen auf Geist und Charakter der Nation. Ansbach 1872. 24 S. Ansbach, Kgl. Studienanstalt P 1871—72.

Seitz, Fr.: Die Leibesübungen der alten Griechen und ihre Einwirkung auf Geist und Charakter der Nation. 21 S.–Ansbach, Progr. 1872.

Seitz, F., De Andocidis quae fertur quarta oratione. Pr. 1862. 22 S. 4°.

SEITZ, Franz (Amberg): De amaurosi.- 1836. 16 S.
1.8.1836 - Urk (Titel: De amaurosi metastatica.); F 62
Diss. Ingolst.-Landsh.-Mchn.

SEITZ, Franz (Aresing): De amaurosi.- 1836. 16 S.
20.8.1836 - F 63
Diss. Ingolst.-Landsh.-Mchn.

Seitz, Frz., Bemerkungen über epidemische u. endemische Krankheitsverhältnisse, gesammelt auf einer Reise nach Paris u. London im Sommer des J. 1846. gr. 8. (VIII u. 100 S.) Erlangen 848, Enke. n. 18 ngl

Seitz, F., Beobachtungen üb. die Cholera, ihre Aethiologie u. Therapie während d. J. 1873 u. 1874 in München, s.: Mittheilungen u. Auszüge aus dem aerztl. Intelligenzblatt.

— s. Bérard, A., Handbuch d. prakt. Chirurgie.

—— Diphtherie und Croup geschichtlich und klinisch dargestellt, s. a. Bibliothek für Wissenschaft und Literatur.

Seitz, Frz., Diphtherie u. Croup, geschichtlich u. klinisch dargestellt. 2. (Titel-)Ausg. gr. 8. (IX, 516 S.) Berlin 879. Th. Hofmann. n. 9. —

FRANZ SEITZ, Festrede bei dem fünfzigjährigen Stiftungsfeste des Aerztlichen Vereines in München am 27. October 1883. München 1883. Jos. Ant. Finsterlin. 8°.

Seitz, Frz., der Friesel. Eine histor.-patholog. Untersuchung. gr. 8. Erlangen 845, Enke. n. 1 ℞ 21 ngl

— der Friesel. Eine historisch-pathologische Untersuchung. 2. m. Zusätzen vermehrte Ausg. gr. 8. (VIII u. 477 S.) Ebd. 852. n. 1 ℞ 21 ngl

— u. Blattmann, Handbuch der gesammten Augenheilkunde, siehe: Desmarres, L. A.

— Handbuch der Krankheiten d. Bewegungsapparates, Erkältungskrankheiten, allgemeine Ernährungsanomalien, s.: Handbuch der speciellen Pathologie u. Therapie.

— die Identität zwischen Abdominaltyphus u. Schleimfieber. Eine von dem Vereine mittelfränkischer Aerzte gekrönte Preisschrift. gr. 8. Ansbach 845, Gummi. 3/8 ℞

Seitz, Frz., Catarrh und Influenza. Eine medizin. Studie. gr. 8. (VIII und 465 S.) München 865. [Stuttgart, Cotta'sche Buchh.] *

Seitz, Franz, Über die Pflege der Leibesübungen auf den bisch. Universitäten, Rede, München 1861, 59 S., Gr.-8°.

Seitz, Frz: Scherzgedichte, s. Vortragsmappe f. Scherz u. Humor. Nr. 1.

—— der Typhus vorzüglich nach seinem Vorkommen in Bayern geschildert. gr. 8. (27 B.) Erlangen 846, Enke's Vrlgsh. *

Seitz, Frz., s. Umrisse zu Frz. v. Kobell's Gedichten.

Seitz, Franz (geb. 1818 zu München), Umrisse zu Franz v. Kobell's Gedichten oberbayerischer Mundart. Heft 1 (eins. ?). München, bei Jos. Lindauer, 1843. 4°. Cart.*) 1. S' schlafad Dirndl. 2. Die Almros'n. 3. A rari Dirsch. 4. Die stoanern' Jager 5. Die Sennderinn. 6. 'S Kampfriegl

— s. Virgil's Aeneis.

Seitz, Franz Xaver, med. pract., von Rheineck [Kt. St. Gallen]: Beiträge zur Geschichte der Hygieine und Medicinal-Polizei des Kantons Zürich. Zür. Zürcher u. Furrer Dr. 1883. 90 S. 8°
Zürich, Med. Diss. [v. 30. Juli 1883].

Seitz, Fridericus (geb. am 10 Mai 1853 in Usingen im Taunus): De adiectivis poetarum Latinorum compositis ... Bonnae, typ. C. Georgi 1878. 43 S. 8.
Bonn, Phil. Fak., Diss. v. 23 Nov. 1878

Seitz, Friedrich [aus München]: Ueber Chinolinderivate des β-Naphtylamins ... München, Buchdr. v. Julius Fuller, 1888. 34 S. 8°
Erlangen, Phil. Fak., Inaug.-Diss. v. 1888.

Seitz, Fridericus [Dr.]: De fixis poetarum latinorum epithetis. Part. I. Elberfeldae, typ. expr. S. Lucas, 1890; 30 S. 8°
Elberfeld, G, P 1890

Seitz, (Friedrich): Geschichte der Realschule. (Hechingen 1910: Ribler.) S. 1—58. 8°
Hechingen, Reform-RG i. E., in Festschr. z. Feier d. Einweihung d. neuen RG-Gebäudes P 1910 (667) [S 10. 413

Seitz, Friedrich [Dr.]: Katalog der Lehrerbibliothek des Gymnasiums zu Elberfeld. I. A. Theologie. B. Philosophie. C. Pädagogik. D. Alte Sprachen. Elberfeld, gedr. bei S. Lucas, 1895; 2 Bl., 123 S. 8.
Elberfeld, G, P 1895 (449)

Seitz, Friedrich [Dr.]: Katalog der Lehrerbibliothek des Gymnasiums zu Elberfeld. II. E. Deutsche Sprache u. Literatur. F. Neuere Sprachen. G. Geschichte. H. Geographie. J. Mathematik. K. Naturwissenschaften. L. Turnen. Leibesübungen. Bewegungsspiele. Turnfahrten. M. Encyclopädieen. Zeitschriften allgem. Inhalts. Vermischtes. [Schluss d. P-Beil. 1895.] Elberfeld, gedr. bei S. Lucas, 1896; 2 Bl., 151 S. 8.
Elberfeld, G, P 1896 (448)

Konzert (a moll) in einem Satz zum Studium und Konzertgebrauch für Violine mit Begl. d. Pianoforte oder d. Orchesters comp. von Friedr. Seitz op. 25. Magdeburg: A. Rathke [1902]. (15, 5 S.) 4° [03. 416

Seitz, Fritz

— San Francesco in Rimini. [Aus: „Ztschr. f. Bauwesen".] gr. Fol. (10 S. m. 2 Abbildgn. u. 5 Kpfrtaf.) Berlin 893. W. Ernst & Sohn. Kart. n. 12. —

Seitz, Fritz, das Heidelberger Schloss, s.: Koch, Jul.

Seitz, Georg: Die Alimentationspflicht des ausserehelichen Erzeugers nach gemeinem Recht ... München, Druck v. F. X. Seitz, 1891. 2 Bl., 32 S. 8°
Erlangen, Jur. Fak., Inaug.-Diss. v. 1891.

Seitz, Geo., die Alimentationspflicht d. ausserehelichen Erzeugers nach gemeinem Recht. gr. 8. (III, 32 S.) München 891. J. Schweitzer, Verl. n. 1. —

Seitz, Georg (kgl. Subrektor) „Ueber Gewerbschulen". pg. 3—5. 4°. J. Baur. Landau, Progr. 1842/43

Seitz, Gg., die zahnärztliche Lokal-Anästhesie. Ein Handbuch für prakt. Zahnärzte u. Studierende der Zahnheilkunde. Mit 28 Illustr. u. 90 Rezeptformeln (XV, 366 S.) gr. 8. Leipzig 903. A. Felix. n. 9. —; geb. in Leinw. n. 10. —

Die zahnärztliche Narkose. Ein Leitfaden f. prakt. Zahnärzte u. Studierende d. Zahnheilkunde. Von G[eor]g Seitz, pr. Zahnarzt in Konstanz. Mit 46 Ill. Leipzig: A. Felix 1900. (XVI, 239 S.) 8°

— Terminologie der Zahnheilkunde (Terminologia odontologica.) Eine Zusammenstellung der hauptsächlichsten, in der Zahnheilkunde u. Zahntechnik vorkomm. techn. Ausdrücke u. Fremdwörter m. Erklärg. ihrer Bedeutg. u. Ableitg. 8. (X, 257 S.) Ebd. 899. Geb. in Leinw. n. 7. —

Seitz, Geo. Fr., Almanach f. Beamte im Fürstenth. Bayreuth. Mit Privatabhandll. 8. Bayreuth 810.

SEITZ, Georg Friedrich: Über den Forst- und Jagdfrevel und deren Bestrafung nach den Provinzial-Verordnungen des ehemaligen Fürstenthums Baireuth mit Beziehung auf die K. B. Gesetze hierüber. - Fürth 1817. 72 S.

— üb. Forst- u. Jagdfrevel u. deren Bestrafung nach d. Provinzial-Verordnn, des ehemal. Fürstenth. Bayreuth rc. 8. Fürth 817. Korn. 12 gr.

— Q. Horatius Flaccus, nach seinem Leben u. seinen Dichtungen. 8. Nürnb. 815. Riegel u. W. 8 gr.

Seitz, Geo Lhrd., (†...) Katechismuspredigten üb. Sonn- u. Feiertagstexte des ganzen Jahres. 8. Tübing.... 4e A. 797. Fues. 6 gr.

Seitz, Germanus Friedrich (Bayreuth) F, zb:19

Dissertatio inauguralis medica de actione nervorum. Präs. Kasimir Christoph Schmidel. Erlangen (Tetzchner) 17. XI. 1755. 49 S.

W. v.: J. P. Voigt, Johann Friedrich Hagen (Opp.), Matthias Landolt (Opp.). 32368

Seitz, Gustav, Tierarzt: Aus d. Inst. f. kl. Haustiere d. Tierärztl. Hochsch. in Stuttgart. ⟨Vorst.: Uebele⟩. Der chronisch-eitrige Präputialkatarrh der Hunde unter besonderer Berücksichtigung der follikulären Veränderungen am Fundus praeputii ⟨Umschlagstelle⟩. Leipzig 1910: Edelmann. 63 S. 8°
Leipzig, Veterinär-Med. Diss. v. 24. Jan. 1910, Ref. Müller
[Geb. 19. Dez. 83 Karlsruhe i. B.; Wohnort: Karlsruhe; Staatsangeh.: Baden; Vorbildung: Gymn. Karlsruhe Reife O. 03; Studium: Tierärztl. Hochschulen Stuttgart 4, München 4, Stuttgart 1 S.; Coll. 25. Febr. 10; Approb. 5. Aug. 08.] [U 10. 3060

Seitz, Heinrich: Ein Fall multipler Cylindrome der behaarten Kopfhaut. München 1898: Kastner & Lossen. (19 S.) 8°
München, Med. Diss. v. 1898.

Seitz, Heinr., Anton Greiner. Ein Sang vom Thüringer Schneekopf. 12. (76 S.) Hildburghausen 882, Kesselring'sche Hofbuchh. * M 1,50.; geb. * 2 50

Seitz, Heinr., Reichenhall im Gewande der Dichtung. Für Besucher e. Erinnerg., f. deren Lieben e. Angebinde. 8. (37 S.) Bad Reichenhall 892. M. Zugschwerdt's Nachf. n.n. 80

— Reinhardsbrunn. Eine Mär vom Wald. 12. (127 S.) Ebend. 883. n. 1. 50; geb. m. Goldschn. n. 2. 60

Seitz, Heinr., deutscher Sinn u. deutscher Sang. Dichtungen. (XV, 536 S. m. Bildnis) Lex.-8. München (906). Seitz & Schauer. Geb. in Leinw. n. 20. —

Seitz, Heinr., vom Wald. Zwei neue Dichtgn. 8. (316 S.) Berlin 884. Parrisius. n. 3. —; geb. n. 4. 50

Seitz, J., Album d. Arlberg-Bahn. qu. 16. (20 Photogr.-Imitationen.) St. Gallen 888. (F. B. Müller.) geb. n. 2. —

Seitz, J., s. J. G. Clemandot, Fabrikation des Zuckers.

Seitz, J., die Gotthardbahn. 17 Photogr.-Imitationen. qu. 16. St. Gallen 883. (Huber & Co.) In Carton. n. 2. 10

— Panorama vom Rigi-Kulm. Photogr.-Imitation. schmal Fol. Ebd. 887. In Carton. n. 1. —

Seitz, J. A., rhythmische Choräle zweistimmig für Schule und Haus. 6. Aufl. 8. (32 lithogr. S.) Reutlingen 853, Kurtz'sche Buchh. Thlr. * — 3

Seitz, J. B., Samml. calligraphischer Versuche, in 37 Blättern qu. Fol. Münch. 819. Zeller. 4 Thlr.

— Samml. deutscher, französ., engl. u. italien. Vorschriften, z. Gebr. f. Schulen. qu. Fol. Münch. 819. Zeller. 1 Thlr. 8 gr.

Seitz JB, kalligraphische Versuche. (36 T) fol München 1811-14

Seitz, J. M., ewiges Evangelium, als Gesetzbuch od. Grundlage z. Weltgericht. Herausg. v. Chr. Fr. Hahn. 8. Neisse 814.

Seitz, J. M. Systematisches Verzeichniss über die verkaufliche Naturaliensammlung des verstorbenen Herrn Johann Conrad Ammann, Doctors der Medizin zu Schafhausen. Verfasst von J. M. S'. ([Mit] Zusatz: Verzeichniss von Gemählden, grösstentheils aus der ehemaligen Sammlung des Herrn Johann Heinrich Ammann, Kaufmanns zu Schafhausen....) 8. Nürnberg 1813.

Seitz, Ign., neues Maass-Notizbuch f. Damenschneiderei, nebst e. vollständ. Erklärg. u. bildl. Darstellg. der sämmtl. Maasse zur schnellsten u. leichtesten Erlerng. d. Maassnehmens. gr. 16. (7 S. m. 2 Fig. u. Formularen.) Bochum 893. (A. Stumpf.) Geb. in Leinw. n. 1. 80

Seitz, Joh. Bapt., Geschäfts- u. Reisetableau, enthaltend die neueste Postcharte von Deutschland, nebst Angabe der Gasthöfe etc. München 1822. Imp.-Fol.

Seiz, ..., Geschäfts- u. Reisetableau, enth. die neueste Postcharte v. Deutschland, nebst Angabe d. Gasthöfe rc. Imp.-Fol. Münch. 822. (Lindauer). 4 Thlr. 12 gr.

—— Geschäfts- und Reise-Tableau für Deutschland und die angränzenden Länder. M. 1:3600000. Zuerst herausg. 1822, revid. 1830. München, Literarisch-artistische Anstalt, 1830. Olifant-Format. Kupferst. (1 2/3 Thlr.)

Seitz, Joh. Bapt., Post-Reise-Karte von Deutschland u. den angränzenden Staaten. Nach d. neuesten u. zuverlässigsten Karten u. zwar, das nördliche Deutschland nach O. F. Schmidt, das südliche nach A. Klein entworfen, sowie mit besonderer Rücksicht auf Eisenbahnen u. Dampfschiffahrt gez. u. gest. Imp.Fol. Color. Augsburg 850, Walch. 1/2 Thlr. Auf Leinw. 1 Thlr. 6 ngr.

Seitz, Joh. Bapt., Post- und Eisenbahn-Reise-Karte von Deutschland und den angränzenden Staaten. Nach den neuesten und zuverlässigsten Karten und zwar, das nördliche Deutschland nach O. F. Schmidt, das südliche nach A. Klein entworfen, sowie mit besonderer Rücksicht auf Eisenbahnen und Dampfschiffahrt gezeichnet und gestochen. Augsburg, Walch, 1850. Imp.-Fol. Kolor. (12 ngr.)

Helena — Insel St. — gestochen von Joh. Bapt. Seitz.
1 : 300,000. 1 Bl.

Seitz, Johann Christian

Seitz, Ioh. Chr., apocalysis luce et veritate neutiquam destituta. 4. Amsterdam. 721.

— Betracht. d. Kirchenhistorie N. Testam. u. d. 12ten Kap. d. Offenbar. 8. 722.

Seitz, J. Chr., geograph.-statist. Handwörterbuch nach d. neuesten Bestimmungen, in alphabet. Ordnung. 3 Bde in 10 Heften. gr. 12. Halberst. 829—30. Brüggemann. (Lpz., Schrek). 3 Thlr. 8 gr.

Seiz, J. Chr., geographisch-statist. Handwörterbuch nach den neuesten Bestimmungen, oder Verzeichniß aller bekannten Länder, Meere, Seen, Flüsse, Inseln, Gebirge, Reiche, Provinzen, Städte, der wichtigsten Flecken, Dörfer, Fabriksanlagen, Bäder rc. 3 Bde. A — Z. 8. Pesth 830. Heckenast. 3 1/3 Thlr.

Seitz, J. Chr., geograph.-statist. Handwörterbuch nach d. neuesten Bestimmungen, od. Verzeichniß aller bekannten Länder, Meere, Seen ꝛc., in alphab. Ordnung. 3 Bde. (od. 10 Hfte.) A—Z. gr. 12. (78½ B.) Halberstadt 829, 30. [Leipzig, Schreck.] 3 Thlr. 8 Gr., hrbgs. Pr.

— Nutzbarkeit der Toleranz u. Gewissenstreyh. 8. Hamburg. 728.

— d. Schrift u. Zeit erklär. Offenbarung St. Johannis. 4. Hamburg. 726.

— melchisedechisches Priesterthum, was es f. e. Beschaffenheit damit a. Erden habe. 8. Amsterdam. 728.

Seitz, Joh. Nicol., Trost d. Armen, od. Hausmittel, wodurch sich ein Landmann in allen Zufällen des Leibes helfen kann. 8. Nürnberg, Grattenauer. 740.

Seitz, Johs., über die Bedeutung der Hirnfurchung. gr. 8. (67 S. mit 39 Abbild.) Wien 887, Deuticke. *
Aus: Jahrbücher für Psychiatrie, besonders abgedruckt.

Seitz, Johs., Blutung, Entzündung, brandiges Absterben der Bauchspeicheldrüse. [Aus: „Zeitschr. f. klin. Med."] gr. 8. (117 S.) Berlin 892. A. Hirschwald. n. 4.—

Seitz, Johannes: Entstehung und Entwicklung der preussischen Verfassungsurkunde im Jahre 1848. (Mit dem bisher ungedruckten Urentwurf.) Greifswald 1909: Adler. V, 108 S. 8°
Greifswald, Phil. Diss. v. 6. Jan. 1910, Ref. Bernheim
[Geb. 17. Nov. 83 Boizenburg a. E.; Wohnort: Eckhorst; Staatsangeh.: Mecklenburg-Schwerin; Vorbildung: Gymn. Lübeck Reife O. 03; Studium: Tübingen 1, Leipzig 2, Berlin 1, Kiel 1, Berlin 4, Greifswald 2 S.; Rig. 3. März 09.] [U 10. 1642

Seitz, Johs., nachgeschriebene Haus-Andachten, geh. im Erholungsheim zu Teichwolframsdorf. (163 S.) 8. Gotha 906. Missionsbuchh. P. Ott. Kart. n. 1. 20

Seitz, Johannes, (von Berneck, Kt. St. Gallen): Der Hydrocephalus acutus der Erwachsenen. Eine historisch-kritische Studie. Zür. Zürcher u. Furrer Dr. 1872. XI. 127 S., 1 Bl. Thesen. 8°.
(Zürich, Med. Diss. (v. 30. Jan. 1872).)

Krankheit und ihre Heilung nach der Schrift. Vortrag geh. in Berlin von Johannes **Seitz**-Teichwolframsdorf. Berlin: Deutsche Evang. Buch- u. Traktat-Gesellsch. 1903. (30 S.) 8° [F.] 106. 6019

Seitz, Johannes: Zur Lehre von der Ueberanstrengung des Herzens. Nach Beobachtungen auf Herrn Professor Biermer's Klinik. S.A. (Deutsches Archiv f. klin. Medicin. XI. Bd. S. 485—523. 543—574. XII. Bd. S. 143—172. 297—319. 433—465. 583—605). Leipz. J. B. Hirschfeld Dr. 1874. 1 Bl., S. 485 ff., 1 Bl. 8°.
Zürich, Med. Fac., Habilitationsschrift.

Seitz, Johs., die Meningitis tuberculosa der Erwachsenen. Klimatisch bearb. gr. 8. (VIII, 388 S. m. 4 lith. Curventaf. in qu. Fol.) Berlin 874. Hirschwald. n. 10. —

Seitz, Johs., die Ueberanstrengung des Herzens. Sechs Abhandlungen von Thom. Clifford Albutt, J. M. da Costa, Arth. B. R. Myers, Joh. Seitz und W. Thorn. gr. 8. (IV, 352 S. mit 23 eingedr. Holzschn.) Berlin 875, Hirschwald. *

Seitz, Jos., die religiöse Erziehung d. Kinder im Grossherzogth. Hessen nach den hess. Ausführungsgesetzen zum bürgerl. Gesetzbuch vom 17. VII. 1899. gr. 8. (16 S.) Mainz 900. F. Kirchheim. n. — 40

Seitz, Joseph, Priester d. Diöz. Eichstätt: Das Josephsfest in der lateinischen Kirche in seiner Entwicklung bis zum Konzil von Trient dargestellt. Freiburg i. B.: Herder 1908. 61 S. 8° ¶ (Aus dem ebd. ersch. Werke dess. Verf.: Die Verehrung d. hl. Joseph in ihrer geschichtl. Entwicklung bis zum Konzil von Trient dargest.)
München, Theol. Diss. v. 5. Juni 1909, Ref. Andr. Schmid
(Nur in beschränkter Anzahl für den Austausch)
[Geb. 31. Mai 70 Dietfurt; Wohnort: Wachenzell; Staatsangeh.: Bayern; Vorbildung: Gymn. Eichstätt Reife Juli 90; Studium: Phil. u. Theol. Eichstätt Lyz. 10 S.; Rig. 5. Juni 09.] [U 09. 3247

Seitz Josef: Über die Prosodik der von Franz Bücheler gesammelten carmina epigraphica. 22. Tetschen a./E. 03.
Progr.

Die Verehrung des hl. Joseph in ihrer geschichtlichen Entwicklung bis zum Konzil von Trient dargest. von Joseph **Seitz**, Priester d. Diöz. Eichstätt. Mit 80 Abb. auf 12 Taf. Freiburg im Br.: Herder 1908. (XVII, 388 S.) 8° [F.] 08. 7512

Seitz, Justinian, der selige Bruder Klaus als Ehemann und Familienvater. Fest-Predigt, gehalten zur 400jähr. Todesfeier des Seligen in der Pfarrkirche zu Sachseln, den 19. März 1887. gr. 8. (15 S.) Einsiedeln 887, Benziger und Comp. *

Seitz, Karl, s.a. Aktenstücke zur Geschichte d. früheren latein. Schule zu Itzehoe.

— Aktenstücke zur Geschichte der früheren lateinischen Schule zu Itzehoe I. 8 (56 S.). II. 8 (64 S.). III. 8 (64 S.).
Progr. Rprg. *Itzehoe* 1888 (278). 1889 (280). 1890 (286).

Seitz [Rekt. Prof. Dr.]: Aktenstücke zur Geschichte der früheren lateinischen Schule zu Itzehoe II. Itzehoe, Druck v. G. J. Pfingsten, 1889, 64 S. 8°
Itzehoe, RPG, OP 1889 (280)

Seitz, K(arl) [Prof. Dr., Rekt.]: Aktenstücke zur Geschichte der früheren lateinischen Schule zu Itzehoe III. (Forts. d. P-Beil. 1888. 89.) Itzehoe Druck v. G. J. Pfingsten, 1890; 64 S. 8°
Itzehoe, st. RPG, OP 1890

[F.] **Seitz,** *Karl* [Prof. Dr., Rekt.]: Aktenstücke zur Geschichte der früheren lateinischen Schule zu Itzehoe IV. (Forts. d. P-Beil. 1888—90.) Itzehoe, Druck v. G. J. Pfingsten, 1892; 39 S. 8.
Itzehoe, RPG, OP 1892 (291)

[F.] **Seitz,** *Karl* [Prof. Dr., Dir.]: Aktenstücke zur Geschichte der früheren lateinischen Schule zu Itzehoe. V. [Forts. d. P-Beil. 1888—90. 92.] Itzehoe, Druck v. G. J. Pfingsten, 1893; 44 S. 8.
Itzehoe, st. RPG, OP 1893 (292)

[F.] **Seitz,** *Karl* [Prof. Dr., Dir.]: Aktenstücke zur Geschichte der früheren lateinischen Schule zu Itzehoe. VI. [Forts. d. P-Beil. 1888—90. 92. 93.] Itzehoe, Druck v. G. J. Pfingsten, 1894; 48 S. 8.
Itzehoe, st. RPG, OP 1894 (291)

[F.] **Seitz,** *Karl* [Prof. Dr., Dir.]: Aktenstücke zur Geschichte der früheren lateinischen Schule zu Itzehoe. VII. '(Schluss [d. P-Beil. 1888—90. 92—94.])' Itzehoe, Druck v. G. J. Pfingsten, 1896; 40 S. 8.
Itzehoe, st. RPG, OP 1896 (295)

Seitz, Carl, Album patriotischer Männerchöre. Für alle deutschen Gesangvereine, Militair-, Krieger-, Veteranen-Chöre und höhere Bildungsanstalten deutscher Jünglinge. Mit 62 Orig.-Beiträgen beliebter Componisten der Gegenwart. Partitur. qu. gr. 4. (137 S.) Hof 876, Büching's Verlag. * 6 —
4 Stimmen dazu. qu. 8. (à 183 S.) * 6 —

Seitz, K. Die Alliteration im Englischen vor und bei Shakspeare. Marne. H. B., 1875. 20 S. 4. *Progr.*

Seitz, K. Zur Alliteration im Neuenglischen. S. 15—44 u. 1 Taf. S. 17—24. **Progr.** *Itzehoe* 1883. 1884.

Zur Alliteration im Neuenglischen v. Karl Seitz. Wissenschaftliche Beilage zum Programm des Realprogymnasiums zu Itzehoe. Ostern 1883 u. 84. Itzehoe. 1883 u. 84. 4°.

Seitz, K., niederdeutsche Alliterationen, s.: Forschungen. Hrsg. vom Verein f. niederdeutsche Sprachforschung.

SEITZ, Carl (München): Die Behandlung der Varices, Ulcera und Elephantiasis cruris durch methodische Compression.- München: Wolf 1882. 52 S.
17.6.1882 - Urk (Titel: De curatione varicum ulcerum et elephantiasis cruris per compressionem methodicam.); Chr 1881/82,8
Diss.Ingolst.-Landsh.-Mchn.

Beschreibung der städtischen Turnhalle (in Itzehoe) v. Karl Seitz. Siehe in: Programm des städtischen Realprogymnasiums zu Itzehoe für 1886/87. Itzehoe. 1887. 4°.

Seitz, *Karl* Beschreibung der städtischen Turnhalle 4 (S. 3).
Progr. Rprg *Itzehoe* 1887 (275).

Seitz, K.: Beschreibung der städtischen Turnhalle. Itzehoe 1887. 18 S. Itzehoe, Realgymn P 1887.

Ein Bücherfreund vor 100 Jahren (Johann Gottwerth Müller) v. Karl Seitz. (Mit 1 Bildnis u. 1 Faksimile.) [Bielefeld.] 1908. 4° Ausschnitt aus: Zeitschrift für Bücherfreunde. Jg. 12, H. 2 u. 3.

Seitz, Karl, Chor-Album. Sammlung ausgewählter Gesänge für vierstimmigen Männerchor. Mit Orig.-Beiträgen verschiedener Komponisten. Zum Gebrauche für Lehrer-Seminarien, Präparandenschulen, Gymnasien und Realschulen rc. Hrsg. und mit genauer Vortragsbezeichnung versehen. 15 Hefte. gr. 8. Quedlinburg 884,85, Vieweg's Buchh.
à Heft * 40 Pf. * 6 —

Inhalt:
Heft 1. 2. Kirchliche Festgesänge. (à 20 S.)
" 3. Gesänge zu Trauungs- und Begräbnis-Feierlichkeiten. (16 S.)
" 4. Morgen- und Abendlieder. (20 S.)
" 5. Die vier Jahreszeiten. (20 S.)
" 6. Wald- und Jagdlieder. (24 S.)
" 7. Heimats- und Abschiedslieder. (20 S.)
" 8. Wander- und Turnlieder. (20 S.)
" 9. Gesänge zu Schul- und vaterländ. Festen. (20 S.)
" 10. Vaterlandslieder. (20 S.)
" 11. Gesellschafts- und Trinklieder. (20 S.)
" 12. Deutsche Volkslieder. (20 S.)
" 13. Ausländische Volkslieder. (16 S.)
" 14. Chöre aus Opern und größeren Gesangswerken. (24 S.)
" 15. Gesänge verschiedenen Inhalts. (32 S.)

Seitz, Karl, Chorbuch. Sammlung ausgewählter Gesänge geistl. u. weltl. Inhalts f. 4 stimm. Männerchor. Mit vielen Orig.-Beiträgen. 15 Hfte. Partitur. gr. 8. Quedlinburg, Ch. F. Vieweg. à n. — 40
1. Kirchliche Festgesänge. (Advent bis Karfreitag.) (22 S.) 893.
2. — dasselbe. (Ostern bis Reformationsfest.) (S. 23-44.) 893.
3. Geistliche Lieder u. Motetten. (S. 45—73.) 893.
4. Gesänge zu Begräbnis-Feierlichkeiten. (S. 74-93.) 893.
5. Morgen- u. Abendlieder. Ständchen. (S. 94-116.) 893.
6. Die 4 Jahreszeiten. (S. 117-140.) 894.
7. Wald-, Jagd- u. Naturlieder. (S. 141—162.) 894.
8. Heimat-, Abschieds- u. Wanderlieder. (S. 163-186.) 894.
9. Vaterländische Gesänge. (S. 187—208.) 894.
10. Bundes-, Gesellschafts- u. Trinklieder. Sängersprüche. (S. 209—234.) 894.
11. Gesänge m. heiterem u. humoristischem Textinhalte. (S. 235—260.) 894.
12. Deutsche Volkslieder. (S. 261—284.) 894.
13. Ausländische Volkslieder. (S. 285—308.) 894.
14. Chöre aus Opern u. größeren Gesangswerken. (S. 309—335.) 894.
15. Gesänge verschiedenen Inhaltes. (Konzert-Vorträge.) (S. 337—367.) 894.

—— **Gaudeamus.** Sammlung ausgewählter Lieder für häusl. Kreise, Kränzchen und gesell. Vereine. Mit einem Anhang: Toaste, Gesellschaftsspiele und Kommandotabelle zu zwei Touren-Tänzen. (Taschen-Ausg.) schmal 8. (299 S.) Ebendas. 884.
geb. * 1 50

—— **Gaudeamus.** Sammlung ausgewählter Lieder für häusliche Kreise, Kränzchen und gesell. Vereine. Mit einem Anhange: Toaste, Gesellschaftsspiele und Kommandotabelle zu zwei Tourentänzen. Taschenausg. 16. (VIII, 176 S.) Ebendas. 885.
geb. *

—— dass. — Ausg. mit Clavierbegleitung. gr. 8. (VIII, 208 S.) Ebendas. 885. ℳ 3.—; geb.

—— 64 ausgewählte drei- und vierstimmige **Grab- und Trauer-Gesänge.** Zum Gebrauche für kleine Singchöre bearb. und hrsg. Partitur-Ausg. 2 Hefte. gr. 8. (VIII, 32; 32 S.) Ebendas. 883. geb. à Heft * ℳ 1. * 2 —
geb. in 1 Bd. * 1 80

—— dass. — Schüler-Ausg. 2 Hefte. 8. (IV, 32; IV, 28 S.) Ebendas. 883. geb. à Heft * 50 Pf. * 1 —
geb. in 1 Bd. * — 80

—— 64 ausgewählte drei- u. vierstimmige **Grab- u. Trauergesänge.** Zum Gebrauche f. kleine Singchöre bearb. u. hrsg. Partitur-Ausg. 2 Hefte. 2. verb. Aufl. gr. 8. (à Heft VI, 32 S.) Ebd. 892.
geb. à Heft * 1 —; geb. in 1 Bd. * 1 80
1. 36 dreistimmige Gesänge. — 2. 28 vierstimmige Gesänge.

Seitz, Carl, Grundriss d. physikalischen Untersuchungsmethoden innerer Organe f. Studierende. gr. 8. (XI, 128 S. m. 9 Holzschn. u. 1 Taf. in Buntdr.) Wien 890. Deuticke. n. 3. —

[F.] Deutschlands Jubeljahr 1870/71. Patriotische Deklamationen und Gesänge. Z. Gebr. in Schulen u. Vereinen bei d. Feier nationaler Gedenktage. Hrsg. v. Karl **Seitz.** [Nebst] Ergänzgsheft. *Quedlinburg: Ch. F. Vieweg [1895].* 2 Bde 8.
Deklamationen. (VII. 36 S.)
Ergänzgsheft [u. d. T.:] Zwölf patriot. Lieder . . hrsg v . Seitz. (23 S.) [96.475]

Seitz, Karl, Kaiser-Album patriotischer Männerchöre. Für alle deutschen Gesangvereine, Militair-, Krieger-, Veteranen-Chöre u. höhere Bildungsanstalten deutscher Jünglinge. Mit 62 Orig.-Beiträgen beliebter Componisten der Gegenwart. Billige (Titel-)Ausg. (v. „Album patriot. Männerchöre"). Partitur. qu. gr. 4. (III, 137 S.) Hof (1876) 879. Büching's Verl. n. 2. —;
4 Stimmen hierzu qu. 8. (à 183 S.) à n. — 50

Seitz, K. Kaiseralbum patriotischer Männerchöre. Partitur. Nürnberg 1883. 135 S.

— **deutsche Kaiserlieder.** Zum Gebrauche bei Feierlichkeiten zu Ehren Sr. Maj. d. deutschen Kaisers u. Königs v. Preußen Wilhelm II. u. zum Gedächtnisse der hochsel. Kaiser Wilhelm I. u. Friedrich III. Partitur. gr. 8. (48 S.) Ebd. 893. n. — 70

— dasselbe. 4 Stimmen. 1. u. 2. Tenor, 1. u. 2. Baß. 12. (à 29 S.) Ebd. 893. à n. — 30

— **deutsche Kaiser- u. Vaterlandslieder.** Enth.: 3 stimmige Chorgesänge u. Festprologe zur Feier nationaler Gedenktage. Zum Gebrauche f. deutsche Schulen u. höhere Lehranstalten hrsg. Op. 69. 8. (67 S.) Ebd. 894. n. — 40

Seitz, Karl [aus Külsheim '[Baden]']: Über Carcinom der Niere . . . Würzburg, Druck v. F. Fromme, 1894; 28 S., 1 Bl. 8.
Würzburg, Med. Fak., Inaug.-Diss. v. 1894

Seitz, Carl. aus New-York: Zur Kenntnis des Isocumarins. — Zur Kenntnis der Isodiazoverbindungen. Zür. J. Schabelitz Dr 1895 58 S. 8°.
Zürich, Phil. Diss. [v. 3. April 1895].

—— 25 **Kinderlieder** aus Fr. Güll's Kinderheimath in Liedern. In einfachen Weisen zweistimmig für die lieben Kleinen in Kindergarten, Schule und Haus componirt. Op. 28. 8. (23 S.) Nördlingen 878, Beck'sche Buchh. cart. * — 80

— **lasset euch versöhnen m. Gott. 2. Kor. 5, 19—21.** [Aus: „Hausandachten".] (15 S.) 8. Gotha 906. Missionsbuchh. P. Ott. n.n. — 10

Seitz, Carl, kurzgefasstes Lehrbuch d. Kinderheilkunde. Für Aerzte u. Studirende. 2. verm. u. völlig umgearb. Aufl. gr. 8. (VIII, 499 S.) Berlin 901. S. Karger. n. 10. 80; geb. n. 12. —

Seitz, Carl, kurzgefasstes Lehrbuch d. Kinderheilkunde f. Ärzte u. Studierende. 3. verm. u. völlig umgearb. Aufl. (X, 558 S.) Lex. 8. Berlin 910. S. Karger. 13.—; geb. 14. 60

— 12 patriotische Lieder in 2= u. 3stimmiger Bearbeitg. f. deutsche Schulen u. höh. Lehranst. Für d. Gebr. zur Feier nationaler Gedenktage hrsg. 8. (23 S.) Ebd. 895. n. — 20

—— Lieder-Album für Männer-Gesang-Vereine. Eine Sammlung ausgewählter Chorgesänge und Soloquartette. Mit 92 Orig.-Compositionen beliebter Liedercomponisten der Gegenwart. 4 Bde. (Stimmen.) 1. und 2. verb. Aufl. qu. gr. 16. (à Bd. VIII, 128 S.) Regensburg 875,78, Coppenrath. * 5 40

Partitur. qu. 4. (210 S.) 875. * 6 40

—— und J. A. Seyfferth, Liederbuch für deutsche Lehrer. Sammlung vierstimmiger Männerchöre geistlichen und weltlichen Inhalts. Zum Gebrauche bei kirchlichen Feierlichkeiten, sowie bei Konferenzen, Lehrerversammlungen und sonstigen Vorkommnissen hrsg. Mit einem Vorwort von Joh. Helm. 12. (VI, 152 S.) Nürnberg 887, Korn'sche Buchh. geb. *

—— Liederbuch für Schule und Leben. 2 Hefte. 8. Hof 879, Büching's Verlag. * — 38

Inhalt:

Heft 1. [Ohne Noten.] 70 Lieder für Unter- und Mittelklassen in Knaben- und Mädchenschulen. (20 S.) * 8 Pf.

" 2. [Mit Noten. — In 2 Abthlgn.] 60 zweistimmige Lieder für Mittel- und Oberklassen. 1. Abthl.: 45 Lieder für Knaben und Mädchen. (S. 1—48.) * 20 Pf. — 2. Abthl.: Ausg. A. Für Knabenschulen. (S. 49—68.) * 10 Pf.; Ausg. B. Für Mädchenschulen. (S. 49—66.) * 10 Pf. (Die 2 Abthlgn. in 1 Heft. Ausg. A. und B. à * 25 Pf.)

—— Liederhain. Orig.-Compositionen für vierstimmigen Männergesang. Partitursatz. 1. Heft: 30 neue seither noch nicht gedruckte Männerchöre und Soloquartette von V. E. Becker, Th. Berthold, Th. Elze &c. 1. und 2. Aufl. 12. (94 S.) [Hof 880,81.] Nürnberg, Büching. * — 50

— s. Liederkranz, Regensburger.

— Liederperlen f. 3stimmigen Knaben- oder Männerchor, m. Vorwort u. e. Anh. 1- u. 2stimm. Volkslieder. gr. 8. (III, 184 S.) Nürnberg 901. C. Koch. Geb. n.n. 1.25

—— Lieder-Perlen deutscher Tonkunst. Ausgewählte Lieder und Gesänge in dreistimm. Bearbeitung. [Sopran I, II und Alt oder Tenor I, II und Baß.] Zunächst für den Gebrauch in Gymnasien, Latein- und Realschulen, Oberklassen höherer Töchterinstitute und Bildungsanstalten für Lehrer und Lehrerinnen gesammelt, teilweise bearb., mit genauer Vortragsbezeichnung versehen und in 2 Heften hrsg. Op. 32. gr. 8. Ebendas. à Heft * ℳ 1,50. * 3 —

Inhalt:

Heft 1. 90 weltliche Lieder und Gesänge. (VIII, 110 S.) 881; 2. Ster.-Ausg. (V, 112 S.) 883.

" 2. 60 geistliche Lieder und Gesänge. (III, 112 S.) 881.

— Lieder-Perlen deutscher Tonkunst. Ausgewählte Lieder u. Gesänge in dreistimm. Bearbeitg. [Sopran I, II, u. Alt od. Tenor I, II u. Baß.] Zunächst f. den Gebrauch in Gymnasien, Latein- u. Realschulen, Oberklassen höherer Töchterinstitute u. Bildungs-Anstalten f. Lehrer u. Lehrerinnen gesammelt, theilweise bearb., m. genauer Vortragsbezeichnung versehen u. in 2 Hftn. hrsg. Op. 32. 1. Hft.: 90 weltl. Lieder u. Gesänge. 2. Ster.-Ausg. gr. 8. (V, 112 S.) Nürnberg 883. Büching. n. 1. 50

—— Lieder-Perlen deutscher Tonkunst. Ausgewählte Lieder und Gesänge in dreistimm. Bearbeitung. [Sopran I, II und Alt oder Tenor I, II und Baß.] Zunächst für den Gebrauch in Gymnasien, Latein- und Realschulen, Oberklassen höherer Töchterinstitute und Bildungs-Anstalten für Lehrer und Lehrerinnen, gesammelt, teilweise bearb., mit genauer Vortragsbezeichnung versehen und in 2 Heften hrsg. Op. 32. gr. 8. Nürnberg 888, Büching. à Heft *

Inhalt:

Heft 1. 90 weltliche Lieder und Gesänge. 5. Ster.-Ausg. (VIII, 110 S.)

" 2. 60 geistliche Lieder und Gesänge. 2. Ster.-Ausg. (II, 110 S.)

— Lieder-Perlen deutscher Tonkunst. Ausgew. Lieder u. Gesänge in 3stimm. Bearbeitg. (Sopran I, II u. Alt od. Tenor I, II u. Baß.) Zunächst f. d. Gebrauch in Gymnasien, Latein- u. Realschulen, Oberklassen höh. Töchterinst. u. Bildungs-Anst. f. Lehrer u. Lehrerinnen gesammelt, teilweise bearb. u. in 2 Hftn. hrsg. Op. 32. 1. Hft. 90 weltl. Lieder u. Gesänge. 8. Ster.-Ausg. gr. 8. (VIII, 110 S.) Nürnberg 898. F. Büching. Kart. 1. 50

— Lieder-Perlen deutscher Tonkunst. Ausgewählte Lieder u. Gesänge in 3stimm. Bearbeitg. Mit e. Anh.: 1- u. 2stimm. Volkslieder. Zunächst f. den Gebrauch in Mittelschulen u. höheren Töchterinstituten, sowie Bildungs-Anstalten f. Lehrer u. Lehrerinnen hrsg. Op. 32. Neue, durchgeseh. Aufl. (IV, 136 S.) gr. 8. Nürnberg (906). C. Koch. Geb. n. 1. 25

— Sammlung ausgewählter Lieder u. Gesänge f. gemischten Chor [Sopran, Alt, Tenor u. Baß] f. Gesangvereine u. höhere Lehranstalten. Mit 70 Orig.-Compositionen beliebter Componisten der Gegenwart. Partitur. qu. gr. 4. (120 S.) Regensburg 876. Coppenrath. n. 5. —
4 Stimmen. qu. gr. 16. (à VI, 168 S.) n. 4. —

—— neue Regensburger Sängerhalle. Orig.-Compositionen für vier- und mehrstimm. Männer- und gemischten Chor. 1. Bd. 4 Hefte. Ausg. A.: Für Männerchor. Partitur. gr. 8. (69 S.) Ebendas. 877,78. à Heft * ℳ 1,50. * 6 —
4 Stimmen. (8; 8; 8; 10 S.) à * ℳ 1. * 4 —

—— dass. — 1. Bd. 4 Hefte. Ausg. B.: Für gemischten Chor. Partitur. gr. 8. (73 S.) Ebendas. 877,78. à Heft * ℳ 1,50. * 6 —
4 Stimmen (à 8 S.) à * ℳ 1. * 4 —

— Sangesblüten f. deutsche Mädchen, s.: Schaab, Rob.

—— Der Schulgesang nach Noten. Erklärg. der Grundbegriffe aus der Musiklehre, nebst den wichtigsten Gesangs-Regeln. Mit leichten Gehör- u. Treff-Singübgn. u. anderen Notenbeispielen. Zum Gebrauche beim Gesangunterrichte f. die Hand der Schüler bearb. 8. (44; 4 S. Beispiele.) Quedlinb. 891, Vieweg. * — 30

Der Schulgesang nach Noten. Erklärung d. Grundbegriffe aus d. Musiklehre nebst d. wichtigsten Gesangs-Regeln mit leichten Gehör- u. Treff-Singübungen u. anderen Notenbeispielen. Zum Gebr. beim Gesangunterr. f. d. Hand d. Schüler bearb. von Karl Seitz. 4. u. 5. Taus. Berlin-Gr. Lichterfelde: Ch. F. Vieweg [1906]. (43 S.) 8° [F.] [07. 1861]

— Singsang. Liederbuch f. Deutschlands Töchter. Enth.: 250 ausgewählte zweistimm. Lieder. Nebst e. Anleitg. zu Turn- od. Bewegungsspielen &c. f. Mädchen. Zum Gebrauche bei gesell. Zusammenkünften, Ausflügen, auf dem Spielplatze u. an vaterländ. Festen &c., sowie f. Schule u. Haus hrsg. gr. 16. (IV, 275 S.) Quedlinburg 883. Vieweg. geb. n. 1. 50

— Singsang. Liederbuch f. Deutschlands Töchter. Enth.: 250 ausgewählte zweistimm. Lieder. Nebst e. Anleitg. zu Turn- oder Bewegungsspielen &c. f. Mädchen. 3. Aufl. schmal 8. (IV, 159 S.) Quedlinburg 889. Vieweg. geb. n. 1. 50

—— Singsang. Liederbuch f. Deutschlands Töchter. Enth.: 250 ausgewählte zweistimm. Lieder. Nebst e. Anleitg. zu Turn- od. Bewegungsspielen &c. f. Mädchen. 4. Aufl. schmal 8. (IV, 159 S.) Ebd. 891. geb. * 1 50

Seitz, Karl, Singsang. Liederbuch f. Deutschlands Töchter. Enth.: 250 ausgewählte 2stimm. Lieder. Nebst e. Anleitg. zu Turn- od. Bewegungsspielen zc. f. Mädchen. Zum Gebrauche bei gesell. Zusammenkünften, Ausflügen, auf dem Spielplatze u. an vaterländ. Festen zc., sowie für Schule u. Haus. 5. Aufl. schmal 12. (IV S., 116 Doppels. u. S. 117—159.) Quedlinburg 894. Ch. F. Vieweg. Geb. in Leinw. n. 1. 50

— Singsang. Liederbuch f. Deutschlands Töchter. Enth. 214 ausgewählte 2stimm. Lieder nebst einigen 3stimm Gesängen u. e. Anleitg. zu Turn- u. Bewegungsspielen f. Mädchen. Zum Gebrauche in Töchterinstituten, weibl. Fortbildungsschulen u. Mädchenklassen der Volks- u. Bürgerschulen. 9. Aufl. (IV S., 137 Doppels. u. S. 138—165) schmal 8. Ebd. (903). Geb. in Leinw. n. 1.50

Seitz, Carl, bakteriologische Studien zur Typhus-Aetiologie. gr. 8. (VIII, 68 S.) München 886. J. A. Finsterlin. n. 2. 40

— vollständig erklärendes Taschenwörterbuch f. Pianofortespieler. Mit e. Anh.: Kurze biograph. Notizen der bedeutendsten Pianisten u. Componisten f. Piano von der frühesten bis zur neuesten Zeit. Zum Gebrauche f. Lehrer, Lernende u. Freunde d. Klavierspiels nach den besten Quellen bearb., mit Notenbeispielen versehen u. hrsg. 16. (116 S.) Hof 875. Büching. — 75; geb. n. 1. —

Seitz, Karl, vollständig erklärendes Taschenwörterbuch für Pianofortespieler. Mit einem Anhang: Kurze biograph. Notizen der bedeutendsten Pianisten und Componisten für Piano von der frühesten bis zur neuesten Zeit. Zum Gebrauche für Lehrer, Lernende und Freunde des Clavierspiels nach den besten Quellen bearb., mit Notenbeispielen versehen und hrsg. 2. verb. Aufl. 16. (110 S.) [Hof 880.] Nürnberg, Büching. *
aeb. * 75 Pf. und *

—— 12 vaterländische Volkslieder. Zum Gebrauche für Schulen bei der 700jähr. Jubiläumsfeier des Wittelsbacher Fürstenhauses. Mit Benützung meist bekannter Melodieen für zwei Singstimmen bearb. und hrsg. 1.—4. Aufl. 8. (16 S.) Hof 880, [Grau und Comp.] Lion.

—— dass. — für vierstimmigen Männerchor. 1. und 2. Aufl. 8. (27 S.) Ebendas. 880.

Seitz, Karl, Volksschule od. Pfaffenschule? Rede. Nach dem stenograph. Protokoll des Reichsrathes. gr. 8. (43 S.) Wien 902. Wiener Volksbuchh. n.n. — 15

—— vom Fels zum Meer. Taschen-Liederbuch für die deutsche Jugend. Enthaltend: 300 ausgewählte zweistimmige Lieder. Nebst einer Anleitung zu Schülerturnfahrten und Turnspielen. Zum Gebrauche bei geselligen Zusammenkünften, Ausflügen, auf dem Turnplatze und an vaterländ. Festen zc., sowie für Schule und Haus hrsg. gr. 16. (IV, 337 S.) Ebendas. 883.
geb. * 1 50

Seitz, Karl, vom Fels zum Meer. Taschen-Liederbuch für die deutsche Jugend. Enth.: 300 ausgewählte zweistimm. Lieder. Nebst einer Anleitung zu Schülerturnfahrten und Turnspielen. Zum Gebrauche bei gesell. Zusammenkünften, Ausflügen, auf dem Turnplatze und an vaterländ. Festen zc., sowie für Schule und Haus hrsg. 2. Aufl. gr. 16. (IV, 337 S.) Quedlinburg 885, Vieweg. geb. *

Seitz, Karl, vom Fels zum Meer. Taschen-Liederbuch f. die deutsche Jugend. Enth.: 300 ausgewählte zweistimm. Lieder. Nebst e. Anleitg. zu Schülerturnfahrten u. Turnspielen. Zum Gebrauche bei gesell. Zusammenkünften, Ausflügen, auf dem Turnplatze u. an vaterländ. Festen u. s. w., sowie f. Schule u. Haus hrsg. 5. Aufl. schmal 8. (IV, 337 S.) Quedlinburg 890. Vieweg. geb. n. 1. 50

Seitz, Karl. Vom Fels zum Meer. Taschen-Liederbuch f. die deutsche Jugend. Enth.: 300 ausgewählte zweistimm. Lieder. Nebst e. Anleitg. zu Schülerturnfahrten u. Turnspielen. 6. Aufl. schmal 12. (IV, 337 S.) Quedlinb. 892, Vieweg. geb. * 1 50
3.—5. Aufl. Ebd. 1887—90.

— vom Fels zum Meer. Taschen-Liederbuch f. die deutsche Jugend. Enth.: 300 ausgewählte zweistimm. Lieder. Nebst e. Anleitg. zu Schülerturnfahrten u. Turnspielen. Zum Gebrauche bei gesell. Zusammenkünften, Ausflügen, auf dem Turnplatze u. an vaterländ. Festen zc., sowie f. Schule u. Haus hrsg. 6. u. 7. Aufl. schmal 12. (IV, 337 S.) Ebd. 892. 894. Geb. in Leinw. n. 1. 50

Seitz, Karl, vom Fels zum Meer. Liederbuch f. deutsche Knaben. Enth.: 260 ausgewählte zweistimmige Lieder. Nebst einigen dreistimm. geistl. Gesängen u. e. Anleitg. zu Schülerturnfahrten u. Turnspielen. Zum Gebrauche in Mittelschulen u. Gymnasien hrsg. 10. Aufl. schmal 12. (V, 65 Doppels. u. S. 166—187.) Quedlinburg (900). Gr. Lichterfelde, Ch. F. Vieweg. Geb. in Leinw. n. 1. 50

Vom Fels zum Meer. Liederbuch f. deutsche Knaben. Enth. 260 ausgewählte 2stimmige Lieder. Nebst einigen 3stimm. geistl. Gesängen u. e. Anleitung zu Schülerturnfahrten u. Turnspielen. Zum Gebr. in Mittelschulen u. Gymn. hrsg. von **Karl Seitz**. 12. Aufl. *Berlin-Gr. Lichterfelde: Ch. F. Vieweg [1903]*. (187 S.) 8° [F.] 04. 0758

Seitz, Karl, vom Fels zum Meer. Liederbuch f. deutsche Knaben. Enth. 254 ausgewählte zweistimm. Lieder u. einige dreistimm. geistl. Gesänge, nebst e. Anleitg. zu Schülerturnfahrten u. Turnspielen. Zum Gebrauche in Mittelschulen u. Gymnasien hrsg. 20. u. 21. Taus. (V S., 165 Doppels. u. S. 166—187.) schmal kl. 8. Berlin-Gr. Lichterfelde (906). Ch. F. Vieweg.
Geb. in Leinw. n. 1. 50

—— 232 Wahl-, Trink-, Festsprüche und Sängergrüße bekannter deutscher Gesangvereine und Sängerbünde. [Partitursatz.] Mit geschichtl. und statist. Notizen dieser Vereine, sowie des deutschen Sängerbundes überhaupt, auf Grund größtentheils direct erhaltener Mittheilungen zusammengestellt und hrsg. (VIII, 250 S.) Regensburg 877, Coppenrath. *

— 232 Wahl-, Trink-, Festsprüche u. Sängergrüße bekannter deutscher Gesangvereine u. Sängerbünde. [Partitursatz.] Mit geschichtl. u. statist. Notizen dieser Vereine, sowie d. deutschen Sängerbundes überhaupt, auf Grund größtentheils direct erhaltener Mittheilgn. zusammengestellt u. hrsg. 2. Ausg. 8. (VIII, 250 S.) Regensburg 880. Coppenrath. n. 1. —

—— 232 Wahl-, Trink-, Festsprüche und Sängergrüße bekannter deutscher Gesangvereine und Sängerbünde. [Partitursatz.] Mit geschichtl. und statist. Notizen dieser Vereine, sowie des deutschen Sängerbundes überhaupt, auf Grund größtentheils direct erhaltener Mittheilungen zusammengestellt und hrsg. 2. wohlf. (Titel-)Ausg. 8. (VIII, 250 S.) Regensburg (877)886, Coppenrath's Verlag. *

Seitz, Karl, appr. Tierarzt a. Laubach ⟨Hessen⟩: **Aus dem physiologischen Institut der Universität Gießen. Der periodische Wechsel der Erregbarkeit des Herzmuskels.** Gießen 1906: v. Münchow. (47 S.) 8°
Gießen, Veterinär-Med. Koll., Ref. Frank, Diss. v. 30. Aug. 1906
[Geb. 6. März 81 Laubach (Oberhessen); Wohnort: Gießen; Staatsangeh.: Hessen; Vorbildung: Gymn. Laubach Reife O. 02; Studium: Gießen 3, Hannover 1, Gießen 3 S.; Rig. 31. Juli 06.]

Seitz, Carl Jos., das praktische Bedürfniß der Rechtsreform gegenüber der historischen Schule. Erlangen 865. Deichert. gr. 8. (VI, 163 S.) n. 20 ngr.

Seitz, Karl Jos., das heutige positive und nationale Besitzrecht in seiner Unabhängigkeit von der römischen possessio. [Zugleich eine Denkschrift für die kommende Civilgesetzgebung.] gr. 8. (IV, 148 S.) Berlin 880, Guttentag. *

Biologie des geschichtlich positiven Rechtes im Kulturleben der Gegenwart Zugleich z Frage d. Versohnung d. Kampfe unserer beiden großen . polit Parteien von Rechts u. Links . . Von Dr. Karl Joseph Seitz. (Abt 1) Leipzig: A. Deichert 1906. 8°
=Seitz: Konstruktion oder Selbstentwicklung u Verfahren d Darstellung d. jeweilig positiv lebenden prakt Rechts. T 2, Abt. 1 (05. 10855

Seitz, Karl Jos., Biologie des geschichtlich positiven Rechtes im Kulturleben der Gegenwart. Zugleich zur Frage der Versöhng. der Kämpfe unserer beiden grossen, durch die Voraussetzgn. der, a priori falschen nachklass. Rechtsschulen geleiteten, polit. Parteien v. Rechts u. Links: auf privaten wie staatl., auf religiösen wie sozialen Gebieten. (II. Tl. der Konstruktion: Destruktion od. Verfall des Rechts durch dessen Nichtkonstruktion aus den leb. Rechtsquellen 1. Abtlg.) (LXIII, 396 S.) gr. 8. Leipzig 906. A. Deichert Nchf n. 9.—

Seitz, Karl Jos., Biologie des geschichtlich positiven Rechtes im Kulturleben d. Gegenwart. 2. u. 3. Abtlg. gr. 8. Leipzig, A. Deichert Nachf. 15. —
2. (XXXII u. S. 397—707.) 910. 6. —
3. (Hier: Fragen z. Versöhng. uns. polit. Parteikämpfe auf öffentl., religiösen u. sozialen Rechtsgebieten.) (XXVI u. S. 709—1282.) 910. 9. —
1. Abtlg. Ebd. 906. 9.—.

—— Grundlagen einer Geschichte der röm. possessio. Die Rechtsverschiedenheit im antiken Rom und die Entfaltung des doppelten römischen Eigentumes: possessio neben dominium, aus den verschiedenen positiven Rechtssystemen vor Justinian. gr. 8. (XXX, 288 S.) Erlangen 884, Deichert. *

[F.] Konstruktion oder Aufbau des geschichtlich lebenden Rechts. '(Erweiterte Ausfuhrg e. Vortrags in d. jur. Ges. München.)' Von Karl Joseph Seitz. *München. J. Schweitzer 1898.* (XX, 174 S.) 1 Bd 8.
= Konstruktion oder Selbstentwicklg u. Verfahren d. Darstellung d. jeweilig positiv lebenden prakt. Rechts. Tl 1. (68. 5306

Seitz, Karl Jos., Konstruktion od. Selbstentwicklg. u. Verfahren d. Darstellg. d. jeweilig positiv leb. prakt. Rechts. Zugleich kurze Einführg. in uns. prakt. Rechtsschule. — U. zw. teils zur jurist. Begründg. d. „Konstruktion" — teils z. Versöhng. e. „Destruktion" od. e. Zersetzungsprozesses des, noch fortwähr. „Kampfes um's Recht" seitens uns. nachröm., histor. u. Naturrechtsschulen. I. Tl. Konstruktion od. Aufbau d. geschichtlich leb. Rechts. (Erweit. Ausführg. e. Vortrages in d. jurist. Gesellschaft München.) gr. 8. (XX, 174 S.) München 898. J. Schweitzer Verl. n. 3. —

Konstruktion oder Selbstentwicklung und Verfahren der Darstellung des jeweilig positiv lebenden praktischen Rechts ... Von Karl Joseph Seitz T 1. 2, Abt 1. Munchen: Schweitzer (2. Leipzig Deichert) 1898 1900. 8°
1 Konstruktion oder Aufbau d. geschichtlich lebenden Rechts (Erw Ausführung e Vortrages) 1898
2 Destruktion oder Verfall d Rechts durch dessen Nichtkonstruktion aus d lebenden Rechtsquellen Abt 1 = Seitz. Biologie d geschichtlich positiven Rechtes im Kulturleben d Gegenwart Abt [1] 1900 (10 7503

Seitz, Karl Jos., zur Kritik der heutigen Negatorien- und Confessorienklage und damit zur Kritik der herrschenden historischen Rechtsschule [der herrschenden Rechtsdarstellung] im Allgemeinen. Eine Studie vom Standpunkte einer wissenschaftl. „Empirie" des positiven Rechtes der Gegenwart und eines gegebenen nationalen Civilrechts in Deutschland sowie nebenbei eine Replik gegenüber Ernst Imm. Bekker. gr. 8. (XXXIII, 163 S.) Jena 873, Dufft. *

4 —

— d. praktische Rechtsschule im Entwicklungskampfe m. d. bisher. doktrinären, histor. u. Natur-Rechtsschulen. Versuch e. Nachweises e. princip. Berechtigung d. prakt. Civilrechts auf prakt. wie theoret. Gebieten, u. a. der Civilrechtsprechg. d. heut. deutschen Reichsgerichts 2c. 2c. 2., völlig umgearb. u. verm. Aufl., zugl. bezüglich der früh. Schrift d. Verf.: „D. prakt. Bedürfnis d. Rechtsreform gegenüber d. histor. Schule". gr. 8. (XL, 652 S.) Ebd. 895. n. 15. —

Seitz, Carl Jos., Untersuchungen über die heutige Schmerzengeldklage. Nebst allgemeinen Erörterungen über die Methode des einheimischen Civilrechts. Erlangen 860. Deichert. gr. 8. (XVIII, 218 S.) n. 28 ngr.

Seitz, K. J.: Die Wiederentdeckung der antiken possessio und die freie Entfaltung des von ihr unabhängigen nationalen und internationalen Besitzrechtes. Haarlem 1882.
(In: Rechtsgeleerd Magazijn. Jg. 1882, Lfg 2.)

Seitz, Karl Ludwig

Seitz, C. L., Katechismus d. Obstbaumzucht. 1. Aufl. (7 B., 5 Stnt., 6 Tab. u. 1 Vign.) 828. 12 Gr., 2., neu bearb. A. (8¼ B., 4 Kpfrt., 9 Holzschn. u. 3 Tab. gr. 4.) München 831, Lindauer.

Seitz C. L.: Katechismus d. Obstbaumzucht. Münch. 1828. 100 S. 3 Tvl.

Seitz, Kilian: Die Schule von Gaza. Eine litterargeschichtl. Untersuchg ... Heidelberg, C. Winter's Universitätsbuchh., 1892; 2 Bl., 52 S. 8.
Heidelberg, Phil Fak., Inaug.-Diss. v. [9. Febr.] 1891

Seitz, Kilian, die Schule v. Gaza. Eine litterargeschichtl. Untersuchg. Diss. gr. 8. (IV, 52 S.) Heidelberg 892. C. Winter. n. 1. 60

Seitz, Leopold Gottlieb (Mecklenburg) A. S. 183/5

Disputatio juridica, de impossibili possessionis in diem traditione symbolica. Präs. Johann Ulrich Cramer Marburg (Müller) 25. II. 1737. 42 S. 32371

Seitz, Lisette, neueste, gründliche u. leichtfaßliche Anleitung zur Selbsterlernung der Damenschneiderei. Ein unentbehrl. Leitfaden f. Alle, welche dieses Geschäft erlernen u. betreiben wollen. gr. 8. (48 S. m. 6 Taf.) Leipzig 883. Fischer. n. 3. 50

Seitz, Ludwig, aus Pfaffenhofen a. d. Roth: Einige statistische Angaben über den Einfluss der Lues auf den Verlauf der Schwangerschaft. *München 1898: Kastner & Lossen.* (33 S.) 8°
München, Med. Diss. v. 1898

Seitz, Ludw.: D operative Behandlg. d. puerperalen Pyämie, s.a. Sammlung klin. Vorträge.

Die operative Behandlung der puerperalen Pyämie. Von Ludwig Seitz, München. Leipzig: Breitkopf & Härtel 1907. (S. 126–152.) 8°
(Sammlung Klinischer Vorträge. N.F. No 464.)

Seitz, Ludw., üb. Blutdruck u. Cirkulation i. d. Placenta, üb. Nabelschnurgeräusch etc., s.a. Sammlung klin. Vort.

Über Blutdruck und Cirkulation in der Placenta, über Nabelschnurgerausch, insbes. dessen Ätiologie u. klin Bedeutung. Von Ludwig Seitz, München. *Leipzig: Breitkopf & Härtel 1901.* (S. 480–534.) 4°(8°)
= Sammlung klinischer Vorträge. No 320. (01. 11445

Seitz, Ludw., Darstellungen aus dem Leben Jesu u. der Heiligen. In Holzschn. ausgeführt nach Orig.-Zeichngn. gr. 4. (42 Bl. m. 1 S. Text.) Freiburg i/B. 891. Herder. Kart. n. 3. —; geb. in Leinw. n. 5. —

Seitz, Ludw., Erörterungen üb. wichtige Kunstfragen. gr. 8. (81 S.) München (902). A. Oehrlein. n. — 60

Seitz, Ludw., Erörterungen üb. wichtige Kunstfragen. 2. Folge. (48 S.) gr. 8. München (904). A. Oehrlein. n. 1. 60 (1. u. 2.: n. 2. 20)

Seitz, Ludwig, Erörtergn. üb. wichtige Kunstfragen. 3. Folge. (488.) gr. 8. Verona 907. Gebr. Drucker. 1.25

Seitz, Ludw., die Glorie d. hl. Thomas v. Aquin, d. engelgleichen Lehrers u. Patrons aller katholischen Schulen. Dargest. in d. Wandgemälden v. S. in der Gallerie d. Kandelaber im Vatikan. Imp.-Fol. (6 Heliotyp.) M. Text (v. P. J. Berthier, aus d. Französ. übers.). (20 S.) Einsiedeln 898. Verlagsanstalt Benziger & Co. In Mappe n. 24. —

Seitz, Ludwig, Dr., 1. Assistenzarzt d. k. Univ.-Frauenklinik München: Die fötalen Herztöne während der Geburt. *München 1903: E. Mühlthaler.* (179 S.) 8°
München, Med. Hab.-Schr. v. 1903
(Nicht für den Austausch)

Seitz, Ludw., die fötalen Herztöne während der Geburt. (179 S.) gr. 8. München 903. Tübingen, F. Pietzcker. n. 4. —

Seitz, Ludw., Maria Eich. Geschichtliche Darstellung über den Ursprung und die Verbreitung der Wallfahrt in Maria Eich, nebst Gebeten und Andachtsübungen. 16. (VI, 160 S.) München 880, (Stahl.) *

– Überzählige und accessorische Ovarien, s.a. Sammlung klinischer Vorträge.

Überzählige und accessorische Ovarien von Ludwig Seitz, (München). Leipzig: Breitkopf & Härtel 1900. (24 S.) 8°
(Sammlung Klinischer Vorträge. N.F. No 286.)

– Über intrauterine Todtenstarre und die Todtenstarre immaturer Früchte, s.a. Sammlung klin. Vorträge.

Über intrauterine Todtenstarre und die Todtenstarre immaturer Früchte von Ludwig Seitz. Leipzig: Breitkopf & Härtel 1902. (18 S.) 8°
(Sammlung klinischer Vorträge. N.F. No 343.)

Seitz, M., die vorzüglichsten Gegenstände aus d. gesammten Naturgeschichte in Abbildungen, theils nach den besten vorh. Mustern, theils nach d. Natur, nebst Beschreibungen ꝛc. Nürnb. Campe. Schreibp. Rthlr. Velinp.

SEITZ, MICHAEL, WEBER, JOHANN: Christkatholisches Erbauungsbuch in Gebeten und Gesängen. Szépfalu (Schöndorf) 1910. Druck v. L. Réthy u. Sohn in Arad. Zu haben bei den Verfassern und an allen Wallfahrts Orten. XIII, XXVII, 1099 S. - 165 mm

Seitz, Otto: Die theologische Entwickelung des Urbanus Rhegius, speziell sein Verhältnis zu Luther und zu Zwingli, in den Jahren 1521—1523. *Gotha 1898: F. A. Perthes.* (74 S.) 8° ¶(Enthält nur den 1. Theil der eingereichten Arbeit. Der Rest erscheint in der Zeitschrift für Kirchengeschichte.)
Halle, Theol. Diss. v. 21. Mai 1898

Seitz, Otto, aus Buer, Bez. Osnabrück: Ein Fall von Otitis media compliciert mit Kleinhirnabscessen. *Göttingen 1899: Dieterich.* (36 S.) 8°
Göttingen, Med. Diss. v [9. Mai] 1899

Seitz, Ottó *Richard* [aus Budapest]: Ueber einige Halogenalkylverbindungen des Phtalimids. . . . Berlin, A. W. Schade's Buchdr., 1891; 29 S., 1 Bl. 8°
Berlin, Phil Fak., Inaug.-Diss. v. 10. Aug. 1891

Seitz, Otto: Carcinome unter 30 Jahren. *München 1897: Kastner & Lossen.* (29 S.) 8°
München, Med. Diss. v. 1897

Seitz, Otto: Über primäres Scheidensarkom Erwachsener (Lymphendothelioma), s.a. Sammlung klin. Vorträge.

Über primäres Scheidensarkom Erwachsener ‹Lymphendothelioma› von Otto Seitz. Leipzig: Breitkopf & Härtel 1900. (16 S.) 8°
(Sammlung klinischer Vorträge. N.F. No 280.)

Seitz, Otto, Stimmungs-Landschaften. gr. 8. (12 Photolith.) München 886. Heinr. Arnold's Kunst-Institut. In Leinw.-Mappe. n. 15. —

Seitz, Otto, der authentische Text der Leipziger Disputation (1519). Aus bisher unbenutzten Quellen hrsg. (V, 247 S.) gr. 8. Berlin 903. [C. A. Schwetschke & Sohn.] Leipzig, M. Heinsius Nachf. n. 12. 80

Seitz, Otto, die Theologie des Urbanus Rhegius, spez. s. Verhältnis zu Luther u. zu Zwingli. Ein Beitrag zur Geschichte d. Abendmahlsstreites im Reformationszeitalter. gr. 8. (108 S.) Gotha 898. F. A. Perthes. n. 1. 60

Seitz, Ph. Jak. Rep., s. Diarium d. Wahl Joseph II.

Seitz, Philipp, a. Alzey: Der Bau von Echiurus chilensis ‹Urechis n. g. chilensis›. Naumburg a. S. 1907: Lippert u. Co. (31 S.) 8° ¶[Aus: Zoologische Jahrbücher Bd 24 Abt. f. Anat. 1907.]
Gießen, Phil. Fak., Ref. Spengel, Diss. v. 17. Juni 1907
[Geb. 1. Nov. 79 Alzey; Wohnort: Offenbach a. M.; Staatsangeh.: Hessen; Vorbildung: Realgymn. Mainz Reife O. 99; Studium: Berlin 1, Gießen 7 S; Rig. 10. Nov. 06.]

Seitz, Rud. Decken- u. Wandmalereien, ausgeführt in der deutschnationalen Kunstgewerbe-Ausstellung zu München 1888. 17 Taf. in Farbendr. Aufgenommen v. Stef. Herweg. Hrsg. v. Friedr. Nauert. Fol. Mit Text. (7 S.) Münch. 890, Callwey. In Mappe * 20 —
Aus: Die Mappe, besonders abgedruckt.

Seitz, Rudolf, Volontärarzt an der Prof. Dr. Schlösserschen Augenheilanstalt: Zur Frage der Ortswahl für die Iridektomie zu optischen Zwecken. München 1905: F. Straub. (17 S.) 8°
München, Med. Fak., Ref. Eversbusch, Diss. v. 31. März 1905
[Geb. 22. März 75 Rhodt, Reinpfalz; Wohnort: Rhodt; Staatsangeh.: Bayern; Vorbildung. Gymn. Landau Reife Juli 96; Studium: München T.H. 1, München Univ. 13 S.; Coll. 13. März 05; Approb. 18. Juli 03.]

Seitz, Rud., Parsifal. Costümstudien zu Rich. Wagner's Oper. Lichtdr. nach den im Besitze der Verlagshandlung befindl. 18 Orig.-Aquarellen. Fol. (5 Taf.) München 882, Ad. Ackermann.

— dasselbe. s.a. Schatzkammer deutscher Illustratoren.

Seitz, Steph., marianische Ehrenkrone v. 12 Lob- und Ehrenpredigten. 4. Augsburg, M. Rieger. 763.

Grundsätze über Aufstellung und Bewirtschaftung der Etats der Deutschen Schutzgebiete. Von Dr. [Theodor] **Seitz,** Wirkl. Leg.R. Berlin: D. Reimer 1905. (163 S.) 8° [J.] 1o6. 14809

Seitz, Thdr., der Mietstempel. Die hauptsächlichsten Zweifelsfragen m. Beispielen u. Berechnungstabelle nebst Abdr. der einschläg. Bestimmgn. d. preuß. Stempelsteuergesetzes v. 26./30. VI. 1909 u. d. Ausführungsbestimmgn. 2. völlig neu bearb. Aufl. (58 S.) kl. 8. Berlin 911. C. Heymann. p — 60

Der neue Mietstempel. Die hauptsächlichsten Zweifelsfragen mit Beispielen u. Berechnungstabelle nebst Abdruck d. einschläg. Bestimmungen d. preuß. Stempelsteuergesetzes vom 26./30. Juni 1909 von Theodor **Seitz,** Reg.R. [Nebst] Anh. Berlin: Heymann 1910. 8°
Anh. [u. d. T.:] Tabelle zur Berechnung des Mietstempels von Theodor Seitz
10. 4192

Seitz, T., Der neue Mietstempel. Die hauptsächlichsten Zweifelsfragen m. Beispielen u. Berechnungstabelle nebst Abdr. der einschläg. Bestimmgn. des preuss. Stempelsteuergesetzes vom 26. 30. VI. 1909. (30 S.) kl. 8. Berlin, C. Heymann. 1910. —. 30.

— Tabelle zur Berechnung des Mietstempels. Zugleich Anh. zu: Der neue Mietstempel. Die hauptsächlichsten Zweifelsfragen m. Beispielen u. Berechnungstabelle. (15 S.) kl. 8. Ebd. 910. — 15; als Ergänzung zu „Mietstempel" — 10

Seitz, W[ilhelm], Dr.: Beiträge zur Kenntnis der Kathodenstrahlen. *Leipzig: J. A. Barth 1901.* (37 S.) 8°
Würzburg, Phil. Hab.-Schr. v. 1901

Seitz, Wilhelm: Ueber die Bestimmung des Diffusionscoefficienten nach der electrolytischen Methode von H. F. Weber. *Leipzig: J. A. Barth 1897.* (29 S.) 8°
München, Phil. Diss. v. 1898

Seitz, Wilhelm, pr. Arzt: ⟨Aus d. physiol. Labor. in Bonn.⟩ Die Leber als Vorratkammer für Eiweissstoffe. Bonn: Georgi 1908. 26 S. 8°
Bonn, Med. Diss. v. 14. Okt. 1908, Ref. Pflüger
[Geb. 8. Okt 70 Stuttgart; Wohnort: Schloß Spetzgart b Überlingen; Staatsangeh.: Württemberg; Vorbildung: Realgymn. Crefeld Reife O. 02; Studium: Bonn 10 S.; Coll. 31. Mai 07; Approb. 19. Sept. 08.] [U 09. 370

Verlagsverzeichnis. Seitz & Schauer, München Ende 1904 (München: Seitz & Schauer 1904) (48 S.) 8° [Umschlagt F] [05. 3611 10

Seitze, Georg A. S. 835/26

Dissertatio juridica inauguralis de retentione mercedis famuli domino permissa. Präs. Jakob Carmon. Rostock (Weppling) 13. III. 1721. 24 Bl.

W. v. · Präs. 32372

Seitzinger, Adb. E., Höhen und Tiefen des Lebens. Novellist. Skizzen. 8. (105 S.) Rostock 887, Verlag der Album-Stiftung. *

Seitzinger, A. E., Höhen u. Tiefen d. Lebens. Novellistische Skizzen. 8. (105 S.) Rostock 887. Danzig, Hinstorff's Verl. n. 2. —

Sejür, neue Novellen, s. A. F. E. **Langbein**.

Seivert, Gust., der Grevenhof von Kelling. Eine culturhistor. Novelle aus dem 14. Jahrh. 8. (399 S.) Hermannstadt 863, Steinhaussen's Buchh.

Seivert, Gustav. Die Stadt Hermannstadt. Eine historische Skizze (Festgabe zur Erinnerung an die Generalversammlung des Vereines für siebenbürgische Landeskunde in Hermannstadt am 24. August 1859.) Mit 1 Plan und 1 Ansicht Hermannstadts aus dem XVII. Jahrhundert 8. Hermannstadt 1859.

Seivert, Gust., die Stadt Hermannstadt. Eine histor. Skizze. Lex.-8. (103 S. mit 1 Holzschnt. in Fol.) Hermannstadt 859, Steinhaußen.
Mit 1 Chromolithogr. in qu. Fol.

Seivert, H., Die Zuständigkeit des deutschen Bundesrates f. Erledigung v. Verfassungs- u. Thronfolgestreitigkeiten. Diss. (78 S) gr. 8. Berlin, Struppe & Winckler. 1906. 2. —

Seivert, Johann, s.a. Trevies, J. C.

— der Christ. 11 Stcke. 8. Hermannst. 773—80.

— An Dacien, bei dem Tode Marien Theresiens d. Großen. 8. Hermannst. 780.

TREVIES, Joh. (d. i. *Joh. Seivert*), Hypochondrische Einfälle. Von —. Inocuos censura potest permittere lusus. Martial. Preßburg, 1784. Im Verlage der Weber und Korabinski'schen Buchhandlung. 8°. 94 S.
Goedeke VII, 142, 6, 12.

— s. Gedanken, Freimüthige, von Gespenstern.

Seivert, Jh., († d. 27. April 1785.) **inscriptiones monumentorum romanorum in Dacia mediterranea. 4maj. Wien 773. Trattner. 8 ß**

Seivert, Ioh., Inscriptiones Monumentorum Romanorum in Dacia mediterranea. 4. maj. Vien. Trattner. (Tendler.) 773.

— Siebenbürgische Kleinigkeiten. 12. Coburg 758. Ahl. 6 ß.

* **SEIVERT**, Johann (geb. 17. April 1735 zu Hermannstadt, † 24. April 1785), Siebenbürgische Kleinigkeiten. (Zahme anakreontische und leichte lyrische Poesieen.)
Absit a iocorum nostrorum simplicitate
malignus interpres.
MART.
Coburg, Druckts und verlegts Georg Otto, 1758. Kl 8°. (In Berlin Yl 5201.)
142 S. (incl Tit. in hubscher Bordure) Text geschmuckt mit zahlreichen, z. Th. reizenden typogr Schlußornamenten S. 117 ff ‚Uebersetzungen (1, 24, 25., 27, 36, 37., 40. Ode Anakreons, dann Stucke nach Catull u. einigen Ungenannten). — Rar!

— (Hrsg.), s. Koeleseri, Sam.: Auraria Romano-Daicca.

— s. Jh. Libellius, de oppido Thalmus.

— die Münzen d. röm. kaiserl. Hauses u. d. Tyrannen bis auf d. Kaiser Heraclius, nach den Stufen ihrer Seltenheit. 8. Wien 765.

— Nachr. von den siebenbürg. Gelehrten u. ihren Schriften. 8. Preßb. 785. Löwe. 1 ß

— Nachr. von d. siebenbürgischen Gelehrten u. ihren Schriften. 8. Preßburg, Löwe. (Weber.) 785.

— die sächs. Stadtpfarrer zu Hermannstadt. 8. Hermannst. 777.

Seiwert, J., unser hl. Vater Papst Pius X. Ein Lebensbild, dem kathol. Volke geschildert. (32 S. m. Abbildgn.) 8. Donauwörth 903. E. Mager. n. — 20

Seiwert, Joseph [komm. Lehr.] Über einige basaltische Laven und Tuffe der Eifel. Trier, F. Lintz'sche Buchdr., 1891; S. 1—18; 4°
Trier, k. G, P 1891 (459)

Seiwert, Jos., kleine Schul-Naturgeschichte, s.: Schilling, Sam.

Seixas-Palma, José de, a. Lissabon: Geschwefelte Benzylderivate. Die Oxyde des Schwefelwasserstoffes. Freiburg i. B.: Speyer & Kaerner 1906. (55 S.) 8°
Freiburg i. B., Phil. Fak., Ref. Gattermann, Diss. v. 20. Okt. 1906
[Geb. 2. März 79 Lissabon; Wohnort: Freiburg i. B.; Staatsangeh.: Portugal; Vorbildung: Lyseum Lissabon Reife Jan. 00; Studium: T.H. Berlin 1, Univ. Berlin 7, Freiburg i. B. 5 S.; Rig. 24. Juli 06.]

Seiz, s.a. Seitz

Seiz: Geschäfts- und Reisetableau, s. Seitz, Joh. Bapt.

Seiz: C. Sulpicii Galli vita. 7 S. – Amberg, Progr. 1866.

Seiz, Frz. Ant., Beicht- u. Kommunionbuch f. kathol. Christen. 8. (15¼ B. u. Titkpfr.) Mainz 835, Kupferberg. 11 Gr., Schrbvlnp.

Seiz, Frz. Ant., Lehr- und Gebetbuch für kathol. Christen, namentlich für Solche, welche sich auf die heil. Beicht und Communion vorbereiten wollen. 8. (244 S. und 1 Stahlst.) Mainz 847, Kupferberg. Schrbp.

Seiz, G. F., s. Seitz, Georg Friedrich

Seiz, G. Fr., praes. C. Chr. Schmidel, De actione nervorum. 20 pp. Erl. 4°. 1755

Seiz, Georg Leonhard

– VORBILD DER HEILSAMEN LEHRE für Kinder und Kindlichgesinnte in 31 über gewohnliche Sonn- und Feiertags-Texte gerichteten Catechismus-Predigten, vor die Augen gemahlt, von M. Georg Leonhard Seiz vormaligen Waisen-Pfarrer in Stuttgart. und nun nach Seinem seel. Hingang mit Beifügung Seines Lebens-Laufs *(9 ungez. S.)* und Anhang zweier Casual-Predigten zum Druck befördert. – Stuttgart: Mäntler (1763). 438 S.

– – Vorbild der heilsamen Lehre für Kinder und Kindlichgesinnte, in 85 über die gewöhnliche Sonn- und Feyertags-Texte des ganzen Jahrs gerichteten Catechismus-Predigten, vor die Augen gemahlt von M. Georg Leonhard Seiz, und nun nach Seinem seligen Hingang mit Beyfügung Seines Lebens-Laufs und Anhang zweier Casual-Predigten zum Druck befördert. 2., verm. Aufl. – Tübingen: Fues 1777. 941 S.

– – Vorbild der heilsamen Lehre für Kinder und Kindlichgesinnte, in 84 über die gewöhnliche Sonn- und Feyertags-Texte des ganzen Jahrs gerichteten Catechismus-Predigten, vor die Augen gemahlt von M. Georg Leonhard Seiz, und nun nach Seinem seligen Hingang mit Beyfügung Seines Lebens-Laufs und Anhang zweier Casual-Predigten zum Druck befördert. 3. Aufl. – Stuttgart 1783. 22, 874 S.

Seiz, Gustav: Zur Therapie der Lungenblutung . . . . Heidelberg, Carl Winter's Universitätsbuchh., 1886; 39 S. u. 2 Taf. 8°.
Heidelberg, Med. Fak., Inaug.-Diss. v. 1886.

Seiz, Gust., zur Therapie der Lungenblutung. Inaugural-Dissertation. gr. 8. (39 S. m. 2 Taf.) Heidelberg 886. C. Winter. n. 1. 20

Seiz, Herm., Leitfaden f. den engl. Anfangs-Unterricht, s.: Borgmann, Ferd.

– Übungsstoff zum Übersetzen ins Englische, s.: Borgmann, Ferd.

Seiz, J., Darstellung des Gedanken-Zusammenhanges im Ajas des Sophokles von 1—590 nebst einigen Excursen. Pr. 1856. 26 S. 4° 2.—

Seiz, Johann Christian, s.a. Seitz

Seiz, Joh. Chrn., der ärztliche Begleiter für gebildete Familien auf dem Lande. Ein Handbuch der populären Heilkunde und Diätetik, zur richtigen Erkenntniß der Krankheiten und deren einfacher Cur nebst Angabe der unentbehrlichsten Arzneimittel und deren Gebrauch. gr. 12. (358 S.) Pesth 854, Heckenast's Verlag. *

Seiz, Joh. Chrn., der ärztliche Begleiter für gebildete Familien auf dem Lande. Ein Handbuch der populären Heilkunde u. Diätetik, zur richtigen Erkenntniß der Krankheit u. deren einfacher Cur nebst Angabe der unentbehrlichsten Arzneimittel u. deren Gebrauch. 2. Aufl. Pest 859. Heckenast. 12. (358 S.) n. 1 ₰

Seiz, Joh. Chrn., Geschichte einer seltsamen und unbegreiflichen Krankheit, an welcher ein Mädchen in Waizen, vom Anfang September 1854 bis Ende December 1856, ununterbrochen gelitten. Zum Theil selbst beobachtet, theils nach den mündlichen Ueberlieferungen der Mutter ergänzt und beschrieben. Nebst einem Anhang von Krötengeburten, die bei einem jungen Weibe in Unghvár im Sommer 1889 vorgekommen sind. 8. (VIII und 92 S.) Pest 858, Heckenast's Verlag.

—— die Türken, eine Krieger-Nation, wie sie entstanden, ein großes Reich in drei Welttheilen durch Gewalt der Waffen gegründet und bis auf unsere Zeit tapfer behauptet haben, nebst Beschreibung ihrer Länder und Erzählung jetziger Kriegsthaten. gr. 8. (VIII und 335 S.) Pest 854, Heckenast's Verlag. *

Seiz, Johann Ferdinand

– GEDANKEN VOM SCHLAGEN DER KINDER, welche Herrn Prälat Oetingers Sprüchwörtern (zweite Ausgabe) mit Beiträgen von Herrn Pfarrer Hahn, Herrn Waisen-Schulmeister Hartmann in Ludwigsburg, und Herrn Helfer Mez in Freudenstadt angehänget sind. – Tübingen o. J.

– ETLICHE GRÜNDE DER WAHRHEIT, durch welche ein Christ das fremde Feuer des Zorns über die wirkliche oder vermeinte Fehler seines Nächsten auslöschen, und das heilige Feuer der Liebe Gottes und des Nächsten immermehr anzünden und erweken kann und soll. – o. O. u. J.

– LEICH-PREDICT BEY DER BEERDIGUNG FRAU ANNA MARIA HAHNIN, gebohrne Rappin. Philipp Matthäus Hahnen gewesener Ehegattin. Von Johann Ferdinand Seiz. – o. O. 1775. 15 S.

– PREDIGT BEI DER BEERDIGUNG FRAU ANNA MARIA SCHNELLIN, den 13. Aug. 1773. – o. O. u. J. [1773]

– PREDIGT AM FEIERTAG JOHANNIS DES EVANGELISTEN. – o. O. u. J.

– PREDIGT VON DER HEILSAMEN GEWISSENS-PRÜFUNG bei groben Ausbrüchen der Sünde am Sonntag nach dem heiligen Christfest den 30. Dec. 1770. über das Evangelium Luc. 2,33–40. gehalten und auf Begehren dem Druck überlassen von M. Johann Ferdinand Seiz, Helfer in Bessigheim. – Tübingen: Fues 1771.

– PREDIGT, WIE DIE NACHT BEI UNS VERGEHE, und Tag herbeikomme? Am Feiertag Andreas. – o. O. 1774.

– ZWO PREDIGTEN VON DER CHRISTLICHEN KIRCHENZUCHT, mit einer Vorrede von Herrn Kanzler Sartorius. – Tübingen 1783.

Seiz, Johann Ferdinand (Lombach) A. S. 1360/48

Dissertatio philosophica de studio psychologico rite ac feliciter instituendo. Präs. Gottfried Ploucquet. Tübingen (Schramm) X. 1758. 16 S.

W. v.: Präs. 32373

– DE DIVINA VOCATIONE HOMINUM AD SALUTEM. Praes.: Jeremias Frid. Reuss. – Tubingae 1761.

Seiz, Johann Friedrich (Bayreuth) A. S. 1307/23

Adagia quaedam medicinalia doctrinae promiscuae discursibus illustrata. Präs. Johann Jakob Baier. Altdorf (Kohles) IV. 1712. 24 S. 32374

Seiz, Johann Friedrich (Bayreuth) A. S. 1264/3

Dissertatio medica inauguralis de apoplexia familiari et fatali eruditorum morbo. Altdorf (Meyer) 5. X. 1714. 24 S.

Gew.: Johann Philipp Treuner (Grossonkel). 32375

Seiz, Justinian: Festrede an d. Schlachtfeier v. Sempach, s. Winkler

Von dem Rechte des Domcapitels, während der Sedisvacanz weihen zu lassen. Eine kirchenrechtliche Abhandlung von Dr. Leonhard Seiz, P. des Kirchenr. u. der Kirchengesch. – 1833. Ebend. – S. 3–12.
Progr. Amberg

Seiz, Leonh., Sind die Katholiken wirklich Unfreie? Oder was ist die wahre Freiheit im Glauben an Christus? Von der theol. Fakultät der Ludwig-Maximilians Univers. [zu München] gekrönte Preisschrift. Sulzbach, v. Seidel, 1822, 8°, X, 112 S.
Recens. Katholik 1823, Bd. 8 S. 123—6. Aus Anlaß der Graf Stolbergschen Konversion.

Seizinger, Joh. Geo., Bibliothekstechnik. Mit einem Beitrag zum Archivswesen. Nebst 44 Formularen. gr. 8. (VII und 102 S.) Leipzig 855, Costenoble. *

Seizinger, Joh. Geo., Bibliotheks-Technik. Mit einem Beitrag zum Archivwesen. Nebst 44 Formularen. 2. Ausg. Leipzig. (Jena,) 860. Costenoble. gr. 8. (VII, 102 S.) n. 1 $\mathscr{P}$ 10 ngr.

Seizinger, Joh. Geo., Bibliotheks-Technik. Mit einem Beitrag zum Archivwesen. Nebst 44 Formularen. 2. (Titel-) Ausg. gr. 8. (VII und 102 S.) Leipzig (855)60, [O. Purfürst.] *

Seizinger, Joh. Geo., Theorie und Praxis der Bibliothekswissenschaft. Grundlinien der Archivwissenschaft. Mit 6 Formularen. Lex.-8. (XVI und 350 S.) Dresden 863, Ehlermann.

Seizmair, Samuel (Nürnberg) Altd. Phs. 47/41

Dissertatio philosophica qua soriten neque esse neque recte dici syllogismum ostendit ...
Präs. Johann Andreas Nagel.
Altdorf (Hessel) 16. II. 1742. 20 S.

W. v.: Präs. 32376

Sęk, Bolesław, Ośla góra, urywek z pamiętników wychodźcy. 8. (85 S.) Leipzig 865, Kasprowicz. *

Sekauschek, J., das weibliche Herz in der Andacht vor Gott. Ein Gebet- u. Erbauungsbuch für christkatholische Frauen u. Jungfrauen zur Erhöhung des religiösen Sinnes. 2. Aufl. Neuhaus 865. Landfraß & Sohn. 16. (220 S. mit 1 Titelbild.) n. 5 ngr.

Seke, B., unsere Kriegsmarine u. ihre deutsch-freisinnigen Gegner. Eine Antwort v. der deutschen Seeküste. 8. (VI, 85 S.) Altenburg 890. Geibel. n. 1. —

Sekera, Emil, zur Teratologie der Planarien. (14 S. m. 10 Fig.) Lex. 8. Prag 907. (F. Řivnáč.) — 20
Sonderabdr. aus: „Sitzungsber. d. böhm. Gesellsch. d. Wiss."

Sekira, A. Situations-Plan der in Wien einmündenden Eisenbahnen. Wien 1882. 1 Bl. c. 1.

Die Lehre von der Vormerkung nach dem neuen Reichsrecht. Von Dr. iur. G[regor] Sekler. *München: C. H. Beck 1904.* (VII, 312 S.) 8° [03. 15463]

Sekler, Gregor, Justizref.: Das Wesen der Vormerkung nach dem neuen Reichsrecht. *München: C. H. Beck 1902.* (39 S.) 8°
Tübingen, Jur. Diss. v. 1902

Sekles, Bernh., Musikdiktat. Uebungsstoff in 30 Abschnitten zum Gebrauch am Dr. Hoch'schen Conservatorium in Frankfurt a. M. (61 S.) schmal Lex.-8. Mainz (901). B. Schott's Söhne. n. 1. 50

Sekretär, s. a. Secretär

Sekretair, der, od. der wird sich finden. Dramat. Versuch in 3 A. 8. Eisen. 780. (Bärecke). 6 gr. auch 798. (Hinrichs in Lpz.) 8 gr.

— der, in 3 Akt. 8. Eisenach, Witte kind. 780.

Sekretair, der; od., das wird sich finden. Lstsp. 8. Eisenach. (Hinrichs in Lpz.) 789.

Sekretär und Bediente, der. Lustspiel mit Gesang in 3 Aufzügen. 12. (62 S.) München 888. (Paderborn, Esser.) *
Aus: Münchener Jugendfreund, besonders abgedruckt.

Sekretair, der belehrende bayerische. Ein Hand- und Hülfsbuch für die Geschäfts-, Privat- und Gerichts-Verhältnisse des Bürgers und Landmannes unter besond. Berücksicht. Bayerns. Mit über 800 Formularien. Von einem prakt. Geschäftsmanne. 5., neu bearb. und verm. Aufl. gr. 8. (877 S.) Würzburg 854, Stahel'sche Buchh. *

Sekretär, der belehrende bayerische. Ein Hand- und Hülfsbuch für die Geschäfts-, Privat- und Gerichts-Verhältnisse des Bürgers und Landmannes unter besond. Berücksicht. Bayerns. Mit über 800 Formularien. Von einem prakt. Geschäftsmann und einem Advokaten. 6. Aufl. 1857. und 7. Aufl. 8. (885 S.) Würzburg 859, Stahel'sche Buchh. * 1 Thlr.; geb. *

Sekretär, der belehrende bayerische. Ein Hand- und Hülfsbuch für die Geschäfts-, Privat- und Gerichtsverhältnisse des Bürgers und Landmannes unter besond. Berücksicht. der neuesten Gesetzgebung Bayerns und des Reiches. Mit über 800 Formularien. Hrsg. von einem prakt. Geschäftsmanne und einem Advokaten. 8. ganz neu umgestaltete und sehr verm. Aufl. 14 Lfgn. 8. (894 S.) Würzburg 884,85, Stahel'sche Universitäts-Buchh. à Lfg. * 35 Pf.; compl. * geb. *

Sekretär, der böhmische. Prag 865. Kober. 8. (264 S.) n. 1 $\mathscr{P}$ 26 ngr.; geb. in Halblwd. n. 2 $\mathscr{P}$ 2½ ngr.; geb. in Leinw. n. 2 $\mathscr{P}$ 6 ngr.

Der grätzerische Sekretär oder gründliche Anleitung ...
Grätz 1804. 8°

— der neue bayerische. Eine wohlgewählte Sammlung der besten Formularien zu allen in Bayern erlaubten amtlichen Eingaben, sowie im Privatverkehre vorkommenden schriftlichen Handlungen. Unter Beifügung der nothwendigen Erörterungen ausgearb. von einem Geschäftsmanne. Würzburg 857. Halm. 12. (XII, 323 S.) 15 ngr.

—— der neue bayerische. Eine wohlgewählte Sammlung der besten Formularien zu allen in Bayern erlaubten amtlichen Eingaben, sowie zu allen im Privatverkehre vorkommenden schriftlichen Handlungen. Unter Beifügung der nothwendigen Erörterungen ausgearbeitet von einem Geschäftsmanne. 12. (XII und 323 S.) Würzburg 857, [Julien.]

—— der schweizerische. Ein praktisches Handbuch über Rechts-, Gerichts-, Geschäfts-, Handels- und Gewerbsverhältnisse des schweizerischen Bürgers und Niedergelassenen. — Ein Lehr-, Hand- und Nachschlagebuch für alle geschäftl., gewerbl., amtl. und gerichtl. Büreaux; für jeden Bürger, sowie für junge Leute, die sich auf das prakt. Berufsleben vorbereiten. 8. (827 S.) St. Gallen 866, Altwegg-Weber.
geb. in Halblwd. 1 Thlr. 20 Ngr.; eleg. geb.

Sekretär, der württembergische. 6. und 8. Auflage von Lautenschlager und Schmidt, 9. Auflage von Lautenschlager und Huber. Stuttgart 1870. 75. 80

Sekretierung, die, des Börsenblattes. Komödie in 3 Akten. (Von Max Weg.) Aufgeführt am 11. V. 1903 vom Künstler-Personal des Leipziger Schauspielhauses. (Theater des Börsenvereins, Cantate 1903.) (64 S.) gr. 8. Leipzig 903. (G. Wigand.) n.n.n. 1. 20

SEKT. Jahrg. VI. Nr. 1. 3 (nebst den im Umschlag eingelass. Ansichtskarten), 16. 37; VII. Nr. 6. 9. 28.
Confiscirt Frühjahr 1912.

Sekten u. Geheimbünde, die russischen revolutionären. Der „arme Konrad" in Rußland, s.: Handbibliothek, allgemeine, zur Kultur- u. Sittengeschichte. 1. Bd.

Das Sektenwesen u. seine Existenzberechtigung nach kirchlichen u. modern-politischen Grundsätzen beurteilt Dai. 1898, kl. 8°. (Jahrg. 29 Heft 1)

Sektierer, die russischen, m. besond. Berücksicht. der neueren evangelischen Strömungen in d. orthodoxen Kirche. gr. 8. (V, 53 S.) Leipzig 890. Aug. Neumann's Verl. n. 1. 20

Sektion, die entomologische, der schlesischen Gesellschaft für vaterländische Kultur in ihrem 50jährigen Bestehen. (Von K. Letzner.) Breslau 858. Graß, Barth u. Co. in Comm. gr. 8. (76 S.) n. 10 ngr.

Sektion, die entomologische, der schlesischen Gesellschaft für vaterländische Kultur in ihrem 50jährigen Bestehen. Breslau am 21. Dezbr. 1858. (Von C. Letzner.) gr. 8. (76 S.) Breslau 859, (Ziegler.) **

Sektion, die rechtswissenschaftliche, d. babylonischen Talmuds, hrsg. nach der 1., zensurfreien Bombergschen Ausg. (Venedig 1520—21), nebst Varianten aus Druckwerken u. Handschriften, möglichst sinn- u. wortgetreu übers. u. m. kurzen Erklärgn. versehen v. Lazar. Goldschmidt. Nebst e. Anh.: Darstellung d. talmud. Rechtes v. Jos. Kohler. 2 Bde. (XLIX, 1420 u. XXXI, 1254 S.) 30,5×23 cm. Berlin 907. Rosenthal & Co. Kart. 200. —

Sektions-Blatt des Grütli-Vereins Luzern
Ⓢ Das im »Gütlianer« v. 17. 9. 1856 erwähnte Blatt fällt, weil handschriftlich (nur Titel gedruckt), für die Bibliographie außer Betracht.

Sektionstechnik, die, in Versen v. Einem, der in Prüfungsstunden Verse angenehm empfunden. 2 Hälften (76 S.) 8. Erlangen 905. (Berlin, M. Günther.) n. 2. —

Sekular, s. Säcular.

Sekular-Erinnerungen des J. 1848 im Rückblicke auf alle vergangenen Jahrhunderte christl. Zeitrechnung (von Carl Friedr. Göschel). gr. 8. (44 S.) Magdeburg 848, Heinrichshofen. 1/6 Thlr.

Sekular-Feier, Die — der Geburt Mozart's in Salzburg 1856. Oberersche (Endl & Penker) Buchdruckerei in Salzburg. (23 S. 8.)

Sekularfeier in der Wallfahrtskirche auf St. Georgenberg v. 20—20. Juli 1845. gr. 8. (2 B. u. Titkpfr.) Innsbruck 846. (Wagner'sche Buchh.)

Sekular-Fest, das, der Geburt d. Herzogs Karl Eugen v. Württemberg. Gefeiert in Stuttgart, am 11. Febr. 1828. 4. (7 B.) Stuttgart, [Brodhag.] 18 Gr., hrbgs. Pr.

Sekundär-Eisenbahnen, die, d. Königr. Sachsen. gr. 4. (III, 45 S. m. 6 Steintaf., 3 graphisch color. Taf. u. 8 chromolith. Karten.) Berlin 887. (Dresden, Warnatz & Lohmann.) n.n. 5. —

C J P Sekundiz-Predigt zur Jubelfeier des Hochwürdigen P Hilarius Hollek Priester der österreichisch-ungarischen Capuziner-Ordens-Provinz, der Philosophie und Theologie Licentiat und emeritierten Lectors beider Wissenschaften. Vorgetragen in der Klosterkirche obbenannten Ordens zu Preßburg am 1. November 1875 von C J. P Cap Preßburg 1875. Druck v Carl Angermayer, vormals Alois Schreiber 13 S - 215 mm

Sol, Wilh., Topografie d. menschlichen Körpers. Imp.-Fol. (4 Steintaf.) Pilsen 876. Maasch. n. 2. 40

Seladoniade. Ein scherzhaftes Heldengedicht. Prag 1779. V: *Uhlich, Gottfr.* (BGE VII², 277) (GGr VI/726, Nr. 13) (Greif 49/2481) (Wiener Realzeitung 1775, S. 825) (GGr IV/233, Nr. 11) (Böhmische Litt. 1779) (Karajan 1608) (Hayn S. 291) (Bibl-Port) (GGr IV²/1217, nicht: ***Weidmann, Paul.*** (Allg. Deutsche Biographie 44, 463)

SELADONIADE. Ein scherzhaftes Heldengedicht in fünf Gesängen. Prag, bey J. F Edlen von Schönfeld, 1779. 8⁰. Rar!
Karajan's Bibl. II. Wien. 1879 no. 1608.

Selak, Frz., zur Reform des Gymnasiums als einer Universalschule. gr. 8. (32 S.) Agram 879, (Suppan's Universitäts-Buchh.) *

Selam. Ein Almanach für Freunde des Mannigfaltigen auf das Jahr . . . Hrsg. v. I[gnaz Vinzenz] F[ranz] Castelli.
Wien: Ant. Strauß [1812?]. 16°
[Mit zusätzl. Kupfert]
1813: [1812?] 17 Bl., 284 S., 2 Bl., 3 Notenbl. [*Kupfer fehlen?*]

Selam. Ein Almanach fur Freunde des Mannigfaltigen.
Wien
Hrsg.: Ignaz Franz Castelli.
1815.

Selam oder die Sprache der Blumen. Berlin 1820. V: *Symanski, Johann Daniel.* (Ky) (EE) (GGr) »1821« (Hitzig)

Selam, od. die Sprache der Blumen (v. J. D. Symansky). 12. Berl. 820. 2e Aufl. mit 1 Kpf. u. 1 Vign. 821. 3e Aufl. 823. (Cosmar u. K.) 2 Thlr. 8 gr. hbg. Pr. 1 Thlr.

Selam, oder die Sprache der Blumen. 2te Aufl. 12. Berlin, Christiani. 821.

Selam, der, des Orients, od. die Sprache der Blumen. 3 Thle. gr. 12. Berlin, Posen u. Bromberg 841, Mittler. n. 2 Thlr. (Einzeln à Thl. n. 2/3 Thlr.)

§ **SELAMINTES.** — Der Narrische und doch Beliebte CUPIDO, oder Ein schertzhaffter ROMAN, welcher in verschiedenen neuen und raren Geschichten die Aufffuhrung der jungen Welt vorstellet; Nebst einer Vorrede, die zu einer Recommendation des neulich heraußgekommenen, Lieblichen und doch Kriegerischen CUPIDO (des ***Behmenus***; s. d.) dienen kan; außgefertiget von SELAMINTES. Mit Titelkpfr. Leipzig, Halle u Hamburg, 1713 8⁰. (In Munchen: an P. o. germ. 259 d.)
Tit. (roth u. schwarz), 6 Bll. Vorr. u 320 S Sehr pikant u. ausserst selten!
Behmenus (selbst ein uppiger Erotiker), Poetisches Cabinet . . . . Frf. u. Lpz 1715 Kl. 8⁰. S 90. Uber Selamintes narrischen und Narrheitsvollen Cupido:

Diß Schmier-Werk ist gewiß vor Bestien geschrieben.
Ja Denn es handelt nur von bestial'schen Trieben.
So wird der Autor auch ohn Zweiffel solche lieben.
Wie muß die Tugend sich hieruber wohl betruben?

— — Die glückliche und unglückliche Liebe, oder der Unterschied der menschlichen Gemüther, in einigen wahrhafften Geschichten und lesens-würdigen Roman abgebildet von *Selamintes*. Ibid. 1711. 8°. 1 Alph. Große Seltenheit!

Lpz. M. M. V., 1710. E 3 a; [illegible] u. Lpz. O. M. V. 1711. G a b; Cat. Meissner II. p. 661.

Behmenus, l. c. S. 19 (Vorrede): „Hingegen schaue man *Selamintes* „glückliche und unglückliche Liebe", imgleichen den „närrischen und doch beliebten Cupido" an, und sage alsdenn unpartheyisch, ob diese Bücher nicht mit recht absurden und aller Tugend und Ehrbarkeit zuwider lauffenden Fratzen und Zoten fast vom Anfange biß zu Ende angefüllet? Was findet man nicht vor safftige Sachen in seinem närrischen etc. Cupido, p. 134. 135. 138? Ja ist es nicht schändlich, unchristlich, lästerlich, und höchst ärgerlich, Redens-Arten anzuführen, mit welchen um Jesu Christi Wunden jemand zur Hurerey invitiret wird, und einen wie abgeschmackten, so auch verwerfflichen Brief zu eröffnen, da man um Gottes Barmhertzigkeit und um Christi Willen, von seiner Maitresse, einer Gottlosen Ehebrecherin, Geld bittet, wie pag. 129."

Anon.-Lex. I. p. 414 (nach Schröder); Weller, Lex. Ps. p. 512. Sehr rar!

Selamur, grosser Sieg der Naturwissenschaft üb. die Cholera u. alle anderen Epidemien durch die Influentialogie nebst e. Anweisg. sich vor der Cholera u. anderen Epidemien zu schützen u. ihre period. Wiederkehr viele Jahre voraus bis auf das Jahr, den Monat u. die Woche f. jeden Ort auf der Erde naturwissenschaftlich zu berechnen. Nach den neuesten Forschgn. leichtfasslich dargestellt durch Wort u. Bild f. Jedermann. 1. Lfg. Mit 2 Beilagen. Die aegypt. Pyramiden u. Nebelfleck I. nach Herschel. gr. 4. (8 S.) Leipzig 873. (G. Brauns.) — 50

Dem Ehrwürdigen Vater Selanor, stiftete an seinem erneuerten Geburtstage ein Denckmahl der zährtlichsten Freude und Danckbahrkeit die unter seiner Väterlichen Aufsicht versamlete Heerde der Schäfer und Schäferinnen. 1748. den 21. April. Königsberg, gedruckt in der Königl. Hof- und Academischen Buchdruckerey. fol.

Selar, L. v., Frauenlist, s.: Kühling's, A., Album f. Liebhaber-Bühnen.

Selasinsky, die Leistungen des Cadetten-Corps in der neuesten Zeit. Nebst 4 Anhängen. A. Grundzüge der zeitgemäßen Umgestaltung des Cadetten-Corps. B. C. D. Listen der durch Rang oder sonst ausgezeichneten vormal. Cadetten. Zur Verständigung mit den Gegnern dieser Anstalten. gr. 8. (32 S.) Berlin 849, Mittler & Sohn in Comm. n. ⅙ ß

Selasinsky, Eberh. v., s.: Satzungen u. Reglements des internation. Luftschiffer-Verbandes.

Simon Petrus Devaranne. Eine Skizze seines Lebens und Wirkens. Vorgetragen in einem engeren Kreise von Ordens-Brüdern am 27sten Dec. 1859 vom Br. [Karl Friedr.] **v. Selasinsky.** Berlin 1860: Mittler & S. 14 S. 8° [Umschlagtit.]

Dürfen Geistliche Freimaurer sein? Erwiederung auf die in der Evangelischen Kirchen-Zeitung Jg. 1853 [von Ernst Wilh. v. Hengstenberg] gegen den Freimaurer-Orden erhobenen Beschuldigungen vom Br. [Karl Friedr.] **v. Selasinsky.** (Als Ms. f. d. St. Johannis-Tochterlogen der Grossen Landes-Loge d. Frmr. von Deutschland [in Berlin] gedr.) Berlin 1853: Mittler & S. 10 S. 4° [Umschlagtit.]

Selasinsky, K. F. von, Vorträge für St. Johannis-Lehrlinge. Eine Weihnachtsgabe für die Tochterlogen der Grossen Landesloge von Deutschland. Berlin. I. Thl. 1855. II. Thl. 1858.

Zwei Vorträge gehalten im Grossen Ordens-Kapitel der Grossen Landes-Loge von Deutschland in Berlin durch [Karl Friedr.] **v. Selasinsky.** Als Ms. f. Bbr. [Berlin 1849]: Mittler. 38 S. 8°
cf. Bh. 9 (1866) S. 173—175.
Tt. 2191. Trauerrede auf Henckel v. Donnersmarck u. Ansprache Selasinskys bei seiner Einsetzung als Ordensmstr. 23.

Selb: Ueber den Höganit, nunmehr Natrolith genannt, nebst einigen geognostischen Bemerkungen über die Gegend in Högau und über den dasigen Klingstein-Porphyr. (Aus den neuen Schriften der Gesellsch. naturforsch. Freunde.) Berlin 1802. 4°

Selb: Uebersicht des neuesten Mineralsystems nach den Mischungsverhältnissen der Fossilien. 1808. 8°

Selb, Einfaches Verfahren, das Dasein des Laugensalzes in den Fossilien zu entdecken, nebst einigen Bemerkungen in Hinsicht auf die zur Untersuchung angewandten Fossilien. (Aus: Neues Allg. Journ. der Chemie, 2. B., 4. H., 18. Beiträge zur Chemie der Mineralien.)

Selb, A[ugust] & A. Tischbein. Memorie di un viaggio pittorico nel littorale austriaco di A. Selb ed A. Tischbein. Trieste 1842. (Presso gli Editori e H. F. Favarger. Litogr. di B. Linassi e Co.).
Tit., 1 Bl. Widmung u. 20 Taf. in Lithogr. 2°
Mit italien. und deutschen Unterschriften. Der auf dem Umschlag angekündigte deutsche Text nicht erschienen.

Selb, C. J.: Andeutungen von Beweisen für die Vulkanität der Basaltberge in Schwaben, hergeleitet aus ihren Lagerungs-Verhältnissen und ihrer Stellung gegen die übrigen Gebirgsformazionen. Hanau 1822. 8°
Sep.-Abdr. aus: Leonhard's Taschenbuche.

Selb, C. J.: Reise nach Graubünden und den dortigen Bergwerken von Reichenau in den Jahren 1810 und 1811. Nürnberg 1812.

— mineralog. Studien, s. K. C. v. **Leonhard.**

Selb, (C. J.) geognost. Verhältnisse der Gegend um Dürrheim; zur Beurtheilung des daselbst mit glückl. Erfolge erbroch. Salzlagers. gr. 8. Carlsr. 822, Braun.

Selb, J., Gallerie berühmter Menschen. 6 Hfte. Fol. Münch. 819. (Zeller). (à 3 ß) 18 ß

— s. Tempelruinen v. Corinth 2c.

Selbach, C. A., der Einjährige muß bleiben! Eine Entgegng. auf die Broschüre e. „Unparteiischen" „Der Einjährige muß weg". gr. 8. (16 S.) Düsseldorf 893. C. Lintz. n. — 60

Selbach, C. A. Der moderne Kirmestrubel u. seine Einflüsse. 8. (14 S.) Barmen 891, Steinborn u. Comp. * — 25

Selbach (K.), Geologische und bergmännische Beschreibung des hohen und östlichen **Westerwaldes.** Nebst einem Verzeichniss der organischen Reste in den Tertiärschichten von K. **Koch.** (Sep.-Abdr. aus **Odernheimer,** Berg-, Hütten- und **Salinen-**Wesen in Nassau.)

Selbach, K., Geologische und bergmännische Beschreibung des Hohen und Östlichen Westerwaldes. Nebst einem Verzeichnis der organischen Reste in den Tertiärschichten von K. Koch. Wiesbaden, 1867. 105 S. mit 4 Taf.

Selbach, K., Kritik der Fangvorrichtungen an Förderkorben. Berlin, 1889. 78 S. mit 3 Taf.

Selbach, Karl, illustriertes Handlexikon des Bergwesens. (In ca. 8 Abtlgn.) 1. u. 2. Abtlg. (S. 1—160.) Lex.-8. Leipzig (906). C. Scholtze. à n. 3. —

Selbach, Karl, illustriertes Handlexikon d. Bergwesens. Mit 1237 Abb. u. Taf. 3.—9. Abtlg. (VIII u. S. 161—720.) Lex. 8. Leipzig (907). C. Scholtze. à 3.— (Vollst.: 27.—; geb. in Halbfrz. 30. —)

Selbach, Leo: Aus d. Krankenh. d. Barmherzigen Brüder zu Bonn. Chefarzt Rumpf. Ueber Herzerkrankungen nach Verletzungen der Brust durch stumpfe Gewalt und ihre Begutachtung nach den Unfall- und Invaliden-Versicherungsgesetzen. Bonn 1909: Foppen. 57 S. 8°
Bonn, Med. Diss. v. 21. April 1909, Ref. Schultze
[Geb. 31. Mai 76 Lüdenscheid; Wohnort: Bonn; Staatsangeh.: Preußen; Vorbildung: Gymn. Hagen i. W. Reife M. 95; Studium: Bonn 11 S.; Coll. 21. Apr. 09; Approb. 20. Juni 07.] [U 09. 371

Selbach, Ludwig

Selbach, L., das Streitgedicht in der altprovenzalischen Lyrik u. sein Verhältniss zu ähnlichen Dichtungen anderer Litteraturen, s.a. Ausgaben u. Abhandlungen aus dem Gebiete der romanischen Philologie.

Selbach, Ludwig [aus Hohenlimburg]: Das Streitgedicht in der altprovenzalischen Lyrik und sein Verhältniss zu ähnlichen Dichtungen anderer Litteraturen . . . (Aus: Ausg. u. Abh. a. d. Geb. d. roman. Philol.) Marburg, C. L. Pfeil'sche Univ.-Buchdr. 1886. 49 S. 8°
Marburg, Phil. Fak., Inaug.-Diss. v. 20. Mai 1886.

Selbach, Max: Das Sarcom des Uterus. *Bonn 1898: K. Drobnig.* (34 S.) 8°
Bonn, Med. Diss. v. [25. Mai] 1898

Der Kaufmann und seine Firma. Dargest. von Walther **Selbach**, Ger.-Ass. *Essen: G. D. Baedeker 1902.* (VI, 50 S.) 8° [J.]

Selbach, Willy [cand. med.]: Ist nach länger dauernden Ätherinhalationen eine tödtliche Nachwirkung derselben zu befürchten? ... Leipzig, Druck v. J. B. Hirschfeld, 1894; 1 Bl., 19 S. 8.
Bonn, Med. Fak., Inaug.-Diss. v. [14. Juli] 1894

Wandfibel von E. Selber. Mit hohem Erlass des k. k. Ministeriums für Cultus und Unterricht, Z. 29.529 vom 27. October 1900 allgemein zulässig erklärt. Wien. 1901. Freytag & Berndt. 42 Tafeln à 101 × 80 *cm*.
Roh einzelne Tafeln K —.70, compl. K 22.—

Selber, E., Wandfibel. 42 Taf. à 102×81 cm. Mit Text. gr. 4. (1 Bl.) Wien (901). G. Freytag & Berndt. n n. 18. 50; auf Pappe n n. 36. —

Selber, M. J. R., die Rache d. Gespenster, s.: Carnevals-Bühne, Nr. 5.

Selberg, Ed., üb. d. vergangene u. gegenwärt. Lage d. Insel Java. Nach holländ. u. engl. Quellen u. eigener Anschauung bearb. gr. 8. (7½ B.) Rinteln 840, [Bösendahl.]

Selberg, Ed., über die vergangene und gegenwärtige Lage der Insel Java. Nach holländ. u. engl. Quellen u. eigener Anschauung bearb. gr. 8. Rinteln 840. Literarisch-artist. Verlags-Institut. ¾ ₰

—— de Phantasia. Dissert. inaug. physiol. med. 8maj. (3 B.) Rintelii 836, (Bösendahl.)

— de Phantasia. Dissertatio inaug. physiologico-med. 8 maj. Rinteln 836. (Osterwald.) n. ¼ ₰

Selberg, Dr. Eduard, *Reise nach Java u. Ausflüge nach den Inseln Madura u. St. Helena.* Mit 1 Plane von *Batavia* und Umgebungen. Oldenburg, Gerhard Stalling, 1846. Amsterdam, bei W. H. Schonekat. 8°. Gering papierfleckig. Schöner Hfrzb., m. Beibd.
Schmutztit., VII—344 S., 1 Bl. Err., 1 Kärtchen. Lat. Lett. — Wenig bekannt u. nicht häufig!

Selberg, Ed., Reise nach Java u. Ausflüge nach den Inseln Madura u. St. Helena. Mit einem Plane von Batavia und Umgebungen. 8. Oldenburg 846, Stalling. 1½ ₰

Bericht des deutschen Hilfs-Komitees für die in Süditalien durch Erdbeben Geschädigten. Erstattet durch Emil **Selberg**. Berlin: Süsserott 1910. 174 S. 8° [10. 11711 8

Selberg, Emil, Bericht des deutschen Hilfskomitees f. Ostasien. (XIX, 271 S.) gr. 8. Berlin 903. D. Reimer. n. 4. —

Bericht des Deutschen Reichs-Komitees zur Aufbringung des nationalen Luftschiffbaufonds für Graf von Zeppelin erstattet durch Emil **Selberg**. Berlin: Süsserott 1909. 70 S. 8°

Selberg, Em. Ferd. (geb. Rinteln a. W. 22. 8. 1843): Ein Fall von Uraemie mit Amaurose nach Nephritis scarlatinosa. Berlin (1867). (32 S.) 8°
Berlin, Med. Diss. v. 6. Aug. 1867

Selberg, Ferdinand [aus Berlin]: Beiträge zur Kenntnis der Giftwirkung der Schweineseuche-Bakterien und anderer bakteriologisch verwandter Arten ... Berlin, Buchdr. v. G. Schade, *1896*; 32 S., 1 Bl. 8.
Berlin, Med. Fak., Inaug.-Diss. v. 7. Febr. 1896

Die aerztlichen Unterstützungskassen in Deutschland. Zsgest. von Dr. [Ferdinand] **Selberg**-Berlin. (Leipzig [1902]: Ackermann & Glaser.) (XIII S.) 4°
(Tagesordnung d. XXX. Deutschen Aerztetages in Königsberg i. Pr. Beil. No 1.)

Selbich, Adf., Liberalismus, Socialismus, Anarchismus, s.: Horsky, Rud.

Selbig, Elise

— u. W. Willmar, der Kranz. 4 Thle. 8. Meißen 817 u. 818. Goedsche. 4 ₰ 6 gr

Selbig, Elise, (Charl. E. L. W. v. Ahlefeld), Myrthe u. Schwert. 8. Meißen 819. Goedsche. 1 ₰ 14 gr

— u. Wilh. Willmar, Schmetterlinge. 1r Thl. 8. Meißen 819. Goedsche. 1 ₰ 6 gr 2r Thl. A. u. d. T.: Iris. 8. Ebd. 820. 1 ₰ 8 gr 3r Thl. A. u. d. T.: Hektor. 8. Ebd. 820. 1 ₰ 8 gr

Selbiger, Fr., neues ABC- u. Lesebuch, zur Entwickelung der Seelenkräfte der Jugend beyderley Geschlechts. Mit Kupfern. 8. Berlin, Amelang. 818.

Selbiger, Fr., neues ABC-, Lese- u. Unterhaltungsbuch zur Entwickelung d. Seelenkräfte d. Jugend beiderlei Geschlechts. Mit 8 ill. Kpf. 8. Berl. 818. 2e A. 826. Amelang. 18 gr

— neues Lehr- u. Unterhaltungsbuch z. Aufklär. d. Verstandes u. zur Veredlung d. Herzens. Mit 9 illum. Kpf. 8. Berl. 818. Amelang. 1 ₰ 12 gr Hbg. Pr. 18 gr

Selbiger, Leo: Das Recht des Theaterdirektors auf Zurückweisung ihm missliebiger Personen. *Berlin [1898]: J. S. Preuss.* (54 S.) 8°
Erlangen, Jur. Diss. v. [22. Jan.] 1898

v. Selbiger, Edw., (Hnr. Eph. Steinhart), die Drillinge. 2 Thle. 8. Berl. 811. Maurers B. 2 ₰ 12 gr

— 3 Monate aus d. Leben d. Kanonikus v. S. Noch e. Reise ins Bad. 8. Berl. 806. Maurers B. 1 ℛ 16 g

— die Reise ins Bad. 8. Berl. 803. Maurers B. 1 ℛ 12 g

— Reise nach Italien. Seitenstück zur Reise nach Frankreich. 3 Thle. Mit Kpf. 8. Berl. 804—6. Maurers B. 4 ℛ 16 g

— meine Reise nach Frankreich in den Jahren 1800 u. 1801. 3 Thle. Mit Kpf. 8. Berl. 806. Maurers B. 4 ℛ 10 g

— meine Reise nach Italien, Seitenst. z. Reise n. Frankr. m. K. 3 Thle. 8. Ebend. 804—6. (I. u. III. à 1 Rthlr. 12 gr. II. 1 Rthlr. 16 gr.)

— der goldene Stier. 2 Bde. 8. Berl. 805—10. Maurers B. 3 ℛ
(NB. Die „Revue“ soll auch vom ihm u. nicht von Lüttemüller sein).

Selbiger, Siegfried, approb. Arzt aus Berlin: Aus d. städt. Krankenhaus Gitschinerstrasse zu Berlin. Ein Fall von latent verlaufenem Ureterstein. *Leipzig 1901: B. Georgi.* (27 S.) 8°
Leipzig, Med. Diss. v. (6. Mai) 1901

Selbitz, Heinrich v. [Pseud.], s.a. Barnickel, Heinrich [wirkl. Name]

Selbitz, Heinr. v., Anno dazumal. Bayerische heitere Soldatengeschichten aus vergangener Zeit. Illustr. v. Aug. Kühles. 8. (VII, 202 S.) Ansbach 895. M. Eichinger. Kart. n. 2. 50

Selbitz, Heinr. v. Unter dem Raupenhelm. Bayerische Soldaten-Geschichten aus vergangener Zeit. Illustr. v. Gust. Heine. 1. Bd. gr. 8. (VII, 135 S.) Augsb. 892, Gebr. Reichel. * 2 —

Selbitz, Heinr. v. (Heinr. Barnickel), unter d. Raupenhelm. Bayerische heit. Soldaten-Geschichten aus vergang. Zeit. Mit Illustr. v. Fr. Birkmayer. 2. Bd. gr. 8. (VII, 173 S.) Augsburg 898. Gebr. Reichel. n. 2. —; geb. n. 3. —

Selbitz, Heinr. v. (Heinr. Karl Thdr. Barnickel), in Reih' u. Glied. Bayerische heitere Soldaten-Geschichten aus vergangener Zeit. (VII, 135 S. m. Bildnis.) 8. Ansbach 906. C. Brügel & Sohn. 1. —

Selbitz, Heinr. v., Weiß-Blau ist Bayerisch! Bayerische heitere Soldaten-Geschichten aus vergangener Zeit. (VII, 152 S.) 8. Ansbach 908. C. Brügel & Sohn. n. 1. —

— aus großer Zeit! Kleine Erinnergn. aus d. Feldzuge 1870/71. Verf. v. Heinr. v. Selbitz, Mor. v. Berg u. vielen and. damal. Mitkämpfern. Zusammengest. u. hrsg. von v. S. gr. 8. (1056 S.) Ansbach 895. M. Eichinger. Geb. in Halbfrz. n. 10. 80
Erschien auch in 22 Lfgn. à n. — 40.

Selbmann, Carl, s. Selbmann, Karl

Selbmann, Herm. (geb. Landeshut 26. 12. 1812): De scorbuto. Berolini (1840). (41 S.) 8°
Berlin, Med. Diss. v. 26. Aug. 1840

Selbmann, (K. Fr.,) vom Erd- oder Bergbohrer u. dessen Gebrauch bei dem Bergbau u. in der Landwirthschaft. Mit 4 Kupfertafeln. gr. 8. Leipz 823. Fr. Fleischer.

Selbmann, Karl

Selbmann, C., Moritz Busch, } s. Kübling's, A., Album für Liebhaberbühnen.

Selbmann, Carl. Die Henne m. den goldenen Eiern, s. Bloch's, Ed., Kinder-Schaubühne.

—— Paragraph 11, } s. Kübling's, A., Album für Liebhaberbühnen.

Selbmann, Kurt, Der possessorische Schutz des mittelbaren Besitzes nach d. BGB. Wohlau 1906. 8°.
Leipzig, Jur. Diss. von 1906

Selbst. Vom Verf. des Cecil a peer. Deutsch von Otto v. Wenckstern. 3 Thle. 8. (54¾ B.) Grimma 846, 47, Vrlgs.-Compt.

Selbst. Vom Verf. des Cecil a peer. Deutsch von Otto v. Wenckstern. 2 u. 3. Thl. 8. (304 u. 280 S.) Grimma 847, Verlags-Comptoir. 2½ ℛ (3 Bde. 3¾ ℛ) (siehe auch: Ausland, das belletristische. 1199—1208. Bdchn. — Bibliothek, Europäische, 356—358. Bd.)

Selbst ist der Mann! hrsg. v. Paul Matzdorf, s.: Jugend- u. Volksbühne.

Selbst ist der Mann! Ein Wort an das deutsche Volk, besonders an die Turn- u. Schützenvereine. Darmstadt 860. Diehl. gr. 8. (29 S.) 3¾ ngr.

Selbst, Franz Josef

Selbst, F. J., unsere musikalische Erziehung, s.: Broschüren, Frankfurter zeitgemäße.

— die Kirche Jesu Christi nach den Weissagungen der Propheten. gr. 8. (XII, 428 S.) Mainz 888. Kirchheim. n. 5. 50

—— der katholische Kirchengesang beim heiligen Meßopfer. Populäre Vorträge zum Gebrauche für Geistliche und Laien. 8. (XII, 276 S.) Regensburg 880, Pustet.

Selbst, Joseph wirkl. Name], s.a. Clericus Rhenanus [Pseud.]

Selbst, Jos., Joseph Ludwig Colmar, Bischof v. Mainz 1802—1818. Ein Zeit- u. Lebensbild zum Jahrhundert-Gedächtnis. (55 S. m. 1 Bildnis.) gr. 8. Mainz 902. Druckerei Lehrlingshaus. n. — 50

Selbst, Josef (Hrsg.), s. Colmar, Jos. Ludwig: Predigten über das Lesen der heiligen Schrift ...

— Handbuch zur biblischen Geschichte, s.: Schuster, J.

Selbst, Jos., s.: Katholik, der.

Selbst, J., der katholische Kirchengesang beim heil. Meßopfer. In populären Vorträgen f. Geistliche u. Laien dargestellt. 2., umgearb. Aufl. gr. 8. (XI, 292 S.) Regensburg 890. Pustet. n. 1. 60; geb. n. 2. 60

Selbst, Jos., officium divinum, s.: Mousang, Chrph.

Selbst, Jos., S. sedes Moguntina. Kurzer Abriß der Mainzer Kirchengeschichte. gr. 8. (82 S.) Mainz 892. F. Kirchheim. n. — 40

— Das Alte Testament, s.: Schuster, J., u. J. B. Holzammer: Handbuch zur biblischen Geschichte.

Selbst, Joseph. Die Verehrung des allerheiligsten Altarsakramentes nach dem Rundschreiben Leo XIII. vom 28. Mai 1902. Sechs Predigten, nebst einer einleitenden Abhandlung. [Mit Vignetten.] 112 S. 8. Buchs ⟨Kt. St. Gallen⟩, Schaan..., Lindau i. B., Verlag des «Emmanuel», 1903. [M. 1. —]

Selbst, L.: 21. Weinbau-Kongreß in Mainz. Zur Erinnerung an den Ausflug nach Oppenheim a. Rh. am 18. August 1903. Oppenheim a. Rh. 1903: Traumüller. 36 S. -- 121

Zelbstadvokat, s. Haidinger, Andreas.

Selbst-Advocat, der. Eine Anleitung, sich vor Gericht selbst zu vertreten und die erforderl. schriftl. Eingaben und Anträge selbst zu verfertigen. Nebst einem Anhang, enth. Entwürfe zu Briefen, Verträgen, Contracten rc. Ferner einem jurist. Fremdwörterbuch, Zinsen-, Gerichtskosten- und neueste Wechselstempel-Tabelle. Auf Grund der neuesten Erlässe bearb. 1. und 2. Aufl. 8. (VII, 152 S.) Leipzig 879, Urban. cart. *

Selbständigkeit d. bibliothekar. Berufes. Jubil.-Ausg., s. a. Klette, Ant.

Selbständigkeit, Die, des bibliothekarischen Berufes, mit Rücksicht auf die deutschen Universitäts-Bibliotheken. Leipzig 1871. V: *Klette, Anton.* (Erman & Horn, Bibliographie d. dtsch. Universitäten. 1. Leipz. und Berl. 1904. S. 735.) (Stadtbibl. Frankf. a. M. Kat. der Neueren Bestände.)

Selbständigkeit des bibliothekarischen Berufes, mit Rücksicht auf die deutschen Universitäts-Bibliotheken. Geschrieben am 24. Febr. 1871. gr. 8. (32 S.) Leipzig 871, Teubner.

— die, der Festungs-Artillerie. gr. 8. (18 S.) Berlin 871. Luckhardt. — 75

Selbständigkeit, die, in der Führung des Infanterie-Gefechtes. Ein Beitrag zu dem Kapitel: „Frage eines neuen Exerzier-Reglements" von einem Stabsoffizier. gr. 8. (III, 48 S.) Leipzig 885, Bredow. *

— u. Gleichmäßigkeit nach den Armee-Vorschriften. Eine Entgegng. auf d. Aufsatz „Zum Schreibwesen" in Nr. 74, Jahrg. 1883, d. Militär-Wochenblattes. gr. 8. (32 S.) Berlin 883. Liebel. n. — 75

Selbständigkeit, die, der evangelischen Landeskirche in Preußen und ihre Vollziehung durch das Cultusministerium. Aktenmäßig dargestellt und mit einer Petition der hohen zweiten preuß. Kammer überreicht von Jonas, Sydow, Eltester, Krause, G. Lisko, Müller. gr. 8. (95 S.) Berlin 851, G. Reimer.

Selbstanfertigung des Christbaumschmucks. 8. (51 S. m. Abbildgn.) Berlin 898. J. H. Schwerin. — 75

Selbstanklage, Die, von Anna Thormählen geb. Schneider zu Hamburg gerichtet auf Gattenmord durch Morphium ... Leipzig 1876. V: *Wunderlich, Aug.* (Schz)

Selbstanklage, die, von Anna Thormählen geb. Schneider zu Hamburg, gerichtet auf Gattenmord durch Morphium und deren Freisprechung. Eine crit. Studie. gr. 8. (66 S.) Leipzig 876, Gebhardt's Verlag. *

Selbstanwalt, der deutsche. Handbuch zur Führung der Prozesse beim Amtsgericht nach den deutschen Reichsgesetzen, nebst Anweisung zur Selbstvertretung, wie Formularen zu allen amtsgerichtl. Eingaben und Gerichtskosten-Gesetz. 8. (79 S.) Berlin 883, Malzahn. *

Selbstanzeigen, wissenschaftl.-litterarische, u. Inhaltsangaben deutscher Bücher, m. ständ. Beiblatt: Verzeichnis der Einzelarbeiten aus deutschen Büchern, speziell Sammelwerken, u. der in deutschen Zeitschriften u. Zeitgn. erschienenen ausführl. Bücherbesprechgn., in zum Ausschneiden d. Titel geeigneter Weise gedruckt. 1. Jahrg. 1902. Nr. 1. gr. 4. (40 Sp.) Leipzig, F. Dietrich. — 30

Mehr nicht erschienen.

Selbstarzt, Der. Wien 1872. V: *Blüml, Alois.* (Erdinger, Bibliogr. d. Clerus der Diöcese St. Pölten. 2. Aufl. St. Pölten 1889. S. 32.)

Selbstarzt, der beste, wird man nur durch diejenige Lehre, welche zeigt, wie die Krankheitsursachen verhütet rc. werden können. 2. Aufl. 8. (V, 175 S.) Oberglatt-Zürich 886, Keller. *

Selbstarzt, der, bei Hartleibigkeit und eingewurzelter Leibesverstopfung, oder: Faßliche Anweisung für Unterleibskranke, die natürl. Functionen aller Verdauungsorgane wiederherzustellen rc. Nach J. Burne rc. bearb. 3. Aufl. 16. Cöslin 854, Volger'sche Buchh. *

Selbstarzt, der, bei geschwächten und zerrütteten Verdauungsorganen, oder faßliche Anweisung für Unterleibskranke, die natürlichen Functionen im Verdauungsapparate wiederherzustellen rc. Nach J. Burne. 4. (Titel-)Aufl. 16. Cöslin (854)57, Volger. *

Selbstarzt, Der, wie er sein sollte, eine Morgenlectüre ... Leipzig 1802. V: *Niceus, Christian Friedrich.* (Adel) (Ky) »1797« (MGT)

Selbstarzt, der, wie er sein sollte, eine Morgenlectüre f. Herren u. Damen, (v. Chr. Fr. Niceus). 8. Leipz. 802. Graffé, (a. Joachim). 1 ₰ 12 ℊ

Russlands glorreiche Selbstaufopferung zur Rettung der Menschheit. (XVI. 255) 8. Leipzig 1815.

Selbstbefleckung, die, (Onanie) ihre Erkenntniß, Ursachen, Folgen, Vorbauungsmittel u. sichere Heilung. Von einem prakt. Arzte. 2. Aufl. 16. (3 3/8 B.) Stuttgart 846, Sonnewald.

Selbstbefleckung (Onanie), die, ihre Erkenntniß, Ursachen, Folgen, Vorbauungsmittel und sichere Heilung. Von einem pract. Arzte. 3. Aufl. gr. 16. (62 S.) Stuttgart 852, Sonnewald'sche Buchh.

Selbstbefreiung, d. ökonomische, d. modernen Geistesarbeiter. I. Tl. Kritische Ideen gegen d. tradition. Berufe d. Geistesarbeiters. II. Tl. Neue Ideen, Pläne, Projekte u. Anreggn. z. Entwicklg. neuer Existenzrichtgn. f. d. Geistesarbeiter. In unmittelbar prakt. Anwendg. ermöglicht der II. Tl.: Sofort. Geldverdienste u. Gründgn. neuer ergieb. Existenzen ohne u. m. geringem Betriebskapital. gr. 8. (218 S.) Friedenau-Berlin 897. (Fiedler & Kluge.) 3. 50

Selbstbeherrschung. Schausp. v. A. W. Iffland. 8. Lpz. Göschen. 800.

Selbstbekenntnisse oder vierzig Jahre eines oft genannten Arztes. Leipzig 1854—55. V: *Klencke, Philipp Frdr. Hermann.* (Erman & Horn, Bibliogr. d. dtsch. Univ. 1. Leipz. u. Berl. 1904.)

Selbstbekenntnisse oder vierzig Jahre aus dem Leben eines oft genannten Arztes. 1. und 2. Bd. (Lehrjahre und Lebensschule. — Ideal und Welt.) 8. (668 S.) Leipzig 854, Kollmann. à Bd. 1 Thlr. 10 Ngr.

—— dass. — 3. Bd.: Schein und Sein. 8. (391 S.) Ebds. 855.

Selbstbelehrung und Selbsthülfe bei Rückenmarksleiden und deren Dependenzen. Für gebildete Leidende aller Stände nebst Anhang: Secreta. 8. Hannover 870. Hamburg, L. M. Glogau.

Selbstbeleuchtung, sozialdemokratische, s. a. Volksbibliothek, soziale.

Selbstbeleuchtung (Socialdemokratische). Ein Spiegelbild der socialdemokratischen Partei. 8°. M.-Gladbach, Zentralstelle des Volksvereins f. d. kathol. Deutschland, 1907. (Sociale Volksbibliothek, Nr. 7.)

Selbstbeschränkung, freiwillige, eines hochedlen Raths zu Bremen, in dem Rechte, seine Mitbürger zu wählen. 8. Hamb. 815. Perthes u. B. 3 gr

Selbstbeschreibung zum Andenken für meine Kinder. Kasan u. Berl. 1810. V: *Erdmann, Joh. Chph.* H: *Erdmann, Joh. Frdr.* (Erman & Horn, Bibliographie d. dtsch. Universitäten. 1. Leipz. u. Berl. 1904. S. 56.)

Selbstbetrug

— der; ein Lstspl. 8. Leipz. 790. Hinrichs. 5 gr

Selbstbetrug, der,. Originallustsp. 8. Eisenach, Wittekind. 794.

Selbstbetrug, der; Original-Lstspl. 8. Eisenach 795. Bärecke. 4 gr

Selbstbetrug des Lasters, od. Gesch. der Miß Honora, ist Unterricht u. Zeitvertreib 7r Thl.

Selbst-Bewahrung, die, oder Rath und Hilfe für Geheim-Kranke, praktisch dargestellt von E. K. qu. 8. Prag 868, (Steinhauser.) Verklebt. *

Selbstbildung, s.: Miniatur-Bibliothek.

Selbstbiographie [Ausschnitte aus der Zeitschrift „Libussa"] Prag 1844—49.

Selbstbiographie e. Asylistin d. Frauenheim vor Hildesheim. Hrsg. v. Isermeyer. gr. 8. (34 S.) Hildesheim 889. Past. Isermeyer. n. — 20

Selbstbiographie v. D. Aug. Friedr. Wilh. Crome, Senior d. Universität Gießen u. mehr. europ. Akadn. Mitglied, Großh. Hess. Geh. Rath u. Commandeur d. kgl. dän. Dannebrogs-, so wie d. Großh. Hess. Ludwig-Ordens. Ein Beitr. zu den gelehrt. u. polit. Memoiren d. vorigen u. gegenwärt. Jahrh. gr. 8. (30½ B.) Stuttgart 833, Metzler.

Selbstbiographie des Husaren-Obersten von ......ky, od.: meine militairische Laufbahn im Dienste Friedrichs des Einzigen. Aus dessen hinterlass. Papieren hrsg. 2 Thle. 8. (37½ B.) Leipzig 843, Kollmann.

—— eines Landpredigers, aus dess. Tagebuche u. Erinnerungen. Eltern, Erziehern, Lehrern u. d. heranwachs. Jugend insbesond. gewid. 1. Thl. — A. u. d. T.: Jugendgeschichte e. Landpredigers ꝛc. 8. (9 B.) Göttingen 831, Vandenhoeck u. Ruprecht.

—— dass. 2. Thl. — A. u. d. T.: Der Student, od. d. akadem. Cursus e. Landpredigers. 8. (11½ B.) Ebds. 834.

—— dass. 3. Thl. — A. u. d. T.: Der Candidat, od. Candidaten-Leben e. Landpredigers. 8. (8 B.) Ebds. 835.

Selbstbiographie des Lueleagh, eines schott. Dachshundes, s. Novellen-Sammlung.

Selbstbiographie eines ehemals der Neologie ergebenen Predigers. Herausg. v. J. K. Rüscheler. 8. Basel 809.

——, Joh. Chrstn. Heinr. Rincks, Großh. Hess. Cantors, Hoforganisten, wie auch Kammer-Musici in Darmstadt. Aus der Musikzeitschr. „Eutonia" besond. abgedruckt f. d. vielen Freunde dies. hochgeehrt. Veteranen d. Tonkunst u. sein. Compositionen. gr. 8. (2 B.) Breslau 833, Aderholz.

Selbstbiographie des Grafen Leop. Sedlnitzky von Choltitz, Fürstbischofs von Breslau, † 1871, nach seinem Tode aus seinen Papieren hrsg. Mit Portrait. Berlin 1872. 8.

Selbstbiographie und Selbstbekenntnisse des heiligen Rockes zu Trier. Nebst dessen Urtheil über Jh. Ronge u. Bischof W. Arnoldi. gr. 8. Hamburg 845, Berendsohn. n. 1/12 ℳ

Selbstbiographien, ausgewählte, aus d. 16. bis 18. Jahrh. Hrsg. v. Chrn. Meyer. Mit 4 Porträt-Taf. 8. (XIII, 248 S.) Leipzig 897. J. J. Weber. n. 5. —

Selbstbiographien merkwürd. Männer, hersgg. v. D. Cph. Seybold. 2 Thle. 8. Winterthur 796 u. 97. Steiner. 2 ℳ 16 gr (2r Th. A. u. d. T.: J. B. Andreä Selbstbiographie. 1 ℳ 8 gr)

Selbstbiographieen, zeitgenössische. I.—III. Bd. gr. 8. Berlin, Schuster & Loeffler. 17. —; geb. 21. 50

I. **Meine Lebensreise.** Autobiographie. Von Herm. v. Lingg. (188 S. m. Bildnis.) 899. 5. —; geb. 6. 50
II. **Richter u. Dichter.** Ein Lebensausweis. Von Ernst Wichert. (304 S. m. Bildnis.) 899. 6. —; geb. 7. 50
III. **75 Jahre Leben, Schaffen, Streben.** Eines Malersmannes letzte Skizze. Von Carl Emil Doepler dem Aeltern. (501 S. m. Bildnis.) 900. 6. —; geb. 7. 50

SELBSTDENKER, Johannes (d. i. *Joh. Friedr. Wilh. Anderssen*), Donchen über Dönchen, nebst Epistel an die Venus-Nymphen zu Paphos! oder Kuddelmuttel (so!) an allen Ecken. Gegenstück zum Bruder Pfiffikus . von — Altona 1841.

SELBSTDENKER, Johannes (d. i. *Joh. Friedr. Wilh. Anderssen*), Der beichtende Pfiffikus, oder Der schlaue Gast. Drollige, besonders in den Jahren 13 und 14 sich zugetragene Abenteure(!): Dem Hahnrey — zur Belehrung; und als Epistel — für Stutzer, — Wüstlinge, und sinnreicher (!) Schönen. (Heft 1.) Altona, gedruckt bei C. G. Pinckvoß. 8°. 16 S. 70 vierzeil. Str. — (Heft 2.) Ebd. 32 S. (incl. Titel u. S. III—VI „Vorposten-Gefecht"). — S. 7 ff.: Drollige Traum-Erzählung, des Land-Junkers. (137 vierzeil. Str.) Rar!

Selbstdiktierer, der. Praktisches Hilfsmittel zur leichteren Fortbildung in der Stenographie aller Systeme. 2. Hft. gr. 8. (24 S.) Frankfurt a/O. 899. (L. Massute.) n. — 12
Hft. 1 erschien u. d. T.: Stenographie-Uebungsheft.

Selbstdispensiren, über das, der Homöopathiker. Von e. prakt. Juristen. gr 8. Leipzig 834. (Künzel.) 1/6 ℳ

Selbsteinschätzung, die, nach dem neuen Einkommensteuer-Gesetz v. 19.VI. 1906 m. Muster-Deklaration, Einkommen-Geheimregister u. Tarif. (48 S.) gr. 8. Arnsberg (907). F. Stahl. — 50

Selbsterkenntnis ein Weihgeschenk für die Zeit. Wien 1870. V: *Fick, Joseph.* (Hist.-pol. Bl. f. d. kath. Dtschld. 89 (1882), S. 438.)

Selbsterkenntniß. Ein Weihgeschenk für die Zeit. gr. 8. (40 S.) Wien 870, Mayer und Comp.

„Selbsterlebtes" 1870/71. Von verschiedenen Verfassern. Sonder-Abdr. v. d. Umschlägen d. Kriegs-Tagebuches d. Obersten v. Elpons. 8. (III, 112 S.) Saarbrücken 894. Wilmersdorf b. Berlin, E. Klingebeil. n. — 80

Selbsterlebtes aus den Kriegsjahren 1870/71 erzählt von Mitgliedern des Krieger-Vereins Jena mit e. Anh.: Die Geschichte d. Krieger-Vereins, z. Erinnerung an d. 25j. Vereins-Jubiläum. (Vorr.: [Prof.] K[arl] Lincke in Jena.) *Jena: A. Kämpfe 1897.* (VIII, 136 S.) 8°

Selbsterlernung, die, der italienisch-doppelten Buchführung und vollständige Handels-Korrespondenz. 8. (78 S.) Berlin 878, Alexander.

Selbsterzieher, der, od. Wie wird man glücklich, frei? Moralische Goldkörner, enth. Lebensgrundsätze u. Weisheitslehren als Grundsätze f. e. geordnete Lebensführg., gesammelt u. hrsg. v. Vater Jakob. (94 S.) kl. 8. Leipzig 907. Verl. f. Literatur, Kunst u. Musik. 1.50; geb. n 2.50

Selbstgefühl; Schauspiel in fünf Akten. Braunschweig 1800. V: *Klingemann, Ernst Aug. Frdr.* (Ky)

Selbstgefühl; Schspl. in 5 A., (v. A. Klingemann). 8. Braunschw. 800. Schröder. 16 gr.

Von der **Selbstgerechtigkeit.** Eine maurerische Zeichnung aus der Loge Wilhelm zur Liebe und Treue, Or. Delitzsch. Febr. 1889. Delitzsch [1889]: Meyner. 10 S. 8° [Umschlagtit.]
in: L. 12 1889 S. 105—107.
In Bezug auf die mr. Arbeit.

Selbstgespräch. [Greifswalde 1755.] V: *Spalding, Johann Joachim.* (MGT)

Selbstgespräch eines Autors. Mit 45 Scholien . . . O. O. 1773. V: *Hamann, Joh. Gg.* (Hamann, Schriften, hsg. Roth IV.) »[Riga]« (ML) (R-N)

Selbstgespräch, ein, Friedrich Wilhelm des IV., Königs von Preußen, niedergeschrieben als Kronprinz beim Antritte seines 1[illegible]. Jahres. Herausgeg. nach einer Abschrift seines damal. Erziehers Friedrich Delbrück's. 8. Bern 842, Jenni, Sohn. 1/8 ℛ

Selbstgespräch einer Tirolerinn. Zur Feyer des Nahmensfestes Ihrer Majestät der Kaiserin. [Innsbruck 1822.] V: *Müller, Anton.* (Margr)

Selbstgespräche. Ein Versuch des philosophischen Bewusstseins sich mit den populären Bewegungen der Gegenwart zu vermitteln. Berlin 1846. V: *Haym, Rudolf.* (Ky)

Selbstgespräche. Ein Versuch des philosophischen Bewußtseins sich mit den populären Bewegungen der Gegenwart zu vermitteln. (Von R. Haym.) gr. 8. Berlin 846, Amelang's Sort.-Buchh. n. 12 ngr

Selbstgespräche eines Bürgers in Urfahr, als er am 2ten Juni 1786 in der Domkirche zu Linz das Zeichen zum öffentlichen Gebete gehen hörte. Linz. V: *Cremeri, Benedict Dominik Anton.* (Wiener Kirchenzeitung 1786, Sp. 437—439) (biblport)

Selbstgespräche d. Gerlach Petri, d. 2e Kempis genannt. — Das Büchlein Alberts d. Großen, wie man Gott anhangen soll. — Des Eremiten Blacherna 365 Fragen v. Freunde d. Geliebten. — Drei Büchlein, das innere Leben betreffend. — Nebst 2 geistl. Liedern d. Jh. Rusbroch. Uebers. u. bearb. v. R. Casseder. gr. 12. Frankf. 824. Hermann. 16 gr Hbg. Pr. 8 gr

Selbstgeständnisse von Sim. Deutz üb. sich u. d. Gefangennehmung d. Herzogin v. Berry. A. d. Franz. d. Verf. gr. 12. (3½ B.) Grimma 835, Verlags-Comptoir.

SELBSTGESTÄNDNISSE einer Frau von Stande. Seitenstück zu Hermann von Löbeneck. 2 Thle. Stockholm (Rostock 1809). 8°. Zahm. (1½ Rthl. Scheible, vor 1875.)
Fehlt Kayser p. 115 unter Romanen. Weller, fing. Dr. — Der andere auf d. Titel erwähnte Roman (von *Ludw. Aug. Kähler*) erschien in 2 Theilen: Lpz., Göschen, 1805—6. 8°.

Selbstgeständnisse und Leiden, Die, der grossen Frau oder ihr geheimes Tagebuch. Berlin 1798. V: *Siede, Joh. Chrn.* (BGE VII², 301)

Selbstgeständnisse u. Leiden d. großen Frau, od. ihr geheimes Tagebuch, hrsgg. v. J. Chr. Siede. 8. Bresl. 798.

Selbstgeständnisse, Napoleons, a. d. Franz. Nebst einem kurzen Abrisse seiner Lebensgeschichte . . . Leipzig 1823—24. Ü: *Bergk, Johann Adam.* (Ky) (NN) (MGT)

SELBSTGESTÄNDNISSE einer Verführten. (Zahmer Roman.) Mit Titelvignette. Rudolstadt, 1808. Hofbuchhandlung. 8°. (4 Mk. Max Jäckel, Potsdam, 1908.)
Hat auch d. Tit.: Gemälde nach dem Leben, in Teutschland gesammelt. Bd. 1.

Selbst-Heilung, die garantirte, naturgemäße, unserer Krankheiten und Körperleiden durch das neuverbesserte Heilnadelinstrument, den weltberühmten Abductor des ursprüngl., allein legitimen Erfinders dieses souverainen Selbstarztes W. Schrattenholz, Abductorist in Köln. gr. 8. (28 S. mit erläut. Zeichnungen in eingedr. Holzschn.) Köln 866. (Bonn, Habicht.) *

Selbstheilung, die, der Morphiumsucht! Auf Thatsachen beruh. Winke u. Ratschläge f. Morphiumsüchtige jeden Grades v. Carolus. gr. 8. (15 S.) Berlin 889. (Wellnitz.) n. 1.—

Selbstherr, Carl, die Rosen in 25 Gruppen u. 95 Arten. 4. (29 B.) Breslau 832, (Max u. Komp.)

Selbstherrschaft, Bureaukratismus u. Landstände. (In russ. Sprache.) 12. (74 S.) Berlin 902. F. Gottheiner. n. 1. —

Selbstherrschaft u. Presse in Russland. (In russ. Sprache.) 8. (XXXII, 72 S.) Berlin 898. F. Gottheiner. n. 1. 50

— **u. Semstwos (Landstände) in Russland.** Confidentielle Denkschrift des russ. Finanzministers C. J. Witte aus dem J. 1899. Mit Vorrede u. Anmerkgn. v. R. H. S. (In russ. Sprache.) gr. 8. (XLIV, 212 S.) Stuttgart 901. J. H. W. Dietz Nachf. n. 4. —

Selbstherrschaft u. Semstwos (Landstände) in Russland. Vertrauliche Denkschrift des russ. Finanzministers C. J. Witte aus dem J. 1899. 2. Aufl. Mit zwei Vorreden von Pet. v. Struve u. Hinzufügg. e. Denkschrift des russ. Finanzministers über die Ueberbürdg. der Steuerkraft der Bevölkerg. (In russ. Sprache.) (LXXII, 224 S.) gr. 8. Stuttgart 903. [J. H. W. Dietz Nachf.] Paris, A. Schulz. n. 5. —
Sonderabdruck aus: „Osswoboschdenje".

Selbstherrscher, der allrussische. (Burzew, W.: Nikolaus II. u. Letzte. Nika Miluschka u. die gelben Affen (Japaner). Fabel. — Twain, Mark: Selbstgespräch Nikolaus II.) (In russ. Sprache.) (45 S.) 8. Berlin (906). H. Steinitz. n. 1. 20

Selbsthilfe

Selbsthülfe, die. Blätter für wirtschaftl. Interessen der Lehrer. Redact.: A. Heidke. 2. Jahrg. 1888. 24 Nrn. (Bog.) Fol. Berlin, (Breitkreuz.)

Selbsthilfe, die. Blätter f. wirtschaftl. Interessen der Lehrer. [Seit 1892.] Vereinsblatt f. den deutschen Lehrerschriftstellerbund u. f. die Sterbekasse deutscher Lehrer. Redact.: A. Heidke. 3.—6. Jahrg. 1889—1882. à Jahrg. 24 Nrn. (Bog.) gr. 4. Berl., (Breitkreuz). Jahrg. 1889,90 à * 2 —; 1891,92 à * 2 20

Selbsthilfe, die. Blätter f. wirtschaftl. Interessen der Lehrer. Vereinsblatt f. den deutschen Lehrerschriftstellerbund u. f. die Sterbekasse deutscher Lehrer. Red.: A. Heidke. 5.—7. Jahrg. 1891—1893. à 24 Nrn. (Bog.) gr. 4. Berlin, (M. Breitkreuz). à Jahrg. n.n. 2.20

— **dasselbe. 8. Jahrg. 1894. Jan.—März. 6 Nrn.** (Bog.) gr. 4. Ebd. n.n. —55

— **dasselbe.** Apr. - Dezbr. 1894. 26 Nrn. (Bog.) gr. 4. Ebd. Vierteljährlich n. 1. —

Selbsthilfe, die. Blätter f. wirtschaftl. Interessen der Lehrer. Vereinsblatt f. d. deutschen Lehrer-Schriftstellerbund u. f. d. Sterbekasse deutscher Lehrer. Red.: A. Heidke. 9. Jahrg. 1895. 32 Nrn. (Bog.) gr. 4. Berlin, Hilfsverein deutscher Lehrer. n. 3. —

— dasselbe. 10. u. 11. Jahrg. 1896—1897. à 32 Nrn. (Bog.) gr. 4. Ebd. à Jahrg. n. 2. 20

— dasselbe. **Blätter** f. deutsche Lehrer. Vereinsblatt f. d. Hilfsverein, d. Sterbekasse u. d. Lehrer-Schriftstellerbund. 12. Jahrg. 1898. 32 Nrn. (Bog.) gr. 4. Ebd. n. 2. 20

Selbsthilfe, die. Blätter f. deutsche Lehrer. Vereinsblatt f. den Hilfsverein deutscher Lehrer u. d. Sterbekasse deutscher Lehrer. Schriftleiter: Ernst Hahn. 15. u. 16. Jahrg. 1901 u. 1902. à 12 Nrn. gr. 4. (à ca. 12 S.) Berlin, Hilfsverein deutscher Lehrer. à Jahrg. n. 1. —

Selbsthilfe, die Blätter für deutsche Lehrer. Organ der Sterbekasse deutscher Lehrer, Versicherungs-Verein auf Gegenseitigkeit usw. Schriftleiter: Ernst Faust. 17.—20. Jahrg. 1903 – 1906. à 12 Nrn. (à Jhrg. 96 S.) 4. Berlin (N. 37, Lottumstr. 10), Verlag der Selbsthilfe. à Jhrg. n.n.n. 1. —

Selbsthilfe. Zeitschrift f. ostpreuß. Genossenschaftswesen. Jg. 1, Nr. 1. (Königsberg i. Pr.: Ostpreuß. Dr. & Verlagsanst. 1903.) 4⁰

Selbsthilfe der Freimaurer. (Ausgearbeitet und unterbreitet durch die Loge „Eintracht" im Or.·. Neudörfl a/L. o. O. [1883]. 7 S. 4⁰
Zuerst erschienen: O. 1883 (Beil. zu No 3). Tt. 1250. Statuten zu einer obligatorischen Assekuranzgesellschaft für die ungarischen Logen.

Vierzig Jahre Selbsthilfe. Wien: Erster allg. Beamtenverein der österr.-ung. Monarchie 1906.

— Für jeden Kaufenden u. Verkaufenden zur Realisierg. in der Praxis. (38 S.) gr. 8. Leipzig 904. A. Beerholdt. n. 1. —

Selbsthilfe, Die, der arbeitenden Klassen . . . Berlin 1848. V: *Huber, Victor Aimé.* (stam)

Selbsthülfe, die, der arbeitenden Klassen durch Wirthschaftsvereine und innere Ansiedelung. gr. 8. (36 S.) Berlin 848, Besser'sche Buchh. [Hertz.]

Selbsthülfe, die, der arbeitenden Klassen durch Wirthschaftsvereine u. innere Ansiedelung. gr. 8. (36 S.) Berlin 848, Hertz. 6 ngr

Selbsthilfe, über die, u. Nothwehr, mit Hinblick auf Verkündung u. Vollzug der Strafgesetze. Eine praktische Erörterung ernster Tagesfragen, zur Belehrung u. Beruhigung d. Volkes. gr. 8. (32 S.) Erlangen 848, Palm & Enke. 1/6 ₰

Selbsthülfe, die, auf dem Schlachtfeld. Den Officieren deutscher Heere gewidmet von einem Militär-Arzt. 12. (22 S.) Würzburg 855, Stahel'sche Buchh. *

Selbsthülfe, die sociale. **Volksblätter für Versicherungswesen u. sociale Fragen.** Hrsg. von Otto Löbe. 1. Jahrg. 1865. Juli bis Dezbr. 6 Nrn. (Bgn.) Leipzig 865. (Neustadt a. d. O., Wagner.) Imp.-4. n. 10 ngr

Selbsthilfe der Staaten in Friedenszeiten. Stuttg. 1858. V: *Wurm, Christ. Frdr.* (CBII)

Selbsthülfe, s. Selbsthilfe.

Selbst-Interessen, die, der Herzogthümer Schleswig-Holstein bei der zu treffenden Entscheidung. Berlin 865. Springer's Verl. gr. 8. (III, 30 S.) 6 ngr

Selbstlade-Pistole „Parabellum", die, ihre Einrichtg., Behandlung u. Verwendung. (Deutsche Waffen- u. Munitions-Fabriken, Berlin.) gr. 8. (38 S. m. 11 Abb. u. 5 Taf.) Berlin (901). (R. Eisenschmidt.) n. 1.50

Selbstlehrer

Selbstlehrer, der latein., oder d. erste Buch von Virgils Aeneide, wortgetreu übersetzt und kurz erklärt für erwachsene Anfänger vom Schullehrer des 19n Jahrh. (1s Hft.) Nebst 1 Karte. gr. 8. Stuttgart 837. Brodhag. 3/8 ₰

— derl., oder das zweite Buch von Virgils Aeneide, wortgetreu übersetzt u. kurz erklärt für erwachs. Anfänger vom Schullehrer des 19n Jahrh. gr. 8. Ebd.... 3/8 ₰

Selbstlehrer, der latein., od. d. 1. u. 2. Buch von Virgils Aeneide, wortgetreu übers. u. kurz erklärt f. erwachs. Anfänger vom Schullehrer d. 19. Jahrhunderts (Kloker). (1. u. 2. Hft.) gr. 8. Stuttgart 837, [Scheible, Rieger u. Sattler.] [1. (6 B. u. 1 Karte.), 2. (6 B.) à 3/8 Thlr.]

Selbstlehrer, der praktische englische, und Dolmetscher für Auswanderer zur leichten Erlernung der engl. Sprache. Mit vollständ. Bezeichnung der richtigen engl. Aussprache durch deutsche Buchstaben. 16. (60 S.) Bremen 880, H. Haake.

Selbstlehrer, russ., enthalt. eine kurze u. deutlich abgefaßte russ. Grammatik, allgemein nöthige Redensarten u. Gespräche, u. ein deutsch-russ. u. russ.-deutsches Vocabular. 8. Leipz. 814. Hinrichs; (a. Arnold in Dresd.; Mittler in Berl.) 14 gr

Selbstmord

— d., e. Erzähl. 8. Lpz. Crusius. (F. C. W. Vogel.)

Selbstmord, der; od. d. unglückl. Lottospiel. Drama in 1 Aufz. v. Weidmann. 8. Wien, Wallishäuser.

SELBSTMORD, Der. Eine Erzählung (in satyr.-burlesken Versen) (Motto aus Tissot, betreffend den Trunk.) Mit neuem Titelkpf. u. drast. Titelvignette. Leipzig u. Zwickau, bey Christian Lebrecht Stieern (c. 1770) 8°. (3 Mk 50 Pfg. Bernh. Liebisch, Lpz., 1911)
81 S. incl. Titel u. 9 Bll. Zuschr. (Dem patriotisirenden Herrn Orgon") Abgeth. in 2 Bücher in verschied. Versmaßen

Selbstmord, der, e. Erzähl. 8. Zwickau, Böhme. 772.

Selbstmord, Der, oder der unglückliche Lottospieler. Ein deutsches Originaldrama in Prosa von einem Aufzuge. Wien 1773. V: *Weidmann, Paul.* (Jahrb. d. Grillp.-Ges. XIII.)

Selbstmord, üb. den, herAgg. v. einem Menschenfreunde rc. 8. Frankf. a. M. 813. Döring. 3 gr

Selbstmord, über den, herausgeg. von einem Menschenfreunde rc. 8. Frankfurt a. M., Döring. 819.

—üb. den, nach d. Bibel, auf Veranlassung der Provinzialbibl. 8. Grottkau 790. Schulbuchh. 5 gr

Selbstmord. – Über den Selbstmord bei Gelegenheit des erschossenen Friseurs . . . Hartl, Wien 1781/82.

—üb. den, von e. Officier, mit R. Eylerts Vorrede. 8. Frankf. a. M. 802. (Hermann). 12 gr

Selbstmord, kein, mehr wegen der Trigonometrie od. Anfangsgründe der Trigonometrie f. Jedermann. Von Frz. Einpauker (Wymazal). gr. 8. (16 S.) Brünn 892. J. Barvič. n. — 16

Selbstmord, liberaler! Von e. alten Liberalen. (32 S.) 8. Berlin 910. O. Haering. — 60

(F) Luther's Selbstmord eine historisch erwiesene Thatsache. Mit einem Anhange: Das neue jüdische Hochgericht und ein protestantischer Anti-Deckert. Vademecum für Katholiken, die lutherisch werden wollen. Herausgegeben von Anton Joseph Ph. 2. vermehrte Auflage. Wien. 1899. Verlag des „Sendboten des heil. Joseph". In Comm. Kirsch. Gr.-8°. 64 S. fl. —.25

Politischer Selbstmord des Bürgerthums. Von e. Sorgenden. *Schönebeck a. E.: C. Hirschfelder 1901.* (23 S.) 8° [Umschlagt. J.] [n. —.50]

Selbstmord und **Raserey, die** Folgen der zärtlichsten Liebe. Magdeburg 1798. V: *Müller, Heinrich August.* (GGr) (Ky) (BrMm) V: *Möller, H.* (BGE)

— u. Raserey, e. Folge d. zärtlichst. Liebe, v. H..ch M..r. 8. Magdeb. Bauer. (Sommer in Lpz.) 798.

Selbstmord u. Raserei, (v. H. Müller VI.) 8. Magdeb. 798. (Rauck in Leipz.) 12 gr

* Selbstmord u. Raserei. 8. Leipz. Sommer. 808.

SELBSTMORD Der sträfliche – oder die unmenschliche Mord that von Johann S .... verubet Jahnische Universitats Buchdruckerey, Wien 1781. 1 vol 14 S.

Selbstmorde, die, in der preußischen Armee. [Aus: „Beiheft z. Militär-Wochenbl."] gr. 8. (16 S. m. 1 Karte.) Berlin 894. E. S. Mittler & Sohn. n. — 35
— dasselbe, s. a. Beiheft zum Militär-Wochenblatt.

Selbstmörder, der, e. Schauder- u. Wundergeschichte. 8. Lpz. Joachim. 805.

—der, mehr als Roman. 8. Leipz. 820. Hartleben in Pesth. 1 ₰

Selbstmörder, der gerettete, 8. Dessau, 783. Gelehrte Handl. 4 ggl.

Selbstmörder, der gerettete, Schausp. in 1 Akt. 8. Zürich, Ziegler. 783.

— aus Liebe u. Eifersucht, v. Kühl. 8. Lpz. Böhme. 802.

Selbstmörder, Der, aus Liebe und Eifersucht. Leipzig 1805. V: *Kühl, Gottdank Ant.* (Ky) (GGr)

Selbstmörder, der, aus Liebe u. Eifersucht, (v. A. Kühl). 8. Lpz. 805. Joachim. 1 ₰ 4 gr

Selbstopfer. Von Leontine Romainville. Leipzig 1829. V: *Leo, Sophie.* (BrVV)

Selbst-Photographien von Zeitgenossen mit oder ohne Titel, Rang und Würden. Humoristisch-physiolog. Reise- und Hauslectüre. Von J. F. 16. (128 S.) Leipzig 863, Wengler's Nachfolger.
*

Selbstporträts berühmter Wiener Künstler. Gezeichnet f. d. „Illustrirte Wiener Extrablatt". (57 S. m. Bildnissen.) gr. 8. Wien 907. (Sallmayer'sche Buchh.) 2. —

Selbstporträts, zehn lyrische. Ferdinand v. Saar, Felix Dahn, J. Trojan, Martin Greif, Ernst v. Wildenbruch, Detlev v. Liliencron, Gustav Falke, Arno Holz, R. Dehmel, Otto Julius Bierbaum. Mit den Portr. der Dichter nach der Natur auf den Stein gezeichnet v. M. A. Stremel u. den selbstgeschriebenen Lebensskizzen in Fksm. (128 S.) gr. 8. Leipzig (906). Dieterich. Kart. n. 5. —; Luxusausg., auf Büttenersatzpap. n. 20. —; auf Büttenpap. n. 30. —; auf japan. Pap. n. 50. —

— 10 lyrische, 2. Aufl., s.: Lyrik, deutsche, der Neuzeit.

Selbstprüfung üb. d. Gotteskindschaft. gr. 12. (1 B.) Basel 839, (Bahnmaier's Buchh.)
Aus: Monaths-Blatt v. Beuggen, besonders abgedruckt.

Selbstprüfung über die Gotteskindschaft. Besond. Abdruck aus dem Monats-Blatt von Beuggen. gr. 12. Basel 839. (Spittler u. Comp.) 1 1/2 gGr

Selbstprüfung, für Priester. 8 (80 S.) Wien 860, Ueberreuter

Selbstrache, Grossmüthige, eines wahren Liebhabers Mariä . . . Straubing 1763. V: *Anreiter, Carl.* (Jes)

Selbstrechner, der, od. Berechnung des 20., 22 u. 24. Guldenfußes, der brabander, franz. u. sächs. Thaler rc. 8. Frankf. am M. Döring. 814.

Selbstrechner, d. praktische, oder Berechnung d. Guldenfüße d. Brabanter, Französischen u. Sächsischen Thaler rc. 8. Frankf. Gebhardt u. K. 807.

Selbstrechner, der prakt., od. Berechnung von 1 Pfund od. Elle bis 1000 Pfund od. Elle zu 1 Heller bis 1 Gulden, nebst d. Berechnung d. 20, 22 u. 24 Gulbenfuß rc. 8. Frankf. a. M. 807. 2e A. 817. Döring. (Guilhaumann). 10 gGr

Selbstrechner, der praktische, oder Berechnung von 1 Pfund oder Elle bis 1000 Pfund oder Elle zu 1 Heller bis 1 Gulden, nebst der Berechnung des 20=, 22 und 24 Guldenfuß rc. 2te verm. Aufl. 8. Frankfurt a. M., Döring. (Guilhauman.) 819.

Selbstschau eines Maurers bei seinem 25jährigen Jubiläum. Leipzig 1883. V: *Münch, Gustav.* (Tt)

Selbstschau, Spiritistische, Böcklin's. Zur Abwehr seiner Verhimmlung. Budapest 1898. V: *Krenner, Victor.* (SzMJ)

Selbstschau, spiritistische, Böcklin's. Zur Abwehr s. Verhimmelung. 13. Séance (23. VI.). gr. 8. (27 S.) Budapest 898. (A. Tietz.) n. — 80

Selbstschilderung, Napoleons. Auszüge aus der ersten Handschrift Napoleon Bonapartes . . . Dresden 1817. Ü: *Lindau, Wilhelm Adolph.* (MGT)

Selbstschluss-Oberbau, Der eiserne, System Lindheim. Wien 1879. V: *Lindheim, Wilhelm von.* (EB)

Selbst-Schnell-Rechner für das neue Maass und Gewicht und das neue Münz-System des deutschen Reiches. 16. (64 S. mit 1 Stnt. in qu. gr. 8.) Dresden 872, Tittel.

Selbstschriften-Album deutscher Dichter, Schriftsteller u. Gelehrten rc. z. 80. Geburtstag Sr. Durchl. d. Fürsten Otto Bismarck v. Schönhausen. gr. 4. (38 S.) Leipzig 895. C. Mende. Kart. 1. 50

Selbstständigkeit, die, der Festungs-Artillerie. gr. 8. (18 S.) Leipzig und Berlin 871, Luckhardt'sche Verlagsh.

Selbstständigkeit und Gleichmäßigkeit nach den Armee-Vorschriften. Eine Entgegnung auf den Aufsatz „Zum Schreibwesen" in Nr. 74, Jahrg. 1883 des Militair-Wochenblattes. gr. 8. (32 S.) Berlin 883, Liebel'sche Buchh. *

Selbstsucht. Schausp. nach dem Franz. v. Huber. 8. Leipz. Schmidt. 794.

Selbstsucht, Schauspiel in 5 Aufzügen, nach dem Franz. bearbeitet von L. F. Huber. Neue Auflage. 8. Frankfurt a. M., Sauerländer. 819.

Selbsttäuschung, die. Ein Wort zur Abwehr gegen „Dr. Retaus Selbstbewahrg." u. „Die Beichte e. Unglücklichen", nebst e. kurzen Darstellg. der wirkl. Folgen d. Masturbation. V. e. deutschen Arzt. 8. (60 S. m. 10 Abb. auf 4 Taf.) Rostock 896. Rostocker Reformverlag. 3. —

Selbstunterricht für die k. k. Finanzwache. Aus der Verfassungs- und Dienstvorschrift in Fragen und Antworten. 1. Thl. Für den Finanzwach-aufseher. Zusammengestellt von einem k. k. Finanzbeamten. Gratz, 1857. Druck von C. Tanzer. (S. 1—63. 8.)

Selbsturterricht für die k. k. Finanzwache. Aus der Verfassungs- und Dienstvorschrift in Fragen und Antworten. 1. Thl. Für den Finanzwach-Aufseher. 2. Thl. Für den k. k. Finanzwach-Oberaufseher und Respizienten. Zusammengestellt von einem k. k. Finanz-Beamten. 2te, vermehrte und vervollständigte Auflage. Gratz, 1857. Dr. von C. Tanzer. (63, 92 S. 8.)

Selbstunterricht für den Soldaten der k. bayrischen Infanterie- und Jäger-Bataillone. Zusammengestellt von J. B. 2. Aufl. (32 S.) 1869. 15 Pf., und 3. Aufl. 16. (39 S.) Straubing 874, Mauter

Selbstunterricht in der russischen Sprache. Leichte, schnelle u. sichere Methode, ohne Beihülfe die russ. Sprache zu erlernen. gr. 8. (211 S.) Goldingen 890, Russischer Verlag. cart. * 5 —
Schlüssel (67 S.) cart. * 1 70

(Selbst-Unterrichts-Briefe.) Methode Rustin . . . in Verbindung mit eingehendem Fernunterricht. Hrsg. vom Rustinschen Lehrinstitut. Red. von Oberl. C[arl] Ilzig. [1.] Lfg 1. Potsdam & Leipzig: Bonness & Hachfeld [1902]. 4°(8°)

Selbstverbannung, od. die schöne Einsiedlerin. 8. Düsseld., Hofbuchh. 10 gGr

Selbstverbannung oder die schöne Einsiedlerinn. Novelle. Düsseldorf 1806. V: *Cazenove d'Arlens née Constant d'Hermanches.* (BGE VII³, 279)

Selbstverpflegung der Schiffe in gemeinschaftlicher Menage. gr. 8. (14 S.) Berlin 887, Mittler und Sohn. **

Selbstvertheidigung Dr. Sylvester Jordan's in der wider ihn geführten Criminaluntersuchung, Theilnahme an Hochverrath betreffend. Nebst der Appellationsschrift seines Vertheidigers C. F. Schantz u. einer Denkschrift, die Rechtfertigung der Beschwerden u. zugleich einen Beitrag zur Lehre vom Indicienbeweise enthaltend von S. Jordan selbst. gr. 8. (27 B.) Mannheim 844, Bassermann. *

Selbstvertheidigung Sylv. Jordan's in der wider ihn geführten Criminaluntersuchung, Theilnahme an Hochverrath betr. Nebst der Appellationsschrift seines Vertheidigers . . . C. F. Schantz zu Marburg u. einer Denkschrift, die Rechtfertigung der Beschwerden u. zugleich e. Beitr. zur Lehre vom Indicienbeweise enth., von dem Angeschuldigten selbst. 2. Ausg. Mannheim 1845.

Selbstvertheidigung, nothgedrungene öffentliche, des aus der Stadt Hagenow vertriebenen Dr. med. Raber. Mit actenmäß. Belägen. 2. Aufl. 8. (VIII und 387 S.) Hamburg 817, Hoffmann und Campe.

Selbstverteidigung, die, in Strafsachen v. Themistor Unberufen. gr. 8. (36 S.) Halle 901. (Dr. A. Borst.)
n. — 50

Selbstvertrauen, Eitles. Eine Erzählung . . . Wien 1834. V: *Ehrenberg, Joh. Nepomuk Volkhamer von.* (Kalemkian)

Selbstverwaltung, die. Volksthümliche Wochenschrift für alle bei der Communal- und Polizeiverwaltung der Kreise, Amtsbezirke und Gemeinden Betheiligten. Unter Mitwirkung von Fachmännern, Juristen, Verwaltungs- und Communalbeamten redig. von A. Faber. 1. Jahrg. 1874. 48 Nrn. (Bog.) gr. 4. Magdeburg, Faber. *

—— dass. — 2. Jahrg. 1875. 52 Nrn. (Bog.) gr. 4. Ebendas. *

Selbstverwaltung, die. Volksthümliche Wochenschrift für alle bei der Communal- und Polizeiverwaltung der Kreise, Amtsbezirke und Gemeinden Betheiligten. Unter Mitwirkung von Fachmännern, Juristen, Verwaltungs- und Communalbeamten redig. von A. Faber. 3.—6. Jahrg. 1876—1879. à Jahrg. 52 Nrn. (Bog.) gr. 4. Magdeburg 876, Faber'sche Buchdruckerei. à Jahrg.

Selbstverwaltung, die. Volkstümliche Wochenschrift für alle bei der Kommunal- und Polizeiverwaltung der Kreise, Amtsbezirke und Gemeinden Beteiligten. Unter Mitwirkung von Fachmännern, Juristen, Verwaltungs- und Kommunalbeamten redig. von A. Faber. 7.—11. Jahrg. 1880—1884. à Jahrg. 52 Nrn. (Bog.) gr. 4. Magdeburg, Faber'sche Buchdruckerei. à Jahrg.

—— dass. — General-Register zum 1.—8. Jahrg. 1874—1881. Im Auftrage der Redact. bearb. von R. O. Weber. gr. 4. (75 S.) Ebendas. 883. geb. und mit Schreibpap. durchsch.

Selbstverwaltung, die. Volkstümliche Wochenschrift für alle bei der Kommunal- und Polizeiverwaltung der Kreise, Amtsbezirke und Gemeinden Beteiligten. Unter Mitwirkung von Fachmännern, Juristen, Verwaltungs- und Kommunalbeamten redig. von C. Parey. 12.—15. Jahrg. 1885—1888. à Jahrg. 52 Nrn. (Bog.) gr. 4. Magdeburg, Faber'sche Buchdr. à Jahrg.

Selbstverwaltung, die. Volkstümliche Wochenschrift f. alle bei der Kommunal- u. Polizeiverwaltg. der Kreise, Amtsbezirke u. Gemeinden Beteiligten. Redig. v. C. Parey. 16.—19. Jahrg. 1889—1892. à Jahrg. 52 Nrn. (à Nr. 1—2 Bog.) gr. 4. Magdeb., Faber. à Jahrg. 15 —

—— dass. — General-Register zum 9.—16. Jahrg. 1882—1889. Bearb. v. R. O. Weber. gr. 4. (III, 70 S.) Ebd. 890. geb. u. durchsch. ** 7 50

Selbstverwaltung, die. Volkstümliche Wochenschrift f. alle bei der Kommunal- u. Polizeiverwaltg. der Kreise, Amtsbezirke u. Gemeinden Beteiligten. Unter **Mitwirkg. v. Fachmännern, Juristen, Verwaltungs- u. Kommunalbeamten red. v. C. Parey: 18.—21. Jahrg. 1891—1894. à 52 Nrn. (à ca. 2 Bog.) gr. 4. Magdeburg, Faber.** à Jahrg. n. 15. —

Selbstverwaltung, die. Volkstüml. Wochenschrift f. alle bei d. Kommunal- u. Polizeiverwaltg. d. Kreise, Amtsbezirke u. Gemeinden Beteiligten. Unter Mitwirkg. von Fachmännern, Juristen, Verwaltungs- u. Kommunalbeamten begründ. im J. 1874 v. C. Parey. Red.: Rob. Faber. 22.—25. Jahrg. 1895—1898. à 52 Nrn. (Bog.) gr. 4. Magdeburg, Faber. à Jahrg. 15. —
Kann auch vierteljährlich bezogen werden.

Selbstverwaltung, die. Volkstümliche Wochenschrift f. alle **bei der Kommunal- u. Polizeiverwaltg.** der Kreise, Amtsbezirke u. **Gemeinden Beteiligten.** Unter Mitwirkg. von Fachmännern, Juristen, Verwaltungs- u. Kommunalbeamten **begründet im J. 1874** v. C. Parey. Red.: Rob. **Faber. 26.—29. Jahrg.** 1899—1902. à 52 Nrn. gr. 4. (à ca. 16 Sp.) Magdeburg, Faber'sche Buchdr. à Jahrg. 15. —

— dasselbe. General-Register zum 17.—25. Jahrg. 1890—1898, sowie Gesetzes-Uebersicht zu den Jahrgängen 1—25, 1874—1898, bearb. von R. O. Weber. gr. 4. (III, 174 S.) Ebd. 902. Geb. in Halbldr. u. durchsch. n.n. 12. —

Selbstverwaltung, die. Volkstümliche Wochenschrift f. alle bei der Kommunal- u. Polizeiverwaltg. der Kreise, Amtsbezirke u. Gemeinden Beteiligten. Unter Mitwirkg. von Fachmännern, Juristen, Verwaltungs- u. Kommunalbeamten begründet im J. 1874 v. C. Parey. Red.: Rob. Faber. 30.—33. Jahrg. 1903—1906. à 52 Nrn. (XII, 848; XII, 832; XV, 952 u. XIV, 848 Sp.) gr. 4. Magdeburg, Faber'sche Buchdr. à Jhrg. n. 15. —; geb. n. 16. 50

Selbstverwaltung, die. Begründet im J. 1874 v. C. Parey. Volkstümliche Wochenschrift f. alle bei der Kommunal- u. Polizeiverwaltg. der Kreise, Amtsbezirke u. Gemeinden Beteiligten. Unter Mitwirkg. v. Fachmännern, Juristen, Verwaltungs- u. Kommunalbeamten. Red.: Rob. Faber. 34.—37. Jahrg. 1907—1910. à 52 Nrn. (à ca. 16 Sp.) Lex. 8. Magdeburg, Faber'sche Buchdr. à Jahrg. 15. —

Selbstverwaltung, die. Begründet im J. 1874 v. C. Parey. General-Register f. d. 25.—35. Jahrg. 1899—1908. Unter Mitwirkg. v. Fachmännern hrsg. v. Rob. Faber. (IV, 102 S.) Lex. 8. Magdeburg 910. Faber'sche Buchdr. Geb. in Halbfrz., durchsch. nn 15. —

— die **provinzielle,** Westfalens. Aus Anlaß des 50. Zusammentritts des westfäl. Prov.-Landtages dargestellt v. Hammerschmidt u. d. oberen Prov.-Beamten. (VII, 465 u. 100 S. m. eingedr. Plänen u. 17 Taf.) Lex. 8. Münster 909. J. Bredt. 9.—; geb. in Halbleinw. 10.50; in Prachtbd. 12. 50

Selbstverwaltung, die, der Schule als Staatsanstalt. Eine Denkschrift u. zugleich eine specielle, das Ressort-Wesen der künftigen Schulverwaltung betreff. Erläuterung der in der von 2250 Volksschullehrern Schlesiens hrsg. „Denkschrift" unter 1. 2—4 bezeichneten Petitions-Punkte. Der Hohen National-Versammlung zu Berlin überreicht von J. G. gr. 8. (23 S.) Breslau 848, Schulz. 1/12 ₰

— **Westfalens**, s.a. Staatsbürger-Bibliothek.

Selbstverwaltung Westfalens. M.Gladbach: Volksvereins-Verl. 1910. 56 S. 8°
(Staatsbürger-Bibliothek. H. 9.)

Selbstverwaltungsgesetze, die, für die Prov. Hannover. Kreis- und Provinzial-Ordnung vom 6./7. Mai 1884. Mit ausführl. Inhaltsverzeichniß. 8. (IV, 74 S.) Berlin 887, C. Heymanns Verlag. cart. *

—— die, für die Prov. Hessen-Nassau. Kreis- und Provinzial-Ordnung vom 7./8. Juni 1885. Mit ausführl. Inhaltsverzeichniß. 8. (VI, 68 S.) Ebendas. 887. cart. *

Selbstverwaltungskörper, die, s.a. Flugschriften der rheinischen Zentrumspartei. 5. Heft.

Die **Selbstverwaltungskörper**. Ihre Zuständigkeit u. d. Bedeutung d. Wahlen zu denselben. Köln: Bachem in Komm. 1909. 96 S. 8°
(Flugschriften d. Rhein. Zentrumspartei. H. 3) [illegible] 5

Selbstverwaltungsrecht, das, der Gemeinde, des Kreises, der Provinz in seiner Anwendung auf Schleswig-Holstein. gr. 8. (64 S.) Kiel 868. Homann. *

Selbstwehr. Unabhängige jüd. Wochenschrift. Red.: Rob. Eisler. 3. Jahrg. 1909. 52 Nrn. (à ca. 10 S.) 39×26,5 cm. Prag, (R. Brandeis). nn 8. —

Selbstzeugnisse des Apostels Paulus. 12. (24 S.) Dinglingen 896. St. Johannis-Druckerei. — 30

— dasselbe. 8. (24 S.) Dinglingen 897. (Frankfurt a/M., J. Schergens.) — 25

Selby, der Familie, Geschichte, oder die Reise nach London, 2 Theile, 8. Danzig, 775. Flörke. 23 sgl.

Selby, Ch

Selby, C., the dancing barber, s.: Theatre, modern english comic.

Selby, Ch., my friend in the straps, siehe: Theatre, the modern English comic. Serie IV. Vol. I.

— Robert Macaire, s. Theatre the british, No. 8.

Selch, Emmerich, Über das [illegible] und die Einwirkung von Schwefelsäure auf dasselbe. S. 101. [illegible] . . . . vgr.
Separatabdruck

Selchau, G. L., De peripolis Atticis. S.-A. 8 S.

Selchow, (A. Lafontaine), die Verirrungen des menschl. Herzens. 2 Thle. 8. Görlitz 796. Anton in Halle. 2 ₰ 12 gr

Selchow, Eugen v.

Selchow, E. v., Ackersmann, Handwerker und Arbeiter, ein einig Volk von Brüdern! oder: Fehlt's dem Ackersmann an Brod, Giebt's für alle Drei nur Noth! gr. 8. (31 S.) Breslau 882, Dülfer's Verlag. *

Selchow, E. v., ehrliche Arbeit od. allgemeine Uebervortheilung? Eine Zeitfrage an das deutsche Gewissen. gr. 8. (41 S.) Berlin 884. Wilhelmi. n. 1. —

—— des Kaisers Botschaft und das praktische Christenthum. Eine sozial-polit. Trilogie. gr. 8. (VIII, 40 S.) Breslau 883, Dülfer's Verlag. *

Das Endziel der Freimaurerei ein Königthum, das die Freiheit der Beherrschten über Alles liebt. Arbeitsruf an Deutschlands Maurerwelt von E[ug.] von Selchow. Leipzig: Findel 1883. VI, 26 S. 8° [Umschlagtit.]
FZ. 37 (1883) S. 294—295.
Tt. 1783. Tritt für Erziehung der Kinder vor dem Eintritt in die Schule im Sinne wahrer Freiheit ein.

—— der Liebe eine Gasse! Letzter Spahn zur Sozialreform. gr. 8. (51 S.) Berlin 884, Wilhelmi. *

—— die Petersburger Mordthat des 13. März 1881 und Europa's Volkswirthschaft oder Staaten-Wirthschafts-Genossenschaften als Anti-Socialismus. Zeitgedanken eines Socialisten der Praxis. gr. 8. (30 S.) Breslau 881, Dülfer's Verlag. *

—— die oberschlesische Nothstandsfrage, ihre Ursachen und Vorschläge zu ihrer dauernden Beseitigung. Für die am 1. und 2. März 1880 abgehaltene Sitzung des landwirthschaftl. Central-Vereins für Schlesien bestimmter Vortrag. gr. 8. (47 S.) Breslau 880, Köhler. *

—— Richtet nicht! Ein social-polit. Mahnruf aus Geschichte und Praxis. gr. 8. (40 S.) Berlin 883, Wilhelmi. *

— Spähne zur Sozialreform. gr. 8. (VII, 74 S.) Ebend. 884. n. 1. 20

Videant consules! Ein freimaurerischer Reformvorschlag. Der Hochw. National-Mutterloge zu den drei Weltkugeln [in Berlin] in br. Ehrerbietung gewidmet von [Eug.] v. Selchow. Leipzig 1800: Findel. IV, 67 S. 8°
Betr. Einigung der Frmrei. 4 Abhandlungen.

Selchow, Felix, Deutschland und seine Bewohner; oder Schilderung der vorzüglichsten Merkwürdigkeiten Deutschlands etc. Mit 10 kolor. Kupfern. Berlin 1822. gr. 8.
A. u. d. T.: Europas Länder und Völker

Selchow, Fel., (J. H. Meynier,) Europa's Länder u. Völker; ein lehrr. Unterhaltungsbuch f. die gebildete Jugend. 3 Thle. Mit 30 ill. Kpf. gr. 8. Berl. 822. Amelang. 5 ₰ 3r Thl. A. u. d. T.: Deutschland u. seine Bewohner; od. Schilderung der vorzügl. Merkwürdigkt. Deutschlands ꝛc. Mit 10 ill. Kpf. gr. 8. Ebd. 822. 2 ₰ 6 gr Ir u. 2r Thl. 2e Aufl. Mit 20 ill. Kpfr. Ebd. 828. 2 ₰ 18 gr Alle 3 Thle. 5 ₰

Selchow, Fel., Europa's Länder u. Völker. Ein lehrr. Unterhaltungsb. f. d. gebild. Jugend. 1. u. 2. Thl. 3., verb. u. verm. Aufl. gr. 8. (39½ B. u. 20 ill. Kpfrt.) Berlin 840, C. F. Amelang.

Selchow, Fr. Wilh. v., Naturansichten. 2 Thle. 8. Erfurt, Kepser (in Comm.) 819.

Selchow, J. H., (J. H. Meynier,) Erzähll. aus d. Sitten, Gebräuchen u. Meinungen fremder Völker. Ein lehrr. Unterhaltungsbuch f. die liebe Jugend. Mit 6 ill. Kpf. gr. 8. Würzb. 824. Etlinger. 1 ℛ 8 ℊ 2e A. 828. Ebd. 1 ℛ

Selchow, J. H., Erzählungen von den Sitten, Gebräuchen u. Meinungen fremder Völker. Ein lehrreiches Unterhaltungsbuch für die liebe Jugend. Mit 6 ill. Kupfern. 3e verb. Aufl. gr. 12. Würzburg 834. Etlinger. 5/6 ℛ

Selchow, Johann Heinrich Christian v.

— Abhandll. von Quellen des Braunschweig-Lüneburg. Staats- u. Privatrechts. 4. Götting. 760. Bossiegel. 3 ℊ

— s. G. Achenwall, jus natural.

v. Selchow, Jh. Hnr. Chr., Anfangsgründe des Braunschw.-Lüneburg. Privatrechts. gr. 8. Götting. 760. Bossiegel. 20 ℊ

v. Selchow, Jh. Hnr. Chr., († d. 21. April 1795.) jurist. Bibliothek von neuen jurist. Büchern u. Abhandll. 5 Bde od. 20 Stück. 8. Götting. 764—82. Vandenhöck u. R. 5 ℛ

— s. Concepte d. Kammergerichtsordnung.

Eb.: Neue Deductionen u. Rechtsfälle. *Frkf. a. M.*, Varrentrapp u. Wenner. 787. ff. 3 Bde. gr. 8. (4 Thl. 16 Gr.)

Selchow, Joannes Henricus Christianus de: „Dissertatio iuris germanici de differentiis praediorum rusticorum et feudorum praesertim quoad successionem."' Diss. Resp.: Christianus Melchior Mueller, Gottingae (1765). — Vorh.: Oberlandesgericht Celle. — Ma 4.

Selchow. Johann Heinrich Christian von A. S. 45/20

Dissertatio iuris Germanici de differentiis praediorum rusticorum et feudorum praesertim quoad successionem.
Göttingen (Bossigel) 1766. 61 S. 32379

— Einleit. in d. Reichshofraths-Prozeß. 3 Bde. gr. 4. Lemgo 778—81. Meyer. 4 ℛ

— electa juris germanorum publici et privati. 8maj. Leipz. 771. Weygand. 1 ℛ 12 ℊ

— elementa antiquitatum juris Romani publici et privati. 8maj. Götting. 757. Ed. II. sub tit.: elementa juris Romani publici et privati Antejustinianei. 8maj. Götting. 778. Vandenhöck u. R. 1 ℛ 4 ℊ

de Selchow, J. H. Ch.: Elementa Historiae juris univ. per Germ. obtin. in us. audit. adorn. *Gött.*, Bossiegel. 758. 8. (12 Gr.)

— elementa historiae juris universi. 8. Götting. 759. Bossiegel. 12 ℊ

de Selchow, J. H. Ch.: Elem. jur. Germ. priv. hod. *Gött.*, Vandenhöck. (Ed. 1—7a. 757—87.) Ed. 8a. 795. gr. 8. (1 Thl. 4 Gr.)

Selchow, Jo. Henr. Chr. de: Elementa iuris Germanici privati hodierni ex ipsis fontibus deducta. Praemissum specimen bibliothecae iuris provincialis et statutarii Germanici. Ed. 4. Hannoverae 1771.

Selchow, Ioh. Heinr. Chr. v., elementa juris germanici privati hodierni. II Ptes. 8. maj. Gött. Bossiegel. 792. Rthlr.

— — idem liber. 8. maj. Götting. Vandenhök et R. 795.

de Selchow, J. H. Ch.: Elem. juris publ. Germ. *Göttingen*, Vandenhöck. (769—72. 782.) 794. 2 T. gr. 8. (1 Thl. 4 Gr.)

— elementa juris publici Germanici. II Tmi. 8maj. Götting. 782—794. Vandenhöck u R. (I. cont. jus publ. stricte dictum 769. Ed. II. 782. 1 ℛ 4 ℊ II. cont. jus privat. princip. 772. Ed. nova 794. 7 ℊ) 1 ℛ 11 ℊ

— elementa juris Romani publici et privati Antejustinianei. 8. maj. Götting. Vandenhök et R. 778.

Ders.: Gesch. d. in Deutschl. gelt. fremden u. einheim. Rechte, zum Behuf akad. Vorles. *Gött.*, Bossiegel. (1—3e A. 767—78.) 4e A. 789. 8. (1 Thl.)

— Geschichte der in Deutschland geltenden fremden u. einheimischen Rechte. 8. Götting. 767. N. A. 773, 78 u. 90. Vandenhöck u. R. 1 ℛ

— Grundriß einer pragmat. Geschichte d. Hauses Braunschweig-Lüneburg. 8. Götting. 763. 2e A. 767. (Dieterich). 16 ℊ

— Grundr. e. pragm. Geschichte d. Hauses Braunschweig-Lüneburg. 8. Göttingen, Bossiegel. (Dieterich.) 767.

— Grundriß d. deutschen Reichsgeschichte. 8. Götting. 775. (Dieterich). 1 ℛ

Selchow, Johann Heinrich Christian von: „Grundsätze des Wechselrechts, zum Gebrauch seiner Vorlesungen entworfen", Göttingen 1758. — 2. verbesserte Auflage, ebenda 1777, vorh. Bibl. des Kammergerichts Berlin und der Industrie- und Handelskammer Leipzig.

— Grundsätze des Wechselrechts. 8. Götting. 777. Vandenhöck u. R. 4 ℊ

— institutiones jurisprudentiae germanicae. 8. Götting. 757. Vandenhöck u. R. 12 ℊ Ed. II. unt. d. T.: Elementa juris Germanici privati hodierni ex ipsis fontibus deducta praemisso specimine Bibliothecae juris provincialis et Statutarii Germanici. 8. Hannov. 762. Ed. III. 766. Ed IV. 771. Ed. V. 775. Ed. VI. auct. et emend. 779. et T. II 8. Götting. 782. Auch unt. d. T.: Specimen Bibliothecae juris germanici provincialis ac statutarii. Ed. VI. 782. Ed VII. 787. Ed. VIII. 795. Vandenhöck. 1 ℛ 4 ℊ

Selchow, Jo. Henr. Chr. de: Institutiones iurisprudentiae Germanicae in usum auditorii adornata. Hannoverae 1757.

Selchow, Jo. Henr. Chr. de: De iuribus ex statu ingenuorum in Germania pendentibus liber singularis. Gottingae (1756).

— Diss. de juribus ex statu ingenuorum in Germania. 4. Götting. 757. Bossiegel. 6 ℊ

v. Selchow, J. H. Ch.: Concepte der Reichskammergerichtsordn. auf Befehl d. jüngsten Visitation entw. *Göttingen*, Vandenhöck. 782. 3 Thle. gr. 8.

— Magazin f. die deutschen Rechte u. Geschichte. 2 Bde. gr. 8. Lemgo 779—83. Meyer. 2 ℛ 8 ℊ

Selchow, Johann Heinrich Christian von [Praes.], Müller, Christian Melchior: De differentiis praediorum Rusticorum et feudorum praesertim quo ad successionem.

— Rechtsfälle, enthalt. Gutachten u. Entscheidungen aus d. deutschen Staats- u. Privatrechte. 4 Bde. gr. 4. Lemgo 782—86. Meyer. 4 ℔ 8 gℓ

— neue Rechtsfälle, enthalt. Gutachten u. Entscheidungen aus d. deutschen Staats. u. Privatrechte. 3 Thle. 4. Frankf. a. M. 787—89. Varrentrapp. 4 ℔ 16 gℓ

Selchow, Johann Heinrich Christian von [Praes.], Resch, Ludwig Reinhard: De matrimonio nobilis cum vili et turpi persona, praesertim rustica. Comment. jur. Germanici.

–s J. J. Schmauss, compend. juris.

Selchow, Johann Heinrich Christian von A. S. 177/11

Dissertatio iuridica inauguralis de servitute altius tollendi Romana eiusque ad Germaniam habitu.
Göttingen (Schulze) VI. 1755. 122 S. 32378

de Selchow, J. H. Ch.: Specimen biblioth. jur. Germ. provinc. ac statutar.: (Ed. 1—4 als 2r Th. d. elementor. jur. Germ. priv. hod. s. unt. No. 3107). Ed. 5. *Gött.* Vandenhöck. 782. gr. 8. (14 Gr.)

–s L. A. Würfel, jurisprudentia.

— Zusammenhang sr. Vorlesungen üb. das Territorial-Staatsrecht der gesammten Reichsstände. 8. Götting. 777. Vandenhöck u. R. 1 gℓ

Selchow-Rudnik, E. v. Ein Apell an den Menschenfreund Fürst Bismarck. 8. (23 S) Berl. 891, (Aktien-Gesellschaft „Pionier"). * — 30

— das Evangelium der Arbeit u. der deutsche Bauer. Offenes Schreiben an Hrn. Lehmann-Hohenberg in Kiel als Hrsg. der Zeitschrift. „Einiges Christenthum". gr. 8. (30 S.) Ebd. 893. n. — 40

Selchow-Rudnik, E. v., Das Evangelium der Arbeit und der deutsche Bauer. Offenes Schreiben an Herrn Prof. Lehmann-Hohenberg in Kiel als Hrsg. der Zeitschrift „Einiges Christentum". gr. 8⁰. Berlin, A.-G. Pionier, 1894.

— freie od. Zwangs-Genossenschaften? Ein, in der Bezirksabtheilg. der deutschen Adels-Genossenschaft f. Oberschlesien am 26. Septbr. 1891 geh. Vortrag. gr. 8. (39 S.) Ebd. 891. n. — 50

Selchow-Rudnik, E. v., Der Antrag Kanitz: eine Forderung nationaler Sittlichkeit! Dem deutschen Reichstage gewidmet. gr. 8⁰. Berlin, Puttkammer u. Mühlbrecht, 1895.

Selchow-Rudnik, E. v., der Antrag Kanitz: e. Forderg. nationaler Sittlichkeit. D. deutschen Reichstage gewidmet. gr. 8. (III, 58 S.) Berlin 896. Puttkammer & Mühlbrecht. n. 1. 20

—— Organisationsplan f. die Arbeit der Landwirthschaft. Ein Beitrag zur Bekämpfg. der Sozialdemokratie auf dem Lande. gr. 8. (45 S.) (Ebd.) 891. * — 60

Selck, s. a. Selk.

Selck, Johann (Pauszen) A. S. 1348/36

Universum non esse machina.
Präs. Johann Christian Eschenbach.
Rostock (Adler) 17. XI. 1751. 44 S. 32380

Selcke, Franz: Ueber Tabes dorsalis. Halle (1874): Plötz. 37 S. 8°
Halle-Wittenberg, Med. Diss. v. 7. Aug. 1874
Geb. Jacobshagen (Pommern) 20. 12. 1848. V

Selcke, Kurt, Assistenzarzt an d. Grossh. Frauenklinik zu Rostock: Über die Hernia processus vaginalis encystica. *Tübingen: H. Laupp 1898.* (24 S.) 8° (Aus: Beiträge zur klinischen Chirurgie, Bd 22, H 1.)
Rostock, Med. Diss. v. [4. Sept.] 1898

Selckmann, Erich, Referendar: Selbstmord, Teilnahme am Selbstmord und Tötung auf Verlangen. Greifswald 1910: Abel. 70 S. 8°
Greifswald, Jur. Diss. v. 13. Juli 1910, Ref. Weismann
[Geb. 7. Dez. 87 Landsberg a. W.; Wohnort: Prenzlau; Staatsangeh.: Preußen; Vorbildung: Gymn. Prenzlau Reife O. 06; Studium: Berlin 4, Greifswald 3 S.; Rig. 8. März 10.] [U 10. 1550

Selckmann, H. J. L. De versu glyconeo scenicae Graecor. poeseos. 24 S.
Berlin, K., Progr. 1834

Selckmann, H. J. L., vollständ. Wörterbuch zu den vier Cursus der „Libamenta" v. C. F. August. gr. 8. (9 B.) Berlin 834, Reimer.

SELCONTES (Ps.), Der Betrug bey der Schaferey. Langensalza 1731.
Goedeke IV, 81, 51, nach Godsched's Vorrath 2, 276

Seld, A. v., mein jüngster Aufenthalt in Schneidemühl, oder Mittheilungen über die Persönlichkeiten u. Verhältnisse in der neuen Gemeinde daselbst. 7. Aufl. gr. 8. (1¼ B.) Berlin 845, [C. H. Schultze.]

v. Seld, A. Freiherr, mein jüngster Aufenthalt in Schneidemühl, oder Mittheilungen über die Persönlichkeiten u. Verhältnisse in der neuen Gemeinde daselbst. 7. Aufl. gr. 8. Berlin 845, Wolff u. Co. 1/12 ℔

Seld, A. Frhr. v., Erlebnisse, s.: Schriften des sächs. Volksschriften-Verlags. 8. Jahrg. 4. Hft.

Seld, A. Frhr. v., Erlebnisse auf dem Gebiete der Straf-Justiz und der inneren Mission. 8. (III und 252 S.) Halle 860, Mühlmann.

Seld, A. v., Gedichte. gr. 12. (6½ B.) Berlin 840, Eichler.

Seld, A. Frhr. v. Das Füsilier-Regiment Prinz Heinrich v. Preußen [Brandenburgisches] Nr. 35. Ein Rückblick auf die Geschichte desselben. Zur Feier d. 75jähr. Bestehens auf Befehl d. Regimentskommandeurs v. Specht bearb. 8. (VII, 167 S. m. Abbildgn. in Farben- u. Lichtdr. u. Skizzen.) Berl. 891, Mittler u. Sohn. * 1 60
geb. ** 2 60

— das Füsilier-Regiment Prinz Heinrich v. Preußen (brandenburg.) Nr. 35. Ein Rückblick auf seine Geschichte. Zur Feier des 75jähr. Bestehens auf Befehl des Regimentskommandeurs v. Specht bearb. Mit Abbildgn. u. Skizzen. 2. Aufl. 8. (VII, 163 S. m. 18 [7 farb.] Taf.) Berlin 900. R. Sigismund. Geb. in Leinw. n. 2. 60

Seld, A. Frhr. v., das Füsilier-Regiment Prinz Heinrich v. Preußen (Brandenburgisches) Nr. 35. Ein Rückblick auf seine Geschichte. Zur Feier des 75jähr. Bestehens auf Befehl des Regimentskommandeurs Oberst v. Specht bearb. 3. Aufl. (VII, 163 S. m. 18 [7 farb.] Taf.) kl. 8. Berlin 908. R. Siegismund. 1. 60

Seld, A. Frhr. v., 60 Jahre, oder: ein Leben an Bauer- u. Fürstenhöfen, unter Säufern, Kindern u. Verbrechern. Leipzig 865. Bredt. 8. (VIII, 496 S.) 1 ℳ 7½ ngr.

—— wenig gekannte Länder und sehr bekannte Menschen. Geschrieben zur Lust und Lehre für die reifere Jugend und das Volk. gr. 16. (III und 351 S.) Potsdam 864, Riegel'sche Buchh. -

Seld, A. Frhr. v., Minnelieder aus der Jugendzeit u. Anderes. (209 S.) 8. Hagen 910. O. Hammerschmidt. Geb. in Leinw. 3. —

Seld, A. Frhr. v., wunderliche Reisen, s.a. Unterhaltungs-Bibliothek, christliche.

—— wunderliche Reisen. Bruchstücke aus dem Leben. 8. (VI und 427 S.) Halle 864, Fricke.

—— aus der Verbrecherwelt. Erfahrungen. 2 Bde. 8. (VI und 555 S.) Halle 865, Mühlmann.

MITTHEILUNGEN, Vertrauliche, vom preussischen Hofe und aus der preussischen Staatsverwaltung (von *Albert* Baron *von Seld*). Berlin 1865. (Bibl. d. dtsch. Reichstages.)
Anon.-Lex. V. p. 210 (nach d. Cat. genannter Bibl. Berlin 1882).

—— vertrauliche Mittheilungen vom preußischen Hofe und aus der preußischen Staatsverwaltung. 2. (Titel-)Aufl. 8. (IV und 211 S.) Berlin 866, [Streerath.]
Ermäßigter Preis

Seld, Armin [Pseud.], s.a. Hedderich, Philipp

Seld, Armin: Abhandl. üb. d. päpstl. Gesandtschaftsrecht, in welcher d. offenbar. Eingriffe d. röm. Hofes u. dessen Nuntien in d. ordentl. bischöfl. Gerichtsbark. entdeckt u. aus d. Primats, päpstl. Bullen, Reichsconcordaten, Friedensschl. etc. gründl. widerlegt werd. *Achen.* 787. 4.

Seld, Arminius, über das päpstliche Gesandschaftsrecht. Athen 1787. V: *Hedderich, Philipp.* (MGT)

Selden, Camilla, Heinrich Heine's letzte Tage. Erinnerungen. Aus dem Französ. Einzige autoris. deutsche Ausg. 8. (IV, 104 S.) Jena 884, Costenoble. *

Selden, Charles Card [aus Erie, Penns., Vor. St. N.-A.]: Ueber einige Derivate der Zimmtsäure und der beiden Glaser'schen Monobromzimmtsäuren . . . Elberfeld, Buchdr. v. A. Fastenrath, 1888; 51 S. 8°
Erlangen, Phil. Fak., Inaug.-Diss. v. 24 Jan. 1888

Selden, John

— de jure naturali et gentium juxta disciplinam Hebraeorum. 4. ibid. 712.

***Seldenus,* J., de jure naturali et gentium juxta disciplinam Ebraeorum. c. fig. 4. Wittenb. 770. Zimmermann.** 1 ℬ

Seldenus, Joh. (John *Selden*, geb. 1584 zu Salvington in Sussex, 1628—31 Gefangener im Tower, † 1661), de synedriis et praefecturis juridicis veterum Ebraeorum libri III. Ed. noviss. c. praef. *J. G. Heineccii* . . . . Francof. et Lips., C. G. Nicolai, 1734. 4°. Pgmtbd.
11 Bll. (incl. roth u. schwarz gedr. Tit.), 1383 S., 27 Bll. Reg. — Vorr. dat.: Londini, ex aedibus Carmeliticis, Octobris Juliani 16. 1650. — Rep. Amstelod. 1679. 4°.

Seldenus, Jo.: Uxor ebraica absolvens nuptias et divortia veterum Ebraeorum quibus acc. de successionibus in bona defunctorum et in pontificatum libri (2) ad leges veterum elaborati. [Rec.] Wittenbergae 1712.

Selden, Ioh., de uxore hebraica s. de nuptiis et div. veterum Hebraeorum. 4. Vitteberg. Zimmermann. 712.

Seldenius, Friedrich

Nothwendige und kurtze Censur [Zensur] der unreiffen und unvollkommenen Disputation D. Laurentii Heister de masticatione, darinnen die gröbsten und grössesten Irrthümer in Anatomicis, Physicis, mechanicis & Medicis gründlich erwiesen,... von Friderico Seldenio [Seldenius]. Landeck 1711: Haarter. 29 S. 8°

Seldenus, s. Selden

Selderetzki, E., Skizzen vom gegenwärtigen Kaukasus. (In russ. Sprache.) 1. Heft. Lex.-8. (XV, 84 S.) Berlin 870, (Behre's Buchh.) *

Seldes, Max Mordko: Aus d. chir. Klinik in München. Die operative Behandlung der Empyeme in den Jahren 1903—1909. München 1910: Kastner & Callwey. 51 S. 8°
München, Med. Diss. v. 11. März 1910, Ref. v. Angerer
[Geb. 24. Okt. 84 Boguslaw; Wohnort: Baku; Staatsangeh.: Rußland; Vorbildung: Oberrealsch. Baku, Erg. Gymn. Imp. Alexander III. Baku April 05; Studium: Jena 1, Straßburg 4, München 5 S.; Rig. 11. März 10.] [U 10.3586

Seldin, Meilach, aus Bobruisk (Rußl.): Ueber die Wirkung der Röntgen- und Radiumstrahlen auf innere Organe und den Gesamtorganismus der Tiere. *Königsberg i. Pr. 1904: O. Kümmel.* (46 S.) 8°
Königsberg, Med. Diss. v. 10. Apr. 1904

Seldis, Alb., die Etablirung eines jungen Kaufmannes u. Vermeidung seines Banquerutts durch Befolgung handelsphilosophischer Grundsätze in leichtfaßlicher Darstellung bearb. Berlin 864. (Th. Grieben.) 8. (208 S.) 20 ngr.

Seldis, Alb., das große Glück der Gemütsruhe. Philosophisch-populäre Abhandlungen. gr. 8. (184 S.) Berlin 886, Dreyer. *ℳ 1.50.; geb. *

Seldis, Alb., der geschulte Kaufmann. Eine Anleitung für den prakt. Geschäftsmann. 3. verb. Aufl. gr. 8. (IV, 306 S.) Berlin 883, Dreyer. *

— der geschulte Kaufmann. Eine Anleitg. f. den prakt. Geschäftsmann. 5., verb. Aufl. gr. 8. (IV, 306 S.) Ebd. 884. 1. 50; geb. in Leinw. 2. 50

—— der geschulte Kaufmann und sein Charakter. Wie kann sich der Kaufmann in kürzester Zeit Achtung und Ruf in seinem Geschäft erwerben, und vor Geldverlegenheit bewahren? Handelsphilosophisch dargestellt. 2., vervollständ. und verb. Aufl. gr. 8. (IV und 297 S.) Leipzig 867, Ruhl. *

Seldis, Alb., der moderne Reichthum u. das menschliche Lebensglück. Eine Zeitstudie. gr. 8. (VI, 217 S.) Berlin 872. Staude. n. 3. —

Seldis, Eugen, aus Hamburg: Über Pulegen und Campholen. *Hildesheim 1904: A. Lax.* (88 S.) 8°
Göttingen, Phil. Diss. v. [18. März] 1904

Seldis, Eug., über Pulegen u. Campholen. Diss. (88 S.) 8. Hildesheim 904. (Göttingen, Vandenhoeck & Ruprecht.) n. 1. 80

Seldis, M. Finanzplan zur Creirung von Eisenbahn-Kassenscheinen. 8°. Berlin 1848.

Seldis, Rud., Anleitung zur qualitativen chemischen Analyse nebst Vorübungen. gr. 8. (72 S. m. 2 Tab.) Heidelberg 902. C. Winter Verl. Geb. in Leinw. n. 1.60

Seldis, Rudolph, aus Berlin: **Beiträge zur Kenntnis der Undecylensäure.** *Heidelberg 1900: J. Hörning.* (37 S.) 8°
Heidelberg, Naturw.-math Diss. v. 1900

Stammbaum der Familie Seldis. (Verf.: Dr. phil. Rudolph **Seldis.**) [Berlin Selbstverl. 1905.] (71 Bl) quer-8°

— Wandtafeln der qualitativen chemischen Analyse. **Taf. 1:** Prüfung auf **Basen. Taf. 2:** Prüfung auf Säuren. à 76×106,5 cm. Ebd. 903. n. 2. —

Seldii, I. Chr., topica Calviniana seu isagoge in theolog. calvinianorum polem. atque exeget. 8. Francf. 756.

Heinrich Seldner. Lüttich. Die zweite burgundische Dynastie und die Markgrafen Karl und Markus von Baden. I. Abt. 84 S.
Derselbe. Lüttich. Die zweite burgundische Dynastie u. s. w. II. Abt. 75 S.
Derselbe. Lüttich. Die zweite burgundische Dynastie u. s. w. III. Abt. 94 S.
Rastatt, P 1865 1867

Seldner, Karl

Seldner, K., die grossh. höh. Bürgerschule, seit 1896 Realschule, zu Eberbach am Neckar von 1832—1898. Aus d. Akten zusammengest. Progr. gr. 8. (58 S.) Eberbach 898. (J. Ramann Nachf.) n. — 50

Das Schlachtfeld bei Pharsalus, mit Kartenskizzen. 105 S.
Mannheim, P 1883

Seldner, K. Lessings Verhältnis zur altrömischen Komödie. Eine litteraturgeschichtliche Abhandlung. 29 S. **Progr.** Rg *Mannheim* 1884

Seldner, P., pariser Criminalgeschichten. Dargestellt nach den Verhandlungen vor den Assisen u. dem Tribunal der correctionellen Polizei. 1—3. Bd. 8. Leipzig, Kollmann. [1. (30½ B.), 2. (28¾ B.) 845. à 1 Thlr. 5 Ngr., 3. (26 B.) 46. 1 Thlr.] Thlr.

Seldorf, Die Familie. Eine Geschichte. Tübingen 1795. V: *Huber, Maria Therese geb. Heyne.* (schl)

Seldorf, die Familie, eine Geschichte von L. F. Huber, 2 Theile, mit 1 Kupf. 8. Tübingen, 795/96. Cotta. 1 Rthl. 25 sgl.

Seldowitsch, David: Beitrag zur Frage über das Auftreten der Alopecia syphilitica. Berlin (1908): Ebering. 40 S. 8°
Berlin, Med. Diss. v. 18. Dez. 1908, Ref. Bier
[Geb. 24 Mai 82 Beresino, Wohnort: Moskau; Staatsangeh.: Rußland; Vorbildung: Gymn. Moskau Reife O 00; Studium: Naturw. Moskau 7, Med. Freiburg i. B. 1, Berlin 7 S.; Rig. 10 Dez. 08.] [U 09. 107

Seldowitsch geb. Tscherno-Schwartz, **Schendlia:** Beitrag zur operativen Behandlung des Magenkarzinoms in der chirurgischen Klinik der königlichen Charité seit Okt. 1904 bis Dez. 1908. Berlin 1909: Ebering. 63 S. 8°
Berlin, Med. Diss. v. 2. Juli 1909, Ref. Hildebrand
[Geb. 30 April 82 Brest-Litowsk; Wohnort: Wilna; Staatsangeh.: Rußland; Vorbildung: Mädchen-Gymn. Wilna Reife O 01, Ergänzungsprüf. Lat. Wilna M. 04; Studium: Freiburg i. B. 2, Berlin 8 S.; Rig. 29 Juni 09.] [U 09. 108

v. Seldt, Amalie, (Henriette v. Hülsen), Briefsteller f. Frauen. Eine Samml. v. Musterbriefen. Mit einer Einleit. z. Briefschreiben. 8. Berl. 825. Rücker. 1 ₰

v. Seldt, Amalie, (Henriette v. Hülsen), Erzählungen. 8. Berl. 806. Rücker. 1 ₰

v. Seldt, (Amalie,) Erzähll. 8. Berl. 826, Rücker.

+Seldt, Amalie v., (Henriette v. Hülsen,) Morgenstunden. Weihgeschenk f. edle Frauen. gr. 12. (27½ B.) Berlin 828, [Rücker u. Püchler.]

Selecta, ex Appiano et Athenaeo. Cum epimetro ex simplic. comment. etc. cur. J. Schweighäuser. 8. Strassb. 814. Treuttel u. W. 18 gl

Selecta, ex **Appiano** et Athaeneo. Cum epimetro ex simplic. comment. etc. cur. J. Schweighäuser. 8. Strasb. Treutel et W. 815.

— ex Eutropio, Cornelio, Justino etc. capita, in usum tironum a J. K. Cph. Nachtigall. 8. Wernigerode. 780.

— capita ex scriptoribus Graecis in usum juventutis scholast. excerpta (ab J. L. Schulze). 8. Halle 773. Waisenhaus-B. 3 gl

— e poetis latinis carmina ad initiandos poësi Romana tironum animos. Collegit, recens., praef. est Fr. Lindemann. II Pars. 8maj. Leipz. 823. Hinrichs. 16 gl

— ex auctoribus classicis exempla historica. 8. Würzb. 790. Stahel. 9 gl

Selectorum e graecis scriptoribus exemplorum in usum auditorum philologiae graecae. libri II. 8maj. Ticini Regii. (Viennae, Volke.) 820.

Selecta feudalia, quibus solida hujus juris fundamenta per quaestiones explicantur etc. *Frcf.* et *Lips.* 738. 4.

Selecta Feudalia, quibus solida hujus juris fundamenta per quaest. exhibentur. 4. Hannover, Helwing. 738.

— ex historia Halebi, e cod. arabico bibliothec. etc. f. G. W. F. *Freytag.*

Selecta historiae Cremifanensis, sive compendiosa descriptio Abbatum, qui ab a. 777 usque ad a. 1777 gubernarunt . . . Lincii 1777—80. V: *Pachmayr, Marian.* (Adel) (MGT) V: *Besange, Hieron.* (Karajan) (Feil)

— Historica et literaria. II. Tmi. 8. Königsb. 715 - 18.

Selecta historica et literaria. Regiom. et Lips. 1715—19. H: *Boye, Heinr.* (RHMB IV, 344)

Selecta historica et litteraria. Regiom. et Lips. 1715—19. H: *Lilienthal, Michael.* (Barbier) (Myl) (ML)

— historico-philosoph.-theologica, indicibus copiosissimis. Tom. I. 8maj. Leipz., Joachim. 18 gl

— iuridica Rostochiensia. 4. Rostock. 741.

Selecta juris et historiarum tum anecdota tum jam edita sed rariora Vol 1 6. Francofurti a. M 1734 -42. 8°
Hrsg. Heinrich Christian von Senckenberg

Selecta juris publici. H (nicht): *Moser, Joh. Jacob.* (Joh. Jacob Moser, Lebensgeschichte von ihm selbst beschrieben. Frankfurt u. Leipzig 1777, III, 179)

Selecta Juris publ. novissima, worinnen das merkwürdigste, was sich an grosser Herren Höfen, ingl. bey allgemeinen Reichs- u. Creyssversammlungen etc. zugetragen etc. 1—48 Th. u. 8 Bde Register. *Frankf.* u. *Leipz.* 740—766 Vol. 8.

– Suppl. Ebd. 1769 bis 1770.

Selecta medica Francofurtensia

Selecta medica Francofurtensia, anatomen, inprimis practicam, chirurgiam, materiam medicam ipsamque universam medicinam tam clinicam quam forensem variis casibus et observationibus etc...digesta. Vol.1/Tom.1 - 2, gbd., Abb.

Francofurti ad Uiadrum: Conradi 1736 - 1740

JB 2.014

— medica Francofurtensia. IV Toi. Francf. Braun. 736-45.

Selecta Norimbergensia oder Sammlung verschiedener kleiner Ausführungen und Urkunden, welche . . . die Geschichte . . . der Stadt Nürnberg . . . erläutern. Ansbach 1768—79. H: *Schnitzlein, Carl Wilhelm.* (Ky) (BrMm) (ML)

—Norimbergensia, ob. Samml. verschied. kleiner Ausführr. u. Urkunden, welche größtentheils bisher noch nicht gedruckt worden sind 2c., (v. K. W. Schnitzlein). 6 Thle. 4. Ansbach 768—79. (Gassert). 6 ℛ

— Norimbergensia od. Samml. verschied. Ausführungen und Urkunden, welche die Geschichte Nürnbergs erläutern. 6 Thle. 4. Ansbach, Haueisen. (Gassert.) 768-79.

—e M. Ant. Mureti cet. operibus, pront in C. G. Zumptii V. C. libro, qui inscriptus est; Aufgaben z. Uebersetzen aus dem Deutschen ins Latein. 2c. Germanice versa leguntur. Fasc. I. et II. 8maj. Leipz. 823—24. Ed. II. 829. Hartknoch. (Tom. I. 14 gr Tom. II. 10 gr) 1 ℛ

Selecta e M. A. Mureti aliorumque recentior. operibus duce libro Zumptii longe utilissimo qui inscriptus est: Aufgaben z. Uebersetzen aus d. Deutschen ins Latein. (Edit. IV. Berolini 1829.) Edit. II. auct. et emend. — E. s. t.: Chrestomathia latina ex M. A. Mureti alior. recent. operibus excerpta. 8maj. (14 B.) Lipsiae 830, Hartknoch. vergl. Mureti.

Selecta e Marci Antonii Mureti aliorumque recentiorum operibus duce libro Zumptii longe utilissimo qui inscriptus est: Aufgaben zum Uebersetzen aus dem Deutschen ins Lateinische. (Edit. V. Berol. 1844.) Edit. III. auct. et emend. 8maj. (14½ B.) Lipsiae 845, Hartknoch.

Selecta patrum latinorum, s. Kinzler, Adf.

—Patrum Societatis Jesu Carmina ad usum scholar. 8. Augsb. 754. Rieger. 4 gr

Selecta physico-oeconomica, oder Sammlungen von allerhand zur Naturforschung und Haushaltungskunst gehörigen Begebenheiten. Stuttgart 1749–56. H: *Gesner, Johann Albrecht.* (ML) & *Joh. Chph Erhard.* (EngOec) (Ky)

— Physico-oeconomica oder Sammlung von allerhand z. Naturforsch. u. Haushaltungsk. gehör. Begebenh. 17 Thle. 8. Stuttgard, Erhard. 749-56.

—physico-oeconomica, oder Samml. v. allerhand zur Naturforschung u. Haushaltungskunst gehörigen Begebenheiten, (großentheils von J. A. Gesner, mit Beitrr. von J. C. Erhard). 17 Stücke in 3 Bden. 8. Stuttg. 749—56. Sattler. (Hofmann). 1 ℛ 10 gr

Selecta ex poëtis graecis Homero, Hesiodo multisque aliis. Eton. 762. 8. Ib. 777. 8. Dresd. 764. 8. 3 rthlr.

—ex poëtis graecis cum vulg. vers. emend. et notis in usum scholarum. 8. Etonae 764. (Walther in Dresd.) 3 ℛ

—ex latinis poëtis uberrimis et luculentissimis, cura et stud. Ant. Ang. et Marc. Ant. de Cavanis. 8. Venetiis 819. (Wien, Volke). 1 ℛ

Selecta Rabbinico-philologica, quae comprehendunt I. Commentar. Rasche in Parsch. Boreschith. sive in Cap. I usque ad VI Gen. II. Commentar. R. Abarbanel in Haggaeum, III. R. Mos. Maimon. Mercaba. sive Doctrinam de Deo & Ang. Quae quondam cum versionibus & Annotationibus studio Jo. Adami Scherzeri sub nomine Trifolii Orientalis, nec non Operae pretii edita, jam vero revisa & aucta sunt; IV. Commentar. Rasche in Parsch. Noach, sive in cap. VI usque ad XI Gen. V. Commentar. R. Aben Esrae in Haggaeum. Quae cum versionibus, Annotationibus Talmudicis, Rabbinicis & Philologicis, nec non indicibus necessariis adjecta sunt a Jo. Georg. Abicht. Lipsiae 1705.

— Scholastica, in quibus programmata ex scholiis sacri philologici, philosophici et historici argumenti eaque melioris notae coeunt, collegit, disposuit et recens. I. G. Biedermann. III fasc. 8. Lips. 745-46.

—e Scholiis L. C. Valkenarii in libb. quosd. N. T. et E. Wessenbergio, qui diss. praemis. de gloss. N. T. Tom. I. 8maj. Amserd. 815. (Leipz., Weigel). 3 ℛ 20 gr

—ex scriptoribus romanis: Cicerone, Livio, Tacito, Paterculo. 8maj. Dresd. 790. Walther. 18 gr

Selectae e profanis scriptoribus historiae, recens. et praefat. adj. Jh. Fr. Fischer. 8. Leipz. 765. N. Ed. 777. Ed. emendata 785. Hahn 10 gr Denuo recogn. a G. H. Schäfer. 8maj. ibid. 813 u. 824. 12 gr

— e profanis Scriptoribus historiae a Fischer. 8. Lips. Fritsch. 785.

Selection, a, of Gay's Fables. Mit grammatischen Erläuterungen und einem Wörterbuche. Zum Schul- u. Privatgebrauche. 8. Leipzig 842, Baumgärtner's Buchh. 3/8 ℛ

Selection, a, of the best novels by engl. authors. Vol. I. 8. Leips. Sommer. 795.

Selection, a, of the best novels by english authors. Vol. I. 8. Leipz. 795. Sommer. (Nauck). 1 ℛ 4 gr

— a, of Anthony Walls novels, with others of J. J. Engel philos. for the world, translated from the german by C. H. Reichel. 8. Lpz. Reichel. 791.

Selection, a, of Anthony Walls Novels, with others of J. J. Engel philos. for the world translat. from the german by Chr. H. Reichel. 8. Leipz. 791. (Weidmann). 16 gr

— a, from the poems of his Majesty Louis I., King of Bavaria. Imitated in english verse, by George Everill. 2. edit. gr. 12. Munich 844, Franz. n. 5/6 ℛ

Selection of American prose-writers. Herausgegeben von Prof. Dr. F. Meyer. [Freytag's Sammlung französischer und englischer Schriftsteller.] 8°. (142 S.) geb. K 1.8
Wien Tempsky 1909.

—— in verse and prose from the most celebrated english Authors of the past and present times by Elizabeth Richardson. 8. (8½ B.) Brunswick 845, Westermann. *

Selection, a, from Lord Byron's poetical Works. Intended for the use of young people and provided with explanatory german notes by Charl. Graeser. 8. (14 B.) Marienwerder 846, Levysohn. *

Selections of American humour in prose and verse. 8. (318 S.) Leipzig 886, Gressner und Schramm. geb. *

Selections from the works of the british classical poets, s. Marinack, Maria Mary.

Selectus epistolarum clarissimorum virorum eruditorum e museo R. A. N. I. C. 8. Celle. 746

Selectus novus missarum praestantissimorum superioris aevi auctorum juxta codd. originales tum manuscriptos tum impressos editarum a Carol. Proske. Tom. I. Pars I. Quatuor missas IV. V. et VI vocibus decantandas continens. 4maj. (VIII und 139 S.) Ratisbonae 855, Pustet. *

—— id. — Voces separatae. Pars I. Sect. 1 — 4. 4maj. (98 S.) Ibid. 856. *

Selectus novus missarum praestantissimorum superioris aevi auctorum, juxta codd. originales tum manuscriptos tum impressos editarum a Carl Proske. Tom. 1. Pars 2: Quatuor missas IV. VI. et VIII. vocibus decantandas continens. gr. 4. (VIII und S. 139—298.) Regensburg 857, Pustet. *
Für Abnehmer der Musica divina * 1 Thlr. 9 Ngr.

—— dass. — Voces separatae. Pars I. Sect. 5—8. gr. 4. (120 S.) Ebendas. 857. *

—— dass. — Tom. II. Octo missas 4, 5, 6 et 8 vocum cont. 2 Partes. gr. 4. (XII und S. 299—634.) Ebendas. 861. *

—— dass. — Voces separatae. gr. 4. (267 S.) Ebendas. 861. *

Selet, Thdr., deutsch-türkisches Wörterbuch m. Transscription d. Türkischen. Nach Manuscripten aus d. Nachlasse der rühmlich bekannten Orientalistin weil. Camilla Ružička-Ostoić u. nach Maßgabe d. anerkanntesten Orientalisten unt. Mithilfe v. Mathilde Bloch. I. Bd. 8. (IV, 720 S.) Wien 894. Preßburg-Szt. György, Selbstverl. 10. —

v. Seleida, Georg, s. Seecapitain.

Selein, F. A., Scene aus „Doctor Faust". [Als Mscr. gedr.] 16. (19 S.) Wien 868, Teufen.

Selene, s. a. Fr. Rochlitz.

Selene. Zugl. als Forts. d. Journals f. deutsche Frauen. Hrsg. v. Friedrich Rochlitz. Jg. 1. 2. [Mehr nicht ersch.] — Leipzig: Göschen 1807. 08. 8°

Selenew, J. Ph., extragenitale Primäreffekte. Uebers. v. Otto Steinborn. (8 S.) gr. 8. Leipzig 906. Verlag der Monatsschrift f. Harnkrankh. n. — 60
Sonderabdruck aus: „Monatsschr. f. Harnkrankh. etc."

Seleniden; in moral. Erzählungen, v. S. Ludwig. Neue Aufl. 8. Zwickau, Gebr. Schumann. 809.

Seleniten, die, oder Vermuthungen u. Beweise f. d. Daseyn vernünftiger Wesen im Monde, mit besond. Rücksicht auf d. neuesten Entdeckungen d. Hrn. D. v. Paula Gruithuisen. Mit 1 Kpfrt. 8 Leipz. 824, W. Vogel.

Selenka, Taschenbuch f. zoologische Vorlesungen u. Uebungen. gr 16. (85 S.) Erlangen 876. Besold. geb. n. 2. —

Selenka, Emil

[Aufruf.] An die Freimaurer-Logen Deutschlands! [Unterz.:] Emil Selenka. [Dat.:] München 1899. 1 Bl. 2° [Kopftit.]
Aufforderung, das Friedensprogramm des russischen Kaisers zu unterstützen.

Selenka E.: Beitrag z. Entwickelungsgeschichte d. Luftsäcke d. Huhns 1866. (5) S. 1 Tvl. (Sætr.). P.

Selenka, E.: Beiträge zur Anatomie und Systematik der Holothurien. Leipzig 1867 84 p u 4 Tafeln.
Schul-/Univ.-Schrift

Selenka, Emil, s. Bronn's, H. G., Klassen und Ordnungen des Thier-Reichs.

Selenka, Emil, s.: Centralblatt, biologisches.

Selenka, Emil, zur vergleichenden Keimesgeschichte der Primaten, s. a. Menschenaffen. 5. Lfg.

Zur vergleichenden Keimesgeschichte der Primaten von Dr. Emil Selenka. Als Fragm. hrsg. von Dr. Franz Keibel, Prof in Freiburg i. B. Mit 67 Abb. u. 1 Taf. Eingel. durch ein Lebensbild Selenka's von Prof. A[mbrosius] A[rnold] W[illem] Hubrecht in Utrecht. Mit e. Portr. Wiesbaden C. W. Kreidel 1903. (14, II S., S. 328—372.) 4°
— Menschenaffen. Lfg 5.
— Studien über Entwickelungsgeschichte d. Tiere. H. 10.

— s.a. Menschenaffen.

Selenka, Emil: Menschenaffen. (Anthropomorphae). Studien über Entwickelung u. Schädelbau. Hrsg. von Dr. Emil Selenka, Prof. in München. Lfg. 1. Rassen, Schädel u. Bezahnung d. Orangutan. Mit 108 Abb. im Text. [Mehr nicht erschienen.] Wiesbaden: C. W. Kreidel 1898. (91 S.) 4°

— Placentaranlage des Lutung (Semnopithecus pruinosus, v. Borneo). gr. 8. (S. 3—14 m. Abbildgn. u. 2 Taf.) München 901. (G. Franz' Verl.) n. — 40
Sonderabdruck aus: „Sitzungsber. d. bayer. Akad. d. Wiss."

— Rassen, Schädel u. Bezahnung des Orangutan, s. a. Menschenaffen.

Rassen, Schädel und Bezahnung des Orangutan von Dr. Emil Selenka Prof in München. Mit 108 Abb. Wiesbaden C. W. Kreidel 1898. (91 S.) 4°
— Menschenaffen. Lfg 1. (Kap. 1.)
— Studien über Entwickelungsgeschichte d. Tiere. H. 6.

Schädel des Gorilla und Schimpanse. Entwickelung des Gibbon (Hylobates u. Siamanga). Von Dr. Emil Selenka, Prof. in München. Mit Taf. u. Textfig. [1. 2.] *Wiesbaden: C. W. Kreidel 1899–1900.* 2 Bde 4°
= Menschenaffen. Lfg 2. 3. (Kap. 2. 3.)
— Studien über Entwickelungsgeschichte d. Tiere. H. 7. 8. (o3. 6)

— der Schmuck des Menschen. gr. 8. (VIII, 72 S. m. 90 Textfig.) Berlin 900. Vita. n. 4. —; geb. 6. —

Selenka, Emil, die Sipunculiden, s.: Semper, C., Reisen im Archipel der Philippinen.

Selenka, Emil, e. Streifzug durch Indien. Mit 29 Text-abbildgn. gr. 8. (64 S.) Wiesbaden 890. Kreidel. n. 2. —

— Studien üb. Entwickelungsgeschichte der Thiere. 1—3. Hft. u. 4. Hft. 1. Hälfte. gr. 4. Wiesbaden, Kreidel. n. 66. —
1. Keimblätter u. Primitivorgane der Maus. Mit 4 Taf. in Farbendr. (23 S. m. 4 Bl. Erklärgn.) 883. n. 12. —
2. Die Keimblätter der Echinodermen. Mit 6 Taf. in Farbendr. (S. 25—61 m. 6 Bl. Erklärgn.) 883. n. 15. —
3. Die Blätterumkehrung im Ei der Nagethiere. Mit 6 Taf. in Farbendr. (S. 67—99 m. 6 Bl. Erklärgn.) 884. n. 15. —
4. Das Opossum [Didelphys virginiana]. Mit 9 Taf. in Farbendr. (S. 101—132 m. 9 Bl. Erklärgn.) 886. n. 24. —

Selenka, Emil, Studien üb. Entwickelungsgeschichte der Thiere. 4. Hft. 2. Hälfte. gr. 4. Wiesbaden 887. Kreidel. n. 16. — (I—IV.: n. 82. —)
Das Opossum [Didelphys virginiana]. [Schluss.] Mit 5 Taf. in Farbendr. u. 3 Holzschn. (III u. S. 133—172 m. 5 Bl. Erklärgn.)

—— Studien üb. Entwickelungsgeschichte der Tiere. 5. Heft. In 2 Hälften. gr. 4. Ebd. * 42 —
1. Hälfte. 1. Beutelfuchs u. Känguruhratte [Phalangista et Hypsiprymnus]. — 2. Zur Entstehungsgeschichte d. Amnion. — 3. Das Kantjil [Tragulus javanicus]. — 4. Affen Ostindiens. Mit 7 Taf. in Farbendr. (S. 173—206 m. 7 Bl. Erklärgn.) 891. * 22 —.
2. Hälfte. 4. Affen Ostindiens. (Fortsetzung.) — 5. Keimbildung d. Kalong [Pteropus edulis]. — 6. Dottersack u. Placenta d. Kalong. Von Rud. Göhre. (V, S. 207—233 m. 5 farb. Taf. u. 5 Bl. Erklärgn.) 892. * 20 —.
1.—4. Heft. Ebd. 1883—87. * 82 —.

— Studien üb. Entwickelungsgeschichte d. Tiere. 6. Hft. hoch 4. Wiesbaden, C. W. Kreidel. In Mappe n. 16. — (1.—6.: n. 140. —)
Menschenaffen (Anthropomorphae). Studien üb. Entwickelg. u. Schädelbau. Hrsg. v. Emil Selenka. 1. Lfg. Selenka, Emil, Rassen, Schädel u. Bezahng. d. Orangutan. (91 S. m. 108 Abb.)

— Studien über Entwickelungsgeschichte der Tiere. 7.—9. Hft. hoch 4. Wiesbaden, C. W. Kreidel. In Mappe n. 53. 25
7. Menschenaffen (Anthropomorphae). Studien über Entwickelg. u. Schädelbau. 2. Lfg. II. Kapitel. Schädel des Gorilla u. Schimpanse. III. Kapitel. Entwickelung des Gibbon (Hylobates u. Siamanga). Mit 10 Taf. u. 70 Text-fig. (S. 93—172.) 899. n. 20. —
8. Dasselbe. 3. Lfg. III. Kapitel. Entwickelung des Gibbon (Hylobates u. Siamanga), Fortsetzg. Mit 1 Taf. u. 38 Text-fig. (S. 173—208.) 900. n. 10. 65
9. Dasselbe. 4. Lfg. Der Unterkiefer der Anthropomorphen u. des Menschen in seiner funktionellen Entwickelung u. Gestalt. Von Otto Walkhoff. Mit 59 Abbildgn. im Text. (S. 207—327.) 902. n. 22. 60
1.—6. Hft. Ebd. 865—898. n. 140. —.

— Studien über Entwickelungsgeschichte der Tiere. 10. Heft. hoch 4. Wiesbaden 903. C. W. Kreidel. In Mappe n. 18. 65 (1.—10.: n. 211. 90)
Menschenaffen (Anthropomorphae). Studien üb. Entwickelg. u. Schädelbau. 5. Lfg. Zur vergleichenden Keimesgeschichte der Primaten. Von Emil Selenka. Als Fragment hrsg. v. Frz. Keibel. Mit 67 Abbildgn. im Text u. 1 Taf. Eingeleitet durch e. Lebensbild Selenka's v. A. A. W. Hubrecht. Mit 1 Portr. Selenka's. (IV, 14 S., II u. S. 329—372 m. 1 Bl. Erklärgn.)
Fortsetzg. s.: Studien üb. Entwickelungsgeschichte der Tiere.

Selenka, Emil, zoologische Studien. I. Befruchtung des Eies von Toxopneustes variegatus. Ein Beitrag zur Lehre von der Befruchtung und Eifurchung. gr. 4. (VII, 18 S. mit 3 Stnt.) Leipzig 878, Engelmann. *

—— zoologische Studien. II. Zur Entwickelungsgeschichte der Seeplanarien. Ein Beitrag zur Keimblätterlehre und Descendenztheorie. gr. 4. (V, 44 S. mit 2 eingedr. Holzschn. und 7 lithogr. und color. Taf.) Leipzig 881, Engelmann. *
I. Ebendas. 1878. * ℳ 4.

—— Taschenbuch für zoologische Vorlesungen und Uebungen. gr. 16. (85 S.) Erlangen 876, Besold. geb. *
2. Aufl. s. Taschenbuch, zoologisches, für Studirende.

—— zoologisches Taschenbuch für Studirende. 3. Aufl. 8. (140 S.) Erlangen 885, Besold. geb. *

— zoologisches Taschenbuch f. Studierende, zum Gebrauch bei Vorlesgn. u. prakt. Übgn. zusammengest. 4. Aufl. 2 Hfte. gr. 8. Leipzig 897. A. Georgi. n. 5. —
I. Wirbellose. (IV, 100 S. m. ca. 500 Abb.)
II. Wirbeltiere. (IV u. S. 101—214 m. üb. 300 Abb.)

Selenka, Emil, zoologisches Taschenbuch f. Studierende, z. Gebrauch bei Vorlesungen u. praktischen Übungen zusammengestellt. 5., völlig umgearb. u. stark verm. Aufl. v. Rich. Goldschmidt. 2 Hefte. gr. 8. Leipzig 907. G. Thieme. In Karton 5. 60
1. Wirbellose, m. 368 Abb. (VII, 130 S.)
2. Wirbeltiere, m. 272 Abb. (IV, 147 S.)

— Vögel: Aves, s.: Bronn's, H. G., Klassen u. Ordnungen d. Thier-Reichs.

— u. Lenore Selenka, sonnige Welten. Ostasiatische Reise-Skizzen. Borneo. — Japan. — Java. — Sumatra. — Vorderindien. — Ceylon. M. 200 Abb. u. 6 facsimilierten (farb.) Vollbild. 4. (XIII, 445 S.) Wiesbaden 896. C. W. Kreidel. n. 12. 60; geb. in Leinw. n. 16. —

Selenka, Emil und Lenore. Sonnige Welten. Ostasiatische Reise-Skizzen. Borneo — Java — Sumatra — Vorderindien. — Ceylon — Japan. 2. umgearbeitete und ergänzte Aufl. hrsg. von L. Selenka. Wiesbaden, C. W. Kreidel 1905.
X – 496 S. m. zahlr. Abb., 5 Taf. 4°
1. Aufl. 1896.

Selenka, M. L., die internationale Kundgebung der Frauen zur Friedens-Konferenz vom 15. V. 1899. Hrsg. v. S. (In deutscher, engl. u. französ. Sprache.) gr. 8. (XXV, XXII, XXIII, 160 S.) München 900. A. Schupp. n. 2. —

Selenkoff, Alexander. Ein Beitrag zur Casuistik der Osteomyelitis spontanea diffusa. Diss. Dorpat. 8°. 47 pp. mit zwei Farbendruck-Tafeln. 1874.

Selensky, Minna, aus Poltawa (Gouvernement): Ueber Nephropexie. Technik und Resultate der Methode von Herrn Prof. Tavel. Bern 1908. 39 S. 8°. [27. VII. 08.]
Bern, Med. Diss. 1907/08

Selensky, Minna. Ueber Nephropexie. Technik und Resultate der Methode von Herrn Prof. [Ernest] Tavel. Diss. Med. Bern. 39 S. 8. Bern, Unionsdruckerei, 1908.

Seler, Caecilie

Seler, peruanische Alterthümer, insbesondere altperuanische Gefässe, u. Gefässe der Chibcha u. der Tolima- u. Cauca-Stämme, Goldschmuck etc. Hrsg. v. der Verwaltg. des königl. Museums f. Völkerkunde zu Berlin. 64 Taf. in Lichtdr. Mit erläut. Text v. S. Fol. (XIV S.) Berlin 893. Dr. E. Mertens & Co. In Mappe. Subskr.-Pr. n. 100. —; Ladenpr. n. 120. —

— die alten **Ansiedelungen von Chaculá im Distrikte Nenton des Departements Kuehuetenango der Republik Guatemala.** I. Mit 50 Lichtdr.-Taf., 282 Abbildgn. u. Plänen im Text u. 1 Karte. (Wissenschaftliche Ergebnisse e. auf Kosten Sr. Exc. d. Herzogs v. Loubat in d. J. 1895—1897 ausgeführten Reise durch Mexiko u. Guatemala.) gr. 4. (XVIII, 223 S.) Berlin 901. D. Reimer. n. 32. —; geb. in Leinw. n. 36. —

Seler, Caecilie, die Frau im alten u. im heutigen Mexiko, s. a. **Aus geistigen Werkstätten.**

Seler[-Sachs], Caecilie: Die Frau im alten und im heutigen Mexiko. Nach Überlieferungen u. eig. Anschauung. — Berlin: Lesser 1893. 26 S. 8° (Aus geistigen Werkstätten. 3.)

Seler, Cäcilie, auf alten Wegen in Mexiko u. Guatemala. Reiseerinnerungen u. Eindrücke aus den J. 1895—1897. Mit 65 Lichtdr.-Taf., 260 in den Text gedr. Abb. u. 1 farb. Karte. gr. 8. (XXIV, 363 S.) Berlin 900. D. Reimer. Geb. in Leinw. n. 20. —

Seler, Eduard, gesammelte **Abhandlungen z. amerikanischen Sprach- u. Alterthumskunde. 1. Bd. Sprachliches.** — Bilderschriften. — **Kalender u. Hieroglyphonentzifferg.** gr. 8. (XXVIII, 862 S. m. Abbildgn.) Berlin 902 A. Asher & Co. n. 18. —

Seler, Eduard, gesammelte Abhandlungen zur amerikanischen Sprach- u. Alterthumskunde. 2. Bd. Zur Geschichte u. Volkskunde México's. — Reisewege u. Ruinen. — Archäologisches aus Mexiko. — Die religiösen Gesänge der Mexikaner. (XXXVI, 1107 S. m. Abbildgn.) Lex.-8. Berlin 904. Behrend & Co. 24. —

Seler, Eduard, gesammelte Abhandlungen z. amerikan. Sprach- u. Alterthumskunde 3. Bd. Geschichtliches. Bilderschriften, Kalendarisches u. Mythologie. Ethnographisches u. Archäologisches aus México. Archäologisches u. Anderes aus den Maya-Ländern. (XXX, 729 S. m. Abb. u. 60 Taf.) Lex. 8. Berlin 908. Behrend & Co. 24. —
Bd. 1 u. 2. Ebd. 902. 04. 42. —.

Seler, Eduard. Bericht uber die Untersuchung des altmexikanischen Federschmuckes im k. k. Naturhistorischen Hofmuseum durch die von dem Kongresse gewahlte Kommission
Wien 1909
S. 242—248 4°
Aus: Verhandlungen des XVI. Internationalen Kongresses Wien

(**Seler,** Eduard: Die mexikanischen Bilderhandschriften Alexander von Humboldt's in der Königlichen Bibliothek zu Berlin. Erläutert von Eduard Seler. Berlin 1893. 136 S. 8°

Seler, Eduard. Codex Borgia. Eine altmexikan. Bilderschrift d. Congregatio de propaganda fide. Hrsg. auf Kosten d. Herzogs v. Loubat. Erl. von Dr. Eduard Seler, Prof. Bd 1–3. Berlin 1904–09: (Unger). 2°(4°)
1. Taf. 1–28. 1904. 2. Taf. 29–76. 1906. 3. Nachtrag u. Inhaltsverzeichnis. 1909.

Codex Fejérváry-Mayer. Eine altmexikanische Bilderhandschrift d. Free Public Museums in Liverpool ⟨"⟩. Auf Kosten Sr. Exc. d. Herzogs von Loubat hrsg. Erl. von Dr. Eduard **Seler**, Prof. in Berlin. *Berlin 1901: (Gebr. Unger).* (VI, 230 S.) 4°

Codex Fejérváry-**Mayer**. An Old Mexican Picture Ms in the Liverpool Free Public Museum ⟨"⟩. Publ. at the Expense of H. Exc. the Duke of Loubat. Elucidated by Dr. Eduard **Seler**, Prof., Berlin. (Engl. Ed. by A[ugustus] H[enry] Keane.) *Berlin & London 1901–02. Edinburgh: T. & A. Constable.* (VI, 228 S.) 4°

Seler, Eduard: Codex Vaticanus Nr. 3773 ⟨Codex Vaticanus B⟩. Eine altmexikanische Bilderschrift d. Vatikan. Bibliothek. Hrsg. auf Kosten d. Herzogs v. Loubat. Erl. von Dr. Eduard Seler, Prof., Berlin. Hälfte 1. 2. Berlin 1902: (Gebr. Unger). (VI, 356 S.) 2°(4°)

Codex Vaticanus No. 3773 ⟨Codex Vaticanus B⟩. An Old Mexican Pictorial Ms. in the Vatican Library. Publ. at the Expense of H. Exc. the Duke of Loubat. .. Elucidated by Dr. Eduard **Seler**, Prof., Berlin. (English ed. by A[ugustus] H[enry] Keane.) Half 1. 2. *Berlin & London 1902–03: (T. & A. Constable in Edinburgh).* 2 Bde 4°
1. Text of the Obverse Side.
2. Text of the Reverse Side and Explanatory Tables.

Seler, Eduard: Wissenschaftliche Ergebnisse einer auf Kosten Sr. Exc. des Herzogs v. Loubat in den Jahren 1895–1897 ausgeführten Reise durch Mexiko und Guatemala. (Von Eduard Seler, Prof., Berlin.) 1. (Berlin: D. Reimer 1901.) 4°

Seler, Eduard [aus Crossen a. d. Oder]: Das Konjugationssystem der Maya-Sprachen .... Berlin, Druck v. Gebr. Unger (Th. Grimm), 1887; 2 Bl. + 51 + 1 S. 8°
Leipzig, Phil. Fak., Inaug.-Diss. v. 30. Aug. 1887

Seler, Eduard, das Konjugationssystem der Maya-Sprachen. Diss. Leipzig 1887, Gustav Fock. 8°. 51 S.

Seler, Ed., das Konjugationssystem der Maya-Sprachen. (51 S.) Leipzig 887. Hiersemann. n. 2. —

— **das Pulquegefäss der Bilimek'schen Sammlung im k. k. naturhistorischen Hofmuseum. (27 S. m. 46 Abb. u. 2 Taf.) Lex.-8. Wien 902. (A. Hölder.) n. 3. —**
Sonderabdr. aus: „Annalen d. k. k. naturhist. Hofmuseums".

— **Reisebriefe aus Mexiko. gr. 8. (IV, 267 S. m. 8 Taf. u. 11 Textabbildgn.) Berlin 889.** Dümmler's Verl. n. 6. —

— **altmexikanische Studien,** s. a. **Veröffentlichungen aus dem königl. Museum f. Völkerkunde zu Berlin.**

— **altmexikanische Studien. 1. Ein Kapitel aus dem Geschichtswerk d. P. Sahagun. 2. Die sogenannten sacralen Gefässe d. Zapoteken. [Aus: „Veröffentlichgn. aus d. k. Museum f. Völkerkunde".] Fol. (S. 117—188 m. Abbildgn.) Berlin 890. Spemann. n. 6. —**

Seler, Ed., Wandmalereien v. Mitla. E. mexikan. Bilderschrift in Fresko, nach eig. an Ort u. Stelle aufgenomm. Zeichngn. hrsg. u. erläut. gr. Fol. (58 S. m. Abb. u. 12 z. Tl. farb. Taf.) Berlin 895. A. Asher & Co. Kart. n n. 30. —

Seler-Sachs, Caecilie, s. Seler.

Seleskowitz, Louise, Wiener Kochbuch. 1.—3. unveränd. Aufl. gr. 8. (VIII, 424 S.) Wien 880, (Faesy.) *
—— dass. — 4. Aufl. gr. 8. (457 S. mit 15 Holzschntaf.) Wien 883, Lienhart. *M 5.; geb. *

Seleskowitz, Louise, Wiener Kochbuch. 5. Aufl. (VI, 473 S. mit 19 Holzschntaf.) 886; 6. Aufl. gr. 8. (VI, 504 S. mit 18 Taf.) Wien 888, Lienhart. *M 5.—; geb. *

Seleskowitz, Louise. Wiener Kochbuch. 7. Aufl. gr. 8. (516 S. m. 18 Taf. Abbildgn.) Wien 891, Lienhart. * 5 —; geb. * 6 —

Seleskowitz, Louise, Wiener Kochbuch. 8. Aufl. Mit 25 Tafeln. Gr.-8. (516 S.) 2.50, geb. 3.--
Wien: Lienhart 1893.

Seleskowitz, Louise, Wiener Kochbuch. 9. Aufl. gr. 8. (518 S. m. 21 Taf.) Wien 896. J. Lienhart. n. 4. 25; geb. n. 5. 10

SELESKOWITZ, Louise

(F) Wiener Kochbuch. Von Louise Seleskowitz. 10. Auflage. Prämiiert auf der I. Kochkunst-Ausstellung in Wien 1884 mit dem Anerkennungs-Diplom. Silberne Medaille: Krems 1884. Ehren-Diplom: II. internationale Kochkunst Ausstellung. Wien 1898. Wien. 1899. Lienhart. Gr.-8°. 532 S. mit 20 Tafeln. fl. 2.50 geb. fl. 3.—

Seleskowitz, Louise, Wiener Kochbuch. 11. Aufl. Mit zahlreichen, zum Thle. färb. Abbildgn. auf 20 Taf. u. e. (farb.) Titelbild. gr. 8. (VIII, 524 S.) Wien 901. W. Braumüller. Geb. in Leinw. n. 5. 10

Seleskowitz, Louise, Wiener Kochbuch. 13. verb. Aufl. Mit zahlreichen, z. Tl. farb. Abb. auf 20 Taf. u. 1 Titelbild. (VIII, 543 S.) gr. 8. Wien 908. W. Braumüller. Geb. in Leinw. 5. —

—— Die Schnellküche. Ein Kochbüchlein f. schnelle Zubereitg. schmackhafter Speisen. 8. (80 S.) Wien 889, Künast. * 1 20

Seley, J. R.: Stein. Sein Leben u. seine Zeit. Deutschland u. Preußen im Zeitalter Napoleons. Aus d. Engl. übers. von Emil Lehmann. Bd 1—3. Gotha 1883—87. 3 Bde

Über das **Selfgovernment** in England und in Preußen. Von einem ehemalig. preußischen Staatsbeamten. — Erlangen: Enke 1858. IV, 68 S. 8°

Selge, Paul, wem gehört die Zukunft? Zwei Aufsätze zur Reform der höh. Schulen. (52 S.) 8. Leipzig 905. R. Gerhardt. n. 1. 35

Selhamer, Christoph

Selhammer, Chr., tuba anagrammatica, seu conciones in dominicas p. annum. 4. Augsburg. 703.

— tuba analogica, d. i. Gleichnißpredigten über die Evangelia. 4. Constanz. 726.

Christoph Selhamer, Tuba Rustica. Gei-Predigten, den lieben Bauern zu sonderbahrem Trost ... darauß hell und klar erwisen wird / wie lieb und werth ein jede Bauern-Seel / ein jede Land-Seel seye dem güthigen Gott usw. Augsburg 1701

Selhausen, Wilh., Leitfaden für den biographischen Geschichtsunterricht, s. Frick, Carl.

Selhorst, Sikko Berend [Arzt aus Sneek (Niederlande)]: Ueber das Keratohyalin und den Fettgehalt der Haut. ... Berlin, Buchdr. v. G. Schade, *1890;* 29 S., 1 Bl. 8°
Berlin, Med. Fak., Inaug.-Diss. v. 8. Dez. 1890

Seliber, Gerschon, a. Rußland: Variationen von Jussieua repens mit besonderer Berücksichtigung des bei der Wasserform vorkommenden Aerenchyms. Halle a. S. 1905: E. Karras. (S. 148—198.) 4° * [Aus: Nova Acta Acad. Caes. Leop. Carol. Bd 84.]
Halle, Phil. Fak., Ref. Klebs, Diss. v. 21. Jan. 1905
[Geb. 6. Jan. 77 Slutzk, Rußland; Wohnort: Halle a. S.; Staatsangeh.: Rußland; Vorbildung: Realschule Wilna M. 95; Studium: Petersburg 1, Darmstadt T.H. 1, Halle 9 S.; Rig. 27. Juni 04.]

Seliber, Gerschon, Variationen v. Jussieua repens m. besond. Berücksicht. der bei der Wasserform vorkommenden Aerenchyms, s. a. Acta, nova, academiae etc. naturae curiosorum. 84. II.

Variationen von Jussieua repens, mit besond. Berücks. des bei d. Wasserform vorkommenden Aerenchyms. Von Gerschon **Seliber**. Mit 4 Taf. u. 24 Textfig. Halle a. S.: Akad. 1905. (54 S.) 4°
= **Acta**, Nova, Academiae Caes. Leopoldino-Carolinae. Bd 84, No 2. 105. 0105

Selić, Josef Passive Bewegungsorgane der Wirbelthiere. 8 (S. 3 —17). **Progr.** Staats-Oberg. *Mähr.-Trübau* 1887.

Selichoth. Bußgebete, mit deutscher Uebersetzung. gr. 8. (300 S.) Prag 883, Brandeis. geb. *

Selichot mit Gebeten. 8. (160 S.) Prag 864. Wien, Herzfeld und Bauer. geb. *

—— für das ganze Jahr. 8. (160 S.) Prag 864. Wien, Herzfeld und Bauer. geb. *

—— und deutscher Uebersetzung. 8. (280 S.) Prag 864. Wien, Herzfeld und Bauer. Velinp. geb. *

—— und jüdisch-deutscher Uebersetzung. 8. (280 und 64 S.) Prag 864. Wien, Herzfeld und Bauer. Velinp. geb. *

כפרים 2c. Selichoth-Jom-Kippur nach Polnischem Ritus. Mit einer zeitgemäßen Uebersetzung von J. Heinemann. gr. 8. Berlin 844, Bureau für Literatur u. Kunst. 12 ngl

Selico, Oper nach Florian von Hummel. 8. Wien, Degen. 805. (Armbruster.)

Seljenka's commercielles Handbuch f. den internationalen Verkehr. Handels-Statistik aller Länder der Erde u. Adressen bewährter Bank-, Incasso- u. Credit-Informations-Stellen, Speditions-, Commissions- u. Agentur-Firmen, sowie auch der Advokaten, Gerichtsstellen, Consulate, Zollämter in allen f. den Handel in Betracht komm. Orten der Welt. Mit Anh., enth.: Schwarze Liste, Post-Tarife, Wechselstempel-Tarife, Münz-, Maass- u. Gewichtstabellen, nebst Bezugsquellen-Nachweis. gr. 8. (VIII, 258 S.) Wien 893. L. Weiss. Geb. in Leinw. n. 3. 30

Selig die Angefochtenen, für Kinder des Lichts u. Kinder dieser Welt zur Beherzigung. gr. 8. Nürnberg 837. Raw. 1½ gl

Selig die im Herrn sterben! Vollständ. Gebet- u. Andachtsbuch f. fromme Christen zur Zeit der Krankheit u. f. Alle, welche der Kranken u. Verstorbenen im Gebete gedenken. Hrsg. v. einem Priester der Erzdiözese Köln. 8. (VIII u. 344 S. m. 1 Stahlst.) Köln 848, Bachem. ½ ℳ

Selig, Reflexionen zu Walther Rathenau's Impressionen: „Höre Israel". Eine Erwiderg. schmal gr. 8. (24 S.) Worms 902. H. Kraeuter. n. — 75

Selig, Christian Friedrich

Selig, Chr. Fr., s. a. Abhandl. v. Salpeter.

Selig, Chr(istian) Fr(iedrich): Chymische Abhandlung vom Salpeter. 178 S., gbd.

Leipzig: Heinsius 1774

JB 281

— s. J. Ball, Abhandl.

Selig, Christian Friedrich (Eibenstock) F, zb:27

Dissertatio inauguralis medica de hydrophobia ex esu fructuum fagi. Präs. Kasimir Christoph Schmidel. Erlangen (Camerarius) 8. I. 1762. 59 S.

W. v.: J. M. Decker. 32382

Selig, Christian Heinrich (Arzberg) F, ze:8a

Dissertatio inauguralis medica de odoribus. Präs. Jakob Friedrich Isenflamm. Erlangen (Walther) (30.) X. 1766. 28 S.

W. v.: Präs., Christian Roth (Opp.), Johann Hermann Horschelt (Opp.). 32383

Selig, F. W., prakt. Anleitung zum Straßenbau, nebst Unterr. in den dazu nöth. Vorkenntnissen. Mit e. Vorw. v. Fick. gr. 8. (16¼ B. u. 10 Stnt. Fol.) Cassel 829, Bohné.

Selig, Felix (geb. Berlin 15. 3. 1829): De rhachitide. Berolini (1851). (40 S.) 8°
Berlin, Med. Diss. v. 1. Juli 1851

Selig, Gottfried

Selig, Gfrd, Kurze und gründliche Anleitung zu einer leichten Erlernung der Jüdisch-deutschen Sprache, wobey zugleich eine Nachricht von der Abtheilung der jüdischen Jahre und Monate, wie auch von ihren Festen und Fasttagen gegeben wird. Nebst 1 Kupfer und andern gedruckten Tabellen. Leipzig 1767. 8. . . . . (D.)

Selig, Godofredus, Compendia vocum hebraico-rabbinicarum. Lipsiae 1780.

— compendia vocum hebraeo-rabbinicarum. 8. Leipz. 781. Breitkopf u. H. 12 gr

Selig, Gottfr., Gebrauch der Psalmen rc. s. Sepher.

— Geschichte seines Lebens u. seiner Bekehr., seiner drei Schwestern u. e. Verwandten rc. von ihm selbst beschrieben. 3 Thle. 8. Leipz. 775—77.

— funfzigjähr. Jubelfeier seines Tauftages. 8. Leipz. 788.

– s.a. Jude, Der.

Selig, Gf., (Lector.) († d. 5. März 1795.) der Jude, od. das alte u. neue Judenthum. Mit Kpf. 8. Dessau 781. 82. Gelehrten-B. 2 ⅌ 16 gr

– s.a. Lehrbuch der jüdisch-deutschen Sprache.

— Lehrbuch zur Erlernung der Jüdisch-deutschen Sprache. Leipzig 1792. 8. . (D.)

— Psalmen, s. *Sepher*, Schimmusch.

— richtige Uebersetz. u. Erklär. der schweren Schriftstellen Alten Testaments. 4 Bde. 8. Dessau 772. Gelehrten-B. 5 ⅌ 8 gr

Selig, J. X., Anmerkk. üb. Rosko Geschichte d. Kostnitzer Kirchenwesens zum 1n—3n Thle. gr. 8. Gräz. 784. Ferstl. 16 gr

Selig, Johann Christian (Eibenstock) A. S. 1176/20

Iatro-alipiten veterum dissertatione medica ... proponit ... Präs. Johann Jakob Baier. Altdorf (Kohles) 19. VI. 1723. 28 S.

W. v.: Johann Heinrich Schulze. 32384

Selig, Johann Christian (Eibenstock) **A. S. 1160/25**

Dissertatio inauguralis medica de medicinae unguentariae recentioris praestantia.
Altdorf (Kohles) IX. 1723. 24 S.

W. v.: Johann Jakob Baier, Johann Jakob Jantke, Jo. Sebastian Büchelmann, Christian Jacobi, F. J. Baier (Opp.), Ernst Emanuel Guttorff (Opp.). **32386**

Selig, Johann Christian (Eibenstock) A. S. 1234/2

Dissertatio physiologico-medica de sanguificatione. Präs. Johann Jakob Iantke. Altdorf (Kohles) 26. VI. 1723. 28 S.

Gew.: Gottfr:ed Thilo von Thilau. 32385

Selig, Johann Fr. Heinrich

— Bemerkk. üb. die Kultur d. Aurikeln, s. J. F. Kanft.

Selig, Jh. Fr. Hnr., († d. 2. April 1800.) Leben, nebst Bekehr. aus d. Judenthum. 2 Thle. 8. Leipz. 782. (W. Rauck). 2 ⅌

Selig, Johann Theodor Valentin

Selig, I. Th. V., **observationes med. in morbis quibusdam** difficilioribus. 8. Lips. Crusius. 795.

Selig, Jh. Thdr. Val., († d. 13. Jan. 1813.) observationes medicae in morbis quibusdam difficilioribus. 8. Lpz. 795. (W. Vogel). 12 gr

Selig, Johann Theodor Valentin (Arzberg) F, zd:4

Dissertatio inauguralis medica de moderando usu nitri in febribus putridis malignis. Präs. Heinrich Friedrich Delius. Erlangen (Welther) (13.) II. 1772. 28 S.

W. v.: Präs. **32387**

Selig, Johs., der Priester. Schauspiel in 3 Akten. (III, 130 S.) 8. Dresden 904. E. Pierson. n. 2.—

Selig, M., der [b]eredte Amerikaner. Beste kurzgefaßte Anleitg. durch Selbstunterricht schnell Englisch sprechen zu lernen. Durchgehends m. genauer Angabe der Aussprache d. Englischen durch deutsche Buchstaben. 13. Aufl. 8. (52 S.) Leipzig 876. G. Weigel. — 60

Selig, M., Auswahl englischer Eigennamen nebst Bezeichnung ihrer korrek:en Aussprache mit deutschen Lettern. Enth. die Namen [b]**erühmter engl. Staatsmänner, Dichter, Parlamentsredner etc. Für Nichtkenner und Geübtere der engl. Sprache. 8. (IV und 18 S.) Berlin 863, Selig's Buchh.**

— Auswahl englischer und amerikanischer Eigennamen, nebst durchgäng. Bezeichnung ihrer correcten Aussprache mit deutschen Lettern. Enth. die Namen berühmter engl. und amerikan. Männer und Frauen älterer, sowie der neuesten Zeit, Staatsmänner, Dichter etc. 2., um das Dreifache verm. Aufl. 16. (VIII und 57 S.) Berlin 864, Selig's Buchh.

Selig, M., Auswahl englischer, amerikanischer und französischer Eigennamen, sowie schwierig auszusprechender engl. und französ. Worte aus der Geographie und Geschichte, Titel von Zeitungen etc., die sich in den Wörterbüchern nicht vorfinden, mit genauer Angabe der Aussprache durch deutsche Buchstaben. 2. Aufl. 16. (32 S.) Leipzig 874, G. Weigel.

Selig, M., Auswahl englischer, amerikanischer und französischer Eigennamen, nebst durchgäng. Bezeichnung ihrer correcten Aussprache durch deutsche Buchstaben. 3. Aufl., revid. von A. Armstrong. 16. (VIII, 56, 32 S.) Leipzig 880, G. Weigel. cart. *

Selig, M., die englische Bonne. Neueste Vorschule zur Sprache der Engländer basirt auf der nahen Verwandtschaft der englischen und deutschen Sprache. Für Kinder von 8—12 Jahren. 2. (Titel-)Aufl. Berlin (850.) 854. Adolf u. Co. 16. (2 Bl., 124 S.) 7½ ngr.

Selig, M., die englische Bonne. Neueste Vorschule zur Sprache der Engländer basirt auf der nahen Verwandtschaft der engl. und deutschen Sprache. Für Kinder von 8 — 12 Jahren. 2. (Titel-)Aufl. 16. (IV und 124 S.) Berlin 854, Adolf und Comp.

— modern English and American conversation. — Die Sprache der Engländer. Neue leicht fassliche und übersichtliche Methode, diese Sprache schnell und richtig sprechen zu lernen, mit genauer Angabe der Aussprache und einer sorgfältigen Auswahl aus den modernsten Schriftstellern Englands und Amerika's. Zum Selbst-Unterricht. 2. Thl. Berlin 858. Adolf u. Co. 8. (VII, 184 S.) 15 ngr.

Selig, M., modern English and American Conversation. — Die Sprache der Engländer. Neue leicht fassl. und übersichtl. Methode, diese Sprache schnell und richtig sprechen zu lernen, mit genauer Angabe der Aussprache und einer sorgfält. Auswahl aus den modernsten Schriftstellern Englands und Amerika's. Zum Selbst-Unterricht. 10. verb. Aufl. 2. Thl. 8. (V, 184 S.) Berlin 877, Ad. Cohn.

—— Conversations françaises modernes. Französisch-deutsche Gespräche im modernen Conversationsstyl. Mit grammatikal. Erläuterungen für Anfänger und Geübtere. Zum Gebrauch für Schulen, den Privat- und Selbstunterricht. 8. (IV und 164 S.) Berlin 862, Selig's Buchh. *

— conversations français modernes. Französisch-deutsche Gespräche im modernen Conversationsstyl. Mit grammatikal. Erläutergn. u. höchst genauer Angabe der Aussprache d. Franz. in deutschen Buchstaben. Für Anfänger u. Geübtere. 2. Aufl. gr. 16. (164 S.) Ebend. 874. 1. 50

Selig, M., deutsch-französisch-englische Conversations-Schule. Neueste Methode zum Selbst-Unterricht in der heutigen französischen und englischen Umgangssprache. Durchgehends mit höchst correcter Angabe der Aussprache des Französischen und Englischen. 2 Curse. 8. Berlin, Selig's Selbstverlags-Expedition. à Cursus * 1 Thlr. 15 Ngr. *

Inhalt:

Curs. 1. Praktische Sprech- und Leseschule. 1. Aufl. 1860. und 2., verm. Aufl. (346 S.) 861.

Curs. 2. Höhere Conversations- und Schreibeschule. A. u. d. T.: Reise durch Frankreich, England und Amerika deutsch, französisch, englisch nebst durchgängiger Angabe der Aussprache und grammatikalischen Erläuterungen. (X und 328 S.) 860.

Selig, M., deutsch-französisch-englische Conversationsschule. Neueste Methode zum Selbstunterricht in der heutigen französ. und engl. Umgangssprache. Durchgehends mit höchst correcter Angabe der Aussprache des Französ. und Engl. 2 Curse. 8. Berlin, Selig's Buchh. *

Inhalt:

Cursus 1. 3., verb. Aufl. (344 S.) 865. * 1 Thlr.

„ 2. Conversations- und Schreibeschule. 2. Aufl. (VIII und 328 S.) 862. * 1 Thlr. 8 Ngr.

-- deutsch-französisch-englische Conversations-Schule. Nr. 1. u. 2. 8. Ebend. 874. à 2. 50

1. Deutsch-französisch-englische Conversations-Schule. Beste Methode zum Selbstunterricht in der heut. französ. u. engl. Umgangssprache. Durchgehends m. höchst genauer Angabe der Aussprache d. Franz. u. Engl. in deutschen Buchstaben. 1. Cursus. Practische deutsch-französisch-engl. Sprech- u. Leseschule. 4. verb. Aufl. 8. (344 S.)
2. Reise durch Amerika, England u. Frankreich. Deutsch-französisch-engl. Gespräche üb. die gesellschaftl. u. commerziellen Zustände in den genannten Ländern. Durchgehends m. höchst genauer Angabe der Aussprache d. Französ. u. Engl. in deutschen Buchstaben u. grammatikal. Erläutergn. 4. Aufl. 8. (328 S.)

— modern English dialogues. Englisch-deutsche Gespräche im modernen Conversationsstyl. Nebst 1500 schwer auszusprechenden englischen Eigennamen, Namen berühmter Staatsmänner, geographische Benennungen mit Angabe der richtigen Aussprache u. Betonung etc. Mit grammatikalischen Erläuterungen für Anfänger u. Geübtere. Für Schulen, den Privat- u. Selbstunterricht. 862. (IV, 164 S.) n. 15 ngr. — 2. verm. Aufl. Ebend. 863. 8. (IV, 182 S.) n. 10 ngr.

—— modern English Dialogues. Englisch-deutsche Gespräche im modernen Conversationsstyl. Mit grammatikal. Erläuterungen für Anfänger und Geübtere. Zum Gebrauch für Schulen, den Privat- und Selbstunterricht. 2. Aufl. gr. 16. (162 S.) Leipzig 874, G. Weigel.

—— französischer Dolmetscher für die deutsche Armee in Frankreich mit genauer Angabe der Aussprache in deutschen Lettern. 16. (32 S.) Berlin 871, Adf. Cohn. *

Selig, M., der perfecte Engländer, s.: Gatt-Selig.

—— Englisch leicht gemacht. Beste Methode zum Selbstunterricht in der heutigen engl. Umgangssprache. Durchgehends mit höchst genauer Angabe der Aussprache des Englischen durch deutsche Buchstaben. Nach dem Tode des Verf. revid. und verb. von A. Armstrong. 5. Aufl. [zugleich 5. Aufl. von Selig, deutsch-engl. Conversations-Schule]. 8. (VII, 418 S.) Ebendas. 880. *ℳ 3.; geb. *
Mit Vorschule (52 S.) geb. in 1 Bd. *

Selig, M., Englisch leicht gemacht. Neueste Methode zum Unterricht namentlich auch zum Selbstunterricht in der heut. engl. Umgangssprache. Durchgehends mit höchst genauer Angabe der Aussprache des Englischen durch deutsche Buchstaben. Nach dem Tode des Verf. revid. und verb. von A. Armstrong. 2 Thle. 6. Ster.-Aufl. 8. (IX, 199; 226 S.) Leipzig 885, G. Weigel. à Thl. *ℳ 1.50. *

—— Englisch sprechen — schnell! Beste kurzgefaßte Anleitung, durch Selbstunterricht schnell Englisch sprechen zu lernen. Durchgehends mit genauester Angabe der Aussprache des Englischen durch deutsche Buchstaben hinter jedem Worte. 14. Ster.-Aufl. Zugleich Vorschule zu dem vollständigeren Werke „Selig, Englisch leicht gemacht", mit genauer Angabe der Aussprache. 8. (52 S.) Ebendas. 880.

Früher u. d. T.: Der beredte Amerikaner.

—— dass. — 15.—22. Ster.-Aufl. Zugleich Vorschule zu dem vollständigeren Werke: „Selig, Englisch leicht gemacht". 8. (72 S.) Ebendas. 881,82.

Selig, M. Englisch sprechen — schnell! Beste kurzgefaße Anleitg., durch Selbstunterricht schnell Englisch sprechen zu lernen. 23. Ster.-Aufl. Zugleich Vorschule zu dem vollständigeren Werke: „Selig, Englisch leicht gemacht". 12. (52, 20 S.) Lpz. 891, G. Weigel. — 60

— der perfecte Franzose, s.: Gatt-Selig.

—— Französisch leicht gemacht, oder deutsch-französische Conversations-Schule. Neueste Methode zum Unterricht, namentlich auch zum Selbstunterricht, in der heut. französ. Umgangssprache. Durchgehends mit genauer Angabe der Aussprache des Französischen durch deutsche Buchstaben. 2 Thle. in 1 Bd. 5. Aufl., revid. von Armand Maillard. 8. (IX, 204; 281 S.) Ebendas. 882. *ℳ 3.; geb. *
Mit Vorschule (III, 48 S.) geb. *

—— Französisch leicht gemacht. Bewährte Methode zum Unterricht, namentlich auch zum Selbstunterricht in der heut. französ. Umgangssprache. Durchgehends mit höchst genauer Angabe der Aussprache des Französischen durch deutsche Buchstaben. 2 Thle. 6. Ster.-Aufl., revid. von Armand Maillard. [Zugleich 6. Aufl. von Selig, deutsch-französ. Conversations-Schule.] 8. (XI, 204; 281 S.) Ebendas. 885.
à Thl. *ℳ 1.50. *
compl. geb. in 1 Bd. *
Mit Vorschule *

—— Französisch sprechen schnell. Neueste Methode durch Selbstunterricht schnell französisch sprechen zu lernen. Durchgehends mit korrektester Angabe der Aussprache des Französischen in deutschen Lettern. 8. (IV und 48 S.) Berlin 863, Selig's Buchh.

—— Französisch sprechen — schnell! Beste kurzgefaßte Anleitung durch Selbstunterricht schnell Französisch sprechen zu lernen. Durchgehends mit genauer Angabe der Aussprache des Französischen durch deutsche Buchstaben. 13. Aufl. 8. (48 S.) Leipzig 877, G. Weigel.

—— Französisch sprechen — schnell! Beste kurzgefaßte Anleitung, durch Selbstunterricht schnell Französisch sprechen zu lernen. Mit genauester Angabe der Aussprache des Französischen durch deutsche Buchstaben. 14. und 15. Ster.-Aufl. Zugleich Vorschule zu dem vollständigeren Werke: „Selig-Maillard, Französisch leicht gemacht". 8. (III, 48 S.) Ebendas. 880,81.

— Französisch sprechen — schnell! Beste kurzgefaßte Anleitung, durch Selbstunterricht schnell Französisch sprechen zu lernen. Durchgehends mit genauester Angabe der Aussprache des Französischen durch deutsche Buchstaben. 15. Ster.-Aufl. Zugleich Vorschule zu dem vollständigeren Werke „Selig, deutsch französ. Conversationsschule", mit genauer Angabe der Aussprache. 8. (48 S.) Leipzig 882. G. Weigel. — 60

—— Französisch sprechen — schnell! Beste, kurzgefaßte Anleitg., durch Selbstunterricht schnell Französisch sprechen zu lernen. 16. u. 17. Ster.-Aufl. Zugleich Vorschule zu dem vollständigeren Werke: „Selig-Maillard. Französisch leicht gemacht". 12. (V, 48 S.) Ebd. 891. — 60

—— Grammaire française. Kurzgefasste französische Grammatik. Die wichtigsten Regeln derselben in kurzer und übersichtl. Zusammenstellung. Durchgehends mit correctester Angabe der Aussprache. Zum Selbstunterricht. gr. 16. (48 S.) Berlin 859, Adolf und Comp.

— grammaire française. Kurzgefasste französ. Grammatik. — Die wichtigsten Regeln derselben in kurzer u. übersichtl. Zusammenstellg. Durchgehends m. correctester Angabe der Aussprache. Zum Selbstunterricht. 8. (48 S.) Berlin 875. Adf. Cohn n. — 60

Selig, M., kurzgefasste englische Grammatik. Zum Selbstunterricht. 8. (2 B.) Berlin 846, Cohn u. Comp. *

Selig, M., kurzgefasste englische Grammatik. Die wichtigsten Regeln derselben in einer kurzen und übersichtl. Zusammenstellung. Zum Selbstunterricht. 2. Aufl. 8. (32 S.) Berlin 849, Adolf und Comp.

—— Guide alphabétique de la prononciation française irrégulière. Französisches Aussprache-Wörterbuch, schwierig auszusprechende französ. Eigennamen und andere Wörter, nebst durchgäng. Bezeichnung ihrer correcten Aussprache mit deutschen Lettern. 1. und 2. Aufl. 16. (VI und 33 S.) Berlin 865, Selig's Buchh. *

— nouveau guide de la conversation française et allemande. A l'usage des Français. Les mots allemands sons accompagnés de la prononciation figurée. 16. (33 S.) Ebend. 871. n. — 40

—— englisch-deutsche Conversationsschule. Neueste Methode zum Selbstunterricht in der modernen engl. Umgangssprache. Mit höchst correcter Angabe der Aussprache des Englischen in deutschen Lettern. 8. (VIII und 178 S.) Berlin 863, Selig's Buchh.

— die englische Conversationsschule. Eine vollständige Auswahl je nach den verschiedenen Wissensfächern aneinander gereihter Gespräche aus dem heutigen Leben der Engländer u. Amerikaner. Uebungen zum schriftlichen Uebersetzen aus dem Deutschen in's Englische. Zum Gebrauch für Schulen, Privat- u. Selbstunterricht. Berlin 859. Adolf & Co. 8. (XVIII, 215 S.) n. 18 ngr.

— die englische Conversationsschule. Eine vollständ. Auswahl je nach den verschiedenen Wissensfächern aneinandergereihte: Gespräche aus dem heutigen Leben der Engländer u. Amerikaner. Uebungen zum schriftl. Uebersetzen aus dem Deutschen ins Engl. Zum Gebrauch für Schulen, Privat- u. Selbstunterricht. 2. (Titel-)Aufl. Berlin (859) 870. Cohn. 8. (VIII, 215 S.) n. 15 ngr.

—— französisch-deutsche Conversationsschule. Neueste Methode zum Selbstunterricht in der modernen französ. Umgangssprache. Mit höchst correcter Angabe der Aussprache des Französischen in deutschen Lettern. 8. (VI und 212 S.) Berlin 863, Selig's Buchh.

—— London und die Londoner. Neueste englisch-deutsche Gespräche über London und während der Reise dorthin. Nebst einem Fremdenführer durch London. Mit sorgfältigster Angabe der Aussprache des Englischen, auch der Hauptstrassen, Plätze und sonstigen Sehenswürdigkeiten Londons. 2. Aufl. 8. (XXXII und 96 S.) Berlin 862, Selig's Buchh. *

Selig junior, M., & Co.: Ill. Preisbuch über Maschinenbau-Bedarfsartikel. Ausg. 6. Berlin (1904?)

Selig junior, M., & Co.: Preisliste für Spiralbohrer usw. Berlin 1903

— schnell spricht man französisch. Beste Methode durch Selbstunterricht schnell französisch sprechen zu lernen. Durchgehends m. genauester Angabe der Aussprache d. Franz. in deutschen Buchstaben. 12. Aufl. gr. 16. (48 S.) Leipzig 874. G. Weigel. — 60

—— die Sprache der Deutschen. German made easy. A new pract. and speedy method for selfinstruction in the german language. The accentuation and pronunciation being adapted throughout to the english manner of spelling. br. 8. (VIII, 232 und 3 lithogr. S.) Berlin 858, Adolf und Comp.
geb. *

— die Sprache der Engländer. Neue leicht faßl. u. übersichtl. Methode, diese Sprache schnell u. richtig sprechen zu lernen, mit sorgfält. Angabe der Aussprache 2c. Zum Selbstunterricht. 8. Ebend. 847. (846.) $^{3}/_{4}$ ℛ

— die Sprache der Engländer. Neue leicht fassliche u. übersichtliche Methode, diese Sprache schnell u. richtig sprechen zu lernen, mit sorgfältiger Angabe der Aussprache u. besond. Berücksicht. der heutigen Umgangs-Sprache. Zum Selbstunterricht. 2. Aufl. gr. 16. (VI u. 233 S.) Ebd. 849. — 3. verb. u. m. einem deutsch-engl. Wörterbuch verm. Aufl. 8. (VIII u. 217 S.) Ebd. 852. $^{1}/_{2}$ ℛ

—— die Sprache der Engländer. Neue leichtfaßl. und übersichtl. Methode diese Sprache schnell und richtig sprechen zu lernen, mit sorgfält. Angabe der Aussprache und besond. Rücksicht. der heutigen Umgangs-Sprache. Zum Selbstunterricht. 2. Aufl. (VI und 223 S.) 1849. und 3., verb. und mit einem deutsch-engl. Wörterbuch verm. Aufl. 8. (VIII und 217 S.) Berlin 852, Adolf und Comp.

— die Sprache der Engländer. Neue leicht fassl. und übersichtl. Methode, diese Sprache schnell und richtig sprechen zu lernen, mit sorgfältiger Angabe der Aussprache und besond. Berücksicht. der heutigen Umgangs-Sprache. Zum Selbstunterricht. 4., verb. und mit einem deutsch-engl. Wörterbuch verm. Aufl. 8. (VIII und 247 S.) Berlin 853, Adolf und Comp. Thlr.

— die Sprache der Engländer. Neue leicht fassliche und übersichtliche Methode, diese Sprache schnell und richtig sprechen zu lernen, mit genauer Angabe der Aussprache und besond. Berücksicht. der heutigen Umgangssprache. Zum Selbst-Unterricht. 1. Thl. 5—7., verb. Aufl. 8. (VIII und 247 S.) Berlin 857—60, Adolf und Comp.

— dass. — 2. Thl. 1—7. Aufl. 8. (VII und 184 S.) Ebendas. 858—61.

— die Sprache der Engländer. Neue leicht fassl. und übersichtl. Methode, diese Sprache schnell und richtig sprechen zu lernen, mit genauer Angabe der Aussprache und besond. Berücksichtigung der heut. Umgangssprache. Zum Selbst-Unterricht. 2 Thle. 8. Aufl. 1863. 1 Thlr. und 9., verb. Aufl. 8. (VIII und 247 S., VII und 184 S.) Berlin 869, Cohn. à Thl. 15 Ngr.

— die Sprache der Engländer. Neue leicht fassl. u. übersichtl. Methode, diese Sprache schnell u. richtig sprechen zu lernen, m. genauer Angabe der Aussprache u. besond. Berücksicht. der heut. Umgangssprache. Zum Selbst-Unterricht. 10. verb. Aufl. 1. Thl. 8. (VIII, 247 S.) Berlin 875. Adf. Cohn. 1. 50

— die Sprache der Engländer. Neue leicht fassl. und übersichtl. Methode, diese Sprache schnell und richtig sprechen zu lernen, mit genauer Angabe der Aussprache und besond. Berücksicht. der heutigen Umgangssprache. Zum Selbst-Unterricht. 11. verb. Aufl. 1. Thl. 8. (VIII, 247 S.) Berlin 881, Adf. Cohn.

Selig, M., die Sprache der Engländer. Neue leicht fassl. und übersichtl. Methode, diese Sprache schnell und richtig sprechen zu lernen, mit genauer Angabe der Aussprache und besond. Berücksicht. der heut. Umgangssprache. Zum Selbst-Unterricht. 12. verb. Aufl. 1. Thl. 8. (VIII, 247 S.) Berlin 886, Adf. Cohn.

Selig, M., die Sprache der Franzosen. Neue leicht faßl. und übersichtl. Methode, diese Sprache schnell und richtig sprechen, schreiben und lesen zu lernen. Mit sorgfältigster Angabe der Aussprache nach deutscher Buchstabirweise, einem Wörterbuch der französ. Aussprache und einem Fremdenführer durch Paris. Zum Selbstunterricht. 1. und 2. (Titel-)Aufl. gr. 16. (VIII und 120 S.) Berlin 855(56,) Adolf und Comp. *.

— die Sprache der Franzosen. Neue leicht faßliche und übersichtliche Methode, diese Sprache schnell und richtig sprechen, schreiben und lesen zu lernen. Mit sorgfältiger Angabe der Aussprache nach deutscher Buchstabirweise, einem Wörterbuche der französ. Aussprache und einem Fremdenführer durch Paris. Zum Selbst-Unterricht. 3. Aufl. 1859. und 4., verb. und verm. Aufl. gr. 16. (VIII und 168 S.) Berlin 861, Adolf und Comp. *

— die Sprache der Franzosen. Neue leicht faßl. und übersichtl. Methode, diese Sprache schnell und richtig sprechen zu lernen. Auswahl von Bruchstücken aus den Werken der gediegensten modernen Schriftsteller Frankreichs, mit besond. Berücksichtigung der französ. Umgangssprache, wie sie die höheren Stände führen, nebst nebenansteh. deutscher Uebersetzung &c. Zum Selbst-Unterricht. 2. Cursus. gr. 16. (VII und 184 S.) Berlin 865, Cohn.

— die Sprache der Franzosen. Neue leicht fassl. und übersichtl. Methode diese Sprache schnell und richtig sprechen, schreiben und lesen zu lernen. Mit sorgfält. Angabe der Aussprache nach deutscher Buchstabirweise, einem Wörterbuch der französ. Aussprache und einem Fremdenführer durch Paris. Zum Selbst-Unterricht. 1. Thl. 5. verb. Aufl. 16. (VI, 168 S.) Ebendas. 871.

— dass. — Auswahl von Bruchstücken aus den Werken der gediegensten modernen Schriftsteller Frankreichs, mit besond. Berücksicht. der französ. Umgangssprache, wie sie die höheren Stände führen, nebst nebenstehender deutscher Uebersetzung und mehreren hundert darauf Bezug habenden grammat. Regeln. Zum Selbstunterricht. 2. Thl. 2. Aufl. 1870, und 3. verb. Aufl. gr. 16. (VII, 184 S.) Ebendas. 871.

— kleine deutsche Sprachlehre. Kurze aber umfassende Anleitung, die deutsche Sprache durch Selbstunterricht richtig zu schreiben und zu sprechen. 8. (33 S.) Berlin 863, Selig's Buchh.

— deutsch-französisch-englisches Taschenwörterbuch der Handels-Ausdrücke. Eine Auswahl von Wörtern und Redensarten, wie sie Kaufleute tagtäglich im mündl. und schriftl. Verkehr, im Comptoir oder auf Reisen, im Laden und im Fabrik-Local anwenden. 16. (VIII, 128 S.) Ebendas. 870. *M. 1,20.; geb. *

— die moderne Umgangssprache. Eine Auswahl von englischen Gesprächen aus dem Alltagsleben nebst deutscher Uebersetzung und einem Verzeichniss der gebräuchlichsten englischen und deutschen Wörter. Zum Gebrauch für Schulen und zum Selbstunterricht. 5. unveränd. Aufl. 8. (IV, 148 S.) Berlin 871, Adf. Cohn. *

— die moderne londoner Umgangs-Sprache. Eine Auswahl von engl. Gesprächen aus dem Alltagsleben nebst deutscher Uebersetzung u. ein Verzeichniss der gebräuchl. engl. u. deutscher Wörter. 8. (9½ B.) Berlin 846, (47,) Cohn u. Comp.

— die moderne londoner Umgangs-Sprache. Eine Auswahl von engl. Gesprächen aus dem Alltags-Leben nebst deutscher Uebersetzung und einem Verzeichniss der gebräuchlichsten engl. und deutschen Wörter. Zum Gebrauch für Schulen und zum Selbstunterricht. 2. Aufl. gr. 16. (IV und 148 S.) Berlin 849, Adolf und Comp. *

— die moderne londoner Umgangs-Sprache. Eine Auswahl von engl. Gesprächen aus dem Alltags-Leben nebst deutscher Uebersetzung und einem Verzeichniss der gebräuchlichsten engl. und deutschen Wörter. Zum Gebrauch für Schulen und zum Selbstunterricht. 3., unveränd. Aufl. 8. (IV und 148 S.) Berlin 850(57,) Adolf und Comp. *

— die moderne Londoner Umgangs-Sprache. Eine Auswahl von engl. Gesprächen aus dem Alltags-Leben nebst deutscher Uebersetzung und einem Verzeichniss der gebräuchlichsten engl. und deutschen Wörter. Zum Gebrauch für Schulen und zum Selbstunterricht. 4., unveränd. Aufl. 8. 1863. und 6. Aufl. 16. (VIII und 144 S.) Berlin 864, Cohn. *

— die moderne pariser Umgangs-Sprache. Eine Auswahl von franz. Gesprächen aus dem heutigen Leben, nebst deutscher Uebersetzung zum Gebrauche in Schulen u. zum Selbstunterricht. 1. Aufl. (7 B.) 846. u. 2., verb. u. mit ein. Vocabul. verm. Aufl. 16. (9 B.) Berlin 846, (47,) Cohn u. Cmp. à

— die moderne pariser Umgangs-Sprache. Eine Auswahl von französ. Gesprächen aus dem heutigen Leben, nebst deutscher Uebersetzung zum Gebrauch für Schulen und zum Selbstunterricht hrsg. 2. Aufl. 1847. 10 Ngr. und 3., mit einem Vocabulaire verm. Aufl. 16. (VI und 138 S.) Berlin 849, Adolf und Comp.

— die moderne pariser Umgangs-Sprache. Eine Auswahl von französ. Gesprächen aus dem heutigen Leben, nebst deutscher Uebersetzung zum Gebrauche für Schulen und zum Selbstunterrichte hrsg. 4., mit einem Fremdenführer durch Paris verm. Aufl. 12. (VIII und 144 S.) Berlin 855, Adolf und Comp. *

— die moderne pariser Umgangssprache. Eine Auswahl von französischen Gesprächen aus dem heutigen Leben, nebst deutscher Uebersetzung zum Gebrauche für Schulen und zum Selbstunterricht. 5. (Titel-)Aufl. 12. (VIII und 144 S.) Berlin (855)58, Adolf und Comp. *

Selig, M., die moderne Pariser Umgangs-Sprache. Eine Auswahl von französischen Gesprächen aus dem heut. Leben, nebst deutscher Uebersetzung zum Gebrauche für Schulen u. zum Selbst-Unterricht. 6. Aufl. Berlin 868. Cohn. 16. (VIII, 144 S.) n. 10 ngr.

— neueste Vorschule zur Sprache der Engländer basirt auf der nahen Verwandtschaft der engl. und deutschen Sprache. 16. (IV und 124 S.) Berlin 850, Adolf und Comp.

— Voyage to America. Die Reise nach Amerika. Neues engl. Lehrbuch zum Selbstunterricht für Auswanderer nach Amerika, um in kurzer Zeit englisch sprechen, lesen und schreiben zu lernen. Nebst durchgängig bemerkter Aussprache und einem vollständ. deutsch-engl. Wörterbuche. 1. Aufl. 1852., 2. Aufl. 1853., 3. Aufl. 1855. und 4., verm. und verb. Aufl. 8. (VIII und 120 S. mit 1 lithogr. Karte von Amerika in gr. 4.) Berlin 855, Adolf und Comp. *

Selig, M., Voyage to America. Die Reise nach Amerika. Neues engl. Lehrbuch zum Selbstunterricht für Auswanderer nach Amerika, um in kurzer Zeit englisch sprechen, lesen und schreiben zu lernen. Nebst durchgängig bemerkter Aussprache und einem vollständ. deutsch-engl. Wörterbuche. 5., verm. und verb. Aufl. 8. (VIII und 120 S. mit 1 lithogr. Karte von Amerika in 4.) Berlin 865, Cohn. *

— Wanderungen durch Paris. Deutsch-französisch-englische Gespräche über Paris, durchgehends mit Angabe der Aussprache u. grammatikalischen Erläuterungen. Neueste Methode zum Selbstunterricht in der heutigen französischen u. englischen Umgangssprache. Berlin 860. Selig. 8. (X, 88 S.) n. 10 ngr.

— Wanderungen durch Paris. Deutsch-französisch-engl. Gespräche üb. Paris, durchgehends m. höchst genauer Angabe in deutschen Buchstaben u. grammatikal. Erläutergn. Beste Methode zum Selbstunterricht. 2. Aufl. gr. 16. (88 S.) Leipzig 874. G. Weigel. 1. —

Selig, Mor., Leiden u. Sterben J. C. a. d. 4 Evangelisten in 28 Predigten rc. 4. Berlin, Nicolai. 744.

Selig, W., zur Frage der „stehenden Gefälle" in Schleswig-Holstein, s.: Hänel, A.

Selige, A., einige Versuche üb. Trimethylamin. Inaugural-Dissertation. gr. 8. (25 S.) Göttingen 875. (Vandenhoeck & Ruprecht.) n. — 60

Seligen, Die neuen, aus der Gesellschaft Jesu Rudolf Aquaviva mit seinen Gefährten, Martyrer, und Antonio Baldinucci, Bekenner. Kurze Lebensbeschreibung und Gebete, von einem Priester der Gesellschaft Jesu. Innsbruck 1893. V: *Heitger, Heinrich.* (margr)

Seligen, die neuen, aus der Gesellschaft Jesu Rudolf Acquaviva m. seinen Gefährten, Martyrer, u. Antonio Baldinucci, Bekenner. Kurze Lebensbeschreibg. u. Gebete v. e. Priester der Gesellschaft Jesu. 12. (83 S.) Innsbruck 893. F. Rauch. n.n. — 50

Seligenstadt [Schlagwort]

Seligenstadt, s.: Deutschland. Kürschner-Peip. — Hessen. Höhenschichtenkarte.

Seliger, Adf., das Gemütsleben u. seine Pflege im Schulunterricht, s.a. Lehrer-Prüfungs- u. Informations-Arbeiten.

Seliger, Adolf: Das Gemütsleben und seine Pflege im Schulunterricht. Eine psycholog.-pädag. Abhandlung v. Standpunkte d. voluntarist. Psychologie. Von Adolf Seliger. Minden i. W.: Hufeland 1908. 55 S. 8°
(Lehrer-Prüfungs- u. Informations-Arbeiten. H. 35.)

Seliger, Conrad, s. Seliger, Konrad

Seliger, Johann Gotthelf

Seliger, J. G., Beicht- u. Communionbuch f. nachdenk. u. gute Christen rc. 8. Züllichau, Darnmann. 703. Schreibp.

Seliger, Jh. Gtthlf., Beicht- u. Communionbuch für nachdenkende u. gute Christen rc. 8. Züllichau 798. 2e Ausg. 803. Darnmann. 14 gl. Schrbp. 18 gl.

— Predigten üb. diejenigen Gegenstände der christl. Glaubens- u. Sittenlehre, welche von uns Beherzigung verdienen. 3 Thle. gr. 8. Züllich. 800—806. (Baumgärtner in Leipz.) 2 ℛ 12 gl.

Seliger, Jos., das sociale Verhalten des menschlichen Individuums zur menschliche Gattung, s.: Studien, Berner, zur Philosophie u. ihrer Geschichte. XXXVI.

Seliger, Joseph [aus Saldyn, Oesterreich]: Das sociale Verhalten des menschlichen Individuums zur menschlichen Gattung. Bern 1903. 72 S. + 1 Bl. Corrigenda. 8°. [25. II. 02.]
Bern, Phil. Diss. 1903/1904.

Seliger, Josef. Das sociale Verhalten des menschlichen Individuums zur menschlichen Gattung. II + II + 72 S. 8. Bern, Scheitlin Spring & Cie., 1903.
Ausg. A: Diss. Phil. Bern.
Ausg. B: Berner Studien zur Philosophie und ihrer Geschichte. Hrg. von Dr. Ludwig Stein... Band 36. (fr. 1. —)

Seliger, Konrad

Seliger, Conr., technische Bibliothek für Drechsler mit beigegebenen Musterzeichnungen. Nach Angaben des Drechslermeisters J. H. Koch in München entw. und gez. Neue Ausg. 15 Lfgn. Imp.-4. (59 Stnt. und 28 S. Text.) München 852—53, Roller. à Lfg. 9 Ngr.

Seliger, Conr., Handbuch d. Drehkunst m. beigegebenen Musterzeichnungen. Nach Angaben v. J. H. Koch entworfen u. gezeichn. 1—5. Hft. gr. 4. (à 12 Stnt. u. 2 Bl. Text.) München 846, 47, Roller. à

Seliger, Conr., Handbuch der Drehkunst mit beigegebenen Muster-Zeichnungen. Eine Sammlung detaillirt beschriebener und nach der Natur aufgenomm., zweckmäßig befund. Drehbänke rc., nach Angabe des Drechslermeisters J. H. Koch. Neue Ausg. Imp.-4. (28 S. und 40 Stnt.) München 848, Roller.

Seliger, M., unsere Arbeit u. Kunstarbeit im Dienste des Verkehrs. Vortrag. (40 S.) gr. 8. Leipzig (Städt. Kaufhaus) (904). Verkehrs-Verein. — 25

Seliger, Max, Dr.: Das Interesse der Hellenen am Sport. Eine kulturgeschichtliche Studie. Tilsit 1905: O. v. Mauderode. (S. 3—25.) 4°
Tilsit, k. RG OP 1905 (19)

Seliger, Max., de versibus creticis sive paeonicis poetarum graecorum. Dissertatio inauguralis philologica. gr. 8. (52 S.) Königsberg 86, (Gräfe und Unzer.) **

Seliger, P. Die Aetiologie d. Abdominaltyphus, namentlich seine Kontagiosität u. die gegen die Verbreitung desselben zu ergreifenden sanitätspolizeilichen Massregeln. gr. 8. (32 S.) Königsb. i. Pr. 892, (Gräfe u. Unzer Sort.). ** 1 —
Aus: Zeitschr. f. Medizinalbeamte, besonders abgedruckt.

— die nicht penetrirenden Bauchschussverletzungen vom gerichtsärztlichen Standpunkte. [Aus: „Prager med. Wochenschr."] gr. 8. (18 S.) Ebd. 892. n.n. — 60

Seliger, P., s. Carlyle, sozial-polit. Schriften.

—— Die Letalität der penetrirenden Schussverletzungen d. Unterleibes vom gerichtsärztlichen Standpunkte. gr. 8. (26 S.) Ebd. 892. ** — 75
Vorstehende 2 Schriften sind aus: Prager med. Wochenschr., besonders abgedruckt.

Seliger, Paul, Francesca v. Rimini. Trauerspiel in 5 Aufzügen. 8. (95 S.) Berlin 892. E. S. Mittler & Sohn. n. 2. 25

Seliger, Paul, Fremdwörterbuch, s.: Köhler, Frdr.

— s.: Liebesbriefe, italiänische u. englische etc

SELIGER, Paul. — Der Völker Liebesgarten. Die Liebeslyrik der Völker des Erdkreises. Gesammelt u. hrsg. von —. Leipzig, Julius Zeitler (c. 1909). (Br. 6,50; Ganzldr. 11—; Vorzugsausgabe 25—.)

Seliger, Paul, der erste Mai. Schauspiel in 4 Aufzgn. 8. (71 S.) Leipzig 895. W. Friedrich. n. 1. —

Seliger, Paul, über die Resorptionsfähigkeit der todten und lebendigen Haut der Kaltblüter und der Warmblüter. Inaugural-Dissertation. gr. 8. (26 S.) Königsberg 881, (Beyer's Verlag.) *

— s.: Völker, der, Liebesgarten.

Seliger, Valentin (Breslau) A.S.1192/6

Dissertatio inauguralis de anorexia.
Praes. Paul Gottfried Sperling.
Wittenberg (Gerdes) 7.IX.1706. 12 Bl. 32388

Seligkeit, Die, der ehelichen Liebe. Zürich 1755. V: *Hirzel, Joh. Casp.* (Cat. d. Stadtbibl. Zürich. Zürich 1864—97.)

Des Maurers **Seligkeit.** [Darmstadt] o. J.: [Will]. 2 Bl. 8⁰ [Umschlagtit.]
Lied ohne Noten: „Des Tempels geweihete Pforte geht auf, . . ."

Seligkeiten, die acht, erklärt u. betrachtet, vorzügl. nach Gr. Stolberg; nebst e. Anh. üb. die Seligkeit d. Auserwählten im Himmel. Mit 9 Kpf. 8. Augsb. 831. Schlosser. 3 K

Seligkeiten, Die acht, dargestellt in Beispielen aus dem Leben der Heiligen. Wien 1896. V: *Pillersdorf, Constanze Baronin von.* (EB)

Seligkeiten, die acht. 12. (4 S.) München (900). J. Pfeiffer. — 06

Seligkeiten, die acht, in der Bergpredigt. Erläutert in acht Erzählungen. 4 Thle. in 2 Bdchn. gr. 16. (303 S. m. 8 Holzschnitttaf.) Cincinnati 849. (Bremen, Heyse.) n. 13 ngl

Lolas 8 Seligkeiten. O. O. u. J. 8⁰. 1 Bl. Sehr seltenes anonymes Münchener Flugblatt von 1848.

Seligkowitz, Benzian

Elemente der theoretischen Psychologie im Anschluss an den neueren Monismus v. Dr. B. Seligkowitz in Cöthen-Anhalt. Th. 1. *Cöthen: Dr. v. L. Schwarz 1897.* 8. [98. 786]

Seligkowitz, B., Elemente d. theoret. Psychologie im Anschluss an d. neueren Monismus. 1. Thl. gr. 8. (IV, IV, 40 S.) Cöthen 897. (L. Thiele.) n. 2. —

Seligkowitz, *Benzian* [cand. phil.]: Ernst Platners wissenschaftliche Stellung zu Kant in Erkenntnisstheorie und Moralphilosophie ... Halle a. S., 1892; 32 S. 8.
Halle, Phil. Fak., Inaug.-Diss. v. [22. Jan.] 1892

Seligman, Edw. R. A., s.: Arbeiten, staatswissenschaftliche.

Seligmann, was ist die Endabsicht der landwirtschaftlichen Kurse f. die israelitische Jugend? (20 S. m. Abb.) Lex. 8. Müllheim i/Baden (910). (Freiburg i/B., J. Waibel.) — 50

Seligmann, Adalbert Franz

83. (F) Seligmann, A. F., Aus Briefe von Ernst Freih. von Feuchtersleben 1826—1832. 8⁰. (ill. 78 S.) geb. K 8.—
Wien: Heller 1909.

Briefwechsel zwischen Schiller und Goethe in den Jahren 1905–1907. Hrsg., eingel. u. mit Anm. versehen von A. F. **Seligmann.** Wien: H. Heller & C⁰ 1908. (XV, 175 S.) 8⁰ [J.] [07. 17846]

— Kunst u. Künstler v. gestern u. heute. Gesammelte Aufsätze. (VIII, 278 S.) gr. 8. Wien 910. C. Konegen. 6.—; geb. 7. 50

Seligmann, Angelo. „Figaros Hochzeit" von Beaumarchais und die deutsche Literatur. S. 3–26. 8. II. Umgestaltungen und Nachbildungen. S. 3–17. 8.
K.k.Staats-Gymn. m. deutscher Unterrichtssprache *Troppau* 1909. 1910.
1. Deutsche Übersetzungen und Aufführungen.
Progr.

Seligmann, Caesar: Das Buch der Weisheit des Jesus Sirach (Josua ben Sira) in seinem Verhältniss zu den salomonischen Sprüchen und seiner historischen Bedeutung. Halle a. d. Saale 1883: (Schatzky in Breslau) 74 S. 8⁰
Halle-Wittenberg, Phil. Diss. v. [18. Dez.] 1883
Geb. Landau (Pfalz) 14. 12. 1860. V.
Im Buchhandel Breslau: Preuss & Jünger 1883. Verf. erlebte die Diplomerneuerung 1933 als Rabbiner in Frankfurt a. M., vgl. Anh. Nr. 762.

Seligmann, Caes., das Buch der Weisheit des Jesus Sirach [Josua ben Sira] in seinem Verhältniss zu den salomonischen Sprüchen und seiner historischen Bedeutung. gr. 8. (74 S.) Breslau 883, (Preuss und Jünger.) *

Festpredigt anläßlich der 2. Hauptversammlung des 'Verbandes der Deutschen Juden' geh. von Rabb. Dr. C[aesar] **Seligmann** 1907 zu Frankfurt a. M. (Rödelheim 1907: Lehrberger & Co.) (15 S.) 8⁰ [08. 3664] 3

Seligmann, Caesar, Judentum u. moderne Weltanschauung. 5 Vorträge. (III, 117 S.) 8. Frankfurt a/M. 905. J. Kauffmann. n. 1. 80; geb. n. 2. 50

Seligmann, C., s.: Stein, Leop., die Schrift des Lebens.

Seligmann, Caesar, die Vertheidigungsrede der Religion u. die Vertheidigungsrede d. Judenthums. Zwei Predigten, geh. am Neujahrsfeste u. am Versöhnungstage im israelit. Tempel zu Hamburg. gr. 8. (21 S.) Hamburg 890. Fritzsche. n.n. — 60

Seligmann, Chr. Gf., († 1780.) Abhandl. von dem Durchgange d. Venus durch die Sonne. Königsb. 760.

Seligmann, E., über Bücherdesinfektion, s.: Sobernheim, G.

Seligmann, Edgar: Die Folgen des Schuldnerverzuges bei zusammengesetztem Leistungsinhalte. Göttingen 1909: Kaestner. VIII, 69 S. 8°
Göttingen, Jur. Diss. v. 15. Juni 1909, Ref. Ehrenberg
[Geb. 24. Aug. 84 Hannover; Wohnort: Hannover; Staatsangeh.: Preußen: Vorbildung: Lyzeum I Hannover Reife M. 03; Studium: München 2, Berlin 1, Göttingen 3 S.; Rig. 2. Dez. 08.] [U 09. 1291

Seligmann, Eduard. (geb. Coblenz 14. 8. 1817): De epidermidis, imprimis neonatorum, desquamatione. Berolini (1841). (32 S.) 8°
Berlin, Med. Diss. v. 19. Juli 1841

Seligmann, Erich: Aus dem pharmakolog. Institut der Univ. Heidelberg. Ueber den Einfluss des Camphers auf das Warmblüterherz. Berlin 1904: H. S. Hermann. (28 S.) 8°
Heidelberg, Med. Fak., Ref. Gottlieb, Diss. v. 20. Okt. 1904
[Geb. 2. Nov. 80 Berlin; Wohnort: Berlin; Staatsangeh.: Preußen; Vorbildung: Gymn. Berlin Reife O. 99; Studium: München 1, Berlin 6, Heidelberg 3 S.; Coll. 8. März 04; Approb. 26. Jan. 04.]

Seligmann, Ernst, Beiträge zur Lehre vom Staatsgesetz und Staatsvertrag. I. Der Begriff des Gesetzes im materiellen und formellen Sinne. gr. 8. (VII, 172 S.) Berlin 886, Guttentag. *

Seligmann, E., Beiträge zur Lehre vom Staatsgesetz u. Staatsvertrag. II. Abschluß u. Wirksamkeit der Staatsverträge. gr. 8. (XVI, 320 S.) Freiburg i/Br. 890. J. C. B. Mohr. n. 6. — (1. u. 2.: n. 8. 50)

Uebersichts-Karte des nordwestböhmischen Braunkohlengebietes. Ausg. 1899. Mit Angabe d. Namen d. Schachtes u. d. Besitzers ... hrsg. von Fr. Seligmann, Insp. im k. k. Eisenbahnminist. *Wien: J. L. Pollak 1899.* (1 Kartenbl. 40×73 cm.) 8° [Umschlagt.] [oc. 8477

Seligmann, Franciscus Romeo, codex Vindobonensis sive medici Abu Mansur Muwaffak Bin Ali Heratensis liber fundamentorum pharmacologiae, linguae ac scripturae persicae specimen antiquissimum textum ad fidem codicis qui exstat unici edidit, in latinum vertit, commentariis instruxit. Pars I prolegomena et textum continens, accedunt tabulae III lithographicae. 8. (LV und 272 S.) Wien 859, Hof- und Staatsdruckerei. ~ 3 Thlr. 20 Ngr.; ermässigter Preis *

Seligmann, F. Romeo, die Heilsysteme und die Volkskrankheiten. Eine Vorrede. gr. 8. (22 S.) Wien 850, [Jasper's Witwe und Hügel.] *

Seligmann, R., Jahresbericht über die Medizin bei den Griechen 1877—1879. S 1879. 87 S

—— liber fundamentor. pharmacolog., s.a. Libor.

Romeo Seligmann liber fundamentorum pharmacologiae auctore Abu Mansur Mowafik Ben Ali el herui. Epitome codicis manuscripti Persici bibliothecae Caes. Reg. Viennensis inediti. Pars I. [*Etiam sub titulo:* Rom Seligmann diss. inaug. pharmacol. historica de re medica Persarum.] Vindob. 1830. 8. — Pars II: Liber etc. Accedunt notae ex codd. mss. Persicis ineditis auctore Nur eddin Muhammed Abdallah Schirasio et Ali ben Husein el Ansari, nec non ex lexico Persico Burhani Kati alisque. Vindob. 1833. 8.

—— Prolegomena in codicem Vindobonensem sive medici Abu Mansur Muwaffak Bin Ali Heratensis librum fundamentorum pharmacologiae linguae ac scripturae persicae specimen antiquissimum nuper editum. 8. (LV S.) Wien 859, Hof- und Staatsdruckerei. *

Seligmann, Glo. Fr., exercitationes academicae. 8. Dresden, Gröll. 711.

— orationes et programmata varii argumenti e museo H. Pipping. 8. Dresden, Gröll. 711.

— Seligkeit d. Kind. Gott. in 20 Leichenpredigten. 4. Leipz. Weidmann. 708.

— poetische Waaren, 1e Ladung. 8. Hamb. König. 729.

Seligmann, Gottlob Friedrich [Praes.], s. Hahn, Herm. Joach.: De iis, quae circa receptam de Sabbatho doctrinam, a non-nemine nuper in dubium vocata sunt.

Seligmann, Gottlob Friedrich [Praes.], s. Hoffmann, Joh. Gottlieb: Theologum απορητικον, h. e. male dubitantem, ad studium πληροφοριας succincto excitatum schediasmate.

Seligmann, Gust. (geb. Stettin 4. 3. 1826): De chloroformo. Berolini (1850). (32 S.) 8°
Berlin, Med. Diss. v. 6. Aug. 1850

Seligmann, Heinrich [aus Mainz]: Die Hypospadie beim Weibe. Ein Beitrag zur Lehre von den Hemmungsbildungen. (Mannheimer Vereins-Druckerei.) Strassburg, 1881. 8. 33 S. u. 1 Taf.

Seligmann, Jac. (geb. Paderborn 23. 6. 1845): Ueber den hämoptoischen Infarct der Lunge. Berlin (1868). (32 S.) 8°
Berlin, Med. Diss. v. 12. Aug. 1868

Seligmann, Johann Michael

— s. Hortus nitidissimus.

SELIGMANN, Johann Michael: Die Nahrungs-Gefässe an den Blättern der Bäume, nach ihrer unterschiedenen Austheilung und Zusammenfügung so wie solche die Natur selbst gebildet ... Nebst Christoph Jakob Trew's Historischem Bericht von der Anatomie der Pflanzen. - Nürnberg 1748. 8 S., 35 Kupf.

Seligmann, J. M., Samml. verschied. ausländ. u. seltener Vögel, s. Edward, ...

— s. W. Smelie, Samml.

Seligmann, Joh. Mich., s.: Trew, Christ. Jac.

Seligmann, Josef, Referendar: Prinzipielle Unterschiede in der Stellung der Mitglieder einer offenen Handelsgesellschaft und einer Gesellschaft mit beschränkter Haftung. Bonn 1906: P. Hauptmann. (60 S.) 8°
Heidelberg, Jur. Fak., Ref. Schroeder, Diss. v. 7. Dez. 1906
[Geb. 5. Dez. 81 Bonn-Endenich; Wohnort: Rheinbach; Staatsangeh.: Preußen; Vorbildung: Kgl. Gymn. Bonn Reife O. 01; Studium: Bonn 2, München 1, Berlin 1, Bonn 3 S.; Rig. 14. Nov. 06.]

Seligmann, Jul., ein Ausflug nach Amerika. 8. (V, 176 S.) Leipzig 900. Berlin, H. Seemann Nachf. n. 2. 50; geb. n. 3. 50

Seligmann, L., Klage u. Trost. Eine Predigt gehalten bei d. Trauergottesdienste am 8. Mai 1844 wegen des Ablebens Sr. Maj. des höchstseligen Königs Carl XIV. Johann in der Synagoge zu Stockholm. gr. 8. (1½ B.) Stockholm 844, (Bonnier).

Seligmann, Leop. (I.), die Antigone des Sophokles. Ein Beitrag zur Antigone-Litteratur. gr. 8. (IV, 172 S.) Halle 869, Heynemann. [Fricke.] *

Seligmann, Leop. (II.), und Frz. Stawa, Auszüge aus der Instruction für den Sanitäts-Dienst bei der Armee im Felde, vom J. 1870; aus der Diät-Ordnung für die k. k. Militär-Spitäler vom J. 1844; aus der Vorschrift zur Verfassung period. militerärztl. Eingaben vom J. 1873 und aus der oesterreich. Militär-Pharmakopöe vom J. 1872. [Abgeschlossen am 31. Juli 1873.] 8. (VI, 307 S.) Wien 874, Seidel und Sohn.

Seligmann, Leopold Heinrich: Beiträge zur Lehre von der Anfechtung von Rechtsgeschäften in- u. außerhalb des Prozesses. Bonn 1908: C. Georgi. (65 S.) 8°
Bonn, Jur. Fak., Ref. Crome, Diss. v. 5. März 1908
[Geb. 25. Jan. 86 Cöln; Wohnort: Cöln; Staatsangeh.: Preußen; Vorbildung: Friedrich-Wilhelm-Gymn. Cöln Reife O. 04; Studium: München 3, Berlin 1, Bonn 3 S.; Rig. 13. Dez. 07.]

Seligmann, Ludw., vier Predigten in der Synagoge zu Kaiserslautern geh. gr. 8. (27 S.) Kaiserslautern 872. Rohr. — 50

SELIGMANN, Michel (Hamburg): Ueber Ovariotomie.- München: Wolf 1877. 17 S.
28.6.1877 - Urk (Titel: De ovariotomia.); Chr 1877/78,9
Diss.Ingolst.-Landsh.-Mchn.

Seligmann geb. Pewsner, **Nichama:** Spätgeburt. Freiburg i. B.: Hammerschlag & Kahle 1909. 18 S. 8°
Freiburg i. B., Med. Diss. v. 1909, Ref. Krönig
[Geb. 14. April 83 Nevel; Wohnort: Suwalki; Staatsangeh.: Rußland; Vorbildung: Gymn. Smolensk Reife 01; Studium: Freiburg i. B. 3, Bern 1, Freiburg i. B. 8 S.; Rig. 10. Dez. 09.] [U 10. 1004

Seligmann, Paul [aus Coblenz]: Die Kaufmannseigenschaft des Kommanditisten ... Göttingen, Druck d. Univ.-Buchdr. v. W. F. Kästner, 1896; 2 Bl., 62 S. 8.
Göttingen, Jur. Fak., Inaug.-Diss. v. [2. Okt.] 1896

Seligmann, R., über drei höchst seltene Persische Handschriften. Ein Beitrag zur Litteratur der orientalischen Arzneimittellehre. gr. 8. Wien 833. (Gerold.) 1/2 ₰

Seligmann, Romeo, s. S e l i g m a n n , Franciscus Romeo

Seligmann, S., Jubiläumsgabe. Förderung der Landwirtschaft unter den Israeliten. Rechenschaftsbericht u. prakt. Vorschläge e. israelit. Fachmannes auf dem Gebiete der Landwirtschaft zur Hebg. der sozialen Not der isr. Landbevölkerg. auf Grund der simultanen Ausbildg. der isr. Jugend. (93 S. m. Abbildgn., 1 Bildnis, 1 farb. Plan u. 1 farb. Bildnistaf.) gr. 8. Freiburg i/B. 906. (Lorenz & Waetzel.) n. 2. —

Seligmann, Sal., de haemorrhoidibus albis in universum. Diss. inaug. med. 4. Götting. 782. Dieterich. 2 gl

Seligmann, Siegbert: Klinische Untersuchungen über Spätwirkungen nach Lumbalanästhesie angestellt an 100 Fällen der Universitäts-Frauenklinik zu Freiburg i. Br. Emmendingen: Dölter 1909. 48 S. 8°
Freiburg i. B., Med. Diss. v. 1909, Ref. Krönig
[Geb. 18. Nov. 82 Hamburg; Wohnort: Freiburg i. B.; Staatsangeh.: Hamburg; Vorbildung: Wilhelms-Gymn. Hamburg Reife O. 03; Studium: Kiel 1, München 1, Freiburg i. B. 2, Berlin 1, München 1, Berlin 1, Freiburg i. B. 3 S.; Coll. 25. Juni 08.] [U 09. 976

Seligmann, Siegfried: A u g e n d i a g n o s e und Kurpfuschertum. Mit besond. Berücks. d. Kurpfuscherprozesses gegen den 'Lehmpastor' Felke. Von Dr. S[iegfried] Seligmann, Augenarzt. Mit 17 Taf. u. Abb. Berlin: Barsdorf 1910. 140 S. 8°

SELIGMANN, Dr. S. (Augenarzt), D e r b ö s e B l i c k u n d V e r w a n d t e s. Ein Beitrag zur Geschichte des Aberglaubens aller Zeiten und Völcker. 2 Bde. Mit 240 interess. Abbildgn. 1910. Lex.-8°. Ca. 700 S. (Br. Mk. 12—, Origbde. 15—.) Offerirte R. Hirsekorn, Berlin, 1910.
Aus dem I n h a l t: Die Magie und Zauberei der Chaldäer. Die ägyptische Magie im Vergleich zur Chaldäischen. Die chaldäisch-babylon. Religion und ihre Lehren. Religionssystem der akadischen Zauberbücher. Religion und Magie der turanischen Völker. Das akadische Volk und seine Sprache. Die Pyramiden Chaldäas und Aegyptens. Hymnus an Aku, Sin und Istar. Wahrsagerei und Weissagekunst der Chaldäer. Auguren. Opfer und Vogelschauer. Vorbedeutungen der atmorspharischen Erscheinungen. Prophezeihungen aus Feuer, Wasser und Edelsteinen, Pflanzen, Tieren und zufälligen Begebenheiten. Wahrsagerei aus Missgeburten. Die Träume und ihre Deutung. Die Pythonen. Vorbedeutungen geometrischer Figuren. Die sechs ersten Kapitel des Buches Daniel.

Seligmann, Siegfried: Der böse B l i c k und Verwandtes. Ein Beitrag z. Geschichte d. Aberglaubens aller Zeiten u. Völker. Von Dr. S[iegfried] Seligmann, Augenarzt. Mit 240 Abb. Bd 1. 2. Berlin: Barsdorf 1910. 8°

Seligmann, Siegfried [Cand. d. Med. aus Wandsbeck]: Ueber einen Fall von secundärer Schrumpfniere ... München, kgl. Hof- u. Univ.-Buchdr. v. Dr. C. Wolf & Sohn, 1895; 49 S. 8.
München, Med. Fak., Inaug.-Diss. v. 1895

Seligmann, S., die mikroskop. Untersuchungsmethoden d. Auges. gr. 8. (VIII, 248 S.) Berlin 899. S. Karger. n. 6. —

— Die mikroskop. U n t e r s u c h u n g s m e t h o d e n des Auges. 2., gänzlich umgearb. u. erweit. Aufl. (VIII, 324 S.) Lex. 8. Berlin 911. S. Karger. 8.—; geb. 9. 20

Seligmann, Sigmund, kurzgefaßtes kaufmännisches Geschäftshandbuch oder Belehrung über Geld, Wechsel, Wechselrecht u. Buchführung für Gewerb- u. Geschäftsleute. gr. 8. (VIII u. 116 S.) Wesel 847, Bagel. 12 ngr

S e l i g n i, des Marquis v., mit d. Frau v. Luzal, Gesch. in Originalbriefen, a. d. Franz. 2 Thle. 8. Weißenf. Severin. (Baumgärtner in Lpz.) 791.

S e l i g o, Wilke u. Rinteln, Entscheidungen, s. E n t s c h e i d u n g e n.

Seligo, Arthur: Kurze B e l e h r u n g über die Binnenfischerei in Westpreußen von Dr. A[rthur] Seligo. Hrsg. v. Westpreuß. Fischereiver. in Danzig. Danzig: 1904: A. Schroth. (103 S.) 8°

Die Fischerei in Moorgewässern von Dr. A[rthur] **Seligo.** Hrsg. von d. Westpreuß. Fischereiver. zu Danzig. Danzig 1904: A. Schroth. (37 S.) 4°(8°) [F. u. Ant.] [05. 10505] 10

Seligo, Arth., die Fischgewässer d. Prov. Westpreussen, in kurzer Darstellung bearb. Hrsg. vom westpreuss. Fischereiverein in Danzig. gr. 8. (VI, 193 S.) Danzig 902. (L. Saunier.) Kart. 2. 50

Seligo, Arth., üb. einige Flagellaten d. Süsswasserplankton. Festgabe d. westpreuss. Fischereivereins zu dem 150jähr. Jubiläum der naturforsch. Gesellschaft in Danzig am 3. Jan. 1893. Lex.-8. (8 S. m. 1 Taf.) Danzig 893. (L. Saunier.) n. 1. —

Seligo, A., Grundsätze f. die B e s e t z u n g v o n S e e e n m. Fischen (16 S.) Lex. 8. Danzig 908. (Berlin, Friedländer & Sohn.) 1. —

— Die T e i c h w i r t s c h a f t u. die Förderung dieser Wirtschaftsform in Westpreußen. (21 S.) Lex. 8. Ebd. 907. — 80
2 Sonderabdrucke aus: „Mittlgn. d. westpr. Fischerei-Ver."

— Tiere u. Pflanzen des Seenplanktons, s. a. B i b l i o t h e k, mikrolog. 3. Bd.

Tiere und Pflanzen des Seenplanktons von Dr. A[rthur] **Seligo,** Danzig. Mit 1 Taf. u. 247 Textfig. Stuttgart: Franckh [1908]. (62 S.) 4° [F.]
— Bibliothek, Mikrologische. Bd 3.
— **Mikrokosmos.** 1. Vereinsgabe zu Bd 2. [08. 17333

Seligo, Arthur [aus Gumbinnen]: Untersuchungen über Flagellaten .... Breslau, Buchdr. zum Gutenberg, Ant. Schreiber (1885); 2 + 40 S. 8°.
Breslau, Phil. Fak., Inaug.-Diss. v. 18. Dez. 1885.

S e l i g o, Arth., Untersuchungen über Flagellaten. Inaugural-Dissertation. gr. 8. (38 S.) Breslau 885, (Köhler.) *

Hydrobiologische Untersuchungen von Dr. A[rthur] **Seligo**. 2. Die Abhängigkeit d. Produktivität nordostdeutscher Seeen von ihrer Sohlenform. 3. Die häufigeren Planktonwesen nordostdeutscher Seeen. Danzig: L. Saunier in Komm. [1907]. (103 S.) 4°(8°) [Umschlagt. F.]
[Aus: Mitteilungen d. Westpreuss. Fischereivereins Bd 19, No 1.]
[1 erschien in d. Schriften d. Naturforsch. Gesellsch. zu Danzig N. F. Bd 7, H. 3. 1890.] 07 6750 10

— Hydrobiologische Untersuchungen. II. Die Abhängigkeit der Produktivität nordostdeutscher Seeen v. ihrer Sohlenform. III. Die häufigeren Planktonwesen nordostdeutscher Seeen. (103 S.) Lex. 8. Danzig (907). (L. Saunier.) 2. —

— dasselbe. IV. Das Wachstum der kleinen Marene. (31 S. m. 20 Abb., 2 Taf. u. 2 Bl. Erklärgn.) Lex. 8. Danzig 908. (Berlin, R. Friedländer & Sohn.) nn 2. —
Sonderabdruck aus: „Mittlgn. d. westpr. Fischerei-Ver."

— Untersuchungen in den Stuhmer Seeen. Nebst e. Anh.: Das Pflanzenplankton preuss. Seeen. Von Bruno Schroeder. Mit 9 Tab. u. 10 Taf. Hrsg. vom westpreuss. botanisch-zoolog. Verein u. vom westpreuss. Fischerei-Verein. gr. 8. (VI, 88 S. m. 2 Bl. Erklärgn.) Danzig 900. (Leipzig, W. Engelmann.) n. 6. —

Seligo, Sal., praes. Jo. Dan. **Metzger**, Animadversiones nonnullae anat.-physiol. in doctrinam nervorum. 50 pp. Regiom. 4°. *Baldinger*, Mag. V, 371. *Metzger*, Op. acad. I, 3. 1783

Seligpreisungen, die. Betrachtgn. üb. Matthäus 5, 1—12. 8. (84 S.) Elberfeld 897. R. Brockhaus (durch J. Faßbender). n. — 30

Seligpreisungen, die acht, der Bergpredigt. 8 Wandsprüche mit Blumen in feinem Farbendr. Fol. [Frankfurt a. M. 886, Drescher's Verlag.] Basel, Spittler. In Leinw.-Mappe *

Seligsberg, M. H., moralische Betrachtungen zur häuslichen Erbauung für alle Stände u. alle Confessionen. 3 Thle. Fellheim 851—53. (Leipzig, Leiner.) 8 (XX, 564 S.) n. 1 Thlr 5 ngr

ספר מקור חיים קהלת מוסר השכל, מ. ח. זעליגזבערג,
(M. H. Seligsberg, M'kor chaijim. — Die Quelle des Lebens, eine Reihe geistreicher Reden. gr. 8. Rödelheim 841. (Ulm, Stettin's Buchh.) n. $1^1/_2$ Thlr

—— moralische Vorlesungen über die fünf Bücher Mosis. 8. (IV und 248 S.) Leipzig 854, Leiner. * —

Seligsohn, Albert, approb. Arzt aus Samotschin: Über congenitale Erkrankungen des rechten Herzens. *Rostock 1904: C. Hinstorff.* (40 S.) 8°
Rostock, Med. Diss. v. [10. Juni] 1904

Seligsohn, Arnold, Gesetz zum Schutz der Waarenbezeichnungen vom 12. Mai 1894, nebst Ausführungsbestimmungen. Erläutert v. S. gr. 8. (IV, 256 S.) Berlin 894. J. Guttentag. n. 4. 50; geb. n. 5. 50

Seligsohn, Arnold, Gesetz zum Schutz der Warenbezeichnungen, erläutert. 2. Aufl., bearb. in Gemeinschaft m. Mart. Seligsohn. (IV, 349 S.) gr. 8. Berlin 905. J. Guttentag. n. 7. —; geb. in Leinw. n. 8. —

Seligsohn, Arnold [Komm.], s.a. Patentgesetz und Gesetz betr. d. Schutz v. Gebrauchsmustern.

Seligsohn, Arn. Patentgesetz u. Gesetz, betr. den Schutz v. Gebrauchsmustern, erläutert. gr. 8. (VI, 350 S.) Berl. 892, Guttentag. * 8 —; geb. * 9 —

Seligsohn, Arnold, Patentgesetz u. Gesetz, betr. den Schutz v. Gebrauchsmustern, erläutert. 2. Aufl. gr. 8. (VI, 557 S.) Berlin 901. J. Guttentag. n. 12.— ; geb. in Leinw. n. 13.—

Seligsohn, Arnold, Patentgesetz u. Gesetz, betr den Schutz v. Gebrauchsmustern, erläutert. 3. Aufl. (VI, 566 S.) gr. 8. Berlin 906. J. Guttentag. n. 12. —; geb. in Leinw. n. 13. —

Seligsohn, Arn., Patentgesetz u. Gesetz, betr. den Schutz v. Gebrauchsmustern, erläutert. 4. Aufl. (580 S.) gr. 8. Berlin 909. J. Guttentag. 12.—; geb. in Leinw. 13. —

— s.: Zeitschrift f. das gesamte Handelsrecht u. Konkursrecht.

Seligsohn, Franz: Der Begriff der privatrechtlichen Verfügung unter Lebenden im Bürgerlichen Gesetzbuch und in den übrigen Reichsgesetzen. *Berlin 1903: W. Pilz.* (VII, 68 S.) 8°
Rostock, Jur. Diss. v. [21. Dez.] 1903

Seligsohn, F., Der Begriff der privatrechtlichen Verfügung unter Lebenden. Diss. (VII, 68 S.) gr. 8. Berlin, Struppe & Winckler. 1904. 2. —

Seligsohn, Hermannus *(geb. Wollstein in Pos. 10. 5. 1833)*: De duabus Hieroso ym tanis Pentateuchi paraphrasibus. Vratislaviae (1858). (40 S.) 8°
Breslau, Phil. Diss. v. 3. Nov. 1858

Seligsohn, Hugo [pract. Arzt aus Samotschin, Prov. Posen]: Zur Diagnose der Ovarialcysten ... Greifswald, Druck v. Julius Abel, 1888; 28 S. 8°
Greifswald, Med. Fak., Inaug.-Diss. v. 14. Apr. 1888

Seligsohn, Julius, Kammergerichtsrefer.: Wie weit unterliegt eine rechtskräftig festgestellte Wechselforderung aus Spiel dem Widerspruch im Konkurs? Berlin 1909: Pilz. 68 S. 8°
Rostock, Jur. Diss. v. 20. Nov. 1909, Ref. Wachenfeld
[Geb. 10. Dez 84 Berlin; Wohnort: Berlin; Staatsangeh.: Preußen; Vorbildung: Askan. Gymn. Berlin Reife M. 04; Studium: Berlin 2, Freiburg i. B. 1, Berlin 4 S.; Rig. 29. Mai 09.] [U 10. 3881

Seligsohn, Maximil. (geb. Samoschin in Posen 24. 1. 1833). De acidi phosphorico-molybdici in nonnullas bases actione. Berolini (1856). (44 S.) 4°
Berlin, Phil. Diss. v. 5. März 1856

Seligsohn, Maximil (geb. Samoschin 24. 1. 1833): De pigmentis pathologicis ac morbo Addisoni, adjecta chemia glandularum suprarenalium. Berolini (1858). (32 S.) 8°
Berlin, Med. Diss. v. 23. Aug. 1858

Seligson, Ed., Entstehg. u. willkürl. Hervorbringg. d. Geschlechtes. (Gekürzte Ausg. d. v. gleichen Verf. erschien. ausführl. Abhandlg. „Willkürl. Zeugg. etc.") gr. 8. (60 S.) München 895. Seitz & Schauer. n. 1. 50

— willkürliche Zeugung v. Knaben od. Mädchen. Vorgetragen im Verein prakt. Aerzte zu Moskau. gr. 8. (108 S.) Ebd. 895. n. 3. 60

Seligson, Se ig Eduard. (geb. Libau [6/18. 8.] 1837): De ulcere ventriculi chronico. Berolini (1861). (32 S.) 8°
Berlin, Med. Diss. v. 25. Juli 1861

Seligsprechung, Die, der fünf englischen Martyrer aus der Gesellschaft Jesu. Innsbruck 1888. V: *Kobler, Andreas.* (Jes)

Seligstein, Joseph [aus Berlin]: Die Haftung des Übernehmers eines Handelsgeschäfts für die vor der Übernahme entstandenen Handelsschulden ... Berlin, gedr. bei J. Sittenfeld, 1892; 64 S. 8.
Göttingen, Jur. Fak., Inaug.-Diss. v. [19. Nov.] 1892

Seligstein, Jos., die Haftung d. Übernehmers e. Handelsgeschäfts f. die vor der Übernahme entstandenen Handelsschulden. Diss. gr. 8. (64 S.) Berlin 892. (Göttingen, Vandenhoeck & Ruprecht.) n. 1.20

Sĕlihot lĕ-jamim nora'im סליחות לימים נוראים |: Bodsliturgi til Forsoningsdagen og Dagene forud for denne efter polsk Ritus. Med jødetysk Oversættelse og Anm. af Šalom ha-Kohen. Altona [5]583 (ɔ: 1822—23) :|.

[Hebr.] Selihôt le-šôbebim tat ke-fi mā še-kâtûb bas-sêfer ... Šenê lûhôt hab-berit ... [F.] *Wien: J. Schlesinger 1894.* [Gebete ... wie sie beschrieben sind in dem Buche 'Zwei Tafeln des Bundes ...']. (16 Bl.) 1 Bd 8. [96. 1746

Seliko. Oper u. ein. Novelle d. Ritt. v. St. Florian, v. J. Hummel. 8. Wien, Degen. 805.

— u. Berissa; od. d. Liebe unt. d. Negern. Schausp. in 4 A. v. G. Hagemann. 8. Eisenach, Wittekind. 798.

Selim, ein bürgerliches Trauerspiel, in drei Aufzügen. [Altdorf 1762.] V: *Vogel, Gustav Philipp.* (will)

Selim, oder d. erfüllte Götterausspruch. Schspl. 8. Stralsund 773. ... 3 ℛ

Selim der Glückliche, s. a. Müller, Joh. Gottwerth. 1792.

Selim der Glückliche oder der Substitut des Orimuzd, eine morgenländische Geschichte ... Berlin u. Stettin 1792. V: *Müller, Johann Gottwerth.* (MGT) (Ky) (EE) (GGr) (Kordes, Schlesw.-holst. u. eutin. Schriftst. Schleswig 1797.)

Selim, der glückliche, oder der Substitut des Orimuzd, eine morgenländische Geschichte, nach der Guzurattischen Urschrift, herausgegeben vom Verf. des Siegfried von Lindenberg (J. G. Müller) 3 Theile, 8. Berlin, 792. Fr. Nicolai. 2 Rthl. 5 sgl.
Dasselbe Buch auf Schreibp. mit Kupf. von Meil. 3 Rthl. 10 sgl.

— der Perser. Ein Gemälde f. Krieger u. Helden, v. Prochlich, m. K. 8. Straubingen, Heigl u. Comp. 803.

Selim, Prinz v. Algier. Trsp. in 5 A. v. F. Jünger. 8. Regensb. Montag u. W. 801.

— u. Zelide, od. d. Macht der Feen. Romant.-kom. Oper. 8. Bresl. 788. J. F. Korn. 5 ℛ

— u. Zulima. Schausp. v. Beck. 8. Lpz. Schwickert. 771.

Selim, Adolphus, Aperçu de la loi anglaise au point de vue pratique et commercial. 8. (VI, 336 S.) Paris 880. (Leipzig, K. F. Köhler.) *

Selim, Adolphus, Übersicht der englischen Rechtspflege vom praktischen und kaufmännischen Standpunkte aus. gr. 8. (XIV, 329 S.) Leipzig 886, K. F. Köhler. *

Selimantes [Pseud.], s. Wendt, Christoph Gottl.

Selimantes, le Pays galante Briefe, s. Pays.

Selimenes, moralische und scherzhafte Gesundheiten. 8. Quedlinburg, Ernst. 772.

SELINDE, eine Ritter-Geschichte in dreyen Büchern. (In Versen von *Paul v. Stetten.*) Mit Titel-Vign. u. 4 hübschen Kpfrn. (in Rococo-Umrahmgn., J. E. Nilson fec. & exc. Aug. V.). Augsburg, verlegts Elias Tobias Lotter, 1764. 4⁰. 80 S. Zahm. (In Stralsund, Rathsbibl.) (4 Mk. C. Baader, Hamburg, 1888.)

Selinde. Versuch eines Gesanges über den Wunsch einer D..r (Düsseldorfer) Schönen, allen Schönen z. Beherzigung zugeeignet, ein Beitrag zum Freund der Wahrheit, und des Vergnügens am Niederrhein von einem Kosmopolit am Niederrhein. Düsseldorf 1782. bei Stahl gedruckt. 8⁰. 48 S. Sehr selten! (4 Mk. 50 Pfg. Ant. Creutzer, Aachen, 1905.)

Selinde. Singsp. v. Weismann. 8. Lpz. Müller. 786.

Seliner, A., Oberlehrer in Schännis. Die Schweizer. Volksschule und daherige Ausführung des eidgen. Schulartikels. Referat zur internationalen Conferenz der Lehrer des Kant. Glarus und der St. Gallischen Bezirke See und Gaster. Den 10. Mai 1875. 8. Rappersw., F. Steiner. 1875.

Seling. C. A — Oesterreichs Genius. Gedichtet zur Allerhöchsten Vermählungsfeier Sr. Majestät Franz Joseph I. mit Ihrer königlichen Hoheit der durchlauchtigsten Prinzessin Elisabeth von Baiern. Von — —. 8. (46 S) Wien. Gedruckt bei Edl. v. Schmidbauer und Holzwarth. 1854.

Seling, C. A., Geschichte des Adels von seinem Entstehen bis zum heutigen Zeitpunkte. 16. (232 S.) Wien 853. (Seidel.) *

Seling, C. A. Geschichte des Adels von seinem Entstehen bis zum heutigen Zeitpunkte. 8. (232 S.) Wien, Edl. v. Schmidbauer und Holzwarth, 1853

Seling, Ed., Heeres-Organisation. Berichtigungen zur 7. Aufl. von Rud. Rieth. gr. 8. (40 S.) Wien 885, Seidel und Sohn. *

Seling, Ed., Leitfaden in der Heeres-Organisation. Ergänzungen zur 9., ergänzten Aufl. Berichtigt v. Albin Kövess v. Kzsód u. Harkály. gr. 8. (III, 123 S.) Wien 892. L. W. Seidel & Sohn. n. 1.—

Seling, Ed., Leitfaden zum Unterrichte in der Heeres-Organisation für die k. k. Militär-Akademien und die Kadeten-Schulen, dann für Reserve- und Landwehr-Offiziers-Aspiranten. 1. Aufl. (IV, 204 S. mit 3 Tab.) 1874. * ℳ 3,60.; 2. verm. und nach den neuesten organ. Bestimmungen ergänzte Aufl. gr. 8. (VIII, 344 S. mit 3 Tab. in Fol.) Wien 876, Seidel und Sohn. *
Berichtigungen. (32 S.) 877. *

—— dass. — 3. verm. und nach den neuesten organ. Bestimmungen bericht. Aufl. gr. 8. (X, 348 S. mit 5 Taf. [Tabellen.]) Ebendas. 877. *

—— Leitfaden zum Unterrichte in der Heeres-Organisation. Nach den neuesten organ. Bestimmungen berichtigt von Rud. Rieth. 4. ergänzte Aufl. gr. 8. (VIII, 351 S. mit 3 tabellar. Taf.) Ebendas. 879. *

Seling, Ed., Leitfaden zum Unterrichte in der Heeres-Organisation. Nach den neuesten organ. Bestimmungen berichtigt von Rud. Rieth. 5. ergänzte Aufl. (VIII, 361 S. mit 3 Taf.) 1881; 6. Aufl. (VIII, 375 S. mit 2 Taf.) 1883; 7. ergänzte Aufl. gr. 8. (VIII, 383 S. mit 2 Taf.) Wien 884, Seidel und Sohn. *

Seling, E., Leitfaden zum Unterrichte in der Heeres-Organisation. Berichtigt v. L. Uhle. 8.—9., ergänzte Aufl. Mit 2 Taf. gr. 8. (VIII, 418 S.) Wien 887. 889. Seidel & Sohn. n. 4. 40

—— dass. — Ergänzungen zur 9. ergänzten Aufl. Berichtigt von Albin Kövess v. Aszod u. Harkály. gr. 8. (III, 123 S.) Ebd. 892. * 1 - -

Seling, Joh. Mart., Über die Einheit Gottes u. mehreres andere mit Rücksicht auf das hermesische System u. dessen Gegner. Mit einem Vorwort über die Erforderlichkeit der Offenbarung, über das Wunderkriterium u. den Begriff des Möglichen in demselben Systeme. Osnabrück, Rackhorst, 1838, gr. 8°.

Seling, Joh. Mathias, Gedichte in Auswahl, s.: Jostes, Frz., Joh. Mathias Seling.

—— üb. Hermes rc. Bemerkn. zu d. Klövekorn'schen Schrift gleichen Namens. gr. 8. (3 B.) Osnabrück 838, Rackhorst'sche Bh.

Seling, J. M., Kaspar. Eine unterhaltende, lehrreiche u. erbaul. Lebensbeschreibung. Für jeden Bürger u. Landmann, der sein Glück machen will. gr. 12. (8¼ B.) Münster 842, Coppenrath'sche Buchh.

—— neue Lieder f. Spinnstube, Haus u. Feld. Nebst e. Bericht üb. d. Spinnschulen in Osnabrück. 2 Hfte. 2., sehr verm. Aufl. 8. (16⅛ B.) Osnabrück 838, (Rackhorst'sche Buchh.) *

Seling, J. M., Mäßigkeits-Lieder. Großentheils aus dessen „Neuen Liedern für Spinnstube, Haus und Feld." Mit den Melodien in Steindruck. 3., sehr verm. Aufl. (2 Hefte.) gr. 8. Hannover 841, Hahn'sche Hofbuchh. 6½ ngl (Die Melodien auch einzeln 4 ngl)

Seling, Jos. Math., Mäßigkeitslieder, besonders für die Jugend der Mäßigkeitsvereine und das Hoffnungsheer. 2. Aufl. 12. (24 S.) Paderborn 852, Schöningh. *

Seling, J. M., Rüstkammer Geschicht' und Lehr' zu Schirm und Wehr gegen die Macht des Branntweins. 1. Aufl. (203 S.) 1847. 7½ Ngr. und 2. Aufl. mit den Mäßigkeitsliedern des Verf. verm. 8. (III und 182 S.) Paderborn 851, Schöningh.

— Rüstkammer, Geschicht' u. Lehr' zu Schirm u. Wehr gegen die Macht des Branntweins. 12. (203 S.) Osnabrück 847. (Rackhorst.) ¼ ≠ — 2. Aufl. m. den Mäßigkeitsliedern des Verf. verm. 8. (IV u. 182 S.) Paderborn 852, Schöningh. 6 ngl

—— Rüstung zur Einführung und Förderung der von Sr. Heil. Papst Pius IX. errichteten Mäßigkeits-Bruderschaft in sieben Vorträgen mit einem Anhange von Urkunden, Angaben rc. 8. (XIV und 137 S.) Paderborn 855, Schöningh. *

—— unsre heidnischen Väter, wie sie in der Finsterniß lebten u. sich unseres Lichtes freuen würden. Eine Predigt am Lichtmeßtage 1843. gr. 8. (1 B.) Osnabrück, Rackhorst'sche Buchh. *

Seling, Joh. Math., Vernunftwissenschaft, besonders eine vernunftwissenschaftliche Menschen- und Gotteslehre, mit einem Anhang über die Ewigkeit der Zeit auf Seite Gottes. gr. 8. (XXIV und 279 S.) Osnabrück 857, (Overwetter.) *

—— wir sollten der h. Schrift widersprechen u. keinen festen Grund haben?! — Eine kathol. Betrachtung, veranlaßt durch d. Augsburg. Glaubensbekenntniß rc. d. rc. C. Fr. Meyer. Nebst e. Anh.: Wie andere Protestanten auch anders u. wohl gar für uns sprechen. 8. (6½ B.) Osnabrück 830. (Rackhorst; Münster, Theissing.)

Seling, Joh. Math., wird der Krieg u. die Pest herüber kommen? Eine Predigt von d. Ankunft d. Herrn — besond. üb. Jerusalem. gr. 8. (1 B.) Osnabrück 831, Rackhorst.

Seling, Josef Mathias, s. Seling, Johann Mathias

Selinger, Engelbert Maximilian

Denksteine deutscher Geschichte des Jahres 1842. Von E. M. Selinger. Wien & Leipzig. 1843. 8°.

Selinger, Engelb. Max., Denksteine deutscher Geschichte des Jahres 1842. gr. 8. Wien 844, Tauer u. Sohn. (u. Tendler u. Schaefer.) 1⅙ ≠

Selinger, Engelbert Max., Denksteine deutscher Geschichte des Jahres 1842. gr. 8. (18⅞ B.) Wien 844, (Tendler u. Comp.)

Selinger, Engelbert Max., Gräfenberg. Einladungen. Mittheilungen. Betrachtungen. 8. (11 B.) Wien 841, [Pfautsch u. Voß.]

—— Nachtstationen eines Reisenden. gr. 8. (13 B.) Wien 835, Wallishausser. *

Selinger, E. M. Vincenz Prießnitz. Eine Lebensbeschreibung. 8. (VII und 207 S. mit lithogr. Portr. und Facsimile.) Wien 852, Gerold's Sohn.

Vinzenz Prießnitz. Eine Lebensbeschreibung von Dr. J. E(ngelbert) M(aximilian) Selinger, Dir. d. k. oriental. Akad. 2. Aufl. Mit Portr. u. Facs. (Vorr.: Adolf Kettner.) *Freiwaldau: A. Blažek 1903.* (VII, 119 S.) 8° [...]

Selinger, Joseph Engelbert Maximilian,
s. Selinger, Engelbert Maximilian

Der Selinsgrove Demokrat: Dec 1863 - July 1864 Selinsgrove, PA
Weekly Edited & published by Jacob Heilbecker

§ * SELINTES (ps.) – Cupidon rebuté Oder Folgerungen Einer Verachteten Liebe, Wie selbige Sich bey allen TEMPERAMENTEN ereignen. Angemercket, Und den Liebhabern der Morale mitgetheilt Von SELINTES. Mit Titelkpfr. O. O. 1722. Kl. 8°. 70 S (In Berlin: Yz 1451.)
Etwas freie Satyre in Dialogform. Die Colloquenten sind Sanguineus, Cholericus, Melancholicus, Phlegmaticus. — Höchst selten!

Selinthes, der, Leb. u. Begebenheiten. 8. Brem. 752.

Selitha. Jahrbuch christl. Andacht f. religiös gebild. Frauen u. Töchter. Hrsg. im Vereine mit mehr. Gelehrten Deutschlands v. G. Friederich. (1. u. 2. Jahrg. 1830 u. 31.) gr. 16. Stuttgart, Schweizerbart. [1. (29½ B. u. 8 Kpfrt.), 2. (23 B. u. 4 Kpfrt.) à 1 Thlr. 20 Gr.]

Selitrenny Leon: Über die Zersetzung des Leims durch anaerobe Spaltpilze. S. 98–116. vgr.
Separatabdruck

Seliwanoff, Demetr., Lehrb. d. Differenzenrechnung, s. Teubner's, B. G., Sammlung v. Lehrbüchern auf dem Gebiete der mathemat. Wissenschaften. XIII.

Lehrbuch der Differenzenrechnung. Von Demetrius Seliwanoff [Dmitrij Fedorovič Selivanov], Privatd. zu St. Petersburg. *Leipzig: B. G. Teubner 1904.* (VI, 92 S.) 8°
— Sammlung. B. G. Teubner's, von Lehrbüchern auf d. Geb. d. math. Wiss. Bd 13.

Die geheime heilige Schrift der Skopzen (Russische Selbstverstümmler,. ([Kondratij] Selivanov: [Werke, Ausz., deutsch].) Leidensgeschichte u. Episteln d. Skopzen-Erlösers. Krit. Ausg. auf Grund d. Russ. Drucke in deutscher Übers. von Mag. theol. Karl Konrad Graß, Privatd. in Dorpat. *Leipzig: J. C. Hinrichs 1904.* (IV, 76 S.) 8°

v. Seliwanoff, Theodor [aus St. Petersburg]: Phytochemische Untersuchungen. . . . Göttingen, Druck d. Univ.-Buchdr. v. W. Fr. Kästner, 1888; 36 S. + 1 Bl. 8°
Göttingen, Phil. Fak., Inaug.-Diss. v. 9. Aug. 1888

Seliwanoff, Thdr. v., phytochemische Untersuchungen. Inaugural-Dissertation. gr. 8. (36 S.) Göttingen 888, (Vandenhoeck und Ruprecht's Verlag.) *

Selk, H., Beiträge zur Kenntnis der Algenflora der Elbe u. ihres Gebietes. (119 S.) Lex. 8. Hamburg 908. (L. Gräfe & Sillem.) 3. —
Sonderabdr. a.: „Jahrb. d. hamburg. wiss. Anst., 3. Beiheft".

Selk, Joh., schriftm. Gedanken v. nahen Ende d. Welt. 8. Rostow, (Böhner in Schw.) 753.

— Milchspeise, oder katechet. Unterweis. z. Seligk. gr. 8. Danzig. (Jacobäer in Leipz.) 767.

Selka's, F., Wiener Cicerone, oder allgemein nützl. Auskunftgeber von Wiens Merkwürdigkeiten ꝛc. Für Fremde, Geschäftsmänner, Kaufleute und Künstler. 8. Wien 836. Wallishausser. 3/8 ℳ

Selke, C. E., 200 Vorlegeblätter für den ersten Unterricht im freien Handzeichnen. 2. Aufl. Fol. (32 lith. Taf.) Danzig 848, Homann in Comm. n. 1 1/3 ℳ

Selke, Johann Karl Adolf
Die Harzbraut. Erzählung. Von Karl Adolf [d. i. Johann Karl Adolf Selke]. Berlin 1876.
In: Roman-Zeitung, Deutsche. Bd 3.

Selke, Karl, s.: Adolf, Karl, die Schmugglerstochter v. Norderney.

Selke, Walter [pr. Arzt]: Über ein epitheliales Papillom des Gehirns. . . . Königsberg i Pr., Druck v. M. Liedtke, 1891; 22 S., 1 Bl., 2 Taf. 8°
Königsberg, Med. Fak., Inaug.-Diss. v. 19. März 1891

Selke, Walt., üb. e. epitheliales Papillom d. Gehirn. Diss. gr. 8. (22 S. m. 2 Taf.) Königsberg i/Pr. 891. (W. Koch.) n. 1. 20

Selkes, Sal., neue deutsche kaufmänn. Buchhaltung. gr. 4. Wien 820. Gerold. 1 ℳ 18 ℊ

— Tabellen zur genauen u. richtigen Uebersicht d. Wiener Curses ꝛc. u. z. Bequemlichkeit u. z. Nutzen d. Publikums verfaßt. 8. Würzb. 810.

Selkethal, s.: Harz. Clausson, W.

Selketal, anhaltisches, s.: Anhalt. Weyhe.

Selkof Briefe an Wilmar. 8. Zürich 777. Orell. 16 ℊ

Selkow, Hilde v., zum Frieden, s.: Auswahl v. Werken zeitgenössischer Schriftsteller. 9.

— dasselbe, s.: Bobach's illustr. Roman-Bibliothek. 2.

Sell's Adressbuch f. registr. Telegramm-Adressen u. nationales Repertorium d. grossen Handelshäuser, u. Handbuch f. Käufer, gleichzeit. e. Liste v. 50,000 d. grössten Firmen in jeder Branche des Handels, Gewerbes u. Fabrikbetriebes in Grossbrittanien. (In engl. Sprache.) gr. 8. (LVI, 1482 S.) London 896. (Berlin, W. H. Kühl.) Geb. in Leinw. n.n. 21. —

[S.] Die Raiffeisenschen Darlehns-Kassen-Vereine und die Innere Mission. Vortr. geh. auf d. 28. Kongress f. Innere Mission in Posen am 26. Sept. 1895 von Pfarrer Sell . . . *Posen: W. Decker & C. 1895.* (16 S.) 1 Bd 8.

Sell, Carl, s Sell, Karl

Sell, Ernst (Hrsg.), s. Allerlei, Leipziger.

Sell, Eugen

Sell, E.. Über Bier und seine Verfälschungen Braunschweig 1878

Sell, Eug., über Branntwein, seine Darstellung und Beschaffenheit in Hinblick auf seinen Gehalt an Verunreinigungen, sowie über Methoden zu deren Erkennung, Bestimmung und Entfernung. Lex.-8. (III, 115 S.) Berlin 888, Springer. *

Sell E.: Anorganische Chemie. Berl. 1868. 454 S. Fig.
(=: Grundzüge d. modernen Chemie. 1. Bd.).

Sell, Eug., üb. Cognak, Rum u. Arak, das Material zu ihrer Darstellg., ihre Bereitg. u. nachher. Behandlg. unter Berücksicht. der im Handel übl. Gebräuche, sowie ihrer Ersatzmittel u. Nachahmgn., sowie die Ergebnisse ihrer chem. Untersuchg. [Aus: „Arbeiten aus d. kaiserl. Gesundheitsamte".] hoch 4. (III, 81 S. m. Fig.) Berlin 891. J. Springer. n. 4. —

Sell, Eug., Grundzüge der modernen Chemie. Nach der 2. Aufl. von A. Naquet's Principes de chimie deutsch bearb. und hrsg. 2 Bde. gr. 8. Berlin, Hirschwald. *
Inhalt:
Bd. 1. Anorganische Chemie. (IV, 455 S. mit vielen in den Text gedr. Holzschn.) 868. * ℳ 6.
» 2. Organische Chemie. (IV, 684 S. mit vielen in den Text gedr. Holzschn. und 1 Tab. in qu Fol.) 870. * ℳ 9.

Sell, Eug., Grundzüge der modernen Chemie. 1. Bd.: Anorganische Chemie. 2. Aufl. von Naquet-Sell, Grundzüge der modernen Chemie. gr. 8. (VI, 609 S. mit vielen in den Text gedr. Holzschn. und 1 Spectraltaf.) Berlin 877, Hirschwald. *

—— über Kunstbutter. Ihre Herstellung, sanitäre Beurteilung und die Mittel zu ihrer Unterscheidung von Milchbutter. Beiträge zur Kenntniss der Milchbutter und der zu ihrem Ersatz in Anwendung gebrachten anderen Fette. hoch 4. (67 S. mit eingedr. Fig.) Ebendas. 886. *
Vorstehende Schrift aus: Arbeiten des kaiserl. Gesundheitsamtes, besonders abgedruckt.

Sell, Evgenivs (geb. am 5 Apr. 1842 in Bonn): De tolvidino svbstantiisqve ab eo derivatis . . . Bonnae, typ. C. Georgi (1863). 2 Bl., 31 S., 1 Bl. 8.
Bonn, Phil. Fak., Diss. v. 20 Juli 1863

Sell, E., s.: Vierteljahrsschrift üb. d. Fortschritte auf d. Gebiete d. Chemie d. Nahrungs- u. Genussmittel.

Sell, Friedrich [app. Arzt aus Beienheim]: Aus d. patholog. Institute zu Giessen. Ein Fall von jauchig-eitriger Pleuritis nach Perforation eines Tractionsdivertikels des Oesophagus ... Giessen, grossh. Hof- u. Univ.-Dr. C. v. Münchow, 1895; 39 S. 8.
Giessen, Med. Fak., Inaug.-Diss. v. 1895

Sell, Frdr., Lothringer Friedhofsgeschichten u. Anderes. 1. u. 2. Tausend (20 S.) 8. Metz 905. (R. Lupus.) n. — 40

Sell, F., Lothringer Friedhofsgeschichten u. Anderes. Mit e. Nachwort. 3. Tausend (19 S. m. 1 Abb. u. 1 Planskizze auf dem Umschlage.) gr. 8. Straßburg 908. Straßburger Druckerei u. Verlagsanstalt. — 40

— Kriegs- und Friedensbilder aus Lothringen, s.: Festschriften f. Gustav-Adolf-Vereine. Nr. 41.

Sell, Friedrich Chr. W. K.

Sell, Fr. Chr. W. K., Abhandlung über Geist u. Form der Paulinischen Verkündigung, s. Denkschrift.

Sell, F. Chr. W. C., Bibelgebete, aus der ganzen heil. Schrift zusammengestellt für christl. Erbauung. 12. (XVIII und 166 S.) Darmstadt 854, Diehl. *
fein Pap. *

Sell, Fr. Chr. W. K, Denkschrift des evangelischen Prediger-Seminariums zu Friedberg für die Jahre 1857—1861. Mit einer Abhandlung: Die reformatorische Theologie des Joh. Hus. Aus seinen Werken dargestellt von Frz. Schwabe. Friedberg 862. Bindernagel & Schimpff in Comm. gr. 8. (IV, 319 S.) n. 1 Thlr. 7½ ngr.

Sell, Fr. Chr. W. K., zwei Festreden, mit Rücksicht auf dringende Zeitforderungen an die Diener der Kirche gehalten bei der feierl. Entlassung der Candidaten aus dem großherz. hess. evang. Predigerseminarium. gr. 8. (2 B.) Friedberg 840, Bindernagel. Thlr.

—— über Geist u. Form der Paulinischen Verkündigung, s. Crößmann, P. P.

Sell, Friedr. Chr. W. C., über die Gottbildlichkeit des Menschen, s. Denkschrift des evangel. Prediger-Seminariums zu Friedberg.

—— Handbuch zum Katechismus der christl. Lehre f. d. evangel.-protestant. Kirche im Großherzogth. Baden. (2 Abthlgn.) 1. Abthl. Einleitung u. die christl. Glaubenslehre. — 2. Abthl. Die christl. Sittenlehre. gr. 8. (31 B.) Friedberg 843, Bindernagel. *

Sell, Fr. Chr. W. C., Handbuch zum evangel. Katechismus, insbesond. zu dem „Katechismus der christl. Lehre für die evangel.-protestant. Kirche im Großherzogth. Baden, Karlsruhe 1837," und dem „Katechismus der christl. Lehre für die evangel. Jugend in dem Elsaß und deutschen Lothringen, Straßburg 1842." 2., verb. und verm. Aufl. gr. 8. (XL und 512 S.) Friedberg 847, Bindernagel's Buchh. *

Sell, Fr., (Wlh. Chr. Karl,) Religionslehre in Liederversen. Eine systemat. geordnete Samml. gehaltvoller Dichterstellen, f. Schüler, Lehrer u. Prediger d. Christenthums. 1 Abtheil. (Für jüngere Schüler.) 8 gr. 2e Abtheil. (Für ältere Schüler, Lehrer u. Prediger). 12 gr. gr. 12. Darmst. 830. Leske. 20 gr.

—— Willkomm und Abschied. Eine Sammlung amtl. Ansprachen, an junge Geistliche des evangel. Predigerseminars zu Friedberg gerichtet. gr. 8. (VI und 164 S.) Darmstadt 863, Zernin.

—— Worte des Glaubens und der guten Lehre, (1. Tim. 4, 6.) in 20 Predigten. gr. 8. (IV und 203 S.) Friedberg 848, Bindernagel's Buchh.

Sell, Friedrich Heinrich

Sell, s.a. Heinrich-Feier.

Heinrich-Feier. Gedenkblatt an das 50jährige Amtsjubiläum des Rektors Claus Heinrich am 1. Sept. 1897. (Hrgg. v. [Friedrich Heinrich] Sell.) Kiel und Leipzig. 1897. 8°.

Sell, Fritz *Wilhelm* [app. Arzt aus Berlin]: Über Chiasma-Erkrankungen u. Mitteilg e. geheilten Falles ... Leipzig, G. Fock, 1894; 1 Bl., 34 S., 1 Bl., 1 Taf. 8.
Leipzig, Med. Fak., Inaug.-Diss. v. 23. Juni 1894

Sell, Geo. Wilh. Aug., üb. d. Recht des Correus debendi, von dem andern Correus theilweisen Ersatz der gezahlten Correalschuld zu erlangen. Ein civilist. Versuch. gr. 8. Gießen 830.

Sellii, God., de nominibus Romanorum brutisonis dissertatio. Halae 737. 4. (40 S.)

Sell, Hans: Über die Umwandlung von Kalkstickstoff in Cyanid. Diss. T. H. Berlin 1910

Sell, Hans: Über die Umwandlung von Kalkstickstoff in Cyanid. [1911.] 45 S. 8°
Berlin, Dr.-Ing.-Diss. v. 16. 12. 1910

Sell, J. D., üb. die Niederschlagsgerechtigkeit d. Stadt Stettin; e. Abhandl. 4. Stettin 801.

Sell, Jh. Jak., († d. 23. März 1816?) Briefe üb. Stettin u. die umliegende Gegend, geschrieben auf e. Reise im Sommer 1797. Mit 1 Kpf. gr. 8. Berl. 800. Maurers B. 14 gr. Schrbp. 16 gr.

— Geschichte d. Herzogth. Pommern von d. ältesten Zeiten bis zum Tode des letzten Herzoges od. bis zum westphäl. Frieden 1648. 3 Thle. gr. 8. Berl. 819. (Sander). 4 Thlr. Pbg. Pr. 2 Thlr.

Sell, Joh. Jak., über den starken Häringsfang an Pommerns u. Rügens Küsten im 12. bis 13. Jahrh. A. d. Latein. übers. v. C. H. Zober. 8. (1¼ B.) Stralsund 831, (Struck.)
Abgedruckt aus der Zeitschr. „Sundine, hrsg. v. F. v. Suckow."

– s. Magazin für die Erziehung.

– s. Otto, Bischof von Bamberg.

– s. Duld, Trauerbücher.

— Samml. einig. moral. Reden. gr. 8. Halle 779. Gebauer. 12 gr.

— Progr. Ueber die Slaven, welche vor Einwanderung d. Deutschen in Pommern u. Rügen gewohnt haben. 4. Stettin 800.

— Versuch e. Geschichte des Pommer. Handels. 1e Abtheil. 4. Stettin 796

— Versuch e. Geschichte d. Neger-Sclavenhandels. 8. Halle 791. Gebauer. 12 gr.

Sell, Karl

Sell, K., Abschiedspredigt, üb. das Evangelium d. zweiten Ostertages in der Stadtkirche zu Darmstadt am 30. März 1891 geh. gr. 8. (15 S.) Darmstadt 891. J. Waitz. n.n. — 25

Sell, Carl, die Actio de rupitiis sarciendis der XII Tafeln und ihre Aufhebung durch die Lex Aquilia. gr. 4. (32 S.) Bonn 877, A. Marcus. *

Sell, Karl, der Anteil der Religion an Preußens Wiedergeburt vor 100 Jahren. Rede, bei der Feier des Geburtstages Sr. Maj. des deutschen Kaisers u. Königs v. Preußen Wilhelm II. an der rhein. Friedrich-Wilhelms-Universität am 27. I. 1907 geh. (32 S.) 8. Tübingen 907. J. C. B. Mohr. — 60

Sell, K., Aussichten der evangel. Kirche in der Gegenwart. Predigt. gr. 8. (14 S.) Darmstadt 890. Waitz. n.n. — 25

Sell, K., vom alten Christentum. Predigt, am 4. Advent 1881 in der Stadtkirche zu Darmstadt gehalten. 2. Aufl. gr. 8. (15 S.) Darmstadt 882, [Würtz'sche Buchh.] Waitz. **

Sell, K., das Christentum gegenüber den Angriffen von Strauß. Ein Vortrag. 8. (III, 80 S.) Heilbronn 877, Gebr. Henninger. *

— Christentum u. Weltgeschichte bis zur Reformation, bezw. seit der Reformation, s. a. Aus Natur u. Geisteswelt.

Sell, Karl: Christentum und Weltgeschichte bis zur Reformation. Die Entstehung d. Christentums u. s. Entwickelung als Kirche. Von –. Leipzig: Teubner 1910. 118 S. 8°
(Aus Natur u. Geisteswelt. Bdch. 297.)

Sell, Karl: Christentum und Weltgeschichte seit der Reformation. Das Christentum in s. Entwickelung über die Kirche hinaus. Von –. Leipzig: Teubner 1910. 123 S. 8°
(Aus Natur u. Geisteswelt. Bdch. 298.)

Sell, Car., de condictionibus quaestiones duae. 8 maj. Darmstadii 834. Heyer. (Jonghaus.) n. 2/3 ℳ

— Luthers Einfluß auf die polit. Geschichte Deutschlands, s. a. Ursachen u. Wirkungen der deutsch. Reformation.

Sell, Karl: Luthers Einfluss auf die politische Geschichte Deutschlands. Vortr. geh. am 13. Febr. 1899 im Berliner Zweigver. d. Evangel. Bundes v. Dr. Karl Sell, o. Prof. . . . an d. Univ. Bonn. Leipzig: C. Braun 1899. (22 S.) 1 Bd 8.

Sell, K., die geschichtliche Entwickelung der Kirche im 19. Jahrh. und die ihr dadurch gestellte Aufgabe. — Die Forschungen über die paulinischen Briefe: ihr gegenwärtiger Stand und ihre Aufgaben von G. Heinrici. Vorträge, gehalten auf der Theolog. Conferenz zu Gießen am 24. Juni 1886. 8. (120 S.) Gießen 887, Ricker'sche Buchh. *

[F.] Die Entwickelung der katholischen Kirche im neunzehnten Jahrhundert. Vorträge v. Dr. Karl Sell, Prof. . . . in Bonn. *Leipzig: J. C. B. Mohr 1898.* (112 S.) 1 Bd 8. [98. 2736

Sell, K., Festgottesdienst zur 400jährigen Feier d. Geburtstages Dr. Martin Luthers am 11. Novbr. 1883, Vormittags 10 Uhr, in der Stadtkirche zu Darmstadt. gr. 8. (15 S.) Darmstadt 883. Würtz. n. — 20

Sell, Carl: Festpredigt. *Trarbach a. d. M. 1895.*
in: Provinzialversammlung, Von der achten, d. Rhein. Hauptvereins d. Evangel. Bundes. [96 1715

—— Gedächtnisrede auf Kaiser Wilhelm, beim Trauergottesdienst in der evangel. Stadtkirche zu Darmstadt am 18. März 1888 gehalten. gr. 8. (16 S.) Darmstadt 888, Waitz'sche Buchh. *

— aus der Geschichte d. Christentums. Sechs Vorlesgn., im Febr. u. März 1888 zu Darmstadt geh. gr. 8. (III, 163 S.) Ebd. 888. n. 2. —

[F.] Aus der Geschichte des Christentums. Sechs Vorlesgn v. Dr. Karl Sell, Prof. in Bonn. 2. ver., durch e. Vorr. verm. Aufl. *Darmstadt: J. Waitz 1895.* (XVI, 171 S.) 1 Bd 8. [97. 7894 Kr

—— die drei Glaubensartikel. Predigten, in der Epiphaniaszeit in der Stadtkirche zu Darmstadt gehalten. gr. 8. (30 S.) Ebendas. 884. *

Sell, Carl, Grundriß der Institutionen d. römischen Rechts. 4. Aufl. gr. 8. (115 S.) Bonn 871. A. Marcus. n. 2. —

— s.: Humboldt, Wilhelm v., in seinen Briefen.

Sell, Karl [aus Alzey '(Rheinhessen)']: Über Hyperthelie, Hypermastie und Gynäkomastie ... [Aus: Ber. d. Naturf. Ges. zu Freiburg i. B., Bd IX.] Freiburg i. B., Buchdr. v. C. A. Wagner, 1894; 1 Bl., 34 S. 8.
Freiburg i. B., Med. Fak., Inaug.-Diss. v. 1894

—— und Wilh. Sell, Jahrbücher f. histor. u. dogmat. Bearbeit. d. röm. Rechts rc., s. Jahrbücher.

— Katholizismus u. Protestantismus in Geschichte, Religion, Politik, Kultur. (VII, 327 S.) 8. Leipzig 908. Quelle & Meyer. 4.40; geb. in Leinw. 4.80

—— die christliche Laienthätigkeit im Reiche Gottes, ihre Nothwendigkeit und ihre Schranken. Vortrag, gehalten beim 25. Congreß für innere Mission zu Cassel. gr. 8. (30 S.) Cassel 888, Röttger. *
Aus: Verhandlungen des Congresses für innere Mission, besonders abgedruckt.

Sell, Carl, römische Lehre der dinglichen Rechte oder Sachen-Rechte. I. Thl.: Römische Lehre des Eigenthums nebst Einleitung: Von den dingl. Rechten oder Sachenrechten überhaupt. 2. Aufl. gr. 8. (XVI und 419 S.) Bonn 852, König. *

— Philipp Melanchthon u. die deutsche Reformation bis 1531, s. a. Schriften d. Vereins f. Reformationsgeschichte, Nr. 56.

Philipp Melanchthon der Lehrmeister des protestantischen Deutschland. Rede bei d. Festfeier d. ev.-theol. Fakultät in d. Aula d. Univ. zu Bonn am 16. Febr. 1897 geh. von Dr. Karl Sell, Prof. *Freiburg i. B. & Leipzig: J. C. B. Mohr 1897.* (31 S.) 8° [01. 7736

[F.] Philipp Melanchthon u. d. deutsche Reformation bis 1531. Von Karl Sell. *Halle: Ver. f. Reformationsgesch. (Commv. v. M. Niemeyer) 1897.* (IV, 126 S.) 1 Bd 8.
— Schriften d. Vereins f. Reformationsgeschichte. No 50. [97. 6339 Ko

—— Die Mitarbeit der evangelischen Kirche an der sozialen Reform. Vortrag, auf Einladg. d. Evangel. Bundes vor den Mitgliedern der Landessynode zu Darmstadt am 26. Febr. 1890 geh. gr. 8. (23 S.) Ebd. 890. * — 40

Sell, Car., de juris romani nexo et mancipio. — E. a. t.: De Romanorum nexo et mancipio comment. 8maj. (6¾ B.) Brunsvici 840, Vieweg et fil. *

—— aus dem Noxalrechte der Römer. Rechtshistorische Abhandlungen. gr. 8. (IX, 209 S.) Bonn 879, Cohen und Sohn. *

Sell, Car. (Guil. Leop.) (geb. Cöln a. Rh. 20. 12. 1828): De oophoritide. Berolini (1852). (25 S.) 8°
Berlin, Med. Diss. v. 31. März 1852

—— Osterpredigt, am 1. Ostertag 1886 in der Stadtkirche zu Darmstadt gehalten. gr. 8. (12 S.) Darmstadt 886, Waitz'sche Buchh. *

Sell, Karl: Pandecten- Recht. Specieller Theil. Abschn. 1. [einz.] Lehre von den dinglichen Rechten. Bonn 1841.

— 2. Aufl. [u. d. Tit.:] Römische Lehre der dinglichen Rechte oder Sachen-Rechte. Th. 1. [einz.] Römische Lehre des Eigenthums nebst Einl.: Von den dinglichen Rechten oder Sachenrechten überhaupt. 1852.

Sell, Carl, Quellenkunde des römischen Rechtes. Für seine Institutionen-Vorlesungen bearb. (Statt handschriftl. Mittheilung.) gr. 8. Bonn 840, König. n. 1/2 ₰

Sell, K., Rafael u. Dürer als religiöse Maler. Vortrag, geh. in Darmstadt am 26. Jan. 1881. gr. 8. (32 S.) Darmstadt 881. Würtz. n. — 80

Das Deutsche Reich einst und jetzt. Festrede z. Gedächtn. d. Wiederaufrichtung des Deutsch. Reiches geh. von Prof. [Karl] **Sell** im lib. Bürger-Ver. am 17. Jan. 1903. *(Bonn 1903: C. Georgi.)* (14 S.) 8° [J.]
Aus: Bonner Zeitung v. 20. Jan. 1903. [03. 7466 B

—— die Recuperatio der Römer. Eine rechtshistor. Abhandl. Beitr. z. Völkerrechte d. Alterthums überh., insbesond. d. Römischen. gr. 8. (32 B.) Braunschweig 837, Vieweg.

Sell, Karl, die Religion unserer Klassiker. Lessing, Herder, Schiller, Goethe. (Lebensfragen. Schriften u. Reden, hrsg. v. Heinr. Weinel.) (VII, 274 S.) 8. Tübingen 904. J. C. B. Mohr. n. 2. 80; geb. n. 3. 80

— Die Religion unserer Klassiker. Lessing, Herder, Schiller, Goethe, s.a. Lebensfragen. I.

Die Religion unserer Klassiker, Lessing, Herder, Schiller, Goethe. Von Karl **Sell**, Prof. zu Bonn. 2., durchgängig verb. Aufl. Tübingen: Mohr 1910. VIII, 323 S. 8°
(Lebensfragen. 1.) [10. 13787

— M. Rade, G. Traub, H. Geffcken, die Religion im Leben der Gegenwart. 4 Vorträge. (VI, 137 S.) 8. Leipzig 910. Quelle & Meyer. 1.80; geb. in Leinw. 2. 40

—— aus Religions- und Kirchengeschichte. Sieben Vorträge. gr. 8. (IV, 303 S.) Darmstadt 880, Bergsträßer. *

Sell, Karl, Goethes Stellung zur Religion u. Christentum. Vortrag m. Erläutergn. gr. 8. (IV, 104 S.) Freiburg i/B. 899. Tübingen, J. C. B. Mohr. n. 1. 80

— Theater u. Kirche. Darstellung ihres geschichtl. Verhältnisses m. e. Ausblick in die Zukunft. 3. Aufl. (47 S.) 8. Leipzig. 903. M. Heinsius Nachf. n. — 60

—— des deutschen Volkes Trauer und Trost. Predigt, zum Gedächtnisse an Kaiser Friedrich beim Trauergottesdienst in der evangel. Stadtkirche zu Darmstadt am 24. Juni 1888 gehalten. 8. (15 S.) Ebendas. 888. **

Sacram memoriam ... Friderici Gvilelmi III vniversitatis Fridericiae Gvilelmiae Rhenanae conditoris ... ab eadem vniversitate d. III m. Avg. a. 1867 ... recolendam victorvmqve renvntiationem e litt. certaminibvs prodevntivm ... indicit Carolvs **Sell** ... ord. ivrecons. h. a. decanvs. — Inest de exceptionvm vsv, qvi legis actionvm tempore fverit, commentatio. Bonnae, form. C. Georgi (1867). 2 Bl., 44 S., 1 Bl. 4. ¶ Erschien zugleich selbständig bei Marcus in Bonn.

Sell, Carol., de exceptionum usu, qui legis actionum tempore fuerit. commentatio. Bonn 867. Marcus. gr. 4. (IV, 44 S.) n. 20 ngr.

— Verlust u. Gewinn des Protestantismus an der Jahrhundertwende. Vortrag, geh. bei der XIII. Generalversammlg. des Evangel. Bundes zu Halberstadt am 3. X. 1900. gr. 8. (34 S.) Leipzig (900). Buchh. des Evangel. Bundes v. C. Braun. n.n. — 10

— Vorlesungen der Institutionen d. römischen Rechts. [Zu d. Verf. Grundriß der Institutionen. 4. Aufl. 1871 gehörig; statt handschriftl. Mittheilg.] gr. 8. (179 S.) Ebend. 871. n. 2. 50

— Vortrag üb. Konfession u. Konfessionalismus. (25 S.) 8. Leipzig (908). Halle, Verlag d. Evang. Bundes. — 25

— s.: Vorträge, gottesdienstliche.

—— Wenn ich schwach bin, so bin ich stark. Predigt üb. das Verhältnis der Evangelischen zu anderen Konfessionen. gr. 8. (15 S.) Ebd. 889. — 25

— Zukunftsaufgaben des deutschen Protestantismus im neuen Jahrhundert, s.a. Sammlung gemeinverständl. Vorträge u. Schriften aus d. Gebiet der Theologie. 19.

Sell, Karl: Zukunftsaufgaben des deutschen Protestantismus im neuen Jahrhundert. Vortrag von Karl Sell, Prof. in Bonn. Tübingen, Freiburg i.B. & Leipzig: J. C. B. Mohr 1900. (36 S.) 8°
Sammlung gemeinverständlicher Vorträge u. Schriften aus d. Geb. d. Theol. u. Religionsgeschichte. 19.

— Der Zusammenhang v. Reformation u. politischer Freiheit. Eine Skizze. (S. 44—79.) gr. 8. Tübingen 910. J. C. B. Mohr. 1. —
Sonderabdr. a.: „Theol. Arbeiten a. d. rhein. wiss. Prod.-Ver."

Sell, Carolus Lucovicus (Darmstadinus)
Theses quas ut adipiscatur summos in utroque iure honores die 2. Iunii 1832 in Academia Ludoviciana publice defendet Carolus Ludovicus Sell.
Gissae: Heyer 1832. 7 S.
Dr. jur. 2.6.1832. vorh. 26.

Sell, Louis [aus Tilsit]: Ueber die Verbindlichkeit und den Inhalt einer moralischen Gesetzgebung .... Tilsit, Druck v. Wohmeyer's Nachf., 1888; 2 Bl. + 62 S. + 1 Bl. 8°
Königsberg, Phil. Fak., Inaug.-Diss. v. 14. Mai 1888

Sell, Louis, über die Verbindlichkeit und den Inhalt einer moralischen Gesetzgebung. Inaugural-Dissertation. gr. 8. (62 S.) Tilsit 888. (Königsberg i. Pr., Koch's Antiqu.) **

Sell, Ost., Behandlung erwerbsbeschränkter u. erwerbsunfähiger Wanderarmer, s.: Schriften d. deutschen Vereins f. Armenpflege u. Wohltätigkeit. (Luppe, Herm.)

Sell, Richard: Raiffeisensche Darlehnskassenvereine und die innere Mission. Posen: Decker 1895.

Sell, Richard: Die Feinde des Bauernstandes und ihre Abwehr. Neuwied 1893.

Sell, Richard: Gründet Raiffeisenvereine! 2. Aufl. Erfurt 1899.

Sell, Rich, Güterhandel u. Güterschlächterei. s.a. Genossenschaftsbücherei, deutsche ländliche. 2. Bd.

— Güterhandel und Güterschlächterei. 8°. Leipzig, H. Haessel, 1910. (Deutsche Genossenschaftsbücherei, Bd. 2.)

Sell, Rich., Namen- u. Sachregister, s.: Luther's, Mart., Werke.

Sell, Rich., Register, s.: Luther's, Mart., Werke.

Sell, Sophie Charlotte v., s.a. Lynden, Else von.

Sell, Sophie Charlotte v., Erfolg, s.a. Kürschner's Bücherschatz.

Erfolg. Roman von Sophie Charlotte v. **Sell** Berlin, Leipzig: Hillger [1909]. 96 S. 8°
(Kürschners Bücherschatz Nr 687) (10. 7386

Die Glocke vom Helfenstein. Eine Weihnachtsmär in 4 Aufz. (7 Bildern) unter freier Benutzung e. Idee Friedrich Halms von Sophie Charlotte v. **Sell** Die dazu gehörige Musik von Arthur Meißner. (Schwerin i. M. [1900]: Sandmeyer.) (88 S.) 8° [J.] (04. 10494

— Die helle Nacht. Roman. (247 S.) 8. Stuttgart (909). J. F. Steinkopf. Geb. in Leinw. 4. —

Sell, Sophie Charlotte v., Fannys Tagebuch. Erzählung f. junge Mädchen. 8. (151 S.) Leipzig 894. G. Wigand. Geb. in Leinw. n. 3. —

Sell, Sophie Charlotte v., der Wanderer. 8. (11 S.) Schwerin (897). Stiller. n. 1. —

Sell, Wilh., üb. d. röm.-rechtliche Aufhebungsart d. Obligationen durch concursus duarum causarum lucrativarum. Eine civilrechtl. Erörterung. N. d. Quellen bearb. gr. 8. (12¾ B.) Zürich 839, Meyer u. Zeller.

Sell, Wlh., s. Jahrbücher für histor. ꝛc. Bearbeit. d. röm. Rechts.

Sell, Guilelmus I. U. D. Hasso-Darmstadinus. Pauca quaedam ad l. 14 § 3 D. de praescriptis verbis et in factum actionibus, inprimis ratione habita iuris Romani regulae: 'Neminem cum detrimento alterius fieri posse locupletiorem'. Tur. typ. Or. Fuessl. et soc. 1834. 7 S. 4°
Zurich, Jur. Fac. Antrittsprogramm v. 1. Nov. 1834.

Sell, Wilhelm G (Darmstadt)
Ueber das Recht des correus debendi von dem andern correus theilweisen Ersatz der gezahlten Correalschuld zu verlangen.
Giessen: Lichtenberger 1830. IV, 78 S.
[Habil. jur. Giessen 1830.] vorh. 4.

Sell, Wilhelm (Darmstadt)
XIV Thesen zur Erlangung der Doctorwürde beider Rechte.
Giessen 1826. 5 S.
Dr. jur. Giessen 1.12.1826.

Sell, Wilhelm G (Darmstadt)
Thesen, welche zur Erlangung der juristischen Doctorwürde auf der Ludewigs-Universität am 21. November 1829 öffentlich vertheidigen wird W. Sell.
Giessen 1829. 7 S.
Thesen 1 - 14. vorh. 26.

—— üb. bedingte Traditionen, zugleich als Revision d. Lehre von d. Wirkungen d. Bedingungen bei Verträgen im Allgemeinen. Eine civilist. Erörterung. gr. 8. (19¾ B.) Zürich 839, Meyer u. Zeller.

Sell, Wilh., Versuche im Gebiete d. Civilrechts. 1. Thl. gr. 8. (15 B.) Gießen 833, Ricker.

—— dass. 2. Thl. — A. u. d. T.: Die Lehre v. den unmögl. Bedingungen, aus d. Quellen d. röm. Rechts systemat. entwick. gr. 8. (21 B.) Ebds. 834.

Sella, Q., zur Erinnerung an ihn, s. Hofmann, A. W.

Sella, J. A., (J. A. Hermstädt,) s. Florus.

Sella, Quintino, Abhandlungen zur Kristallographie, s. a. Ostwald's Wilh., Klassiker der exakten Wissenschaften.

Abhandlungen zur Kristallographie Von Quintino **Sella**. Hrsg. von F[erruccio] Zambonini in Neapel. Mit 8 Fig. Leipzig: W. Engelmann 1906 (44 S.) 8°
— **Klassiker**, Ostwald's, d. exakten Wissenschaften No 155. (07 14032

Sella, Quintino, die **geometrischen Principien des Zeichnens, insbesondere die der Axonometrie. Aus den Vorlesungen über Anwendung der Geometrie auf die Künste gehalten im J. 1856 im königl. techn. Institute zu Turin. Ins Deutsche übertragen von Max. Curtze. gr. 8. (48 S. mit 4 Stnt. in gr. 4.) Greifswald 865, Koch's Verlag.** *
Aus: Archiv der Mathematik und Physik, besonders abgedruckt.

Sella, V. G., Studien üb. die Wollen-Industrie, veröffentlicht in Veranlassg. der Weltausstellg. in Wien. Aus dem Ital. übers. v. F. Migerka. gr. 8. (XVI, 139 S.) Wien 876. (Gerold's Sohn.) n. 3. —

Sellack, Carl S., die Universität v. Cordoba. [Aus: „La Plata Monatsschrift".] hoch 4. (25 S.) Buenos Aires 874. (Leipzig, Mentzel.) n. 1. 60

Sellagruppe [Schlagwort]

Sellagruppe, s.: Alpen. Aegerter.

Sellbach, J. P.: Die Mülheimer St. Sebastianus-Schützen-Bruderschaft. Mülheim a. Rh., 1895. 1615

Selle, Chr. Gli.; e. biograph. Skizze. (Aus Formey's verm. medicin. Schriften abgedr.) Mit 1 Kpf. gr. 8. Berl. 831. Rücker. 6⅔

Selle, geb. Rapsilber, (Kochfrau,) neues allgem. deutsches Kochbuch, sowohl für große als mittlere Haushaltungen. 8. Berlin 844. (Bethge.) ⅚ ℛ

Selle geb. Rapsilber, neues allgemeines deutsches Kochbuch, sowohl für große, als für mittlere Haushaltungen. (2., verm. und wohlf. Aufl.) gr. 8. (XIV und 244 S.) Berlin 849, G. Bethge.

Selle, de la, Sizilien, s. Weltgemälde-Gallerie, Europa, 2. Bd.

Selle, A., alphabetisches Haupt-Register zu dem Ministerial-Blatte der gesammten innern Verwaltung in den königl. preuß. Staaten f. die Jahrg. 1840 bis 1870 einschließlich. gr. 4. (310 S.) Arnsberg 872. Thielmann. n. 7. 20

Selle, A. (I.), die Krieger- und Landwehr-Vereine in Preußen. Enth. die Bestimmungen über die Bildung von Vereinen zur Bestattung von Leichen ehemal. Krieger, über die zulässigen Begräbniß-Feierlichkeiten, über die Uniformirung der Vereins-Mitglieder, sowie über die von den Vereinen errichteten Kranken-, Begräbniß- und Unterstützungs-Kassen, nebst genehmigten Statuten derartiger Vereine. gr. 8. (63 S.) Lüdenscheid 879, Becker und Comp. *

— dasselbe. 2. (Titel-)Ausg. 8. (63 S.) Hagen 882. Risel & Co. n. — 60

Selle, A., die Krieger- und Landwehr-Vereine in Preußen. Enthaltend die Bestimmungen über die Bildung von Vereinen zur Bestattung ehemal. Krieger, über die zuläss. Begräbniß-Feierlichkeiten, über die Uniformirung der Vereins-Mitglieder, sowie über die von den Vereinen errichteten Kranken-, Begräbniß- und Unterstützungs-Kassen, nebst genehmigten Statuten derart. Vereine. 2. (Titel-)Ausg. 8. (63 S.) Hagen 882, Risel und Comp. *

Selle, A. (II.), Leitfaden zum Unterricht in den Realien für Volksschulen, nach den „allgemeinen Bestimmungen des königl. preuß. Ministers der geistl., Unterrichts- und Medicinal-Angelegenheiten vom 15. Octbr. 1872" bearb. 8. (96 S.) [Brandenburg 877, Müller] Berlin, Eisenschmidt. cart.

Selle, A. (I.), die preußischen Sparkassen, nach dem Reglement vom 12. Dezbr. 1838 betr. die Einrichtung des Sparkassenwesens und den dazu ergangenen allerhöchsten Kabinets-Ordres, Ministerial-Rescripten, Ober-Präsidial-Erlassen und Regierungs-Verfügungen bearb. gr. 8. (VII, 192 S.) Lüdenscheid 879, Becker und Comp. *

Selle, C. A. T., das Amt des Pastors als Schulaufseher. Ein Referat vorgelegt bei der allgemeinen Schullehrer-Conferenz der Missouri-Synode am 5. u. 6. Aug. 1868 zu Addison, Du Page Co.; Ills. St. Louis, Mo. 869. (Dresden, Naumann.) gr. 8. (28 S.) n.n. 7¼ ngr.

Selle, C. A. T., das Amt des Pastors als Schulaufseher. Ein Referat. Vorgelegt bei der allgemeinen Schullehrer-Konferenz der Missouri-Synode am 5. und 6. Aug. 1868 zu Addison, Du Page Co., Ill. 2. Aufl. 8. (43 S.) St. Louis, Mo. 882. (Dresden, H. J. Naumann.) *

—— die Lehrartikel der Augsburgischen Confession. Vorgetragen im Schullehrerseminar zu Addison. gr. 8. (110 S.) St. Louis, Mo. 884. (Ebendas.) *

Selle, C. A. T., Synodal-Handbuch der deutschen evangelisch-lutherischen Synode von Missouri, Ohio u. a. St., enth. deren Constitution, Instructionen ihrer Beamten rc., Constitutionen und Freibriefe der Synodalanstalten und alle ihrer noch gült. Beschlüsse rc., nebst ihren Vereinbarungen mit anderen rechtgläubigen luther. Synoden America's und der Constitution der Synodalconferenz rc. Auf Beschluß der Synode zusammengestellt. 2. Aufl. 12. (180 S.) St. Louis, Mo. 879. (Dresden, H. J. Naumann.) geb. *

Selle, Carl, s. Selle, Karl

Selle, C(hristian) G(ottlieb) (Hrsg.):

s.a: Beiträge, Neue, zur Natur- und Arzenei-Wissenschaft. T. 1-2. Berlin: 1782-83.

JB 6.034

— neue Beyträge z. Natur- u. Arzneywissenschaft. 3 Thle. gr. 8. Berlin, Mylius. 782—87. (I. II. à 18 gr. III 14 gr.)

(Selle, Christian Gottlieb): (Übers.):

s.: Boone, (John): Von der Witterung und den Krankheiten am Flusse und auf der Insel Senegal in Afrika... (A curious Account of the climate and diseases in Africa upon the great river Senegal, and farther up than the island of Senegal... Dt.) Berlin: 1772

JB 3.619

Selle, Christian Gottlieb (Übers.):

s.: Brocklesby, Richard: Ökonomische und medicinische Beobachtungen zur Verbesserung der Kriegslazarethe... (Oeconomical and medical Observations...tending to the improvement of military hospitals... Dt.) Berlin: 1772

JB 3.619

Selle, Chr. Gli., († d. 9. Nov. 1800.) Einleit. in d. Studium der Natur- u. Arzneigelahrtheit. 8. Berl. 777. 2e A. 787. Himburg. 16 gl

Selle, Chr. Gli., Einleit. in das Studium d. Arzneygelahrtheit. 8. Berlin, Himburg. 778.

— Entwurf einer systemat. Fieberlehre; aus d. Latein. v. C. G. Hopf. 8. Tübing. 791. b. Cotta. 20 gl

s. Falconer, Bemerkt.

s.a Gespräche, philosophische.

— philosoph. Gespräche. 2 Bände. 8. Berlin, Himburg. 780.

Selle, C. G., philosophische Gespräche. 2 Bde. 8. Berlin. 780. Jetzt Verlag von Reimer.

Ch. Gli. Selle's philosoph. Gespräche. *Berl.*, Himburg. 785. 2 Bde. 8° 1 ℞ 12 gl

— Grundsätze d. reinen Philosophie. 8. Berl. 788. Himburg. 12 gl

s. Janin, Abhandl.

Krankheitsgeschichte des Höchstseeligen Königs von Preussen Friedrichs des Zweyten Majestät. — Von Christian Gottlieb Selle. Berlin 1786. 8. 64 S.

— Krankheitsgeschichte d. Königs v. Pr. Friedrichs II. 8. Berlin, Mylius. 787.

Schreibp.

s. Laroche, üb. Kindbetterinfieber.

— medicina clinica, od. Handb. d. medicin. Praxis. gr. 8. Berl. 781. 2e A. 783. 3e A. 786. 4e A. 788. 5e A. 789. 6e A. 793. 7e A. 797. 8e A. 801. (Reimer). 1 ℞ 16 gl

Selle, Christian Gottlieb: Medicina clinica oder Handbuch der medicinischen Praxis. 4. Aufl. 688 S., gbd.

Berlin: Himburg 1788

JB 2.255

Selle, Christian Gottlieb: Medicina clinica oder Handbuch der medicinischen Praxis. 5. verb. Aufl. Berlin 1789. XVI, 712 S.

Selle, Christian Gottlieb: Medicina clinica oder Handbuch der medicinischen Praxis. 6. verbess. Aufl. 632 S., gbd., Abb.

Berlin: Himburg 1793

JB 2.256

Selle, Christian Gottlieb: Medicina clinica oder Handbuch der medicinischen Praxis. 7. verbess. Aufl. 648 S., gbd.

Berlin: Himburg 1797

JB 2.257

— medicina clinica seu manuale praxeos medicae ex ed. IV. germ. in latinam translat. 8maj. Berl. 788. Ed. VII. a Kurt Sprengel. ibid. 797. (Reimer). 1 ℞ 12 gl

Selle, Christian Gottlieb: Medicina clinica oder Handbuch der medicinischen Praxis. 7. verbess.Aufl. 598 S., gbd.

Wien: v.Trattnern 1797

JB 2.258

Selle, Christian Gottlieb: Medicina clinica oder Handbuch der medicinischen Praxis. Nach der 7.verm.u.verbess.Berliner Aufl. 584 S., gbd.

Ofen: typ.Universitäts-Buchdruckerey 1798

JB 2.259

Selle, Christian Gottlieb: Medicina clinica oder Handbuch der medicinischen Praxis. 8. Aufl. 648 S., gbd., Abb.

Berlin: Himburg 1802

JB 2.260

Selle, Chr. Gli., de curandis hominum morbis cur. C. Sprengel. 8. maj. Berlin, Himburg. 798. Rthlr. Schreibp.

— — liber de curandis hominum morbis. 8maj. Ebend. 798. Jetzt Verlsg v. Ebend. auch Liebeskind in Leipsig.

—liber de curandis hominum morbis cur. C. Sprengel. 8maj. Berl. 798. (Reimer). 2 Schrbp. 2 8

– s. J. D. P. Pott, Brebachtt.

—de la Realité et de la Idealité des objects des nos connoissances. 4. Berl. 791.

—rudimenta pyretologiae methodicae. 8maj. Berl. 773. Ed. II. 786. Ed. III. 789. (Reimer); (a. Kecht). 1 8

Rudimenta pyretologiae methodicae. Auctore C[hristiano] G[ottlieb] Selle. Berolini: Himburg [usw.] 1773. 319 S. 8°

Selle, C(hristian) G(ottlieb): Rudimenta pyretologiae methodicae. Editio altera, priori auctior et emendatior. 382 S., gbd.

Berolini: Himburg 1786

JB 2.253

Selle, Christian Gottlieb: Studium physico-medicum, oder Einleitung in die Natur- und Arzeneiwissenschaft. 2.sehr verm.u.verbess. Ausg. 316 S., gbd.

Berlin: Himburg 1787

JB 2.254

Ch. Gli. Selle's Urbegriffe v. d. Beschaffenheit u. d. Endzweck d. Natur. *Berl.*, Himburg. 776. 8° 16

— Urbegriffe v. d. Beschaffenheit d. Natur. 8. Ebend. 776. Jetzt Verlag v. Reimer.

Selle, Friedrich [aus Czarnikau]: Ueber die Alcaloide der Wurzeln von Stylophoron diphyllum und Chelidonium majus. Ein Beitrag zur Kenntniss der Papaveraceen-Alcaloide. . . . Erlangen, *Gebauer-Schwetschke'sche Buchdr. in Halle a. S.*, 1889; 2 Bl. + 52 S. 8°
Erlangen, Phil. Fak., Inaug.-Diss. v. 1889

Selle, Fridericus [parochus Crabensis]: De Aramaismis libri Ezechielis. . . . Halis Saxonum, form. Knommererianis, 1890; 48 S. + 1 Bl. 8°
Halle, Phil. Fak., Inaug.-Diss. v. (9. Aug.) 1890

Selle, Frdr., die Bedeutung der evangelischen Schule in Oesterreich. Vortrag, geh. auf der XVIII. Generalversammlg. des Evangel. Bundes in Hamburg am 10. X. 1905. (22 S.) 8. Leipzig 905. (C. Braun.) n. — 40

Selle, Friedrich. Bergfahrten zum Glauben. Predigten. Klgft., Bertschinger. 1902. 171 S.

— Bergfahrten zum Glauben. Predigten. (III, 167 S.) gr. 8. Klagenfurt 902. (J. Heyn.) Geb. in Leinw. n. 4. —

Selle, Frdr., s.a. Bergheil.

(F) Selle, F., Bergheil. Höhenandachten für Alpenfreunde in Verbindung mit anderen österreichischen evangelischen Pfarrern in don Alpen. 8°. (VII, 147 S.) Graz: Pechel 1909. K 2.40

— Bonifatiusverein u. Protestantismus, s.a. Flugschriften des Evang. Bundes.

Bonifatiusverein und Protestantismus. Von Pfarrer Dr. Friedrich Selle. Leipzig: C. Braun in Komm. 1908. (47 S.) 8° [Umschlagt. J.]
— Flugschriften d. Evang. Bundes. 258/59. [Ms. 1384] 2

Selle, Frdr., aus tausend Jahren. Gedichte. (80 S.) 8. Leipzig 906. C. Merseburger. n. 2. —

— die Kirchensteuer in der österreich. evangel. Kirche. Ein Wort an diese u. an ihre Freunde im Reich. Hrsg. vom evangel. Bund zur Wahrg. der deutsch-protestant. Interessen. (68 S.) 8. Leipzig 905. (C. Braun.) n. 1. 25

— eine österreichische evangelische Parochie (Steyr in Oberösterreich). (25 S. m. Abbildgn.) gr. 8. Steyr 903. (Sandböck.) n. — 50

Selle, Frdr., die Philosophie der Weltmacht. Ein Entwurf. gr. 8. (VII, 74 S.) Leipzig 902. J. A. Barth. n. 2.40

— Religionsunterricht od. Moralunterricht?, s.: Persönlichkeit u. Erziehung.

Selle, G. A.

— westliche und östliche Halbkugel. gr. Fol. (8 lith. u. illum. Blätter.) Ebend. 845. n. 1 2/3

Selle, G. A., Schulkarte von Europa nebst einer biblischen Geschichts-Karte vom südwestlichen Asien. gr. Fol. (6 lith. u. ill. Blätter.) Heide 845, Selle u. Paull. n. 1 2/3

— Schulkarte von Palästina. Fol. (4 lith. u. illum. Blätt.) Ebend. 845. n. 5/6

Selle, G. A., physikalische Tabellen. Imp.-Fol. 8. (IV und 156 S., 6 Stnt. mit: Abriß der Physik als Begleitblätter dazu.) Heide 851. (Hamburg, Nestler und Melle.) *

Selle, G. F., s.: Dörr, J., Dornröschen.

Selle, G. F., Gesangschule für höhere und mittlere Lehranstalten. 1. Tl.: Grundlegender Kursus zur Erlangung der Treffsicherheit. 8. (36 S.) Freienwalde a. O. 884, Draeseke's Buchh. *

Selle, Gerhard (Oldenburg) U. S. Frankfurt 1700, 3

Disputatio juridica de possessione instrumentali.
Präs. Samuel Stryk.
Frankfurt/O. (Schrey, Hartmann) 1700. 43 S.

Diss. 29. III. 1675.
Gew. · Anton Gf. von Oldenburg usw. 32397

Selle, Gottfr., historia naturalis teredinis, s. xylophagi marini et tabula conchoidis speciatim belgici, cum tab. ad viv. delin. 4. Traj. ad Rhen. (Hemmerde et S., Halae.) 733.

— principia philosophiae natural. 8. Halae, Renger. 738.

Selle, Gust., Zusammenstellung der Formalien, welche bei ein- u. ausgehenden Waaren in preußischen Häfen, so wie bei Havareyen mit Einführung des deutschen Handelsgesetzes vom Absender, Schiffer u. Empfänger beobachtet werden müssen. Berlin 862. J. Springer. 16. (38 S.) 7½ ngr.

Selle, Gust. F., aus Adolf Bernhard Marx' litterar. Nachlass. E. Gedenkblatt z. 100jähr. Geburtstage d. weil. kgl. Universitäts-Musikdirektors u. Professors in Berlin A. B. Marx. gr. 8. (63 S.) Berlin 898. O. Janke. n. 1.—

Selle, H., Hausrecepte. Wichtig u. unentbehrlich f. Jedermann. Eine Sammlg. erprobter Rathschläge f. viele hunderte Fälle im Leben. 2. verm. u. verb. Aufl. (180 S.) 16. Berlin 902. E. Nagel. —50

Selle, Heinrich [app. Apotheker aus Königsberg i. d. Neumark]: Ueber den anatomischen Bau der Fabae Impigem und der Wurzel von Derris elliptica ... *Stargard i. Mecklbg, Buchdr. v. P. Tschöpe, 1894*; 31 S., 1 Bl., 3 Taf. 8.
Erlangen, Phil. Fak., Inaug.-Diss. v. 1894

Selle, Heinr., Initia Philosophiae theoreticae. 8. Budae, Typ. 795.

Selle, Herm., Friede auf Erden!, s.: Weihnachts- u. Neujahrs-Aufführungen.

Selle, Herm., e. Kontraktbruch. Komisches Singspiel in 1 Akt nach e. Humoreske von Leo v. Torn bearb. Musik v. Ch. Schumann. Op. 36. Regiebuch. 8. (40 S.) Delitzsch 894. R. Pabst. n. 1.—

Selle, Karl

[F.] von **Selle**, Carl *Rudolph* [Referendar]: Das Recht des Pfandgläubigers auf die Versicherungssumme ... Greifswald, Druck v. J. Abel, 1890; 39 S. 8.
Greifswald, Jur. Fak., Inaug.-Diss. v. 1890

Selle, Carl Friedrich: Herbert Spencer und Friedrich Nietzsche. Vereinigung d. Gegensätze auf Grund einer neuen These. *Leipzig: J. A. Barth 1902.* (74 S.) 8°
Leipzig, Phil. Diss. v. [22. Okt.] 1902

Selle, Max, die Zwecke u. Ziele der Stenographie. Unter Beifügg. mehrerer Abhandlgn. v. Karl Hempel. Mit den Portraits v. Bernh. Galter, Ant. Bezenšek, Thdr. Golouboff u. Christo Pop. Constantinov. (VIII, 72 S. m. 1 photogr. Taf.) gr. 8. Wolfenbüttel 901. Heckner. n.n. —50

Selle, Paul, die Militärstrafgerichtsordnung vom 1. XII. 1898, bearb. f. das standgerichtl. Verfahren. gr. 8. (VIII, 336 S.) Berlin 900. Herm. Walther. n. 6.—; geb. n. 7.—

Selle, R., Schnellrechentafel. (2 S. auf Pappe.) Gebrochen in 84,5×17,5 cm. Dt. Krone (909). P. Garms. 1.—; m. Text: Die Schnellrechentafel u. ihre Anwendg. (4 S.) gr. 8. 1. 10

Selle, Victor, Königl. Bergreferendar a. Potsdam: Über Verwitterung und Kaolinbildung Hallescher Quarzporphyre. Halle a. S. 1907: E. Karras. (101 S.) 8° ¶(Aus: 'Zeitschrift f. Naturwissenschaften' Bd 79, 1907, H. 5 u. 6.)
Halle, Phil. Fak., Ref. Walther, Diss. v. 12. Juli 1907
[Geb. 21. Febr. 81 Potsdam; Wohnort: Halle a. S.; Staatsangeh.: Preußen; Vorbildung: Realgymn. Potsdam Reife O. 99; Studium: Berlin 1, Bergakad. u. Univ. Berlin 4, Halle (Hospitant) 1 S.; Rig. 10. Dez. 06.]

Selle, Wilh., s. Ant. Balthasar, Krankheitslehre.

Selleger, E. L., Technik u. Praxis der Papierfabrikation, s.: Korschilgen, J. P.

Sellei, Jos., Pathologie u. Therapie der Psoriasis vulgaris, s.a. Sammlung klinischer Vorträge.

Sellei, Josef· Pathologie und Therapie der Psoriasis vulgaris von Josef Sellei (Budapest). Leipzig: Breitkopf & Härtel 1902. (S. 689–726.) 8°
Sammlung Klinischer Vorträge. N. F. No 327.

Sellen, Gustav [Pseud.]
s.a. Alvensleben, Ludwig von [Wirkl. Name]

— s. Al-Mohdy.

— s. E. v. Ange, Geheimniß.

— s. Blanqui, Reise.

— s. Don Esteban.

—— Ehestandsgrammatik, s. Ehestandsgrammatik.

Sellen, (G.) das Familienvermächtniß rc., s.a. Gallerie 6r Theil.

— s. W. Irving, Eroberung von Granada.

— s. Madrid, wie es ist.

— s. J. B Marochetti, Theilung.

— s. Memoiren Anton Philipps.

—— Mondlichter u. Gasbeleuchtungen, s. Mondlichter.

—— Mosaik. Eine Samml. ernster u. launiger Orig.-Erzähln. 8. (14½ B.) Gera 829, [Heinsius'sche Brlsbuchh.]

— s. E. v. Saint-Ange, das Geheimniß, über die Frauen zu triumphiren.

— s. Smith, Hor.: Thurm Hill.

— s. Smith, Hor.: Apsly Reuben.

——, Sophia v. Lissau rc., s. Sophia.

—— der dumme Streich. Originallustsp., s. Blüthen, dramat., in Mittheiln. deutsch. Dichter, 5. Bdchn.

— s. Vergißmeinnicht.

Sellen, Gustav, (Edw. v. Alvensleben), die Zwillingsbürger, — der Weiberfeind, — der Birnendieb, nebst noch einigen Erzähll. 8. Leipz. 826. Kollmann. 1 ℛ

Sellenko, G., wendische Sprachlehre, deutsch u. wendisch. 8. Gitl 791. (J. F. Korn in Bresl. ; a. Kaulfuß in Wien). 20 ℊ

Sellenthin, Bernhard

Sellenthin, *Rudolf Friedrich* Bernhard [Oberl. am Gymn. zu Gartz a. O.]: Ueber die Influenz einer homogenen elektrischen Kreisscheibe auf einen umhüllenden ellipsoidischen Konduktor ... [= Progr. v. Gartz 1893.] Greifswald, Druck v. F. W. Kunike, 1893; 2 Bl., 20 S., 1 Bl. 8.
Greifswald, Phil. Fak., Inaug.-Diss. v. 25. Febr. 1893

Sellenthin, Bernh., mathematischer Leitfaden m. besond. Berücksicht. der Navigation. Auf Veranlassung der kaiserl. Inspektion des Bildungswesens der Marine bearb. gr. 8. (XI, 450 S. m. 324 Fig.) Leipzig 902. B. G. Teubner. Geb. in Leinw. n. 8. 40

Sellenthin, Bernhard: Mathematischer Leitfaden mit besond. Berücks. d. Navigation . . . Bearb. von Dr. Bernhard Sellenthin, Prof. Mit 331 Fig. 2. umgearb. Aufl. Leipzig & Berlin: Teubner 1910. X, 452 S. 8°

v. *Sellentin*, Aug., de debitore obaerato hereditatem lib. delatam aut legatum relictum bonis ejus a creditoribus possessis omittente. 4. Erlang. 804. Schubart. 12 ℊ

(Sellentin, Aug. v.,) Potsdam u. Berlin, s. Uebersicht.

v. Sellentin, Aug., s. Uebersicht rc. des Regier.-Bezirks Potsdam.

Sellentin, Bruno, a. Arnswalde in Brandenburg: Die Tagebücher des Grafen von Nostitz, des Adjutanten Bluchers, 1813—1815 kritisch bewertet. Greifswald 1908. H. Adler. (75 S.) 8°
Greifswald, Phil. Fak., Ref. Ulmann, Diss. v. 27. Juni 1908
[Geb 18 Marz 82 Arnswalde; Wohnort: Pasewalk; Staatsangeh.: Preußen; Vorbildung: Gymn. Neustettin Reife M. 05; Studium: Breslau 1, Jena 1, Berlin 2, Greifswald 3 S.; Rig 27 April 08]

Sellentin, Fr., zeitgemässe Aufklärungen über einige Grundfragen wissenschaftlicher Heilkunde. Erinnergn. aus dem 19., e. Mahnwort an das 20. Jahrh. gr. 8. (VIII, 146 S.) Heidelberg 901. C. Winter. n. 2. —

Die Königliche höhere Schiff- und Maschinenbauschule in Kiel. Ihre Einrichtungen, ihr Wesen u. Wirken. Ein Gedenkblatt z. 3. Sept. 1906, dargest. von H[ugo] Sellentin, Maschinenbauschul.-Dir., u. G[eorg] Pauly, Stadtbaurat. Kiel (1906): L. Handorff. (41 S.) 4° [F.] (07.3008)

Sellentin, Lothar, approb. Arzt aus Stettin: Über einen Fall von Magencarcinom mit Metastasen im Darm und Peritoneum unter besonderer Berücksichtigung der Verbreitungsart des Krebses. *Freiburg i. B. 1902: Ch. Lehmanns Nachf.* (35 S.) 8°
Freiburg i. B., Med. Diss. v. 1902

Sellentin, Rich., Grundriß der Geometrie f. höhere Lehranstalten m. zahlreichen Übungsaufgaben u. in den Text gedr. Fig. 1. Tl. Planimetrie. gr. 8. (VIII, 163 S.) Köln 893. M. Dumont-Schauberg. n. 2. 40

Sellentin, R(ichard), Prof. Dr.: Methodischer **Lehrgang** der Linearperspektive für höhere Lehranstalten. *Elberfeld 1903: S. Lucas.* (30 S.) 8°
Elberfeld, OR, P 1903 (567)

Sellentin, R[ichard], Prof. Dr.: Methodischer Lehrgang des Linearzeichnens für höhere Lehranstalten nach den Elementen der Projektionslehre. Unterstufe. Für Realschulen bezw. Ober-Tertia und Unter-Sekunda neunklassiger Lehranstalten. Elberfeld 1904: Sam. Lucas. (49 S.) 8° [F.]
Elberfeld, OR P 1904 (577)

Sellentin R. Ueber die Rouletten des sphärischen Antiparallelogramms. Iserlohn 1881. 8.
Diss. Jena

Sellentin, Rich. Über Rouletten und Polbahnen ebener kinematischer Systeme. 23 S. u. Taf. **Progr.** OR. *Elberfeld* 1882.

Sellentin, Wilh., Alphabetischer Eisenbahn-Güter-Tarif für Berlin enth. d. Frachtsätze zwischen Berlin u. Vororten einerseits u. deutschen, luxemburg., schweizer., niederl., belg., österreich. u. ungar. Eisenbahnstationen, sowie d. deutsch russ. Grenzstationen andrerseits. Nach amtl. Quellen bearb. 5. Aufl. [Nebst] Nachtr. Berlin 1907. 1908. 4°.

Sellentin, Wilh. Alphabet. Eisenbahn-Güter-Tarif f. Berlin 1910. Berlin 1910. 4°

Sellentin, Wilh., Eisenbahngütertarif für Importeure und Exporteure. I. Thl.: Deutschland. gr. 4. (XVI, 592 S.) Leipzig 888, Krause. geb. *

Sellentin, Wilh., Eisenbahn-Güter-Tarif für Importeure und Exporteure. Nach amtlichen Quellen bearb. Tl 1. Stettin 1888. 4°.
1 Deutschland.

Sellentin, Wilh. Eisenbahn Güter-Tarif f. Importeure u. Exporteure. Nach amtl. Quellen bearb. I. Thl.: Deutschland. Nachtrag [1]. gr. 4. (126 S.) Rostock 889, Volckmann u. Jerosch. ** 5 —
Hauptwerk (Lpz 1888, Krause) Rostock, Volckmann u. Jerosch geb. ** 12 50;
Hauptwerk u. Nachtrag I in 1 Bd geb ** 15 —

Seller, Gustav (Hrsg.), s. Hebe.

Sellerbeck Henr. (geb. Mülheim an d. Ruhr 15. 12. 1842): De trichinosi. Berolini (1866). (30 S.) 8°
Berlin, Med. Diss. v. 18. Juni 1866

Sellerel, od.: ernste u. humorist. Studien. Eine Flugschr. f. d. gebild. Stände. Hrsg. v. Fr. Weidemann. Oct. u. Nov. 1830. gr. 8. (4 B.) Halle. (Leipzig, Fort.)
Gehört auch als Beilage zur Zeitschr. „Salina d. Zweite."

Sellerei, oder: neueste u. humorist. Studien. Eine Flugschrift f. die gebildeten Stände. Herausgg. v. Fr. Weidemann. Oct. u. Nov. 1830. gr. 8. (Merseb., Sonntag). 8 ℊ

Sellerie gross zu ziehen. [München 1802.] V: *König, Johann Zacharias.* (MGT)

Sellers, W: Eine Abhandlung über Transmissionen der Firma W. Sellers & Co, Philadelphia. Mainz 1876

Sellert, Friedrich, Oberlehrer in Bremen: Das Bild in Piers the Plowman. Rostock 1904: Adlers Erben. (152 S.) 8°
Rostock, Phil. Fak., Ref. Lindner, Diss. v. 10. Okt. 1904
[Geb. 18. Nov. 72 Mohrungen, Ostpr.; Wohnort: Bremen; Staatsangeh.: Preußen; Vorbildung: Königstädt. Realgymn. Berlin Reife M. 92; Studium: Berlin 8 S.; Rig. 1. Aug. 04.]

Sellge, (Henricus) Julius (*geb. Sagan 26 5. 1857*): Symbola ad historiam librorum Sallustianorum condendam datur. 1. De studiis in Sallustio Crispo a Pompejo Trogo et Justino epitomatore collocatis. Sagani (1882). (96 S.) 8° *[Im Buchhandel 1882 bei Köhler in Breslau; Forts. nach Mitteil. d. Verf. bis 1904 nicht erschienen.]*
Breslau, Phil. Diss. v. 26. Aug. 1882

Sellge, Jul., symbola ad historiam librorum Sallustianorum condendam datur. I. De studiis in Sallustio Crispo a Pompeio Trogo et Justino epitomatore collocatis. gr. 8. (96 S.) Sagani 882. (Breslau, Köhler.) n. 1. —

Sellheim, C., Sammlung v. Aufgaben f. den Rechenunterricht, s.: Fritze, L.

Sellheim F., üb. d. Saligenin oder d. Alkohol d. Salicylreihe 1860. —.48

Sellheim, Friedrich [aus Villingen '(Oberhessen.)']: Beitrag zur Foraminiferenkenntnis der fränkischen Juraformation ... Erlangen, *Druck v. L. Döll in Kassel*, 1893; 2 Bl., 34 S., 1 Bl., 1 Taf. 8.
Erlangen, Phil. Fak., Inaug.-Diss. v. 1893

Sellheim, Gust., Diss. med. de phlegmatia dolente. 8. Dorpat 826. (72 S.)

SELLHEIM, H.: Tiere des Waldes. - Leipzig o.J. 182 S.

Sellheim, Hugo, topographischer Atlas zur normalen u. patholog. Anatomie des weibl. Beckens. qu. gr. Fol. (60 z. Tl. farb. Taf. in Lichtdr. u. Lith. m. 1 Bl. Text.) Nebst e. Textheft, m. e. Vorwort von A. Hegar. gr. 8. (XVI, 149 S. m. 11 Abb.) Leipzig 900. [A. Georgi.] G. Thieme. In Mappe n. 100.—; Textheft allein n. 5.—

Sellheim, Hugo, das Auge des Geburtshelfers, e. Studie üb. die Beziehgn. des Tastsinnes zum geburtshilflich-gynäkolog. Fühlen. (VIII, 59 S.) Lex. 8. Wiesbaden 908. J. F. Bergmann. 1. 40

Sellheim, Hugo, die Beziehungen des Geburtskanales u. des Geburtsobjektes zur Geburtsmechanik. (125 S. m. 42 Abbildgn.) Lex.-8. Leipzig 906. G. Thieme. n. 3. 80

Sellheim, Hugo, Grundsätze fürs Lernen u. Vervollkommnen d. alltäglichen geburtshilflichen Operationen. (15 S.) gr. 8. Hamburg 910. L. Gräfe & Sillem. — 60
Sonderabdruck aus: „Med.-krit. Blätter".

— Leitfaden f. die geburtshülfliche-gynaekologische Untersuchung. gr. 8. (32 S. m. 2 Abbildgn.) Freiburg i/B. 901. Speyer & Kaerner. n. 1. —

— Leitfaden für die geburtshülflich-gynäkologische Untersuchung. 2., verm. u. verb. Aufl. (V, 58 S. m. 11 Abbildgn.) gr. 8. Freiburg i/B. 903. Speyer & Kaerner. n. 2. —

— die Mechanik der Geburt, s.a. Sammlung klinischer Vorträge.

Die Mechanik der Geburt. Von Hugo **Sellheim**, Freiburg i. Br. Mit 8 Textabb. Leipzig: Breitkopf & Härtel 1906. (24 S.) 8°
— Sammlung klinischer Vorträge. No 421. [06. 7647

— Die akute allgemeine Peritonitis, s.: Klinik, Berliner. (Graff, H.)

— Die Reize der Frau u. ihre Bedeutung f. den Kulturfortschritt. Nach e. am 17. XII. 1908 im „Deutschen Frauenverein f. Krankenpflege in den Kolonien" in Stuttgart geh. öffentl. Vortrag. (39 S. m. 1 Taf.) Lex. 8. Stuttgart 909. F. Enke. 1. 60

Der normale Situs der Organe im weiblichen Becken und ihre häufigsten Entwicklungshemmungen. Auf sagittalen, queren u. frontalen Serienschnitten dargest. von Prof. Dr. Hugo **Sellheim**, Freiburg i. Br. Mit 40 Taf. u. 11 Fig. *Wiesbaden: J. E. Bergmann 1903.* (VI, 34 S.) quer-4°(2°) [03. 13474

— Die geburtshilflich-gynäkolog. Untersuchung, e. Leitfaden f. Studierende u. prakt. Ärzte. 3., verm. u. umgearb. Aufl. (X, 283 S. m. 89 Abb.) gr. 8. Freiburg i/B. 910. Speyer & Kaerner. 8.—; geb. n 9. 25

— das Verhalten der Muskeln des weiblichen Beckens im Zustand der Ruhe u. unter der Geburt. gr. Fol. (16 S. m. 16 Abbildgn. u. 9 Taf.) Wiesbaden 902. J. F. Bergmann. In Mappe n. 14. —

Sellheim, Hugo [app. Arzt aus Biblis '(Hessen)']: Ueber die Verbreitungsweise des Karzinoms in den weiblichen Sexualorganen durch Einimpfung und auf dem Lymph- oder Blut-Wege ... Freiburg i. B., Buchdr. E. Kuttruff, 1895; 45 S., 1 Bl. 8.
Freiburg i. B., Med. Fak., Inaug.-Diss. v. 1895

Sellheim, Marx, die Bethlehemiten. Eine Weihnachtserzählung. 12. (60 S.) St. Petersburg 884. (Bonn, Schergens.) *

Sellheim, Otto (Zwiefalten)
Zur Casuistik von plötzlich eingetretener Amaurose nach Blutbrechen.
Giessen 1865. 29 S. u. 1 Taf. (in Δ mit „Thesen")
Diss. med. 26. August 1865. vorh. 26.7.Δ

Sellheim, Peter, Ueber Resectionen des Oberkiefers ausgeführt von J. H. Heyfelder. Diss. Dorpat. 74 pp. mit einer Tabelle. 1860

Sellier, Lebensgeschichte der heiligen Coletta, Reformatorin des Franziskaner-Ordens. Nach den Quellen bearb. Aus dem Französ. Innsbruck 857. F. Rauch. 12. (XVI, 571 S. u. 1 Lithogr.) 1 ♃. 6 ngr.

Sellier, A., Abécédaire du petit naturaliste. Méthode simple pour enseigner à lire. 4. (16 S. mit 6 Chromolithogr.) Gebweiler 881, Boltze. cart.

Sellier, J., kleines Färbebuch; aus d. Französ. 8. Frankf. a. M. 799. Diez. (Joachim in Leipz.) 8 K

Sellier, P. — Lebensgeschichte der heil. Colletta Reformatorin des Franziskaner-Ordens. Nach den Quellen bearbeitet von — — Aus dem Französischen. Innsbruck, 1857. Verlag von Felician Rauch. (XVI. 571 S. 8.)

Sellier, Walter: Die Kantische Ethik in ihren Beziehungen zum Utilitarismus und zur theologischen Utilitätsmoral. Burg 1908: Hopfer. 18 S. 4°
Burg, k. Viktoria-G OP 1908 (305) [S 08. 449

Sellier, Walter: Kotzebue in England. Ein Beitrag zur Geschichte d. englischen Bühne u. d. Beziehungen d. deutschen Litteratur zur englischen. *Leipzig 1901: O. Schmidt.* (95 S.) 8°
Leipzig, Phil. Diss. v. [22. Juli] 1901

Selliers von Moranville, Edw., die Vögel Europa's. Eine systemat. Uebersicht der synonymen Gattungen u. der einzelnen Arten nach ihrer natürlichen Verwandtschaft zusammengestellt. 8. Wien 844, Kaulfuß Wwe., Prandel u. Co. n. $^1/_3$ ♃

Neue Theoretisch-praktische Klavier-Schule auf Grund d. Klaviatur-Notenlinien-Systems v. Emanuel Walter ... Zsgest., m. ausführl. ... Erklärgn ... vers., auch f. d. Selbstunterr. Erwachsener eingerichtet v. B. **Sellig** ... (Vorr.: Emanuel Walter.) (*[Warmbrunn: Selbstv. v. E. Walter] 1897.* (110 S., 1 Taf.) 1 Bd 4. [98. 1168

Sellig, J. K. C., s. Pseudochristianismus.

Sellin [Schlagwort]

Sellin, s.: Bina.

Sellin [Verfasser]

Sellin, Albrecht Wilhelm

Sellin, A. W., der Weltteil Amerika in Einzeldarstellungen, s. Wissen, das, der Gegenwart.

Sellin, A. W., das Kaiserreich Brasilien, s.a. Wissen, das, der Gegenwart.

Sellin, A. W., das Kaiserreich Brasilien. Eine geographisch-statist. Skizze, auf Veranlassung des Centralvereins für Handelsgeographie etc. zur Eröffnungsfeier der Brasilian. Ausstellung zu Berlin hrsg. gr. 8. (VI, 133 S.) Berlin. Leipzig 882. Friese in Comm. n. 1. —

—— das Kaiserreich Brasilien. Eine geographisch-statist. Skizze, auf Veranlassung des Centralvereins für Handelsgeographie etc. zur Eröffnungsfeier der Brasilian. Ausstellung zu Berlin hrsg. gr. 8. (VI, 133 S.) Berlin 882, Walther und Apolant. *

Sellin, A[lbrecht] W[ilhelm]: Das Kaiserreich Brasilien. Abt. 1. 2. — Lpz: Freytag; Prag: Tempsky 1885. 240 S. mit Abb. und 3 Kt. und 229 S. mit Abb. und 2 Kt. (Der Weltteil Amerika in Einzeldarstellungen. 2. 3.) (Das Wissen der Gegenwart. Bd 36. 37.)

Sellin, Albrecht. Brasilien u die La Plata Staaten. In: Kampf um das Deutschtum Series. Lpz, n. d.

Zur Erinnerung an A[lbrecht] W[ilh.] Sellin. Den geliebten Brüdern der Loge „Vom Fels zum Meer" i. Or. Hamburg zur Feier des Stiftungsfestes am 14. April 1909 gewidmet von R. Hackländer. (Hs. f. Frmr.) [Hamburg 1909: Rougemont.] 40 S. 8⁰
cf. Bbl. 23 (1909) S. 311 (G. Diercks).
Enthält e. Johannisfestvortrag Sellins u. einige seiner Gedichte. 358 a.

Sellin, A. W., Rathschläge f. Auswanderer nach Südbrasilien, s.: Koseritz, Carl v.

Sellin, C., zur Enthüllung des mecklenburgischen Papstthums. Eine Gewissensstimme an die mecklenburg. Landeskirche. gr. 8. (124 S.) Leipzig 861, [Hennings'sche Buchh.]

Sellin, C., zur Enthüllung des mecklenburgischen Papstthums. Eine Gewissensstimme an die mecklenburgische Landeskirche. Leipzig 861. Lehmann. (Wolf.) gr. 8. (124 S.) 20 ngr.

Sellin, C. W., das Schullehrer-Seminar zu Ludwigslust, dargestellt. (Mit 2 Tabellen.) gr. 8. Schwerin 835, Kürschner. (Berlin, Plahn.) n. 1/3 ₰

Sellin, Erik, schwedischer Sprachführer, s.a. Meyer's Sprachführer.

Sellin, Erik, schwedischer Sprachführer. Konversations-Wörterbuch. 16. (VI, 414 S.) Leipzig 893. Bibliograph. Institut. Geb. in Leinw. n. 3. 50

Sellin, Ernst, Beiträge zur israelitischen u. jüdischen Religionsgeschichte. 1. Hft. u. 2. Hft. 1. Hlfte. gr. 8. Leipzig, A. Deichert Nachf. n. 10. —
1. Jahwes Verhältnis z. israelit. Volk u. Individuum nach altisraelit. Vorstellg. (VIII, 240 S.) 896. n. 4. —
2. Israels Güter u. Ideale. 1. Hälfte. (VIII, 314 S.) 897. n. 6. —

Sellin, Ernst [cand. theol.]: Die verbal-nominale Doppelnatur der hebräischen Participien und Infinitive und ihre darauf beruhende verschiedene Construktion. . . . Leipzig, Druck v. Ackermann & Glaser, 1889; 85 + 1 S. 8⁰
Leipzig, Phil. Fak., Inaug.-Diss. v. 5. Jul. 1889

Sellin, E., die verbalnominale Doppelnatur d. hebräischen Participien u. Infinitive u. ihre darauf beruh. verschiedene Construktion. Preis- u. Promotionsschrift. gr. 8. (85 S.) Leipzig 889. Fock. n. 2. —

Sellin, Ernst, Einleitung in das Alte Testament, s.: Bibliothek, evangelisch-theologische. II. Bd.

Sellin, Ernst, das israelit. Ephod, s.: Studien, orientalische.

— der Ertrag der Ausgrabungen im Orient f. die Erkenntnis der Entwicklung der Religion Israels. (44 S. m. Titelbild.) gr. 8. Leipzig 905. A. Deichert Nachf. n. — 80

— Die israelitisch-jüdische Heilandserwartung, s.a. Zeit- u. Streitfragen, biblische. V, 2. 3

Die israelitisch-jüdische Heilandserwartung. Von D. theol. et phil. Ernst Sellin, Prof. in Rostock. Gr.Lichterfelde-Berlin: Runge 1909. 84 S. 8°
(Biblische Zeit- u. Streitfragen. Ser. 5. H. 2/3.) [10. 716

— eine Nachlese auf dem Tell Ta'annek in Palästina. Nebst e. Anh. v. Frdr. Hrozný: Die neugefundenen Keilschrifttexte von Ta'annek. (41 S. m. 49 Fig. u. 5 Taf.) 4. Wien 905. (A. Hölder.) n. 5. 60
Sonderabdruck aus: „Denkschr. d. k. Akad. d. Wiss."

Eine Nachlese auf dem Tell Ta'annek in Palästina. Von Dr. Ernst Sellin. Nebst e. Anh. von Dr. Friedrich Hrozný: Die neugefundenen Keilschrifttexte von Ta'annek. Mit 5 Taf. u. 49 Textfig. Wien: A. Hölder in Komm. 1906. (41 S.) 4°
= Denkschriften d. Kais. Akad. d. Wiss. in Wien. Phil.-hist. Kl. Bd. 52, 3. [06. 6996 4

Sellin, Ernestus [Dr. phil. et cand. theol.]: Disputatio de origine carminum, quae primus psalterii liber continet, utrum sint condita ante exsilium babylonicum an post Judaeorum reditum e captivitate ... Erlangae & Lipsiae, A. Deichert, 1892; VI, 129 S. 8.
Erlangen, Theol. Fak., Inaug.-Diss. v. 21. Nov. 1891

Sellin, Ernst, disputatio de origine carminum, quae primus psalterii liber continet, utrum sint condita ante exsilium babylonicum an post Judaeorum reditum e captivitate. gr. 8. (VI, 129 S.) Leipzig 892. A. Deichert Nachf. n. 2. —

— Das Rätsel des deuterojesajanischen Buches. (IV, 150 S.) gr. 8. Leipzig 908. A. Deichert Nachf. 3. —

— Die alttestamentliche Religion im Rahmen der anderen altorientalischen. (IV, 82 S.) gr. 8. Ebd. 908. 1. 50

— Die Schiloh-Weissagung, s.: Studien, theologische.

— Serubbabel. E. Beitrag zur Geschichte d. messian. Erwartg. u. d. Entstehg. d. Judentums. gr. 8. (VI, 316 S.) Ebd. 898. n. 4. 50

Sellin, Ernst: Die S p u r e n griechischer Philosophie im alten Testament. Von D. Ernst Sellin. (Dekanatsrede d. ev.-theol. Fak. zu Wien. 1904.) Leipzig: A. Deichert 1905. (32 S.) 8°

Studien zur Entstehungsgeschichte der jüdischen Gemeinde nach dem babylonischen Exil. Von D. **Ernst Sellin**, Prof. in Wien. 1. 2. *Leipzig: A. Deichert 1901.* 2 Bde 8°
1. Der Knecht Gottes bei Deuterojesaja.
2. Die Restauration d. jüd. Gemeinde in d. Jahren 538–516. Das Schicksal Serubbabels.
(00. 10367

Sellin Ernst, Dr.: Tell Ta'annek. Bericht über eine mit Unterstützung der Kaiserlichen Akademie der Wissenschaften und des k. k. Ministeriums für Kultus und Unterricht unternommene Ausgrabung in Palästina. Nebst einem Anhange von Dr. Friedrich Hrozný: Die Keilschrifttexte von Ta'annek (mit 13 Taf., 132 Abbildungen, 4 Detailplänen im Texte und 2 Hauptplänen). D 50/4 . . . . vgr.
Separatabdruck

Sellin, Ernst, Tell Ta'annek. Bericht üb. e. m. Unterstützg. der kaiserl. Akademie der Wissenschaften u. des k. k. Ministeriums f. Kultus u. Unterricht unternommene Ausgrabg. in Palästina. Nebst e. Anh. v. Frdr. Hrozný: ‚Die Keilschrifttexte v. Ta'annek'. Mit 13 Taf., 132 Textfig., 4 Detailplänen im Text u. 2 Hauptplänen. (123 S.) 4. Wien 904. A. Hölder. n. 13. 80
Sonderabdruck aus: „Denkschr. d. k. Akad. d. Wiss."

— Altes Testament, s.: Theologie, die, der Gegenwart.

— die biblische Urgeschichte, s.a. Zeit- u. Streitfragen, biblische.

Die biblische Urgeschichte. Von Dr. Ernst **Sellin**, Prof. Gr. Lichterfelde-Berlin: E. Runge 1905. (47 S.) 8° [F.]
= **Zeit-** u. Streit**fragen**, Biblische. Ser. 1. H. 11. (4a. 697

Sellin, *Gotthilf* [Prof. Dr.]: Das sabinische Landgut des Horaz. E. Reisestudie. Schwerin i. M., gedr. in d. Bærensprungschen Hofbuchdr., 1896; 19 S., 1 Taf., 1 Kt. 4.
Schwerin, grossh. G. Fridericianum, OP 1896 (668)

Sellin, Gotthilfus: Vita Burchardi II, qui Bucco etiam dictus est, episcopi Halberstadensis. Part. 1 et 2. Halis Saxonum (1866): Ploetz. 37 S. 8°
Halle-Wittenberg, Phil. Diss. v. 8. Aug. 1866
Geb. Ludwigslust (Meckl.-Schwer.) 18. 5. 1844. V.
Im Buchhandel Halis Saxonum (Berlin: Calvary) 1868. 40 S. 8°
Verf. liess (deutsch) folgen: Bischof Burchard II. von Halberstadt, ein Beitrag zur Reichsgeschichte unter Kaiser Heinrich IV. Schwerin i. M. 1870. Gymn.-Progr. und später: Burchard II. Bischof von Halberstadt (1060 bis 1088). München & Leipzig: Duncker & Humblot 1914. IX, 168 S. — Verf. erlebte die Diplomerneuerung 1916 als Gymnasialprofessor a. D. in Schwerin i. M., vgl. Anh. Nr. 666.

Sellin, Ghilf., Vita Burchardi II., qui Bucco etiam dictus est episcopi Halberstadensis. Particula I. et II. Dissertatio inauguralis historica. gr. 8. (40 S.) Halis Saxonum 867. (Berlin, Calvary und Comp.) *

Sellin, W., d. deutschen Christenvolkes Dank. Predigt geh. am 2. Septbr. 1872 in der Kirche zu Dassow. gr. 8. (15 S.) Ludwigslust 872. Hinstorff. n. — 25

Sellin, W., Einmaleins d. deutschen Sprachlehre f. Volksschulen in Stadt u. Land. 2., erweit. Aufl. 8. (20 S.) Ludwigslust 890. Hinstorff. n. — 20

Emendationes Sallustianae. Scrips. Dr. Christian. Frid. Georg. Christoph. Selling, G. P. — 1835. Ibid. — S. 3–36.
Progr. Ansbach

Ad Gymnasii regii Augustani Confessioni Augustanae addicti tertia Saecularia d. V. Dec. MDCCCXXXI celebranda Collegii Professorum nomine observantissime invitat Dr. Christian. Frid. Georg. Christoph. Selling, G. P. — Insunt lectionum Sallustianarum decades tres. — Ibid. — S. 3–36.
Progr. Augsburg

Selling, Chr. Fr. G. Chr., Lectionum Sallustianarum Decades III. 4maj. (4½ B.) Augustae Vindel. 831, Kollmann. Thlr.

***Selling,* Chr. Fr. G. Chr., Observationes criticae in C. Corn. Taciti Agricolam. 4maj. Curiae Regn. 826. (Leipz., Wienbrack). 8 gr**

—— Observationes criticae in C. Corn. Taciti Germaniam. Accessit nova cod. Hummeliani collat. 4maj. (4 B.) Augustae Vindel. 830, (Kollmann.)

***Selling,* Chr. Fr. G. Chr., Observationes criticae in C. Corn. Taciti Germaniam. Accessit nova codicis Hummeliani collatio. 4maj. Augsb. 830. (Wolf). 8 gr**

Selling, Ed., Bericht über eine Untersuchung der Leistungsfähigkeit des Allgemeinen Unterstützungs-Vereins für die Hinterlassenen der k. b. Staatsdiener und der mit demselben verbundenen Töchterkasse, im Auftrage des Vereins verfaßt. gr. 4. (IV, 69 S.) Würzburg 880, (Stuber's Verlagsb.) *

Selling, E., Formeln f. d. Gesetze der Lebensdauer u. d. Arbeitsfähigkeit. [Aus: „Sitzungsber. d. Würzb. phys.-medic. Gesellsch."] gr. 8. (11 S. m. 1 Fig.) Würzburg 890. Stahel. n. — 60

Selling E. Ueber Primzahlen und die Zusammensetzung aus ihnen in dem rationellen und in complex-irrationellen Zahlengebieten. 1859. 4. Diss. München

Selling, Ed., eine neue Rechenmaschine. gr. 8. (51 S. mit 2 lithogr. Taf.) Berlin 887, Springer. *

Selling, Ed., Untersuchung der Leistungsfähigkeit des Pensionsfondes für technische Lehrer in Oberbayern. gr. 8. (39 S.) Würzburg 879, Stuber. *

Selling, Theobald: **Carcinoma** intracanaliculare proliferans mammae. Ein Beitrag zur Histologie der Brustdrüsengeschwülste. *Würzburg 1898: P. Scheiner.* (35 S.) 8°
Würzburg, Med. Diss. v. 1898

Sellius, Burchard Adam (Tondern) A. S. 1194/28

Anatomica exercitatio de allantoide.
Präs. Wilhelm Huldreich Waldtschmid.
Kiel (Reuther) 9. IV. 1729. 28 S.

Gew.: Peter Giese (Grossonkel). 32400

Burchard Adam Sellius de anatomicae historicae scriptoribus. Kilon. 1734. 4. (Errores Goelickei et Heisteri notantur.)

Sellius, Godofr.: Jus naturae reliquorum, quae colimus, omnium perpetuum comitem sistit. Gottingae (1735).

Sellke, Herb., der Kuß der Judith Simon. Ein legendäres Drama. (64 S.) 8. Danzig 907. L. Saunier. 1. 50

Sellmann, Adolf: Josephine Butler. Eine Vorkämpferin f. Sittlichkeitsarbeit u. Frauenehre. — Schwelm (Westf.): Meiners 1928. 48 S. 8° (Reinheit u. Kraft. 6.)

Sellmann, Adolf, aus Lengefeld: **Caspar Dornau, ein pädagogischer Neuerer im Anfang des siebzehnten Jahrhunderts.** *Langensalza 1898: H. Beyer & Söhne.* (VIII, 55 S.) 8°
Erlangen, Phil. Diss. v. 27. Okt. 1897

Sellmann, Adf., Caspar Dornau, e. pädagog. Neuerer im Anfang des 17. Jahrh., s.a. Magazin, pädagog.

Sellmann, Adolf: Caspar Dornau, ein pädagog. Neuerer im Anfang d. 17. Jhs. Von Dr. –. Langensalza: H. Beyer & Söhne 1898. (VIII, 55 S.) 8°
Magazin, Padagogisches. H. 118.

SELLMANN, Ernst. Eine Geschichte von den vielen Wendungen des menschlichen Herzens. 2 Thle Mit 1 Titelkpfr. u. 1 Titelvign. Breslau, bey J. F. Korn d. Aelt. 1788—90. 8°. 372 u. 426 S. Zahm.

Sellmann, Karl, Heimatkunde v. Mühlhausen i. Th. u. Umgegend. I. Tl. (VIII, 168 S.) gr. 8. Mühlhausen i/Th. 908. Hey. 2.—; geb. 2. 50

Sellmar, Feyerabende. gr. 8. Mannheim, Löffler. 794.

Sellmeier, Zur Erklärung der abnormen Farbenfolge im Spectrum einiger Substanzen. (Aus. Poggendorff's Ann., Band CXLIII.)

— Ueber die durch die Aetherschwingungen erregten Mitschwingungen der Korpertheilchen und deren Ruckwirkung auf die ersteren, besonders zur Erklärung der Dispersion und ihrer Anomalien Theil I, II. (Aus: Poggendorff's Ann., Bd. CXLV, CXLVII.)

Sellmeier, W., die Sonne unter d. Herrschaft der drei Planeten Venus, Erde u. Jupiter. gr. 8. (21 S.) Halle a/S. 890. H. W. Schmidt. n. — 60

Sellmer, C., Fürst Bismarck. 8 Lichtdr.-Illustr. nach Wandgemälden. Fol. Berlin 890. Dr. E. Mertens & Co. In Leinw.-Mappe. 10. —

Sellmer, Carl, König Wilhelm und sein Heer. Erinnerungsblätter an das 25jähr. Jubiläum der ruhmreichen preuß. Armee-Reorganisation im J. 1860. 20 Bl. in Lichtdr. 5 Lfgn. Fol. Mit Text. (3 Bl.) Kassel 885, Fischer. à Lfg. *ℳ 4.—. *
In Mappe **

Sellner Alois: Die staatsrechtliche Stellung der Ostmark zum Herzogtum Baiern bis zu ihrer Erhebung zum Herzogtum im Jahre 1156.
H. 1902 PN 1473 Diss. Wien, Univ. 842

74

Sellner, W., De Euripidis Stheneboea. Diss. 1910. 92 S.

Sellner, Wilh., Fibel für den vereinigten Sprech-, Schreib-, Lese- und Zeichen-Unterricht nach der analytisch-synthet. Lesemethode bearb. 2. verb. Aufl. gr. 8. (102 S.) Coburg 871, Albrecht. geb. *

Sellner, Wilh., Fibel für den vereinigten Sprech-, Schreib-, Lese- und Zeichen-Unterricht, nach der analytisch-synthetischen Methode bearb. Ausg. A. (für das erste Schuljahr in Stadtschulen). 3.—5. Aufl. (102 S. mit eingedr. Fig.) 1878—80; 6. Aufl. gr. 8. (102 S. mit eingedr. Fig.) Koburg 881, Albrecht'sche Hofbuchh.. geb. **
Ausg. B. (für die zwei ersten Schuljahre in Landschulen). (144 S. mit eingedr. Fig.) geb. **

Sellner, Wilh., Fibel für den vereinigten Sprech-, Schreib-, Lese- u. Zeichen-Unterricht, nach der analytisch-synthetischen Methode bearb. 6. Aufl. Ausg. A. (für das 1. Schuljahr in Stadtschulen). gr. 8. (102 S. m. eingedr. Fig.) Koburg 881. Albrecht. geb. n.n. — 75; Ausg. B. (für die zwei ersten Schuljahre in Landschulen). (144 S. m. eingedr. Fig.) geb. n.n. — 90

Sellner, Wilh., Fibel für den vereinigten Sprech-, Schreib-, Lese- und Zeichen-Unterricht, nach der analytisch-synthetischen Methode bearb. Ausg. A. (für das erste Schuljahr in Stadtschulen). 8. Aufl. gr. 8. (102 S. mit eingedr. Fig.) Koburg 888, Albrecht'sche Hofbuchh. geb. **

— dasselbe. Ausg. B (für die zwei ersten Schuljahre in Landschulen). (144 S. mit eingedr. Fig.) Ebd. 888. geb. n.n. — 90

Sellner, Wilh., Lesebuch für die zwei ersten Schuljahre nach der Schreiblesemethode. 2 Thle. gr. 8. (VI und 190 S.) Coburg 854, Riemann'sche Hofbuchh.

Sellner, Wilh., Lesebuch für die zwei ersten Schuljahre nach der Schreiblesemethode. 1. Thl. 4. Aufl. gr. 8. (86 S.) Coburg 866, Riemann'sche Hofbuchh. geb. *

— der Schönschreibunterricht. Theoretisch-pract. Anleitg. f. die Lehrer an den Volksschulen u. zum Selbstunterricht. Mit 17 in den Text eingedr lith. Taf. qu. 4. (VI, 22 S.) Koburg 876. Sendelbach. n. 2. 50

Sellner, Wilh., Schreibvorlagen zum Unterricht im Schönschreiben für Oberklassen der Volksschulen und Mittelklassen höherer Lehranstalten. 3 Hefte. qu. 4. (à Heft 16 Stnt.) Coburg 876,77, (Sendelbach.) à Heft *ℳ 1. *

— Schreibvorlagen zum Unterricht im Schönschreiben für Oberklassen der Volksschulen u. Mittelklassen höherer Lehranstalten. 2. u. 3. Hft. qu. 4. (à 16 Steintaf.) Koburg 877. 78. (Sendelbach.) à n. 1. —

Sellner, Wilh. Schreibvorlagen zum Unterricht im Schönschreiben f. Oberklassen der Volksschulen u Mittelklassen höherer Lehranstalten. 1.–3. Heft. qu. 1. (à 16 Bl.) Coburg 889. Albrecht. à Heft * — 60

Sellner's Schreibvorlagen für den Unterricht im Schönschreiben f. Oberklassen der Volksschulen u. Mittelklassen höherer Lehranstalten, bearb v. H. Zetzmann. 3 Hefte. (à 16 S.) qu. 8. Coburg (904). J F. Albrecht. à n. — 60

Sellnick, H., zur Beurteilung der Wassergesetzgebung f. das Königr. Sachsen. (24 S.) 8. Leipzig 906. Brückner & Niemann. n. — 50

Sellnick, H., Brotversorgungspolitik! Eine Besprechg. landwirtschaftl. u. mühlenwirtschaftl. Zeitfragen behufs Anbahng e. Gesetzes zur Einschränkg. des schädl. Wettbewerbes in der Müllerei durch Umsatzbesteuerg., nebst Entwurf e. solchen Gesetzes. (35 S.) gr. 8. Leipzig, Brückner & Niemann. 1905

Sellnick, H., Buchhaltung f. Jedermann durch das „Normal". Ein durchaus neues Verfahren, üb. jeden Geschäftsbetrieb „ordnungmäßig" Buch u. Rechng. zu führen u. jederzeit Gewinn u. Verlust festzustellen. 8. (IV, 43 S. m. 1 Formular.) Leipzig 903. (Brückner & Niemann.) n. 2. 50

Sellnick, H., d. wissenschaftlich-statist. Buchhaltung. E. neue Lehre d. dopp. Buchhaltg. m. neuen Conten, neuen Bilanzen u. neuen Abschlüssen. gr. 8. (VIII, 70 S. m. 1 Tab.) Leipzig 898. (Brückner & Niemann.) n 3. —

Sellnick, H., die Müllerei mit Walzen. Ein Beitrag zur Beurtheilung des Mahlprocesses u. der neuesten Fortschritte im Mühlenwesen. Mit 8 Fig.-Taf. in Holzschn. gr. 8. (IV, 89 S.) Leipzig 878. M. Schäfer. n. 2. —

Sello, Erich, Erntetag. Gedichte. (194 S.) 8. Berlin-Ch. (910). Vita. Geb. in Leinw. 4. —

— Die Hau-Prozesse u. ihre Lehren. Auch e. Beitr. zur Strafprozessreform. (VII, 144 S.) gr. 8. Berlin 908. Marquardt & Co. 2. 50

— Zur Psychologie der cause célèbre. Ein Vortrag. (44 S.) gr. 8. Berlin 910. F. Vahlen. 1. —

Sello, Erich, jurist. Randbemerkungen zum Fall Koţe. [Aus: „Grenzboten."] Lex.-8. (28 S.) Leipzig (896). F. W. Grunow. n. — 50

Sello, Erich, ein später Strauss. Gedichte. (VII, 192 S.) kl. 8. Berlin 904. Schuster & Loeffler. n. 3. —; geb. n. 4. —

Sello, Friedrich Wilhelm, a. Berlin, Referendar am Königl. Landgericht II Berlin: Der Schutz der offentlichen Wahlen nach dem Reichsstrafgesetzbuch (§§ 107—109). Berlin 1908: Thormann & Goetsch. (60 S.) 8°
Greifswald, Jur. Fak., Ref. Stoerk, Diss. v. 8. Aug. 1908
[Geb. 2. Juni 82 Berlin; Wohnort: Berlin; Staatsangeh.: Preußen; Vorbildung: Luisen-Gymn. Berlin Reife O. 01; Studium: Jena 2, Berlin 2, Greifswald 3 S.; Coll. 5. Juli 07.]

Sello, G., Lehnin. Beiträge zur Geschichte von Kloster und Amt. gr. 8. (V, 262 S.) Berlin 881, F. und P. Lehmann. *

Alt-Oldenburg. Gesammelte Aufsätze z. Gesch. von Stadt u. Land. Von Georg Sello. Mit 3 Vign., 2 Taf. u. 1 Stadtpl. *Oldenburg & Leipzig (1903).* (VIII, 207, IV S.) 8° [F.]

Sello, Geo, Alt-Oldenburg. Gesammelte Aufsätze zur Geschichte v. Stadt u. Land. Mit 3 Vignetten, 2 Taf. u. 1 Stadtplan. (VIII, IV, 207 S.) gr. 8. Oldenburg (903). Schulze. n. 3. —; geb. n. 4. —

Sello, Geo. **Beiträge zur Geschichte d. Landes Würden. Mit 2 Siegeltaf. gr. 8. (IX, 94 S.) Oldenb. 891, Stalling's Verlag. * 2 40**

Sello, Geo., **die Brandenburger Bistums-Chronik. Nebst einem Anhang, enth.: Fragmenta chronicae episcoporum Brandenburgensium. gr. 8. (X, 52 S.) Brandenburg 888, (Wiesike.) ***
Aus: XX. Jahresbericht des historischen Vereins zu Brandenburg, besonders abgedruckt.

— der Denkmalsschutz im Herzogth. Oldenburg, s. a. Schriften des Oldenburger Vereins f. Altertumskunde u. Landesgeschichte.

⊙ Der Denkmalsschutz im Herzogtum Oldenburg v. Georg Sello. Oldenburg. 1893. 8°. = Bericht über die Thätigkeit des Oldenburger Landesvereins. II. 7 (Schriften des Oldenburger Landesvereins, Tl. 8).

— Saterlands ältere Geschichte u. Verfassg. M. e. Nachbildg. d. Karte d. Saterlandes v. 1588. 8. (XII, 64 S.) Oldenburg 896. Schulze. n. 1. 60

— s.: **Geschichtsquellen d. burg- u. schlossgesess. Geschlechts v. Borcke.**

Sello, Geo., d. Cisterzienserkloster Hude bei Oldenburg. gr. 8. (XI, 134 S. m. 9 Abb.) Oldenburg 895. Schulze. n. 1. 60

— der Jadebusen. Sein Gebiet, seine Entstehungsgeschichte; der Turm auf Wangeroge. Mit 2 Ansichten, 2 Vignetten u. 3 Kartenskizzen. (XVI, 70 S.) gr. 8. Varel 903. Verlagsanst. A. Allmers. n. 2. 40

— des David Fabricius Karte v. Ostfriesland u. and. Fabriciana des Oldenburger Archivs. Mit 4 Abb. u. 1 Karte. gr. 8. (52 S) Norden 896. H. Braams. n. 3. —

— Potsdam u. Sans-Souci. Forschungen u. Quellen zur Geschichte v. Burg, Stadt u. Park. Mit 15 Taf. Lex.-8. (XXVI, 471 S.) Breslau 888. [Schottländer.] Schlesische Verlags-Anstalt. n. 10. —; geb. n.n. 13. —

— der Roland zu Bremen. Hrsg. v. der histor. Gesellschaft des Künstlervereins zu Bremen. gr. 8. (XII, 70 S. m. 11 Abbildgn. u. 1 Heliograv.) Bremen 901. M. Nössler. n. 1. 80

— Oldenburgs Seeschiffahrt in alter u. neuer Zeit, s. a. Pfingstblätter des hansischen Geschichtsvereins.

Oldenburgs Seeschiffahrt in alter und neuer Zeit. Von Georg **Sello.** Leipzig: Duncker & Humblot 1906. (67 S.) 8° [F.]
— **Pfingstblätter** d. Hansischen Geschichtsvereins. Bl. 2.

Studien zur Geschichte von Oestringen und Rüstringen. Von Georg Sello. Mit 1 Portr., 2 Kartenskizzen, 3 Taf. mit Grundrissen u. 4 Siegeltaf. *Varel: A. Allmers 1898.* (119 S.) 4°

Vindiciae Rulandi Bremensis. Zu Schutz u. Trutz am 500j. Jubilaeum d. Roland zu Bremen. Von **Georg Sello.** Mit 21 Taf. u. 1 Kartenskizze. *Bremen: M. Nössler 1904.* (VIII, 93 S.) 8°

[F.] Historische Wanderung durch die Stadt Oldenburg. Von Georg Sello, Dr. jur., Grossh. Archivr. M. 8 Abb. im Text u. 2 autogr. Taf. *(Oldenburg: Kunstgewerbe-Ver. 1896.)* (XII, 46 S., 1 Bl., 2 Taf.) 1 Bd S.

— historische Wanderung durch d. Stadt Oldenburg. gr. 8. (46 S. m. 8 Abb. u. 2 autogr. Taf.) Oldenburg 896. (G. Stalling's Verl.) n.n. 2. —

Sello, Hans, appr. Arzt aus Berlin: Aus d. I. inneren Abth. d. Städt. Krankenhauses am Urban zu Berlin (Prof. A. Fraenkel). **Mittheilungen über die ungewöhnlichen Ausgänge und die Complicationen der genuinen fibrinösen Pneumonie.** *Berlin 1898: L. Schumacher.* (30 S.) 8° ¶ (Aus: Zeitschrift f. klinische Medicin, Bd 36, H. 1 u. 2.)
Heidelberg, Med. Diss. v. [7. Nov.] 1898

Sello, (Henr.) **Initia Philosophiae Theoreticae.** 8. Ofen 813, Universitäts-Buchdr.

Sello, *Julius Albert* Leopold [aus Groditz in Schles.]: **Über die Verbreitung der Wärme in der Erdrinde . . . Halle a. S.,** *Berliner Buchdr.-Act.-Ges., Setzerinnen-Schule d. Lette-Ver.,* 1892; 48 S., 1 Bl. 8.
Halle, Phil. Fak. Inaug.-Diss. v. [8. Okt.] 1892

De Sellon, Gräfin Valentine. Ein lebenslänglich Verurtheilter. Altes u. Neues über die Todesstrafe. Aus dem Französ. In-8°. Genf, H. Georg. 1885

Sellon, Valentine de, ein lebenslänglich Verurtheilter. Altes und Neues über die Todesstrafe. Aus dem Französ. gr. 8. (79 S. mit 1 rad. Portr.) Genf 885, (Stapelmohr.) *

Sellow, Aug., (Karl Thdr. Gutjahr), Antonio Caduti. Trspl. in 5 A. gr. 8. Leipz. 801. Cnobloch. 8 gr

Sells, Hnr., Initia Philosophiae Theoreticae. 8. Coblenz 779. Ofen 795 a. 813. Universitäts-Buchdr. 9 gr

Sellschopp, Adf., Erbsündenlehre u. Pädagogik. Vorträge, geh. auf der X. theolog. Lehrkonferenz zu Mölln in Lauenburg im Septbr. 1908. (87 S.) 8. Wismar 909. H. Bartholdi. 1. 20

Sellschopp, Samuel: De sphacelo ex caussa interna feliciter curato. Diss. 4o S., gbd.

Halae Magdeburgicae: Zahn 1717

JB 1.766

Sellwart, Adolf; eine Geschichte, wie sie die Welt aufstellen kann. Gera 1786. V: *Heinse*, *Glob Hnr.* (KY) (MGT)

Sellwart, Adolph; e. Geschichte, wie sie die Welt aufstellen kann, (von Gli. H. Heinse). 2 Thle. 8. Gera 786. Haller. 1 ʄ 8 ℊ

Sellwart, Adolph, eine Geschichte, wie sie die Welt aufstellen kann, 2 Theile, 8. Gera, 786. Rothe. 1 Rthl 10 sgl.

Sellwig's Rud., Lebensversicherungs-Vademecum f. 1901. IV. Jahrg. qu. 16. (68 S.) Darmstadt, Selbstverlag. Vergl.: Steinfeld, W. n. — 50

Selm, Adolphus, Uebersicht der englischen Rechtspflege vom prakt. und kaufmännischen Standpunkte aus. 8°. (XIV, 329 S.) Wien, Manz. fl. 5.—. 1886

SELMA oder das Mädchen vom Hundsrück. Eine romant. Erzählung. Quedlinburg u. Leipzig, Basse, 1822. 8°. 237 S. Zahm. (3 Mk. 50 Pfg. Rossberg, Lpz., 1910.)

Selma u. Gemaldor. Ein Vorspiel mit Arien v. Kühl. 8. Jena, Gollner. 779.

Selma, die Waise. Eine Erzählung in Briefen. Winterthur 1833. V: *Appenzell*, *Jos. Conrad.* (EE)

Selma [Pseud.], s.a. Appenzeller, Susanna [wirkl. Name]

† Selma, (Joh. Conr. Appenzeller?) das Blumengärtchen. Ein nützl. Geschenk f. gute Kinder, in anzieh. Erzähln. aus d. wirkl. Leben. 3. Ausg. 16. (13 B. u. 6 ill. Kpfr.) Nürnberg 837, Bauer u. Raspe. 2. Aufl., s. Selma, L.

Selma, Großvaters Erzählll. u. Mährchen f. die Jugendwelt. Herausgg. v. J. C. Appenzeller, gr. 12. Wintrth. 832. Steiner. 18 ℊ

Selma, ..., Erzählungen der alten Marliese für Kinder. Mit 4 lithogr. Bildern. 16. Winterthur 837. Steiner. 5/8 ʄ

Selma, Erzählungen aus d. Romanenwelt d. wirkl. Lebens. Hrsg. v. J. C. Appenzeller. gr. 12. (11 B.) Aarau 833, 34, [Sauerländer, Briesbuchh.]

Selma, das verwachsene Mädchen, u. Felix der arme Judenknabe. 2 Erzählungen für die Jugend. 2. Aufl. 8. (24 S.) Berlin 877. Buchh. der Goßner'schen Mission. — 30

—— der Tante Mährchenbuch, od. Abendunterhaltungen f. d. weibl. Jugend. 2 Bdchn. gr. 12. (32¼ B. u. 2 Kpfr.) Winterthur 833, Steiner.

Selma, ..., Natalie. Eine Erzählung für alle Stände, besonders für die reifere weibliche Jugend. gr. 8. Zürich 835. Schultheß. 1½ ʄ

Selma, Tante, s.a. Reise, die, in die Kinderherzen.

Selma, Tante, (Lina Neumann), die Reise in die Kinderherzen. Eine Erzählung für die Jugend. gr. 16. (IV u. 109 S.) Berlin 851, J. A. Wohlgemuth. n. ⅓ ʄ

— die Waisen. Eine Erzählung in Briefen. Herausg. von J. C. Appenzeller. gr. 12. Winterthur 833. Steiner. 1 ʄ

Selma, L., das Blumengärtchen. Ein nützl. Geschenk f. gute Kinder. 2e Aufl. Mit 16 ill. Kpf. 16. Nürnb. 827. Bauer u. R. 16 ℊ

Selmair, Anton [aus Wasserburg a. I.]: Über primäre, isolierte Hypertrophie des supravaginalen Teiles der Cervix. . . . Berlin, Buchdr. v. G. Schade, *1891*; 29 S., 1 Bl. 8°
Berlin, Med. Fak., Inaug.-Diss. v. 22. Jul. 1891

Selmann, Ernst. 2 Thle. 8. Bresl. 787, 88. J. F. Korn. 2 ʄ

Selmann, Ernst, eine Geschichte von den vielen Wendungen des menschl. Herzens, 2 Theile, 8. Breslau, 790. Korn sen. 2 Rthl.

Selmann, M. U., der Prozeß Teste-Cubières. Nach den Quellen bearb. gr. 8. (52 S.) Leipzig 847, Naumburg.

Selmann, M. U., der Prozeß Teste-Cubières. Nach den Quellen bearb. gr. 8. (52 S.) Leipzig 849, Naumburg. ¼ ʄ

Selmann, Rachela. Ätiologie der Retroversio-flexio Uteri im Wochenbett. Diss. Med. Bern. 28 S. 8. Bern, Rösch & Schatzmann, 1910.

Selmar, od. die Schwärmer; e. Rom. v. W. Habermann. 8. Gießen. Heyer u. L. 800.

Selmar oder Worte der Belehrung und Ermunterung eines redlichen Vaters an seinen Sohn. Wien 1813. 2. A. 1816. 3. A. 1832. V: *Glatz*, *Jacob.* (GGr)

Selmar u. Ermide. Schausp. v. Wetzel. 8. Lpz. Dyk. 778.

Selmar, (psdn.), Feierabende. gr. 8. Manh. 794. Löffler. 20 ℊ

Selmar, Gedichte. 2 Thle. 8. Leipz. Gräff. 789.

Selmar, ..., (Karl Gust. v. Brinkmann,) Gedichte. 2 Thle. 8. Leipz. 789. (Wienbrack). 2 ʄ 6 ℊ Vergl. Karl Gust. v. Brinkmann.

Selmar, Anton

— de ordinis et muneris sacri collatione primis XI ecclesiae saeculis conjungi solita. 8. Landsh. 783.

— die öffentl. Gottesverehrungen d. kathol. Christen waren anfangs anders beschaffen als jetzt, u. sollten wieder anders werden; aus d. Geschichte, Religion u. Vernunft dargestellt. gr. 8. Landsh. 810. Thomann. 1 ʄ 16 ℊ

— s. Lesebuch, Katholisches, und Gebetbuch, für Eheleute und Eltern.

Selmar, Ant., bibl. Litaneien zur sonderheitlichen u. gemeinschaftl. Erbauung verfaßt. 1s Bdchn. gr. 8. Landsh. 819. Thomann. 16 ℊ

– s. Predigten über die neunzehn ersten Hauptstücke …

— 12 Predigten am Erndtefest. 8. Münch. 806. Lentner. 20 gr

— Ritual f. kathol. Geistliche bei ihr. Amtsverrichtungen. Münch. 812. Giel. (Barth in Leipz.) 1 fl 20 gr

– s. Ursprung, Über den, der Feste, Fasten und Bittgänge …

– s. Welchen Einfluß hat die Landwirthschaft der Geistlichen …

– s. Wie können die Menschen lange leben …

Selmer, der Geistliche als Seelsorger. Ein Wort der Erfahrung. Neubrandenburg 857. Brünslow. 8. (17 S.) 3 ngr

Selmer, (G. A.), Predigt am Versammlungstage des Gustav-Adolf- und Missionsvereins in Mecklenburg-Strelitz gehalten zu Neubrandenburg am 30. Juni 1847. gr. 8. (16 S.) Neubrandenburg 847, Brünslow. Thlr. *

—— wie ist den Arbeitsleuten auf dem Lande zu helfen? Ein Beitrag zur Lösung der Frage zunächst durch die Geistlichen. gr. 8. (27 S.) Neubrandenburg 848, Brünslow. *

Selmer, J. H., Reden bei d. Einsegnung von Kindern auf d. Lande. gr. 8. Neubrandenb. 826. L. Dümmler. 8 gr

— Predigt am Sonntage Quasimod. bei d. Ordination d. Hrn. Schulrath Siefert z. Pastor in Kubland. gr. 8. Neustrelitz 830. Dümmler. 2 gr

Selmer, J. L. T. H., Synodalpredigt, nebst Anrede an die Synodalen, bei Eröffn. d. ersten Synode geh. gr. 8. (1 ¼ B.) Friedland 840, [Neustrelitz,] Barnewitz.

Selmer, Konrad Friedrich

Selmer, Conrad Friedrich: Das entkräfftete Wünschen … [Trauergedicht zur Beisetzung auf Margaretha Catharina Moldenit, geb. Schroderin, † 22. Nov. 1721, beigesetzt am 4. Febr. 1722.] — Glückstadt 1722: Kgl. privil. Buchdr. 2 Bl. 2°

Selmnitz, Eduard von

v. Selmnitz, (Ed.,) die Bajonettfechtkunst, oder Lehre d. Verhaltens mit dem Infanterie-Gewehre als Angriffs- u. Vertheidigungswaffe. 1r Thl. Mit 10 Kupfert. in Fol. u. 1 Vign. gr. 8. Dresd. 825, Verf. (Berl., Mittler.) Rthlr.

Selmnitz, Eduard von: Die Bajonetfechtkunst oder Lehre des Verhaltens mit dem Infanterie-Gewehre als Angriffs- und Vertheidigungs-Waffe. Erster Theil. Dresden 1825. Auf Kosten des Verfassers.
2 Bl., Tit., XX – 167 S., 9 Taf. in Rad. 8°.
Geils S. 285

Selmnitz, Eduard v., die Bajonetfechtkunst, od. Lehre d. Verhaltens mit d. Infanterie-Gewehre als Angriffs- u. Vertheidigungs-Waffe. 1. Thl. 2., verm. Aufl. gr. 8. (12 B., 10 Kpfrt. qu. gr. Fol. u. gest. Ttl. mit Vign.) Berlin 832, Mittler.

—— die Fechtkunst auf den Stoß, s. Pönitz, C. E.

Selmons, Friedrich [aus Königsberg i. Ostpreussen]: Ueber die Zeitdauer der Reaction zwischen Ueberjodsäure und schwefliger Säure …. Berlin, Buchdr. v. Goedecke & Gallinek (1887); 1 Bl. + 47 + 1 S. + 1 Bl. 8°.
Berlin, Phil. Fak., Inaug.-Diss. v. 22. Jan. 1887.

Selmons, Friedrich, über die Zeitdauer der Reaction zwischen Ueberjodsäure und schwefliger Säure. Diss. Berlin 1887, Mayer & Müller. 8°. 47 S.

Selmons, G. C. M., Lehrmittelsammlungen f. den naturkundl. Unterr. Ein Wegweiser f. Lehrer u. Vorsteher v. Schulmuseen f. d. Sammeln u. Versenden v. Naturobjekten, deren Ankauf, Aufstellg. u. Konservierg. in Schulsammlgn. Ueberblick üb. sämtl. heut. Lehr- u. Veranschaulichungsmittel f. d. Unterr. in d. Naturkunde u. Naturlehre, m. bes. Berücksicht. der bündner. Schulverhältnisse. M. vielen Vollbild. u. Textfig. u. 1 statist. Tabelle. 8. (166 u. VIII S.) Lötsch 898. (Chur, J. Rich) n. 2. —

Selmons, Max: Das Ausstopfen von Tieren und die Herstellung von Bälgen (Taxidermie u. Dermoplastik) –. Mit 51 Abb. Berlin: E. A. Böttcher 1907. (71 S.) 8°
Handbuch f. Naturaliensammler. Bd 1.

Selmons, M., Handbuch f. Naturaliensammler. Prakt. Anleitg. zum Fangen, Züchten, Konservieren u. Präparieren v. Naturkörpern, sowie zur Einrichtg. v. Sammlgn. I. Bd. Das Ausstopfen v. Tieren u. die Herstellg. v. Bälgen (Taxidermie u. Dermoplastik). Mit 51 Abb. im Text. (V, 71 S.) 8. Berlin 907. E. A. Böttcher. 1. 50

van Selms, Adrianus [Arzt aus Dordrecht (Niederlande)]: Zur Casuistik des Doppelthörens. (Diplacusis binauralis.) … Berlin. Buchdr. v. Gustav Schade (Otto Francke) (1889); 31 + 1 S. 8°
Berlin, Med. Fak., Inaug.-Diss. v. 21. Dez. 1889

Selneccer's, Nicol., geistliche Lieder, f. Sänger, geistliche, der christl. Kirche deutscher Nation.

Selnecker, trostreiche Kerngebete über d. Psalter Davids. 12. Stockholm. 737.

Selner, Friedrich

—— systematische Darstellung aller über das Straßenwesen u. die Eisenbahnen bestehenden k. k. österreich. Gesetze u. Verordnungen mit vorzügl. Rücksicht auf das Königr. Böhmen. gr. 8. (42 ¾ B. u. 41 Tab.) Karlsbad 843, Gebr. Franieck.

Selner, Friedr., systemat. Darstellung aller über die Erwerb- u. Gebäude-Steuer bestehenden k. k. österreich. Gesetze u. Verordnungen, mit vorzügl. Rücksicht auf Böhmen. gr. 8. (28 ¾ B. u. 55 Tab.) Karlsbad 815, Gebr. Franieck.

Selner, Frdr., systematische Darstellung aller über den Hausir-Handel bestehenden k. k. österreich. Geseze u. Verordnungen. 2 Lfgn. gr. 8. (XX u. 256 S.) Caslau 847. (Carlsbad, Gebr. Franieck.) 1 rtl 6 ngr

Selner, Gustav, v. C. A. Bötticher. (h. a. d. Titel: Willbald's neue Ansichten d. Lebens.) 8. Gießen, Tasché u. Müller. 805.

Selner, Paul, Religionsunterricht f. die kathol. Schuljugend. 8. Linz … 3e A. 819. 4e A. 822. Haslinger. (Liebeskind in Leipz.) 8 gr

Selner, (P.,) Religionsunterricht f. d. kathol. Schuljugend. 4e Aufl. 8. Linz 822, Academ. B.

Solo, Max, aus Prechlau (Westpr.): Aus d. hygien. Institut d. Universität Würzburg. Quantitative Bestimmungen des collagenen Gewebes im Fleisch. *Würzburg 1899: Becker.* (22 S.) 8°
Würzburg, Med. Diss. v. 1899

Selohff, Frdr., üb. die Nothwendigkeit einer allgem. Richtung der Volksbildung u. Sitte, auf vollständige, möglichst vielseitige nützliche Anwendung von Kräften u. Zeit. Mit Beleuchtung unserer Lebensfragen, wegen Beschaffung von Arbeit, u. Versorgung der Invaliden u. Kinder der Arbeiter. Eine der wichtigsten Aufgaben für alle Stände, in allen Völkern u. Zeiten. gr. 8. (32 S.) Königsberg 848, Bornträger'sche Sort.-Buchhandlung in Comm. n. 1/6 ₰

Selohff, Friedr., über die Nothwendigkeit einer allgem. Richtung der Volksbildung und Sitte, auf vollständige, möglichst vielseitige nützliche Anwendung von Kräften und Zeit. Mit Beleuchtung unserer Lebensfragen, wegen Beschaffung von Arbeit, und Versorgung der Invaliden und Kinder der Arbeiter. Eine der wichtigsten Aufgaben für alle Stände, in allen Völkern und Zeiten. gr. 8. (32 S.) Königsberg 848, (Koch.) *

[Hebr.] Midrašê hat-tôrâ še-ḥubbēr … En-**Šelomo Astruq**. Hoṣētiw lâ-or … am Šim'on **Eppenstein**. *Berlin 659: Ṣ. H. Iṭṣqowsqi.* (XV, 224 S.) 8°
[Nebent.] Midr'sche Hatorah. Exeget Bemerk z. Pentateuch. v En Salomo Astruc aus Barcelona. Hrsg v Dr. S. Eppenstein 1898.
— **Sofarim** haj-jôṣâim la-or'al jedē ḥebrat **Meqiṣê Nirdâmim**. Šanâ 15. [00. 4816

[Umschlagt.] Weltliche Gedichte des Abu Ajjub Soleiman b. Jahja **Ibn Gabirol**. Unter Mitw. namhafter Gelehrter nach Hs. und Druckwerken bearb. u. m. Anm. u. Einl. vers. v. Dr. H[einrich] **Brody** '(Heft 1)'. *Berlin: M. Poppelauer 1897.* [A. T.]: [Hebr.] Šir haš-širim sêfer kôllêl kol širê … **Šelomo** Ben Jehûdâ **Ibn Gebirôl** jôṣâim lâ-ôr … mêêt Ḥajjim **Brody** … '(ḥebrat 1)' … [97. 7608

[Hebr.] **Raši** 'al hat-tora, hûpēruš rabbênû **Šelomo** B[en]-Jiṣhaq [**Šelōmō Jiṣhâqi**]. We-nosaf biur, ašer qâratiw zekôr le-Abrahâm, am **Abrahâm Berliner**. Mahadura 2 Frankfurt a. M.: J. Kaufmann 665 (1905). (XXVIII, 456 S.) 4°(8°)
[Nebent.] Raschi, der Kommentar d. Salomo B. Isak über d. Pentateuch. Nach Hss., seltenen Ausgaben u. d. Talmudkommentar d. Verf. krit. hergestellt von Prof. A. Berliner. 2 ganz umgearb. Aufl. [05. 13615

Selonskij, N. N., Daraajans Testament, s. a. **Kürschner's**, Jos., Bücherschatz. Nr. 373.

Daraajans Testament. Ein phantast. Roman von **N. N. Selonskij**. Deutsch von Ludwig **Wechsler**. Mit Ill. von W. **Roegge**. *Berlin, Eisenach, Leipzig: H. Hillger [1902]* (120 S.) 8° [F]
— **Bücherschatz**, **Kürschner's**. No 373. [04. 997

Selpert, Georg Matthias (Regensburg) A. S. 816/6

De repetitione tormentorum confesso infitiante.
Präs. Michael Heinrich Gribner.
Wittenberg (Gerdes) 28. XII. 1714. 45 S. 32410

Selpert, H.G.C.von (Hrsg.):

s.: Gall, (Franz Joseph): Vorlesungen über die Verrichtungen des Gehirns und die Möglichkeit, die Anlagen mehrerer Geistes- und Gemüthseigenschaften aus dem Baue des Schädels der Menschen und Thiere zu erkennen. Berlin: 1805
an: Darstellung, Ausführliche, des Gall'schen Systems der Schädellehre...

JB 4.398

— Ideen üb. die philosoph. Begründung d. Staats u. der Gültigkeit d. Gesetzes in demselben. 8. Berl. 805. Unger. 12 gr

v. Selpert, H. G. C., Galls Vorlesungen üb. die Verrichtungen d. Gehirns. 8. Berl. 805. Unger. 12 gr

Selpert, Johann Heinrich Gott.

v. Selpert, J. H. G., (Th. K. Hartleben;) kurze histor.-publicist. Bemerkk. üb. d. Verbot d. Commerzes in deutschen Reichskriegen. 8. Regensb. 793. (A. Campe in Hamb.) 5 gr

Selperth, Georg Matth. (Regensburg) A. S. 101/25

De dote non promissa praestanda.
Präs. Johann Friedrich Troppanneger.
Leipzig (Titius) 24. II. 1711. 31 S.

Gew.: Stadt Regensburg. 32411

Heinrich Josef Sels

Musculorum Varietates. Berolini 1815: Starck. 20 S. 8°

Berlin, Med. Diss. v. 28. Dez. 1815

Sels, Joan. Augustinus Hubert. (geb. Uerdingen im Rheinl. 1817): De aortae thoracicae morbis. Berolini (1841). (152 S.) 8°
Berlin, Med. Diss. v. 14. Jan. 1841

Sels, Joh. Heinr., Empfangs-Tabelle für die Notarien in den Rheinprovinzen. gr. 8. (2 B.) Crefeld 844, Gehrich u. Comp.

Sels, Iustinus (geb. 1812 in Meschede Westf.): Memoriae physiologia et pathologia … Bonnae, typ. C. Georgii 1836. 3 Bl., 32 S., 1 Bl. 8.
Bonn, Med. Fak., Diss. v. 16 Sept. 1836

Selsingen [Schlagwort]

Selsingen, s.: **Preussen**. **Messtischblätter.**

Selß, Aug., über die Einführung und Beschaffenheit eines neuen Abgabenwesens in den gesammten preuß. Staaten. Eine Adresse an Volk und Stände. gr. 8. (43 S.) Coesfeld 848. [Halle,] Riese. *

Selss, A. Grundsätze zur Annahme und Erhaltung des Grundcatasters in den deutschen Staaten. 8°. Wesel u. Leipzig 1840.

Selß, Gd., Atlas der neuesten Erdkunde in 16 (col.) Karten. qu. fl. 4. Coesfeld 845, Riese'sche Buchh. n. 5/12 ₰

— Schulglobus drei Zoll im Durchmesser. Mit der Zugabe: Uebersicht des Wissenswürdigsten aus der Geographie. 32. Ebend. 841. In 1 Kästchen 5/6 ₰. Auf lackirt. Gestell mit metall. Meridian. n. 1 ₰

Selss, Gustav, approb. Arzt aus Elten (Rheinpreussen): Ein Uterus gravidus mensis VI. Anatomisch u. physiologisch betrachtet. *Freiburg i. B. 1901: (E. Goldammer, Königsbrück).* (20 S.) 8°
Freiburg i. B., Med. Diss. v. 1901

Selss, Gust., ein Uterus gravidus mensis VI. Anatomisch u. physiologisch betrachtet. gr. 8. (16 S.) Leipzig 902. B. Konegen. n. 1.—

Selström und Aleria, oder allzugut ist nicht gut, eine nordische Geschichte, mit 1 Kupf. 8. Altona, 781. Kaven. 10 sgl.

Selström u. Aleria; eine nord. Geschichte. 8. Leipz., Sommer. 8 gr

Selt, F. [Pseud.], s. a. **Bauschke**, Moritz Gustav

Selt, F., und R. B. Vespertinus, Sagen aus Breslaus Vorzeit. 2 Bdchn. 8. (4 B. u. 1 Kpfr.) Breslau 833, (Brls.-Comtoir.)

Selten, Ernst, Referendar a. Berlin: Eintritt der Nacherbfolge während schwebenden Rechtsstreits, eine prozeßrechtliche Untersuchung auf materiellrechtlicher Grundlage. Rostock 1907: Adlers Erben. (94 S.) 8°

Jena, Jur. Fak., Ref. Loening, Diss. v. Sept. 1907

[Geb. 25. Sept. 85 Berlin; Wohnort: Berlin; Staatsangeh.: Preußen; Vorbildung: Wilhelms-Gymn. Berlin Reife M. 03; Studium: Berlin 6 S.; Rig. 18. Mai 07.]

Selten, Franz, Referendar a. Berlin: Nießbrauch, ehemännliche und elterliche Nutznießung an einem Handelsgeschäft. Berlin 1904: G. Schade. (110 S.) 8°

Freiburg i. B., rechts- u. staatsw. Fak., Ref. Rosin, Diss. v. 1904

[Geb.: 5 Okt. 81 Berlin; Wohnort: Berlin; Staatsangeh.: Preußen; Vorbildung: Wilhelms-Gymn. Berlin; Studium: Berlin 1, Heidelberg 1, Berlin 4 S.; Rig. 13. Juni 04.]

Selten, Friedrich Christian: Ueber den Gebrauch der Lehrhülfsmittel beym Unterricht in der Erdbeschreibung. Zweyte, verbesserte, grösstentheils umgearbeitete, Auflage. Halle 1829. X, 201 S.

-- Selten: Hodegetisches Handbuch der Geographie. Bd. 2. 8°.

Selten, F. Ch., Grundlage beym Unterricht in der Erdbeschreibung. 8. Halle, Hemmerde und Schw. 820.
Auch unter dem Titel:

Selten, Fr. Chr., (Fr. Chr. Schwen), hodeget. Handbuch d. Geographie, zum Schulgebrauch. 1s Bdchen. Auch u. d. T.: Grundlage beim Unterricht in der Erdbeschreibung. 8. Halle 820. 7e A. 832. Schwetschke u. S. 10 gr. 2s Bdchn. Ueber d. Gebrauch d. Hülfsmittel beim Unterricht d. Erdbeschreibung. 8. Ebd. 821. 2e Aufl. 829. 18 gr. 3s Bdchen. A. u. d. T.: 4000 Aufgaben u. Fragen in Beziehung auf geograph. Raumkenntniß rc. 8. Ebd. 830. 12 gr.

Selten, (Fr. C.) hodeget. Handbuch d. Geographie z. Schulgebrauch 1s Bdchen. — A. u. d. T.: Grundlage beim Unterricht in d. Erdbeschreibung. 3e Aufl. 8. Halle 827, Hemmerde u. S.

Selten, F. C., hodeget. Handbuch d. Geographie, zum Schulgebr. bearb. 1. Bdchn. Für Schüler. — A. u. d. T.: Grundlage beim Unterr. in d. Erdbeschreibung. 5., verb. Aufl. (13½ B.) 829. 9 Gr., 6. A. ...?, 7., verb. u. verm. A., in Verbind. mit d. Stieler'schen „Schul-Atlas" zu gebrauchen. (15½ B.) 8. Halle 832, Schwetschke u. Sohn.

—— dass. 2. Bdchn. Für Lehrer. — A. u. d. T.: Ueber d. Gebr. d. Lehrhülfsmittel beim Unterr. in d. Erdbeschreibung. 2., verb., größtenth. umgearb. Aufl. 8. (13½ B.) Ebds. 829.

—— dass. 3. Bdchn. Für Lehrer u. Schüler. — A. u. d. T.: 4000 Aufgaben u. Fragen in Beziehung auf geograph. Raumkenntniß, od. topischer Lehrstoff in Frageform, ausgezogen aus d. 1. Bde. d. „hodeg. Handbuchs." 2., verm., großenth. umgearb. Aufl. 8. (12 B.) Ebds. 850.

† Selten, Friedr. Chrstn., (Friedr. Chrstn. Schwen,) hodeget. Handbuch d. Geographie, zum Schulgebr. bearb. 3 Bde. 8. Halle, Schwetschke u. Sohn.
A. u. d. Tlln.:
Bd. 1. Grundlage beim Unterr. in d. Erdbeschreibung. 12—14., verb. u. verm. Aufl. (17, 18 u. 18½ B.) 839—41. à 10 Gr.
= 2. Ueber d. Gebr. d. Lehrhülfsmittel beim Unterr. in d. Erdbeschreib. 3. u. 4., verm., größtenth. umgearb., Aufl. (14½ B.) 834. 18 Gr., 4., verm. rc. A. (16¼ B.) 840. 21 Gr.
= 3. Viertausend Aufgaben u. Fragen in Bezieh. auf geograph. Raumkenntniß, od. topischer Lehrstoff in Frageform, ausgezogen aus d. 1. Bde. d. hodeg. Handb. 3., verb. Aufl. (12 B.) 839. 12 Gr.

† Selten, Friedr. Chrstn., (Friedr. Chrstn. Schwen,) hodegetisches Handbuch der Geographie zum Schulgebrauch. 1. Bd. Für Schüler. A. u. d. Tl.: Grundlage beim Unterricht in der Erdbeschreibung. 15. u. 16. Aufl. (à 19 B.) 843, 44. u. 18., verb. u. verm. Aufl. 8. (20¼ B.) Halle 846, Schwetschke u. Sohn. à -

† Selten, Friedr. Chrn., hodegetisches Handbuch der Geographie zum Schulgebrauch bearb. 1. Bd.: Für Schüler. 20. und 21. Aufl. 1849, 51. und 22. Aufl. A. u. d. T.: Grundlage beim Unterricht in der Erdbeschreibung. 22., verb. und verm. Aufl. 8. (XVI und 332 S.) Halle 852. [Braunschweig,] Schwetschke und Sohn. -

—— dass. — 2. Bd.: Für Lehrer. 5. Aufl. A. u. d. T.: Ueber den Gebrauch der Lehrhülfsmittel beim Unterricht in der Erdbeschreibung. 5., verm., größtentheils umgearb. Aufl. 8. (VIII und 297 S.) Ebds. 850.

Selten, Friedr. Chrn., hodegetisches Handbuch der Geographie zum Schulgebrauch bearb. 1. Bd. Für Schüler. 23. Aufl. A. u. d. T.: Grundlage beim Unterricht in der Erdbeschreibung. 23., verb. und verm. Aufl. 8. (XVI und 332 S.) Braunschweig 855, Schwetschke und Sohn. -

Selten, Friedr. Chrn., hodegetisches Handbuch der Geographie zum Schulgebrauch bearb. 1. Bd. Für Schüler. A. u. d. T.: Grundlage beim Unterricht in der Erdbeschreibung. 24., verb. und verm. Aufl. 8. (XVI und 351 S.) Braunschweig 858, Schwetschke und Sohn. -

Selten, Friedr. Chrn., hodegetisches Handbuch der Geographie zum Schulgebrauch bearb. 1. Bd. A. u. d. T.: Grundlage beim Unterricht in der Erdbeschreibung. 25., verb. und verm. Aufl. 8. (XVI und 339 S.) Braunschweig 862, Schwetschke und Sohn. -

Selten, Fritz, der Fiedler-Bauer. Eine Bauerntragödie in 3 Akten. gr. 8. (107 S.) Leipzig 902. Berlin, H. Seemann Nachf. n. 2. —

Selten, Fritz, der Lieblose. Schauspiel in 5 Akten. (72 S.) 8. Berlin (907). Harmonie. 2. —

— Die Luxuskabine. Eine Ostender Badegeschichte. 1.—3. Tau . (220 S.) 8. Berlin 908. A. Pulvermacher & Co. 3.—; geb. 4.—

Selten, (Verfasserin von Marie Rose), J., Claudie, oder die Stiefmutter. Allen edlen Frauen u. die es werden wollen gewidmet. 8. Braunschweig 838. Leibrock. 1⅜ rf

Selten, J., Luise, od. was e. Mädchen durch Sittsamkeit, Selbstprüfung u. Fleiß werden kann. Eine Festgabe f. junge Frauenzimmer. Mit e. Vorr. v. C. Venturini. 8. (13 B. u. 3 Kpfr.) Braunschweig 830, G. C. E. Meyer.

——, Marie Rose, od.: Tugend besiegt d. Schicksal. Ein Beitr. zur Veredlung d. Herzens u. d. Sitten für d. reif. weibl. Jugend. 8. (18½ B.) Braunschweig 832, G. C. E. Meyer.

Selten, J., Marie Rose, oder: Tugend besiegt das Schicksal. Ein Beitrag zur Veredlung des Herzens u. der Sitten für die reifere weibl. Jugend. 2. Ausg. 8. (18½ B.) Braunschweig 843, G. C. E. Meyer sen.

Selten, J., Marie Rose, oder Tugend besiegt das Schicksal. Ein Beitrag zur Veredlung des Herzens und der Sitten für die reifere weibl. Jugend. 3., verb. Aufl. 8. (296 S.) Braunschweig 847, G. C. E. Meyer sen. -

Selten, Kurt, die Revolution in der Litteratur durch H. Sudermann! Eine Enquête. 1.—3. Aufl. 8. (12 S.) Dresden 892. W. Ulrich. n. — 30

Selten, Kurt Referendar: Die Veräusserung von Staatsvermögen nach Reichs- und preussischem Landesstaatsrecht. Breslau: Fleischmann 1910. VIII, 91 S. 8°

Breslau, Jur. Diss. v. 11. März 1910, Ref. Brie, Gretener

[Geb. 6. April 87 Breslau; Wohnort: Trachenberg; Staatsangeh.: Preußen; Vorbildung: Maria-Magdalena-Gymn. Breslau Reife M. 06; Studium: Breslau 6 S.; Rig. 2. Dez. 09.] [U 10. 537

SELTENAU, Karl und Roder, oder Leiden und Freuden der Welt. Leipzig, Beer, 1797. 8⁰. (²/₃ Rthl.) Selten!

Seltenau, Carl, u. Roder, od. Leid. u. Freuden d. Welt. 8. Lpz. Beer. (Graffs in Weißenf.) 797.

• Seltenau, Karl u. Roder ꝛc., ist jetzt Verlag von Schmidt in Leipz.

Seltenes, Was, oder die Kenntniss seiner selbst . . . München 1800. V: *Bock, Johann Bapt.* (Ky)

Seltenhammer Leopold: Beiträge zur Geschichte der Beghinen und Begharden.
H. 1904 PN 1815 **Diss. Wien, Univ.** 901

SELTENHEIT. Eine – oder der echte Burgersinn die Jur. Pr. in Hungarn betreffend. Eggenberger, Pesth 1792.

Seltenheiten. – Von Pommerischen gegrabenen Seltenheiten. Anzeige 1–7. Stettin 1747–52. 4⁰
[Hrsg.: Joh. Daniel Denso.]

Seltenheiten aus der Menschen u. Geisterwelt, (v. J. F. E. Albrecht). 12. Leipz. 796. (Rauck). 18 Gr

Seltenheiten aus d. Menschen- u. aus d. Geisterwelt. Vom Verf. des Pansalvin. (J. F. E. Albrecht.) 12. Leipz. Sommer. 796.

Seltenheiten aus der Menschen- und Geisterwelt . . . Oschatz 1797. V: *Albrecht, Johann Friedrich Ernst.* (schr) (GGr) (LS) »Leipz. 1796.« (Ky)

Seltenheiten der Natur und Oekonomie. T. 1–3. Leipzig: Gleditsch 1753. 8⁰
[Hrsg.: J. D. Titus u. Mich. Cristoph Hanov.]

§ **SELTENNÜCHTER,** Meister Stephan („der ein durstiger Weinbruder"), Haus- Kriegs-Comödie, darinnen alle Ehrentitel und Praedicata, so die bösen Weiber ihren Männern zu geben pflegen, meisterlich beschrieben. O. J.
Weller, Lex. Ps. p. 513. — Höchst selten!

Seltenreich, C.C., s. Seltenreich, Karl Christian

Seltenreich, Ehrenfried Eduard (Lübben) A. S. 564/54

Quaestio iuris controversi de rustico non mercatore ad mandatum elector. de anno MDCCLXVII.
Präs. Christian Heinrich Breuning.
Leipzig (Rumpf) 10. IV. 1771. 8 S. 32412

Seltenreich, Emma, Tante Emmas Lustspiele f. Mädchen. 12. (71 S.) Wien 893. A. W. Künast. n. 1. 20

Seltenreich, Karl Christian

— Beobachtt. u. Erfahrr. üb. Melancholische, s. Beobachtt., u. setze hinzu: (v. K. C. Seltenreich).

Seltenreich, Karl Chr., Ideen zur homilet. Bearbeit. d. Lehrtexte, üb. welche am dritten Reformationsjubiläo 1817 im Königr. Sachsen gepredigt werden soll. 8. Leipz. 817. Fr. Fleischer. 8 Gr

— s. Materialien zu Beichtreden.

Seltenreich, K. Chr., Predigtentwürfe, s. a. Predigtentwürfe.

— Predigtentwürfe üb. die Abschnitte heil. Schrift, welche allerhöchster Anordnung gemäß statt d. gewöhnl. Evangelien in d. königl. sächs. Landen öffentl. erklärt werden sollen. 3 Bde. 8. Leipz. 810. Fr. Fleischer. 2 Thlr 16 Gr

— Predigtentwürfe üb. die 8 neuen epistol. Lehrtexte im Königr. Sachsen. 8. Leipz. 813.

— Predigtentwürfe üb. die neuen Lehrtexte, üb. welche 1817 im Königr. Sachsen gepredigt werden soll ꝛc. 8. Leipz. 817. Fr. Fleischer. 1 Thlr

— Predigtentwürfe üb. die vorgeschrieb. Lehrtexte bei d. Jubelfeier des Königs von Sachsen ꝛc. 8. Leipz. 818. Fr. Fleischer. 3 Gr

— Predigtentwürfe üb. die Leidensgeschichte Jesu, nach d. Matthäus u. Markus. 8. Leipz. 812. Fr. Fleischer. 21 Gr Schrbp. 1 Thlr 4 Gr

Seltenreich, Karl Chr., Predigtentwürfe üb. die gewöhnl. Sonn-, Fest- u. Aposteltagsevangelien u. Episteln durch d. ganze Jahr, in ausführl. u. abgekürzter Form. 11 Bde, u. 12r Bd., ein vollständ. Register üb. alle 11 Bde enthaltend; herausgg. v. Geo. Ad. Zeidler. 8. Leipz. 804—820. (1r Bd. 1s Hft. 2e Aufl. 829.) Fr. Fleischer. 12 Thlr 18 Gr

— Predigtentwürfe üb. die bibl. Stellen, worüber im J. 1811 an Sonn- u. Festtagen, statt d. gewöhnl. Evangelien auf hohe Anordnung, gepredigt werden soll. 2 Bde. 8. Leipz. 811. Fr. Fleischer. 2 Thlr Schrbp. 2 Thlr 12 Gr

Seltenreich, C. C., quatenus ratio, qua Jesus ejusque apostoli praecipua religionis capita tradiderunt ac stabiliverunt, omnibus temporibus sit commendabilis atque imitabilis. Dresd. 1823. 4.

— **Diss. inaug. Responsio ad quaestionem:** quatenus ratio ac methodus, qua **Jesus Christus** ejusque apostoli praecipua **religionis naturalis capita** tradiderunt ac stabiliverunt, **temporibus** sit commendabilis atque imitabilis. P. I. 4. Dresd. 822.

Seltenreich, Karl Christ., was sind Kinder ihren Eltern schuldig? Letzte von dem Dahingeschiedenen am 12. Sept. bei dem montäg. Gottesdienste in der Sophienkirche gehaltene Predigt, nebst den an seinem Grabe gehalt. Reden u. öffentlich erschien. Gedichten. gr. 8. Dresden 837. (Leipzig, Friese.) n. ¹/₆ Thlr

Seltenreich, Ph., Gedichte u. Lieder zum Großherzog-Jubiläum. Zur Verwendg. bei Schulfeiern u. in Vereinen. gr. 8. (12 S.) Karlsruhe (902). J. J. Reiff. n. — 20

Selter, Fr., Ueber die Einführung von Tarifverträgen in Grossbetrieben des Maschinenbaues und verwandter Industrien. 8⁰. Berlin, Polytechn. Buchhandlung, 1911.

Selter, H. E., Barbarossa's Erwachen. Patriotisches Festspiel in 3 Aufzügen, e. Prolog u. e. Epilog. 12. (70 S.) Brettin 888. (Leipzig, Strauch.) n. 1. —

Selter, H. E., im Rock des Königs. Lustspiel in 1 Akt. 8. (22 S.) Berlin 894. Liebel. n. 1. —

Selter, Herm., ein Beitrag zur Localbehandlung der gummösen Syphilis. Inaugural-Dissertation. 8. (17 S.) Jena 880. Neuenhahn. *

Selter, Hugo, aus Altena (Westf. [!]): Aus d. med. Klinik zu Bonn. Einiges über die Methodik der quantitativen Fettbestimmungen in den Faeces des Menschen. Mit 1 Abb. *Bonn 1902: C. Georgi.* (30 S.) 8°
Bonn, Med. Diss. v. 24. Febr. 1902

Selter (Hugo), s.: Jugend, gesunde.

— s.: Verhandlungen der Jahresversammlung d. allgem. deutschen Vereins f. Schulgesundheitspflege.

Selter, J. C., Grundriss von Berlin. Aufgenommen u. gezeichnet mit Genehmigung der Königl. Academie der Wissenschaften. 4 Bl. in gr. Fol. Kupferst. u. color. Berlin 850, Schropp & Co. — (Neue Ausg.) Ebd. 852. n. 2 ℞

Selter, J. C. Grundriss von Berlin und seinen nächsten Umgebungen. Berlin 1 Bl. c. K.
Desgl. Ausgabe von 1821, 1830 und 1846. Je 1 Bl. c. K.

Selter, Jh. Chr., histor.-geograph. u. naturhistor. Lesebuch für junge Leute, zur Vorbereit. u. z. Nachlesen beim Unterricht. 1r Thl. 12. Berl. 797, a. 808. Hann. 8 gr

Die Bestrebungen des Alumnatvereins vom hygienischen Standpunkte. Vortrag gehalten auf der I. Jahresversammlung des Alumnatvereins zu Chemnitz von [Paul] Selter. o. O. u. J. 2 Bl 4°. [Kopftit.]

Die Bestrebungen des Alumnatvereins vom hygienischen Standpunkte. Nach einem Vortrage von P[aul] Selter. [Lennep: Verlag d. Alumnatvereins 1910.] 6 S. 8°. [Kopftit.]
aus: Lt. 1 (1910) S. 125—129.

Selter, Paul [aus Wald '(Kr. Solingen)']: Über Embolie der Aorta abdominalis an ihrer Theilungsstelle ... Leipzig, Druck v. J. B. Hirschfeld, 1891; 26 S. 8.
Strassburg, Med. Fak., Inaug.-Diss. v. 1891

Selter, Paul, über Functionsschwäche u. Functionsstörungen des Verdauungsapparates im Kindesalter. (55 S. m. 1 Abb.) Lex. 8. Stuttgart 909. F. Enke. 1.60
Erweit. Sonderabdr. aus: „Arch. f. Kinderheilkde."

— s.: Verhandlungen der Gesellschaft f. Kinderheilkunde.

Die Verwertung der Fäcesuntersuchung für die Diagnose und Therapie der Säuglingsdarmkatarrhe nach Biedert. Auf Grund zahlr. eigener Beobachtungen f. d. prakt. Gebr. dargest. von Dr. Paul Selter, Kinderarzt in Solingen. Mit 1 Taf. *Stuttgart: F. Enke 1904.* (86 S.) 8°

— s.: Vorträge üb. Säuglingspflege u. Säuglingsernährung.

Selter, Wilhelm, Referendar aus Altena i. W.: Die Stellung des gutgläubigen Mandatars nach Erlöschen des Auftrags gemeinrechtlich und im Bürgerlichen Gesetzbuch. *Altena 1902: R. Kord-Ruwisch.* (87 S.) 8°
Freiburg i. B., Rechts- u. staatswiss. Diss. v. 1902

Selters [Schlagwort]

Selters, s.: Geologische Karten (Preussen).

Selting's, Friedr., Besuch in München, u. dessen Streifzüge nach Augsburg, Regensburg, Salzburg u. in die merkw. Gegenden Oberbayerns, nebst Bemerkgn. üb. die Wiedererrichtung der Klöster, dann der definitiven u. provisor. Anstellung der Staatsdiener etc. München 1819. Gedr. u. verlegt bei Gabr. Heitermann, wohnhaft im Morgenlicht Nr. 63, u. Leipzig, bei C. H. F. Hartmann in Commiss. Kl. 8°. Pphd. schönes Expl.
In humorist.-satyr. Briefen. Tit. u. 130 S. Ebenfalls selten!

Selting, Fr., Besuch in München, u. dessen Streifzüge nach Augsburg, Regensburg rc. 8. Münch. 819. Lentner. (Volkmar in Leipz.) 20 gr

Seltmann, Alkohol u. Kirche. I. Die Alkoholfrage auf den sächs. Diözesanversammlgn. 1909. Vortrag, geh. auf der Versammlg. des Vereins enthaltsamer Pastoren des Königr. Sachsen am 17. I. 1910 in Döbeln. (16 S.) 8. Dresden 910. Buchh. der Stadtmission. — 10

— Die soziale Bedeutung d. Blaukreuz-Arbeit (Trinkerrettung). Vortrag, geh. auf dem Blaukreuz-Fest in Dresden am 13. III. 1904. 2. erweit. Aufl. (18 S.) 8. Ebd. 909. p nn — 15

Seltmann, Joh. Siegm., Irmensulae Saxonicae pia et christiana interpretatio. Dresdae 1719. 4.

Seltmann, Karl

Seltmann, Angelus Silesius u. seine Mystik. gr. 8. (208 S.) Breslau 896. G. P. Aderholz. n. 3. —

Kritiken und Neues zur Wiedervereinigung der getrennten Christen. Von Dr. C[arl] Seltmann, Domherr. Breslau: G. P. Aderholz 1906. (140 S.) 8° [F.]

Seltmann, Carl, Leitfaden zu e. methodischen Unterrichte in der Zoologie. In 3 Stufen bearb. 1. Hft. [1. u. 2. Stufe.] 8. (II, 40 S.) Plauen 876. Neupert n. — 30

Seltmann, Carl, Leitfaden zu einem methodischen Unterrichte in der Zoologie. In drei Stufen bearb. 2. Heft. [III. Stufe.] 8. (XX, 179 S.) Plauen 880, Neupert. *

— (Hrsg.), s. Ut omnes unum.

Zur Wiedervereinigung der getrennten Christen, zunächst in deutschen Landen. Von Dr. C[arl] Seltmann, Domherr in Breslau. *Breslau: G. P. Aderholz 1903.* (X, 391 S.) 8° [F.]

Seltmann, Karl Hugo. Über die Vertikalzone der menschlichen Ansiedelungen in den verschiedenen Breiten. 31 S. u. 2 Taf.
Progr. *Annaberg* 1878.

Seltner, E., die Indigoküpen, deren Anstellung, Gebrauch und praktische Behandlung, enth. alle gebräuchlichen warmen und kalten Küpen: Waidküpe, Pottascheküpe, Deutsche Küpe, Urinküpe, Opermentküpe, Schützenbergers Küpe, Eisenvitriolküpe, Zinkküpe rc. Nach Persoz, Schützenberger, Grison rc. Ein prakt. Hilfsbüchlein für jeden Wollen- und Baumwollenfärber und Drucker. 8. (VI, 82 S.) Leipzig 886, G. Weigel. *

SELTOW, Alfred von. Ein Gemälde aus den neuesten Zeiten (angeblich auf Wahrheit beruhende Geschichte eines Offiziers, mit fingirten Namen) von *F. W. v. S.* (d. i. *Friedr. Wilh. v. Sydow*, preuß. Major a. D.). 2 Thle. Mit 2 Ornament-Titelvign. Freyberg, 1812. bey Craz und Gerlach. 8°. (In Dresden.) (3 Mk. E. Frensdorff, 1906; 10 Mk., Expl. mit handschriftl. „Schlüssel", Adolf Weigel, 1901.)
Stellenw. etwas verfänglicher Roman, dessen Held der Verfasser selbst ist. Seine Frau unter d. Namen Allwine ist die Tochter des verstorb. Hauptmanns von Criegern zu Thunitz bey Bischofswerda in der Lausitz. Der Schauplatz ist zumeist Sachsen, auch Altenburg etc. 1: 208 S. (incl. Tit., 4 S. Vorr. u. 5 S. Einleitg.). 2: S. 209—340 (incl. Tit. u. 1 Bl. Druckf.).

Seltsam, Ferd., die Gesetze über Unfall- und Kranken-Versicherung. Uebersichtlich und populär dargestellt. [Zugleich Ergänzungsheft zu Seltsam und Posselt, „Oesterreichische Gewerbe-Ordnung". 2. Aufl.] gr. 8. (X, 52 S.) Wien 888, Manz'sche Hof-Verlags- und Universitäts-Buchh. *

— dasselbe. II. Das Gesetz üb. Krankenversicherg. [Zugleich Ergänzungsheft zu Seltsam u. Posselt, „Oesterreichische Gewerbe-Ordnung". 2. Aufl.] gr. 8. (VIII, 95 S.) Ebd. 889. n. 1. 20

Seltsam, Ferd., und Edm. Posselt, die österreichische Gewerbe-Ordnung. Mit Rücksicht auf das prakt. Bedürfnis erläutert und mit Formularien versehen. 8 Lfgn. gr. 8. (XX, 490 S.) Wien 883,84, Manz'sche Hofverlagsh. à Lfg. * 60 Pf. *

—— und Edm. Posselt, die österreichische Gewerbe-Ordnung. Mit Rücksicht auf das prakt. Bedürfnis erläutert und mit Formularien versehen. 2. ergänzte und verb. Aufl. 8 Lfgn. gr. 8. (XVIII, 632 S.) Ebendas. 885,86.
1.—7. Lfg. à Lfg. * 60 Pf.; 8. Lfg. * M 1.80. * geb. *

—— dass. — mit Ergänzungsheft. gr. 8. (XVIII, 632; X, 52 S.) Ebendas. 888. *

Seltsam, Ferd., der Hausadministrator, s. a. John, Joh.

Seltsam, Dr. Ferdinand, u. Joh. John, Der Hausadministrator. Praktischer Rathgeber im Baufache, beim An- und Verkaufe, sowie der Belehnung eines Hauses, im Miethverhältnisse, in Hausstener Angelegenheiten, Haus- und Feuerpolizei, Wasserleitung und Hausverwaltung überhaupt u. s. w. 2. umgearbeitete Auflage. Gr. 8, (XXIII, 331 S.) Wien: Manz 1892. 1.50

Seltsam, Dr. Ferdinand, und Joh. John, Der Haus-Administrator. Praktischer Rathgeber im Baufache, beim An- und Verkaufe, sowie der Belehnung eines Hauses, im Miethverhältnisse, in Haussteuerangelegenheiten, Haus- und Feuerpolizei, Wasserleitung und Hausverwaltung überhaupt rc., nebst einem eingehenden Preistarife. 3, mit einem Nachtrage und einem Register vermehrte Auflage. Gr.-8. (XXV, 375 S.) 1.80
—— Nachtrag und Register zum „Administrator". Gr.-8. (VI, 46 S.) Wien: Manz 1898. —.30

Seltsam, Ferd., Jul. Stieber u. Wolfg. Madjera, der Hausadministrator. Prakt. Ratgeber im Baufache, beim An- u. Verkaufe, sowie der Belehng. e. Hauses, im Mietverhältnisse, in Haussteuerangelegenheiten, Haus- u. Feuerpolizei, Wasserleitung u. Hausverwaltg. überhaupt u. s. w., nebst e. eingeh. Preistarife. 4., gänzlich umgearb. Aufl. (XXVII, 422 S.) gr. 8. Wien 903. Manz n. 5. 40; geb. n. 6. —

—— Das Pfandleihgewerbe. Praktische, m. Formularien verseh. Darstellg. der dieses Gewerbe berühr. Vorschriften. 12. (IX, 92 S.) Wien 892, Manz. * 1 80

—— die Rechte und Pflichten der gewerblichen Hilfsarbeiter [Lehrlinge, Gesellen und Fabriksarbeiter] nach den Bestimmungen der Gewerbeordnung. In populärer Darstellung. 8. (66 S.) Ebendas. 885. *

Seltsam, Ferd., d. System des österreich. Gewerberechtes. gr. 8. (VIII, 188 S.) Wien 899. Manz. n. 2. 40

Seltsamkeiten ---, Poetischer // Seltsamkeiten // Erstes Stück. // Canitz: // Mein GOtt wie rasen nicht die Dichter ! // Leipzig 1729. - 4 Blatt (nicht paginiert) Titelblatt und Vorrede.- Seite (1)-72.
Der Verfasser nennt sich am Schluß der Vorrede Verstandlieb.

Angebunden:
Poetischer // Seltsamkeiten // Zweytes Stück. // Canitz: // - - - Er sucht sich neue Spur, // Geusst solche Thränen aus, die lachens-würdig scheinen, // Und wo er lachen will, da möchten andre weinen. // Leipzig 1730. - Seite (73)-152.
Poetischer // Seltsamkeiten // Drittes Stück. // Canitz: // Gieb Achtung bitt ich dich, wie unsre Lieder schallen // Und was für eine Bruth man allenthalben heckt. // So weit sich das Gebieth des teutschen Bodens streckt. // Leipzig 1730. - Seite (153)-232.

Poetischer // Seltsamkeiten // Viertes Stück. // Günther: // An Dichtern fehlt es nicht, wohl aber an Poeten. // Leipzig 1730. - Seite (233)-311.

Bemerkenswert ist das Gedicht auf die Lobpreiser August Hermann Franckens (Seite 109). - Gelegenheitsgedichte auf Leipziger sind im 2. Stück: auf Caspar Schneiders Tochter Johanna Rebecca († 1698); im 3. Stück: auf Dr. G. H. Pipping; im 4. Stück: auf Gottfried Otto u Christiane Krause, Dr. Joh. Heinrich Kohnhardt u Christiane Regine, seine Tochter, u Johann Heinrich Lincke, Johann Christoph Thoma u Johanne Rosine Albert, die Boß- und Richterische Hochzeit, Johann Christoph Merckel u Johanna Maria Mylius, Georg Friedrich von Ziegler u Christiane Marianne von Könitz geb. Romanus.

B. S. T. 8°.23.

SELTSAMKEITEN, Poetischer, 4 Stücke (in 1 Bde.). (Stück 1 mit d. Motto aus Canitz: „Mein GOtt wie rasen nicht die Dichter!") Leipzig (o. Adresse) 1729—30. 8°. (In Leipzig, Stadtbibl.) Höchst selten!
Curiose Anthologie mißrathener Gedichte. Sehr selten u. nahezu unbekannt! Tit., 3 Bll. Vorr. d. Herausg. (unterz. *Verstandlieb*) u. 311 fortl. gez. S. Besonders unter den Stück 4 füllenden Hochzeit-Gedichten manch Ergötzliches.

Seltz, Helmuth, politische u. unpolitische Gedanken e. Deutschen. E. Fortsetzg. 8. (44 S.) Kiel 896. H. Eckardt. n. — 60

— dasselbe. 1. Tl., s.: Gedanken, polit. u. unpolit.

Seltz, Helmuth [aus Rostock]: Der Versbau im Reinke Vos. Ein Beitrag zur Metrik des Mittelniederdeutschen. . . . Rostock, Carl Boldt'sche Hof-Buchdr., 1890; 60 S. 8°
Rostock, Phil. Fak., Inaug.-Diss. v. 2. Jan. 1890

Seltzam, s. a. Vampyre, die, der Residenz.

Die Vampyre der Residenz. Wahre Skandalgeschichten und sensationelle Enthüllungen von Dr. **Soltzam**. 2. Aufl. *Berlin: H. Schmidt in Comm. [1899].* (23 S.) 8° [Umschlagt. J.]

Seltzam, C. P. L., momenta quaedam de vero juris scientiae cum philosophia nexu. 8maj. Manh. 819. Löffler. 8 Gr

Seltzsam, C., Beiträge zur Würdigung der Jacotot'schen Methode. 8. (46 S.) Breslau 848, G. P. Aderholz, Vrlgsb.

Seltzsam, C., der Geist der Jacotot'schen Methode in Beziehung auf den ersten Unterricht. Ein Vortrag, gehalt. in einer pädag. Versammlung zu Breslau den 15. April 1846. gr. 8. (3¼ B.) Breslau, G. P. Aderholz.

Seltzsam, G., s.: Leitfaden f. den geograph., geschichtl., naturgeschichtl. u. physikal. Unterricht in Volksschulen.

Seltzsam, K., Beiträge zur Würdigung der Jacotot'schen Methode. 8. (46 S.) Breslau 848, G. P. Aderholz. ⅙ ℛ

Seltzsam, K., der Geist der Jacotot'schen Methode in Beziehung auf den ersten Unterricht. Ein Vortrag, gehalt. in e. pädag. Versammlung in Breslau den 15. April 1846. gr. 8. Breslau 846, G. P. Aderholz. 6 ngr

Seltzsam, Karl, der Geist der Jacotot'schen Methode in Beziehung auf den ersten Elementarunterricht. 2. umgearb., sehr verm. Aufl. Breslau 853. Aderholz. 8. (IV, 87 S.) 7½ ngr

—— und L. Seltzsam, deutsches Lesebuch für das mittlere Kindesalter. 1. Aufl. (XVI und 296 S.) 1853. und 2. verm. Aufl. gr. 8. (XVI und 300 S.) Breslau 855, Hirt's Verlag.

—— und L. Seltzsam, deutsches Lesebuch für das mittlere Kindesalter. 3., verb. und verm. Aufl. gr. 8. (XVI und 326 S. mit in den Text gedr. Abbildungen in Holzschn.) Breslau 859 Hirt's Verlag. *

—— und L. Seltzsam, deutsches Lesebuch für das mittlere Kindesalter. 4. Aufl. 1862. und 5., verb. Aufl. Zur Förderung der Anschauung illustrirt durch 85 naturgeschichtl. Abbild. (in eingedr. Holzschn.) nach Orig.-Zeichnungen von Ferd. Koska und Ed. v. Kornatzki. gr. 8. (XVI und 336 S.) Breslau 865, Hirt's Verlag. *

—— und L. Seltzsam, deutsches Lesebuch für das mittlere Kindesalter. Zur Förderung des Unterrichts illustrirt durch 160, nach Originalzeichnungen ausgeführten Abbild. (in eingedr. Holzschn.). 8. wesentlich verb. und verm. Bearbeitung. Neue, 2 Abthlgn. in 1 Bde. vereinigte Ausg. gr. 8. (VIII, 223; 263 S.) Breslau 873, F. Hirt's Verlag. *

Seltzsam, K., und L. Seltzsam, deutsches Lesebuch für das mittlere Kindesalter. Zur Förderung des Unterrichts illustrirt durch 187, nach Orig.-Zeichnungen ausgeführte Abbild. 9. vielseitig verb. und bereich. Bearbeitung. 2 Abthlgn. in 1 Bde. gr. 8. (VII, 223 und 269 S.) Breslau 876, Hirt. *

Seltzsam, K., und L. Seltzsam, deutsches Lesebuch für das mittlere Kindesalter beider Konfessionen. Zur Förderung des Unterrichts illustr. durch 187 nach Orig.-Zeichnungen ausgeführte (eingedr. Holzschn.-)Abbild. 10. mit der 9. übereinstimmende Aufl. (VIII, 224; 272 S.) 1878; 11. Aufl., in der vom königl. preuß. Kultusministerium angeordneten Orthographie. 2 Abtlgn. in 1 Bde. gr. 8. (IV, 223; 269 S.) Breslau 881, F. Hirt. *

Seltzsam, K., u. L. Seltzsam, deutsches Lesebuch f. das mittlere Kindesalter beider Konfessionen. Begründet v. K. u. L. S. 2 Abtlgn. in 1 Bde. 13. (Ster.-)Aufl. gr. 8. (III, 224 u. 276 S. m. 188 Abbildgn.) Breslau 894. F. Hirt. Geb. in Halbleinw. n. 2. 40

Seltzsam, K., erstes Lesebuch zum Gebrauche bei Anwendung der Lesemethode nach Jacotot, zunächst für die untern Elementar-Classen des Elisabet- u. Magdalenen-Gymnasiums zu Breslau. 8. Breslau 846, G. P. Aderholz. In Lederrücken geb. n. 4 ngr

— erstes Lesebuch zum Gebrauch bei Anwendung d. Lesemethode nach Jacotot. 2. Aufl. 8. (82 S. wovon 2 lith.) Breslau 847, G. P. Aderholz. n. 4 ngr — 3. Aufl. 8. (80 S.) Ebd. 849. 3 ngr

— erstes Lesebuch zum Gebrauche bei Anwendung der Lesemethode nach Jacotot. 4. Aufl. 853. — 5. Aufl. 854. (112 S.) — 6. Aufl. 856. — 7. verm. rc. Aufl. Breslau 857. Aderholz. 8. (120 S. u. 2 lith. S.) n. 3 ngr

Seltzsam, Karl, erstes Lesebuch zum Gebrauche bei Anwendung der Lesemethode nach Jacotot. 8. verb. Aufl. Breslau 861. Aderholz. 8. (122 S.) 3 ngr

Seltzsam, K., erstes Lesebuch zum Gebrauche bei Anwendung der Lesemethode nach Jacotot. 10. und 11. Aufl. 8. (120 und 2 lithogr. S.) Breslau 865,67, Aderholz' Buchh. *

Seltzsam, K., erstes Lesebuch zum Gebrauche bei Anwendung der Lesemethode nach Jacotot. 12.—15. Aufl. 8. (144 S.) Breslau 869—75, Aderholz' Buchh. *

– und Seltzsam, L.

— — illustrirtes deutsches Lesebuch für das mittlere Kindesalter. 6., verb. u. verm. Aufl. Ebend. 868. gr. 8. (XVI, 368 S. mit zahlreichen in den Text gedr. naturgeschichtl. Abbildungen u. geograph. Skizzen nach Orig.-Zeichnungen in Holzschn.) n. 12½ ngr; geb. n. 15 ngr

—— 8 Lesetafeln vorzugsweise z. Gebrauch beim ersten Lese-Unterricht nach Jacotots Methode. qu. 4. (8 zusam.gelegte Taf. in Roy.-Fol.) Breslau 846, G. P. Aderholz. *

—— 8 Lesetafeln vorzugsweise zum Gebrauch beim ersten Leseunterricht nach Jacotot's Methode. 2. Aufl. Imp.-Fol. Breslau 851, G. P. Aderholz, Vrlgsb. *

Seltzsam, K., vier Lesetafeln für große Schülerabtheilungen. Imp.-Fol. Breslau 867, Aderholz' Buchh. *

—— noch 2 Lesetafeln, Nr. 9 u. 10, vorzugsweise z. Gebrauch beim ersten Leseunterricht nach Jacotot's Methode. 2 Bl. in Roy.-Fol. Breslau 846, G. P. Aderholz.

Seltzsam, K., Jacotot's Methode in ihrer Anwendung auf d. ersten Leseunterr. u. d. schriftl. Uebungen dargest. 8. (5 B.) Breslau 841, G. P. Aderholz.

—— Methodik der Orthographie nach den Grundsätzen Jacotot's. Nebst Materialien für den orthograph. Unterricht. gr. 8. (VIII und 69 S.) Breslau 851, Hirt's Verlag. *

de Selva, H. R., Historie des treffl. Don Inigo de Guipuscoa. 8. Glogau 762. Chr. F. Günther. 16 gl

Selvage, I. L., antiquitatum christianarum institutiones. VI Ptes. 8. Maynz, Häffner. 787–90.

Selvaggii, J. L., institutiones antiquitatum christianarum. VI Pts. 8maj. Mainz (Frkf.a.M.) 787—89 (Streng). 4⅙ ℛ

Selve [Schlagwort]

Selve, s.: Adriatisches Meer.

Selver, David

Selver, D., die religionsgeschichtliche Bedeutung der Synagoge. Predigt, geh. am 9. Septbr. 1892 bei der Einweihg. der neuen Synagoge in Groß-Gerau. gr. 8. (14 S.) Darmstadt 892. (Frankfurt a/M., J. Kauffmann.) — 50

Selver, der Entwickelungsgang der Leibniz'schen Monadenlehre bis 1695, s.a. Studien, philosophische.

Selver, David [aus Chajowa, Polen]: Der Entwickelungsgang der Leibniz'schen Monadenlehre bis 1695. Auf Grund d. Quellen historisch-kritisch dargestellt . . . . Leipzig, Wilh. Engelmann, 1885; 3 + 79 + 1 S. 8°.
Leipzig, Phil. Fak., Inaug.-Diss. v. 29. Dez. 1885.

Selvers, Fridericus: De mediae comoediae sermone. Borna 1909: Noske. 86 S. 8°
Münster, Phil. Diss. v. 3. Okt. 1909, Ref. Kroll
[Geb. 25. März 86 Burgsteinfurt; Wohnort: Burgsteinfurt; Staatsangeh.: Preußen; Vorbildung: Gymn. Burgsteinfurt Reife O. 05; Studium: Marburg 2, München 1, Berlin 1, Münster 5 S.; Rig. 26. Juli 09.] [U 10. 3802

Selvi, Mass., Cenni storici sulla rivoluzione in Italia dall' anno 1821 in poi. Fasc. 1—4. gr. 8. (S. 1—96.) Trieste 862. (Wien, F. Klemm.) à Fasc. * 6 Ngr. *

—— geschichtliche Darstellung der italienischen Revolutionszeit von 1821 herwärts. Erste Übertragung in's Deutsche, mit Noten und Zusätzen des Uebersetzers Mich. Alberti. 1. Bd. 1. und 2. Lfg. gr. 8. Wien 862, (F. Klemm.) [1. Lfg. (S. 1—24.) * 4 Ngr., 2. Lfg. (S. 25—125.) * 16 Ngr.] *

Selvili, Panajot D., aus Rustschuk: Zur pathologischen Anatomie der Dementia paralytica. Zür. Orell Füssli Cie Dr. 1876. 66 S., 2 Taf., 1 Bl. Thesen. 8°.
Zürich. Med. Diss. [v. 18. März 1876].

Selwich, S., Briefe an d. Volksschullehrer u. an Diejenigen, d. Volksschullehrer werden wollen. gr. 8. (35 B.) Königsberg 838, (Gräfe u. Unzer.)

—— Raumlehre od. Geometrie. gr. 8. (14 B. u. 19 Taf.) Königsberg 830, Gräfe u. Unzer.

Selwich, S., eine Volksschule, wie sie sein soll. Erlebtes und Durchdachtes. 8. (VIII, 80 S.) Bremen 869, Kühtmann und Comp. *

Selwig, Johann David

Selwig, J. D.: „Ideen und Erfahrungen über freyen Kornhandel und Getraidemagazine; oder zweckmässige Mittel, die Kornpreise zu vermindern", Braunschweig 1801 (Reichardt). — Vorh.: Com. Bibl. Hamburg.

Selwig, Joh. Dan., Ideen u. Erfahrungen üb. d. freien Kornhandel u. Getreide-Magazine, od. zweckmäß. Mittel die Kornpreise zu vermindern. gr. 8. ... Braunschweig 831, Reichard.

Selwig & Lange: Maschinen und Apparate für die Zuckerfabrikation. Braunschweig (1899?)

Selys-Longchamps, Edmund de

— Essai monographique sur les campagnols des environs de Liége, présenté au premier congrès scientifique belge réuni à Liége le 1. Aout 1836. Avec IV lithograph. color. gr. in-8. Liége 836. (Bonn, Marcus.) n. 2/3 ℛ

— Études de Micromammalogie. Revue des musaraignes, des rats et des campagnols, suivie d'un index méthodique des mammifères d'Europe. Avec 3 planches lithogr. gr. in-8. Paris 839. (Bonn, Marcus.) n. 1 2/3 ℛ

Selys-Longchamps, Edm. de, Faune Belge, 1. Partie, indication méthodique des Mammifères, Oiseaux, Reptiles et Poissons observés jusqu'ici en Belgique. gr. in-8. (20½ B. u. 11 Stnt., wovon 5 ill.) Liége 842. Bruxelles, Muquardt. *

de Sélys-Longchamps, Edm., Monographie des Libellulidées d'Europe. (Mit 4 Taf. Abbildd.) gr. in-8. Paris 840. (Bruxelles, Muquardt.) n. 1 2/3 ℛ

Selys-Longchamps, Marc de, Phoronis, s.a. Fauna u. Flora des Golfes v. Neapel. 30.

Phoronis par Marc de **Selys**-Longchamps. Avec 1 fig. et 12 pl. Hrsg. von d. zool. Station zu Neapel. Berlin: R. Friedländer & Sohn 1907. (IX, 280 S.) 4°
— **Fauna** u. Flora d. Golfes von Neapel. Monogr. 30. [07. 9393 3

Selz [Schlagwort]

Selz, s.: Preussen. Messtischblätter.

Selz [Verfasser]

Selz, Alfred, Rechtsanwalt a. München: Die Entlastung nach § 260 des deutschen Handelsgesetzbuches. Erlangen 1908: Junge & Sohn. (40 S.) 8°
Erlangen, Jur. Fak., Ref. Sehling, Diss. v. 3. Juli 1908
[Geb. 19. Jan. 79 München; Wohnort: Nürnberg; Staatsangeh.: Bayern; Vorbildung: Ludwigs-Gymn. München Reife 97; Studium: München 5, Genf 1, Würzburg 2 S.; Rig. 20. Juni 08.]

Selz, Eugen, appr. Arzt aus München: Eine Colobom-Familie. Mit 3 Taf. *Jena 1900: Frommann.* (32 S.) 8°
Jena, Med. Diss. v. (23. Apr.) 1900

Selz, Otto: Die psychologische Erkenntnistheorie und das Transzendenzproblem. Untersuchungen zur Entstehung des Transzendenzproblems und zur Transzendenztheorie des älteren englischen Empirismus. Leipzig: W. Engelmann 1909. 110 S. 8° ¶ (Aus: Archiv f. d. ges. Psychol. Bd 16, H. 1/2.)
München, Phil. Diss. v. 14. Juli 1909, Ref. Lipps, v. Hertling
[Geb. 14. Febr. 81 München; Wohnort: München; Staatsangeh.: Bayern; Vorbildung: Ludwigs-Gymn. München Reife Juli 99; Studium: Jura München 4, Berlin 1, München 5 S.; Rig. 14. Juli 09.] [U 10. 3699

Selzam, Joh. Frid.: De baptismo Ephesiorum in nomen Christi, s. Benner, Johann Hermann [Praes.]

Fischzuchtanstalt Selzenhof bei Freiburg im Großherzogthum Baden. - Freiburg 1874. 11 S.

Selzer, Ch. J. L., Kritik üb. des Frhrrn. v. Eggers Entwurf eines peinl. Gesetzbuchs f. die Herzogthümer Schleswig u. Holstein. 2 Bde. gr. 8. Altona 811. Hammerich. 1 ℛ 16 gℛ

Selzle, Leonh., kann e. denkender Mensch noch an die Gottheit Christi glauben?, s.: Glauben u. Wissen.

Sem u. Japheth. Die hebr. Worte der jüdisch-deutschen Umgangssprache zusammengestellt u. erklärt, nebst einer Vorrede, v. J. H. M. 8. (56 S.) Leipzig 882. Glöckner. n. — 80

Sem u. Japhet, 2. Aufl., s. 1889 (in Bd. XXV): Dolmetsch der Geheimsprache.

Sema, S., moderne Mädchen. Drama in 4 Aufzgn. 8. (III, 108 S.) Dresden 897. E. Pierson. n. 1. 50

— Sirokko. Zwanglose Geschichten. 8. (302 S.) Ebd. 898. n. 4. —

Semadeni, Bernardo [med. pract. von Poschiavo (Graubünden)]: Ueber einen Fall von Carcinom der Mamma und Tuberculose der Axillardrüsen derselben Seite. Zürich 1898. 32 S. 8.
Zürich. Med. Diss. 1897/98.

Semadeni, Franc[esco] Ottavio (Poschiavo-Graubünden): Beiträge zur Kenntnis der Umbelliferen bewohnenden Puccinien. Jena 1904. 55 S. 8°. S.-A. a. d. Centralbl. f. Bakt. Abt. 2. Bd. 13. [8. 1. 04.]
Bern. Phil. Diss. 1904/1905.

Semadeni, Franc[esco] Ottavio, Beiträge zur Kenntnis der Umbelliferen bewohnenden Puccinien. Diss. Phil. Bern. [Mit Figuren. Sep.-Abdr. aus dem Centralblatt für Bakteriologie, Parasitenkunde und Infektionskrankheiten. Abteilung II.... Band 13.] IV + 56 S. 8. Jena, Gustav Fischer, 1904.

Semadeni, O[ttavio]. Kulturversuche mit Umbelliferen bewohnenden Rostpilzen. (Aus dem Botanischen Institut Bern.) (Vorläufige Mitteilung.) (Abdruck aus dem Centralblatt für Bakteriologie, Parasitenkunde und Infektionskrankheiten. Abteilung 2.... Band 10. 1903. No. 16/17.) II S. + S. 522—524. 8. (Jena, Gustav Fischer.)

Semaine: La Semaine
v. Le Monde.

Semaine. La Grande S' de l'Histoire de l'Humanité s. H[innig], F W .

Sémaine, une, de l'histoire de Paris, par L. de L. 8. Stuttgart 830. (Cöln, Gaul et Tonger.) 1/4 ß

Semaine, une, de l'histoire de Paris, par L. de L. 8. Stuttg. 830. Scheible. 12 Kr

Semaka Eugen, Християньска Апольогетика для висших клас шкіл середних і иньших висших наукових вакладів. (Christliche Apologetik für die höheren Klassen der Mittelschulen und anderer höherer Lehranstalten.) Wien 1907. Schulbücherverlag. Geh. K 3.—, geb. K 3.20. Dieses Religionsbuch wird, die Approbation der kompetenten kirchlichen Oberbehörde vorausgesetzt, zum Unterrichtsgebrauche an Mittelschulen und verwandten Anstalten in der Bukowina, an denen Religion in ruthenischer Sprache gelehrt wird, allgemein zugelassen.

Semaka Eugen, Історня бібдійна нового завіта. Biblische Geschichte des Neuen Testaments für Unterklassen der Mittelschulen und verwandter Anstalten. Wien 1907. Schulbücherverlag. Geh. K —.94, geb. K 1 05.

Semaka Eugen, Історня біблійна старого завіта (Biblische Geschichte des Alten Testaments für Schüler der Mittelschulen). Wien 1907. Schulbücherverlag. Geh. K 1.20. geb. K 1 30

Semaka Eugen, Церковна Історня для висших клас шкіл середних і иньших висших наукових закладів. Wien 1906. K. k. Schulbücherverlag. Brosch. K 3.80, geb. K 4.—.

Semaka Eugen, Обширна Історня біблійна старого і нового завіту. Ausführliche Biblische Geschichte des Alten und Neuen Testaments für die griechisch-orientalische Jugend der höheren Volksschulklassen. Wien 1907. Schulbücherverlag. Geb. K 1.30.

Semaka Eugen, Наука християньскої віри і моральности. (Christliche Glaubens- und Sittenlehre für die unteren Klassen der Mittelschulen und verwandter Lehranstalten.) Wien 1907. Schulbücherverlag. Geh. K 1 75, geb. K 1.85.

Semaka Eugen, Наука догматична церкви православної для висших клас шкіл середних і иньших висших наукових закладів. Часть загальна і специальна. Ціли учебника о. проф Коки. Wien 1906. Schulbücherverlag. Brosch. K 2.80, geb. K 3.—.

Semaka Eugen, Учебник науки моральної (Lehrbuch der Morallehre für die Schüler der höheren Klassen der Mittelschulen). Wien 1907. Schulbücherverlag. Geh. K 2.02, geb. K 2.18.

Semayer, Wilib., Antwort auf die Bemerkungen Otto Hermans, s.: Jankó, Joh.

Semayer, Vilibáld (Willib.), s.: Anzeiger der ethnographischen Abteilung des ungarischen National-Museums.

— Ethnographie der Bevölkerung der Umgebung des Balatonsees, s.: Jankó, Johs.

Sembach, August Sebastian (Coburg) A. S. 575/58

De modo torturae secundum leges habendo dissertatio.
Präs. Heinrich Gottfried Bauer.
Leipzig (Langenheim) 24. IX. 1772. 30 S.
32414

Ad orationem solennem... [Einladungsschrift zur Rede von Kaspar Sembach im Gymnasium Casimirianum, Pfingsten 1772.] Coburg 1772: Ahlius. XII S. 8°

Sembach, Kaspar (Coburg) A. S. 600/10

Specimen censurae libri Grotiani de iure belli ac pacis. Disputatio philosophica.
Präs. Johann Christian Briegleb.
Coburg (Ahle) 16. IV. 1774. 20 S.

W. v.: Präs. 32415

Sembder, Christoph Benjamin, De affectu mirachiali, s. Adolphi, Christian Michael [Praes.]

Sembeck, Johann Gottlob Lorenz

— s. Liturgie, neue, für Lindau.

Sembeck, Jh. Glo. Lor., († . . .) Versuch, die Versetzung der begnadigten Menschen an die Stelle der verstoß. Engel zu beweisen. 4 Thle. 8. (Lindau) 759—64. Otto. 16 Kr

— — Vertheidigung des Versuchs gegen die Recension in Ernesti's Theol. Bibl. ib. 760. 8.

Sembera, Alois Adb., Wien der Wohnsitz und Sterbeort des heil. Severin. Zur Erinnerung an den 1400. Todestag des heil. Severin 8. Jänner 1882. gr. 8. (23 S.) Wien 882, Hölder. *

Šembera, Alois Vojtěch, dějiny řeči a literatury československé. Věk starší. Od nejdávnější doby až do r. 1409. 2. vydání. Wien 859. (Prag, Rziwnatz.) gr. 8. (VIII, 203 S.) n. 1 ß 6 ngr.

— — Věk novější. Od r. 1409 do r. 1860. Sešit I. Ebend. 861. gr. 8. (128 S.) n. 20 ngr.

Šembera Alois Vojtěch: *Základové dialektologie československé*. Wien, 1864. Selbstverlag

— paměti a znamenitosti města Olomouce. S osmi obrazy. Ebend. 861. gr. 8. (VIII, 148 S.) n. 1 ß 6 ngr.

SEMBRATOWICZ, Josephus: De justificatione secundum doctrinam s. apostoli Pauli. — (1850) 90 S. 4° (Handschr.) Diss. 90
Diss. Wien, Univ.

Sembratowycz, Roman, Polonia irredenta. gr. 8. (III, 157 S.) Frankfurt a/M. 908. Neuer Frankfurter Verlag. n. 2. —

Sembratowycz, Roman, das Zarentum im Kampfe mit der Zivilisation. (56 S.) gr. 8. Frankfurt a/M. 905. Neuer Frankfurter Verlag. n. 1. —

Sembritzki, Emil, kleine Fullah-Grammatik, s.: Steane, Karl.

Sembritzki, Emil, volkstümliche Kolonialkunde f. Schule u. Haus. Owanama (Deutsch-Südwest-Afrika). (VII, 138 S. m. 5 eingedr. Kartenskizzen.) 8. Berlin 907. O. Dreyer. 1. 50

Sembritzki, Ernst, Kamerun, s.a. Süsserott's Kolonialbibliothek. 16. Bd.

Sembritzki, Emil: Kamerun, Von –. Mit Ill. u. 1 Kt. Berlin: Süsserott (1908). 254 S. 8°
(Süsserotts Kolonialbibliothek. Bd 16.)

Sembritzki, Emil: Kamerun. Berlin 1909. (Süsserotts Kol. Bibl. Bd 16)

Sembritzki, Ferdinand [aus Nodems, O./Pr.]: Über das Succinoxyl-amidoxim und einige seiner Derivate .... Berlin, Druck v. Julius Feiertag, 1888; 56 S. + 1 Bl. 8°
Berlin, Phil. Fak., Inaug.-Diss. v. 25. Febr. 1888

Sembritzki, Johannes

Kleine Beiträge zu Königin Luise's Andenken. Mitgetheilt von Johs. Sembritzki. (Memel [1906]: F. W. Siebert.) (7 S.) 8° [Kopft. F.]
Aus: Memeler Dampfboot. [1906], No 58. [06. 4471]

Sembritzki, Johannes: Jacob Concius, ein Memeler Dichter vor zweihundert Jahren. Von Johannes Sembritzki. [Memel 1902.] (2 Bl.) 4° (2°) [Kopft. F.]

Die ostpreußische Dichtung 1770–1800. Von Johs. Sembritzki in Memel. Königsberg: Altpreuß. Monatsschrift 1908. (S. 217–335. 361–440.) 8°
Aus: Altpreuß. Monatsschrift. Bd 45, H. 2 u. 3. [08. 11944]

Geschichte der Familie Dziobek von Johannes Sembritzki. (Als Ms. gedr.) (Memel 1901: J. Schenke.) (8 S.) 4° [Kopft. F.] [01. 7479 10]

Geschichte der Memeler Feuerwehr. Festschrift zu ihrem 50jähr. Jubiläum von Johannes Sembritzki. Memel 1906: F. W. Siebert. (25 S.) 8° [F. u. Ant.] [06. 8471]

Geschichte der Königl. Preussischen See- und Handelsstadt Memel. Von Johannes Sembritzki. T. [1.] 2. Memel: F. W. Siebert 1900–02. 2 Bde 8°
1. 1900 2 = Memel im 19. Jh. [02. 4510 7]

Memel im neunzehnten Jahrhundert. (Der 'Geschichte Memels' 2. Th.) (Festschrift z. 650j. Jubil. d. Stadt Memel. 1. Aug. 1902.) Von Johannes Sembritzki. Mit 1 Pl. Memel: F. W. Siebert 1902. (207 S.) 8°
= Sembritzki: Geschichte d. Kgl. Pr. See- u. Handelsstadt Memel. T. 2. [02. 4510 7]

Aus Memel's Schwedenzeit. (1629–1635.) (Verf.: [Johannes] Sembritzki.) (Memel [1906]: F. W. Siebert.) (7 S.) 8° [Kopft. F.]
Aus: Memeler Dampfboot 1906. No 12, Beil. 1. [06. 1633]

Sembritzki, Johs., Trescho u. Herder. Ein Beitrag zu Herders Jugendgeschichte u. zugleich e. Gedenkblatt zu Treschos 100jährigem Todestage (29. X. 1904). (40 S.) gr. 8. Königsberg 905. (F. Beyer.) n. — 80
Sonderabdruck aus: „Altpreuss. Monatsschr."

Die topographischen Veränderungen im ostpreußischen Oberlande während des neunzehnten Jahrhunderts. Von Johannes Sembritzki, Memel. (Pr. Holland [1904]: H. Weberstädt.) (55 S.) 8° [Kopft. F. u. Ant.]
Aus: Oberländ. Geschichtsblätter. H. 6. [04. 7050 10]

Verzeichniß in Memel vorhandener älterer Erzeugnisse der Edelschmiedekunst nebst Reihenfolge der Memeler Gold- und Silberschmiede. Von Johannes Sembritzki. (Nebst Nachträgen.) [Königsberg i. Pr.: Thomas & Oppermann]; (Nachtr.: Memel: Dr. von F. W. Siebert) [1904]. (S. 521–543, 1 Bl.) 8°
Aus: Altpreuß. Monatsschrift. Bd 40, H. 7. 8. [04. 7051 10]

Sembritzki, Kurt [aus Königsberg]: Ueber die Synthese symmetrisch diäthylsubstituierter Ureïde der Barbitursäurereihe ... Berlin, Druck v. E. Ebering, 1897; 52 S., 2 Bl. 8.
Berlin, Phil. Fak., Inaug.-Diss. v. 26. Juni 1897

Sembritzki, Philipp, Beitrag zur Chemie der Milch. Inaugural-Dissertation. gr. 8. (23 S.) Königsberg i. Pr. 885, (Koch's Antiqu.) **

Kapuziner-Predigt, den am 11. III. 1899 im Blutgericht Traubenblut und Blutwurst vertilgenden blutigen Jüngern Aesculaps in's rudimentäre Gewissen geredet von Frater Paulus Zeloticus [d. i. Dr. Philipp Sembritzki]. (Königsberg i. Pr. 1910.) 4 Bl. 8° [11. 690 10]

Sembrowsky, Eph. Thdr., üb. das Lesen, Schreiben u. Rechnen, als die ersten wichtigen Lehrgegenstände f. Schulen. 1r Aufsatz. 8. Königsb. 801.

Sembrzycki, Johs., die polnischen Reformirten u. Unitarier in Preussen. Nach gedruckten u. ungedruckten Quellen. [Aus: „Altpreuss. Monatsschr."] gr. 8. (100 S.) Königsberg i/Pr. 893. F. Beyer. n. 2. —

— die Reise d. Vergerius nach Polen 1556—1557, sein Freundeskreis u. seine Königsberger Flugschriften aus dieser Zeit. Ein Beitrag zur poln. u. ostpreuss. Reformations- u. Literaturgeschichte. [Aus: „Altpreuss. Monatsschr."] gr. 8. (72 S.) Ebd. 890. n. 1. 80

— westpreussische Schlösser im 16. Jahrh. Nach archival. Quellen. [Aus: „Altpreuss. Monatsschr."] gr. 8. (37 S.) Ebd. 891. n. — 80

Semder, Christ. Gottlieb (Porschwig/Schl.) A. S. 132/9

De matre filiae una cum genero succedente.
Präs. Christian Hanaccius.
Wittenberg (Schlomach) IX. 1746. 32 S. 32416

Semek, Ant., s.a. Geschichte der k. u. k. Wehrmacht.

Semek, A., Geschichte der k. u. k. Wehrmacht. 4. Bd. 1. Teil. [Supplement zu den „Mitteilungen des k. u. k. Kriegsarchivs".] Gr.-8°. (XI, 659 S. mit 4 Beilagen) Wien: Seidel 1905. K 15.—

Semeka, Gregor, Absolvent d. St. Petersburger Univ.: Hereditas jacens und Wartrecht. (Eine rechtsdogmat. Skizze aus d. Lehre v. Wartrecht.) Heidelberg 1909: Hörning. 38 S. 8° ¶(Ersch. vollst. in e. jur. Zeitschr.)
Heidelberg, Jur. Diss. v. 1909, Ref. Endemann
[Geb. 10. Juni 78 Petersburg; Wohnort: Heidelberg; Staatsangeh.: Rußland; Vorbildung: Gymn. Petersburg; Studium: Petersburg 8, Berlin 3, Heidelberg 5 S.; Rig. 13. Febr. 09.] [U 09. 1907

Semel, Hugo (Hrsg.), s. Hehn, Viktor: Über die Physiognomie der ital. Landschaft.

Semel, Hugo, Viktor Hehn. Eine Studie. (56 S.) gr. 8. Riga 907. (G. Löffler.) 1. 40
Sonderabdruck aus: „Balt. Monatsschr."

Semele, ein dramat. Gedicht von Schiller, nebst einigen ausgewählten Gedichten von Ludwig, König von Bayern, u. August, Grafen von Platen. In das Engl. übersetzt von Karl Hodges. A. u. d. T.: Semele, a dramatic poem by Schiller etc. 8. München 835, Weber. $^2/_3$ ℔

Semele und Ariadne. Berlin 1859. V: *Gerhard, Eduard.* (Bibl. d. archäol. Instituts in Rom. Rom 1900—02.)

Semeleder, Friedrich

Semeleder, üb. Elektrolyse, s.: Klinik, Wiener.

Semeleder, Friedr., die Laryngoskopie und ihre Verwerthung für die ärztliche Praxis. gr. 8. (VIII und 88 S. mit eingedr. Holzschn.) Wien 863, Braumüller. *

— die Rhinoskopie und ihr Werth für die ärztliche Praxis. Ein monograph. Versuch. Lex.-8. (V und 66 S. mit 2 chromolithogr. Tab.) Leipzig 862, Engelmann.

Sémelle, Comte de, Solution de la quéstion d'Orient. gr. 8. (32 S.) Frankfurt a. M. 861, Keller. *

SEMEN, Johannes De prophetismo ejusque ad legem Mosaicam relatione. — (1833) 33 S. 8° (Handschr.) Diss. 6
Diss. Wien, Univ.

Semenenko, Petrus, quid papa et quid episcopatus ex aeterna ac divina ratione necnon quae eorum partes in ecclesiae infallibili magisterio explanandum curabat. gr. 8. (148 S.) Romae 870. (Leipzig, Brockhaus' Sort.) n.n. 2. 50

Semenoff, Anatol, antiquitates iuris publici Cretensium, praemisso conspecto geographico, ethnographico, historico. gr. 8. (V, XX, 129 S.) St. Petersburg 893. (C. Ricker.) n. 3. 20

Semenoff, Anna. Über Pegnin Beitrag zum Studium der künstlichen Säuglingsernährung. Aus dem Kinderspital Zürich. Diss. Med. Univ. Zürich . von A' S' ⟨geb. Simin⟩.... [Mit 4 Tafeln.] 50 S. 8. Zürich, A. Markwalder, 1910.

Séménoff, N. P.: Lubin Karaveloff, sa vie et ses œuvres. Fribourg 1897. 79 p. 8°.
Freiburg. Phil. Diss. 1897/98.

SEMENOFF, Theodor (Petersburg): De typhi abdominalis aetiologia. (Titel nach der Urkunde)
12.2.1876 - Urk: Chr 1875/76 16
Diss. Ingolst.-Landsh.-Mchn.

Semenov, L.: Beobachtungen am großen Zenitteleskop vom 22. März 1908 bis zum 23. März 1909. Von L. Semenow u. E. Weber. Bearb. von L. Semenow [Semenov]. St.-Petersbourg 1909: Slovo. 68 S. 2°
(Publications de l'observatoire central Nicolas. Ser. 2, vol. 18, 4.)

Semenov, Vladimir: Unser Lohn (Cena krovi). Von Wladimir Ssemenow [Vladimir Semenov]. Forts. von 'Raßplata' u. 'Die Schlacht bei Tsuschima'. Übers. von Kapitänlt. Gercke. Berlin: Mittler 1910. X, 139 S. 8°

Raßplata. (Die Abrechnung.) Von Wladimir Ssemenow [Vladimir Semenov], Kapitän. Kriegstagebuch über d. Blockade von Port Arthur u. d. Ausreise d. Flotte unter Rojestwenski ... übers. von Oberlt. z. S. Gercke. Mit 2 Skizzen. Berlin: E. S. Mittler & Sohn 1908. (XVI, 504 S.) 8° [G.] [06. 13355

Die Schlacht bei Tsuschima [Boj pri Cusimě]. Von Wladimir Ssemenow [Semenov]. Auf Veranlassung d. Admiralstabes d. Marine übers. von Oberlt. z. S. Gercke. Hrsg. durch d. Schriftleitung d. Marine-Rundschau. Mit 1 Abb. u. 1 Skizze. Berlin: E. S. Mittler & Sohn 1907. (IV, 69 S.) 8° [F.] [06. 10943

Semenov-Tian-Shansky, Andr., die taxonomischen Grenzen der Art u. ihrer Unterabteilungen. Versuche e. genauen Definition der untersten systemat. Kategorien. (24 S.) 32,5×24,5 cm. Berlin 910. R. Friedländer & Sohn. 2. —

Semenovitsch, Ant., üb. die vermeintliche Quantität der Vocale im Altpolnischen. gr. 8. (70 S.) Leipzig 872. (Warschau, Wende & Co.) n. 1. 50

Semenow, N., Die Aufhebung der Leibeigenschaft unter der Regierung Alexander II. Schlüsse und Folgerungen. (In russ. Sprache.) 8°. St. Petersburg 1893.

SEMENOW, Nicolaus: Historia reformationis et saecularisationis „Equestris Ordinis Teutonici". — (1902) 90 S. 4° (Handschr.) Diss. 631
Diss. Wien, Univ.

Semenow, P. v. Fauna des schlesischen Kohlenkalkes 1. Abh. Brachiopoden. (Aus d. Zeitsch. der deutsch. geol Gesellsch.) Berlin 1854. 8.

Semer, Mart. Tob. Engelbr., Beitr. zur nähern Bestimm. des Begriffes der Staatswirthschaft u. ihres Gebietes. gr. 8. Manh. 794. Löffler. 14 𝔛

Semer, Martin Tobias Engelbrecht: „Beytrag zur näheren Bestimmung des Begriffs der eigentlichen Staatswirthschaft und ihres Gebietes" (Vorgelesen den 14. August 1793 in der öffentlichen Versammlung der Churpfälzischen physikalisch-ökonomischen Gesellschaft zu Heidelberg), Mannheim 1794 (Schwan & Götz), 2. Auflage Mannheim 1809. 1. Auflage vorhanden: UB Göttingen (Signatur Polit. III 99).

Semer, Mart. T. E., Beyträge z. nähern Bestimmung d. Begriffes d. Staatswirthschaft u. ihres Gebietes. gr. 8. Manheim, Löffler. 809.

— Betracht. üb. d. sogenannten Dolus Indirectus. gr. 8. Heidelb. 817. Mohr. 6 𝔛

— üb. die Bürgeraufnahme in Städten u. Flecken. gr. 8. Manh. 791. Löffler. 8 𝔛

— über die Bürgeraufnahme in Städten und Flecken. gr. 8. Ebend. 809.

— üb. die Natur u. Bestimmungsgründe d. National-Einsigkeit. gr. 8. Manh. 791.

— üb. die Polizeiverwaltung der Städte die aus mehreren Volksklassen zusammengesetzt sind. gr. 8. Manh. 792. Löffler. 8 𝔛

— üb. d. Polizeyverwaltung in Städten. gr. 8. Ebendas. 809.

SEMER, Moriz (Ingolstadt): Betrachtungen über den sogenannten Dolus Indirectus.- Landshut: Storno 1817. 48 S.
16.12.1815 - Pe 346; F 48
Diss. Ingolst.-Landsh.-Mchn.

Semerád, A., geodätische Längenmessung mit Invardrähten. (20 S. m. 2 Abbildgn.) Lex.-8. Wien 905. (O. Möbius.) n. — 70
Sonderabdruck aus: „Oesterr. Ztschr. f. Vermessungswesen".

Semerák, książka pieśni i perykop oraz 18 psalmów, części stałe liturgii, katechizm Dr. M. Lutra i kilka modlitw obejmująca. 8. (VIII und 202 S.) Kreuzburg 863, Thielmann. *

Semerau, Alfred (Hrsg.), s. B a n d e l l o : 9 Novellen.

Semerau, Alfr., die Condottieri. (Die Renaissance. Buchausstattung v. F. H. Ehmcke.) (410 S.) 8. Jena 909. E. Diederichs. 8.—; geb. 10.—

Semeria, Giovanni. Die künstlerische und christlich-apologetische Bedeutung des Romans «Quo vadis» von H[enryk] Sienkiewicz. Festrede zur Eröffnung des dritten Konferenzjahres der «Scuola superiore di Religione» in Genua. [Von] P. G' S'. Autorisierte Uebersetzung von N Müller. Mit einem Vorwort von Karl Muth. 42 S. 8. Einsiedeln *etc.*, Benziger & Co. A. G., 1901. (M. 1.—) N 933[11]

Semester, 100, akademischer Gesang-Verein in Wien. 1858—1908. (Festschrift, hrsg. aus Anlass des 50. Stiftungsfestes des akadem. Gesangvereines in Wien 29. V.—1. VI. 1908. Red. im Auftrage des Festausschusses v. A. H. René Gerber, künstler. Buchschmuck v. Karl Gsur.) (251 S. m. 1 Fksm.) Lex. 8. Wien (908). (Gerold & Co.) 3.—; geb. in Leinw. 5.—

Semesterbericht, bibliograph., d. Erscheingn. auf dem Gebiete der N e u r o l o g i e u. Psychiatrie. Von G. Buschan. 1. Jahrg. 1895. gr. 8. (234 S.) Jena 895. G. Fischer. n. 6. 10

Semesterbericht, bibliograph., d. Erscheingn. auf dem Gebiete der N e u r o l o g i e u. Psychiatrie. Von G. B u s c h a n. 2. Jahrg. 1896. gr. 8. (344 S.) Ebd. 897. n. 8. 40

— dasselbe. 3. Jahrg. 1897. gr. 8. (420 S.) Ebd. 898. n. 10. 50

Semesterbericht, bibliographischer, der Erscheinungen auf dem Gebiete der Neurologie u. Psychiatrie. Von G. Buschan. 4. Jahrg. 1898. gr. 8. (III, III, 440 S.) Jena 898. 899. G. Fischer. n. 12. 50

— dasselbe. 5. Jahrg. 1899. gr. 8. (480 S.) Ebd. 900. n. 13.—

Verein christkatholischer Studenten [an der Hochschule Bern] (C a t h o l i c a Bernensis). Semesterbericht über das Sommersemester 1902. 10 S. 8. Bern, Rösch & Schatzmann.

SEMESTER BERICHT DES MATHEMATISCHEN VEREINS ZU BERLIN über das Sommersemester 1876. (Ohne bes. Titelblatt. Autographirt.) 4°.

SEMESTERBERICHT DES MATHEMATISCHEN VEREINS ZU GÖTTINGEN über das Wintersemester 1876/77. (Autographirt. Ohne bes. Titelbl.) 4°.

SEMESTER-BERICHT DES STUDENTISCHEN VEREINS FÜR ERDKUNDE ZU HALLE A. SAALE.
Sommer-Semester 1883 [1]). (Halle a. S. Druck v. Max Eggers.) 8°.

SEMETKOWSKI, Walter von: Die Athena Parthenos des Phidias. — 1908. V, 127 Bl. Diss. Graz, Univ.

Semeur, le. Revue encyclopédique de la littérature française, paraissant tous les samedis. Lecture des familles enseignement pratique et littéraire; instruction et délassement de la jeunesse. 1. Année. Juin—Décbr. 1854. 30 Nrs. (Bog.) hoch 4. Stuttgart, Verlag der Erheiterungen.

—— le même. — 2. et 3. Année. 1855 et 1856. à 52 Nrs (Bog.) hoch 4. Le même. à Année

Semevsky, V. J., Die Bauern während der Regierung der Kaiserin Catharina II. Bd. 1. 8°. St. Petersburg 1881. (In russ. Sprache.)

Semeyns, Meindert

Kurze aus der Würkung des Magnets hergeleitete Abbhandlung von der innern Beschaffenheit der Erdkugel, in welcher gezeiget wird, wie man durch dieses Erfindung die jedesmalige Abweichung der Magnetnadel auf den ganzen Erdkreise berechnen kann... Von Meindert Semeyns. Aus d. Holl. übers. Nürnberg: Felßecker 1764. 64 S. 8°

Semeyr, (od. Semeyen?) Meind., aus der Wirkung d. Magnets hergeleitete Abhandll. v. Innern d. Erdkugel. 4. Nürnb. 764. Felssecker. 10 gr

Semjannikoff, Alexander: Beitrag zur Aetiologie der Schieflagen .... München, Druck v. M. Ernst (vorm. G. Pollner), 1887; 33 S., 8°.
München, Med. Fak., Inaug.-Diss. v. 1887.

Semiannikoff, A., Beitrag zur Aetiologie d. Schieflagen. Inaug.-Diss. gr. 8. (33 S.) München 887. (Ernst.) n. — 50

Semich, Franz. Irrlichter: Schauspiel. Milwaukee, 1896.
UC

Semida, der Selbstdenker. Eine Künstler-Novelle. 8. Berlin 843, Schultze. 3/4 ß

Semida's Kinderjahre. Vom Verf. des „Semida der Selbstdenker." gr. 8. (83 S.) Berlin 860, Mitscher und Röstell. *

Semilasso in Afrika. Aus den Papieren eines Verstorbenen. Stuttg. 1836-37. V: *Pückler-Muskau, Herm. Fürst zu.* (EE)

Semilasso in Afrika. 5 Thle. Aus den Papieren d. Verstorbenen (v. Herm. Fürst v. Pückler-Muskau). gr. 8. (91 B. u. 1 ill. Stnt.) Stuttgart 836, Hallberger'sche Vrlsh. Thlr.
Atlas hierzu, enth.: Ansicht von Algier. — Bivouac in Khraschna. — Der Bey im Audienz-Saale. — Ankunft beim Sauwan. — Ansicht von Tunis. — Villa d. engl. Consuls. — Halt bei Thugga. Lith. qu. 1/2 gr. Fol. (7 Bl.) Ebds. 837. * 1 Thlr. 18 Gr., col. * 3 Thlr. 6 Gr.

——'s vorletzter Weltgang. Traum u. Wachen. Aus d. Papieren des Verstorbenen (v. Herm. Fürst v. Pückler-Muskau). 1. Thl. Gang in Europa. 1—3. Abthl. 8. (60 B.) Stuttgart 835, Hallberger'sche Vrlsh.

Semiller, Adolf: Absolutes Induktionsdynamometer mit zwei magnetisch gekoppelten, stromdurchflossenen Rechtecken. (Berlin 1909: G. Schade.) 47 S. 8°
Berlin, Phil. Diss. v. 15. Dez. 1909, Ref. Planck
[Geb. 10. Nov. 85 Wiesbaden; Wohnort: Berlin; Staatsangeh.: Preußen; Vorbildung: Oberrealsch. Wiesbaden Reife O. 05; Studium: Marburg 3, Berlin 6 S.; Rig. 29. Juli 09.] [U 10. 363

Semiller, Hermann, a. Wiesbaden: Die Reduktionsprozesse im Eisenhochofen mit Berücksichtigung der thermochemischen Verhältnisse. Marburg 1906: (P. J. Marschall & Cie., Wiesbaden). (55 S.) 8°
Marburg, Phil. Fak., Ref. Zincke, Diss. v. 22. Febr. 1907
[Geb. 4. Apr. 84 Wiesbaden; Wohnort: Wiesbaden; Staatsangeh.: Preußen; Vorbildung: Oberrealsch. Wiesbaden Reife O. 02; Studium: Marburg 2, Berlin 2, Marburg 4 S.; Rig. 25. Juli 06.]

Seminar, Das jüdisch-theologische, „Fränckelsche Stiftung“ zu Breslau. Am Tage seines fünfundzwanzigjährigen Bestehens, den 10. August 1879, herausgegeben im Auftrage des Curatoriums der Commerzienrath Fränckelschen Stiftungen. Breslau [1879].

Univ. Leipzig. **Seminar** für Kultur- und Universalgeschichte. Seminar f. Landesgeschichte u. Siedlungskunde. (Leipzig [1908]: Breitkopf & Hartel.) (11 S.) quer-8° [F.] 08. 13168

Seminar, das pädagogische, zu Jena, s.a. **Monographieen** zur historischen Pädagogik.

Seminar, Das pädagogische, zu Jena. Historische Bilder aus den Akten desselben. Denkschrift . . . Leipzig 1858. V: *Bartholomäi, Friedrich.* (Erman & Horn, Bibliogr. d. dtsch. Univ. 2. Leipz. u. Berl. 1904.) (ADB 36, 479)

Das **Seminar** als höhere Schule. Vorschläge z. Um- u. Ausgestaltung d. Lehrerbildung an d. Hand ausführl. Lehrpläne nebst e. Ausblick auf d. akad. Weiterbildung d. Lehrers. Von einigen Altenburger Seminarlehrern. Leipzig: J. Klinkhardt (1910). XI, 303 S. 8° 10. 10315

Seminar für Städtebau. [Mitteilungen.] (1908.)

SEMINAR in Stuhlweißenburg errichtet. In: Ungern Bd. 1. 1802, S. 354.

Seminar-Blätter, Berner. Hrsg. v. Ernst Schneider. 1.—3. Jahrg. April 1907—März 1910. à 12 Nrn. (220, 206 u. 208 S. m. Abb.) gr. 8. Bern, G. Grunau. à Jahrg. 2. 80

— dasselbe. Monatsschrift f. Schulreform. Hrsg. v. Ernst Schneider in Verbindg. m. Arnold Schrag u. Osk. Messmer. 4. Jahrg. April 1910—März 1911. 12 Hefte. (504 S.) gr. 8. Ebd. 5. —

Seminar-Blätter, Bündner. Hrsg. von Thdr. Wiget. 1.—3. Jahrg. 1882/83, 1883/84, 1884/85. à Jahrg. 6 Nrn. (Bog.) gr. 8. Chur. (Davos, Richter.) à Jahrg. *

Seminar-Blätter, Bündner. Hrsg. von Thdr. Wiget. 4. und 5. Jahrg. Winter 1885/86 und 1886/87. à Jahrg. 6 Nrn. (Bog.) gr. 8. Davos, Richter. à Jahrg. *

—— dass. — 6. Jahrg. 1888. 10 Nrn. (à Nr. 2 Bog.) gr. 8. Ebendas. *

—— dass. — 7. Jahrg., s. Blätter, schweizerische, für erziehenden Unterricht.

Seminar-Blätter, Bündner. (Neue Folge.) Hrsg. v. P. Conrad. 1.–3. Jahrg. Novbr. 1894—Oktbr. 1897. à 8 Nrn. (à ca. 20 S.) gr. 8. Davos, H. Richter. à Jahrg. n. 2. —

— dasselbe. 4. u. 5. Jahrg. Novbr. 1897—Oktbr. 1899. à 6 Nrn. (à ca. 20 S.) gr. 8. Ebd. à Jahrg. n. 2. —

Seminar-Blätter, Bündner. (Neue Folge.) Hrsg. v. P. Conrad. 6.—8. Jahrg. Novbr. 1899—Oktbr. 1902. à 6 Nrn. gr. 8. (à ca. 32 S.) Davos, H. Richter.
Erscheinen nicht mehr. à Jahrg. n. 2. —

Seminarbote. Monatsschrift f. ehemal. Verdener Seminaristen. Red.: Carl Mahnke. 1. Jahrg. Juli 1909—Juni 1910. 12 Nrn. (IV, 250 S.) 8. Verden, F. Mahnke. nnn 4. —
Nur direkt an ehemalige Verdener Seminaristen.

Seminar-Choral- und Orgel-Buch, enth. eine reiche Auswahl der gebräuchlichsten und vorzüglichsten Kirchen-Melodien, in vierstimm. Bearbeitung für Orgel (oder Pianoforte), mit Choralvorspielen, Zwischenspielen und Schlüssen, nebst durchgängig genau angezeigter Pedal-Applicatur. Ein nützl. und nothwendiges Hand- und Hülfsbuch für Präparanden, Seminaristen, Organisten etc. 2 Thle. hoch 4. Erfurt 862, Körner's Verlag. à Thl. * 24 Ngr. *
Inhalt:
Thl. 1. Vorspiele. (VI und 62 S.)
» 2. Choräle. (110 S.)

Seminarfrage, die, in Baden. Ein Vortrag, gehalten in der Mannheim-Heidelberger freien Lehrerconferenz am 23. April d. J., und hrsg. von dem dermal. Vorsitzenden derselben. gr. 8. (16 S.) Heidelberg 864, Weiß. *

Seminarfrage. Zur bernischen S'. Gutachten der deutschen Seminarkommission und der Seminarlehrerschaft von Hofwil. [Sep.-Abdr. aus: Berner Schulblatt. Organ der freisinnigen bernischen Lehrerschaft. Jahrg. 35, 1902, Nr. 39.] 8 S. 8. [Bern, Büchler & Co., 1902.]

[F.] Das Königlich Sächsische **Seminargesetz** v. 22. Aug. 1876 nebst der dazu erlass. Ausführgsverordng, d. Seminarordng u. d. Prüfgsordng f. Volksschul- u. Fach-Lehrer u. -Lehrerinnen, sowie sonstigen auf d. Seminarwesen bezügl. Ges., Verordn. u. Bestimmgn. M. Erl. u. Sachreg. hrsg. v. Dr. E[mil] Bornemann, Geh. Schulr. a. D. *Leipzig: A. Berger 1897.* (3 Bl., 146 S.) 1 Bd 8.
= Handbibliothek, Meinholds Juristische. Bd 84. 97. 5568

Seminarien, die, der Provinz Schleswig-Holstein. II. Bd.: Gründung und Entwickelung des königl. evangel. Schullehrer-Seminars in Tondern. Festschrift für die am 10. Septbr. 1888 stattfindende Feier des 100jähr. Bestehens der Anstalt von H. Eckert. gr. 8. (IV, 242 S.) Schleswig 888, Bergas. *

(F. G. L.) Greßlers **Seminaristen-Kalender.** Hrsg. von Gustav Melinat. [1.] Für d. Schulj. 1905/06. Langensalza: F. G. L. Greßler [1905]. 8° 05. 10013

Seminarium, Kapitel und Fakultät. Ein rechtliches Gutachten . . . O. O. [1884—85.] V: *Reuss, Eduard.* (Erman & Horn, Bibliogr. d. dtsch. Univ. 2. Leipz. u. Berl. 1904.)

Seminarium, Das theologiche, der evangelischen Brüder-Unität . . . 1854. Gnadau. H: *Plitt, Herm.* (Ky)

Seminarium, das theologische, der evangelischen Brüder-Unität in seinem Anfang und Fortgang. Zur Erinnerung an die Jubelfeier seines hundertjähr. Bestehens, den 18. Mai 1854 (Hrsg. von H. Plitt.) gr. 8. (VI und 242 S.) Gnadau 854. (Leipzig, Kummer.) **

Seminarium, Wohleingerichtetes. Dresden 1727. V: *Marperger, Paul Jacob.* (Myl)

Seminar-Kalender, norddeutscher. Jahrbuch f. Zöglinge der Lehrer- u. Lehrerinnenbildungs-Anstalten f. d. J. 1911. (192 S.) kl. 8. Breslau (910). F. Goerlich.
Geb. in Leinw. 1. —

— **süddeutscher.** Jahrbuch f. Seminaristen, Seminaristinnen u. Präparanden in Baden, Bayern, Elsaß-Lothringen, Hessen u. Württemberg. 1. Jahrg. 1910—1911. Begründet u. hrsg. v. F. A. Metzger. (IV, 804 S. m. Titelbild.) kl. 8. Karlsruhe, J. Lang.
Geb. in Leinw. 1. —

Seminarordnung für das Fürstenthum Schwarzburg-Sondershausen. (Separat-Abdr. aus der Gesetzsammlung für das Fürstenthum Schwarzburg-Sondershausen.) Sondershausen 854. (Eupel. gr. 8. (14 S.) 2 ngr

Seminar-Reform, die neue preussische, unter pädagogischer Beleuchtung, hrsg. v. Th. Vogt, s.: Zur Pädagogik der Gegenwart. 11. Hft.

Seminar-Schreibschule, schleswig-holsteinische. 12 Hefte. 4. (à Heft 24 S.) Flensburg 879, Westphalen. à Heft * 15 Pf. *

Seminator evangelicus, seminans semen bonum etc. 2 Tomi. 8. Augsburg 759. M. Rieger. 1 ℳ

Semjonoff, Ludmilla. Eine Mischgeschwulst der Lippe mit dem Bau der Speicheldrüsengeschwülste. Diss. Med. Univ. Zürich. [Mit 17 Figuren.] *Kopftitel:* Aus dem pathologischen Institut der Universität Zürich. 32 S. 8. Zürich, A. Markwalder, 1904.

***Semiramide*; Melodramma tragica in 2 Atti del Sigr. Rossi. 12. Wien 823. Wallishausser. 6 ℛ**

Semiramis, ein *musikalisches Schauspiel,* welches auf höchsten Befehl Sr. kurfürstl. Durchlaucht *Karl Theodors,* . . . . , auf der *neuen Hofschaubühne* zur Faschingszeit aufgeführet worden ist. MDCCLXXXII. (1782.) O. O. (München.) Kl. 8°. (Bl. 1 ausgeben.) Ppb. m. Pgmt.-Rchen (aus Föringer's Bibl.).
157 S. Nur Text (deutsch u. italien.). — S. 9: „Die Verfassung ist von Hn. Abbé Peter Metastasio. — Die Uibersezung v. Hn. Abbé Lorenz Hübner, ehemal. kurpfalzbair. Professor. — Die Musik von Hn Abbé Salieri, k. k. Kapellmeister. — Die Verzierungen sind von der Erfindung des Hn. Lorenz Quaglio, Hofkammerraths (!), Prof. d. Akad. d. Wiss. zu Düsseldorf, u. Theaterarchitekte Sr. kurfürstl. Durchl. zu Pfalzbaiern. — Die Ballets sind von der Erfindung des Hn. le Grand, Balletmeister Sr. kurfürstl. Durchl. zu Pfalzbaiern." — Selten!

Semiramis. Trsp. v. Presser. 8. Bresl. Korn d. ält. 786.

Semiramis; ein romantisches Gemählde der Vorzeit. Freyberg 1800. V: *Pölitz, Carl Heinrich Ludwig.* (Ky) (MGT)

Semiramis; e. romant. Gemälde aus d. Alterthume, (v. K. H. L. Pölitz). 8. Freiberg 800. Graz u. G. 1 ℳ

Semiramis ein pantomim.-heroisch-tragisches Ballet . . . Cassel 1805. V: *Apell, Dav. Aug. von.* (stri; (Ky) (MGT)

Semiramis; e. pantomim.-heroisch-tragisches Ballet, (v. D. v. Apell). 8. Kassel 805.

— Trsp. in 5 Aufz. v. Voltaire, 8. Carlsruhe, Macklot. 808.

Semiramis. Trauersp. in Jamben, von Voltaire, übersetzt v. Caroline Paulus. gr. 8. Nürnb. Schrag. 821.

Semiramis. [Dramat. Skizze.] Frankfurt 1836. V: *Daumer, Gg Frdr.* (GGr)

Semiramis. Frankf. a. M. 1836. V: *Gutermann, Friedrich.* (Rothsch II, 87)

Semiramis. (Ein dramat. Gedicht, in Bezieh. zu Goethes Briefwechsel mit ein. Kinde.) 8. (4½ B.) Frankfurt a. M. 836. [Leipzig, Kersten.]

Semiramis. (Ein dramat. Gedicht, in Beziehung zu Göthe's Briefwechsel mit einem Kinde.) 8. Frankfurt 836. Schmerber. (Leipzig, Dörffling.) ½ ℳ

— d. neue; Oper in 3 A. 8. Wien, Wallishausser. 6 ℛ

Semiramis, Die neue. Heroisch-kom. Travestie. Oper in 3 Aufz. Wien 1806. 1808. V: *Perinet, Joachim.* (GGr)

Semiroth. Die häusl. Sabbathgesänge. (In hebr. Sprache.) (26 S.) 8. Frankfurt a/M. 908. J. Kauffmann. — 30

Semis, f.: Fort mit dem Reichsgericht in Strafsachen.

Semisch, Carl, s. Semisch, Karl

[Ant. u. J.] **Semisch,** Franz [Dr.]: Leben und Dichten des Horaz. I. Der Dichter der Epoden und Satiren. Friedeberg Nm., Druck v. E. Eisermann, *1893;* 26 S. 4.
Friedeberg Nm., k. G, OP 1893 (76)

[Ant. u. J.] **Semisch,** Franz [Prof. Dr.]: Leben und Dichten des Horaz. II. Der Dichter der Oden. (Forts. d. P-Beil. 1893.) Friedeberg Nm., Druck v. E. Eisermann, *1894;* 32 S. 4.
Friedeberg Nm., k. G, OP 1894 (76)

Semisch, Franz De vi ac natura poesis Persii satiricae. 24 S.
Progr. *Friedberg NM.* 1877

Semisch, Karl, die apostol. Denkwürdigkeiten des Märtyrers Justinus. Zur Geschichte u. Aechtheit der kanon. Evangelien. gr. 8. (X u. 411 S.) Hamburg u. Gotha 848, F. & A. Perthes. n. 1 ℳ 26 ngr

Semisch, Carl, das apostolische Glaubensbekenntniß, sein Ursprung u. seine Geschichte. gr. 8. (31 S.) Berlin 872. Wiegandt & Grieben. n. — 50

Semisch, Carl, Julian der Abtrünnige. Ein Charakterbild. gr. 8. (IV und 62 S.) Breslau 862, Gosohorsky's Buchh. *

Semisch, Carl, Justin der Märtyrer. Eine kirchen- u. dogmengeschichtl. Monographie. 1. Thl. gr. 8. (15¼ B.) Breslau 840, Schulz u. Komp.

Semisch, Carl, Justin der Märtyrer. Eine kirchen- u. dogmengeschichtl. Monographie. 2. Thl. gr. 8. (31¼ B.) Breslau 842, Schulz u. Comp.

—— der Protestantismus und der Jesuiten-Oden, s. Sammlung wissenschaftl. Vorträge.

—— über die Unionsversuche zwischen den protestant. Kirchen besonders in Preussen. Eine Rede zur Feier des Geburtstages Sr. Maj. des Königs von Preussen Friedrich Wilhelm IV. den 15. Oktbr. 1851 auf der Universität zu Greifswald gehalten. gr. 8. (24 S.) Greifswald 851(52,) Koch's Vrlgsh. *

—— über die Unionsversuche zwischen den protestant. Kirchen besonders in Preussen. Eine Rede zur Feier des Geburtstages Sr. Majestät des Königs von Preussen Friedrich Wilhelm IV. den 15. Oktbr. 1851 auf der Universität zu Greifswald gehalten. gr. 8. (24 S.) Greifswald 852. Koch's Verlag. *

Semisch, Carolus Aenotheus: Tatiani diatessaron. Antiquissimum N. T. evangeliorum in unum digestorum specimen. Vratislaviae 1856. (45 S.) 8° *[Im Buchhandel 1856 bei Max & Ko. in Breslau.]*
Breslau, Ev.-theol. Fak., Antr.-Progr. als ord. Prof. v. 10. Juli 1856

Semisch, Car. Aenoth., Tatiani diatessaron. Antiquissimum N. T. evangeliorum in unum digestorum specimen. 8maj. (45 S.) Vratislaviae 856, Max et Comp. *

„Semita in Aengsten". Authentisches Schreiben eines polnischen Rabbiners an den Verf. der „Sittenlehre des Talmud und des zerstör. Einflußes des Judenthums im Deutschen Reiche. gr. 8. (22 S.) Berlin 877, [Niendorf's Verlagsh.] Verlagsh. Graf Behr. *

Semita Salutis pretiosis S. Joannis Francisci . . . vestigiis pariter et doctrinis signata . . . Coloniae 1738. V: *Lambertz, Johann.* (Jes) (So)

Semitelus, Dem(etrius) Ch.: Epiroticorum liber primus. Berolini (1854). (66 S.) 8°
Berlin, Phil. Diss. v. 15. Aug. 1854

Semitismus. Zwei Kapitel für Wahrheit und Recht. Von K. P. Wien 1900. V: *Pohl, Carl.* (EB)

Semler; ein Sendschreiben an den Herrn Professor Ernst Christian Trapp in Halle. Frankfurt u. Leipzig 1780. V: *Schwager, Johann Moritz.* (MGT)

Semler, s. a. Elementarwerk, Neues ...

Elementarwerk, neues, für die niedern Classen, oder lateinisches Lesebuch für den ersten und zweiten Cursus, von Semler und Schütz. Halle 789. 2 Theile. 8.

Semler, Adm. Sgm. Ph.

– Tract. jur. de domini translatione in locatione perpetua exule. 4. Halle 784. Hendel. 2 gr

Semler, Adm. Sgm. Ph., († d. 5. Aug. 1809.) Untersuch., ob die berathenen od. abgesond. Kinder bei d. Berechn. d. Pflichttheiles mitzuzählen od. nicht. 4. Halle (781.) Hendel. 3 gr

Semler, Alfons: Frühneuhochdeutsche Endungsvokale. Freiburg i. B. 1909: Wagner. 64 S. 8°
Freiburg i. B., Phil. Diss. v. 1909, Ref. Kluge
[Geb. 6. Jan. 86 Gutenstein; Wohnort: Hochhausen a. d. Donau; Staatsangeh.: Baden; Vorbildung: Oberrealsch. Konstanz Reife Juli 05, Erg.-Prüfung Realgymn. Mannheim Juli 05; Studium: Heidelberg 1, Freiburg i. B. 5 S.; Rig. 21. Dez. 08.] [U 09. 1045

Semler, C. Glo., Charakterzüge d. Freyh. v. d. Trenk, u. Vertheid. wid. d. 4ten Theil sein. Lebensgesch. 8. Ebend. 794.

Semler Chr, neu eröffnete mathematische und mechanische Realschule. (Angehanden an Kunckelii, Ars vitraria.) 4° Halle 1709

Semler, Chr. Aug., d. Gartenlogik, ein Versuch das Widersinnige d. engl. Anlagen zu vermeiden ꝛc. 8. Leipz. Schäfer. (Kühn) 803.

Semler, Chr. Aug., († d. 18. Dec. 1825.) Ideen zur Gartenlogik, ein Versuch das Widersinnige der engl. Anlagen zu vermeiden ꝛc. 8. Leipz. 803. Schäfer. (Kühn). 1 ₰ 16 gr

—Ideen zu allegor. Zimmerverzierungen. 8. Leipz. 806. Barth. 6 gr

— s. Jh. Operin.

—Untersuch. üb. die höchste Vollkommenheit in d. Werken der Landschaftsmalerei ꝛc. 2 Thle. 8. Leipz. 800. Schäfer. (Kühn). 1 ₰ 16 gr

Semler, Chr. Aug., Versuch üb. die regelmäß. Gärten. 8. Lpz. 794. Leo. 8 gr (A. u. d. T.: Würdigung u. Veredlung der regelmäß. Gärten ꝛc. Ebd. 797. ohne d. Verf. Namen. 8 gr)

Ch. A. **Semler's** Versuch üb. d. combinatorische Methode, e. Beitr. zur angewandten Logik u. allgem. Methodik. *Dresd.*, Walther. (811.) 2^{e} m. e. Abhandl. üb. d. Unterr. in d. prakt. Wissenschh. vm. A. 822. gr 8° 1 ₰

Semler, Chrn., die ästhetische Erziehung und Homer als die Grundlage derselben. 8. (78 S.) Dresden 864, Ehlermann.

Semler, C. Shakespeare's Hamlet, die Weltanschauung und der Styl des Dichters. Dresden, Handelslehranstalt, 1878. 52 S. Progr.

Semler, Chrn., Shakespeare's Hamlet. Die Weltanschauung u. der Styl des Dichters. 8. (III, 67 S.) Leipzig 879. Wartig's Verl. n. — 80

Semler, Chrn., Homer als deutsches Volks- u. Schulbuch, s. a. Zeit- u. Streitfragen, deutsche.

Semler, C., Homer als deutsches Volks- und Schulbuch. 1891. 38 S.

Semler, Chrn., der zerbrochene Krug von Heinr. v. Kleist. Für den Schulunterricht dargelegt. 8. (60 S.) Leipzig 879, Wartig's Verlag. *

Semler, Chr., Wallenstein's Lager von Friedr. v. Schiller. Eine Festrede. 8. (38 S.) Leipzig 879, Wartig's Verlag. *

Semler, Chrn., Shakesspeares „Viel Lärm um nichts". gr. 8. (32 S.) Leipzig 900. Dieterich. n. — 50

Semler, Chrn., die Tempelsculpturen aus der Schule des Phidias im britischen Museum. Hamburg 858. O. Meißner. 8. (VI, 131 S.) 18 ngr.

—— das Thema der Goethischen Poesie und Torquato Tasso. Für Haus und Schule dargelegt. 8. (XII, 94 S.) Ebendas. 879. *

Semler, Ch., Goethe's Wahlverwandtschaften u. die sittliche Weltanschauung d. Dichters, s. a. Sammlung gemeinverständl. wissenschaftl. Vorträge.

Semler C, Goethe's Wahlverwandtschaften und die sittliche Weltanschauung d. Dichters. (Sammlung gemeinverst. wissensch Vorträge NF I, 18) Hamburg 1886

— die Weltanschauung Goethe's in d. Leiden d. jungen Werther. [Aus: „Zeitschr. f. den deutschen Unterricht".] gr. 8. (11 S.) Dresden 889. (Arnoldische Buchhandlg.) n. — 75

Semler, Ch., die Weltanschauung Luther's u. Goethe's u. ihre Bedeutung f. unsere Zeit, s.a. Zeit- u. Streit-Fragen, deutsche.

Semler Ch, die Weltanschauung Luther's und Goethe's und ihre Bedeutung für unsere Zeit. (Zeit- und Steitfragen, Deutsche, Neue Folge 63) Hamburg 1890

—— das Weltbild der Ilias und seine Bedeutung für unsere Zeit. 8. (76 S.) Dresden 885, Ehlermann. *

— Shakesspeares „Wie es euch gefällt" u. die Weltbetrachtung des Dichters. gr. 8. (24 S.) Dresden-A. 899. Kunstdruckerei „Union" Herzog & Schwinge. — 60

Semler, Christian Gottlieb

Semler, Chr. Gtl., Astrognosia nova, od. Beschreib. des Planetenhimmels m. 55 Fig. d. Sternbild. 8. Halle, Renger. 742.

Semler, Chr. Gtl., († 1782.) astronom. Beschreib. u. Ausrechnung des Kometen v. 1769, sammt e. mathemat. u. philosoph. Schöpfungshistorie, 8. Halle 770. Schwetschke u. S. 6 gr

— Beschreib. des Cometen v. 1742 rc. m. Fig. 8. Ebend. 742.

— — v. 1769 sammt s. Schöpfungshistorie. 8. Halle, Hemmerde u. Schw. 770.

— Beschreib. des Sterns d. Weisen rc. 8. Halle, Renger.

Semler, C. G., vollständige Beschreib. des Sterns d. Weisen. Halle 1743. 8.

Semler, Christian Theophil (Halle) A. S. 1368/48

Dissertatio mathematica inauguralis qua systema terrae motae defenditur et reliqua systemata confutantur. Präs. Johann Joachim Lange.
Halle (Hendel) IV. 1740. 32 S.

Gew.: Friedrich Hoffmann, Jo. Peter von Ludewig, Joachim Lange. 32417

Semler, Christian Gottl. XXXX Sternbilder zur Astrognosia nova 2 A. Halle 1742

Semler, Christian Theophil, s. Semler, Christian Gottlieb

Semler, Christoph

Semler, Christ., Antiquitäten d. heil. Schrift, nebst Höpfners Profangebräuchen d. Juden. 8. Halle, Renger. 754. Rthlr.

Semler, Christoph. Coelum stellatum Halae 1739

Christoph Semleri, methodus inveniendae longitudinis maritimae. Halae Magdeburgicae. 8. 1723.

— Palästina, od. d. gelobte Land u. dess. berühmte Städte, Wälder, Wüsten, Meere rc. 8. Halle, Waisenh. Bchhdl. 722.

Semler, Christoph (Halle) A. S. 727/25

Dissertatio juridica inauguralis de probatione contra praestitum juramentum legale. Präs. Samuel Stryk.
Halle (Gruner) 30. VI. 1701. 56 S. 32418

Semler, Christoph (Halle) 4° Jur. XII, 26c/28

Disputatio XXVIII. de probatione contra praestitum juramentum legale. Präs. Samuel Stryk.
In: Stryk: Dissertationum iuridicarum Hallensium vol. I. Hannover (Foerster) 1732. S. 1435-1470.

Diss. Halle. 32419

Semler, C[hristoph]: Der Tempel Salomonis nach allen seinen Vorhöfen, Mauern, Thoren, Hallen, heiligen Gefäßen, Brandopfer-Altar etc. mit Kupfern. Halle: Waisenhaus, 1717. 8°

[Dasselbe.] **Ebendas. 1718. 4°**
Kl. 3802.
[Heinsius: Allgem. Bücher-Lexikon. 3 (1812) Sp. 710.]

Semler, Fr., Erfahrungen und Ansichten eines alten Geschäftsmannes über Schule, Gewerbe, Handel, Landwirthschaft und Bezügliches. 8. (33 S.) Nürnberg 877, [Daiber.] Hermann und Satlow. *

Semler, Frdr., Karlsbad, dessen Heilquellen u. Umgebungen. Leitfaden für Kurgäste. Nürnberg 870. (Zeh.) gr. 16. (72 S.) n. 10 ngr.

Semler, Gust. Ludw., das Rechtsverhältniß der gemischten Ehen vom Standpunkte des Kirchen-, Staats- u Privatrechts Dissertatio inauguralis. gr. 8. (52 S.) Augsburg 852, Rieger. 1/4 ℳ

Semler, H., de patriarcharum ut in Palaestina sepelirentur desiderio. Hal. 1706. 4.

Semler, Heinr., die tropische Agrikultur. Ein Handbuch f. Pflanzer u. Kaufleute. 1. Bd. Lex.-8. (XII, 690 S.) Wismar 886. Hinstorff's Verl. n. 15. —

Semler, H., die tropische Agrikultur. Ein Handbuch f. Pflanzer u. Kaufleute. 2. 3. Bd. gr. 8. (IX, 693; XII, 806 S. m. Illustr.) Wismar 887. 888. Hinstorff's Verl. à n. 15. — (cplt.: n. 45. —)

Semler, Heinr., die tropische Agrikultur. Ein Handbuch f. Pflanzer u. Kaufleute. 4. Bd. 1. u. 2. Hälfte. gr. 8. Wismar, Hinstorff's Verl. n. 19. — (kplt.: n. 64. —)
1. Hälfte. (VIII, 392 S. m. Abbildgn.) 892. n. 9. —
2. Hälfte. (XIV u. S. 393—880 m. Abbildgn.) 893. n. 10. —

Semler, Heinr., die tropische Agrikultur. Ein Handbuch f. Pflanzer u. Kaufleute. 2. Aufl. Unter Mitwirkg. v. Otto Warburg u. M. Busemann bearb. u. hrsg. von Rich. Hindorf. 1. Bd. gr. 8. (XIV, 776 S. m. Abb.) Wismar 897. Hinstorff's Verl. n. 15. —; geb. in Halbfrz. n. 17. 50

Semler, Heinr., die tropische Agrikultur. Ein Handbuch f. Pflanzer u. Kaufleute. 2. Aufl. Unter Mitwirkg. v. Otto Warburg u. M. Busemann bearb. u. hrsg. v. Rich. Hindorf. 2. Bd. gr. 8. (XIV, 858 S. m. Abbildgn.) Wismar 900. Hinstorff's Verl. n. 15. —; geb. in Halbfrz. n. 17. 50

Semler, Heinr., die tropische Agrikultur. Ein Handbuch f. Pflanzer u. Kaufleute, 2. Aufl. Unter Mitwirkg. v. M. Busemann u. O. Warburg bearb. u. hrsg. von Rich. Hindorf. 3. Bd. (XII, 818 S. m. Abbildgn.) gr. 8. Wismar 903. Hinstorff's Verl. n. 15. —; geb. in Halbfrz. n. 17. 50

Semler, Heinr., die wahre Bedeutung und die wirklichen Ursachen der nordamerikanischen Concurrenz in der landwirthschaftlichen Production. Mit einem Vorwort hrsg. von C. Wilbrandt. gr. 8. (XVIII, 229 S.) Wismar 881, Hinstorff'sche Hofbuchh. *

—— Geschichte des Socialismus und Communismus in Nordamerika. gr. 8. (X, 394 S.) Leipzig 880, Brockhaus. *

—— die Hebung der Obstverwerthung und des Obstbaues nach den Erfahrungen durch die nordamerikanische Concurrenz. Mit einem Vorwort hrsg. von C. Wilbrandt-Pisede. 7 Lfgn. gr. 8. (462 S. mit 4 Abbild.; Beilagen 8 S.) Wismar 883, Hinstorff'sche Hofbuchh. à Lfg. * *M* 1. *

Semler H, die gesamte Obstverwertung 2. A. von H Timm. (664 S) Wismar 1885

— d. gesamte Obst-Verwertung nach d. Erfahrgn. durch d. nordamerikan. Konkurrenz. 2., verm. u. verb. Aufl., bearb. v. H. Timm. gr. 8. (VIII, 664 S. m. 165 Abb.) Ebd. 895. Geb. in Halbleinw. n. 6. —

— die gesamte Obstverwertung nach den Erfahrungen durch die nordamerikanische Konkurrenz. 2, verm. u verb. Aufl., bearb. v. H. Timm. Neue billigere [Titel-]Ausg. (VIII, 664 S. m. 165 Abbildgn.) 8. Ebd. [895]. 906. Geb. n. 4. —

—— Oregon, s. a Über's Meer.

--Oregon. Lpz. 1883

—— das Reisen nach und in Nord-Amerika, den Tropenländern und der Wildniß, sowie die Tour um die Welt. Ein pract. Handbuch, mit einem Anhang: Wo bleiben die Vermißten? 8. (III, 426 S.) Wismar 884, Hinstorff'sche Hofbuchh. geb. *

— die nord-amerikanische Rindviehzucht u. Milchwirthschaft. gr. 8. (IV, 79 S.) Wismar 881. Hinstorff's Verl. n. 1. 50

— tropische u. nordamerikanische Waldwirtschaft u. Holzkunde. Handbuch f. Forstleute, Holz-Techniker u. Händler in Deutschland u. im Auslande. Mit e. Portr. u. 62 Textabbildgn. gr. 8. (XVI, 736 S.) Berlin 888. Parey. geb. n. 18. —

Semler, J., General-Register, s. Gerichtszeitung, hanseatische.

Semler, J. C., ein Versuch in d. Dichtkunst, s. Versuch.

Semleri, J. E., Antiquitates hermeneuticae ex Tertulliano, quibus N. T. loca quaedam illustrantur. Spec. I. Hal. 765. 4.

— Comment. ad locum Tertull. de carne Christi c. 19. Hal. 770. 4.

Semler, J. G., de vario et impari veterum studio in recolenda historia descensus Christi ad inferos. Hal. 1775. 4.

Semler, J. L., initia publicae relig christianae Hal 1786 4.

Semler, Johann Gottlob, s. Semmler

Semler, Johann Michael A. S. 348/18

Dissertatio inauguralis de nexu scripturae et subscriptoris, Von Schrifften und Unterschrifften.
Präs. Johann Peter Ludewig.
Halle (Grunert) 16. X. 1723. 69 S.

W. v.: Präs., Justus Henning Böhmer, S. P. Gasser.
32420

Semler, Johann Michael A. S. 11/16

Dissertatio inauguralis de nexu scripturae et subscriptoris, Von Schrifften und Unterschrifften.
Präs. Johann Peter von Ludewig.
Halle (Grunert) 1737. 69 S.

Diss. 16. X. 1723.
W. v.: Präs., Justus Henning Böhmer, S. P. Grasser.
32421

Semler, Johann Salomo

— Abdruck des Torgischen Buchs aus e. gleichzeit. handschriftl. Urkunde. 8. Halle 760. Gebauer. 9 *gl*

— Abfertigung der neuern Geister u. alten Irrthümer in d. Lohmann'schen Begeisterung zu Kemberg rc. 8. Halle 760. 2e mit e. Anhange verm. Ausg. Ebd. 780. (Gebauer). 18 *gl* Anh. zu derselben. 8. Ebd. 760. 6 *gl*

— Abhandl. von freyer Untersuch. d. Canons. 4 Thle. 8. Halle, Hemmerde u. Schw. 776. (I. II. IV. à 18 gr. III. 1 Thlr.)

— — dasselbe geprüft. 8. Heeresfeld, Hermstädt. 773.

— Abhandl. üb. die rechtmäß. Freiheit d. akadem. theolog. Lehrart, in Antwort auf Danov's Sendschreiben rc. 8. Halle 771. Schwetschke u. S. 6 *gl*

— Abhandl. üb. einige Gegenstände der Historie mittler Zeiten. 1s Stück. gr. 8. Dessau u. Leipz. 782. (Barth). 20 *gl* Mit neuem Titelbl. u. Jahrz. Leipz. 794. (Wienbrack). 12 *gl*

— histor. Abhandlungen üb. einige Gegenstände d. mittlern Zeit. gr. 8. Leipz. Gräff. 794.

Semler, Joh. Sal., ein. histor. theol. Abhandlungen. 2 Thle. 8. Halle, Hemmerde u. S. 760–62. (1r 12 gr. 2r 16 gr.)

Semler, Jh. Sal., († d. 14. März 1791.) einige histor.-theolog. Abhandlungen. 1e u. 2e Samml. 8. Halle 760 — 762. Schwetschke u. S. 1 *ϕ*

— Abhandl. von freier Untersuchung des Canons. 4 Thle. 8. Halle 771 — 775. (1r Thl. 2e Aufl. 776.) Schwetschke u. S. 3 *ϕ* 6 *gl*

— Admonitio de observandis Habraicorum MStorum membranis, quae legendis aliis libris serviunt. 4. Halle 764. Gebauer. 3 *gl*

Semler, Jh. Sal., Andenken der Frau Semler, nebst einer Nachr. seines eigenen Lebens. gr. 8. Halle 772. Hendel. 10 *gl*

— Anmerk. über Recherches sur l'origine du despotisme orientale. 8. Halle, Curt. 763.

— Anmerk. üb. die Schr.: Recherches sur l'origine du despotisme orientale. 4. Halle 763. (Laue in Berl.) 5 *gl*

—vorläufige Anmerk. zur Zugabe d. Göttinger Zeitung z. August-Monat 1751, Hrn. v. Leibnitz u. Lessing betreffend. 4. Coburg 751.

— Anmerkungen zu d. Schreiben an v. Wöllner in Erhards Amalthea in Stck. 8. Halle, Gebauer. 789.

—Diss. Antiquitatum hermeneuticarum ex Tertulliano, quibus N. T. loca quaedam illustrantur, Spec. I. 4. Halle 765.

— aufricht. Antw. a. Basedows Urkunde. 8. Halle, Hemmerde u. S. 780.

—aufrichtige Antwort auf Basedows Urkunde. 8. Halle 780. Schwetschke u. S. 9 gr

—Antwort auf K. Fr. Bahrdt's Glaubensbekenntniß. gr. 8. Halle 779. Schwetschke u. S. 6 gr

— Antw. a. ein. Naturalist. Prüfung d. vertraut. Briefe über die Religion. 8. Halle, Franke. (a. Anton in Görlitz) 786.

—Antwort auf eine ungenannte beleidigende Recension, nebst Erläuter. üb. Röm. IX, 5. 8. Halle 770. Hendel. 3 gr

—vorläufige Antwort auf eines Naturalisten unbillige Prüfung der vertrauten Briefe üb. die Religion. 8. Halle 786. Franke; (Anton). 9 gr

Semler, Jh. Sal., apparatus ad liberalem Novi Testamenti interpretationem etc. 8maj. Halle 767. (Hahn in Hannover). 9 gr

— apparatus ad liberalem veteris testamenti interpretationem. 8. maj. Halae, Hemmerde et S. 773.

—Apparatus ad liberalem V. T. interpretationem. 8maj. Halle 773. Schwetschke u. S. 20 gr

—apparatus ad libros symbolicos ecclesiae Lutheranae. 8maj. Halle 775. Schweschke u. S. 1 rthl.

—de duplici appendice Ep. ad Romanos, c. 15 et 16. 4 Halle 767.

Von ächter hermetischer Arzenei. An Leop. Baron Hirschen in Dresden. **Wider falsche Maurer und Rosenkreuzer.** [Von Joh. Salomo **Semler.** Stück 1] bis 3. Leipzig: Beer 1786. 348 S. 8°
1. XXIV, 84 S.
2. Zur Vertheidigung d. Luftsalzwassers. S. 85 bis 196.
3. Antwort auf Herrn Hofrath Karstens Abhandlung. S. 197—348.

Recens: WJ. 3, 3 (1786) S. 194—196.
cf. Berlinische Monatsschr. 7 (1786) S. 339—360 (Thomas Akatholikus); 10 (1787) S. 87—95 (L. v. Hirschen u. F. Gedike); 12 (1788) S. 300—321; D. neuesten Religionsbegebenheiten. 10 (1787) S. 167—171; Archiv d. Schwärmerey u. Aufklärung. 1 (1788) S. 7 bis 30, 175—186, 245—250, 317—318.
Kl. 2669.

— von ächter hermetischer Arzeney gegen falsche Maurer u. Rosenkreuzer. 5 St. 8. Leipz. Beer. (Graffe in Weißenf.) 786.

[Anh. u. d. Tit.:]
Joh. S[alomon] **Semlers** Schreiben an Baron [Leop.] **Hirschen** zur Vertheidigung des Luftsalzes, als Anh. zu den drei Stücken von hermetischer Arzenei, worin ein Zeugnis eines königl. preussischen Officiers. Leipzig: Beer 1788. 47 S. 8°

—auch üb. den vorgebl. Calvinismus in Götting. 8. Halle 788. (Reinike). 6 gr

— Spicileg. crit. theolog. de auctor. Archaeologiae ad flavianam Lips. I. 4. Halae, Gebauer. 757.

Semler, Joh. Sal. (Hrsg.), s. Aufsätze, gemeinnützige, für alle Stände, von einer Gesellschaft Gelehrten in Halle.

— letzte Aeußerungen üb. relig. Gegenst. 2 Tage vor s. Tode, herausgeb. v. Niemeyer. 8. Halle, Waisenh. Bhdl. 791.

— Auszug a. d. Kirchengesch., s. S. J. Baumgarten.

— — a. d. N. Testam. mit erklär. Anmerkung. 8. Halle, Ruff. 790.

— s.a. Auszug aus d. N. Testamente, u. setze hinzu: Verlag v. Reinicke u. C.

Semler, (J. S.,) Auszug a. d. N. T. mit erläut. Anmerkk., z. Gebrauch f. aufgeklärte Bibelfreunde. 8. Halle 788, ist Verl. v. Reinicke u. C.

— Beantwort. d. Fragmente ein. Ungen. besond. v. Zweck Jesu u. sein. Jünger. gr. 8. Halle, Hemmerde u. Schw. 780.

— — dasselbe. gr. 8. Weißenf. Graffé. 780.

—Beantwort. d. Fragmente eines Ungenannten, besonders vom Zweck Jesu u. seiner Jünger. gr. 8. Halle 780. Schwetschke u. S. 18 gr Anhang dazu. 8. Ebd. 780.

— s. B. Becker, die bezauberte Welt.

— Beylage zu Masil Sendschreib. an d. kathol. Glaubensgenossen. 8. Halle, Hemmerde u. S. 785.

—Beilage zu Masil Sendschreiben an die kathol. Glaubensgenossen. 8. Halle 785. Schwetschke u. S. 4 gr

—freimüth. Briefe üb. die Religionsveränderr. der drei streitenden Theile im röm. Reiche. 1e Samml. 8. Leipz. 783. Weygand. 18 gr

Joh. Salomo **Semlers Briefe an einen Freund in der Schweiz über den Hirtenbrief der unbekannten Obern des Freimaurerordens alten Systems.** Leipzig: Beer 1786. XXXVI, 156 S. 8°

Semler, Joh. Sal., Briefe an einen Freund in der Schweiz über den Hirtenbrief d. Obern des Freymäurer-Ordens. alt. Systems. 8. Leipz. Beer. (Graffe in Weißenf.) 786. Rthlr.

Joh. Sal[omo] **Semler** hermetische Briefe wider Vorurtheile und Betrüge-reien. Saml. 1. Leipzig: Beer 1788. 144 S. 8⁰
Selten. Beschäftigt sich auch mit Gold- oder Rosenkreuzern u. Alchimie.

— theolog. Briefe. 3 Sammll., nebst e. Versuch üb. d. Ursprung der christl. Religion. 8. Leipz. 781, 82. Weygand. 1 ß 14 gr

Semler, Johann Salomon [Praes.], s. Brun, Carl Erdmann: Diss. hermeneut.-dogmat. in Matth. V, 17.

— über d. vorgebl. Calvinismus in Göttingen. 8. Halle, Heller. (Ruff) 788.

— Historiae ecclesiast. selecta capita c. epit. canonum, excerptis dogmaticis et tabulis chronologicis. 3 Vol. 8 maj. Halae, Trampe. (Hahn, Hannov.) 767–69. (à 1 Thlr. 4 gr.)

— Carmina quaedam apostolica, quibus evidentissime demonstratur, servatorem nostrum Dom. Chr. esse verum Deum et verum hominem. Diss. I. 4. Halle 772.

– s. Cebes, Gemälde.

s. G. Clarke, Schriftlehre.

— commentarii historici de antiquo christianorum statu. II Tom. 8. Halae, Hemmerde et S. 771–72. (à 18 gr.)

— Commentatio ad illustranda capita religionis christianae historica ex 1. Timoth. III, 16. 4. Halle 785.

s. v. Cusa, von d. Uebereinstimmung.

Jo. Salom Semler commentatio de daemoniacis quorum in N. T fit mentio Hal 1760. 8. ib. 1769 *Editio quarta multo jam auctior* Hal 1779. 8. — *German.* Umständliche Untersuchung der dämonischen Leute, Besessenen etc nebst Beantwortung einiger Angriffe Halle 1762 8

— de daemoniacis, quorum in Evangeliis fit mentio. 4. Halle 760. Ed. II. 769. Ed. III. ... Ed. IV. 779. Hendel. 6 gr

— Designatio prima argumentorum disputationibus habendis destinatorum. 4. Halle 757. Gebauer. 9 gr

Semler, J. S., de discrimine Christianorum, qui hist. Christi discunt *κατὰ σάρκα et κατὰ πνεῦμα*. Hal. 1786 4.

— Diss. quod Paulus Epistolam ad Hebraeos Graece scripserit. 4. Halle 762

— eclogae ex Ciceronis libello de senectute. 4. Halae, Gebauer. 789.

— Ehrengedächtniß des weiland hochwürd. Hrn. S. J. Baumgarten's rc. 8. Halle, 758.

Semler J. S., (resp. Heine). de Christi ad Abgarum epistola. Hal. 1759 4.

— epistola ad S. Formey. Adjuncta est narratio de novis, ut videtur, phaenomenis quibusdam naturalibus. 8. Halle. 785. Gebauer. 6 gr

— epistola ad Heumannum, qua respondet ad appendicem et emendationes Livii. 8. Halle 750.

– s. Des. Erasmus, ratio.

— ausführl. Erklärung über ein. neue theolog. Aufgaben, Censuren u. Klagen. 8. Halle, Hemmerde u. S. 777.

— ausführl. Erklär. üb. einige neue theolog. Aufgaben, Censuren u. Klagen. 8. Halle. 777. Schwetschke u. S. 16 gr

— Erklär. auf eine Nachr. in d. gothaisch. gelehrten Zeitungen. 8. Halle 781 Schwetschke u. S. 1 gr

— Erläut. der Aegyptischen Alterthümer. 8. Breslau, W. G. Korn. 748.

– s. H. Farmer, Briefe u. dess üb. die Dämonischen d. N. T.

Semler, Johann Salomon [Praes.], s. Fastenau, Gottfried Christian: De peccato in spiritum sanctum.

– s. J. v. Ferrara, Historie v. Spanien.

[Gedicht.] An Seine Königliche Hoheit Prinz Ferdinand von Preussen, von Joh. Sal[omo] **Semler** als er dreizehn Grane Luftgold unterthänigst einschickte. Halle 1788: Gebauer. 16 S. 4⁰ [Umschlagtit.]
Selten. Verteidigung der Chemie u. namentlich der Golderzeugung. „Wenn falsche Rosenkreuzer Stadt und Land durchzogen, . . .“ 65.

— Geschichte d. Ost- u. Westindisch. Handlungsgesellschaft, s. Geschichte.

Semmler's, Joh. Sal., letztes Glaubensbekenntniß über natürl. u. christliche Religion. 8. Königsberg 792. (Leipzig, W. A. Künzel.) 1/2 ß

— letztes Glaubensbekenntniß über natürl. u. christl. Religion. 8. Königsb. Nicolovius. 792.

— letztes Glaubensbekenntniß über natürl. u. christl. Religion. Mit e. Vorr. von Chr. Gf. Schütz. 8. Königsb. 792. (Schumann in Leipz.) 21 gr

Semler, Johann Salomon [Praes.], s. Heinzelmann, Rudolph Fried. Otto: De infelicitate hominum praesenti, teste contra naturalismum, pro illa recuperandae salutis via, quam Christi doctrina ostendit

Semler, Johann Salomon A. S. 658 b/13

Illustratio antiqui carminis ex Evangelio Hebraeorum. Halle (Hendel 4. VI. 1775. 12 S. 32422

— initia christianae religionis Antiochiae. 4. 767.

— Diss. de primis initiis Christianae inter Russos religionis. 4. Halle 763.

— institutio brevior ad liberalem eruditionem theologicam lib. 1. 2. 8. Halae, Trampe. (Hahn, Hannov.) 765–66. (à 9 gr.)

— institutio ad doctrinam christianam liberaliter discendam. 8maj. Halle 774. Schwetschke u. S. 2 ₰

Semler, J. S., interpretatio loci in Ceremoniali Byzantino, qui τὸ Γότθικον commemorat. Hal. 1779. 4.

— de emendatis N. T. interpretibus c. app. ad progr. Jenens. epist. ad clar. J. J. Griesbach. 8. Halle 770. Hendel. 3 gr

- s J. Ribbel, Abhandl. von d. Eingebung d. heil Schrift.

Semler, Johann Salomon [Praes.], s. Klein, Johann Samuel: Carmina quaedam apostolica quibus evidentissime demonstratur servatorem nostrum Jesum Christum esse verum deum et verum hominem dissertatio prima.

- s. Lavater, Urtheil üb. Steinbarts System.

— Lebensbeschreibung. 2 Thle. gr. 8. Halle, Hemmerde u. S. 781 - 82.

— Lebensbeschreib., von ihm selbst abgefaßt. 2 Thle. gr. 8. Halle 781, 82. Schwetschke u. S. 1 ₰ 12 gr

Semleri, J. S., Miscellaneae lectiones. Norib. 748. 2 P. 8. 16gr.

— miscellaneorum lectionum in quibus multi scriptores aut emendantur aut illustrantur. II fasc. 8. Norimb. 749.

- s Magazin f. die Religion.

s. Massoreth Hammassoreth.

— Commentatio I. historico-critica de ministerialibus. 4. Altdorf 751.

s de Montfaucon, antiquitates.

s Jh. Kur. Muller, histor. Handbuch

— Nachlese z. Bonnetschen Insektologie ic. 1 Stck. gr. 8. Halle, Gebauer. 783.

— einige zur mittlern Geschichte d. Klosters Banz gehör. Nachrr. 4. Altdorf 752.

Semler, Johann Salomon [Praes.], s. Neidel, Karl Gottlieb: Diss. phil.-theol. quod Graece epistolam ad Hebraeos Paulus exaraverit affirmans

— notitia Lexici Hesychiani. 8. Halae, Gebauer. 749.

— ob d. Geist des Widerchrists uns. Zeitalter auszeichne? ic. 8. Halle, Hemmerde u. S. 784.

— ob der Geist des Widerchrists unser Zeitalter auszeichne? In freimüth. Briefen zur Erleichter. d. Privatreligion d. Christen beantwortet. 8. Halle 784. Schwetschke u. S. 10 gr

— observationes novae quibus historia christ. studiosius illustrantur usque ad Constantin. M. 8. Halae, Hemmerde et S. 784.

— paraphrasis epistolae ad Galatas. 8. Halle 779. Schwetschke u. S. 18 gr

— paraphrasis epistolae Jacobi. 8. Halle 781. Schwetschke u. S. 16 gr

— paraphr. epistolae ad Romanos. 8. Halle 769. Schwetschke u. S. 16 gr

— paraphrasis in Imam Joannis epistolam c. prolegom. et animadvers.; access. de J. S. Semler ejusq. ingenio imp et merito in interpret. S. Script. narrat. J. A. Nösselt. 8. Riga 792. Hartknoch in Leipz. 1 ₰ 4 gr

— paraphr. in epistolam I. Petri. 8. Halle 783. Schwetschke u. S. 12 gr

— paraphrasis in primam et secund. Pauli ad Corinthios Epistolam; cum notis et Latinarum translationum excerptis. II Ptes. 8. Halle 770—776. Schwetschke u. S. (à 20 gr) 1 ₰ 16 gr

— paraphrasis in epistol. II. Petri et epist. Judae. 8. Halle 784. Schwetschke u. S. 12 gr

— paraphrasis evangelii Johannis, cum notis et Cantabrig. codicis Latino textu. II Ptes. 8. Halle 771, 72. Schwetschke u. S. (à 20 gr) 1 ₰ 16 gr

- s. Pelagius, epistolae.

— pensées hazardées sur quelques préjugés à l'égard de l'humanité. 4. Halle 751.

— philosophia scripturae interpres; exercit. paradoxa, tertio edita et Append. J. Camerarii aucta, cum notis variis et praefatione. 8. Halle 776. Hendel. 12 gr

— Programmata academica selecta hicibi auctiora. 8. Halle 779. Schwetschke u. S. 16 gr

— üb. histor.=gesellschaftliche u. moral. Religion d. Christen. 8 Leipz. 786. Beer. (Graffé in Weißenf.) 14 gr

— zur Revision der kirchl. Hermeneutik u. Dogmatik. 8. Halle 788. Schwetschke u. S. 8 gr

— Samml. von Briefen u. Aufsätzen über die Gaßnerschen u. Schröpferschen Geisterbeschwörungen, mit eigenen vielen Anmerkk. 2 Thle. 8. Halle 775, 76. Schwetschke u. S. 1 ₰ 2 gr

Sammlung von Briefen und Aufsätzen über die Gaßnerischen und Schröpferischen Teufelsbeschwörungen. Herausgegeben von Joh Sal. Semmler. I. Stück. Frkf. u. Leipz. 775. 8. St. II. 776. 8.

— Samml. zur Geschichte d. Formschneidekunst in Deutschland. 1s Stck. gr. 8. Leipz. 782. Schwickert. 12 gr

s. a Samml., Hallische, zur Beförderung theolog. Beredsamkeit.

— hallische Sammlung zur Beförderung theolog. Gelehrsamkeit. 1n Bds. 1s—4s Stck. u. 2n Bds 1s 2s. 8. Hannover, Hahn. 767—68. (1r 16 gr. 2r 8 gr.)

— Hallische Samml. zur Beförder. theolog. Gelehrsamkeit. 1r Bdes 1s—4s Stück, u. 2n Bdes 1s u. 2s Stck. 8. Hannov. 767—70 Hahn. 1 ₰

Samlungen [!] von Briefen und Aufsätzen über die Gassnerischen und Schröpferischen [!] Geisterbeschwörungen mit eigenen vielen Anmerk. hrsg. von Joh. Salomo Semler. Stück 1. 2. Halle: Hemmerde, [St. 2:] Frankfurt u. Leipzig 1776. 8°

— historische Sammlungen üb. die Beweisstellen d. Dogmatik. 2 Thle. 8. Halle, Hemmerde u. S. 764–68. (I. 12 gr. II. 16 gr.)

— histor. Sammll. üb. die Beweisstellen d. Dogmatik. 2 Thle. 8. Halle 764—68. Schwetschke u. S. 1 ß 4 Kr

— unparth. Samml. z. Geschichte d. Rosenkreuzer. 4 Stck. 8. Leipz. Beer. (Graffé in Weissf.) 786–88.

Unparteiische Samlungen [!] zur Historie der Rosenkreuzer. Von Joh. Salomo **Semler.** Stůk [!] 1—4. Leipzig: Beer 1786—1788. 8°

1. 1786 182 S.; 2. 1787 179 S.; 3. 1788 204 S.; 4. 1788 196 S.

cf. f. St. 1: WJ. 3, 3 (1786) S. 213—233; f. St. 1—4: D. neuesten Religionsbegebenheiten. 11 (1788) S. 894—895; Freudenberg, F.: Aus d. ält. Gesch. d. Rosenkreuzer. 1905 S. 11—17.

Kl. 2668.

— Schreib. a. Prinz. Ferdinand v. Preuß. b. Uebers. von 15 Gran Luftgold. 4. Halle, Gebauer. 788.

* Schreiben an Hrn. Baron Hirschen zur Vertheidung des Luftsalzes, als Anhang zu den drei Stücken von hermetischer Arzenei, worin ein Zeugniss eines königlichen preussischen Officiers. Leipzig, bey Georg Emanuel Beer, 1788. pp. 47, 16mo.

— Schreiben an Hirsch z. Vertheid. d. Luftsalzwassers, als Anh. z. hermet. Arzney. 8. Leipz. Beer. (Graffé in Weissenf.) 788.

– s. H. A. Schultens, versio integro etc.

s. Chr. G. Schutz, neues Elementarbuch.

s. R. Simon, krit. Historie.

– s. J. Sleidan, Reformationsgeschichte.

Semleri, J.S., Specimen exam. critici oper. Macarii. Hal. 745. 4.

Semler, Johann Salomon [Praes.], s. Stelling, Johann Albrecht De argumentis pro animae immortalitate in Veteri Testamento.

Studenten-Tumult bei einer Bürger-Hochzeit, 21. u. 22. Juni 1790. — Erste Sammlung von Anzeigen an alle gute Einwohner von Halle, seit den schandvollen Thaten falscher, unwürdiger Studenten am 21 u. 22 Juni (Vf. Prorektor Dr *Joh. Salomo Semler.* – Zusatz zur ersten Anzeige von den unruhigen Tagen, 21 und 22 Junius. Halle, den 9. Jul. 1790. D. *Johann Salomo Semler,* abgehender Prorektor. — Mit einigen Kupfern. Rar!

In „Der neue Deutsche Zuschauer" Hrsg v. Freunden der Publizität IV. Bd. XII. Heft, (Zurich) 25. Aug 1790. 8° Dr Franz Schnitzer's Bibl. Munchen 1902, no 1816; Anon Lex VI p (nach Erman & Horn II)

– s. A. A. Syke, Paraphrasis u. dess. Versuch.

— de tempore quo Epistola ad Galatas scripta fuerit. 4. Halle 767. rec. 4. 768.

— de tempore, quo scripta fuerit epistola ad Romanos. 4 Halle 767.

– s. Tertullliani, Opera.

– s. T. Thomsons Abhandl.

— Uebersetz. d. Buchs Elias Levita, Massoreth Hammassoreth. 8. Halle, Hemmerde u. S. 772.

— Umschreib. u. Erklär. des Briefes Jacobi; aus d. Latein frei übersetzt u. erweitert. 8. Potsd. 789. Horvath. 1 Kr

— Unterhaltt. mit Lavater üb. die freie prakt. Religion. 8. Leipz. 787. Weidmann. 18 Kr

– s.a Untersuchung, die Offenbar Johannis betreff.

Semler, Johann Salomon.

Christliche freie Untersuchung über die sogenannte Offenbarung Johannis. ... Halle 1769. H: *Öder, Georg Ldw.* (Ky)

— christl. freie Untersuchung üb. die sogenannte Offenbar. Johannis (v. G. L. Oeder). Mit Anmerkk. herausgg. 8. Halle 769. Hendel. 10 Kr

— christl. freye Untersuch. üb. d. sogenannte Offenbarung Johannis. 8. Halle, Hendel. 776.

— freymüth. Untersuch. d. Offenbarung Johannis betreff. wid. Schmidt. 8. Ebend. 777.

— genauere Untersuch. d. schlecht. Beschaffenh. d. zu Alcala gedruckten griech. N. Testaments. 8. Halle, Trampe. (Hahn in Hannov.) 766.

— Untersuchung der dämonischen Leute od. sogenanten Besessenen; nebst Beantwort. e. Angriffe. 8. Halle 762.

— neue Untersuch. üb. Apokalypsin. 8. Halle, Hemmerde u. S. 776.

— neue Untersuch. üb. Apokalypsin. 8. Halle 776. Schwetschke u. S. 12 Kr

Semler, J. S., Umständl. Untersuchung der dämonischen Leute od. sogen. Besessenen, nebst Beantwortung einiger Angriffe. 318 S. Halle. 8°.

1762

— umständl. Untersuchung der dämonischen Leute. Hal. 1762 8; Anhang dazu 1776. 8.

— Versuch ein. nähern Anleit. z. nützl. Fleiße in d. ganzen Gottesgelehrsamkeit f. angeh. stud. Theologen, mit 2 Anhäng. 8. Halle, Gebauer. 757–59. (1r 9 gr. 1r Anh. 6 gr. 2r 9 gr.)

— Versuch ein. fruchtbaren Auszuges d. Kirchengesch. des N. Testam. 3 Bde. gr. 8. Halle, Hemmerde u. S. 773–78. (à 1 Thlr. 16 gr.)

— Versuch eines fruchtbaren Auszuges der Kirchengeschichte des neuen Testaments. 3 Bde. gr. 8. Halle 773—78. Schwetschke u. S. 5 ß

— Versuch einer moral. Betracht. üb. die vielen Wunderkuren u. Mirakel in ältern Zeiten. gr. 8. Halle 767. Trampe. 4 Kr

— — Versuch einer biblischen Dämonologie. Halle 776. 8.

— Versuch e. Diariums üb. d. Oekonomie manch. Insekten im Winter. 2 Stck. 8. Halle, Hemmerde u. S. 782.

— Versuch eines Diariums üb. die Oekonomie mancher Insekten im Winter u. Fortsetz. dess. —.im Sommer. 8. Halle 782. Schwetschke S. 6 gr

— Versuch e. Erläuter. einer alten Spur d, Gothischen Uebersetzung. 4. Halle 764.

— Versuch d. Gebr. d. Quellen in d. Staats- u. Kirchengesch. d. mittl, Zeit zu erleicht. 8. Halle, Gebauer. 762.

— Versuch christl. Jahrbücher, od. ausführl. Tabellen üb d. Kirchengeschichte. 2 Thle. gr. 8. 783–85. (I. 1 Thlr. II. 1 Thlr. 8 gr.)

- Versuch christl, Jahrbücher, od, ausführl. Tabellen über die Kirchengeschichte. 2 Thle gr 8, Halle 783—86. Schwetschke u. S. 2 ℛ 8 gr

— Versuch einer freiern theolog. Lehrart. gr. 8. Halle 777. Schwetschke u. S. 1 ℛ 16 gr

— neuer Versuch die gemeinnütz. Auslegung u. Anwend. d. N. Testam. zu befördern. 8. Halle, Hemmerde u. S. 786.

— neuer Versuch die gemeinnütz. Auslegung u. Anwend. des neuen Testaments zu befördern. 8. Halle 786. Schwetschke u. S. 14 gr

— neue Versuche die Kirchenhistorie der ersten Jahrhunderte mehr aufzuklären. 8. Leipz. 787. Weygand. 14 gr

— Vertheid. d. königl. preuß. Edikts v. 9. Jul. 1788. 8. Halle, Ruff. 788.

— Vertheidigung d. königl. Edikts v. 9. Jul. 1788 wider d. freimüthigen Betrachtungen e. Ungenannten. 8. Halle 788, ist Verl. v. Reinicke u. C.

— Diss. vindiciae plurium praecipuarum lectionum codic. graeci N. T. adversus G. Whiston Anglum atque ab eo latus leges criticas. 4. Halle 750. Gebauer. 6 gr

— Vorbereit. auf d. kön. grosbritt. Aufgabe von d. Gottheit Christi. gr. 8. Halle, Gebauer. 787.

— Vorbereit. z. theol. Hermeneutik rc. 4 Thle. 8. Halle, Hemmerde u, S. 760–69. (I. II. à 6 gr. III. 8 gr. IV. 12 gr.)

— Vorbereitungen zur theolog. Hermeneutik rc. 4 Thle. 8. Halle 760—69. Schwetschke u. S. 1 ℛ 8 gr

— ascetische Vorlesungen z. Beförd. e. vernünft. Anwend. der christl. Religion. gr. 8. Heersfeld, Hermstadt. (Hemmerde u. Schw. in Halle) 772

— ascetische Vorlesungen z. Beförder. einer vernünftigen Anwend. der christl. Religion. 1r Bd. gr. 8. Halle 772. Schwetschke u. S. 1 ℛ

— kurze Vorstellung wider die neue Paraphrasin üb. das hohe Lied. 8. Halle 757. Gebauer. 2 gr

– s. Chr. Walburg, wohlsehendes Auge.

– s. allgem. Welthistorie.

s. J. J. Wetstein, prolegomena et ejusd. libelli.

— Widerlegung G. Müllers Nachr. v. einer begeisterten Weibsperson. 8. Halle 760. Gebauer. 8 gr

— Zusätze zu Barringtons Delsmns, s. Barrington.

— Zusätze zu Tellers Schrift, üb. die Verdienste Ernesti's, s. W. A. Teller.

Joh. Salomo **Semlers Zusätze** zu der teutschen Uebers. von Fludds Schutzschrift für die Rosenkreuzer. Halle: Gebauer 1785. XXXII, 212 S. 8°
Kl. 2484.

Semler, Johannes

Meine Beobachtungen in Süd-West-Afrika. Tagebuchnotizen u. Schlußfolgerungen von Dr. [Johannes] **Semler**, M. d. R. (3. Aufl.) Hamburg: Hermann's Erben 1906 (80, XXIII S.) 8° [J. u Ant.] 1-4. 1906

— s.: Togo u. Kamerun.

Semler, Karl Heinrich Adolph

Semler, Car. Henr. Adolph. (geb. Berlin 22. 9. 1829): De haemorrhagia cerebri meningea variis vitae aetatibus. Berolini (1854). (44 S.) 8°
Berlin, Med. Diss. v. 19. Apr. 1854

Semler, Mich. Fr., († d. 25. Febr. 1811.) apocalypsis J. C. auct. et Joannis script. ejus, aliquot in locis castigata et nova illius interpret. latin. etc. Prs. I. 8. Dessau 785. Gelehrten-Buchh. 12 gr

— Beleucht. der sich von einander vornämlich unterscheid. Auslegung der Offenbar. Johannis. 8. Weißenf. 796. (Hinrichs in Leipz.) 14 gr

— Beleucht. d. sich von einander vornäml. unterscheid. Ausleg. d. Offenbarung Johannis. 8. Ebend. 811.

— die Hauptursachen des schnellen Einsturzes d. Horus-apokalyptischen Gebäudes. 8. Dessau 784. Gelehrten-B. 6 gr

— zwei bibl. Lehrbegriffe, von der christl. Toleranz u. d. widerchristl. Abfalle rc. 8. Neust. a. d. O. 785. Gelehrten-B. 3 gr

– s. a. Offenbarung Johannis.

— d. Offenbarung Johannis neu übers. u. erklärt. 8. Weißenfels. (Hinrichs in Leipz.) 811.

Semler (P.). Beschreibung von 80 Unkraeutern . . . Danzig, 1877. 8°.

Semler, Paul *Julius Adolph* [aus Berlin]: Ueber Hernien nach Laparotomieen ... Berlin, Druck v. B. Paul, 1895; 67 S., Bl. 8.
Berlin, Med. Fak., Inaug.-Diss. v. 18. Juni 1895

Semler, Paul, „e. Stündchen in Kamerun". Musikalischer Schwank f. 4 Männerstimmen m. Chor. Textbuch. 8. (16 S.) Leipzig 886. Siegismund & Volkening. — 15

Semler, P., e. Stündchen in Kamerun. Musikalischer Schwank f. 4 Männerstimmen m. Chor. Textbuch. 2. Aufl. 12. (12 S.) Leipzig 887. Siegismund & Volkening. n. — 10

Semlinger, Karl

Semlinger, Carl, approb. Arzt aus Bamberg: **Beitrag zur Kenntnis der Genese der Tuberkulose im Säuglingsalter.** *München 1900: Kastner & Lossen.* (41 S.) 8°
München, Med. Diss. v. 1900

SEMLINGER, Carl (Bamberg): Beitrag zur Kenntnis der Genese der Tuberkulose im Säuglingsalter.- München: Kastner & Lossen 1900. 41 S.
2.3.1900 - Chr 1899/1900,12; Jv 1899/1900,209
Diss.Ingolst.-Landsh.-Mchn.

Semlitsch, Anton

Semlitsch, Ant., die Bienenzucht in Steiermark. 8. (80 S.) Graz 861, (Ferstl'sche Buchh.)

Semlitsch, A. Steiermärkischer Landwirthschafts-Kalender für das Jahr 1858. Von — —. 1. Jahrgang. Gratz Verlag von Josef Sirolla. Dr. von A. Leykam's Erben. (48 S. 8.)

Semlitsch, A., Leitfaden zur Bienenzucht. 16. (IV und 54 S. mit eingedr. Holzschn.) Graz 856, Ferstl'sche Buchh. *

Semlitsch, A. — Leitfaden zur Bienenzucht von — —. Gratz, 1856. Druck von E. Tanzer. Verlag der Fr. Ferstl'schen Buchhandlung. (54 S. 8.)

—— Leitfaden in der Landwirthschafts-Lehre. Ein Lehrbuch für Volksschulen zum Unterrichte in der Bodencultur, im Weinbau, in der Baum-, Seiden- und Bienenzucht rc. 8. (80 S. mit eingedr. Holzschn.) Graz 858, (Ferstl'sche Buchh.) *

Semlitsch A. Leitfaden in der Landwirthschafts-Lehre. Ein Lehrbuch für Volksschulen etc. *Graz* 1858. *Carl Tendler. (Ferstl'sche* Buchhdl.) 80 S. 8°. steif 40 kr.

—— Pius-Kalender, s.a Pius-Kalender.

Semlitsch, Anton, *fürstb. geistl. Rath u. Vorstadt-Pfarrer zu Graz.* Pius-Kalender für das Jahr 1859. Der Ertrag ist gewidmet zur Unterstützung von Waisen- und Wohlthätigkeits-Instituten. Mit dem Porträte Sr. k. k. Hoheit des Herrn Ferd. Max, Erzherzog von Oesterreich, Vice-Admiral der k. k. Marine. V. Jahrgang. *Wien* 1859. Verlag von *A. Wendelin.* LXXVI, 80 S., 10 Bl. 8°. 30 kr.

INHALT Landwirthschaftliches. — Rückblick auf die Weltschaubühne. — Erzählungen. — Gedichte.

– (Hrsg.), s. Wahrheitsfreund, Katholischer.

Semlow, Axel Gustav (Pommern) A. S. 764/19

Dissertatio academica ex theologia morali, nummum necessitatis contra Christoph. Seebachium, vindicans, affirmando: Dass es wol erlaubt sey, einen Noth=Pfenning bey zulegen.
Präs. Albert Joachim von Krakevitz.
Rostock (Weppling) 27. VI. 1711. 51 S.

W. v.: Jo. Fecht, Zacharias Grapius, Präs., Franz Albert Aepinus, J. C. Engelck. 32424

Semlow, Hermann: Aus der Heimat. Sagen, Heimatkunde u. Geschichte von Quedlinburg u. Umgegend mit besond. Berücks. von Thale, Suderode, Neinstedt, Westerhausen u. Ditfurt nebst e. Überblick über d. Prov. Sachsen. Von Hermann Semlow, Mittelschullehrer. Quedlinburg: H. Schwanecke (1903). (119 S.) 8°

Semlow, Herm., aus der Heimat. Sagen, Heimatskunde u. Geschichte v. Quedlinburg u. Umgegend, m. besond. Berücksicht. v. Thale, Suderode, Neinstedt, Westerhausen u. Ditfurt, nebst e. Ueberblick üb. die Prov. Sachsen. (III, 119 S. m. Abbildgn.) 8. Quedlinburg (904). H. Schwanecke. Kart. n n. — 85

Semlow, [Hermann]: Unsere **Heimat** im Geographie- und Geschichtsunterricht. *Quedlinburg 1900: Wendehake, Meyer & Stegmann.* (S. 3—9.) 4° [F.]
Quedlinburg, gehobene Mädchen-S, P 1900**

Semlow, Herm.: **Schule** und Elternhaus. *Quedlinburg a. H. 1898: Gessler & Strauss.* (S. 8—11.) 4° [F.]
Quedlinburg, gehobene Mädchen-S, P 1898*

Semlow, Ludw., wie man billig u. erfolgreich Reklame macht!, s.: Bibliothek des jungen Kaufmanns. 16. Bd.

Semm, Wilh., Erwiederung auf die sieben Sätze der geistlichen Conferenz vom 3. Juni 1852, zu Saarbrücken gehalten in Sachen der Union gegen die evangelisch-luther. Kirche. gr. 8. (55 S.) St. Johann-Saarbrücken 852. (Saarbrücken, Neumann'sche Buchh.)

Semmedi, Ioh. Conr., observationes aegritudinum vere incurabilium. fol. Ulissiponae, König. 740.

Semmel, Adam Gottlieb Ehrengedächtniß der römischen Königswahl und Krönung Josephs des Zweyten. Augsburg auf Kosten Jacob Andreas Friedrichs 1769
Tit., 13 Bl., 220 S., 13 Taf. in Kupferst. 8°

Semmel, C. W., Lehen giebt kein Eigenthum! Ein streitiger Rechtssatz untersucht. gr. 8. (VI und 77 S.) Leipzig 856, Fr. Fleischer.

SEMMELBAUR, Josef (Dillingen): Zur Kasuistik der atrophischen und hypertrophischen Lebercirrhose bei Kindern. (Titel nach der Urkunde)
9.3.1888 - Urk; Chr 1887/88,20
Diss. Ingolst.-Landsh.-Mchn.

Semmelhack, Wilhelm: Beiträge zur Klimatographie von Nordspanien und -Portugal. T. 1. Die Niederschlagsverhältnisse. (Mit 5 Karten auf 2 Taf.) Hamburg 1910: (Pierer, Altenburg). 82 S. 4° ¶ (Ersch. auch als: Aus dem Archiv d. Dtsch. Seewarte. Jg. 33, Nr 2.)
Leipzig, Phil. Diss. v. 8. Juli 1910, Ref. Partsch, Des Coudres
[Geb. 18. Juni 82 Hamburg; Wohnort: Hamburg; Staatsangeh.: Hamburg; Vorbildung: Oberrealsch. vor d. Holstentore Hamburg Reife O. 02; Studium: Marburg 4, Leipzig 9 S.; Rig. 22. Dez. 09.] [U 10. 3240

Semmelhack Wilh., Beiträge zur Klimatographie v. Nordspanien u. -Portugal, s.a Aus dem Archiv d. deutschen Seewarte. 1910. Nr. 2.

Beiträge zur Klimatographie von Nordspanien und -Portugal. Von Dr. Wilhelm Semmelhack T. 1. Hamburg (Deutsche Seewarte) 1910. 4°
(Aus d. Archiv d. Deutschen Seewarte Jg 33 Nr 2) [illegible]

Semmelmann, Richard, a. Bayreuth, Rechtsprakt. am Kgl. Landgerichte zu Bayreuth: Beiträge zum praktischen Rechte der Eigentümerhypothek. Bayreuth 1906: C. Giessel. (VII, 152 S.) 8°
Erlangen, Jur. Fak., Ref. Siber, Diss. v. 6. Febr. 1906
[Geb. 16. Sept. 80 Bayreuth; Wohnort: Bayreuth; Staatsangeh.: Bayern; Vorbildung: Gymn. Bayreuth Reife Juli 99; Studium: München 4, Berlin 1, Erlangen 3 S.; Rig. 5. Dez. 05.]

Semmelroth, E., s.: Jahrbuch f. Verkehrsbeamte.

Semmelroth, Ernst Ludwig, Postinsp.: Untersuchungen über die Grundlagen und die Organisation des internationalen Zahlungsverkehrs der Post. Gießen 1910: Brühl. 143 S. 8°
Freiburg i. B., Rechts- u. staatsw. Diss. v. 1910, Ref. Diehl
[Geb. 24. April 72 Dusseldorf; Wohnort: Friedenau; Staatsangeh.: Preußen; Vorbildung: Realgymn. Trier Reife O. 91; Studium: Berlin 7 S.; Rig. 25. Febr. 10.] [U 10. 949

Semmelweis, Ign. Phil., die Aetiologie, der Begriff und die Prophylaxis des Kindbettfiebers. gr. 8. (VI und 544 S.) Wien 861, Hartleben's Verlags-Expedition.

Semmelweis, Ign. Phpp., die offenen Briefe an Professoren der Geburtshilfe. Nebst e. Vorwort u. Mittheilgn. üb. Ed. v. Siebold, v. Scanzoni u. Spaeth hrsg. v. Johs. Grosse. gr. 8. (XV, 166 S.) Dresden 899. H. R. Dohrn. n. 4. —

—— zwei offene Briefe an Hofrath Dr. Ed. Casp. Jac. v. Siebold und an Hofrath Dr. F. W. Scanzoni, Proff. der Geburtshilfe. 8. (40 S.) Pest 861, (Hartleben's Verlags-Expedition.)

Semmelweis, Dr. J. Ph., Zwei offene Briefe an Hofrath Dr. Eduard Casp. Jac v. Siebold. Professor der Geburtshilfe zu Göttingen, u. an Hofrath Dr. F. W. Scanzoni, Professor der Geburtshilfe zu Würzburg. 8. (40 S.) (Wien 1861.) Pest, Hartleben. Lauffer & Stolp, gratis.

—— Zwei offene Briefe an Dr. J. Spaeth, Professor der Geburtshilfe an der k. k. Josefs-Akademie in Wien u. an Hofrath Dr. F. W. Scanzoni. Professor der Geburtshilfe zu Würzburg. 8. (21 S.) (Wien 1861.) Pest, Hartleben, Lauffer & Stolp.) gratis.

(Ignaz Philipp) **Semmelweis'** gesammelte Werke, hrsg. u. z. Th. aus d. Ungar. übers. von Dr. Tiberius v. Györy, Privatd. Mit d. Portr. von Semmelweis u. e. Abb. s. Grabmals. Jena. G. Fischer 1905 (VI, 604 S.) 4°(8°) [illegible]

Semmelziege, Jedediah, Erbauliches u. Beschauliches für andächtige Seelen. 8. (8¾ B.) Winterthur 810, Steiner'sche Bh.

Semmer, Alexander

Semmer A.: Untersuchungen üb. die Entwicklung d. Meckel'schen Knorpels u. seiner Nachbargebilde. Inaug.-Diss (veter.). Dorpat 1872. 76 S. 2 Tvl.

Semmer E.: Ueber die pathologische Anatomie d. Rinderpest. Dorpat 1875. 78 S.

Semmer E.: Zur Frage üb. die Aetiologie u. Bekämpfung d. Rinderpest. [1895]. (15) S. (Særtr.). P.

Semmer, E., über die gegenwärtigen Grenzen der miasmatischen und contagiösen Krankheiten, s.a **Vorträge für Thierärzte.**

Semmer E.: Ueber die gegenwärtigen Grenzen d. miasmatischen u. contagiösen Krankheiten. Jena 1880. 52 S.
(Vorträge f. Thierärzte. Ser. 3 H. 3/4). 327.

—— der Milzbrand und das Milzbrandcontagium, s.a. **Vorträge für Thierärzte.**

Semmer, E., Der Milzbrand u. Milzbrandkontagium. S.-A. Mit 1 Tafel (83 S.) Jena 82. Dege u. Hänel. (W. Dürselen, Wiesbaden.) M. 3.

Semmer, Eugen Nicolai: Die Schlundmuskeln der Hausthiere. Mit 1 lithogr. Taf. Dorpat 1865. 45 S.
Dorpat, Vet.-med. Diss. v. 1865.

Semmer, Georg. Ueber die Faserstoffbildung im Amphibien- und Vogelblut und die Entstehung der rothen Blutkörperchen der Säugethiere. Diss. Dorpat. 8°. 69 pp. mit einer lithograph Tafel. 1874

Semmering [Schlagwort]

Semmering, s.a. Alpen. Artaria.

— s. a.: Ausflugskarten.

Semmering s.a Krieglach.

Semmering, s.a. Oesterreich-Ungarn. Freytag, G.

– s.a. Wiener Ausflugskarten.

Semmering. Ausflugs-, Touristen- u. Wegmarkierungs-Karte, neueste kolorierte, des Semmering-, Rax- u. Schneeberg-Gebietes, s.: Mück's praktische Taschenbücher (im Alphabet d. Bücher).

Semmering. Freytag, G., Karte des Semmering. Für Touristen bearb. 1:25,000. 45×51 cm. Farbdr. Wien (902). G. Freytag & Berndt. n. 1. —

Semmering, Panorama des, gemalt und chromolithographirt v. Varrone. 20" h, 30" br., Wien Reiffenstein & Rösch. 1864
Auf Leinwand gezogen 13 fl

Semmering [Sachliches OW]

Semmering, der, als Winterstation. Zum 50jähr. Jubiläum der Erbauung der Semmeringbahn. (Von Fr. Hansy.) (Braumüllers Bade-Bibliothek.) (33 S.) kl. 8. Wien 904. W. Braumüller. In Leinw. kart. n. — 70

Semmering-Album. Folge von 10 lithochrom Ansichten nach Gerasch' Naturaufnahmen. Wien, V. A. Heck In eleg gepresstem Lwdbd 2 fl 1885 S 3.40

Kienreichs Semmeringführer. 8°. (XI, 134 S. mit 1 Karte) Graz: Kienreich 1906. K 1.—

Semmeringgebiet, s.: Alpen, Umgebungskarten, Pauliny, J. J.

Semmig, C., kurzgefaßter Leitfaden f. den tierärztlichen Unterricht, s.: Walther.

Semmig, C., kurzgefaßter Leitfaden f. den tierärztlichen Unterricht, s.: Walther, C.

Semmig, Hermann

Den deutschen Brüdern in Schleswig-Holstein v. **Hermann Semmig.** (Hamburg. 1848.) 1 Bl. 4° Ausschnitt aus: Jahreszeiten. Hamburger neue Modezeitung. Jg. 7, Nr. 31.

Semmig, Herm., Czar, Empereur u. Republik od. Frankreich vor dem Richterstuhl des gesunden Menschenverstandes. gr. 8. (70 S.) Leipzig 894. P. Ehrlich. n. 1. —

Semmig, Herm., die deutsche Doppelwacht. Singweise von Max Moltke. Vierstimm. gesetzt von Thdr. Cursch-Bühren. gr. 8. (3 S.) Leipzig 887, Moltke.

Semmig, Herm., fern von Paris. Erzählungen und Novellen aus der Schweiz und dem Innern Frankreichs. 12. (IV, 352 S.) Leipzig 884, R. Lincke. *

—— fern von Paris. Erzählungen und Novellen aus der Schweiz und dem Innern Frankreichs. 2. (Titel-)Aufl. 12. (IV, 352 S.) Leipzig 885, Peterson. *

Semmig, Herm., das Frauenherz. Lebensbilder u. Dichtungen. 8. (III, 297 S.) Leipzig 879. Kempe. 4. —; geb. m. Goldschn. 5. —

— das Frauenherz. Lebensbilder u. Dichtgn. 2. Aufl. 8. (III, 297 S.) Leipzig 884. Kempe. 2. —; geb. m. Goldschn. 3. —

— französisches Frauenleben. Ein Mosaikgemälde. 8. (VIII, 368 S.) Weimar 883. A. Krüger. n. 3. 80

—— französisches Frauenleben. Ein Mosaikgemälde. 2. (Titel-)Ausg. 8. (VIII, 368 S.) Weimar 887, A. Krüger. * geb. *

— französisches Frauenleben. Ein Mosaikgemälde. 2. (Titel-)Ausg. 8. (VIII, 368 S.) Weimar 887. Würzburg-Schenkenschloß, K. W. Krüger's Verl. n. 3. 80; geb. n. 5. —

Semmig, Herm., Friedel Der deutsch-französ. Konflikt in unparteiischer Beleuchtg. Ein Nachwort zur 25jähr. Gedenkfeier des Tages v. Sedan. 8. (96 S.) Leipzig-Neustadt 896. Leipzig, J. J. Arnd. — 75

—— ein Enzianenstrauß. Novellen und Reisebilder aus den Schweizer Alpen. Zur Feier der 100jähr. Mode der Schweizerreisen mitgetheilt. 8. (XI, 307 S.) Leipzig 885, Peterson. * geb. **

Semmig, Herm., Geschichte der französischen Literatur im Mittelalter nebst ihren Beziehungen auf die Gegenwart. gr. 8. (XVI und 376 S.) Leipzig 862, O. Wigand. *

Semmig, Herm., Handwerk hat keinen goldenen Boden. Erlebnisse eines Handwerkers nebst einer Einleitung über die Stellung und Zukunft des Handwerkstandes. Ein Mahnruf an den gesammten Handwerksstand. 8. (110 S.) Herisau 849, [Meisel's Sortimentsb.]

Semmig, Herm., Handwerk hat keinen goldenen Boden. Erlebnisse eines Handwerkers nebst einer Einleitung über die Stellung u. Zukunft des Handwerksstandes. Ein Mahnruf an den gesammten Handwerksstand. 8. (110 S.) Herisau 849, Schläpfer 9 ngr

—— die Jungfrau von Orleans und ihre Zeitgenossen. Mit Berücksichtigung ihrer Bedeutung für die Gegenwart. gr. 8. (VI, 258 S.) Leipzig 885, [Unflad.] Peterson. *

—— dass. — 2. verm. Aufl. gr. 8. (VI, 280 S.) Leipzig 887, Peterson. *

— protestantische Kämpfe in Schlesien gegen d. Papsttum. 2. (Titel-)Aufl. (v. Schlesiens Reformirg. u. Katholisirg. u. seine Rettg. durch Friedrich den Großen). 8. (XVI, 162 S.) Leipzig 890. Siegismund & Volkening. n. 1 50; geb. n. 2. —

—— s. Kind, das.

—— Kultur- und Litteraturgeschichte der französischen Schweiz und Savoyens. In ihrer selbstständ. Entwicklung zum ersten Male dargestellt. 6 Lfgn. gr. 8. (XVI, 415 S.) Zürich 881,82, Trüb'sche Buchh. à Lfg. *M 1.; geb. *
Die 1. und 2. Lfg. tragen den Titel: Die französische Schweiz und Savoyen. Ihre Geschichte und Litteratur, Kunst und Landschaft. Mit Auszügen aus den einheim. Schriftstellern.

—— dass. — 2. (Titel-)Ausg. gr. 8. (XVI, 415 S.) Zürich 884, Schröter. *M 6.; cart. *M 6,50.; geb. *

— s.: Neuffer, Chrn. Ludw., das Gebet d. Herrn

Semmig, Herm., Schlesiens Reformirung u. Katholisirung u. seine Rettung durch Friedrich den Großen. Nebst e. Anh.: Die Zukunft der kathol. Völker. 8. (XVI, 162 S.) Leipzig 886. Peterson. n. 2. 25

— Rhein, Rhön u. Loire. Cultur- u. Landschaftsbilder diesseits u. jenseits der Vogesen. 8. (IV, 427 S.) Leipzig 886. Peterson. n. 5. —

—— Sachsen! Was thut Noth und was thut Blum? Ein offenes Wort. gr. 8. (8 S.) Leipzig 848, (Weller.)

Semming, Herman. (Dr.) Die französische Schweiz und Savoyen. Ihre Geschichte und Literatur, Kunst und Landschaft. Mit Auszügen aus den einheimischen Schriftstellern. (Choix de lectures françaises.) 1. Lief. In-8⁰. 80 S. Zürich, Trüb'sche Buchhandlung, 1882. pro Lief. 1 25
. Complet in 6 Lieferungen.

— Vide Stimme (Die) des Volkes.

Semmig, Herm., Eva's Töchter bis auf Luthers Käthe. Sieben Kapitel aus der Geschichte der Weiblichkeit. Unterhaltungen für den häusl. Herd. gr. 8. (VII, 197 S.) Jena 884, Mauke's Verlag. *

Semmig, Herm., Sächsische Zustände nebst Randglossen und Leuchtkugeln. Zunächst ein Ruf an das sächs. Volk. gr. 8. Hamburg 840, Vogel. n. 1/2 ß

Semmig, Jeanne Berta, aber ging es leuchtend nieder (110 S.) 8. Leipzig 910. F. Eckardt. 2. —; geb. 3. —

Semmig, Jeanne Bertha, Enzio. Ein Ghibellinensang. (75 S.) 8. Berlin 901. Dresden, A. Urban. n. 1. 50; geb. in Leinw. n. 2. 50

Semmig, Jeanne Bertha, Gedichte. gr. 16. (IV, 136 S.) Leipzig 897. Berlin, G. H. Meyer. n. 2. —; geb. n. 3. —

— Silhouetten (III, 148 S. m. Abbildgn.) kl. 8. Altenburg 906. S. Geibel. Geb. n. 2. —

— die Stadt der Erinnerung. Buchschmuck v. Käte Waentig (79 S.) kl. 8. München 905. C. H. Beck. Kart. m. Goldschn. 1. 80

— Stark wie der Tod. Zwei Novellen. (V, 134 S.) kl. 8. München 908. C. H. Beck. 2. —; geb. 3. —

SEMMIKOWSKI, J. (vielleicht Daniel v. Kászony?), Pachters Anna in Pension oder 16 Freier zu gleicher Zeit. Leipzig, Verlags-Anstalt (W. Rohl u. J. 6. 1875. 8° (Mk 1.- herabgesetzter Baarpreis 15 Pfg.) 0,4 Rthlr. Fischhaber, vor 188c.)
Allg. Central-Anzeiger, no. 1. Berlin 3. Aug. 1877

Semming, Hermann, s. Semmig

Sem-Min-Thorn 1891 u. 5256. Vorläufer d. projektierten Woltoong-esses [Cosmoreligiös] behufs endgiltiger Lösg. der „Judenfrage" v. e. Somminthoraner. 4 Taus. gr. 8. (70 S.) Dresden 891. Albanus. n. 1. —

Semmler, Rechtfertigung der für den 1. Januar 1878 in Vorschlag gebrachten Reform der preußischen Renten Versicherungs-Anstalt, s.: Stämmler.

Semmler, Ant., der Neunaugenkönig u. andere Memeler Erzählungen. (101 S.) 8. Memel 908. R. Schmidt. 1.40; geb. in Leinw. 2. —

Semmler, C.G. (Hrsg.), s. Arldt, C.W.: Der Elbstrom, von seinem Ursprunge bis zu seiner Mündung . . .

Semmler, C. G. u. C. H. W. Münnig, der Elbstrom, s. Elbstrom.

Semmler, Chr. Aug., s. Semler.

Semmler, Felix, Reduction der Bewegung e. schweren, um e. festen Punkt seiner Axe rotirenden Rotationskörpers auf die elliptischen Transcendenten m. Hülfe der Sigmafunctionen. Inaugural-Dissertation. gr. 4. (30 S.) Göttingen 874. (Vandenhoeck & Ruprecht's Verl.) n. 1. —

Die ätherischen Öle nach ihren chemischen Bestandteilen unter Berücks. d. geschichtl. Entwicklung von Dr. F[riedrich] W[ilhelm] **Semmler**, Honorarprof. Bd 1–4. (In 16 Lfgen.) Leipzig: Veit & Co. 19(05–)07. 4 Bde 8°
1. Allgem. T. Methanderivate. 19(05–)06.
2. Hydriert-cyklische Verbindungen Kohlenwasserstoffe. 1906.
3. Sauerstoffhalt. Verbindungen d. hydriert-cykl Reihe. 1906
4. Benzolderivate u. heterocykl Verbindungen 1907

Semmler, Friedrich Wilhelm [aus Hochzeit i. d. Neumark]: Chemische Untersuchungen über das ätherische Oel in Allium ursinum L. . . . . Breslau, Druck v. Gustav Ertel (1887); 2 Bl.+84 S.+2 Bl. 8°.
Breslau, Phil. Fak., Inaug.-Diss. v. 30. März 1887.

Semmler, Friedr. Wilh., chemische Untersuchungen über das ätherische Oel in Allium ursinum L. Inaugural-Dissertation. gr. 8. (84 S.) Breslau 887, (Köhler.) *

Semmler, Johann Gottlob

— — Charakter-Züge des Freyherrn Friedrich von der Trenck und Vertheidigung wider den vierten Theil seiner Lebensgeschichte, zu noch mehrerer und völliger Entlarvung desselben, durch notarialiter beglaubte Urkunden und seine eigenhändigen Briefe erwiesen von Johann Gottlob Semmler. Halle. Renger; Leipzig, Verfasser. 1794. 8°. XXVI, 130 S. Mit *Anhang* von 76 S."

Semmler, Joh. Gottlob, Sendschreiben an den National-Convent und den Jacobiner-Club in Paris, den berüchtigten Freyherrn Friedrich v. d. Trenck betreffend. O. O. 1793. 8°. 16 S.
Am Ende der volle Name des Verfassers und: „Leipzig 1793."

— Sendschreiben an d. Nationalconvent u. den Jacobiner-Klubb in Paris, d. Frhrrn. v. Trenk betreff. 8. Halle 793.

Semmler, Johann Jakob, s. Semler. Johann Salomo

Semmler, Johann Salomon, s. Semler.

Semmler, Johannes, s. Semler.

Semmola, Mariano, die alte und die neue Medizin. Uebers. von Vinc. Meyer, nach der vom Verf. vollständig umgearb. und bedeutend verm. 3. Aufl. gr. 8. (188 S.) Napoli 885. (Berlin, Rothacker.) *

—— die wissenschaftliche Medicin und die Bacteriologie gegenüber der Experimentalmethode. Aus dem Italien. von Alfredo del Torre. gr. 8. (57 S.) Wien 888, Braumüller. *

Semmola, Mariano. Vorlesungen üb. experimentelle Pharmakologie u. klinische Therapie. Deutsche autoris. Ausg. v. Alfr. del Torre. Mit e. Vorrede v. H. Nothnagel. gr. 8. (XII, 308 S.) Wien 890, Hölder. • 8 —

Semner, Richard

Semner, R., das Lagerbuch der Gemeinde. Winke zu dessen Anlegg. u. Führg. (V, 91 S.) gr. 8. Berlin 908. F. Siemenroth. Kart. 2. 40

Semon, Sir Fel., s. Centralblatt, internationales, f. Laryngologie, Rhinologie etc.

Semon's (Sir Fel.) internationales Centralblatt f. Laryngologie, Rhinologie u. verwandte Wissenschaften. Unter ständ. Mitarbeiterschaft v. L. Bayer, A. J. Brady, H. Burger u. a. hrsg. v. Geo. Finder. 26. Jahrg. 1910. 12 Nrn. (IV, 618 S.) gr. 8. Berlin, A. Hirschwald. 15. —
Bisher u. d. T.: Zentralblatt, internationales, f. Laryngologie usw.

Semon, F., die Frage d. Ueberganges gutartiger Kehlkopfgeschwülste in bösartige, speciell nach intralaryngealen Operationen. Ergebnisse einer Sammelforschg. unter den Laryngologen der Welt, veranstaltet vom Internationalen Centralblatt f. Laryngologie, Rhinologie u. verwandte Wissenschaften. [Aus: „Centralbl. für Laryngologie".] gr. 8. (V, 194 S.) Berlin 889. Hirschwald. n. 5. —

Semon, Felix, s. Mackenzie, Morell, die Krankheiten des Halses und der Nase.

Semon, Felix (geb. Danzig 8. 12. 1849): Zur Recurrens-Epidemie in Berlin 1871-72. Berlin (1873). (34 S.) 8°
Berlin, Med. Diss. v. 5. Apr. 1873

Semon, (Meier.) Joseph. (geb. Lauenburg in Pomm.): De hepatis vi et dignitate in morbis. Berolini (1840). (25 S.) 8°
Berlin, Med. Diss. v. 20. Aug. 1840

Semon, Julius (geb. Danzig 1. 1. 1819): De olei juniperi aetherei vi experimentis adjectis. Berolini (1844). (24 S.) 8°
Berlin, Med. Diss. v. 6. Apr. 1844

Semon, Max [aus Danzig]: Ein Fall von Sarcom der Regio subscapularis. (Aus d. Greifswalder chirurg. Klinik). . . . Greifswald, Druck v. Julius Abel, 1889. 30 S. u. 2 Taf. 8°
Greifswald, Med. Fak., Inaug.-Diss. v. 5. Aug. 1889

Semon, Richard [Dr.]: **Die indifferente Anlage der Keimdrüsen beim Hühnchen und ihre Differenzirung zum Hoden . . . . Jena, Gustav Fischer, 1887; 1 Bl + 41 S. u. 1 Taf 8°.**
Jena, Med. Fak., Hab.-Schr. v. [Jul.] 1887.

Semon, Richard. Beiträge zur Naturgeschichte der Synaptiden des Mittelmeeres. . (Sep.-Abdr. aus: Mittheilungen a. d. Zool. Station zu Neapel. Bd. VII.) Leipzig, Druck v. Breitkopf & Hartel (1886); 31 S. u. 2 Taf. 8°
Jena, Med. Fak., Inaug.-Diss. v. 1886.

Semon, Rich., Beobachtgn. üb. d. Lebensweise u. Fortpflanzg. d. Monotremen, nebst Notizen üb. ihre Körpertemperatur. — Die Embryonalhüllen d. Monotremen u. Marsupialier. Zur Entwickelungsgeschichte d. Monotremen, s.: Denkschriften d. medicinisch-naturwissenschaftl. Gesellschaft in Jena.

— im australischen Busch u. an den Küsten des Korallenmeeres. Reiseerlebnisse u. Beobachtgn. e. Naturforschers in Australien, Neu-Guinea u. d. Molukken. gr. 8. (XVI, 569 S. m. 85 Abb. u. 4 Karten) Leipzig 896. W. Engelmann. n. 15. —; geb. n. n. 16. 50

Im australischen Busch und an den Küsten des Korallenmeeres. Reiseerlebnisse u. Beobachtungen e. Naturforschers in Australien, Neu-Guinea u. d. Molukken von Richard **Semon**. 2., verb. Aufl. Mit 80 Abb. u. 4 Karten. Leipzig: W. Engelmann 1903. (XVI, 565 S.) 8°

Semon, Rich., die mnemischen Empfindungen in ihren Beziehungen zu den Originalempfindungen. 1. Fortsetzg. der „Mneme". (XV, 892 S.) gr. 8. Leipzig 909. W. Engelmann. 9.—; geb. in Leinw. 10.—

— die Entwickelung d. paarigen Flossen v. Ceratodus forsteri, s.: Denkschriften d. medicinisch-naturwissenschaftl. Gesellschaft in Jena.

Semon, R., die Entwickelung der Synapta digitata u. die Stammesgeschichte der Echinodermen. Mit 7 lith. Taf. [Aus: „Jenaische Zeitschr. f. Naturwissensch."] gr. 8. (V, 135 S.) Jena 888. Fischer. n. 9.—

— das Exkretionssystem d. Myxinoiden in s. Bedeutg. f. d. morpholog. Auffassg. des Urogenitalsystems der Wirbelthiere, s.: Festschrift z. 70. Geburtstage v. Carl Gegenbaur.

Semon, Rich., zoologische Forschungsreisen in Australien u. dem malayischen Archipel, s.: Denkschriften der medicinisch-naturwissenschaftlichen Gesellschaft in Jena.

Die Mneme als erhaltendes Prinzip im Wechsel des organischen Geschehens. Von Richard **Semon**. *Leipzig: W. Engelmann 1904.* (XIV, 353 S.) 8° [04. 15894

Die Mneme als erhaltendes Prinzip im Wechsel des organischen Geschehens von Richard **Semon**. 2., verb. Aufl. Leipzig W Engelmann 1908. (XV, 391 S.) 8° [08. 7010 B

— Normentafel zur Entwicklungsgeschichte des Ceratodus forsteri, s.a. Normentafeln zur Entwicklungsgeschichte der Wirbelthiere. 3. Hft.

Normentafel zur Entwicklungsgeschichte des Ceratodus Forsteri. Von Richard **Semon**, Prinz-Ludwigshöhe b. München. Mit 3 Taf u. 17 Fig *Jena: G Fischer 1901.* (38 S.) 2°(4°)
— Normentafeln z. Entwicklungsgeschichte d. Wirbeltiere. H. 3. [01. 11180

Semon, Rich. Studien üb. den Bauplan d. Urogenitalsystems der Wirbelthiere. Dargelegt an der Entwickelg. dieses Organsystems bei Ichthyophis glutinosus. gr. 8. (IV, 115 S. m. 14 z. Tl. farb. Taf.) Jena 891, Fischer * 12 —
Aus Jenaische Zeitschr. f. Naturwissensch. besonders abgedruckt

Semonville, d. Grafen, Denkwürdigkeiten, a. d. Franz. v. P. v. Arnim. 8. Lpz. Baumgärtner. 803.

Semp, M., der Regrut. En fakfesch Gebourekomēdi an droi Afzigen. (47 S.) 12. Hermannstadt (903). W. Krafft. n.n. — 26

— Verspillt. En lastig Theatergeschicht an zwō Ucwbilgn. (Mat Benatzg. vun enem ölde Motiv.) (23 S.) kl. 8. Ebd. (905). n.n. — 25
2 Sonderabdrucke aus: „Neuer Volkskalender".

Semp, W., Verspillt. En lastig Theatergeschicht an zwo Newdllungen [Newgedrackt aus dem Näen Vålkskalender. XVI Johrgång 1905] 8°. (23 S.) K — 30
Hermannstadt Krafft 1905

Sempacher, Andreas, der Teppichhändler aus Tyrol auf seinen Fahrten u. Wanderungen od. Geheimnisse eines Zöglings unbekannter Oberer. Vom Verf. von Jeanette, das Kammermädchen. 6 Bdchn. gr. 16. Meißen 848. 49, Goedsche. (à 1/4 ₰) 1 1/2 ₰ — Neue illustr. (Titel-) Ausg. (in 1 Bd.) Mit 1 lith. u. color. Portr. Ebd. (848. 49) 850. 1 1/2 ₰

Sempell, Oscar, Gerichtsref. aus M.Gladbach: Gemeinrechtliche Streitfragen auf dem Gebiete der Werkverdingung und ihre Entscheidung durch das bürgerliche Gesetzbuch. *M.-Gladbach 1899: Wiss & Zimmer.* (38 S.) 8°
Erlangen, Jur. Diss. v. 18. Jan. 1900

Semper lustig! Nunquam traurig! — Samml. v. auserles. Toast's u. Gesundheiten f. fröhl. Gesellschaften in allen Ständen. Zusammengest. durch Einen Ungenannten auf dies. Welt, Dem es hier sehr wohl gefällt. 16. (4 B.) Hanau 831, König.

Semper, Arthur, Tierarzt: Aus d. Pharmakol. Inst. d. Univ. Leipzig. Ueber die Wirkungen der Kamala und ihrer Bestandteile. Leipzig 1910: Lehmann. 38 S. 8°
Leipzig, Veterinär-Med. Diss. v. 14. Febr. 1910, Ref. Boehm
[Geb. 18. Juni 79 Wüstenhain; Wohnort: Leipzig; Staatsangeh.: Sachsen; Vorbildung: Realgymn. Borna Reife M. 08, Studium: Dresden Tierärztl. Hochsch. 9 S.; Coll. 25. Febr. 10; Approb. 8. Juni 04.] [U 10. 3061

Semper, Aug., Die sächsische Alpenturnfahrt nach Steiermark. Eine heitere Reiseskizze mit genauer Wiedergabe der gehaltenen Ansprachen, nationalen Festreden Dresden o. J 8 . . . . . . (D.)

Semper, Augustus, die sächsische Alpenturnfahrt nach Steiermark. Eine heitere Reiseskizze mit genauer Wiedergabe der gehaltenen Ansprachen, nationalen Festreden etc. 8. (IV, 110 S.) Dresden 887, Tittel Nachf. *

Semper, Carl, s. Semper, Karl

Semper, Ern. Lebr., Gedichte, herausg. von J. G. Jachmann. gr. 8. Breslau, Korn d. ält. 761.

Semper, Er. Lebr., Gedichte; hrsgg. v. J. Jachmann. gr. 8. Bresl. 781. J. F. Korn. 20 ₰

Der Herr im Erdbeben. Wurde bey dem Eintritt in die Königl. deutsche Gesellschaft zu Königsberg in Preussen poetisch vorgestellet von ERNST LEBRECHT SEMPER, ... Königsberg s. a. Gedruckt bey Johann Friedrich Driest. 4o.

Semper, Ernst Lebrecht.
Das Steingebirge bey Adersbach in Böhmen, ein Gedicht ... Bunzlau 1778. H: *Bucquoi, Erdmann Friedrich.* (MGT)

— das Steingebirge bei Adersbach in Böhmen, e. Gedicht; aufs Neue abgedr. u. mit e. Beschreib. dieser Felsen begl. v. C. Fr. Bucquoi. 8. Bunzlau 778.

Semper, Erwin, aus Stralsund: Beiträge zur Kenntniss der Goldlagerstätten des Siebenbürgischen Erzgebirges. *Berlin 1900: C. Feister.* (XIV, 66 S.) 8° ¶ (Erschien vollst. als Abhandlungen d. Kgl. Preuss. Geol. Landesanstalt, H. 33.)
Giessen, Phil. Diss. v. 1900

Semper, Beiträge zur Kenntniss der Goldlagerstätten des Siebenbürgischen Erzgebirges, s.a. Abhandlungen der königl. preuss. geolog. Landesanstalt. N. F. 33.

Semper: Beiträge zur Kenntniss der Goldlagerstätten des Siebenbürgischen Erzgebirges von Bergassessor Semper. Mit 36 Abb. Berlin S. Schropp 1900. (XIV, 219 S.) 8°
Abhandlungen d. Kgl Preuss. geol. Landesanstalt. N. F. H. 33.

Die Salpeterindustrie Chiles von Bergassessor Dr. [Erwin] **Semper** u. Dr. Michels. Mit 12 Taf. *Berlin: W. Ernst & Sohn 1904.* (123 S.) 4°
Aus Zeitschrift f. d. Berg-, Hütten- u. Salinenwesen. Jg. 1904 (Bd 52) [04. 9110

Semper, Georg

— Donatello. Eine kunstgeschichtl. Studie. (44 S.) 4. Wien 873. (A. Schroll & Co.) n.n. 4.—

— das Fortleben der Antike in der Kunst des Abendlandes, s.: Führer zur Kunst. III.

Semper, Geo., d. Nachtfalter (Heterocera), s.: Semper, C., Reisen im Archipel d. Philippinen.

Semper, Geo., die Schmetterlinge der philipp. Inseln, s.: Semper, C., Reisen im Archipel der Philippinen.

Semper, Gottfried

Semper, G., über Anwendung der Farben in der Baukunst. 1s. Heft Dorisch-griechische Kunst. Dresden. 1836. Fol. Verf.

Semper, G., über den Bau evangel. Kirchen. Mit besond. Beziehung auf die gegenwärt. Frage über die Art des Neubaues der Nikolaikirche in Hamburg und auf ein dafür entworfenes Project. gr. 8. Leipzig 845, (Teubner.) n. 1/3 ₰

Semper, Gfr., über Baustyle. Ein Vortrag gehalten auf dem Rathhaus in Zürich am 4. März 1869. Zürich 869. Schulthess. gr. 8. (32 S.) 10 ngr.

Semper, Gfr., die Bauten, Entwürfe u. Skizzen. Gesammelt u. hrsg. von Manfr. Semper. (In 26 Lfgn.) 1. Lfg. gr. Fol. (5 Stahlst. m. 1 Bl. Text.) Leipzig 881. Knapp. n. 10. —

Semper, G., vorläuf. Bemerkungen üb. bemalte Architectur u. Plastik bei den Alten. gr. 8. (4 B.) Altona 834, Hammerich.

—— und Wilh. Barth, hervorragende Bildhauer-Architekten der Renaissance. Mino da Fiesole. Andrea Sansovino. Benedetto da Rovezzano. Forschungen von Hans Semper. Aufnahmen von Wilh. Barth. gr. Fol. (25 S. mit 27 Taf. in Lichtdr.) Dresden 880, Gilbers'sche Hofverlagsh. In Mappe *

Semper, Gfried., die vier Elemente der Baukunst. Ein Beitrag zur vergleichenden Baukunst. gr. 8. (VII und 104 S.) Braunschweig 851, Vieweg und Sohn. *

Semper, Gottfr., über die formelle Gesetzmässigkeit des Schmuckes, s.a. Vorträge, akademische.

Semper, G[ottfried]. Über die formelle Gesetzmäßigkeit des Schmuckes und dessen Bedeutung als Kunstsymbol.
101—130 S. 8°
Aus: Monatsschrift des wissenschaftlichen Vereins in Zurich I 3 1856

Semper, Gfr. Die k. k. Hofmuseen in Wien u. Gottfried Semper. Drei Denkschriften G. S.'s, hrsg. v. seinen Söhnen. gr. 8. (XI, 68 S.) Innsbr. 892, Edlinger. * 1 80

—— das königl. Hoftheater zu Dresden. Imp.-Fol. (20 S. und 12 Kpfrt.) Braunschweig 840, Vieweg und Sohn. *

Semper, G., das Königliche Hoftheater in Dresden Mit 12 Kpf. Braunschweig 1850. Fol.

Semper, Gfried., uber die bleiernen Schleudergeschosse der Alten u. uber zweckmassige Gestaltung der Wurfkorper im Allgemeinen. Ein Versuch die dynamische Entstehung gewisser Formen in der Natur u. in der Kunst nachzuweisen. Mit einem Anhang uber Bewegung im widerstehenden Mittel. Mit Holzschn. u. 7 Steintaf. (in 4. u. Fol.) Frankfurt a. M. 859. Verlag fur Kunst & Wissenschaft. (Munchen, Bruckmann.) gr. 8. (107 S.) 3 ₰

Semper, Gfr., kleine Schriften. Hrsg. v. Manfred u. Hans Semper. gr. 8. (XIV, 516 S.) Stuttgart 884. Spemann. n. 12. —

Semper, Gottfr., s. Sommer, Osc.

—— der Stil in den technischen und tektonischen Künsten, oder prakt. Aesthetik. Ein Handbuch für Techniker, Künstler und Kunstfreunde. (1. Bd.): Die textile Kunst für sich betrachtet und in Beziehung zur Baukunst. 6 Lfgn. Lex.-8. (XLIV und 527 S. mit 125 in den Text gedr. Holzschn., 15 ill. Tondrt.) Frankfurt a. M. 860. [München, Bruckmann.] à Lfg. * 1 Thlr. *

—— dass. — 2. Bd.: Keramik. — Tektonik. — Stereotomie. — Metallotechnik. 1—5. Lfg. Lex.-8. (S. 1—216 mit eingedr. Holzschn. und 1 Chromolithogr.) Stuttgart 862. [München, Bruckmann.] [1. und 2. Lfg. * 1 Thlr., 3—5. Lfg. * 1 Thlr. 15 Ngr.]

Semper, Gfried., der Stil in den technischen und tektonischen Künsten, oder Praktische Aesthetik. Ein Handbuch für Techniker, Künstler und Kunstfreunde. 2. Bd. (Keramik, Tektonik, Stereotomie, Metallotechnik.) 6.—12. Lfg. Lex.-8. (VI und S. 217—591 mit eingedr. Holzschn. und 4 Chromolithogr.) München 863, Bruckmann's Verlag. *

Semper, Gfr., der Stil in den technischen und tektonischen Künsten oder praktische Aesthetik. Ein Handbuch für Techniker, Künstler und Kunstfreunde. 2 Bde. à 6 Lfgn. 2. durchgeseh. Aufl. Lex.-8. München, Bruckmann's Verlag. à Lfg. *M* 8,35.; à Bd. * *M* 20. *
geb. in Halbfrz. à Bd. * *M* 23. *

Inhalt:
Bd. 1. Die textile Kunst für sich betrachtet und in Beziehung zur Baukunst. (XLII, 490 S. mit 125 eingedr. Holzschn.-Illustr. und 15 Farbendr.-Taf.) 878,79.
» 2. Keramik, Tektonik, Stereotomie, Metallotechnik für sich betrachtet und in Beziehung zur Baukunst. (576 S. mit 239 eingedr. Holzschn.-Illustr. und 7 Farbendr.-Taf.) 879.

Semper, G., akademische Vortrage. I. Über die formelle Gesetzmässigkeit des Schmuckes und dessen Bedeutung als Kunstsymbol. (Abdr. aus der „Monatsschrift d. wissenschaftl. Vereins.“) Zürich 856. Meyer u. Zeller. gr. 8. (30 S.) n. 8 ngr.

—— Wissenschaft, Industrie und Kunst. Vorschläge zur Anregung nationalen Kunstgefühles. Bei dem Schlusse der londoner Industrie-Ausstellung. gr. 8. (76 S.) Braunschweig 852, Vieweg und Sohn. *

Semper, Hans, Altes u. Neues in Rhythmus u. Reim. (92 S.) 8. Leipzig 905. (K. W. Hiersemann.) n. 3. —; geb. n. 4. —

Semper, Hans, Donato Bramante, s.a. Kunst u. Künstler des Mittelalters u. der Neuzeit.

Semper, H. Donato Bramante. (Dohme, Kunst und Künstler. Abth. 2, Bd. I.)

— u. Wilh. Barth, hervorragende Bildhauer-Architekten der Renaissance. Mino da Fiesole. Andrea Sansovino. Benedetto da Rovezzano. Forschungen von Hans Semper. Aufnahmen von Wilh. Barth. Mit 27 Taf. in Lichtdr. gr. Fol. (25 S.) Dresden 880. Gilbers' Verl. In Mappe. n. 52. —

—— und R. Dohme, Filippo Brunellesco, s. Kunst und Künstler des Mittelalters und der Neuzeit.

Semper, Hans, F. O. Schulze und Wilh. Barth, Carpi. Ein Fürstensitz der Renaissance. Fol. (V, 67 S. mit 27 Holzschn.-, lithogr. und chromolithogr. Taf.) Dresden 882, Gilbers'sche Hofverlagsh. In Mappe *

—— Donatello, seine Zeit und Schule, s.a. Quellenschriften für Kunstgeschichte und Kunsttechnik des Mittelalters.

Semper, Hans, Donatello, seine Zeit und Schule. 1. Abschn.: Die Vorläufer Donatellos. gr. 8. (V, 73 S. mit eingedr. Holzschn.) Leipzig 870, Seemann. *
Aus: Jahrbücher für Kunstwissenschaft, besonders abgedruckt.

Semper, Hans. Donatello, seine Zeit und Schule. (Quellenschriften für Kunstgeschichte und Kunsttechnik des Mittelalters und der Renaissance, herausgegeben von R. Eitelberger v. Edelberg. IX.) Wien 1875. 4°.

Das Fortleben der Antike in der Kunst des Abendlandes. Von Prof. Dr Hans **Semper**. Mit 3 Vollbild. u. 30 Abb. Esslingen: Neff 1906. 105 S. 8°
(Fuhrer z. Kunst. Bdch. 3.) [11. 1313 7

Semper, Hanns, die Gemäldesammlung d. Ferdinandeums in Innsbruck. Ein Leitfaden f. deren Betrachtg. 1. Bdchn. in 2 Abtheilgn.: Altdeutsche u. niederländ. Gemälde vom XV—XVIII. Jahrh. 12. (87 S.) Innsbruck 886. Wagner. n. — 80

Semper, Hans, Donatellos Leben und Werke. Eine Festschrift zum 500jähr. Jubiläum seiner Geburt in Florenz. Lex.-8. (VII, 133 S. mit 8 Lichtdr.-Taf.) Innsbruck 887, Wagner'sche Universitäts-Buchh. *

Semper, Hans. Die Brixener Malerschulen d. XV. u. XVI. Jahrh. u. ihr Verhältnis zu Michael Pacher. gr. 8. (138 S. m. 15 Lichtdr.-Taf.) Innsbr. 891, Wagner. * 2 80
Aus: Zeitschr. d. Ferdinandeums, besonders abgedruckt.

Semper, Hans, d. Sammlg. alttirolischer Tafelbilder im erzbischöfl. Klerikalseminar zu Freising. Eine Studie. [Aus: „Oberbayer. Archiv".] gr. 8. (108 S. m. 34 Abb.) München 896. (G. Franz' Verl.) n. 2. —

Kleine Schriften von Gottfried Semper. Herausgegeben von Manfred und Hans Semper. Berlin und Stuttgart 1884. 8°.

Semper, Hans, Gottfried Semper. Ein Bild seines Lebens und Wirkens mit Benutzung der Familienpapiere. gr. 8. (35 S.) Berlin 880, Calvary und Comp. *

Semper, Hans, von Affoltern a Albis. Kt Zurich. Uebersicht der Geschichte Toskanischer Sculptur bis gegen das Ende des 14. Jahrhunderts. Zur D. Burkli Dr. (F. Schulthess Verl. 1869. 45 S. 1 Bl. 8°
[Zurich Phil. Diss. v. 22. Mai 1869].

—— Uebersicht der Geschichte toskanischer Sculptur bis gegen das Ende des 14. Jahrh. gr. 8. (45 S.) Zürich 869, Schulthess.

Semper, Hans, Andrea del s. a. **Kunst und Künstler des Verrocchio,** Mittelalters und der Neuzeit.

Semper, H. Andrea del Verrocchio (Dohme, Kunst und Künstler Abth. 2, Bd. I.)

— Wanderungen u. Kunststudien in Tirol. 1. Bdchn. [Aus: „Bote f. Tirol u. Vorarlberg"] 8. (262 S.) Ebd. 894. n. 2. —

—— Wandgemälde und Maler des Brixner Kreuzganges. Eine Skizze. 8. (89 S. mit 15 Lichtdr.-Bildern.) Ebendas. 887. *

Alttirolische Kunstwerke des XV und XVI. Jahrhunderts. 16 Blatt in Lichtdr (Verf Hans Gottfried **Semper**.) *Innsbruck. H Schwick in Comm. (1902).* (2 Bl., 16 Taf.) 2°
Internat. kunsthist. Kongress. Innsbruck 1902. [02. 3435

Semper, J. O. Paläontologische Untersuchungen. 1. Vol. Neubrandenburg. 1861. 8

Semper, Jh. Chr., der Bauernfreund. 8. Rüxleben 796. 5 gr

Semper, Karl

Semper, Carl, mein Amsel-Prozeß, die Amsel-Fanatiker und der Vogelschutz. gr. 8. (68 S.) Würzburg 880, Stauding'sche Buchh. *

Semper, Carl, s.: **Arbeiten aus dem zoologisch-zootomischen Institut in Würzburg.**

Semper Carl, über die Aufgabe der modernen Thiergeographie, s. Sammlung gemeinverständl. wissenschaftl. Vorträge.

—— offener Brief an Hrn. Prof. Haeckel in Jena. gr. 8. (36 S.) [Hamburg 877, Mauke Söhne.] Würzburg, Stauding'sche Buchh. *

Semper, Carl, Entwickelungsgeschichte der Ampullaria polita Deshayes, nebst Mittheilungen über die Entwickelungsgeschichte einiger andern Gastropoden aus den Tropen. Gekrönte Preisschrift. gr. 4. (20 S. mit 4 Stnt.) Utrecht 862, van der Post jun. cart. *

— die natürlichen Existenzbedingungen der Thiere, s. a. Bibliothek, internationale wissenschaftliche.

Semper K. Die natürlichen Existenzbedingungen d. Thiere. 2 Th. Leipz. 1880. (595) S. Fig. 2 Kt.

Semper, Karl, der Haeckelismus in der Zoologie. Ein Vortrag, geh. am 28. Octbr. 1875 im Verein f. Kunst u. Wissenschaft zu Hamburg, u. d. T. „Der neue Glaube u. die moderne Zoologie". gr. 8. (36 S.) Hamburg 876. Mauke Söhne. n. — 80

Dr. C[arl] **Semper**, Prof. in Würzburg. Landmollusken. [Nebst] Erg.-H. 1. 2 & Ergänzungen u. Berichtigungen H. 1–6. Mit Abb. u. Taf. *Wiesbaden: C. W. Kreidel 1870–1904.* 2 Bde 4°
Landmollusken. 1870–1904.
Erg.H. 1 = Über Sehorgane v. Typus d. Wirbeltieraugen auf d. Rucken d. Schnecken. 1877
2 = Über d. Niere d. Pulmonaten. Aus d. Nachlasse hrsg. u. erg. von Dr. H[einrich] Simroth. 1894.
Ergänzungen u. Berichtigungen von O[tto] F[ranz] v. Mollendorff. (6. Nach dessen Tode fortgef. von Dr Wilhelm Kobelt.) (In 6 H.) 1898–1904.
= **Semper**. Reisen im Archipel d. Philippinen. Bd 3. 8. [04. 11165

Über die Niere der Pulmonaten. Aus d. Nachlasse von Dr C[arl] **Semper**, Prof. in Wurzburg. Hrsg. u. erg. von Dr. H[einrich] Simroth. Mit 5 Taf. u. 7 Fig. *Wiesbaden: C. W. Kreidel 1894.* (S. 47–90.) 4°
= Semper. Landmollusken. Erg.H. 2.
= **Semper**. Reisen im Archipel d. Philippinen. T. 3, Erg.H. 2. [04. 11167

die Palau-Inseln im stillen Ocean. Reiseerlebnisse. Mit e. lith. Karte (in qu. 4.) gr. 8. (VIII, 372 S.) Leipzig 873. Brockhaus. n. 6. —

—— die Philippinen und ihre Bewohner. Sechs Skizzen. Nach einem im Frankfurter geograph. Verein 1868 gehaltenen Cyclus von Vorträgen. gr. 8. (VII, 143 S. mit 2 chromolithogr. Karten in 4. und Fol.) Würzburg 869, Stuber.

—— **Reisen im Archipel der Philippinen. 2. Thl.: Wissenschaftliche Resultate. 1. Bd.: Holothurien. 5 Hefte. gr. 4. (IV und 288 S. mit eingedr. Holzschn. und 40 Kpfrt., wovon 22 in Farbendr., und 40 Blatt Erklärungen.) Leipzig 867,68, Engelmann. [Wiesbaden, Kreidel's Verlag.] [1. und 2. Lfg. à * 4 Thlr. 20 Ngr., 3. und 4. Lfg. à * 9 Thlr., 5. Lfg. * 4 Thlr.] ***
Der 1. Thl. erscheint später.

—— Reisen im Archipel der Philippinen. 2. Thl.: Wissenschaftliche Resultate. 2. Bd.: Malacologische Untersuchungen von Rud. Bergh. 1.—9. Heft. gr. 4. Wiesbaden, Kreidel's Verlag. *

Inhalt:
Heft 1. Aeolidien. (III, S. 1—48 mit 8 Kpfrt., wovon 1 in Farbendr.) 870. * M 18.
» 2. Phyllobranchidae. (S. 49—126 mit 8 Kpfrt., wovon 1 in Farbendr.) 871. * M 26.
» 3. Hermaeidae, Plakobranchidae. (S. 127—184 mit 4 Kpfrt.) 872. * M 14,40.
» 4. Elysiadae. (S. 185—203 mit 4 Kpfrt. und 4 S. Tafelerklärungen.) 872. * M 14,40.
» 5. Limapontiadae, Phylliroidae. (S. 213—246 mit 7 Taf.: 6 Kpfrt. und 1 Chromolithogr. und 7 S. Tafelerklärungen.) 873. * M 24

» 6. Pleurophyllidiadae, Pleuroleuridae. (S. 255—285 mit 4 Taf. in Kpfrst., wovon 1 in Farbendr. und 4 S. Tafelerklärungen.) 874. *ℳ 14,40.
» 7. Bornella, Hero. (S. 286—314 mit 5 Taf.: 4 Kpfrst. und 1 Chromolithogr. und 4 S. Tafelerklärungen.) 874. *ℳ 18.
» 8. Scyllaea. (S. 315—343 mit 5 Kpfrt. und 5 S. Tafelerklärungen.) 875. *ℳ 17,40.
» 9. Thetys, Melibe. (S. 345—376 mit 4 Taf. und 1 Chromolithogr. und 4 S. Tafelerklärungen.) 875. *ℳ 20,80.

—— dass. — 2. Thl.: Wissenschaftliche Resultate. 3. Bd.: Landmollusken. 1.—3. Heft. gr. 4. Ebendas. [1. Heft. (IV, 94 S. mit 7 Kpfrt., wovon 2 in Farbendr.) 870. *ℳ 20.; 2. Heft. (S. 81—128 mit 5 Kpfrt. und 5 S. Tafelerklärungen.) 873. *ℳ 16.; 3. Heft. (S. 129—168 mit 3 Taf. in Kpfrst., wovon 1 in Farbendr. und 3 S. Tafelerklärungen.) 874. *ℳ 14,40.]

1. Thl. noch nicht erschienen. 2. Thl. 1. Bd. [Ebendas.] 1867,68. *ℳ 94.

—— Reisen im Archipel der Philippinen. 2. Thl.: Wissenschaftliche Resultate. 2. Bd. 10.—14. Heft. gr. 4. Wiesbaden, Kreidel's Verlag. *

Inhalt:

Heft 10. Bergh, Rud., malacologische Untersuchungen. Porostomata [Phyllidiadae, Doriopsidae]. Ceratosoma, Miamira, Kentrodoris. (S. 377—427 mit 4 Kpfrt. und 5 Bl. Tafelerklärungen.) 876. *ℳ 18.
» 11. —— dass. — Orodoris, Plocamopherus, Trevelyana, Nembrotha, Casella, Chromodoris. (S. 429—494 mit 4 Kpfrt. und 4 Bl. Tafelerklärungen.) 877. *ℳ 20.
» 12. —— dass. — Platydoris, Discodoris, Thordisa, Trippa. (S. 495—546 mit 4 Kpfrt. und 4 Bl. Tafelerklärungen.) 877. *ℳ 18.
» 13. —— dass. — Hexabranchus, Audura, Halla, Thorunna, Staurodoris. Sphaerodoris, Phlegmodoris, Fracassa. (S. 547—601 mit 4 Kpfrt. und 4 Bl. Tafelerklärungen.) 878. *ℳ 18.
» 14. —— dass. — Lamellidoris, Archidoris, Asteronotus. Verzeichniss, Register. Verzeichniss beschriebener oder benannter Aeolidiaden und Doriden. Litteratur-Uebersicht. (L, S. 603—645 mit 3 Kpfrt. und 3 Bl. Tafelerklärungen.) 878. *ℳ 20.

—— dass. — 2. Thl.: Wissenschaftliche Resultate. 3. Bd. 4. Heft und Ergänzungsheft. gr. 4. Ebendas. 877. *

Inhalt:

Heft 4. Landmollusken. (S. 169—230 mit 3 lithogr. Taf., wovon 1 in Farben.) *ℳ 14.

Ergänzungsheft: Ueber Sehorgane vom Typus der Wirbelthieraugen auf dem Rücken von Schnecken. (46 S. mit 5 Bl. Tafelerklärungen und 5 lithogr. Taf. color. Abbild. und 1 eingedr. Holzschn.) *ℳ 24.

1. Bd. 5 Hefte, 2. Bd. 1.—9. Heft, 3. Bd. 1.—3. Heft. Ebendas. 1868—75. *ℳ 311,80.

—— Reise im Archipel der Philippinen. 2. Thl.: Wissenschaftliche Resultate. 2. Bd. 15. Heft und 1. und 2. Suppl.-Heft. gr. 4. Wiesbaden, Kreidel's Verlag. *

Inhalt:

Heft 15. Bergh, Rud., malacologische Untersuchungen. Nachträge und Ergänzungen. Tritoniaden. (S. 647—754 mit 8 Kpfrt. und 8 Bl. Erklärungen.) 884. *ℳ 28.
Suppl.-Heft 1. —— dass. — Nachträge und Ergänzungen. (S. 1—78 mit 6 [2 lithogr. und 4 Kpfr.-]Taf. Abbild., von denen 2 color. und 6 Bl. Taf.-Erklärungen.) 880. *ℳ 26.
» » 2. —— dass. — Nachträge und Ergänzungen. (S. 79—128 S. mit 5 [1 lithogr. und 4 Kpfr.-]Taf. Abbild., von denen 1 color. und 5 Bl. Taf.-Erklärungen.) 881. *ℳ 20.

—— dass. — 2. Thl.: Wissenschaftliche Resultate. 3. Bd.: Landmollusken. 5. und 6. Heft. gr. 4. Ebendas. [5. Heft. (S. 225—264 mit 4 lithogr. Taf. Abbild., wovon 2 color., und 4 Bl. Taf.-Erklärungen.) 880. *ℳ 14.; 6. Heft. (S. 265—290 mit 1 lithogr. Taf. Abbild. und 1 Bl. Taf.-Erklärungen.) 882. *ℳ 5,60.] *

—— dass. — 2. Thl.: Wissenschaftliche Resultate. 4. Bd. 1. Abthl. 2 Hälften. gr. 4. Ebendas. *

Inhalt:

Hälfte 1. Die Sipunculiden. Eine systemat. Monographie, unter Mitwirkung von J. G. de Man und C. Bülow bearb. von Emil Selenka. (S. 1—56 mit 7 Taf. Abbild. in Farbendr. und 7 Bl. Taf.-Erklärungen.) 883. *ℳ 20.
» 2. —— dass. — (XXXII, S. 57—131 mit 7 Taf. Abbild. in Farbendr. und 6 Bl. Taf.-Erklärungen.) 884. *ℳ 28.

Semper, C., Reise im Archipel der Philippinen. 2. Thl.: Wissenschaftl. Resultate. 2. Bd.: Malacologische Untersuchungen von Rud. Bergh. 16. Heft. 1. Hälfte: Nudibranchien vom Meere der Insel Mauritius. gr. 4. (S. 755—814 mit 5 Kpfrt., von denen 1 in Farbendr., und 5 Bl. Erklärungen.) Wiesbaden 888, Kreidel's Verlag. *

—— dass. — 2. Thl.: Wissenschaftl. Resultate. 2. Bd.: Malacologische Untersuchungen von Rud. Bergh. Suppl.-Heft III und IV: Die Marseniaden. 2 Hälften. (S. 129—285 mit 14 Kpfrt.-Abbild. und 8 Bl. Erklärungen.) Ebendas. 886,87. à Heft *ℳ 28.—. *

—— dass. — 2. Thl.: Wissenschaftl. Resultate. 3. Bd.: Landmollusken. 7. Heft. gr. 4. (S. 291—327 mit 4 Taf. Abbild. und 4 Bl. Erklärungen.) Ebendas. 885. *

—— dass. — 2. Thl.: Wissenschaftl. Resultate. 4. Bd. 2. und 3. Abthl. gr. 4. Ebendas. *

Inhalt:

Abthl. 2. Kobelt, W., die Landdeckelschnecken. (80 S. mit 7 color. Taf. Abbild.) 886. *ℳ 24.—.
» 3. Lampert, Kurt, die Seewalzen — Holothurioidea. — Eine systemat. Monographie mit Bestimmungs- und Verbreitungs-Tabellen. (V, 310 S. mit 1 lithogr. Abbild.) 885. *ℳ 40.—.

—— dass. — 2. Thl.: Wissenschaftl. Uebersicht. 5. Bd.: Die Schmetterlinge der Philippinischen Inseln. Beitrag zur indo-malayischen Lepidopterenfauna von Geo. Semper. 1. Bd.: Die Tagfalter — Rhopalocera. 1.—3. Lfg. gr. 4. (S. 1—134 mit eingedr. Adernetzen, 15 color. Taf. und 25 Bl. Erklärungen.) Ebendas. 886—88. à Lfg. *ℳ 24.—. *

Semper, C. Reisen im Archipel der Philippinen. 2. Thl.: Wissenschaftliche Resultate. 2. Bd.: Malacologische Untersuchungen v. Rud. Bergh. 16. Heft 2. Hälfte, 17. u. 18. Heft. gr. 4. Wiesb., Kreidel. * 73 —

16. Heft 2. Hälfte. Nudibranchien vom Meere der Insel Mauritius. (S. 815—872 m. 3 Kpfrtaf. u. 3 Bl. Erklärgn.) 889. * 15 —.
17. Heft. Die Nudibranchien d. Sunda-Meeres. (S. 873—991 m. 3 schwarzen u. 2 farb. Kpfrtaf. u. 5 Bl. Erklärgn.) 890. * 28 —.
18. Heft. System der nudibranchiaten Gasteropoden. (S. 993—1165) 892. * 30 —

Semper, C. Reisen im Archipel der Philippinen. 2. Thl.: Wissenschaftliche Resultate. 5. Bd.: Die Schmetterlinge d. Philippinischen Inseln. Ein Beitrag zur indo-malayischen Lepidopterenfauna von Geo. Semper. 1. Bd.: Die Tagfalter [Rhopalocera]. 4.—7. Lfg. (S. 135—380 mit eingedr. Adernetzen, 25 color. u. 1 schwarzen Lichtdr.-Taf. u. 26 Bl. Erlärgn.) gr. 4. Wiesb. 889—92, Kreidel. à Lfg. * 24 —; * 96 —

— Reisen im Archipel d. Philippinen. 2 Thl. Wissenschaftl. Resultate. 3. Bd. Landmollusken 2. Ergänzungshft. gr. 4. Wiesbaden 894. C. W. Kreidel. n 24. —

Über d. Niere d. Pulmonaten. Aus d. Nachlasse. Hrsg. u. ergänzt v. H. Simroth. (V u. S. 47—90 m. 7 Fig., 5 [1 farb.] Taf. u. 6 Bl. Erklärgn.)

— dasselbe. 6. Bd. 1. u. 2. Lfg. gr. 4. Ebd. 896. 98. à n. 24. —

Die Nachtfalter (Heterocera) v. Geo. Semper. (S. 381—468 m. 14 farb. Lichtdr.- u. 2 lith. Taf. m. 16 Bl. Erklärgn.)

— dasselbe. VII. Bd. 4. Abth. 1. Abschn. 1.—3 Lfg. gr. 4. Ebd. 897—898. à Lfg. n. 18. 60

Malacolog. Untersuchgn. Von Rud. Bergh. 4. Abth. 1. Abschnitt. Die Pleurobranchiden. 1.—3. Lfg. (VII, 158 S. m. je 4 Taf. in Kpfrst. u. je 4 Bl. Erklärgn.)

— dasselbe. VIII. Bd. 1. Hft. gr. 4. Ebd. 898. n. 18. 60

Landmollusken. Von O. F. v. Möllendorff. Ergänzgn. u. Berichtiggn. z. III. Bde.: Die Landmollusken. 1. Hft. (50 S. m. 4 lith. Taf. u. 4 Bl. Erklärgn.)

Semper, C., Reisen im Archipel d. Philippinen. (II. Thl.) Wissenschaftliche Resultate. VI. Bd. 3.—6. Lfg. gr. 4. Wiesbaden, C. W. Kreidel. n. 100. —

Die Schmetterlinge der philippinischen Inseln. Beitrag zur indo-malayischen Lepidopteren-Fauna. Von Geo. Semper. 2. Bd. Die Nachtfalter (Heterocera). 3.—6. Lfg. (S. 469—728 m. 20 Taf. u. 20 Bl. Erklärgn.) 899—902. 3—5 à n. 24. —; 6. n. 28. —; (VI. Bd. kplt. n. 148. —)

— **dasselbe.** VII. Bd. 4. Abth. 2. Abschn. 1. Lfg. 3. Abschn. 1. u. 2. Lfg. u. 4. Abschn. gr. 4. Ebd. n. 92. 60
4. II. 1. Malacologische Untersuchungen. Von Rud. Bergh. 4. Abth. 2. Abschn. Tectibranchia. Lophocercidae. Ascoglossa. 1. Lfg. (S. 159—208 m. 4 Taf. in Kpfrst. u. 4 Bl. Erklärgn.) 900. n. 20. —
III. 1. 2. Dasselbe. 4. Abth. 3. Abschn. Bullacea. 1. u. 2. Lfg. (S. 209—312 m. 8 Taf. in Kpfrst. u. 8 Bl. Erklärgn.) 901. (1 n. 22. —; 2 n. 22. 60)
IV. Dasselbe. 4. Abth. 4. Abschn. Ascoglossa. Aplysiidae. (III u. S. 313—382 m. 5 Taf. in Kpfrst. u. 5 Bl. Erklärgn.) 902. n. 28. —; (1—4 n. 148. 40)

— **dasselbe.** VIII. Bd. 2.—5. Hft. gr. 4. Ebd. n. 85. 80
Landmollusken. Ergänzungen u. Berichtigg. zum III. Bde.: Die Landmollusken. Von O. F. v. Möllendorf. 2.—5. Hft. (S. 51—234 m. 21 [2 farb.] Taf. u. 21 Bl. Erklärgn.) 899—902. (2 n. 22. —; 3 n. 18. 60; 4 u. 5 à n. 22. 60)

Semper, C., Reisen im Archipel der Philippinen. (II. Tl.) Wissenschaftliche Resultate. VIII. Bd. 6. Heft. IX. Bd. 6. Tl. 1. u. 2. Lfg.; X. Bd. 1. u. 2. Heft. gr. 4. Wiesbaden, C. W. Kreidel. n. 129. 20
VIII. 6. Landmollusken. Von O. F. v. Möllendorff. Ergänzungen u. Berichtiggn. zum III. Bde.: Die Landmollusken. Nach Möllendorffs Tode fortgeführt von Wilh. Kobelt. 6. Heft. (S. 235—268 m. 8 lith. Taf. u. 8 Bl. Erklärgn.) 904. n. 30. — (VIII. Bd. vollst. n. 134. 40).
IX. 6. I. Malacologische Untersuchungen. Von Rud. Bergh. 6. Thl. 1. Lfg. Nudibranchiata. Mit 4 Taf. in Kpfrst. (57 S. m. 4 Bl. Erklärgn.) 904. n. 22. 60
II. Dasselbe. 2. Lfg. Opisthobranchiata — Pectinibranchiata. Mit 4 Taf. in Kpfrst. (S. 57—117 m. 4 Bl. Erklärgn.) 905. n. 22. 60
X. 1. Landmollusken. Von O. F. v. Möllendorff. Ergänzungen u. Berichtiggn. zum III. Bde. Nach M.'s Tode auf Grund seines Nachlasses fortgeführt v. Wilh. Kobelt u. Frau Gertr. Winter, geb v. Möllendorff. 1. Heft. Mit 7 kolor. Taf. in Lichtdr. (32 S. m. 7 Bl. Erklärgn.) 905. n. 30. —
2. Dasselbe. 2. Heft. Mit 4 kolor. Taf. in Lichtdr. (S. 33 bis 64 m. 4 Bl. Erklärgn.) 906. n. 24. —

Semper, C., Reisen im Archipel der Philippinen. (II. Tl.) Wissenschaftliche Resultate. IX. Bd. 6. Thl. 3. Lfg. n. X. Bd. 3.—10. Heft. 33,5×27,5 cm. Wiesbaden, C. W. Kreidel. 218. 80
IX. 6. III. Malacologische Untersuchungen. Von Rud. Bergh. VI. Thl. 3 Lfg. Tectibranchiata. — Pectinibranchiata. Mit 4 Taf. in Kpfrst. (V u. S. 119—178 m. 4 Bl. Erklärgn.) 908. 24.80 (VI. Thl. vollst. 70.—)
X, 3. Landmollusken. Von O. F. v. Möllendorff. Ergänzungen u. Berichtiggn. zum III. Bde. Nach M.'s Tode auf Grund seines Nachlasses fortgeführt v. Wilh. Kobelt u. Frau Gertr. Winter, geb. v. Möllendorff. 3. Heft. Mit 4 kolor. Taf. in Lichtdr. (S. 65—80 m. 4 Bl. Erklärgn.) 907. 22. —
4. Dasselbe. 4. Heft. Mit 5 kolor. Taf. in Lichtdr. (S. 81—104 m. 5 Bl. Erklärgn.) 907. 27. —
5. Dasselbe. 5. Heft. Mit 4 kolor. Taf. in Lichtdr. (S. 105—128 m. 4 Bl. Erklärgn.) 908. 25. —
6—10. Dasselbe. 6.—10. Heft. Mit 20 kolor. Taf. in Lichtdr. (S. 129—216 m. 20 Bl. Erklärgn.) 909—11. à 21. —

Über Sehorgane vom Typus der Wirbelthieraugen auf dem Rucken der Schnecken von Dr. C[arl] **Semper**, Prof in Wurzburg. Mit 5 Taf *Wiesbaden C. W. Kreidel 1877.* (45 S.) 4°
— Semper: Landmollusken. Erg.H. 1.
— **Semper**: Reisen im Archipel d. Philippinen. T. 3, Erg H 1. [64. 11766

—— die Verwandtschaftsbeziehungen der gegliederten Thiere. Untersuchungen. gr. 8. (VI, 367 S. mit 16 lithogr. und chromolithogr. Taf. in qu. gr. 4.) Würzburg 875, Stahel'sche Buchh. *
Aus: Arbeiten aus dem zoologisch-zootomischen Institut in Würzburg, besonders abgedruckt.

Semper, Leopold, a. Hannover: Zur Kenntnis der Glyoximperoxyde. München 1907: V. Höfling. (91 S.) 8°
München, Phil. Fak., Ref. v. Baeyer, Diss. v. 10. Juli 1907
[Geb. 6. April 83 Hannover; Wohnort: Hannover; Staatsangeh.: Preußen; Vorbildung: Luisen-Gymn. Berlin Reife O. 00; Studium: Heidelberg 3, München 11 S.; Rig. 10. Juli 07.]

[**Semper,** Manfr.] Die Bauten, Entwurfe u. Skizzen von Gottfr. Semper Leipzig 1881 Fol. (Nur Lfg 1 erschienen.)

Semper, Manfred. Das Münchener Festspielhaus: Gottfried Semper und Richard Wagner. IV + XVI + 116 S. 8. Hamburg, Conrad H. A. Kloss, 1906. [M. 3. —]

Semper, Manfr., Hasenauer u. Semper. E. Erwiderg. u. Richtigstellg. [Aus: „Allg. Bauzeitg."] Fol. (27 S. m. 7 Taf.) Hamburg 895. Boysen & Maasch. n. 6. —

— **Theater,** s. a. Handbuch der Architektur. 4. Tl. VI. Halbbd.

Theater. Von Manfred **Semper**. Kgl. Baurat in Hamburg. Mit 268 Abb., sowie 18 Taf. *Stuttgart: A. Bergsträßer 1904.* (VIII, 523 S.) 4-8°
— Handbuch d. Architektur T. 4. Halbbd 6, H. 5. [05. 8690

Semper, Max, Achilleo. Ein Drama in 3 Akten. (IV, 91 S.) 8. Köln (903). A. Ahn. n. 2. —

Max **Semper**. Achilleo. Ein Drama in 3 Akten. *Berlin, Köln, Leipzig: A. Ahn [1903].* (91 S.) 8° [F.] [03. 8807

Das Ewige. Ein Festspiel in 2 Tagen von Max **Semper**. T. 1. Berlin: E. Fleischel & Co. 1906. 8° [F.] [06. 13789

Das Opfer. Dramat. Handlung in 3 Teilen von Max **Semper**. Berlin: E. Fleischel & Co 1906. (181 S.) 8° [F.]
— Semper. Das Ewige. Tag 1 [06. 13790

Semper, Max [aus Altona]: Das paläothermale Problem spec. die klimat. Verhältnisse d. Eocän in Europa u. im Polargebiet ... (Aus: Zeitschr. d. Deutsch. geol. Ges., XLVIII. 2.) Berlin, Druck v. J. F. Starcke, 1896; 1 Bl., 261—349 S. 8.
München, Phil Fak, Inaug.-Diss. v. 1896

Semper, Michel. s.: Wille, der, zum Kampf.

Semper, Rudy, die rote Gefahr. Detektiv-Komödie in 2 Aufzügen. (36 S.) 11. 8. Warendorf 909. F. Wulf. p — 90

Sempère, J., Betrachtungen üb. d. Ursachen d. Größe u. d. Verfalls d. span. Monarchie. Uebers. u. mit Anmerkn. begl. v. H. Schäfer. 1. u. 2. Thl. gr. 8. Darmstadt 829, Leske. [1. (19 B.) 1 Thlr. 8 Gr., 2. (16 B.) 1 Thlr. 4 Gr.] 2 Thlr. 12 Gr., hrbgf. Pr.

Semperidem Nihiladmirari, s.: Caprivismus — Bismarckianismus.

* **SEMPER LUSTIG,** Der in der Einsamkeit und in Gesellschaften allzeit fertige schnackische Lustigmacher, enthaltend anmuthige, curieuse und lustige Geschichte und Begebenheiten, denen Mussigen zum Vergnugen, denen Melancholischen zur Aufmunterung und denen die Zeit zu lang wird zum Zeitvertreib gesamlet von — (Zierstock.) Cosmopoli, auf Kosten der Universitat 1762 8°. (In Berlin Yt 11 271.)
Drolliges neuntheiliges TKpf, Tit, 179 SS, 9 unbez. SS Reg. Enth. in 2 Abth. 192 u 73 Historien.

§ — — Dasselbe. Ibid. 1785. 8°. (In Munchen: L. eleg. m 508 m.)
Critik der Titel Halle 1804. 8°. S. 137. Die sehr kurze u. bundige Recension dieser Schrift in der Allg. Litteraturztg. (1785. Nr. 206) lautet „Der — Lustigmacher u. s. f ist etwa von einem Hausknecht in einer Dorfschenke zum Behuf einkehrender Eseltreiber zusammengeschmiert worden."

SEMPER LUSTIG (ps.), Das schnurrige Sextet, oder Lachenerregender Wettstreit nationaler Witzfunken, Aus- und Einfalle, Anekdoten, Naivetaten, Spasse, Bonmots und allerlei, das Zwerchfell erschutternder Possen und Schnaken Wopuchlei's des Bohmen, Istraufy's des Ungarn, Häseli's des Schwaben, Staberl's des Oestreichers, Nante des Berliners, und Isak Fleckeles des Juden. Leipzig, o. J 8°. 167 S Selten! (2 Mk. 50 Pfg E Frensdorff, 1906.)

Sempert, Hermann, approb. Arzt aus Rudolstadt i. Th.: Zur **Aetiologie** der peripherischen Facialislähmung. *Leipzig 1903: B. Georgi.* (53 S.) 8°
Leipzig, Med. Diss. v. (2. Jan.) 1903

Sempert, Joseph: Die Siedelungen in der Oberherrschaft von Schwarzburg-Rudolstadt. Ein Beitr. z. Siedelungsgeschichte Thüringens. Rudolstadt 1909: Mänicke & Jahn. 199 S. 8° ¶ (Ersch. auch als Buch ebd.)
Leipzig, Phil. Diss. v. 2. Okt. 1909, Ref. Lamprecht, Partsch
[Geb. 17. Mai 84 Rudolstadt; Wohnort: Rudolstadt; Staatsangeh.: Schwarzburg-Rudolstadt; Vorbildung: Gymn. Rudolstadt Reife O. 04; Studium: Leipzig 1, Göttingen 1, München 1, Paris 1, Leipzig 6 S.; Rig. 2. Juli 09.]
[U 10. 3431

Sempert, Jos., die Siedelungen in der Oberherrschaft v. Schwarzburg-Rudolstadt. Ein Beitrag z. Siedelungsgeschichte Thüringens. (Diss.) (199 S.) gr. 8. Rudolstadt 909. Mänicke & Jahn. 4. —

Sempf, L., das badische Sportelgesetz in bürgerl. Rechtssachen. Unter Anführung der Motive bearb. gr. 8. (8 B.) Karlsruhe 846, Macklot.

Sempinski: Specimen conversionis Polonae operum Platonis continens Phaed. c. I.-Xiii. 19 S. – Schrimm, Progr. 1869.

SEMPITERNUS, Hilarius (ps.), Der kurtzweilige Historicus. 1727.
Weller, Lex. Ps. p. 513.

* — — Der kurtzweilige Polyhistor In welchen (so!) Viele auserlesene lustige, possirliche, ... Historien und Geschichte .... Von *Hilario Sempiterno.* Cosmopoli Auf Kosten der Universität (Erfurt, Ritsche) 1719. 8°.
3 Bll. Vorst., 248 SS., 6 Bll. Reg. Enth. in 4 Abth. 99, 96, 81 u. 46 Nrn.

§ — — Dasselbe, tit.: Der vermehrte kurtzweilige POLYHISTOR In welchem 400. auserlesene lustige, possirliche, Theils schertz- theils ernsthaffte Historien u. Geschichte erzehlet u. beschrieben worden. Zur vergnugten Gemuths Ergötzlichkeit ans Licht gestellet von HILARIO SEMPITERNO. COSMOPOLI. Auf Kosten der Universität (Erfurt, Ritsche) 1728. 8°. (In München: L. eleg. m. 602, 2.)
Tit. (roth u. schwarz gedr.), 1 Bl. Vorr. u. 284 SS., nebst 7 Bll. Reg. der 4 Abthlgn. à 100 Nrn.

— — Dasselbe. Ebd. 1731. 8°. (Weller, Lex. ps. p. 513.)
Sämmtlich rar!

— — Dasselbe 1727.
Weller, fing. Dr. I p. 69.

Sempke und Mickisch, die Meisterprüfung. Wegweiser in Fragen und Antworten etc (128 S) Mansfeld 1902

Semple, Robert: Schilderungen von dem Vorgebirge der guten Hoffnung und Spaziergänge und kleine Reisen auf demselben ... Aus dem Englischen. Mit einigen Anmerkungen herausgegeben von T. F. Ehrmann.
in: Bibliothek der neuesten und wichtigsten Reisebeschreibungen. Bd. 18. Weimar 1805. VI, 112 S. 8°.

Semple, Rob., Wanderungen u. Schilderr. von d. Vorgebirge d. guten Hoffnung, s.a. Bibliothek d. Reisebeschreibb. 18r Bd.

Semple, Rob., Wanderungen u. Schilderungen v. d. Vorgebirge der guten Hoffnung, a. d. Engl. gr. 8. Weimar, Land. Ind. Comt. (a. d. Biblioth. d. Reisebeschr. 18r Bd.) 805.

Semple, Rob. Hunter, über den Husten, dessen Ursachen u. Verschiedenheiten, sowie die Behandlungsweisen beim einfachen Husten, Zahn- u. Würmerhusten, bei Leiden der Mandeln u. des Zäpfchens, bei Kehlkopfentzündung ꝛc. Mit practischen Bemerkungen über den Gebrauch des Stethoscopes als diagnostisches Hülfsmittel. Aus dem Engl. übers. von Frz. Händel. Weimar 859. Voigt. gr. 8. (VI, 145 S.) 17½ ngr.

Semple, William [M. A., B. Sc. aus Ayr, Schottl.]: I. Zur Kenntniss der Diazonium-Salze. II. Ueber die sogenannte Oxysulfazotinsäure oder Stickoxyddisulfonsäure ... Würzburg, Druck d. Stahel'schen k. Hofbuchdr., 1897; 78 S. 8.
Würzburg, Phil. Fak., Inaug.-Diss. v. 1897

Sempolowski (A.). Beitraege zur Kenntniss des Baues der Samenschale. Leipzig, 1874. 8°.

Sempotowski, Leo [aus Posen]: Über einige Derivate des Äthylbenzols. ... Rostock, Univ.-Buchdr. v. Adler's Erben, 1889; 37 S. 8°
Rostock, Phil. Fak., Inaug.-Diss. v. 13. Sept. 1889

Sempronius, s.a. Cajus Sempronius.

Sempronius, Gedichte. Berlin 859. Hasselberg in Comm. 16. (84 S.) n. 12 ngr.

— Rena Sahib. Eine indische Geschichte und vermischte Poesien. gr. 16. (91 S.) Berlin 860, Hasselberg'sche Verlagsbuchh.

Semrad, Gustav

Semrad, technischer Bericht üb. die Verhältnisse der v. Launsdorf [Station der k. k. Rudolfsbahn] bis Triest vorgeschlagenen Eisenbahnverbindungen. Mit 2 (lith.) Zeichnungsbeilagen (in gr. Fol.) gr. 8. (29 S.) Triest 872. Schimpff. n. 2. —

Semrad, Gust., allgemeine Bewaffnung u. Artilleriewesen, s.: Ausstellungs-Bericht, officieller.

Semrad, Gust., und Joh. Sterbenz, Handbuch für Unteroffiziere der k. k. Feld-Artillerie. gr. 16. (XX, 556 S. mit 175 in den Text gedr. Holzschn.-Abbild.) Wien 878, (Seidel und Sohn.) *

— — Handbuch für Unteroffiziere der k. k. Festungs-Artillerie. 8. (XIII, 531 S. mit 184 eingedr. Abbild. und 1 Taf. in Farbendr.) (Ebendas.) 879. *

Semrad, Gust., und Joh. Sterbenz, Handbuch für Unteroffiziere der k. k. Feld-Artillerie. 2. verm. und verb. Aufl. 8. (XIV, 605 S. mit 237 eingedr. Abbild.) Wien 880, (Seidel und Sohn.) *

Semram, Aug., plattdeutsche Gedichte. 2. Aufl. gr. 16. (42 S.) Konitz 874. Wollsdorf. n. — 50

Semrau, Abgeordneter Denkschrift — Bemerkungen über die zweckmäßigste Richtung der großen östlichen Eisenbahn von Berlin nach Königsberg Gedruckt bei J. Sittenfeld 1 Bl. Fol.
Flugblatt. Berlin, 3. Aug. 1848.

Semrau, Arth., Beiträge zu der Geschichte der Stadt Neumark. (Veröffentlichung des histor. Vereins in Marienwerder.) gr. 8. (73 u. VI S.) Neumark in Westpr. 893. (J. Köpke.) n. 1. 50

— dasselbe, s.a. Zeitschrift des historischen Vereins f. den Reg.-Bez. Marienwerder.

Semrau, Arthur: Die Denkmalpflege und die Schule. Von Prof. Arthur Semrau. Bericht über den in Thorn 1909 geh. Vortrag. Thorn 1909: Thorner Ostdeutsche Zeitung. 7 S. 8°
Aus: Mitteilungen d. Coppernicus-Vereins f. Wiss. ... zu Thorn. H. 17.

— **Gedenkschrift zur 100jähr. Feier der Vereinigung Thorns m. dem Königr. Preussen,** s: **Mittheilungen d. Coppernicus-Vereins f. Wissenschaft u. Kunst zu Thorn.**

Semrau, Arth. Die Grabdenkmäler der Marienkirche zu Thorn, s. Mitteilungen d. Coppernicus-Vereins f. Wissenschaft u. Kunst.

Semrau, Aug., plattdeutsche Gedichte. 3. Aufl. 12. (46 S.) Konitz 891. C. F. Wollsdorf. n. — 50

Plattdeutsche Gedichte. Von August Semrau. Mit e. Lebensskizze u. d. Bildn. d. Verf. 4. Aufl. (Hrsg.: Max Semrau, Prof.) Konitz, Westpr.: Dupont 1908. 16 S. 8°

† KONTE, Gust. (d. i. *Aug. Semrau*). Glossen und Randzeichnungen zu Breslauer Texten. Ein Noth- und Hülfsbüchlein für Fremde und Einheimische, die das Thun und Treiben Breslaus gründlich kennen lernen wollen. Breslau, R. Lucas. O. J. (1852). 8°. 160 S. Citirt Partsch, Heft 5. Breslau 1897. S. 329.

Semrau, Aug., (Katholik) eilf Kapitel gegen Prof. Dr. J. B. Baltzer oder die „gute" Presse auf dem Armensünderbänkchen. gr. 8. (1⅓ B.) Breslau 845, Graß, Barth u. Comp., Verl. *

—— u. J. Stein, Ressourcen-Zeitung s. Ressourcen-Zeitung.

Semrau, Franz: Würfel und Würfelspiel im alten Frankreich. Halle a. S. 1909: Karras. XIII, 41 S. 8° ¶(Ersch. vollst. als: Zeitschrift f. roman. Philol. Beihefte. H. 23. 1910.)
Königsberg, Phil. Diss. v. 19. Okt. 1909, Ref. Schultz-Gora
[Geb. 2. April 81 Dresden; Wohnort: Königsberg i. P.; Staatsangeh. Preußen; Vorbildung: Gymn. Kneiphof Reife O. 05; Studium: Königsberg 8 S.; Rig. 12 Mai 09.]

Semrau, Frz., Würfel u. Würfelspiel im alten Frankreich, s.a. Zeitschrift f. romanische Philologie. Beiheft 23.

Semrau, Franz: Würfel und Würfelspiel im alten Frankreich Von . Halle a. S.: Niemeyer 1910. XV, 163 S. 8°
[Ein T. erschien als Inaug.-Diss. Königsberg 1909.]
(Zeitschrift f. roman. Philologie. Beihefte. H. 23.)

Semrau, Hans, früh. Assistenzarzt d. Lazareths: (Aus dem chirurgischen Stadtlazareth zu Danzig. Oberarzt: Prof. Dr. Barth.) Ueber Cholecystenterostomie. Leipzig 1907: B. Georgi. (27 S.) 8°
Leipzig, Med. Fak., Ref. Trendelenburg, Diss. v. 21. Mai 1907
[Geb. 27. Jan. 80 Langfuhr; Wohnort: Danzig; Staatsangeh.: Preußen; Vorbildung: Städt. Gymn. Danzig Reife M. 99; Studium: Würzburg 1, Freiburg i. B. 1, Breslau 3, Berlin 1, Breslau 3 S.; Coll. 28. Mai 07; Approb. 11. Juni 04.]

Semrau, Hugo: Der deutsche Ostmarkenverein und die völkerische Erziehung der Ostmarkdeutschen. Ein Wort z. Organisation d. Vereins. Vortrag, geh. in d. Ortsgruppe d. Stadt Posen Von H[ugo] Semrau, Posen. Lissa i. P.: Ebbecke 1907. 17 S. 8°

Semrau, H., der deutsche Ostmarkenverein u. die völkische Erziehung der Ostmarkdeutschen. Ein Wort zur Organisation des Vereins. Vortrag, geh. in der Ortsgruppe der Stadt Posen. (17 S.) 8. Lissa 907. O. Eulitz. — 30

Semrau, Max, s.: Beiträge, kunstwissenschaftliche.

Semrau, Max [Dr. phil., Directorialassist. am Schles. Mus. d. bild. Künste]: Bertoldo di Giovanni. Ein Beitr. z. Geschichte d. Donatelloschule ... (Ist Kap. x aus: Donatellos Kanzeln in S. Lorenzo = Ital. Forsch. z. Kunstgesch. Bd. II.) Breslau, Schles. Buchdr., Kunst- u. Verl.-Anst., *1891*; 36 S. 8.
Breslau, Phil. Fak., Hab.-Schr. v. 1. Dez. 1891

Semrau, Max, Grundriss der Kunstgeschichte, s.: Lübke, Wilh.

Semrau, Max. Donatellos Kanzeln in S. Lorenzo, s. a Forschungen, italienische, zur Kunstgeschichte.

Semrau, Max [aus Breslau]: Donatello's Kanzeln in San Lorenzo. Ein Beitrag zur Geschichte der italienischen Plastik im XV. Jahrhundert . . . Breslau, Druck u. Verl. v. S. Schottlaender (1889); 38 S. + 1 Bl. 8°
Breslau, Phil. Fak., Inaug.-Diss. v. 17. Aug. 1889

— s.: Katalog, illustrierter, des schles. Museums der bildenden Künste zu Breslau.

Venedig von Prof. Dr. Max Semrau. Mit 137 Abb. u. 1 Grundriß. Stuttgart, Berlin, Leipzig: Union (1905). (332 S.) 8°
= Cicerone, Moderner. [5]

Semrau, Paul (*geb. Dawerau in Westpr. [30 1. 1845]*): Pleuritis traumatica (ohne Vulneration). Breslau (1873). (23 S.) 8°
Breslau, Med. Diss. v. 25. (vielmehr 26.) Juli 1873

Semsch, Franz Irrlichter; Schauspiel in 3 Aufzügen. Milw. 1896

Semsey, Graf Ladisl., die Fragen der königl. ungar. Staatsbahnen. (Übersetzung aus dem Ungar.) (63 S.) gr. 8. Budapest 908. M. Ráth. 1 —

Semsey de Semse, Hermine. Nichts Neues. Gedichte. 2. Aufl. 8. Triest 1894.

Semstwo, russische, und baltische Selbstverwaltung. gr. 8. (VII, 75 S.) Leipzig 878, Brockhaus. *

[Hebr.] Sēfer rēšīt ḥokmā le-Rabbi Šēm-Ṭōb (Ben-Jōsēf) Ibn-Palqera Hōṣī le-ōr ʿolām Moritz Dawid. *Berlin: M. Poppelauer [5]662 (1902).* (VI, 92 S.) 8°
[Nebent.:] Schemtob ben Josef ibn Falaqueras Propädeutik d. Wissenschaften Reschith Chokmah zum 1. Male auf Grund von 4 Hs. hrsg. von Moritz David, Rabb. Bochum

[Arab. u. Hebr.] Al-maqala aṯ-ṯāliṯa fī-ruūs aš-šuhūr wal-abīb min kitāb al-Muršid lil-qurrā Šemūēl Ben-Mōše Ben-Jehošu'a hā-rōfē al-Magribī ṣaḥḥaḥaha wa-našarahā Felix Kauffmann. *Leipzig 1903: Drugulin.* (XVIII, 31, 26 S.) 8°
[Nebent.:] Traktat über d. Neulichtbeobachtung u. d. Jahresbeginn bei d. Karäern von Samuel B(en) Moses. Nach e. arab. Hs. mit d. Fragmente e. hebr. Übers. krit. hrsg. u. ins Deutsche übertr. von F. Kauffmann. Frankfurt a. M. J. Kauffmann 1903

[Arab. Hebr. u. Amt.] Al-maqala at-tanija min al-kitab al musamma bil-Muršid hs sabbat. 'Traktat' Über den Sabbat bei den Karäern von Samuel Ben Moses Ha-Ma'arabi [Šemūēl Ben-Mōše al-Magribī Muršid. Ausz. arab. u. deutsch.] Nach e. Berliner Hs. krit. hrsg. ins Deutsche übers. u. mit Anm. versehen von Dr. Nathan Weisz. Pressburg 1907. A. Alkalay & Sohn. (48, 35 S.) 8°

Sen. Pieśń z niedokończonego poematu, wyjęta z pozostałych rękopismów po świętej pamięci J. S. gr. 8. (63 S.) Lissa 852, Günther.

Sénac, (Abbé) A., le christianisme considéré dans ses rapports avec la civilisation moderne. 2 Vols. 8. Paris (et Leipzig) 837. Brockhaus et Avenarius. n. 3 ℳ

Sénac, Jean Baptiste de

de Senac, Jh. Bapt., prakt. Abhandl. von den Krankheiten d. Herzens; aus d. Französ. gr. 8. Leipz. 781. Crusius. (W. Vogel). 1 ℳ 12 ₰

— üb. die verborg. Natur u. Heilung des Wechselfiebers. gr. 8. Leipzig, Fritsch. 772.

— üb. die verborgene Natur u. Heilung d. Wechselfiebers. gr. 8. Leipz. 772. Hahn. 20 ₰

Sénac, Jean Baptiste de: Von den Wechselfiebern. (De recondita febrium cum intermittentium tum remittentium natura et curatione. Dt.) 392 S., gbd.

Leipzig: Fritsch 1772

JB 2.148

Sénac, Pierre

s.: Sénac, Jean Baptiste de

Senac de Meilhan, Gabriel. Vermischte Werke; a. d. Franz. Hamburg 1795. Ü: *Eschenburg, Johann Joachim.* (ErschDL) (Ky) (MGT)

Senallié, Jean Baptiste: Sonate (G dur) von Jean Baptiste Senallie ‹1687–1730›. Bearb. von A(lfr.) Moffat. (Berlin: N. Simrock 1899.) (9 S.) 4⁰ [Kopft.]
Meisterschule d. alten Zeit. No 20.

Senancour, Obermann. Eingeführt v. G. Sand, s.a. Sand's Werke. 18 u. 19. Bd.

Senancour, Obermann. Eingeführt v. George Sand u. Sainte-Beuve. Deutsch v. Ludw. Buhl. 2 Bde. gr. 12. (22 B.) Leipzig 844, Otto Wigand.

Senange, Adele von, oder Briefe des Lord Sydenham, aus dem Franz. von L. F. Huber, 8. Tübingen, 795. Cotta. 20 sgl.

— Adela di, o Lettere del Lord Sydenham. 8. Berlin, Mylius. 797.

Sénange, Adele de, ou lettres de Lord Sydenham. Edit. finie p. des additions de l'auteur. 8. Hamb. Hoffmann. 797.

v. Senange, Vicomtesse, Briefe an d. Chevalier v. Versenay; aus d. Französ. 2 Thle. 8. Bresl. 792. (Gosohorsky). 1 ₰

Senanges, der Vikomtesse von, und des Chevalier von Varsennay Briefe, aus dem Franz. 2 Theile, 8. Breslau, 797. Meyer. 25 sgl.

Senantes (ps.), Sendschreiben, worinnen die Merkwürdigkeiten von Prag, so lang dieselbe unter Preussischer Bothmässigkeit (!) gestanden, in einem scherzhaften Gedichte beschrieben. 1745.
Sehr rar! — Weller, Lex. Ps. p. 514.

Senarclens-Grancy, Camilla v., die Mutterträne, s.: Merck, Mathilde.

Senat, der akademische an die Erziehungsdirektion, betr die Hochschule Zürich. 1870

Senat, le, et encore une constitution. 8. Braunschw. 815. Pluchart. 12 gr

Senator, Der Herr. Lustspiel in drei Aufzügen. Berlin-Charlottenburg [1899]. V: *Schönthan, Frz v. & Gust. Kadelburg.* (Berl)

Senator, Hermann

Senator, H., die Albuminurie in physiologischer u. klinischer Beziehung u. ihre Behandlung. 2., umgearb. Aufl. gr. 8. (X, 173 S.) Berlin 890. Hirschwald. n. 4. 40

Senator, H., die Albuminurie im gesunden u. kranken Zustande. gr. 8. (VIII, 116 S. m. 1 Steintaf.) Berlin 881. Hirschwald. n. 3. 60

Senator, Herm. (geb. Gnesen 6. 12. 1834): De morborum hepatis causis et evolutione. Berolini (1857). (28 S.) 8°
Berlin, Med. Diss. v. 23. März 1857

Senator, H., s.: Centralblatt f. medicin. Wissenschaften.

— die Erkrankgn. der Nieren, s.a. Pathologie u. Therapie, specielle.

Die Erkrankungen der Nieren. Von Prof. Dr. H[ermann] Senator in Berlin. (In 2 Heften.) *Wien: A. Hölder 18(95.) 96.* (VIII, 448 S.) 8.
— Pathologie, Specielle, u. Therapie. Bd 19. Th. 1. (96. 6,60

Senator, H., die Erkrankungen der Nieren. 2., umgearb. Aufl. gr. 8. (VIII, 525 S.) Wien 902. A. Hölder. n. 12.—

Senator, H., Handbuch der allgemeinen Ernährungsstörungen, s.: Handbuch der speciellen Pathologie u. Therapie.

— Handbuch der Krankheiten des Bewegungsapparates, s.a. Handbuch der speciellen Pathologie u. Therapie.

Senator, H[ermann], E. Seitz u. V. F. Birch-Hirschfeld: Handbuch der Krankheiten des Bewegungsapparates. Erkältungskrankheiten. Scrophulose. Diabetes. 2. Aufl. Leipzig 1879. VIII, 635 S.
(Handbuch d. spec. Pathologie u. Therapie, hrsg. von H. v. Ziemssen. Bd XIII, 1.)

Senator, H., s.a. Krankheiten u. Ehe.

Senator u Kaminer. Krankheiten u Ehe München 1904.

Polyzythamie und Plethora. Von Prof. Dr. H[ermann] Senator. Berlin: Hirschwald 1911. 80 S. 8° (11. 1726

— über Synanche contagiosa, s.: Sammlung klinischer Vorträge.

Senator, H., s.: Untersuchungen an zwei hungernden Menschen.

— Untersuchungen üb. den fieberhaften Process u. seine Behandlung. gr. 8. (IV, 208 S.) Berlin 873. Hirschwald. n. 5. —

—— über einige Wirkungen der Erwärmung auf den Kreislauf, die Athmung und Harnabsonderung, s. Archiv für Anatomie und Physiologie.

— s.: Zeitschrift f. klin. Medicin.

Senator, H., Ziele und Wege ärztlicher Thätigkeit; über Icterus, seine Entstehung und Behandlung, s. Klinik, Berliner.

Senator, Max [app. Arzt, aus Berlin]: Ueber die Lumbalpunktion nach Quincke ... Berlin, C. Vogts Buchdr., *1896;* 38 S., 1 Bl. 8.
Leipzig, Med. Fak., Inaug.-Diss. v. 11. Febr. 1896

Senator, Max, die Tracheoskopie und Bronchoskopie, s. a. Klinik, Berliner.

Die Tracheoskopie u. Bronchoskopie. Von Dr. Max **Senator** in Berlin. Berlin: Fischer 1907 (17 S.) 8° [Umschlagt.]
= **Klinik**, Berliner H. 234. (08. 1141

Senatoren, die, der Reichsst. Nürnberg, welche 50 Jahre die Rathsstelle bekleidet haben; herausgg. v. G. E. Waldau u. Lor. Kaufmann. 4. Nürnb. 787.

[Senatus Consulta, Ordnungen und Mandate der Kaiserl. Freien Reichs-Stadt Nordhausen aus den Jahren 1567 bis 1802.] Sammelbd.

Senault, Discours v. den Mängeln d. Wissenschaften, a. d. Franz. m. Anmerk. v. P. F. Mutzel. 4. Ansbach, Haueisen. 765.

Senault, Joh. Frz., Lob- und Ehrenpredigten v. d. Heiligen Gottes, a. d. Franz. Fol. Augsb. M. Rieger. 747.

Senck-Eisen, Karl Friedrich (Leipzig) A. S. 67/28

Dissertatio inauguralis juridica de mandato an morte mandantis cesset ?
Präs. Konrad Wilhelm Strecker.
Erfurt (Hering) 3. VII. 1731. 28 S.

Gew.: Heinrich von Brühl. 32425

Senckel, Carl, s. Senckel, Karl

Senckel, Ernst, Aus dem Bach. Geistliches und Weltliches in Gedichten. 16. (VIII, 199 S.) Berlin 872, (Beck.) *
cart. *

Senckel, E., XII. Bericht des deutschen Vereins f. Jugendsparkassen üb. die J. 1891 u. 1892. gr. 8. (IV, 42 S.) Frankfurt a/O. 893. G. Harnecker & Co. n. — 50

— die Einrichtungen der deutschen Schul- u. Jugendsparkassen, deren Rechtsverhältnisse, Statuten, Buchführg. u. Formulare, an 16 Musterbeispielen dargestellt; nebst Anh.: 12. Bericht d. deutschen Vereins f. Jugendsparkassen üb. die J. 1891 u. 1892. gr. 8. (IV, 142 S.) Ebd. 893. n. 1. 50

Senckel, E., wunderbare Gebetserhöhrungen. 8. (28 S.) Berlin 887, Deutsche evangel. Buch- und Tractat-Gesellschaft. *

Senckel, wunderbare Gebetserhörungen. 2. Aufl. 8. (29 S.) Berlin 894. Deutsche evangel. Buch- u. Tractat-Gesellschaft. n. — 20

Hohenwalde-Markendorf (Kr. Lebus). Erinnerungen aus alter u. neuer Zeit. Zu dem im J. 1907 zu feiernden 300j. Jubiläum d. Kirche Hohenwalde. Gewidmet von Ernst **Senckel**, Pfarrer. Mit 11 Bild. u. 1 Karte. (Hohenwalde): Selbstverl.; Frankfurt a. O.: G. Harnecker [in Komm.] 1906. (180, 12 S.) 8° [F.] (07 3162 II

Senckel, Ernst, Jugend- und Schulsparkassen. Eine Denkschrift. Hrsg. vom Verein für Jugendsparkassen. Ausg. A. gr. 8. (XII, 233 S.) Frankfurt a. O. 882, (Harnecker und Comp.) *
Ausg. B. (VI, 233 S.) *

—— Ein Leib und Ein Geist! Zu den gegenwärt. Erörterungen über unsere evangel. Gemeinde-Ordnung ein Beitrag. gr. 8. (51 S.) Berlin 870, Wiegandt und Grieben. *

Senckel, E., Normalstatuten f. kleine u. größ. Schulsparkassen. Entwürfe der kgl. Regierg. zu Merseburg aus d. J. 1896. gr. 8. (14 S.) Frankfurt a/O. 897. G. Harnecker & Co. n. — 20

— **Johann Heinrich Pestalozzi 1746—1827 u. Johann Hinrich Wichern 1808—1881. E. 15- u. 150jähr. Erinnerg. an zwei deutsche Volkserzieher. Vortrag, geh. in Frankfurt a/O. am 30. Jan. 1896. gr. 8. (II, 34 S.) Frankfurt a/O. 896. (G. Harnecker & Co.) n. — 75**
s.a. Senckel, Friedrich

— **zur gesetzl. Regelg. u. Verwaltg. d. Schulsparkassen. Vorschläge u. Entwürfe, dargeboten bezw. besprochen. gr. 8. (31 S. m. 1 Formular.) Berlin 894. (Buchh. d. Deutschen Lehrer-Zeitg.) n. — 40**

—— die Schul-, Jugend- und Pfennigsparkasse in einfachster Gestalt. Drei verschiedene Formen der Verwaltung. gr. 8. (16 S.) Frankfurt a. O. 888, Harnecker und Comp. *

—— Schulsparkassen, ein gemeinnütziger Vorschlag und prakt. Beitrag zur Lösung schwebender Zeitfragen, auf Grund zehnjähriger Erfahrungen empfohlen. gr. 8. (21 S.) (Ebendas.) 877. *

Senckel, Ernst, die Schulsparkassen. Eine Denkschrift. gr. 8. (X, 56 S.) Berlin 878, Beck's Verlag. *

Senckel, Ernst: Die Schul- und Jugendsparkassen. Dritte Denkschrift (zugleich als 14. Bericht, dessen statist. Teil bearb. von Rektor Dr. Zickerow-Cammin in Pom.) von E[rnst] Senckel, Pfarrer. Frankfurt a. O.: Deutscher Ver. f. Jugendsparkassen 1901. (XI, 244 S.) 8°

Senckel, E., die Schul- u. Jugendsparkassen. 3. Denkschrift (zugleich als 14. Bericht, dessen statist. Tl. bearb. von Zickerow). gr. 8. (XII, 244 S.) Frankfurt a/O. 901. G. Harnecker & Co. n. 2. 30

Senckel, E., die Schul- u. Jugendsparkassen, 15. Bericht, s.: Bericht des deutschen Vereins f. Jugendsparkassen.

—— amtliche Synodal-Berichte, ein offenes Votum in Sachen unserer synodalen Entwickelung. gr. 8. (26 S.) Frankfurt a. O. 869, Harnecker und Comp. *

Senckel, Fr. A., Kann man als Glied der preuß. Landeskirche auch noch ein treuer Lutheraner sein? Eine briefl. Belehrung über das Verhältniß der luther. Kirche zur unirten sogenannten evang. Landeskirche, zunächst für luther. Gemeinden zur Befestigung im Glauben, verfaßt im Febr. 1840 zu Marienwerder, damal. Verbannungsorte mehrerer luther. Geistlichen. gr. 8. (2¼ B.) Woiselwitz bei Strehlen 846. (Creutzburg, Fischer.) *

Senckel, Fr. A., kann man als Glied der preuß. Landeskirche auch noch ein treuer Lutheraner sein? Eine briefliche Belehrung über das Verhältniß der luther. Kirche zur unirten s. g. evangel. Landeskirche. 8. (40 S.) Rosenberg 847. (Creutzburg, Landsberger.) n. 4 ngr.

[F.] Johann Heinrich Pestalozzi 1746—1827 und Johann Hinrich Wichern 1808—1881. E. 15- u. 150jähr. Erinnerg an zwei deutsche Volkserzieher. Vortrag ... geh. ... v. Friedrich **Senckel**, Pfarrer zu Wellmitz ... *(Frankfurt a./O.: In Komm. bei G. Harnecker & C.; Dr.: A. Bade, Berlin 1896.)* (1 Bl., 34 S., 1 Bl.) 1 Bd 8. (97 1,67
s.a. Senckel, Ernst

Senckel, Karl

Senckel, Carl, Für lutherische Kirche und gegen Separation. Ein Zeugniß. gr. 8. (32 S.) Breslau 854, Dülfer's Buchh.

Senckenberg, die Brüder, s. Kriegk, Geo. Ludw.

Senckenberg, s.a. Volger, G. H. O.

Senckenberg [Praes.], s. Hensing, Ernst Ludw.: De fontibus juris Romani praetermissa ad Pomponium.

Senckenberg, Heinrich Christian v.

— Abhandl. der wichtigen Lehre von d. Kaiserl. höchsten Gerichtsbarkeit in Deutschland. Nebst Vorrede, Urkunden u. Register u. einig. Kupferstichen. 4. Frankf. 760. Eßlinger. (Schäfer). 1 ∦ 4 𝒩

Senckenberg, Heinrich Christian [Praes.], s. Adam, Johann: Collationem augustissimi judicii cameralis et Francofurtani, horumque processum tam judicialem, quam extrajudicialem, cum causis hoc vel illo pertractandis sistens.

Senckenberg, Heinrich Christian [Praes.], s. Adolph, Johann Heinrich: De jure observantiae ac consuetudinis in causis publicis privatisue.

v. Senckenberg, Chr. H.: Anfangsgründe d. alt., mittl. u. neuen deutschen gemeinen Rechtsgelehrsamkeit. Gött., Vandenh. 737. 8. (6 Gr.)

Senckenberg, Henr. Chr.: Weitere Ausführung von gerichtlichen Testamenten bey denen Teutschen, aus Veranlassung eines Sendschreibens, so gegen die unter seinem Praesidio gehaltene Diss. de testamenti publici origine etc. in Franckfurt a. M. herausgekommen. Nebst Anh. einiger Franckfurt. u. andern Documenten von A bis G. Goettingen 1736

Senckenberg, Hch. Chr. v., brachylogus juris civilis sive corpus legum paulo post justinianum conscriptum pendens totum juris Iustinianei ambitum. 4. Frcf. (Benj. Fleischer, Lps.) 743. Rthlr.

Senckenberg, Henr. Chrn. [Präs.] u. Fried. Theoph. Schmid (Darmstadinus Jurium C.) [Resp.]
Selecta capita de historia et jurisdictione Augusti cameralis judicii, diss. academica.
Giessae 18. März 1743: E. H. Lammers. 28 S. 4°

Senckenberg, Henr. Chrn. [Präs.] u. Joh. Dan. Thoenges (Advoc. Regim. Isenb. Buding.) [Resp.]
Dissertatio juridica cautelas circa actionem negatoriam exhibens.
Giessae 8. Juli 1740: Eb. Henr. Lammers. 36 S. 4°
pro summis in jure honoribus

s Codicis Justinianei.

Senckenberg, Henr. Chrn. [Präs.] u. Joh. Adam (Frankf. a. M.) [Resp.]
Dissertatio inauguralis juridica, collationem Augustissimi judicii cameralis et Francofurtani, horumque processum tam judicialem, quam extrajudicialem cum causis hoc vel illo pertractandis sistens.
Giessae 31. März 1740: Eb. Henr. Lammers. 62 S. 4°
pro summis in utroque jure honoribus et privilegiis rite obtinendis.

Senckenberg, Henr. Chrn. [Präs.] u. Joh. Jac. Kohlermann (Giessen) [Resp.]
Aliqua juris Germanici de servorum conditione, dissertatio academica.
Giessae 5. Jan. 1743: E. H. Lammers. 16 S. 4°

Senkenberg, Henr. Chr.: Corpus juris feudalis Germanici oder vollständige Sammlung derer Teutschen gemeinen Lehens-Gesetze. Frankfurt 1740.

Senckenberg, Henrich Christian: „Corpus juris feudalis germanici, oder Sammlung derer teutschen gemeinen Lehens-Gesetze", Gießen 1740. — Vorh.: Bibl. des Oberlandesgerichts Celle — Mb. 52 — und Bibl. des German. Museums Nürnberg

— Von neuem ... hrsg. von Joh. Friedr. Eisenhart. Halle 1772.

— Corpus juris feudalis germanici, od. vollständ. Samml. d. deutschen gemeinen Lehensgesetze, mit Zus. herausg. v. J. F. Eisenhart. gr. 8. Halle, Hemmerde u. S. 772.

v. Senckenberg, (auch Senkenburg), Hnr. Chr., († d. 30. Mai 1768.) corpus juris feudalis germanici, od. vollständ. Samml. der deutschen gemeinen Lehensgesetze ꝛc. gr. 8. Gießen 740. Von neuem mit Zusätzen herâgg. von J. F. Eisenhart. gr. 8. Halle 772. Schwetschke u. S. 2 ∦

s.a Corpus juris Germanici.

— Corpus juris germanici publici ac privati. 2 Tom. fol. Frcf. Hermann. (Esslinger.) 760.
Schreibp.

Senckenberg, Henr. Chrn. [Präs.] u. Karl de Freudenberg (Nobilis Hassiacus) [Resp.]
Delectus florum ex juribus nobilitatis Germanicae, diss. academica.
Giessae 26. Jan. 1743: E. H. Lammers. (2), 22 S. 4°

— disquisitio filiam ultimi gentis suae in regnis et principatibus privative succedere. 4. Giessen, Krieger. 736.

— dissertationes varii generis. 4. Giessen, Krieger. 743.

Senckenberg, Heinrich Christian
Semestrium liber unicus decem fasciculis dissertationes ex omnibus juris publici ac privati materiis exhibentibus et in unum collectis constans. Ubi simul rerum Germanicarum monimenta anecdota passim exhibentur. Accedit praeter indicem appendix anonymi de ducatu Saxoniae.
Giessae 1743: E. H. Lammers. Getr. Pag. 4°

Senckenberg, Henr. Chr.: Kurtzgefassete Einleitung zu der Lehre von denen Erb- und Erb-Mann-Lehen. Samt einigen angedruckten Urkunden und e. rechtlichen Bedencken der dortigen Jur.-Fac. (in Sachen v. Herrisem, verwittibter v. Petri, modo Sturmfeder u. v. Feignies, contra Grafen zu Leiningen-Dachsburg, ... die Lehens-Quart des Dorffs Steinbach betr.). Giesen 1740.

— vorläufige Einleit. zu der ganzen in Deutschland übl. Rechtsgelehrsamkeit. 8. Nördling. 762. 2r verm. Abdr. 764. Beck. 12 𝒩

Ricciardus de Antiquis, Mediolanensis [d. i. **Senckenberg,** Heinr. Chr. v.]: Epistola, qua Herm. Conr. F. Sinceri sententia de usu juris feudalis Longobardici in Germaniae terris exponitur ac trutinatur. Ad exemplum Venetum 1638 ed. Rec. Coloniae 1739.

Zanger, Jo.: **Tractatus duo: de exceptionibus et quaestionibus, seu torturis reorum.** Acc. **notae, marginalia** nec non diss. de natura, inventione et usu exceptionum; opera Henr. Chr. Senckenberg. P. 1. 2. Francofurti ad M. 1730. 33.

P. 2. [u. d. Tit.:] **Senckenberg**, Henr. Chr.: Joh. Zangeri aliorumque de exceptionibus et replicationibus opuscula selecta.

Senckenberg, Henr. Chr.: Disquisitio de feudis Brunsvicensibus et Luneburgicis fide monumentorum hic ex originibus additorum et usus. Gottingae 1738.

— disquisitio de feudis Brunsvicensibus et Luneburgicis. 4. Göttingen. Krieger. 738.

DE SENKENBERG, H. Ch.: De feudis brunsvic. et luneburg. *Gottingae*, Bossiegel. 754. 4. (6 Gr.)

Senckenberg, Heinr. Chrn. [Präs.] u. Lucas Friedr. Hert (LL. C. Giessensis) [Defensor]
Flores sparsi ad jus austraegarum tam legalium quam conventionalium.
Giessae Dez. 1739: E. H. Lammers. (4), 148 S. 4°

— flores sparsi ad jus austraegarum, tam legalium quam conventionalium. 4. Giessen, Krieger. 740.

Senckenberg, Heinrich Christian [Praes.], s. Floto, Anton Bernhard: De probationis injunctione in judicio. Von Auflegung des Gerichtlichen Beweises.

Senckenberg, H. C. [Präs.] u. Ernst Ludw. Hensing (Giessen) [Resp.]
De fontibus juris Romani praetermissa ad Pomponium.
Giessae 24. Nov. 1742: E. H. Lammers. 16 S. 4°

Kayser, Johann Friedrich [Präs.] u. Henr. Christian Senckenberg [Auctor et Resp.]
Dissertatio juris publici de forma systematis Germaniae monarchico-democratica, ex principiis politicis et ejus statu interno asserta.
Giessae [24.] Dez. 1724: vidua J. R. Vulpii. 32 S. 4°
placidae eruditorum disquisitioni

Senckenberg, Heinrich Christian [Praes.], s. Freudenberg, Karl von: Delectus florum ex juribus nobilitatis Germanicae.

Senckenberg Heinrich Christian [Praes.], s. Gaertner von Gruneck, Konrad Heinrich: De reluitione oppignorati territorii excutiens.

Senckenberg, Heinrich Christian [Praes.], s. Gebler, Tobias: De gravamine in legitima Romanis et Germanis usitato.

— Gedanken v. Erbmannlehen. 4. Marburg, Krieger. 740.

v. SENKENBERG, H. Ch.: Gedanken v. d. jederzeit lebhaften Gebr. d. uralten deutsch. bürgerl. u. Staatsrechts in d. Reichsges. u. Gewohnh. nach Anleit. d. Schwabenspiegels u. beigelegt. Urk. *Frkf.*, Garbe. 758. 8. (16 Gr.)

— Gedanken v. Gebr. d. uralten deutsch. bürgerl. u. Staatsrechts. 8. Frankf. Garbe. (Gebhardt u. K. auch Hermann.) 759.

Senckenberg, Heinrich Christian [Praes.], s. Hert, Lucas Friedrich: Flores sparsi ad jus austraegarum tam legalium quam conventionalium.

Senckenberg, Heinrich Christian [Praes.], s. Hoffmann, Samuel Justus: Jura egressus e potestate parentum Germanica ac Romana.

Senckenberg, Henr. Chr.: Disquisitiones tres de iudiciis principum, palatini in Caesarem, et recursu ad comitia. Francofurti et Lipsiae 1744.

— disquisitiones tres de Judiciis Principum Palatini in Caesarem, et Recursu ad Comitia. 4. Francf. (Benj. Fleischer, Lips.) 745.

— de judicio camerali hodierno, observationes variae ex legibus et tabulis publicis. 8mai. Wien 764. Trattner. 12 gr.

Senckenberg, Henr. Chrn. [Präs.] u. Samuel Justus Hoffmann (Idstein) [Auct. et Resp.]
Jura egressus e potestate parentum Germanica ac Romana.
Giessae 9. März 1743: E. H. Lammers. 34 S. 4°
exercitii causa

Senckenberg, Henr. Chrn. [Präs.] u. Joh. Henr. Adolph (Grebenavia Hassus) [Resp.]
Dissertatio de jure observantiae ac consuetudinis in causis publicis privatisve.
Giessae 23. Feb. 1743: E. H. Lammers. 40 S. 4°

— de jure primariarum precum regum Germaniae imperatorumque indulto papali haud indigente; hanc in formam redegit filius R. K. v. S. 4. Frankf. a. M. 784. Varrentrapp. 1 rth 4 gr.

Senckenberg, Heinrich Christian (Frankfurt/M.)
U. S. Giessen 1729, 1

Commentatio academica, de jure ac privilegio dotis illatorumque in concursu creditorum, tum in genere, tum in specie, quoad mulieres Judaeas ...
Giessen (Vulpius) 17. II. 1729. 94 S.

Gew.: Stadt Frankfurt/M. 32426

Senckenberg, Henr. Chr.: Disquisitio ulterior occasione successionis Hanoicae de jure succedendi proximioris feminae illustris prae remotiore. o. O. 1737.

Senckenberg, Henr. Chrn. [Präs.] u. Jo. Friedr. Bürcklin (Giessen) [Resp.]
De jurisprudentia certa methodo tractanda.
Giessae 17. Nov. 1742: E. H. Lammers 24 S. 4°

DE SENKENBERG, H. Ch.: Imperii Germ. jus ac possessio in Genua Ligustica ejusque ditionibus a primis originibus usque huc. *Hannov.*, Hellwing. 751. gr. 4. (2 Thl. 12 Gr.)

Senckenberg, Heinrich Christian [Praes.], s. Kohlermann, Joh. Jakob: Aliqua juris Germanici de servorum conditione.

Senckenberg, Heinrich Christian [Praes.], s. Kreusler, Wich. Joh. Wilh.: De legibus gentis Bavaricae.

Senckenberg, Heinrich Christian [Praes.], s. Langsdorff, Gg. Melch.: Diss. jur. qua primas lineas condominii pro indiviso sive generbiatus Derer Gemeinds-Herrschafften.

Senckenberg, Henr. Chrn. [Präs.] u. Mich. Joh. Wilh. Kreusler (Giessen) [Resp.]
Disputatio juridica de legibus gentis Bavaricae.
Giessae 15. Dez. 17-2: E. H. Lammers. 16 S. 4°

de SENCKENBERG, H. Chr.: Juris feudalis primae lineae ex Germanicis et Longobardicis fontibus deductae ac usui hodierno accommodatae c. append. monumentor. et formular. *Gott.*, Cuno. (737.) 8. (16 Gr.)

Senckenberg, Hnr. Chrn von, Juris feudalis primae lineae ex Germanicis et Longobardicis fontibus deductae ac usui hodierno forensi accomodatae cum append. Gottingae 1775. 8.

Senckenberg, Henr. Chr.: Meditationum de universo jure et historia volumen. Gissae 1740.

— meditationes jus publicum, privatum et historiam concernentes, fide monimentorum praecipue anedotorum. Fasc. I—IV. 8. Giessen 739, 41. Dunn unt. d. Tit.: meditationum de universo jure et historia volumen. 8. Marb. 782. Krieger. 20 gr

Senckenberg, Heinrich Christian [Praes.], s. Meister, Christian Friedrich Georg: Theses juridicae ex tit. III. IV. V. VI. VII. et VIII. libri I. institut. Coagmentatae et collegii disputatorii exercitium.

Melchioris **Goldasti** Haiminsfeldii Memoria, ubi origo, res praeclare in litteris gestae, fata, obitus, scripta denique enarrantur. Auctore et collectore Henrico Christiano Senckenberg. Francofurti et Lipsiae. 1730. (in: Goldasti Rerum Alamannicarum Scriptores. Edit. 3 T. 1.) Fol.

— methodus jurisprudentiae, ex propriis et peregrinis juribus Germaniae receptae, aliquibus monumentis anecdotis illustrata; cum indicibus satis commodis. 4. Frankf. a. M. 756. Varrentrapp. 1 ℛ Schrbp. 1 ℛ 12 gr

Senckenberg, Henr. Christn. [Präs.] u. Ludw. Jac. Meyer (Bingenhemo-Wetterauus) [Resp.]
Disquisitio juridica de montibus pietatis vulgo von Leyh-Häusern.
Gissae März 1739: Jo. Müller. (6), 56 S. 4°

Senckenberg, Heinrich Christian [Praes.], s. Muller, Johann Bernhard: Disquisitio acad. qua testamenti publici originem et solennitates extrinsecas secundum jus Romanum ac patrium. Praecipue statutum Francofurtense parte IV. Tit. 1. et 2.

de Senkenberg, H. Ch.: Observatt. variae de judicio camerali hodierno ejusque conditione. *Wien*, Trattner. 764. gr. 8. (12 Gr.)

Senckenberg, Henr. Chr.: De ordine collegiorum juris theoreticorum et practicorum. Gottingae (1735).

Senckenberg, Henr. Chrn. [Präs.] u. Joh. Siegener (Frankfurt a. M.) [Resp.]
De ordinibus exercitus Germanici vulgo Denen Sieben Heerschilden, themata selectiora.
Gissae Cal. Dec. 1742: Eb. Henr. Lammers. 16 S. 4°

Senckenberg, Henr. Chr.: Prodromus juris feudalis, in quo de juris feudalis eiusque studii praecognitis etc. disseritur. Acc. appendices IV. *Frkf.* 734. 4.

— de reluitione oppignorati territorii excutiens. 4. Giessen, Krieger. 743.

Neue und vollständigere Sammlung der Reichs-Abschiede, welche von den Zeiten Kayser Conrads des II. bis jetzo, auf den Teutschen Reichs-Tägen abgefasset worden, sammt den wichtigsten Reichs-Schlüssen, so auf dem noch fürwährenden Reichs-Tage zur Richtigkeit gekommen sind. In 4 Theilen. Zum erstenmahl ans Licht gestellt (v. Heinrich Christian von Senckenberg). Nebst einer Einleitung, Zugabe, und vollständigen Registern. Franckfurt am Mayn. 1747. Fol.

Senckenberg, H Chr.: „Sammlung von ungedruckt- und raren Schriften, zur Erläuterung derer Rechte und Geschichten von Teutschland", 4 Teile, Frankfurt a M. 1745 bis 1751. — Vorhanden: Bibl des Kammergerichts Berlin — Jb. 916 — und des German. Museums Nürnberg.

— Samml. v. ungedruckten und raren Schriften, z. Erläut. des Staats-, d. gemeinen bürgerl. u. Kirchenrechts, wie auch d. Gesch. v. Deutschland. 4 Thle. 8. Frankf. (Benj. Fleischer in Lpz.) 745-46. (I. II. IV. à 6 gr. III. 8 gr.)

Senckenberg, Henr. Chr.: Tractatio qua systematis iuris universi et Corporis Juris Germanici nec non proxime edendorum operum ac opusculorum schemata designantur. Gissae 1742.

Senckenberg, Heinrich Christian [Praes.], s. Schmid, Friedrich Theophil: Selecta capita de historia et iurisdictione augusti cameralis iudicii.

— selecta juris et historiar. tum anecdota, tum jam edita sed rariora. VI Tom. 8. Frcf. Fleischer. 734-42.

Senckenberg, Henr. Chr.: Selecta iuris et historiarum tum anecdota, tum iam edita, sed rariora. T. 1—6. Francofurti ad M. 1734—42. 6 Bde

Senckenberg, Heinrich Christian [Praes.], s. Siegener, Johann: De ordinibus exercitus Germanici vulgo Denen Sieben Heerschilden.

— Stiftungsbriefe z. Besten d. Arzneikunst u. Armenpflege, mit Vorbericht hrsgg. v. H. C. v. Senckenberg. Mit Kpf. Fol. Frankf. a. M. 770. Keßler 16 gr

Senckenberg, Henr. Chrn. [Präs.] u. Georg Wilh. Ludw. Beneke (J. U. L.) [Resp.]
Disquisitio academica de successione filiarum in regnis et principatibus, cum additionibus et appendice de successione Austriaca Praesidis ... edidit et praefamen de renunciationibus et pactis reservativis adjecit Georg. Wilh. Ludw. Beneke.
Giessae 1741: Eb. Henr. Lammers. 40, 152, 64 S. 4°
(Vorwort dat.: 30. 3. 1741)

Senckenberg, Henr. Chr.: 2 Feudor. 20 § his consequenter. Von Theilung derer Lehens-Früchten in dem Sterbiahr. Gottingae 1737.

Senckenberg, Heinrich Christian [Praes.], s. Thoenges, Heinrich Christian: Dissertatio iuridica cautelas circa actionem negatoriam exhibens.

— de usu juris feudalis Longobardici in Germaniae terris. 4. Marb. Krieger. 739.

L. B. de Senckenberg, H. Ch.: Visiones diversae de collectionibus legum Germanicarum a prima rerum memoria usq. ad novam recessuum editionem, earumque usu praecipue etiam speculi Saxonici in Belgio. Acc. statutorum et monimentorum anecdotorum appendices II. cum aliquibus figuris aeneis. *Lpz.*, Weidmann. 765. 8. (1 Thl. 4 Gr.)

— vita ab ipso describi inchoata, a filio Ren. Carol. de Senckenberg ad finem perducta. 4. Frankf. a. M. 782. Varrentrapp. 6 gr

Senckenberg, J. Chr.

— zwey bibl. Lehrbegr. v. d. christl. Toleranz u. d. widerchristl. Abfalle rc. 8. Dessau, Gelehrte Bhdl. 785.

Senckenberg, J. Chr., Stiftungsbriefe z. Besten d. Arzneykunst u. Armenpflege, m. K. Fol. Frankf. Keßler. 770.

Senckenberg, Johann Christian

Senkenberg, Diss. de lilii convallii ejusque imprimis baccae viribus. Gött. 4°.
1736

Senckenberg, Johann Christian (Frankfurt/M.)
A.S. 1202/15

Dissertatio inauguralis medica, de lilii convallium eiusque inprimis baccae viribus.
Göttingen (Schultze) 11.IX.1737. 40 S.

Gew.: Stadt Frankfurt/M. 32427

Senckenberg, Renatus Leopold Chr. Karl Frh. v.

(—) Abhandl. üb. die Fragen, ob u. in wiefern jemals Senate im Reichshofrath gewesen? ob sie darin sein können? u. wie sie am nützlichsten einzurichten wären? 8. Rast. u. Basel 799.

(*Eb.*): Abhdl. üb. d. Frage: ob u. in wie fern jemals Senate im Reichshofr. gewesen; ob sie darin seyn können, und wie sie allenfalls am nützlichsten einzurichten wären? *Rastadt* u. *Basel*, Decker. 800. gr. 8. (4 Gr.)

— s. Antistii et Eudoxii Dialogus.

— Ausführ. seines Plans einer umgearbeiteten Wahlcapitulation. 4. Wetzlar 792. Winkler. 10 gr.

— s. Germ. Biedermann.

v. Senkenberg, R. L. Chr. K., s. Corday, Charlotte.

s.a. Etwas üb. die Schelde.

Freih. v. Senkenberg, Ren. Leop. Christ. K.: Auch Etwas üb. d. Schelde u. d. Handel nach Indien, als e. Anh. zu d. *Schlettweinschen* Werke üb. d. Schelde zu gebrauchen. s. l. 785. 8.

Gedanken üb. einige Gegenstände, die deutsche Sprache betreffend. 8. Frankf. a. M. 796. Gebhardt u. K. 12 gr.

— Gedanken üb. e. Gegenstände d. deutsche Sprache betreff. 8. Frankf. Gebhardt u. K. 798.

Frhr. v. Senkenberg, Renat. C.: Gedanken üb. verschiedene Paragraphen der kaiserlichen Wahlcapitulation, die in *Gerstlacher's* Anmerkungen über die Wahlcap. gar nicht oder doch nur kürzer berührt sind. Herausg. durch Germ. Biedermann. *Eleutheropolis*. 790. 4.

— s. Geist des 5n Artikels d. Westphäl. Friedens

— Geschichte des Osnabrück- u. Münsterschen, od. sogenannten westphäl. Friedens, nach d. Ordnung d. Artikel. gr. 8. Frankf. a. M. 804. Gebhardt u. K. 16 gr.

— Geschichte des deutschen Reichs vom Prager Frieden an. 2 Bde, s. Häberlin's neuere deutsche Reichsgeschichte. 27r—28r Bd.

v. Senckenberg, Renat. Leop. Chr. Karl († d. 18. Octbr. 1800.) Geschichte d. deutschen Reichs im 17n Jahrhundert. 5 Bde, s. F. D. Häberlin's Reichshistorie. 22r bis 26r Bd.

— Leben L. B. Ouvrier, s. L. B. Ouvrier, Hinsichten.

— s. Lipenii bibliotheca.

de. Senkenberg, Ren. K. L. b.: Meditatt. max. in part. jurid. quinque, cum mantissis quibusdam. *Wetzlar*, Winkler. 782. 8. (10 gr.)

— meditationes maximam in partem juridicae quinque. 8. Wetzlar 789. Winkler. 10 gr.

— meditationum juridico-historicarum specimina tria. 8. Giessen 782. Krieger 3 gr.

(—) acht Paragraphen üb. die ersten acht Paragraphen d. Koch. schen Schrift von d. Hachenburg. Erbfolge. Fol. Frankf. a. M. 785. Vertheidig. der acht Paragraphen rc. Fol. Ebd. 786.

— s. Polydor, Nemaci Carmen.

— Samml. der den Reichshofrath betreff. Ordnn. u. Verordnn., wie auch Reichskanzleiordnn. u. gemeinen Bescheide d. Reichshofraths. Als Beilage zu Herchenhahns Werke vom Reichshofrath rc. 8. Giessen 800.

— s. H. C. de Senkenberg, de jure primar. et ejusd. vita u. Stiftungsbriefe.

— üb. d. Wahlcapitulation, s. Biedermann.

Senckler, der preußische Feldzug in den Niederlanden im J. 1787. gr. 8. (80 S. m. 1 Karte.) Berlin 898. Militär-Verlag R. Felix. n. 1. 50

Senckler. Die Kriege 1864, 1866 u. 1870/71, kurz dargestellt zum Gebrauch in den Kapitulantenschulen, sowie zum Selbstunterricht f. Unteroffiziere u. Mannschaften bestimmt. 1. u. 2. Aufl. gr. 8. (15 S. m. 4 Kartenskizzen.) Berl. 892, Mittler u. Sohn. * — 20
Aus: Soldatenfreund, besonders abgedruckt.

—— General-Feldmarschall Graf York v. Wartenburg. Eine Charakterskizze, den jungen Offizieren u. solchen, die es werden wollen, gewidmet. 8. (82 S.) Berl. 892, Liebel. * — 60; cart. ** — 75
geb. ** 1 10

Senckpiehl, Paul, über Massenerkrankungen nach Fleischgenuss, besonders durch Wurst- und Fischgift. Diss. Berlin 1887, Mayer & Müller. 8°. 44 S.

Senckpiehl, Paul [aus Spandau]: Über Massenerkrankungen nach Fleischgenuss, besonders durch Wurst- und Fischgift . . . Berlin, Buchdr. v. Gustav Schade (Otto Francke) (1887): 44 S. + 1 Bl. 8°.
Berlin, Med. Fak., Inaug.-Diss. v. 26. Jul. 1887.

Senckpiehl, Richard [Referendar]: Das Blankoakzept . . . Greifswald, Druck v. J. Abel, 1896; 54 S. 8.
Greifswald, Jur. Fak., Inaug.-Diss. v. 1896

Senckpiehl, Rich., das Blankoakzept. Diss. gr. 8. (53 S.) Greifswald 896. (Leipzig, Buchh. G. Fock.) n. 1. —

Senckpiehl, Richard: Das Eisenbahntransportgeschäft nach deutschem Recht. Von —. Berlin: Everth 1909. XVI, 493 S. 8°
(Senckpiehl: Verkehrsrecht. Bd 5.)

Senckpiehl, R., kurze Geschichtstabelle, s.: Geschichtsatlas, kleiner

Senckpiehl, R., kurzer Leitfaden beim Geschichtsunterrichte in 2 Bdchn. 2. neubearb. Aufl., verm. durch. Abbild., Karten, Pläne und Tabellen. Ausg. A. für Schüler und Schülerinnen in Bürgerschulen und mehrklass. gehobenen Volksschulen. gr. 8. Leipzig, Peter's Verlag. *ℳ 2,10.; geb. *

Inhalt:

Bdchn. 1. Kursus I und II für die Oberklassen gehobener Volksschulen und für die Unter- und Mittelstufe des Geschichtsunterrichts in Bürgerschulen. (136 S.) 883. * 90 Pf.; geb. *ℳ 1,10.
" 2. Für die Oberstufe des Geschichtsunterrichts in Bürgerschulen. (216 S.) 884. *ℳ 1,20.; geb. *ℳ 1,50.

—— dass. — Ausg. B. für Mittelschulen, höhere Töchterschulen und die Unter- und Mittelklassen höherer Lehranstalten. 2 Bdchn. gr. 8. Ebendas. *ℳ 3.; geb. *

Inhalt:

Bdchn. 1. Kursus I und II für die erste und zweite Stufe des Geschichtsunterrichts. (192 S.) 883. *ℳ 1,20.; geb. *ℳ 1,50.
" 2. Für die Oberstufe des Geschichtsunterrichts. (282 S.) 885. *ℳ 1,80.; geb. *ℳ 2,10.

Senckpiehl, R., kurzer Leitfaden beim Geschichtsunterrichte in 2 Bdchn. 3. verb. Aufl. mit Abbild., Karten, Plänen und Tabellen. Ausg. A. für Schüler und Schülerinnen in Bürgerschulen und mehrklass. gehobenen Volksschulen. 1. Bdchn.: Kursus I und II für die Oberklassen gehobener Volksschulen und für die Unter- und Mittelstufe des Geschichtsunterrichts in Bürgerschulen. gr. 8. (144 S.) Leipzig 888, Peter. * geb. *

—— dass. — Ausg. B. für Mittelschulen, höhere Töchterschulen und die Unter- und Mittelklassen höherer Lehranstalten. 2. Bdchn.: Für die Oberstufe des Geschichtsunterrichts. gr. 8. (282 S.) Ebendas. 885. *ℳ 1.80.; geb. *

Senckpiehl, R. Kurzer Leitfaden beim Geschichtsunterrichte in 2 Bdchn. 3. verm. Aufl. m. Geschichtsbildern aus der neuesten Zeit. Mit Abbildgn., Karten, Plänen u. Tabellen. Ausg. B. f. Mittelschulen, höhere Töchterschulen u. die Unter- u. Mittelklassen höherer Lehranstalten. 1. Bdchn.: Kurs. I u. II f. die 1. u. 2. Stufe d. Geschichtsunterrichts gr. 8. (200 S.) Lpz. 892, Ed. Peter. * 1 30; geb. * 1 70
2. Bdchn. Ebd. 1885. * 1 80; geb. * 2 10. — Ausg. A. 2. Bdchn. Ebd. 1884,88. * 2 10; geb. * 2 70.

Senckpiehl, R., kurzer Leitfaden beim biographischen Geschichtsunterricht in vier concentrisch erweiterten Kursen für Schüler und Schülerinnen in Mittelschulen und gehobenen Stadtschulen, sowie in höheren Töchterschulen und den Unter- und Mittelklassen der Realschulen und Gymnasien. Nach den Anforderungen der Allgem. Bestimmungen des Königl. Preuß. Ministers der geistl., Unterrichts- rc. Angelegenheiten vom 15. Octbr. 1872. 1.—4. Kursus. 8. Leipzig, E. Peter's Verlag. [1. und 2. Kursus. (100; 112 S.) 874. à * 80 Pf.; 3. und 4. Kursus. (196 S.) 875. *ℳ 1,50.] cart. *

— die deutsche Mittelschule u. 6klassige Stadtschule f. Knaben u. Mädchen. Nach Zweck u. Ziel, Organisation, Einrichtg. u. Ausstattg. m. e. vollständig ausgeführten Lehrplane u. Anweisgn. üb. das Lehrverfahren auf Grund der Allg. Bestimmgn. d. Königl. Preuß. Ministers der geistl., Unterrichts- u. Medicinal-Angelegenheiten vom 15. Oktbr. 1872. gr. 8. (IV, 236 S) Ebend. 874 n. 2. 70

—— illustriertes Realienbuch, s. Schreiber, C.

—— die schwankende Schreibweise in der deutschen Orthographie und die Interpunktion nebst einem Wörterverzeichniß für Lehrer und die Schüler der oberen Klassen höherer Schulen. 8. (VIII, 94 S.) Langensalza 874, Schulbuchh. von Greßler.

Senckpiehl's Schul-Atlas in 26 Haupt- u. 14 Nebenkarten f. d. Unterr in d. Gesch. 2., verb. Aufl. *Leipzig Dürr [1903]* (26 Kartenseiten.) 4° [kol.] [04. 1589

Das Speditionsgeschäft nach deutschem Recht. Von Richard **Senckpiehl**. Hannover Helwing 1907 (XVI, 454 S.) 8° [07. 8565

— **Verkehrsrecht.** 5. Bd. Das Eisenbahntransportgeschäft nach deutschem Recht. (XVI, 493 S.) gr. 8. Berlin 909. G. Everth. 10.—

—— illustrierte Weltgeschichte für Bürger-, Mittel- und Töchterschulen, mit Benutzung der Resultate neuerer Forschungen bearb. gr. 8. (136 S. mit 79 Abbild.) Leipzig 881, Peter's Verlag. * 80 Pf.; geb. *

Sendavestae excerpta, s.a. Kossowicz, C.

Sendavestae decem excerpta latine vertit, sententiarum explicationem et criticos commentarios adjecit, textum archetypi ad Westergaardii, Spiegelii aliorumque lucubrationes recensuit Cajet. Kossowicz. gr. 8. (XIII und 280 S.) Paris 865, (Franck.) *

Sendavestae, decem, excerpta, latine vertit, sententiarum explicationem et criticos commentarios adjecit, textum Archetypi ad Westergaardii, Spiegelii aliorumque lucubrationes recensuit Cajetanus Kossowicz. gr. 8. (XIII, 280 S.) Parisiis 876. (Leipzig, Brockhaus' Sortiment nnd Antiq.) *

Der Sendbote Jahrgang 1 102 no 26. Sept 1852 Dec 23 1954 (

Monthly 1852 64 semi-monthly 1864?– 190? weekly 1901? 1954. Sub-title (Organ der gläubig getauften Christen von Nord-Amerika, 1852- 1890? 2) Organ der deutschen Baptisten-Gemeinden Nord-Amerikas, 1890?– 1954 Absorbed DIE BIENE AUF DEM MISSIONSFELD.
Place of publication varies Cincinnati, 1853– 71 Williamsport, Pa.
Large quarto, with slight variations each issue 4 [1853- 74] 24 pages usually has printed index, 2 4 pages Circulation 1870, 3000 (est.), 1880, 4300; 1890, 7200 1900 7350 1910, 8200 1913, 8187, 1920, 7278 1930, 7134 1940, 4888 1950, 5000 1954, 4300. Subscription held by Harmony Society Edited by Konrad A. Fleischmann, 1853 -62 by Andreas Henrich, 1863-65 by Philipp W Bickel 1866 78 by Julius C Haselhuhn, 1878 92 by Julius C. Grimmell, 1892 1901 by Gottlob Fetzer 1902 34 by Samuel Blum, 1934 47 by the Rev W J. Luebeck 1948 54 Published by Konrad A. Fleischmann, 1853 59; by Publikationsverein der Deutschen Baptisten-Gemeinden von Nord-Amerika by Roger Williams Press
Cleveland, OH

Der Sendbote 1853? **Winnipeg, Man.**

Sendbote, der. Frische Blätter und Früchte vom Baume des Lebens zur Gesundheit des christl. Volkes. Ein Sonntagsblatt für Stadt und Land. Redact.: Heinr. Geyer. Jahrg. 1863. Octbr. bis Decbr. 18 Nrn. * 12½ Ngr. und 1864—66. à Jahrg. 52 Nrn. (Bog.) 4. Hamburg, (Nolte.) à Jahrg. *

—— dass. — Eine Wächterstimme aus Zion, an alle Reichsgenossen Jesu Christi, zur brüderl. Vereinigung und Vorbereitung auf den großen Tag des Herrn. Monats-Blatt der allgem., christl., apostol. Mission. Redact.. H. Geyer. 5. Jahrg. 1867. 12 Nrn. (Bog.) gr. 8. (Ebendas.) *

Sendbote ca 1865 ca 1867 **Williamsport, PA**

Sendbote, der. Organ der gläubig getauften Christen von Nord-Amerika. Redact.: W. Bickel. 16.—22. Jahrg. 1868—1874. à Jahrg. 52 Nrn. (Bog.) Fol. Cleveland. (Hamburg, Oncken.) à Jahrg. *

Sendbote, der. Organ der deutschen Baptisten Nord-Amerikas. Redact.: Phil. W. Bickel. 23.—27. Jahrg. 1875—1879. à Jahrg. 52 Nrn. (à 1—2 Bog.) Fol. Cleveland, O. (Hamburg, Oncken.) à Jahrg. *

Der Sendbote · 1873
A monthly published in 1873 by P. Franziskaner Cincinnati, OH

— Organ des Herz-Jesu-Bundes u. des Vereins der hl. Familie. Hrsg. v. d. Franziskaner-Vätern, Cincinnati, O. 22.—25. Jahrg. 1895—1898. à 12 Hfte. (à ca. 5 Bog. m. Abb.) gr. 8. Cincinnati (Benziger Brothers). à Jahrg. n. 8. —
26.–30. Jg. s. Der Sendbote, des heiligen Joseph

Der **Sendbote** des heiligen Antonius von Padua. Halbmonatsschrift z. Hebung kath. Sinnes u. thätigen Glaubens .. Red. u. hrsg von Don Josaphet (1, II. 14–2,7: Prof. Dr [Friedr Wilh.] Otto, 2,8 4. von Franziskaner-Patres d. 'Sächs. Prov. v. heil. Kreuze', 5 ff. W[ilh.] Cramer, Pfarrer, St. Vit-Wiedenbruck). Jg 1–12. Paderborn Junfermann 1894–1906. 12 Bde 8° [F.]
1 1894–95. 2 1895–96 u. s. f. bis 12 1905–06.
Forts. s. u. d. T Antonius-Bote 1906. [08. 7890

Sendbote, der, des hl. Antonius v. Padua. Halbmonatschrift zur Hebg. kathol. Sinnes u. thät. Glaubens. Red. u. hrsg. v. Don Josaphet. 1. Jahrg. Juni 1894—Mai 1895. 24 Hfte. (Bog.) gr. 8. Paderborn, Junfermann. n. 1. 50

Sendbote, d., d. hl. Antonius v. Padua. Monatschrift zur Hebg. kathol. Sinnes u. thät. Glaubens. Hrsg. u. red. von Otto. 2. Jahrg. Juni 1895—Mai 1896. 12 Hfte. (à ca. 2 Bog. m. Abb.) gr. 8. Paderborn, Junfermann. n. 1. 20

— dasselbe. Red. u. hrsg. v. Franziskaner-Patres der „sächs. Provinz vom hl. Kreuze". 3. u. 4. Jahrg. Juni 1896—Mai 1898. à 12 Hfte. (à ca. 2 Bog. m. Abb.) gr. 8. Ebd. à Jahrg. n. 1. 20

— dasselbe. Illustr. Monatschrift des Antonius-Gebets-Vereins u. d. 3. Ordens. Red. v. W. Cramer. 5. Jahrg. Juni 1898—Mai 1899. 12 Hfte. (à ca 2 Bog.) gr. 8. Ebd. n. 1 20

Sendbote, der, des hl. **Antonius v. Padua. Illustrierte** Monatschrift des **Antonius-Gebets-Vereins und des** 3. Ordens. Red. **v. W. Cramer. 6.—9. Jahrg. Juni** 1899—Mai 1903. **à 12 Hfte. gr. 8. (à ca. 32 S. m.** Abbildgn.) Paderborn, **Junfermann. à Jahrg. n. 1.20**

Sendbote, der, des hl. Antonius v. Padua. Illustrierte Monatschrift d. Antonius-Gebets-Vereins u. des 3. Ordens. Red. v. W. Cramer. 10.—12. Jahrg. Juni 1903 bis Mai 1906. à 12 Hefte. (à Jhrg. 384 S. m. Abbildgn.) gr. 8. Paderborn, Junfermann. à Jhrg. n. 1. 20
Fortsetzung, s.: Antonius-Bote.

Sendbote von Augsburg 1886 – 1897
Monthly Publication of Augsburg Synod Vol 1 No 1 (Sept 1886) to Vol 12 No 4 (Dec 1897)
Edited by F. J. Scheibel from Jan 1892 to Dec 1897
Middletown, WI

Sendbote der heiligen Cäcilia. Monatsschrift für Kirchensänger. Zugleich Organ des Diöcesan-Cäcilienvereins Speyer. 1. Jahrg. 1880. 12 Nrn. (Bog.) hoch 4. Speyer, Kleeberger'sche Buchh. *
—— dass. — Redig. von Carl Le Maire. 2.—5. Jahrg. 1881—1884. à Jahrg. 12 Nrn. (Bog.) hoch 4. Ebendas. à Jahrg. * *

— eucharistischer. Monatsschrift zum Lob u. Preis des allerheiligsten Altarssakramentes, insbesondere f. die Mitglieder der Erzbruderschaft zur ewigen Anbetg. u. der übr. Sakraments-Bruderschaften u. -Werke. Unter Mitwirkg. mehrerer Priester des Vereins zur ewigen Anbetg. hrsg. v. Schmitt. 1. u. 2. Jahrg. 1901 u. 1902. à 12 Hfte. gr. 8. (à ca. 16 S.) Lindau, J. Lutz. à Jahrg. 1. 20

— eucharistischer. Fortsetzung der Altarblumen. Monatsschrift zum Lob u. Preis des allerheiligsten Altarsakramentes, insbesondere für die Mitglieder der Erzbruderschaft zur ewigen Anbetg., der Sakraments-Bruderschaften eucharist. Werke u. der Paramentenvereine. Unter Mitwirkg. von Priestern des Vereins zur ewigen Anbetung hrsg. v. Ad. Reiners. 4. Jahrg. 1904. Januar-April. 4 Hefte. (72 S.) 8. Kempen, Thomasdruckerei u. Buchh. à — 40
Erscheint nicht mehr.

Sendbote, der, des Evangeliums. Ein Blatt für gläubig getaufte Christen. Hrsg. von C. A. Fleischmann. 1. und 2. Bd. Aug. 1853—Juli 1855. à Bd. 12 Nrn. (Bog.) gr. Fol. Philadelphia 855, (Schäfer und Koradi.) à Bd. * 1 Thlr. *

Sendbote, der, des Evangeliums. Organ der gläubig getauften Christen in Nordamerika. Hrsg. von Konr. A. Fleischmann 3—8. Bd. **Aug. 1855 bis Juli 1861. à Bd.** 12 Nrn. (Bog.) gr. Fol. **Philadelphia, (Schäfer und Koradi.)** à Jahrg. *

—— der, des Evangeliums. Organ der gläubig getauften Christen in Nordamerika. Hrsg. von Konr. A. Fleischmann. 9. Bd. Aug. 1861 bis Juli 1862. 12 Nrn. (Bog.) gr. Fol. Philadelphia, (Schäfer und Koradi.) *

—— dass. — Hrsg. von A. Henrich. 10. Bd. Aug. 1862 bis Juli 1863. 12 Nrn. (Bog.) gr. Fol. Williamsport, Pa. (Philadelphia, Schäfer und Koradi.) *

—— dass. — Hrsg. von Demselben. 11. Bd. Aug. 1863 bis Juli 1864. 12 Nrn. (Bog.) gr. Fol. Williamsport, Pa. (Hamburg, J. G. Oncken.) *

Sendbote, des hl. Franziskus. Monatsschrift f. die Tertiaren u. die Verehrer des hl. Antonius. Hrsg. von d. Minderbrüdern z. Metz. Hrsg.: Bernardin. Bender. 21. Jahrg. Oktbr. 1910—Septbr. 1911. 12 Nrn. (à ca. 32 S. m. Abbildgn.) 8. Metz, Verlag des „Sendboten". 1.—

Sendbote Der des göttlichen Herzens. Ed: Jacobus Mencken, 14v
Cinci, 1873-87

—— der, des göttlichen Herzens Jesu. Monatsschrift des Gebets-Apostolates. Deutsche Ausg. nach der franzos. des Ramière bearb. von Stef. Knoflach. 1. Jahrg. 1865. 12 Nrn. Lex.-8. (Nr. 1. 40 S. mit 1 lithogr. und ill. Karte.) Innsbruck 865, F. Rauch. *

—— dass. — Monatschrift des Gebets-Apostolates. Hrsg. von Jos. Malfatti. 2. und 3. Jahrg. 1866 und 1867. à Jahrg. 12 Hefte. Lex.-8. (à Heft ca. 40 S.) Ebendas. à Jahrg. *

—— der, des göttlichen Herzens Jesu. Monatsschrift des Gebets-Apostolates. Hrsg. von Jos. Malfatti. 4.—10. Jahrg. 1868—1874. à Jahrg. 12 Hefte. Lex.-8. (à Heft 32—40 S.) Innsbruck, F. Rauch. à Jahrg. *

—— der, des göttlichen Herzens Jesu. Monatsschrift des Gebets-Apostolates. Hrsg. von Jos. Malfatti. 11.—15. Jahrg. 1875—1879. à Jahrg. 12 Hefte (à 2 Bog.) Lex.-8. Innsbruck, F. Rauch's Buchh. à Jahrg. *

—— der, des göttlichen Herzens Jesu. Monatsschrift des Gebets-Apostolates. Hrsg. von Jos. Malfatti. 16.—18. Jahrg. 1880—1882. à Jahrg. 12 Hefte. (à Heft 2 Bog.) Lex.-8. Innsbruck, F. Rauch's Buchh. à Jahrg. *
—— dass. — Hrsg. von Frz. Hattler. 19. und 20. Jahrg. 1883 und 1884. à Jahrg. 12 Hefte. (à Heft 2 Bog.) Lex.-8. Ebendas. à Jahrg. *

Sendbote, der, des göttlichen Herzens Jesu. Monatsschrift des Gebets-Apostolates und der Andacht zum heiligsten Herzen. Hrsg. von Frz. Hattler. 21.—24. Jahrg. 1885—1888. à Jahrg. 12 Hefte. (à Heft 2 Bog.) Lex.-8. Innsbruck, F. Rauch's Buchh. à Jahrg. *

Sendbote, der, d. göttlichen Herzens Jesu. Monatsschrift d. Gebets-Apostolates u. der Andacht zum heiligsten Herzen. Hrsg. v. Priestern der Gesellschaft Jesu. Redact.: Pet. Guglberger. 25.—28. Jahrg. 1889—1892. à Jahrg. 12 Hefte. (à Heft 2 Bog.) Lex.-8. Innsbr., F. Rauch. à Jahrg. * 2 —

— der, des göttlichen Herzens Jesu. Monatsschrift des Gebets-Apostolates u. der Andacht zum heiligsten Herzen. Hrsg. v. Priestern der Gesellschaft Jesu. Red.: Pet. Guglberger. 27.—31. Jahrg. 1891—1895. à 12 Hfte. (à ca. 2 Bog. m Abbildgn.) Lex.-8. Innsbruck, F. Rauch. à Jahrg. n. 2. —

— der, d. göttl. Herzens Jesu. Monatsschrift des Gebetsapostolates u. d. Andacht z. heiligsten Herzen. Hrsg. v. Priestern der Gesellschaft Jesu. Red.: Pet. Guglberger, S. J. 32.—35. Jahrg. 1896—1899. à 12 Hfte. (à ca. 36 S. m. Abb.) Lex.-8. Innsbruck, F. Rauch. à Jahrg. n. 2.—
D. 36. Jahrg. war von Jos. Hättenschwiller redigiert.

— dasselbe. Monatsschrift des Gebets-Apostolates u. der Andacht zum hlst. Herzen. Hrsg. v. Priestern der Gesellschaft Jesu. Red.: Jos. Hättenschwiller, S. J. 36.—38. Jahrg. 1900—1902. à 12 Hfte. Lex.-8. (à ca. 32 S. m. Abbildgn.) Innsbruck, F. Rauch. à Jahrg. n. 2.—

— dasselbe. Generalregister 1865—1901 (Bd. I—XXXVII). Hrsg. v. der Red. des Sendboten. Lex.-8. (I S., 226 Sp.) Ebd. 902. n. 2. 50

— der, des göttlichen Herzens Jesu. Monatsschrift des Gebets-Apostolates u. der Andacht zum heilst. Herzen. Hrsg. von Priestern der Gesellschaft Jesu. Red.: Jos. Hättenschwiller, S. J. 39.—42. Jahrg. 1903—1906. à 12 Hefte. (II, 388; II, 388; II, 384 u. II, 384 S. m. Abbildgn. u. je 2 Taf.) gr. 8. Innsbruck, F. Rauch. à Jhrg. n. 2.—

— der, des göttlichen Herzens Jesu. Monatsschrift d. Gebets-Apostolates u. der Andacht zum hlst. Herzen. Hrsg. v. Priestern d. Gesellschaft Jesu. Red.: Jos. Hättenschwiller, S. J. 43.—46. Jahrg. 1907—1910. à 12 Hefte. (à ca. 36 S. m. Abbildgn. u. Taf.) gr. 8. Innsbruck, F. Rauch. à Jahrg. 1. 70

Der Sendbote des Göttlichen Herzens Jesu: Jahrgang 1, Jan 1874—? Jahrgang 61, Heft 1—12, Jan.—Dec 1934 ‡

Roman Catholic monthly. Sub-title 1) [on front-cover, 1915] Organ des Gebets-Apostolates und des Vereins der heiligen Familie Herausgegeben von den Franziskaner-Vätern. 2) Monatsschrift des Gebetsapostolates. 3) Eine katholische Monatsschrift Organ des Gebets-Apostolates und seiner Uebungen der Herz-Jesu-Bruderschaft und des Vereins der Hl. Familie [in 1915]. 4) Organ des Gebets-Apostolates der Heiligen Stunde, der Sühnungskommunion und des Vereins der Hl. Familie, 1897—1934. Place of publication varies Covington, Ky., 1874—81?, Cincinnati, 1881?—1937. Octavo, each issue 44—96 pages, illustrated, including portraits; largely religious illustration Circulation: 1938, 3222, 1944, 1880. Edited by P. Jakob Menchen [Mencken, Mencher?], 1874—81; by P. Maximilian Schäfer, 1887—1908, by Eugene Buttermann, 1909—10, by the Rev Dion Engelhard, 1911—41; by the R. v S Lamping, 1942—54 Other editors Karl von Schmidt-Burgeler Published by Franziskaner-Väter.
Columbus, OH

Sendbote, der, des göttlichen Herzens Jesu. Organ des Gebetsapostolates, d. hl. Stunde, d. Sühnungs-Kommunion u. des Vereins der hl. Familie. Hrsg. v. den Franziskaner-Vätern, Cincinnati, O. 26.—29. Jahrg. 1899—1902. à 12 Hfte. gr. 8. (à ca. 88 S. m. Abbildgn. u 1 Titelbild.) Cincinnati (Benziger Brothers). n. 8. 50
22.—25. Jg. s. Sendbote.

— dasselbe. Organ des Gebetsapostolates, der hl. Stunde, der Sühnungs-Kommunion u. des Vereins der hl. Familie. Hrsg. v. den Franziskaner-Vätern, Cincinnati, O. 30. Jahrg. 1903. 12 Hefte. (à ca. 96 S. m. Abbildgn. u. 1 Titelbild.) gr. 8. Cincinnati (42, Calshunn Street). Redaktion. n. 8. 50
Nicht mehr im Buchhandel.

—— der, des heil. Joseph. Eine Monatsschrift zur Verbreitung der Verehrung des heil. Joseph, des Schutzpatrones der kathol. Kirche. Hrsg. und redig. von Jos. Deckert. 1.—3. Jahrg. 1876—1878. à Jahrg. 12 Nrn. (à 2 Bog.) gr. 8. Wien. (Würzburg, Woerl.) à Jahrg. *

—— dass. — 4. Jahrg. 1879. 12 Nrn. (à 2 Bog.) gr. 8. Wien, Kirsch. (Würzburg, Woerl.) *

—— der, des heil. Joseph. Eine Monatsschrift zur Verbreitung der Verehrung des heil. Joseph, des Schutzpatrones der kath. Kirche. Hrsg. und redig. von Jos. Deckert. 5.—9. Jahrg. 1880—1884. à Jahrg. 12 Nrn. (à Nr. 2 Bog.) gr. 8. Wien, (Kirsch.) Jahrg. 1880 *
Jahrg. 1881 und 1882 à *
Jahrg. 1883 und 1884 à *

—— der, des heil. Joseph. Eine Monatsschrift zur Verbreitung der Verehrung des hl. Joseph, des Schutzpatrones der kathol. Kirche. Hrsg. und redig. von Jos. Deckert. 10.—13. Jahrg. 1885—1888. à Jahrg. 12 Nrn. (à Nr. 2 Bog.) gr. 8. Wien, (Mayer und Comp.) Jahrg. 1885 *
Jahrg. 1886—1888 à *

—— der, d. heil. Joseph. Eine Monatsschrift zur Verbreitg. der Verehrg. d. hl. Joseph, d. Schutzpatrones der kathol. Kirche. Hrsg. u. redig. v. Jos. Deckert. 14.—17. Jahrg. 1889—1892. à Jahrg. 12 Nrn. (à Nr. 2 Bog.) gr. 8. Wien, (Mayer u. Comp.). à Jahrg. * 1 80

— der, d. heil. Joseph. Eine Monatsschrift zur Verbreitg. der Verehrg. d. hl. Joseph, d. Schutzpatrones der kath. Kirche. Hrsg. u. red. v. Jos. Deckert. 16.—18. Jahrg. 1891—1893. à 12 Nrn. (2 Bog.) gr. 8. Wien, (Mayer & Co.) à Jahrg. n. 1. 80

— dasselbe. Nebst Beiblatt: Die hl. Familie. 19. Jahrg. 1894. 12 Nrn. gr. 8. (Nr. 1. 32 u. 8 S.) Ebd. n. 1. 80

— der, d. hl. Joseph. E. Monatsschrift zur Verbreitg. d. Verehrg. d. hl. Joseph, des Schutzpatrones der kath. Kirche. Nebst Beiblatt: Die hl. Familie. Hrsg. u. red. v. Jos. Deckert. 20.—23. Jahrg. 1895—1898. à 12 Nrn. gr. 8. (à ca. 2½ Bog.) Wien (Mayer & Co.). à Jahrg. n. 1. 80

— der, des hl. Joseph. Eine Monatsschrift zur Verbreitg. der Verehrg. des hl. Joseph, des Schutzpatrones der kath. Kirche. Nebst Beiblatte: Die hl. Familie. Hrsg. v. Heinr. Gamerschlag. Red: Frz. Eichert. 24.—27. Jahrg. 1899—1902. à 12 Nrn. 8. (à ca. 32 u. 8 S.) Wien (Mayer & Co.) à Jahrg. n. 1. 80
Die Jahrgge. 24—26 sind v. J. Deckert hrsg.

Sendbote, der, des hl. Joseph. Monatsschrift zur Verbreitg. der Verehrung des hl. Joseph, des Schutzpatrones der kath. Kirche. Nebst Beiblatte: Die hl. Familie. Gegründet v. Jos. Deckert. Hrsg. v. Heinr. Gamerschlag. Red.: Frz. Eichert. 28. u. 29. Jahrg. 1903 u. 1904. à 12 Nrn. (à Jahrg. IV, 384 u. 96 S.) 8. Wien (Mayer & Co.). à Jhrg. 1. 80

Sendbote, der, des hl. Joseph. Monatsschrift z. Verbreitg. d. Verehrg. des hl. Joseph, des Schutzpatrones der kath. Kirche. Zugleich Vereinsorgan des „Gebetsvereines zur immerwähr. Verehrg. des hl. Joseph". Nebst Beiblatte: Die hl. Familie. Gegründet v. Jos. Deckert. Hrsg. u. Red.: Heinr. Gamerschlag. 32.—35. Jahrg. 1907—1910. à 12 Nrn. (à ca. 24 u. 6 S. m. Abbildgn. u. 1 Taf.) gr. 8. Wien, (Mayer & Co.). à Jahrg. 2.—

Kirchlicher Sendbote: 1894—1921?

Weekly later monthly. Organ of Lutherische Synode von Buffalo Sub-title Sonntagsblatt für Lutheraner in Amerika Dated also at Allegheny, Pa Edited by Ivan Deitrich
Pittsburgh, PA

— kirchlicher. Sonntagsblatt f. Lutheraner in Amerika. Red.: Ivan Dietrich u. R. Barner. 12.—15. Jahrg. Oktbr. 1895—Septbr. 1899. à 52 Nrn. (Bog.) Lex.-8. Allegheny. (Leipzig, E. Bredt.) à Jahrg. n. 4.—

— kirchlicher. Sonntagsblatt f. Lutheraner in America. Hrsg.: Ivan Dietrich. 17. u. 18. Jahrg. Oktbr. 1900—Septbr. 1902. à 52 Nrn. gr. 8. (à ca. 4 S.) Allegheny. (Leipzig, E. Bredt.) à Jahrg. n. 4.—

— kirchlicher. Sonntagsblatt f. Lutheraner in America. Hrsg.: Ivan Dietrich. 19.—22. Jahrg. Oktbr. 1902 bis Septbr. 1906. à 52 Nrn. (à ca. 4 S.) Fol. Allegheny. (Leipzig, E. Bredt.) à Jhrg. n. 4. —

— kirchlicher. Sonntagsblatt f. Lutheraner in America. Hrsg.: Ivan Dietrich. 23.—26. Jahrg. Oktbr. 1906—Septbr. 1910. à 52 Nrn. (à ca. 4 S.) 41,5×28 cm. Allegheny. (Leipzig, E. Bredt.) à Jahrg. 4.—

— für Pius-Vereine, s. a. Sion.

Send-Bote für die Pius-Vereine. Redig. von P. Wittmann. Jahrg. 1850. 26 Nrn. (Bog.) 4. Augsburg, Kollmann'sche Buchh.

— für kathol. Vereine u. Freunde der Kirche überhaupt, s. a. Sion.

—— für katholische Vereine und Freunde der Kirche überhaupt. Redact.: Frz. Jos. Helm. 26.—30. Jahrg. 1875—1879. à Jahrg. 26 Nrn. (Bog.) 4. Augsburg, (Kranzfelder'sche Buchh.) à Jahrg. **

—— für katholische Vereine und Freunde der Kirche überhaupt. Redact.: Frz. Jos. Heim. 31.—33. Jahrg. 1880—1882. à Jahrg. 26 Nrn. (Bog.) 4. Augsburg, (Kranzfelder'sche Buchh.) à Jahrg. **

—— dass. — Redact.: Frhr. v. Castell. 34. und 35. Jahrg. 1883 und 1884. à Jahrg. 26 Nrn. (Bog.) 4. (Ebendas.) à Jahrg. **

—— für katholische Vereine und Freunde der Kirche überhaupt. Redact.: Frhr. v. Castell. 36.—39. Jahrg. 1885—1888. à Jahrg. 26 Nrn. (Bog.) 4. Augsburg, (Kranzfelder'sche Buchh.) à Jahrg. **

— für katholische Vereine u. Freunde der Kirche überhaupt. Red.: Frhr. v. Castell. 38.—41. Jahrg. 1887—1890. à 26 Nrn. (B.) 4. Augsburg, (Kranzfelder). à Jahrg. n.n. 1. —

Sendbote f. katholische Vereine u. Freunde der Kirche überhaupt. Red.: Frh. v. Castell. 42.—45. Jahrg. 1891—1894. à 26 Nrn. (Bog.) 4. Augsburg, (Kranzfelder). à Jahrg. n.n. 1. —

— f. katholische Vereine u. Freunde d. Kirche überhaupt. Red.: Andr. Lense. 46.—49. Jahrg. 1895—1898. à 26 Nrn. (Bog.) 4. Augsburg (Kranzfelder). à Jahrg. n.n. 1. —

— für katholische Vereine u. Freunde der Kirche überhaupt. Red.: M. Gerhauser. 50.—53. Jahrg. 1899—1902. à 26 Nrn. 4. (à ca. 8 S.) Augsburg (Kranzfelder). à Jahrg. n.n. 1. —
Die Jahrgge. 50 u. 51 sind v. A. Lense redig.

— für katholische Vereine u. Freunde der Kirche überhaupt. Red.: G. Wagner. 54.—57. Jahrg. 1903—1906. à 26 Nrn. (à Jahrg. 208 S.) 4. Augsburg (Kranzfelder). à Jhrg. n.n. 1. —

— f. katholische Vereine u. Freunde der Kirche überhaupt. Red.: G. Wagner. (58.—60. Jahrg.) 1907—1909. à 26 Nrn. (à 8 S.) gr. 8. Augsburg, (Kranzfelder). Erscheint nicht mehr. à Jahrg. nn 1.—

Sendboten der modernen Theologie. I—IV. 8. Friedenau-Steglitz. Rostock, L. Burmeister. à — 30
Herder und Schleiermacher als Vorkämpfer der modernen Theologie. Von e. evangel. Theologen. (40 S.) 907. (II. III.)
Koppermann, E., die Lehre v. Christus in der Theologie des 19. Jahrh. (24 S.) 907. (IV.)
Tribukait, die Entstehung der modernen Theologie. (24 S.) 907. (I.)

Sendboten-Broschüren. I. Serie. Nr. 1. 16. Innsbruck, F. Rauch. p — 15
1. St. Ignatius-Wasser, das, e. Segensquelle. Von e. Priester der Gesellschaft Jesu. Aus dem Engl. übers. v. Jos. Conrath, S. J. (64 S. m. Titelbild.) 911.

Sendboten-Kalender des Herzens Jesu für das liebe Volk auf das J. 1874. Hrsg. von Frz. Hattler. 8. (96 S. mit eingedr. Holzschn. und 1 Stnt.) Freiburg i. Br. 874, Herder'sche Verlagsh.

Sendboten-Kalender zu Ehren des Herzens Jesu für das liebe Volk auf das J. 1875. Hrsg. von Frz. Hattler. 8. (104 S. mit 1 Titelbild in Stahlst. und vielen eingedr. Holzschn.) Freiburg i. Br., Herder'sche Verlagsh. *

—— dass. — 1875. Mit Calendarium und allgemeinem oder österreich. Marktverzeichniß. 2. Aufl. 4. (84 S. mit eingedr. Holzschn.) Ebendas. *

Sendboten-Kalender zu Ehren des Herzens Jesu für das liebe Volk auf die J. 1876—1880. Hrsg. von Frz. Hattler. Mit 1 Titelbild. (Holzschntaf.) nach Führich und vielen (eingedr.) Holzschn. 4. (84; 72; 80; 80; 72 S.) Freiburg i. Br., Herder'sche Verlagsh. à Jahrg. *

Sendboten-Kalender zu Ehren des Herzens Jesu für das liebe Volk auf die J. 1881—1884. Hrsg. von Frz. Hattler. 4. (à Jahrg. ca. 60 S. mit eingedr. Holzschn.) Freiburg i. Br., Herder'sche Verlagsh.
Jahrg. 1881
Jahrg. 1882
Jahrg. 1883
Jahrg. 1884
Nicht weiter erschienen.

Sendboten-Kalender f. das J. 1911, hrsg. v. den Minderbrüdern zu Metz f. das kathol. Volk u. besonders f. die Mitglieder des 3. Ordens des hl. Franziskus, f. die Verehrer des hl. Antonius, sowie f. die Freunde der Franziskaner-Missionen. 20. Jahrg. (112 S. m. Abbildgn. u. 5 [1 farb.] Taf.) gr. 8. Metz, Verlag des „Sendboten". — 40

Sendbrief an die Brüder aus dem Mutter-Hause. [Reutlingen] 1853—61. V: *Werner, Gust.* (Tübz 11, 24)

Sendbrief an die Neue Brüdergemeinde. Reutlingen 1864. V: *Werner, Gustav.* (Tübz 12, 27)

Von der rechten Erhebung Bennonis ein Sendbrief (1524). Hrsg. von Alfred Götze. Halle a. S.: R. Haupt 1906. (S. 185–209.) 8° [J.]
= Flugschriften aus d. ersten Jahren d. Reformation. Bd 1, H. 5, [2.] ...

Sendbrief an d. werthen Freunde der Unionsgesellschaft. 8. Marb. Krieger. 783.

Send-Brief an die werthen Freunde der Unions-Gesellschaft. Nebst einem Anh. eines geistlichen Spiegels, um sich, und einen jeden andern, nach dem dreyfachen Seelen-Zustand der Menschen zu besehen, und richtig zu beurtheilen. Wien: 1783. 126 S. 8°
Selten. Mit einer Vorr. an die „Hochwürdig- auch Hochehrwürdigen Brudermeistern derer Erhabenen Unbekanten N. N. oder wahren und ächten Freymäurer". 281.

Sendbrief, ein, des Dr. Martin Luther, item: was von Citaten zu halten. (Nebst Anhang.) 2., verm. u. verb. Aufl. gr. 8. (2³/₄ B.) Osnabrück 843, (Rackhorst'sche Buchh.) *

Sendbrief, e., v. e. jungen Studenten zu Wittenberg an seine Eltern im Schwabenland von wegen der Lutherischen Lehr zugeschrieben (1523). — Ein Dialogus od. Gespräch zwischen e. Vater u. Sohn die Lehre Luthers u. sonst anderer Sachen des christlichen Glaubens belangend (1523), hrsg. v. Otto Clemen, s.a. Flugschriften aus den ersten Jahren der Reformation.

Ein **Sendbrief** von einem jungen Studenten zu Wittenberg an seine Eltern im Schwabenland von wegen der Lutherischen Lehr zugeschrieben ‹1523›. Hrsg. von Otto Clemen. Halle a. S.: R. Haupt 1906. (20 S.) 8° [F.]
— **Flugschriften** aus d. ersten Jahren d. Reformation. Bd 1, H. 1, [No 1].
[illegible]

Sendbriefe eines Fabrikbesitzers in den Vogesen. Strassburg 1839

Sende-Brief. An die von Gott hocherleuchtete und begabte, der Natur verständige sehr vortreffliche Hn Hn des Decemvirats der Fraternität des sogenanten Rosen Creutzes, Wo anders solcher Orden noch in der Welt anzutreffen ist. Vom geheimen Schlüssel des fast unveröffentlichen Schlosses. Nach deren eigenen Worten. O. O. 1705. 1786. V: *Böhmer (?), Georg Wilhelm.* (kl 2548, 2633) (wolfstieg II, 955)

JOHANN DANIEL TITIUS, Abhandlung über die von der naturforschenden Gesellschaft in Danzig aufgegebene Frage: Welches die dienlichsten und am wenigsten kostbaren Mittel sind, der überhandnehmenden Versandung in der Danziger Nähring vorzubeugen und dem weitern Anwachs der Sanddünen abzuhelfen, welcher der aus dem Vermächtniss des seligen Herrn Johann Samuel Verchs, ... herkommende Preis am 10. May 1768 zuerkannt worden, nebst der auf wohlgedachten Herrn Stifter an demselben Tage gehaltenen Lobrede. Leipzig 1768. Bey Adam Heinrich Hollens Wittwe. 4°. Darin mit bes. Titel: CHRISTIAN SENDEL, Lobrede auf den S. T. Herrn Johann Samuel Verch, Hochfürstl. Sachsen-Weimar-Eisenachischen Hofrath, bey der ersten Austheilung der von ihm gestifteten Preise im Jahr 1768 den 10. May in öffentlicher Versammlung der naturforschenden Gesellschaft zu Danzig gehalten. s. l. 1768.

Oratio in laudem Celsissimi Principis ac Domini Domini Josephi Alexandri e veteribus Ducibus Vindis Prussiis a Wichbols Jablonovii, S. R. J. Principis, Palatini Novogrodensis &c. &c. . . quam in publico Societatis Physicae Gedanensis consessu 1766 die 19 Martii habuit CHRISTIANUS SENDEL. — Lobrede auf den Durchlauchtigen Fürsten und Herrn, Herrn Joseph Alexander aus den alten Windisch-Preussischen Herzogen von Wichbols Jablonowski Fürsten des Heil. Röm. Reichs, Woywoden von Nowogrod x. x. . . . in öffentlicher Versammlung der Naturforschenden Gesellschaft 1766 den 19ten Martii gehalten von CHRISTIAN SENDEL. s. l. & a.

CHRISTIAN SENDEL. Rede auf (Tit.) Herrn Balthasar Hagemeister wohlangesehenen Kauf- und Handelsmann, auch Beysitzern eines hochlöbl. Kommercienkollegii, und Mitglied der Naturforschenden Gesellschaft allhier, in öffentlicher Versammlung gedachter Naturforschenden Gesellschaft den 22. Decemb. 1758. gehalten. Danzig, gedruckt mit Schreiberschen Schriften. 4°

Sendel, Diss. de respiratione difficili. Erf. 4°. **1743**

Sendel, Natn., **Electrologia** s. varia tentamina historica ac physica de perfectione succineorum operum miss. 1. 2. 3. 8. Elbing. Preuss. 725–28.

Sendel, Nathanael: Historia succinorum corpora aliena involventium et naturae opere pictorum et caelatorum ex regiis augustorum cimeliis Dresdae conditis aeri insculptorum conscripta. 328 S., gbd.

Lipsiae: Gleditsch 1742

JB 6.340

Sendelbach, F. W., Fibel und Lesebuch mit Berücksicht. der Schreib-Lese-Methode. Hrsg. unter Mitwirkung mehrerer Collegen. 2 Thle. Fibel. — Lesebuch. 8. (VIII und 171 S.) Colberg 858, Howe. à Thl. * 8 Ngr. cplt. geb. Thlr. **

Sendelbach, Ioh., institutiones dialecticae in usum discipulor. concinnatae. 8. Bamb. Göbhard. 765. .

Sendelbach, Jh., institutiones dialecticae in usum discipulorum concinnatae. 8. Bamb. 765. (Wesché in Frankf. a. M.) 4 ß

Sendele, Walther, aus Heidelberg: Ueber Derivate der α-Bromheptylsäure $C_7H_{13}BrO_2$. *Heidelberg 1904: K. Rößler.* (39 S.) 8°
Heidelberg, Naturw.-math. Diss. v. 1904

Senden, Carl, s. Senden, Karl

Senden, Erna v., was muß e. Mann u. e. Mädchen v. der Ehe wissen? Ein untrügl. Ratgeber beim Verhalten vor und nach dem Wochenbett, Säuglingspflege, die ersten Lebensjahre des Kindes, Nahrg. u. Kleidg., ferner Erziehungsnormen, hygien. Winke u. Ratschläge das Wohl der Familie zu fördern. Goldenes Schatzkästlein. (121 S.) 8. Dresden (907). F. Casper & Co. 2.50; geb. 3.50

Senden, G. H van

— s. Bato, Blumenlese.

Senden, G. H. van, Geschichte der Apologetik, oder histor.-pragmatische Darstellung der Vertheidigung von Bibel u. Offenbarung, von den früheesten Zeiten bis auf unsere Tage. Uebersetzt v. Willem Quack u. Rud. Binder. 2 Bde. gr. 8. (48½ B.) Stuttgart 846, Hallbergersche Vrlgsh.

van Senden, G. H., das heilige Land od. Mittheilungen aus einer Reise nach dem Morgenlande in den J. 1849 u. 1850 in Begleitung J. K. Hoh. der Frau Prinzessin Marianne der Niederlande. Aus d. Holländ. v. P. W. Quack. 1. Thl. 1. Lfg. gr. 8. (S. 1–194.) Stuttgart 852, Rümelin. ½ ß

Senden, H. van, Fragen u. Aufgaben zur biblischen Geschichte, zunächst angeschlossen an die neue Ausgabe der Bodemann'schen bibl. Geschichte. 8. (84 S.) Göttingen 890. Vandenhoeck & Ruprecht's Verl. n. — 30; cart. n. — 45

Senden, H. van, biblische Geschichte, s.: Bodemann, Fr. W.

— Hilfsbuch zur biblischen Geschichte [zunächst an die neue Ausg. v. Bodemann's bibl. Geschichte angeschlossen]. 1. Hft. Winke zur Erzählform u. zur Verknüpfg. mit andern Stoffen d. Religions-Unterrichts, nebst Bemerkgn. u. einigen Beispielen zur Verwendg. gr. 8. (120 S.) Ebd. 891. n. 1. 20; geb. n. 1. 50

— s.: Vorbereitungen u. Entwürfe aus dem gesamten Unterrichtsgebiete der deutschen Volksschule.

Senden, Hans [Pseud.], s.a. Möller, Bertha Liane

Senden, Hans: Verfehlte Ehen, s.a. Eckstein's Reisebiblioth.

Verfehlte Ehen. Von Hans Senden. (1.–5. Taus.) Berlin: R. Eckstein Nachf. [1900]. (128 S.) 8°
= Reisebibliothek, Eckstein's. No 196.

– Gefallen. Eine häßliche Frau, s.a. Eckstein's Reisebiblioth.

Gefallen. Eine hässliche Frau. 2 Novellen von Hans Senden. 1.–5. Taus. Berlin: R. Eckstein Nachf. [1899]. (175 S.) 8°
= Reisebibliothek, Ecksteins. No 185.

— Boris Siwanoff, s.: Bücher, freie. 3. Bd.

Die Tänzerin. Roman von Hans Senden. 1.–4. Taus. Berlin: R. Eckstein Nachf. [1900]. (139 S.) 8°
= Reisebibliothek, Eckstein's. No 195.

— verdorben, s.a. Eckstein's Reisebibliothek.

Verdorben. Roman von Hans Senden. 1.–4. Taus. Berlin: R. Eckstein Nachf. [1900]. (149 S.) 8°
= Reisebibliothek, Eckstein's. No 194.

— dasselbe, s.a. Weichert's Wochen-Bibliothek.

Senden, Karl

Senden, Carolvs (geb. 1844 in Mainz): De Ioanne Sleidano reformationis Coloniensis svb Hermanno de Weda archiepiscopo scriptore ... Bonnae, form. C. Georgi (1870). 2 Bl. 8. ¶ Nur Titelbl. u. Thesen.
Bonn, Phil. Fak., Thes. v. 6 Aug. 1870

Senden, Carolvs (geb. 1844 in Mainz): De Ioanne Sleidano reformationis Coloniensis svb Hermanno de Weda archiepiscopo scriptore ... Coloniae, form. M. DvMont-Schavbergi 1870. 67 S. 8.
Bonn, Phil. Fak., Diss. v. 6 Aug. 1870

Senden, Karl [Übers.]
s. Ten Brink, Jan: Ostindische Damen und Herren. 1868.

Senden, L. v., Lustspiele. 8. (III, 146 S.) Münster 873. Russell n. 1. 50

— Theaterstücke zum Gebrauche der Gesellen-Vereine. 8 (III, 146 S.) Ebend. 873. n. 1. 50

Senden, L. v., Theaterstücke zum Gebrauche der Gesellenvereine. 2. verm. Aufl. 8. (III, 147 S.) Münster 880, Russell's Verlag. *

Senden, L. v., Theaterstücke zum Gebrauche der Gesellenvereine. 3. verm. Aufl. 8. (143 S.) Münster 888, Russell. *

Sendenstein, s. Guido.

Kinderwagen-Fabrik Sonder & Cie. in Schaffhausen. Preis-Liste No. 41 von Puppenwagen, Knabenspielwagen, Brückenwagen, Kindermöbel und Schlitten. 1. September 1901. [Illustriert.] II + 47 S. 4. [Schaffhausen, H. Meier & Cie.]

Fabrique de Poussettes d'enfants Sender & Cie. à Schaffhouse. Prix-Courant No 41 de Poussettes de poupées, Petits chars d'enfants, Meubles pour enfants, Traîneaux. 1er Septembre 1901. [Illustré.] II + 47 p. 4. [Schaffhouse, H. Meier & Cie.]

Sender, Carl, s. Sender, Karl

Sender, Ernestus Franciscus (geb Ratibor 1806) De graviditate abdominali adnexaque singulari hujus status historia Vratislaviae (1830). 36 S.) 8°
Breslau, Med Diss v 15. [vielmehr 17.] März 1830

Sender, Johs., praktische Anweisung, Blumen, Gräser u. Pflanzen m. Beibehaltung ihres natürlichen Ansehens künstlich zu trocknen u. aufzubewahren; immortellenart. Blumen u. Gräsern alle Farben zu geben, Gräser zu bronciren u. Moose bis in das hellste Grün herzustellen, nebst mehreren anderen Blumenkünsten. Zu Nutz und Frommen mitgetheilt. 8 (14 S.) Neutitschein 871. Enders. — 40

Sender, Blumen, früher L. V Enders in Neutitschein, nun Wien. H Winkler 20 kr.

Sender, Karl

Sender, Carl: Die Erhaltung und Wiederherstellung des finanziellen Gleichgewichts der Kantone. Schaffhausen 1906. VIII + 126 S. 8°. [16. V. 06.]
Zürich Jur Diss 1905/1906.

Sender, Carl. Die Erhaltung und Wiederherstellung des Finanziellen Gleichgewichts der Kantone. Diss. Staatsw. Univ. Zürich von K' S'. VIII + 126 S. 8. Schaffhausen, Bolli & Böcherer, 1906.

Sender, Ludwig. Ueber Propylidenanilin, Propylaldehydrazon und einige Derivate derselben. (Bern) München; 1893.

Sender, L. Über Propylidenanilin, Propyladehyphenlhydrazon und einige Derivate derselben. In-8°. 29 S. Bern. Diss. 1893.

Sendheim oder aufrichtige Bekenntnisse eines geheilten Hypochondristen. Leipzig 1793. V: *Dähne, Carl Friedrich Adolph.* (MGT) »1805« (NN) (call)

Sendhoff, Bernhard, aus Havixbeck i. W.: Die quantitative Bestimmung und Trennung des Wismuts von den Schwermetallen als phosphorsaures oder arsensaures Salz. *Münster i. W. 1904: Westfal. Vereinsdruckerei.* (49 S.) 8°
Münster, Phil. Diss. v. [16. Juni] 1904

Sendig, Rud., Dresden e. Fremdenstadt m. ihren Schönheiten in Kunst u. Natur. Hrsg. v. Pressausschusse d. Vereins z. Förderg. Dresdens u. d. Fremdenverkehrs. Fol. (2 S. m. farb. Titel, 68 Holzschntaf. u. 4 Kunstbeilagen.) Dresden 898. (Leipzig, J. J. Weber.) Geb. 6. —

Sendivogius, Michael

Fünf und funfzig Briefe, den Stein der Weisen betreffend. Aus dem lateinischen übersetzt. Frankfurt und Leipzig, in Johann Georg Fleischers Buchhandlung, 1770. pp. 152, 12mo.

Sendivogius, Mich., 55 Briefe d. Stein d. Weisen betreff. a. d. Latein. 8. Frkf. Fleischer. (Sommer in Leipz.) 770.

—novum lumen chemicum, aus d. Brunnen dem Natur. 8. Wien 766. Kraus. 20 gr

Chymische Schriften ; darinnen gar deutlich von dem Ursprung, Bereit- und Vollendung des gebenedeiten Steins der Weisen gehandelt wird. Nebst einem kurtzen Vorbericht ans Licht gestellet durch Friedrich Roth-Scholtzen. Nürnberg, bey Johann Daniel Taubers seel. Erben, 1718. pp. 250, 16mo. Illustrated title-page.

— chem. Schriften. 8. Wien 750. Kraus. 12 gr

Sendke, B., s.: Pfarr-Almanach f. die Prov. Pommern.

Sendke, B., Verzeichniß d. evang. Kirchen u. Kapellen der Prov. Pommern u. deren Patrone. 1. Ausg. 12. (III, 94 S.) Stettin 895. (Neustettin, F A. Eckstein.) n n. 1.25

Verzeichniss der evangelischen Pfarrstellen, Kirchen u. Kapellen, sowie der im Amt befindl. evang. Geistlichen der Prov. Pommern. Nach amtl. Quellen zsgest. u. hrsg. von **F. Sendke**, Rechn R. zu Stettin. 1. Ausg. *Stettin: Selbstverl.; [J. Burmeister in Komm.] 1900.* (VII, 260 S.) 8° [F.] [00. 7505

Sendke, F., Verzeichnis der evangel. Pfarrstellen, Kirchen u. Kapellen, der Kirchenpatrone, sowie der im Amt befindlichen evangel. Geistlichen der Prov. Pommern. Nach amtl. Quellen zusammengestellt u. hrsg. 2. Ausg. (VII, 274 S.) kl. 8. Stettin 904. (Neustettin, F. A. Eckstein.) n.n. 2.50; geb. n.n. 3.—

Verzeichnis der evangelischen Pfarrstellen, Kirchen und Kapellen, der Kirchenpatrone, sowie der im Amt befindlichen evangelischen Geistlichen der Provinz Pommern. Nach amtl. Quellen zsgest. u. hrsg. von F[ranz] **Sendke**, Rechn.R., Stettin. 2 Ausg. Stettin. Selbstverl. 1904. (VII, 274 S.) 8° [F.] [05. 9663

Sendke, K. Der Dorfpoet. Erzählungen f. Jung u. Alt. 1. Jahrg. 12. (59 S.) Marb. 888, Verlag d. „Reichsherold". — 40
Nicht weiter erschienen.

Sendke-Bagemühl, R., uckermärk. Volkstum u. lebendes Altertum, s.a. Arbeiten des uckermärck. Museums- u. Geschichts-Vereins. 2. Hft.

Uckermärkisches Volkstum und lebendes Altertum. Vortr. geh. zu Prenzlau am 25. März 1898 von **R. Sendke**-Bagemühl. *Prenzlau: A. Mieck 1898.* (24 S.) 8° [F.]
— Arbeiten d. Uckermärk. Museums- u. Gesch.-Vereins. H. 2. [00. 7339

Sendler, Alexander, Oberlehrer am Kgl. Gymnasium in Hanau: Die metaphysischen Grundlagen mathematischer Naturbetrachtung bei Kant und Fries. Wohlau 1908: Schulze. (VIII, 71 S.) 8°
Jena, Phil. Fak., Ref. Liebmann, Diss. v. 22. Febr. 1908
[Geb. 30. Okt. 78 Pößneck (Thüringen); Wohnort: Hanau; Staatsangeh.: Sachsen-Meiningen; Vorbildung: Oberrealsch. Halle a. S. Reife O. 98; Studium: Jena 2, Göttingen 4, Jena 2 S.; Rig. 2. Nov. 07.]

Sendler, Bernhardine, praktisches Kochbuch für jede Haushaltung. 2. Aufl. 8. (VIII, 104 S.) Halberstadt 888. H. Meyer's Buchdr. geb. n. 1.50

Sendler, Gerhard, Referendar: Die völkerrechtliche Garantie, besonders im Vergleich mit den privatrechtlichen Instituten der Bürgschaft und der Garantie. Breslau 1910: Gutsmann. VIII, 58 S. 8°
Breslau, Jur. Diss. v. 25. Febr. 1910, Ref. Brie, Gretener
[Geb. 24. Juli 87 Ober-Glogau; Wohnort: Landeck; Staatsangeh.: Preußen; Vorbildung: Matthias-Gymn. Breslau Reife O. 06; Studium: Breslau 1, Genf 1, Breslau 4 S.; Rig. 7. Dez. 09.] [U 10. 538

Sendler, Otto: Ein Fall von Leber-Bronchusfistelbildung, durch Echinokokkus entstanden und durch Choledochussteine kompliziert. Jena 1910: Kämpfe. 45 S. 8°
Jena, Med. Diss. v. 15. März 1910, Ref. Riedel
[Geb. 27. Sept. 82 Stettin; Wohnort: Stettin; Staatsangeh.: Preußen; Vorbildung: Gymn. Treptow a. R. Reife M. 03; Studium: München 2, Jena 3, Rostock 1, München 2, Jena 2 S.; Coll. 25. Jan. 10; Approb. 30. Nov. 09.] [U 10. 2310

Sendler, Paul, therapeut. Bestrebgn. auf d. Gebiete d. Golonktuberculose, s.: Festschrift zur Feier des 50jähr. Bestehens d. medicin. Gesellschaft zu Magdeburg.

Sendler, Paul: Ueber Listers Methode der Wundheilung. Halle (1873): Plötz. 29 S. 8°
Halle-Wittenberg, Med. Diss. v. 30. Juli 1873
Geb. Neustadt-Magdeburg 18. 2. 1848 V.

Sendler, Reinhold

Sendler, R., Aufgaben f. mündliches u. schriftliches Rechnen, s.: Dorn.

— dasselbe, Resultate, s.: Elsner, A.

— u. O. Kobel, übersichtl. Darstellg. d. Volkserziehungswesens d. europ. u. außereurop. Kulturvölker. Beitrag zur Kulturgeschichte d. Jetztzeit. 1. Hft. D. schwedische Volksschulgesetz. gr. 8. (32 S.) Breslau 898. H. Handel. n. — 60

Sendler, R , und Kobel, O[scar]. Übersichtliche Darstellung des Volkserziehungswesens der europäischen und aussereuropäischen Kulturvölker. Beitrag zur Kulturgeschichte der Jetztzeit. Hrg. von R. Sendler und O. Kobel. 2 Bände. 8. Breslau, Max Woywod, 1900—1901.
Band 1: Schweden, Finnland, Norwegen, Dänemark, England, die englischen Kolonien, die Vereinigten Staaten von Nord-Amerika, Holland, die Burenstaaten, Belgien, Frankreich nebst Algier und Tunis. IV + 366 S. 1900 [M 6 —]
Band 2: Portugal, Brasilien, Spanien, Südamerika, Mexiko und Mittelamerika, Italien, die Schweiz, Österreich, Deutschland, die Balkanstaaten, Ägypten, Russland, Japan, Korea und China. 588 S 1901. [M. 11. 50]

[F.] Handbuch zur Vorbereitung auf die zweite Prüfung der Lehrer und die Prüfung der Rektoren. Vollst. u. übersichtl. Zsstellg d. Wissensstoffes ... in Fragen u. Aufg., Ausführgn. Disposit. u. Anm. Bearb. v. R[einhold] **Sendler,** Seminarl. *Breslau: H. Handel 1897.* (VIII, 414 S.) 1 Bd 8. [97. 8393

— Handbuch zur Vorbereitg. auf d. zweite Prüfung der Lehrer u. d. Prüfg d. Rektoren. Vollst. u. übersichtl. Zusammenstellg. d. Wissensstoffes aus der Geschichte der Pädagogik, d. Erziehungs- u. Unterrichtslehre, d. Schulpraxis u. der spec. Methodik in Fragen u. Aufgaben, Ausführgn., Dispositionen u. Anmerkgn. 2. Aufl. gr. 8. (VIII, 438 S.) Breslau 899. H. Handel. n. 4.50; geb. n. 5.10

— Handbuch zur Vorbereitung auf die zweite Lehrerprüfung. Vollständige u. übersichtl. Zusammenstellg. des Wissensstoffes aus der Geschichte der Pädagogik, der Erziehungs- u. Unterrichtslehre, der Schulpraxis u. der speziellen Methodik in Fragen u. Aufgaben, Ausführgn., Dispositionen u. Anmerkgn. 3., neubearb. Aufl. (VII, 417 S.) gr. 8. Breslau 909. H. Handel. 4.—; geb. 4.60

— Raumlehre f. Lehrerbildungsanstalten, s.: Böttcher, R.

— Raumlehre f. Lehrerseminare, s.: Böttcher, R.

— Raumlehre f. Präparandenanstalten. gr. 8. (IV, 92 S. m. 93 Abbildgn.) Breslau 892. H. Handel. n. 1.20

— Raumlehre f. Präparandenanstalten. 3. Aufl. gr. 8. (IV, 112 S. m. 105 Fig.) Ebd. 897. n. 1. 20; Einbd. n.n.n. — 20

Raumlehre für Präparandenanstalten. Von R[einhold] Sendler, Seminarl. Mit 115 Abb. 5. Aufl. *Breslau: H. Handel 1901.* (118 S.) 8° [F.]

— Raumlehre f. Präparandenanstalten. Nach dem Lehrplane vom 1. VII. 1901 bearb. 6. Aufl. gr. 8. (VIII, 147 S. m. 167 Abbildgn.) Breslau 903. H. Handel. n. 1. 60; geb. n.n. 2. —

Raumlehre für Präparandenanstalten. Von R[einhold] Sendler. Nach d. Lehrplane v. 1. Juli 1901 bearb. Mit 167 Abb. 7. Aufl. Breslau: H. Handel 1904. (VIII, 147 S.) 8° [F.] 2

— Raumlehre f. Präparandenanstalten. Nach dem Lehrplane vom 1. VII. 1901 bearb. 8. Aufl. (VIII, 155 S. m. 163 Abbildgn.) gr. 8. Breslau 905. H. Handel. n. 1. 60; geb. n. 2. —; Resultate 4. Aufl. (8 S.) (906.) n.n. — 15

— Raumlehre f. Präparandenanstalten. Nach d. Lehrplane vom 1. VII. 1901 bearb. 11. Aufl. (VIII, 161 S. m. 170 Abbildgn.) gr. 8. Breslau 910. H. Handel. Geb. 1.80; Resultate. 5. Aufl. (8 S.) (910.) nn — 15

Raumlehre für ein- bis dreiklassige Volksschulen und für Volksbildungsschulen. Bearb. von R[einhold] Sendler, Seminarl. Mit 52 Abb. *Breslau: H. Handel 1899.* (48 S.) 8° [Umschlagt. F.] 2

Raumlehre für mehrklassige Volksschulen und für Fortbildungsschulen. Bearb. von R[einhold] Sendler, Seminarl. Mit 78 Abb. *Breslau: H. Handel 1899.* (68 S.) 8° [Umschlagt. F.] 2

— dasselbe f. mehrklassige Volksschulen u. f. Fortbildungsschulen. Ausg. A. 2. Aufl. (56 S. m. 67 Abbildgn.) 8. Ebd. (910). — 40

— dasselbe. Ausg. B. 2. Aufl. (36 S. m. 42 Abbildgn.) 8. Ebd. (909). — 25

— Rechenaufgaben aus dem Gebiete der Reichsgesetze u. der Steuergesetze f. die preußische Monarchie. 1. u. 2. Aufl. gr. 8. (30 S.) Ebd. 892. n. — 30

— Rechenbuch f. Lehrerbildungsanstalten, s.: Elsner, A.

—— Der Rechenunterricht in der Volksschule, s. Elsner, A.

Resultate zur Raumlehre für Präparandenanstalten. Von R[einhold] Sendler, Sem.-Lehrer. 4. Aufl. Breslau: H. Handel [1905]. (8 S.) 8° [Umschlagt. F.] 2

— s.: Schulblatt, katholisches.

— Theorie u. Praxis des geometrischen Unterrichts in der Volksschule. Im Anschluß an die „Raumlehre f. Volksschulen" bearb. gr. 8. (VIII, 180 S. m. 83 Abb.) Breslau 900. H. Handel. n. 1. 80; Einbd. n.n.n. — 35

Sendler, Theodor: Cysticerci cellulosae monographia. Halis (1843): Ruff. 35 S. 8°

Halle-Wittenberg, Med. Diss v. 9. Okt. 1843

Geb. Parey a. d. Elbe (Kr. Jerichow II) [4. 12.] 1819. V.

Auf der letzten Seite (40): Explicatio tabularum. Die Tafeln fehlen im Ex. der UB Halle und des UArch.

Verf. erlebte die Diplomerneuerung 1893 als Geheimer Medizinalrat in Magdeburg.

Sendner, H., die Normaldosen der Arzneimittel nach Unzen- und Gramm-Gewicht. Nebst Bemerkungen über Bereitung, Zusammensetzung und Bestandtheile der Arzneimittel unter Berücksichtigung der Pharmacopoea borussica ed. VII. gr. 16. (VII und 230 S.) Lissa 863, Günther's Verlag.

Sendoval oder der Freimaurer. A. d. Engl. London [Quedlinburg] 1827. V: *Trueba, Telesforo de.* (Wr)

Sendoza, des jungen Grafen Geschichte. 8. Leipz. 794. Baumgärtner. 20 gr

Sendrea Alexander Constantinus: De possessione per alios acquirenda. Berolini (1865). (70 S.) 8°

Berlin, Jur. Diss. v. 7. Aug. 1865

Sendrea, Alex. Constant., de possessione per alios acquirenda. Dissertatio inauguralis. gr. 8. (VI und 71 S.) Berlin 865. (Calvary und Comp.) *

Sendschreiben eines Abgeordneten zur constituirenden deutsch. National-Versammlung . . . Berlin 1848. V: *Lette, Wilhelm Adolph.* (Wa) (Ky)

Sendschreiben eines Abgeordneten zur constituirenden deutschen Nationalversammlg. aus der Provinz Brandenburg an seine Mitbürger und Freunde in der Heimath (v. W. A. Lette). gr. 8. (22 S.) Berlin 848, Jonas Verl. 3 ngr

Sendschreiben betreffend das Accrochement des Nordischen Friedens . . . O. O. [1716]. V: *Preiss, Joach. Friedrich.* (Bruun, Bibl. Danica III, 304.)

Sendschreiben an den geistigen Adel deutscher Nation. Vom Verf. der Concil-Lieder. gr. 8. (28 S.) Berlin 872. Luckhardt. 75

Sendschreiben an die Administratoren der Gräflich Ahlefeldt-Laurvigschen Schulden-Tilgungskasse Colderup-Rosenvinge und Monrad, in Copenhagen, als eine Beantwortung ihres Schreibens d. d. den 13. Febr. 1816 an Advokat Jessen in Altona. Von einem Landmanne in der Herrschaft Pinneberg aufgesetzt etc. Hamburg. 1817. 8°.

Sendschreiben an die Aktionäre der k. k. privilegirten Donau-Dampfschiffahrts-Gesellschaft. gr. 8. (3¾ B.) Dresden 844, [Stuttgart, Hoffmann'sche Vrlgsb.]

Sendschreiben an die Aktionäre der k. k. privilegirten Donau-Dampfschiffahrts-Gesellschaft. gr. 8. Dresden 844, Walther'sche Hofb. ¼ ℛ

Sendschreiben des Kardinals Alberoni an seine Kön. Sardinische Majestät, Frankreichs gefährliche Absichten betreffend. O. O. 1743. H: *Vetter, Johann Friedrich.* (Ml.)

Sendschreiben des k. sächs. Alterthums-Vereins an d. Freunde kirchl. Alterthümer im Königr. Sachsen. gr. 8. (3 B. u. 4 Stnt.) Dresden 840, [Adler u. Dietze.] *

SENDSCHREIBEN DES KÖNIGLICH SÄCHSISCHEN ALTERTHUMS-VEREINS an die Freunde kirchlicher Alterthümer im Königreiche Sachsen. Mit 4 lithographirten Blättern. Dresden 1840, gedruckt bei Ernst Blochmann. 8°

Sendschreiben des Königl. Sächs. Alterthums-Vereins an die Freunde kirchlicher Alterthümer im Königreiche Sachsen. Mit 4 lith. Bl. gr. 8. Dresden 840. (Pietzsch u. C.) n. 1/3 ℛ

Sendschreiben des Abate Andres über das Litteraturwesen in Wien. Mit vielen Zusätzen des Herrn Doctor Aloys Brera. Wien 1795. V: *Richter, Joseph.* (Neue allg. deutsche Bibliothek. Bd. 21, S. 166 ff.) (Gugitz, G., Kulturgesch. Begleitwort zum Neudruck des »Taschenbuch für Grabennymphen auf das Jahr 1787«. Wien [1909]. S. 12.)

Sendschreiben des Abate Andres über das Litteraturwesen in Wien. Mit vielen wichtigen Zusätzen des Herrn Doctor Aloys Brera, aus dem spanischen ins Deutsche übersetzt. Wien. Gedruckt bey Alb. Anton Patzowsky. 1795. 192 S. 8°. Ü: *Richter, Joseph.* (Hans Viktor Pisk, Josef Richter, Diss. Wien 1927, S. 136)

Sendschreiben über die Lütticher Angelegenheiten in Hinsicht auf die Cölnische Darstellung. A. d. Franz. [Nürnberg] 1790. Ü: *Schubart, Ludwig Albrecht.* (MGT) (Ky) (GGr)

— üb. die Lütticher Angelegenheiten in Hinsicht auf die Cölnische Darstellung; aus d. Französ. (von L. A. Schubert). gr. 8. (Nürnb.) 790. Felssecker. 2 gl

Sendschreiben an Annexionsschwärmer u. Solche, die es werden wollen. Von „Einem Manne aus dem Volk." Mannheim 867. (Schneider.) gr. 8. (15 S.) 2 ngr.

Sendschreiben der Apostel, mit Erklär. u. Register v. Gervat. Bulffer. 8. Augsb. 772. (Rieger). 1 ℛ 4 gl

Sendschreiben der Apostel, übersetzt u. erklärt von J. H. Kistemaker. 1r u. 2r Bd. gr. 8. Münster 822—24, Theißing. 1r Bd. 1 Rthl. 20 gr. 2r Bd. 1 Rthl. 16 gr. 3 Rthl. 12 gr. Schreib-Pap.

Dass., s.a. Testament. – Die heiligen Schriften des Neuen Testaments.

Sendschreiben, Apostolische, an katholische Christen. Schweiz [Luzern] 1817. V: *Blum, J. L.* (Wr)

Sendschreiben, apostolisches, an die Christengemeinen, von dem, was noth thut z. Kirchenverbesserung in Deutschland, so sich evangelisch nennt. gr. 8. Leipz. Göschen. 815.

Ein apostolisches Sendschreiben im 19. Jahrhundert. Kurz beleuchtet von einem modernen Heiden. Bern, Jenni Sohn 1844. 24 S. 8.

Apostolisches Sendschreiben, erlassen am 20. Juni 1894 von unserm heiligsten Vater Leo XIII., durch göttliche Vorsehung Papst, an alle Fürsten u. Völker der Erde. (Praeclara gratulationis.) Deutsch u. lateinisch. Freiburg, Herder, 1894, gr. 8°, 40 S.
Aufforderung zur Wiedervereinigung d. Menschheit in einem Glauben.

—— an den hochwürdigsten Herrn Bischof Arnoldi in Trier u. noch mehr! gr. 8. (2 1/4 B.) Leipzig 845, Goetz. (Schrey.) *

Sendschreiben eines rheinischen Arztes über einige von dem Kollegium der Ärzte zu Münster aufgestellte Grundsätze. Mannheim 1778. V: *Frank, Johann Peter.* (MGT) (Ky) (WBL)

— eines rhein. Arztes üb. einige von d. Collegium d. Aerzte zu Münster aufgestellte Grundsätze, (v. J. Pt. Frank). 8. Manh. 778. Schwan u. G. 3 gl

—— der evangel. Freifrau Athanasia an d. Pater Athanasius, in Betreff einiger von dems. neuangeregten Bedenken. gr. 12. (2 1/6 B.) Köln 838, Bachem. *

Sendschreiben
B.

Ein Send-Schreiben an Herrn B. ,worin mit unumstößlichen Beweiß-Gründen dargethan wird, daß die sympathetische Würckungen nichtig und unmöglich seyen. Abgefasset von L. Und auß dem Franz. ins Hochteutsche gebracht. Franckfurt a.M.:Oehrling 1700. 94 S. 8°

— an Hrn P. Bartels, wegen dessen Schrift üb. den Werth u. die Wirkungen d. Sittenlehre Jesu, von d. Verf. des einzig wahren Systems der christl. Religion. 8. Braunschw. 789. Schröder. 2 gl

Sendschreiben eines Thurgauischen Bauers an die Tagsatzung in Zürich. Stäfa 1833. V: *Schweizerbart, Andreas.* (Cat. d. Stadtbibl. Zürich. Zürich 1864—97.)

Sendschreiben an Hrn. Archidiac. Baurschmidt in Lüchow von einem Gegner des neuen Katechismus [C. Sulze]. 1. u. 2. zum Theil umgearb. u. mit einer Nachschrift verm. Aufl. Göttingen 862. Deuerlich. gr. 8. (46 S.) n. 5 ngr.

Sendschreiben eines Baiern an Dr. Behr über . . . [Dringende Erinnerung an die nun über 6 Monate versammelten Abgeordneten des Baierischen Volks]. Landshut 1831. V: *Gerstner, Jos.* (Wa) »1832« (Ky)

— eines Baiern an Hrn. Dr. Behr üb. dessen dringende Erinnerung an die Abgeordneten d. baier. Volkes. (Vom Landrichter Gerstner). Im Sept. 1831. gr. 8. Baiern. (Landsh.) 832. (Krüll). 5 gl

Sendschreiben e. Bayern an Hrn. D. Behr üb. dess. dringende Erinnerung an die Abgeordneten d. bayer. Volkes. (Von Jos. Gerstner.) Im Sept. 1831. gr. 8. (2 1/2 B.) Bayern 832. (Regensburg, Manz.) Thlr.

Sendschreiben der Graf Stiebarischen Beamten an den Landmann in Böhmen. Prag u. Wien 1796. V: *Keess, Franz Georg Edler von.* (MI.)

Sendschreiben an den Bremischen Beantworter der Lavaterschen eigentlichen Meynung von der Glaubenskraft. Zürich 1776. V: *Häfeli, Johann Caspar.* (Roterm) (MGT)

—— zur **Beantwortung** einiger Fragen auf Veranlass. d. Stiftung e. Mäßigkeits-Vereines in Danzig. 8. (1 B.) Danzig 838, [Gerhard'sche Buchh.]

Sendschreiben von den Annaberger Begebenheiten. Chemn. 714. 8.

Sendschreiben von den wunderlichen Begebenheiten, welche sich zu Annaberg an etlichen Knaben geäußert. Chemn. 714. 8.

Sendschreiben oder aufrichtiges Bekenntniss eines geheilten Hypochondristen. Leipz. 1805. V: *Daehne, Carl Frdr. Adolph.* (NN 22, 993)

Sendschreiben an die Grafen Bernstorf u. Schimmelmann ... 1810, s.a. Gosch, Josias Ludwig

Sendschreiben an die Grafen Bernstorff und Schimmelmann ... O. O. 1810. V: *Gosch, Josias Ludwig.* (GGr) (schr) (Collin, Anonymer. Kiobenh. 1869.) (Bruun, Bibl. Danica III, 574.)

Anonym: „Sendschreiben zum Beweise, daß die sogenannten Handlungs-Akademien in Hamburg sehr entbehrlich sind", 1774. — Vorh.: Com. Bibl. Hamburg.

—— an Dr. Wilh. **Binder** in Ludwigsburg, Verf. der Schrift: „Dr. Carl Haas u. die unredlichen unter seinen Gegnern," sowie anderer berühmter Schriften. Zu schuldiger Erwiederung u. zu Nutz u. Frommen der guten Sache verfaßt von Hilarius Philalethes. gr. 8. (1½ B.) Heilbronn 845, Drechsler'sche Bh.

— des hochwürd. Bischofs von **Orleans** (Dupanloup) über das bevorstehende oekumenische Concil. Autorisirte Uebersetzung. Brixen 869. Weger. gr. 8. (71 S.) n. 5 ngr.

— des Bischofs von **Orleans** an den Clerus seiner Diöcese über die Frage der päpstlichen Unfehlbarkeit. Autorisirte deutsche Ausg. 2. Aufl. München 870. Manz. gr. 8. (48 S.) n. 5 ngr.

Sendschreiben an die Bisthumsgeistlichkeit über die Wohlthätigkeitswerke des Klerus ... Regensb. 1836. V: *Schwäbl, Franz Xaver von.* (Th)

Sendschreiben, F. N. Blocksbergers, an den Pater Angelus März, über seine Vertheidigung wider die schwülstige Vertheidigung der betrügenden Zauberey und Hexerey. O. O. 1767. V: *Mayer, Andreas.* (MGT)

Sendschreiben an Herrn Dr. Böckel in Hamburg wegen einer von ihm herausgeg. Predigt über die Wichtigkeit des Vernunftgebrauchs in der Religion. Schleswig. 1827.

Sendschreiben an Bonaparte ... Deutschland [Hamburg] 1804. V: *Massenbach, von.* (Hist. Vierteljschr. 15, 550) (Zeitschr. f. Büch. N. F. 15, 1923, S. 122)

Sendschreiben an Bonaparte von einem seiner ... Anhänger in Deutschland. Deutschland [Hamburg?] 1804. V: *Schlabrendorf, Gust. Graf von.* (Pr) (Wr)

Sendschreiben an den Herrn Konsistorialrath ... Boysen ... über den ... Standpunkt, den er zur Beurtheilung der ... 95 Thesen hätte nehmen müssen ... Tondern 1818. V: *Feddersen, Berend.* (LS) (NN)

— an **Breithaupt**, ein Taufformular betreffend. gr. 8. 796.

Sendschreiben an **Brennecke**, den Verf. des biblischen Beweises, daß Jesus ꝛc. von Gelanor. 8. Jauer. (Leipzig, Barth.) 820.

Sendschreiben an Herrn von Brentano, Herausgeber eines neuen Testaments ... Freyburg 1791. V: *Schäfler, Franz Sales.* (Wr) (MGT) »an von Brentano« (Jes)

Sendschreiben
Brueckmann Franc. Ernest

Sendschreiben an den hochedelgebohrnen und hocherfahrnen Herrn D. Franc[iscum] Ernest[um] Brückmann... die eine zeither grassirte Vieh-Seuche betr. Entworfen von I.S.G.D. et P.C.H. Dat. o.O. 1. Okt. 1746. 16 S. 8°

Sendschreiben an die Brueder. [Dat.:] New York 1855. 2 Bl. 4° [Kopftit.]
Auszug in: T. 1 (1855—1856) S. 123—124.
Enth. den Bericht üb. Entstehung u. Zweck des mrischen Vereins Masonia in New York von E. Röhr u. die Statuten des Vereins.

[Sendschreiben jüdischer Brr an die preussischen Grosslogen und Logen. Dat.:] Wesel im Sept. 5836. 2 Bl. 4°
Abgedr. in: Neueste ZfFr. 1838 S. 177—190; S. 13 (1906) S. 81—83.
cf. Neueste ZfFr. 1838 S. 190—190; S. 13 (1906) S. 76, 81 (F. Rackhorst).
Klage wegen Nicht-Zulassung von Juden.

Sendschreiben an unsere Brüder in den Provinzen. — Der Verein für König und Vaterland Druck bei J. Sittenfeld 1 Bl Fol Flugblatt. Berlin, 8. Juli 1848.

Sendschreiben, Brüderliches, an Freimaurer, die die Weisheit kaufen und verkaufen. Hamb. 1780. V: *Gertinger, Johann.* (Kl)

—— brüderl., an d. Gemeine Gottes, welche in Christo Jesu ist. (Von Emil Wilh. Krummacher.) 1. gr. 12. (2⅙ B.) Barmen 836, Steinhaus.

Sendschreiben, Brüderliches, an den wider die Religion Jesu und seiner Jünger Gift sammlenden . . . Verkehrt Gelehrten Herrn Hofrath Lessing . . . Hamburg 1780. V: *Gertinger, Joh.* (Syst. Verz. d. Less.-Litt. Wolf. 1889.) (Kl)

Sendschreiben, Ein brüderliches, an den katholischen Weltmann, der die Pièce schrieb Ueber die Hexenreformation . . . Dillingen o. J. V: *Sailer, Joh. Mich.* [?]. (ADB 41, 317)

Sendschreiben über die Berliner und Breslauer Bühne. Breslau 1779. V: *Bonin, Christian Friedrich von.* (MGT)

Sendschreiben eines Dänischen Bürgers an den Kronprinzen in Dänemark. Schleswig 1793. Kopenh. 1794. V: *Ahlfeldt-Laurvig, Jens Juel Graf von.* (MGT) (Ky) (ML)

—eines dänischen Bürgers an d. Kronprinzen (v. Graf J. J. v. Ahlefeld-Laurwig). 8. Schleswig 793. Hammerich in Altona. 2 gr

Sendschreiben eines kurländischen Bürgers an seinen Landsmann in Warschau, den ein kurländischer Edelmann einer Unterredung gewürdigt haben soll. Warschau 1792. V: *Schulz, Joachim Christoph Friedrich.* (R-N) (Ky)

—e. kurländ. Bürgers an seinen Landsmann in Warschau, den ein kurländ. Edelmann einer Unterredung gewürdigt haben soll, (v. Fr. Schulz). 4. Warschau 792. (28 S.) auch polnisch.

Sendschreiben der Bürgerschaft zu Neufchatel, an Ihre Excellenzen von Bern: Betrefend den Urtheilspruch so von der höchsten Gewalt dieses Freystandes den 23ten Jener 1768. ertheilt worden.... ([Vom] 15. Febr. 1768.) 8. *o. O.*

— an Hrn. de Castellane, Mitglied der französ. Deputirten-Kammer, in Betreff der französ. Revolution, französisch und deutsch. gr. 8. Jena 846, Luden. n. 2 ngl

— e. evangel. Christen an Plitt weg. d. heil. Abendmahls. 2 Stck. 8. Frankf. Eßlinger. 765.

Sendschreiben eines Christen an einen hiesigen Juden über den Verfasser der Schrift: Wider die Juden. Berlin 1803. H: *Wolff, Sabattja Jos.* (GGr) (MGT) (Hitzig)

—eines Christen an einen hiesigen Juden, üb. d. Verfasser der Schrift wider die Juden. 8. Berl. 803. Schöne. 4 gr

—an evangel. Christen, welche an ihrer Kirche irre geworden sind, v. Chr. Augustanus. gr. 8. Hannov. 824. Hahn. 12 gr

—— geprüfter Christen an weiland d. geh. Hofrath Jung-Stilling. Aus dess. schriftl. Nachlasse gesammelt u. geord. f. seine Freunde. Als Anh. zu Heinrich Stillings Lebens-Geschichte. 8. (16¼ B.) Karlsruhe 833, Müller.

Sendschreiben, Christiani Conscientiosi. 3. Aufl. O. O. 1713. V: *Fischer, Johann.* (R-N)

—— christl., an gläubige Christen u. christl. Gemeinschaften, namentl. in Würtemberg. 8. (2 B.) Stuttgart 835, Köhler.

SENDSCHREIBEN, Christliches, an einen guten Freund, betreffend das heut zu Tage Welt-übliche Tantzen Auf Begehren ausgefertiget und auf sonderbares Ersuchen zum Druck übergeben. Zur Erbauung, Besserung Ueberzeugung des in Grund verdorbenen Christenthums. Sammt einem *Anhang* eines Bedenckens vom Tantzen. Gedruckt im Jahre 1712. 12°. (4 Mk. Baer & Co., Frf. a. M. vor 1885.)
Bartholomäus p 21.

Sendschreiben an Joh. Chr. Cuno zu Amsterdam worin von dem gegenwärtigen Zustand der königl. deutschen Gesellschaft . . . Nachricht ertheilt wird. Gött. 1749. V: *Colom du Clos, Isaak.* (GGr)

— an den Priester Czerski betreffend das Glaubensbekenntniß von Schneidemühl. 8. Danzig 845, Homann. n. 1½ ngl

— an Hrn. Prof. Dahlmann von einem Namenlosen. [Ueber das Steuerbewilligungsrecht preußischer Kammern.] gr. 8. (17 S.) Berlin 850, Hertz. 3 ngl

Sendschreiben, daß die sympathetischen Wirkungen nichtig und unmöglich seyen. Frkf. 8°.
1700

Dass Von Römis Käyserl. Maj (Ferdinand III.), Das zwischen dem Fürstl. Hause Hollstein-Gottorff, und einigen Capitularen zu Lübeck. errichtete ungültige Pactum. de anno 1647. Niemahlen confirmiret worden sey: In einem **Send-Schreiben** erwiesen, und Auf gnädigsten Befehl in den Druck gegeben. o. O 1705. 4° k.

Sendschreiben an alle gelehrten Teutsche, auch die welche der teutschen Sprache kundig sind . . . Leipzig 1783. V: *Kemmerich, Andreas Friedrich.* (ML)

—— eines jungen Deutschen an Hrn. Odilon=Barrot. Jurid.=polit. Aphorismen üb. d. inneren Verhältnisse Deutschlands. gr. 8. (2 B.) München 838, Jaquet.

SEND-SCHREIBEN eines Deutschen aus Constantinopel an Einem (!) seiner Freunde an der Nieder-Elbe. Geschrieben im Fips-Monat in der langen Finger-Gasse 1753. 8°. (10 Mk., zus. mit ähnl. Flugschriften, G. Fritzsche, Hamburg, 1892, Anz. 4.)

— das diätetische, des Maimonides (Rambam) an den Sultan Saladin. Ein Beitrag zur Geschichte der Medicin für Aerzte u. Freunde des class. Alterthums, mit krit. u. sacherläuternden Noten. Herausgeg. von Dr. Winternitz. gr. 8. Wien 843, (Braumüller u. Seidel.) n. 1/2 ℳ

— an einen Diener des göttl. Worts, üb. Kirchenverfassung u. Liturgie. gr. 8. Frankf. 825. Sauerländer. 4 gℊ

—— an e. Diplomaten üb. d. neueste franz. Revolution u. ihre Folgen. gr. 8. (6¾ B.) Haag 830, Hartmann jun. Aus der „Aletheia, hrsg. v. Münch“, besond. abgedruckt.

Sendschreiben an den Repräsentanten (Jak. Frdr.) Dorr über die Verbesserung des Amtseinkommens der deutschen Schullehrer Würtembergs. Rottenburg. Engel 1830.

Sendschreiben, Drei, samt einer Beylage über die Kemptisch-Brentanosche Bibel. Freiburg [Augsburg] 1791. V: *Schabel, Matth.* (Wr) (MGT) (Ky)

Sendschreiben, Drei, an Dominik von Brentano. [Augsburg] 1792. V: *Schäfler, Franz Sales.* (Ky)

— 3, an Dominik v. Brentano. 8. Augsb. Rieger. 792.

— drei, eines Laien, eines an L. Wolf, die zwei andern an e. protestant. Freund. gr. 8. Würzburg 827, Strecker.

— 3, d. Fidler= u. Keßlerische Streitigkeit betreff. 8. Leipz. Sommer. 773.

—— drei, des heil. apostol. Stuhles an den verstorbenen Bischof v. Rottenburg Joh. Bapt. v. Keller. (Original, sammt deutsch. Uebers.) Als Einleit. ein Wort an die Katholiken in Württemberg. gr. 8. (3¾ B.) St. Gallen 846, (Scheitlin u. Zollikofer.) — 7½

3tes Sendschreiben. Gerichtet an sämmtliche Bewohner der Herzogthümer Schleswig-Holstein-Lauenburg. ebd. 1876. 8°

Drittes Sendschreiben eines Gottesgelehrten am Tauberflusse an seinen Freund, einen Weltweisen nächst dem Donaustrom, worin durch Fortsetzung der Fragen und Antworten nachgeholt wird, was zu weiterer Erklärung und für alle Stände, Zeiten und Alter erspriesslichen Anwendung des Systems, nach welchem der Herr geistliche Rath und Hofkaplan Gaßner seithero in Bezwingung der verworfenen Geister verfahren, dienlich sein kann. 775. 8.

Sendschreiben, Drittes, der grossen Mehrzahl der Mitglieder der Breslauer I. G. an Hrn R. Dr. Geiger. Breslau 1846. V: *Freund, Wilhelm* [?]. (Literaturblatt des Orients 1846. S. 741.)

Sendschreiben, drittes offenes, an den Bischof von Paderborn Herrn Dr. Conr. Martin. Zugleich ein evangel. Wort an alle Katholiken sonderlich derjenigen der Soester Diöcese über den Reliquiendienst nebst Untersuchung in Betreff der angebl. Gebeine des heil. Patroklus. Mit mehreren interessanten Anh. Von einem evangel. Pfarrer der Diöcese Soest. gr. 8. (IV und 41 S.) Soest 865, Wehrle. *

Sendschreiben, Drittes, an den Herrn geheimen Justizrath Pütter, von der Unächtheit der Principien, aus welchen man die Bayrischen Erbtheilungen beurtheilen will. Regensburg 1778. V: *Fischer, Friedrich Christoph Jonathan.* (ML) (MGT) (Pütter, Litt. d. Teutsch. Staatsr. Gött. 1773—91. II, 205.)

Sendschreiben Sr. Churfürstl. Durchlaucht zu Bayern an die hohe Directores der Fränck. u. Schwab. Creysse, die Einnehmung der Reichsstadt Ulm betr. mit ausführl. Relation von deren Eroberung. 8. s. l. 1702.

Sendschreiben Sr. churfürstl. Durchl. v. Brandenburg. Geschrieben zu Gartz den 2. VII. 1675 an die Hoch=Mögenden Herren General=Staaten der Vereinigten Niederlande. Nebst einem genauen u. umständl. Bericht darüber, auf welche Weise Se. churfürstl. Durchl. m. ihrer Kavallerie u. den Dragonern zuerst die Stadt Rathenow im Sturm genommen u. darnach die ganze schwed. Armee aus der Mark Brandenburg getrieben hat. So wie auch die Antwort Ihr. Hoch=Mög. Herren auf das vorgenannte Sendschreiben. Nach e. Druck des Buchhändlers Crispinus Hoekwater, 's Gravenhage, „in de Pooten“ vom J. 1675. Uebersetzg. nach dem holländ. Urtext durch die Rathenower Zeitungsdruckerei (U. H. Wenckebach). [Umschlag: Bericht des Großen Kurfürsten an die General=Staaten der Niederlande üb. die Einnahme v. Rathenow u. die Vertreibg. der gesammten schwed. Armee aus der Mark Brandenburg im Juni 1675.] gr. 8. (124 S. m. 1 Bildnis.) Rathenow 903. (Berlin, E. M. A. Müller & Co.) n. — 75

— des Hofkammerkanzlei=Dieners J. E*** zu M*** an den Reichsfrhrn. Otto v. Gemmingen, als Antwort auf dessen „Gedanken üb. die königl. preuß. Association zu Erhaltung d. Reichssystems.“ 4. Frankf. a. M. 786. Streng. 5 gℊ

—— des Theofil Ehefreund an den Rentier Hagestolz, enthaltend ein freies Wort über den Entwurf zum neuen Ehescheidungs=Gesetz. Als Anhang: den Entwurf selbst. gr. 8. (1½ B.) Breslau 842, Freund. *

Sendschreiben der Ehegemahlin des Rectors Magnifici zu Gablitz an den Author der den Weibsbildern die Menschheit abgestritten. O. O. 1782. V: *Groshaupt, Joh. Gg.* (BGE II³, 685) (Geissau, Verzeichniss S. 57) (Doubl. Haydinger, S. 543) (Hch. Wolfgang Behrisch, Die Wiener Autoren, Pressburg 1784, S. 87) (Karajan 1610) (Biblport)

Sendschreiben, Ehrerbietigstes, an Seine Majestät Wilhelm II. Deutschen Kaiser . . . Berlin 1895. V: *Robinski, Severin.* (Berl)

—— an den Hrn. Dr. Joh. Nep. Ehrhart, Edeln v. Ehrhartstein, mandatario nomine d. anonymen Recensenten in d. medicin.-chirurg. Zeitung 1838. Bd. 2. Nr. 29. pag. 33. seq., od. rechtl. Bedenken üb. e. ungesalzene Kritik in d. erwähnten Zeitung, betreff. die Schrift v. Dr. P. Schmidt in Hamburg: „Beitr. zu d. Würdigung d. Lehre v. d. Kopfverletzungen" etc. gr. 8. (2 B.) Hamburg 838, Hoffmann u. Campe.

— üb. d. Eid, d. 1790 v. d. in Frankreich in öffentl. Aemtern stehend. Geistlichen gefordert ward. gr. 8. Zittau, Schöps. 797.

Sendschreiben, Eilfertiges, Leonhard Christoph Sturms . . . Auflösung der apokalyptischen Zahl 666 betreffend. Flensb. 1716. V: *Neumeister, Erdmann.* (Myl) (Schr)

Sendschreiben, eiliges, an die geehrten Mitglieder d. neukathol. Kirche in Deutschland. gr. 8. Magdeburg 846, Falckenberg u. Comp. n. 1/12 ₰

Sendschreiben über die Entartung des deutschen Landbaues. Nürnberg 1811. V: *Bayrhammer, Jos. Carl.* (EngOec) »München« (Ky)

— üb. die Entartung des deutschen Landbaues (v. J. K. Bayrhammer). gr. 8. Münch. 811. 2e Aufl. gr. 8. Nürnb. 813. Riegel u. W. 12 gr

Sendschreiben und Erinnerungen über S. F. Beschreibung Carls XII. Cöln o. J. V: *Hermelin, Olaus.* (R-N)

Sendschreiben. Send- und Ermahnungsschreiben des löblichen Gerichts Ortenstein, an die übrige ehrsamen Räthe und Gemeinden des löbl. Gottshaus-Bunds. fol. *o. O. u. J.* [ca. 1767].

Erstes Sendschreiben an einen gelehrten Freund über die Gegengründe der österreichischen Vertheidiger. Von dem Verfasser der unpartheiischen Untersuchung etc. 1778. 4.

— erstes, der vierten General-Synode der evangelisch-lutherischen Kirche in Preußen an sämmtl. Gemeinden. gr. 8. (16 S.) Breslau 852, Dülfer & Geiser. 1½ ngr

Sendschreiben, Erstes, am Grabe der verwittibten Frau Oberstbergräthinn Franziska Schmitz, an ihre frommen Spinntöchter. München [1822]. V: *Dall' Armi, Ant. v.* (Bücher-Samml. d. hist. Ver. v. u. f. Oberbayern. Münch. 1867.)

Sendschreiben, Erstes, eines Hamburgers an seinen Freund in Berlin betreffend die Briefe über die Hamburgische Schaubühne . . . Hamb. 1774. V: *Kühl, Glob Timoth. Mich.* (Arch. f. Litt. VIII, 206.)

Erstes **Sendschreiben** an meinen Freund L. . . . Veranlasst durch einen Artikel in der Berliner Monatsschrift Dec. 1786 unter der Nummer 6. o. O. 1787. 62 S. 8°

Kl. 8390. Nicht mehr erschienen. Gegen die Rezensionen üb. Goués: „Üb. das Ganze der Mrey". 1782 u. Göchhausens: „Enthüllung des Systems der Weltbürger-Republik". 1786. in der Berl. Monatsschr.

— erstes, an meinen Freund L., veranlaßt durch einen Artikel in der Berliner Monatsschrift. 8. Eisenach 787. Wittekind. 4 gr

—— erstes offenes, an den Bischof von Paderborn, Herrn Dr. Conr. Martin. Ein evangel. vorläufig zurechtweis. Bescheid auf die in seinem neuesten Buche: „Ein bischöfliches Wort" enthalt. Unwahrheiten, Schmähungen und Entstellungen der evangel. Lehre, nebst einem Anh. von Charakterbildern röm. Praxis. Hrsg. von einem evangel. Pfarrer. 3. Aufl. gr. 8. (35 S.) Soest 865, Ritter'sche Buchh.

Sendschreiben, Erstes, zweytes und drittes, an Erich Servati über den Cölibat der katholischen Geistlichen. Freyburg 1786. V: *Rüth, Maxim.* (BGE)

— an die Gemeinde Eschelbach an der Ilm. Zum Besten des Schulfonds in Eschelbach. Mit 1 Ansicht. gr. 8. Landshut 834. Thomann. 1½ gr

Sendschreiben eines spanischen Esels an seine Verwandte in Deutschland. Madrid 1786. V: *Perinet, Joachim.* (Gustav Gugitz, J. Perinet, S. 159) (Karajan 1524) (GGr IV/327, Nr. 51)

Sendschreiben an Herrn Pastor J. J. E. Faber an dessen Hochzeitsfeste . . . Friedrichsst. 1769. V: *Flemming, Johann Samuel Gottlob.* (MGT)

Sendschreiben an Herrn Joh. Andr. Fabricius den Verfasser der kritischen Bibliothek. O. O. 1749. V: *Schaubert, Johann Wilhelm.* (ML) (Will)

Sendschreiben an den Hrn. Konsistorialr. Falk, zur Beleuchtung des schlesischen Streites über das Seligkeitsdogma. Von Rübezahl, weder Doctor, noch Professor, noch Rath, noch Ritter etc. gr. 8. (1½ B.) Breslau 844, Kern. Thlr.

Sendschreiben an J. H. v. Falkenstein, in welchem die Ehre des Heil. Beichtigers Sebaldi wider dessen Einwürffe gerettet wird. O. O. 1735. V: *Wölckern, Lazarus Carl von.* (Bibl. d. Germ. Nat. Mus. Nürnberg 1855.)

—— eines Familienvaters, zunächst an seine israelitische Brüder in Pommern. 8. (1¼ B.) Berlin 842, (Duien.)

— eines Familienvaters, zunächst an seine Israelitische Brüder in Pommern. 8. Berlin 842, Scherk. (Athenaeum.) 1/8 ₰

Sendschreiben an den Schauspieldirektor Herrn Fischer, über das . . . Schwerinische Theater. Schwerin 1792. V: *Fernow, Carl Ludwig.* (GGr) (JL)

Sendschreiben über die Frage, was von den . . . Geisttreibern, Separatisten . . . zu halten sey . . . Strassburg 1744. V: *Altmann, Johann Georg.* (ML).

Sendschreiben über die Frage: Welches Handwerk einem Lande die grössten Vortheile zu wege bringe? [Dresden 1754.] V: *Thomas, Johann Ehrenfried.* (ML)

Sendschreiben an einen Franzosen, enthaltend einen flüchtigen Entwurf des gelehrten Schweitzerlandes. Basel 1761. V: *Balthasar, Joseph Anton Felix von.* (MGT)

Sendschreiben an alle Frauen des Kantons Zürich oder Bloßstellung der Gegner Jesu und seines Evangeliums mit Seitenblicken auf das Gebiet der Theologie .... 8. Zürich 1842.

Sendschreiben, Ein freies und belehrendes, des Züricherischen Seminardirektors an die Herren XXIIger des sogenannten Glaubenskomités . . . Zürich 1839. V: *Scherr, Ignaz Thomas.* (Ky)

— ein freies u. belehrendes, des Züricher. Seminardirektors (I. Th. Scherr) an die Herren XXIIger des sogenannten Glaubenskomite's. Allen guten Christen zur Betrachtung empfehlen von einem Freunde der Wahrheit, aus dem pädagog. Beobachter besonders mitgetheilt. gr. 8. Zürich 839. (Orell, Füßli u. Comp.) 1/12 ₰

Sendschreiben eines Freymäurers der hiesigen Einigkeits-Loge an den Herrn von Vaux, das Geheimniss der Freymäurer-Gesellschaft betreffend. A. d. Franz. . . . Frankf. a. M. 1742. V: *Uriot, Joseph.* (SJL)

Sendschreiben eines Freimaurers in Hamburg an seinen Logenbruder in L. über die Schrift des [Br. Andr.] Grüning und seinen maurerischen Prozess; nebst freimüthigen Bemerkungen über maurerische Publicität, nicht unwichtig sowohl für die Brr. Freimaurer, als für das gesammte Publikum. Hamburg 1811. IV, 5—40 S. 8° [Umschlagtit.]
Kl. 2960. Selten.

Sendschreiben eines Freymaurers an Mylord Rob. Truell, einem Mitglied der Gesellschaft der Plauderer, über die Ausschliessung des schönen Geschlechts aus der Freymaurer-Gesellschaft. Aus d. Engl. übers. Nebst denen Gesängen. [Halberstadt 1741.] 40 S. u. 1 Kpfr. 8°
cf. Frmr-Bibliothek. 1 (1778) S. 88—90; 2. Aufl. 1782 S. 88—90; 3. Aufl. 1792 S. 88—90.
Kl. 262. Die Lieder sind von Naudot.

Sendschreiben, Freimüthiges, an Frhrn A. C. v. Hofmann. In Bezug auf dessen Beiträge zur näheren Kenntniss der Gesetzgebung . . . des Grossherzogthums Hessen. Offenbach 1823. V: *Hundeshagen, Johann Christian.* (HS)

Sendschreiben an einen Freund über die Anrede des Hrn. Rektors Martens in Augsburg. Ulm 1782. V: *Gaum, Johann Ferdinand.* (MGT)

— an einen in kathol. Landen sich aufhaltenden Freund. (Mit e. Vorrede v. J. A. Nösselt). 8. Halle 767. Waisenhaus-Buchh. 4 ℛ

Sendschreiben an einen in Römisch-catholischen Landen sich aufhaltenden Freund. 2. Aufl. Frankfurt, Halle und Leipzig 1771. V: *Nösselt, Johann August.* (ADB 24, 25ff.) (Zeitschr. f. Büch. N. F. 15, 1923, S. 122) (›1767‹ (Ky)

— an e. in kathol. Landen sich aufhaltend. Freund. 8. Halle, Waisenbuchhandl. 771.

Sendschreiben an einen auswärtigen Freund in L. den . . . Namen eines Hauptpastors in Hamburg betreffend . . . O. O. 1780. V: *Göze, Johann Melchior.* (Schr)

Sendschreiben an einen Freund über die Erneuerung des Cultus. Leipz. 1815. V: *Kähler, Ludwig August.* (winer)

— an einen Freund üb. die Erneuerung des Kultus. 8. Leipz. Gerh. Fleischer. 815.

Sendschreiben an einen gelehrten Freund betreffend die heutigen Streitschriften von der Hexerey. Vom Donaustrom 1769. V: *Ganser, Benno.* (ML) (Ky) (BrMm)

Sendschreiben an einen gelehrten Freund, betreffend die heutige *Streitschriften von der Hexerey.* (Ornament.) Vom Donau-Strohm ( ), o. J. (c. 1770). 8°. Beibd.
6 Bll. unpag. Enth.: Erstes (u. wohl eins.) Sendschreiben von Möglichkeit der Hex- u. Zauberey

— an e. Freund, üb. d. guten Geschmack in Predigten, von e. Freund der Wahrheit, nebst einem Brief. 8. Offenb. 775. Brede. 2 gr

—— an einen infallibilistisch gesinnten Freund. 8. (32 S.) Bonn 873, Weber. *

Sendschreiben Eines gewissen Freundes, nebst beigelegten Anmerkungen und Erinnerungen über S. F. . . . Lebensbeschreibung Caroli XII . . . Cölln o. J. V: *Hermelin, Olaus.* (R-N)

— eines Freundes aus der würtemberg. Stadt Göppingen, die Einäscherung dieser unglückl. Stadt, d. 25. Aug., betreff., an einen Freund in Sachsen. 8. Leipz., W. Vogel. 2 gr

Send-Schreiben an einen guten Freund, worinne v. der im Holsteinischen grassirenden Horn-Vieh-Seuche gehandelt wird . . . Kiel 1745 (15) S.

Send-Schreiben an einen guten Freund *Susannen Hoyerin* . . . ., Anno 1727. beschehenen (!) dreyfachen (in Wirklichkeit 4fachen) Kinder-Mord u. erfolgte Bestraffung betreffend . . . . Wittenberg Anno 1728. 4°. Beibd.
22 S., unterz. J. H. Wittenb. d. 16. Octob. 1728.

— — Fortsetzung des . . . . Send-Schreibens, oder wahrhaffte . . . . Relation, wie die *Susannen Hoyerin* zuerkannte *Straffe der Schleiffung zur Feimstadt* (*sic*), *u. des Rades* am 26. Octobr. dieses 1728sten Jahres an derselben vollstrecket . . . . worden. Wittenberg, druckts Aug. Koberstein. An. 1728. 4°. Beibd.
20 S., unterz. J. H. Ebd. d. 29. Octob. 1728.

— an einen Freund üb. d. vorgebl. Hirtenbrief eines deutschen Bischofs, die Beibehaltung der latein. Sprache in d. Liturgie betreff. 8. Karlst. 815. Braun. 5 gr

Sendschreiben an einen Freund, in welchem erwiesen wird, dass wir Teutschen verbunden sind, alle selbständige Nenwörter . . . mit einem kleinen anfangsbuchstaben zu schreiben . . . Danzig 1746. V: *Rhanäus, Jacob Friedrich.* (R-N)

Sendschreiben . . . an einen Freund in K**. Kopenhagen 1753. V: *Vidalin, Poul Bjarnesen.* (Collin, Anonymer. Kiobenh. 1869.)

— an e. Freund d. ächten Lehre Jesu weg. e. Zweifel üb. die Kirchenagende. 8. Altona, Hammerich. 798.

Sendschreiben an meinen Freund zu *** über einige Stellen welche mir in der Einleitung zum Auszuge der neuesten Chronik . . . am meisten aufgefallen sind. [Salzburg] 1782. V: *Zauner, Judas Thaddäus.* (GGr) (Hr)

Sendschreiben an einen Freund weltlichen Standes über die Erneuerung des Kultus . . . Leipz. 1815. V: *Kaehler, Ludwig August.* (CLZür Forts. II)

Sendschreiben an einen Freund in W. über die Senats-Einteilung bey dem Kayserlichen Reichs-Cammergericht, und die notwendige authentische Interpretirung der §§ 16—21 des neuesten Reichs-Schlusses d. a. 1775. Wetzlar 1788. V: *Kiesslein.* (KGBerlin I, 828) Vgl. IV, 2140.

Sendschreiben eines Freundes der Wahrheit, betreffend Herrn D. Tellers Lehrbuch. Leipzig 1764. V: *Körner, Joh. Gfr.* (Ky) (JL)

Sendschreiben an einen Freund in Wezlar über die Senatseintheilung bey dem Kaiserl. Reichs-Cammer-Gerichte . . . Wezlar 1788. V: *Kiessling.* (Pütter, Litt. d. Teutsch. Staatsr. Gött. 1773—94. IV, 350.) (Hoscher, Jahrb. d. k. Reichs-Kammer-Ger. Lemgo 1789—91. I, 2, 33.)

— an die Freunde u. Beförderer der Union in der evangelisch-luther. Kirche. gr. 8. Leipz. 822, Kummer.

— ein fründlich, der alten, mannhaften u. nothvesten Berner, an die heutigen, sammt zu dienender Antwort der heutigen. 8. Bern 819. Jenni. 2 gr

Sendschreiben, Freundliches, an Herrn M. Johannem Vake wegen dero . . . herausgegebenen Unparteiischen Gutachten von der Berufs-Erneuerung . . . O. O. 1703. V: *Büssing, Caspar.* (schr)

Sendschreiben an den Prinzen Friedrich von Augustenburg zum 16. Nov. 1865. Hamb. u. Leipz. 1865. V: *Rössler, Constantin.* (Rössler, Ausg. Aufsätze. Berlin 1902. S. X.)

—— an S. Durchl. den Prinzen Friedrich v. Augustenburg. Zum 16. Novbr. 1865. gr. 8. (20 S.) Hamburg 865, Falcke.

Sendschreiben an Se. Kön. Majestät Friedrich Wilhelm III nach dem Frieden zu Tilsit. Berlin 1807. V: *Rumpf, Johann Daniel Frdr.* (HS) (Hitzig) (NN)

Sendschreiben an Deutschlands Fürsten, durch die gegenwärt. Theurung veranlaßt. gr. 8. Hamb. 805. A. Campe. 2 gr

Sendschreiben an die Fürsten und Standesherren Deutschlands vom Lebensheimer Erziehungsverein. *Elberfeld: Baedeker in Komm. [1899].* (7 S.) 8° [Umschlagt. J.] [98. 2478 5

Sendschreiben des Kirchners Gamander's an den Pfarrer Mich. du Mont ... übersetzt. Cöln 1807. V: *Wallraf, Ferdinand Franz.* Ü: *Bruch, Chn Glieb.* (NN) (MGT)

— üb. den alten Gebrauch die Cortes v. Castilien zu versammeln, um üb. wichtige Angelegenheiten d. Königreichs zu entscheiden. Aus d. Span. übers. 8. Berl. 820. Voß. 10 Gr

Sendschreiben über die Gedanken von der Nachahmung griechischer Werke. [Dresden] 1756. V: *Winckelmann, Johann Joachim.* (ADB)

Sendschreiben von der Gefahr der Heurathen erweckter oder wiedergebohrner Personen mit Unbekehrten. Ebersdorf 1741. Stendal 1741. Züllichau 1741. [Rostock] 1752. [Basel] 1773. V: *Moser, Johann Jacob.* (ML)

Sendschreiben an einen Geistlichen. Als Hs. gedruckt. [O. O. 1821.] V: *Rehfues, Philipp Joseph von.* (Rothsch II, 175)

Sendschreiben e. bibelgläub. Geistlichen an Hrn. D. u. Prof. de Wette. 8. (2 B.) Basel 833, Schneider.

—— eines evangel.-protestant. Geistlichen Baden's an den Verfasser „d. krit. Bemerkungen üb. d. Entwurf e. Agende f. Baden rc. 1832," dens. Gegenstand betreff. Zur Berücksichtigung f. d. bevorsteh. General-Synode. gr. 8. (1½ B.) Heidelberg, Reichard.

Sendschreiben eines gewissen Evangelischen Geistlichen N. N. so er bey Gelegenheit der vorgehabten Niederlegung seines Amts zu N. N. an seine Gemeinde allda aufgesetzt ... Frankf. u. Leipz. 1772. V: *Ruckdeschel, Wolfgang Hnr.* (ML) (Fiker)

—— eines Geistlichen in Preußen an e. Freund üb. d. angekündigte „evangel. Schullehrer-Bibel." 8. (4 B.) Leipzig 829, Kollmann.

— eines Geistlichen aus Würtemberg an einen Laien üb. die neueste Festpredigt, sammt Vorwort v. Dr. .. Göß. Mit d. Motto: „Haben wir übel geredet, so beweise es, haben wir recht geredet, warum schlägst du uns." Joh. 18, 23. 8. Ellwang. 828. Schönbrod. 2 Gr

— an die evangel. Geistlichkeit in Merseburg, in Bemerkk. über des Hrn. Pröp. Schmidts Beitr. zur Reformation des geistl. Standes. gr. 8. Berl. u. Leipz.

Sendschreiben an die protestantische Geistlichkeit in Bayern. O. O. 1818. V: *Fuchs, Carl Heinrich.* (MGT) (Ky) (NN)

Sendschreiben an die Geistlichkeit und Schulmänner in den Preussischen Staaten ... Glogau 1797. V: *Bail, Johann Sam.* (MGT) »1798« (Ky)

— an die Geistlichkeit u. Schulmänner in den preuß. Staaten wegen d. Rescript v. 5. Dec. 797. (Von Jh. Sam. Bail). 8. Glogau 798. N. Güntersche B. 6 Gr Schrbp. 8 Gr

— ~~geistlich sittliches~~, kürzlich belehrendes rc. wie man sein tägliches Leben auch in der Welt nach Gottes Wohlgefallen konne anwend. rc. 12. Cöln, Hans d. Sohn. (Fabricius.) 799.

Sendschreiben von einigen Gelehrten, die den Namen Burchard und Burchardi geführet haben. Dessau 1782. 4.

Sendschreiben, D. G. G. Z. gelehrtes, an M. G. J. S. von dem merckwürdigen Leben Joh. Ketzmanns. Frankfurt u. Leipzig 1734. V: *Zeltner, Gustav Georg.* (Bibliotheca Rinckiana. Lipsiae 1747.)

Sendschreiben an die Gemeine zu Basel. O. O. 1775. V: *Goué, Aug. Siegfr. (Frdr.) von.* (VLBS VI, 151) (ML) (Rotermund, Gel. Hannover. Bremen 1823.)

Sendschreiben an die Gemeinde in Fürth wegen Haltung eines öffentlichen Mehl-, Brod- und Fleischmarkts zum Besten der Künstler, Manufacturisten ... O. O. 1786. V: *Schad, Georg Friedrich Casimir.* (ML) (BB)

— an alle deutsch-kathol. Gemeinden des Vaterlandes. gr. 4. Leipzig 845, Friese. 1 ngr

—— an die deutsch-kathol. Gemeinden. Zugleich ein Wort der Beherzigung f. alle Wahrheit suchenden Christen. gr. 8. (1½ B.) Tübingen 845, Verlags-Expedition.

SENDSCHREIBEN an die evangelischen Gemeinden in Elsass-Lothringen. (Ohne bes. Titelblatt. — Strassburg 1883. Druck von J. H. Ed. Heitz.) 8°.

Sendschreiben an die Teutsche Gesellschaft zur Beförderung reiner Lehre und wahrer Gottseligkeit ... Leipz. 1783. V: *Lynar, Heinrich Casimir Gottlob Graf zu.* (ML) »1784« (Ky)

— an die deutsche Gesellschaft zu Beförder. reiner Lehren u. wahrer Gottseligkeit, von e. Mitglied derselben, C. L. (v. Graf H. K. G. zu Lynar). gr. 8. Leipz. 784. W. Vogel. 2 Gr

Sendschreiben an den Herrn D. Just. Mart. Gläsener, worin deutlich gezeigt wird, dass die gesammte römisch-katholische Kirche dem Mittler J. C. die Engel . . . an die Seite setze . . . Braunschw. 1746. V: *Harenberg*, *Joh. Chph.* (Rotermund, Gel. Hannover. Bremen 1823.)

Sendschreiben über die strittigen Glaubensfragen, worin die fürnehmste Beweg-Ursachen enthalten, krafft deren . . . Friedrich Pfalzgraff bey Rhein entschlossen mit der catholischen . . . römischen Kirche sich wieder zu vereinigen. Mannheim 1751. V: *Seedorff*, *François.* (EB)

—— eines Gliedes d. evangel. Kirche an Hrn. D. Herbst, als Verf. d. Schrift: „Die Kirche u. ihre Gegner." gr. 8. (3¼ B.) Erlangen 853, Heyder.

Sendschreiben an den Herrn Görres in München . . . Leipzig 1838. V: *Steinert*, *Ernst Ludwig.* (Ky)

—— an d. Hrn. Görres in München. v. ein. Freunde d. Lichts u. d. Wahrheit (E. L. Steinert). 8. (..B.) Leipzig 838, Drobisch.

— eines Gottesgelehrten am Tauberflusse an seinen Freund. 8. Augsb. 777. Rienner. 14 gr (Wesché in Frankf. a. M.) 4 gr

— an Gottsched, von d. Verfass. des Versuchs üb. die Seele. 8. Frankf. a. M. 754. Eßlinger. 3 gr

Sendschreiben J. C. Gottscheds an J. J. Bodmer aus den Elysäischen Feldern. Cassel 1771. V: *Casparson*, *Wilhelm Johann Christian Gustav.* (HS)

Sendschreiben des Granaten Brunnens in Berlin an seine Collegen, die Brunnen in den Provinzen. Druck von E. Litfaß. 1 Bl. Fol.
Flugblatt. Berlin, 24. Juni 1848.

Sendschreiben an den Herrn Hauptmann Grävell, Verfasser der Schrift: Sachsens Wiedergeburt . . . Dresden 1814. V: *Beschorner*, *Johann Gotthelf.* (Ky)

— an d. Hrn. Hauptmann Grävell, Verf. d. Schrift: Sachsens Wiedergeburt; von e. Dresdner Sachwalter (J. G. Beschorner). gr. 8. Dresd. 814. Arnold. 8 gr

Sendschreiben an die Grazien und addressé an die Herren Poeten von ganz Europa . . . Ulm 1775. V: *Kaiser.* (MGT)

—— an die Gutsbesitzer bürgerl. Standes in Mecklenburg. Von e. Mitstande. Als Handschr. 5 Hfte. 8. (20½ B.) Rostock 840—42, Opitz u. Comp.
Vgl. Zachariä, Rechtsgutachten.

— an die Gutsbesitzer bürgerlichen Standes in Mecklenburg. Von einem Mitstande. Als Handschrift. 2 Hefte. u. 3.—6. als Handschrift 4 Hefte. 8. Rostock 840—43. (Opitz u. Comp. in Güstrow.) (1. 2. 7/12 Thlr. 3.—6. 17/12) Alle 6 Hefte n. 2⅙ Thlr.

— dass. 7. Heft. gr. 8. Güstrow 844, Opitz u. Comp. ¾ Thlr.

— dass. 8. Heft ...

—— dass. 9. u. 10. gr. 8. Leipzig. (Rostock, Stiller'sche Hofbh.) [9. (5½ B.) 845. * 12½ Ngr., 10. (15 B.) 46. * 1 Thlr. 5 Ngr.] *]
1—5. Güstrow 1840—42, Opitz u. Comp. 1 Thlr. 20 Ngr. 6.??

Sendschreiben an Karl Gutzkow . . . Mannh. 1836. V: *Paulus*, *Heinrich Eberhard Gottlob.* (Proelss, Das junge Deutschland. Stuttg. 1892.)

—— an Karl Gutzkow. Von ein. Freunde d. Wahrheit. gr. 8. (1½ B.) Mannheim 836, Hoff.

—— das, des Herrn General-Superintendenten Dr. Hahn vom 1. Mai 1852 und der Hirtenbrief des Hrn. Cardinal-Fürstbischof Melchior von Diepenbrock gegeben zu Johannesberg am Frohnleichnamsfeste 1852 nebst zwei Beleuchtungen des letzteren, abgedr. aus dem evangel. Kirchen- und Schulblatt. gr. 8. (32 S.) Breslau 852, [Aland.] *

— das, des Hrn. General-Superintendenten Dr. Hahn vom 1. Mai 1852 und der Hirtenbrief des Hrn. Cardinal-Fürstbischof Melchior v. Diepenbrock gegeben zu Johannesberg am Frohnleichnamsfeste 1852 nebst zwei Beleuchtungen des letzteren, abgedr. aus dem Evang. Kirchen- u. Schulblatt. gr. 8. (32 S.) Breslau 852, Schulz & Co. n. 4 Ngr

Sendschreiben eines H a m b u r g e r s an seinen Freund in Berlin, betreffend die Briefe über die Hamburgische Schaubuhne, Schauspieler und einige sich auf die Schaubühne beziehende Gegenstände. Sendschreiben 1. 2. Hamburg: J. M Brauer 1774. Hrsg.: Gottl. Tim. Mich. Kühl.
Dazu Antwort des Berliners auf das 1. (bzw 2.) Sendschreiben des Hamburgers. Hamburg 1774.
Fortges. u.d T.: Briefwechsel zweener Deutschen Hamburg 1774

Sendschreiben eines ungenannten Hamburgers an seinen Freund in B*** betreffend das traurige Schicksal der . . . unglücklich gewordenen Menschen in den Gegenden von Hamburg. Hamb. 1771. V: *Ulber*, *Christian Samuel.* (Schr)

Sendschreiben an den verehrlichen Handwerkerstand Deutschlands über den Pauperismus. Mit besond. Rücksicht auf das Königreich Sachsen. 8⁰. Leipzig, J. Fr. Glück, 1845.

SENDSCHREIBEN von Hanswurst aus dem Reich der Todten, an seine wurdigen Nachfolger bey den Wiener Vorstadt-Theatern, im Geschmack des lustigen Eipeldauers abgefaßt. Wien 1795. 8⁰. 29 S. Selten! (10 Kr Gilhofer & Ranschburg, 1912.)

Sendschreiben an Herrn Archidiac. Harms . . . In besondrer Beziehung auf die . . . Schrift: »Dass es mit der Vernunft nichts ist«. Itzehoe 1819. V: *Harmsen, Mathias.* (MGT) (Ky)

— an Hrn. Archidiak. Harms, vom Verf. d. Schrift: Ansprache an vaterländ. Schullehrer rc. In besond. Beziehung auf die jüngst erschien. Schrift: „daß es mit d. Vernunft nichts ist," (v. M. Harmsen). 8. Itzehoe 819.

Sendschreiben an den Herrn Archidiakonus Kl. Harms zu Kiel . . . Kiel 1819. V: *Oertling, Friedrich Ernst Christian.* (NN)

— an d. Archidiak. C. Harms zu Kiel von e. Lehrer seines Knabenalters, demjenigen Prediger in Holstein, dessen er am Schlusse seiner Verständigungsbriefe erwähnet. 8. Kiel 819. (Leipz., Hartmann). 4 gr

Sendschreiben an Haubold, von den bösen Geistern in der Zauberei. Sorau 1783. V: *Hempel, Chn Gottlob.* (Ky)

— an Haubold, von den bösen Geistern in d. Zauberei (v. Chr. Glo, Hempel). 8. Sorau 783. Deinzer. 4 gr

SENDSCHREIBEN des Fraters Imperfectus Hauezu Layenbruder im . . . er Orden an Herrn Supinum in U., Bruder des beruhmten Gerundio Zotes von Kampas, und Verfaſſer von den Pflichten der Layenbruder. Mit kritiſch-ſatiriſch-hiſtoriſch-politiſch-theologiſch-philoſophiſchen Anmerkungen des Setzers. 1776, o. Ó. 8°. 84 S. Satire gegen die Monche.

— das, üb. einige jüdische Hausväter. gr. 8. Leipz. 799. Kummer. 10 gr 8. Nürnb. 800. Raw. 1 gr

—— Sr. Heiligkeit d. Pabstes Gregor XVI. an d. Vicarius apostol. im Königr. Senegambien Jos. Ant. Molina, Bischof v. Polentia rc. 4. . . . Dresden 831, (Arnold.)

Sendschreiben an den Herrn Stadtchirurgen Hellmann zu Magdeburg, dessen Urtheil, die Lobsteinischen Staarmesser betreffend. Frankfurt a. M. 1775. V: *Jung, Johann Heinrich gen. Stilling.* (schstr S. 68)

Sendschreiben eines Helvetiers an seine Mitbürger. Basel 1800. V: *Afsprung, Joh. Michael.* (GGr VII/187, Nr. 3/17)

Sendschreiben an den Herrn Aug. Hennings über dessen im 6. St. 1801 des Genius des neunzehnten Jahrhunderts befindliche Anzeige der Ehrenrettung der Kieler Seminaristen nebst Berichtigung mancher lautgewordenen Urtheile über die letztere Schrift. Hamburg. 1801. (U. B.).

Sendschreiben an den Herausgeber der Fragmente einer alten Reisebeschreibung . . . 1773—74. V: *Richter, Christoph Gottlieb* [?]. (ML) (Ky)

— an den Herausgeber d. Fragmente einer alten Reisebeschreib. des Magisters Sincerus an seinen alten Freund in Schwaben Doctor Selentius, (von Cph. Gli. Müller). (5 Sendschreiben in 2 Abtheill.) 8. 773, 74.

Sendschreiben an Dr. Herbst als Verfasser der Schrift: Die Kirche und ihre Gegner. Erlangen 1834. V: *Puchta, Heinrich.* (Heindl, Galerie 2, 172) (Zeitschr. f. Büch. N. F. 15, 1923, S. 122)

Sendschreiben M. Fr. von Herkommans an seinen treuen Diener Magister Th. Neumann . . . Salzburg [Landshut] 1801. V: *Kottmanner, Simon.* (Ky) (MGT)

— F. v. Herkommens an seinen treuen Diener Th. Neumann, m. Anmerk. 8. Salzb. (Krüll in Landsh.) 801.

— hermetisches; d. unterwies. Anfänger in d. Chemie. 8. Wien 751. 8 gr

Sendschreiben an den jungen Herrn wegen einer Historie der Moden. [Leipzig 1742.] V: *Kästner, Abraham Gotthelf.* (ML)

Sendschreiben, Einige, an einen vornehmen Herrn von Adel über eine bekannt gewordene Streitschrift erlassen . . . Frankf. u. Leipz. 1752. V: *Schäffer, Jacob Christian.* (ML) (BB)

Sendschreiben an Burgermeister Hirzel in Zurich. St. Gallen 1839 54.[Fay, Johann Ludwig].

—— an Bürgermeister Hirzel in Zürich. Eine Beleucht. seiner Rede, geh. vor d. Gr. Rathe zu Gunsten d. Dr. Strauß. Von e. Geistlichen d östlichen Schweiz. gr. 8. (1 B.) St. Gallen 839, [Scheitlin u. Zollikofer.]

Historisches Sendschreiben von denen sogenannten wunderlichen Begebenheiten, welche sich an etlichen Knaben zu St. Annaberg in diesem jetzo lauffenden 1713 Jahre geäussert, darinnen ein unvorgreiffliches Bedenken und Raisonnement über das vielfältige suspecte judiciren, wegen vermischter Hexerey entdecket, und wie dergleichen affectus vormahls auch ohne alle praesumirliche Hexerey entdecket, und wie dergleichen affectus vormahls auch ohne alle praesumirliche Hexerey in foro medico observiret, und durch göttliche Hülfe glücklich curiret worden, wohlmeynend communiciret wird. An einen guten Freund addressiret. Chemn. 713. 8.

(Sendschreiben.) Das Freie Deutsche Hochstift für Wissenschaften, Künste und allgemeine Bildung in Goethe's Vaterhause an Frankfurt a. M., am Neujahrstage 1864. (Enthält: MÄDLER, Denkschrift über die Bestimmung der wahren Jahreslänge — EDUARD HEIS, Denkschrift über die Principien der Gregorianischen Schaltmethode und über die Verbesserung derselben nach den astronomischen Forschungen der Neuzeit Mit Rücksicht auf die Denkschrift des Herrn . . . Mädler in dem Sendschreiben des Freien Deutschen Hochstiftes vom Neujahrstage 1864. Ohne bes. Titelblatt.) 4°.

Sendschreiben, Höfliches, an Hrn Steidele von einer geprüften Hebamme. Wien 1788. V: *Colland, Frdr.* (MGT)

Send-Schreiben eines Holsteiners. An seinen guthen Freund und Correspondenten in Hamburg: Worin der Innhalt eines wider den Geheimen Raths-Prasidenten von Wedderkopff In gebundener Sprache neulich heraus gegebenen boshafften Pasquills Kurtzlich erwogen, und dass die von dem Pasquillanten darin ausgeschutteten Lasterungen, und falsche Vorwurffe, keiner ferneren Antwort würdig sind, gezeiget wird. o. O Im Jahr 1714. 4° k

Sendschreiben, Meister Georg Hosenknopf's, an seinen Schwager Meister Jakob Pfriem über die Augsburger Kritik. [Salzburg] 1791. V: *Zauner, Thaddäus Judas.* (GGr) (BB) (Hr)

Sendschreiben des HR. von . . . an den Herrn HR. von . . Mitglied der Churbayerischen Akademie in München, uber einige von dem Herrn Gaßner, gewe§tem Pfarrer in Closterle, während seines Aufenthalts in Ellwangen unternommenen Operationen. 775. 4. Ellwangen 775. 8. (Verf. d. war dem Vernehmen nach v. Sartorn in Ellwangen.)

Sendschreiben des H. R. von . . . **an den Herrn** H. R. von . . . **Mitglied der Churbayerischen Akademie in München, über einige von dem Herrn Gassner . . . unternommenen Operationen.** Ellwangen 1775. V: *Sartory.* (MP)

Sendschreiben, J. N. J., an einen S. Theologen, in welchem die 50 Motive, dadurch eine erlauchte Person zum Abtritte von der evangelisch-lutherischen . . . soll seyn verleitet worden, kürzlich geprüfet. Leipz. 1712. V: *Günther, Johann.* (EB)

Sendschreiben, in welchem, und durch welches die sogenannte Catholische Antwort auf die . . . Relation, von der wunderbaren Erleuchtung etlicher ehrlicher Leuthen . . . beantwortet wird. Zürich 1723. V: *Ulrich, Joh. Hnr.* (Cat. d. Stadtbibl. Zürich. Zürich 1864—97.)

Sendschreiben an Johannes, mit dem Beynahmen der Unversöhnliche. [Mitau] 1794. V: *Böhlendorf, Hermann Leopold von.* (R-N)

— Johannes I. an den beim Concil in Leipzig, im März 1845, mit anwesenden Priester Johannes Ronge in Betreff des Glaubens-Bekenntnisses, nebst einem Wort zunächst die wahrhaft allgemein-christl. Gesinnten in den gesammt-deutschen Volk u. Vaterlande, an u. zu dem Tage Gregor's des Großen, den 12. März 1846. gr. 8. Magdeburg 846, Falckenberg u. Comp. n. 1/6 ₰

[Sendschreiben an die Johannislogen.] [Dat.:] Wesel im Okt. 5836. 2 Bl. 4°
Abgedr. in: Neueste ZfFr. 1838 S. 168—177; S. 13 (1906) S. 88—90.
Begleitschreiben zu einem Abdruck des Antrags an die 3 Berliner Grlogen von 12 jüdischen Brrn aus Wesel ihre Zulassung zum Frmrbund in Preussen betr. Enth. eine Bitte um Befürwortung des Gesuches.

Sendschreiben an das Haus Israel. 8°. Leipzig. Naumburg. 1847.

Sendschreiben an die Österreichischen Juden, übersetzt von Elia Morpurgo. Görz 1783. V: *Wessely, Naphtali Herz.* (BiblPort) (WBL 50/188)

— einiger studirenden Jünglinge zu Jena an ihre Mitbrüder auf d. übr. deutschen Akademien, die allgem. Abschaffung der Duelle u. Gründung einer wahren akadem. Freyheit betreff. 8. Jena, Akadem. Buchhdl. 792. Rthlr.

— einiger studirenden Jünglinge zu Jena an ihre Mitbrüder auf den übrigen deutschen Akademien, die allgem. Abschaffung der Duelle u. Gründung einer wahren akadem. Freiheit betreffend. 8. Jena 792. (Hennings in Neisse). 2 ₰

Sendschreiben an zwei Luzerner-Junker. Stafa 1833 sa[Troxler, Ignaz Paul Vital].

Sendschreiben an zwei Luzerner-Junker. Ein Einladungsblatt zum Gerichtstag . . . Stäfa 1833. V: *Troxler, Ignaz Paul Vital.* (AarK) (Cat. d. Stadtbibl. Zürich. Zürich 1864—97.)

Sendschreiben an Herrn Regierungs-Rath von K** in D** worin die Frage: inwiefern dem durch die Marter . . . erpressten . . . Giessen u. Frankfurt 1764. V: *Koch, Johann Christoph.* (Stri)

— an d. Pfarrer K . . . zu R . . . Verfass. d. Lichtputze zu der Beleuchtung der zu Leipzig herausgeg. freimüth. Beleuchtung d. Uebertritts d. Grafen v. Stolberg zur röm.-kathol. Kirche &c. 8. Hadamar 804. (Lanz in Weilb.) 3 ₰

Sendschreiben des Küsters Kaleb an den Reichsgrafen von Platen, die von Berlepschische Rechtssache betreffend. Wolfenb. 1797. V: *Müller, Gotthelf Heinrich.* (Ky) (MGT)

— des Küsters Kaleb an d. Reichsgraf v. Platen wegen d. Berlepschen Rechtssache (v. Gtthlf. Fr. Müller). 8. Wolfenbüttel 797. Albrecht. 3 ₰

— Karl V. Herzogs v. Lothringen, aus d. Reiche d. Todten an den Landgrafen v. Hessen-Cassel. 8. Neuwied 793. (Gehra im Thal Ehrenbreitstein). 5 ₰

— Karl Theodors, Bischof zu Constanz, an seine Geistlichk. 4. Erfurt, Bever u. M. 801.

— des hochwürd. Fürsten u. Herrn Karl Theodor, Bischofs zu Konstanz &c. an seine Geistlichkeit. 4. Erf. 801. (Otto). 4 ₰

Send-Schreiben eines rechtschaffenen Katholicken an die guten Bürger der edlen Stadt Kölln in Betr. des den protestantischen Einwohnern verliehenen Beth-Hauses 1787. [Köln um 1787.]

—— an die 127 abfälligen Katholiken in Dresden. Von Sixtus. 8. (1½ B.) Dresden 831, Arnold.

— kathol., an Turretin üb. sein Buch: nubes testium. 8. Augsb. 755.

Sendschreiben an J. G. Kaufmann, der Gottesgelahrtheit Doctor und Bücher-Censor in Betreff der zu Mühlheim a. Rh. geh. Controvers-Predigt. O. O. 1780. V: *Clausthal, C. P.* (StBKöln I, 168)

— an Hrn. Mich. Keyl, von den rühml. u. nützl. Bemühungen e. Nürnberg. Künstler dieses Jahrhund. zur Aufnahme der Künste u. Wissenschaften (von Mich. Gröll). 4. Dresd. 753. Gröll.

Sendschreiben an Herrn Mich. Keyl, von den . . . Bemühungen einiger Nürnbergischen Künstler . . . zur Aufnahme der Künste und Wissenschaften. Dresden 1755. V: *Gröll, Michael.* (ML) (MGT) (Ky)

Sendschreiben an den Herrn Keyser, treuen Hirten der Herde zu Massenheim . . . O. O. 1772. V: *Bahrdt, Carl Friedrich.* (GGr) (ML)

Sendschreiben eines Kindes an S. Hochehrw. Herrn Pastor Goeze in Hamb. Hamb. 1780. V: *Arien, Bernhard Christoph d'.* (Ky) (Schr)

Sendschreiben e. Kindes an Se. Hochehrwürden Hrn. Pastor Göze in Hamburg, (v. Bernh. Chr. d'Arien). 8. Hamb. 780.

— an d. Württemb. Kirchenfreunde zu Beilegung d. Streitigkeiten über Christenthum u. Kirche. Von einem Württemb. Theologen. gr. 8. (22 S.) Tübingen 847, Buchh. Zu-Guttenberg. 1/6 ₰

—— an die württemberg. Kirchenfreunde zu Beilegung der Streitigkeiten über Christenthum und Kirche. Von einem württemberg. Theologen. gr. 8. (22 S.) Tübingen 848, Buchhandlung Zu-Guttenberg.

Sendschreiben des deutschen evangelischen Kirchentages an die evangelischen Gemeinden des österreichischen Kaiserstaates . . . Stuttgart 1858. V: *Kapff, Sixt Carl von.* (Zu)

Sendschreiben des deutschen evangel. Kirchentages an die evangel. Gemeinden des österreich. Kaiserstaates, beschlossen und erlassen in der Versammlung des Kirchentags in Stuttgart am 22. Septbr. 1857. (Verfaßt von Kapff.) gr. 16. (48 S.) Stuttgart 858, J. F. Steinkopf.

Sendschreiben an die Kirchenvorsteher und übrigen Einwohner zu Büsum in Norderdithmarchen fleiszig durchzulesen ehe sie zur Wahl eines Rectors schreiten. U. St. 1775. P. (U. B.).

Sendschreiben an die Kirchgemeinde in Bern. Bern 1800. V: *Münslin, Joh. Jonath. D. & Franz Ludw. Stephani.* (Cat. d. Stadtbibl. Zürich. Zürich 1864—97.)

Sendschreiben an Julius Knorr, Verleger der «Neuesten Nachrichten» zugleich eine Illustration zur kgl. bayer. Rechtsgleichheit . . . München 1869. V: *Reindl, Johann Nepomuk.* (BMarsch 130)

— an Hrn. Dr. . . . Kohl in Frankf. a. M., die Statuten seiner toleranten Badhaus-Polizei betreff. 8. Sondersh. 800. (Leipz., Brockhaus). 3 gr

—— eines schlesischen Convertiten an die protestant. Gemeinde zu Markt-Bohrau, veranlaßt durch eine Predigt ihres Pastors Handel. gr. 8. (3¼ B.) Leipzig 843, Hartknoch. *

Sendschreiben eines Concipisten an einen Verantworter. Betreffend die entdeckte Defension deß Passauischen Oberhauses. O. O. 1704. 4 Bl. 4°. Kart. 18.—
Tadelt den bayrischen General v. Gronsfeld wegen seines Verhaltens gegen Joh. Philipp Graf v. Lamberg, Bischof von Passau.

— das, der Korinther an d. Apostel Paulus u. das dritte Sendschreiben Pauli an die Korinther, s. a. W. F. Rinck.

— das, der Korinther an den Apostel Paulus u. das dritte Sendschreiben Pauli an die Korinther, in armen. Uebersetzung enthalten nun verdeutscht u. m. e. Einleit. üb. die Echtheit begleitet von W. F. Rink. gr. 8. Heidelberg 823, Winter.

Sendschreiben an einen Kritiker. O. O. 1794. V: *Grüner, Christoph Siegmund* (MGT)

Sendschreiben eines Christlichen Layen an den sogenannten alten redlichen Prediger. Frankf. u. Leipz. 1789. V: *Springer, Joh. Chph Erich von.* (Ky) (Stri) (ML)

— eines christl. Laien an den sogenannten alten Prediger &c. (Von J. C. E. v. Springer). 8. Frankf. u. Leipz. 789. Hilscher 3 gr

Sendschreiben eines katholischen Laien an einen ungläubigen Freund. Ein Mahn- u. Warnungsruf an die getauften Heiden des 19. Jahrhunderts. Regensburg, Manz (jetzt Verlagsanst.), 1859, gr. 8°, 51 S., 50 Pf.
Recens. (Wiener) Kath. Littztg 1859, S. 410—11

— — eines Layen aus dem Bisthum Konstanz an den dasigen Klerus. 8. Bamberg, Comptoir der Zeitung. 818.

— eines Laien aus d. Bisthum Konstanz an d. dasigen Klerus. Mit Noten von e. Unpartheiischen. 8. Bamb. 818. Drausnick. 4 gr

Sendschreiben eines Laien über das während der Jesuitenepoche ausgestreute Unkraut. Frankfurt u. Leipzig 1785. V: *Horix, Joh. Bapt. v.* (ADB)

—eines Laien üb. das während der Jesuiter-Epoche ausgebrochene Unkraut. 5 Stcke. 8. Offenbach 786. Brede. 16 gr

Sendschreiben an Preussens Landbesitzer und Landwirthe, ein ernster Blick auf die gegenwärtige Lage der Landeigenthümer im preussischen Staate. (v. Rambach.) gr. 8⁰. Breslau, Schöne, 1823.

Sendschreiben eines alten Landdechants über die zweckmässigere Einrichtung der Stifte. Frankf. a. M. 1794. V: *Brunner, Phil. Jos. von.* (Th) (Ky) (MGT)

—eines alten Landdechants an die Stiftsgeistlichkeit zu Speier, (von P. J. Brunner). gr. 8. Frankf. a. M. 794. Varrentrapp. 8 gr

Sendschreiben an die hochlöbl. Landesversammlung zu Malchin über die Frage: Wie ist der jetzt vorwaltenden Theurung ... abzuhelfen? Rostock 1800. V: *Wiese, Walther Vincenz.* (Ky) (MGT)

—an die Landesversamml. zu Malchin üb. die Frage: Wie ist der jetzt vorwaltenden Theuerung aller Lebensmittel abzuhelfen? (von W. V. Wiese). 8. Rostock 800. 2e verm. Aufl. 8. Ebd. 800.

Sendschreiben eines Landgeistlichen an den Hrn Professor Barth. Blankenburg 1786. V: *Grimm, Christian Moriz.* (ML) (Ky) (MGT)

—eines Landgeistlichen (Chr. Mor. Grimm) an K. F. Bahrdt in Halle. 8. Quedlinb. 786. Ernst. 4 gr

Sendschreiben an die Landgemeinden des uckermünder Kreises auf ihre Petitionen und Anträge, vom Abgeordneten des Kreises. O. O. (1848). 29 S. 8.

Sendschreiben an die pommerschen Landgemeinden von einem ihrer Abgeordneten. Berlin 1847. 35 S. 8.

Sendschreiben eines Landpfarrers an seine Mitkollegen. Augsburg 1805. V: *Schirmer, Joseph Agricola.* (Ky)

—eines Landpredigers üb. Christenthum, Kirche u. Synoden. 8. Berl. 818. Gädicke. 4 gr

—an e. Landprediger in Preußen, die Ablesung der neuen Kirchen-Agende betreffend. 8. Danzig 827. Anhuth.

—eines sächs. Landpredigers an seine Amtsbrüder, üb. die von F. V. Reinhard am Reformationsfest 1800 gehalt. Predigt, (v. J. F. Röhr). 8. Leipz. 801. (W. Rauck) 3 gr

Sendschreiben eines Sächsischen Landpredigers über D. Fr. V. Reinhards Reformationspredigt vom J. 1800. Leipzig 1801. V: *Röhr, Johann Friedrich.* (Ky) (MGT)

— e. sächs. Landpredigers üb. F. V. Reinhards Reformationspredigt 1800. 8. Lpz. Sommer. 801.

—an e. Landprediger in West-Preußen, die Ablesung der neuen Kirchen-Agende betreffend. 8. Danzig 827. Anhuth. 4 gr

—eines Landpriesters an die Herren Verfasser der gelehrten Zeitungen rc. 2 Stck. 8. Manh. 768. Schwan u. G. 4 gr

Sendschreiben eines Landpriesters an die Verfasser der gelehrten Zeitungen. O. O. 1769. V: *Schwan, Christian Friedrich.* (MGT)

—an meine lieben Landsleute in Auerbach, Oelsnitz, Plauen, üb. die bisher. Erderschütterungen. 3 Stücke. 8. Hof 779. Grau. 3 gr

—an meine lieben Landsleute, die zu leiden glauben. 8. Leipz. 791. Barth. 2 gr

Sendschreiben an das katholische Landvolk Würtembergs. Augsburg 1831. V: *Wiest, Wilh.* & *v. Hornstein.* (Tübz 7, 57)

—— an d. kathol. Landvolk Würtembergs, aus Veranlassung d. bevorsteh. Wahl d. Abgeordneten zum nächsten Landtage. gr. 8. (2½ B.) Augsburg 831, Kollmann.

Sendschreiben an die preußische Landwehr — Das Komitee der Breslauer Landwehr-Versammlung. Vereins-Buchdruckerei. 1 Bl. Fol. Flugblatt. Berlin, 23. Mai 1848.

Sendschreiben an Preussens Landwirthe und Landbewohner. Ein ernster Blick auf die gegenwärtige Lage der Landeigenthümer im preuss. Staate ... Breslau 1824. V: *Rambach, A. L.* (Engoec) »Landbesitzer und Landwirthe ... 1823« (Ky) (Stam)

Anonym: „Sendschreiben an Preussens Landwirthe und Landbewohner. Ein ernster Blick auf die gegenwärtige Lage der Landeigenthümer im preussischen Staate; oder, kann der Landwirth bei niedrigen Preisen der ländlichen Erzeugnisse seinen Wohlstand durch Betriebsamkeit erhöhen?" Breslau 1824 (Schöne).

—an alle sächs. Landwirthe, die ihre Güter aufs höchste zu benutzen wünschen. Mit einer Beilage herausg. v. Fr. Pohl. 8. Leipz. 822. Hinrichs. 3 gr

—an d. Ritter v. Lang, die Amores Morelli betreff. (v. B. M. Werkmeister). 8. Kempt. 816. Dannheimer. 4 gr

Sendschreiben an Herrn Ritter von Lang über eine merkwürdige Recension in der Felderischen Literatur-Zeitung . . . Kempten 1816. V: *Werkmeister, Benedict Maria Leonhard von.* (Ky) (MGT)

Sendschreiben an Herrn Ritter von Lang über eine merkwürdige Recension in der Felder'schen Literaturzeitung gegen seine Schrift: P. Marelli amores. Kempen 1816. V: *Werkmeister, Ben. Maria von.* (GGr IX, 170) (Ky) (MGT) IV, 2108 ist dafür zu streichen.

Sendschreiben, Lauschende, über die Religions-Veränderungen. Schmalkalden 1700. V: *Lohenstein, Caspar.* (Myl)

Sendschreiben des Herrn Laval, ehemaligen protest. Pfarrers zu Condé-sur Noireau, an seine vorigen Glaubensgenossen. Aus dem Franz. übers. von Dr. A. Räß u. Dr. N. Weis. Mainz, Kirchh., 1824, gr. 8°. 70 Pf.

— üb. Tellers Lehrbuch an e. Freund d. Wahrheit. 8. Leipz. Breitkopf. 764.

Sendschreiben Leos XIII. an die Bischöfe Brasiliens über die Aufhebung der Sklaverei (5 Mai 1888). Lateinischer Originaltext mit nebenstehender deutscher Übersetzung. Freiburg, Herder, 1888, gr. 8°, 11 S., 50 Pf.

— dasselbe an die Bischöfe Brasiliens. [Ueber die Aufhebung der Sklaverei.] (Lateinisch u. deutsch.) gr. 8. (41 S.) Ebd. 889. n. — 50

Sendschreiben unseres Heiligsten Vaters Leo XIII., durch göttliche Vorsehung Papst, an die Erzbischöfe und Bischöfe Bayerns. (Deutsch und lateinisch.) gr. 8. (45 S.) Freiburg i. Br. 888, Herder'sche Verlagsh. * — 50

— unseres heiligsten Vaters Leo XIII., durch göttl. Vorsehg. Papst, an die Erzbischöfe u. Bischöfe Preußens. Gegeben zu Rom, am 6. Jan. 1886. Offizielle deutsche Uebersetzg. gr. 8. (12 S.) Freiburg i/Br. 886. Herder. n. — 10

— dasselbe. Deutsch u. Lateinisch. gr. 8. (27 S.) Ebend. 886. n. — 25

— dasselbe, erlassen am Weihnachtstage 1888. Vom christlichen Leben. (Lateinisch u. deutsch.) gr. 8. (35 S.) Ebd. 889. n. — 30

— dasselbe. (Deutsch.) 12. (35 S.) Ebd. 889. n. — 20

— erlassen am Weihnachtstage 1888 v. unserem heiligsten Vater Leo XIII., durch göttliche Vorsehung Papst. Vom christl. Leben. (Deutsch u. lateinisch.) (Neue Aufl.) gr. 8. (35 S.) Freiburg i/B. (901). Herder. n. — 30

Sendschreiben an den Herrn M. Lessing die allgemeine deutsche Bibliothek betreffend. Leipzig 1768. V: *Bange & Lampe.* (GGr IV, 763)

Sendschreiben über das Literaturwesen ins Italien. aus dem Spanischen von L. Brera, in deutsch übersetzt. Wien 1795. V: *Andrès, Juan.* Ü: *Richter, Joseph.* (Jes)

[Sendschreiben der Loge zu den drei Bergen zu Freiberg vom 7. Juni 1805.] [Dat.:] Freyberg 1805. 14 Bl. 2°

Kl. 2953 b. Betr. die Ausschliessung der Loge zu den drei Bergen in Freiberg aus der Grloge R. Y. Die Loge erklärt sich für selbständig u. unabhängig.

Sendschreiben des heil. Vaters Ignatius von Loyola . . . an seine unmündigen Brüder die Freymaurer in Wien. O. O. 1786. V: *Kratter, Franz.* (Kn)

Sendschreiben des heiligen Vaters Ignatus von Lojola, Stifters der Gesellschaft Jesu, an seine unmündige Brüder Freymaurer in Wien. (Wien) 1786. V: *Kratter, Franz.* (Kn) (wolfstieg I, 659) (Jahrb. d. Grillp.-Ges. XXIV, 256)

Sendschreiben, Martin Luthers, an den neuen Herausgeber seiner Streitschrift: »das Papstthum zu Rom vom Teufel gestiftet«. Nürnberg 1817—18. V: *Tretzel.* (Th)

— üb. den thier. Magnetismus; aus d. Schwed. u. Französ. v. Kurt Sprengel. 8. Halle 788. Hendel. 10 gr

Sendschreiben an die Herren C. C. Magnussen und A. F. Woldsen... [Hamb. 1863.] V: *Mestern, Joh. Chn Anders.* (CBH)

—— üb. einige Mängel d. preuß. Schulverwaltung, an d. Nachfolger d. Staatsministers Frhrn. v. Stein zum Altenstein. gr. 8. (2½ B.) Bromberg 840, Levit. *

— an den gemeinen Mann auf d. Lande. 8. Berl. 787. Vieweg. 3 gr

SENDSCHREIBEN an einen jungen Mann über den Unglauben nach einer französischen Ausgabe Pesth 1838 Druck Trattner 54 (84) S. - 140 mm

Sendschreiben an die Deutsche Männer-Versammlung in Frankfurt, von einem Schleswig-Holsteiner. Altona, H. W. Köbner, 1848. 16 S. 8°.

—— an die deutsche Männer-Versammlung in Frankfurt, von einem Schleswig-Holsteiner. gr. 8. (16 S.) Altona 848, (Lehmkuhl und Comp.) *

Sendschreiben an den Obrist Herrn von Massenbach, die Anklage mehrerer bedeutender Staatsbeamten prüfend. Von einem unbefangenen Patrioten. Königsberg (Berlin, Schmidt) 1808. 8°. (⅔ Rthl.) Selten!

— an d. Obristen v. Massenbach, die Anklage mehrerer bedeutender Staatsbeamten prüfend. 8. Königsb. 809. (Berl., Schmidt). 16 gr

Sendschreiben, Fridemundi Mauricii, an einen guten Freund auf dem Lande von dem Mayenfeste und Mayenkönige. Frankenhausen 1753. V: *Müldener, Johann Friedrich.* (ML)

Sendschreiben, Einiger Medicorum, von der A. 1708 in Preussen ... grassireten Pestilentz. ... Editio altera. Bressl. 1713. V: *Kanold, Joh. & J. G.* (BrMm)

— der großen Mehrzahl der Mitglieder d. Breslauer Israeliten-Gemeinde an Hrn. Rabb. Dr. Geiger. 2. Abdr. gr. 8. Breslau 846, Fr. Aderholz. 1 ngr

Sendschreiben, Zweites, der grossen Mehrzahl der Mitglieder der Breslauer I. G. an Hrn R. Dr. Geiger. 2. Abdruck. Breslau 1846. V: *Freund, Wilhelm* [?]. (Literaturblatt des Orients 1846. Nr. 47. S. 741.)

— dass. 2. Sendschreiben. 2. Abdr. gr. 8. Ebend. 846. 1 ngr

— dass. 3. Sendschreiben. gr. 8. Ebend. 846. n. 1 ngr

— dieselben an Sich selbst. gr. 8. Ebend. 846. 1 ngr

Sendschreiben der grossen Mehrzahl der Mitglieder der Breslauer Israeliten Gemeinde an sich selbst. 2. Abdr. Breslau 1846. V: *Freund, Wilhelm* [?]. (Literaturblatt des Orients 1846. Nr. 47. S. 741.)

Sendschreiben, Zweites, der grossen Mehrzahl der Mitglieder der Bresl. J. G. an Sich selbst. Breslau 1846. V: *Freund, Wilhelm* [?]. (Literaturblatt des Orients 1846. Nr. 47. S. 742.)

— 2. derselben an Sich selbst. 2. Abdr. gr. 8. Ebend. 846. n. 1 ngr

Sendschreiben unterm 6. Nov. 1756. Das Mémoire raisonné u. die zu dessen Beweis dienende Urkunden betr. Strassburg 1756. 4.

Sendschreiben an Herrn D. Balthasar Menzer ... V (nicht): *Moser, Joh. Jacob.* (Moser, Joh. Jacob, Lebensgeschichte von ihm selbst beschrieben, Frankf. u. Leipzig 1777, III, 178)

Sendschreiben, Merkwürdiges geheimes, eines neuen französischen Bischofs ... an seine Geistlichen ... 2. ... Aufl. Cöthen u. Leipz. 1801. H u. Ü: *Masius (Meese), Johann Nicolaus (Gottfried Lebrecht).* (StAt)

— merkwürd. geheimes, eines neuen französ. Bischofs an seine Geistlichkeit ꝛc. Aus d. Latein. übers. v. Aresparep Aradisba, (J. N. Masius). 3 Stücke. 8. Köln 801. (Leipz., Rein). (à 6 gr) 18 gr

—— des deutschen Michel an das Haus Israel. 8. (52 S.) Leipzig 847, Naumburg.

— des Frhrrn. v. Michelhausen an die Deutsch-Michel-Gesellschaft zu Idstein. gr. 8. Landsh. 815. (Weber in Münch.) 4 gr

— — des Michael Freyherrn von und zu Michelhausen an die Deutsch-Michel-Gesellschaft zu Idstein. 8. (Landshut Weber in Comm.) 816.

Sendschreiben, Militarisches, des Prinzen von L. Wien 1784. V: *Ligne, Charl. Jos. Prince de.* (Des Fürsten von Ligne Erinnerungen u. Briefe, a. d. Franz., übers. u. hgbn. von Victor von Klarwill, Wien 1920, S. 395) (BiblPort)

Etliche **Send-Schreiben**, welche zwischen e. ehrw. Ministerio in Hamburg u. ... Johann Friederich **Mayern** von wegen des vacirenden Pastorats zu St. Jacobi . gewechselt. — (Hamburg) 1702. 8 Bl. 8° (4°)

Sendschreiben, Des bürgerlichen Rechenmeisters Peter Minus vertrauliches, an seinen Vetter Michel betreffend den Eid auf die Verfassung. Berlin 1851. V: *Scheidtmann, Gust.* (Ky)

Sendschreiben eines Mitarbeiters an der allgem. deutschen Bibliothek an den Hrn Regimentsfeldscherer Martini. Kopenhagen 1789. V: *Martini, Ferdinand.* (Kordes, Schlesw.-holst. u. eutin. Schriftst. Schleswig 1797. Nachtr.)

Sendschreiben an unsere katholischen Mitbrüder; bey Anlass der Reformationsfeyer 1819. [Embr. 1818.] V: *Müller, Johann Heinrich.* (Cat. d. Stadtbibl. Zürich. Zürich 1864—97.)

Sendschreiben an unsere protestantischen Mitbrüder als Antwort auf H. Müllers Schreiben an die katholischen Mitbrüder. O. O. 1819. V: *Geiger, Frz.* (Cat. d. Stadtbibl. Zürich. Zürich 1864—97.)

— an unsere protestant. Mitbrüder, von e. Katholiken bei Anlaß d. Reformationsfeier. 8. Bern 819. Knich in Luzern. 2 gr

Sendschreiben an die Mitglieder des Grossen Raths der Republik Bern. O. O. 1835. V: *Fellenberg*, *Eman.* (Zuwachsverz. d. Bibliotheken in Zürich 1898ff.)

Sendschreiben der Mitglieder der am 25. Sept. 5819 geschlossenen ger. und vollk. St. Johannis-Loge zu den drei Hammern im Or. von Naumburg a. d. S. an die ihnen vormals befreundeten Sehr Ehrw. ger. u. vollk. St. Johannis-Logen. [Merseburg 1820: Kobitzsch.] 59 S. 4° [Umschlagtit.]
Auszüge in: Bh. 9 (1866) S. 377—380, 383, 391 bis 392; 10 (1867) S. 9—11, 18—19, 68—70.
cf. **Schröder, R.: Gesch. d. Frmrei i. O. Naumburg a. d. S. 1896 S. 102—116.**
Kl. 2990, Tt. 582. **Sehr selten. Darlegung der Gründe, weshalb die Brr ihre am 9. Okt. 1815 eröffnete Loge am 25. Sept. 1819 für geschlossen erklärten, anstatt sich, seit Naumburg preussisch geworden, dem Edikt v. 1798 zufolge, einer der drei Berliner Grlogen anzuschliessen.**

Sendschreiben des Mondes an die Erde, zur Antwort auf das Sendschreiben der Erde an den Mond . . . [Leipzig 1804.] V: *Mahlmann*, *August.* (MGT)

—— an den Hrn. D. M. W. G. Müller, Pfarrer zu Bucha bei Jena, hinsichtl. seiner Schrift: „Einige Worte üb. d. Glaubensbekenntniß e. Rationalisten" v. d. Verf. d. Letzteren. 8. (3/4 B.) Jena 835, Bran'sche Buchh. -

Sendschreiben an den National-Convent und den Jacobiner Club in Paris, den berüchtigten Freyherrn Friedrich von d. Trenck betreffend. O. O. 1793. V: *Semmler, Joh. Gottlob.* (BiblPort)

Sendschreiben an den National-Convent und den Jakobiner-Club in Paris, den berüchtigten Friedr. von d. Trenck betreffend. O. O. 1793. V: *Semmler*, *Johann Gottlob.* (ABJP)

— neue patriotische, od. Beytr. z. Ortmanns patriot. Briefen. 10 Stck. 8. Halle. 758. -

Sendschreiben, Neues, eines Helvetiers an seine Mitbürger. Basel 1800. V: *Afsprung, Joh. Michael.* (GGr VII/187, Nr. 3/51a) (BiblPort)

Sendschreiben eines Niedersachsen an einen . . . guten Freund über das in Dessau errichtete Philanthropinum. Frkft. u. Leipz. 1776. V: *Grubenstädt*, *F.* (Schr. I, 160)

— e. Niedersachsen üb. Basedows Philantropin. 8. Frankf. 776. (Hemmerde) 4 gr

Sendschreiben an den Oberbürgermeister. Als Vorwort zur 2. Aufl.: „Das Tischgespräch auf dem Rheindampfer" von J. M. Arouet. gr. 8. (XVI S.) Bonn 884, Strauß. * — 30

— der Oberhirten der katholischen Kirche in Preußen an den hochwürdigen Klerus u. die sämmtl. Gläubigen ihrer Diöcese. [Februar 1874.] gr. 16. (16 S.) Mainz 874. Kirchheim. — 5

— dasselbe. gr. 8. (8 S.) Münster 874. Theissing. — 10

— dasselbe. 1 Blatt m. Randverzierg. gr. Fol. Ebend. 874. — 25

— eines wohlgesinnten Oberländers an die irregeleiteten Bewohner des Kantons Zürich. gr. 8. St. Gallen 840, Huber u. Comp. 1/8 rf

Sendschreiben. Offenes S. an den Fursten von Bismarck .... Zurich 1894 s. a. [Kaczkowski, Zygmunt].

Sendschreiben, offenes, an den Fürsten Bismarck von einem Polen. Gr. in-8°. 80 S. Zürich, Verlags-Magazin (J. Schabelitz). 1894. 1 50

Sendschreiben, Offenes, an Czerski. Leipzig [18??]. V: *Schell, Franz Jacob.* (Th)

Sendschreiben, Offenes, an [Johannes] Czerski (IV, 2284). Kayser 10, 294a führt diese Schrift unter *F. J. Schells* Namen (also nicht anonym) auf, und nennt als Druckjahr 1846. Ky. 10, 352f. verzeichneter noch drei (anonyme) Sendschreiben an Czerski aus dem J. 1845. (DARP)

—— offenes, an Hrn. Joh. Czerski, von einem römisch-kathol. Weltpriester. gr. 8. (1 B.) Posen 845, (Stefanski.) -

Sendschreiben, offenes, an den Pfarrer Czerski in Schneidemühl, betreffend dessen Sendschreiben an alle christl.-apostol.-kathol. Gemeinen u. seine spätere in Betreff dieses gegebene Erklärung, von Christianus Sincerus II. gr. 8. Glogau 845, Flemming. 1/12 rf

— offenes, a. d. Hrn. Past. Dümichen. Seinen Protest in d. Breslauer Zeitung gegen die protest. Erklär. v. 21. Juni betreffend. gr. 8. (16 S.) Glogau 847, Flemming in Comm. 1 1/2 ngr

—— offenes, an Se. Excellenz den hochwürdigsten Herrn Erzbischof von München-Freysing über die Haltung, welche der Katholik den polit. Veränderungen und Ereignissen der jüngsten Zeit gegenüber einnehmen soll. gr. 8. (39 S.) München 867, Fritsch. *

— offenes, an Se. Excellenz den königl. preuß. Justizminister Hrn. Mühler, in Bezug auf dessen Ministerialrescript vom 6. Febr. 1844, von einem sächs. Anwalte. Aus der constitutionellen Staatsbürger-Zeitung besonders abgedruckt. 8. Grimma 844, Verl.-Compt. n. 4 ngr

Sendschreiben, offenes, über Freihandel und Schutzzölle an einen Geschäftsfreund in Bremen. Stuttgart 1870

—— offenes freundliches, an den achtbaren u. ehrenhaften kathol. Bürgerstand in Deutschland, von einem deutschen Protestanten. gr. 8. (6 B.) Leipzig 844, Schwickert.

Sendschreiben, offenes, an den Hrn. Heinrich Frhrn. v. Friesen auf Rötha. 8. (81 S.) Leipzig 890. O. Wigand. n. — 50

Sendschreiben, Offenes und gehorsamstes, an den Herrn Professor Wurm über Resorkampf. Hamb. 1842. V: *Christern, Johann Wilhelm.* (A)

Sendschreiben, Offenes, an die römisch-katholische Geistlichkeit zu Cilli in Steiermark. Gratz 1848. V: *Biberauer, Mich.* (zu) (Ky) »1849« (Th)

—— offenes, an die römisch-katholische Geistlichkeit zu Cilli in Steiermark. (Von M. Biberauer.) gr. 8. (12 S.) (Gratz 848, Damian und Sorge.) *

— offenes, an Pastor Gelttner zu Reichenstein in Schlesien, die literar. Leistungen des Licent. Buchmann zu Neisse betreffend. Von einem ultramontanistisch-römisch-jesuitisch-papistischen Finsterlinge. gr. 8. Gleiwitz 845, Landsberger. n. 1/3 ₰

—— offenes, an die christkathol. Gemeinden Deutschlands über Wesen u. Erscheinung der neuen Kirche. Von e. Glaubensgenossen. 8. (3 B.) Breslau 845, Günther.

Offenes Sendschreiben des freiresign. Pfarrers Karl Haas an seine Gemeinde bei seinem Rücktritt (Uebertritt) zur katholischen Kirche, geprüft und mit Bemerk versehen von einem evang. Geistlichen. Stuttg. Greiner 1844

Sendschreiben, offenes, v. Vincenz Kletzinsky an Wohlgeboren Joh. Heinr. Steudel, Bürgermeister-Stellvertreter 2c. 8. (15 S.) Wien 885. Amonesta. n. — 20

—— offenes, an Herrn Chr. Lahusen v. ***. gr. 8. (11 S.) Bremen [Halle] 868, Gesenius. (* 25 Pf.) *

—— offenes, an den kathol. Pfarrer Liebherr zu Erfurt. 2. Aufl. gr. 8. (1 B.) Rudolstadt 845, Froebel'sche Hofbuchdruckerei.

Offenes Sendschreiben des souveränen Lindenklubs und der politischen Ecke an den Kaiser von Berlin und den Reichsverweser. Verlag von L. Hirschfeld. 1 Bl. Fol.
Flugblatt Berlin, 30. Juni 1848.

— offenes, an den Hrn. Minister v. Manteuffel. gr. 8. 16 S.) Leipzig 850, Keil & Co. 3 ngr.

—— offenes, an die Mitglieder der kathol. Gemeinde des Bezirks Leipzig u. an alle Katholiken Sachsens über den Bau einer Kirche zu Leipzig u. die künftigen Verhältnisse zwischen den Gemeinden u. den kirchl. Behörden. gr. 8. (1 1/8 B.) Leipzig 844, Phil. Reclam jun. *

Sendschreiben, Offenes, an die Herren Naturforscher und Ärzte Skandinaviens und Deutschlands, welche sich zum Judenthume bekennen. Hamb. 184? V: *Cohn, Eduard.* (schr)

—— offenes, an das Ober-Censurgericht zu Berlin, in Sachen des Gedichtes: „Neuer Reineke Fuchs" von Ad. Glasbrenner. br. 8. (2 B.) Hamburg 846, Verlags-Comptoir.

— offenes, an Herrn Israel Pick als Erwiderung auf seine Broschüre „Israel hat eine Idee zu tragen, die letzte Lüge einer sterbenden Synagoge". Von einem Bucarester Juden. Leipzig 854. C. L. Fritzsche in Comm. 8. (44 S.) 6 ngr.

—— offenes, an Se. Heiligkeit Papst Pius IX. von einem hochbetagten protestantischen Geistlichen im nördlichen Deutschland. gr. 8. (37 S.) Leipzig 869, H. Fritzsche. [Ad. Krüger.]

— offenes, an Se. Heiligkeit Papst Pius IX. von einem hochbetagten protestantischen Geistlichen im nördlichen Deutschland. Leipzig 869. Keßler. gr. 8. (37 S.) 7½ ngr.

—— offenes, e. „dummen Prädikanten" u. „Minister communis rusticus" an den hochwürdigen u. hochgelehrten Hrn. Domkapitul. Joh. Bapt. Röhm in Passau. (Von Gust. Bossert.) gr. 8. (95 S.) Lpz. 891, Buchh. d. Evang. Bundes. * 1 —

Offenes Sendschreiben an Joh. Ronge als Entgegnung auf dessen Aufruf „an die niedere kath. Geistlichkeit". Von einem kath. Priester. Aachen, Hensen, 1845, gr. 8°, 25 Pf.
Dazu Neue Sion 1846, S. 32.

Sendschreiben, Offenes, an Herrn J. G. Scheibel, als Widerlegung seiner Klagen über erlittenes Unrecht in der Schrift: Aktenmässige Geschichte der neuesten Unternehmung . . . Berlin 1834. V: *Böckel, Ernst Gottfried Adolph.* (zu)

—— offenes, an Hrn. D. J. G. Scheibel, als Widerlegung sein. Klagen üb. erlitt. Unrecht in der Schrift: Actenmäß. Geschichte d. neuesten Unternehmung e. Union 2c. in dem preuß. Staate. gr. 8. (2¾ B.) Berlin 834, (Nicolai.)

—— offenes, an den Herrn Kirchenrath, Sem.-Dir. und Prof. der Theologie Dr. Daniel Schenkel zu Heidelberg, von einem im Geist dazu sich berufen gefundenen „Geringsten", in überzeugungsgetreuer Andeutung unfehlbarst eröffneten Grundlichts der Wahrheit des ewigen „Wort's". gr. 8. (16 S.) Meißen 866, (Mosche.) *

—— offnes, an Hrn. Dr. Stern in Berlin, seine Reformbestrebungen unter Juden betreff. gr. 8. (1⅓ B.) Hamburg 846, Heroldsche Buchh. *

—— offenes, an die Ultramontanen Bayerns und Norddeutschlands von einem süddeutschen Ultramontanen. Erwiderung auf die Broschüre: „Morgenröthe einer bessern Zukunft für ganz Deutschland und Ergänzung des offenen Sendschreibens an den Herrn Erzbischof von München." gr. 8. (126 S.) München 868, Fritsch. *

— offenes, des Vereins von Freunden der Homöopathie in Württemberg an Herrn Prof. Dr. Bock in Leipzig. Stuttgart 869. (Belser's Sort.) gr. 16. (7 S.) n. 1 ngr.

—— offenes, an den Verfasser der Schrift: Ueber die Medizinal-Verfassung Preußens, wie sie ist u. wie sie sein sollte. gr. 8. (3½ B.) Berlin 845, Schnitzer. *

Sendschreiben, Offenes, zur Vertheidigung der Petition um Pressfreiheit und Oeffentlichkeit der Landtagssitzungen im Grossherzogthum Sachsen-Weimar-Eisenach . . . Leipzig 1831. V: *Herzog, Carl.* (BrVV)

—— offenes, zur Vertheidigung der Petition um Preßfreiheit u. Oeffentlichkeit der Landtagssitzungen im Großh. Sachsen-Weimar-Eisenach, an den Verfasser d. Schrift: Die Oeffentlichkeit der Verhandln. d. Landtages, erfordert sie d. Oeffentlichkeit d. Sitzungen? (Von K. Herzog.) 8. (2¼ B.) Leipzig 831, Brockhaus. Thlr.

—— offenes, an Hrn. Feodor Wehl, früheren Intendanten des Stuttgarter Hoftheaters. Entgegnung auf sein Buch: Fünfzehn Jahre Stuttgarter Hoftheater-Leitung. gr. 8. (20 S.) Stuttgart 886, Lutz. — 30

— offenes, an Hrn. Fürsten Carl v. Wrede, erblichen Reichsrath, Durchlaucht u. s. w., in Betreff der 5 Anträge in d. hohen Kammer d. Reichsräthe am 22. Dez. 1845 von e. kathol. Pfarr. d. Erzdiöcese Eichstädt. gr. 8. Regensburg 846, Manz. ¼ ß

—— offenes, an „Norddeutsche Zeitung“ von den Verf. der Flugschrift: „Ein Aufruf.“ 8. (8 S.) Kopenhagen 867. (Leipzig, A. Dürr.)

Sendschreiben, Offenes, an den Central-Verein und sämmtliche Lokal-Vereine für das Wohl der arbeitenden Klassen . . . Berlin 1845. V: *Hoffmann, Ludwig.* (Mitth. Dr. H. Bäsecke.)

—— offenes, an den Central-Verein u. sämmtl. Lokal-Vereine f. das Wohl der arbeitenden Klassen. Von X. gr. 8. (3⅛ B.) Berlin 845, (Mittler u. Sohn.) *

SENDSCHREIBEN. Offenherziges – des wienerischen Universitätshausknechts an den großen, und der Unsterblichkeit mit Riesenschritten zueilenden Verfasser der Broschure über die Universität in Wien. Hartl [Wien o. J.] 1 vol. 4 Bl.

Sendschreiben der Ortsvorsteher im Kirchspiel L . . . e, Amts B . . . g, an die Herren Repräsentanten der Bürgerschaft zu Osnabrück. gr. 8. Rinteln 831. Osterwald. 2 gr.

—— eines Oesterreichers an die deutsche Nation (von Isidor Heller.) gr. 8. (40 S.) Leipzig 852. [Kaiserslautern, Meuth.] *

— eines Oesterreichers an die deutsche Nation (von Isidor Heller). gr. 8. (40 S.) Leipzig 852, Remmelmann. n. ⅓ ß

Sendschreiben an die Oetzthaler . . . über das Ausrücken gegen die Wälschen. Salzb. 1859. V: *Schoepf, Joseph Anton.* (Hr)

Sendschreiben an Lord Palmerston, betreffend die schleswig-holsteinische Frage. A. d. Engl. Hamb. 1850. V: *Wurm, Chn Frdr.* (CBH) (Schr)

—— an Lord Palmerston, betreff. die schleswig-holsteinische Frage. (Unterzeichnet: Germanicus Binder.) Aus dem Engl. gr. 8. (32 S.) Hamburg 850, Perthes-Besser und Mauke. *

Sendschreiben eines schlesischen Papisten an den Professor . . . Rheinwald zu Berlin. Augsburg 1841. V: *Buchmann, Joh.* (Th)

—— eines schles. Papisten an d. ehemal. Prof. d. Theologie Hrn. Dr. Rheinwald. Veranlaßt durch e. Recension der v. Hrn. Dr. Theiner nach bisher unbekannten, meist diplomat. Documenten bearbeit. Gesch. Schwedens, mit Bemerkn. üb. d. Fortsetz. d. Bunsenschen Darlegung. gr. 8. (3 B.) Augsburg 841, (Kollmann'sche Buchh.) Thlr.

Sendschreiben eines teutschen Patrioten an seinen academischen Freund. In Betreff der kürzlich herausgekommenen Abhandlung des . . . Kanzler Koch zu Giessen über die Ascendenten-Succession in Familien-Fidei-Commissen und Lehen. O. O. 1793. V: *Büchner* (?). (KGBerlin I, 598)

Sendschreiben, Patriotisches, eines Musketiers vom Regiment Churfürst an seinen Freund, über die Unwahrscheinlichkeit und Unmöglichkeit einer wirklichen Revolution in Sachsen . . . Dresden [1794]. V: *Riedel, Chn Gfr. Frdr.* (MGT)

—— die, des Apostels Paulus, übers. und erklärt von Heinr. Ewald. gr. 8. (XII und 496 S.) Göttingen 856(57,) Dieterichsche Buchh. *

Sendschreiben an Rabbi Peloni aus der Stadt Lotheda über Matth. II, 23 und Judä v. 14. Nürnb. 1766. V: *Matthaei, Adam Rudolph Gg Chph.* (will) (ML)

Sendschreiben einiger Personen aneinander über allerley Materien. Danzig 1748. 8⁰

– 2. Aufl. 1769

Sendschreiben eines Teutschen Pfarrers an die . . . ungeschwornen Geistlichen, worin sie dringend ermahnt werden, ihre Gemeinen vernünftiger, als bisher, zu behandeln . . . Germanien [Hadamar] 1802. V: *Werkmeister, Benedict Maria Leonh. v.* (Ky) (MGT)

— e. deutsch. Pfarrers an d. n. Frankreich zurückkehrenden Geistlichen ꝛc. 8. Hadamar, Gel. Buchhdl. 802.

— eines deutschen Pfarrers an die nach Frankreich zurückkehrenden Geistlichen ꝛc. (v. B. M. Werkmeister). 8. Hadamar 802. (Lanz in Weilb.) 18 gr. Hbg. Pr. 12 gr.

— eines gutsherrl. Pfarrers an einen landgerichtl.; nebst e. Gespräch zwischen einem Patrimonial-Gerichtshalter u. Landgerichts-Assessor, als Anh. zu d. Briefen e. Baiers. 8. Münch. 819. Lentner. 3 gr.

Sendschreiben, Poetisches, an Herrn Professor Crollius den jüngern, als er sich mit Mademoiselle Koch ehelich verband . . . 1755 O. O. V: *Goetz.* (ZP)

SENDSCHREIBEN, Poetisches, an George Dandin, über die mißlichen Ehen. Nach dem Franz. der Epitres diverses &c. Hamb. b. C. S. Geißler. 4°. 14 S.
So im O. M. V. 1749. G 4 b. — Auct. Völcker, Frkft. a. M., 1911, hat O. O. (1746).

Sendschreiben, Poetisches, an den Herrn Klopstock. Wien 1764. V: *Denis, Joh. Nep. Cosm. Michael.* (GGr IV², 194, Nr. 9/4) ([Heinrich Wolfgang Behrisch] Die Wiener Autoren, Pressburg 1784) (BiblPort)

Sendschreiben oder Lehrgedicht, Poetisches, von einem Vater an seinen studirenden Sohn, bey dessen Eintritt in ein Kloster. Frankf. u. Leipz. 1765. V: *Haug, Balthasar.* (GGr)

Sendschreiben an den »Politiker der Zukunft vom preussischen Standpunkte«. Berlin 1858. V: *Rössler, Constantin.* (Rössler, Ausg. Aufsätze. Berlin 1902. S. IX.) (Scheffer, Die Preuss. Publizistik i. J. 1859. Berlin 1902. S. 227.)

—— an den „Politiker der Zukunft vom preußischen Standpunkte" gr. 8. (61 S.) Berlin 858. Springer's Verlag.

SENDSCHREIBEN, Politisches, an einen Advokaten über Fragen der Zeit: Moden, Frauenzimmer, Hahnreischaft, Hofleben, böse Weiber etc. Lübeck 1735. 8°. (1/3 Rthl. Förstemann, Nordhausen, vor 1870; jetzt theurer!)

— eines Portugiesen an seine Freunde in Rom. 4. Ulm 760. 6 gr.

Sendschreiben an die unvergleichliche Künstlerin Fr. Sus. Mar. Preißlerin, bey ihrem Geburtstag . . . O. O. 1754. V: *Birkmann, Chph.* (Bibliotheca Norica Williana. Altdorf 1772—78. II, 1, 49.)

— an einen Prinzen von d. Stein d. Weisen. 8. Quedlinb. 762. Ernst. 3 gr.

Sendschreiben eines Privilegirten in Oesterreich. O. O. u. J. [Wien 1847.] V: *Bauernfeld, Eduard von.* (Horner, Bauernfeld. Leipzig u. Wien 1900. S. 160.)

Sendschreiben eines Professors der Gottesgelahrtheit an seine Schüler über das überhandnehmende Tabakrauchen junger Theologen . . . Ingolstadt 1800. V: *Kapler, Lorenz.* (MGT) »Salzburg« (Ky)

– e. Prof. d. Gottesgelahrtheit an seine Schüler üb. d. überhandnehmende Tabakrauchen junger Theologen. 8. Salzb. Mayr. 800.

SENDSCHREIBEN des Philadelphos Prokyrios, genannt Neuerling, Todtengräber und Verschönerer in der Kautzen-Hauptstadt, an seinen Freund und Confrater, den Todtengräber zu Kairo. Kautzopolis 1818. 8°. 28 S.

—des Philadelphos Prokyrios, genannt Neuerling, Todtengräbers u. Verschönerers in d. Kautzen-Hauptstadt. 8. Münch. 818. Lentner. 3 gr.

— das, eines Protestanten an einen Bekenner der Augsburg. Confession beantwortet von dem Letzteren. 12. Grünberg 845, Levysohn. n. 1 ngr.

Sendschreiben eines Protestanten an die Protestanten beider Hessen. Frankf. a. M. 1856. V: *Dreydorff, Gg.* (ZU)

—— eines Protestanten an die Protestanten beider Hessen. gr. 8. (15 S.) Frankfurt a. M. 856, Hermannsche Buchh. *

Sendschreiben eines teutschen Publizisten an einen teutschen Diplomaten über die grossen Fragen des Tages am Minister-Kongress. Stuttgart 1834. V: *Münch, Ernst.* (KN I, 298) (Zeitschr. f. Büch. N. F. 15, 1923, S. 122)

—— eines teutschen Publizisten an e. teutschen Diplomaten, üb. d. großen Fragen d. Tages am Minister-Kongreß. I. II. gr. 8. Stuttgart 834, Hallberger. à 9 Gr.
I. Ueber Preßfreiheit. (4½ B.)
II. Universitäten u. Mittelschulen. (4½ B.)

Sendschreiben an den Herrn geheimen Justitzrath Pütter . . . von dem einstimmigen Herkommen im Hause Bayern nach dem Geblütsrechte zu succediren. Regensburg 1778. V: *Fischer, Friedrich Christoph Jonathan.* (MI.) (MGT) (Pütter, Litt. d. Teutsch. Staatsr. Gött. 1773—91. II, 205.)

Sendschreiben eines Quackers aus Londen an einen seiner Glaubens-Brüder in Pensylvanien den jetzigen Krieg betreffend. Aus dem Englischen übersetzt. 1758. 4.

Sendschreiben, Ein, an R****r, oder ein Versuch, die Urtheile zu berichtigen, welche anjetzt häufig über Achards Entdeckung . . . gefällt werden. Bresl. 1799. V: *Grimm, Joh. Carl Phil.* (CBH) (Call)

Sendschreiben an R* oder ein Versuch, die Urtheile zu berichtigen, welche anjetzt häufig über Achards Runkelrübenzucker gefällt werden. Breslau 1799. V: *Grimm, Joh. Carl Phil.* (Ky) (MGT)

— an N* od. Versuch, die Urtheile zu berichtigen, welche anjetzt häufig üb. Achards Runkelrübenzucker gefällt werden, (v. J. K. P. Grimm). 8. Bresl. 799. Gehr. 2 gr

— eines jüd. Rabbiners an seine Glaubensgenossen in Betreff der neuesten merkwürd. Ereignisse in d. Christenwelt. Zunächst u. zuvörderst der schles. Judenschaft zugeeignet von ihrem Land-Rabbiner L. S. Fränkel. 8. Berl., Gehr. 1½ gr

Sendschreiben eines Rabbiners an die Rabbiner-Versammlung zu Frankfurt am Main. . . . Frankf. a. M. 1845. V: *Rapoport, Salomo Jehuda Leb.* H: *Kirchheim, Raphael.* (BrMm)

— eines Rabbiners an die Rabbiner-Versammlung zu Frankfurt a/M. Herausgeg. u. ins Deutsche übers. v. K—m. 8. Frankfurt a/M. 846, (Leipzig, C. L. Fritzsche.) n. 1/3 ß

Sendschreiben eines eydgenössischen katholischen Rathsglieds von *** . . . die Französische Bundeserneuerung betreffend. O. O. 1776. V: *Pfeffel von Kriegelstein, Chn Frdr.* (Adel) (BB) (MGT)

—— an Frau Mathilde Raven. gr. 8. (38 S.) Hannover 861, Lohse. *

Sendschreiben darinnen Hrn D. Aug. Friedr. Müllers Rechte der Natur nach den Regeln der Logik untersucht . . . worden . . . Freyburg [Halle od. Leipz. ?] 1734. V: *Schierschmid, Joh. Just.* (ML) (Wr)

Sendschreiben eines deutsch. Rechtsgelehrten üb. ein diploma Kaiser Sigismundi von 1437, in welchem der Rheinstrom Caesaris et Imperii liberum flumen Rheni genannt wird, dem neuen dominio Rheni entgegengesetzt. s. l. 749. fol

Sendschreiben eines deutschen Rechtsgelehrten an einen seiner guten Freunde . . . über ein Diploma K. Sigismundi vom J. 1437 . . . O. O. 1749. V: *Pistorius auf Peschwitz, Wilh. Frdr.* (Holz)

— an die Redakteure der in Leipzig erscheinenden Kriegerzeitung Wilucki, Oberlieutn., Müller, Oberlieutn., Erdmannsdorf, Lieutn., v. Zychlinski, Lieutn., Andrée, Lieutn. Von einem preuß. Landwehr-Offizier. gr. 8. (34 S.) Berlin 848, Mittler & Sohn 3 ngr

Sendschreiben an d. Hren. Redactoren d. forstl. Zeitschrift f. Baden, als krit. Anh. u. Nachtrag z. 1. Hfte., v. e. bad. Forstmann. gr. 8. (..B) Karlsruhe 838, Groos. 24 S.

— üb. F. V. Reinhards 1800 gehalt. Reformationspredigt. 8. Wittenb. Kühne. 801.

—— an Hrn. D. K. A. Frh. v. Reichlin-Melbegg. Allen kathol. Dogmatikern zur Würdigung vorgelegt v. dem Verf. der Schrift: Wider röm. Verketzerungssucht ꝛc. ꝛc. (Alex. Müller.) gr. 8. (2 B.) Mainz 832, Kunze.

Sendschreiben an die allgemeine hohe Reichsversammlung zu Regensburg von Friedrich II. . . . aus der Geisterwelt . . . O. O. 1787. V: *Rothammer, Franz Wilhelm.* (BB) (ML)

Sendschreiben von den Reise-Gedanken des Pietismi. O. O. 1700. V: *Thomasius, Christian.* (Myl)

Sendschreiben der vereinigten Religionslehrer an die Christenheit, betreffend die Wiedervereinigung derselben. 2. Aufl. Leipzig 1785. V: *Masius (Meese), Johann Nicolaus (Gottfried Lebrecht).* (StAt) (MGT)

Sendschreiben an Se. Hochgräfliche Excellenz den Grafen F. v. Reventlau Ritter vom Dannebrog . . . O. O. 1805. V: *Funk, Nicolaus.* (LS) (Ky) (MGT) (Cat. d. Stadtbibl. Zürich. Zürich 1864—97.)

Sendschreiben an den Grafen Friederich von Reventlou Curator der Universität Kiel (betreffend Leitung des Schullehrer-Seminars in Kiel). Kiel 1805. 8°

— an d. Hrn. Grafen Fried. v. Reventlow. gr. 8. Hamb. Gundermann. 805.

Sendschreiben an einen Recensenten in der Gothaischen gel. Zeitung über den gerichtlichen Eid. Frankf. 1799. V: *Schwab, Johann Christoph.* (MGT) »(Tübingen) 1800« (Ky)

— an einen Recensenten in d. Gothaischen gelehrten Zeitung üb. d. gerichtlichen Eid. 8. Tübingen, Heerbrand. 800.

— an einen Recensenten in d. Gothaischen gelehrten Zeitung üb. den gerichtl. Eid, (von J. Cph. Schwab). 8. (Tübing.) 800. (Osiander): 3 gr Zweites Sendschreiben. 8. Ebd. 800.

—— an Friedr. Rohmer, s. Zu der Schrift.

Sendschreiben an Se. Hochwürden Herrn Dr. Joh. Friedr. Röhr, betreffend die . . . Kritik des Buches: ‚Religionsbekenntnisse zweier Vernunftfreunde' usw. Sulzbach 1837. V: *Bolzano, Bernh.* Vgl. GGr XII, 354, 13. (DARP)

—— an Hrn. Dr. Joh. Friedr. Röhr, betreff. die aus seiner krit. Prediger-Bibliothek (1835. B. 16. H. 6.) hier abgedr. Kritik d. Buches: „Religionsbekenntnisse zweier Vernunftfreunde ꝛc." gr. 8. (4½ B.) Sulzbach 837, v. Seidelsche Buchh.

Sendschreiben über Rom. O. O. [ca. 1765]. V: *Füessli (Füssli), Hans Heinrich.* (MGT)

— an Johannes Ronge in Laurahütte. Von e. kathol. Laien. gr. 8. (1 B.) Würzburg 844. [Leipzig, Rein'sche Buchh.] -

— an Johannes Ronge in Laurahütte. Von einem kathol. Laien. gr. 8. Würzburg 844, Voigt u. Mocker. 1/12 ₰

Sendschreiben An des Hrn Amtmann Kuhhorsts Hochedelgeboren in Mezingen unter Urach. Aus Veranlassung eines unterthänigst erstatteten Berichts [vom 24. Sept. 1815] wegen einer Zusammenkunft ständischer Freunde. O. O. 1815. V: *Camerer, Clem. Chph.* (Kat. der ständ. Bibl. Stuttg. 1907. S. 257.)

Anonym „Sendschreiben an Herrn Runde in Cassel, über die Unbefugheit seiner sich angemassten Censur der Abhandlung über die Naturalfrohndienste", Offenbach und Hanau 1776

— an Hrn. Runde, üb. die Unbefugtheit seiner angemaßten Censur zweier Preisschriften ꝛc. 4. Offenb. 775. Brede. 1½ gr

Sendschreiben ... an Schultheis Rüttimann zu Luzern ... über Verfassungs-Veränderung. Würzburg 1829. V: *Troxler, Ign. Paul Vital.* (Hauptkat. d. Univ.-Bibl. Tübingen. F. Nachtr. 11.)

— an Herrn G. S., üb. die Verlegung der Universität Halle nach Berlin. gr. 8. Berl. 807. (Mittler). 3 gr

— an Hrn. S., üb. d. Verlegung d. Universität Halle nach Berlin. Berlin, Dieterici. 808.

— eines Sachsen an seine Landsleute, mit Noten von S—i in d. letzten Tagen d. Jahres 1814. 8. Leipz. 814. (Rein). 6 gr

Sendschreiben von den Samenthierchen. Hamburg 1746. V: *Mylius, Christlob.* (Tübz 9, 40)

Sendschreiben der ger. u. v. St. Joh. Freimaurerloge zur edlen Aussicht im Or. zu Freiburg i. Br. an alle Logen und Brr. des Bundes. Leipzig [1862]. V: *Trentowski, Ferdinand Bronislaus von.* (wolfstieg II, 668) Vgl. V, 8222.

Sendschreiben der St. Joh. Loge zur edlen Aussicht in Freiburg i. Br. an alle Brüder des Bundes. Leipzig 1862. V: *Trentowsky, Ferd. Bronislaus.* (Tt)

Sendschreiben von dem Scharren. Leipzig 1753. V: *Vidalin, Paul Bjarnesen.* (Collin, Anonymer. Kiobenh. 1869.)

— an die Scherergemeinen. hoch 4. (6 S.) Innsbruck (901). Deutschvölk. Schererverlag. — 25

(Sendschreiben) An Herrn [Ignaz Thomas] Scherr, der Zeit Seminardirektor in Kussnacht. 4. [Zurich 1839.]
Unterschrieben: Der Zweiundzwanzigste

— an Hrn. Dr. Schleiden. (Von Fr. v. Florencourt.) gr. 8. (1 B.) Hamburg 839, (Niemeyer.) *

— über Schleiermacher, s. Jonas, L.

Sendschreiben an Herrn C. F. v. Schmidt-Phiseldeck ... betreffend das Verfassungswerk in Schleswig-Holstein ... Hamburg 1831. V: *Hegewisch, Franz Hermann.* (A) (GGr) V: *Michelsen, Andr. Ludwig Jacob.* (schles)

— an Hrn. Conferenzr. ꝛc. D. C. F. v. Schmidt-Phiseldek, betreff. d. Verfassungswerk in Schleswig-Holstein; v. e. Schleswig-Holsteiner. gr. 8. (1 B.) Hamburg 831, Hoffmann u. Campe.

— das, des vormal. Pastor Schöne zu Rothenburg a. d. Oder an die Mitglieder der dortigen Gemeinde beleuchtet aus amtl. Quellen. Ein offenes Schreiben an alle Freunde der Wahrheit und des Rechts. 8. (23 S.) Breslau 850, (Max und Comp.) *

Sendschreiben an Herrn [Joh. Christian] Schubart, [Edler v. Kleefelde.] 1789. 8°
Kl. 2332.

Sendschreiben an Herrn Schubart ... seine Vaterlands-Chronik betreffend ... Ulm 1789. V: *Kohler, Conrad Friedrich.* (MGT) (Ky) oder *Kern*[?]. (GGr)

— an Schubart, seine Vaterlands-Chronik betreff. (von K. F. Köhler). gr. 8. (Ulm). 789. Wohler. 4 gr

Sendschreiben eines Schulmannes an seine Amtsbrüder und an die H. H. Schulvorsteher. Leipzig 1815. V: *Heinsius, Otto Friedrich Theodor.* (NN) »1816« (Koner) »eines preussischen Schulmanns 1816« (Ky)

— eines preuß. Schulmanns an seine Hrn. Amtsbrüder u. an d. Hrn. Schulaufseher besond. in kleinen Städten u. auf dem Lande, zunächst in d. preuß. Staaten. gr. 8. Berl. Dunker u. H. 816. geb. -

Sendschreiben eines preußischen Schulmannes an seine Herren Amtsbrüder und an die Herren Schulaufseher, besonders in kleinen Städten und auf dem Lande, zunächst in den preußischen Staaten. Leipzig 1816. V: *Heinsius, Theodor.* (Russell VII, 1, 691)

Sendschreiben an einen Quedlinburger Schulmonarchen [den Konrektor Karl Christian Voigt zu Quedlinburg] der Luthern mit den neuen Reformatoren verglich vom Schulmeister zu Gibeon [Benj. Casimir Lauge]. O. O. 1782. V: *Bahrdt, Carl Friedrich* [?]. (GGr IV, 327) (Ky) (ML)

— an einen Quedlinburger Schulmonarchen (d. Konrektor K. Ch. Voigt) der Luthern mit den neuen Reformatoren verglich, (von Karl Fr. Bahrdt). 8. Berl. 782. Vieweg in Braunschw. 8 gr

—— des Buchbindermeisters Joh. Schultheiß zu Fulda an seinen Kollegen, den Hrn. Buchbindermeister Adam Henß zu Weimar, s. Schultheiß, J.

—— des Bischofes Franz Xaver (Schwäbl) v. Regensburg an seine Bisthums-Geistlichkeit, üb. d. Wohlthätigkeits-Werke d. kathol. Klerus, u. üb. d. Bedürfnisse d. Klerikal-Bildung. gr. 8. (7¼ B.) Regensburg 830, (Manz.)

Sendschreiben eines Schweden [D. Manthey]. Kopenhag. 1813. Ü: *Sander, Chn Laevinus*. (Collin, Anonymer. Kiobenh. 1869.)

— eines Schweden an Hrn. A. W. Schlegel; aus d. Französ. 8. Kopenh. 813. Schubothe. 10 gr

— eines Schweden an Hrn. Aug. Wilh. Schlegel. Aus d. Franz. von Sander. 8. Copenh. Schubothe. 815.

Sendschreiben an den Herrn Prof. Segner, wegen seines mathematischen Streits . . . Rostock 1743. V: *Hartmann, Joachim*. (ML) (Koppe, Gel. Mecklenburg. Rost. u. Leipz. 1783—84.)

Sendschreiben an Se. Hochw. den Hrn C. u. Prof. Semler in Halle. Kurze Abfertigung der neuen Schmähschrift . . . Hamb. 1767. V: *Burmeister, Heinrich Constantin*. (schr)

Sendschreiben an Erich Servati in puncto der Freymüthigen Anmerkungen über den freimüthigen [hgbn. von Kasp. Ruef]. Freyburg 1784. V: *Felner, Ignaz Andreas Anton*. (GGr VI/545, Nr. 24/4) (BiblPort) S. a. IV, 2151.

Sendschreiben an Erich Servati über seine Frage: Warum soll ich ein Freymâurer werden? [Unterz.: Franz Jos.] Bob. Im Or. [Freiburg i. Br.] 1786. 78 S. 8° [Kupfertit.]
Auszug in: FZ. (Neuwied) 1787 S. 163—165, 169—173.
cf. FZ. (Neuwied) 1787 S. 161—163.
Sehr selten. 4 Schreiben gegen Servatis Angriffe auf d. Frmrei.

— an Geumnich in Hamburg, von d. Oberbürgermeister des alten Landes. 8. Hannov. 804. Hahn. 4 gr

—— sieben, d. ewigen Juden an d. zürcher. Geistlichen. Nebst ein. visionären Anhange. 8. (10¼ B.) St. Gallen 840, (Huber u. Comp.)

—— sieben neue, d. ewigen Juden an d. zürcher. Geistlichen. 8. (6 B.) St. Gallen 840, (Huber u. Comp.)

Sendschreiben, Jac. Sinceri, an einen guten Freund wegen C. F. H. ans Licht gestellten Lebensbeschreibung Nic. Hieronymi Gundlings. Hamburg u. Breslau 1737. H: *Hager, Johann Georg*. (ML) (Fiker)

Sendschreiben, Theophili Sinceri 10, an Aleotophilum von denen durch den Gebrauch der Wolffischen Philosophie veranlasseten neuern theologischen Streitigkeiten . . . Bremen 1738. V: *Gossel, Andreas Arnold*. (ML)

Sendschreiben des alten Weltbürgers Sirach an Frankreichs Nationalconvent, enthaltend eine Prüfung der Rede, welche Boissy d'Anglas . . . 1795 über das wahre Interesse der Coalisirten Mächte . . . gehalten hat. A. d. Franz. Sarmatien [Frankfurt] 1795. V: *Piattoli, Scip. de* oder *Kronowski*. (Wr) Ü: *Glave, Carl Georg Gottfried*. (Ky) (MGT)

— d. Weltburgers Sprach., 8. Frankf. Eßlinger. (a. Rein in Leipz.) 795.

— des Weltbürgers Sirach an Frankreichs Nationalconvent 2c.; aus d. Französ. (v. K. G. G. Glave). 8. Frankf. a. M. 795. (Schäfer). 16 gr

Sendschreiben eines Sizilianers an seinen Freund üb. d. Paris. Sitten ..., s. Brief. – Kurieuser u. lesenswürdiger Brief ...

Sendschreiben eines Soldaten aus dem Kolbergschen Regiment an den demokratischen Club von Musketier J. H[illegible]n Gedruckt bei J. Sittenfeld 1 Bl Fol
Flugblatt. Berlin, 16. Sept 1848.

Sendschreiben an Franz von Spann über seine neueste Abhandlung: „Etwas über das Eigenthum". 8°. Landshut, Thomann, 1822.

— an Franz v. Spaun, über seine neueste Abhandlung „Etwas über Eigenthum." 8. Landsh. 823, Thomann.

—— an den Herrn Dr. Bernhard Spiegel, Pastor zu St. Marien in Osnabrück; Antwort auf dessen Schrift: „Der kirchliche Streit des Pastors Sulze." gr. 8. (15 S.) Osnabrück 863, Meinders.

Sendschreiben an einen Staatsmann über die Frage: ob evangelische Regierungen gegen den Rationalismus einzuschreiten haben? . . . Nebst einem und einem halben Alphabete Randglossen . . . Bremen 1830. V (Sendschreiben): *Möller, Arnold Wilh.* V (Randglossen): *Krummacher, Frdr. Adolph.* (Erman & Horn, Bibliogr. d. dtsch. Universitäten. 2. Leipz. u. Berl. 1904.)

—— an e. Staatsmann üb. d. Frage: ob evangel. Regierungen geg. den Rationalismus einzuschreiten haben? (Mit Beziehung auf Dr. Bretschneider's Sendschreiben gleichen Inhalts.) Nebst 1½ Alphabete Randglossen v. d. Corrector. gr. 8. (1¼ B.) Bremen 830, Kaiser.

Sendschreiben einer vornehmen Standes-Person an einen guten Freund über des D. Fresenii . . . heftige Schrift gegen die evangelische Reformirten, unter dem Titel: Abwiegung der Gründe etc. zur Beförderung der Einigkeit und des Friedens . . . Berlin 1751. V: *Rossey, von.* (STBFrankf I, 112)

Sendschreiben an Se. Exc. Hrn. Finanzminister Dr. Steinbach von einem galizischen und speziell lemberger Steuerträger. Lemberg 1893. V: *Weigel, Joseph.* (EB)

Sendschreiben des Stephansthurm an den Passauer Tölpel. O. O. 17?? V: *Schilling, Friedrich.* (MGT)

— an den Abgeordneten Hrn. v. Sydow zur Begründung eines Misstrauens-Votums. Vom Vorstande d. Vereins d. 5. [grossern] Berl. Wahlbezirks. gr. 8. (8 S.) Berlin 848, Kruger. 1½ ngl

Sendschreiben J. H. T. an einen seiner Freunde, betreffend die sogenannten Pietisten. [Zürich] 1729. V: *Tschudi, Joh. Hnr.* (Cat. d. Stadtbibl. Zürich. Zürich 1864—97.)

— an Teller, v. e. Hausvätern jüd. Religion. gr. 8. Berl. Mylius. 799.

—— an Deutschlands junge Theologen, s. Mitte.

Sendschreiben eines katholischen an einen orthodoxen Theologen. Augsburg 1895. V: *Röhm, Joh. Baptist.* (KY)

— eines katholischen (J. B. Röhm) an e. orthodoxen (Alexios Maltzow) Theologen. gr. 4. (62 S.) Augsburg 895. (Kranzfelder.) n. 2. —

Sendschreiben an einen vornehmen Theologen von der Ewigkeit der Höllenstrafen . . . Jena [1756]. V: *Büchner, Gottfried.* (ML)

Sendschreiben, Theologische, in welchen die zwischen der evangelischen und römisch-catholischen Kirche obschwebenden Religionsstreitigkeiten untersucht . . . werden. Francf. u. Leipz. 1750. V: *Cotta, Joh. Friedrich.* (JES)

Sendschreiben, Theologisches, die der Crusiussischen Philosophie gemachte Beschuldigung des Anthropomorphismus betreffend. Wittenb. 1760. V: *Mietzsch, Johann Gottfried.* (Adel)

Sendschreiben eines hochverdienten Theologi. O. O. 1713. V: *Löscher, Valentin.* (JES)

Sendschreiben, Eines Pommerischen Theologi, an einen vornehmen sächsischen Gottesgelehrten zwo . . . Schriften . . . betreffend. O. O. 1746. V: *Grulich, Martin.* (ML)

Sendschreiben, Theosophische erbauliche, eines in Gott getreuen Mitgliedes. O. O. 1710. V: *Gichtel, Johann Georg.* (Myl)

Sendschreiben an die witzige Tyrolerin. O. O. [1765]. V: *Richter, Christoph Gottlieb* [?]. (ML)

Sendschreiben an Herrn Pfarrer [Johann Jacob] Tobler in Weiningen betreffend dessen … am 15. Juni gehaltene Rede. Von einem zürcherischen Geistlichen. 8. ([Zürich] 1840.)

—— eines österreich. Touristen, gesamm. u. hrsg. v. Corn. Viktor. 3 Bde. 8. Leipzig 838, [Gebhardt u. Reisland.]
Bd. 1. Des Reisenden Aufenthalt in Deutschland. (13⅓ B.) 1 Thlr.
„ 2. Des Reisenden Aufenthalt in d. Niederlanden u. Frankreich. (19 B.) 1 Thlr.
„ 3. Des Reisenden Aufenthalt in England u. Schottland. (15 B.) 1 Thlr.

Sendschreiben, Treuherziges, eines Zeugmachersgesellen an seinen Freund, über den schlechten Verdienst dieser Profession in Wien. 1792. V: *Hanner, Joh. David.* (Stadtbibliothek Wien) (BiblPort)

Sendschreiben und Trostbrief an die Geistlichkeit der Ephorie Ronneburg. O.O. 1839. V: *Schuderoff, Gg Jonathan.* (NN)

—— und Trostbrief an d. Geistlichkeit d. Ephorie Ronneburg im Hrzth. Sachsen-Altenburg, üb. e. die Ergebnisse d. Generalvisitation in jener Ephorie betreff. Consistorialerlaß v. 13. Nov. 1838. gr. 8. (2 B.) Zürich 839, Höhr.

— u. Trost-, eines Augsburgers an seine Mitbürger. 8. Münch. Fleischmann. 812.

Sendschreiben an die erhabenen Unbekannten, oder Die ächten, und rechten Freymäurer. [Berlin: Stahlbaum in Komm.] 1781. 200 S. 8⁰ [Kupfertit.]
Recens: Archiv f. Frmr u. Rosenkreuzer. 1 (1783) S. 472; Missiv a. d. Brrschaft d. Gold u. Rosenkreuzes. 1783 Nr 172.
Kl. 2650, Tt. 863.

Sendschreiben an den erhabenen Unbekannten der ächten und rechten Freimaurer. Berlin 1781. V: *Winzler, Zachäus Andreas.* (Ky)

Sendschreiben eines Ungenannten an seinen niedergeschlagenen Freund über die Stürme der Freigeister ... Frankf. u. Leipzig [Wiesbaden] 1773. V: *Keyser, Johann Andreas.* (ML) (Stri) (GGr)

Sendschreiben an Freih. von Varnbüler. [Stuttgart 1868.] V: *Bacher, A.* (Hauptkat. d. Univ.-Bibl. Tüb. F, Nachtr. 11.)

Sendschreiben eines Vaters an seinen studirenden Sohn über den Fichteschen und Forbergschen Atheismus. V: *Gruner.* (ADB 6, 763)

— eines würdigen Vaters an seinen Sohn ꝛc. 8. Wien 800. Gerold. 5 gr

— eines Vaterlandsfreundes an Deutschlands Fürsten u. Volk, mit patriot. Wünschen. 8. Leipz. 815. Schmidt. 4 gr

Sendschreiben das Vaterunser betreffend an einen Freund der Wahrheit. Leipzig 1770. V: *Grohmann, Chn Frdr.* (Ky)

— das Vaterunser betreffend, an e. Freund der Wahrheit, (von Chr. Fr. Grohmann). 8. Leipz. 770. Holle. 4 gr

— veranlaßtes, üb. den gegenwärt. Zustand der theolog. Facultät in Göttingen. 8. Brem. 777. (Barth in Leipz.) 3 gr

Sendschreiben an den Herrn Verfasser der Erlangischen gelehrten Anmerkungen und Nachrichten. Leipzig 1758. V: *Dathe, Johann August.* (ML)

Sendschreiben an den Verfasser der gemeinnützigen Anmerkungen über die Abhandlung von Aufhebung der Gemeinheiten in der Mark Brandenburg. Berlin 1767. V: *Wöllner, Johann Christian von.* (BrMm)

Sendschreiben an den Verfasser der Bedenken gegen das Princip der Specialität einer Hypotheken-Ordnung ... Hammelburg [München] 1819. V: *Lang, Carl Heinrich.* (Wr)

Sendschreiben an den Verfasser der Betrachtungen über die neuesten Begebenheiten in Deutschland. Berl. 1831. V: *La Motte Fouqué, Friedrich Baron de.* (Russell II, 2, 121)

—— an den Verfasser d. „Betrachtungen üb. d. neuesten Begebenheiten in Deutschland." (Von Fr. Baron de la Motte-Fouqué.) gr. 8. (4½ B.) Berlin 831, Mittler.

Sendschreiben an den Verfasser der Schrift: »Betrachtungen über die neuesten Begebenheiten in Deutschland«. Posen u. Bromberg 1831. V: *Fouqué, Frdr. Baron de la Motte.* (Wa) (Ky)

— an den Verf. der dringenden Bitte der Berliner Einwohner ꝛc. 8. Berl. 792. Franke. (Barth in Leipz.) 7 gr

Sendschreiben an d. Verfasser der Dringenden Bitte . an die beiden H. Stadtpräsidenten Philippi u. v. Eisenhardt ..., s.a. Baumann, Ludwig Adolf

Sendschreiben an den Verfasser der dringenden Bitte an die Stadtpräsidenten zu Berlin. Berlin 179 . V: *Baumann, Ludwig Adolph.* (MGT)

Sendschreiben von dem Verfasser von »Fürst und Volk« von Ihro Gnaden und Weisheit Schultheis Rüttimann zu Luzern ... Würzburg 1829. V: *Troxler, Ignaz Paul Vital.* (AarK)

— an den Verfasser des Lebens Seb. Nothanker. 8. Leipz. 775. Böhme. 3 gr

Sendschreiben an den Verfasser der Nachrichten von den Zürcherischen Gelehrten ... Berlin u. Leipzig [Zürich] 1775. V: *Hottinger, Johann Jacob.* (Wr) (VLBS V, 262) (Cat. d. Stadtbibl. Zürich. Zürich 1864—97.) (ADB)

—— an den offenbarungsgläubigen Verfasser d. amtl. Gutachtens üb. d. Verderbliche d. Rationalismus, der durch Wegscheider u. Gesenius verbreitet wird. 8. (2¾ B.) Stettin 850, Böhme. (?)

— an den Verf. des Schreibens eines Patrioten am 46. Geburtstage ꝛc. 8. Berl. 789. Realschulbuchh. 6 ℛ

Sendschreiben an den Herrn Verfasser des . . . Sendschreibens über L. Schleiermacher. Berlin 1830. V: *Jonas, Ludwig.* (ZU) (Ky)

— an den Verf. des in d. evangel. Kirchen-Zeitung No. 97 seqq. 1829 enthaltenen Sendschreibens über Schleiermacher, (v. L. Jonas). 8. Berl. 830. Reimer. 4 ℛ

Sendschreiben an den ungenannten Herrn Verfasser der Schrift vom falschen Religionseifer. Burg 1768. V: *Purgold, Daniel Heinrich.* (Ky) (ML)

Sendschreiben des Vereins für Kultur und Wissenschaft der Juden an die Mitglieder der Jüdischen Gemeinde zu Berlin. Berl. 1823. V: *Zunz, Lipm. Leopold.* (Hitzig)

SENDSCHREIBEN AN DEN NATURHISTORISCHEN VEREIN DER PREUSSISCHEN RHEINLANDE UND WESTPHALENS von der Niederrheinischen Gesellschaft für Natur- und Heilkunde. Eine Gratulationsschrift zu der am 2 Juni 1868 stattfindenden Feier seines 25jährigen Bestehens. Bonn s. a. Druck von Carl Georgi. 4°

Sendschreiben an einen gewissen Vertheidiger des Chronodistichon in einer Reichsstadt, worinnen vieles zur Rechtfertigung . . . angeführet wird. [Leipz. 1770.] V: *Martini, Georg Heinrich.* (ML)

Sendschreiben an den Herrn Vertheidiger des P. Gufls, in welchem die Erinnerungen an den Widerleger des P. Gufls beantwortet werden. O. O. 1768. V: *Mayer, Andreas.* (MGT)

Sendschreiben, Vertrautes, an Herrn Jos. Heinr. von Falkenstein, die Ehre des heil. Beichtigers Sebaldi . . . wider . . . unglimpfliche Einwürfe gerettet. . . . [Nürnberg] 1735. V: *Wölckern, Lazarus Carl von.* (will) (ML) V: *Böheim, Joh. Carl.* (Holz)

Sendschreiben, Vertrautes, an Herrn Dechant G . . . O. O. 1792. V: *Fraatz, Friedrich Wilhelm.* (MGT)

— an die Vertreter des anhalt-dessauischen Volkes. gr. 8. (8 S.) Dessau 848, Fritsche. *.

Sendschreiben, Benastasii Liares, vier, wider Herrn P. Augustin Dornblüth . . . aus dem Preissgauischen in das Teutsche übersetzt. . . . Ulm o. J. V: *Sailer, Sebastian.* (Waniek, Gottsched. Leipz. 1897. S. 545.)

— vier, wider d. Pater Dornblüth; aus d. Breisgauischen ins Deutsche übers. v. Ben. Biares: (Sebast. Sailer). 8. Ulm 756.

Sendschreiben, vier, an die Hebräer deutscher Zunge od.: Briefliche Correspondenz zwischen e. kathol. Pfarrer u. e. Rabbiner. gr. 8. (46 S.) Augsburg 871. Schmidt in Comm. n. — 70

— vier offene, an den Hrn. Erzbischof von Cöln, Clemens August, Freiherrn Droste zu Vischering, als Erwiederung auf dessen Schrift: „Ueber den Frieden unter der Kirche und den Staaten." gr. 12. Barmen 843, Falkenberg. n. 1/3 ℛ

— viertes offenes, an den Bischof von Paderborn Herrn Dr. Conr. Martin, zugleich ein evangel. Wort an alle Katholiken über den Marien-, Heiligen- und Bilderdienst. Mit einem Anh. enth.: Antworten auf mehrere Entgegnungen, namentlich in Betreff des Ansehens und Gebrauches der heil. Schrift, der Apokryphen, der Rechtfertigungslehre und der Jesuiten. Von einem evangel. Pfarrer der Diöcese Soest. gr. 8. (251 S.) Soest 865, Wehrle.

— viertes offenes, an den Bischof von Paderborn Herrn Dr. Conr. Martin, zugleich ein evangel. Wort an alle Katholiken über den Marien-, Heiligen- u. Bilderdienst. Mit einem Anh. enthltd.: Antworten auf mehrere Entgegnungen, namentlich in Betreff des Ansehens u. Gebrauches der heil. Schrift, der Apokryphen, der Rechtfertigungslehre u. der Jesuiten. Von einem evangelischen Pfarrer der Diöcese Soest. Ebend. 866. gr. 8. (251 S.) 22½ ngr.

— viertes, eines deutschen Rechtsgelehrten v. d. Rechten d. Todttheilung in ihrer Wirkung auf d. jüngst erledigte Herzogthum Niederbayern. 4. Hildburgh. Hanisch. 780.

(U.-Titel:) Sendschreiben | der | seligen Viktoria, | einer | Schwester des dritten Ordens des heil. | Vaters Dominikus, | welche in Rom gelebt und im Rufe der Heiligkeit | gestorben ist. | An eine Aebtissin. | Es handelt von dem Kreuze, und die Zeit ihres Lebens | hat sie nur allein dieses, und auch dieses nur aus Gehor | sam geschrieben. | *(Text).*
Kol.: Druck und Verlag von K. Kollmann in Augsburg.
o. J., 4 S. n. n., 162 × 106.
Diöz.-B. Rottenburg.

— an das altbayerische Volk. gr. 8. (20 S.) Regensburg 849, Manz.

— an alle Völker auf Erden, als Einleit. zum ABC vom Stein der Weisen. 8. Berl. 777. Maurer. 3 ℛ

Sendschreiben an die Vorsteherin eines Frauenklosters. »Selig sind die Armen im Geiste!« Gedruckt für Gleichgesinnte. O. O. 1841. V: *Zeerleder, Bernhard.* (BSchwLk V, 10c)

— an J. F. Wachsmann üb. die Lehre von der Entäußerung des Erlösers. 8. Rostock 759. Bödner. 3 ℛ

Sendschreiben, was die Lehre der Kirchen von Engelland in denen . . . obschwebenden Religions-Streitigkeiten sey. O. O. 1718. V: *Boehme, Ant. Wilh.* (Myl)

Sendschreiben, was von denen in der Schweiz sich befindenden Geistertreibern ꝛc. zu halten. Straßb. 744. 4.

Sendschreiben oder Weyhnachtsgeschenk an den Verfasser von Kraut und Rüben, Kranz den Siebenten, Magister und Pastor zu Ostrau. Dessau und Leipzig 1785. V: *Lenhardt, Joseph.* (KY 3/520) (WBL14/358) (BIBLPORT)

Sendschreiben an ... J. B. Weiss über eine mehrere Werke des Boethius enthaltende Handschrift der Burgundischen Bibliothek zu Brüssel. [Schaffhausen 1852.] V: *Bock, C.* (EB)

Sendschreiben eines Weltweisen von übernatürlichen Begebenheiten. Frankf. u. Leipz. 1743. V: *Profe, Gottfried.* (ML)

Sendschreiben an Herrn C. L. Wendler bey dessen Verheurathung ... Friedrichsst. 1768. V: *Flemming, Johann Samuel Gottlob.* (MGT)

Sendschreiben an Hrn. Peter Adolf Winkopp, sonst Frater Maurus, Benediktiner im Peterskloster zu Erfurt, jetzt Herausgeber des Prior Hartungus, oder der sogenannten geheimen Philosophie u. Karakteristik des Mönchswesens, von seinem wahren Freunde. Erfurt, 1782, gedr. bey J. C. Gorling. 8⁰. 64 S.
Magaz d. Buch- u. Kunst-Handels. Jahrg. 1782 Lpz. Gr. 8⁰. S. 531.

Sendschreiben an Hrn. Prof. A. Wolfssohn, z. Z. in Fürth, in Beziehung der jüngsten Schriften gegen Juden, von *D. F.* Nürnberg, bei Riegel u. Wiessner 1828. Kl. 8⁰. Cart.*)
48 S. (incl. XIX S. Vorst.)

Sendschreiben mit einer maurerischen Zeichnung aus der ▭ „Carl zum Aufgehenden Lichte" im Or.·. Frankfurt a. M. [Frankfurt] 1821: Gerhard d. Ä. 6 S.

Sendschreiben des Central-Ausschusses der 11 Bezirke des Cantons Zürich an die Kirchgemeinden desselben. 4. Zürich 1839.

Sendschreiben an den Herrn Ritter von Zimmermann, seine Schrift über Friedrich den Grossen betreffend. O. O. 1788. V: *Schmid, Joh. Christoph.* (Ischer, Zimmermanns Leben u. Werke. Bern 1893.) (EE) (GGr) (Ky) (MGT)

— an d. Ritter v. Zimmermann, weg. s. Schrift üb. Friedrich d. Großen. 8. Ulm, Wohler. 788.

Sendschreiben an *** üb. den dermal. Zustand d. Theaters in Berlin im Anfange d. J. 1832. A. d. franz. Manuscript übers. gr. 8. (1 B.) Leipzig 832, (Kayser.)

— an *** über den dermal. Zustand des Theaters in Berlin im Anfange des Jahres 1832; aus d. französ. Manuscript übers. gr. 8. Paris u. Leipz. 832. Wolbrecht. 2 ℊ

— an ..., über den ehemaligen Zustand des Theaters in Berlin, im Anfange des Jahres 1832. 8 Leipzig 832. (Melzer.) 1/12 ₰

— üb. d. gegenw. Zustand d. theolog. Facultät in Göttingen 8. Bremen, Cramer. 777.

„Zwei Sendschreiben von Dr. .... in ...., beantwortet und herausgegeben von G. A. Scherpf, über den Handel mit Staatspapieren und das Börsenspiel", Augsburg 1831. — Vorh.: Com. Bibl. Hamburg.

— zwei, vom Ritter v. Palin in Rom, u. Bernardo Quaranta in Neapel an den Dr. Dorow, üb. Ausgrabungen im alten Etrurien, während der Jahre 1827—1829. Mit Steindruckt. (in gr. 4.) gr. 8. Berl. 832. Krause. 8 ℊ

— zwei, vom Ritter v. Palin in Rom, u. Bernardo Quaranta in Neapel an d. Dr. Dorow, üb. Ausgrabungen im alten Etrurien, währ. d. J. 1827—1829. gr. 8. (4 B. u. 1 Stnt. gr. 4.) Berlin 832, [Stackebrandt.]

— zwei, vom Ritter von Palin in Rom u. Bernardo Quaranta in Neapel an den Dr. Dorow, über Ausgrabungen im alten Etrurien, während der Jahre 1827 bis 1829. Mit 1 Steindruckt. gr. 8. Halle 832, Golditz'sche Buchh. 1/3 ₰

Sendschreiben, Zwey poetische, von S**. Halle 1747. V: *Sucro, Johann Josias.* (Uz-Gleim, Briefwechsel. Tübingen 1899. S. 472.)

§ **SENDSCHREIBEN,** Zwey, aus dem Reiche der Todten, Ludovici XIV. .... an Ludovicum XV., oder .... Abschilderung des Frantzösischen Hoffs. Constantinopel 1744. 8⁰. (In München: Var. 635, 14.) Rar!

Sendschreiben, Zwei, an den Verfasser der Schrift: Meine Gedanken über den Inhalt des Kurbraunschweigischen Rescripts ... Regensburg 1789. V: *Batz, August Friedrich.* (MGT)

Zweites Sendschreiben des Deputirten Böse im Einverständniß mit seinen Collegen Breuer und Siedenburg an die Bauern der Bremischen und Verdenschen Geest. Bremen, G. Chr. Hartjen, 1848. 8 S. 8⁰.

Zweites Sendschreiben eines Gottesgelehrten am Tauberflusse an seinen Freund, einen Weltweisen, nächst dem Donaustrom, worinn der erstere in seinen Antworten auf verschiedene an ihn gestellte Fragen, über das zeitherige Betragen Hrn. Gaßners bei Entdeckung und Austreibung der Geister der Finsterniß von den geplagten Körpern der bey ihme hülfsuchenden Bedrangten seine aufrichtige, den Grundsätzen des Christenthums und einer ächten Gottesgelahrtheit angemessene Meinung eröffnet. Würzb. 775. 8.

Sendschreiben, Zweytes, eines Hamburgers an seinen Freund in Berlin, betreffend die Briefe über die Hamburgische Schaubühne ... O. O. [1774]. V: *Kühl, Glob Timoth. Mich.* [?]. (Arch. f. Litt. VIII. 206.)

— zweites offenes, an den Bischof von Paderborn, Herrn Dr. Conr. Martin. Ein evangel. vorläufig zurechtweis. Bescheid auf die in seinem neuesten Buche: „Ein bischöfliches Wort" enthalt. Unwahrheiten, Schmähungen und Entstellungen der evangel. Lehre, nebst einem Anh. von Charakterbildern röm. Praxis. Hrsg. von einem evangel. Pfarrer. gr. 8. (VIII und 119 S.) Ebendas. 865.

— zweites offenes, an Hrn. Dr. Stern in Berlin und an die dortige Reformgemeinde. gr. 8. (20 S.) Altona 847, Blatt.
1. Sendschreiben. Hamburg 846, Herold'sche Buchh. * 6 Ngr.

Sendschreiben, Zweytes, an den Hrn geheimen Justizrath Pütter von dem . . . Erbrechte des gesammten Wittelsbachischen Hauses. Regensburg 1778. V: *Fischer, Friedrich Christoph Jonathan.* (ML) (MGT) (Pütter, Lit. d. Teutsch. Staatsr. Gött. 1773—91. II, 205.)

Zweytes Sendschreiben an Hrn. Geh. Justizrath Pütter zu Göttingen, von den bey allen Bayerischen Theilungen bewahrten Erbrechten des gesammten Wittelsbachischen Hauses. 4.

— zwölf, üb. Religion u. Theologie, s. Es wird alles neu werden. 5r Bd.

SENDSCHRIFTEN DER DEUTSCHEN ORIENT-GESELLSCHAFT.
Nr 1 (Juni 1899) Babylon von FRIEDRICH DELITZSCH Mit einem Plan des Ruinenfeldes. Leipzig 1899. J. C. Hinrichs'sche Buchhandlung 8°

Sendschriften der deutschen Orient-Gesellschaft. Nr. 1 u. 2. gr. 8. Leipzig, J. C. Hinrichs' Verlag. n. 1.60
1. Babylon. Von Frdr. Delitzsch. 2. Abdr., vermehrt durch e. Nachwort. Mit 3 Plänen. (25 S.) 901. n. 1.—
2. Von Babylon nach den Ruinen v. Hira u. Huarnaq. Von Bruno Meissner. (22 S.) 901. n. —60

Nr. 3. (Juni 1903.) Stuttgart 1903. Deutsche Verlags-Anstalt — A u d T Im Lande des einstigen Paradieses. Ein Vortrag von FRIEDRICH DELITZSCH. Mit 52 Bildern, Karten und Plänen ib 1903. —

Sendschriften der deutschen Orient-Gesellschaft. Nr. 4 u. 5. 8. Leipzig, J. C. Hinrichs' Verl. 3.—
Meyer, Eduard, Aegypten zur Zeit der Pyramidenbauer. Vortrag, geh. in der deutschen Orient-Gesellschaft am 12. I. 1908. Mit 16 Abbildgn. im Text u. 17 (1 farb.) Taf. 1.—4. Aufl. (43 S.) 908. (Nr. 5.) 1.50; kart. 2.—
Puchstein, Otto, die ionische Säule als klassisches Bauglied orientalischer Herkunft. Ein Vortrag. Mit 59 Abbildgn. (55 S.) 907. (Nr. 4.) 1.60

Sendtner, A. Gedenkschrift zur Feier des 100jährigen Bestehens der kgl. bayer. Artillerie-Werkstätten. München 1900. 34 S. 4°

Sendtner, Albert: Die Bestimmung der Dampffeuchtigkeit mit dem Drosselkalorimeter und die Anwendung desselben zur Prüfung von Wasserabscheidern. 1910. 53 S. 4° ¶ Ausz. in: Mitteilungen über Forschungsarbeiten auf d. Gebiete d. Ingenieurwesens. H. 98/99. 1911 u. in: Zeitschrift d. Vereines deutscher Ingenieure. Bd 55. 1911, Halbj. 2.
München, Dr.-Ing.-Diss. v. 31. 7. 1909

Sendtner (Alb.), Die Bestimmung der Dampffeuchtigkeit mit dem Drosselkalorimeter und die Anwendung desselben zur Prüfung von Wasserabscheidern. Berlin 1910. 53 S.
München, Ing.-Diss.

Sendtner, Franz (Ritter von), approb. Arzt aus München: Über das Fibrom des Ovariums. *München 1901: C. Wolf & Sohn.* (31 S.) 8°
München, Med. Diss. v. 1901

Sendtner J. Ein Beitrag zur Ätiologie der Herzerkrankungen. J. F. Lehmann. München. 1891

Sendtner, J. Ueber Lebensdauer u. Todesursachen bei den Biergewerben, s. a. Abhandlungen, Münchener medicinische.

Sendtner, J.: Über Lebensdauer und Todesursachen bei den Biergewerben. 28 S. Lehmann München. 1891

Sendtner, Jakob, (Hrsg.), s. Altbaiern.

Sendtner, (Prof.) Jak., († d. 11. Juni 1833.) Bavaria, od. Volkslieder u. Gedichte vaterländ. Inhalts. 1s u. 2s Hft. 8. Münch. 817 u. 819. (Fleischmann). (à 12 gr) 1 ß

— religiöse Betrachtt. am Grabe d. Fräulein Fanny v. Mosham, mitgetheilt aus d. Leben dieses Opfers kindl. Liebe. 8. Münch. 811. Lentner. 8 gr

Sendtners, J., religiöse Betrachtungen am Grabe d. Fräulein Fanny v. Mosham, mitgetheilt aus d. Leben dieses Opfers kindl. Liebe. 8. Münch. Lentner. 812.

— s. 1) Buonaparte u. Londonderry. 2) Fenelon, über Erziehung der Töchter.

— Gedichte. 8. Nürnb. 812. Schrag. 21 gr

Sendtner, (Jak.,) Goethe, seine Zeit u. die unsrige. Eine Rede, gehalt. am 5. April 1832, in öffentl. Vorles. an d. Ludwigs-Maximilians-Universität. gr. 8. (2½ B.) München 832, (Finsterlin.)

Sendtner, (Prof.,) üb. Lehr u. Zucht in den Schulen. Ein Wort zur Zeit in Beziehung auf Baiern. gr. 8. München 826, Finsterlin.

— Munio et ses environs, s. *Description*, u. setze hinzu: (von J. Sendtner).

— die Schlacht bei St. Jacob an d. Birs im J. 1444, histor. Gedicht in 4 Gesängen. 8. Basel 817. Em. Thurneisen. 8 gr (Leipz., Cnobloch); (a. Finsterlin in Münch.) 16 gr

SENDTNER, Ignaz (München): Ueber einen Fall von Elephantiasis lymphorrhagica.- München: Wolf 1884. 31 S., Taf.
14.5.1884 - Urk (Titel: De elephantiasis lymphorrhagicae casu singulari.); Chr 1883/84,14
Diss. Ingolst.-Landsh.-Mchn.

Sendtner, Otto

SENDTNER (O.) Beobach. ueber der Laubmoose . . . Dalmatien [Regensburg], 1848 8°.

Sendtner, Otto, s. **Endlicher,** St., et **Martius,** Flora Brasiliensis.

Sendtner, O. Das Schicksal eines deutschen Naturforschers (Dr Carl Schimper) 1856

Sendtner, Dr. Otto — Prof. der Botanik zu München. Das Schicksal eines deutschen Naturforschers von — —. Aus Nr. 60 des Abendblattes der Neuen Münchener Zeitung (vom 10. März 1856) als ein Beitrag zur neuesten Wissenschaftsgeschichte in der Sitzung der Lotos vom 14. März vorgelesen und behufs weiterer Verbreitung in wissenschaftlichen Kreisen, unter Weglassung einiger tiefer in das persönliche Gebiet eingreifenden Stellen, so wie mit einigen vom Verfasser gebilligten Abänderungen mitgetheilt und mit Anmerkungen versehen von Prof. Dr. Freih. H. v. Leonhardi in Prag. Eine Beigabe desselben zur Juninummer des 6. Jahrg. der Prager naturwissenschaftlichen Zeitschrift Lotos, redigirt von Dr. Weitenberger. Prag, 1856. Druck von Kath. Gerzabek. (8 S. 8.)

Sendtner, Otto, die Vegetations-Verhältnisse Südbayerns nach den Grundsätzen der Pflanzengeographie und mit Bezugnahme auf Landescultur geschildert. (Als 3. Beitrag zur naturwissenschaftlichen Erforschung der bayer. Lande, hrsg. von der k. b. Akademie der Wissenschaften.) gr. 8. (XII und 910 S. mit 18 eingedr. Holzschn., 9 lithogr. und lithochrom. Taf. und 1 lithochrom. Charte in 4. und Fol.) München 854, Literarisch-artistische Anstalt. *

Sendtner, Otto, die Vegetations-Verhältnisse des bayerischen Waldes nach den Grundsätzen der Pflanzengeographie geschildert. Nach dem Mscr. des Verf. vollendet von W. Gümbel und L. Radlkofer. Lex.-8. (XIII und 511 S. mit 8 Stnt., wovon 3 in Buntdr., in gr. 4., Fol., qu. Fol. und Imp.-Fol.) München 860, Literarisch-artistische Anstalt. geb. *

Sendtner, Rud., s.: Forschungs-Berichte über Lebensmittel u. ihre Beziehgn. zur Hygiene etc.

Sendtner, Rud., das Grundwasser in den einzelnen Stadttheilen Münchens. Als Beitrag zur hygien. Beurtheilg. des Untergrundes der Stadt nach den chem. Analysen der k. Untersuchungsanstalt zu München besprochen u. m. Unterstützg. des Stadtmagistrats hrsg. Mit 1 Stadtplan v. München in 4 Blättern. gr. 8. (244 S.) München 894. M. Rieger. n. 12. —

Sendtner, Rud., die Kontrole der Nahrungs- u. Genussmittel in Bayern. Vortrag. [Aus: „Bayer. Industrie- u. Gewerbeblatt".] gr. 8. (19 S.) München 890. (Literar.-artist. Anstalt.) n. — 50

— schweflige Säure u. Schwefelsäure im Schnee. Ein Beitrag zur Klärg. der Frage: Erfordert das deutsche Klima e. Schutz der Marmorstatuen während d. Winters. [Aus: „Bayer. Industrie- u. Gewerbebl."] gr. 8. (15 S.) Ebd. 887. n. — 80

Sendtner, R., zum gegenwärt. Stand unserer Erfahrgn. üb. den Erfolg des Margarinegesetzes, s.: Mitteilungen aus der 18. Jahresversammlung der freien Vereinigg. bayer. Vertreter der angew. Chemie.

Sendtner, s.: Vorträge aus dem Gebiete der Nahrungsmittel-Chemie.

— Wasserversorgg., Wasseruntersuchg. u. Wasserbeurteilg., s.: Loeffler, F.

Sendung des Patritius Fast. O. O. [17??]. V: *Wittola, Marcus Anton von.* (Behrisch, Die Wiener Autoren. Wien 1784.)

Sendungen d. kurländischen Gesellschaft f. Literatur u. Kunst. Redakt.: Lichtenstein, v. Trautvetter u. G. Paucker. gr. 4. (B. 1—20.) Mitau 839, (Reyher.) *

Sendungen. Mitau 1840—47. H: *Lichtenstein, Johann Nicolaus Heinrich, Ernst Chn von Trautvetter, Magnus Georg von Paucker, Carl von Bursy & Ernst August Pfingsten.* (BrMm)

Sendungen der kurländischen Gesellschaft für Literatur u. Kunst. II. Bd. gr. 4. (20½ B. u. 2 Stnt.) Mitau 845, (Reiher's Verlags-Conto.) *
1. Bd. Ebendas. 1839. * 2 Thlr. 20 Ngr.

Sendungen der kurländ. Gesellschaft für Literatur und Kunst. 3. Bd. gr. 4. (160 S. mit 1 lithogr. Portr. und 1 lithogr. Karte.) Mitau 847, (Neumann's Verlag.) Thlr.
1. und 2. Bd. Ebendas. 1839—45. à * 2 Thlr. 20 Ngr.

Sendykowski, Adam von, aus d. Prov. West-Preussen: Ueber die abnorm lange Dauer der Gravidität. *Würzburg 1879 [wielm. 1901/02]: Thein.* (54 S.) 8°
Würzburg, Med. Diss. v. 1870

Sendziak, Joh., über rheumatische Affektionen des Pharynx, des Larynx u. der Nase, s: Vorträge, klinische, aus dem Gebiete der Otologie etc. III. 7.

Sendziak, Joh., Beitrag zur Casuistik der nasopharyngealen Tumoren. [Aus: „Monatsschr. f. Ohrenheilkde."] gr. 8. (4 S. m. 2 Fig.) Berlin 894. O. Coblentz. n. 1. —

Sendziak, Joh., die bösartigen Geschwülste des Kehlkopfes u. ihre Radicalbehandlg., dargestellt auf Grund e. v. d. medicin. Gesellschaft in Toulouse preisgekrönten Arbeit u. e. in d. J. 1894—1896 unternomm. Sammelforschg. gr. 8. (VII, 240 S. m. 10 Abb.) Wiesbaden 897. J. F. Bergmann. n. 7. —

— Croup od. Diphtheritis der Nase? (Rhinitis fibrinosa aut diphtheritica?) Vortrag, geh. in der Sitzg. der Warschauer medicin. Gesellschaft am 7. Juni 1892. [Aus: „Monatsschr. f. Ohrenheilkde."] gr. 8. (16 S.) Ebd. 893. n. 1. —

— laryngeale Störungen bei den Erkrankungen des centralen Nervensystems, s.: Vorträge, klinische, aus dem Gebiet der Otologie. IV. 8.

Sene's, Anweis., den Inhalt d. Kugelgewölbe ꝛc. zu berechnen, s. J. W. A. Kosmann, Versuch e. Theorie der Gewölbe.

Senes, Anweis. d. Inhalt d. Kugelgewölbe, überhöhter und gedrückter Kugelgewölbe, so wie die Klöster- und Kreuzgewölbe zu berechnen, a. d. Französ., gr. 8. Berlin, Belitz 799.

Senebier, Jean

Senebier, J., physikal.-chem. Abhandll. üb. den Einfluß des Sonnenlichts auf alle drei Naturreiche; aus d. Französ. Mit Kpf. 4 Thle. gr. 8. Leipz. 785. Jacobäer. (Aue in Altona). 2 ₰ 12 gr

Senebier, J., Bemerk. üb. den Einfluß der Luft ꝛc., s. F. Huber.

— wicht. Beobachtungen üb. d. Gebr. d. Magensafts in d. Wundarzneykunde, a. d. Franz. 8. Mannheim, Akadem. Buchhdl. (Löffler.) 785.

— wichtige Beobachtt. üb. den Gebrauch des Magensaftes in der Wundarzneikunde; aus d. Französ. 8. Manh. 785. 2e A. 786. Akad. B. (Löffler). 3 gr

— catalogue de manuscrits Grecs, Latins et Français dans la bibliotheque publique de Génève. 8. Bern 779. Typ. Soc. 16 gr

— éloge historique de H. Haller, avec un catalogue complet de ses oeuvres. 8. Basel 778. Flick. 5 gr

Senebier, J. Über die vornehmsten mikroskopischen Entdeckungen in den drey Naturreichen; a. d. Franz. Leipzig 1795. Ü: *Steingrüber, Johann Christian August.* (MGT)

Jean Senebier

Ueber die vornehmsten mikroskopischen Entdeckungen in den drey Naturreichen...Aus d.Franz.des [Jean] Senebier. Mit Anm.u.Zusätzen von Johann August Donndorff. Leipzig:Gräff 1795. 216 S. 8°

— üb. die vornehmsten mikroskop. Entdeck. in den 3 Naturreichen; aus d. Französ. mit Zusätzen von J. A. Donndorf. 8. Leip.. 795. (Bienbrack). 15 gr

— Entwurf e. Gesch. der organ. Körper vor ihrer Befruchtung, s. Spallanzani, Erzeugung der Thiere.

—Kunst, zu beobachten; aus d. Französ. mit Zusätzen von Jh. Fr. Gmelin. 2 Bde. 8. Leipz. 776. Weygand. 1 ℛ 6 gr.

— Leben Calvins u. Beza's, a. d. Franz. v. Ziegenbein. 8. Hamb. (Gräff, Leipz.) 789.

—Leben Calvin's u. Beza's; aus d. Französ. v. J. W. H. Ziegenbein. 8. Hamb. 789. (Wienbrack in Leipz.) 10 gr.

— mémoires physiques, chemiques sur l'influence de la lumière solaire. III Vols., av. figures. gr. 8. Leipz., Sommer. 4 ℛ

Senebier, Jean. Über die Natur der brennbaren Luft; a. d. Franz. . . . Leipzig 1785. Ü: *Wittekop, Jac. Heinr.* (Ky)

— üb. die Natur der brennbaren Luft; aus d. Französ. u. mit einigen v. Kirwan erhalt. Anmerkk., unter von Lor. v. Crells Aufsicht, (v. J. H. Wittekop). 8. Leipz. 785. Müller. 14 gr.

— üb. d. Natur d. brennbar. Luft, m. Anmerk. v. Crell. 8. Lpz. Müller. 786.

— s. Spallanzani, Verdauungsgeschäfte.

— traité d'arithmétique, où l'on démontre les principes du calcul dans l'ordre le plus naturel etc. 4. Lausanne 785. Pott u. C. 3 ℛ 8 gr.

Analytische Untersuchungen über die Natur der brennbaren Luft. Aus dem französischen übersetzt mit einigen von R. Kirwan erhaltenen und eigenen Anmerkungen herausgegeben von Lorenz Crell. Leipzig, 1785. pp. [xxiv]–232, 12mo.

Seneca, s. Ahlheim, Augustus.
Strauss, Fridericus.

— der Sittenlehrer, n. d. Charakter s. Lebens u. s. Schriften entworf. von dem Uebers. von Plutarchs moral. Schriften 1s Bdch. 8. Zürich, Ziegler. 783.

Seneca, Der sterbende, ein Trauerspiel. Frankf. a. M. 1754. V: *Creutz (Creuz), Friedrich Casimir Carl Freiherr von.* (ML) (Ky) (Mn) (Cat. d. Stadtbibl. Zürich. Zürich 1864—97.)

— der sterbende; ein Trspl. (v. Frhr. Fr. Karl Kasimir v. Creuz). gr. 8. Frankf. 754. Varrentrapp. 10 gr.

Seneca, s.: Sittlichkeits-Verbrechen, die, e. Breslauer Zeitungs-Redakteurs.

Seneca, Lucius Annaeus, d. Ä.

Senecae, M. Ann., Rhetor., opera ad opt. editt. collecta studiis Soc. Bipont. 8. Bip. 783. Ed. II. emendat. 8. Strassb. 810. (Treuttel u. W.) 1 ℛ 20 gr.

—— scripta quae manserunt. Edidit H. J. Müller. E. s. t.: L. Annaei Senecae oratorum et rhetorum sententiae, divisiones, colores. 8. (XLIV, 628 S.) Wien und Prag 887, Tempsky. — Leipzig, Freytag. *

Senecae, Annaei, oratorum et rhetorum sententiae divisiones colores. Conr. Bursian recensuit et emendavit. Lipsiae 857. Breitkopf u. Hartel. gr. 8. (XX, 466 S.) 2 ℛ. 15 ngr.

—— Oratorum et rhetorum sententiae divisiones colores. Recognovit Adolphus Kiessling. 8. (XVI, 557 S.) Leipzig 872, Teubner.

Annaei Senecae oratorum et rhetorum sententiae divisiones colores suasoriarum. Ex codicibus denuo collatis edidit H. J. Mueller. 31 S. (Symbolae ad emendandos scriptores latinos part. III.) Progr. Luisst. G. *Berlin* 1885.

Seneca, Lucius Annaeus, d. J.

— Abhandl. von d. Kürze des menschl. Lebens u. Trostschrift an Marcien; aus d. Latein. übers. u. mit Anmerkk. erläut. v. Jh. Mich. Heinze. 8. Hannov. u. Götting. 747. Neue Aufl. 754, . . . 6 gr.

— des Philosophen, Abhandll., übers. v. J. Moser u. A. Pauly. 1s—12s Bdchen. 16. Stuttg. 828—833. Metzler. Subscr.-Pr. 2 ℛ

— Abhandlungen (Werke), übersetzt von J. M. Moser u. A. Pauly. 13s—15s Bdchn. 16. Stuttgart 833—37. Metzler. (à 1/6 ℛ) 1/2 ℛ

— eine kleine Aehrenlese aus d. Briefen des L. Ann. Seneca, v. Breitinger. 4. Würzb. 827. (9 S.)

Seneca, Apo colocyntosis, verdeutscht durch F. C. Neubur, Leipzig (1729)
siehe Friedrich Christoph Neubur.

Seneca, Lucius Annaeus Apokolokyntosis. Für den Schulgebrauch hrsg. v. A. Marx. (15 S.) 8. Karlsruhe (907). F. Gutsch. — 40

Senecae. L. Annaei, libri de beneficiis et de clementia. Ad codicem Nazarianum rec. M. C. Gertz. gr. 8. (VIII, 287 S.) Berlin 876. Weidmann. 4. 50

— *Brief* 88. Übers. und erläutert von C. G. W. Lehmann. Quedl. 816. 8. 6 gr.

Seneca, L. Ann., der 88te Brief, übers. u. erläut. von G. F. Drescher. 8. Büdingen 830, Heller, . . .

— Briefe; aus d. Latein. v. Jh. F. v. Palthen. 2 Thle. 8. Rostock 765—67. (Stiller). 1 ℛ 16 gr.

— Briefe; aus d. Latein. v. Albr. Chr. Kayser. 8. Dessau 783. Gelehrten-Buchh. 18 gr. (Regensb., Montag u. W.) 12 gr.

— — dieselben. 8. Regensb. Montag. 788.

— Ausgewählte moralische Briefe als Einführung in die Probleme der stoischen Philosophie. Hrsg. v. P. Hauck. Textbd. u. Kommentar. 8. Berlin 910. Weidmann. Geb. in Leinw. 3. 40
Textbd. (XI, 196 S.) 1.80 — Kommentar. (156 S.) 1. 60

—— 50 ausgewählte Briefe an Lucilius, s. Universal-Bibliothek Nr. 2132 und 2133.

— Briefe an d. Lucil. 2 Thle. 8. Rostock, Koppe. (Stiller.) 765–67.

— Uebersetzung der sämmtl. Briefe des L. A. Seneca mit erklärenden Anmerkungen begleitet von D[etl.] J[oh.] W[ilh.] Olshausen. 1—2. Bd. Kiel. 1811.

Seneca, L. Annaeus, sämmtl. Briefe. Uebersetzung, mit erklärenden Anmerkungen begleitet v. J. J. W. Olshausen. 2 Bde. gr. 8. Kiel, Akadem. Buchh. 811.

— sämmtl. Briefe. Uebersetzung, mit erklär. Anmerkk. begl. v. D. J. W. Olshausen. 2 Bde. gr. 8. Kiel 811. Hesse. 3 ₰ Schrbp. 3 ₰ 18 gr

— zwey Briefe (71 u. 79). Übers. u. erl. von C.G.W. Lehmann. Halberst. 813. 8. 4 gr.

— zwei Briefe 119 u. 71 übersetzt u. erläutert von C. G. W. Lehmann. 8. Halberst. Büreau f. Lit. 813.

— 2 Briefe 119 u. 71, übers. u. erläut. v. C. G. W. Lehmann. 8. Halberst. 813. (Vogler in Potsd.) 4 gr

— Buch vom glücklichen Leben, s. Seneca: Vom glücklichen Leben.

— 3 Bücher vom Zorn, s. Seneca: Vom Zorn.

— 2 Bücher von der Gnade, s. Seneca: Von der Gnade.

Seneca, L. A. Tragische Bühne der Römer. A. d. lat. Ansbach 1777—81. Ü: *Rose, Joh. Wilh.* (Ky) (Ebert)

— tragische Bühne; aus d. Latein. (von J. W. Rose). 3 Thle. 8. Ansb. 777—81. Haueisen. (Gassert). (I. a) Herkules. b) Medea. c) Die Trojanerinnen. 12 gr II. a) Hippolyt. b) Oedipus. c) Thyest. 8 gr III. a) Herkules a. d. Oeta. b) Agamemnon. c) Octavia. d) Die Phönicierinnen. 12 gr) 1 ₰ 8 gr, s. auch Tragödien d. Römer.

Senecae, L. Annaei, dialogorum libri XII, ex recensione et cum apparatu critico Herm. Adf. Koch. Editionem Kochii morte interruptam absolvendam curavit Johs. Vahlen. gr. 8. (XXXIV, 292 S.) Jena 879. Fischer. n. 8. —

Senecae dialogorum libri XII, ex recensione Adf. Koch. gr. 8. Jena 879. Ulm, Wohler'sche Verlagsb. * 4 —

Senecae, L. Annaei, dialogorum libros XII ad codicem praecipue Ambrosianum recensuit M. C. Gertz. gr. 8. (XXXIII, 443 S.) Havniae 886. (Leipzig, Brockhaus' Sortiment und Antiqu.) * 11 25

Seneca, L. A. Eclogae, Pensées, recueillies . . . Berlin 1765. H: *Einem, Johann August Christoph von.* (MGT)

Seneca, L. A. Epistola LXXXVIII. Ex recognitione Ruhkopfiana . . . Chemnitii 1827. H: *Wagner, Carl Theodor.* (Ky)

— epistola LXXXVIII. Ex recognitione Ruhkopfiana in us. schol. latinar. separatim edita (a C. Th. Wagner). 8. Chemnitz 827. Kretschmar. 2 gr

— Epistulas aliquot ex Bambergensi et Argentoratensi codicibus ed. F. Buecheler. Gr. 8. 1879. VIII, 66 S. u. 2 Taf.

— epistulas aliquot, ex Bambergensi et Argentoratensi codicibus ed. Franc. Buecheler. gr. 8. (VIII, 66 S. m. 2 autogr. Taf.) Bonn 880. (Trier, Lintz.) n. 1. —

— ad Lucilium jun. epistolae. Curavit, adnotat. adj. F. C. Matthiae. 8. Frankf. a. M. 808. Varrentrapp. 1 ₰ 20 gr Schrbp. 2 ₰ 12 gr Velinp. 7 ₰ 22 gr

— — Cura F. C. Matthiae. Francof. 808. Vol. I. T. I. II. 8. 1 rthl. 20 gr. Die Anmerkungen sind noch nicht erschienen.

— ad Lucilium epistolae morales. Ad fidem veter. libror., in his trium Mss. Argentorat., recogn., emend. notisque crit. illustr. Jh. Schweighäuser. II Voll. 8. Bipont. 809. (Strassb., Treuttel u. W.) 3 ₰ 18 gr

Senecae, L. Annaei, ad Lucilium epistulae morales selectae. Für den Schulgebrauch erklärt v. G. Hess. 1. Heft: Ausg. A. Kommentar unterm Text. gr. 8. (VI, 147 S.) Gotha 890, F. A. Perthes. 1 80; Ausg. B. Text u. Kommentar getrennt in 2 Heften. (VI, 83; 60 S.) 1 80

— ad Lucilium epistolae selectae. In us. gymnas. cur. A. Pauly. 8maj. Stuttg. 825. Metzler. 12 gr

—— epistolae morales, s. Plinius.

Senecae, *Flores* a Lipsio collecti. Vienn. 748. 8. 12 gr.

— flores ex operibus illius selecti. Ad exemplar. J. Lipsii et Gronovii accuravit M. F. Schaefferus. 8. Bresl. 761. Ed. II. 780. J. F. Korn. 20 gr

— Fürstenspiegel, deutsch u. latein. hrsgg. v. J. W. B. Rußwurm. 8. Stendal 809. Franzen u. Gr. 12 gr

— Geist des, für d. Jugend, s. F. L. A. v. Grolmann.

Seneca, L. A. Von der Gnade. Neue deutsche Übersetzung. Hamb. 1753. Ü: *Lynar, Rochus Frdr. Graf zu.* (Ky) (ML) H: *Herbart.* (Degen)

— von der Gnade. Neue deutsche Uebersetzung (v. Graf Rochus Fr. zu Lynar). 8. Hamb. 753. Herold. 3 gr

— 2 Bücher von der Gnade, an d. röm. Kaiser Cäsar; ins Deutsche übers. v. Jh. Mich. Heinze. 8. Hannov. 753. Richter. ...

Seneka, Lucius Annaeus, zwei Bücher von der Gnade an Kaiser Nero. [Ein Fürstenspiegel aus der Vorzeit f. die Jetztzeit.] Beim Eintritt in die 2. Hälfte des 19. Jahrh. f. Regierende u. Regierte aus dem untergedruckten Latein. Texte übersetzt u. mit erklärenden Anmerkungen versehen (v. R. Albani). gr. 8. (IV u. 109 S.) Dessau 851, Katz. 1/2 ₰

— an Helvia u. Marzia, m. Anmerk. von C. Ph. Conz. 8. Tübing. Heerbrand. 792.

— an Helvia u. Marcia, übers. mit Anmerkk. u. Seneca's Leben hrsgg. v. K. Ph. Conz. 8. Tübing. 792. (Osiander). 14 gr

— Hercules furens. Specimen novae recensionis tragoediarum Senecae auctore Tork. Baden. 8maj. Lübeck (Hamb.) 789. (Campe). 1 ₰

— Hercules furens. 8. maj. Hamb. Bohn. 798.

— *Hercules furens.* Specimen novae edit. auct. Torkillus Baden. Kilon. 798. 8.

—— de ira libri III, s. Quintilianus.

—— von den Kometen, übers. u. mit erläut. Anmerkn. vers. v. Friedr. Chrstn. Gelpke. gr. 12. (2 1/2 B.) Grimma 835, Verlags-Comptoir.

— *von der Kürze des Lebens und Trostschrift an Marcien.* Übersetzt von J. M. Heinze. Hannov. 747. 8.

Seneca, L. A. Von der Kürze des Lebens, neue deutsche Übersetzung. Hamb. 1754. Ü: *Lynar, Rochus Frdr. Graf zu.* (ML) (Ky) H: *Herbart.* (Degen) (Collin, Anonymer. Kiobenh. 1869.)

— üb. die Kürze des menschl. Lebens, mit Erläuterr. (übers. v. Fr. Franke). gr. 8. Berl. 796. Franke. (Barth in Leipz.) 5 ggr

Seneca, L. A. Ueber die Kürze des menschlichen Lebens ... Berl. 1797. Ü: *Francke, Frdr.* (Gi) (ErschDl.) »1796« (Ky)

— üb. das glückl. Leben, von d. Kürze des Lebens, von der Muse des Weisen, übers. u. mit Anmerkk. hrsgg. von K. Ph. Conz. 8. Stuttg. 791. Löflund. 10 ggr

— *über das glückliche Leben, die Kürze der Zeit und die Ruhe des Weisen.* Übersetzt mit Anmerkungen von Conz. Stuttg. 791. 8. 10 gr.

— Buch vom glückl. Leben, Ins Deutsche übers. 8. Danzig 742. 2e verb. A. 750. Waasbergs Wwe. (Brockhaus in Leipz.) 4 ggr

— Buch vom glückſel. Leben. 8. Danzig, Waesberg. (Gleditsch in Lpz.) 750. •

— Vom glückseligen Leben. Hrsg. v. Heinr. Schmidt. (Kröners Taschenausg.) (VIII, 192 S.) kl. 8. Leipzig (909). A. Kröner. Geb. in Leinw. 1.—

— — Liber quare bonis viris multa mala accidant cum sit providentia, Commentariis et adnotat. illustr. Praemitt. tria Latini Latinii epigrammata. 8maj. Romae. 802. (Lips., Fr. Fleischer.) 1 —

— *Ludus de morte Claudii* (*Apocolocynthosis*). — Cum notis G. C. B. (G. Cortii). — Steht in dem Buche: *Tres satyrae Menippeae.* Lips. 720. 8.

— — Latein. u. Deutsch mit Anmerkungen von Neubur. Leipz. 730. 8. 4 gr.

— — Latein. u. Deutsch mit Anmerkungen von Sonntag. — Steht in dessen *Unterhaltungen.* Heft 2. Riga 790.

— Medea et Troades, cum notis ineditis J. F. Gronovii et A. Matthiae. 8maj. Leipz. 827. W. Vogel. 1 ℛ 12 ggr Schrbp. 2 ℛ Velinp. 2 ℛ 16 ggr

Seneca. Medea, Tragödie v. Seneca, übers. u. erklärt v. K. Osswald. Pr. 1871. 88 S. 4°.

— monita et ejusdem morientis extremae voces. Ex codicibus Parisinis saeculi VII. et IX. primus ed. Ed. Wölfflin. gr. 4. (32 S.) Erlangen 878. (Deichert.) n. 1. 50

— Observationes de natura infantum, puerorum et adolescentum ed. Joh. Dan. Schulze. Pr. 1808. 10 S. 4°. 1.—

— observationes de natura infantum, puerorum et adolescentum coll. J. D. Schulze. 4. Luben 808.

— Ödipus. Tragödie. Übers. u. erläutert v. A. Steinberger. gr. 8. (57 S.) Regensburg 889. Wunderling. n. 1. 20

Senecae, *Opera.*

— — Cum notis selectis. Lips. 702. 2 Vol. 12, Ib. 741. 2 Vol. 8. 1 rthlr. 8 gr.

— philosophi opera ad opt. editt. collata. Praemittitur notitia litteraria societ. Bipont. Editio accurata. IV Voll. 8. Bipont. 782. Mit M. Ann. Seneca Rhetor. opera. 8. ibid. 783. 3 ℛ 18 ggr

— philosophi opera cum not. crit. et indicibus. V Voll. 8maj. Bip. 809. (Treuttel u. W. in Strassb.) 10 ℛ

Senecae, L. Annaei, Opera. Ad libros manuscriptos et impressos recensuit, commentarios criticos subiecit, disputationes et indicem add. Car. Rud. Fickert. Vol. I. — Et s. tit.: Senecae ad Lucilium epistolarum moralium libri XX. 8maj. (48¾ B.) Lipsiae 842, libr. Weidmann. *

— id. Vol. II. cont. libros de beneficiis, de clementia, de ira. 8maj. (30½ B.) ibid. 843. *

— id. Vol. III. Et s. tit.: dialogi IX, ad Lucilium, naturalium quaestionum libri VII, Ludus de morte Claudii. 8maj. (47½ B.) ibid. 845. *

Senecae, L. Ann., Philosophi, opera omnia. Accesit a viris doctis ad Senecam annotator. delectus. II Voll. Mit 1 Kpf. 8. Leipz. 741. Edit. II. II Tomi. 8maj. ibid. 770. Weidmann. 2 ℛ

— philosophi opera omnia. Ad fid. LXIII libror. veter., tum MSrum, receps. et adnotatt. illustr. Ign. Aur. Fessler et J. C. Chr. Fischer. Indicem latin. philologico-criticum adj. C. F. Bauer. Accedit J. A. Fessleri enarratio critica et censura philosophiae ethicae stoicorum cum commentatione de vita, moribus et de stoicismo Senecae liberiori. III Voll. 8maj. Bresl. 795. (NB. Ist nicht erschienen!)

Senecae, Luc. Annaei, Opera omnia. Ad optimor. libror. fidem accurate edita. Edit. stereotypa. V Vol. (Wohlf. Ausg.) 16. Lipsiae 832, Tauchnitz.
à 9 Gr., 1 Thlr. 21 Gr., f. Pap. à 12 Gr,

Vol. I. II. Scripta moralia. [I. (15¼ B.), II. (17¾ B.)]
- III. IV. Epistolae ad Lucilium. [III. (15⅛ B.), IV. (14⅞ B.)]
- V. Naturales quaestiones, Apocolocynthosis, Fragmenta, Index rerum, Index locorum ex poetis citatorum (19⅝ B.)

Senecae, philosophi L. Annaei, opera omnia. Ad optimorum librorum fidem accurate edita. Editio ster. C. Tauchnitiana. Nova impressio. Tom. 1 et 2. 16. (X und 513 S.) Leipzig 866, Holtze. à Tom. 12 Ngr.

Senecae, L. Annaei Philosophi, Opera omnia ad optimorum librorum fidem accurate editia. Editio stereotypa C. Tauchnitiana. 5 vol. 16. (2640 S.) Leipzig (832)866—70, Holtze. à Vol. ℳ 1,20.

Inhalt:

Vol. 1. 2. Scripta moralia.
» 3. 4. Epistolae ad Lucilium.
» 5. Naturales Quaestiones, Apocolocynthosis, Fragmenta, Index rerum. Index locorum ex poetis citatorum.

— Opera omnia. Rec. Fr. Haase. 3 vol. 8. Leipzig, Teubner.

Inhalt:

Vol. 1. Dialogorum libri XII. Epigrammata super exilio. Ludus de morte Claudii. De clementia libri duo. (VIII, 304 S.) 874. ℳ 2,10.
Vol. 2. De beneficiis libri VII. Naturalium quaestionum libri VII. (VI, 318 S.) 873. ℳ 2,10.
» 3. Epistularum moralium libri viginti. Fragmenta. De remediis fortuitorum. Excerpta et supposita. Index rerum memorabilium. (VIII, 594 S.) 872. ℳ 3,60.

Senecae, L., Annaei, philosophi, opera omnia. Ad optimorum librorum fidem accurate ed. Ed. ster. C. Tauchnitiana. Tom. II. 16. Leipzig 904. O. Holtze's Nachf. n. 1. 20
De clementia libri II. De brevitate vitae: de vita beata: de otio sapientis: de beneficiis. Nova impressio. (VI, 275 S.)

— opera omnia philosophica. 12. Halle 762. Waisenhaus-Buchhandl. 10 ggr

— Philosophi Opera omnia, quae supersunt recognovit et illustravit F. E. Ruhkopf. IV Tmi. 8. maj. ibid. 797 — 808. (I. 1 Rthlr. 18 gr. II. 1 Rthlr. 8 gr. III. 1 Rthlr. 10 gr. IV. 1 Rthlr. 12 gr.)
Schrbp. (I. 2 Rthlr. 12 gr. II—IV. à 1 Rthlr. 20 gr.)
Holl. P. (I. 3 Rthlr. 8 gr. II. 2 Rthlr. 16 gr. III. IV. à 3 Rthlr.)

Seneca, L. Annaeus, Opera omnia, quae supersunt. Recognovit et illustravit F. E. Rulikopf. Vol. V. 8maj. Lips. Weidmann. 811. Rthlr. Schreibp. Holl. Pap.

—— Opera philosoph. Recogn. prolusionem de vita et ingenio Senecae praemisit summaria singulis libris inscripsit atque selectas observat. crit. adjecit E. F. Vogel. 8 maj. (34 B.) Lipsiae 829, [Böhme.]

— opera philosophica. Recogn., prolusionem de vita et ingenio Senecae praemisit, summaria singulis libris inscripsit atque selectas observat. crit. adjecit E. F. Vogel. 8maj. Leipz. 830. Hartmann. 2 ₰ Schrbp. 3 ₰

Senecae, L. Annaei, opera quae supersunt. Recognovit et rerum indicem locupletissimum adjecit Frid. Haase. III voll. 8. (I: VIII u. 304 S. II: VI u. 318 S. III: XXVIII u. 594 S.) Lipsiae 852. 53. Teubner. (I u. II: à 18 ngl III: 1 ₰) 2 ₰ 6 ngl

L. Annaei Senecae opera quae supersunt. Recogn. et rerum indicem locupletiss. adiecit Fridericus Haase, Prof Vratislav. Vol 1—3. [Nebst] Suppl. Lipsiae: B. G. Teubner 1884—1902. 4 Bde 8°
1. 1887 2. 1884. 3. 1886. Suppl. 1902.
(Bibliotheca scriptorum gr. et rom. Teubneriana.)

L. Annaei Senecae opera qvae svpersvnt. Ed Otto Hense. Vol. III [I & II ersch später.] Lipsiae: B. G. Teubner 1898. 8°
(Bibliotheca script Graec et Rom Teubneriana.)

Senecae, L. Annaei, opera quae supersunt. Vol. I. Fac. II. Vol. III et Supplem. 8. Leipzig, B. G. Teubner. n. 9. 80
I. 2. L. Annaei Senecae ad beneficiis libri VII, clementia libri II. Ed. Carol. Hosius. (XXVI, 278 S.) 900. n. 2. 40
III. L. Annaei Senecae ad Lucilium epistularum moralium quae supersunt. Ed. Otto Hense. (XL, 621 S.) 898. n. 5. 60
Supplementum. L. Annaei Senecae ludus de morte Claudii. — Epigrammata super exilio. — De amicis L. Annaei Senecae libris testimonia veterum et fragmenta ex iis servata. — Ad Gallionem de remediis fortuitorum liber. — De paupertate. Excerpta e Senecae epistulis. — De moribus liber. — De formula honestae vitae liber. — Epistolae Senecae ad Paulum apostolum et Pauli apostoli ad Senecam. — Epitaphium Senecae. Ed. Fr. Haase. Accedit index rerum memorabilium. (XI, 191 S.) 902. n. 1. 80

— opera quae supersunt. Vol. I. Fasc. I. Dialogorum libros XII ed. Emil Hermes. (XX, 383 S.) 8. Leipzig 905. B. G. Teubner. n. 3. 20; geb. n. 3. 80

— opera, quae supersunt. Vol. II. Naturalium quaestionum libros III ed. Alfr. Gercke. (XLVIII, 278 S.) kl. 8. Leipzig 907. B. G. Teubner 3.60; geb. in Leinw. 4.—

— paedagogica edid. Jh. Dn. Schulze. 4. Luccav. 809.

— moral. Paragraphen; aus dessen Werken übers. u. für nachdenkende Jünglinge gesammelt von J. F. Heigelin. 8. ø, D. 798. ...

— pensées, récueillies par M. Angliviel de la Beaumelle. Trad. en France, pour servir à l'éducation de la jeunesse. II Part. 8. Gotha (Götting.) 754. Dieterich. 16 gl

Seneca, L. A. Probe einer Uebersetzung des Oedipus. [Weimar 1808] Ü: *Schmidt, Friedr. Wilh. Valentin.* (MGT)

— de providentia. Cum notis Mureti, Lipsii et Gronovii ed. J. H. Acker. Rudolst. 711. 8.

—— liber de providentia, sive quare bonis viris mala accidant, cum sit providentia. Recens., varietate lect. et annotat. instr. B. A. Nauta. 8maj. (12 B.) Lugduni Batav. 828, Luchtmans. (Lipsiae, Weigel; Weidmann.)

Senecae, L. Ann., natural. quaestionum libri VII. diligentissime recogniti, scholar. in usum accommodati a G. D. Koelero. 8maj. Götting. 817. Vandenhöck u. R. 12 gl

— naturalium quaestionum libri septem. Recognovit atque commentario perpetuo illustr. Geo. Dav. Koeler. 8maj. Götting. 818. Vandenhöck u. R. 2 ₰ 16 gl Schrbp. 3 ₰

— — Rec. en end. atq. commentar. perpet. illustr. G. D. Koeler. Götting. 819. 8. 2 rthlr. 16 gr.

— v. d. Ruhe d. Geistes, der Unerschütterlichkeit d. Weisen, v. Conz. 8. Stuttgart, Erhard. 790.

— von der Ruhe des Geistes, der Unerschütterlichkeit des Weisen, von K. Ph. Conz. 8. Stuttg. 790. (Hoffmann). 12 gl

— von der Ruhe der Seelen, bei den Serenis. 8. Berl. 768. Haude. 3 gl

— Samml. auserles. Stellen aus d. sämmtl. philosoph. Schriften des L. A. Seneca, zunächst für Schüler d. ersten Klassen von Gelehrten-Schulen bestimmt u. hrsgg. v. D. J. W. Olshausen. 8. Altonau 807, 8. Hammerich. 1 ₰ 20 gl Die Anmerkk. apart. 20 gl

Senecae satirae, s.: Petronii satirae.

— ausgewählte Schriften, s. Sammlung griechischer u. römischer Classiker.

Seneca's ausgewählte Schriften, s. Universal-Bibliothek Nr. 1847—1849.

—— philosoph. Schriften, neu übers. v. G. M. Walter. 1. Bd. (1. u. 2. Abthl.) — A. u. d. T.: Briefe an Lucilius. 1. u. 2. Abthl.: Brief 1 — 124. 8. (18¼ u. 18½ B.) Dresden 839, 40, [Bromme's Brlsh.] à

— Seneca

—— übers. von Forbiger, s. Bibliothek, Langenscheidt'sche, sämmtlicher griechischer und römischer Klassiker.

Seneca, s. Bibliothek d. Ubersetzungen.

Seneca, L. Ann., herausgg. von J. G. K. Klotzsch. 2 Thle. 8. Wittenb. 799 u. Zimmermann. 2 ₰ 14 gl (Erläuterung, u. gehört eigentl. unter Klotzsch.)

Seneca, L. Annäus, herausg. v. J. G. K. Klotzsch. 2 Thle 8. Wittenb. Zimmermann. 799 u. 802.

— im Auszuge, s. Jh. A. L. Grosse.

Seneca im Auszuge, mit prakt. Bemerkungen, oder Vernunft u. Glaube, ein Buch d. Weisheit u. Tugend f. Gebildete, von L. Grosse. 8. Magdeb. 822, Creutz.

— Seneca christianus.

— id est flores christiani ex L. Ann. Senecae epistolis collecti. 8maj. Pressb. ... Belnay. 5 gl Schrbp. 8 gl Engl. Velinp. 1 ₰ 8 gl

— christianus, id est, flores christiani ex L. Ann. Senecae epistolis collecti (? a Jh. Gerz). 8. Trier 769. 8. Augsb. 782. Wolff. 4 gl

— der christliche, oder Richtschnur eines tugendhaften Lebens. 4. Leipzig, Hilscher. (Comtoir für Literatur.) 740.

— — derselbe. 18. Leipzig, Bauer. 740.

—— et Publ. Syri Mimi forsan et alior. selectae sententiae. Quas notis illustr. ed. Eman. Swedberg (Swedenborg). Ad fid. rariss. edit. principis anni MDCCIX. denuo publ. juris fec. et fragm. nuper reperta adjecit J. F. Eman. Tafel. 8maj. (4 B.) Londini 841. Tubingae, [Stuttgartiae, Ebner et Seubert.]

— et Publ. Syri Mimi forsan et aliorum selectae sententiae. Quas notis illustr. edid. Eman. Swedberg (Swedenborg). Ad fidem rariss. edit. principis anni MDCCIX. denuo publ. juris fecit et fragmenta nuper reperta adjecit J. F. Eman. Tafel. 8maj. Londini 841, Tubingae, (Verlagsbuchh.) Zu-Guttenberg. 1/2 ℳ

— et Syri Mimi singulares sententiae studio I. Gruter ex versione Scaliger. 8. Leyden. 727. 1 8

— et P. Syri, Mimi *singulares sententiae.*
— — Cura Mureti. Altenb. 756. 8. 3 gr.

— et Syri Mimi singulares sententiae ad Gruteri editionem c. Ant. Mureti institutione puerili in us. Gymnas. Fridericiani evulgavit (c. Sal. Ranisch). 8. Altenb. 760. (Hennings in Neisse). 3 gl

— et Syri Mimi singulares sententiae ad Gruter ed. c. Mureti. 8. Altenburg, Richter. (Academ. Buchhandl., Ien.) 760. — 5

— Sentenzen. Ausgewählt u. ins Deutsche übertr. v. Karl Preisendanz. (XXXII, 259 S.) 8. Jena 908. E. Diederichs. 5 —; geb n 6 50

— Spottgedichte, oder Satyre über den Tod u. d. Vergötter. Claudians, erläut. v. Nebur. 8. Leipz. Breitkopf. 729.

—— von d. Standhaftigkeit d. Weisen, od.: daß d. Weisen Unglück u. Beleidigung nicht treffen. Uebers. u. mit e. Vorw. u. Anmerkn. vers. v. Schücking. gr. 8. (8 B.) Münster 836, Regensberg.

— Thyestes, e. Trauersp. m. e. Einleit. über das Wesen d. röm. Tragödie u. Anmerk., nebst d. latein. Texte, v. Franz Horn. gr. 8. Penig, Dienemann. 802.

— Thyestes, ein Trauerspiel, mit e. Einleit. üb. das Wesen der röm. Tragödie u. Anmerk., nebst den latein. Text, von Frz. Horn. gr. 8. Penig 802. (Leich in Leipz.) 21 gl

Senecae, L. A., Tragici, et aliorum tragoediae serio emendatae. Editio prioribus longe correctior. 12. Bresl. 754. Pietsch. 6 gl

— tragoediae. 12. Nürnb. 780. Riegel u. W. 14 gl 8. ibid. 797. 14 gl

— — id. lib. 12. Nürnb. Stein. 780.

— — Cum notitia literaria. Bipont. 785. 8. 16 gr.

— tragoediae. 8maj. Bipont. 786. (Treuttel u. W. in Strassb.) 14 gl Schrbp. 18 gl

— — 8. ibid. 797.

— tragoediae. Recens. Tork. Baden. Prs. I. 8maj. Kopenh. 819. Schultz. ...

—— Tragoediae rec. F. H. Bothe, s. a. Poetae scen. Latinor. Vol. III.

— tragoediae. Penitus excussis membranis florentinis, adhibitisque codice Ms. Ultrajectino, edit. prima Car. Fernandi, et in aliis spectatae fidei libris item J. F. et Jak. Gronoviorum notis ineditis, recogn. F. H. Bothe. III Voll. 8maj. Leipz. 819. Hahn. 3 ℳ

— tragoediae, recensuit Tork. Baden. P. I. et II. 8maj. Leipz. 821. Er. Fleischer. 5 ℳ 8 gl

Senecae Tragoediae. Ed. F. H. Bothe. Halberst. 822. 8. Ist auch der *dritte* Theil der *Poetae scenici Romanor.*

— tragoediae. Curis secundis castigavit F. H. Bothe. 8maj. Halberst. 822. (Weinedel in Leipz.) 1 ℳ 12 gl Hbg. Pr. 1 ℳ 4 gl

—— Tragoediae. Ad optimor. libror. fid. accurate editae. Edit. stereot. 16. (24 B.) Lipsiae 835, K. Tauchnitz.

Senecae tragoediae. Ad optimorum librorum fidem accurate editae. Editionis ster. C. Tauchnitianae nova impressio. Leipzig 867. Holtze. 16. (383 S.) 15 ngr

—— Tragoediae, s. a. Peiper, R.

— tragoediae. Accedunt incertae originis tragoediae tres. Recensuerunt Rud. Peiper et Gust. Richter Leipzig 867. Teubner. 8. (XLVIII, 592 S.) 1 ℳ 15 ngr

—— Tragoediae. Rec. et emendavit Frider. Leo. 2 vol. gr. 8. Berlin, Weidmann'sche Buchh.
Inhalt:
Vol. I. Observationes criticas continens. (VIII, 232 S.) 878. ℳ 3.
» II. Tragoedias et Octaviam continens. (XXX, 406 S.) 879. ℳ 6.

Senecae, L. Annaei, tragoediae. Ad optimorum librorum fidem accurate editae. Editionis ster. C. Tauchnitianae nova impressio. 16. (383 S.) Leipzig 894. O. Holtze's Nachf. 1.50

L. Annaei Senecae tragoediae rec. Rudolfus Peiper et Gustavus Richter Peiperi subsidiis instructus denuo edendas curavit Gustavus Richter. Lipsiae: B. G. Teubner 1902 (XLIV, 500 S.) 8⁰
(Bibliotheca scriptorum graecorum et romanorum Teubneriana.)

— — Tragödien, nebst d. Fragmenten d. übrigen römischen Tragiker, oder tragisches Theater der Römer, übers. v. W. A. Swoboda. 3 Bde. M. K. gr. 8. Prag u. Wien, Haas. 821

— Tragödien, nebst den Fragmenten d. übrigen römischen Tragiker. Uebersetzt u. mit Einleit. versehen v. W. A. Swoboda. Mit 1 Kpfr. 3 Bde. gr. 8. Wien 825, Haas.

—— Tragödien. Nebst d. Fragmenten d. übrig. röm. Tragiker. Uebers. u. erläut. v. W. A. Swoboda. 3. Bd. Den krit. Commentar enthalt. gr. 8. (25 1/4 B.) Wien 830, Haas.
1. u. 2. Bd. Ebendas. 1821, 25. (N. Ztl. 830.) 2 Thlr. 20 Gr.

—— Tragödien. Metrisch übers. u. mit erklär. Anmerkn. v. Ed. Sommer. Lfg. I. — A. u. d. T.: Der rasende Herkules. 12. (3 1/4 B.) Dresden 834, Grimmer.

—— dass. Lfg. II. — A. u. d. T.: Thyestes. 12. (4 1/4 B.) Ebds. 834.

—— dass. Lfg. III. — A. u. d. T.: Die Phönizierinnen. 12. (2 1/3 B.) Ebds. 834.

Tragödien der Römer. Metrisch übers. Bresl. 809. Th. I. 8. 20 gr. (Enth. Seneca's Hercules furens, Thyestes u. Agamemnon).

— *Troades.* Lat. u. deutsch m. Anm. v. F. Horn. Penig 803. 8. 21 gr.

— d. Trojanerinnen, e. Trauersp. m. e. Einleit. über das Wesen dieser Tragödie u. krit. Anmerk., nebst d. lat. Text. gr. 8. Penig, Dienemann. 803.

— die Trojanerinnen, ein Trauerspiel, mit e. Einleit. üb. das Wesen dieser Tragödie u. krit. Anmerkk., nebst d. latein. Text. gr. 8. Penig 803. (Leich in Leipz.) 21 ℊ

— die Trojanerinnen. Uebersetzt u. mit Anmerkk. begleitet von G. Müller. gr. 8. Rostock 819. Stiller. 12 ℊ

Seneca, L. Ann., Troerinnen, übers. v. G. C. Braun, s. a. C. G. Braun, dramat. Werke. 1r Bd.

— die Trojanerinnen. Uebersetzt u. erläut. von G. Ch. Braun. 8. Mainz 824. Müller. 8 ℊ

—— die Trojanerinnen. — A. u. d. T.: Muster d. Redekünste aus röm. Classikern. Die Chrestomathie f. d. 2. Humanitäts-classe, verdeutscht u. mit Erläutern. vers. v. W. A. Swoboda. Besonderer Thl. Tragik. gr. 8. (12½ B.) Wien 830, Haas.
Ein mit einigen Veränderungen veranstalt. Abdruck aus d. 1. Bde. der vorhergeh. Uebersetzung.
Vgl. Swoboda, W. A.

Trostschreiben an Polybius nebst einigen seiner interessantesten Briefe an Lucilius, aus dem Lateinischen übersetzt und mit Anmerkungen begleitet von D[ETL.] J[OH.] W[ILH.] OLSHAUSEN. Altona. 1806.

— Trostschreiben an Polybius, nebst einigen seiner interessanten Briefe an Lucilius; aus d. Latein. von D. J. W. Olshausen. gr. 8. Altona 806. Hammerich. 16 ℊ

— Uebersetzung des Anfangs der Schrift üb. die Wohlthaten, v. K. G. Siebelis. 4. Bautzen 806. (Progr.) ...

— physikal. Unterhaltungen; aus dem Lateinisch. mit Anmerkk. von F. E. Ruhkopf. 1r Thl. gr. 8. Leipz. 794. (W. Vogel). 1 ℛ

— physikal. Untersuchungen, übers. v. J. H. A. Schulz. (Eine Einladungsschrift). 4. Götting. 786. Brose. 4 ℊ

— — dass. mit Anmerk. v. F. E. Ruhkopf. 1r Th. gr. 8. Lpz. Crusius. (F. C. W. Vogel.) 794.

— Vergötterung Claudians, übers. v. Ad. Gröninger. 4. o. O. (Münst.) 798. Theissing. 6 ℊ

— üb. das Verhältniß d. wissenschaftl. Bildung zur sittlichen, od. dessen 88 Briefe, übers. u. erläut. v. C. G. W. Lehmann. 8. Quedlinb. 816. Basse. 6 ℊ

— von der Vorsehung, oder warum es dem Tugendhaften übel gehe, da es doch eine Vorsehung geben soll? aus d. Latein. von Andr. Fr. Chr. Thormeyer. 8. Halle 790. (Anton). 8 ℊ

— v. d. Vorsehung, od. warum es d. Tugendhaften übel gehe, da es doch e. Vorsehung geben soll? a. d. Lat. v. Thormeyer. 8. Halle, Francke. (Anton in Görlitz.) 790.

— von der göttl. Vorsehung; aus d. Latein. übers. v. J. W. S. 8. Lübeck 752. 1 ℊ

—— Werke, übers. von A. Haakh, s. Prosaiker, römische.

—— Werke, übers. v. J. M. Moser u. A. Pauly, s. Prosaiker, röm.

— Werke, 1.—15. Bdchn. 1.—11. Abhandlungen, übers. von J. M. Moser. — 12.—15. Briefe, übers. von A. v. Pauly. 16. Stuttgart ..., Metzler. Subscr.-Pr. à 1/6 ℛ

Seneca, L. A. Werke. Stuttgart 1828—51. 17 Bde. 16.

L. Annaeus Seneca, der Philosoph. Werke, übersetzt von J. M. Moser, August Pauly, A. Haakh. 5 Bde. Stuttgart 1828—1852. 8°.

— sämmtl. Werke, mit Anmerk. v. Schilke. gr. 8. Halle, Ruff. 796.

— sämmtliche Werke. Uebers. u. mit histor.-krit.-philosoph. Anmerkk. begleitet ꝛc., von J. Fr. Schilke. 1r Thl. gr. 8. Halle 796, ist Verl. v. Reinicke u. C.

— — Übersetzt von J. G. Klotzsch. Wittenb. 799. 802. 2 Theile. 8. 2 rthlr. 14 gr.

— von den Wohlthaten, mit Anmerkk. von J. A. Schmidt. 8. Leipz. 797. Schwickert. 1 ℛ

— 3 Bücher v. Zorn, a. d. Lat. von C. F. Weiß. 8. Dresd. Gerlach. 733.

Seneca, L. A. Vom Zorn und von der Gnade; neu übersetzt ... Leipzig 1794. Ü: *Hildebrand, Joh. Hnr.* (MGT) (KY)

— vom Zorn u. von der Gnade. Neu übers. u. mit Anmerkk. (v. Jh. H. Hildebrand). 8. Leipz. 794. Schwickert. 18 ℊ

Seneca, Marcus Annaeus, s. Seneca, Lucius Annaeus, d. Ä.

Seneca, Oskar, a. Karlsruhe: Friedrich Weinbrenner, Jugend- und Lehrjahre. Karlsruhe 1907: G. Braun. (41 S.) 8°
¶ (Soll später vollst. erscheinen.)
Heidelberg, Phil. Fak., Ref. Thode, Diss. v. 3. Sept. 1907
[Geb. 18. Nov. 74 Karlsruhe; Wohnort: Karlsruhe; Staatsangeh.: Baden; Vorbildung: Gymn. Karlsruhe Reife M. 93; Studium: Heidelberg 2, München 2, Berlin 1, Freiburg i. B. 1, Heidelberg 5 S.; Rig. 2. Aug 06.]

Der Seneca Adler : Apr. 1847 - June 1848
Democratic weekly. Title varies: Der Lutin Adler. Followed by Unser Flagge. Edited & published by Wilhelm Lange.
Tiffin, OH

Senecas Tod. Trauerspiel in 4 Aufzügen, von F. Sönderop. 8. Halle. (Kümmel.) 820.

Sénéchaud, F., abrégé de littérature française à l'usage des écoles supérieures et de l'instruction privée. 8. (III, 110 S.) Eisenach 888. Bacmeister. n. 1. —

Sénéchaud, F. **Abrégé de littérature française à l'usage des écoles supérieures et de l'instruction privée. 8. Eisenach 888. Wolfenbüttel, Zwissler.** * 1 —

Sénéchaute, A. P., s. Sénéchaute, Petrus

Sénéchaute, P. tabellarische Uebersicht der Zeitwörter der französischen Sprache. Behufs eines leichteren Auswendiglernens zusammengestellt. Düren 860. Gislason. gr. 8. (66 S.) 7½ ngr.

Sénéchaute, Petrus (geb. am 29 Juni 1828 in Bonn): De causis litterarum Francogallicarum saeculo XVII florentium ... Bonnae, form. Carthausii 1858. 37 S. 8.
Bonn, Phil. Fak., Diss. v. 13 Aug. 1858

— Discours et commentaires critiques sur l'état des lettres en France au XVIIe siècle. Düren, G., 1868. 16 S. 4. **Progr.**

Senefelder
v Der **Senefelder.**

Senefelder: Der Senefelder
① Organ des Schweizerischen Lithographenbundes; heute: Organ des Schweizerischen Lithographenbundes / Lithographen, Steindrucker, Chemigraphen, Licht- und Kupferdrucker und verwandte Berufsgenossen ② Senefelder (ab 10. 1. 1920) ⑤ 6. 1. 1899 (cont.) ⑥ 4° (bis 1948), dann 2° ⑦ Wochenblatt ⑧ Basel: Buchdruckerei des Schweiz. Typographenbundes (1899—1907); Bern Unionsdruckerei (seit 1908) ⑨ Stimmen der Arbeit ⑩ Schweiz. Lithographenbund ⑪ 1. Redaktor. Alfred Saner, Bern ⑫ Gewerkschaftsorgan ⑬ Senefelder 1949, Nr. 1; Greutert, Albert 50 Jahre Schweiz Lithographenbund (Bern 1937), p. 19 ff. und 205 (Liste der Redaktoren (1899/1937) ⑭ Be· L ⑮ 1899—1907 war die 4. Seite der Zeitschrift »Helvetische Typographia« zur Verfügung des Schweiz. Lithographenbundes.

Senefelder, Alois

Senefelder, Jh. Aloys, Mathilde von Altenstein, od. die Bärenhöhle. Schspl. 8. Augsb. 794. v. Jenisch u. St. 8 gl.

— dass. 8. Münch. 793. Lentner. 6 gl.

— **Art de la lithographie**, ou l'instruction prat. pour dessiner, graver et imprimer sur pierre, précédée d'une histoire de la lithographie, av. un atlas. 4. Strassb. 819. Treuttel u. W. 12 fl.

Senefelder, Alois, Lehrbuch der Lithographie und deren Anwendungen bey den verschiedenen Manieren, mit den nöthigen Probeblättern. Nebst vorausgehender ausführlicher Geschichte der Erfindung u. Ausbildung dieser Kunst. Mit Kupf. gr. 4. München, Thienemann, 818. 12 6

Lehrbuch der Lithographie und des Steindruckes. (Vollständiges Lehrbuch der Steindruckerey.) Verf. von Alois **Senefelder.** (2. Aufl.) München 1821. Neu hrsg. durch d. Verband d. Lithographen, Steindrucker u. verwandten Berufe. ⟨Deutscher Senefelder-Bund.⟩ [Faks.-Neudr.] Berlin: Selbstverl. 1909. XIV, 370 S. 8°

Senefelder, Jh. Alois, vollständ. Lehrbuch der Lithographie (Steindruckerei) u. deren Anwendungen bei den verschied. Manieren, mit d. nöthigen Probeblättern. Nebst vorausgeh. ausführl. Geschichte der Erfindung u. Ausbildung dieser Kunst. Mit e. Vorr. v. Fr. Schlichtegroll. Mit Kpf. gr. 4. Münch. 818. 12 fl. 6 gl. 2e wohlf. Ausg. Mit 2 lith. Abbildd. gr. 4. Münch. 821 auch 827. (Finsterlin). 5 fl.

— — 2te wohlfeilere Ausgabe. gr. 4. München, Fleischmann 821. 5 —

Senefelder, Alois. Vollstandiges Lehrbuch der Steindruckerey enthaltend eine richtige und deutliche Anweisung zu den verschiedenen Manipulations-Arten derselben in allen ihren Zweigen und Manieren. belegt mit den nothigen Musterblättern, nebst einer vorangehenden ausfuhrlichen Geschichte dieser Kunst von ihrem Entstehen bis auf gegenwärtige Zeit. Mit einer Vorrede von Friedrich von Schlichtegroll. 2 Bde. Munchen und Wien 1818. 4°.

Senefelder, Aloys, vollständ. Lehrbuch der Steindruckerei. Wohlf. Ausg. gr. 4. (48½ B. u. 2 Stnt.) München 827, Finsterlin.

— die Mädchenkenner, oder so ein Gelehrter und nur Famulus? Lstspl. 8. Münch. 792. Lentner. 4 gl.

— Musterbuch üb. alle lithograph. Kunstmanieren. 16 Hft. Fol. Münch. 809 u. 10. (Lindauer). 18 fl.

Senefelder, Clemens, s. Senefelder, Klemens

Senefelder, Johann Alois, s. Senefelder, Alois

Senefelder, Karl, Lehrbuch der Lithographie, od. leichtfaßl. u. gründl. Unterricht, um in kurzer Zeit alle Arten des Steindrucks vollkommen zu erlernen. Mit der Erklär. nicht nur aller bekannten Manieren, sond. auch der neuesten Erfindd. in dieser Kunst, nebst der Beschreib. u. Abbild. einer zu jeder Manier taugl. u. leicht zu handhabend. Druckpresse. 8. Regensb. 833. (832.) Reitmayr. 1 fl. 16 gl.

Senefelder, Karl, Lehrbuch d. Lithographie, od. leichtfaßl. u. gründl. Unterr., um in kurzer Zeit alle Arten d. Steindrucks vollkommen zu erlernen. Mit d. Erklär. nicht nur aller bekannt. Manieren, sond. auch d. neuesten Erfindungen in dies. Kunst, nebst d. Beschreib. u. Abbild. einer zu jeder Manier taugl. u. leicht zu handhabenden Druckpresse. 1. u. 2. Aufl. (à 4 B. u. Stntafn.) Regensburg 833, 34, Reitmayr. Versiegelt. à

Senefelder, Klemens

Senefelder, Cl. u. Th., **Almanach a. d. J.** . . . .
1818. M. 12 Lith.
1823. M. 12 Lith.
1827. M. 11 Lith.
München.

— s. Turnierbuch.

Senefelder, Dr. L., Kurze Belehrung über Infections-Krankheiten für den Gebrauch des Seelsorgers. 16. (23 S.) — 20
Wien: Fromme 1898.

Senefelder, Leop, öffentliche Gesundheitspflege u. Heilkunde. I. Die älteste Zeit bis zum Ausgange des XV. Jahrh. (52 S. m. Abbildgn. u. 1 Taf.) Fol. Wien 904. A. Holzhausen. n.n. 12. —
Sonderabdruck aus: „Geschichte der Stadt Wien".

Senefelder, Theobld., s. Turnierbuch.

Senegalden, G. A. Behrens-
s. Behrens-Senegalden.

Seneka, s. Seneca

Senekovic, Andreas: *Die feierliche Einweihung des neuen Gebäudes* 8 (S. 58—60) **Progr.** K. k. Staats-Oberg. *Laibach* 1900

Senekovic, Andreas *Prof. u. D.* Michael Wurner, *† am 1 Jänner 1891* 8 (S. 64) **Progr.** K. k. Oberg. *Laibach* 1891

Senepin, P., grammaire hébraïque élémentaire. 8. (VIII, 103 S.) Freiburg i/Br. 888. Herder. n. 1.60; geb. n. 2. —

Senestréy, Ignatius v., Bischof von Regensburg. Ein Gedenkblatt zur 25-jähr. Jubelfeier seiner Inthronisation [2. Mai 1883]. gr. 8. (14 S. mit Portr. in Kpfrlichtdr.) Einsiedeln 883, Gebr. Benziger. — 50
Ausg. auf festem Velinpap. — 75
Aus: Alte und Neue Welt, besonders abgedruckt.

Senestrey, Ignatius v., Bischof v. Regensburg †. Ein Lebensbild. (16 S. m. Bildnis.) kl. 8. Regensburg 906. (J. Habbel.) n. — 10

Senestrey, Andr., der Pilger zum Kreuze Christi. Ein Gebet- u. Erbauungsbuch für kathol. Christen, mit besond. Rücksicht auf die Bedürfnisse des wallfahrenden Volkes. 12. (28½ B., 2 Stahlst. u. gest. Ttl.) München 844, Lentner'sche Buchh. *

Senestrey, Andr., der Pilger zum Kreuze Christi. Ein Gebet- und Erbauungsbuch für kathol. Christen, mit besond. Rücksicht auf die Bedürfnisse des wallfahrenden Volkes. 2. (Titel-)Aufl. 12. (VI und 676 S. mit 2 Stnt.) München 856(57,) Lentner'sche Buchh.

Senestrey, Dr. Andr. (Benefiziat an der Frauenkirche u. Präses d. Bruderschaft), die *Wallfahrten nach Andechs, Altötting u. St. Grafrath*, wie dieselben von der *Wallfahrer-Bruderschaft vom heil. Erzengel Raphael zu München* veranstaltet werden. Mit 4 Kpfrn. (von *J. Leudner* u. *G. Wolf*). Mit hoher erzbischöflicher Approbation. München, J. J. Lentner'sche Buchhdlg., 1843. 8°. Hlbdrb.

Frontisp. (Seitz sc.), XIV—431 S. u. Anhang 24 S. — Dem Erzbischof von München-Freysing, Lothar Anselm Frhr. v. Gebsattel, gewidmet.

Senestrey, Ignat., Episcopus Ratisbonensis, Beati Alberti Magni ecclesiarumque Germaniae doctrina de infallibili Romani Pontificis magisterio testimoniis aliquot illustrata. Reverendiss. Concilii Vaticani patribus ad manus. Neapoli, typis Manfredi, 1870, in 8°, 14 pp.

Vgl. Stimm. Konzil Heft 10, S. 78

Senestréy, Theodor [approb. Arzt aus Traunstein]: Über [sic!] die Wirkung der Tinctura Strophanthi Kombé und des Strophanthin.... München, k. Hof- u. Univ.-Buchdr. v. Dr. C. Wolf & Sohn, 1888; 74 S. 8°

München, Med. Fak., Inaug.-Diss. v. 1888

Senestréy, Theodor, über die Wirkung der Tinctura Strophanthi Kombé und des Strophantin. Diss. München 1888, A. Buchholz. 8°. 74 S.

Senestrey, Theodor Pantal (Hrsg.), s. Dobmayer, Cl. D. Mariani: Systema theologiae catholicae.

Senf. Ansichten der vorzüglichsten Parthien des Gartens zu Machern. (Nach Klinsky.) Berlin 1799. Fol.

Senf's neues Briefmarken-Album. Illustr. mit 37 Portr., 41 Länderwappen und ca. 1300 Marken-Abbild. 22. bis auf die neueste Zeit ergänzte Aufl. gr. 8. (80 S.) Leipzig 884, Gebr. Senf. cart. 1 —
geb. in Halbleinw. *M* 1,30.; in Calico 1 50
21. Aufl. s. Briefmarken-Album, neues illustrirtes.

—— 2. illustr. Briefmarken-Zeitg., s. Briefmarkensammler, d.

—— Fehlliste f. Briefmarken-Sammler. Bearb. auf Grund der XIV. Aufl. v. Schaubek's Briefmarken-Album. 12. (128 S.) Lpz. 892, Gebr. Senf. * — 75; geb. in Leinw. * 1 —

Senf's Monatsschrift für Postwertzeichenkunde. Hrsg. unter Mitwirkg. d. ersten Fachschriftsteller. Geleitet v. Thdr. Haas. 1. Jahrg. 1890. 12 Nrn. (à Nr. $2^1/_2$ Bog. m. Abbildgn.) gr. 8. Lpz. 890, Gebr. Senf. * 3 —; einzelne Hefte à * — 50
Es ist nur Nr. 1 erschienen.

Senf's, Gebr., illustrierter Postwertzeichen-Katalog 1892. Enthält sämtl. bis gegen Ende 1891 erschienenen Postmarken, postalisch gebrauchte Stempelmarken etc. schmal 12. (XII, 539 S.) Lpz. 891, Gebr. Senf. geb. * 1 50

— **illustr. Postwertzeichen-Katalog 1894. Enth. sämtl. bis Anfang 1894 erschienenen: Postmarken, postalisch gebrauchte Stempelmarken, Briefumschläge, Postkarten, Kartenbriefe, Geldanweisgn., Streifbänder, Paket-Begleitkarten u. Rückscheine einschliesslich Fehldrucke, Typen u. Neudrucke unter Berücksicht. aller Verschiedenheiten bezügl. Wasserzeichen, Zähngn., Klappenstempel, Formate, Gummiergn. u. s. w. in 20,000 Nummern. Ausgeschmückt m. 2000 verkleinerten Abbildgn. u. versehen m. 35,000 Verkaufspreisen der Briefmarken-Handlg. v. Gebr. Senf in Leipzig. schmal 12. (XV, 678 S.) Ebd. 894. Geb. in Leinw. n. 1. 80**

Senf's, Gebr., illustrierter Postwertzeichen-Katalog 1898/99. Enth. sämtliche bis Frühjahr 1898 erschien. Postmarken, postalisch gebrauchte Stempelmarken, Briefumschläge, Postkarten, Kartenbriefe, Geldanweisgn., Streifbänder, Packet-Begleitkarten u. Rückscheine, einschliessl. der Fehldrucke, Typen u. Neudrucke unt. Berücksicht. aller Verschiedenheiten d. Wasserzeichen, Zähngn., Klappenstempel, Formate, Gummiergn. u. s. w. in 22,000 Nummern m. vielen erläut. Bemerkgn. Ausgeschmückt m. 3300 verkleinerten Abb. u. m. 43,000 Preisen vers. 2 Bde. schmal 12. Leipzig, Gebr. Senf. Geb. in Leinw. n. 3. 50; zusammenbezogen n. 3. — ; in 1 Leinw.-Bd. n. 2. 50
1. Marken. (XXIV, 655 S.) n. 2. 50
2. Ganzsachen. (VIII, 319 S.) n. 1. —

— **dasselbe. Kleine Ausgabe m. Netto-Preisen. Enth. sämtl. bis Mitte 1900 erschienenen Postmarken, sowie Briefumschläge, Postkarten, Kartenbriefe, Geldanweisgn., Streifbänder, Paket-Begleitkarten u. Rückscheine. Ausgeschmückt m. 2440 verkleinerten Abb. schmal 8. (VII, 472 S.) Leipzig 901. Gebr. Senf. Geb. n.n. 1. —**

Senf. Gebrüder Senfs illustrierter Postwertzeichen-Katalog 1901 mit Netto-Preisen. Enthaltend sämtliche bis Mitte 1901 erschienenen: Postmarken, postalisch gebrauchte Stempelmarken... und Rückscheine einschliesslich der Fehldrucke... u. s. w. in 24,400 Nummern mit 1400 erläuternden Bemerkungen. Ausgeschmückt mit 3800 verkleinerten Abbildungen und mit über 46,000 Preisen versehen. (2 Teile.) (*zus.* 1188 S.) 8. Leipzig, Gebrüder Senf. [geb. M. 4. —]

Senf's, Gebr., illustr. Postwertzeichen-Katalog 1902/1903 m. Netto-Preisen. Enth. sämtl. bis Mitte 1902 erschienenen: Postmarken, postalisch gebrauchte Stempelmarken, Briefumschläge, Postkarten, Kartenbriefe, Geldanweisgn., Streifbänder, Paket-Begleitkarten u. Rückscheine, einschliesslich der Fehldrucke. Typen u. Neudrucke unter Berücksicht. aller Verschiedenheiten der Wasserzeichen, Zähnungen, Farbenabarten, Klappenstempel, Formate, Gummiergn. u. s. w. in 25,400 Nummern m. 1400 erläut. Bemerkgn. Ausgeschmückt m. 4000 verklein. Abbildgn. u. m. über 47,000 Preisen versehen. 2 Bde. schmal 12. Leipzig, Gebr. Senf.
(1902) **Geb. in Leinw. 4. —**
1. Marken. (XVI, 807 S.) n. 3. —. — 2. Ganzsachen. (400 S.) n. 1. —

Senf. Gebrüder Senfs illustrierter Postwertzeichen-Katalog 1907 mit Netto-Preisen. Enthaltend sämtliche bis Mitte 1906 erschienenen: Postmarken, postalisch gebrauchte Stempelmarken ... und Rückscheine einschliesslich der Fehldrucke ... usw. in 28,500 Nummern mit 1500 erläuternden Bemerkungen. Ausgeschmückt mit 4960 verkleinerten Abbildungen und mit über 49,500 Preisen versehen. (2 Teile: Marken u. Ganzsachen.) XXXII [+ 10] + 1144 + 496 S. 8. Leipzig, Gebrüder Senf. [zus.-geb. M. 4. 50]

Senf. Gebrüder Senfs illustrierter Postwertzeichen-Katalog 1908. Nach einheitlichen Grundsätzen vollständig neu bearbeitete Reform-Ausgabe. Enthaltend sämtliche bis Mitte 1907 erschienenen: Postmarken, postalisch gebrauchte Stempelmarken ... und Rückscheine einschliesslich der Typen, Fehldrucke und Neudrucke ... usw. in 30,000 Nummern mit 1600 erläuternden Bemerkungen. Ausgeschmückt mit 5350 verkleinerten Abbildungen und mit über 50,000 Preisen versehen. (2 Teile: Marken u. Ganzsachen.) XL + 1216 + 512 S. 8. Leipzig, Gebrüder Senf. [zus.-geb. M. 4. 50]

Senf's, Gebr., illustr. Postwertzeichen-Katalog 1911. Enth. sämtl. bis Mitte 1910 erschienenen Postmarken, Brief- u. Zeitungsmarken, Paket- u. Postanweisungsmarken, Dienst-, Porto- u. Verrechnungsmarken, sowie alle postalisch gebrauchten Stempel- u. Telegraphenmarken, einschliesslich d. Typen, Fehldrucke u. Neudrucke unter Berücksicht. aller Verschiedenheiten der Zeichngn., Druck- u. Papierfarben, Wasserzeichen, Zähngn. usw., der Aufdrucke in den (verhältnismässig verkleinerten) Orig.-Schriften in rund 30000 Nummern mit 2500 erläut. Bemerkgn. Ausgeschmückt m. üb. 4700 verkleinerten Abbildgn. u. m. etwa 58000 Preisen versehen. (In 2 Bdn.) 18×10 cm Leipzig, Gebr. Senf.
Geb. in Leinw. 5.50; in 1 Leinw.-Bd. 5.—
1. Markenteil (XLVIII, 1191 S.) 3. 50
2. Ganzsachenteil. (575 S.) 2. —

Senf, Adolf: Zur Kenntniss des Cyananilins, Cyanphenylhydrazins und analoger Verbindungen . . . Leipzig, Druck v. Metzger & Wittig, 1887; 31 + 1 S. 8°
Leipzig, Phil. Fak., Inaug.-Diss. v. 30. Apr. 1887.

Senf, Adolf, zur Kenntniss des Cyananilins, Cyanphenylhydrazins und analoger Verbindungen. Diss. Leipzig 1887, Gustav Fock. 8°. 31 S.

Senf, Franz Traugott

Senf, Frz. Traugott, Wohlthun macht glücklich; ein Orig.-Lstspl in 5 A. 8. Meißen 790. Goedsche. 8 gr (s. a. **Wohlthun**, d.)

Senf, Friedr., s. **Betrachtungen**, fromme.

Senf, Georg [aus Jänkendorf]: Ueber die Luxation der langen Biceps-Sehne ... Berlin, Buchdr. v. G. Schade, 1892; S., 1 Bl. 8.
Berlin, Med. Fak., Inaug.-Diss. v. 6. Aug. 1892

Senf, H. G. L., († 1743.) s. **Filidor.**

Senf, Johann Daniel Gottfried

Senf, J. D. G., Gelegenheitspredigten. gr. 8. Ronneburg, Comm.-Compt. 819.

Senf, Jh. Dn. Gf., **Gelegenheitspredigten.** gr. 8. Ronneb. 819. (Weber). 8 gr

Senf, Louis, illustrirtes Briefmarken-Album. Mittlere Quart-Ausg. Raum f. 3800 Marken. Mit üb. 1700 Marken-Abbildgn., 100 Länderwappen, 50 Fürstenportr. u. 70 Flaggen. gr. 4. (IV, 96 S.) Leipzig 890. W. A. L. Senf & Co. Kart. n. 2. 75; geb. in Halbleinw. 3. —; in Leinw. 3. 50

Senf, Louis, illustrirtes Briefmarken-Album. Querfolio-Ausg. Raum f. 3500 Marken. Mit üb. 1700 Marken-Abbildgn., 100 Länderwappen, 50 Fürstenportr. u. 70 Flaggen. qu. gr. 4. (IV, 71 Bl.) Leipzig 890. W. A. L. Senf & Co. Kart. 3. —; geb. in Halbleinw. 3. 50; in Leinw. 4. —
Restvorräthe übernahm: M. Neufeld Nachf. in Berlin.

— Handbuch f. Postkarten-Sammler, s.: Bibliothek f. Postwerthzeichen-Sammler.

Senf, Louis, s.: Universal-Briefmarken-Album.

Die Buchbinder-Innung zu Wittenberg im 16. Jahrhundert Von Max **Senf.** Wittenberg: Tietze 1900 19 S. 8°
Aus: Wittenberger Allg. Zeitung [11. 7679]

Senf, Max Rudolf, Referendar am hzgl. sächs. Amtsgericht Ronneburg: Die begriffliche Abgrenzung von Versuchs- und Vorbereitungshandlungen. *Ronneburg 1904: Barthol & Weise.* (IV, 56 S.) 8°
Jena, Jur. Diss. v. (19. Jan.) 1904

Senf, Richard

Senf, Rich., album illustré pour timbres-postes. Contenant 80 portraits de chefs d'états, 70 armoiries des principaux états du globe, et environ 1000 types de timbres. qu. gr. 8. (96 S.) Leipzig 886. Gebrüder Senf. geb. in Halbleinw. n. 2. 25; in Calico n. 2. 50

Senf, R., album illustré pour timbres-poste, cartes postales, cartes-télégramme, enveloppes, bandes, mandats, etc. Nouvelle éd., III, entièrement refondue et considérablement augmentée. Contenant 3700 types de timbres, 43 portraits de chefs d'états et 96 armoiries des principaux états du globe. gr. 4. (V, 388 Bl.) Leipzig 888. Gebr. Senf. cart. n. 9. 50; geb. in Halbleinw. n. 10. 50; in Leinw. n. 11. 50; in Halbfrz. m. Goldschn. n. 15. —; kl. Prachtausg. in Leinw. m. Goldschn., Schloss u. Suppl.-Bl. n. 18. 50; Liebhaber-Ausg. in Ldr. n. 28. —

Senf, Rich., illustr. Briefmarken-Album, s.: Schaubek.

— Handbuch sämtlicher Postmarken, Briefumschläge u. Streifbänder, s.: Moschkau's Handbuch f. Postwertzeichen-Sammler.

Senf, Rich. **The illustrated postage stamp album. Illustrated with 3700 engravings, 45 portraits of regents and 96 national arms of various countries. 4. edit. gr. 4. (VI S., 168, 74, 42, 164, 28 Bl.) Lpz. 890, Gebr. Senf. cart. * 12 50; geb. in Hlbleinw. * 13 —
geb. in Leinw. od. Hlbfrz.-Imitation * 14 —
Kleine Prachtausg. geb. in Leinw. m. Goldschn. u. Schloss * 21 —
Liebhaber-Ausg. geb. ** 30 — bis * 100 —**

Illustrated postage stamp album. 3. suppl. to the 1., 2. suppl. to the 2. and 1. suppl. to the 3. edit., containing all issues from Decbr., 1887, to Octbr., 1890. Illustr. with more than 350 engravings. — [L'album illustrée pour timbres-poste par L. Richard. 3. suppl. à la 1. edit., 2. suppl. à la 2. edit. et 1. suppl. à la 3. edit.] etc. gr. 4. (56 Bl.) Lpz. 891, Gebr. Senf. * 2 —

— the illustrated postage stamp album. Illustrated with 4800 engravings, 45 portraits of regents and 92 national arms of various countries. 6 ed., entirely revised and brought up to the present date. gr. 4. (III, 528 Bl.) Leipzig 893. C. F. Lücke. Geb. Ausg. I 12. 50; Ausg. II 13. 50; Ausg. III 14. —; Ausg. IV 14. 50; Suppl.: Neuheiten von Novbr. 1890—Novbr. 1892, allein n. 2. —; geb. in Leinw. n. 3. —

Senf, Rich., postage stamp album. Suppl. Nr. VII. to the 1. ed., Nr. I. to the 6. ed. Issues from September 1893 to August 1895. gr. 4. (65 Bl. m. Abb.) Leipzig 896. C. F. Lücke. n. 2. 50; geb. n. 4. —

— the illustrated **postage stamp album**, thoroughly revised and dividet into 2 parts for permanent use. Illustrated with the engravings of various types of stamps, nummerous national arms and enriched by special tables representing watermarks. Part. I permanent ed., part. II 8. ed. (Nr. 268.) gr. 4. (384 u. 258 S.) Leipzig 897. C. F. Lücke.
Geb. in Halbleinw. 7. —
Nr. 269, geb. in Leinw. 9. —;
Nr. 270, geb. in Halbfrz. 12. —;
Nr. 261. (384, 258 u. 4 Bl.) Geb. in Halbleinw. 12.50
Nr. 262 (bess. Papier), geb. in Leinw. 18. —;
Nr. 263, in 2 Halbleinw.-Bdn. 20. —;
Nr. 264, in 2 Leinw.-Bdn. 22. 50;
Nr. 265, kleine Prachtausgabe, auf Velinpap., in 2 Leinw.-Bdn. m. Goldschn. u. Schlössern 40. —;
Nr. 266, grosse Liebhaber-Ausg., auf Velinpap., in 2 Ldr.-Bdn. m. Goldschn., Schlössern u. Metallknöpfen 60. —;
Nr. 267, grosse Prachtausg. auf Kartonpap., in 3 Ldr.-Bdn. m. Goldschn., Schlössern u. Metallknöpfen 125. —.

— the illustrated **postage stamp album**, entirely revised and divided into 2 parts for permanent use. Illustrated with the engravings of various types of stamps, nummerous national arms and enriched by special tables representing watermarks as well as an appendix containing the stamps which were not issued officially. Part. I permanent ed., part. II 8. ed. gr. 4. (V, 384 u. 320 S.) Leipzig (899). C. F. Lücke. Nr. 268, geb. in Halbleinw. 7. —; Nr. 269, geb. in Leinw. 9. —; Nr. 270, geb. in Halbfrz. 12. —; Nr. 261, (384 u. 324 Bl.) Geb. in Leinw. 15. —; Nr. 262, geb. in Leinw. 18. —; Nr. 263, in 2 Halbleinw.-Bdn. 20. —; 1. Bd. allein 18. —; 2. Bd. allein 9. —; Nr. 264, in 2 Leinw.-Bdn. 25. —; 1. Bd. allein 15. —; 2. Bd. allein 11. —; Nr. 265, kleine Prachtausg. auf Velinpap., in 2 Leinw.-Bdn. m. Schlössern 40. —; 1. Bd. allein 27. 50; 2. Bd. allein 17. 50; Nr. 266, grosse Liebhaber-Ausg. auf Velinpap., in 2 Lederbdn. m. Goldschn., Schlössern u. Metallknöpfen 60. —; 1. Bd. allein 38. —; 2. Bd. allein 27. —; Nr. 267, grosse Prachtausg., auf Kartonpap. in 4 Ldrbdn. m. Goldschn., Schlössern u. Metallknöpfen 125 —; 1. u. 2. Bd. allein 80. —; 3. u. 4. Bd. allein 55. —

— dasselbe. Suppl. Nr. XI. Containing all issues (stamps, envelopes, wrappers, postcards etc.) from august 1900 to september 1901. gr. 4. (44 Bl.) Ebd. (902).
n. 1. 50; geb. n. 2. 50; Florpostpap. n. 2. —

— s. a. Richard, L., album illustré pour timbres-poste.

Senf, Vict. Paul, das schwache Fleisch. Dramatische Dichtg. in 4 Abtlgn. (78 S.) 8. Leipzig 906. Modernes Verlagsbureau. n. 1. 50

Senfelder, Leopold, s. Acta fac. med universitatis Vindobon.

Senfelder, Leop., Anathema esto? Ein Beitrag zur Kneipp-bewegg., s. a. Kneipp's, Seb., Heilverfahren.

SENFELDER, Dr Leopold
Anathema esto? Schriftenreihe Pfarrer Seb Kneipp's Heilverfahren wissenschaftlich beleuchtet, Heft 2 Jos. Kösel, Kempten

Senfelder, L., kurze Belehrg. üb. Infectionskrankheiten f. d. Gebrauch des Seelsorgers. schmal gr. 16. (24 S.) Wien 898. C. Fromme. — 35

s. Dispensatorium pro pharmacopoeis Viennensibus in Austria

Senfelder, L., Öffentliche Gesundheitspflege und Heilkunde. I. Die alteste Zeit bis zum Ausgange des XV. Jahrhunderts. Separatabdr. a. d. Bd. II d. „Geschichte der Stadt Wien". Fol. (III, 52 S. mit 1 Tafel) K 14. –
Wien· A. Holzhausen 1905.

Senfelder, Leop., die Katakomben bei St. Stephan, s.: Vorträge u. Abhandlungen, hrsg. von der Leo-Gesellschaft. 19.

Paul de Sorbait. Ein Wiener Arzt aus d. 17. Jh. (1624 bis 1691). Quellenmäßig geschildert von Dr. Leopold **Senfelder.** Wien: Wiener klin. Rundschau (1906). (60 S.) 8° [Umschlagt.]
Aus: Wiener klin Rundschau 1906, No 21–27 u. 29. 30. [06. 10981

Senff...., (Salinen-Insp.,) Beschreib. d. Salzwerkes Rotenfelde im Fürstenth. Osnabrück. Aus Molls Jahrbüchern besond. abgedr. Mit 5 Kpft. gr. 8. Nürnb. 810. Stein.

Senff, Bad Rothenfelde, Soolbad I. Ranges mit reichem Gasgehalt neben dem des Eisen, Jod und Brom etc. gr. 8. (42 S.) Osnabrück 878, (Veith.)

Senff, Barthol., Führer durch die musikalische Welt. Adreßbuch, Chronik u. Statistik aller Städte von Bedeutung. (1. Bd.) Leipzig. Mit 1 (lith.) Plan vom neuen Stadttheater (in Fol.). Leipzig 868. Senff. 8. (151 S.) In engl. Einb. n.n. 15 ngr.

Senff, Barthol f, Geschichte eines Verlangzettels, s. Genrebilder aus dem Buchhändlerleben.

Senff, B., Jahrbuch für Musik, s. Jahrbuch.

Senff, Barth., buntes Leipzig, s. a. Leipzig.

SENFF, Barthol f, Buntes Leipzig. 4 Hfte. (soviel ersch.). Mit 4 col. TKpfrn. (Zeit- u. Costümbilder). Leipzig, Rob. Binder. (Im Auftrag.) 1841–42. 8°. (12 Mk., etwas fleckig, A. Weigel, 1902; Heft 4 apart: 3 Mk.)
— — Dasselbe. 2. Aufl. Mit 4 color. TKpfrn. Ebd. 1842 bis 43. 8°. (10 Mk. Paul Alicke, Dresden, 1909.)

Senff, Barthelf, buntes Leipzig. 3. u. 4. Hft. 8. Leipzig, [Senff.] à *
Hft. 3. Kaffeehäuser. — Das Dienstmädchen. — Der Blumenjunge. (4 B. u. ill. Titlbld.) 842.
„ 4. Ballsaal u. Tanzboden. — Der Meßfremde. — Der Zweckesser. — Der Johannistag. (3 B. u. ill. Titlbld.) 843.

Senff, Bartho f, buntes Leipzig. Scizzen und Genrebilder. 1. Heft. 2. Aufl. Mit color. Titelbild. 8. Leipzig 842, Rocca. n. 1/4 ℛ — 2. Heft. 2. Aufl. 8. Ebend. 842. n. 1/4 ℛ — 3. Heft. 8. Ebend. 842. n. 1/4 ℛ — 4. Heft. Mit 1 color. Kpfr. 8. Ebend. 843. (Expedition der Signale.) n. 1/4 ℛ

Senff, Barth., siehe: Signale f. d. musikalische Welt.

Senff, Ed., Aufgabe der Lehrer-Vereine jetziger Zeit. gr. 8. (32 S.) Berlin 867, Liebrecht. *

Senff, Ed., Wider das moderne Parteiwesen im Lehrerstande. gr. 8. (32 S.) Berlin 868, Liebrecht. *

Senff, Ed., neue berliner Sprachschule. Ein Uebungsbuch zur leichten und schnellen Erlernung der Muttersprache. 3 Hefte. 8. (100 S.) Berlin 859, Riegel's Verlag. [Leipzig, Köhler.] [1. und 2. Heft. à * 3 Ngr., 3. Heft. * 4 Ngr.] *

Senff, Ed., neue Berliner Sprachschule. Ein Uebungsbuch zur leichten u. schnellen Erlernung der Muttersprache. 3 Hefte. Berlin 859. Riegel's Verlag. (Mülheim, Bagel.) 8. (100 S.) 1. u. 2.: à n. 3 ngr.; 3.: n. 4 ngr.

—— Uebungs-Blätter für den Unterricht in der Orthographie. Nr. 1—4. gr. 8. (32 S.) Berlin 861, Bach. à Nr. 1/2 Ngr.

—— Vorschule der wissenschaftlichen Pädagogik. gr. 8. (35 S.) Berlin 869, Zeelhaar. *
Aus: Stimmen der Berliner Lehrerwelt, besonders abgedruckt.

Senff, Eduard, a. Cöln: Die Kommandogewalt der Landesherren im deutschen Heere. Borna-Leipzig 1907: R. Noske. (45 S.) 8° [J.]
Würzburg, Jur. Fak., Ref. Piloty, Diss. v. 7. Juni 1907
[Geb. 28. Apr. 81 Cöln; Wohnort: Düsseldorf; Staatsangeh.: Preußen; Vorbildung: Gymn. Kreuznach Reife O. 02; Studium: Bonn 4, München 1, Berlin 2 S.; Rig. 15. Mai 07.]

Senff, Erdmann Friedrich

Senff, Erdm. Friedr. Ueber absolute Sicherung gegen Brandnoth als Fortsetzung des vom Baumeister Steiner 1803 hrsg. Entwurfs einer neuen durchaus feuerfesten Bauart, nebst Anweisung, wie Scheunen vortheilhafter eingerichtet u. der Pisébau verbessert werden können etc. Leipzig 1812. 4.

Senff, Erdm. Fr., über absolute Sicherung gegen Brandnoth, als Fortsetz. des vom Baumeist. Steiner im J. 1803 hr. gg. Entwurfs e. neuen durchaus feuerfesten Bauart ꝛc. Nebst Anweis., wie Scheunen vortheilhafter zum landwirthschaftl. Gebrauche eingerichtet ꝛc., durch 6 Kpftaf. u. 1 Tabelle erläutert. gr. 4. Leipz. 812. Barth. 2 ℛ 15 gr

Senff, F. A., Bemerkungen über die Bohlendächer bey der Lüneburger Saline. gr. 8. Lüneburg, Herold und Wahlstab. 806.

Senff, H., der Vorpostendienst nach den allerhöchsten Verordnungen über die größeren Truppenübungen vom 29. Juni 1861 zusammengestellt. gr. 8. (35 S.) Berlin 865, Mittler und Sohn. *

Senff, Johann Gottfried (Lommatzsch) A. S. 171/19

Dissertatio iurida de iure sepulcrorum familiarium atque hereditariorum eiusdemque illicita non omnibus consentientibus divisione aliave alienatione.
Präs. Gottfried Ludwig Mencken.
Leipzig (Breitkopf) 17. III. 1739. 24 S. 32430

Johann Samuel Senff

De Procidentia ani. Ienae (1792:) Goepferdt. 24 S. 8°
Jena. Med. Diss. v. 18. Sept. 1792

Senff, K. C. L., synopsis juris civilis universi et juris judiciarii Saxonici tabulis comprehensa et in usum juris studiosor. elaborata. 8maj. Leipz. 796. Köhler. 16 gr 2e Aufl. neu bearb. v. K. A. Hennicke unt. d. T.: Hennicke, principia juris civilis Romano-Germanici et Saxonici-Regii in usum juris studiosorum adumbrata. 8maj. ibid. 827. 1 ℛ 12 gr

Senff, K. Samuel

— Stolpische Cypressen, od. Leichenreden. 2 Thle. 8. Ebd. 723.

Senff, C. S. Historie zweyer Befehdungen (Guttensteinische u. Carlowitzische), die dem Bisthum Meissen angethan worden. Pirna 1717

Senff, K. Samuel: H i s t o r i e zweyer Befehdungen, welche die Städte Bischoffswerda, das Stifft Wurtzen u. die Aemter Stolpen u. Mügeln 1504 erlitten. Budissin 1717.

Senff, K. Sam., Kirchen- und Reformationsgesch. des Amts Stolpen. 8. Bautzen. 719.

Senff, Karl, approb. Arzt aus Klein-Wirschleben b. Bernburg: Zwei Fälle von Tumoren der Ohrmuschel nebst einer Abhandlung über die bisher veröffentlichten Fälle von Tumoren an der Ohrmuschel. *Göttingen 1898: Dieterich.* (48 S.) 8°
Göttingen, Med. Diss. v. [26. Sept.] 1898

v. Senff, Karl Aug., Vorzeichnungen f. die ersten Anfänger. 3 Hfte. Fol. Dorpat ...

— Vorzeichnungen f. Anfänger im Landschaftszeichnen. 1s u. 2s Heft. qu. Fol. Dorpat ...

— geometr. Zeichnenlehre. Mit 50 Kpftaf. kl. Fol. Dorpat 828.

Senff, (Phil.) Carl Ed., Theoremata principalia et theoria curvarum et superficierum. Dissertat. praem. orn. 4maj. (14½ B.) Dorpati 831. (Rigae, Frantzen.)

Senff, Carl Ed., Theoremata principalia e theoria curvarum et superficierum. Eine gekr. Preisschr. gr. 4. (14 B.) Dorpat 831, (Kluge.) *

—— experimentelle u. theoret. Untersuchungen üb. d. Gesetze d. doppelten Strahlenbrechung u. Polarisation d. Lichtes in d. Krystallen d. zwei- u. eingliedrigen Systems. gr. 4. (14 B. u. 1 Kpfrt.) Dorpat 837, Kluge.

Senff, Karl Friedrich, s. A b r i ß von den Pflichten d. Schulhalter.

— Abrisse der Vormittagspredigten an Sonn- u. Festtagen von 1774—1785. 8. Halle 777. 2e A. 779. Waisenhaus-B. 8 ℛ Hbg. Pr. 6 ℛ

— Abrisse f. Vormittagspredigten an Sonn- und Festtagen des Kirchenjahres. 8. Halle, Curt. 786.

— Abrisse seiner Vormittagspredigten an Sonn- u. Festtagen des Kirchenjahrs. 8. Halle 786. (Laue in Berl.) 16 gr

Senff, Karl Fr. († d. 19. Jan. 1814.) populäre christl. Anthropologie, s. unten: Predigten über die Kräfte ꝛc.

— über Beförd. d. M o r a l i t ä t u. Religios. in gelehrt. Schulen. 8. Halle, Curt. 801.

— über die Beförder. der Moralität u. Religiosität in gelehrten Schulen. 8. Halle 801. (Laue in Berl.)

— Bemerkk. üb. Rönnbergs Abhandl. über symbol. Bücher, s. Bemerkk.

Senff, Karl Fr., Erfahrungen üb. die häutige B r ä u n e u. den Nutzen d. Schwefelleber in derselben. 8. Halle, Bäntsch. (Leipz. Dyk.) 815.

Senff, Car. Frid. (geb. Halle a. S. [illegible]) De [illegible] in [illegible] membranae [illegible] Berolini (1831) (32 S.) 8°
Berlin, Med. Diss. v. 3. März 1831

— unselige Folgen leichtsinnig getrennter Ehen, über das 6te Gebot vorgestellt. 8. Halle 777.

—— Die unseeligen Folgen leichtsinnig getrennter Ehen. Halle, Waysenhaus, 1777. 8°.

— Gedächtnißpredigt ꝛc. 8. Halle 780. Schwetschke u. S. 1 gr

— das Geschäft der Erziehung von der angenehmen Seite. 8. Halle 777. 2e A. 779. Waisenhaus-B. 9 gr

Senff, Karl Friedrich: Lehrbuch für Hebammen. 520 S., gbd., 12 Taf.

Halle: Kümmel 1812

Senff, Karl Fr., geistl. Lieder, gesammelt von J. C. Fulda. gr. 8. Halle, (Leipz. Dyk in Comm.) 813. Schreibp.

Senff, Kar(l) Fried(rich): Nonnulla de incremento ossium embryonum in primis graviditatis temporibus. 84 S., gbd., 2 Taf.

Halae: Kümmel 1802

— nonnulla de incremento ossium embryonum in primis graviditatis temporibus, cum fig. 4maj. Halle 802. Kümmel. 1 Thlr. — Dass. deutsch. gr. 4. Ebd. 802.

— Predigt b. Einweih. d. n. Orgel in d. Moritzkirche. gr. 8. Halle, Gebauer. 785.

— Predigt, bei Einweihung der neuen Orgel in der Moritzkirche am 22n Sonnt. n. Trinit. 1784 gehalten. gr. 8. Halle 789. Gebauer. 6 gr.

— Predigt an dem auf allerhöchst. Befehl den 7. Nov. 1813 gefeierten Siegesdankfeste. gr. 8. Halle, Kümmel. 2 gr.

Senff, (C. F.,) Predigten über d. Kräfte d. menschlichen Seele ꝛc. 2 Bde. A. u. d. T.: Populäre christl. Anthropologie in Predigten ausgeführt. gr. 8. Halle 795, Verl. v. Reinicke u. C.

— Predigten üb. die Kräfte d. menschl. Seele ꝛc. 2 Bde. A. u. d. T.: populäre christl. Anthropologie in Predigten ausgeführt. gr. 8. Halle 795. 2e A. 802. (Reinicke u. C.) 2 Thlr. 12 gr.

— Predigten üb. d. Kräfte d. menschl. Seele, mit Liedern begleitet. 2 Thle. gr. 8. Halle, Ruff. 802. (1r 1 Rthlr 4 gr. 2r 1 Rthlr. 8 gr.)

— sieben Predigten ꝛc., an den Sonntagen vor Ostern 1789 gehalten. gr. 8. Halle 789. Gebauer. 12 gr.

— Predigten beim Wechsel des 18n u. 19n Jahrhunderts, als Anh. zu d. Predigten üb. die Kräfte d. menschl. Seele. gr. 8. Halle 803. (Reinicke). 3 gr.

— Unterricht f. Herz u. Verstand, für den gemein. Mann auf dem Lande ꝛc. 8. Halle, Waisenhausbuchh. 769.

Karl Friedr. Senff über das Verhältniss der Hebammen zum Staate nebst einer Geschichte des Hebammeninstituts zu Halle. Halle 1812. 8. Kümmel. 1 Kpf.

— Versuch üb. die Herablassung Gottes zu den Menschen in der christl. Religion, 8. Leipz. 792. Barth. 16 gr.

Senff, Karl Fr. († d. 12. April 1816.) üb. Vervollkommnung d. Geburtshülfe von Seiten des Staats ꝛc. gr. 8. Halle 812. Kümmel. 18 gr.

Ueber die Würkungen [Wirkungen] der Schwefelleber in der häutigen Bräune und verschiednen andern Krankheiten. Von Carl Friedrich Senff. Halle: Buchh. d. Waisenhauses 1816. XX, 481 S. 8°

Senff, Karl Gottlieb (Stolpen) A. S. 580/61

Dissertatio iuridica de magistratu male procedente, fidem publicam violante, eiusque poena.
Präs. Friedrich Gottlieb Zoller.
Leipzig (Langenheim) 26. VIII. 1766. 24 S.

Gew.: Karl Samuel Senff (Onkel). 32431

Senff, Karl Gustav

Senff, Carolus Gustavus: De febribus intermittentibus. Halae (1834): Karl Grunert. 44 S. 8°
Halle-Wittenberg, Med. Diss. v. 29. März 1834
Geb. Halle a. d. S. 6. 11. 1807. V.

Senff, Karl Julius

— systemat. Darstell. der Hauptsätze d. Geometrie im Raume. Eine Preisschr. gr. 4. Dorpat 827. (77 S.)

Senff, Carl Jul., systemat. Darstellung d. Hauptsätze d. Geometrie im Raume. Eine gekr. Preisschr. gr. 4. (10 B.) Dorpat 829, Kluge. *

Senff, Karl Jul., systemat. Darstellung der Hauptsätze der Geometrie im Raume. Eine gekrönte Preisschrift. gr. 4. Dorpat 829. (Severin.)

Senff, Carl Jul., die Domkirche zu St. Veit in Prag. Fol. (10 geätzte Bl. u. 1 Bl. Text.) Berlin 831, Reimer.

— Perspektive für Landschaftsmaler zum Selbststudium. Mit 2 Kpft. 8. Dorpat 825. (27 S.) (Ohne sn. Namen.)

Senff, Conrad [aus Gärnitz]: Ueber genu varum u. genu valgum. Bernburg, Druck v. A. König, 1891; 18 S., 1 Bl. 8°
Marburg, Med. Fak., Inaug.-Diss. v. [12. März] 1891

Senff, Ludwig: Ueber den Diabetes nach der Kohlenoxydathmung. Diss. Dorpat. 1869. 53 S. 8°

Senff, Ludov. (geb. Schievelbein 5. 5. 1833): De variis mortis suffocatoriae neonatorum generibus eorumque signis. Berolini (1856) (42 S.) 8°
Berlin, Med. Diss. v. 29. Sept. 1856

Senff, Max Gustav: Zum Studium gepaarter Säuren. Halle a. S. 1881 Gebauer-Schwetschke. 47 S. 8°
Halle-Wittenberg, Phil. Diss. v. [13. Juli] 1881
Geb. Halle a. d. S. 21. 2. 1856. V.
Aus: Zeitschrift f. d. ges. Naturwissenschaften. Bd. 54. Berlin 1881 S. 371–416.

Senff, Otto, kleine Blumen, kleine Blätter. Ernste und heitere Gedichte zum deklamator. Vortrage. 12. (48 S.) Dresden 887, Weiske. *

Senff, Paul Reinhold. Ueber Meta-Benzyltoluol und einige seiner Derivate. Marburg, 1892.

Senff, Rich., Stephanus der erste Verteidiger des Christentums. Ein bibl. Lebensbild. (11 S.) 8. Leipzig (906). M. Kölz. n. — 10

Senff, Th., chemische Untersuchung altquartärer Geschiebelehm-Bildungen des Ostbalticum. gr. 8. (20 S.) Dorpat 879. (Leipzig, K. F. Köhler.) *

Senff-Georgi, G. Die Redekunst. Ein Lehrbuch für Jedermann. gr. 8. (V, 73 S. m. 1 Taf.) Dresd. 892, Weiske. * 2 —

Senff-Georgi, G., d. Redekunst. E. Lehrbuch f. Jedermann. 2. Aufl. gr. 8. (X, 73 S. m. 1 Taf.) Dresden 895, C. Weiske. n. 2. —

Senff-Georgi, das Schön-Sprechen, s. Sammlung gemeinnütziger Vorträge.

SENFFKORN, Joh. Adam (ps.), Der Politische Wandersmann, welcher durch lustige u. sinnreiche Gespräche die verderbten Sitten der heutigen Welt in dieser aufrichtigen Sitten-Schul zu verbessern sich bemuht. Nebst einer kurtzen Anweisung für junge u. in die fremde (sic!) reisende Personen, denen noch zweyhundert scharffsinnige Hof-Reden u. wolgefügte Antworten, bey allerhand Zusammenkunfften nutzlich zu gebrauchen, beigefügt worden. Sultzbach, verlegts Rupertus Bibliopola (fing.). 1727 12°. 360 S. (In Munchen: L. eleg. m. 722.) (6 Mk. M. Edelmann, Nurnb., 1903.)
S. 274—284: „Nothwendige, wohlgemeynte Unterweisung, für Diener, Jungen, Knechte, Magde und Ehehalten." (Einleitg u. 16 Vorschriften.) — Karl Dr Franz Schnitzer's Bibl. München 1902 Nr 475

Senffleben, Otto, unsere Gemeindepflege. Erfahrungen u. Mitteilgn. aus der Arbeit ländlich. Wohlfahrtspflege. Hrsg. vom Ausschuß f. Wohlfahrtspflege auf dem Lande. gr. 8. (35 S.) Berlin (902). Trowitzsch & Sohn. n. —50
Sonderabdruck aus: „Das Land".

Senffleben, Otto, Probleme der Frauenfrage auf dem Lande. Vortrag, geh. in Anwesenheit Ihrer kg. Hoh. der Frau Herzogin Viktoria Adelheid v. Sachsen-Coburg u. Gotha auf der Versammlg. des Vorstandes vom „Landesverein f. Gemeinde- u. Krankenpflege" u. der „Freien Vereinigg. f. innere Mission" im Herzogt. Gotha am 9. XII. 1907 in Gotha. (21 S.) 8. Sonneborn 908. Schriftenniederlage. —50
Sonderabdr. aus: „Denkschrift der Freien Vereinigg. f. J. M. 1907".

— traute Weihnacht. Ein Weihnachtsfestspiel in 6 Bildern im Anschluß an Luc. 2, 1—20. u. Mat. 2, 1—11. für Schulen u. Vereine. gr. 8. (IV, 23 S.) Leipzig 899. F. Jansa. n. —50

Senfft's Handkatalog und Kalender für Professoren der Mittelschulen. 1.—4. Jahrg. 16. (à Jahrg. ca. 159 S.) Prag 881—84, (Dominicus.) à Jahrg. * 1 20

Senfft's, Handkatalog u. Kalender f. Professoren der Mittelschulen. 4. Jahrg. Schulj. 1884/85. 16. (150 S.) Prag 884. (Dominicus.) geb. n. 1. 20

Senfft, A., Wörterverzeichniss d. Sprache der Marshall-Insulaner. (183 S.) 8. Berlin (900). (Mayer & Müller.) 3.—
Sonderabdr. a.: „Ztschr. f. afrikan. u. ocean. Sprachen".

Senfft (Senft), Adam Andreas

Senft, Adm. Andr., († d. 19. Oct. 1795.) Diss. de Arthritide. 8. Würzb. 785.

— elementa physiologiae pathologicae ad lectiones accommodata. III Voll. 8. Würzb. 774—79.

— Diss. experimenta physico-medica de electricitate et calore animali. 8. Würzb. 778.

Gesundheitskatechismus für das Landvolk und den gemeinen Mann. Von A[dam] A[ndreas] Senfft. Berlin & Stettin: Nicolai 1781. 564 S. 8°

— Gesundheitskatechismus f. das Landvolk u. den gem. Mann. Ins Kürzere gezogen. 8. Münch. 788. Fleischmann. 12 gr.

— histor. sanguinis et eius motus. 8. Würzb. Rienner. 779.

— annua magni Halleri memoria celebrata. gr. 4. Ulm, Stettin. 779.

— Progr. Commentatio de methodo discendi artem medicam. 8. Würzb. 780.

— Progr. I. De viribus animalibus. 4. Würzb. 771.

Senfft, C., Kurzwaaren, s. Bericht, amtlicher, über die Wiener Weltausstellung im J. 1873.

Senfft, *Georg* [Rechtspraktikant in Kulmbach]: Das Ehescheidungsrecht kraft landesherrlicher Machtvollkommenheit ... Erlangen, k. b. Hof- u. Univ.-Buchdr. v. F. Junge, 1892; 78 S. 8.
Erlangen, Jur Fak., Inaug.-Diss. v. 1892

Senfft, Karl [app. Arzt aus Neustadt (Orla)]: Ueber Verletzungen der Sklera ... Kiel, Druck v. P. Peters, 1896; 16 S. 8.
Kiel, Med. Fak., Inaug.-Diss. v. [23. März] 1896

Senfft v. Pilsach, Arnold Frhr., Briefwechsel, s.: Franz, Rob.

Senfft a Pilsach, Arnoldus baro: Quodnam fluminis publici alveo Justiniani leges jus constituant. Halis Saxonum 1861: Ploetz. 61 S. 8°
Halle-Wittenberg, Jur Diss. v. 17. Aug. 1861
Geb. [Gramenz (Kr. Neustettin) 15. 3. 1834]

Aus Bismarcks Werkstatt. Studien zu s. Charakterbilde. Von Arnold **Senfft** v. Pilsach. Stuttgart & Berlin: J. G. Cotta Nachf. 1908. (103 S.) 8° [F.] [08. 1943] 9

Senfft v. Pilsach, C., das Belagerungsschach, mit e. Anweis. zum Schach unter 3 u. 4 Spielern rc. Mit Schachbretplan. gr. 8. Hamb. 820. Herold.

— der Festungskrieg, ein amüsantes Schachspiel, als Gegenstück zum Belagerungsschach u. dem strategisch. Spiele. Mit 1 Kpft. 8. Berl. 820. Maurers B. 16 gr.

Senfft von Pilsach, Friedrich Christian Ludwig, Graf

Senfft. — **Mémoires du comte de Senfft, ancien ministre de Saxe. Empire. Organisation politique de la Suisse. 1806—1813. Avec portr. Lex.-8. (VIII und 249 S.) Leipzig 863, Veit und Comp.**

Senfftleben, F., Sparta u. sein Bund von 479—145 v. Chr. Diss. 1872. 49 S.

Senfftleben, Felix Adelb., erstes Lehrbuch d. Chemie. Nach ihrem gegenwärt. Standpunkte. gr. 8. (5½ B.) Frankfurt a. M. 834, Krug.
Vgl. Senftleben, Felix Adelbert.

Senfkorn, das. Katholisches Gebetbuch. Sammlung von Gebeten für jedes Alter, für alle Stände, Zeiten und Verhältnisse. Neu aus dem Französ. übers., und verm. mit Betrachtungen aus der Leidensgeschichte Jesu Christi für alle Tage der heil. Fastenzeit; von Jos. Lutz. 2. Aufl. 16. (300 S. mit 1 Stnt.) Schwäb. Gmünd 853, Schmid.

Senfkorn, das. Kinderblatt. Hrsg. von H. A. Friedel. 1. Jahrg. Juni 1858 bis Mai 1859. 12 Nrn. (Bog.) 8. New-York. (Philadelphia, Schäfer und Koradi.) *

Senfkorn, das gelbe. Ein natürl. Heilmittel f. Magen- u. Darmkrankheiten u. f. alle ursächlich damit zusammenhäng. Leiden. Nach Charles Turner Cooke, weiland Arzt u. Chirurg zu Cheltenham. (42 S.) 8. Bischheim 909. Phönix-Verlag Bischheim. 1.—

Senfkörner. — Anekdoten u. Erzählungen zur Aufheiterung in betrübter Zeit. — Volksbücher 35. — 8. Leipzig 845, O. Wigand. n. 1/12 Th (72 S)

Senfkörner, Oesterreich., e. Samml. nationaler Charakterzüge u. belustigender Anekdoten, hrsg. v. † Hanns Normann (A. J. Groß-Hoffinger), privileg. Spaßmacher. gr. 12. (5 B. u. ill. Titkpfr.) Leipzig 833, O. Wigand.

Senfkörnlein, geistliches. Eine Auswahl kath. Gebete f. alle Alter Stände, Zeiten u. Verhältnisse. 32. (480 S. u. 10 Stnt.) Einsiedeln 845, Gebr. Benziger. 6¼ Ngr., Vlnp. m. 10 Stnt., wovon 2 ill. *

Senfkörnlein, geistliches. Eine Auswahl kathol. Gebete f. alle Alter, Stände, Zeiten u. Verhältnisse. 2. Aufl. 48. (477 S. mit 0 Lith. in Goldeinfassung u. 2 Lithochrom.) Einsiedeln 846, Gebr. Benziger. Velinp. ⅓ ₰ — 3. Aufl. 48. (477 S. mit 10 Lith.) Ebd. 847. — 4. Aufl. 48. (477 S. mit 10 Lith.) Ebd. 847. 7 ngr Velinp. ⅓ ₰

Senfkörnlein, geistliches. Eine Auswahl kathol. Gebete für alle Alter, Stände, Zeiten und Verhältnisse. 9. Aufl. 32. (477 S. mit 10 Stnt.) Einsiedeln 853, Gebr. Benziger.

Senfkörnlein, geistliches. Gebet- und Andachtsbuch aus den Schriften der Heiligen: L. v. Granada, Frz. v. Sales, A. v. Liguori u. m. A. Zusammengetragen, übers. und bearb. von einem katho. Priester. 2. Aufl. 32. (IV und 672 S. mit 1 Stahlst.) Aachen 859, Hensen.

Senfkörnlein, geistliches. Eine Auswahl katholischer Gebete für alle Alter, Stände, Zeiten u. Verhältnisse. 19. Aufl. [Ausg. in größerm Druck. Nr. 2.] Mit 5 (lith.) Bildern u. Vignetten. Einsiedeln 861. Gebr. Benziger. 32. (477 S.) 8 ngr.; feine Ausg. mit 6 Stahlst. 13 ngr.

— — 20. Aufl. Ebend. 862. 32. (477 S.) 6⅓ ngr.; feine Ausg. mit 6 Stahlst. 11 ngr.

Senfkörnlein, geistliches. Eine Auswahl kathol. Gebete für alle Alter, Stände, Zeiten u. Verhältnisse. 21—28. Aufl. Einsiedeln 863—67. Gebr. Benziger. 32. (430 S. mit 5 Chromolithogr.) 5½ ngr.; feine Ausg. mit 6 Stahlst. 10 ngr.;

— — Ausg. in größerem Druck. 24. (480 S. mit Vign. u. 4 Chromolithogr.) 6⅓ ngr.; feine Ausg. mit 6 Stahlst. 11 ngr.

Senfkörnlein, geistliches. Gebet- und Andachtsbuch aus den Schriften der Heiligen: L. v. Granada, Frz. v. Sales, A. v. Liguori rc. Zusammengetragen, übers. und bearb. von einem kathol. Priester. 3. Aufl. 24. (608 S. mit 1 Stahlst.) Aachen 864, [Jacobi und Comp.]

—— geistliches. Eine Auswahl kathol. Gebete für alle Alter, Stände, Zeiten und Verhältnisse. 16. Aufl. 1865. und 17. Aufl. 32. (VII und 472 S. mit 2 Stahlst.) Passau 867, Waldbauer's Buchh.

— geistliches. Gebet- u. Andachtsbuch aus den Schriften der Heiligen: Ludw. v. Granada, Frz. v. Sales, Alph. v. Liguori rc. Zusammengetragen, übers. u. bearb. v. e kathol. Priester. 4. Aufl. 16. (608 S.) Aachen 870. Jacobi & Co. 1. 80

Senfkörnlein, geistliches. Eine Auswahl kathol. Gebete f. alle Alter, Stände, Zeiten u. Verhältnisse. 32. (479 S. u. e. Steintaf. u. e. lith. u. color. Titelbl.) Einsiedeln 873 Wyß, Eberle & Co. — 65; Velinpap. -- 85

Geistlches Senfkörnlein Kath. Gebetbuch f alle Stände u. Verhältnisse. Neu bearb von e. Priester d. Erzdiöcese Köln. 71. Aufl. *Einsiedeln, Köln: Benziger & Co 1902.* (509 S.) 8° [F.]

Senfkörnlein, neuer, oder guter Samen auf ein gues Erdreich. Gebetbuch zur Beförderung wahren Christenthums. Mit vielen Vignetten. 400 S. in-32. Luzern. A. Petermann. 1871

Senfl, Ludwig. L' Senfls Werke. Teil 1. Eingeleitet und hrg. von Thodor Kroyer. Nebst einer Abhandlung über Senfls Geburtsort und Herkunft von Adolf Thürlings. [Mit 1 Wappen und 1 Tafel.] CX+ 170 S. gr.-4. Leipzig, Breitkopf & Härtel, 1903. [M. 20.—]

Denkmäler Deutscher Tonkunst. Zweite Folge: ... Bayern... — *A. u. d. T.:* Denkmäler der Tonkunst in Bayern. Veröffentlicht durch die Gesellschaft zur Herausgabe von Denkmälern der T' in B', unter Leitung von Adolf Sandberger. Jahrg. 3, Band 2 ...

Senft, Adam Andreas, s. Senfft, Adam Andreas.

Plan der Stadt Klgft. Klgft., Leon, 1875. 1 Bl. (Nachdruck eines Kupferstiches v. Christof Senft aus Lauingen i. J. 1605.)

Senft, Ed., Beiträge zur Geschichte der Herrschaft u. Stadt Plan in Böhmen. 1—3. Hft. gr. 8. (S. 1—144.) Plan 875. (Prag, Gregr & Dattel.) à n. -- 68

Senft, Ed. Geschichte der Herrschaft und Stadt Plan in Böhmen. (Mit 5 Taf. auf 4 Blättern.) 8. Plan 1876.

Senft, Emanuel

Senft, Em., über eigentümliche Gebilde in dem Thallus der Flechte Physma dalmaticum A. Zahlbr. (10 S. m. 1 Taf.) gr. 8. Wien 907. A. Hölder. — 55
Sonderabdruck aus: „Sitzungsber. d. k. Akad. d. Wiss."

Senft, Eman., Praktikum der Harnanalyse. Kurze Anleitg. zur Untersuchg. des Harnes nebst den bei der Harnanalyse angewandten chemisch-physikal. Methoden. (152 S. m. 45 Abbildgn., 2 [1 farb.] Taf. u. 2 Bl. Erklärgn.) gr. 8. Wien 903. J. Šafář. n. 4. —; geb. in Leinw. n. 5. —

— Taschenbuch f. praktische Untersuchungen der wichtigsten Nahrungs- u. Genussmittel, s. a. „Publikationen militärärztl.

Senft, E., Taschenbuch für praktische Untersuchungen der wichtigsten Nahrungs und Genussmittel. [Militärärztliche Publicationen. Nr. 72.] 8° (77 S mit 5 Tafeln)
Wien: Šafář 1907.

Senft, E., Taschenbuch für praktische Untersuchungen der wichtigsten Nahrungs- und Genußmittel. 2. Aufl. [Militärärztliche Publikationen. Nr. 128.] 8°. (Ill. 105 S. mit 7 Tafeln) K 2.80
Wien: Šafář 1909.

Mikroskopische u mikrochemische Untersuchung d Harnsedimente, s Kratschmer v. Forstburg, Fl. Ritter.

Aus d. chem. Laboratorium des k. u. k. Militärsanitätskomitee (Vorstand Generalstabsarzt Prof Dr. Florian Kratschmer). Mikroskopische Untersuchung des Wassers mit Bezug auf die in Abwässern u. Schmutzwässern vorkommenden Mikroorganismen u. Verunreinigungen. Von Emanuel Senft, Militärapotheker. Mit 180 Fig in 86 Abb. im Text u. 220 Fig auf 10 lith Taf. Wien J. Šafář 1905 (VIII, 196 S.) 8° [illegible]

— über den mikrochemischen Zuckernachweis durch essigsaures Phenylhydrazin. (25 S. m. 2 farb. Taf.) gr. 8. Wien 904. (A. Hölder.) n. — 90
Sonderabdruck aus: „Sitzungsber. d. k. Akad. d. Wiss."

Senft, E[rnst] A[rved]. Abendmahlsbedingung und Abendmahlsgnade. Zwei Reden von E.-A. S', weiland Prediger der evangelischen Brüderkirche in Peseux .. (Übersetzung [aus dem Französischen]) 35 S. 8. Herrnhut, Missionsbuchh., (1906). [M. —. 40]

Senft, Ferdinand

Senft, Ferd., geognostische Beschreibung der Umgegend Eisenachs. gr. 18. (48 S. mit 1 lithogr. und ill. Karte in qu. gr. 4.) Eisenach 858, Barecke. *

Senft, Ferd., systematische Bestimmungstafeln von Deutschlands wildwachsenden und cultivirten Holzgewächsen und den für sie wirklich schädlichen Insectenarten. Ein Leitfaden auf Excursionen für Forstleute und alle Baumzüchter. Lex.-8. (V, 77 S.) Berlin 868, Springer's Verlag. (*M 2,25.) *

Senft, der Erdboden, nach Entstehung, Eigenschaften und Verhalten zur Pflanzenwelt. Ein Lehrbuch für alle Freunde des Pflanzenreiches, namentlich aber für Forst- und Landwirthe. gr. 8. (X, 158 S.) Hannover 888, Hahn'sche Buchh. *

Senft F. Fels und Erdboden (Naturkräfte 17) München 1876

Senft, Ferd., Fels u. Erdboden, s.a.Naturkräfte, die.

Senft, Ferd., die krystallinischen Felsgemengtheile nach ihren mineralischen Eigenschaften, chemischen Bestandtheilen, Abarten, Umwandlungen, Associationen und Felsbildungsweisen. Für Mineralogen, Geognosten und Bergleute. gr. 8. (XL und 752 S. mit verschied. Tab., in den Text gedr. Holzschn. und 1 Stnt. in 4.) Berlin 868, Springer's Verlag. *

—— die Humus-, Marsch-, Torf- und Limonitbildungen als Erzeugungsmittel neuer Erdrindelagen. (Für Geognosten, Bergleute, Forst- und Landwirthe.) Lex.-8. (XVI und 226 S.) Leipzig 862, Engelmann.

—— Classification und Beschreibung der Felsarten. Lex.-8. (XXXII und 442 S. mit 12 Tab., wovon 1 lithogr. in qu gr. 4., qu. Fol. und qu. Imp.-Fol.) Breslau 857, Korn. *

Senft F.: Lehrbuch d. forstlichen Botanik. Jena 1857. (28) 480 S. 6 Tvl. (=: Lehrbuch d. f. Naturkunde. Bd. 2). 577.

Senft, Ferd., Lehrbuch der Gebirgs- u. Bodenkunde. Zunächst für Forst- und Landwirthe. 2 Thle. gr. 8. 1. Thl. A. u. d. T.: Lehrbuch d. Gebirgskunde. (XXIV u. 274 S. m. 5 Tab. in 4., 3 Tab. in Fol., 1 lithogr. Tafel in gr. 8. u. 1 in Fol.) 2. Thl. A. u. d. T.: Lehrbuch der Bodenkunde. gr. 8. (XXIV u. 325 S.) Jena 847, Mauke. (1: 1½ Thlr 2: 1 Thlr 12 ngr) 2 Thlr 27 ngr

—— Lehrbuch der Gesteins- und Bodenkunde. Für Land- und Forstwirthe, sowie auch für Geognosten. 2. verm. und verb. Aufl. von des Verf. „Steinschutt und Erdboden". gr. 8. (XVII, 416 S. mit in den Text gedr. Holzschn.) Berlin 877, Springer. *

—— Lehrbuch der Mineralien- und Felsartenkunde. gr. 8. (LII, 656 S. mit 1 Tab. in gr. 4. und 2 lithogr. Taf. der Krystalle in Imp.-4. und qu. Fol.) Jena 869, Dufft. *

— Lehrbuch der Mineralien- u. Felsartenkunde. Mit 2 lith. Taff. der Krystalle (in Imp.-4. u. qu. Fol.). Jena 869. Mauke's Verl. gr. 8. (LII, 656 S. mit einer Tab. in gr. 4.) n. 2 Thlr

Senft, Ferd., Lehrbuch der forstl. Naturkunde. (In 3 Bdn.) 2. Bd. A. u. d. T.: Lehrbuch der forstl. Botanik. 8. (XXXII und 480 S. mit 6 Stnt. in 4. und 1 Tab. in qu. Fol.) Jena 856, Mauke.

— **Lehrbuch der forstlichen Naturkunde.** 3 Bde. Jena 857. Mauke. 8. 4 Thlr. 3 ngr
1. Bd.: Lehrbuch der forstlichen Zoologie. Mit 5 lith. Taf. (in 4.) u. 1 Tab. (in Fol.) (XXIV, 336 S.) 1 Thlr.
2. Bd.: Lehrbuch der forstlichen Botanik. Mit 6 lith. Taf. (in 4.) u. 1 Tab. (in Fol.) (XXXII, 480 S.) 1 Thlr. 18 ngr
3. Bd.: Lehrbuch der forstlichen Geognosie, Bodenkunde und Chemie. Mit 3 lith. Taf. (in 4.) u. mehreren (5) Tab. (in 4. u. Fol.) (XXXVI, 504 S.) 1 Thlr. 15 ngr

—— Oryktognosie und Geognosie, s. Leunis, Johs., Schul-Naturgeschichte.

—— der Steinschutt und Erdboden nach Bildung, Bestand, Eigenschaften, Veränderungen und Verhalten zum Pflanzenleben für Land- und Forstwirthe, sowie auch für Geognosten. gr. 8. (XIX und 366 S. mit 3 Tab. in qu. 4.) Berlin 867, Springer's Verlag. *

SENFT, Ferdinand: Der Steinschutt und Erdboden nach Bildung, Bestand, Eigenschaften, Veränderungen und Verhalten zum Pflanzenleben für Land- und Forstwirthe. - Berlin 1867. XIX, 366 S., 3 Tab. - 2. Aufl. u. d. T.: Lehrbuch der Gesteins- und Bodenkunde. ebd. 1877. XVII, 416 S.

- – Sypnopsis der Mineralogie und Geognosie. Abtheilung I: Mineralogie. Hannover 1875. 8.

—— - Synopsis der Mineralogie und Geognosie. Abth. 2: Geognosie. In zwei Hälften. Hannover 1876—78. 8.

—— Synopsis der drei Naturreiche, s.a.Leunis, J.

Senft. : Synopsis der drei Naturreiche. s.a.Synopsis

—— analytische Tabellen zur Bestimmung der Classen, Ordnungen, Gruppen, Sippen und Arten der Mineralien und Gebirgsarten. [Zugleich Ergänzungsheft zu Leunis' Schul-Naturgeschichte und Leitfaden der Mineralogie.] gr. 8. (IV, 103 S.) Hannover 874, Hahn'sche Buchh.

—— die Thonsubstanzen [Kaolin, Thon, Löss, Lehm, Letten und Mergel] nach Entstehungsweise, Bestand, Eigenschaft und Ablagerungsarten, für Forstwirthe, Landwirthe, Techniker und Geognosten. gr. 8. (VIII, 94 S.) Berlin 879, Springer. *

— die Vegetationsverhältnisse der Umgebung Eisenachs. Ein Wegweiser für Freunde der Pflanzenkunde. Eisenach 865. (Jacobi.) gr. 8. (67 S.) 7½ ngr

SENFT, Vortrag über den geognostischen Bau des Thüringer Waldes gehalten im Thüringer Waldverein in Eisenach 1882. (Ohne bes. Titelblatt. Eisenach — Hofbuchdruckerei.) 8°.

— geognostische Wanderungen in Deutschland. Ein Handbuch f. Naturfreunde u. Reisende. I. Bd., II. Bd., 1. Abth., u. 2. Abth., 1.—7. Thl. gr. 8. Ebd. 894. n. 9. 10
I. Deutschlands Landgebiet im Allgemeinen nach seinen Bildungsmassen, Entwickelungsstadien, Oberflächenformen, Gewässern u. seiner gegenwärtigen Oberflächengliederung. (XXIV, 182 S.) n. 2. 80
II. 1. Wanderung durch das nördliche u. westliche Gebiet des deutschen Tieflandes u. der anliegenden Inseln. (IX, 112 S.) n. 2. —
2, I. Wanderungen durch die Gebiete der deutschen Mittelgebirgsländer. Die Mittelgebirgszone im Allgemeinen, sowie Gruppe I. Die mitteldeutschen Berg- oder Plateauländer m. den Basaltgebirgsgruppen. (VIII, 104 S.) n. 1. 50
II. Wanderungen durch die Gebiete der deutschen Mittelgebirgsländer. Gruppe II. Das Riesengebirge. (V, 28 S.) n. — 50
III. IV. — dasselbe. Gruppe III/IV. Das Erzgebirge m. dem Fichtelgebirge. (VI, 28 S.) n. — 50
V. — dasselbe. Gruppe V. Der Thüringerwald. (VI, 51 S.) — 60
VI. — dasselbe. Gruppe VI. Der Harz. (V, 38 S.) — 60
VII. — dasselbe. Gruppe VII. Der Schwarzwald u. der Odenwald. (VI, 49 S.) — 60

Senft, Ferd., Wanderungen in das Reich der Steine. Allen Freunden der Mineralogie, welche die Wohnstätten, Gesellschaftgn., Umwandlungsweisen u. Körperbildgn. der Mineralien im Allgemeinen nach ihrer gesetzmäß. Entwicklg. kennen lernen wollen, gewidmet. gr. 8. (XIII, 219 S. m. 45 Abbildgn.) Hannover 891. Hahn. n. 4. —

Senft, Max, aus Berlin: Myologie der Vorderextremitäten von Hapale jacchus, Cebus macrocephalus und Ateles ater. Bern 1907. 42 S. und einundzwanzig Tafeln. 8°. [3. VI 07.]
Bern Phil Diss 1907/08.

Senft, W., heil Bismarck! Deutsche Worte, gesprochen bei dem vom deutsch-socialen Wahlverein f. Chemnitz u. Umgegend am 7. Apr. veranstalteten Fest-Kommers zur Nachfeier d. 78. Geburtstages Sr. Durchlaucht d. Altreichskanzlers. gr. 8. (32 S.) Dresden 893. Druckerei Glöß. n. — 50

Senftenberg [Schlagwort]

Senftenberg, s.: Geologische Karten. Karte (Preuss.).

Senftenberg, s: Preussen, Messtischblätter.

Senftenberg [Verfasser]

Senftenberg, Die deutsche Krankenversicherung, enth. das Krankenversicherungsgesetz vom 15. VI. 1883 in der Fassg. der Novellen vom 10. IV. 1892, vom 30. VI. 1900 u. vom 25. V. 1903, nebst Ergänzungsgesetzen u. Anlagen, darunter das Gesetz üb. die eingeschriebenen Hilfskassen vom 1. VI. 1884, u. Entwurf des Statuts e. Ortskrankenkasse u. e. Betriebs-(Fabriks-)Krankenkasse auf Grund der Novelle zum Krankenversicherungsgesetze vom 25. V. 1903. Textausg. m. kurzen Anmerkgn. u. Sachregister. 5. Aufl. (244 S.) 16. Leipzig, Ph. Reclam jun. 1906 Geb. in Leinw. —. 80.
Universal-Bibliothek No. 3564. 3565.

— Die deutschen Unfallversicherungsgesetze m. Ausnahme des Gewerbe-Unfallversicherungsgesetzes, enth.: das Unfallversicherungsgesetz f. Land- u. Forstwirtschaft, das Bau- u. das See-Unfallversicherungsgesetz, das Gesetz, betr. die Unfallfürsorge f. Gefangene, sowie das Gesetz, betr. die Abänderg. der Unfallversicherungsgesetze, die Verordgn., betr. das Verfahren vor den Schiedsgerichten f. Arbeiterversicherg., den Geschäftsgang u. das Verfahren des Reichs-Versicherungsamts. Textausg. m. kurzen Anmerkgn. u. Sachregister. 2. Aufl. (279 S.) 16. Leipzig, Ph. Reclam jun. Geb. in Leinw. 1. —
1906 „Universal-Bibliothek" No. 4531—4533.

Senfter, Ludwig [aus Oppenheim a. Rh.]: I. Über die γ-Amidovaleriansäure. II. Über Phenylpropylamin und seine Überführung in Allylbenzol ... Würzburg, kgl. Universitätsdr. v. H. Stürtz, 1894; 31 S. 8.
Würzburg, Phil. Fak., Inaug.-Diss. v. 1894

Senfter, Richard, aus Oppenheim [Hessen]: Zur Kenntniss des Diabases, insbesondere des nassauischen. Frankf. a. M. Mahlau u. Waldschmidt Dr. 1872. 55 S. 8⁰
Zürich, Phil. Diss. [v. 22. März 1872].

SENFTLEBEN, Abrah. (ps.), Bewährte Artzney-Mittel fur die Anfechtungs-Grillen, in anmuthigen Begebenheiten vorgestellet. Weissenburg (Nurnb., Seiz) 1730 12⁰.
Weller, Lex. Ps. p. 514. — Rar!

Senftleben, Eduard (geb. Schramm 10. 3. 1831). Einiges über den Transport der Verwundeten im Kriege. Berlin (1808) (30 S.) 8°
Berlin, Med. Diss. v. 4 [vielmehr 5.] Aug. 1854

SENFTLEBEN, FELIX ADELBERT.
Erstes Lehrbuch der Chemie, nach ihrem gegenwärtigen Standpunkte. Frankfurt, 1834. 8vo.
Vgl. Senfftleben, Felix Adelbert.

Senftleben, Dr. Hugo,
Ueber Verbesserung und Reformen der Lage unserer ländlichen Arbeiter. 8⁰. Königsberg 1861.

Senftleben, Johann Christian, s. Sanftleben

Senftleben, Paul, die Sandformerei. Ein Handbuch f. Former. Fingerzeige aus der Praxis — f. die Praxis. gr. 8. (58 S. m. 29 Abbildgn.) Dortmund 893. F. W. Ruhfus. n. 1. 20

Senftleben, Paul, die Sandformerei. Fingerzeige aus der Praxis — für die Praxis. 2., unveränd. Aufl. (3. Taus.) (58 S. m. Abbildgn.) gr. 8. Dortmund 903. F. W. Ruhfus. n. 1. 20

Senftner, Georg, a. Berlin: Ein mechanisches Problem aus der Variationsrechnung. Rostock 1905: C. Boldt. (32 S.) 8°
Rostock, Phil. Fak., Ref. Staude, Diss. v. 26. Juni 1905
[Geb. 23. März 81 Berlin; Wohnort: Rostock; Staatsangeh.: Preußen; Vorbildung: Askan. Gymn. Berlin Reife M. 00; Studium: Charlottenburg T.H. 4, Berlin 3, Rostock 2 S.; Rig. 23. Juni 05.]

Senftner, Georg, a. Berlin: Sachsen und Preußen im Jahre 1741, zugleich ein Beitrag für Klein-Schnellendorf. (Berlin 1904: E. Ebering.) (47 S.) 8°
Berlin, Phil. Fak., Ref. Delbrück, Tangl, Diss. v. 17. Dez. 1904
[Geb. 12. Juli 74 Berlin; Heimatsort: Berlin; Staatsangeh.: Preußen; Vorbildung: Gymn. Fürstenwalde Reife O. 00; Studium: Berlin 8 S.; Rig. 6. Dez. 04.]

Senftner, Geo., Sachsen u. Preussen im J. 1741, zugleich e. Beitrag f. Klein-Schnellendorf. Diss. (47 S.) gr. 8. Berlin (905). E. Ebering. n. 1. 20

Senftner, Robert

Senftner, Rob. (geb. Breslau 1808) Scirrhus et carcinoma num morbum sistant localem, utrum nitantur praedispositione habituali? Berolini (1832) (33 S.) 8°
Berlin. Med. Diss. v. 13 Nov. 1832

Senftner, Robert Georg

— Die offene Handelsgesellschaft u. die stille Gesellschaft. In gemeinverständl. Darstellg. (32 S.) gr. 8. Stuttgart '09, Muth. 1. —

Senftner, R. G., Wie gründet man e. Aktiengesellschaft? Gemeinverständliche Darstellg. der Entstehg. e. Aktiengesellschaft. (48 S.) gr. 8. Stuttgart '09, Muth. 1. —

— Wie gründet man e. Gesellschaft m. b. H.? Gemeinverständliche Darstellg. der Entstehg. e. Gesellschaft m. beschränkter Haftg. (32 S.) gr. 8. Stuttgart '09, Muth. 1. —
Dass. 2. Aufl. Ebda. 1910.

Wie lautet der Gesellschaftsvertrag einer Aktiengesellschaft. Eine Einführung in d. Unternehmungsform d. Aktiengesellschaft. Dargest. f. Juristen u. Laien von Dr. Rob. Georg **Senftner**. Berlin: Puttkammer & Mühlbrecht 1907. (32 S.) 8° [F.] [08. 1197]

Seng, Eheordnung f. d. Großh. Baden, s. **Eheordnung.**

Seng, Erbrecht f. d. Großh. Baden, od. Landrechtsatz 718—892. Dann Landrechtsatz 112—145; erläut. durch die bis u. mit d. J. 1829 erschien. schriftl., gedruckten, hierher Bezug habenden Verordnungen ꝛc. gr. 8. ... Freiburg 830, (Wagner.) Thlr.

Seng, (Amtmann)..., Erbrecht für das Großherzogthum Baden. Nach Brauer, Malleville u. Andern bearb. 3e u. wohlf. Aufl. in 4 Lfrgg. gr. 8. Freiburg ... Waizenegger. 1 ℳ

— Erläuterungen zur Großherzogl. Badischen neuen Prozeßordnung. 8. Freiburg 836. Herder. ½ ℳ

Seng, (Amtmann,) geistlicher Geschäfts-Styl für beide christl. Confessionen im Großherz. Baden. Nebst einem Anhang von Formularien. 2. unveränd Ausg. gr. 8. Villingen 814, Förderer. ⁷⁄₁₂ ℳ

— Kirchen-Kommissions-Ordnung, kathol., mit Erläuterungen für das Großherzogth. Baden, resp. die oberrhein. Kirchenprovinz. ꝛc, für die Geistlichkeit beider christl. Confessionen bearb. Aufl. gr. 8. Freiburg ... Waizenegger. 1 ℳ

— s. a. Kirchen-Commissionsordnung, katholische.

— das Pfandvorzugsrecht u. Zugriffs-Ordnung, nebst der Lehre vom persönl. Verhaft f. d. Großherzogth. Baden. 8. Freiburg, Herder. 16 ℳ

Grundzüge des französischen Zivilrechts und des badischen Landrechts von Dr. Alfred **Seng**, Prof., Heidelberg. *Halle a. S.: Waisenhaus 1904.* (IX, 152 S.) 8° [F.] [04. 2371 S]

— badisches Landesprivatrecht, s.: Dorner, Emil.

Seng, Alfred [Dr. Amtsrichter a. D.]: Die Sachmiethe nach dem Code civil .... Lahr, Druck u. Verl. v. Moritz Schauenburg (1887); VII + 1 + 128 S. 8⁰.
Heidelberg, Jur. Fak., Hab.-Schr. v. 1887.

SENG, Nicolaus: Auctor epistolae primae catholicae est s. apostolus Jacobus, filius Alphaei. — (1870) 48 S. 8° (Handschr.) Diss. 281
Diss. Wien, Univ.

Das Herz-Jesu-Kirchlein auf dem Schulzenberge. Von Dr. **Nikolaus Seng**. *Fulda 1900: Aktiendr.* (50 S.) 8° [F.] [00. 7314]

Das Herz-Jesu-Kirchlein auf dem Schulzenberge. Von Dr. Nikolaus Song, Pfarrer a. D. 2. Aufl. Mit 1 Bilde. *Fulda 1900: Actiendr.* (51 S.) 8° [F.] [oo. 9334 4

Seng, Nik., s.: Kircher, Athanas., Selbstbiographie.

Seng, Vict., ein Beitrag zur Lehre von den Malpighi'schen Körperchen der menschl. Niere. Lex.-8. (5 S. mit 1 lithogr. Taf.) Wien 871, (Gerold's Sohn.) *
Aus: Sitzungsberichte der k. Akademie der Wissenschaften, besonders abgedruckt.

Senga, Auguste, Licht u. Dunkel. Erzählung f. die reifere weibl. Jugend. gr. 16. (323 S.) Stuttgart 876. Schmidt & Spring. geb. 4. 50

Senga, Auguste, die Schule des Lebens. Hamburg 867. Agentur des Rauhen Hauses. 12. (III, 384 S.) n. 20 ngr.

Senga, Auguste, das Vermächtnis der Mutter. Erzählung für die reifere weibl. Jugend. 16. (332 S.) Stuttgart 874, Schmidt und Spring. geb.

Senga, Geo., kurzer Abriß der Mythologie, für Anfänger u. Freunde dieser Wissenschaft. Mit 30 mytholog. Abbildd. in Kpf. 12. Nordh. 825. (Dörffling in Leipz.) 10 gr

Senga, (G.) kurzer Abriß der Mythologie, für Anfänger u. Freunde dieser Wissenschaft. Mit 30 mytholog. Abbildd. in Kupfr. 12. Nordh. 825, Landgraf.

Senga, Tsurutaro: Gestaltung und Kritik der heutigen Konsulargerichtsbarkeit in Japan ... (Erscheint vollst. bei R. L. Prager in Berlin.) Berlin, Druck v. L. Simion, *1897*; IV, 106 S., 1 Bl. 8.
Berlin, Jur. Fak., Inaug.-Diss. v. 22. Juli 1897

Gestaltung und Kritik der heutigen Konsulargerichtsbarkeit in Japan. 2 Abthlgn. Von Tsurutaro Senga, Dr. iur. utr. *Berlin: R. L. Prager 1897.* (VI S., 1 Bl., 160 S.) 1 Bd 8. [97. 7396

Sengbusch, Wihelmine v., geb. v. Bartholomaei, bestattet am 9ten October 1842 ... Riga 1842. V: *Pölchau, Pet. Aug.* (K-N)

Sengbusch, C. v., Beitrag zur Beseitigung der Brandcalamität in Russland. gr. 8. (24 S.) Jurjew (Dorpat) 892. (E. J. Karow.) n. — 80

Senge, [Christoph]: Ein Wort an die Eltern. *Quedlinburg 1900: Greeder & Strauss.* (S. 3—5.) 4° [F.]
Quedlinburg, st. kath. Volks-S, P 1900**

Sengebusch, Christian Johann Andreas

Sengebusch, (C.) Adel u. Natur. Ein National-Roman. 2 Bde. 8. Hamburg 827, Erie.

Sengebusch, Christian Johann Andreas
Adel und Natur. National-Roman. Th. 2. Hamburg: Erie 1828. 211 S. 8°

Sengebusch, Adel u. Natur. National-Roman. 2 Thle. 8. Hamb. 828, Erie. (Aue in Altona).

Sengebusch, C., Herz u. Welt. (1. u. 2. Lfg.) 8. (à 12 B.) Wismar 834, Schmidt u. v. Cossel. à

Sengebusch, Herz u. Welt. 2 Thle. (Neue Ausg.) 8. (24 B.) Wismar 838, Schmidt u. v. Cossel's Rathsbuchh.

Sengebusch, Eduard Ferdinand

— Diss. chirurg. de variis hydrocelen tunicae vaginalis sanandi methodis. 8. Dorpat 830. (46 S.)

—— histor.-rechtl. Würdigung d. Einmischung Friedrichs d. Gr. in d. bekannte Rechtssache d. Müllers Arnold, auch f. Nichtjuristen. gr. 8. (10 B.) Altona 829, [Aue.]

Sengebusch, Frid. Theoph(il.) Aug(ustus) (geb. Friedland in Meckl. 1798). Morborum internorum acutorum diagnosis e signis pathognomonicis conformata. Berolini (1838). (67 S.) 8°
Berlin, Med. Diss. v. 17 Okt. 1838

Sengebusch, Karl Ferdinand (Osterfeld) A. S. 577/35

Quaestio iuris controversi an exceptio senatusconsulti Macedoniani locum habeat in cambio filiifamilias. Präs. Christian Heinrich Breuning. Leipzig (Langenheim) 19. VI. 1773. 8 S. 32434

Sengebusch, Maxim.: Aristonicea. Frustula nonnulla derivata ex primo libro operis ab Aristonico scripti περὶ Ἀρισταρχου σημείων Ὀδυσσείας collegit et supplevit. 25 S. – Progr. Berlin Gr. Kl. 1855.

Sengebusch, M.: Arkader als Wolthäter Homers Rede. 11 S. 4°. – Berlin gr. Kl., Progr. 1870.

Sengebusch, M., drei Artikel aus der 3. Aufl. des Pape'schen griechisch-deutschen Wörterbuches. gr. 8. (10 S.) Berlin 874, Weidmann'sche Buchh. *
Aus: Festschrift zur 3. Säcularfeier des Berliner Gymnasiums zum grauen Kloster, besonders abgedruckt.

Sengebusch, M., deutsch-griechisches Handwörterbuch, s.: Pape, W., Handwörterbuch der griechischen Sprache.

Sengebusch, M., über griechische u. deutsche Lexicographie u. Grammatik. Offener Brief an Hrn. Valentin Chrn. Frdr. Rost. Braunschweig 861. Vieweg & Sohn. gr. 8. (108 S.) n. 8 ngr.

Sengebusch, M., zum dritten Mal. Drei Briefe an Hrn. Valentin Christian Friedrich Rost. gr. 8. (86 S.) Braunschweig 862, Vieweg und Sohn. *

Sengebusch. Maximil. (geb. Wismar [illegible]) [illegible] specimen. Berolini (18[illegible]) [illegible]
Berlin. Phil. Diss. v. [illegible] Jan. 18[illegible]

Sengelmann, H., Glockenton u. Meeresjang. (VIII, 103 S.) 11. 8. Hamburg (906). (Rittler.) n. 1. —

Gedachtnißnummer für Pastor Heinrich Matthias **Sengelmann,** geb. am 25. Mai 1821, entschlafen am 3. Febr. 1899. — Norden 1899: Soltau. 31 S. 8°
(Briefe u. Bilder aus Alsterdorf. Jg. 23, Nr. 2/3. 1899.)

Sengelmann, Heinrich (Matthias)

Sengelmann, H., Abendklänge. 12. (VIII, 90 S.) Norden 898. D. Soltau. Geb. in Leinw. m. Goldschn. n. 2. —

Sengelmann, H., die Alsterdorfer Anstalten. Ein Lebensbild. 8. (VI, 202 S. mit 5 Holzschntaf.) Frankfurt a. M. 871, Alt. *

Sengelmann, Heinrich: Die Alsterdorfer Anstalten in Bild und Wort. Eine Erzählung für Jung und Alt. (Mit 1 Titelbild, 20 Vollbildern und 2 Bildern im Text.) Norden. 1891. 8°

Die Anstalten für Idioten und Epileptische in Deutschland und der deutschen Schweiz. Eine statist. Zusammenstellung unter Mitw. von Herrn Insp. E. Lembke, nach authent. Mitteilungen hrsg. ... von H[einr. Matthias] **Sengelmann.** Norden 1898: D. Soltau. (64 S.) 8° [F.] [97. 6336

Sengelmann, H. Die Arbeit an den Schwach- u. Blödsinnigen, s. Zimmer's Handbibliothek der praktischen Theologie.

Sengelmann, Heinrich: Bericht der Alsterdorfer Anstalten über die Jahre 1879 und 1880. Abgestattet im Namen des Vorstandes. Hamburg. 1881. 8°

Sengelmann, Heinrich. Als die Inaug.-Schrift vertretend wurde angenommen des Verf Druckschrift: Das Buch von den sieben weisen Meistern aus dem Hebräischen und Griechischen zum ersten Male übersetzt und mit literarhistorischen Vorbemerkungen versehen. Halle: Lippert 1842. X, 193 S. 8°

[Halle-Wittenberg, Phil. Diss. v. 18. März 1843]

Geb [Hamburg 25. 5. 1821]

— s.: Buch, das, von den sieben weisen Meistern.

Sengelmann, Heinr., Christus, der Weg, die Wahrheit und das Leben. Predigten. gr. 8. (VIII und 186 S.) Hamburg 848, Perthes-Besser und Mauke.

Sengelmann, H., evangelische Erinnerungen. Predigten aus der Geschichte der evangelischen Kirche. Hamburg 864. Oncken. gr. 8. (X, 127 S.) 15 ngr.

Ein Gang durch die Alsterdorfer Anstalten und ihre Geschichte. Von H[einrich] **Sengelmann.** — (Norden) 1890: (Soltau). 38 S 8° (Briefe u Bilder aus Alsterdorf Jg. 14, Nr. 2. 1890.)

— s.: Gedenkbuch, tägliches, der Alsterdorfer Anstalten.

—— Gedenket an die vorigen Tage. Predigt am Sonntag, den 16. Octbr. 1870 beim Abendgottesdienst in der großen St. Michaelis-Kirche zu Hamburg gehalten. gr. 8. (14 S.) Hamburg 870, (Grüning.) *

—— die Gegenwart der evangelisch-lutherischen Kirche Hamburgs, dargestellt, aus ihrer Vergangenheit erklärt, und nach ihren Forderungen für die Zukunft gedeutet. gr. 8. (VIII und 347 S.) Hamburg 862, J. G. Oncken. *

Sengelmann, Heinrich: Das heimgesuchte Hamburg und die Alsterdorfer Anstalten. Norden. 1892. 8°

Sengelmann, H.(M.), und G. Armbrust, s. Hausbuch, christliches.

Sengelmann, H., Idiotophilus. 3 Bde. 8. Norden 885, Soltau. *

Inhalt:
Bd. 1. Systematisches Lehrbuch der Idioten-Heilpflege. (XII, 280 S.) *M 5.—.
" 2. Aphorismen. (XI, 186 S.) *M 2.50.
" 3. Bilder aus dem Leben der Idioten-Anstalten. (X, 172 S.) *M 2.50.

—— Israel, begegne deinem Gott! Predigt zum Gedächtniß der Leipziger Völkerschlacht, am Vorabend der kirchl. Jubelfeier, den 18. Octbr. 1862, in der St. Michaelis-Kirche beim Hauptgottesdienste. gr. 8. (16 S.) Hamburg 862, J. G. Oncken. *

Sengelmann, H., Confirmations-Rede am Mittwoch nach Judica, den 10. April 1867, gehalten. Hamburg 867. Verlag der Alsterdorfer Anstalt. gr. 8. (16 S.) n. 2 ngr.

Sengelmann, H., zwei Predigten, am Palmensonntage in der Aula u. am 1. heil. Osterfeiertage in der St. Catharinenkirche gehalt. 8. (1⅛ B.) Hamburg 844. (Halle, Schmidt's Vrlgsh.) *

Sengelmann, Heinrich: Eine Reise nach den Alsterdorfer Anstalten. Ein Buch für Kinder. Norden. 1878. 8°

— die Rüstung zum Kriege im Heiligthum. Predigt am außerordentl. Bettage vor dem deutsch-französ. Kriege den 27. Juli 1870 zu Hamburg gehalten. Hamburg 870. Grüning. gr. 8. (13 S.) n. 3 ngr.

—— Soli deo gloria. Gesänge und Lieder. 8. (IV und 110 S.) Hamburg 861, Oncken. *

Sengelmann, H., aus stillen Stunden. 1. u. 2. Aufl. 12. (V, 84 S.) Norden 888. 890. Soltau. n. 1. —; geb. m. Goldschn. n. 2. —

— s.: Tagebuch der Alsterdorfer Anstalten.

Sengelmann, H., das Buch Tobit erklärt. gr. 8. (IV und 122 S.) Hamburg 857, Perthes-Besser und Mauke. *

—— Verstehest Du auch, was Du liesest? (Apost.Gesch. 8, 30.) Auslegung einiger im gewöhnl. Leben oft falsch angewandten Schriftstellen. 12. (2 B.) Halle 845, (Schmidt's Vrlgsh.) *

Sengelmann, H.(M.), Bespergloce. Funfzig Liturgieen für Abendgottesdienste. 8. (IV und 192 S.) Leipzig 855, C. H. Reclam sen.

— christliche Volksbüchlein. 1 u. 2. Hft. gr. 8. 1. Die Kindtaufe. (16 S.) 2. Kurzer Unterricht von der Taufe für Gevattern. (19 S.) Ebd. 851. (à 1½ ngr) 3 ngr.

—— Dr. Joseph Wolff. Ein Wanderleben. gr. 8. (XI und 228 S. mit 1 lithogr. Portr.) Hamburg 863, J. G. Oncken.

Sengelmann, H., ein Wort für die Idioten, s. Bibliothek, kleine, für innere Mission.

Sengeipat, s.: Madrás.

Sengenwald, Julius: Die Lage der deutschen Industrie. Vortrag gehalten in der am 31. Dezember 1876 stattgehabten Jahressitzung des Vereins zur Förderung der Wissenschaften etc. des Unter-Elsasses. Strasbourg. 1877. 8° (Deutsch und Französisch.)

Sengenwald, Conrad, a. Berlin, Ref. am Kais. Landgericht zu Straßburg i. E.: Der Begriff der offenen Handelsgesellschaft. Borna-Leipzig 1905: R. Noske (VIII, 57 S.) 8°
Erlangen, Jur. Fak., Ref. Sehling, Diss. v. 18. Nov. 1905
[Geb. 20. Sept. 77 Berlin; Wohnort: Straßburg i. E.; Staatsangeh.: Elsaß-Lothringen; Vorbildung: Gymn. Gebweiler Reife M. 97; Studium: Berlin 2, Straßburg 4 S.; Rig. 18. Okt. 05.]

Senger, A. v., s.: Wettbewerbe u. Neubauten, schweiz.

Das Kaiserliche Hochstift Bamberg nach seiner kulturellen Bedeutsamkeit Geschichtl Studie von Adam **Senger,** Domkapitular Bamberg Schmidt in Komm 1907 90 S 8° A 14 12443

Senger, Adam, Lupold v. Bebenburg. (VIII, 184 S. m. 1 Taf.) 8. Bamberg 905. (G. Duckstein.) n. 4. —
Sonderabdruck aus: „63. Bericht d. histor. Ver. zu Bamberg".

— das Papsttum u. die Wahrheit. Predigt, geh. in der Domkirche zu Bamberg am 8. III. 1903. (15 S.) gr. 8. Bamberg (903). Schmidt. — 30

— Volkslektüre u. Volksbibliotheken. Vortrag, geh. im kath. Kasino zu Bamberg. (23 S.) gr. 8. Ebd. 907.
Sonderabdruck aus: „Theol.-prakt. Monatsschr." n. — 35

Senger, C. J., Plan der Stadt Liegnitz reducirt. Fol. Liegnitz 868, Krumbhaar. **

Senger, C. J. Plan der Stadt Liegnitz. 1 : 5000. Liegnitz 1868. 1 B.

Senger, E., üb. die Gefahren u. die Leistungsfähigkeit der modernen Wundbehandlung, s.: Klinik, Berliner.

Senger, Emil (geb. Kountz 17. 3. 1859). Ueber die Beziehungen der Lungensyphilis zur Tuberkulose. Berlin (1883) (31 S.) 8°
Berlin, Med Diss v 13 Okt 1883

Senger, Emil [aus Dirschau]: **Ueber den Werth der zur Erkennung fremder Fette '(Oleo-Margarin, Kunstbutter, Kunstbutterschmalz, Schweinefett u. a.)' in dem Milchbutterfett in Anwendung befindlichen Methoden ... Potsdam, Druck v. J. Grossmann, 1892;** 33 S., 1 Tab. 8.
Erlangen, Phil. Fak., Inaug.-Diss. v. 1892

Senger, Emma, Poesien. Hamburg 863. Jowien. 16. (173 S.) n. 20 ngr.

Senger, Ern. Alex(and.) Dagob. (geb. Neuteich in Westpr 29. 8. 1813)
De dysenteria biliosa eiusque varietatibus. Berolini (1837) (28 S.) 8°
Berlin, Med. Diss. v 18. Sept. 1837

SENGER, Franz (München): De affectionibus morbosis pleurae.- Monachii: Fleischmann 1836. 32 S.
17.1.1835 - Ork; F 62
Diss. Ingolst.-Landsh.-Mchn.

Senger, Gerhard Anton

Senger, Ghrd. Ant., († d. 25. April 1822.) die älteste Urkunde der Papierfabrikation in d. Natur entdeckt. 8. Dortm. 799. (Wundermann in Hamm).

Senger, G. A., d. ält. Urkunde d. Papierfabrication &c. 8. Dortmund, Mallinkrodt. 799.

Senger, G. A: **Die älteste Urkunde der Papierfabrikation in der Natur entdeckt,** nebst Vorschlägen zu neuen Papierstoffen. **Dortmund und Leipzig 1799**

— s. Versuch einer Beurtheilung aus Wasserwolle Papier zu fertigen &c.

Senger, Joachim Henry: Der bildliche Ausdruck in den Werken Heinrich von Kleists. Leipzig: Avenarius 1909. V, 67 S. 8°
(Teutonia. H. 8.)

Senger, Joachim Henry (Hrsg.), s. Seume, Joh. Gottfr.: Mein Leben.

Senger, *Joseph* Ueber den Infinitiv bei Catull, Tibull und Properz. 8 (44 S.). **Progr.** Studienanst. *Speier* 1886

Senger, Karl Thdr., Alwine Fremstad u. andere Erzählungen. (116 S.) gr. 8. Diessen 903. J. C. Huber. n. 1.60; geb. n. 2.—

Senger, K. Th., Nürnberger Geschäfts-Adressbuch **1906/07. (1, IV, 276 S.)** schmal 8. Nürnberg (Marienstr. 18) (906). **Kolumbus-Verlag** Nürnberg K. Th. Senger. n. 2.—

— **the lightningh guide.** With Pharus-map. Nuremberg: **The casket** of German gems. (25 u. 2 S.) schmal **gr. 8. Ebd. (906).** n. — 60
Fa. ist erloschen.

Senger, K. Th., the lightning guide. Nuremberg: The casket of German gems. With Pharus-map. (25 u. 2 S. m. Abb.) 23×12,5 cm. Nürnberg (909). (C. Koch.) — 50

Senger, Louis. Beitrag zur operativen Behandlung alter Empyemfisteln. Aus der Königsberger chirurg. Klinik. Diss. gr. 8. (53 S.) Königsb. i. Pr. 890, (Gräfe u. Unzer). ** 1 —

Senger, Oskar

Senger, O.: Über Absinthin, den Bitterstoff der Wermutpflanze (Artemisia absinthium). (Erlangen.) Berlin. 1891.

Senger, Oscar: **Über Absinthiin, den Bitterstoff der Wermutpflanze '(Artemisia absinthium)' ...** *Berlin, Buchdr. G. Schenck, 1892;* 1 Bl., 15 S. 8.
Erlangen, Phil. Fak., Inaug.-Diss. v. 1892

Senger, Pauline, Veilchen. Gedichte. 16. (6¼ B.) Berlin 843, Krause'sche Vrlgsb.

Senger, Rich., historisch-kritische Studien. Die Verschwörung des Doge Marin Falier. Venedig 1355. Die beiden Foscari. Venedig 1444—1457. 8. (VI, 207 S.) München **878, Unflad.** *

Senger, Rose, s.a. Senger-Wolters, Rose.

Senger, Rose, approb. Ärztin aus Dirschau: **Zur Casuistik der primären Dünndarmsarkome im Kindesalter.** *Halle a. S. 1902: C. A. Kaemmerer & Co.* (23 S.) 8°
Halle, Med. Diss. v. 29. März 1902

Senger, Thdr. Der Chorsänger. Theoretisch-prakt. Gesangschule für Männergesang-Vereine, Präparanden-Anstalten, Schullehrer-Seminare u. Gymnasien. 12. (VII, 127 S.) Nürnb. 889, Korn. cart. * 1 —

Senger, Thdr., biblische Geschichte für katholische Volksschulen. gr. 8. (VIII, 120 S.) Nürnberg 874, Korn'sche Buchh. * — 40

Senger, Thdr., biblische Geschichte f. Schulen. 2., verb., verm. u. m. 2 Kärtchen (in eingedr. Holzschn.) verseh. Aufl. 8. (X, 162 S.) Nürnberg 877. Korn. n. — 50

Senger, W. Edl. v. Versuch einer Oryctographie der gefürst. Grafschaft Tirol. Innsbruck. 1821 8.

v. Senger, W. E., Versuch e. Oryctographie d. Grafschaft Tyrol. gr. 8. Innsbr. 822. Wagner. 18 gr; (auch Wimmer in Wien). 16 gr

Senger-Wolters, Rose, s.a. Senger-Rose.

Senger-Wolters, Rose (Hrsg.), s. Aufklärungsschriften, ärztliche, f.d. Frauenwelt.

Senger-Wolters, Frau Rose, rationelle Schönheitspflege, s.: Aufklärungsschriften, ärztliche, f. die Frauenwelt.

SENGESPEIK, FRIEDRICH v., Feyerstunden des Ernstes und der Laune. Wilster (Glückstadt). 1816.

Sengespeik, [Friedrich] von: Feldgesang. Dännnemarks [!] Vertheidigern geeignet. Glückstadt. 1805. 2 Bl. 4°

Sengespeik, F. v., die Gespielen meiner frohen Augenblicke. 8. Glückstadt, Schneider. 806.

Sengespeick, F., die Gespielen meiner frohen Augenblick. 8. Glückstadt. 806. Jetzt Hammerich in Altona.

v. Sengespeik, Fr., s. Gustav Hellweg.

Sengespeik, Fr. von, u. E. von Schneider, d. Officier, s. Officier.

Sengespeik, Fr.(Chr.)v.(Hrsg.), s. Zeitschrift, Schleswig-Holsteinische...

Sengfelder, Bernhard: Joachim Heinrich Campe als Politiker und seine Beziehungen zur französischen Revolution. ⟨Abschnitt 1, Kap. 2.⟩ München 1909: Seitz. 41 S. 8°
¶(Nur ein Teil d. Arbeit gedr.)
Jena, Phil. Diss. v. 25. Mai 1909, Ref. Cartellieri
[Geb. 8. Sept. 84 Neuhaus a. d. Pegnitz; Wohnort: Neuhaus; Staatsangeh.: Bayern; Vorbildung: Realgymn. Nürnberg Reife Juli 05; Studium: München 1, Erlangen 3, Jena 4 S.; Rig. 27. Febr. 09.] [U 09. 2223

Sengle, M., Liturgie am Tage der feierl. Eröffnung des neuen Schulgebäudes zu Neudingen. gr. 8. Rotweil 826. Herder. (Barth in Leipz.) 3 gr

Sengler, A., S. J., die marian. Kongregationen. Nach Aufzeichngn. des S. Neue verm. Aufl. (45 S.) kl. 8. Straßburg 907. F. X. Le Roux & Co. — 15

Sengler, Fritz, aus Mannheim: **Ein Beitrag zu den Lymphangiomen des Halses.** *Würzburg 1900: A. Boegler.* (46 S.) 8°
Würzburg, Med. Diss. v. 1900

Sengler, J., Goethe's Faust erster u. zweiter Theil. gr. 8. (XV, 230 S) Berlin 873. München, Th. Ackermann. n. 4. —

Sengler, Jakob

Sengler, J., Erkenntnißlehre. (In 2 Bdn.) 1. Bd. gr. 8. (XLVII und 656 S.) Heidelberg 858, J. C. B. Mohr. Thlr. *

Sengler, Jac., die Idee Gottes. (In 2 Bänden.) 1. historisch-krit. Theil. gr. 8. (37 B.) Heidelberg 845, J. C. B. Mohr.

—— dass. 2. Thl. 1. Abthl. Die speculative Theologie. gr. 8. (19¼ B.) Ebds. 847.

Sengler, J., die Idee Gottes. 2. Thl. 2. Abthl.: Die speculative Kosmologie. gr. 8. (XLVII und S. 303—726.) Heidelberg 852, J. C. B. Mohr.
1. und 2. Thl. 1. Abthl. Ebendas. 1845—47. 4 Thlr.

Sengler, Jac., Kirchenzeitung f. d. kathol. Deutschland, s. Kirchenzeitung.

—— Plan zu e. neuen Katechismus f. kathol. Elementarschulen u. Gymnasien, nebst Würdigung der Katechismen, welche sich seit Canisius in d. kathol. Kirche besond. geltend gemacht haben. gr. 8. (21 B.) Frankfurt a. M. 829, Andreä.

—— Rede an d. Mitglieder d. theolog. Vereins zu München, am Schlusse d. Wintersemesters. Nebst Darstell. d. Entstehung, Bestimmung u. d. bisher. Bemühungen d. Vereins v. mehr. Mitgliedern d. Ausschusses dess. gr. 8. (2½ B.) München 831, [Franz.]

—— Reden über die gegenwärt. Krisis der Weltgeschichte u. wie sie geworden ist. gr. 12. (2⅓ B.) Carlsruhe u. Freiburg 843, Herder'sche Vrlgsh.

—— erste Vorlesung an der Universität Freiburg im Herbste 1842. gr. 8. (1¼ B.) Freiburg 843, Herder'sche Vrlgsh.

Sengler, Jakob, Über das Wesen u die Bedeutung der spekulativen Philosophie u. Theologie in der gegenwärtigen Zeit, mit besonderer Rücksicht auf die Religionsphilosophie.
1 Teil: Allgemeine Einleitung in die spekulative Philosophie u. Theologie. Mainz, Kupferberg, 1834, gr 8°, 3,50 Mk.
(Tüb Theol. Quartalschr. Jahrg. 17 (1835), S. 144 ff (Hoffmann.)
2 Teil Specielle Einleitung in die Philosophie u spekulative Theologie. Heidelberg, Mohr, 1837, gr. 8°, 7,50 Mk
Katholik Bd. 73 (1839), S 78—87, 180—6. Denzinger, Vier Bücher von der relig. Erkenntnis. Bd. 2, S. 545. Werner, Gesch. d apol. u. pol. Litt. Bd 5, S 236

—— Winke zur Anleitung im christ-kathol. Unterr. üb. d. Sünde, Erlösung u. Heiligung u. deren Anstalten, nebst e. Anh. homilet. Inhalts. gr. 8. (5½ B.) München 831, [Franz.]
Aus dess „Kirchenzeitung rc." abgedruckt.

Sengler, J., Würdigung der Schrift von Dr. David Schulz über die Lehre vom hl. Abendmahl nebst aphoristischen Grundzügen zu einer spekulativen Darstellung der kath. Abendmahlslehre im Verhältnis zu den protest Abendmahlstheorien. Eine von der Tübinger kath.-theol. Fakultät gekrönte Preisschrift. Mainz, Müller (jetzt Kirchheim), 1830, gr. 8°, 41 S., 1,80 Mk.
Recens Katholik 1830, Bd. 36 S. 370—4

—— Würdigung d. Schrift v. D. D. Schulz üb. die „Lehre v. heil. Abendmahl," nebst aphorist. Grundzügen zu e. speculat. Darstellung d. kathol. Abendmahlslehre im Verhältniß zu d. protestant. Abendmahlstheorien. Eine gekr. Preisschr. gr. 8. (16½ B.) Mainz 830, [Kirchheim, Schott u. Thielmann.]

Sengler, Jakob, s. Zeitschrift, Religiöse, für das kathol. Deutschland.

Senglier, Arthur, Referendar: **Die rei vindicatio gegen den mittelbaren Besitzer.** *Greifswald 1903: J. Abel.* (70 S.) 8 [F. u. Ant.]
Greifswald, Jur. Diss. v. [5. März] 1903

Sengmüller, Albert: Die naturgesetzlichen Grundlagen und die wirtschaftlichen Anbaumethoden und Erfolge des Ackerbaues in der bayerischen Oberpfalz. (Straubing 1909: Attenkofer.) 97 S. 8°
Berlin, Phil. Diss. v. 24. Juli 1909, Ref. Orth
[Geb. 5. Okt. 84 Regensburg; Wohnort: Straubing; Staatsangeh.: Bayern; Vorbildung: Gymn. Augsburg Reife 03; Studium: München Univ. 2, Techn. Hochsch. 1, Halle 3, Berlin Landw. Hochsch. 3 S.; Rig. 4. März 09.] [U 09. 285

Sengoku, Nagayasu: Über die Dauerresultate der Radikaloperation freier kindlicher Leistenhernien. Erlangen 1910: Junge. 50 S. 8°
Erlangen, Med. Diss. v. 14. März 1910, Ref. v. Kryger
[Geb. 9. April 80 Osaka; Wohnort: Osaka; Staatsangeh.: Japan; Vorbildung: Gymn. Tottori Reife 99; Studium: Med. Akad. Okayama 6, Tokio 2, Erlangen 3 S.; Rig. 1. März 10.] [U 10. 823

Sengschmitt, Berth., Über den Zusammenhang der österreichischen Volkssprache mit den drei älteren deutschen Mundarten. Wien o. J. 4.
J.-Ber d. Schottengymn. Wien 1852 . . . . (D.)

Sengstack. Das Schiff Vesta nebst einer Abhandlung über das Abandon-Recht der Schiffsreeder. Bremen 1818.

Sengstbrand Rudolf: De peregrinationibus Pindari exteris quaestiones maxime chronologicae.
H. 1908 PN 2493 **Diss.** Wien, Univ.

Sengstock, Paul, Oberlandesgerichtsreferendar zu Düsseldorf: Ueber die rechtliche Natur und Gültigkeit der Postordnung. Bonn 1908: S. Foppen. (IX, 135 S.) 8°
Heidelberg, Jur. Fak., Ref. Jellinek, Diss. v. 1908
[Geb. 28. Jan 81 Düsseldorf; Wohnort: Dusseldorf; Staatsangeh.: Preußen; Vorbildung Gymn. Dusseldorf Reife O. 00; Studium: Freiburg i. B. 1, Bonn 6 S.; Rig 31. Dez 07.]

Sengteller, Otto, Referendar bei der Staatsanwaltschaft des Landgerichts Breslau: Das gemeinschaftliche Testament und der gemeinschaftliche Erbvertrag mit beiderseitigem Rucktrittsvorbehalt. Breslau 1905: A. Favorke. (103 S.) 8°
Breslau, Jur. Fak., Ref. Beyerle, Diss. v. 27. Juli 1905
[Geb 20. Apr 78 Breslau, Heimatsort: Breslau; Staatsangeh.: Preußen; Vorbildung: Matthiasgymn Breslau Reife O 00; Studium: Breslau 6 S.; Rig. 31 Juli 03

Senguard, Wolferd [Präs.]: Ethico-pneumatica de libertate dissert., s. Baudi, Joh. [Resp.]

Senhofer, Karl

Senhofer, C., üb. Benzoltrisulfosäure. [Aus: „Sitzungsber. d. k. Akad. d. Wiss."] Lex.-8. (6 S.) Wien 874. (Gerold's Sohn.) — 15

— über einige Derivate der Dioxybenzoësäure, — über Disulfobenzoësäure, } s.: Mittheilungen aus dem chem. Laboratorium der Univers. Innsbruck.

—— und C. Brunner, über directe Einführung von Carboxylgruppen in Phenole und aromatische Säuren. 1. Abhandlung. Lex.-8. (21 S.) Wien 879, (Gerold's Sohn.) *
Aus: Sitzungsberichte der k. Akademie der Wissenschaften, besonders abgedruckt.

— über die Einwirkung rauchender Schwefelsäure auf Benzolsulfosäure u. e. neue Benzoldisulfosäure, } s.: Barth, L.

— über e. Condensationsproduct aus der Oxybenzoësäure, s.: Barth, L.

Senhofer, C., über die Constitution der Dioxybenzoësäure, s.: Barth, C.

Senhofer, Karl: Über neue Naphtalinderivate.
Separatabdruck aus: Sitzungsber. d. Kais. Akad. d. Wissensch. in Wien. Bd. 72. II. S. 422

Senhofer, C., über Naphtalintetrosulfosäure. Lex.-8. (7 S.) Wien 882, (Gerold's Sohn.) * — 20
Aus: Sitzungsberichte der k. Akademie der Wissenschaften, besonders abgedruckt.

— Über eine neue Phenoldisulfosäure und Dihydroxylbenzolmonosulfosäure. S. 78. II. 677 . — .20
Separatabdruck

Senhofer, Karl: Über Phenolmetasulfosäure, s. Barth, L.

Senhofer, Karl: Über Phenoltrisulfosäure.
Separatabdruck aus: Sitzungsber. d. Kais. Akad. d. Wiss. in Wien Bd. 68. II. S. 185.

— über Phenoltrisulfosäure, — über die Sulfoxybenzoësäure, } s. a. Mittheilungen aus dem chem. Laboratorium der Univers. Innsbruck.

Senhofer Karl: Über die Sulfoxybenzoësäure. S. 60. II. 17 . . . . vgr.
Separatabdruck

— über Toluoldisulfosäure u. einige Abkömmlinge derselben. [Aus: „Sitzungsber. d. k. Akad. d. Wiss."] Lex.-8. (12 S.) Wien 873. (Gerold's Sohn.) n. — 20

Senhofer, Karl u. K. Brunner

— — — 2. Abhandlung: Verhalten von Orcin gegen kohlensaures Ammon. S. 81. II. 410 . . . . vgr.
— — — 3. Abhandlung: Verhalten von Pyrogallussäure und Gallussäure gegen kohlensaures Ammon. S. 81. II. 1041 . . . . vgr.
Separatabdruck

— und Sarlay F. 4. Abhandlung: Verhalten von Hydrochinon gegen doppeltkohlensaures Kali. S. 84. II. 321 . . . . vgr.
Separatabdruck

Senholdt, Heinrich, aus Garmissen: **Studien über die Ablösung der bäuerlichen Lasten im ehemaligen Fürstenthum Hildesheim.** *Braunschweig 1900: A. Limbach.* (64 S.) 8°
Göttingen, Phil. Diss. v. [15. Mai] 1900

Seni, A. F., Album der Liebe. Eine Sammlung vorzügl. lyrischer Gedichte von Dichtern der Gegenwart. 16. Borken 845, Brunn. 1/4 ℳ

Seni, A. F., Album der Liebe. Eine Sammlung vorzügl. lyrischer Gedichte von Dichtern der Gegenwart. 16. (5 1/2 B.) Borken 845. [Münster, Coppenrath'sche Buchh.]

— neuester gemeinnütziger Volks-Briefsteller für das praktische Leben. 16. (12 B.) Borken 844. [Münster, Coppenrath'sche Bh.]

— neuester gemeinnütziger Volks-Briefsteller für das prakt. Leben. 16. Borken 844. (Wesel, Bagel.) 1/4 ℳ

Senier, Alfred [aus London]: Ueber Cyanursäure, ihre Isomeren und Derivate . . . . Berlin, Druck v. G. Bernstein (1887); 68 S. + 2 Bl. 8°.
Berlin, Phil. Fak., Inaug.-Diss. v. 25. Jun. 1887.

Senier, Alfred, über Cyanursäure, ihre Isomeren und Derivate. Diss. Berlin 1887, Mayer & Müller. 8°. 68 S.

Seni-Horoskop m. 36 (farb.) Karten. 8. (80 S. m. 4 Fig.) Leipzig 898. P. List. Geb. in Leinw. 3. —

Senior, Dr. — Allein sichere auf alle bisherigen Erfahrungen gestützte Behandlung der epidemischen Cholera für Nichtärzte. Von — —. Gratz, 1856. Druck von A. Leykams Erben. Kommissions-Verlag der Fr. Ferstel'schen Buchhandlung. (Tendler und Wendelin.) (32 S. 16.)

Seniorenbüchlein, evangelisches, insbesondere Anweisung, wie ein evangel. Kirchenältester nach Vorschrift der im Großherzogth. Hessen bestehenden kirchl. Gesetzgebung sein Amt zu führen hat. Ein Grund- und Baustein zur neuen Kirchenverfassung. gr. 8. (57 S.) Darmstadt 851, v. Auw. *

(Senkbeil, Emil.) L'operaio italiano in Germania, nella Svizzera e nell'Austria. Breve raccolta dei termini occorevoli in viaggio, in locanda, al lavoro, per conversazione ecc., con una pronunzia in caratteri italiani .... IV + 24 p. 8. Stuttgart ⟨Stoccarda⟩, presso: Emilio Senkbeil (Druck vom Chr. Verlagshaus, 1905). M. —. 60

Senkeisen, Eph. Gf., s. F. Skrimshire, erster Unterricht.

Senkel, A. Übersichtsplan v. der Stadt Bitterfeld. ca. 1 : 5000. Nach amtl. Quellen bearb. 54×60 cm. Steindr. Bitterf. 892, Meissner. * — 25

Senkel, Willy: **Wollproduktion und Wollhandel im XIX. Jahrhundert mit besonderer Berücksichtigung Deutschlands.** *Tübingen 1901: H. Laupp jr.* (88 S.) 8° ¶[Erschien vollst. als: Zeitschrift f. d. ges. Staatswiss., Erg.H. 2.]
Leipzig, Phil. Diss. v. [21. Okt.] 1901

Wollproduktion und Wollhandel im XIX. Jahrhundert mit bes. Berücks. Deutschlands. Von Dr. Willy **Senkel**. Mit 4 Diagr. *Tübingen: H. Laupp 1901.* (VII, 143 S.) 8°
— **Zeitschrift** f. d. gesamte Staatswissenschaft. Erg.H. 2. (vi. 108)

Senkenberg, s. Senckenberg.

Senkowski, J., **Exemplum Papyri Aegyptiacae.** Roy.-Fol. (4 lith. Bl.) Cracoviae 827. (Lipsiae, Weigel.)

Senkowski Michael: Über einige Derivate der Metamethylphenoxylessigsäure. S. 97. IIb. 536 . vgr.
Separatabdruck

— Über die Einwirkung der Reduktionsmittel auf Cholsäure. S. 107. IIb. 5 . . . . vgr.
Separatabdruck

Senkowski, Michael: Zur Kenntnis der Konstitution der Cholsäure.
Separatabdruck aus: Sitzungsber. d. Kais. Akad. d. Wiss. in Wien. Bd. 104. IIb. S. 803.

Senkpiel, Hugo, a. Berlin, **Assistenz-Arzt an Dr. Edels Anstalt Charlottenburg:** Aus d. Privatheilanstalt von Dr. Edel, Charlottenburg. Ueber einen Fall von „jugendlicher Paralyse" mit besonderer Berücksichtigung der Ätiologie. Leipzig 1908: B. Georgi. (21 S.) 8°
Leipzig, Med. Fak., Ref. Flechsig, Diss. v. 17. Febr. 1908
[Geb. 27. Mai 77 Berlin; Wohnort: Berlin; Staatsangeh.: Preußen; Vorbildung: Sophien-Gymn. Berlin Reife O. 96; Studium: Berlin 11 S.; Coll. 28. Febr. 08; Approb. 11. April 03.]

Sen-Mare, Zum Opfer gefallen! Roman aus Marinekreisen. 8. (376 S.) Berlin 883, Janke. * 5 —

Senn, Der bayerische. München Jg. 1880 ff. (Ab 1904: Bayerische Molkereizeitung.)

Senn, Schweizer, s. Schweizer-Senn.

Senn, Albert. Über Alveolarpyorrhöe. Von Zahnarzt Dr. med. A' S' in Zürich. ⟨Mit 1 Abbildung.⟩ Separat-Abdruck aus der Deutschen Monatsschrift für Zahnheilkunde. Jahrg. 24 ⟨1906⟩, April-Heft. 11 S. + S. 187—196 8. (Leipzig, Arthur Felix.)

Senn, A[lbert]. Astigmatismus der Hornhaut und centrale Chorioiditis der Myopen. Von Dr. A. S', Augenarzt in Wyl. [Mit 1 Figur.] (Separat-Abdruck aus dem Archiv für Augenheilkunde.... Band 48. Heft 3.) II S. + S. 191—234. 8. (Wiesbaden, J. F. Bergmann, [1903].)

Senn, Albert [pr. Zahnarzt aus Baden '(Schweiz)']: Die Behandlung der Sattelnase ... Würzburg, Etlinger's Buchdr., 1893; 47 S. 8.
Würzburg, Med. Fak., Inaug.-Diss. v. 1893

Senn, Alb.: Beitrag zu den Functionsprüfgn. der Netzhautperipherie. – Lichtsinnperimetrie, s. Mitteilungen aus Kliniken u. medicin. Instituten d. Schweiz, II. 12.

Senn, A[lbert]. Meine Erfahrungen über Subconjunctivaltherapie. Von Dr. A. S', Augenarzt in Wyl. (Separat-Abdruck aus dem Archiv für Augenheilkunde... Band 50 [1904]. Heft 3.) III S. + S. 232—283. 8. (Wiesbaden, J. F. Bergmann.)
(... Ausführung der am 5. [d. i. 10.] internationalen Ophthalmologen-Kongress in Luzern zu vertretenden auszugsweisen Thesen desselben Themas.)

Senn, A[lbert]. Meine Erfahrungen über Subkonjunctivaltherapie. ([Sep.-Abdr. aus:] 10e Congrès [international] d'Ophtalmologie, Lucerne [13—17 septembre 1904. Compte rendu ...] =) 10. Internationaler Ophthalmologenkongress, Luzern 1904. II S. + S. B 120—B 129. 8. Lausanne, Georges Bridel & Cie, [1905].

Senn, A[lbert]. Retino-Chorioiditis rudimentaris e lue congenita. Von Dr. A. S', Augenarzt in Wyl. Mit 4 Abbildungen im Text und 1 farbigen Tafel.... (Separat-Abdruck aus dem Archiv für Augenheilkunde.... Band 44, Ergänzungsheft.) II S. + S. 147—172 + *Tabellen* XI S. 8. (Wiesbaden, J. F. Bergmann, [1901].)

Senn, A[lbert]. Rückbildung eines primären ⟨progressiven⟩ Keratokonus durch subkonjunktivale Injektionen. ⟨Vorläufige Mitteilung.⟩ Von Dr. A. S'... in Wyl. Sonderabdruck aus Jahrg. 8, Nr. 30 der Wochenschrift f. Therapie u. Hygiene des Auges. 9 S. 8. Dresden, Steinkopff & Springer, [1905].

Senn, Alfred. Die Leistungsfähigkeit der abdominalen Totalexstirpation bei myoma uteri. ⟨Mit einer Abbildung.⟩ Gestützt auf 80 abdominale Totalexstirpationen des myomatösen Uterus, ausgeführt von Prof. Dr. M[ax] Walthard in Bern. Diss. Med. Bern. 65 S. 8. Bern, Stämpfli & Cie., 1908.

Senn, Charles Hermann. Kulinarisches Lexikon und Menubuch. Aus dem Englischen ins Deutsche übertragen von Hermann Bieder, unter Mitwirkung von Jos[eph] Strebel, Charles Lien, Henri Dürst, L[ouis] Monod und anderen. [Illustriert.] II + X + 304 S. 8. Luzern, Verlag der Union Helvetia, 1908. [geb. fr. 8.—]
[Grossenteils Sep.-Abdr. aus: Hotel-Industrie und Kochkunst. Monatsschrift der Union Helvetia. Jahrg. 3, 1901, Nr. 10 — Jahrg. 9, 1907, Nº 7.]

Senn, D[anie]l. älteste Basler-Geschlechter. Verfasst von Dl Senn *Lithographiert.* 8. Basel 1879.

Senn, Franz: Der Vernagtferner im Venterthale. (Sep.-Abdr. a. d. Tiroler Boten.) Innsbruck: Wagner'sche Univ.-Buchh. 1866. (23 S.) 8°

Senn, Gustav [aus Basel]: Über einige coloniebildende einzellige Algen. Basel 1899. 70 S. mit 39 Fig. im Text und 2 Taf. 4°. (Sep.-Abdr. aus Botan. Zeitung, 57. Jahrg.)
Basel. Phil. Diss. 1898/99.

Senn, G[ustav]. Alpen-Flora von Dr. G. S', Privatdozent an der Universität Basel. Mit 144 (*Umschlag:* 145) farbigen Tafeln nach am Standorte gemalten Aquarellen von [Frl.] C[écile] Kastner, und 151 (*Umschlag:* 152) Textabbildungen. Westalpen. XXVIII + 49 + I + 145 S. 8. Heidelberg, Carl Winter, (1906). [geb. M. 5.—]
151 Textabbildungen, 1 schwarze Tafel, 144 farbige Tafelseiten und farbiges Umschlagbild. — (*Teilweise nach dem* Text von [Charles] Flahault für die gleichzeitig erscheinende französische Ausgabe *bearb.*)
Sammlung naturwissenschaftlicher Taschenbücher. [Band] 2....

Senn, G., Flagellata, s.: Engler, A., u. K. Prantl, die natürlichen Pflanzenfamilien. I. 1a.

Senn, Gustav. Die Gestalts- und Lageveränderung der Pflanzen-Chromatophoren. Mit einer Beilage: Die Lichtbrechung der lebenden Pflanzenzelle. Von Dr. G' S', Privatdozent ... [in] Basel. Mit 83 Textfiguren und 9 Tafeln. XVI + 398 S. 8. Leipzig, Wilhelm Engelmann, 1908. [M. 20.—]

Senn, Hans: Zur Kenntnis der Elektrolytischen Raffination von Blei in kieselfluorwasserstoffsaurer Lösung. Diss. Phil. Basel. [Grösstenteils Sep.-Abdr. aus: Zeitschrift für Elektrochemie. Jahrg. 11, Heft 15.] IV, 19 S. 4°. Halle a. S.: Wilhelm Knapp, 1905.

Senn, J., allgemeines Adressbuch des Gewerbs- und Kaufmannsstandes der Schweiz, s. Adressbuch.

Senn, J. M., der große Brand in Glarus oder treue Schilderung der verheerenden Feuersbrunst, welche in der Nacht vom 10. auf den 11. Mai 1861 fast ganz Glarus in einen Schutthaufen verwandelt hat. Nebst den nöthigen histor., topograph. und statist. Notizen. Nach Mittheilungen von Augenzeugen und eigener Anschauung. gr. 8. (32 S.) Zürich 861, Schabelitz'sche Buchh. * *

Senn, J. M. Le sinistre de Glaris ou description exacte des ravages de l'incendie, qui a fait de ce bourg .. un tas de décombres dans la nuit du 10 au 11 mai 1861 .... Traduit de l'allemand. 8. Fribourg (1861).

Senn, Jacob. Ein Kind des Volkes. Schweizerisches Lebensbild. Aus dem Nachlass herausgegeben von *O. Sutermeister.* In 8°, 318 S. Bern, Rud. Jennis Buchhandlg. (Heinrich Koehler). 1888.

Senn, Jak., Bürgermeister Hans Waldmann's Leben und Ausgang. Mit Benutzung der seit Füßli's Biographie bekannt gemachten und eigener archival. Forschungen; nebst Beilagen. 8. (82 S.) St. Gallen 865, Sonderegger.

Senn, Joh., Gedichte. 8. (10 B.) Innsbruck 838, Wagner'sche Buchh. Thlr. *

Senn, Joh., Glossen zu Göthe's Faust. Aus dem Nachlasse des Verf. 1. und 2., unveränd. Aufl. gr. 16. (35 S.) Innsbruck 862, Wagner'sche Universitäts-Buchh. *

Senn, Johann. Glossen zu Goethes Faust. Aus dem Nachlasse. 2. unveränderte Auflage. Innsbruck 1862. H: *Pichler, Adolph.* (GGr IV, III, 660, 71) (Hdschr. Mitth. Friedrich Müller, München)

Senn, C[arl]. Die Errichtungsform für die öffentl. Urkunde bei der Aktiengesellschaft, mit besonderer Berücksichtigung der bern. Gesetzgebung. (Separatabdruck aus der Zeitschrift des bern. Juristenvereins..., Band 39, 1903, Heft 6 und 7.) II + 28 S. 8. Bern, Büchler & Co., 1903.

Senn, C[arl]. Die Errichtungsform für die öffentl. Urkunde bei der Aktiengesellschaft.... II + 28 S. 8. Bern, Buchdr. Büchler & Co., 1903.
Ausg. B: (Aufdruck: Bern, Buchh. L. A. Jent. 1903.) [fr. —.75]

Senn, C[arl]. Zur Form des bernischen Schadlosbriefes. Separatabdruck aus der Zeitschrift des bern. Juristenvereins, Bd. 42, und des Monatsblatt für bern. Rechtsprechung Bd. 23, 1906, Heft 8. 8 S. 8. [Bern, Büchler & Co.]

Senn, N., erster Unterricht im Zeichnen f. Volksschulen. qu. gr. 8. (100 lith. Bl.) Bern 835. (Leipzig, R. Weigel.) *

Senn, Nikolaus

Senn, Nic., die Behandlung der Schusswunden d. Magendarmkanals, s.: Sammlung klinischer Vorträge.

Senn, N. Experimentelle Beiträge zur Darmchirurgie. Mit besond. Berücksicht. der Behandlg. d. Darmverschlusses. Aus dem Engl. m. Autoris. d. Verf. übertr. von Willy Sachs. gr. 8. (III, 108 S. m. 3 Abbildgn.) Basel 892, Sallmann. * 2 40

Senn, N., die Chirurgie d. Pankreas, gestützt auf Versuche u. klin. Beobachtungen, s.: Sammlung klinischer Vorträge.

Senn, Nikol., Werdenberger Chronik. Ein Beitrag zur Geschichte der Kantone St. Gallen und Glarus. 8. (184 S.) Chur 860, Hitz. *

Senn, Nicolaus. Werdenberger Chronik. Ein Beitrag zur Geschichte der Kantone St. Gallen und Glarus. Von Nik' Senn.... ([2] Hefte.) 8. Chur 1860(-1862)

Senn, Nicolaus. Chronika der Veste und Herrschaft Wartau. Hrg. von Nik' Senn.... 8. Buchs 1883.

Senn, Nikolaus, s. Dies. Dis ist das Vrban ... des kilchspels zu Buchs. Buchs 1882.

Senn, Nicolaus. Grosse Eidsgenossen. Hrg. von Nik' Senn ... 8. Werdenberg 1882.

Senn, Nicolaus. Geschichtliches aus den Gemeinden am Lintkanal und Obersee. Gesammelt und hrg. von Nik' Senn.... 8. Lichtensteig 1879

Senn, Nicolaus. Am Grabe eines treuen Hirten (Johann Martin Anton Durgiai) Von Nik' Senn.... 8. (Glarus [1870])

– s. Hochgerichtsform. Hoch (Mallititz) Gerichtß Formb der Graffschafft werdenberg. Buchs 1874.

– s. Jarzitbuoch. Das j' ... zu buchß. Chur 1873 ...

Senn, Nicolaus. Archiv Jenatz. Hrg. von Nik' Senn.... 8. Schaffhausen 1869

Senn, Nicolaus Alte Offnungen, Landtrechte. Dorff-Rachte und Hofsrechtte aus der Ostschweiz. Gesammelt und hrg. von Nik Senn.... 8. Frauenfeld 1873

– s. Pfendler, Peter. VerZeichnuß Etwelcher Geschichten So geschehen ... A. 1702 ... – 1712. Chur 1868

Senn, Nicolaus. Die stille Stadt. (Lebensbeschreibungen) Hrg von Nik' Senn.. 8. Selbstverlag, (Buchs) 1869

Senn, Nicolaus. Tagebuch der Familie Schümi am Unterwasser. bei St. Johann. Hrg. und mit einem interessanten Anhang versehen von Nik' Senn.... 8. Chur 1869.

Senn, Nikl. Archiv Tamins. Ein Beitrag zur Geschichte der Ostschweiz. In-8°, 40 S. St. Gallen, Selbstverlag des Verfassers. 1881

Senn, Nicolaus. Toggenburger-Archiv. D. 1393–1487. Hrg von N' Senn.... 8. Zürich 1865.

– s., Toggenburgerstreit. Der T'-Streit 1712. Buchs 1874.

Senn, Nikolaus. Urban der kilchgenossen und nachgepurschafft des kilchspels zu Buchs a. 1484 Buchs Werdenberg 1882.

Senn, Nicolaus. Kirchengeschichtliche Urkunden aus der Ostschweiz. Gesammelt und hrg. von Nik' Senn.... 8. Chur 1872.

Senn, Nicolaus. Rheinthaler Urkunden ([und] Volkssagen) Gesammelt und hrg. von N' Senn.... 8. Altstädten 1866.

SENN, Nikolaus (Milwaukee): Varicocele.- München: Wolf 1878. 20 S. 3.8.1878 - Urk (Titel: De varicocele.); Chr 1878/79,11
Diss. Ingolst.-Landsh.-Mchn.

Senn, W., der rationelle Gastwirth. 1. Heft. gr. 8. Zürich, Zollinger & Thiele. 1877. 1. —

Senn, Walter

Senn, W. (Hrsg.), s. Alpenpost, Die

Senn, Walter (Red.), s. Alpenwelt, Die.

Senn, [Walther] Das Buch vom General (Wilhelm Heinrich) Dufour. Sein Leben und Wirken.., unter Benutzung der besten Quellen für das Volk bearb von Senn-Barbieux. 8
[1 Aufl] ([12] Lieferungen) [Umschlag illustriert] St Gallen 1878
2 Aufl. [12 Lieferungen Umschlag illustriert] St G' 1879

Senn-Barbieux, das Buch vom General Dufour. Sein Leben und Wirken, mit besond. Berücksicht. seiner Verdienste um die polit. Selbstständigkeit der Schweiz, sowie um Wissenschaft, Kunst und Humanität, unter Benutzung der besten Quellen für das Volk bearb. 12 Lfgn. 1. Aufl. (560 S.) 878. à Lfg. * 50 Pf.; 2. Aufl. gr. 8. (590 S. mit chromolithogr. Titel.) St. Gallen 878, Altwegg-Weber. à Lfg. 40 Pf.; compl. geb.

Senn-Barbieux, das Buch vom General Dufour. Sein Leben und Wirken, mit besond. Berücksicht. seiner Verdienste um die polit. Selbständigkeit und Einheit der Schweiz, sowie um Wissenschaft, Kunst und Humanität, unter Benutzung der besten Quellen für das Volk bearb. 3. Aufl. gr. 8. (574 S.) Leipzig 886, Ziegenhirt und Comp. *M 4.—.; geb. *

Senn-Barbieux, das Buch vom General Dufour. Sein Leben u. Wirken m. bes. Berücksicht. s. Verdienste um d. polit. Selbständigkeit u. Einheit der Schweiz, sowie um Wissenschaft, Kunst u. Humanität, unt Benutzg. d. besten Quellen f. d. Volk bearb. 6. [Titel-] Aufl. gr. 8. (569 S.) Luzern (886) 897. E. Rebwig. n. 4; geb. in Leinw. n. 6. —

Senn, Walter, Charakterbilder schweizerischen Landes, Lebens und Strebens. Nach den besten Musterdarstellungen der schweizer. und ausländ. Literatur und eigenen Beobachtungen zu einer bildenden Lektüre für Jedermann. 1. Serie. hoch 4. (VIII, 384 Sp. mit vielen Illustr., 9 Holzschntaf., 3 Stnt. und 2 lithogr. Karten, wovon 1 in Buntdr., in gr. 4. und Fol.) Glarus 870, Senn und Stricker. 6 —

Senn, Walther. Charakterbilder schweizerischen Landes, Lebens und Strebens. Nach den besten Musterdarstellungen .. und eigenen Beobachtungen für die obere Stufe des Unterrichts in der Schweizerkunde, sowie zu einer bildenden Lektüre für Jedermann bearb. von W' Senn. (2 Serien.) 4 Glarus 1870(-1871).
Serie 1 bearb von Walter Senn.. Mit vielen Illustrationen [15 Tafeln]. Gl', (Leipzig, Stuttgart .) 1870.
Serie 2 ..bearb von Walter Senn .. Mit vielen Illustrationen [15 Tafeln]. Gl' 1871

Chronicon helveticum – Schweizer Zeit-Buch vom Jahre 1892. Von W. *Senn Holdinghausen. – St-Gallen, Senn. – Barbieux*, 1892. Grand in-8.
Portraits et illustrations

Senn Walter Chronicon helveticum Schweizer Zeit-Buch vom Jahre 1892 Zürich und St Gallen.

Senn-Holdinghausen, Walt., Chronicon helveticum. Schweizer Zeit-Buch vom J. 1893. (In 12 Hftn.) 1. u. 2. Hft. gr. 8. (1. Tl. S. 1—48 u. 2. Tl. S. 1—48 m. Illustr.) St. Gallen 893. W. Senn-Holdinghausen. à n. — 70

Senn-Holdinghausen, siehe a. *Chronicon helveticum.*

Senn-Barbieux, W., schweizerische Ehrenhalle. Lebensbilder hochverdienter Eidgenossen. 1. Serie. 8. (280 S. mit eingedr. Illustr. und Taf.) [St. Gallen 883, Wirth.] Leipzig, Ziegenhirt und Comp. *M 3,20.; geb. * 4 20

Senn, Walther Schweizer(ische) Ehrenhalle. Lebensbilder hochverdienter Eidgenossen. Von Walter Senn-Barbieux. 1 [einziger] Band. (6 Hefte.) [Mit 8 Tafeln und illustriertem Umschlag.] 8. St. Gallen (1883–)1884.

— Garibaldi, der Freiheitsheld u. Menschenfreund. Sein Leben, seine Thaten u. Abenteuer. Wahrheitsgetreu für das Volk erzählt. (In 10—12 Lfgn.) 1—8. Lfg. gr. 8. (S. 1—384.) St. Gallen 882. Wirth. à — 40

— Garibaldi der Freiheitsheld u. Menschenfreund. Sein Leben, seine Thaten u. Abenteuer. Wahrheitsgetreu f. das Volk erzählt. 9—16. [Schluß-]Lfg. gr. 8. (III u. S. 385—714 m. 5 Holzschntaf. u. 1 Chromolith.) Ebend. 883. à — 40

—— Garibaldi, der Freiheitsheld u. Menschenfreund. 2. Aufl. Gr. in-8°. 714 S. Ebda. 1897 5 —

Senn (-Barbieux), Walter (Hrsg.), s. Jahrbuch, Das hauswirthschaftliche

Senn Walther Fratigau Natur und Volk im Lanquartthale geschildert von Walter Senn von Wartau [Illustriert.] 8 Zurich 1875

—— illustrirter St. Galler-Führer. Wegweiser durch die Stadt St. Gallen und deren Umgebung. 12. (64 S. mit Illustr.) Ebendas. 883. * 1 —

Senn, Wilhelm

Senn, [Wilh.]. Heimat u. Welt in Poesie u. Prosa. 8. (VII, 224 S.) Lpz. 889, Roßberg. * 2 —

Senn, W., Onkel Fritzens Testament. Ein Wink zur Erziehung unseres Geschlechtes auf Grund d. Lessing'schen Gedankens üb. die Wiedergeburt d. Menschen. Durch die Jury der August-Jenny-Stiftg. m. e. Anerkennungspreise bedacht. 12. (74 S.) Leipzig 889. Roßberg. n — 80

Senn, Wilh., die lustigen Wirtskinder, s.: Dilettantenbühne, katholische.

Senna-Hoi, das Auge des Tigers, s. Hillger's, Herm., Sammlung illustr. Kriminalromane

Senne, H(einrich), prakt. Arzt, z. Z. Einj.-freiw. Arzt, a. Moringen am Solling: Beitrag zur Statistik des Verlaufs, der Prognose und des Ausgangs der Nephritis. (Cassel 1906: Weber & Weidemeyer.) (83 S.) 8°

Göttingen, Med. Fak., Ref. Ebstein, Diss. v. 19. Sept. 1906

[Geb. 24. März 81 Moringen; Wohnort: Cassel; Staatsangeh.: Preußen; Vorbildung: Gymn. Goslar Reife O. 99; Studium: Marburg 4, Göttingen 2, Leipzig 1, Göttingen 3 S., Coll. 10. Aug. 06; Approb. 7. Sept. 04.]

Sennebier, s. Senebier.

Senneff, Geo., der Bibel-Advokat, od. e. Antwort auf d. Lehren Elias Hicks' u. Anderer. 16. (5½ B.) Philadelphia 836. (Bremen, Kaiser.) *

Senner, Johann Konrad (Ravensburg) A. S. 1203/34

Dissertatio medico-physiologica de reciproco atque mechanico sanguinis et fluidi nervei ad motum impulsu Oder· Dass das Blut und der Nerven=saft die Bewegungen im Cörper verursache.
Präs. Johann Friedrich Cartheuser.
Halle (Hilliger) X. 1731. 40 S.

Gew.· Friedrich Hoffmann, Michael Alberti, Johann Juncker. 32437

Senner, Johann Konrad (Ravensburg) A. S. 1197/6

Dissertatio botanico-medica inauguralis de senna. Altdorf (Kohles) 26. VI. 1733. 24 S.

W. v.: Johann Jakob Baier. 32438

Sennert, Dan., erbaul. Gedanken, wie man fromm leben u. selig sterben könne. 8. Jena. 752. Bibl. ·

SENNERT, Car Ludew Aug v (ps.), Abentheuer des Priesterfeindes Beelzebub Geistergeschichte der neuesten Zeit Mit 1 Kpftaf (unsign.). Halle, bei Joh Chrn. Hendel, 1798. 8° 224 S. (incl. Tit u. 1 Bl. Vorr.). Zahm.

Weller Lex Ps p 515

Sennert, Paul, Assistenzart a. Posen: Typhöser Leberabszess im Anschluss an ein Trauma. Halle a. S. 1906: C. A. Kaemmerer. (26 S.) 8°

Halle, Med. Fak., Ref. v. Mering, Diss. v. 14. Juli 1906

[Geb. 8. Dez. 77 Brilon, Westf.; Wohnort: Halle a. S.; Staatsangeh.: Preußen; Vorbildung: Domgymn. Halberstadt Reife O. 97; Studium: Halle 5, Leipzig 1, Halle 4 S.; Coll. 9. Juli 06; Approb. 1. April 06.]

Senneterre, (Charl. Ed.,) ABC français, ou exposé method. des elements de la parole à l'enseignement de la première jeunesse. Arrangé d'après un nouveau plan. 16. (6 B.) Güns 835, [Reichard et fils.]

—— Inbegriff d. französ. Sprache, als Anleit. durch Selbstunterr. ders. binnen wenigen Monaten mächtig zu werden; in einer summar. Aufstell. d. Grundregeln dies. Sprache mit den durch herkömml. Gebr. bedingten Ausnahmen. gr. 8. (8 B.) Güns 835, [Reichard u. Söhne.]

Senneval, der Familie v., Leiden. 2 Thle., s. Leiden.

Senneval, der Familie von, Leiden, 2 Theile, mit 1 Kupf. 8. Wien, 792. Doll. 1 Rthl. 15 ggl.

Sennewald, Ernst, Blätter u. Blüten. Gedichte. (214 S.) 8. Lobenstein (908). F. Krüger. 2. —

Sennewald, F., d. Dynamomaschine. Erläutergn. zu d. Wandtafeln f. d. Unterr. in d. Elektrotechnik gr. 8. (46 S. m. 15 Taf.) Hamburg 896. C. Griese. n. 2. —

— 18 Wandtafeln f. d. Unterricht in d. Elektrotechnik. à 90×66 cm. Ebd. 896. 21. 60

Sennewald, Ferd., über Aethyl- und Amyl-Anhydrobenzoyldiamidobenzol. Inaugural-Dissertation. gr. 8. (31 S.) Hamburg 876. (Göttingen, Vandenhoeck und Ruprecht's Verlag.) *

Sennewald, Georg: Lehr- und Musterbuch der einfachen Linnen- und Tischzeugweberei Nach dem neuesten Standpunkte der Weberei .. Weimar 1840. Druck, Lithographie und Verlag von Bernh. Friedr. Voigt.
Text: X + 45 S. Atlas: Tit., 87 Taf. in Lithogr. 8°
(Neuer Schauplatz der Künste und Handwerke Band 106.)

Sennewald, Geo., Lehr- u. Musterbuch d. einfachen Linnen- u. Tischzeugweberei, s. Schauplatz, neuer, d. Künste, 106. Bd.

Sennewald, G., Lehr- und Muster-Buch der gesammten Linnen- u. Tischzeugweberei, s. Schauplatz der Künste &c.

Sennewald, Geo., Rechenbuch und Rechenknecht für Weber in Leinwand bis zu großer Feinheit in allen Breiten und Stärken &c. Nebst Musterberechnungen zu karrirt-farbiger Weberei in baumwollener und gemischter Waare, als Anleitung zum Selbstberechnen. Ausgerechnet u. garantirt. gr. 8. (II u. 99 S.) Weimar 851, Voigt. 3/4 ℔

Sennhauser, Adolf. Das Strafrechtliche Verantwortlichkeitsprinzip: Zurechnung, Zurechnungsfähigkeit und verminderte Zurechnungsfähigkeit. Diss. Jur. Lausanne. 87 + *Thesen* [3] S. 8. (St. Gallen, W. Müller, 1909.)

Sennholz, G., unsere einheimischen Orchideen, s. Sammlung gemeinnütziger Vorträge und Abhandlungen auf dem Gebiete des Gartenbaues.

Sennik nowy czyli wykład snów nocnych dla rozrywki każdego. 16. (53 S.) Gnesen 851, Lange.

Senning, A., das Christenthum, in seiner Nothwendigkeit und Wahrhaftigkeit betrachtet. gr. 8. Landshut 839. Palm'sche Verlagsbuchh. n. 1/3 ℔

Senning, A., das Christenthum in seiner Nothwendigkeit u. Wahrhaftigkeit betrachtet. gr. 8. (5 3/4 B.) Landshut 839, [v. Vogel'sche Vrlsbuchh.] *

Sonninger, Hermann [aus Wegscheid in Bayern]: Ueber Derivate des o-Amidobenzylalkohols und o-Oxybenzylalkohols ... Erlangen, Druck d. Univ.-Buchdr. v. E. Th. Jacob, 1894; 29 S. 8.
Erlangen, Phil. Fak., Inaug.-Diss. v. 1894

Sennyei, Ladisl., Examen ordinandorum quadripartitum. 12. Budae, Typ. 778.

Senoa, Aug., Diogenes. Historische Erzählung aus dem 18. Jahrh. Aus dem Kroat. übersetzt. 8. (297 S.) Agram 880, Suppan's Universitäts-Buchh. * 3 —

Senoa, Aug., das Goldkind. [Zlatarovo zlato.] Historischer Roman aus Agrams Vorzeit. Nach dem Kroat. von R. Bodermanski. gr. 8. (806 S.) Agram 874, (Suppan's Universitäts-Buchh.) 3 —
Aus: Agramer Zeitung, besonders abgedruckt.

Senoa, Aug., der Judas v. Zengg, s.: Welt-Bibliothek.

Senoa, Aug., d. König v. Preußen, s.: National-Bibliothek, allgem.

Senoner, Adolf

Senoner, A. Chemische Analysen, ausgeführt von Mitgliedern der k. k. geolog. Reichsanstalt, und in den Bänden I–X des Jahrbuches enthalten. Zusammengestellt von Ad. Senoner. (Aus d. Jahrb. der k. k. geolog. Reichsanstalt.) Wien. 1859. 4.

Senoner, Adph., General-Register der Bände XI—XX d. Jahrbuches u. der Jahrgänge 1860–1870 der Verhandlungen der kaiserl.-königl. geolog. Reichsanstalt. hoch 4. (221 S.) Wien 872. Braumüller in Comm. n. 4. —

Senoner, Adph., General-Register der Bde. 21—30 des Jahrbuches und der Jahrg. 1871—1880 der Verhandlungen der k. k. geologischen Reichsanstalt. Lex.-8. (231 S.) Wien 881, Hölder. * 6 —

Senoner, A., s. Jahrbuch der K. K. Geologischen Reichsanstalt.

Senoner Ad. Catalog der Bibliothek der k. k. geographischen Gesellsch. (Aus Mitth. der geogr. Gesellsch.) Wien. 1861. 4.

Senoner, Ad. Reiseskizzen aus der Lombardei und Venetien. (Aus d. Bull. de la Soc. Imp. d. Naturalist.) Moscau. 1860. 8.

Senoner, Adph., die Sammlungen der kaiserl. königl. geologischen Reichs-Anstalt zu Wien. Skizze. 8. (44 S. mit 1 Stnt. in gr. 4.) Wien (861)62, Gerold's Sohn. *

Senoner, Ad. Kurze Uebersicht der Leistungen und Bestrebungen zur Verbreitung naturwissensch. Kenntnisse im österr. Kaiserstaate. Moskau. 1856. 8.

Senoner, Adolph: Zusammenstellung der bisher gemachten Höhenmessungen im Kronlande Böhmen. ([S.-A.] Jahrbuch der Kais. Kön. Geologischen Reichs-Anstalt. Jahrg. 3.) Wien 1852. 27 S.

— Zusammenstellung der bisher gemachten Höhenmessungen in den Kronländern Galizien und Bukowina. (Aus den Jahrb. d. k. k. geol. Reichsanst.) Wien. 1853. 4.

Senoner, Adolph: Zusammenstellung der bisher gemachten Höhenmessungen im Kronlande Kärnthen. ([S.-A.] Jahrbuch der Kais. Kön. Geologischen Reichs-Anstalt. Jahrg. 3.) Wien 1852. 9 S.

Senoner, Adolph: Zusammenstellung der bisher gemachten Höhenmessungen im Lombardisch-Venetianischen Königreiche. ([S.-A.] Jahrbuch der Kais. Kön. Geologischen Reichs-Anstalt. Jahrg. 2.) Wien 1851. 14 S.

Senoner, Adolph: Zusammenstellung der bisher gemachten Höhenmessungen in den Kronländern Krain, Görz und Gradisca, Istrien, Dalmatien und der reichsunmittelbaren Stadt Triest. ([S.-A.] Jahrbuch der Kais. Kön. Geologischen Reichs-Anstalt. Jahrg. 3.) Wien 1852. 22 S.

Senoner, Adolph: Zusammenstellung der bisher gemachten Höhenmessungen in den Kronländern Mähren und Schlesien. ([S.-A.] Jahrbuch der Kais. Kön. Geologischen Reichs-Anstalt. Jahrg. 3.) Wien 1852. 18 S.

Senoner, Adolph: Zusammenstellung der bisher gemachten Höhenmessungen in den Kronländern Oesterreich ob und unter der Enns und Salzburg. ([S.-A.] Jahrbuch der Kais. Kön. Geologischen Reichs-Anstalt. Jahrg. 1.) Wien 1850. 30 S.

— Zusammenstellung der bisher gemachten Höhenmessungen in dem Kronlande Siebenbürgen. (Aus d. Jahrb. d. k. k. geol. Reichsanst.) Wien. 1851. 4.

Senoner, Adolph: Zusammenstellung der bisher gemachten Höhenmessungen im Kronlande Steiermark. ([S.-A.] Jahrbuch der Kais. Kön. Geologischen Reichs-Anstalt. Jahrg. 2.) Wien 1851. 14 S.

Senoner, Adolph: Zusammenstellung der bisher gemachten Höhenmessungen im Kronlande Tirol. ([S.-A.] Jahrbuch der Kais. Kön. Geologischen Reichs-Anstalt. Jahrg. 2.) Wien 1851. 18, 12 S.

Senoner, Adolph: Zusammenstellung der bisher gemachten Höhenmessungen in den Kronländern Ungarn, Croatien, Slavonien, dann in der Militärgränze. ([S.-A.] Jahrbuch der Kais. Kön. Geologischen Reichs-Anstalt. Jahrg. 4.) Wien 1853. 16 S.

Senoner, Caj., Verzeichniss d. auserles. u. höchstansehnl. Thaler- u. Medaillen-Samml. d. Jac. Ritter v. Frank in Wien. gr. 8. (16 1/8 B.) Wien 839, (Gerold's Vrlsh.) *

Über Schulgärten. Von Paul **Senrich**, Lehrer in Chemnitz. *Bielefeld: A. Helmich [1900].* (15 S.) 8° [F.]
= **Abhandlungen**, Pädagogische. N. F. Bd 5, H. 7. [01. 3517

Sensa sanctorum ecclesiae doctorum ac patrum circa us. matrimonii. 8 maj. (15 1/2 B.) Viennae 832. (Augustae Vindel., Kollmann; Lipsiae, Weygand.)

Sensation der Würtembergischen Geistlichkeit bey dem Ruf des Hrn ... Georgi zum Landschaftskonsulenten. Stuttgart 1797. V: *Finkh, Benjamin Eberhard.* (MGT)

Sensations-Novellen. Aus dem Engl. von John Harwood Esq. und Anderen. Hrsg. von Otfr. Mylius. Autoris. Ausg. 1. Bd. 8. (V, 216 S.) Stuttgart 869, Vogler und Beinbauer. [Moser.] * 2 —

Sensbach, s.: Geologische Karten. Karte (Hessen).

Sensburg [Schlagwort]

— s. a.: Allenstein, Reg.-Bez.

Sensburg, Kreis. Karte des Kreises Sensburg im Reg.-Bez. Gumbinnen. Hrsg. v. der kartogr. Abtheilg. der königl. preuss. Landesaufnahme 1877. Aufgenommen vom königl. preuss. Generalstab 1862—1869. Einzelne **Nachträge 1897.** 1 : 100,00. 60,5×61 cm. Farbdr. Berlin (R. Eisenschmidt). n.n. 2. —; ermäss. Preis n.n. 1. 50

Sensburg, Kreis. Spezialkarte des Kreises Sensburg. Rev. v. den zuständ. Behörden. 1 : 100,000. 50×47 cm. Farbdr. Lissa 910. O. Eulitz. — 75; auf Leinw. in Etui 1.50

Sensburg [Verfasser]

SENSBURG, Andreas Benedikt (Neunkirchen): De paracenteseos in hydrope ascite praestantia. (Titel nach der Urkunde)
31.5.1834 - Urk; F 62
Diss.Ingolst.-Landsh.-Mchn.

Sensburg, E., Kanzelvortrage über die Stationen der Leidensgeschichte Jesu, nebst angehangten 6 Fastenpredigten über einen gehaltvollen Hirtenbrief vom Jahre 1833. 8. Augsburg 836. Schlosser. 8 ℔

Ernst Sensburg. Uber badische Geschichte. S. 1—8 des Programms. 4°. Rastatt. P 1821

Sensburg, Ernst, Ueberſicht der gegenwärtig geltenden, auf den Brief- und Fahrpost-, dann Zeitungs-Expeditions-, Estaffetten- und Poststalldienst Bezug habenden Verordnungen in Verbindung mit einer **Anleitung zum Manipulationsdienste bei den** k. b. **Posten zusammengestellt nach den Verordnungsblättern der** k. b. **Verkehrs-Anstalten.** 2., umgearb. **Aufl.** gr. 8. (VIII und 164 S. mit **4 S. Beilagen in Imp.-4.) München** 860, Franz. *

Sensburg, Ernst, Ueberſicht der gegenwärtig geltenden, auf den Brief- und Fahrpost-, dann Zeitungs-, Expeditions-, Estaffeten- und Poststalldienst Bezughabenden Verordnungen, in Verbindung mit einer Anleitung zum Manipulationsdienste bei den k. bayer. Posten. 3., mit Rückſicht auf die Postverträge vom J. 1867 ganz umgearb. Aufl. gr. 8. (VII, 168 S. mit 2 Tab. in hoch 4.) München 868, Franz'sche Buchh. * 2 30

Sensburg, (Christoph) Ernst Phil. Fehrr. von

v. Sensburg, Frhrr. Er. Ph., († 1831.) die Abschaffung des Zehnten zum Vortheil der Zehentpflichtigen ohne Nachtheil der Zehentberechtigten. gr. 8. Heidelb. 831. Winter. 6 ℔

Sensburg, Ernst Phil. v., die Abschaffung der Zehnten zum Vortheil d. Zehentpflichtigen ohne Nachtheil d. Zehentberechtigten. gr. 8. (2½ B.) Heidelberg 831, Winter.

Sensburg, E. Ph., praktische Anleit. zu richtiger Bilanzirung d. reinen Ertrages u. gleichzeitige Würdigung des statistischen Werths ganzer Herrschaften, auch einzelner Städte, Dörfer und Gefälle, mit Tabellen. 8. Carlsruhe, Muller. 806.

—— über Arbeitsschulen als Anh. zum gewöhnl. Elementar-Unterr., u. üb. Arbeits-Anstalten in höherem u. ausgebreit. Sinne. gr. 8. (2 B.) Heidelberg 827, [Vereins-Verlag.]
Aus dem „Archiv f. d. gesammte Staatswissenschaft, hrsg. v. J. P. Harl" abgedruckt.

— Ueber Arbeitsschulen, als Anhang zum gewöhnlichen Elementar-Unterricht, und über Arbeits-Anstalten in höherem und ausgebreitetem Sinne. (Aus Harl's Archiv abgedr.) gr. 8⁰. Heidelberg, Osswald, 1827.

—— Arbeitsschulen f. alle Pfarrgemeinden, mit Beispielen u. Vorschlägen. gr. 8. (2½ B.) Karlsruhe 831, Marx.

Sensburg, E. P. v., Beyträge zur Purificirung der Artikel 14 und 16 der deutschen Bundesacte, verbunden mit drey andern, in mittelbarer Berührung stehenden und mehrere landständ. Conseſſen dermal beschäftigende Gegenstände. 8. Carlsruhe, Müller. 821.
Daraus ist besonders abgedruckt:
Entwurf einer Gemeindeordnung, in Mitbeziehung auf die standes- und grundherrl. Rechtsverhältnisse. 8. Ebend. 821.
welche Hindernisse stehen der bürgerl. Verbesserung der Juden in den deutschen Bundesstaaten entgegen? 8. Ebend. 821.
über Kriegslisten, deren Beurkundung und Ausgleichung. 8. Ebend. 821.
Entwurf für eine umfassende und gleichheitl. Bestimmung der standes- und grundherrl. Rechtsverhältnisse. 8. Ebend. 821.

Sensburg, E. P. Freiherr von „Entwurf zu einer Gemeindeordnung . . . . mit Beziehung auf eine umfassende und gleichheitliche Bestimmung der standes- und grundherrlichen Rechtsverhältnisse", Karlsruhe 1821 (Müller).

— Gegenbemerkung üb. die Frage: Ob aus einem dem Appellaten insinuirten Reichshofraths-Beschride, wodurch die Appellation nur schlechterdings angenommen, die gewöhnl. Ladung aber an denselben noch nicht erlegt ward, die Prävention entstehe ꝛc.? 8. Schwäb. Hall 781.

—— Ideen üb. einige Probleme im Steuerwesen u. üb. einige and. Gegenstände, die an d. Tagesordnung sind. gr. 8. (7½ B.) Heidelberg 831, Winter.

— über Kriegslisten, deren Beurkundung u. Ausgleichung. 8. Ebd. 821. 6 ℔

—— die Mittelschulen, wie sie größtentheils waren, wie sie größtenth. sind, wie sie allgemein werden sollten. gr. 8. (3½ B.) Carlsruhe 831, Marx.

v. Sensburg, ..., ſ. v. Real, Staatskunst.

—— der Separatismus u. deſſ. Einfluß auf d. kirchl. u. bürgerl. Leben. gr. 8. (3 B.) Heidelberg 831, Winter.
Aus der Zeitschr. „Sophronizon, hrsg. v. Paulus" besond. abgedr.

Sensburg, Frhr. Er. Ph. v. Pragmatische Untersuchung des Ursprungs und der Ausbildung alter Abgaben und neuer Steuern zur Vorbereitung eines gleichheitlichen und repräsentativen Staaten angemessenern Abgaben-Systems. 8⁰. Erlangen, Palm, 1823.

Sensburg, (Frhr) v. (grossh. Bad. Staats-Rath), welche Hindernisse stehen der bürgerlichen Verbesserung der Juden in den deutschen Bundesstaaten entgegen? u. wie sind sie zu heben, damit der Artikel 16 der deutschen Bundes-Acte in Erfüllung kommen kann? Karlsruhe, C. F. Müller'sche Hofbuchh., 1821. 8⁰. Papierfleckig 63 S. Cart.

— Wie ist §. 20. der Badischen Verfassungs-Urkunde zu verstehen? 8. Karlsr. 822, Braun.

Sensburg, Frz., der Cretinismus mit besond. Rückſicht auf dessen Erscheinung im Untermain- u. Rezatkreise des Königr. Baiern. Mit 4 Abbildd. gr. 8. Würzb. 826. Etlinger. 16 ℔

Sensburg, Waldem., Bibliographie u. Geschichte der Stadt Lindau i. B. (52 S.) Lex. 8. Lindau (908). (J. Th. Stettner.) 1.80
Sonderabdruck aus: „Schriften d. Ver. f. Gesch. d. Bodensees".

Sensburg, Waldemar: Poggio Bracciolini und Nicolò de Conti in ihrer Bedeutung für die Geographie des Renaissancezeitalters. ⟨Mit 1 Kartenskizze.⟩ Wien: Lechner 1906. 116 S., 1 Kt. 8⁰ ¶ Aus: Mitteilungen d. K. K. Geogr. Gesellschaft in Wien. Bd 49.
München, Dr.-Ing.-Diss. v. 23. 12. 1905

Sensche, Richard *Emil Karl* [aus Berlin]: **Über den Stil bei dem alemannischen anonymen Prediger aus dem XIII. Jahrhundert.** '(Deutsche Predigten d. XIII. Jhs, hrsg. v. Fr. K. Grieshaber, Stuttgart 1844.46, 2 Tle.)' ... (Enth. nur e. Theil d. eingereichten Arb.) Berlin, Druck v. B. Paul, 1897; 34 S. 8.
Berlin, Phil. Fak., Inaug.-Diss. v. 11. Aug. 1897

Sense: Die Sense
① Ein Wochenblatt für's Volk und Land ⑤ 19. 12. 1862—31. 12. 1863 ⑥ 4° ⑦ Wochenblatt ⑧ Freiburg H Raemy (Verlag Clerc) ⑩ der Drucker ⑪ der Drucker ⑫ katholisch-konservativ ⑭ Fr C ⑮ Mit dem Erscheinen der «Freiburger Zeitung» mußte das Blatt sein Erscheinen einstellen; es kann aber trotzdem nicht als Vorläufer betrachtet werden.

Sense, J. F. G., Anleit. z. Sprachunterr. taubstummer Personen. 8. Lpz. Linke. 793.

Sense, J. T. G., Versuch e. Anleit. zum Sprachunterricht taubstummer Personen. 8. Leipz. 793. Linke. 12 gr.

SENSEL, Gustav von: Über die Änderung des Coefficienten der Magnetisierung bei Temperaturänderung, behandelt im Sinn cyclischer Bewegung. — 1902. 11 Bl. Diss. Graz, Univ.

Senst, Gust., der Generalstaabs-Major C. v. Voigts-Rhetz üb. den Polnischen Aufstand i. J. 1848 beleuchtet. gr. 8. (60 S.) Berlin 848. (Stargardt.) n. 3 ngr

Senst, Ioh., de fide salvifica doctrina fundamentalis ab Apost. Paulo 1 Cor. 15. sancto tradita vindicata. 4. Rostock, Cammersfeld. 731.

— **Stockblinder Wegweiser wider Democritum.** 8. Hamb. 708.

Senst, Julius

Senst, Anleitung zur Verwaltung von Konkursen nach der Reichs-Konkursordnung. Auf der Grundlage der einschläg. Gesetze u. Reichsgerichts-Entscheidgn. f. die Praxis bearb. 8. (VIII, 266 S.) Berlin 889. Siemenroth & Worms. cart. n. 4.50

Senst, Anleitung zur Verwaltung v. Konkursen nach der Reichs-Konkursordnung. Auf der Grundlage der einschläg. Gesetze u. Reichsgerichts-Entscheidgn. f. die Praxis bearb. 2. Aufl. 8. (XI, 312 S.) Berlin 892. Siemenroth & Worms. n. 4.50; kart. n. 5. —

Senst, Anleitg. zur Verwaltung v. Konkursen nach der Reichs-Konkursordng. Auf der Grundlage d. einschläg. Gesetze u. Reichsgerichts-Entscheidgn. f. d. Praxis bearb. 3. Aufl. gr. 8. (XI, 335 S.) Berlin 896. Siemenroth & Troschel. Geb. n. 5. —

Die Verwaltung von Konkursen nach d. Reichs-Konkursordnung. Auf Grundl. d. einschläg. Ges. u. Reichsgerichts-Entscheid. f. d. Praxis bearb. von [Julius] **Senst**, Oberl. Ger.R. 4. umgearb. u. verm. Aufl. *Berlin: Siemenroth & Troschel 1900.* (XI, 383 S.) 8° [F.] [or. 8016

Senst, Die Verwaltung v. Konkursen nach der Reichs-Konkursordnung. Auf der Grundlage der einschläg. Gesetze u. Reichsgerichts-Entscheidgn. f. die Praxis bearb. 5. verm. Aufl. (Unveränd. Neudr.) (X, 442 S) 8 Berlin, F. Siemenroth. 1904 Geb. in Leinw. 6. —

Senst, F., die Verwaltung v. Konkursen nach der Reichs-Konkursordnung. Auf der Grundlage der einschläg. Gesetze u. Reichsgerichts-Entscheidgn. f. die Praxis bearb. 6. verm. Aufl. (XII, 474 S.) 8. Berlin 910. F. Siemenroth. Geb. in Leinw. 6. —
5. Aufl. (X, 442 S.) 908. Geb. 6 —

— **Handbuch f. Konkursrichter.** Auf der Grundlage der Reichs-Konkursordnung vom 10. Febr. 1877, sowie der einschläg. reichs- u. landesrechtl. Vorschriften f. den prakt. Gebrauch bearb. gr. 8. (X, 281 S.) Ebd. 890. n. 4. —; cart. n. 4.50

Handbuch fur Konkursrichter. Auf Grundl. d. Reichs-Konkursordnung vom 10. Febr. 1877, d. Ges. betr. Aenderungen d. Konkursordnung vom 17. Mai 1898, sowie d. sonst. einschläg. Vorschriften f. d. prakt. Gebrauch bearb. von [Julius] **Senst**, Oberl. Ger.R. 2. Aufl. *Berlin: Siemenroth & Troschel 1900.* (VIII, 274 S) 8° [F] [or. 8015

Senst, Otto, Bank- u. Kreditwesen, s.: **Miniatur-Bibl.**

Senst, Otto Die Geestemünder Hochseefischerei Mit e. Anh Fischkochrezepte. Geestemünde 1910 8°

Liebe und Radeln. Lustsp in 2 Aufz von Otto **Senst**. *Mülheim a. d. Ruhr. J. Bagel [1897]* (24 S) 8° [F]
= Liebhaber-Theater Bdch 66 [oo. 3712 5

Der verwechselte Liebhaber Lustsp. in 1 Akt von Otto **Senst** *Mühlheim a. d. Ruhr: J. Bagel [1897]* (32 S) 8° [F]
= Liebhaber-Theater Bdch 69 [oo. 3715 5

Senst, Otto, aus Düsseldorf: **Die Metallspielwarenindustrie und der Spielwarenhandel von Nürnberg und Fürth.** *Erlangen 1901: F. Junge.* (95 S.) 8° [F.]
Erlangen, Phil. Diss. v. 24. Juli 1901

Senst, Otto, die Metallspielwarenindustrie u. der Spielwarenhandel v. Nürnberg u. Fürth. Diss. gr. 8. (III, 95 S.) Erlangen 901. (Fürth, A. Schmittner.) n.n. 1.50

Senst, Otto, Die Metallspielwarenindustrie und der Spielwarenhandel von Nürnberg und Fürth. Diss. 8⁰. Erlangen (Fürth, A Schmittner) 1902.

Senst, W., d. **Wander-Versammlungen** d. deutschen, österr. u. ungar. Bienenwirte. E. geschichtl. Rückblick auf d. Versammlungen d. J. 1850—1895. M. Dzierzon's Portr. gr. 8. (76 S.) Oranienburg 895. (E. Freyhoff.) n.n. — 50

Senstius, Johann Christ. [Praes.], s. Bosche, Joh. Heinrich: De peregrinatione docta rite instituenda.

Senstius (vielmehr **Senstius**), Gust. (Georg Julius) (geb. Kemnath in d. Mark 16. 12. 1849): Ueber Erysipelas und seine Behandlung mit subcutanen Carbolsäure-Injectionen. Berlin (1874). (31 S.) 8°
Berlin, Med. Diss. v. 4. Aug. 1874

Senstius, Paul. Die Abfassungszeit der Thessalonicherbriefe untersucht. 16 S. 8.
Realgymn (i. E.) mit Realschule (Reformanstalt nach Frankfurter Lehrplan) *Velbert* 1908 (646)
Progr

Sensus humani, argumentum quinque meditationum . . . Monachii 1761. V: *Pemble, Joseph.* (Jes) (so)

Sensus, Verbi increati . . ., plenissimus . . . Bresl. 1721. V: *Bös, Franz.* (Kat. d. Druckschr. üb. Breslau. Breslau 1903. S. 262.)

Senta, die Burenbraut **od. die Rose v. Transvaal.** Sensations=Roman **aus der Gegenwart. 46 Hfte. gr. 8.** (1096 S. m. je 1 **Vollbild.) Leipzig (900). Leipziger** Roman=Verlag. **à** — 10

Senteck, W., Erinnerung an Berlin. 1. und 2. Serie. Je zwölf Ansichten nach der Natur photographisch aufgenommen. Nebst kurzem Führer und Verzeichniss der Strassen und öffentl. Gebäude mit Hinweis auf den im feinsten Farbendr. ausgeführten neuesten (chromolithogr.) Plan von Berlin (in gr. Fol.). 4. (16 S. Text.) Berlin 872, Lichtwerk. geb. à Serie *M.* 8,25. 16 50

Senten, A., Gabriele. Roman aus d. modernen Leben. (Beilage d. „Westungar. Grenzbote".) 8. (144 S.) Preßburg 896. (G. Heckenast's Nachf.) n. 1. —

Sententiae, Antiquissimorum P. P. de immortalitate animae. Regiomontani 1827. V: *Olshausen, Herm.* (Barbier)

Sententiae, Publilii Syri et aliorum veterum. In usum scholarum adspersis notulis . . . Lipsiae 1790. H: *Tzschucke, Carl Heinr.* (Ebert)

Sententiae, Lucii Annaei Senecae et P. Syri Mimi forsan etiam aliorum singulares, ad Gruteri canam editionem . . . Altenb. 1761. H: *Ramisch, Salomo.* (ML) (Ky)

Sententiae M. Terentii Varronis majori ex parte ineditae ex codice Ms. Bibliothecae Seminarii Patavini edid. et comment. illustr. Vinc. Devit. 8maj. (6¼ B.) Patavii 843. (Lipsiae, T. O. Weigel.) *

Sentenzbüchlein, Lateinisches, für seine Schuljugend. O. O. [ca. 1775]. V: *Sebald. Georg Friedrich.* (will)

Sentenze, proverbi et Idiotismi Italiani. 8. Augsb. 764. v. Jenisch u. St. 3 *gr*

Sentenzen, moralische Aufsätze und Regeln der Diät . . . Giessen 1784. V: *Ritzhaub, Johann Andreas.* (ML) (MGT) »Marburg 1784.« (Ky) (Call)

Sentenzen, moral. Aufsätze u. Regeln der Diät, (v. J. A. Ritzhaub). 8. Marb. 784. Krieger. 4 *gr*

Sentenzen und Denksprüche, dreyhundert, nach Alfabetischer Ordnung. . . . Gratz 1801. H: *Kunitsch, (Kunits, Kunics), Michael von.* (GGr)

— dreihundert, u. Denksprüche ꝛc. 8. Grätz 801. Tusch. 3 *gr*

Sentenzen und Denksprüche, 300, nach alphabet. Ordnung. Ein Handbüchlein zum bequemen Gebrauch für Schul- u. Hauslehrer. Von e. Schulmanne. 8. Grätz 824. Kienreich. 1/6 *rf*

— französ. u. deutsche, u. Denksprüche klassischer Autoren, übers von Huber. 8. Wien 808. Wallishauser. 6 *gr*

— aus Jean Paul und Hippels Schriften, a. Dya-Na-Sore, Agnes v. Linlen, Walter und Nanny, f. Humanität u. Menschenbildung. 8. Frankfurt, Behrens. (Jäger.) 801.

— aus Jean Paul u. Hippels Schriften, aus Dya-Na-Sore, Agnes v. Linien, Walter u. Nanny, für Humanität u. Menschenbildung. 8. Frankf. a. M. 804 od. 801. (Jäger). 12 *gr*

— Reflexionen u. Maximen, aus d. Schriften verschied. Zeiten u. Sprachen zusammengetragen. 2 Thle. 8. Magdeb. 789—97. Creutz. 16 *gr*

Sentenzen, Religiöse. 100 Blätter. O. O. u. J. V: *Lavater, Johann Kaspar* (schstr S. 136)

Sentenzen, Stoische, Moralen und politische Einfälle, ein Vermächtniss an seinen gutherzigen Sohn . . . Frankf. a. M. 1785. V: *Cancrin, Franz Ludwig von.* (MGT) (HS) (Ky)

— stoische, Moralen u. polit. Einfälle ꝛc. 8. Frankf. Andreä. 785.

— stoische, Moralen u. polit. Einfälle ꝛc., (v. F. L. v. Cancrin). 8. Frankf. a. M. 708. Andreä. 3 *gr*

— zwei. vom Kammergerichte in Berlin, in Sachen dreier Münsterischer Domherren gegen einige Officiere. 8. Münst., Theissing). 8 *gr*

— zwey, vom Kammergericht in Berlin, in Sachen dreyer Münster. Domherren gegen einige Officiere. Fol. Münster, Waldeck.

Sentenzen-Album. Ein Handbuch zur Lectüre. Eingeführt durch Hartwig Köhler. gr. 4. (IX, 154 S.) Leipzig 880, [L. Senf.] Gebr. Senf. geb. mit Goldschn. * 10 —

Sentenzia, execution e estrato dil Proces Criminale sequ in Sent. Anno 1768 adj 26 April Contra trais famus Laders ... quals in divers a blers lous dellas Ligias, Schvitz, Tirol, è utro han comis invols è roturas di Butias, Chasas Mercanzias &c. 4 s l

Senter, George, B. Sc. ⟨Lond.⟩ aus Kildrummy ⟨Schottl.⟩: **Das** Wasserstoffsuperoxyd-zersetzende **Enzym des Blutes.** *Leipzig: W. Engelmann 1903.* (64 S.) 8° ¶(Aus. Zeitschr. f. physikal. Chemie, Bd 44, H. 3.)
Leipzig, Phil. Diss. v. [4. Juli] 1903

Senter, *Herbert Almon* [aus Bancroft, Nebr. U. S. A.]: Zur Kenntnis des Pseudocumenols ... Heidelberg, Typogr. Anst. v. Schwaiger, Bauer & C., 1896; 34 S., 1 Bl. 8.
Heidelberg, Naturw.-math. Fak., Inaug.-Diss. v. [14. Dez.] 1896

Senthis, Eug., die wilde Rose. Eine rhein. Dorfgeschichte. gr. 8. (IV, 114 S.) Düsseldorf 869, Stahl. 2 —

Sentier H., s. a. Stegemann, Herm.

†Sentier, Herm. [Herm. Stegemann], antike Novellen. 16. (60 S.) Karlsruhe 887, Gebr. Pallmann.
geb.

Sentimens d'une ame pénitente ou paraphrase en vers du pseaume LI. dit le miserere ... Leipzig 1764. Ü: *Maria Antonia Kurfürstin von Sachsen.* (ML) (BrMm)

Sentiment, du, du goût. 8. Braunschw. 808. Plüchart. 12 gr.

Sentiment, Eines Liebhabers der Weltweisheit unpartheyisches, von M. Dan. Strählers Prüfung der Gedanken ... Wolffens von Gott ... Leipz. 1723. V: *Thümmig, Ludwig Philipp.* (Fiker)

Sentiment Von Fürtrefflichkeit / Unterscheid / Nutzen und Wirckungen Des Rhein-Weins Nebst einer Methode, Wie selbiger in allen Kranckheiten / zum kräfftigsten Praeservativ, an statt warmer Bäder und Sauerbrunnen / zu gebrauchen sey Und Einem Anhange Unterschiedener annoch unbekannter Wein-Künste.
Magdeburg Woltersdorff 1709. 93 S. -- 29.121°. Frei 100°
BJ Sentiment von Fürtrefflichkeit ... (ziemlich identisch mit Hofmann-Kauppers Diss. de nat. ... vini Rhenani, 1703 -- Bibliotheca oenologica: Sentiment vom Rheinwein ... (wahrscheinlich v. Fr. Hoffmann). -- Boehmer Sentiment von der Vortrefflichkeit des Rheinweins Verf. Hoffmann. -- Simon Bibliotheca vinaria Sentiment von der Vortrefflichkeit Unterscheid Nutzen und Wirkungen des Rheinweins -- Thienemann Sentiments der Fürtrefflichkeit des Rheinweines (von Hoffmann).
[Wahrscheinlich identisch mit Beschreibung und Unterricht des Weinbaues item vom Nutzen und Wirkung des Rheinweines. 1709.]
[Teilweise nach Aufbau und Inhalt ähnlich mit Hoffmann, Friedrich De natura vini Rhenani in medicina. 1703.]

Sentimental journey, v. Journey.

Sentiments et Pratiques de Piété pour les jours de l'Avent. gr. 12. Wien 774. Truttner. 5 gr. le même. Ebd. 776. 5 gr.

RAISONNEURS, Des unpartheuschen, Sentiments. Leipzig 1732. 8°
Wagenseil V. p. 292. — Rar!

Sentimer, Florian, die Cholera heilbar! Oder Beleuchtung aller bisher erschienenen Heilarten dieser Krankheit, nebst Angabe einer eigenen, Alles erschöpfenden, den Forderungen des gesunden Menschenverstandes u. der Arzneiwissenschaft entsprechenden, dabei ganz einfachen u. sehr leicht allgemein ausführbaren Heilmethode. Mit Titelbild. 8. Quedlinb. 836. Basse. 1/2 ℛ

Sentimer, Flor., etliche Worte f. Aerzte u. Nichtärzte als Vorbereit. zu mein. Heilmethode choler. Kranken. 8. (3¼ B.) Berlin 835, Dümmler.

Sentis: Der Sentis (SG)
① Eine schweizerisch republikanische Bürgerzeitung (bis 30. Juni 1841) ⑤ 30. 10. 1840—? ⑥ 4° (Formatvergrößerung 1842) ⑦ wöchentlich 2× ⑧ St. Gallen: Scheitlin & Zollikofer ⑫ freisinnig ⑬ BGSZ 944. 1047 ⑭ Tr: K (1840—1842) ⑮ Titelbild v. 24. 11.—4. 12. 1841

Sentis: Der Sentis (AI)
① Volkszeitung für Appenzell der innern Rhoden ④ Der Appenzeller ⑤ 21. 3. 1858—15. 9. 1860 ⑥ 8° ⑦ Wochenblatt ⑧ Appenzell: Hübscher'sche Buchdruckerei ⑫ katholisch-konservativ ⑬ BGSZ 175. 685. 942—945: Appenzeller Volksfreund 1951, Jubiläumsnummer ⑭ Zh Z ⑮ Erste Zeitung im Kanton Appenzell I.-Rh.

Sentis, Franz Jakob

Sentis, Franciscvs Iacobvs, archidioecesis Coloniensis presbyter ⟨geb. am 8 Okt. 1831 in Breberen Rgbz. Aachen⟩: De ivre testamentorvm a clericis saecvlaribvs ordinandorvm .. Bonnae, form. C. Georgi (1862). 3 Bl., 76 S., 1 Bl. 8.
Bonn, Jur. Fak., Diss. v. 6 Aug. 1862

Sentis, Frz. Jac., die „monarchia sicula". Eine historisch-canonist. Untersuchung. gr. 8. (VII, 302 S.) Freiburg i. Br. 869, Herder'sche Verlagsh. * 4 —

Sentis, Frz., die Praebenda theologalis und poenitentialis in den Capiteln. Eine canonist. Abhandlung. gr. 8. (55 S.) Mainz 867, Kirchheim.

Sentpaul, Otto, Rechtskand.: Die Haftung des Gastwirts. Leipzig 1910: Mutze. IX, 93 S. 8°
Leipzig, Jur. Diss. v. 2. Aug. 1910
[Geb. 22. Juni 85 Hildesheim; Wohnort: Hildesheim; Staatsangeh.: Preußen; Vorbildung: Gymn. Josephinum Hildesheim Reife O. 05; Studium: Würzburg 2, Göttingen 1, Freiburg i. B. 2, Göttingen 1 S.; Rig. 21. Juli 10.]
[U 10. 2889

Sentroul, Karl, was ist neu-scholastische Philosophie? (33 S.) gr. 8. Münster 909. Theissing. — 60

Sentrup, Anton

Sentrup, A., über die sogenannte ägyptische Augenkrankheit; eine im Jahre 1836 nach Petersburg eingesandte Preisschrift. 8. Münster 841. (Hast u. Riese.) 1/4 ℛ

Sentrup, A., üb. d. sogen. ägypt. Augenkrankheit; e. im J. 1836 nach Petersburg eingesandte Preisschr. 8. (4 B.) Münster 841, (Theissingsche Buchh.)

Sentrup, Ant., über d. Augenkrankheiten in d. verschied. Jahreszeiten; e. Versuch zur Beurtheilung d. sogen. contagiösen Augenkrankheit. 8. (11½ B.) Münster 831, (Regensberg.)

— üb. den Charakter der herrschenden Krankheiten. 8. Münst. 819. Theissing. 5 gr.

Sentrup, H., das Gesetz, betr. die Einführung einer Klassensteuer rc., s. a. Gesetz, das.

Sentrup, H., das Gesetz, betreffend die Einführung einer Klassen- und klassificirten Einkommensteuer vom 1. Mai 1851 und die darauf bezügl. Ministerial-Instructionen und Rescripte. Nach amtl., mit Genehmigung des königl. preuß. Finanz-Ministeriums benutzten Quellen bearb. 3. Aufl. 1857. und 4., verm. Aufl. gr. 8. (262 S.) Halberstadt 861, (Frantz.) *

Sentrup, H., das Gesetz betr. die Einführung einer Klassen- u. klassificirten Einkommensteuer vom 1. Mai 1851 und die darauf bezüglichen Ministerial-Instructionen u. Rescripte. 5., verm. Aufl. Halberstadt 867, (Frantz'sche Buchh.) gr. 8. (III, 296 S.)

Sentrup, J., der Fourieroffizier. Ein Rathgeber bei den verschied. Funktionen dieses Offiziers nach den Reglements, neuesten Bestimmungen und anderen Quellen zusammengestellt und bearb. 8. (VI, 83 S.) Berlin 869, Mittler und Sohn. * 1 —

Sentz, Alois, *Dr., k. k. o. ö. Prof. d. österr. Strafrechtes etc.* Der Wirkungskreis der Urbarialgerichte in Siebenbürgen, zum Behufe der Geltendmachung verletzter oder bestrittener Urbarialrechte der ehemaligen Grundherren und Unterthanen dargestellt, erläutert und mit Formularien versehen. *Hermannstadt* 1858. *Theod. Steinhaussen.* 237, 24, 64 S., 8 Bl. 8°.

Sentz, Alois, die provisorische Civilprozeßordnung für Siebenbürgen, [Ungarn, Kroatien, Slavonien, die serb. Woiwodschaft u. das Temeser Banat] erläutert und mit den dazu gehörigen besondern Verordnungen und mit Formularien versehen. 1—4. Liefrg. gr. 8. (S. 1—384.) Hermannstadt 852, v. Hochmeister. (ü n. 16 ngr) 2 ℛ 4 ngr

Sentz, Alois, die provisorische Civilproceßordnung für Siebenbürgen (Ungarn, Kroatien, Slavonien, die serbische Woiwodschaft und d. Temeser Banat) erläutert und mit den dazu gehörigen besondern Verordnungen u. mit Formularien versehen. Herrmannstadt 852. Steinhaussen. gr. 8. (608, 27 S. und: Sammlung der wichtigsten Justizgesetze und Verordnungen für das Großfürstenthum Siebenbürgen. In 2 Abthlgn. als Anhang zum Commentar der Civilproceß-Ordnung von Alois Sentz. 854. 2 Bl., 128, 234 S.) 3 ℛ.

Senzer, Bonif., O. S. B., St. Gregor der Große. Sein Leben u. Wirken, in 8 Bildern dargestellt zum 13. Zentenar. (VII, 179 S. m. 4 Vollbildern.) kl. 8. Prag (18, Abtei Emaus) 904. Administration der St. Benediktsstimmen. Geb. n. 1. 70

Senzer, Bonifaz, O. S. B., Pius X. Mit farb. Titelblatt u. 51 Abbild. (XI, 182 S.) Lex. 8. Graz 908. Styria. 2.40; geb. n 3. 20

Senzer, Bonif., O. S. B., **Roman Sebastian Zängerle, Fürstbischof v. Seckau u. Administrator der Leobener Diöcese 1771—1848. Zumeist nach Archivalien dargestellt.** Mit Bildnis u. Fcsm. **Zängerles.** gr. 8. (VIII, 406 S.) Graz 901. Styria. n. 7. 50

Sentzke, Gustav: Die Prostitution unserer Zeit, der Gesellschaft und dem Gesetze gegenüber. — Berlin: Burmester & Stempell 1867. 22 S. 8°

Senz, August

Senz, A., üb. die Bauwerke der Siebenhügelstadt am Bosporus, s.: Veröffentlichungen der orientalischen Gesellschaft zu Berlin.

— die Klosterkirche in Offenbach am Glan. Mit 2 Kpfrtaf. u. 13 Holzschn. [Aus: „Ztschr. f. Bauwesen".] Fol. (7 S.) Berlin 890. Ernst & Korn. cart. n. 8. —

Senz, Aug., Leitfaden zum Entwerfen u. Berechnen hoher Kamine. In einfachster Weise dargestellt f. Prüfungsbehörden u. Industrielle. 12. (III, 37 S. m. 10 Fig. u. 1 Tab.) Essen 898. G. D. Baedeker. Kart. n. 1. —

Senz, Aug., Leitfaden zum Entwerfen u. Berechnen hoher Kamine. In einfachster Weise unter Berücksicht. der neuesten Gutachten der königl. Akademie des Bauwesens dargestellt f. Prüfungsbehörden u. Industrielle. 2. Aufl. (III, 51 S. m. 12 Fig., 3 Tab. u. 2 Formularen.) 12. Essen 903. G. D. Baedeker. Kart. n. 1. 60

Leitfaden zum Entwerfen und Berechnen hoher Kamine (auf d. Umschl.: Kamin-Berechnung). In einfachster Weise unter Berücks. d. neuesten Gutachten d. kgl. Akad. d. Bauwesens dargest. für Prüfungsbehörden u. Industrielle von **August Senz,** Reg.Baumeister. 2. Aufl. *Essen: G. D. Baedeker 1903.* (51 S.) 8°

Senz, Karl *Wilhelm* [aus Berlin]: '(Aus d. Klinik d. Herrn Geheimr. Gerhardt.)' Ueber Albumosurie und Peptonurie ... Berlin, Buchdr. v. G. Schade, *1891;* 30 S., 1 Bl. 8.
Berlin, Med. Fak., Inaug.-Diss. v. 19. Dez. 1891

Senz, Marie, s.: **Meyer,** Marie.

Seoane, Marquis de, elliptische Philosophie des verborgen Wirkenden. Pantanomische Pentanomie oder das fünffache Universal-Gesetz. 1. Thl.: Die Integral-Philosophie. (Mit gegenüberstehender französ. Uebersetzung.) gr. 8. (XI, 314 S.) Frankfurt a. M. 879, (Rommel.) * 4 —

Seoane, Marquis de, elliptische Philosophie des verborgen Wirkenden. Pantanomische Pentanomie oder das fünffache Welt-Gesetz. 2. (Schluss-)Thl.: Die Special-Philosophie, deren Geschichte und Spaltungen. (Mit gegenüberstehender französ. Uebersetzung.) gr. 8. (X, 386 S.) Frankfurt a. M. 881, Rommel. *
1. Thl. Ebendas. 1879. * ℳ 4.

Seon in Oberbayern einst Schloss, dann Kloster, nun Kurort mit Mineral-, Soolen- und Seebädern unter Rücksicht auf seine Umgegend geschichtlich und beschreibend dargestellt. München 1856. V: *Siegert, Carl.* (EngG)

Seon in Oberbayern einst Schloß, dann Kloster, nun Curort mit Mineral-, Soolen- und Seebädern unter Rücksicht auf seine Umgegend geschichtlich und beschreibend dargestellt. 8. (VIII und 208 S. mit 1 Tab. in qu. Fol., 3 Holzschnt. und 1 Stahlst.) München 856, (Kaiser.) *

Seoul (Söul), s.: **Korea.**

MIX
Papier | Fördert gute Waldnutzung
FSC® C083411

Kolibri 360 GmbH
Ferdinand-Jühlke-Straße 7
99095 Erfurt, Deutschland
produktsicherheit@kolibri360.de